NOTATIONS

Note: A prime (′) after notation for stress denotes effective stress.

Symbol	Description
A	Area
B	Width
c_o	Cohesion or shear strength from intermolecular forces
c_{cm}	Cementation strength
c_t	Soil tension
C	Apparent undrained shear strength
C_c	Coefficient of curvature
Cc	Compression index
C_r	Recompression index
C_h	Horizontal coefficient of consolidation
C_v	Vertical coefficient of consolidation
C_α	Secondary compression index
Cu	Uniformity coefficient
CSL	Critical state line
CSM	Critical state model
D	Diameter
D_f	Embedment depth
D_r	Relative density
D_{10}	Effective particle size
D_{50}	Average particle diameter
e	Void ratio
e_Γ	Void ratio on CSL for $p' = 1$ kPa
E	Modulus of elasticity
E_i	Initial tangent modulus
E_p	Modulus of elasticity of pile
E_s	Secant modulus
E_{so}	Modulus of elasticity of soil
E_t	Tangent modulus
f_b	Ending bearing stress
f_s	Skin friction
FS	Factor of safety
F_ϕ	Mobilization factor for ϕ
F_u	Mobilization factor for s_u
G	Shear modulus
G_s	Specific gravity
h_p	Pressure head
h_z	Elevation head
H	Head, also horizontal force
H_o	Height
H_{dr}	Drainage path
i	Hydraulic gradient
I	Influence factor
I_s	Settlement influence factor
k	Hydraulic conductivity
K_a	Active lateral earth pressure coefficient
K_p	Passive lateral earth pressure coefficient
K_o	Lateral earth pressure coefficient at rest
L	Length
LI	Liquidity index
LL	Liquid limit
LS	Linear shrinkage
m_v	Modulus of volume compressibility
N	Standard penetration number
N_c, N_q, N_γ	Bearing capacity factors
n	Porosity
NCL	Normal consolidation line
OCR	Overconsolidation ratio with respect to vertical effective stress
PI	Plasticity index
PL	Plastic limit
p	Mean total stress
p'	Mean effective stress
q	Deviatoric stress or shear stress
q_a	Allowable bearing capacity
q_{ap}	Applied deviatoric stress
q_s	Surface stress
q_u	Ultimate net bearing capacity
q_{ult}	Ultimate gross bearing capacity
q_y	Deviatoric stress at initial yield
q_{yH}	Deviatoric stress on reaching the Hvorslev's surface
q_{yLS}	Deviatoric stress on reaching the limiting stress surface
q_w	Flow rate of wick material
q_z	Flow rate in vertical direction
Q	Flow, quantity of flow, and also vertical load
Q_b	End bearing or point resistance
Q_f	Skin or shaft friction
Q_{af}	Allowable skin friction
Q_{ult}	Ultimate load capacity
$(Q_{ult})_g$	Ultimate group load capacity
R_T	Temperature correction factor
R_x	Resultant lateral force
R_z	Resultant vertical force
R_o	Preconsolidation ratio with respect to mean effective stress invariants
s_u	Undrained shear strength
S	Degree of saturation
SI	Shrinkage index
SL	Shrinkage limit
SR	Shrinkage ratio

S_t	Sensitivity
SPT	Standard penetration test
t_c	Tension factor
T	Sliding force or resistance
u	Porewater pressure
U	Average degree of consolidation
URL	Unloading/reloading line
v	Velocity
v_s	Seepage velocity
V	Volume
V'	Specific volume
V_a	Volume of air
V_n	Vertical resultant force
V_s	Volume of solid
V_w	Volume of water
V_{sh}	Shear wave velocity
w	Water content
w_{opt}	Optimum water content
W	Weight
W_a	Weight of air
W_s	Weight of solid
W_w	Weight of water
z	Depth
α	Dilation angle
α_p	Peak dilation angle
α_s	Slope angle
α_u	Adhesion factor
β	Skin friction coefficient for drained condition
δ	Deflection or settlement; also wall friction angle
ε	Normal strain
ε_p	Volumetric strain
ε_q	Deviatoric strain
ϕ'	Generic friction angle
ϕ'_{cs}	Critical state friction angle
ϕ'_p	Peak friction angle
ϕ'_r	Residual friction angle
γ	Bulk unit weight
γ'	Effective unit weight
γ_{sat}	Saturated unit wieght
γ_d	Dry unit weight
$\gamma_{d(max)}$	Maximum dry unit weight
γ_w	Unit weight of water
γ_{zx}	Shear strain
κ	Recompression index
λ	Compression index
μ	Viscosity
μ_s	Shape coefficient
μ_{emb}	Embedment coefficient
μ_{wall}	Wall friction coefficient
ν	Poisson's ratio
ρ_e	Elastic settlement
ρ_{pc}	Primary consolidation
ρ_{sc}	Secondary consolidation settlement
ρ_t	Total settlement
σ	Normal stress
τ	Shear stress
τ_{cs}	Critical state shear strength
τ_f	Shear strength at failure
τ_p	Peak shear strength
τ_r	Residual shear strength
ξ	Velocity potential
ξ_o	Apparent friction angle
ψ	Inclination of principal plane to the horizontal plane
ψ_p	Plastification angle for piles
ψ_s	Stream potential
$'$	Prime used throughout to indicate effective stress condition

HELPFUL CONVERSION FACTORS

U.S. Customary Units		SI Units
Length		
1.00 in.	=	2.54 cm
1.00 ft	=	30.5 cm
Mass and Weight		
1.00 lb	=	454 g
1.00 lb	=	4.46 N
1 kip	=	1000 lb
Area		
1.00 in.^{2}	=	6.45 cm^2
1.00 ft^2	=	0.0929 m^2
Volume		
1.00 ml	=	6.00 cm^3
1.00 l	=	1000 cm^3
1.00 ft^3	=	0.0283 m^3
1.00 in.^{3}	=	16.4 cm^3
Temperature		
°F	=	1.8(°C) + 32
°C	=	(°F − 32)/1.8
Pressure		
1.00 psi	=	6.895 kPa
1.00 psi	=	144 psf
1.00 ksi	=	1000 psi
Unit Weight and Mass Density		
1.00 pcf	=	16.0 kg/m^3
1.00 pcf	=	0.157 kN/m^3
Universal Constants		
g	=	9.81 m/s^2
g	=	32.2 ft/s^2

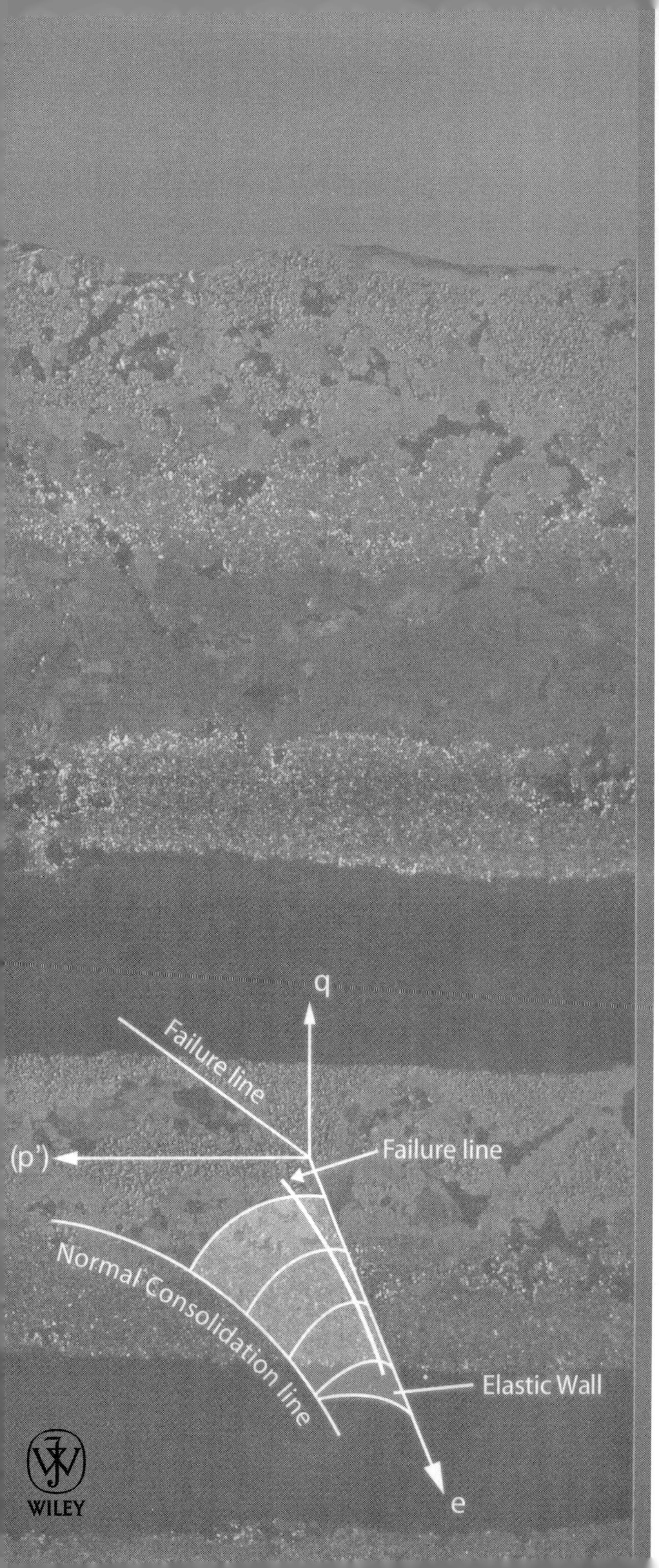

MUNI BUDHU

홍원표 · 권오균 · 김유성 · 김태형 · 김학문 공역

SOIL Mechanics AND Foundations

3rd Edition

WILEY

역자 서문

PREFACE

토질역학과 기초공학은 이론과 경험이 상호 보완되면서 끊임 없이 발전해온 학문이다. 따라서 교과서와 참고서적도 그에 부응하여 변화 발전되어야 한다고 생각한다. 더욱이 토목 건축 구조물의 규모가 대형화되면서 기초의 중요성이 어느 때보다 중요하게 부각되고 있다. 이러한 대형구조물로부터 전달되는 과중한 하중을 지지하게 되는 기초지반의 역학적 공학적 지식은 이전에 알고 있던 지식으로는 턱없이 부족한 점이 많을 것이다. 따라서 이러한 지식을 정리한 참고서적이 많이 요구되고 있다. 그러나 현실적으로는 우리 주변에서 이러한 변화에 충분히 부응할 수 있는 서적이 많이 부족하다.

이런 우리 주변상황에서 Muni Budhu가 저술한 "Soil Mechanics and Foundations (3rd Edition)"은 참으로 오래간만에 보는 좋은 참고서적이라 생각되었다. 이에 5명의 대학교수들이 뜻을 모아 이 책의 번역서를 만들기로 하였다. 각자 관심이 많은 부분을 나누어 번역을 하였으며 대표역자가 책 전체 내용과 형식을 통일시키는 작업을 담당하였다.

이 교재에서는 최신의 토질역학과 기초공학 분야의 연구업적도 상당히 자세히 포함하고 있어 토질역학을 처음 접하는 대학 학부생부터 전문적인 대학원생과 실무기술자에 이르기까지의 지반공학기술자에게 유익한 교과서 내지 참고서가 될 수 있을 것이다.

수록된 분야 또한 토질역학과 기초공학 분야로 매우 광범위하여 원서의 제목이 "토질역학과 기초"로 되어 있으나 번역서의 제목은 "토질역학"으로 간단명료하게 정하였다. 이는 최근 출판되는 대부분의 토질역학 서적에 기초공학의 내용까지도 포함하고 있는 관계로 무리가 되지 않을 것으로 판단하였기 때문이다.

이 교재의 특징으로 우선 기본개념과 원리를 알기 쉽게 제시하였고 예제문제와 연습문제를 많이 수록하고 있는 점을 들 수 있다. 특히 연습문제는 이론문제, 기본문제, 실용문제의 세 부분으로 구분하여 이론으로부터 실무에 이르기까지 다양하게 활용할 수 있도록 유도하고 있다.

여러 명이 함께 번역을 하다 보니 전체적인 통일성이 다소 부족할 수도 있다. 따라서 독자들이 만족스럽지 못한 부분이 있을 수 있을 것 같아 걱정이 된다. 혹시 미흡한 점이 발견되면 많은 이해와 지적이 있기를 바란다. 독자들이 지적하신 사항은 다음에 수정본을 발행할 때 반드시 반영하고자 한다. 부디 학생, 연구자, 기술자 여러분의 많은 지적으로 더욱 좋은 번역서가 되기를 바라며 이 책이 많은 분들에게 유익한 학문 기술정보를 제공하는 참고서적이 되기를 기원한다.

바쁘신 중에도 번역에 참가하여 주신 단국대학교 김학문 교수, 계명대학교의 권오균 교수, 전북대학교의 김유성 교수, 한국해양대학교의 김태형 교수에게 감사의 말씀을 드리는 바이다. 이 분들의 노고가 없었으면 이 책은 이 세상에 빛을 보지 못하였을 것이다. 또한 이 교재의 탄생은 영출판사의 윤성길 전무님의 노력이 없었으면 성공하지 못하였을 것임을 밝히고 싶다. 끝으로 이 교재의 번역과 출판 작업에 수고를 아끼지 않으신 모든 분들의 노고에 감사드리는 바다.

2012년 2월

대표역자 **홍원표**

저자 서문

PREFACE

이 책은 토질역학 및 기초에 대해 학부과정을 위해 저술되었으며 세 가지의 목적을 가지고 있다. 첫 번째는 역학, 물리 그리고 수학에 대한 학생들의 기본 지식을 이용한 간단한 교육법으로 토질역학 및 기초의 기본개념과 원리를 제시하는 것이다. 두 번째는 토질역학 및 기초에서 다양한 주제에 대해서 학생들이 이해를 돕기 위해 현대적 학습원리, 교수법 그리고 학습도구를 통합시키는 것이다. 세 번째로 학생들이 그들의 지반공학 문제에 대한 평생학습을 성공적으로 안착시킬 수 있는 견고한 배경지식을 제공하는 것이다.

이 책의 몇 가지 주요 특징은 다음과 같다:

- 주제는 기술적 정확성의 희석 없이 기본개념과 원리를 설명하기 위해 구체적이고 체계적으로 제시되었다.
- 기본개념과 기초원리의 적용을 증명하거나 이해를 더 높이기 위해 많은 예제 문제를 풀이하였다.
- 각각의 예제의 풀이는 학생들이 그 문제를 풀기 전에 그 문제에 대한 해법을 생각할수 있게 유도할 수 있는 전략(strategy)이 안내되어 있으며 각각의 해법은 학생들이 문제를 스스로 해결할 수 있도록 유도하기 위해 단계적 절차로 이루어져 있다.
- 각 장의 서두에 열거된 독자들이 각 장의 학습 후에 무엇을 배울 수 있는지를 알려주는 "이 장의 학습을 통해 무엇을 알 수 있는가"는 학습내용에 대해 학생들이 책임감을 갖는 데 도움을 줄 것이다.
- 대화식 만화, 대화식 문제풀이, 대화식 단계적 예제, 가상 토질시험, e-퀴즈와 같은 웹(Web)을 기초로 한 적용들이 이 책에 포함되었다.

컴퓨터, 프로그램이 가능한 계산기, 소프트웨어의 급증 및 접근성으로 학생들은 연습에 이러한 도구들을 쉽게 사용할 수 있다. 따라서, 도표에 의한 문제 해설 및 설명보다는 학생들이 자신들의 계산기로 프로그래밍을 할 수 있는 컴퓨터 프로그램 유틸리티와 일반 방정식이 제공되었다.

제 3판에서는 책 내용이 상당히 강화되었다:

- **각 장의 재편성**—제 2판에서의 몇몇 장들은 편의를 위해 다수의 장으로 세분화되었다.
- **내용의 강화**—각 장의 내용은 최신의 자료와 더 많은 설명을 더하여 구체화되었다. 특히, 흙의 거동을 해석하는 데 도움을 주는 것뿐만 아니라 기본 개념을 실전문제에 적용할 수 있게끔 상당한 개선이 이루어졌다.
- **예제와 문제**—좀 더 실용적인 실제 상황 예제와 문제가 추가되었다. 구제적 예제들을 더 쉽게 찾기 위해 예제에 서술적 제목이 붙여졌다.

감사의 글

이 책의 개선을 위해 가치 있는 많은 조언을 주신 검토자분들께 감사드린다. 특히 제 3판의 검토에 도움을 주신 휴스톤의 Golder Associates의 지반공학자 Juan Lopez, 아리조나 대학의 대학원생 Walid Toufig와 Ibrahim Adiyaman에게 감사의 말씀을 전한다.

Jenny Walter양, Bill Webber씨와 John Willy & Sons의 직원분들이 이 책이 완성되기까지 특별한 도움을 주셨다. 추가적인 자료는 www.wiley.com/college/budhu 온라인 상에서 이용 가능하다.

추가적으로 출판사로부터 이용 가능한 책: *Foundations and Earth Retaining Structures*, by Muni Budhu
ISBN: 978-0471-47012-0
Website: www.wiley.com/college/budhu

출판사로부터 이용 가능한 동반 실험메뉴얼 책: *Soil Mechanics Laboratory Manual*, by Michael Kalinski
토질역학 수업은 보통 실험수업과 동반되며 학생들에게 일반적인 토질시험법, 시험기준 그리고 전문용어들을 소개한다. 켄터키 대학의 Michael Kalinski씨는 가장 일반적인 토질시험을 학생에게 소개하는 실험메뉴얼의 저자이며 실내시험 연습과 각각의 시험에 대한 데이터들이 수록되어 있다. 이 메뉴얼에 서술되어 있는 각각의 실험에 대한 비디오 데모 또한 온라인으로 이용 가능하다.

Soil Mechnics Laboratory Manual, by Michael Kalinski
Website:www.wiley.com/college/kalinski

NOTES for Students and Instructors

PURPOSES OF THIS BOOK

This book is intended to present the principles of soil mechanics and its application to foundation analyses. It will provide you with an understanding of the properties and behavior of soils, albeit not a perfect understanding. The design of safe and economical geotechnical structures or systems requires considerable experience and judgment, which cannot be obtained by reading this or any other textbook. It is hoped that the fundamental principles and guidance provided in this textbook will be a base for lifelong learning in the science and art of geotechnical engineering.

The goals of this textbook in a course on soil mechanics and foundation are as follows:

1. To understand the physical and mechanical properties of soils.
2. To determine parameters from soil testing to characterize soil properties, soil strength, and soil deformations.
3. To apply the principles of soil mechanics to analyze and design simple geotechnical systems.

LEARNING OUTCOMES

When you complete studying this textbook you should be able to:

- Describe soils and determine their physical characteristics such as grain size, water content, and void ratio.
- Classify soils.
- Determine compaction of soils.
- Understand the importance of soil investigations and be able to plan a soil investigation.
- Understand the concept of effective stress.
- Determine total and effective stresses and porewater pressures.
- Determine soil permeability.
- Determine how surface stresses are distributed within a soil mass.
- Specify, conduct, and interpret soil tests to characterize soils.
- Understand the stress–strain behavior of soils.
- Understand popular failure criteria for soils and their limitations.
- Determine soil strength and deformation parameters from soil tests, for example, Young's modulus, friction angle, and undrained shear strength.
- Discriminate between "drained" and "undrained" conditions.

- Understand the effects of seepage on the stability of structures.
- Estimate the bearing capacity and settlement of structures founded on soils.
- Analyze and design simple foundations.
- Determine the stability of earth structures, for example, retaining walls and slopes.

ASSESSMENT

You will be assessed on how well you absorb and use the fundamentals of soil mechanics. Three areas of assessment are incorporated in the Exercise sections of this textbook. The first area, called "Theory," is intended for you to demonstrate your knowledge of the theory and extend it to uncover new relationships. The questions under "Theory" will help you later in your career to address unconventional issues using fundamental principles. The second area, called "Problem Solving," requires you to apply the fundamental principles and concepts to a wide variety of problems. These problems will test your understanding and use of the fundamental principles and concepts. The third area, called "Practical," is intended to create practical scenarios in which you can use not only the subject matter in the specific chapter but also prior materials that you have encountered. These problems try to mimic some aspects of real situations and give you a feel for how the materials you have studied so far can be applied in practice. Communication is at least as important as the technical details. In many of these "Practical" problems you are placed in a situation in which you must convince stakeholders of your technical competence. A quiz at the end of each chapter is at www.wiley.com/college/budhu to test your general knowledge of the subject matter.

SUGGESTIONS FOR PROBLEM SOLVING

Engineering is, foremost, about problem solving. For most engineering problems, there is no unique method or procedure for finding solutions. Often, there is no unique solution to an engineering problem. A suggested problem-solving procedure is outlined below.

1. Read the problem carefully; note or write down what is given and what you are required to find.
2. Draw clear diagrams or sketches wherever possible.
3. Devise a strategy to find the solution. Determine what principles, concepts, and equations are needed to solve the problem.
4. When performing calculations, make sure that you are using the correct units.
5. Check whether your results are reasonable.

The units of measurement used in this textbook follow the SI system. Engineering calculations are approximations and do not result in exact numbers. All calculations in this book are rounded, at the most, to two decimal places except in some exceptional cases, for example, void ratio.

WEBSITE

Additional materials are available at www.wiley.com/college/budhu. The National Science Digital Library site "Grow" (www.grow.arizona.edu) contains a collection of learning and other materials on geotechnical engineering.

NOTES for Instructors

I would like to present some guidance to assist you in using this book in undergraduate geotechnical engineering courses based on my own experiences in teaching this material.

DESCRIPTION OF CHAPTERS

The philosophy behind each chapter is to seek coherence and to group topics that are directly related to each other. This is a rather difficult task in geotechnical engineering because topics are intertwined. Attempts have been made to group topics based on whether they relate directly to the physical characteristics of soils or mechanical behavior or are applications of concepts to analysis of geotechnical systems. The sequencing of the chapters is such that the preknowledge required in a chapter is covered in previous chapters.

Chapter 1 sets the introductory stage of informing the students of the importance of geotechnical engineering. Most of the topics related to the physical characteristics of soils are grouped in Chapters 2 through 5. Chapter 2 deals with basic geology, soil composition, and particle sizes. Chapter 3 is about soils investigations and includes in situ and laboratory tests. The reasons for these tests will become clear after Chapters 4 through 10 are completed. In Chapter 4, phase relationships, index properties, and soil classification and compaction are presented. Chapter 5 describes soil compaction and why it is important. One-dimensional flow of water and wellpoints are discussed in Chapter 6.

Chapter 7 deals with stresses, strains, and elastic deformation of soils. Most of the material in this chapter builds on course materials that students would have encountered in their courses in statics and strength of materials. Often, elasticity is used in preliminary calculations in analyses and design of geotechnical systems. The use of elasticity to find stresses and settlement of soils is presented and discussed. Stress increases due to applied surface loads common to geotechnical problems are described. Students are introduced to stress and strain states and stress and strain invariants. The importance of effective stresses and seepage in soil mechanics is emphasized.

Chapter 8 presents stress paths. Here basic formulation and illustrations of stress paths are discussed. Drained and undrained conditions are presented within the context of elasticity. In Chapter 9, the basic concepts of consolidation are presented with methods to calculate consolidation settlement. The theory of one-dimensional consolidation is developed to show students the theoretical framework from which soil consolidation settlement is interpreted and the parameters required to determine time rate of settlement. The oedometer test is described, and procedures to determine the various parameters for settlement calculations are presented.

Chapter 10 deals with the shear strength of soils and the tests (laboratory and field) required for its determination. Failure criteria are discussed using the student's background in strength of materials (Mohr's circle) and in statics (dry friction). Soils are treated as a dilatant-frictional material rather than the conventional cohesive-frictional material. Typical stress–strain responses of sand and clay are presented and discussed. The implications of drained and undrained conditions on the shear strength of soils are discussed. Laboratory and field tests to determine the shear strength of soils are described.

Some of the failure criteria for soils are presented and their limitations are discussed.

Chapter 11 deviates from traditional undergraduate textbook topics that present soil consolidation and strength as separate issues. In this chapter, deformation and strength are integrated within the framework of critical state soil mechanics using a simplified version of the modified Cam-clay model. The emphasis is on understanding the mechanical behavior of soils rather than presenting the mathematical formulation of critical state soil mechanics and the modified Cam-clay model. The amount of mathematics is kept to the minimum needed for understanding and clarification of important concepts. Projection geometry is used to illustrate the different responses of soils when the loading changes under drained and undrained loading. Although this chapter deals with a simplification and an idealization of real soils, the real benefit is a simple framework, which allows the students to think about possible soil responses if conditions change from those originally conceived, as is usual in engineering practice. It also allows them to better interpret soil test results and estimate possible soil responses from different loading conditions.

Chapter 12 deals with bearing capacity and settlement of footings. Here bearing capacity and settlement are treated as a single topic. In the design of foundations, the geotechnical engineer must be satisfied that the bearing capacity is sufficient and the settlement at working load is tolerable. Indeed, for most shallow footings, it is settlement that governs the design, not bearing capacity. Limit equilibrium analysis is introduced to illustrate the method that has been used to find the popular bearing capacity equations and to make use of the student's background in statics (equilibrium) to introduce a simple but powerful analytical tool. A set of bearing capacity equations for general soil failure that has found general use in geotechnical practice is presented. These equations are simplified by breaking them down into two categories—one relating to drained condition, the other to undrained condition. Elastic, one-dimensional consolidation and Skempton and Bjerrum's (1957) method of determining settlement are presented. The elastic method of finding settlement is based on work done by Gazetas et al. (1985), who described problems associated with the Janbu, Bjerrum, and Kjaernali (1956) method that is conventionally quoted in textbooks. The application of knowledge gained in Chapter 11 to shallow footing design is presented.

Pile foundations are described and discussed in Chapter 13. Methods for finding bearing capacity and settlement of single and group piles are presented.

Chapter 14 is about two-dimensional steady-state flow through soils. Solutions to two-dimensional flow using flownets and the finite difference technique are discussed. Emphases are placed on seepage, porewater pressure, and instability. This chapter normally comes early in most current textbooks. The reason for placing this chapter here is because two-dimensional flow influences the stability of earth structures (retaining walls and slopes), discussion of which follows in Chapters 15 and 16. A student would then be able to make the practical connection of two-dimensional flow and stability of geotechnical systems readily.

Lateral earth pressures and their use in the analysis of earth-retaining systems and simple braced excavations are presented in Chapter 15. Gravity and flexible retaining walls, in addition to reinforced soil walls, are discussed. Guidance is provided as to what strength parameters to use in drained and undrained conditions.

Chapter 16 is about slope stability. Here stability conditions are described based on drained or undrained conditions.

Appendix A allows easy access to frequently used typical soil parameters and correlations. Appendix B shows charts to determine the increases in vertical stress and elastic settlement of uniformly loaded circular foundation. Appendix C contains charts for the determination of the increases in vertical stress for uniformly loaded circular and rectangular footings resting on finite soil layers. Appendix D contains charts for the determination of lateral earth pressure coefficients presented by Kerisel and Absi (1990).

CHAPTER LAYOUT

The ***Introduction*** of each chapter attempts to capture the student's attention, to present the learning objectives, and to inform the student of what prior knowledge is needed to master the material. At the end of the introduction, the importance of the learning material in the chapter is described. The intention is to give the student a feel for the kind of problem that he or she should be able to solve on completion of the chapter.

Definitions of Key Terms are presented to alert and introduce the students to new terms in the topics to be covered. A section on ***Questions to Guide Your Reading*** is intended to advise the students on key information that they should grasp and absorb. These questions form the core for the end-of-chapter quiz.

Each topic is presented thoroughly, with the intention of engaging the students and making them feel involved in the process of learning. At various stages, ***Essential Points*** are summarized for reinforcement. ***Examples*** are solved at the end of each major topic to illustrate problem-solving techniques, and to reinforce and apply the basic concepts. A ***What's Next*** section serves as a link between articles and informs students about this connection. This prepares them for the next topic and serves as a break point for your lectures. A ***Summary*** at the end of each chapter reminds students, in a general way, of key information. The ***Exercises*** or problems are divided into three sections. The first section contains problems that are theoretically based, the second section contains problems suitable for problem solving, and the third section contains problems biased toward application. This gives you flexibility in setting up problems based on the objectives of the course.

ADDITIONAL MATERIALS

Additional materials are and will be available at http://www.wiley.com/college/budhu. These materials include:

1. Interactive animation of certain concepts.
2. Interactive problem solving.
3. Spreadsheets.
4. PowerPoint slides.
5. Software applications.
6. A quiz for each chapter.

차례

CONTENTS

CHAPTER 8
응력경로 195

CHAPTER 9
세립토의 1차원 압밀침하 217

CHAPTER 12

흙의 지지력과 얕은기초의 침하 433

CHAPTER 13

말뚝기초 523

CHAPTER 14

흙 속에서 물의 2차원 흐름 597

CHAPTER 15

흙막이구조물의 안정 629

CHAPTER 01

토질역학과 기초공학의 개요

INTRODUCTION TO SOIL MECHANICS AND FOUNDATIONS

1.0 서론

흙은 우리의 생존에 필요한 자연 자원이다. 흙은 또한 식량, 주거공간, 건설재료와 광물자원을 제공하며, 환경보호와 더불어 모든 빌딩들을 지지한다. 본 교재는 건설재료 뿐만 아니라 지하 및 지상구조물을 지지하는 흙의 역할에 대하여 고찰하려 한다.

흙은 가장 오래되고 가장 복잡한 공학적 재료이며, 우리의 조상들은 흙을 홍수예방이나 주거공간을 위한 건설재료로 활용하였다. 서구문명사회는 과거 로마인들이 구조물의 안정성에서 흙의 역할이 매우 중요하다는 경험에서 많은 것을 배웠으며, 특히 기원전 1세기 Augustus 황제 때 로마의 기술자 Vitruvius가 단단한 기초의 설계에 모래나 자갈 등 흙의 종류에 많은 관심을 보인 기록이 있다. 물론 어떠한 이론적 설계 배경이 없이 수많은 시행착오를 거친 경험을 통한 것이었다.

Coulomb(1773)은 최초로 흙의 문제를 풀기 위하여 역학(mechanics)을 사용하였다. 프랑스 왕립기술자회의 회원인 그는, 대포의 화력에도 견딜 수 있는 오래된 성벽의 보강방법에 관하여 연구하기 시작하였다. 이러한 군사적 공격에서 성벽을 보호하기 위하여 성벽 앞부분에 그림 1.1과 같이 경사로 흙을 쌓았다. 적들은 성벽을 공격하기 위하여 흙더미 아래로 터널을 파야 되며, 그런 경우, 적들은 쉽게 발견되었다. 그러나 그 보강된 흙더미는 성벽을 밀어서 쓰러트릴 수도 있고, 또한 앞쪽으로 밀어낼 수도 있는 우려가 있었다. Coulomb은 성벽을 미는 측압(토압)을 예측하여 벽체의 안정성을 해석하는 시도를 하였다. 그는 흙 쐐기 ABC(그림 1.1)가 파괴면 BC와 함께 움직이며, 이 쐐기는 벽체를 밀거나 쓰러뜨릴 것이라는 가정을 하게 되었다.

가정된 파괴면을 따라 움직이는 흙쐐기는 그 파괴면들을 따라 발생되는 흙의 저항력이 부족할 때 가능한 것이었다. Coulomb은 흙의 저항력이 입자간의 마찰력에 의하여 발생된다고 가정하고, 흙의 쐐기가 거친(마찰)파괴면을

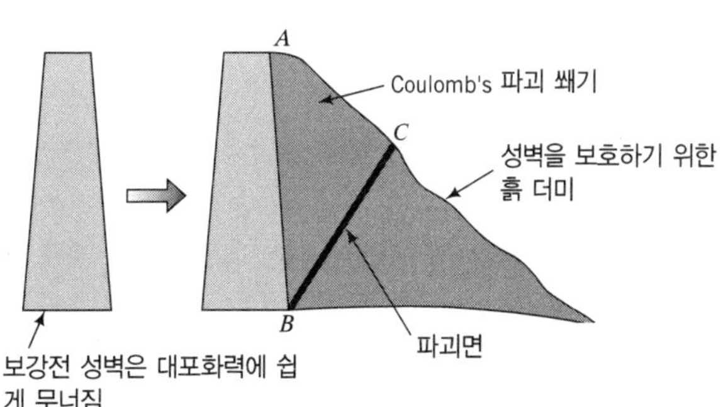

그림 1.1 보강전과 보강후의 성벽.

따라 움직이는 문제로 단순화시킴으로서 물리적 혹은 역학적으로 해석이 가능하도록 하였다. Coulomb은 기술적으로 흙의 파괴기준을 설정하였다. 현재에도 Coulomb의 파괴기준과 분석방법은 여전히 널리 사용되고 있다.

20세기 초에 들어서, 급작스런 도시의 팽창, 산업화, 상업화는 수많은 구조물들의 건설을 요구하고 있는데, 특히 고층빌딩, 큰 규모의 공공건물들, 수력발전용 댐, 용수공급과 농업용 저수지, 터널, 도로, 철도, 부두와 항만구조물들, 교량, 공항과 활주로, 광산, 병원, 위생시스템, 배수시스템, 방송통신탑 등이 있다. 이러한 구조물들은 안정되고 경제적인 기초를 요구하며, 흙에 대한 새로운 문제에 직면하게 된다. 예를 들면, 흙속에서의 응력상태, 안전하고 경제적인 기초의 설계방법, 건물의 침하량, 지상과 지하에 설치된 구조물의 안정성들을 어떻게 산출할 것인가? 하는 것들이다. 우리는 지속적으로 직면하는 새로운 문제점에 대하여 답을 찾아야 할 것이다. 예를 들면, 물이나 흙으로부터 독성혼합물을 제거, 지진이나 재해로부터 지반구조물과 기초의 손상을 방지하는 설계, 환경을 보호하고 지속가능할 수 있는 설계 등 이다.

이러한 질문들에 대답하기 위하여 보다 합리적인 방법이 요구되고, 결과적으로 토질역학이란 분야가 탄생된 것이다. Karl Terzaghi(1883~1963)는 토질역학의 아버지임이 명백하다고 할 수 있다. 1925년에 발간된 그의 책 *Erdbaumechanik*를 통하여 토질역학의 초석을 놓았고, 모든 공학적 활용에 적용함으로서 토질역학의 중요성을 인정 받았다. 토질역학은 지반공학 혹은 지반역학 등으로도 불리며 흙을 기초나 건설재료로서 활용 시에 예견되는 문제들을 해결하는 공업역학의 응용분야라고 할 수 있다. 공업역학은 흙의 물리적 · 공학적 특성과 거동 등을 분석하고 이해하는데 사용된다.

토질역학은 지반공학의 일부이며, 지반공학은 토질역학, 지질학, 수공학을 활용하여 지반구조물인 댐, 제방, 터널, 운하, 수로, 교량기초, 도로, 건물, 폐기물처리시스템의 설계 및 해석과 관련된다. 모든 토질역학의 적용분야는 흙 자체의 변수인 지층상태, 구성요소, 공학적인 특성 등으로 불확실성을 내포하고 있다. 공업역학은 토질문제에서 단지 부분적 해만 제공한다. 경험과 계략적인 계산은 토질역학을 성공적으로 적용하여 실제현장의 문제를 해결하는데 필수적이다. 이 책에서 적용된 대부분의 해석은 계략적으로 산출되었다.

안정성과 경제성이란 공학적 설계에서 두 가지 다른 견해이다. 지반공학에서는 흙의 불확실성, 적용하중의 불확실성, 자연현상으로부터 하중의 변화 등으로 인하여, 해석 시에 복잡한 계산과 단순한 계산사이에서 어느 것을 선택할 것인지 혹은 대략적인 방법을 택할 것인지 또는 절충안을 고려할지 망설여질 때가 많다. 안정성은 절대로 경제성으로 절충되어서는 안 된다. 몇 달러의 절약을 위하여 절충된 불안정한 구조물은 붕괴와 죽음을 불러오기 때문이다.

1.1 경이로운 토목공학–숨겨진 진실

지반공학 기술자들이 하는 일들은 건설이 완료된 후에는 눈으로 잘 볼 수 없는 부분이 많다. 예를 들면, 네 가지 경이로운 구조물인 —the Willis tower(formerly called the Sears Tower, 그림 1.2)와 the Empire state building(그림 1.3), the Taj mahal(그림 1.4), the Hoover dam(그림 1.5)— 이들의 공학적, 건축학적 아름다움은 우리들에겐 영광이다. 그럼에도 불구하고 만약 눈에 보이지 않는 건축물의 기초가 만족스럽게 설계되지 않았다면 이러한 구조물들은 존재하지 못하였을 것이다. 만족스런 기초설계는 적합한 토질역학의 원리와 축적된 기술경험 그리고 훌륭한 판단에 달려있다

그림 1.2
윌리스 타워(미국).

그림 1.3
엠파이어 스테이트 빌딩(미국).

그림 1.4
타지마할(인도).

그림 1.5
후버댐.

여러 구조물들(건물, 공항, 도로, 댐, 제방, 자연사면, 발전소 등)의 안정성과 생명은 흙의 강도, 변형거동, 안정성에 달려있다. 만약, 흙(지반)이 파괴되면 지반 내와 상부에 위치한 구조물은 붕괴될 것이며, 아무리 설계가 잘 된 구조물일지라도 손상을 입게 될 것이다. 그러므로 성공적인 토목공학 프로젝트는 지반공학 기술에 달려있다 해도 과언이 아니다.

1.2 붕괴사고와 지반공학적 교훈

모든 구조물의 기초는 지구상에 설치되며, (안전하고 경제적인 기초의 설계는) 우리의 능력에 달려있다. 그러나 흙의 자연적인 예측불허의 변화로 인하여 사고는 일어날 수 있다. 붕괴사고는 종종 대참사나 재산과 인명피해로 이어져 왔다. 이러한 붕괴사고의 원인들은 적절치 못한 지반 및 현장조사; 예상치 못한 흙과 지하수조건; 자연적 위험 또는 재난; 불충분한 해석, 설계, 시공 및 품질관리; 시공 후 위험에 노출, 설계조건 외의 적용 등으로 인하여 발생된다. 만약 붕괴원인이 철저히 밝혀지면, 미래에 유사한 사고를 방지하기 위한 많은 정보와 교훈을 얻게 된다. 몇몇 사고는 자연적 재해인 지진이나 태풍 등으로 발생되며 예방이 쉽지 않으며, 우리의 노력은 인명과 재산피해를 저감할 수 있는 방향으로 해결책을 설정할 필요가 있을 때가 많다.

초창기 조사된 사고의 하나이며 흙의 거동에 관한 지식을 확인케 해준 사고는 1913년 발생한 Transcona 곡물창고 붕괴이다(그림 1.6). 하루에 1m 높이로 곡물을 쌓은 곡물 창고는 24시간 내에 침하와 더불어 기울기 시작하였다. 다행히도 구조적 손상이 크지 않아 곡물하우스는 다시 복구되었다. 흙의 상태와 강도를 알아보기 위한 시추는 이루어지지 않았다. 대신 심도 4m 굴착 후 기초를 설치하였고, 흙의 지지력을 결정하기 위하여 평판재하시험이 시행되었다.

Transcona 곡물창고 붕괴사고의 원인과 이론적 흙의 지지력을 검증하기 위하여 취합된 사고 관련자료와 사고 후 실시된 지반조사가 사용되었다(Peck and Bryant, 1953; Skempton, 1951). Peck과 Bryant는 곡물하우스와 곡물로 인한 하중인 작용응력이 그 흙이 최대 받을 수 있는 설계저항지지력과 같음을 알 수 있었다. 이로 인하여 연약점토의 지지력을 산출하는 이론을 유추할 수 있는 계기가 되었고, 또한 이러한 붕괴로부터 지반조사, 토질시험, 하중적용방법의 중요도를 배울 수 있었다.

Transcona 곡물창고는 토질역학이 소개되기 전에 설계되었다. 한 증인인 White(1953)는 다음과 같이 기술하

그림 1.6 Transcona 곡물창고의 붕괴.

였다. "그 당시에는 토질역학이 특별한 과학분야로 시작될 수 없었다. 만약 지금과 같이 흙의 거동과 전단강도가 많이 알려져 있고, 적합한 시추조사와 토질시험이 실시되었더라면 이와 같은 사고는 피할 수 있었을 것이다. (우리는) 이미 알려져 있는 것 보다 이 분야의 학문적 개발에 더 많은 의무가 있다."

1925년 Terzaghi가 토질역학을 처음 소개한 이후 흙의 거동을 이해하기 위하여 먼 길을 지나왔다. 우리는 붕괴사고들과 연구를 통하여 더욱더 많은 것을 배우고 있으며, 흙의 거동을 이해하는데 많은 사람들의 도움이 요구된다. 붕괴사고를 줄이거나 피하기 위하여, 토질역학의 기본개념과 실제 문제에 대한 적용에 대한 연구와 학습에 나와 같이 할 것을 제안한다.

CHAPTER 02

지질학적 특성과 흙의 입자

GEOLOGICAL CHARACTERISTICS AND PARTICLE SIZES OF SOILS

2.0 서론

본 장에서는 기본적인 지질학과 흙 입자들의 크기에 대하여 소개한다. 2장을 마쳤을 때 당신은 아래의 내용을 할 수 있어야 한다.

- 지반공학에서 지질학의 중요성 이해
- 흙의 형성 이해
- 흙 시료에 대한 입도분포 결정
- 입도분포곡선의 이해와 활용

중요사항

성공적인 지반공학실무에서 지질학은 매우 중요하다. 지반공학 기술자의 주된 임무 중의 하나는 현장에 있는 흙의 특성을 이해하는 것이다. 암석의 풍화로 발생되는 흙은 매우 복합적이고 그 종류가 다양하다. 한 지역에서 발견된 흙이 바로 옆 위치에 있는 흙과 같지 않음은 당연하다. 예측하지 못한 지질학적 조건과 지하수위로 인하여 많은 붕괴사고가 발생되며, 공사비의 증가를 발생시킨다. 고속도로 건설에서 교량의 기초에 대하여 설계와 시공을 해야 되는 실제 상황을 가정해 보자. 이러한 설계를 하기 위하여 우선 그 현장의 지질 및 토질상태, 지반의 공간적 변화, 지하수 소선과 함께 지진 등의 재해 시 손상가능성 역시 예측할 수 있어야 한다. 당신은 지질학자와 함께 일할 수도 있지만, 지반조사의 시행계획과 그 결과의 분석과 활용에 대한 계획을 세워야 할 것이다. 다음 장에서는 현장의 지반조사에 대하여 배울 것이다. 이번 장에서는 지반공학 기술자들에게 중요한 지질학의 기본지식, 흙의 분류와 입도분포 등을 배우게 될 것이다.

2.1 용어 정의

경사 : 층리면의 하향 성분

단층 : 지반의 파쇄대

광물 : 화학적 요소로 암석을 구성

암석 : 1종 또는 그 이상의 광물이나 유기물이 자연의 작용으로 모여서 만든 덩어리나 집합체

흙 : 풍화된 암석으로부터 발생된 재료

주향 : 층리면의 수평 성분
유효입경(D_{10}) : 입도분포곡선에서 통과백분율 10%에 해당하는 흙의 입자직경
평균입경(D_{50}) : 흙의 평균입자직경

2.2 이해를 돕기 위한 질문

1. 지반공학 기술자에게 지질학이 왜 필요한가?
2. 공학적 흙이란 무엇인가?
3. 흙의 구성은 무엇인가?
4. 흙을 구성하는 주요광물은 무엇인가?
5. 흙의 종류와 특징은 어떻게 설명되는가?
6. 굵은 입자의 흙과 가는 입자의 흙은 어떻게 다른가?
7. 입도곡선은 무엇인가?
8. 흙의 입도분포를 어떻게 결정하는가?
9. 입도분포곡선을 어떻게 이해하고 활용할 수 있는가?

2.3 기본 지질학

2.3.1 지구의 외형

지구의 반경은 6373 km이며, 평균질량밀도는 5.5279 g/cm^{3}이다. 이 평균질량밀도는 물의 1g/cm^{3}와 흙 입자의 2.79 g/cm^{3}와도 비교가 될 정도로 무겁다. 지진 시 발생된 탄성파 측정으로 얻어진 지구의 중심부에 질량밀도는 8 g/cm^{3}의 무거운 철(iron)성분이 대부분이며 맨틀(mantle)로 덮여 있다. 맨틀은 액체상태의 암석으로 이루어져 있고, 상부맨틀 위에는 표층인 두 종류의 지각 층이 위치해 있으며, 대륙지각은(그림 2.1) 50 km 두께로, 해양지각은 7 km 두께로 나뉘어 분포되어 있다.

2.3.2 판 이론

표층과 상부맨틀의 일부인 약 100 km두께는 암석권(lithosphere)으로 형성되어 있고, 이 암석권 하부에는 약 150 km 두께로 연약권(asthenosphere)이 위치해 있다. 이 암석권은 약 20여개의 판(커다란 암반덩어리)으로, 이들은 뜨거운 마그마 층 상부에서 서로 밀고 · 당기며 지각의 움직임을 유도한다. 이러한 지각 층, 즉 여러 개의 판(plate)이 움직이는 힘과 변화과정을 설명한 판 이론은 동일과정설(uniformitarianism)에 근거하여 지질학적 변화가 현재와 과거가 같은 방식으로 계속해서일어난다고 보는 것이다.

판들의 움직임은 상대적으로 느리지만, 급작스런 움직임이 발생되면 암반내의 모든 방향으로 에너지를 보낸다. 이 에너지는 충격파로 전달된다. 이러한 충격파가 지표면에 도달하여 지각을 흔들면 이를 지진이라 부른다. 지진 후에 판들이 다시 자리를 잡으며 또 한 번의 충격파를 만드는데 이를 여진(aftershocks)이라 한다. 지진(earthquake)이 발생한 지점을 진원(focus)이라 하고, 그 지점 바로 상부의 지표면을 진앙(epicenter)이라고 한다.

충격파가 진원지에서 지표면으로 이동함에 따라, 표면파(surface wave)와 실체파(body wave)로 나뉜다. 이들

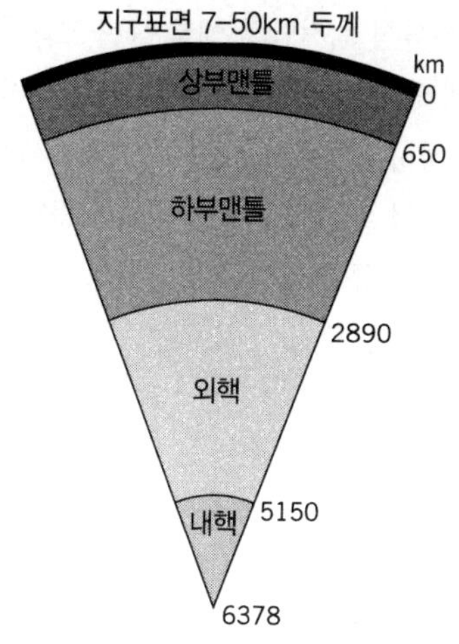

그림 2.1 지구의 부채모양 단면.

파는 각기 다른 속도로 움직인다. 실세파는 압축 P-파와 전단 S-파로 이루어져 있다. P-파는 지표면에 가장 먼저 도착하며 그 뒤로 S-파가 따른다. 표면파는 Love(LQ)파와 Raleigh(LR)파로 구성되어 있으며, 이들 표면파는 큰 주파수와 주기를 가지고 있다.

지진에너지의 방출되는 양은 지진의 진도(M)로 표시한다. Richter규모 진도는 로그스케일로서 0에서 9까지의 범위를 가진다. 진도 2인 지진은 거의 느낄 수 없지만, 진도 7에서는 광범위한 피해를 일으킬 수 있다.

판의 경계부에는 아래와 같은 3가지 중요한 현상들이 발생된다.

1. 판들이 서로 미끄러지며 단층대(fault zone) 발생
2. 판들이 밀리면서 한판이 다른 판 아래로 관입되는 섭입대(subduction) 발생
3. 판들이 서로 (멀어지면서) 발생되는 확장대(spreading zone) 발생

2.3.3 지구표면의 구성요소

지구표면을 구성하고 있는 물질은 퇴적물과 암(rock)이다. 퇴적물은 암의 풍화로부터 얻어지는 무기질 혹은 유기질 조각이거나, 얼음, 바람, 물 등에 의하여 운반되고 퇴적된 고체의 조각일 것이다. 암은 화성암(igneous), 퇴적암(sedimentary), 변성암(metarmorphic)의 3종류로 구분되며, 지구의 형성과 변화과정과 관련된다.

화성암은 화산작용으로 분출된 액체상태의 암인 마그마가 식으면서 고결되어 형성된다. 퇴적암은 퇴적물과 동 · 식물의 잔해 등이 물속이나 지표부근에 쌓여서 압력과 열을 받게 되어 형성된다. 그러나 이러한 열과 압력은 화성암 생성 때 보다는 작은 규모이다. 변성암은 지표면의 상당심도에서 화성암, 퇴적암 또는 (심지어 존재하고 있는) 변성암이 엄청난 열과 압력에 의해 변성되어 생성된다. 그들의 외형과 색깔 등은 매우 다양하다. 공학적인 관점에서 층리(같은 광물들이 평행이므로 층을 이룸), 약한 광물 층, 쪼개질 수 있는 면들은 연약한 파괴면을 형성하고 있기 때문에 매우 중요하다. 용융현상은 없기 때문에 원래 암석의 화학적 구성요소에는 변화가 없다. 암석의 조직은 더 굵은 입자가 된다.

퇴적암은 지구표면의 75%를 0.8 km두께로 분포되어 있기 때문에 지반공학 기술자들에게 특히 중요하다. 퇴적암을 형성하고 있는 퇴적물들은 전기적, 인력, 화학적, 광물질들의 결합력으로 뭉쳐져 있으며 일반적으로 느슨한 상태이다. 쇄설성 퇴적암은 탄산염(석회석, $CaCO_3$)이나 황산염(석고, $CaSO_4$ [$+2H_2O$])같은 광물질에 의해 암석의

조각들이 결합된 형태의 암이다. 쇄설성 퇴적암의 예를 들면 모래가 광물질과 결합되어 형성된 사암(sandstones)은 바닷가나 모래언덕 하부에 위치해 있다. 혈암(shale)은 점토나, 진흙으로 만들어지며 호수나 늪지대에서 발견된다. 그리고 역암(conglomerates)은 하상하부에서 모래와 자갈로 생성된다. 화학적 퇴적암은 물속에 용해되어 있는 석회석, 석고, 암염(rock salt) 등의 광물질로 이루어진다(예를 들면 California의 Death valley에서 발견되고 있다). 유기질 퇴적암은 식물 · 동물 뼈나 조개등 유기질로 형성되며, 석탄이 지구 깊은 곳에서 식물의 압축으로 만들어진 이치와 같다.

2.3.4 불연속면(층)

암반은 대부분이 균질하지도 않고 연속성도 없다. 오히려 암반은 암반의 변형과 강도 그리고 암반 위에 설치된 구조물의 안정성에 영향을 주는 불연속면으로 이루어져 있다. 퇴적암에서의 불연속면들을 층리면(bedding plane)으로 부른다. 이 층리면은 (각기 다른) 퇴적물이 분리되는 면이다. 변성암에서는 층리면을 뜻하며, 화성암에서는 **절리**(*joints*)라고 부른다. 절리라는 말은 암반에서 대부분의 불연속면을 뜻한다. 불연속면은 기하학적으로 표현하기 위하여 **주향**과 **경사**라는 용어를 사용한다. 주향은 층리면의 하향성분이고 경사는 층리면의 수평성분이다.

암반은 습곡(folding)작용으로 구부러질 수도 있으며 그 양상은 매우 다양하다. 그림 2.2와 같이 단순한 두 습곡현상으로 배사구조(anticlines)는 암반이 위로 향해 굽혀진(볼록한, convex)현상과, 향사구조(synclines)는 암반이 아래로 향해 굽혀진(오목한, concave) 현상을 보여주고 있다. 습곡은 암반내에 응력상태를 불균등하게 만들고, 이러한 불균등한 응력해방은 토목구조물공사에 많은 문제점들을 발생시킨다.

지표면에 파쇄대를 만드는 암반의 움직임을 단층(fault)이라 한다. 3종류의 단층이란 정단층, 역단층, 수평단층이 있다. 인장력으로 정단층(그림 2.3a)이 발생되고, 그 예로는 Wyoming주의 Teton mountains이 있다. 압축력으

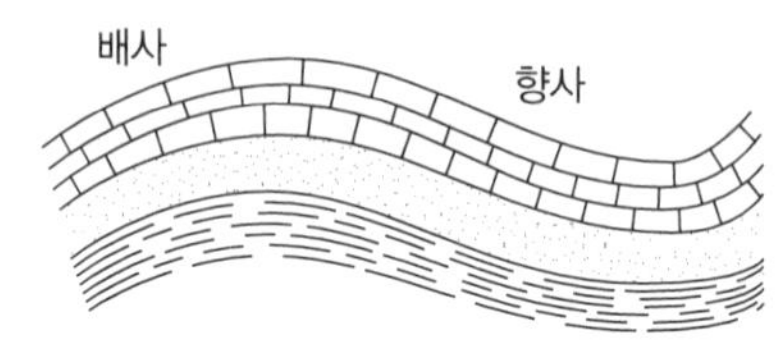

그림 2.2 단순한 습곡.

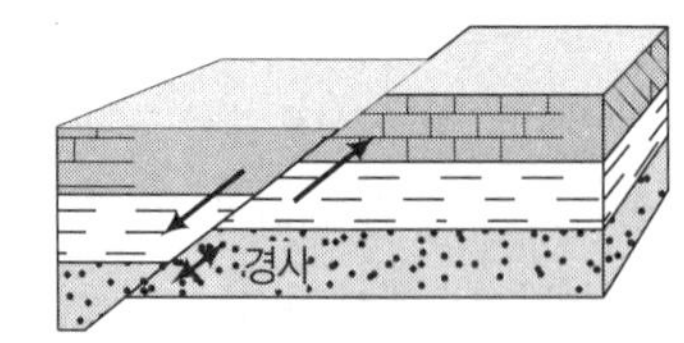

(a) 정단층

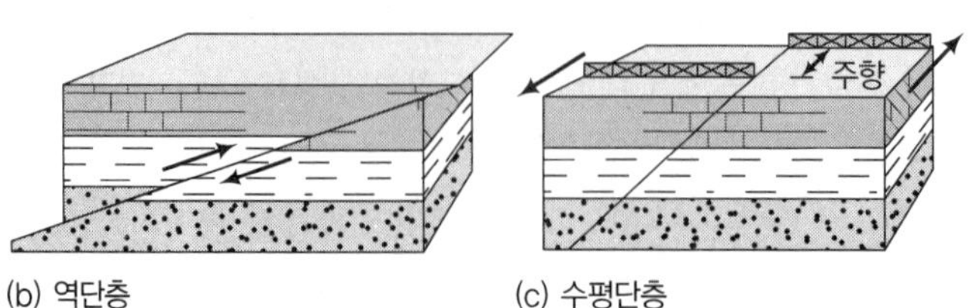

(b) 역단층 (c) 수평단층

그림 2.3 3종류의 단층: (a) 정단층, (b) 역단층 (c) 수평단층.

로 역단층(그림 2.3b)이 형성된다. 전단력은 수평단층(그림 2.3c)의 원인이다. 그 예로 California San Andreas 단층을 들 수 있다. 이러한 단층은 단순치 않으며 항상 다양한 양상으로 만들어 지고 있다.

2.3.5 지질학적 순환과 지질시대

암석과 퇴적물의 형성은 지질학적 순환으로 알려진 바와 같이 연속되는 과정이다. 퇴적물들은 열과 압력의 작용으로 암석으로 변화되고, 그 암석은 침식되어 퇴적물로 변한다. 이러한 순환은 시작과 끝이 존재하지 않는다. Nicolaus Steno(1638~1687)는 지질학적 순환을 지배하는 3가지 중요한 지질학적 원칙을 제시하였다.

1. 퇴적면 수평의 원리 : 퇴적물의 층리는 지표면과 평행하게 퇴전된다.
2. 동일과정의 법칙 : 퇴적은 판상으로 형성되며 과거 지츠으이 경계면에서 종료된다. 지구상에서 변화는 (과거와 같이) 연속된 힘에 의하여 일어난다.
3. (지층)누증의 법칙 : 퇴적의 연대는 퇴적의 순서에 관계된다. 오래된 지층은 반드시 최근 형성된 지층의 아래에 위치한다.

이러한 법칙들의 검증은 그림 2.4의 Grand Canyon에서 확인할 수 있다.

지질학적 시간은 과거의 지질학적 연대를 나타낸다. 지구상에 있는 재료의 나이는 방사능측정 방법으로 측정한다. Potassium-argon 연대측정법(화성암내에서 발견되는 칼륨 (K)이 방사능에 의해 아르곤으로 변함)과 Rubidium-strontium 연대측정법(변성암에서 발견되는 루비듐이 방사능에 의해 스트론튬으로 변함) 이 많이 활용되고 있다. 그림 2.5의 지질연대기는(백만년 단위) 과거의 생물학적 근거와 주로 carbon14 (C_{14}) 연대법에 의해서 제시되었다. 지질연대기는 지구의 온도변화, 침식, 홍수, 산사태, 지진, 화산의 발생빈도를 추정하는데 사용되고 있다.

그림 2.4 퇴적지층들로 이루어진 Grand Canyon. 가장 최근에 형성된 지층이 가장 윗 쪽에 위치해 있다. 각지층의 변형은 지층의 형성재료, 구속압력, 변형률, 온도 등의 영향을 받는다. (Age Fotostock America, Inc.)

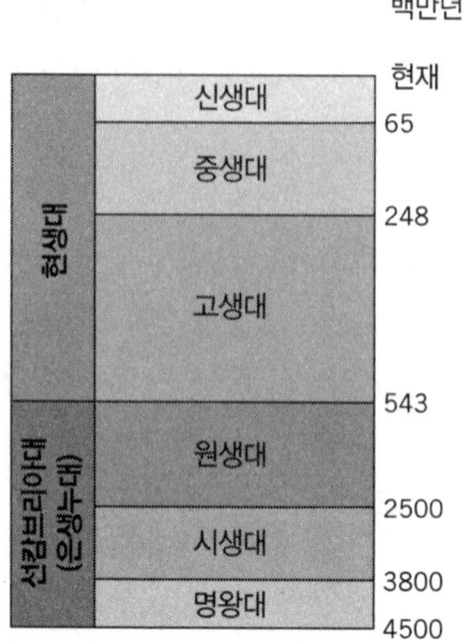

그림 2.5 지질시대.

요점정리 THE ESSENTIAL POINT ARE

1. 지질학의 지식은 성공적인 지반공학의 실무를 위하여 매우 중요하다.
2. 지구표면(암석권)은 20여개의 움직이는 판으로 쪼개져 있다. 이러한 판들사이의 상호 작용으로 화산과 지진이 발생한다.
3. 3종류의 암석은 화성암, 퇴적암, 변성암이다. 화성암은 화산분출물인 마그마(용해된 암석) 가 식으면서 고결되어 형성된다. 퇴적암은 동 · 식물과 퇴적물들이 물속이나 지표부근에 퇴적된 후 열과 압력을 받아 만들어진다. 변성암은 지각의 깊은 심도에서 화성암과 퇴적암이 상당한 열과 압력을 받아 밀도가 높아지는 변성작용으로 생성된다. 층리와 연약광물층 및 쪼개질 수 있는 엽리면을 가지고 있다.
4. 퇴적암은 지구표면의 약 75%를 차지하고 있어 지반공학기술자들에게 대단히 중요하다.
5. 암반은 균질하지 않은 불연속체 이다.

What's next... 이제 지질학의 기본지식을 가지고 흙에 관하여 공학적 접근을 시도하려 한다.

2.4 흙의 구성

2.4.1 흙의 형성

흙은 암(rock)의 화학적, 물리적 풍화에 의하여 생성된다. 물리적 풍화는 모암의 원래 구성요소에 변화가 없이 단지 크기만을 감소시킨다. 이러한 행위의 주된 원인은 암석에 대한 박리(얇게 벗겨짐), 하중감소, 침식, 동결과 융해 등이다. 화학적 풍화는 크기의 감소뿐 아니라 모암의 구성요소를 변화시킨다. 주요 원인으로는 수화작용, 탄산화작용, 산화작용이다. 이들 화학적 · 물리적 풍화는 동시에 진행될 수도 있다.

풍화가 진행된 그 장소에 남아있는 흙을 잔류토(residual soil)라 하는데, 모암의 모든 성분을 그대로 가지고 있다. 충적토 혹은 하성퇴적토는 하천이나 강에 의하여 운반된 흙이다. 이러한 흙의 구성은 일반적으로 다양한 종류의 흙으로 지층을 이루고 있다. 대부분의 건설현장은 이러한 충적토에서 이루어 질 수 있다. 빙적토란 빙하에 의하여 운반 퇴적된 흙이며, 해성토는 해양환경에서 퇴적된 흙이다.

2.4.2 흙의 종류

자갈, 모래, 실트, 점토라고 일반적으로 사용되는 용어는 그 흙의 특별한 특성에 의하여 구분된다. 흙의 특성에 의한 종류로, 모래와 점토는 완전 다르다. 여기서 특성이란 흙의 느낌과 외형을 뜻한다. 모래와 자갈은 굵은 입자의 흙으로 분류되며, 점토와 실트는 가는 입자의 흙 그룹에 속한다. 굵은 입자 흙은 거칠고 강한 느낌을 주는 반면, 가는 입자 흙은 부드럽고 미끈한 느낌을 준다. 흙의 굵기 정도는 입자크기의 분포로 결정된다. 입도는 조립토를 분류하는 주된 기준이다. 세립토의 특성을 나타내기 위하여 포함된 광물질의 함유량과 종류를 알고 있어야 한다. 세립토의 하중에 대한 반응, 즉 역학적 거동은 그 흙속에 포함된 대부분의 점토광물의 종류에 달려있다.

현재 사용 중에 있는 흙의 종류와 특성을 소개하면 아래와 같다.

- 충적토(*alluvial soils*): 암반의 침식으로 발생된 퇴적물이 물에 의하여 강이나 하천바닥에 퇴적된 흙
- 칼슘토(*calcarious soils*): 탄산칼슘을 포함하며, 염산을 사용하면 거품이 발생하는 흙
- 캘라쉬(*caliche):* 모래, 자갈과 점토가 탄산칼슘과 혼합된 흙
- 붕적토(*collovial soils,* collovium): 물과 중력의 힘에 의해 산이 침식되어 하부에 형성된 흙
- 풍적토(*aeolian soils*): 바람에 의해 퇴적된 모래크기의 흙
- 팽창성 흙(*expansive soils*): 습윤과 건조시 체적변화가 큰 흙
- 빙적토(*glacial soils*): 암조각, 전석, 모래, 실트, 점토 등이 혼합된 흙
- 빙적-틸(*glacial till*): 빙하로 운반된 주로 굵은 입자의 흙
- 빙적점토(*glacial clay*): 오래된 호수에 퇴적되고 동결됨. 얼어있는 호수가 녹으면서 점토와 실트층들이 형성되며, 무늬점토(varved clay)라고도 한다. 여름기간 동안에는 밝은 색의 실트가 퇴적되고, 겨울동안엔 점토가 얇고 검은 색으로 퇴적된 흙
- 석고(*gypsum*). 염분이 강한 바다에서 퇴적물과 석회석($CaSO_4$)이 열과 압력으로 고결된 흙
- 호성토(*lacustrine Soils*): 빙하 호수에 퇴적된 모래와 실트질 흙
- 홍토(*lateritic soils*): 열대지방에서 산화철로 고결된 잔류토
- 롬(*loam):* 모래, 점토, 실트가 혼합된 흙이며 약간의 유기질도 있음
- 황사(*loess*): 바람에 날린 균질하고 가는 입자의 흙
- 해성토(*marine soils*): 염분 있는 물(해양조건)에서 퇴적된 모래, 실트, 점토질 흙
- 이회토, 이회암(*marl, marlstone*): 석고와 석회가 혼합된 퇴적토 또는 고결된 암
- 진흙(*mud*): 물과 실트가 섞여 유동성이 높은 점토

2.4.3 점토광물

점토광물은 결정체로서 흙의 고체부분이라 할 수 있으며, 세립토(fine-grained soil)의 광물입자는 판상(platy)이다. 광물질들은 화학적성분과 구조에 따라 분류된다. 지반공학자들과 연관된 대부분의 광물들은 지구상에서 가장 흔한 산소(O)와 규소(Si)로 구성되어 있는 규소화합물이다. 규소화합물은 규소사면체(silica tetrahedron)로 불리는 광물그룹에 속하며, 중앙에 위치한 양전하인 규소 양이온이 음전하인 4개의 산소 음이온으로 둘러싸여 있으며, 산소이온은

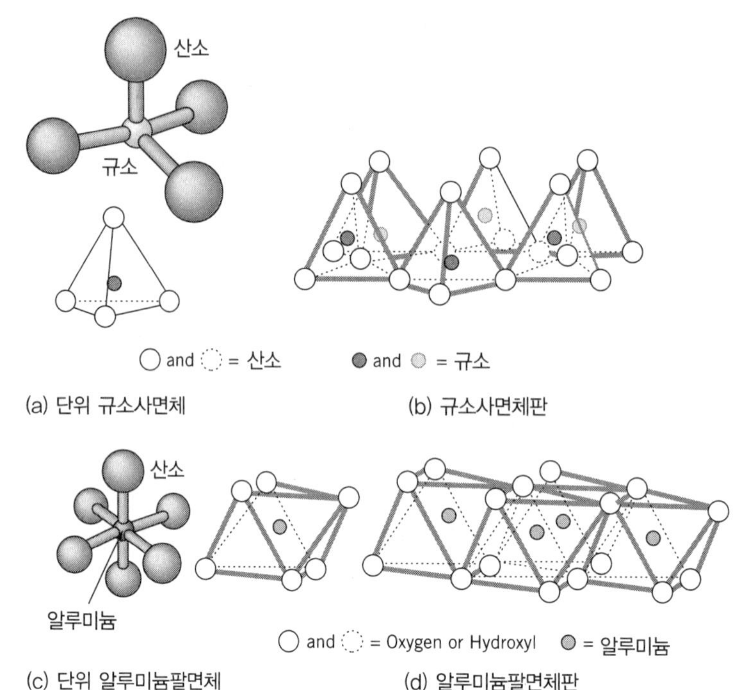

그림 2.6 (a) 단위 규소사면체, (b) 규소사면체판, (c) 단위 알루미늄팔면체, (d) 단위 알루미늄팔면체판.

정사면체 밑 부분에 하나씩 연결되어 있다(그림 2.6a). 단위 사면체는 −4가의 전하를 가지고 있으며 중립전하가 되기 위하여 양이온이 가해지거나 또 하나의 정사면체가 연결되어 산소이온을 공유하여야 한다. 규소 광물들은 양이온을 가하거나 정사면체 구조들의 상호작용으로 만들어진다. 규소사면체와 서로 연결되어 규소판이라는 얇은 판상을 형성한다. 이 얇은 판상은 3개의 산소 이온이 주변 사면체들을 공유하는 형태이다(그림 2.6b). 규소판은 구조단위, 예를 들면 다른 알루미나판을 포함할 수도 있다. 알루미나 광물질로 이루어진 알루미나판은 하나의 알루미늄 이온이 6개의 산소로 싸여 있거나 정팔면체구조(octahedron)와 수산기로 형성된다(그림 2.6c, d).

점토를 구성하는 결정체들의 주된 그룹에는 카올리나이트(kaolininte), 일라이트(illite)와 몬모릴로나이트(montmorillonite) 광물질들이 있다. kaolinite는 1개의 실리카판과 1개의 알루미나판이 결합되어 두께 0.72 mm를 반복적으로 쌓아놓은 구조이다(그림 2.7a). 그 층들은 많은 수소결합(hydrogen bond)으로 단단하게 연결되어 있으며, 주로 습기가 많은 열대지방에서 발견된다. Illite는 1개의 알루미나판이 2개의 규소판 사이에 끼어있는 구조를 가지며, 각각 0.96 mm 두께로 포타슘 (K^+)이온들로 연결되어있다(그림 2.7b).

Montmorillonite는 illite와 유사한 구조를 가지며, 각 층들은 약한 van der Waals힘으로 연결된 구조다. Montmorillonite는 Smectite점토 그룹에 속해 있고, 약간의 Al^{+3}이 Mg^{2+}으로 치환된 Aluminum Smectite이다. 치환으로 발생되는 음(−)의 전하는 양이온 Na^+, Ca^{2+} 그리고 물로 균형을 이룬다. 각 층사이로 물이 유입됨으로서 층들은 분리되며 팽창하게 된다(그림 2.7c). 만약 주된 치환 양이온이 Ca^{2+}, 즉 Ca-smectite이면 2개의 water layer를 가지며, Na^+(Na-smectite) 경우에는 1개의 water layer만 가진다. Na-smectite는 Ca-smectite보다 더 많은 물을 흡수하며 입자들을 분리시킬 수 있는 이유는 Na^+이 1가 이기 때문이다. Montmorillonite는 물로 인하여 부풀어 오르고 팽창성이 큰 점토이다.

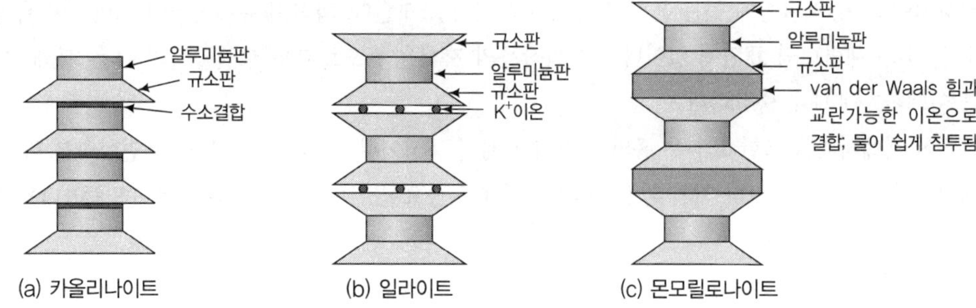

그림 2.7 주요점토 광물의 결합구조.

2.4.4 표면력과 흡착수

하나의 물체를 쪼개면 체적당 표면적의 비율은 증가한다. 예를 들면, 한 변이 1 cm인 정육면체의 표면적은 6 cm^2로 증가한다. 한변이 1 mm인 더 작은 정육면체로 나뉘면 체적은 변하지 않지만 표면적은 60 cm^2로 증가한다. 모래의 단위 gram당 표면적(specific surface)은 일반적으로 0.01 m^2/g인데 반하여, montmorillonite점토는 1000 m^2/g으로 높아진다. Kaolinite의 표면적은 10~20 m^2/g이며 illite는 65~100 m^2/g이다. 45gram illite의 표면적은 축구장 하나의 면적과 같다. 세립토의 이러한 큰 표면적에 존재하는 힘들은 조립토에 비하여 점토광물의 거동에 엄청난 영향력으로 작용한다. 점토와 물의 상호작용에 있어서 점토의 큰 표면적은 조립토에 비해 많은 수의 작은 간극속에 많은 물을 함유할 수 있다.

세립토의 표면은 음(−)전하를 띄게 되며, 이들은 양(+)이온과 주변 물속에서의 물분자중 양이온인 H^+를 끌어들인다. 결과적으로 광물질 주변으로 얇은 수막 층인 흡착수(adsorbed water)를 형성하게 된다. 이런 수막의 얇은 층을 확산 2중층(diffuse double layer)이라 한다(그림 2.8). 광물질 표면에서 가까울수록 양이온 농도가 높고, 거리가 멀어질수록 농도는 지수형태로 감소한다.

점토입자 표면에 작용하는 힘은 2가지 종류가 있다. 하나는 서로 당기는 힘은 London-van der Waals 힘이고, 이들 힘은 광범위하며 두 입자간의 거리 제곱(l^2)의 역수에 비례하여 감소하는 힘이다. 다른 또 하나는 확산 2중층에서 발생되는 서로 미는 힘들이다. 각각의 입자 주변은 이온들이 집단으로 둘러 싸여 있으며, 두 입자가 멀어지면 각각 필요한 만큼의 음(−)과 양(+)의 전하를 끌어들여 중성화가 된다. 입자들이 가깝게 접근하게 되면 입자표면의 음(−)전하는 서로를 밀어내는 힘으로 바뀌게 된다.

석고를 제외한 대부분의 흙을 온도 105±5°C로 노건조시키면 흡착수는 제거되지 않는다. 흡착수는 흙의 거동에

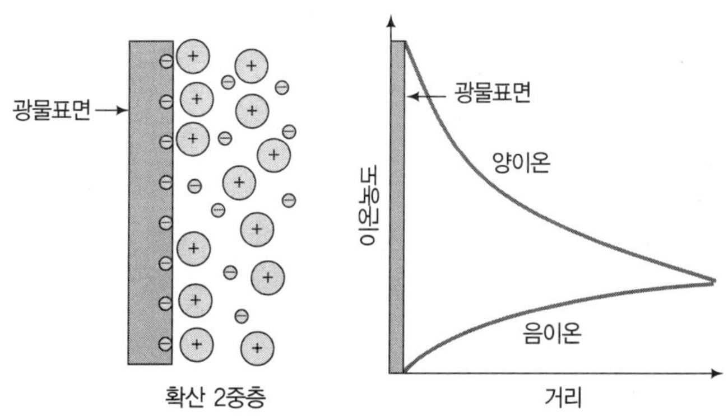

그림 2.8 확산 2중층.

영향력이 크며, 제 4장에 있는 흙의 소성에서 자세히 소개된다. 화학적 유해물질이 스며들어 흙과 지하수를 오염시킬 수도 있다. 세립토의 표면에 일어나는 화학작용의 지식은 흙으로부터 오염물질의 이동, 봉쇄, 재배출과 궁극적 제거를 이해하는데 매우 중요하다.

이 책에서의 주요한 요점은 흙의 물리적 기계적 특성이다. 그래서 세립토의 계면화학은 다루지 않는다. 세림토의 계면화학은 지반공학자나 지반 환경기술자들에게도 중요한 분야인데 이것에 대한 자세한 내용은 Mitchell(1993)을 참고하기 바란다.

2.4.5 흙의 구조

흙입자를 강체로 가정할 때, 광물질 들은 퇴적하는 과정에서 다양한 구조적 배열을 나타낸다. 이를 흙의 구조라 한다(그림 2.9). 각각의 입자들은 주변 입자들과 불규칙한 배열을 보인다. 퇴적환경이 구조적 배열에 영향을 미치고 있다. 특히 전기화학적 환경은 세립토가 퇴적하는 동안 흙의 구조를 형성하는데 가장 큰 영향력을 나타낸다.

일반적으로 세립토가 퇴적하는 동안에 2종류의 흙의 구조인 —면모구조(flocualated)와 분산구조(dispersed)—를 도식화하여 나타내었다(그림 2.9). 분산구조 중에서 염분환경에서는 많은 입자들이 평행하게 나열된 반면, 민물환경에서는 입자들이 서로 직각을 이루고 있다. 면모구조는 대부분의 입자들이 서로 평행으로 좁혀져 있었다(그림 2.9). 퇴적중이거나 퇴적후에 어떠한 하중(지진하중 등)이 작용하면 하중조건들에 따라 입자의 배열상태나 흙의 구조는 영구적으로 변한다. 결론적으로, 과거의 하중과 환경의 변화는 흙의 구조에 흔적을 남긴다. 흙의 구조는 흙의 생성과 변화과정을 기억하게 하는 두뇌와 같은 것이다.

광물입자들간의 간격을 간극이라 부르며, 이 간극은 액체(물), 가스(공기), 그리고 고결제(예: 탄산칼슘)로 채워진다. 간극은 흙의 체적중 많은 부분을 차지하며, 간극간의 연결통로에 물이 흐른다. 간극의 체적을 변화시키면, 흙은 압축(settle) 혹은 팽창(dilate)상태가 될 것이다. 예를 들면, 건물하중이 작용하면 광물입자를 밀착시키게 되고, 간극의 체적을 감소시키며, 흙의 구조변화와 함께 결과적으로 그 건물은 침하된다. 그 침하량은 얼마나 간극의 체적을 압축시켰느냐에 달려 있다. 침하속도는 간극들의 상호연결 상태에 달려 있다. 흡착수가 아닌 자유수와 간극 내 있는 기포들이 강제유출 되어야만 침하가 발생된다. 체적감소로 인한 건물이나 구조물들의 침하는 조립토보다 많은 표면적을 가진 세립토에서 매우 느린 속도로 진행된다. 왜냐하면, 보다 넓은 표면적은 간극들을 통하여 물의 흐름에 대한

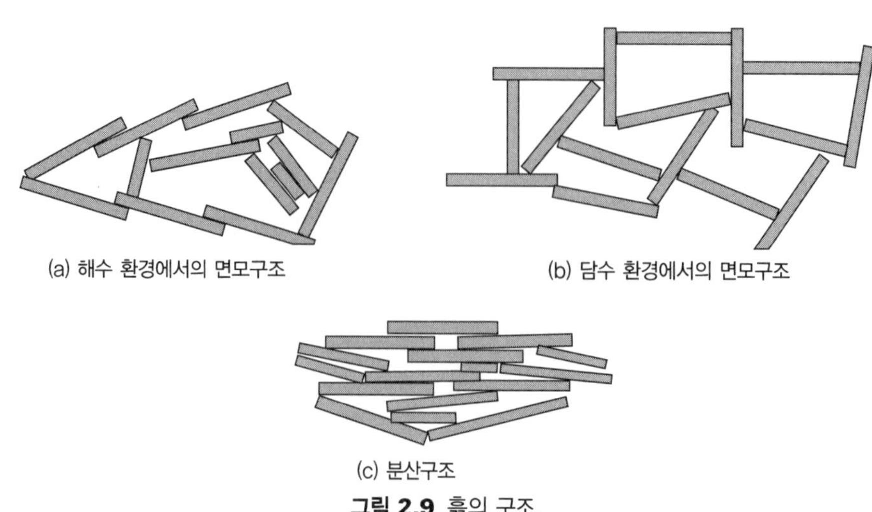

그림 2.9 흙의 구조.

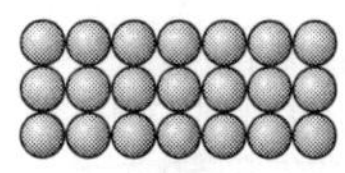
(a) 느슨

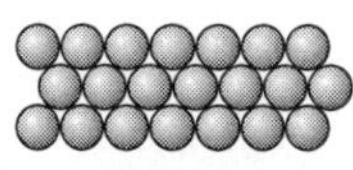
(b) 조밀

그림 2.10 조립토의 입자배열형태.

보다 큰 저항력을 제공하기 때문이다.

대부분이 석영질인 조립토에서의 단단한 입자들은 구형(spheres)의 입자모양을 하고 있다. 구형의 입자들은 규칙적으로 쌓여 있을 때가 가장 느슨한(loose) 배열상태로 최대의 간극을 가진다(그림 2.10a). 가장 조밀한(dense) 상태는 그림 2.10b와 같이 엇물리는 배치일 때이다. 실제로 조립토에서는 입자들의 크기, 모양들이 아주 다양하기 때문에 입자들의 배열이 불규칙하다.

물리학에서 질량(mass)는 체적(volume)에 밀도(density)로 곱하여 얻어진다. 흙입자의 밀도는 대략 2.7 g/cm^{3}이다. 구형(spheres)입자의 직경을 D(cm)라 할 때, 질량은 $2.7 \times \frac{\pi D^3}{6}$이 된다. 그러므로 1 g당 입자의 개수는 $\frac{0.7}{D^3}$으로 산정할 수 있고, 직경 0.015 cm인 가는 모래의 1 g당 개수는 약 207,400개로 추정된다.

요점정리 THE ESSENTIAL POINT ARE

1. 암석들의 풍화작용으로 생성된 흙은 일반적으로 그 특성과 외형에 따라 자갈, 모래, 실트, 점토로 나누어진다.
2. 물리적 풍화는 입자의 모양과 구성요소의 변화는 없고 단지 입자의 크기만 감소시킨다.
3. 화학적 풍화는 모암으로부터 화학적 구성요소와 입자크기 감소 등 모든 변화가 일어나는 현상이다.
4. 점토는 3종류의 광물질로 이루어져 있으며–Kaolinite, Illite, Montmorillonite이다.
5. 점토광물은 규소와 알루미나 판(sheet)로 구성되어 있으며, 서로 결합되어 여러 층으로 된 구조를 갖는다. 각 층을 연결하는 결합방식이 점토의 공학적 거동에 매우 중요한 역할을 한다. Montmorillonite의 연결은 kaolinite와 illite에 비하여 매우 약하기 때문에 쉽게 많은 양의 물이 침투되어 팽창하는 현상을 보인다.
6. 흡착수막이라 불리는 얇은 수막은 흙의 광물질 주변에 달라붙어 있다. 이 흡착수막은 세립토이 물리적, 기계적 특성에 매우 큰 영향을 미친다.

What's next... 대부분의 흙에서, 입자크기의 분포는 하중작용시와 물의 흐름에 다양한 영향력을 갖는다. 시험실에서 흙의 입도분포를 어떻게 시험하는지 알아보자.

2.5 흙의 입도분포

2.5.1 조립토의 입도분포

자갈과 모래와 같은 조립토(coarse-grained soil)에서 평균입경과 입도분포를 얻기 위하여 일정량의 흙을 순차적으로 작은 규격의 체를 쌓아놓고 시료를 통과시키는 체분석 시험을 한다. 그림 2.11은 각체들이 순차적으로 배치되어 있다.

각각의 체는 규격 당 정사각형 눈금의 개수나 체의 눈금크기에 따라 번호가 붙여진다. 큰 규격의 체 번호는 눈금크기가 25.4 mm~6.35 mm이며 작은 규격의 체들 또한 번호가 부여된다. 체분석 과정에서 얻어진 입자의 직경은 그

그림 2.11 체분석시험기.

체의 정사각형 눈금을 통하여 통과된 입자의 최대 크기이다. 무게를 알고 있는 건조된 흙 시료를 가장 위에 있는 가장 큰 눈금규격의 체위에 놓고, 포개어진 전체 체들을 체진동기에 놓고 흔든다. 그 후 포개진 체의 상부에서부터 체를 하나씩 제거하여, 그 속에 남은 시료의 무게를 측정하고, 각체에 남은 시료에 대한 백분율(%)을 산정한다. 그 결과는 각각의 체에 대하여 통과시료의 백분율(%)그래프에 나타낸다. 그림 2.12는 입도크기를 대수눈금으로 나타낸 입경가적곡선 또는 입도분포곡선이다. 여기서 입도크기를 대수눈금으로 나타낸 이유는 가장 큰 입자와 가장 작은 입자 규격의 차이가 10^4보다 크기 때문이다.

W_i는 포개어진 전체 체의 맨 위에서 i번째에 있는 체 속에 남은 흙의 중량이며, W는 전체 흙 시료의 중량이다. 남은 흙 중량의 백분율(%)은

$$i\text{번 체 잔류중량 백분율}(\%) = \frac{W_i}{W} \times 100 \tag{2.1}$$

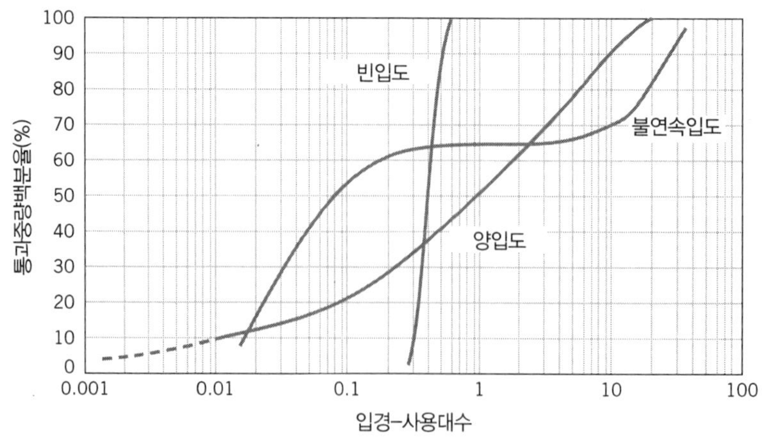

그림 2.12 입도분포곡선.

통과율,

$$i\text{번 체 통과중량 백분율}(\%) = 100 - \sum_{i=1}^{i} i\text{번 체 잔류중량 백분율}(\%) \tag{2.2}$$

중량 대신에 질량을 사용해도 되며, 질량의 단위는 g 또는 kg이다.

2.5.2 세립토의 입도분포

입도가 극히 작은 실트나 점토와 같은 세립토(fine-grained soil)에서 체분석시험은 불가능하다. 그러므로 세립토의 입도분포를 결정하려면, 비중계시험(hydrometer test)이 많이 사용된다(그림 2.13). 비중계시험의 원리는 적은 양의 흙을 현탁액 상태로 만든 후, 부유물들의 침강속도를 관찰하여 입자의 크기를 측정한다. 큰 입자는 빨리 침강하고 작은 크기의 입자가 그 뒤를 따른다.

비중계를 현탁액 속으로 넣으면 계속적으로 가라앉다가 현탁액속의 부력이 비중계의 무게와 같아질 때 멈출 것이다. 현탁액 상부로 돌출된 비중계의 길이는 밀도를 뜻하며, 시간대별로 비중계를 읽어서 현탁액의 밀도를 측정한다. 비중계의 측정값은 부유체의 비중과 온도의 영향을 받기 때문에 시험 중에 온도를 측정하여 비중계 값을 수정을 해야 한다.

비중계시험은 약 50 g정도의 적은 양의 건조된 세립토를 증류수로 잘 섞어 걸쭉하게 만든 후 1 L 크기의 유리실린더에 넣는다. 증류수를 1 L 눈금까지 채우고 잘 휘저은 후 정온 수조에 넣어둔다. 비중계를 유리실린더에 넣고 시간측정을 시작한다. 시차간격으로 비중계 값을 읽는다. 시간 t_D시에 입자직경 (D, cm)은 Stokes법칙으로 다음과 같이 산정된다.

$$D = \sqrt{\frac{18\mu z}{(G_s - 1)\rho_w g t_D}} \tag{2.3}$$

여기서, μ는 물의 점성계수[20°C에서 0.01 g/cm.s], z는 침강거리(cm), ρ_w는 물의 밀도(1 g/cm^3), g는 중력가속도(981 cm/s^2), G_s는 흙 입자의 비중으로 대부분의 값은 2.7정도이다.

Stokes법칙을 적용하는데 있어, 입자들은 자연낙하 구체로서 서로 충돌하지 않는다고 가정한다. 그러나 점토의 광물입자들은 판상형이고, 침강중에 입자간의 충돌은 피할 수가 없다. 또한 Stokes법칙은 Reynolds number(Re =

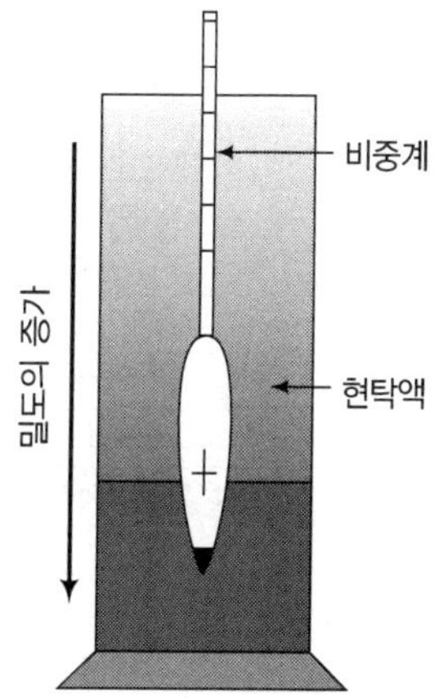

그림 2.13 물과 현탁액 속의 비중계.

$\frac{vD\gamma_w}{\mu g}$)를 갖는 층류(laminar flow)에서만 적용된다. 여기서 v는 속도, D는 입도직경, γ_w는 물의 단위체적당 중량, μ는 20°C에서 동점성계수, g는 중력가속도 이며 Re값은 1보다 작다. 층류는 입자의 크기가 $0.001\text{ mm} < D_s < 0.1$ mm범위에서 주효하며, 입자크기가 0.001 mm보다 작을 때는 콜로이드 상태이다. 일반적으로 200번 체(평균입경 < 0.075 mm)의 통과시료를 사용함으로서, 층류는 자동적으로 입자의 크기 0.001 mm보다 작은 경우를 만족시킨다. 정적 전기력은 콜로이드 상태에는 영향을 미치나 Stokes법칙에는 영향이 없다. Brown운동으로 콜로이드의 불규칙한 운동을 설명할 수 있다.

비중계시험의 결과는 대부분의 지반공학기술자들의 요구를 충족시키기에 충분하다. 보다 더 정확한 세립토의 입도분포측정 방법으로는 보다 복잡한 빛의 산란법(light-scattering)이 있다. 그림 2.12의 점선들은 세립토의 입도분포곡선이다.

2.5.3 입도크기에 따른 흙의 특성

입도분포곡선은 흙의 외형상 분류로 사용된다. 입도분포곡선에 의거한 흙의 분류법은 다년간 다양한 형태로 전개되어 왔다. 각각의 방법들은 특정한 공학적 목적에 따라 개발되었으며, 그림 2.14에 4가지 방법들이 비교되어 있다.

통일분류법(USCS, the Unified Soil Classification System), ASTM법(the American Society for Testing Materials-수정 USCS법), AASHTO법(the American Association of State Highway and Transportation Officials), 그리고 영국기준(BS, British Standards)이 있다. 상세한 흙의 분류는 제 4장에서 다룬다.

이 교제에서는 ASTM법을 사용하며, 흙을 2종류의 영역으로 나눈다. 한 영역은 조립토(coarse-grained soil)로서 50% 이상의 흙이 200번체인 0.075 mm입자크기보다 큰 경우이며, 또 다른 영역은 세립토(fine-grained soil)로서 50% 이상의 흙이 입자크기 0.075 mm보다 작은 경우이다. 조립토는 자갈과 모래로 나뉘고, 세립토는 실트와 점토로 되어있다. 각각의 흙의 종류인 자갈, 모래, 실트, 점토는 표 2.1과 같이 입도크기에 따라 결정된다. 점토는 0.002 mm보다 작은 크기의 입자로 되어있으며, 실제 흙이란 모든 크기의 입자들이 혼합되어 있다.

특수한 목적에 사용될 흙의 선택시는 여러입자들의 분포상태가 매우 중요하다. 입도분포를 기본으로 하는 흙의 분류방법에는 2가지의 계수가 있다. 하나는 균등한 크기를 수치로 측정하는 **균등계수**(C_u)이며,

$$C_u = \frac{D_{60}}{D_{10}} \tag{2.4}$$

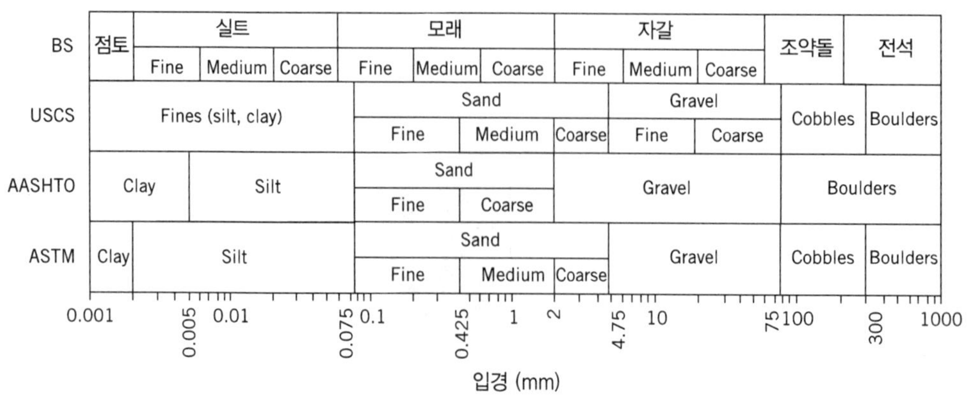

그림 2.14 입자크기에 따른 4가지 흙의 분류법 비교.

표 2.1 흙의 종류, 형태 및 평균입경크기(ASTM D2487)

흙의 종류	상태	평균입경크기
자갈	둥글거나 모가난, 단단한 굵은 암석	조립: 75~19 세립: 19 ~ 4.75
모래	둥글거나 모가난, 단단한 세립암석	조립: 4.75 ~ 2.0(No. 10) 중간: 2.0 ~ 0.425(No. 40) 세립: 0.425 ~ 0.175(No. 200)
실트	점토와 모래사이 크기의 흙 건조시 매우 약한 강도보임	0.075 ~ 0.002
점토	입자가 매끄럽고, 대부분 점토광물 건조시 강도가 대단히 크고, 물의 양이 증가되면 강도는 감소	

여기서, D_{60}은 60% 통과시에 입도의 직경, D_{10}은 10% 통과시 입도의 직경이며 입도분포곡선으로부터 얻어진다.

또 다른 하나의 계수는 **곡률계수**(C_c)이다.

$$C_c = \frac{(D_{30})^2}{D_{10} D_{60}} \tag{2.5}$$

여기서, D_{30}은 30%통과시 입도의 직경이다. D_{50}은 평균입도의 직경이다.

균등계수(C_u)값이 4보다 작은 흙은 균질한 크기의 입자나 거의 같은 크기의 입자를 가지고 있다. 최소의 C_u값은 1.0이며 같은 크기의 입자로만 구성된 흙이다. 입도분포곡선에서 불량한 입도의 분포는 거의 수직선 형태를 보인다(그림 2.12). 구불거리는 언덕모양의 곡선은 2개나 그 이상의 빈입도가 포함되어 있는 경우이다. 4이상의 높은 균등계수의 값들은 넓은 범위의 입도분포를 하고 있음을 뜻하며, 입도분포가 양호하고 분포곡선이 완만하다(그림 2.12). 입도 분포가 양호한 흙의 곡률계수(C_c)는 1~3을 가진다. 일부 입자가 존재하지 않는 경우를 불연속입도(gap-graded)라 부르며, 곡률계수의 값이 1~3이외의 영역의 값을 나타낸다. 불연속입도의 흙은 입도분포곡선이 급작스런 언덕모양을 나타낸다(그림 2.12).

빈입도(균등한 입도)분포를 가진 흙은 물(바닷가)과 바람(모래)에 의하여 분류된다. 불연속입도의 흙 역시 물에 의하여 분류되나 운반되지 않는 입도의 크기도 존재한다. 양호한 입도분포의 흙은 여러 종류의 흙을 동시에 운반하는 빙적토에서 발견된다. 균등계수나 곡률계수는 엄격히 말하면 조립질 흙에서만 적용된다.

D_{10}입자의 직경은 그 흙의 유효입경이라 부르며, 흙의 필터(filter)와 관련된 연구에서 Allen Hazen(1892)에 의하여 소개되었다. 유효입경은 인공적인 구의 직경이며 불규칙한 입자모양과 유사한 효과를 나타낸다. 유효입경은 입자간의 접촉면에 관련되기 때문에 흙속의 물의 흐름에 관련된다. D_{10}(유효입경)의 값이 높을 수록 조립토에 가깝고 배수특성이 좋아진다.

입도분포결과는 흙의 공학적 특성을 예측하는데 많이 활용되며, 또한 콘크리트용 골재선별, 도로와 댐의 건설재료, 배수층의 필터재료, 그라우팅재료, 화학주입공법 등에 중요한 지표가 된다. 제 4장에서는 입도분포곡선이 기존 흙의 분류법에서 흙의 물리적 거동과 함께 어떻게 특수목적에 활용될 수 있는지 배우게 될 것이다.

요점정리

THE ESSENTIAL POINT ARE

1. 체분석은 조립토의 입도분포곡선을 결정하는데 사용된다.
2. 세립토에서는 비중계시험으로 입도분포곡선을 결정한다.
3. 입도분포곡선은 반대수용지에 작성되며, %통과율 vs 입자크기(대수눈금) 도표를 사용한다.
4. 입도분포곡선은 흙의 구조적 특성(자갈, 모래, 실트, 점토의 함유율)을 서술하는데 사용된다.
5. 유효입경(D_{10})은 10% 통과시의 입자직경이다. 흙속에서 물의 흐름에도 중요하며, 흙의 물리적 거동에 많은 영향을 준다.
6. D_{50}은 평균입자의 직경을 말한다.
7. 2개의 계수인 균등계수(C_u)와 곡률계수(C_c)는 입도분포곡선의 특성을 나타내는데 사용된다. 빈입도분포를 가진 흙은 $C_u < 4$이며 경사가 급하고, 양호한 입도분포를 가진 흙은 $C_u > 4$이며 경사가 완만하다. 불연속입도의 흙은 $C_u < 1$나 $C_u > 3$이며, 분포곡선에서 하나 이상의 곡선 모양을 보인다.

예제 2.1 입도분포산정과 체분석시험에서 흙의 종류 판정

650 g의 흙시료를 가지고 체분석시험을 수행하여 아래의 결과를 얻었다.

체번호	9.53 mm (3/8″)	4	10	20	40	100	200	Pan
체눈금 (mm)	9.53	4.75	2	0.85	0.425	0.15	0.075	
잔류량 (g)	0	53	76	73	142	85	120.5	99.8

(a)세립토의 함유율 (b)조립토의 함유율을 ASTM방식에 의거하여 산정하라.

핵심전략 통과량을 %로 산정하고, 분포곡선을 그리시오. 조립토(입도 ≥ 0.075 mm)와 세립토 (입도 < 0.075 mm)의 함유량을 구하시오. 표 2.1을 참조하여 각각의 층 종류별 함유량을 산출할 수 있다.

풀이 2.1

Step 1 : 산출용 도표를 아래와 같이 만든다.

A	B	C	D	E	F
체번호	간격 (mm)	잔류량 (grams) M_r	잔류율 (100 × M_r/M_t)	Σ (누적잔류율) (Σ D 열)	통과중량 백분율 (100 − E 열)
9.53 mm (3/8″)	9.53	0	0.0	0.0	100.0
4	4.75	53	8.2	합 8.2	91.8
10	2	76	11.7	19.9	80.1
20	0.85	73	11.2	31.1	68.9
40	0.425	142	21.9	52.9	47.1
100	0.15	85.4	13.1	66.1	33.9
200	0.075	120.5	18.5	84.6	15.4
팬		99.8	15.4		
	합계	649.7	100.0		
	M_t =	649.7			

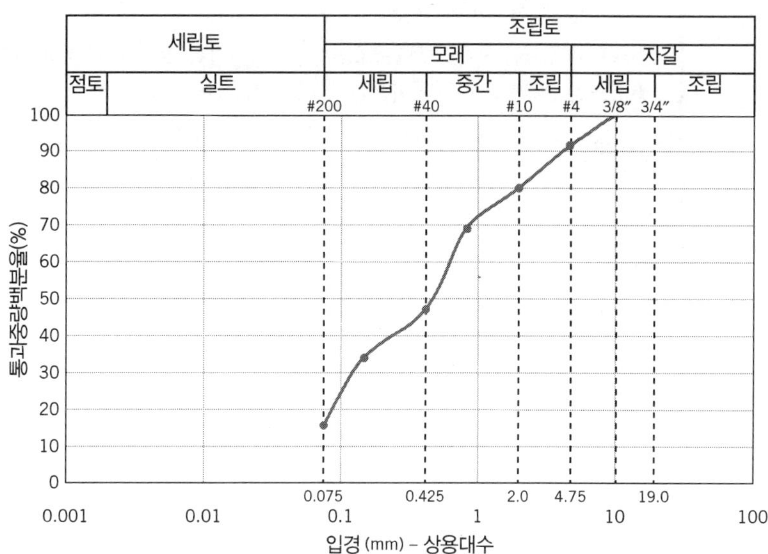

그림 E2.1 입도분포곡선.

NOTE: 체분석시험에서 체에 달라붙은 입자들을 고려하여 시험후의 전체시료무게를 사용한다.

Step 2 : 그림 E2.1과 같이 입도분포곡선을 작성한다.

Step 3 : 흙종류의 산출

(a) 세립토의 함유율(%)은 200번체(체눈금 0.075 mm)통과량이며,
조립토의 함유율(%)은 200번체에 누적된 잔류율(%)이다.
세립토의 함유율(%) = 15.4%
조립토의 함유율(%) = 100 − 15.4 = 84.6%

(b)

가는 자갈(%) = 8.2
총 자갈(%) = 8.2
굵은 모래(%) = 11.7
중간 모래(%) = 33.0
가는 모래(%) = 31.7
총 모래(%) = 76.4
실트 + 점토(%) = 15.4

예제 2.2 체분석 자료의 분석

500 g의 건조한 조립토를 체분석하여 아래와 같은 결과를 얻었다.

체번호	체눈금 (mm)	잔류중량 (grams)
4	4.75	0
10	2.00	14.8
20	0.85	98
40	0.425	90.1
100	0.15	181.9
200	0.075	108.8
팬		6.1

(a) 입도분포곡선을 작도하라.
(b) 다음 값들을 구하라. (1) 유효입경 (2) 평균입경 (3) 균등계수 (4) 곡률계수
(c) 흙을 분류하고 종류별 함유율(%)을 구하라.

핵심전략 우선 산출용 도표를 만들고, 입도분포곡선을 작도하라. 총 사용시료 (M)는 500 g이지만, 2번째 줄에서 각 체에 남은 누적시료는 499.7 g이다. 이 차이는 주로 각 체에 달라붙어 감소된 매우 작은 시료 때문이다. 시험후의 총 시료량인 499.7 g이 계산에 사용되어야한다.

풀이 2.2

Step 1 : 통과백분율(%)을 얻기 위한 산출용 도표는 아래와 같다.

체번호	잔류중량 (grams), M_r	잔류백분율 $(M_r/M) \times 100$	Σ (% 누적잔류율)	통과중량백분율
4	0	0	0	100 − 0 = 100
10	14.8	3.0	3.0	100 − 3.0 = 97.0
20	98.0	19.6	22.6	100 − 22.6 = 77.4
40	90.1	18.0	40.6	100 − 40.6 = 59.4
100	181.9	36.4	77.0	100 − 77 = 23.0
200	108.8	21.8	98.8	100 − 98.8 = 1.2
팬	6.1	1.2	확인	
	전체중량 M = 499.7	100.0		

(표 내 주석: 합, 확인)

Step 2 : 입도분포곡선을 그림 E2.2와 같이 작도하라.

Step 3 : 유효입경의 산출.

$$\text{유효입경} = D_{10} = 0.1 \text{ mm}$$

Step 4 : 흙의 종류별 함유율(%).

자갈 = 0%,
모래 = 98.8%,
실트와 점토 = 1.2%

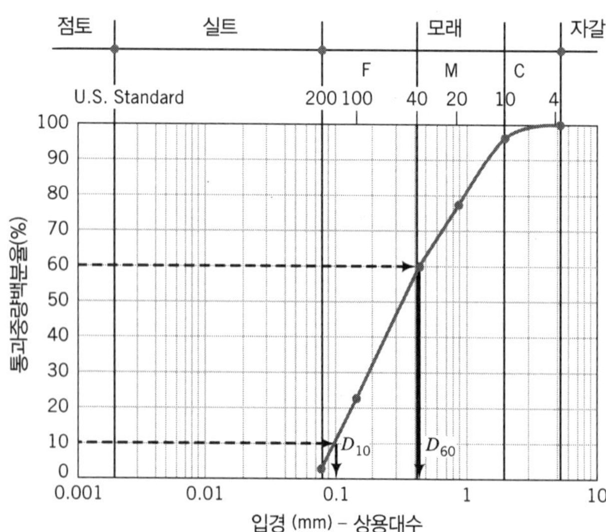

그림 E2.2 입도분포곡선.

Step 5 : C_u와 C_c산정

$$C_u = \frac{D_{60}}{D_{10}} = \frac{0.45}{0.1} = 4.5$$

$$C_c = \frac{(D_{30})^2}{D_{10}D_{60}} = \frac{0.18^2}{0.1 \times 0.45} = 0.72$$

예제 2.3 비중계시험 결과로부터 입경산정

비중계 시험 중, 주어진 입도조건하에서 1분 동안 비중계가 수직으로 움직인 거리 (z)가 0.8 cm였다. 온도는 20°이고 입자의 비중(G_s)은 2.7일 때 Stokes법칙으로 입자의 직경을 계산하라. 이 흙은 실트와 점토중 어디에 속하는가?

핵심전략 식 (2.3)을 사용하며, 단위에 주의해야 한다.

풀이 2.3

Step 1 : Stokes법칙을 이용하여 계산한다.

$$20°\text{C 에서 } \mu = 0.01\ \text{g/(cm.s)},\ \rho_w = 1\ \text{g/cm}^3,\ g = 981\ \text{cm/s}^2,\ t_D = 1 \times 60 = 60\ \text{seconds}$$

$$D = \sqrt{\frac{18\mu z}{(G_s - 1)\rho_w g t_D}} = \sqrt{\frac{18 \times 0.01 \times 0.8}{(2.7 - 1) \times 1 \times 981 \times 60}} = 0.0012\ \text{cm} = 0.012\ \text{mm}$$

Step 2 : 흙의 종류 결정.

실트 입경은 0.075 mm ~ 0.002 mm이다. 그러므로 이 흙은 실트에 속한다.

예제 2.4 비중계시험 결과의 분석

예제 2.1에서 200번체를 통과한 시료를 사용하여 비중계시험을 실시하였다. 아래의 시험결과로 실트와 점토의 함유율(%)은 얼마인가?

시간(분)	비중계 값 (gram/liter)	온도 (°C)	보정된 침강거리 (cm)	입경 (cm)	통과중량 백분율(%)
1	40.0	22.5	8.90	0.0396	82.2
2	34.0	22.5	9.21	0.0285	68.8
3	32.0	22.0	9.96	0.0243	64.2
4	30.0	22.0	10.29	0.0214	59.7
8	27.0	22.0	10.96	0.0156	53.1
15	25.0	21.5	11.17	0.0116	48.4
30	23.0	21.5	11.45	0.0083	43.9
60	21.0	21.5	11.96	0.0060	39.5
240	17.0	20.0	12.45	0.0031	30.0
900	14.0	19.0	13.10	0.0017	22.9

핵심전략 통과백분율(%)과 대수눈금의 입경을 양축의 그림으로 완성하고, 입경 0.002 mm일 때의 통과율(%)을 산정한다.

풀이 2.4

Step 1 : 그림 E2.4와 같이 통과율(%)과 입경(대수눈금)의 입도분포곡선을 그린다.

Step 2 : 직경 0.002 mm일 때의 통과율(%)을 구한다.

0.002 mm직경에서 통과율 = 24.5%

예제 2.1에서 점토의 함유율(%)은 (24.5/100) × 15.4 = 3.8%

실트의 함유율 = 15.4 − 3.9 = 11.6%

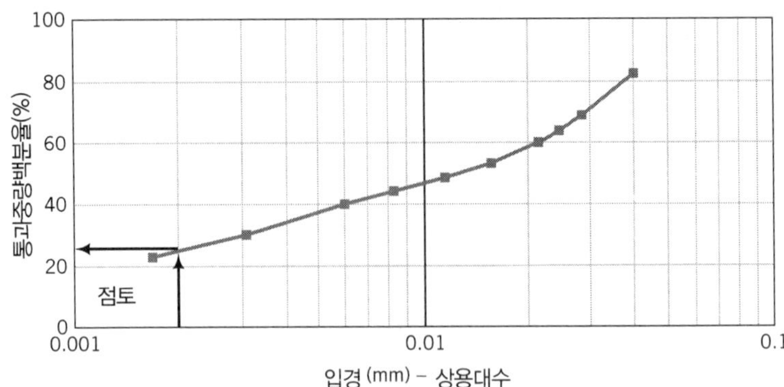

그림 E2.4 입도분포곡선.

What's next... 조립토와 세립토는 각기 다른 공학특성을 가지고 활용된다. 다음절에서는 조립토와 세립토를 비교한다.

2.6 공학적 활용을 위한 조립토와 세립토의 비교

조립토는 지지력이 뛰어나고 훌륭한 배수특성을 가지고 있으며, 강도와 체적변화는 정적하중 조건에서 함수비 변화에 대하여 큰 영향이 없다. 그러나 조밀(dense)한 상태에서는 비압축성이지만 느슨한(loose) 조립토는 상당한 체적변화를 일으킬 수 있다. 느슨한 조립토는 진동에 의하여 체적이 감소되며 입자의 재배열로 인하여 조밀한 구조로 변화된다.

세립토는 외력에 저항하는 지지력이 조립토보다 현저히 약하다. 또한 세립토는 일반적으로 불투수에 가깝고, 함수비 변화에 따라 체적과 강도가 변하며 동결에 취약하다. 조립토의 공학적특성은 주로 입자의 크기와 구조적 배열상태가 중요하지만, 세립토의 공학적 특성은 입자의 크기보다는 광물학적(주로 점토광물)요인에 많은 영향을 받는다. 두꺼운 조립토층내에 퇴적된 얇은 세립토층은 지반사고의 원인이 되기 때문에 세립토에 특별한 관심을 보여야 한다.

본 장에서는 흙을 기초재료와 건설재료로 다루고자 하며, 유기질 흙이나 또는 흙의 모체인 암석은 다루지 않는다. 건설과는 관련없으나 흙에 대한 흥미를 가진 지질학자, 농경학자, 토양학자 등 이 생각하는 흙과 차별화하기 위해 우리는 흙을 공학적 흙이라고 명한다.

요점정리 THE ESSENTIAL POINT ARE

1. 세립토가 조립토에 비하여 넓은 입자표면적을 가짐으로서, 이들 두 흙사이에 물리적 거동에 큰 차이를 보인다.
2. 세립토의 공학적 특성은 대부분 포함된 광물질 종류와 함유량 등에 달렸다.
3. 조립토는 높은 지지력과 높은 배수특성을 가지고 있으며, 강도와 체적변화 특성은 함수비 변화에 영향이 거의 없다.
4. 세립토는 낮은 지지력과 낮은 배수특성을 가지고 있으며, 강도와 체적변화특성은 함수비 변화에 큰 영향을 받는다.

2.7 요약

흙에 대한 지질학적인 이해는 성공적인 지반공학 실무에 매우 중요하다. 대표적인 3가지 암석인 화성암, 퇴적암, 변성암 중에서 지구표면의 75%를 차지하고 있는 퇴적암이 지반공학자들에게 특히 중요할 것이다. 흙은 암석의 물리적인 풍화와 화학적인 풍화과정을 통하여 생성된다. 공학적 목적의 흙의 분류에서, 조립토는 모래와 자갈로, 세립토는 실트와 점토로 나뉘어 진다. 조립토는 입자의 크기로 쉽게 분류되지만, 세립토에서는 입자의 크기뿐만 아니라 광물질의 특성이 중요하다. 또한, 조립토와 세립토는 서로다른 공학적 특성을 가지고 있다. 세립토의 거동은 함수비변화에 강력한 영향력을 보이지만, 조립토의 특성은 정적하중 조건에서 함수비 변화에 따른 영향은 없다.

자력평가

http://www.wiley.com/college/budhu에 접속하여 제 2장의 이해도를 측정하기 위한 퀴즈를 풀어라.

연습문제 EXERCISES

2.1 **(a)** 지구의 내부구조를 형성하는 3개의 층은 무엇인가?
(b) 각 층의 구성요소는 무엇인가?

2.2 **(a)** 3개의 주요한 암석그룹의 차이점들을 서술하라.
(b) 왜 퇴적암이 특별히 지반공학자들에게 중요한지 설명하라.
(c) 암반은 균질하거나 연속성이 있는가? 설명하라.

2.3 **(a)** 흙은 어떻게 생성되었나?
(b) 암석을 풍화시키는 매개체는 무엇인가?

2.4 **(a)** 광물질이 무엇인가?
(b) 3개의 주요 점토광물의 차이가 무엇인지 설명하라.
(c) 왜 규소화합물이 가장 흔한 물질인가?

2.5 Montmorillonite는 물과 접촉하면 왜 큰 체적증가를 보이는가?

2.6 당신이 살고있는 지역에서 진행중이거나 완료된 도로나 건물 공사를 선정하고, 그 현장의 지질학적 조건을 서술하라.

2.7 당신 주변에서 흙과 암석을 채취하여 각각 서술해보라. 그 서술 내용에는 시료의 색깔, 단단함, 층상, 절리상태 등이 포함 되어야 한다.

2.8 **(a)** 흙의 구조는 무엇인가?
(b) 광물입자간의 공간을 무엇이라 부르는가?
(c) 광물입자간의 공간은 왜 지질공학자들에게 중요한 사항인가?
(d) 분산구조와 면모구조의 차이는 무엇인가?

2.9 **(a)** ASTM방법으로 분류한 6가지 종류의 흙은 무엇인가?
(b) 어떤 종류의 흙에서 표면작용력이 중요하며, 왜 그런가?
(c) 흡착수란 무엇인가?
(d) 105°C 온도로 노건조시켰을 때 흡착수는 제거될 수 있는가? 설명하라.

2.10 흙시료에 대한 입도시험에서 아래의 결과를 얻었다.

체번호	3/8"	4	10	20	60	200	팬
체눈금 (mm)	9.53	4.75	2.0	0.84	0.25	0.074	—
잔류중량 (grams)	0	310	580	380	260	680	210

(a) 입도분포곡선을 작도하라.
(b) 조립토와 세립토의 함유량을 결정하라.

2.11 두 가지 흙 (A와 B)을 사용하여 입도시험을 시행한 후 아래의 결과를 얻었다.

체번호	체눈금 (mm)	A흙	B흙
4	4.75	0	0
10	2.00	20.2	48.2
20	0.85	25.7	19.6
40	0.425	40.4	60.3
100	0.15	18.1	37.2
200	0.075	27.2	22.1
팬		68.2	5.6

동일한 시료로 비중계시험을 시행하여 다음의 결과를 얻었다: A흙, 0.002 mm 통과 = 48%; B흙, 0.002 mm 통과 = 2%

(a) A흙과 B흙을 동시에 입도분포곡선으로 작도하라.
(b) 조립토와 세립토 함유량이 각각 흙에서 얼마인가?
(c) 각각 흙에서 실트와 점토의 함유량이 얼마인가?
(d) 각 흙에서 D_{10}을 결정하라
(e) 각 흙에서 균등계수(C_u)와 곡률계수(C_c) 값을 구하라.
(f) 각 흙의 분포곡선에서 분포의 상태(양호정도)를 서술하라.

CHAPTER 03

지반조사

SOILS INVESTIGATION

3.0 서론

본 장에서는 현장과 지반조사에 관하여 간략히 소개한다. 3장을 마쳤을 때, 당신은 아래의 내용을 이해할 수 있어야 한다.

- 지반조사의 계획
- 현장 흙에 대한 설명
- 지반조사의 제한사항들에 대한 이해

중요사항

불균질성과 불연속성을 가진 지반은 지질학적인 힘과 변천과정에서 형성되며, 이로 인하여 모든 토목 공사의 공사비와 안정성에 막대한 영향을 미친다. 지반조사의 범위 설정을 위한 경제성, 시공방법과 종류, 화산과 지진 같은 자연재해, 지하수 조건 등 현장특성들은 지반공학 실무에 관련된 중요한 지질학적 요인들이다. 많은 구조물들의 붕괴나, 인명과 재산피해의 원인은 예측치 못한 지질학적 조건하에서 주로 발생된다. 그림 3.1과 같이, 건설현장에서 예상되는 지질조건을 고려해 보자. 이러한 지질학적 단면을 얻기 위하여 지구물리학적 방법들과 근접한 거리에서 조사된 시추공들의 활용이 요구된다. 각각의 지질학적 단면들에 대한 정확한 조사 규모를 규명하기에는 어렵다. 예를 들어 고층건물의 경우에는 안전하고 경제적인 기초를 설계하기 위하여 건물현장과 주변의 지질단면들을 알아야 한다.

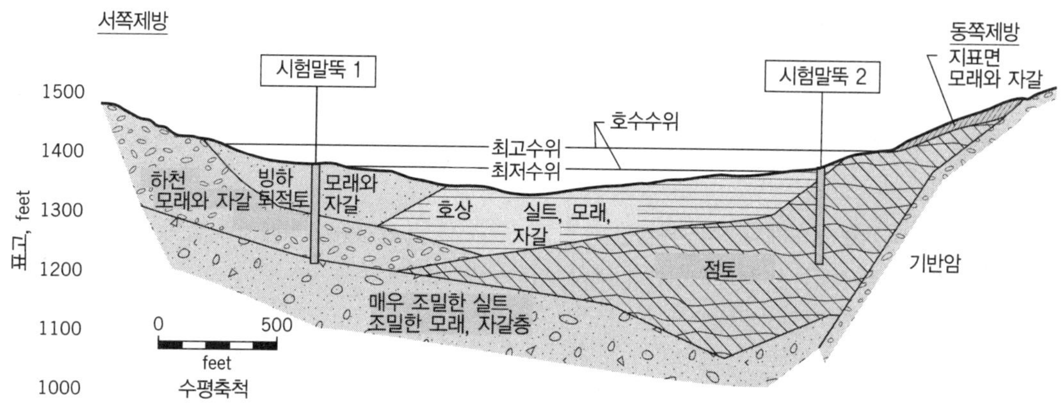

그림 3.1 건설현장의 지반주상도. (출처: McCammon and Golder, 1970.)

앞으로 배울 부분에서 소개되는 흙의 거동을 이해하고 예측하는 대부분의 공식들은 흙 자체를 연속된 균질한 재료로 가정하여 적용하도록 되어있다. 그러나 그림 3.1과 같이 지반은 거의 균질하지가 않다. 그러므로 흙은 이상적인 가상의 재료로 취급하게 되고 통계적 평균값을 사용하게 된다. 그러나 많은 경우에 통계적 평균값이 호도될 수 있다. 왜냐하면 예상치 못한 위치에서 발견되는 약하고 불연속적인 지층들이 지반공학관련 구조나 기초들의 안정성을 결정하기 때문이다.

지반조사는 건물, 댐, 도로, 고속도로, 철도 등 구조물의 설계와 시공에 반드시 수행되는 필수조건이다. 흙은 현장에서 지반조사하는 동안 시료채취, 관찰, 분류과정을 거친다. 일반적으로 지반조사는 현장의 일부분에서만 진행된다. 왜냐하면 전체현장을 모두 조사하기에는 엄청나게 비싸기 때문이다. 제한된 수량의 조사결과로부터 추정하고 판단하면서 더 많은 정보를 만들고, 현장조사와 실내 시험자료로부터 현장에 건설될 구조물 가격과 성능면을 고려하여 충분한 만족도를 가지도록 계획해야 한다.

실제 상황은 다음과 같다. 3,000세대 주택, 쇼핑센터, 상하수도시설, 설비(전기, 가스 등), 복합사무실로 이루어진 택지조성 구획은 200-헥타르(약 3,000-에이커)로 당신 이웃에 위치해 있다. 예비설계와 시공과정 및 허가의 일부로서 지반조사 보고서가 요구된다. 당신이 지반조사를 계획하고, 시행하여 보고서를 작성하는 임무를 맡았다.

3.1 용어 정의

SPT **:** 표준관입시험(standard penetration test)

***N*값 :** SPT시료 채취기의 두부가 305-mm 근입되는데 필요한 타격수

흙의 예민비(S_t) : 교란된 흙의 강도와 불교란 시료의 강도 비율

3.2 이해를 돕기 위한 질문

1. 지반조사의 목적이 무엇인가?

2. 지반조사의 계획과 실행은 어떻게 하는가?

3. 지반조사로부터 얻은 정보를 어떻게 해석하는가?

4. 결과는 어떻게 보고하는가?

5. 지반조사 보고서에는 무엇이 포함되어야 하는가?

3.3 지반조사의 목적

지반조사 프로그램은 설계와 시공, 환경평가, 사업계획의 구상(사업주가 미래의 사업에 대한 사업적 결정을 돕기 위하여 평가하는 과정)들에 대한 정보를 제공하기 위하여 필요하다.

지반조사의 목적은 아래와 같다.

1. 제안된 프로젝트에 적합한 현장인지를 평가한다.

2. 합리적이고 경제적인 설계가 되도록 유도한다.

3. 시공중 지반조건과 주변조건들 때문에 발생될 수 있는 어려움들에 대하여 대비하고 규명한다.

3.4 지반조사 단계

지반조사의 범위는 구조물의 종류와 크기, 중요도, 시행사, 기술자의 현장 흙에 대한 경험, 그 지역의 건축법 등에 달려있다. 기계기초나 고층건물과 같이 침하에 민감한 구조물들은 가정집의 기초보다 철저한 지반조사가 요구된다. 건축주가 지반조사의 종류나 범위를 제한하거나, 금전을 절약하기 위하여 위험을 각오할지도 모른다. 유사한 지반조건과 유사한 프로젝트에서 일반적으로 허용되는 위험수준 이상으로 지반조사 범위를 축소하는 것은 매우 우려되는 행위이다. 지반공학자가 그 현장조건을 잘 알고 있는 상태라면, 과거 경험을 검증하기 위한 간략한 지반조사로 만족할 수 있을 것이다. 일부지역에서는 건축법규내의 규정에 따라 지반조사의 범위가 정해질 수도 있다. 계획된 현장을 방문하는 것은 필수이다.

지반조사는 3가지 요소로 구성된다. 첫 번째는 설계전에 시행한다. 두 번째는 설계과정에서 시행한다. 세 번째는 시공중에 시행하는 것이다. 두 번째와 세 번째의 부분은 만일의 사태에 대비한 예비조치이다. 첫 번째 부분은 일반적으로 보다 광범위하고, 여러 단계를 통해 진행되며 그 단계들은 아래와 같다.

I 단계. 이 단계는 실내 사무실에서만 행하는 조사로 "내업"이라고도 한다. 아래와 같이 모든 가능한 정보를 수집하고 정리하는 단계이다. 계획된 구조물들의 종류, 규모, 중요도, 하중조건, 기존의 지반보고서, 지형학 관련 지도, 항공지도, 사진, 위성영상, 지질학 지도, 신문기사 등의 정보들을 말한다. 지질도, 등고선, 고저차, 기후, 토지이용, 항공사진, 지역의 지진기록, 수문학 관련 지도들은 인터넷(e.g.,http://www.usgs.gov)을 통하여 얻을 수가 있다. 지리학 정보시스템(geographical information system, GIS)은 software와 hardware digital data 등을 망라하여 공간적 정보를 전시, 분석 활용하는 시스템을 말한다. 이러한 GIS는 도로와 같은 구조물이나 고저차(표고)와 같은 연속적인 대지 등과 같은 자료를 저장한다. 또한, GIS는 자료들을 찾아보고 이해하고 분석, 질문하는 과정에서 서로의 관계, 경향, 본보기로서 알려주는 역할을 한다. Google Earth(http: //earth.google.com)에서는 위성영상, 지도, 지형, 지세를 3D 구조로 볼 수 있으며, 이들을 활용하여 프로젝트 지도를 만들 수 있다.

II 단계. 예비답사(preliminary reconnaissance) 또는 일반적인 현장의 지형학과 지질학적 구상을 갖기 위한 현장방문이다. 현장 방문시는 위의 I단계에서 수집한 모든 정보를 가져가서 현장의 현재 상태와 비교해 볼 필요가 있다. 현장 방문기록에는 아래와 같은 사항들이 포함된다.

- 현장과 주변의 사진
- 장비와 인력의 진입 도로현황
- 경계철책, 송전이나 통신탑, 도로, 상하수도 시스템 등의 스케치
- 전기와 수도 등과 같은 공급시설의 가능성과 위치
- 모든 기존구조물들, 절취, 성토, 지반함몰, 연못 등 지리학적 특징 스케치
- 현장과 주변의 기존 건물의 상태를 조사. 건물 내와 외측에 발생한 균열, 기울기(tilt), 건설재료(벽돌, 골격을 갖추는 치장 벽돌 건물 등), 결빙에 의한 손상, 또한 다른 특이 한 점들을 포함시킴
- 도로 절개지와 같이 노출된 부분의 지질학적 양상
- 종종 몇 개의 시추가 현장 조사를 위해 시행될 수도 있음

III 단계. 상세지반조사 단계이며 그 목적은 아래와 같다.

- 지층상태(두께, 범위, 순서)를 포함한 지질학적 구조의 결정
- 지하수 조건의 결정
- 실내시험을 위한 불교란시료와 교란시료 채취
- 현장시험 시행

IV 단계. 실내시험을 행하며 그 목적은 아래와 같다

- 흙의 분류
- 흙의 강도, 파괴응력과 변형, 응력-변형관계, 투수계수, 다짐특성, 침하특성값들의 결정. 위의 값들이 모두 필요하지 않는 경우도 있다.

V 단계. 보고서작성. 보고서 작성시 아래의 사항들을 반드시 포함시켜야 하며 내용은 다음과 같다. 현장 흙의 명확한 설명, 지반조사방법, 지반지층상태, 실내시험과 현장시험 방법과 결과, 지하수 조건, 생소하거나 예외적인 흙, 대수층, 결빙 가능지반, 시공중 문제를 일으킬 수 있는 늪지대.

요점정리 THE ESSENTIAL POINT ARE

1. 지반조사는 의도하고자 하는 목적의 현장에 대한 적합성을 판단하기 위하여 필수적이다.
2. 지반조사는 여러 단계로 시행되며, 각 단계는 다음단계에 영향을 미친다.
3. 지반조건, 지층상태, 흙의 특성, 시공중 발생될 수 있는 문제점들을 포함시킨 간결 명확한 보고서를 발주자에게 제공한다.

What's next... 다음 절에는 지반조사 계획(III단계)을 다룬다.

3.5 지반탐사 계획

지반탐사 계획에는 일반적으로 시굴과 시추조사가 포함 되어있다. 현장 방문시(II 단계), 지반탐사에 대하여 계획을 세워야 한다. 상세 지반탐사는 다음 사항들을 포함한다.

1. 지구물리탐사의 범위와 필요성을 확정함
2. 시굴이나 시추조사의 예비위치 결정
3. 시굴이나 시추공의 개수
4. 시굴이나 시추공의 계획심도
5. 시추 과정과 방법
6. 첫 번째 시추공에서 시료채취 방법소개. 시료채취 방법에는 시료개수와 채취위치가 포함되어야 하고, 첫 번째 시추조사후 시료채취 방법이 변경될 수도 있음
7. 원위치시험의 종류와 필요성
8. 지하수위 관찰의 필요성

3.5.1 지반탐사 방법

현장 지반의 공간적 정보를 얻기 위하여 아래와 같은 방법으로 조사할 수 있다.

- 지구물리학적 방법: 흙, 암반, 수리학적 그리고 환경공학적 조건들에 관한 공간적 정보를 얻기 위하여 사용하는 비파괴적 기법들이다.

  1. 지반침투레이더(ground-penetrating radar, GPR)

  GPR은 *georadar*라고도 불리며, 지반과 지하매설물을 높은 선명도로 영상처리하기 위하여 높은 주파수(10MHz~1,000MHz)를 활용하는 전자파 활용 기법이다. 안테나는 파동발진기에서 발생된 레이더 펄스를 추적하여 수신하는데 사용된다. 이때 반사된 펄스는 토층주상의 영상을 나타낸다. 지반공학적 주 목적은 토질주상도와 매설물의 위치를 찾는데 있다. GPR로 흙의 교란없이 토질주상의 연속적인 해상도를 얻을 수 있다. GPR은 높은 열전도성(>15 milliohms/m)을 가지는 습윤점토나 실트에서는 부적합하다. GPR 해상도는 깊을수록 감소한다.

  2. 탄성파 탐사

  탄성파 탐사법은 표면파가 여러 시층을 통과시 각기 다른 속도를 가지는 원리를 활용한 방법이다. 지층의 경계면들은 압축파인 P-파를 이용하여 진원지로부터 이동시간과 크기를 기록하여 결정한다. 전파속도는 탄성파 탐사법을 활용하는 탐사에서 대단히 중요한 역할을 한다. 왜냐하면 지질학적 물질의 밀도나 탄성성질 값들은 전파속도와 밀접한 관계가 있기 때문이다. 지진파가 두 개의 탄성물질의 경계에서 만나면, 파의 에너지는 반사, 굴절 및 분산작용을 통하여 전달된다. 그러므로 지진파의 반사와 굴절작용을 이용하여 지반공학적 특성을 조사할 수 있다.

  탄성파 반사법(seismic reflection)에서 지층의 경계지점에서 반사되어 돌아오는 파의 시간을 지중청음기(geophone)로 측정한다. 지중청음기는 지반진동을 전기적 신호로 바꾸는 운동에 민감한 변환 장치이다. 전파시간은 경계면들의 심도, 규모, 모양과 관련되어 있다. 파의 반사각도는 재료의 밀도 차이에 비례한다. 탄성파 반사법은 특히 대심도(> 50 m)에서 지반의 단면을 보다 명확한 선명도로 보기 위하여 사용된다.

  탄성파 굴절시험법(seismic refraction)은 반사에 의한 조사법과 유사하나 굴절파는 상당히 먼 거리의 geophone으로 측정되는 특징이 있다. 그러므로 지진파 중에서 수직파보다는 수평파를 측정할 수 있다. 대부분의 반사파조사에서는 단지 초기의 P-파만 기록된다. 탄성파 굴절법은 지층들의 두께와 심도 및 매립된 물체들을 조사하는데 사용된다.

  얕은 심도, 지표부근의 조사는 큰 해머로 타격하여 지진파를 발생시키며, 좀 더 깊은 심도에서는 소규모의 발파를 활용한다. 탄성파방법은 진동과 소음에 민감하다. 다채널 표면파 분석기(multichannel analysis of surface waves, MASW)가 느린 속도로 지층의 공간적 변화를 도면화 시키는데 사용된다. MASW장치로 만들어진 지반의 단면도를 그림 3.2에 나타내었다.

  각 지층의 강성에 관한 정보를 얻기 위해서는 시추공간 지진파 시험을 한다. 한쪽 시추공에서 지진파를 발생시키면 주변 다른 시추공에서 geophone으로 측정한다. P와 S파의 속도는 도달시간과 지중청음기 거리로부터 산정할 수 있다. 이 값으로부터 지반의 강성을 계산한다.

  Downhole지진파 시험으로 지층의 강도와 지층상태를 조사할 수 있다. 지진파는 지표면에서 발생되고 시추공내에서 geophone으로 측정한다.

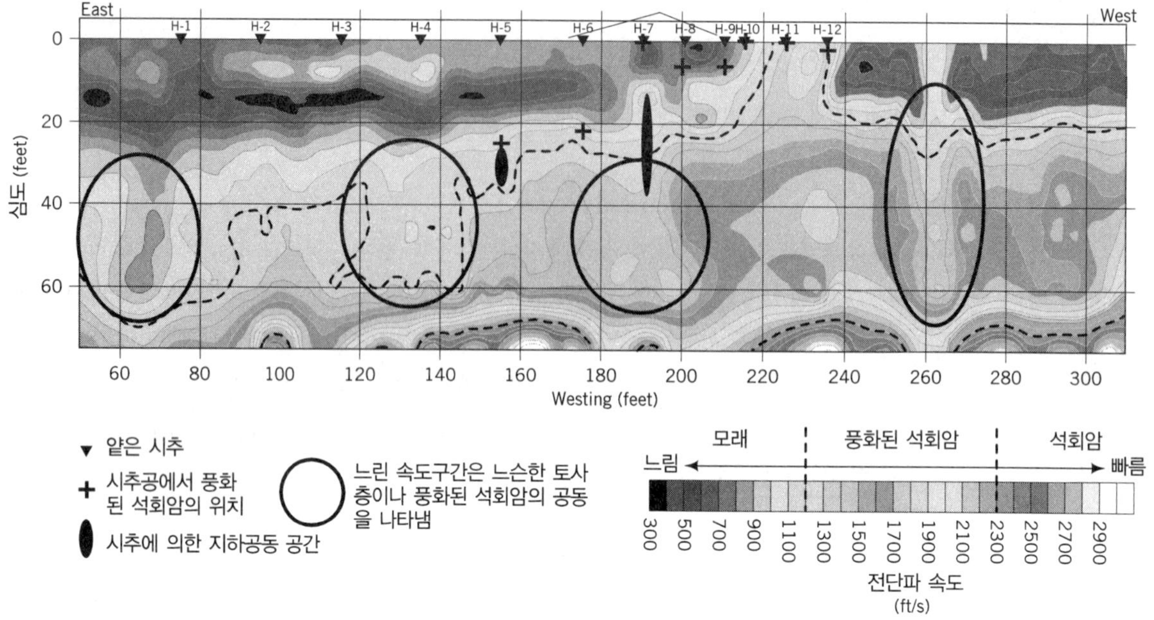

그림 3.2 다채널 표면파 분석기를 활용한 지진파조사의 지반 종단도.
(출처: Courtesy of Lynn Yuhr, Technos, Inc.)

3. 전기저항 탐사법

전기저항의 측정값으로 지하수의 전도율을 측정하고, 점토층의 발견과 지하수위의 심도를 찾아낼 수 있다. 흙의 저항력은 ohm-centimeters(ohm-cm)로 측정되며, 함수비와 온도변화에 따라 다양한 값을 나타낸다. 일반적으로 흙의 함수비가 증가하면 흙의 저항력은 감소한다. 간극수는 모래에서 전기적 통로를 제공하며, 점토에서는 간극수와 입자표면의 전하가 전기적 통로가 된다. 습윤상태 세립토의 저항력은 습윤상태의 조립토에 비하여 현격히 낮다. 습윤상태와 건조상태에서 흙의 저항력차이는 수십~수백배 크기의 차이를 보일 수 있다. 지표 아래의 지반저항력을 측정하는 방법으로는 등간격으로 땅속에 4개의 전극장치를 설치하고, 2개의 외측 전극에 AC전류를 보낸후 2개의 내측 전극을 통하여 AC전압을 측정한다. 측정된 저항력은 측정된 전압을 측정된 전류로 나눔으로서 알 수 있다. 이러한 저항력은 전극장치들의 간격등 기하학적 요소를 곱한 후 겉보기 저항력을 산출한다.

전극장치의 간격은 일반적으로 얕은 심도(<10 m)의 조사에서는 0.75, 1.5, 3.0, 6.0, 12.0 m이고, 깊은 심도의 조사에서는 1.5, 3.0, 6.0, 15.0, 30.0, 100.0 그리고 150.0 m의 간격을 적용한다. 일반적으로 조사심도는 최대전극 간격보다는 작다. 전극을 시추공으로 설치할 때 조사공내에 물을 채워서 전기적 접촉을 개선시킨다.

지표면하부의 저항력분포가 여러 개의 전극장치를 통하여 연속적으로 측정한 후 만들어지며, 이 분포도로부터 지반의 종단도가 그림 3.3과 같이 작성되었다.

4. 다른 지구물리학적 지반탐사법은 다음과 같다.

(a) 감마 밀도, 또는 감마-감마, 전자밀도 측정은 흙전체의 밀도와 간극을 예측할 수 있다.

(b) 중성자간극은 수소밀도를 측정한다. 지하수 하부지반의 간극을 측정하는데 사용된다.

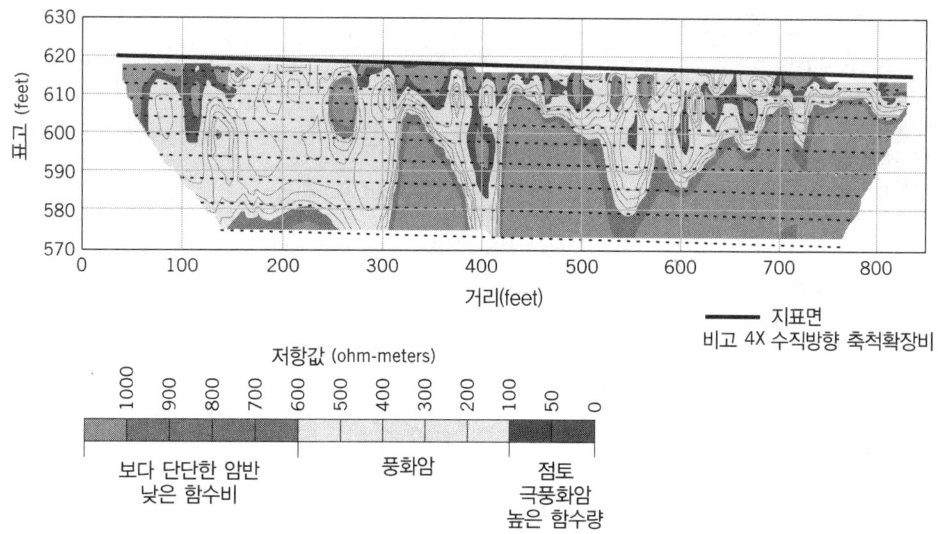

그림 3.3 전기저항법에 의한 지반 주상도. (출처: Courtesy of Lynn Yuhr, Technos, Inc.)

(c) 음향-VDL장치는 지진파 속도를 측정한다. 흙의 강성과 기반암의 위치를 찾는데 유용하다.

(d) Microgravity는 지층들의 밀도변화와 공동을 찾는데 유용하다. Gravimeter는 지표하의 불연속 지점에서 약간의 중력변화를 찾는다. 이러한 변화를 중력변칙(gravity anomalies)이라 부르며 밀도변화와 관련되어 있다.

- 시굴(trial pits or test pits): 삽이나 굴착기로 굴착하여 시굴형성. 이 방법은 얕은 심도의 지층상태를 볼 수 있는 훌륭한 방법이다.
- 수동 혹은 기계식 오거(hand or power augers): 장비를 이용하여 빠르게 땅속에 직경 100~250 mm의 구멍을 만들어 흙을 관찰할 수 있으며 불교란시료를 채취하여 시험실로 가져갈 수도 있다.
- 수세식 시추기(wash boring): 선단에 굴착용 bit를 장착한 튜브를 통하여 물을 펌핑하면서 시추공을 형성한다. 세척과정에서 흙의 종류를 추정한다.
- 회전식 시추기(rotary rigs): 기계적으로 시추공을 형성하고, 시료를 채취하며 또한 원위치 시험도 시행할 수 있다.

이들 조사방법의 장점과 단점은 표 3.1에 정리되어 있다.

3.5.2 현장에서 흙의 식별

현장에서 흙의 구조에 근거하여 가장 우세하게 분포된 흙을 식별할 수 있다. 자갈과 모래는 거칠고 개개의 입자를 눈으로 볼 수 있다. 실트는 쉽게 부슬부슬 떨어져 나가고 압력을 가하면 물이 표면으로 솟아나온다. 점토의 경우 물의 흐름이 느리기 때문에 물이 솟아오르면서 파괴된다. 점토는 젖게되면 달라붙고, 미끈거리며, 곱게 이겨진 느낌을 주지만, 건조되면 매우 단단하고 강하다.

일반적으로 흙의 인식방법과 서술적 용어들은 아래와 같다;

색깔(*color*): 색깔은 직접적으로 공학적 흙의 특성과는 관계없지만 흙의 구조와 광물질에 관련된 항목이다.

회색과 푸른색: 산화가 안된 흙

흰색과 크림색: 석회질 흙

표 3.1 지반조사방법들의 장점과 단점 비교

방법	장점	단점
지구물리학적 탐사 GPR(지반침투레이더) 탄성파탐사 전기저항 미세중력	• 비파괴적 • 신속 • 지층, 지하수, 상대습도를 제공한다. • 비교적 저렴 • 세부지반 탐사를 계획하기 위한 지중정보를 제공	• 시료채취불가 • 제한된 설계 매개변수 • 현장에서 시험을 충분히 실행할 장소가 부족 • 점성적인 정보가 많음
시굴조사(Test pits) 시험굴은 인력 또는 굴착기로 판다. 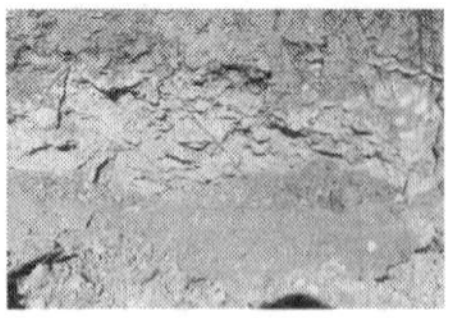	• 경제적 • 지층의 정확한 정보를 제공 • 교란시료를 많이 확보할 수 있음 • 불교란시료의 큰 블록 채취가능 • 시험굴의 바닥에서 현장시험을 실시 할 수 있음	• 제한 깊이는 6 m • 깊을수록 비경제적 • 지하수위 아래와 암반굴착은 어렵고 비용이 많이 소요됨 • 너무 많은 시굴은 현장을 훼손시키고 되메움 흙이 요구됨
핸드 오우거 오우거는 손잡이를 회전과 밀어 넣기로 관입시킨다. 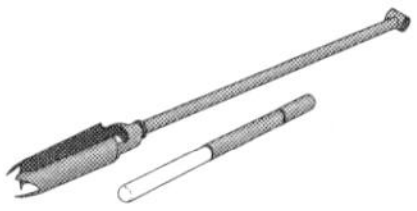	• 경제적 • 지형에 상관없음 • 휴대하기 좋음 • 장비높이가 낮음 • 케이싱이 불필요 • 지하수위를 쉽게 찾을수 있고 측정할 수 있음	• 제한 깊이는 6 m • 노동집약적 • 연약한 점토층에서만 불로란 시료를 얻을 수 있음 • 암반, 단단한 점토, 건조한 모래, 염류를 포함한 흙에서는 사용할 수 없음
파워 오우거(Power augers) 직경 100~ 200 mm의 홀을 뚫을 수 있는 연속날개 오우거를 트럭에 고정시키고 장착시킨다. 오우거의 몸체는 속이 차있거나 중공형태를 가진다. 	• 신속 • 케이싱이 불필요 • 불교란 시료를 얻기 매우 쉬움 • 굴착이수를 사용하지 않음 • 지하수위를 쉽게 찾을 수 있음	• 제한깊이는 15 m이며, 이 이상의 깊이에서는 시험이 어렵고 고가임 • 현장은 반드시 차량접근이 용이하여야 함
수세식시추(Wash boring) 물로 홀 바닥 흙을 지표로 배출함 드릴비트는 회전운동과 낙하운동으로 굴착한다.	• 어려운 지형에서도 사용 가능 • 시험장비가 저렴 • 케이싱이 불필요	• 제한깊이는 30 m • 견고한 점토와 자갈에서는 시간이 오래 소요 • 지하수위를 정확히 알 수 없음 • 불교란 시료를 얻을 수 없음
회전식시추(Rotary boring) 굴착장비의 무게로 드릴의 비트를 누르고 모터를 회전시킨다.	• 신속하다. • 모든 형태의 흙과 암적에 적용가능하다. • 7500 m까지 굴착 가능하다. • 불교란 시료의 채취가 용이하다.	• 시험장비가 고가 • 현장에 작업차량이 진입할 수 있어야 함 • 지하수위를 관찰하기 어렵다. • 장비의 설치와 시험후 정리에 추가적으로 시간이 요구됨

붉은색과 노란색: 산화된 흙

검은색과 검은갈색: 유기질을 함유한 흙

수분(*moisture*): 물로 인한 상태를 나타내며, 건조, 젖은 흙, 습윤상태 흙

구조(*structure*):

균질성(homogenious): 색깔과 구조가 모두 같을 때

불균질성(non-homogenious): 색깔과 구조의 변화가 있음

형상(*shape*): 모가난, 약간 모난, 둥근, 평편한

풍화(*weathering*): 풍화안된, 분해된, 풍화된

탄산화(*carbonate*): 염산을 조금가하면 거품이 발생

냄새(*smell*): 유기질 흙은 열을 가하면 더욱 강한 냄새를 풍긴다. 반면 무기질 흙은 물을 가하면 약간의 냄새가 남.

느낌(*feel*): 모래, 실트, 점토의 구분에 느낌 사용

모래는 모래알 같은 느낌

실트는 가는 사포와 같은 거친 느낌

점토는 매끄럽고 부드러운 느낌, 손가락에 달라붙고, 건조시는 분말로 됨

연경도(*consistency*):

매우견고함(very stiff): 손가락으로 눌러 자국이 안남. 큰 힘에 균열이 발생

견고함(stiff): 손가락 힘으로 자국이 발생

단단함(firm): 강한 손가락 힘으로 반죽가능함

연약함(soft): 손가락으로 쉽게 반죽가능

매우연약함(very soft): 손에 넣고 주먹을 쥐면 쉽게 손가락사이로 흘러나옴

다일러턴시(*dilatancy*): 약간의 흙을 손바닥에 놓고 수평으로 흔든 후 다른 손바닥으로 내려친다. 만약 표면에 슬러리나 물기가 나오면 실트의 함유량이 높은 흙임.

입자배열(*packing*)상태: 조립토는 다음과 같이 서술함.

매우느슨(very loose): 약간의 교란으로 붕괴됨, 개방된 구조

느슨(loose): 교란으로 붕괴됨, 개방된 구조

중간조밀(medium dense): 강하게 누르면 자국이 남음

조밀(dense): 발로 누르거나 꽉 짓밟을 경우에도 거의 변형이 없음

매우조밀(very dense): 아무리 꽉 짓밟아도 조금의 변형도 없음

3.5.3 시추공의 심도와 개수

전체 프로젝트현장을 완전하게 조사한다는 것은 경제적으로나 실제적으로 불가능하다. 설계와 시공을 위하여 충분한 정보를 제공할 수 있는 정도의 시추공의 심도, 개수, 위치를 판단해야 한다. 시추공의 개수와 심도는 구축물의 하중에 영향을 받는 지역은 포함되어야 한다. 사실 이에 대한 정해진 규정은 없다. 대부분의 경우 시추공의 개수나 심도는 사용건설장비, 구조물 하중, 구조물의 중요도, 지반의 지질학적 특성 등에 근거한 경험에 좌우된다. 건축규정이나 관련기관에서 제공하는 지침에 의거하여 최소의 시추공 개수와 심도를 정할 수도 있다.

시추공의 개수는 현장의 지반변화를 찾아내기에 충분하여야 한다. 구조물의 위치가 정확히 알려지면(항상 그렇

표 3.2 건물과 토지구획정리시 최소의 시추공 수

건물		토지구획정리	
면적 (m^2)	최소 시추공수	면적 (m^2)	최소 시추공수
<100	2	<4000	2
250	3	8000	3
500	4	20,000	4
1000	5	40,000	5
2000	6	80,000	7
5000	7	400,000	15
6000	8		
8000	9		
10,000	10		

지는 않지만), 가장 큰 하중위치에 적어도 1개의 시추공을 배치해야 된다. 지침으로 건축면적이 250 m^2 이상일 때에 최소한 3개의 시추공이 요구되며, 1,000 m^2 이상 건축면적에서는 약 5개 정도의 시추공이 필요하다. 건물구축시와 토지구획시 요구되는 최소의 시추공 수를 지침으로 표 3.2에 소개하였다.

- 압축성이 큰 점토질에서 시추공의 심도는 기초면 이하로 기초폭의 1~3배정도까지 내려가거나, 혹은 가장 큰 하중으로 인한 지중응력 증가가 10%보다 적은 심도까지 고려하되, 상기 2가지 중 가장 큰 값을 채택한다.
- 매우 단단한 점토나 조밀한 조립토에서 지층두께가 충분하고 증명될 수 있도록 5~6 m까지 근입하는 것이 바람직하다.
- 시추공은 반드시 암반층으로 적어도 3 m정도 근입한다.
- 시추공은 구조물하부에 성토지반이나 매우 약한 퇴적토층 존재시에는 반드시 이들 지층의 하부까지 통과하여 조사한다.
- 최소의 시추공심도는 기반암과 매우 단단지층이 존재할 때를 제외하고는 6 m이다.

3.5.4 흙시료의 채취

시료채취의 목적은 지층 및 흙의 관찰과 시험실에서의 시험용으로 최소의 교란상태로 만족스런 크기의 시료를 얻는데 있다. 개단(open-ended) 얇은 튜브(shelby tube 혹은 단순하게 샘플링 튜브)를 시추기 로드끝부분에 장착시켜 회전이나 힘으로 시추공을 뚫는다.

흙시료가 채워져 있으리라는 희망을 갖고 시료튜브는 조심스럽게 회수된다. 흙의 교란은 채취하는 동안 흙사이의 마찰력, 시료튜브내 마찰, 튜브두께, 시료 절단 끝부분의 예리함, 운반중 시료 취급의 조심성 등 요인으로 발생한다. 마찰력을 최소화하기 위하여, 시료튜브는 땅속으로 항타하는 대신에 밀어 넣도록 한다.

일반적인 시료튜브도 시료의 교란을 최소하도록 설계되었다. 시료용 튜브벽체 두께의 영향을 측정하기 위한 방법으로 회수율 (L/Z)이 있으며, L은 시료길이 이고 Z는 시료튜브가 땅속으로 근입된 심도이다. 벽체두께가 두꺼울수록 회수율이 높고 시료의 교란은 커진다.

일반적인 시료튜브중의 하나로 두께가 얇고, 이음부가 없는 직경 50~75 mm, 높이 600~900 mm인 shelby tube가 그림 3.4a에 있다. 또 다른 인기 있는 샘플러는 표준 샘플러로 스플릿 스푼 샘플러 혹은 스플릿 베럴 샘플러인데, 내경 35 mm와 외경 51 mm로 그림 3.4b와 같다. 이 샘플러는 원통형으로 반이 갈라지며 양쪽 끝단에 나사와 캡

표 3.3 구조물 종류별 최소시추공 개수와 시추심도

지반구조물	시추공의 최소갯수	최소심도
얕은 건물기초	1개, 15 m × 15 m 에서 40 m × 40 m의 격자 그리드의 절점에 시추공을 위치시킴	5 m나 1B~3B (B=기초폭)
깊은(pile) 기초의 건축물	얕은 건물기초와 동일	25~30 m, 만약 암반지지층 확인시 3 m 암반근입
교량	교대는 2개 교각은 2개	25~30 m, 만약 암반지지층 확인시 3 m 암반근입
옹벽	길이<30 m는 1개 길이>30 m 시 매 30 m 당 1개 또는 벽체높이의 1~2배	벽체높이의 1~2배 암반지지층에서는 3 m 암반근입
절개지 경사	경사길이를 따라 60 m 마다 1개 지반변화 심하지 않으면 120 m 마다 1개 경사면에서는 3개	절개지 하부에서는 하부로부터 6 m
제방, 도로 (고속도로)	60 m 마다 1개소, 지반변화 심하지 않으면 120 m 마다 1개소	제방높이의 2배 또는 6 m 중 큰 값을 사용

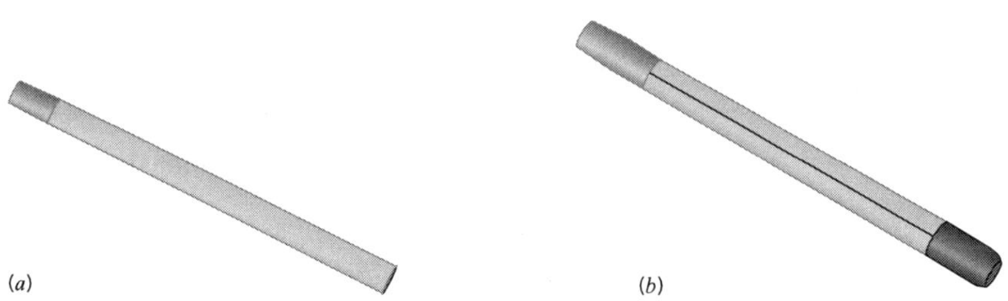

그림 3.4 (a) 얇은 관 shelby tube (b) 분리형 split spoon sampler.

으로 연결되어 있다.

시료튜브 내에 강라이너을 사용하는 나라도 있지만, 미국에서는 일반적이지 않다. 결과적으로 시료의 직경이 커진다. SPT(3.5.7b에 나타냄)결과에서 라이너를 사용할 경우와 사용하지 않는 경우 차이를 보이고 있다. 시료채취튜브의 두께가 두꺼울수록 얇은관(shelby tube)보다 항타응력이 커지며 시료의 교란정도가 높다. 스플릿 스푼 시료는 교란되었기 때문에 눈으로 관찰하거나 흙의 분류에 주로 사용된다.

3.5.5 지하수 조건

흙속의 간극이 물로 채워진(완전 포화)지반에 시추공을 뚫으면, 수위가 형성된 것을 관찰할 수 있다. 이 수위를 지하수위라고 한다.

지하수위의 가장 윗부분은 대기압하에 있으며, 자유수면(free surface)이라 부른다. 지하수의 위치를 ▼부호로 표시한다. 많은 건설사고와 법정분쟁, 공사비의 급증은 현장의 지하수조건을 몰랐거나 파악하지 못함으로서 발생한다. 지하수위는 환경조건(강우경향, 겨울비, 계절장마, 건기)과 인간의 행위(지하수 펌핑, 시공중 수위저하), 지질학적 조건들로 변동된다.

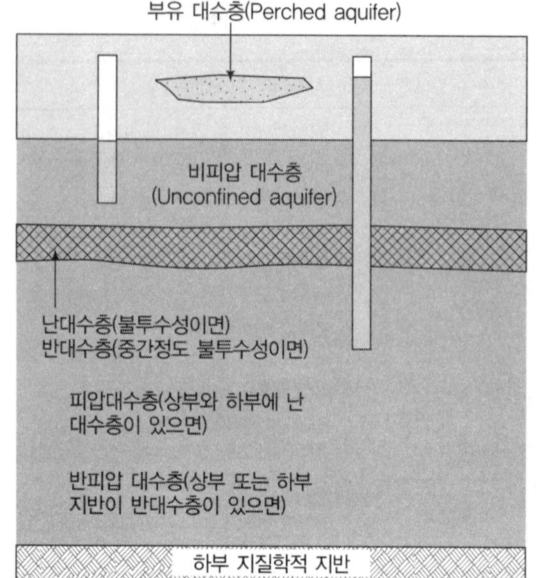

그림 3.5 비피압 대수층, 피압대수층, 부유대수층, 난대수층, 반대수층.

지하수위 이하에 물을 가진 지반을 대수층(aquifer)이라 부른다. 대수층들은 비피압(unconfined), 피압(confined), 반피압(semiconfined)형태를 가질수 있다(그림 3.5). 비피압 대수층은 자유수면을 가지며 지하수의 공급조건에 따라 수위가 항상 변한다. 겨울이나 봄에는 지하수위가 높아지나, 가뭄의 계절에는 낮아진다.

대수층은 가끔 지질학적 조건에 따라서 지하수의 흐름을 제한하거나 분리시킨다. 만약 지반조건이 점토와 같이 세립토이고 간극이 없는 암반이라면 불투수상태이며 이를 난대수층(aquicludes)이라 부른다. 만약 지반조건이 중간 정도의 불투수라면 반대수층(aquitards)이라 부른다.

피압대수층은 물을 가진 지층이 상하의 난대수층으로 구속되어 있다. 피압대수층에서 지하수는 구속조건 때문에 상당한 압력을 받고 있으며, 상부 불투수층이 뚫리면 물은 지표면 상부로 솟아오른다. 일부 지역에서는 시추공 설치 중에 물이 지표면 상부 50 m까지 솟아올랐다고 한다. 이러한 피압대수층(artesian aquifer)는 계절적 기후변화에 영향을 받지 않는다. 완벽한 피압대수층은 존재하지 않으며, 상부의 토층이나 하부암반층 등으로 침투수는 발생한다. 지질학적 지층구성은 연속성이 없으며, 특히 퇴적층의 대수층이 그러하다. 가끔 대수층은 불규칙한 불투수 또는 반투수 층이나 영역으로 되어있다. 또는 건조한 지층내에 물이 부분적으로 갇혀있는 지질형태를 보일 때도 있다. 이런 경우 그림 3.5와 같이 부유(perched)대수층이라고 부르며 그 속에서의 지하수위를 주수 지하수위(perched warter table)이라 한다. 만약 존재하고 있는 부유대수층이 발견되지 않았거나 지반조사 보고서에 기록되지 않는 경우, 구조적 불안정, 시공문제, 법정분쟁 등을 유발할 수도 있다.

지하수위와 특별한 조건(피암상태)뿐만 아니라, 가능한 지하수위의 변동범위를 반드시 확인하여야 한다.

3.5.6 흙의 실내시험

흙시료들은 시험실 시험을 위하여 현장에서 채취되며, 흙의 물리적 거동(강도와 변형)특성을 조사하게 된다. 흙의 특성을 나타내는 이러한 매개변수들은 기초설계와 흙의 건설재료로서 적합성 평가에 활용된다. 표준관입시험 채취기로 얻어진 교란시료는 외형적 조사, 입자의 크기나 모양, 소성도와 같은 물리적 특성을 조사하는데 사용된다. 얇은관(shelby tube)시료 채취기에서 얻은 불교란시료는 흙의 물리적 거동(강도, 변형)특성을 예측하는데 사용된다. 특히 흙의 거동특성(강도, 변형)과 관련된 시험의 결과는 시료채취방법, 취급방법, 운반 및 시료 준비중의 교란 등의 원인으로 매우 중요한 영향력을 가진다. 그러므로 신선한(intact) 상태의 시료를 얻기 위하여 상당한 경험과 주의력이 요구된다. 또한 왁스로 시료 주위를 덮어 씌워서 함수비 변화를 방지한다.

3.5.7 현장시험 및 원위치시험

지난 몇 년간 여러종류의 현장시험 방법들이 소개되었으며, 이를 통하여 흙의 강도와 변형특성 등을 현장에서 얻을 수 있다. 가장 일반적으로 많이 활용되는 방법들은 아래와 같다.

1. 베인전단시험(VST)
2. 표준관입시험(SPT)
3. 콘관입시험(CPT)
4. 압력계시험(PMT)
5. 평면딜라토내터(DMT)

(a) 베인전단시험(VST)-ASTM D 2573 베인전단시험기는 그림 3.6에서와 같이 수직축인 강봉에 서로 직교하는 4개의 얇은 날개가 달려있다. 베인(vane)을 시추공 아래의 원하는 심도까지 빌어 넣는다. 비틀림장치를 베인강봉 상부에 부착되고, 지표면 상부에서 분당 6°의 속도로 회전력(torque)을 작용시킨다.

최대회전력(T_{max})을 얻은 후에도 추가로 8~10회 정도 베인을 더 회전시켜서 잔류회전력(T_{res})를 측정한다. 최대회전력과 잔류회전력의 비율을 그 흙의 예민비(S_t)라 한다.

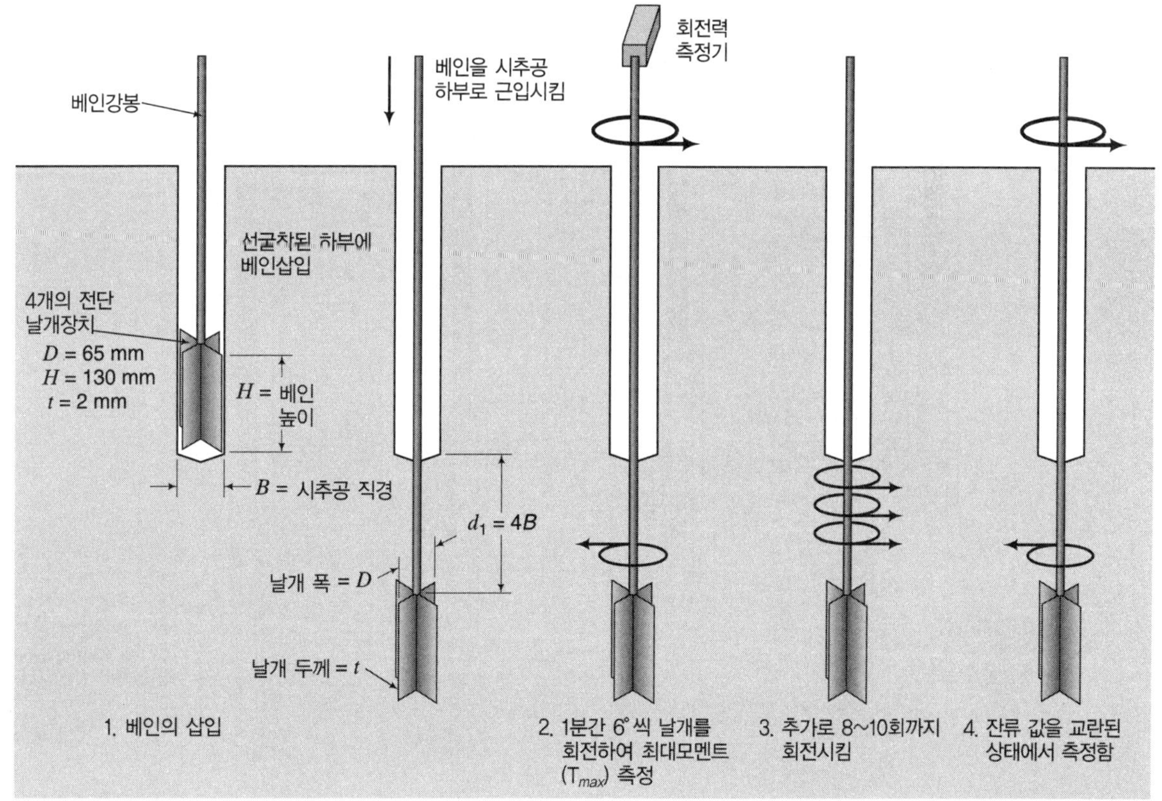

그림 3.6 베인전단시험기. (출처: Professor Paul Mayne, Georgia Tech.)

$$S_t = \frac{T_{max}}{T_r} \tag{3.1}$$

예민비는 흙의 교란으로 인하여 발생되는 비배수전단강도의 감소(10장 참조)를 측정하는 것이다. 베인전단시험의 결과는 비배수 베인전단강도를 심도별로 나타낸다. VST는 간단하고, 값싸고, 빠르기 때문에 가장 광범위하게 활용되는 장비이다. 베인이 흙속으로 삽입되면서 재성형 상태로 변할 수도 있다. 베인두께가 베인직경의 5%를 넘지 않아야 된다. 회전력측정에서 발생될 수 있는 오류들은 과도한 마찰력, 변화도 높은 회전, 정확도 재조정 등이다. 그러므로 VST는 단단한 점토나 조립토에서는 사용할 수 없다.

(b) 표준관입시험(SPT)-ASTM D 1586 표준관입시험은 1927년 Circa가 개발하였으며, 일반적으로 가장 널리 사용되는 현장시험 이다. SPT는 63.5 kg의 해머를 760 mm 높이에서 낙하시키는 타격으로 표준 스플릿 스푼 샘플러를 땅속에 근입시킨다. 이 샘플러를 시추공속에서 152 mm까지 근입시킨후, 추가로 304 mm을 관입시키는데 필요한 타격수(N)를 측정한다. 타격수 (N)를 표준관입치 "N"값이라 부른다(그림 3.7 참조)

여기서 "표준(standard)"이라는 단어는 표준관입시험(SPT)에 적합하게 사용된 것은 아니다. 세계적으로 각 지역마다 해머의 에너지적용이 각기 다른 여러 종류의 시험방법이 존재한다. 또한 각기 다른 종류의 강봉의 길이와 종

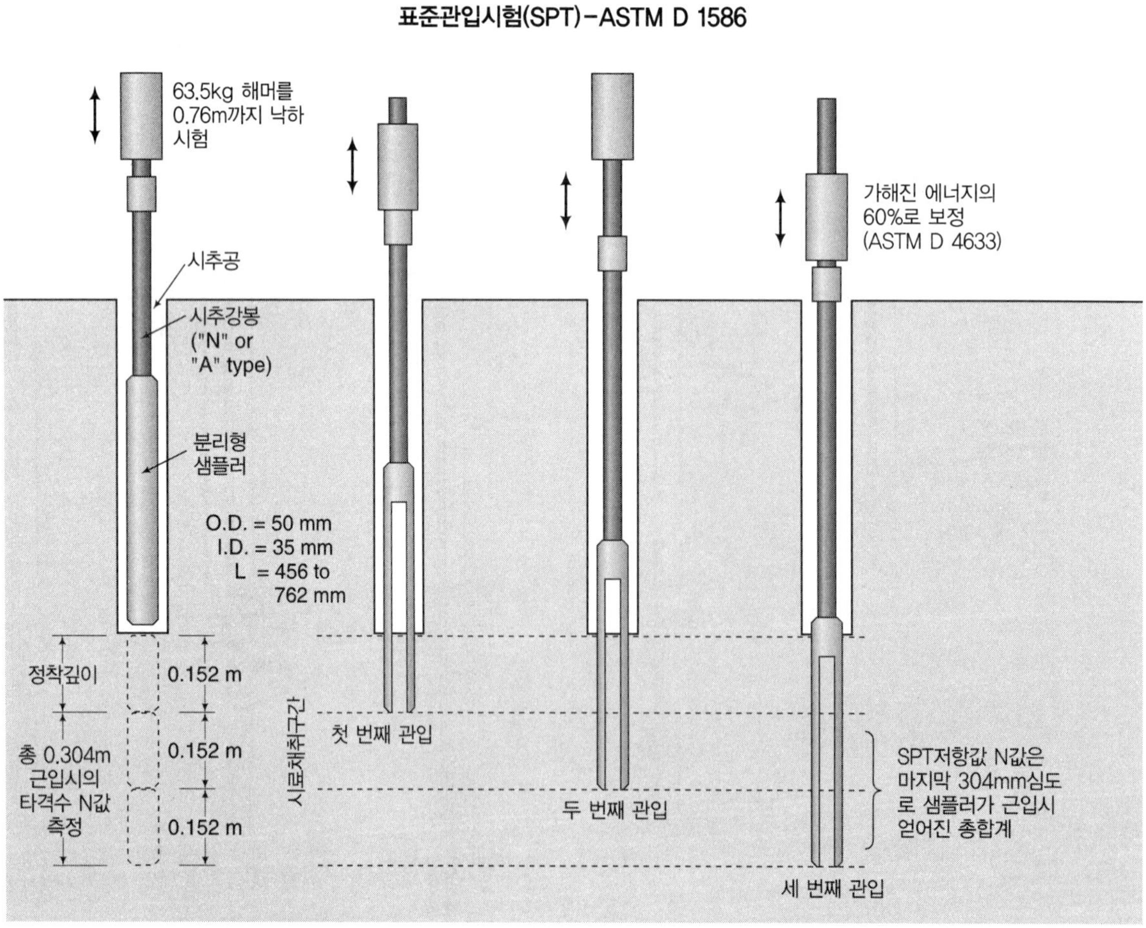

그림 3.7 표준관입시험에서 시험순서. (출처: Professor Paul Mayne, Georgia Tech.)

류를 사용하는 추세로 바뀌고 있다. 에너지손실, 상재압, 강봉길이 등의 영향을 받으므로 이들에 대한 보정이 필요하다. 관습상 강봉에 가해진 에너지의 60%로 "N"값을 보정해 준다. 강봉 에너지 비(rod energy ratio)는 헤머의 자유낙하에 의한 에너지와 스플릿 스푼 샘플러로 전달된 에너지의 비 이다. 보정된 N값은 N_{60}으로 표시한다.

$$N_{60} = N\left(\frac{ER_r}{60}\right) = NC_{\mathrm{E}} \tag{3.2}$$

여기서, ER_r은 에너지 비, C_{E}는 60%의 강봉 에너지 비의 보정계수이다. 보정계수는 강봉길이, 시료채취기의 종류, 시추공 직경, 사용장비(60% 강봉 에너지 비의 보정)에 따라 변하며, 표 3.4에 나타내었다.

복합적인 보정계수(C_{RSBE})는 표 3.4의 보정계수들로부터 산출되며 아래와 같다.

$$C_{\mathrm{RSBE}} = C_{\mathrm{R}}C_{\mathrm{S}}C_{\mathrm{B}}C_{\mathrm{E}} \tag{3.3}$$

여기서, C_{R}, C_{S}, C_{B}, C_{E}는 강봉길이, 샘플러 종류, 시추공직경, 강봉 에너지의 보정을 위한 보정계수들이다.

보정된 N값은

$$N_{cor} = C_{\mathrm{RSBE}}N \tag{3.4}$$

식 (3.4)는 단지 부분적으로 보정된 N값이다. 추가적인 보정계수들은 제 12장에서 논의될 것이다. 표 3.5는 조립토의 다짐 상태에 따른 N값으로 표현하였다.

SPT는 기반암의 위치와 지층변화를 결정하는데 대단히 유용하다. 또한 스프릿 스푼 샘플러를 통하여 흙의 지층 상태를 관찰함으로서 설명이 용이하고, 채취된 교란시료는 시험실의 시료로 사용된다.

표 3.4 로드길이, 샘플러타입, 시추공 크기에 대한 계수

계수	항목	수정계수
C_{R}	강봉길이	$C_{\mathrm{R}} = 0.05L + 0.61$; 4 m $< L \le$ 6 m $C_{\mathrm{R}} = -0.0004L^2 + 0.017L + 0.83$; 6 m $< L <$ 20 m $C_{\mathrm{R}} = 1$; $L \ge$ 20 m L – 강봉길이
C_{S}	표준샘플러	$C_{\mathrm{S}} = 1.0$
	라이너 없는 U.S.샘플러	$C_{\mathrm{S}} = 1.2$
C_{B}	시추공 직경	
	65 mm to 115 mm (2.5 in. to 4.5 in.)	$C_{\mathrm{B}} = 1.0$
	152 mm (6 in.)	$C_{\mathrm{B}} = 1.05$
	200 mm (8 in.)	$C_{\mathrm{B}} = 1.15$
C_{E}	장비	
	안전 해머 (rope, without Japanese "throw" release)	$C_{\mathrm{E}} = 0.7-1.2$
	도넛형 해머 (rope, without Japanese "throw" release)	$C_{\mathrm{E}} = 0.5-1.0$
	도넛형 해머 (rope, Japanese "throw" release)	$C_{\mathrm{E}} = 1.1-1.4$
	자동 해머 (donut or safety type)	$C_{\mathrm{E}} = 0.8-1.4$

출처: Youd et al. (2001) and Seed et al. (2003).

표 3.5 조립토에서 다짐정도에 따른 N값 변화

N	다짐상태
0-4	매우 느슨
4-10	느슨
10-30	중간
30-50	조밀
>50	매우 조밀

SPT는 단순하고 빠르게 시험할 수 있다. 시험장비는 손쉽게 동원될 수 있으며, 단단한 지층까지 관입시킬 수 있다. SPT의 결과는 흙의 공학적 특성, 지지력, 기초의 침하와 연관시켜 활용이 가능하다. 그러나 대부분의 연관관계는 약하다. 기준미달의 장비사용, 시험방법의 문제, 해머의 작동법문제, 시험전 시추공 청결상태, 지하수위 유지불가 등 여러 가지 결함들이 포함될 수 있다. 이러한 결함 때문에 *N*값이 흙을 대표한다고는 할 수 없다. SPT시험은 실트, 연약점토, 전석, 굵은 자갈층이나, 또한 점토, 실트, 조약돌, 전석들이 모두 섞인 지반에서는 신뢰성이 없다.

예제 3.1 SPT값의 보정

조립토 6 m심도에서 매 0.152 m마다 얻어진 SPT의 타격값 (*N*값)은 8, 12, 15였다. 도넛형 자동작동 해머와 표준샘플러를 시추공 직경 152 mm에서 사용하였다.

(a) *N*값을 결정하라
(b) *N*값을 수정하라. (강봉길이, 샘플러 종류, 시추공 크기, 60% 에너지 비 적용)
(c) 흙의 다짐상태를 예측해 보라.

핵심전략 *N*값은 마지막 0.304 m 관입시 타격수의 합이다. 마지막 두 번의 타격수를 합한다.

풀이 3.1

Step 1 : 마지막 두 번의 타격수를 합하라.

$$N = 12 + 15 = 27$$

step 2 : 보정계수들의 적용

표 3.4로부터, $C_R = 0.05\,L + 0.61$; $4\text{ m} < L \leq 6\text{ m}$ 그러므로 $C_R = 0.91$(강봉길이 $L = 6$ m), $C_S = 1.0$(표준 샘플러), $C_B = 1.05$ (시추공 직경 152 mm, 도넛형 자동작동 해머), $C_E = 0.8 \sim 1.4$, 그러므로 $C_E = 1.0$사용

$$N_{cor} = C_{RSBE}N = 0.91 \times 1.0 \times 1.05 \times 1 \times 27 = 26$$

step 3 : 표 3.5를 사용하여 흙의 밀도 파악한다.

$N = 27$; 흙은 중간정도 밀도이다.

(c) 콘관입시험(CPT)ASTM D 5778 콘관입시험은 강봉 끝에 붙어있는 60° 원추형 모양(바닥면적 10 cm^2)과 외측 슬리브(강봉을 둘러싸고 있다)를 2 cm/s의 속도로 땅속으로 밀어 넣는 힘, 즉 콘(선단)저항력과 주면마찰(슬리브저항)저항력을 각각 측정하는 시험이다. 원래 말뚝설계를 위하여 개발되었지만, CPT는 기초의 지지력과 침하예측에도 사용된다.

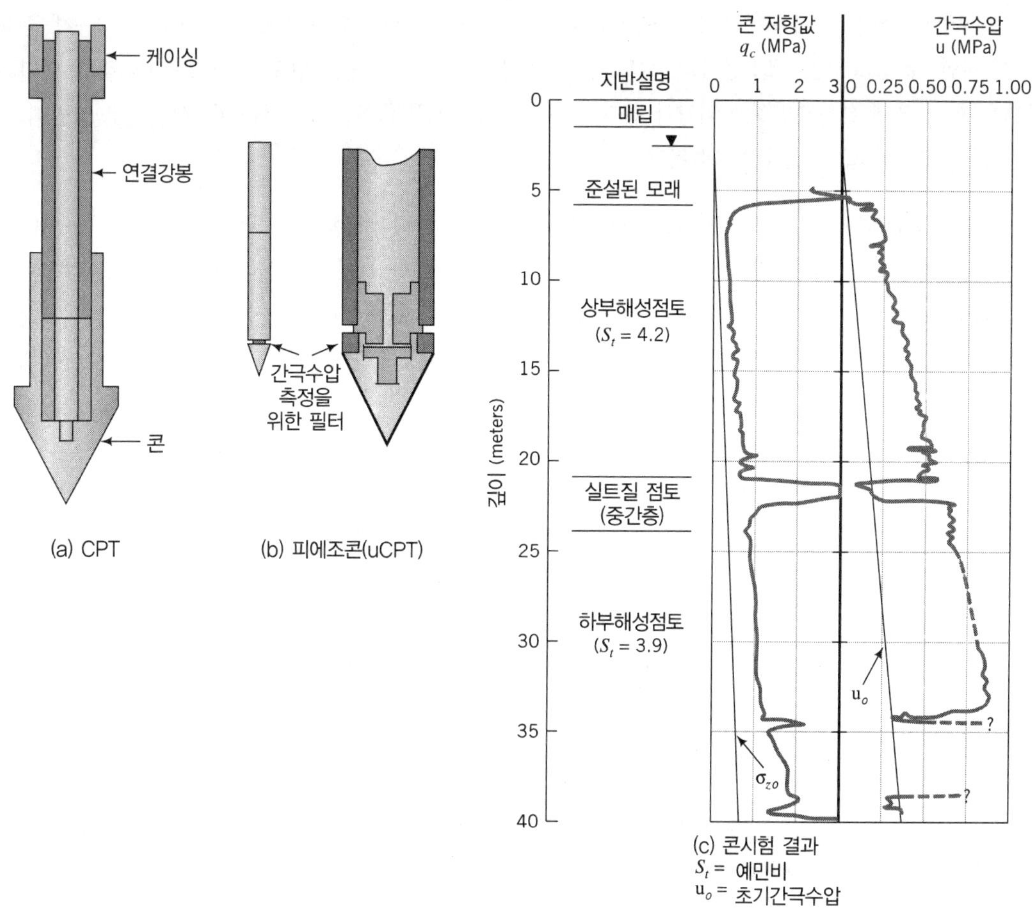

그림 3.8 (a) CPT. (b) 피에조콘. (c) 피에조콘 시험결과. (From Chang, 1988.)

피에조콘 (CuPT 또는 CPTu)은 다공질 요소를 콘이나 슬리브에 부착하여 간극수압도 측정할 수 있도록 한 콘 관입기이다(그림 3.8b). 간극수압은 다공질요소의 위치에 따라 각각 측정된다. 로드셀을 부착하여 관입력을 측정할 수도 있다. 피에조콘은 지층의 단면상태를 예측하는데 매우 유용하다. 피에조콘은 흙의 전단강도, 지지력, 압밀특성을 예측하는데 유용한 자료를 제공한다고 보고되고 있으며, 시험결과는 그림 3.8c에 있다.

또 다른 형태의 CPT는 탄성파콘(seimic cone, SCPT)과 비전콘(vision cone, Vis CPT 혹은 Vis CPTU)이다. SCPT는 콘내부에 지중청음기(geophone)를 설치하였다. 지표면에서 해머로 발신을 하면 탄성파는 땅속 세지점에서 지중청음기로 수신한다. 기록된 자료는 분석되어 진폭의 감쇠특성과 흙의 강도매개변수들을 산출할 수 있다.

Vis CPT와 Vis CPTU는 콘에 장착된 소형카메라에 의해 콘 주변 흙들의 연속된 영상을 얻을수 있다. 영상분석을 통하여 흙의 구조를 예측 할 수 있다.

어떠한 CPT시험을 하든지, 그 결과는 끝부분에서 콘직경 10배 길이 상부로 5배와 하부로 5배의 길이에 있는 흙의 평균저항력을 얻는다. 여러 지층의 지반에서 각 지층의 두께가 콘직경의 5배 이하로 얇을 경우, 콘에 의해 측정된 흙의 저항력은 각 지층을 대표할 수 없을 것이다.

콘저항력은 여러 가지 지반의 변수인 응력크기, 흙의 밀도, 지층상태, 흙의 광물질, 흙의 종류와 구조에 영향을 받는다. CPT의 결과들은 실내 시험결과들과 연관시켜서, 흙의 강도와 변형계수들을 산정할 수 있는 반경험적 공식들을 제공한다. 연구자들은 CPT의 결과들을 SPT와 같은 다른 현장조사 결과들과 연관시키는 작업을 하였다.

CPT는 빠르게 시행할 수 있고 SPT보다 시행오류도 작으며, 연속적으로 흙의 상태를 제공해 준다. CPT는 조밀한 지반, 조립토(굵은자갈, 전석)와 실트, 점토, 조약돌, 전석이 섞인 지반조건에서는 사용할 수 없다. 콘의 끝부분은 단단한 물체에 접촉되면 손상되기가 쉽다. 보다 복잡한 UCPT, SCPT, Vis CPT시험들은 일반적으로 전문가들에 의하여 수행되고, 그 결과가 분석된다.

(d) 압력계시험(PMT)-ASTM D 4719-87 (1994) 메나드 압력계시험(그림 3.9a)은 조사장치(probe)를 시추공내의 측정지점에 위치시킨 후 압력을 가하여 측정셀(measuring cell)에서 측정한다. 조사장치 주변의 응력상태는 그림 3.9b에 나타내었다. 적용한 압력으로 실린더형 공동을 확장하는 원리를 사용한다. 압력은 일정한 시간 간격으로 단계별로 증가시키며, 각 단계별 체적변화를 측정한다. 압력과 체적변화의 곡선을 그려서 탄성계수, 전단변형계수, 비배수 전단강도를 얻는다.

메나드 압력계 시험기의 단점중 하나는 기존 시추공에 설치되기 때문에 흙의 교란을 피할 수가 없다. 캠브리지 캠코메터(그림 3.10)는 자동시추공 압력계 시험으로 흙의 교란을 최소화 할 수 있다. 압력은 방사방향으로 캠코메터 벽체주변에 부착된 고무막을 확장시키고, 반경방향 변위를 촉수(feeler)게이지로 측정한다. 그러므로 흙의 응력-변형거동을 얻는다. 시험결과에 대한 분석평가는 생략한다.

PMT는 CPT나 평면딜라토미터(flat plate dilatometer, 3.5.7e 참조)보다 상당히 비싸고, 광범위하게 이용할 수 있는 장비도 아니다. 배수조건을 알 수 없기 때문에 전단강도와 전단변형계수를 측정하기에 불확실성이 있다.

(e) 평면딜라토미터(flat plate dilatometer, DMT) DMT는 폭이 95 mm, 두께 15 mm, 길이 240 mm의 끝이 가는 판으로 되어 있다(그림 3.11). 평면판으로 된 DMT는 직경 60 mm의 유연한 강철막으로 되어있고, 부풀어 오르면서 흙의 양측면을 밀어서 측압을 작용시킨다. 이 판은 굴착용 로드에 부착되어 굴착기에 의해 2 cm/s의 속도로 흙속으로 삽입된다. 시험은 매 200 mm마다 실시되며, 공기압으로 (a) 측정막은 흙의 표면에 밀착시키고 (b) 흙을 측면으로 1.1 mm밀어낸다. (c) 측정막을 원위치로 보내고 측정자료를 얻는다.

DMT의 측정결과는 비배수전단강도, 측방토압, 과압밀비, 탄성계수 산정에 활용된다. DMT는 간단히, 빠르게 시행되며 수평응력의 측정에 유리하고, PMT보다 값이 싸다. 시험 시작전에 흙을 되비빔 상태로 만들기 때문에 시험

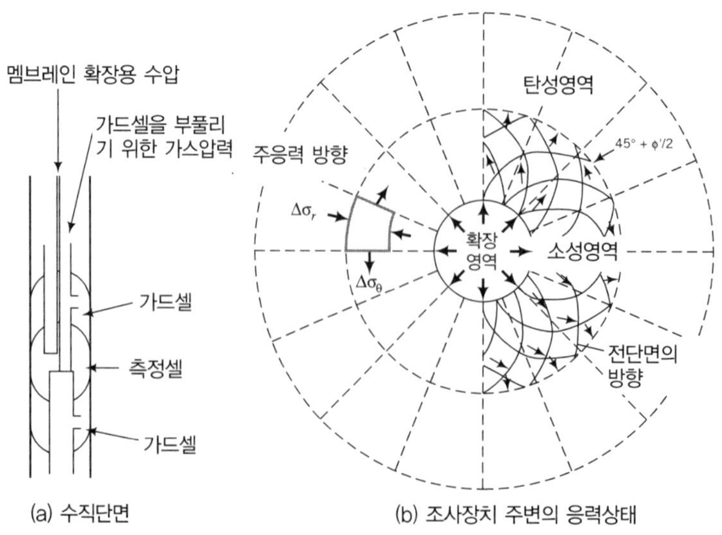

그림 3.9 (a) 메나드 프레셔미터와 (b) 조사장치 주변의 응력.

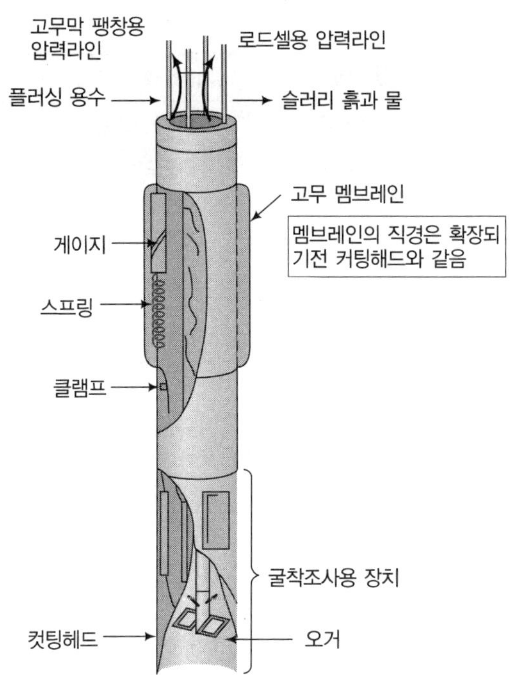

그림 3.10 켐브리지 캠코메터. (Redrawn from Wroth and Hughes, 1973.)

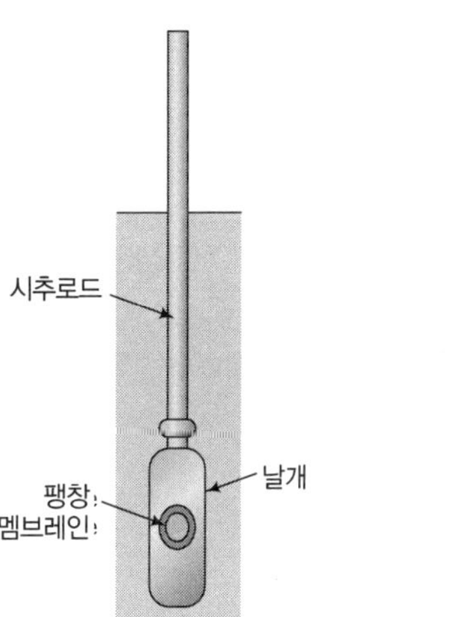

그림 3.11 평면딜라토미터.

결과 활용시에 많은 주의가 요구되며, 점토질과 모래질 흙에 가장 적합하다.

3.5.8 시험실 시험의 종류

시험실 시험은 흙을 분류하고 설계와 시공시 요구되는 흙의 강도 , 침하 , 강성 매개변수를 결정하기 위하여 시행된다. 실내시험은 흙에 적용되는 시험조건에 있어서 원위치시험(insitu test)보다 관리와 통제면에서 뛰어나다. 시험실용 시료는 대부분 교란되고, 교란정도는 시험결과에 지대한 영향을 미칠 수 있다. 실내시험은 2종류로 나눌 수 있다. Class I시험은 물리적 특성을 결정하며, Class II시험은 역학적 특성을 결정한다. 표 3.6과 3.7은 2종류의 시험에 대한 요약이다. 흙의 특성을 나타내는 계수들의 중요함을 알게 될 것이며, 그 측정방법들이 제시될 것이다.

표 3.6 흙의 물리적 특성을 위한 실내시험의 요약

물리적 특성	ASTM	시험목적	결정된 계수	활용목적
비중	D 854	흙의 비중결정	G_s	흙의 밀도 산정
입도결정	D 422 D 1140	입도분포의 결정	D_{10}, D_{50} $C_u = \dfrac{D_{10}}{D_{60}}$ $C_c = \dfrac{D_{30}^2}{D_{10}D_{60}}$	흙의 분류
함수비	D 2216	흙의 함수비 결정	w	강도와 변형에 대한 양질의 정보
컨시스턴시 시험	D 4318	함수비증가에 따른 흙의 상태변화	PL, LL, PI, SL, LI	흙의 분류와 강도와 침하에 대한 양질의 정보
다짐특성	D 698 D 1557	최대건조밀도와 최적함수비 결정	$(\gamma_d)_{max}$, w_{opt}	현장다짐의 시방조건 결정
투수성	D 2434	물의 투수계수 결정	k	침투유량, 침투압 안정성분석 산정
최대, 최소건조밀도	D 4253 D 4254	조립토에서 최대, 최소의 건조밀도	e_{max} e_{min}	흙의 분류

요점정리

THE ESSENTIAL POINT ARE

1. 지반조사를 위하여 많은 장비들이 동원될 수 있다. 그러므로 주어진 프로젝트에 적합한 조사방법들을 미리 결정할 필요가 있다.
2. 지반조사의 결과를 의미있게 만들기 위하여서는 엄청난 주의와 세분화 된 관심이 요구된다.

표 3.7 흙의 역학적 특성을 위한 실내시험의 요약

시험	ASTM	응력조건	배수조건	흙의 종류	계수	장점	단점
직접전단(DS)	D 3080	평면변형 응력 또는 변위제어	배수	조립토	ϕ'_{cs}, ϕ'_{p}, α_p	• 단순 • 빠름 • 널리 이용	• 파괴면이 결정된 시험 • 응력분포 불균등 • 변형률 결정불가
삼축 (T)	D 4767 D 2850 D 2166 (for UC tests)	축대칭 응력 또는 변위제어	배수와 비배수	모든 흙	ϕ'_{cs}, ϕ'_{p}, s_u, E, and M	• 만능–축과 반경방향 별도제어 가능 • 일반적으로 사용용이	• 주축이 즉시 90°로 회전 • 응력분포의 불균등은 윤활유 판 사용으로 감소
일차원 압밀	D 2435 D 4186 D 5333 D 454	축대칭	배수	세립토	C_c, C_r, C_α C_v, σ'_{zc}, m_v or λ, κ, p'_c	• 단순함 • 항상 사용가능	• 1차원
직접단순 전단(DSS)		평면변형	배수 (하중일정) 또는 비배수 (체적일정)	모든 흙	ϕ'_{cs}, ϕ'_{p}, s_u, G	• 주축 시험중 회전 • 많은 현장조건들을 모사함	• 불균등 응력과 변형분포 • 쉽게 이용불가

3.6 지반조사 보고서

명확하고, 간결하며, 정확한 현장조사 보고서가 준비되어야 한다. 보고서에는 최소한 다음과 같은 내용이 포함되어야 한다.

1. 서류(편지)형식의 현장조사 허가서
2. 수행한 조사의 요약과 추천사항(한 쪽 정도의 분량)
3. 조사의 범위
4. 현장 설명
5. 수행한 현장조사의 종류와 상세, 실내시험과 현장시험결과를 포함한 흙과 지하수의 정보, 지반조사의 가정사항과 제한사항들, 시공시 예견되는 문제점 등을 포함시킨다. 시추공의 정보로부터 얻어진 토질주상도와 지반의 자료들을 요약하여 (그림 3.12 사례)에 나타내었다. 시추공 주상도는 현장의 지반조사 전문가에 의하여 작성되어야 하며, 일반적으로 다음과 같은 내용이 포함되어야 한다.
  (a) 사업명과 주소 및 위치
  (b) 시추공의 위치 - 배치와 거리
  (c) 시추공 작업일자

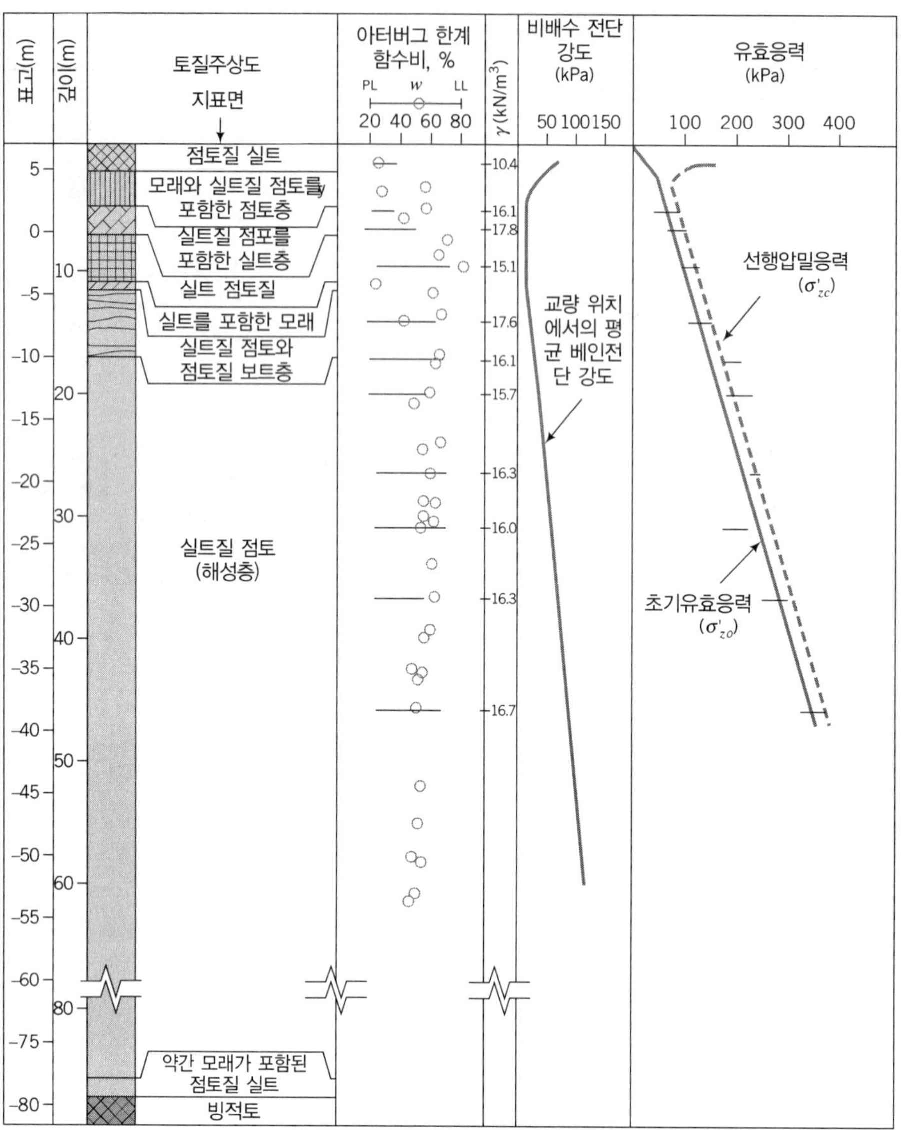

그림 3.12 시추주상도. (Redrawn from Blanchet et al., 1980.)

(d) 지표의 표고

(e) 각 지층의 두께와 깊이, 지층별 흙의 종류를 쉽게 알 수 있는 무늬의 표기, 흙의 종류와 무늬를 설명한 범례

(f) 샘플이 채취되고 원위치 시험이 시행된 위치, 시료와 시험번호

(g) 지층별 흙의 분류

(h) 지하수의 위치(존재시)

6. 수집된 자료의 설명과 분석

7. 설계와 시공을 위한 추천자료, 특별히 대비해야 될 사항들의 권장사항

3.7 요약

지반조사 보고서를 통하여 계획된 공사현장의 토질은 분류되고 특성화 되어야 한다. 지반조사는 여러단계로 시행되며, 지구물리학적 조사, 시추공조사, 시험실과 원위치 시험들이 포함된다. 지반조사가 끝나는 시점에서, 발주처는 서류화된 보고서를 요구한다.

자력평가

http://www.wiley.com/college/budhu에 접속하여 제 3장의 이해도를 측정하기 위한 퀴즈를 풀어라.

연습문제 EXERCISES

3.1 당신이 살고있는 지역주변에서 공사중이거나 시공된 도로와 건물공사에 대한 지반조사 보고서를 구하여 평가하라.

3.2 건물공사의 시추공 주상도를 가지고 지질학적 내용, 토질탐사의 방법, 원위치 시험의 종류 등을 설명하라.

3.3 구글 어스(earth.google.com)에 접속하여 당신이 살고있는 위치를 확인고, 1단계 조사(desk study)를 수행하시오. 단, 5층 사무실건물(폭 50 m × 길이 75 m 높이 18 m)를 당신의 거주지에 계획한다.

3.4 부동산 개발회사에서 당신의 대학부근에 쇼핑몰, 사무실 5개동과 500호의 주거지를 위한 구획정리를 하려한다. 대학의 총부지 면석은 50헥타르이다. 개발회사에서 당신을 고용하여 개발준비 서류의 일부로 지반조사를 의뢰하였다. 이 현장의 지반조사를 어떻게 수행할지 설명하라.

CHAPTER 04

흙의 물리적 특성과 분류

PHYSICAL SOIL STATES AND SOIL CLASSIFICATION

4.0 서론

일반적으로 공학에서는 복잡한 시스템을 여러 개의 부분으로 나누고 각 부분에 대하여 검토한 후 전체와의 관계를 검토한다. 흙에 대하여서도 동일하다. 즉 흙을 세 가지 구성성분으로 분리하고 각 성분의 특성이 어떻게 흙의 특성에 관련되는가를 검토한다. 또한 흙의 물리적 특성을 조사하는 시험법도 설명할 것이다. 이들 시험결과와 입경분포(제2장)로 흙을 분류할 수 있다.

4장을 마쳤을 때, 당신은 아래의 내용을 할 수 있어야 한다.

- 흙속의 주요 구성성분의 비율을 산정
- 물이 흙 특히 세립토의 상태를 어떻게 바꿀 수 있는가에 대해 이해
- 흙의 지수특성 결정
- 흙의 분류

중요사항

흙은 복잡하고 다양한 상태를 가지는 물질이다. 흙은 고체(흙입자), 액체(물) 및 기체(공기)의 집합체라고 할 수 있다. 각 성분은 전체로서의 흙의 거동에 영향을 미친다. 흙의 구성을 이해하지 않고는 하중재하 시 어떻게 거동하는지 예측할 수 없으며 흙을 건설재료로 활용할 수도 없다. 지반기술자들은 간단하고 신속한 토질시험 결과에 근거한 흙의 분류방법을 고안하였다. 이들 방법으로 전형적인 지반공학시스템에 적용할 수 있는 특별한 조건에 부합되는 흙을 결정할 수 있다.

두 가지 간단한 현장 예를 들어 본다. 먼저 Norscut시와 Windsor forest 마을을 연결하는 고속도로를 건설할 경우를 예로 들어보자. 이 고속도로는 100년 빈도 홍수가 발생할 평탄한 지역을 통과할 것이다. 이 고속도로 건설에 두 곳의 토취장으로부터 흙을 운반하여 성토할 수 있다. 지반기술자는 성토비용을 산정할 때 두 곳 토취장의 흙의 적합성과 토사량, 소요 트럭수를 고려하여야 한다. 지반기술자는 그 결과를 기술자, 농부, 지역사회대표, 변호사로 구성된 위원회에 알릴 것이다. 건설 중인 고속도로는 그림 4.1과 같다.

한편 아랍 에미리트연방, 두바이의 "Palm Island"는 페르시안 만에서 준설한 수백만 입방미터의 모래와 암석으로 아라비아 해에 건설되었다. 이 섬은 세계 8대 불가사의(Eighth wonder of the world)로 불리며 이 장에서 배우는 주제를 필요로 하는 지반공학 분야의 설계 및 시공의 예라 할 수 있다. 이들 섬은 야자나무의 형상을 하고 있다. 사석방파제–해안침식을 방지하는 구조물-는 야자수 나뭇잎의 모서리에 설치되어있고 준설선으로 뿌려진 모래로 채워

그림 4.1 건설 중인 고속도로.

져 있다. "Palm Islands Dubai"의 키워드를 사용한 인터넷으로 이들 섬과 유사한 프로젝트에 대하여 더 많은 정보를 얻을 수 있다.

4.1 용어 정의

함수비(w) : 흙입자 무게에 대한 물 무게의 비

간극비(e) : 흙입자 체적에 대한 간극 체적의 비

간극률(n) : 흙의 전체 체적에 대한 간극 체적의 비

포화도(S) : 간극 체적에 대한 물 체적의 비

단위중량(γ) : 중량밀도, 즉 단위체적당 흙의 중량

포화단위중량(γ_{sat}) : 단위체적당 포화토의 중량

건조단위중량(γ_d) : 단위체적당 건조토의 중량

유효단위중량(γ') : 단위체적당 수중토의 중량

상대밀도(D_r) : 조립토의 최소 · 최대 밀도 사이 상태에 대한 밀도를 나타내는 지수

팽창지수(*SF*) : 현장토사(이따금 객토재 혹은 성토재라고도 한다)의 굴착전후의 체적비

액성한계(*LL*) : 흙이 소성상태에서 액성상태로 변할 때의 함수비

소성한계(*PL*) : 흙이 반고체상태에서 소성상태로 변할 때의 함수비

수축한계(*SL*) : 흙이 체적변화 없이 고체상태에서 반고체상태로 변할 때의 함수비

4.2 이해를 돕기 위한 질문

1. 흙의 구성성분은 무엇인가?
2. 각 구성성분간의 관계는 어떤가?
3. 흙속에서 물의 영향은 어느 정도인가?
4. 아터버그한계란 무엇인가?
5. 지수시험은 무엇이며 어떻게 실시하는가?
6. 흙을 분류하는 목적이 무엇인가?
7. 흙의 분류는 어떻게 하는가?
8. 흙의 분류시스템은 있는가?

4.3 구성성분 사이의 관계

흙은 고체, 액체, 기체로 구성되어 있다(그림 4.2a). 고체는 광물이나 유기물 혹은 둘 다 일수 있다. 유기물은 이 책에서 다루지 않는다. 고체(흙입자) 사이의 공간을 간극이라 부른다. 물은 액체의 주성분이고 공기는 기체의 주성분이다. 통상 액체와 기체 대신 물과 공기란 용어를 사용한다. 흙 속의 물을 간극수라 부르며 이 간극수는 하중을 받는 흙의 거동에 매우 중요한 역할을 한다. 만약 모든 간극이 물로 채워져 있으면 이 흙은 포화되었다고 한다. 물로 채워져 있지 않으면 불포화되었다고 한다. 만약 간극이 공기로만 채워져 있으면 그 흙은 건조되어 있다고 한다.

그림 4.2b는 흙 속의 구성성분의 상태를 이상화시켜 나타낸 그림이다. 흙의 물리적 특성은 이들 구성성분의 상대적 비율에 의해 영향을 받는다. 흙의 전체 체적은 고체체적(V_s), 물체적(V_w), 공기체적(V_a)의 합이다. 즉

$$V = V_s + V_w + V_a = V_s + V_v \tag{4.1}$$

여기서 간극의 체적은 다음과 같다.

$$V_v = V_w + V_a$$

흙의 중량은 고체의 중량(W_s)과 물의 중량(W_w)의 합이다. 공기의 중량은 무시할 수 있다. 따라서

$$W = W_s + W_w \tag{4.2}$$

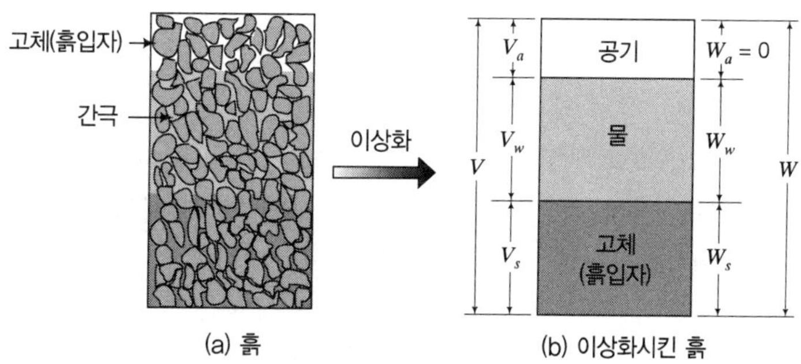

그림 4.2 흙의 구성.

흙 속 구성성분 간의 비를 나타내기 위해 다음에 설명하는 식을 구하였다. 각 식은 각각 여러 변수로 나타내고 있으며 가장 편리한 형태로 정리되어 있다. 따라서 이들 관계식은 반드시 기억해야 한다. 이들 관계를 기억할 때는 빵 반죽을 만들 때를 생각하면 이해하기 쉽다. 즉 빵 반죽은 구성재료인 밀가루와 물의 양을 조절하여야만 만들 수 있다. 만약 물을 많이 넣으면 부드럽고 잘 늘어날 것이다. 동일한 현상이 세립토에서도 발생된다.

1. 함수비(w)는 흙입자의 무게에 대한 물의 무게 비를 퍼센트로 표시한다.

$$w = \frac{W_w}{W_s} \times 100\% \tag{4.3}$$

흙의 함수비는 흙 시료의 무게를 측정한 후 110±5°C의 오븐에 넣어 수분이 모두 증발되어 시료의 무게가 일정하게 될 때까지 건조시킨 후 무게를 측정하여 구한다. 대부분의 흙은 24시간 건조하면 일정한 무게에 도달한다. 노건조후 흙을 오븐에서 꺼내 식힌 후 무게를 측정한다. 자세한 시험과정은 ASTM D2216에 기술되어 있다. 이따금 분모에 전체 중량을 넣는 실수를 하므로 주의해야 한다. 분모는 흙입자만의 무게를 넣어야 한다.

2. 간극비(e)는 흙입자 체적에 대한 간극 체적의 비이다. 간극비는 퍼센트로 표시하지 않는다.

$$e = \frac{V_v}{V_s} \tag{4.4}$$

3. 비체적(V′)은 흙입자 체적에 대한 흙 전체 체적이다.

$$V' = \frac{V}{V_s} = 1 + e \tag{4.5}$$

이 식은 예제 4.6과 체적변형률 계산(제7장)에서 보는바와 같이 체적의 상관성을 조사하는데 사용된다.

4. 간극률(n)은 전체체적에 대한 간극의 체적비이다. 간극률은 통상 퍼센트로 표시한다.

$$n = \frac{V_v}{V} \tag{4.6}$$

간극률과 간극비는 다음과 같은 관계가 있다.

$$n = \frac{e}{1 + e} \tag{4.7}$$

식 (4.7)을 증명하면 다음과 같다. 우선 식 (4.6)에서 전체 체적은 흙입자의 체적과 간극의 체적으로 구성되어 있다. 분모 분자를 흙입자의 체적으로 나누면 다음과 같다.

$$n = \frac{V_v}{V} = \frac{V_v}{V_s + V_v} = \frac{V_v/V_s}{V_s/V_s + V_v/V_s} = \frac{e}{1 + e}$$

흙의 간극률은 폭넓게 변할 수 있다. 만약 조립토의 입자가 구형이면 최대, 최소간극률은 각각 48%와 26%이다. 이는 최대 · 최소 간극비가 각각 0.91과 0.35에 해당한다. 조립토의 간극비는 1에서 0.3 사이이며 점토의 간극비는 1이상이다.

5. 비중(G_S)은 동일 체적의 물의 중량에 대한 흙입자의 중량비이다.

$$G_s = \frac{W_s}{V_s \gamma_w} \tag{4.8}$$

여기서 $\gamma_w = (9.81\ \text{kN/m}^3)$는 물의 단위중량이다. 이 책에서는 $\gamma_w = 9.8\ \text{kN/m}^3$을 사용한다. 흙의 비중은 대략 2.6~2.8 사이에 분포한다. 대부분 G_S는 약간의 오차는 있으나 대략 2.7이다.

흙의 비중을 구하는 방법은 ASTM D854에 제시되어 있다. 두 종류의 용기가 비중을 구하는데 사용된다. 하나는 조립토에 사용되는 피크노메타 비중병이고, 다른 하나는 세립토에 사용되는 50 mL 비중병이다. 비중병의 무게를 측정하고 약간의 건조된 흙시료를 넣는다. 비중병과 건조 흙시료의 무게를 측정한다. 여기에 공기를 뺀 물(탈기수)를 넣는다. 비중병 내 공기를 제거하기 위해 흔들어준다. 모든 기포가 제거되었을 때 비중병에는 탈기수로 채워지게 된다. 비중병, 흙시료, 물의 무게를 측정한다. 그런 후 비중병 내 내용물을 모두 버리고 깨끗이 씻는다. 그리고 이 비중병에 탈기수를 넣고 비중병과 물의 무게를 측정한다.

비중병의 무게가 M_1: 비중병과 건조흙시료의 무게가 M_2: 비중병, 흙시료, 물의 무게가 M_3: 비중병과 물의 무게가 M_4, 건조흙시료의 무게 $M_s = M_2 - M_1$, 흙입자로 교체된 물의 무게 $M_5 = M_4 - M_3 + M_s$, 이므로 $G_s = M_s/M_5$ 이다.

6. 포화도(S)는 간극의 체적에 대한 물의 체적의 비이며 퍼센트로 표시 한다.

$$S = \frac{V_w}{V_v} = \frac{wG_s}{e} \quad \text{또는} \quad Se = wG_s \tag{4.9}$$

만약 $S = 1$ 혹은 100%이면, 흙은 포화된 상태이고, $S = 0$이면 흙은 완전히 마른상태이다. 그러나 $S = 0$인 흙은 실제로 얻기가 불가능하다.

7. 단위중량은 단위체적당 흙의 중량이다. 단위중량을 구하기 위해 이 책에서는 **전체단위중량(*bulk unit weight*)** γ라는 용어로 사용한다.

$$\gamma = \frac{W}{V} = \left(\frac{G_s + Se}{1 + e}\right)\gamma_w \tag{4.10}$$

기타 단위중량

(a) 포화단위중량($S = 1$)

$$\gamma_{sat} = \left(\frac{G_s + e}{1 + e}\right)\gamma_w \tag{4.11}$$

(b) 건조단위중량($S = 0$)

$$\gamma_d = \frac{W_s}{V} = \left(\frac{G_s}{1 + e}\right)\gamma_w = \frac{\gamma}{1 + w} \tag{4.12}$$

(c) 유효단위중량 혹은 수중단위중량은 물속에서 포화된 흙의 단위체적중량이다:

$$\gamma' = \gamma_{sat} - \gamma_w = \left(\frac{G_s - 1}{1 + e}\right)\gamma_w \tag{4.13}$$

여러 종류의 흙에 대한 단위중량의 대표값은 표 4.1과 같다.

8. 상대밀도(D_r)는 조립토의 현재상태 밀도를 최소밀도와 최대밀도에 대비하여 나타내는 상대적 지수이며 다음과 같다.

$$D_r = \frac{e_{max} - e}{e_{max} - e_{min}} \tag{4.14}$$

표 4.1 흙의 단위중량 대표값

흙의 종류	γ_{sat} (kN/m^3)	γ_d (kN/m^3)
자갈	20~20	15~17
모래	18~20	13~16
실트	18~20	14~18
점토	16~22	14~21

여기서 e_{max}는 가장 느슨한 상태인 최대간극비, e_{min}은 가장 조밀한 상태인 최소간극비, e는 현재상태의 간극비이다.

상대밀도는 다음과 같이 쓸 수도 있다.

$$D_r = \frac{\gamma_d - (\gamma_d)_{min}}{(\gamma_d)_{max} - (\gamma_d)_{min}} \left\{ \frac{(\gamma_d)_{max}}{\gamma_d} \right\} \tag{4.15}$$

ASTM D 4253과 ASTM D 4254는 각각 조립토의 최대간극비와 최소간극비를 구하는 방법이다. 최대간극비는 건조흙시료를 조용히 부어넣어서 얻을 수 있다. 예를 들어 2830 m^3 체적(V) 몰드에 깔때기로 흙을 부어넣어서 조성한다. 그런 후 몰드에 채워진 흙시료의 무게를 측정한다. 모래시료의 중량이 W이면 식 (4.10)과 식 (4.12)를 묶어 $e_{max} = G_s\gamma_w(V/W) - 1$을 구할 수 있다. 최소간극비는 모래를 채워 넣을 때 진동을 주면서 13.8kPa의 수직응력을 가하여 눌러 조성한다. 진동은 3600 Hz의 주파수와 0.064 mm 의 진폭으로 8분간 가한다. 모래의 중량(W_1)과 체적(V_1)으로 $e_{min} = G_s\gamma_w(V_1/W_1) - 1$을 구할 수 있다.

상대밀도는 조립토의 강도와 상관성이 있다 – 조밀한 흙일수록 큰 강도를 가진다. 상대밀도와 간극률에 의한 모래의 상태는 표 4.2와 같다.

9. 팽창계수(*SF*) 혹은 자유팽창계수는 현위치토사(가끔 객토재나 성토재라고도 부름)의 굴착 후 체적의 비이다.

$$SF = \frac{\text{굴착 후 체적}}{\text{현위치 체적}} \times 100\ (\%) \tag{4.16}$$

몇몇 점토광물의 자유팽창계수는 표 4.3과 같다.

표 4.2 상대밀도와 간극률에 의한 조립토의 상태

D_r (%)	간극률, n (%)	상태
0~20	100~80	매우느슨
20~40	80~60	느슨
40~70	60~30	중간정도 조밀 혹은 빽빽한
70~85	30~15	조밀
85~100	<15	매우조밀

표 4.3 점토광물의 자유팽창계수

점토광물	자유팽창계수 (%)
Ca–몬모릴로나이트	45~145
Na–몬모릴로나이트	1400~1600
일라이트	15~120
카올리나이트	5~60

What's next... 여덟 개의 예제를 통하여 흙의 구성성분에 관련된 다양한 문제를 풀어 본다. 처음 예제에서 흙의 구성성분 간의 관계식을 유도한다.

예제 4.1 흙의 구성성분 관계식 유도

다음 관계식을 증명하라.

(a) $S = \dfrac{wG_s}{e}$

(b) $\gamma_d = \dfrac{\gamma}{1 + w}$

(c) $\gamma = \left(\dfrac{G_s + Se}{1 + e}\right)\gamma_w = \dfrac{G_s\gamma_w(1 + w)}{1 + e}$

핵심전략 이들 식의 증명은 대수학적 전개 과정을 거친다. 기본 정의로부터 시작하여 그 기본식을 대수학적으로 원하는 형태로 바꿔 전개 한다.

풀이 4.1

(a) $S = \dfrac{wG_s}{e}$ 식의 증명

Step 1 : 기본식

$$S = \frac{V_w}{V_v}$$

Step 2 : 기본식을 원하는 형태로 바꾼다.

분모에 e가 들어가게 하려면 V_v를 알고 있으니까 $V_v = eV_s$를 활용한다. V_w는 물의 무게를 물의 단위중량으로 나눈 물의 부피이다. 함수비에 대한 정의로부터, 물의 중량은 wW_s이다. 따라서

$$V_v = eV_s; \quad V_w = \frac{W_w}{\gamma_w} = \frac{wW_s}{\gamma_w}$$

$$S = \frac{wW_s}{e\gamma_w V_s} = \frac{G_s w}{e}$$

(b) $\gamma_d = \dfrac{\gamma}{1 + w}$ 식의 증명

Step 1 : 기본식

$$\gamma_d = \frac{W_s}{V}$$

Step 2 : 기본식을 새로운 형태로 바꾼다.

$$\gamma_d = \frac{W_s}{V} = \frac{W - W_w}{V} = \frac{W}{V} - \frac{wW_s}{V} = \gamma - w\gamma_d$$

$$\therefore \gamma_d + w\gamma_d = \gamma$$

$$\gamma_d = \frac{\gamma}{1 + w}$$

(c) $\gamma = \left(\frac{G_s + Se}{1 + e}\right)\gamma_w = \frac{G_s\gamma_w(1 + w)}{1 + e}$ 식의 증명

Step 1 : 기본식

$$\gamma = \frac{W}{V}$$

Step 2 : 기본식을 새로운 형태 식으로 바꾼다.

$$\gamma = \frac{W}{V} = \frac{W_s + W_w}{V_s + V_v} = \frac{W_s + wW_s}{V_s + V_v}$$

$w = Se/G_s$ 와 $V_v = eV_s$로 대입하여

$$\gamma = \frac{W_s(1 + Se/G_s)}{V_s(1 + e)}$$

$$= \frac{G_s\gamma_w(1 + Se/G_s)}{1 + e} = \frac{G_s\gamma_w(1 + w)}{1 + e}$$

$$\gamma = \left(\frac{G_s + Se}{1 + e}\right)\gamma_w$$

예제 4.2 조립토의 비중

모래에 대한 시험결과가 아래와 같다. 비중을 구하라.

비중계 무게	= 38.2 g
비중계와 건조 흙시료 무게	= 64.3 g
비중계, 건조흙시료, 물의 무게	= 154.8 g
비중계와 물의 무게	= 138.5 g

핵심전략 시험데이터표를 작성하고 4.3절(5. 비중)에서와 같은 순서로 계산한다.

풀이 4.2

M_1 = 비중계 무게	= 38.2 g
M_2 = 비중계와 건조흙시료 무게	= 64.3 g
M_3 = 비중계, 건조흙시료, 물의 무게	= 154.8 g
M_4 = 비중계와 물의 무게	= 138.5 g
M_s = 건조흙시료의 무게 = $M_2 - M_1$	= 26.1 g
M_5 = 흙입자로 교체된 물의 무게 = $M_4 - M_3 + M_s$	= 9.8 g
비중, $G_s = M_s/M_5$	2.66

예제 4.3 간극비와 간극률의 계산

용기체적이 $2.83 \times 10^{-3}\,\text{m}^3$ 이고 중량이 9.8 N이다. 건조모래를 용기 내에 부었을 때 용기와 모래의 중량이 52.3 N이였다. (a) 간극비 (b) 간극률을 계산하라. 흙의 밀도상태를 설명하라 (느슨한가 조밀한가). $G_s = 2.7$로 가정한다.

핵심전략 체적과 건조단위중량을 알고 있으므로 건조밀도를 계산할 수 있다. 식 (4.12)로 e를 계산한다. 간극비와 간극률 관계로부터 간극률도 구할 수 있다.

풀이 4.3

Step 1 : 건조모래의 중량을 계산한다.

$$\text{모래와 용기의 중량} = 52.3 \text{ N}$$
$$\text{용기중량} = 9.8 \text{ N}$$
$$\text{건조모래의 중량 } W_s = 52.3 - 9.8 = 42.5 \text{ N} = 0.0425 \text{ kN}$$

Step 2 : 단위중량을 계산한다.

$$\gamma_d = \frac{W_s}{V} = \frac{0.042.5}{2.83 \times 10^{-3}} = 15 \text{ kN/m}^3$$

Step 3 : 간극비를 계산한다.

식 (4.12) :

$$\gamma_d = \frac{W_s}{V} = \frac{G_s}{1 + e}\gamma_w$$

여기서 e를 구하면

$$e = G_s\frac{\gamma_w}{\gamma_d} - 1 = 2.7\,\frac{9.8}{15} - 1 = 0.764$$

Step 4 : 간극률을 계산한다.

식 (4.7):

$$n = \frac{e}{1 + e} = \frac{0.764}{1 + 0.764} = 0.43 = 43\%$$

Step 5 : 모래의 밀도상태를 설명한다.

표 4.2에서 $n = 43\%$이므로 이 모래는 중간정도나 빽빽한 밀도 상태이다.

예제 4.4 흙의 구성성분 산출

포화점토시료를 용기에 넣고 무게를 측정하였다. 무게가 6 N이였다. 용기내 점토를 105°C의 오븐에서 24시간 건조시켰다. 무게가 5 N일 때 더 이상 감소되지 않고 일정하였다. 용기의 무게는 1 N이다. G_s가 2.7이면, (a) 함수비 (b) 간극비 (c) 전체단위중량 (d) 건조단위중량 (e) 유효단위중량을 구하라.

핵심전략 주어진 조건을 기입하고 미지수를 구하기 위해 적절한 식을 사용한다. 자연상태 흙시료의 중량(이를 때로 습윤중량이라 부른다) 과 건조중량이 주어졌다. 이들 사이의 차이가 물의 양이다. 따라서 식 (4.3)으로 함수비를 구할 수 있다. 또한 포화도 ($S = 1$)에 대한 사항이 주어져 있다.

풀이 4.4

Step 1 : 주어진 조건을 정리한다.

$$\text{흙시료} + \text{용기의 중량} = 6 \text{ N}$$
$$\text{건조흙시료} + \text{용기의 중량} = 5 \text{ N}$$

Step 2 : 물의 중량과 건조 흙시료의 중량을 구한다.

$$\text{물의 중량} : W_w = 6 - 5 = 1 \text{ N}$$
$$\text{건조흙시료의 중량} : W_w = 5 - 1 = 4 \text{ N}$$

Step 3 : 함수비를 계산한다.

$$w = \frac{W_w}{W_s} \times 100 = \frac{1}{4} \times 100 = 25\%$$

여기서 분모는 흙입자의 중량이다. 전중량이 아님을 유의 할 것

Step 4 : 간극비를 계산한다.

$$e = \frac{wG_s}{S} = \frac{0.25 \times 2.7}{1} = 0.675$$

Step 5 : 전체단위중량을 계산한다.

$$\gamma = \frac{W}{V} = \frac{G_s\gamma_w(1 + w)}{1 + e} \quad \text{(예제 4.1을 참조)}$$

$$\gamma = \frac{2.7 \times 9.8(1 + 0.25)}{1 + 0.675} = 19.7\ \text{kN/m}^3$$

이 경우는 흙이 포화되어있어 전체단위중량은 포화단위중량과 같다.

Step 6 : 건조단위중량을 계산한다.

$$\gamma_d = \frac{W_s}{V} = \left(\frac{G_s}{1 + e}\right)\gamma_w = \frac{2.7}{1 + 0.675} \times 9.8 = 15.8\ \text{kN/m}^3$$

$$\gamma_d = \left(\frac{\gamma}{1 + w}\right) = \frac{19.7}{1 + 0.25} = 15.8\ \text{kN/m}^3$$

Step 7 : 유효단위중량을 계산한다.

$$\gamma' = \left(\frac{G_s - 1}{1 + \text{e}}\right)\gamma_w = \left(\frac{2.7 - 1}{1 + 0.675}\right) \times 9.8 = 9.9\ \text{kN/m}^3$$

$$\gamma' = \gamma_{sat} - \gamma_w = 19.7 - 9.8 = 9.9\ \text{kN/m}^3$$

예제 4.5 불포화토의 함수비 계산

흙시료의 간극이 80% 물과 20% 공기로 구성되어 있다. 건조단위중량 $\gamma_d = 15.7\ \text{kN/m}^3$이고 $G_s = 2.7$이다. 함수비를 구하라.

핵심전략 식 (4.12)로 간극비를 구하고, 식 (4.9)로 함수비를 구한다.

풀이 4.5

Step 1 : 건조단위중량으로부터 간극비를 구한다.

$$\gamma_d = \frac{G_s\gamma_w}{1 + e}$$

$$e = \frac{G_s\gamma_w}{\gamma_d} - 1 = \frac{2.7 \times 9.8}{15.7} - 1 = 0.685$$

Step 2 : 함수비를 구한다

$$Se = wG_s$$
$$w = Se/G_s$$

포화도를 구할 필요가 있다.

포화도는 간극의 체적에 대한 물의 체적의 비이다. 물의 체적이 전 간극체적의 20%이므로 포화도는 20%이다. 즉 $S = 0.2$

$$w = \frac{Se}{G_s} = \frac{0.2 \times 0.685}{2.7} = 0.051 = 5.1\%$$

별해:

1단계에서 건조단위중량식에 $e = wG_s/s$를 대입할 수 있다. 이 방법으로 e를 먼저 구하는 대신 w를 직접 구할 수 있다.

예제 4.6 도로건설에 필요한 골재의 조건 결정

야적장으로부터 도로성토용 골재를 가져와야한다. 이 야적장 골재의 간극률이 80%이다. 성토다짐골재의 소요간극률이 20%이다. 성토단면이 폭 7.6 m × 다짐두께 0.61 m × 길이 305 m일 때 소요 골재체적을 구하라.

핵심전략 간극률 n과 골재의 체적간의 관계를 알아보는 것이 가장 간단한 방법이다.

풀이 4.6

Step 1 : 성토체적을 계산한다.

$$V_{emb} = 7.6 \times 0.61 \times 305 = 1414$$

Step 2 : 소요골재체적을 계산한다.

V_{ss} = 야적장에 필요한 체적, V_{emb} = 성토체적이라 하면,

$$\frac{V_{ss}}{V_{emb}} = \frac{1 + e_{ss}}{1 + e_{emb}} = \frac{1 - \dfrac{e_{emb}}{1 + e_{emb}}}{1 - \dfrac{e_{ss}}{1 + e_{ss}}} = \frac{1 - n_{emb}}{1 - n_{ss}} = \frac{1 - 0.2}{1 - 0.8} = 4$$

$$V_{emb} = 4 \times 1414 = 5656 \text{ m}^3$$

예제 4.7 흙의 구성성분 관계를 실제 문제에 적용

고속도로에서 18 kN/m^{3}인 건조단위중량으로 다짐된 흙으로 성토를 실시하고 있다. 점토를 토취장에서 현장까지 트럭으로 실어 날라야 한다. 토취장 흙의 단위중량이 17 kN/m^{3}이고 자연함수비는 5%이다. 성토 1 m^{3}당 필요한 토취장으로 부터의 점토 체적을 계산하라. 팽창계수는 1.2 (20% 팽창), $G_s = 2.7$이다.

핵심전략 이 문제는 여러 방법으로 풀 수 있다. 여기서는 두 가지 방법을 활용해 본다. 한 가지 방법은 직접적 방법이고 다른 방법은 좀 시간이 걸린다. 첫 번째 방법에서 체적을 구하기 위해 토취장 흙의 건조단위중량에 대한 다짐된 흙의 건조단위중량의 비를 활용한다. 두 번째 방법에서는 비체적을 사용한다. 이 경우 토취장 점토의 간극비와 성토소요간극비를 구하여야 한다. 그런 다음 성토의 비체적을 토취장 점토의 비체적과 연계할 수 있다.

풀이 4.7

Step 1 : 토취장 토사의 건조단위중량을 계산한다.

$$\gamma_d = \frac{\gamma}{1 + w} = \frac{17}{1 + 0.05} = 16.2 \text{ kN/m}^3$$

Step 2 : 팽창계수 고려 없이 소요토취장 체적을 계산한다.

$$\text{토취장 토사의 체적 (m}^3\text{ 당)} = \frac{(\gamma_d)_{c,\text{다짐토사}}}{(\gamma_d)_{b,\text{토취장토사}}} = \frac{18}{16.2} = 1.11 \text{ m}^3$$

팽창계수 고려시

$$\text{소요체적} = \text{SF} \times \text{소요토취장체적} = 1.2 \times 1.11 = 1.33 \text{ m}^3$$

별해:

Step 1 : 토취장과 성토용 정수를 정한다.

V'_1, e_1 = 토취장점토의 비체적과 간극비
V'_2, e_2 = 다짐점토의 비체적과 간극비

Step 2 : e_1, e_2를 계산한다.

$$\gamma_d = \frac{\gamma}{1+w} = \frac{17}{1+0.05} = 16.2\ \text{kN/m}^3$$

$$\gamma_d = \frac{G_s}{1+e_1}\gamma_w$$

$$e_1 = G_s\frac{\gamma_w}{\gamma_d} - 1 = 2.7\left(\frac{9.8}{16.2}\right) - 1 = 0.633$$

$$e_2 = G_s\frac{\gamma_w}{\gamma_d} - 1 = 2.7\left(\frac{9.8}{18}\right) - 1 = 0.47$$

Step 3 : 토취장 재료의 체적을 계산한다.

$$\frac{V_1'}{V_2'} = \frac{1+e_1}{1+e_2}$$

$$V_1' = V_2'\frac{1+e_1}{1+e_2} = 1\left(\frac{1+0.633}{1+0.47}\right) = 1.11\ \text{m}^3$$

그러므로 평형을 고려하면

$$\text{소요체적} = \text{SF} \times \text{토취장체적} = 1.2 \times 1.11 = 1.33\ \text{m}^3$$

예제 4.8 흙의 구성성분 관계를 실제 문제에 적용

예제 4.7에 토취장토사가 18 kN/m^{3}의 건조단위중량과 7%의 함수비로 다짐이 되려면 성토의 입방 m당 필요한 물의 양을 구하라. 단 운반도중 함수비 손실은 없다고 가정한다.

핵심전략 함수비는 흙 전체 무게가 아닌 흙입자의 무게에 관련이 있으므로 흙입자의 무게를 구할 수 있는 데이터가 필요하다.

풀이 4.8

Step 1 : 토취장 단위체적당 흙입자의 무게를 계산한다.

$$W_s = \frac{\gamma}{1+w} = \frac{17}{1+0.05} = 16.2\ \text{kN/m}^3$$

Step 2 : 소요량을 계산한다.

$$\text{추가 수량} = 7 - 5 = 2\%$$
$$\text{물의 중량} = W_w = wW_w = 0.02 \times 16.2 = 0.32\ \text{kN}$$
$$V_w = \frac{W_w}{\gamma_w} = \frac{0.32}{9.8} = 0.033\ \text{m}^3 = 33\ \text{liters}$$

What's next... 물은 세립토의 강도와 변형에 큰 영향을 미친다. 다음 절에서는 물이 세립토의 상태를 어떻게 바꾸는지 알아본다.

4.4 세립토의 물리적 상태와 지수특성

세립토의 물리적 역학적 거동은 네 가지 상태(함수비 증가 순으로 고체, 반고체, 소성, 액성)와 관련이 있다. 흙이 초기에 액성상태에 있고 균일하게 건조되고 있는 경우를 고려해보자. 그림 4.3과 같은 함수비와 체적의 관계에 표시하여 보면 초기의 액성상태는 *A*점에 표시될 것이다. 이 흙이 건조 될 때 함수비는 지속적으로 감소되고 체적도 감소할 것이다(그림 4.2b 참조).

*B*점에서 이 흙은 더 이상 액체와 같이 흐르지 못할 정도로 견고해 질 것이다. 이때 *B*점에서의 경계함수비를 액성한계 LL이라 부른다. 계속 건조시키면 흙이 파괴됨이 없이 원하는 모양으로 반죽될 수 있는 함수비의 범위에 있게 된다. 이 상태에서 소성거동 — 파괴발생 없이 지속적인 변형이 가능한 거동 — 을 보인다고 할 수 있다. 그러나 계속 건조시켜 소성거동 함수비 영역을 넘어가면 흙은 반고체 상태에 도달한다. 이때 흙은 균열 없이는 반죽될 수가 없게 된다. 이와 같이 소성에서 반고체로 변하는 함수비를 소성한계 PL이라 한다. 흙이 소성변형이 발생하는 함수영역을 소성지수 PI라 한다.

$$\mathrm{PI} = \mathrm{LL} - \mathrm{PL} \tag{4.17}$$

흙을 계속 건조시키면 고체상태라는 최종단계에 도달하게 된다. 이 상태에서는 흙 속의 물이 거의 다 제거되었기 때문에 더 이상의 체적변화는 발생하지 않으며 이와 같이 흙이 반고체상태에서 고체상태로 변하는 함수비를 수축한계 SL이라 부른다. 이 수축한계는 흙의 팽창과 수축 능력을 결정하는데 사용된다. 여기서 액성한계와 소성한계를 스웨덴 지반과학자 A. Atterberg(1911)의 이름을 따서 아터버그한계라고 부른다.

함수비를 변화시켜 세립토의 상태를 변화시켰다. 흙의 강도특성을 각각의 흙의 상태와 연계시킬 수가 있다. 한 가지 극단적 상태인 액성상태에서는 강도가 최소화되고 변형은 최대화될 것이다. 또 다른 극단적 상태인 고체상태에서는 흙의 강도는 가장 크고 변형은 가장 작게 될 것이다. 아터버그한계를 사용하여 흙의 강도를 판단하는 방법으로 액성지수 LI를 활용할 수 있다.

$$\mathrm{LI} = \frac{w - \mathrm{PL}}{\mathrm{PI}} \tag{4.18}$$

액성지수는 자연함수비와 소성한계 사이의 차이를 소성지수로 나누어 구한다. 표 4.4는 LI 값에 근거한 흙의 강도를 설명하고 있다.

각종 흙의 전형적인 아터버그한계는 표 4.5에서 보는바와 같다. 아터버그한계는 흙 속의 주요 광물질에 의존한

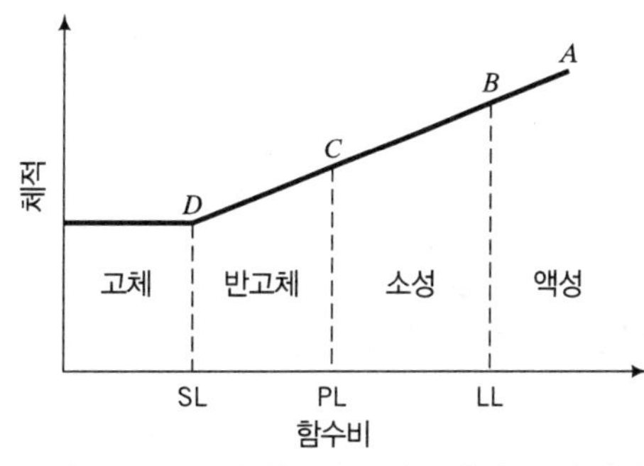

그림 4.3 체적과 함수비에 따른 흙의 상태 변화.

표 4.4 액성지수에 근거한 세립토의 강도특성

LI값	지반강도 특성
LI < 0	반고체상태-고강도, 취성, 급격한 균열 예상
0 < LI < 1	소성상태-중간정도강도, 소성재료와 같은 지반변형
LI > 1	액성상태-저강도, 점성유체와 같은 변형

표 4.5 아터버그한계 대표값

토질	LL (%)	PL (%)	PI (%)
모래		비소성(NP)	
실트	30~40	20~25	10~15
점토	40~150	25~50	15~100
광물			
카올리나이트	50~60	30~40	10~25
일라이트	95~120	50~60	50~70
몬모릴로나이트	290~710	50~100	200~660

표 4.6 점토의 활성도

상태	활성도 A
비활성	<0.75
정상	0.75~1.25
활성	1.25~2
매우활성(벤토나이트)	>6
광물	
카올리나이트	0.3~0.5
일라이트	0.5~1.3
Na-몬모릴로나이트	4~7
Ca-몬모릴로나이트	0.5~2.0

다. 만약 몬모릴로나이트가 주성분이면 액성한계는 100%를 넘을 수 있다. 왜냐하면 몬모릴로나이트는 결속력이 약하고 다량의 물이 층 사이의 공간에 침투할 수 있기 때문이다. 그러나 카올리나이트의 경우는 층간 결속력이 강하고, 몬모릴로나이트에 비해 물이 쉽게 층 사이에 침투할 수가 없다. 따라서 카올리나이트의 아터버그한계는 몬모릴로나이트나 일라이트보다 일반적으로 매우 낮다. Skempton(1953)은 특수광물토에 대하여 소성지수는 점토함유량에 선형적인 관계가 있다고 하였다. 이 점토함유량이 소성지수에 미치는 중요성을 나타내기 위해 활성도(A)를 다음과 같이 구했다.

$$A = \frac{\text{PI}}{\text{점토함유율}(\%)} \tag{4.19}$$

점토함유량은 2 μm 이하 입자의 량으로 구한다. 활성도는 팽창성 혹은 팽윤성 흙을 판단하는 요소 중의 하나이다. 활성도 값은 표 4.6과 같다.

예제 4.9 소성지수, 액성지수 및 활성도의 계산

세립토의 액성한계가 300%이고 소성한계가 55%이다. 자연함수비가 80%이고, 점토함유량이 60%이다.

(a) 소성지수, 액성지수, 및 활성도를 구하라.
(b) 현장에서의 흙의 상태를 판단하라.
(c) 이 흙의 주요광물은 무엇인가?
(d) 만약 이 흙이 건물 기초로 사용된 콘크리트슬래브 아래에 있고, 정원의 물이 기초 아래로 스며들었다면 기초에 어떤 일이 벌어질 것이라 예상되나?

핵심전략 식 (4.16~4.19), 표 4.4, 4.5 및 4.6을 사용하라.

풀이 4.9

Step 1 : 소성지수, 액성지수, 활성도를 계산한다.

(a) $\mathrm{PI} = \mathrm{LL} - \mathrm{PL} = 300 - 55 = 245\%$

$$\mathrm{LI} = \frac{w - \mathrm{PL}}{\mathrm{PI}} = \frac{80 - 55}{245} = 0.1$$

$$A = \frac{\mathrm{PI}}{\text{점토함유율}\,(\%)} = \frac{245}{60} = 4.1$$

Step 2 : 현장에서의 흙의 상태

(b) 표 4.4에 의거 LI = 0.1이므로 소성상태의 낮은 한계치 상태

Step 3 : 주광물 성분

(c) 표 4.5와 표 4.6에서 주 광물성분은 몬모릴로나이트(주로 Na-몬모릴로나이트)로 판단된다.

Step 4 : 흙속에 스며든 물의 영향

(d) 정원의 물의 침투는 흙을 팽창시킬 것이다(몬모릴로나이트는 팽창성 흙이므로). 몬모릴로나이트의 함수비는 기초아래에서 균일하게 증가되지 않을 것이므로 팽창도 균일하게 발생하지 않을 것이다. 슬래브의 모서리부에서는 함수비가 크므로 팽창량이 더 많을 것이다. 결국, 콘크리트기초는 모서리부에서 위로 말릴 것이고 균열이 갈 것이다. 팽창성 흙 위의 건설시에는 배수나 조경과 같은 물관리에 특별한 주의가 필요하다. 일반적으로, 식물이나 잔디는 기초모서리에서 최소한 3m씩 떨어져야 하고 물을 기초로부터 멀리 배수시킬수 있도록 땅에 배수구를 마련해야한다.

What's next... 다음절에서는 세립토의 아터버그한계의 수축한계를 조사하기 위한 지수시험을 설명한다.

4.5 액성한계, 소성한계, 수축한계 시험법

4.5.1 Casagrande컵 시험법–ASTM D 4318

액성한계는 반구의 황동컵으로 구성된 액성한계 시험장치로 구할 수 있다. 회전운동을 하는 크랭크를 돌려 이 황동컵을 10 mm 높이에서 반복적으로 단단한 고무바닥에 떨어지도록 제작되어있다. Casagrande(1932)는 이 장치를 개발하였고 Casagrande컵 시험법이라 부른다.

건조분말상태 흙시료에 증류수를 섞어 반죽을 한 후 황동컵의 가장 깊은 곳에 두께가 12.5 mm가량이 되도록 넣는다. 흙시료 표면을 매끄럽게 하고 홈파기 도구로 흙시료의 가운데에 홈을 판다. 캠을 작동하는 크랭크를 초당 2회의 속도로 돌려 황동컵을 반복 낙하타격 시킨다. 이때 홈이 12.5 mm정도 합쳐질 때까지의 타격횟수를 세어 기록한다. 시험 후 합쳐진 부분의 흙시료를 채취하여 함수비를 측정한다. 액성한계는 타격회수가 25회에서 갈라진 홈이 12.5

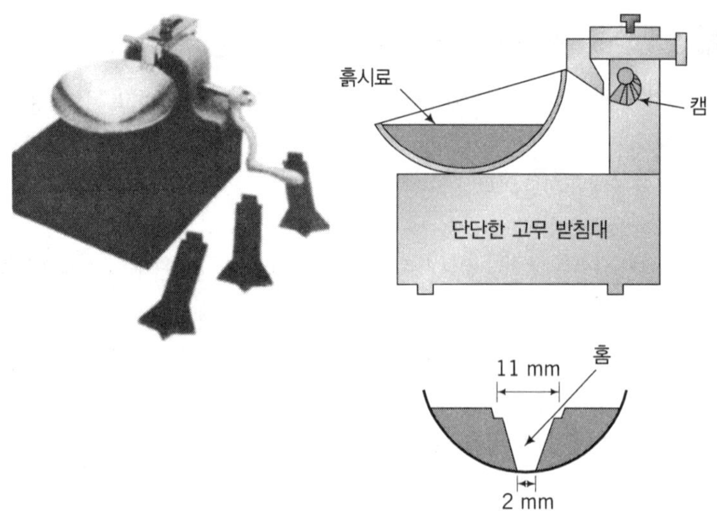

그림 4.4 액성한계 측정 컵시험기(Geotest사진제공).

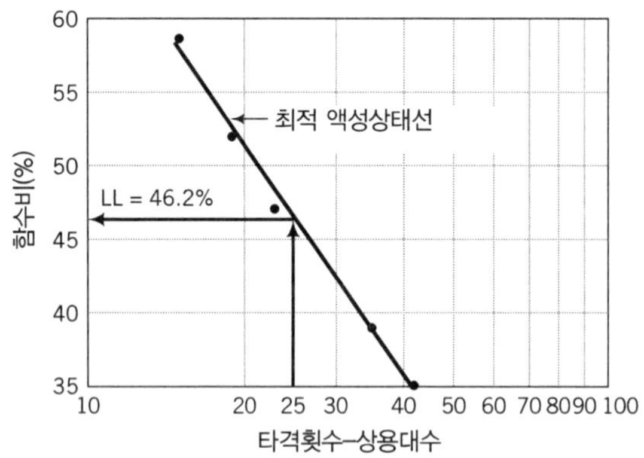

그림 4.5 Casagrande컵 시험법에 의한 액성한계.

mm 가량 합쳐질 때의 함수비로 정의하였다. 그러나 한 번의 시험으로 이 함수비를 찾아내기는 어렵다. 따라서 4번 이상의 다른 함수비로 10~40회의 최종타격횟수가 되도록 시험을 반복한다. 시험결과는 함수비와 최종타격횟수를 그림 4.5와 같이 반대수용지에 정리한다.

이들 시험결과의 최적 추세선을 그린다. 이선을 일반적으로 유동선(flow line)이라 부른다. 이 선을 흙 속의 물의 침투유선과 구분하기 위해 액성상태선(liquid state line)이라 부른다. 액성한계는 이 그림으로부터 타격횟수가 25회에 해당하는 경우의 함수비를 읽어 정한다.

액성한계를 정하는 Casagrande컵 시험법은 여러 가지 결점을 가지고 있다. 이들 중 두 가지를 열거하면 아래와 같다.

1. 소성으로 흐르기보다는 컵의 충격으로 미끄러지거나 액화되므로 저소성의 경향이 있다.

2. 시험자의 숙련도와 장비의 작은 차이에도 민감하다.

그림 4.6 소성한계상태의 흙시료.

4.5.2 소성한계 시험-ASTM D 4318

점토시료를 손바닥으로 굴려서 국수모양으로 만들고 직경 3 mm가 될 때 부서지기 시작하는 함수비를 구하고 이를 소성한계라 한다 (그림 4.6). 두 번 이상의 시험을 실시하여 평균함수비를 소성한계로 정한다.

4.5.3 액성한계와 소성한계를 구하는 낙하콘시험법

유럽과 아시아에서 유행하는 낙하콘시험법은 액성한계와 소성한계를 결정하는 보다 정밀한 시험법이다(개인 오차를 경감시킨다). 낙하콘시험법(그림 4.7)은 30°각도를 가지는 80 g의 콘을 흙 시료 면에 접하도록 매달아 놓는다. 그런 후 5초 동안 자유롭게 떨어지도록 한다. 콘이 20 mm 관입될 때의 함수비를 액성한계로 한다.

시료준비과정은 컵시험법과 유사하다. 그러나 낙하콘시험법의 시료용기의 모양과 크기(그림 4.7)가 좀 다르다. 한 번의 시험으로 액성한계를 구하기 어려우므로 여러 함수비에서 네 번이상의 시험을 실시한다. 그 결과 얻은 함수비(정규눈금, 상용대수)와 관입깊이(횡축을 상용대수)의 관계를 그리고 최적경향선을 그린다. 이 그림에서 20 mm 관입량에 해당되는 함수비를 액성한계로 정한다.

소성한계는 액성상태선을 1 mm 관입량까지 연장한 선에 의거 결정한다. 여기서 1 mm관입량에서의 함수비는 그림 4.8의 C점에 해당한다. 소성한계는 다음과 같이 구한다(Feng, 2000).

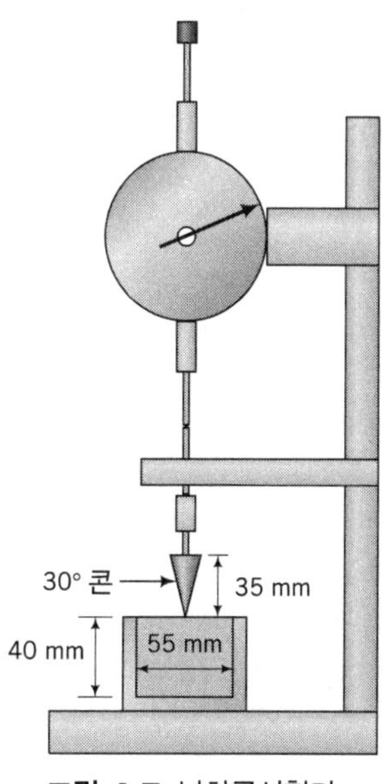

그림 4.7 낙하콘시험기.

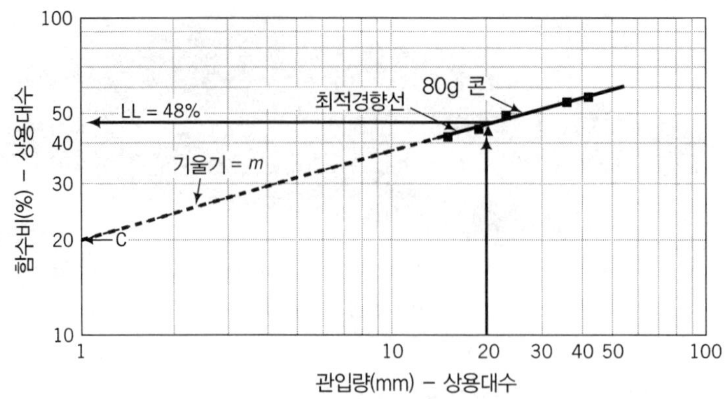

그림 4.8 낙하콘시험결과.

$$PL = C(2)^m \tag{4.20}$$

여기서 m은 직선의 기울기이다. 만약 스프레드쉬트 프로그램을 사용하면 지수함수 형태로 C와 m을 구할 수 있다.

4.5.4 수축한계–ASTM D 427, D 4943

수축한계는 다음과 같이 구한다. 습윤 흙시료 M_1을 직경 44.5 mm, 높이 12.5 mm 도자기 위에 놓고 건조로에 넣는다. 건조된 흙의 체적을 수은으로 측정한다(ASTM D 427). 즉 수축으로 발생한 공간을 채우도록 수은을 사용한다. 수축에 의한 체적감소는 수은밀도로부터 계산될 수 있다. 수축한계는 다음과 같다.

$$SL = \left(\frac{M_1 - M_2}{M_2} - \frac{V_1 - V_2}{M_2}\frac{\gamma_w}{g}\right) \times 100 = \left(w - \frac{V_1 - V_2}{M_2}\frac{\gamma_w}{g}\right) \times 100 \tag{4.21}$$

여기서 M_1은 습윤토의 중량이고 M_2는 노건조토의 중량, w는 함수비(% 값이 아님), V_1은 습윤토의 체적, $V_2\left(=\frac{\text{수은량}}{\text{수은밀도}}\right)$는 노건조토의 체적, g는 중력가속도 (9.8 m/s^2)이다.

선형수축비 LS는

$$LS = 1 - \sqrt[3]{\frac{V_2}{V_1}} \tag{4.22}$$

수축비는

$$SR = \frac{M_2 g}{V_2 \gamma_w} \tag{4.23}$$

소성한계로부터 수축한계까지의 함수비 범위를 수축지수(SI)라 부른다.

$$SI = PL - SL \tag{4.24}$$

수축한계는 액성한계와 소성지수로 다음과 같이 구할수 있다.

$$SL = 46.4\left(\frac{LL + 45.5}{PI + 46.4}\right) - 43.5 \tag{4.25}$$

여기서 LL과 PI는 % 값이다.

요점정리

THE ESSENTIAL POINT ARE

1. 세립토는 네 가지 상태로 존재할 수 있다: 고체, 반고체, 소성, 액성
2. 물은 흙의 상태를 변화시키는 요인이 된다.
3. 함수비가 늘어나면 흙은 연약해진다.
4. 흙의 상태를 변화시키는 함수비에 근거한 세 가지 한계
   액성한계–액체상태에서 소성상태로 변하는 함수비
   소성한계–소성상태에서 반고체상태로 변하는 함수비
   수축한계–반고체상태에서 고체상태로 변하는 함수비
   이들 한계는 모두 실내시험으로 구한다.
5. 소성지수는 흙이 소성체와 같이 거동하는 함수비 영역을 결정짓는 지수이다.
6. 액성지수는 강도의 정성적 평가를 할 수 있는 지수이다.
7. 흙의 강도는 액성상태에서 최소치를 보이고, 고체상태에서 최대치를 갖는다.

예제 4.10 Casagrande컵 시험 데이터

컵시험법에 의한 액성한계 시험결과는 다음과 같다

타격횟수	10	19	23	27	40
함수비(%)	60.0	45.2	39.8	36.5	25.2

두 번의 소성한계 시험결과 함수비가 20.3%와 20.8%였다. (a) 액성한계와 소성한계, (b) 소성지수, (c) 액성지수(자연함수비가 27.4%일 때) (d)액성한계에서의 간극비(단 $G_s = 2.7$)를 구하라. 흙에 파괴상태 하중이 작용하면 취성파괴가 발생될 것인가?

핵심전략 액성한계를 구하기 위해 함수비와 타격횟수의 반대수지를 사용해야 한다. 데이터를 그려 넣고 정확한 액성한계를 구한다(액성상태선에서 25회 타격에 해당하는 함수비).
두 번의 소성한계 시험결과의 차이가 적다. 따라서 평균함수비를 소성한계로 한다.

풀이 4.10

Step 1 : 그래프를 작성한다.
그림 E4.10참조

Step 2 : 액성한계를 구한다.
액성상태선에서 25회 타격횟수에 해당하는 함수비로 액성한계를 구한다.

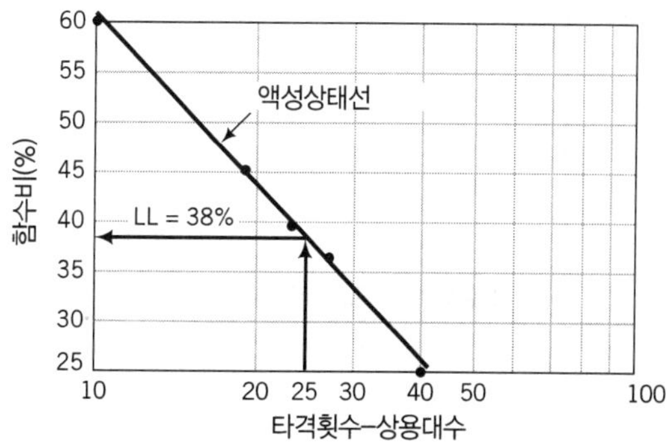

그림 E4.10 Casagrande컵 시험법에 의한 액성한계시험결과.

$$LL = 38\%$$

Step 3 : 소성한계를 계산한다.

소성한계는

$$PL = \frac{20.3 + 20.8}{2} = 20.6\%$$

Step 4 : PI를 계산한다.

$$PI = LL - PL = 38 - 20.6 = 17.4\%$$

Step 5 : LI를 계산한다.

$$LI = \frac{(w - PL)}{PI} = \frac{27.4 - 20.6}{17.4} = 0.39$$

Step 6 : 간극비를 계산한다.

흙이 액성한계에서 포화되어 있다고 가정하면 포화토의 경우 $e = wG_s$이므로

$$e_{LL} = LLG_s = 0.38 \times 2.7 = 1.03$$

취성파괴는 발생되지 않을 것이다. 왜냐하면 소성상태에 있기 때문이다 ($0 < LI < 1$)

예제 4.11 낙하콘시험 데이터

낙하콘시험 결과는 아래와 같다. (a) 액성한계 (b) 소성한계 (c) 소성지수 (d) 자연함수비가 46% 일때 액성지수를 구하라.

콘중량			80 g 콘		
관입량(mm)	5.5	7.8	14.8	22	32
함수비(%)	39.0	44.8	52.5	60.3	67

핵심전략 예제 4.10과 동일한 전략을 적용한다. 양면대수지에 함수비와 관입비 관계 그래프를 작성한다. 그래프에서 액성한계를 구한다(액성상태선에 20 mm관입 깊이에 해당하는 함수비). 임의의 고정된 관입깊이에서 두 개의 액성상태선 사이의 함수비 차이로 찾아라. 이 값을 식 (4.20)으로 소성한계를 결정하는데 사용한다.

풀이 4.11

Step 1 : 데이터를 정리한다

그림 E4.11을 보라.

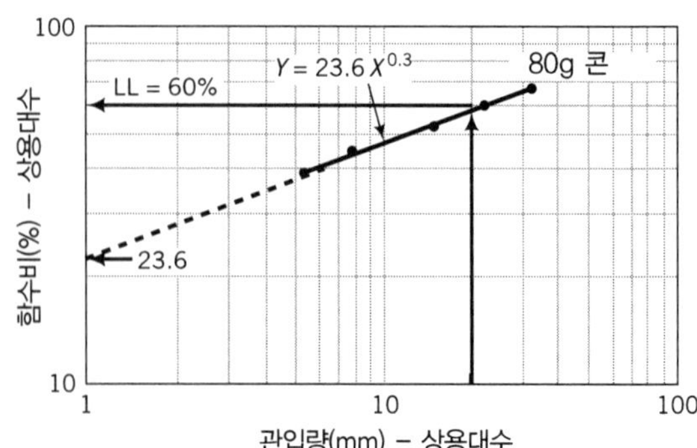

그림 E4.11 낙하콘시험 결과.

Step 2 : 액성한계를 구한다

$$LL = 60\%$$

Step 3 : 소성한계를 구한다.

80 g콘에 대한 추세선은 $Y = 23.6X^{0.3}$ (Y:함수비, X:관입깊이). 따라서 C = 23.6, m = 0.3. 식 (4.20)에서

$$PL = C(2)^m = 23.6(2)^{0.3} = 29\%$$

Step 4 : PI를 계산한다.

$$PI = LL - PL = 60 - 29 = 31\%$$

Step 5 : LI을 계산한다.

$$LI = \frac{w - PL}{PI} = \frac{46 - 29}{31} = 0.55$$

예제 4.12 수축한계 산정

수은을 사용한 수축한계시험 결과는 다음과 같다. 수축한계를 구하라.

용기 무게	17.5 g
습윤흙 시료와 용기의 무게	78.1 g
접시 무게	130.0 g
접시와 수은의 무게	462.0 g
건조토사와 용기의 무게	64.4 g

핵심전략 식 (4.21)에 의거 표와 같이 계산한다.

풀이 4.12

Step 1 : 표를 작성하거나 스프레드쉬트를 사용한다.

M_c = 용기 무게	17.5 g
M_{wc} = 습윤시료와 용기의 무게	78.1 g
M_d = 접시 무게	130.0 g
M_{dm} = 접시와 수은의 무게	462.0 g
ρ_m = 수은밀도	13.6 g/cm^3
M_{dc} = 건조시료와 용기의 무게	64.4 g
V_1 = 습윤시료의 체적	32.4 cm^3
V_2 = 노건조시료의 체적	24.4 cm^3
M_1 = 습윤시료의 무게	60.6 g
M_2 = 건조시료의 무게	46.9 g
수축한계 = $(((M_1 - M_2)/M_2) - ((V_1 - V_2)/M_2)\ \gamma_w/g)100$	12.1%

What's next... 흙의 기본데이터 — 입자크기와 지수 — 를 빠르고 간편한 시험으로 구하는 방법을 알았다. 이들 데이터를 어디에 활용할 것인가 라는 의문이 생길 것이다. 기술자는 성토재료와 같은 목적에 흙을 활용하고자 한다. 이러한 목적을 달성하기 위해 분류시스템이 필요하다. 다음으로는 이들 분류시스템 중 몇 가지 방법을 공부하고자 한다.

4.6 흙의 분류도표

흙을 특성이 유사한 그룹으로 분류할 수 있게 하기위해 분류도표가 사용된다. 제 2장 5절에서 입자크기만으로 흙을 분류하는 도표를 설명하였다. 흙의 분류는 각종목적에 적용하기 적합한 흙의 형태를 규정하기 위해 사용된다. 또한 흙의 분류는 임의방향 토괴 단면에서의 토질주상을 확립하는데 사용할 수 있다. 현재 몇 개의 분류방법이 사용되고 있다. 이들 방법은 각각 특수목적을 위해 만들어졌다. 예를 들어, AASHTO(American Association of State Highway and Transportation Officials)는 도로나 고속도로에 적용 목적으로 흙을 분류하는 도표를 개발하였고, 통일분류법(Unified Soil Classification System, USCS)은 원래 공항활주로 건설 목적으로 개발되었으나 후에 일반목적에 사용할 수 있도록 수정되었다.

4.6.1 통일분류법(USCS)

통일분류법은 너무 정교하지도 너무 간단하지도 않다. 이 방법에서는 입자크기 그룹에 따라 특수한 문자를 사용한다. 예를 들면 G–자갈, S–모래, M–실트, C–점토와 같다. 이들은 입도분포특성을 나타내는 또 다른 문자와 함께 사용한다. 양호한 입도의 경우 W, 빈입도의 경우 P, 소성특성에 대하여는 고소성은 H, 저소성은 L, 유기물의 존재를 나타낼 때는 O를 사용한다. CL은 저소성 점토를 의미하며, SP는 빈입도 모래를 뜻한다. 그림 4.9a와 4.9b의 흐름도는 USCS에 의한 흙 분류방법을 나타내고 있다.

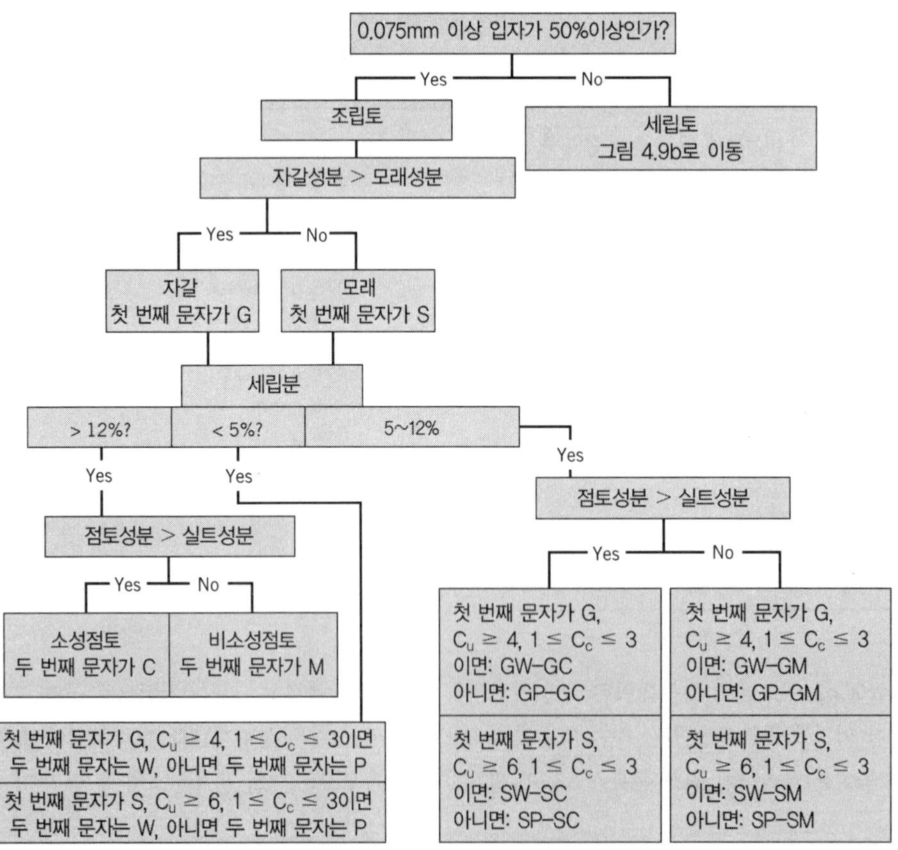

그림 4.9a 조립토의 통일분류법 흐름도.

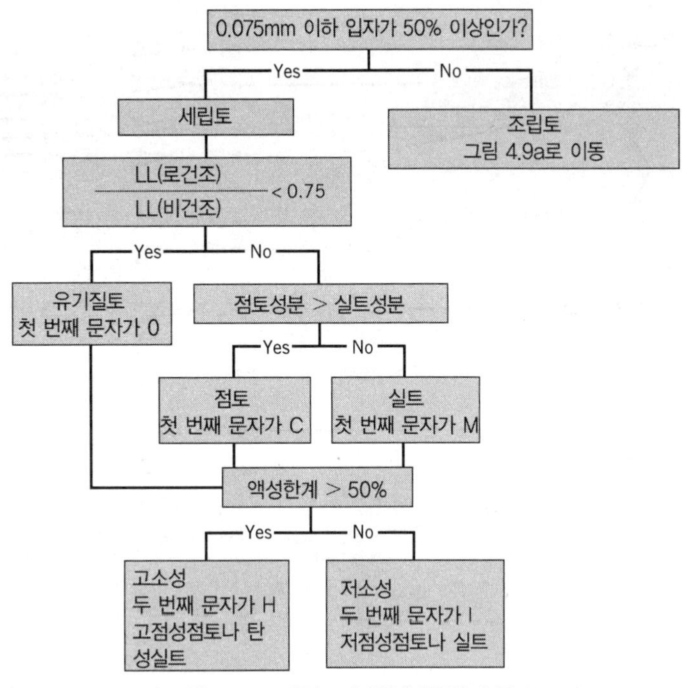

그림 4.9b 세립토의 통일분류법 흐름도.

4.6.2 ASTM(American Society for Testing and Materials) 분류법

ASTM-CS (American Society for Testing and Materials Classification System)는 USCS와 유사하다. ASTM-CS에서는 USCS와 동일한 문자를 사용한다. 그러나 혼합토—예를 들어 흙이 모래, 자갈 및 점토 혼합물로 되어 있는 흙—분류에 유리하다. 흙을 그룹표식과 그룹이름으로 분류한다. 예를 들면, SW-SM흙의 경우 자갈함유률이 15% 이하이면 실트가 섞인 양호한 입도의 모래로 표현된다. ASTM-CS에 의거하여 흙을 분류하는 흐름도는 그림 4.10a, 4.10b 및 4.10c와 같다.

4.6.3 AASHTO 분류법

AASHTO 분류법은 토공, 성토, 도로기층재료에 적합한 흙을 결정하는데 적용된다(노상—포장 아래 재료; 보조기층-노상 위 토층; 기층—보조기층 위 토층으로 바퀴하중을 분산시킴에 높은 안전성을 얻을 수 있는 토층). AASHTO에 의하면 No. 200번채(0.075 mm) 통과량이 35% 이하인 흙은 입상체 흙이다. 실트-점토는 No. 200번채 통과량이 35% 이상인 흙이다(표 4.7).

AASHTO 분류법에서는 흙을 7개의 대그룹으로 분류한다. A-1에서 A-3까지의 세 그룹은 입상체흙(조립토)이고 A-4에서 A-7까지는 실트–점토(세립토)이다(표 4.8). 실트와 점토는 그림 4.12의 소성도내에 있어야 한다. 군지수(GI)는 고속도로 노상재료로 적합한 흙인가 판단할 수 있는 기준을 마련하기 위하여 주요 그룹의 괄호 속에 적어 첨부한다. 군지수는 다음과 같다

$$\text{군지수: GI} = (F - 35)[0.2 + 0.005(\text{LL} - 40)] + 0.01(F - 15)(\text{PI} - 10) \tag{4.26}$$

여기서 F는 No. 200번체 통과백분율이고, 다른 항은 이 전에 이미 정의한 바 있다. GI는 반올림 숫자로 표시한다(예, 2.4면 2로, 2.5는 3으로 한다). 만약 GI < 0이면 0으로 한다.

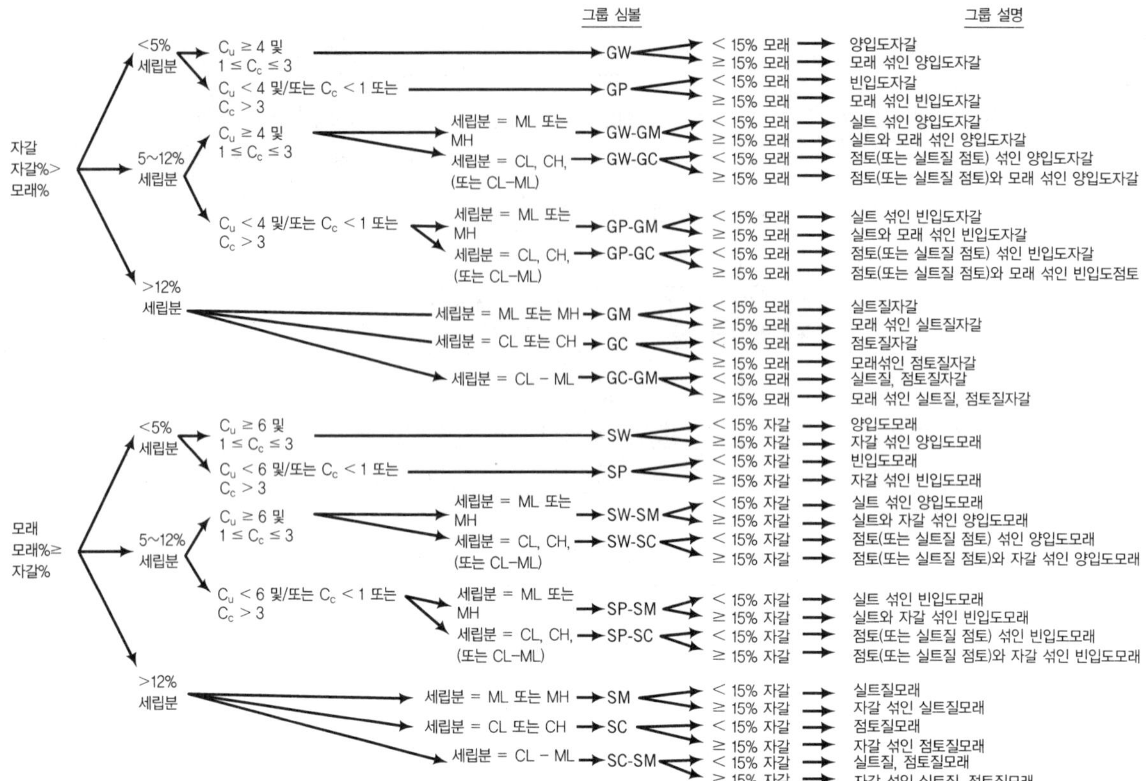

그림 4.10a No. 200체 잔류율이 50% 이상인 조립토의 분류흐름도(출처 : 공학용 흙분류표준 ASTMD2487-10의 허가로 복제, 판권 ASTM International, 100 Barr Harbor Drive, West Conshohocken, PA 19428)

그룹 A-1-a, A-1-b, A-2-4, A-2-5, 및 A-3의 GI는 0이다. A-2-6와 A-2-7그룹에 대하여는 아래의 부분 군지수식이 사용된다.

$$\mathrm{GI} = 0.01(F - 15)(\mathrm{PI} - 10) \tag{4.27}$$

군지수가 높을수록, 노상재료로서의 질이 떨어진다. GI는 A-4에서 A-7그룹에서 20을 넘지 말아야 한다.

4.6.4 소성도

세계 여러 곳에서 실시된 시험결과는 소성지수(종축)와 액성한계(횡축)의 도표에 정리하였다. 그 결과 점토, 실트 및 유기질토는 각각 이 그림 속에 다른 위치에 도시됨을 알았다. 다음 식으로 정의되는 선은 그림 4.11속에 "A-선" 이며 이 선은 점토(이선 상부)와 실트 및 유기질토(이선 하부) 사이의 경계를 나타낸다.

$$\mathrm{PI} = 0.73(\mathrm{LL} - 20)\% \tag{4.28}$$

두 번째 선인 U-선은 PI = 0.9(LL − 8)%를 나타내는 선이며 소성지수와 액성한계 사이의 상관관계의 상부한계를 정의한 선이다. 만약 시험결과가 이 U-선보다 위에 있으면 시험결과를 의심하고 재시험을 해야 한다.

세립토에 대한 AASHTO 분류법에서는 그림 4.12와 같은 소성도를 사용한다.

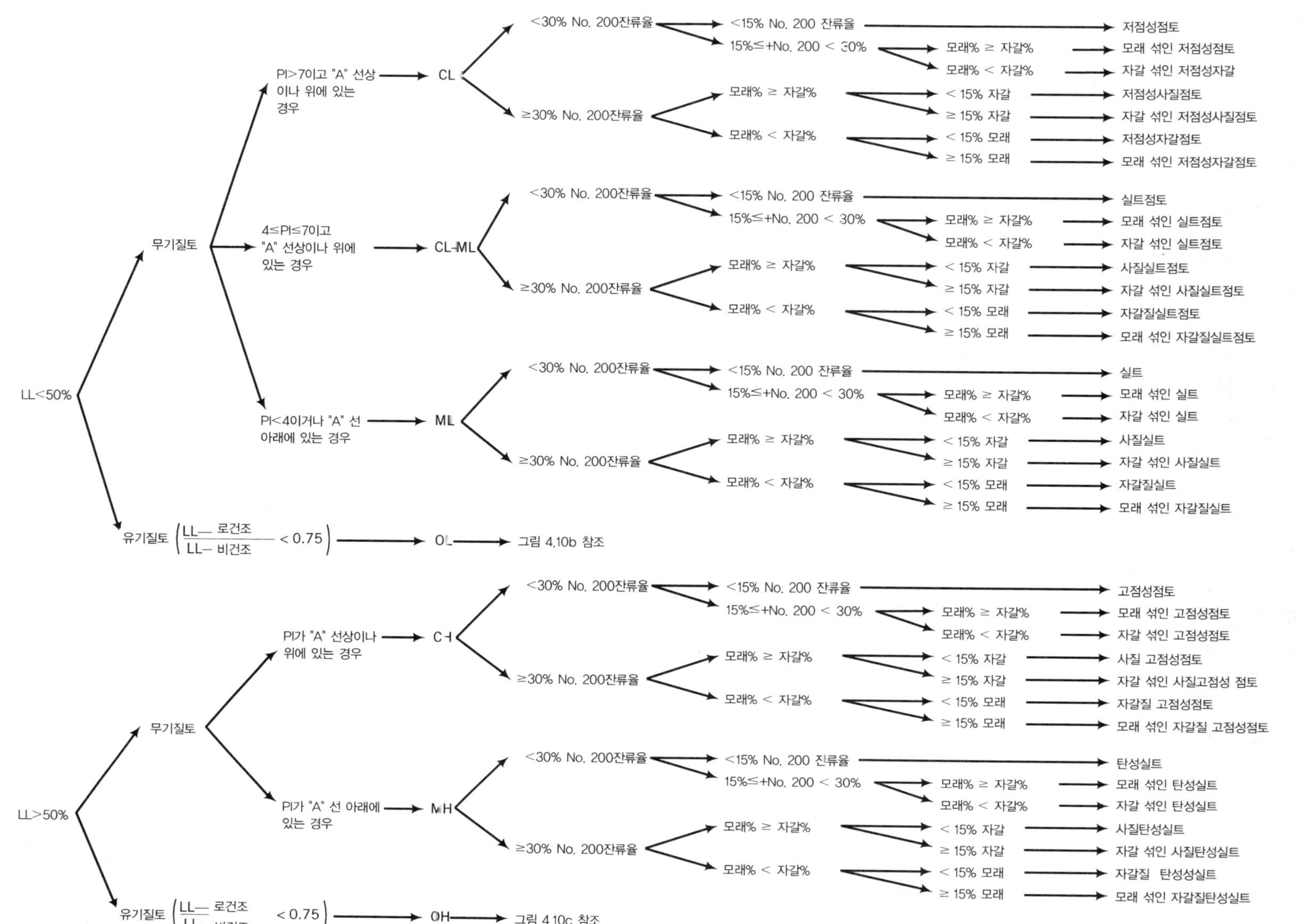

그림 4.10b 무기질 세립토(세립분이 50% 이상)의 분류흐름도 (출처 : 공학용 흙분류표준 ASTMD 2487-10의 허가로 복제, 판권 ASTM International, 100 Barr Harbor Drive, West Conshohocken, PA 19428)

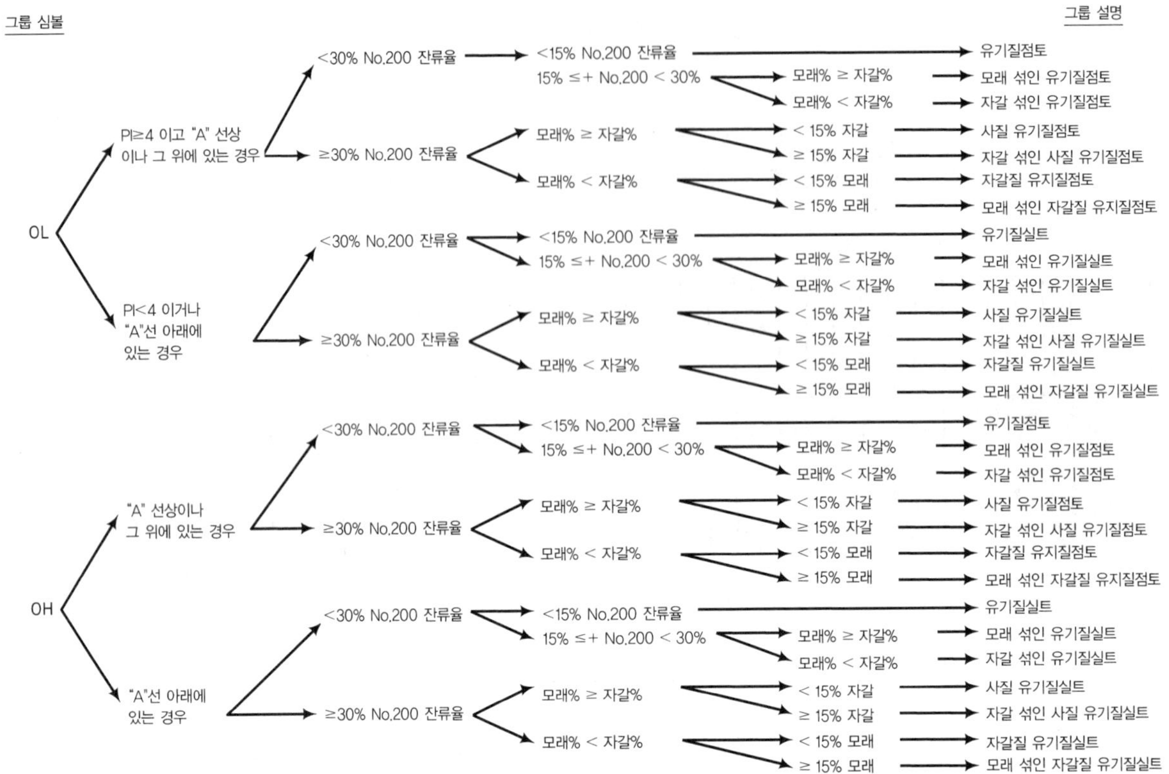

그림 4.10c 유기질 세립토(세립분이 50% 이상)의 분류흐름도(출처 : 공학용 흙분류표준 ASTMD 2487–10의 허가로 복제, 판권 ASTM International, 100 Barr Harbor Drive, West Conshohocken, PA 19428)

표 4.7 AASHTO에 의한 흙분류와 평균입경

자갈	75 mm에서 2 mm (No. 10 체)까지
모래	2 mm (No. 10 체)에서 0.075 mm (No. 200 체)까지
실트와 점토	<0.075 mm (No. 200 체) 실트질: PI < 10% 점토질: PI > 11%

표 4.8A 흙 및 흙–골재 혼합물의 AASHTO 분류

일반분류	입상체 토사 (No. 200체 통과량이 35% 이하)			실트–점토 (No. 200체 통과량이 35% 이상)			
그룹분류	A–1	A–3[A]	A–2	A–4	A–5	A–6	A–7
체분석통과율(%)							
No. 10 (2.00 mm)	…	…	…	…	…	…	…
No. 40 (425 μm)	최대 50	최소 51	…	…	…	…	…
No. 200 (75 μm)	최대 25	최대 10	최대 35	최소 36	최소 36	최소 36	최소 36
No.40(425 μm)체 통과 세립분의 특성							
액성한계	…	…	B	최대 40	최소 41	최대 40	B
소성지수	최대 6	N.P.	B	최대 40	최대 10	최소 11	B
노상재료로의 등급	우수에서 최우수			보통에서 불량			

[A]A–2전에 A–3를 놓는 것은 "왼쪽에서 오른쪽으로 제거과정"상 필요한 것이지 A–3가 A–2보다 좋다는 것은 아니다.

[B]표 4.8B 참조

AASHTO의 허가로 복제 가능

표 4.8B 흙 및 흙-골재 혼합물의 AASHTO 분류

일반분류	입상체 토사 (No. 200체 통과량이 35% 이하)							실트-점토 (No. 200체 통과량이 35% 이상)			
	A-1			A-2							A-7
그룹분류	A-1-a	A-1-b	A-3	A-2-4	A-2-5	A-2-6	A-2-7	A-4	A-5	A-6	A-7-5, A-7-6
채분석통과율(%)											
No. 10 (2.00 mm)	최대 50	...	...	...	...	...	...	...	...	...	...
No. 40 (425 μm)	최대 30	최대 50	최소 51	...	...	...	...	...	...	...	...
No. 200 (75 μm)	최대 15	최대 25	최대 10	최대 35	최대 35	최대 35	최대 35	최소 36	최소 36	최소 36	최소 36
No.40(425 μm)체 통과 세립분의 특성											
액성한개	...		...	최대 40	최대 41	최대 40	최소 41	최대 40	최소 41	최대 40	최소 41
소성지수	최대 6		N.P.	최대 10	최대 10	최소 11	최소 11	최대 10	최대 10	최소 11	최소 11[A]
주요구성물질	쇄석, 자갈, 모래		가는 모래	실트질이나 점토질 자갈과 모래				실트질 토사		점토질 토사	
노상 재료토의 등급	우수에서 최우수							보통에서 불량			

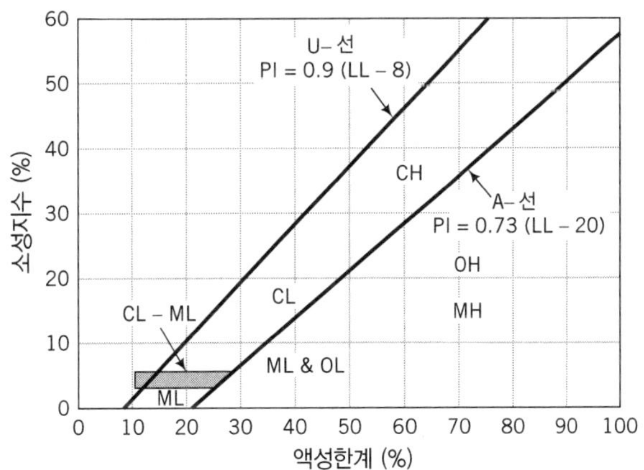

그림 4.11 소성도.

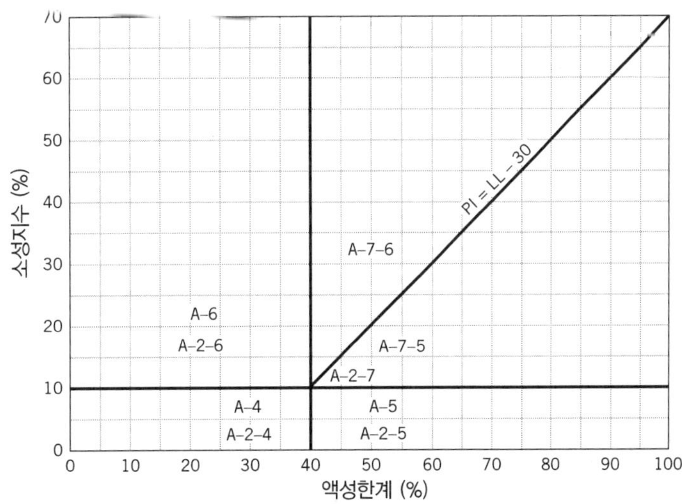

그림 4.12 소성도표 실트와 점토의 AASHTO 분류.

4.7 공학용 도표

"특별한 건설(예를 들면, 댐 등)에 적합한 흙을 선택하기 위해 흙의 분류법을 어떻게 사용할 것인가?" 지반기술자는 여러 건설목적에 맞는 흙을 선택하기 위해 경험에 의거한 표를 준비할 것이다. 그와 같은 표의 예가 표 4.9이다. 이 표

표 4.9 공학용 도표 (Wagner, 1957)

토질그룹의 명칭	그룹 심볼	주요특성			
		다짐시 투수성	다지고 포화시 전단강도	다지고 포화시 압축성	건설재료 로서의 작업성
양입도자갈, 자갈-모래 혼합물, 세립분이 거의 없음	GW	투수	매우 양호	무시	매우 양호
빈입도자갈, 자갈-모래 혼합물, 세립분이 거의 없음	GP	양호한 투수	양호	무시	양호
실트질자갈, 빈입도 자갈-모래-실트 혼합물	GM	반투수 내지 불투수	양호	무시	양호
점토질자갈, 빈입도 자갈-모래-점토 혼합물	GC	불투수	양호 내지 보통	매우낮음	양호
양입도모래, 자갈질모래, 세립분이 거의 없음	SW	투수	매우 양호	무시	매우 양호
빈입도모래, 자갈질모래, 세립분이 거의 없음	SP	투수	양호	매우낮음	보통
실트질모래, 빈입도 모래-실트 혼합물	SM	반투수 내지 불투수	양호	낮음	보통
점토질모래, 빈입도 모래-점토 혼합물	SC	불투수	양호 내지 보통	낮음	양호
무기질실트와 매우 가는 모래, 석분, 실트나 약소성의 점토질 가는모래	ML	반투수 내지 불투수	보통	보통	보통
중간 내지 저소성의 무기질점토, 자갈질 점토, 모래질 점토, 실트질 점토, 저점성점토	CL	불투수	보통	보통	양호 내지 보통
유기질실트와 저소성의 유기질 실트-점토	OL	반투수 내지 불투수	불량	보통	보통
무기질실트, 운모나 규조의 가는모래나 실트질토사, 탄성실트	MH	반투수 내지 불투수	보통 내지 불량	높다	불량
고소성의 무기질점토, 고점성점토	CH	불투수	불량	높다	불량
중간 내지 고소성의 유기질점토	OH	볼투수	불량	높다	불량
이토와 고도 유기질토	Pt	—	—	—	—

에서는 1에서 9까지 등급을 매긴다. 1이 가장 적합한 등급이다. 이 표는 특수목적에 맞는 흙을 1차 선정하기 위한 참고로만 사용되어야 한다. 최종 설계와 건설을 결정하는데 "양호한(excellent)" 전단강도 혹은 "무시할 수 있는(negligible)" 압축성과 같은 표현에 의존하지 말아야 한다. 강도특성과 압축성을 결정하는 보다 믿을만한 방법은 제9장, 제10장에서 다룰 것이다.

여러가지 목적에 따른 상대적 평가

다짐된 흙댐			수로단면		기초		도로		
							성토		
균질성토	심벽	사면부	세굴 저항성	표면 다짐지반	침투성이 중요한 경우	침투성이 중요하지 않은 경우	동상히빙 불가능	동상히빙 가능	포장
—	—	1	1	—	—	1	1	1	3
—	—	2	2	—	—	3	3	3	—
2	4	—	4	4	1	4	4	9	5
1	1	—	3	1	2	6	5	5	1
—	—	자갈질 이면 3	6	—	—	2	2	2	4
—	—	자갈질 이면 4	자갈질 이면 7	—	—	5	6	4	—
4	5	—	자갈질 이면 8	5 세굴이 심각	3	7	8	10	6
3	2	—	5	2	4	8	7	6	2
6	6	—	—	6 세굴이 심각	6	9	10	11	—
5	3	—	9	3	5	10	9	7	7
8	8	—	—	7 세굴이 심각	7	11	11	12	—
9	9	—	—	—	8	12	12	13	—
7	7	—	10	8 체적변화가 심각	9	13	13	8	—
10	10	—	—	—	10	14	14	14	—
—	—	—	—	—	—	—	—	—	—

예제 4.13 USCS와 ASTM-CS에 의한 흙의 분류

두 흙시료 A, B에 입자크기 분석을 실시하였다. 입도분포곡선은 그림 E4.13과 같다. 두 시료의 아터버그한계는 다음과 같다.

흙시료	LL	PL
A	26(노건조 : 건조시키지 않아도 동일하다고 가정)	18
B	Nonplastic	

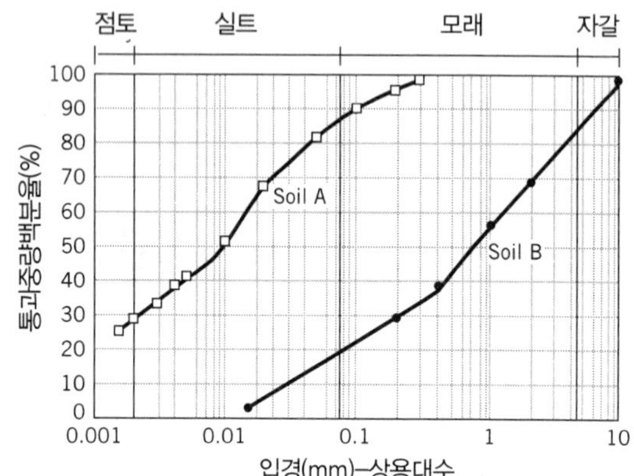

그림 E4.13 입도분포곡선.

(a) USCS 와 ASTM-CS로 이들 흙을 분류하라.
(b) 이들 흙 중 어느 쪽이 유기질토인가?
(c) 이 두 흙 중 어느 쪽이 흙댐의 심벽재로 적합한가?

핵심전략 그림 4.9a와 그림 4.9b의 흐름도를 검토하면 구성성분 — 예를 들어, 자갈이나 모래의 함유율 — 에 따라 여러 가지 흙으로 구분할 필요가 있음을 알게 된다. 입도분포곡선을 사용하여 각 흙 성분의 함유율을 구하여 흐름도에 따라 검토한다. 시료가 유기질인지 무기질인지를 결정하기 위해 소성도에 아터버그한계를 도시하여 도면상에 무기질토 혹은 유기질토 영역에 있는가 여부를 판단한다.

풀이 4.13

Step 1 : 입도분포곡선으로부터 각 흙 성분의 함유율을 구한다.

구성물	A흙시료	B흙시료
0.075 mm보다 큰 입자율 (%)	12	80
자갈 (%)	0	16
모래 (%)	12	64
실트 (%)	59	20
점토 (%)	29	0

Step 2 : 흐름도를 사용한다.

A흙시료 : No.200번채통과세립분 = 59 + 29 = 88%, 모래% > 자갈%, 자갈 < 15%; LL(노건조)와 LL(비건조) 비 = 1

USCS : 입자의 50%가 0.075 mm 이하이므로, 흐름도 4.9b를 사용한다. 흙은 ML이다.(저소성실트)

ASTM-CS : 50%이상의 세립토이므로 그림 4.10b를 적용한다.

그룹표시 = ML, 그룹명 = 모래질 실트

B흙시료 : No.200번채통과세립분 = 20%(실트), 모래% > 자갈%, 자갈 = 16%

USCS : 입자의 50%가 0.075 mm 보다 크다. 흐름도 4.9a를 적용한다.흙은 SM(실트질 모래)

ASTM-CS : 흙은 50%이하 세립질이다; 그림 4.10a를 사용한다.

그룹표시 = SM, 그룹명 = 자갈섞인 실트질모래

Step 3 : 소성도에 아터버그한계를 도시한다.

$$A흙시료 : PI = 26 - 18 = 8\%$$

점(26, 8)은 A-선 위에 위치한다: 이 흙은 무기질토이다.

B흙시료 : 비소성이고 무기질토이다.

Step 4 : 표 4.9를 사용하여 예비조사한다.

댐 심벽으로 5등급의 B흙시료가 6등급인 A흙시료 보다 적합하다.

예제 4.14 AASHTO 분류법

예제 4.13의 흙시료 A와 B를 AASHTO 분류법으로 분류하라. 어느 흙시료가 노상재료로 적합한지 판단하다.

핵심전략 35%이상의 입자가 No.200번체를 통과하는지 조사하라. 만약 통과하면 흙은 A-4에서 A-7중 하나로 분류되며, 그렇지 않으면 A-1에서 A-3중 하나로 분류된다. No.10번체와 No.40번체 통과량을 구하고 표 4.8을 사용하라. GI를 구하여야만 한다.

풀이 4.14

Step 1 : No.200번체 통과량을 구한다.

A흙시료 : No.200번체 통과량 88% > No.200번체 통과기준 35%

B흙시료 : No.200번체 통과량 20% < No.200번체 통과기준 35%

A흙시료는 실트질 점토 : B흙시료는 입상체흙

Step 2 : 표 4.8에 따라 표를 작성한다.

체번호	A흙시료	B흙시료
No.10% 이하	100	70
No.40% 이하	100	40
No.200% 이하	88	20
LL(%)	26	18
PL(%)	8	NP

A흙시료 : $GI = (F - 35)[0.2 + 0.005(LL - 40)] + 0.01(F - 15)(PI - 10) = (88 - 35)[0.2 + 0.005(26 - 40)] + 0.01(88 - 15)(8 - 10) = 5.4 = 5$

B흙시료는 NP, 따라서 GI = 0

Step 3 : 2단계에서의 값으로 표 4.8을 사용하여 흙을 분류한다.

A흙시료는 A-4(5)이다. 괄호안의 숫자는 GI값이다.

B흙시료는 A-1-b이다. (쇄석, 자갈, 모래)

Step 4 : 어느 흙이 노상재료로 적합한지 결정한다.

표 4.8에 의하여 B흙시료(A-1-b)는 노상재료로 좋다. A흙시료는 보통 내지 불량하다. B흙시료는 선호되는 재료이다.

4.8 요약

흙의 물리적 특성에 관한 포괄적인 기본개념을 다루었다. 흙은 보통 고체(흙입자), 물 및 공기의 세 가지 형태의 물질로 이상화시킨다. 흙의 물리적 특성은 토괴속의 이들 물질의 상대적 구성비에 의존한다. 흙은 입자크기와 아터버그한계에 의하여 그룹으로 분류된다. 동일한 그룹 내의 흙은 유사한 역학적 거동과 건설목적을 가진다. 흙의 주요 물리적 변수는 입자크기, 간극비, 액성한계, 소성상태, 수축한계와 소성지수 및 액성지수이다. 물은 흙의 특성을 크게 변화시킨다.

자력평가

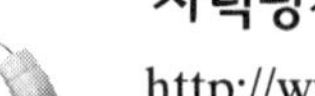

http://www.wiley.com/college/budhu에 접속하여 제 4장의 이해도를 측정하기 위한 퀴즈를 풀어라.

실용 예제

예제 4.15 고속도로 성토용 흙의 적합성 산정

폭 30 m 다짐두께 1.5 m 의 고속도로 성토를 토취장에서 사질토를 트럭으로 실어와 시공하려 한다. 토취장에서 이 흙의 함수비는 15%이고, 간극비는 0.69이다. 팽창지수가 1.2이다. 건조밀도가 18 kN/m^{3}이 되도록 성토다짐의 시방서규정에 되어있다. 1 km 길이의 성토를 할 경우 아래에 답하라.

(a) 성토용 사질토의 토취장에서의 중량
(b) 건설을 완료하기 위한 사질토의 트럭 수. 트럭의 용량은 22.2 m^{3}이고 지방정부는 최대용량의 90%만 적재하도록 한다.
(c) 사질토의 트럭하중당 물의 중량
(d) 사질토의 현장포화도

핵심전략 예제 4.7에 적용한 전략과 동일하다.

풀이 4.15

Step 1 : 토취장의 γ_d를 계산한다.

$$\gamma_d = \frac{G_s\gamma_w}{1+e} = \frac{2.7 \times 9.8}{1 + 0.69} = 15.7 \text{ kN/m}^3$$

Step 2 : 토취장 흙의 체적을 계산한다.

성토완료시 체적 : $V = 30 \times 1.5 \times 1 = 45 \text{ m}^3$

토취장 흙체적 : $\dfrac{(\gamma_d)_{required}}{(\gamma_d)_{borrow\ pit}} \times V = \dfrac{18}{15.7} \times 45 \times 10^3 = 51.6 \times 10^3 \text{ m}^3$

팽창을 고려한 토취장 흙의 체적 $= 1.2 \times 51.6 \times 10^3 = 61.9 \times 10^3 \text{ m}^3$

Step 3 : 트럭수를 계산한다.

$$\text{트럭수} = \frac{61.9 \times 10^3}{19.98} = 3098$$

Step 4 : 물의 중량을 계산한다.

트럭당 건조토사의 중량 : $W_d = 10 \times 15.7 = 157 \text{ kN}$
물의 중량 : $wW_d = 0.15 \times 157 = 23.6 \text{ kN}$

Step 5 : 포화도를 산정한다.

$$S = \frac{wG_s}{e} = \frac{0.15 \times 2.7}{0.69} = 0.59 = 59\%$$

예제 4.16 댐 건설을 위한 흙의 판정과 비용 산정

흙댐 건설에 간극비가 0.8인 다짐토사가 백만m^3 필요하다. 댐 부근 세 곳의 토취장 토사가 적합한지 판단하여야 한다. 흙의 구입비와 굴착비용은 각 토취장에 동일하다. 그러나 운반비는 토취장 별로 다르다. 아래 표에 각 토취장의 간극비와 운반비를 정리하였다. 어느 토취장이 가장 경제적일까 검토하라.

토취장	간극비	팽창지수	운반비($/m³)
1	1.8	1.1	$0.60
2	0.9	1.2	$1.00
3	1.5	1.1	$0.75

핵심전략 이 문제에서는 토취장 토사의 소요체적을 구하기 위하여 비체적을 활용함이 좋다.

풀이 4.16

Step 1 : 식을 세우고 변수를 정의하라. V_0와 e_0는 댐 다짐토사의 비체적과 간극비이고, V_i와 e_i는 각 토취장 토사의 비체적과 간극비이다. 여기서 $i = 1, 2, 3$

$$\frac{V_i}{V_o} = \frac{1 + e_i}{1 + e_o}$$

$$V_i = V_o\left(\frac{1 + e_i}{1 + e_o}\right) = \frac{1 \times 10^6}{1 + 0.8}(1 + e_i)$$

Step 2 : 각 토취장 토사의 체적을 산정하라. 위 표에 있는 간극비로 위의 식에 대입하고 팽창지수를 곱하면

$$V_1 = 1{,}555{,}555 \times 1.1 = 1{,}711{,}111 \text{ m}^3$$

$$V_2 = 1{,}055{,}555 \times 1.2 = 1{,}266{,}666 \text{ m}^3$$

$$V_3 = 1{,}388{,}888 \times 1.1 = 1.527{,}777 \text{ m}^3$$

Step 3 : 운반비를 산정하라.

$$V_1 = 1{,}711{,}111 \times 0.6 = \$1{,}026{,}667$$

$$V_2 = 1{,}266{,}666 \times 1.0 = \$1{,}266{,}666$$

$$V_3 = 1{,}527{,}777 \times 1.1 = \$1{,}680{,}555$$

따라서 제1토취장이 가장 경제적이다.

예제 4.17 흙의 분류법에 의거한 토질주상도 평가

도로 종단에 걸쳐 세 개의 천공홀(BH)이 그림 E4.17a, b와 같다. 각 천공홀의 흙이 ASTM-CS법으로 분류되어있다. 도로중앙선을 따라 토질주상도를 그려라.

핵심전략 천공홀이 도로중앙선에 따라 있다고 가정한다. 단일 표고에 대하여 일렬로 정렬하고, ASTM-CS법으로 토질주상도를 그려라.

풀이 4.17

Step 1 : 단일 표고로 천공홀을 일렬로 정렬하라.
그림 E4.17c 참조

Step 2 : 토질주상도를 그려라.
곡선으로 천공홀에서 나타나는 동일한 토사를 연결하여 그림 E4.17d와 같이 그린다. 이들 곡선은 추정선이다. 저소성 실트(ML)은 천공홀 1과 2에서만 존재한다. 따라서 이 실트층은 BH3 이전에 끝나도록 그려야 한다.

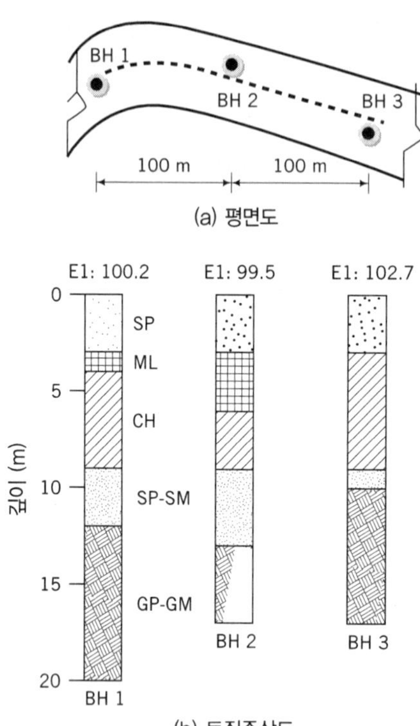

그림 E4.17a, b

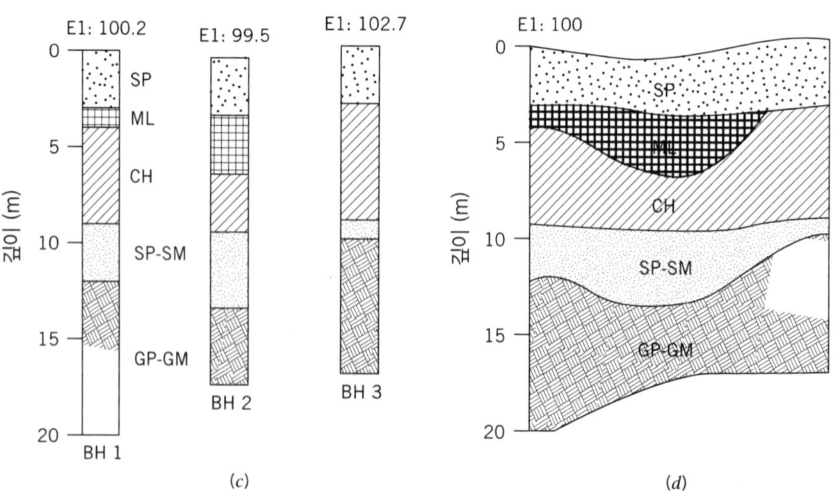

그림 E4.17c, d

연습문제 EXERCISES

이론문제

4.1 다음 식을 증명하라.

(a) $\gamma_d = \dfrac{G_s\gamma_w}{1+e}$

(b) $S = \dfrac{wG_s(1-n)}{n}$

(c) $\gamma = \gamma_d + Sn\gamma_w$

(d) $\gamma' = \gamma_d + \gamma_w(n-1)$

위 식에서 n은 간극률이고 퍼센트 값이 아니다.

4.2 다음 식을 증명하라.

$$D_r = \frac{\gamma_d - (\gamma_d)_{min}}{(\gamma_d)_{max} - (\gamma_d)_{min}}\left\{\frac{(\gamma_d)_{max}}{\gamma_d}\right\}$$

4.3 시험결과 $G_s = 2.7$과 $e = 1.96$을 구하였다. 이 흙의 포화도와 함수비의 관계를 도시하라.

4.4 흙입자가 구형으로 되어있다고 가정하고, 최대간극률과 최소간극률 및 최대간극비와 최소간극비를 구하라.

기본문제

상호관련문제풀이

http://www.wiley.com/college/budhu, chapter4에 접속하여 Problem Solver에 클릭하여 이 장에서 풀이한 문제와 유사한 문제를 풀이한다.

아래 문제를 푸는데 필요한 경우 $G_s = 2.7$로 가정한다.

4.5 실린더에 500 cm^{3}의 물이 있다. 100 g의 모래를 이 실린더에 넣고 진공펌프로 모든 공기를 제거한 후 수위는 537.5 cm^{3}까지 상승하였다. 이 모래의 비중을 산정하라.

4.6 모래에 ASTM D 854시험을 실시하였다. 아래 자료가 구하여졌을 때 비중을 계산하라.

피크로메터 중량 = 40.1 g
피크로메터와 건조토의 중량 = 65.8 g
피크로메터, 건조토와 물의 중량 = 154.5 g
피크로메터와 물의 중량 = 138.5 g

4.7 포화토시료의 습윤중량은 520 g이다. 노건조후 건조토 중량은 400 g이다. 다음 사항을 구하라.

(a) 함수비 **(b)** 간극비 **(c)** 포화단위중량 **(d)** 유효단위중량

4.8 흙시료의 함수비가 10%이고, 단위중량이 19.8 kN/m^{3}이다. 간극비, 간극비내 공기 퍼센트 및 포화도를 구하라.

4.9 습윤모래시료의 체적이 4.64×10^{-4} kN/m^3 이고, 중량이 8 N이다. 노건조후 중량은 7.5 N으로 감소하였다. 함수비, 간극비, 포화도를 구하라.

4.10 깊은 굴착내에 포화실트질 점토의 함수비가 23.5%이다. 간극률과 단위중량을 구하라.

4.11 흙공시체의 직경이 37.5 mm이고 길이가 75 mm이며, 습윤중량이 1.32 N, 건조중량이 1.1 N이다. 다음사항을 구하라.

(a) 포화도 **(b)** 간극률 **(c)** 단위중량 **(d)** 건조단위중량

4.12 습윤 흙시료와 용기의 중량이 0.33 kg이다. 건조토와 용기의 무게가 0.29 kg이다. 용기의 무게가 0.06 kg이고 체적이 0.15×10^{-3} m^{3}이다. 다음 사항을 구하라.

(a) 습윤단위중량, 건조단위중량 및 포화단위중량

(b) 간극비와 포화도

(c) 흙 속의 공기가 차지하고 있는 간극

(d) 1 m^{3}흙을 포화시키기 위한 물의 중량

4.13 모래의 자연함수비는 5%이고, 습윤단위중량은 18.0 kN/m^{3}이다. 가장 조밀한 상태와 가장 느슨한 상태에서의 간극비가 0.51과 0.87이다. 상대밀도와 포화도를 구하라.

4.14 간극비가 1.2이다. 포화도 (a)75% (b) 95% (c) 100%에서의 습윤단위중량과 유효단위중량을 구하라. 흙의 포화도가 95%일 때 100% 포화된 것으로 가정하면, 습윤단위중량의 오차는 몇 퍼센트나 되나?

4.15 Casagrande컵장치로 구한 점토의 액성한계 시험결과는 다음과 같다.

타격횟수	6	12	20	28	32
함수비(%)	52.5	47.1	43.2	38.6	37.0

(a) 이 점토의 액성한계를 구하라.

(b) 자연함수비가 38%이고 소성한계가 23%이면 액성지수는 얼마인가?

(c) 이 흙에는 취성파괴가 발생될까? 증명하라.

4.16 아래 데이터가 Casagrande컵 장치로 구한 점토의 액성한계 시험결과이다. 액성한계를 구하라.

시험횟수	용기(g)	용기와 습윤시료(g)	용기와 건조시료(g)	타격수
	W_c	W_w	W_d	N
1	45.3	57.1	54.4	28
2	43.0	59.8	56.0	31
3	45.2	61.7	57.9	22
4	45.6	58.4	55.3	18

4.17 낙하콘시험으로 액성한계와 소성한계를 구하였다. 콘의 무게는 80 g이고 시험결과는 다음과 같다

	80-g콘			
관입량 (mm)	8	15	19	28
함수비 (%)	43.1	52.0	56.1	62.9

(a) 액성한계와 소성한계를 구하라.

(b) 소성지수를 구하라. 만약 이 흙이 45% 점토를 포함하고 있다면, 활성도는 얼마인가?

4.18 수은을 사용하여 수축한계 시험을 다음과 같이 실시하였다. 수축한계, 선형수축, 수축비를 구하라. 수은의 밀도는 13.6 g/cm^{3}이다.

용기 무게	17.0 g
습윤토와 용기의 무게	72.3 g
접시 무게	132.4 g
접시와 수은의 무게	486.1 g
건조토와 용기의 무게	58.2 g
습윤토의 체적	32.4 cm^3

4.19 흙의 체분석 시험결과는 아래와 같다. 아터버그한계 시험은 실시하지 않았다.

체번호	9.53 mm (3/8″)	4	10	20	40	100	200
통과율 (%)	100	89.8	70.2	62.5	49.8	28.6	4.1

(a) 이 시료에 아터버그한계 시험을 실시할 필요가 있는가? 증명하라.

(b) USCS, ASTM-CS, AASHTO로 흙을 분류하라.

(c) 이 흙은 기초지반으로 양호한가? 증명하라.

4.20 흙의 체분석 시험결과는 아래와 같다. 아터버그한계 시험으로 LL = 62%, PL = 38%를 구하였다. 점토함유율이 37%이다.

체번호	9.53 mm (3/8″)	4	10	20	40	100	200
통과율 (%)	100	90.8	84.4	77.5	71.8	65.6	62.8

(a) ASTM-CS와 AASHTO로 흙을 분류하라.

(b) 이 흙은 고속도로의 노상토로 몇 등급이 되나?

실용문제

4.21 흙시료의 함수비가 깊이별로 아래와 같다.

깊이 (m)	1	2	3	4	5	6
w (%)	21.3	23.6	6.1	32.7	41.5	42.0

지하수위가 지표면에 위치해 있고 G_S = 2.7이다.

(a) 동일한 도면에 (a)깊이별 함수비, (b)깊이별 포화단위중량을 도시하라.

(b) 함수비 값에 의문점이 없는가? 있다면 어느 깊이에서 인가?

(c) 만약 모든 함수비 값이 올바르다면 무슨 종류의 흙(예, 점토, 모래)이 어느 위치에 있다고 할 수 있는가?

4.22 세립토의 액성한계가 200%이고 소성한계는 45%이다. 이 흙의 자연함수비가 60%이고 점토함유율이 63%이다.

(a) 소성지수, 액성지수, 활성도를 산정하라.

(b) 현장에서 이 흙은 어떤 상태(예, 액성상태 등)에 있는가?

(c) 이 흙의 주요 광물은 무엇인가?

(d) 이 흙이 빌딩의 기초로 사용된 직사각형 콘크리트슬래브 15 × 50 m 아래에 위치해 있다. 직경 100 mm 의 수로파이프를 슬래브 중앙 아래 450 mm 위치 트렌치에 설치하였다. 이 슬래브를 따라 트렌치는 폭 300 mm, 깊이 450 mm이며 동일한 흙으로 되메우기하였다. 만약 이 파이프에 누수가 발생하였다면 기초에 어떤 영향을 미쳤을까? 트렌치와 파이프를 그리고 파이프로 부터 물과 관련된 문제를 어떻게 완화시킬 수 있는지 스케치하여라. 당신의 안이 기존건설방법보다 왜 유리한지 설명하라.

4.23 준설매립프로젝트를 위해 타원 인공섬을 구축하여야 한다. 타원 장축이 10 km이고 단축이 7.5 km(그림 p.4.23)이다. 100 m 두께의 암석 방파제로 인공섬의 둘레를 구축하였다. 이 방파제 내면적을 모래로 채웠다. 가장 느슨한 상태의 모래는 간극률이 90%였고, 다짐시 원하는 간극률은 20%이다. 이 섬의 평균두께가 100 m라면 필요한 모래의 양은 얼마인가?

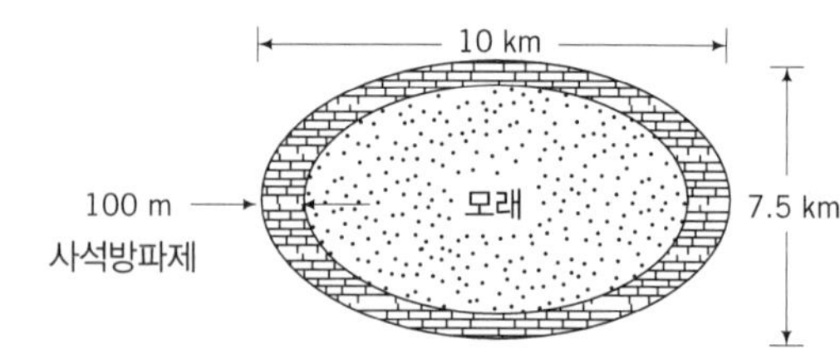

그림 P4.23

4.24 Noscut에서 Windsor Forest 까지의 고속도로 성토길이는 10 km이다. 성토의 평균 단면은 그림 P4.24a와 같다. 두 곳의 토취장 토사의 입경가적곡선은 그림 P4.24b와 같다. 제 1토취장은 성토시점에서 5 km떨어져 있고, 제2토취장은 3 km떨어져 있다. 토사운반작업에 필요한 비용은 아래 표와 같다. 당신이 위원회에 보고하기까지 10분이 주어져있다. 발표준비를 하고 발표는 LCD프로젝터를 활용한다.

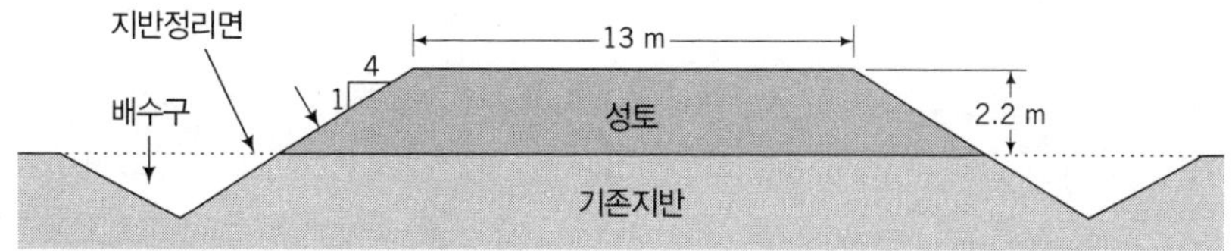

그림 P4.24a

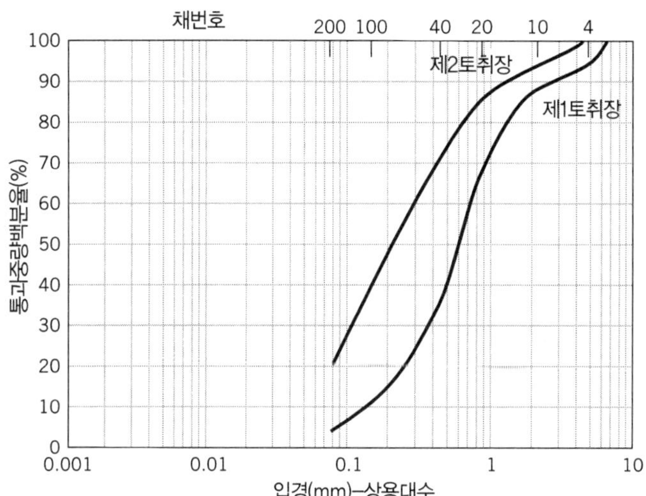

그림 P4.24b

작업	비용	
	제 1토취장	제 2토취장
토사구입 및 적재, 2 km 왕복운반, 200 HP 도저로 포설	$10/m^3	$12/m^3
km당 추가비용	$0.50/m^3	$0.55/m^3
다짐	$1.02/m^3	$1.26/m^3
기타	$1.10/m^3	$0.85/m^3

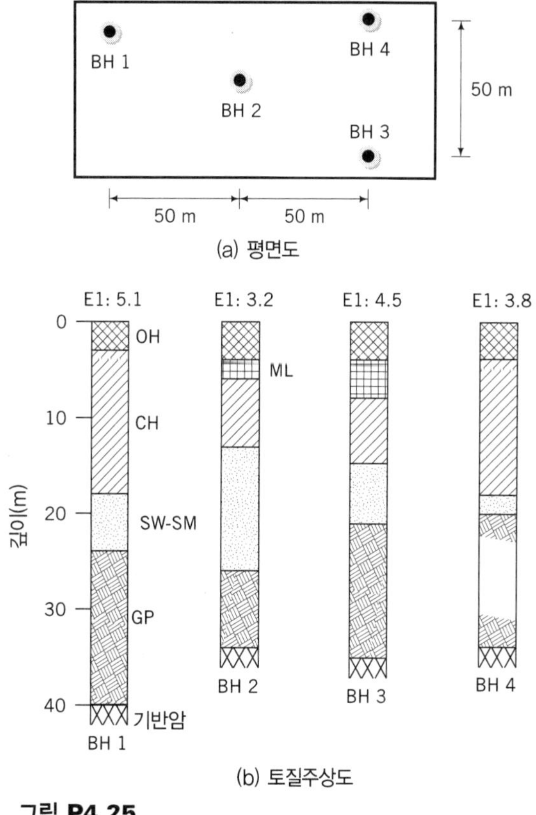

그림 P4.25

4.25 사무실 빌딩 위치 내 네 곳에서의 시추주상도는 그림 P4.25와 같다. 각 시추홀의 토사를 ASTM-CS로 분류표시 하였다. 시추홀 1, 2, 3 및 3과 4를 연결한 선의 토질주상도를 그려라.

CHAPTER 05

흙의 다짐

SOIL COMPACTION

5.0 서론

흙의 다짐은 흙속의 공기를 배출함으로써 간극비를 감소시키며 밀도를 높이는 것이다. 이것은 일반적으로 기계적 다짐, 램머등 다짐장비를 사용하고, 흙속에 물을 첨가하여 최적함수비를 유지하며 수행한다. 우선적으로 흙의 다짐에 관한 기술과, 압축시험 , 현장 다짐 및 현장에서의 품질관리의 기본적인 내용에 대하여 논의할 것이다.

5장을 마쳤을 때, 당신은 아래의 내용을 할 수 있어야 한다.

- 흙에 대한 다짐의 중요성을 이해
- 최대건조단위 중량과 최적함수비를 결정
- 현장에서 사용할 수 있는 흙의 다짐 기준 구체화
- 현장에서 흙의 다짐에 적합한 장비를 선정
- 흙의 다짐에 관한 품질관리 검사방법을 제시

중요사항

흙의 다짐은 지반을 개량하는데 있어 최소한의 비용이 발생되는 방법이다. 다짐은 일반적으로 모든 구조물들의 기초와 흙 재료자체에 적용된다. 적용되는 현장으로 제방을 시공할 때 사용 할 수 있다. 흙으로 만든 긴 뚝 제방은 하천의 수위를 조절하는 기능을 하며, 채취장에서 운반되어온 흙의 다짐을 통하여 건설된다. 제방에 대한 (a) 흙의 적합성을 확인하고 (b) 다짐 기준을 지정하고 (c) 품질관리 방법을 선정하는 것들은 대단히 중요하다

2005년 8월29일 월요일 아침 폭풍 등급3인 허리케인 카트리나가 미국 뉴올리언스 루이지애나를 강타했다. 1800명 이상의 사람들이 목숨을 잃었고, 엄청난 재산상의 손실을 유발하였다. 홍수로 인한 제방 시스템의 비극적인 붕괴로 인하여 엄청난 피해가 그림 5.1과 같이 발생하였다. 천 억달러 이상의 엄청난 피해와 함께 미국의 역사상 가장 큰 재해의 사례로 언급되었다. 금번 사고로 인하여 많은 제방 시스템의 설계 및 시공시에 어떠한 문제들이 있었는지 조사 하였으며, 수많은 연구보고서들은 월드와이드웹에 올려져 있다(e.g., http://www.asce.org/static/hurricane/whitehouse.cfm). 이러한 실패의 교훈 중 하나는 허리케인 카트리나와 같은 붕괴의 사례로부터 일부 유사한경험의 지반 구조의 설계에서도 고려해야 한다는 것이다. 만약 일부 잘못된 부분이 있으면 전체적으로 접근하여 사고시에 어떤 대가를 치르게 될지를 사전에 검토해야 한다.

그림 5.1 Hurricane Katrina로 인한 일부 제방의 붕괴.

5.1 용어 정의

다짐 : 공기가 빠져나가며 흙의 밀도를 증가시키는 현상

최대건조단위중량($\gamma_{d(max)}$) : 다짐을 통하여 흙이 얻을 수 있는 최대단위중량

최적함수비(w_{opt}) : 다짐시에 최대건조단위중량에 도달 하기 위하여 요구되는 최적의 함수비

5.2 이해를 돕기 위한 질문

1. 흙의 다짐은 무엇인가?

2. 다짐의 중요성은 무엇인가?

3. 흙의 다짐에 영향을 주는 요소는 무엇인가?

4. 흙의 다짐은 어떻게 시험실에서 이루어지는가?

5. 현장에서 흙의 다짐에 필요한 것은 무엇인가?

6. 흙의 다짐에는 어떤 종류의 장비가 사용되는가?

7. 흙의 다짐은 현장에서 어떻게 모니터링 하는가?

5.3 기본개념

건조단위중량을 구하는 식 (5.1)은,

$$\gamma_d = \left(\frac{G_s}{1+e}\right)\gamma_w = \frac{\gamma}{1+w} = \left(\frac{G_s}{1+wG_s/S}\right)\gamma_w \tag{5.1}$$

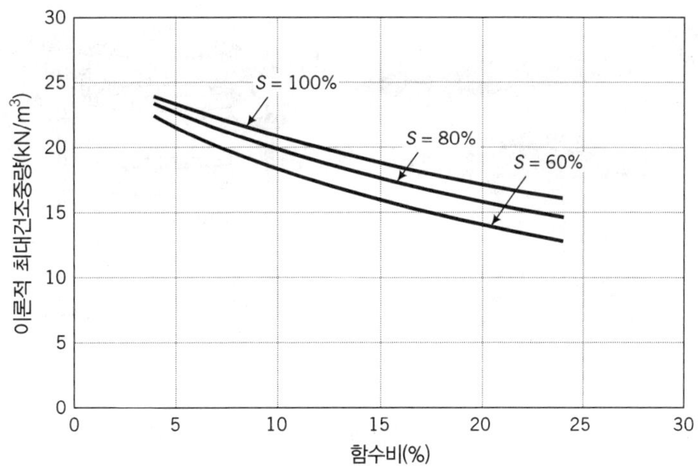

그림 5.2 3가지 포화도에서 이론적 최대건조중량과 함수비의 관계.

맨 오른편의 식은 e를 $e = wG_s/S$로 치환하여 얻는다. 식 (5.1)에서 건조단위중량을 증가시키기 위해서는 간극비를 감소시켜야 함을 보여주며, 또한 w/S를 감소시켜야 한다. 이론적인 최대건조단위중량은 $S = 1$인 100 % 포화상태일 때 얻어진다.

$$e_{min} = wG_s \tag{5.2}$$

다짐도의 차이로 인한 건조단위중량과 함수비와의 관계는 이론적인 모식을 통해 그림 5.2에 나타나 있다. 함수비가 증가함에 따라 건조단위중량은 감소하기 때문에 동일한 체적의 경우 흙 입자는 물보다 무겁다. 흙입자의 평균비중은 대부분 2.7이다. 포화도가 감소하면 건조단위중량도 감소한다. 공기의 질량은 무시할수 있으므로 간극속의 공기가 물로 대체되며, 흙의 체적이 일정하게 유지될때 질량이 줄어든다. 따라서 건조단위중량이 줄어든다. S = 100%에 해당하는 곡선을 포화곡선 또는 영공기간극곡선이라고 한다. 현장 다짐에서 영공기간극상태를 얻기에는 매우 어렵다.

그림 5.2에 표시된 곡선의 작도 방법은 다음과 같다.

1. 고정된 값 S을 가정한다. 100%로 완전 포화된 경우 식 (5.1)에서 $S = 1$로 한다.
2. 그래프의 함수비 범위 내에서 w의 임의의 값을 대입한다.
3. 가정된 S와 추정 ($G_s = 2.7$) 또는 주어진 G_s의 값을 대입하고 각 w 에서의 γ_d를 식 (5.1)로부터 구한다.
4. w에 대한 γ_d의 결과를 도시한다.
5. 또 다른 S값에 대해서는 앞 과정을 반복 수행한다.

What's next... 일반적으로 최대건조단위중량과 최적함수비를 결정하는 시험을 간략하게 설명한다.

5.4 PROCTOR 다짐시험

흙의 최대건조단위중량을 얻을 수 있는 역학적인 다짐에너지를 전달하기 위해서 proctor시험이라고 하는 실내시험이 개발되었다. 표준 proctor시험에서는 건조시킨 흙을 물과 혼합하여 용량 9.44×10^{-4} m^3 원통형 몰드에 넣고,

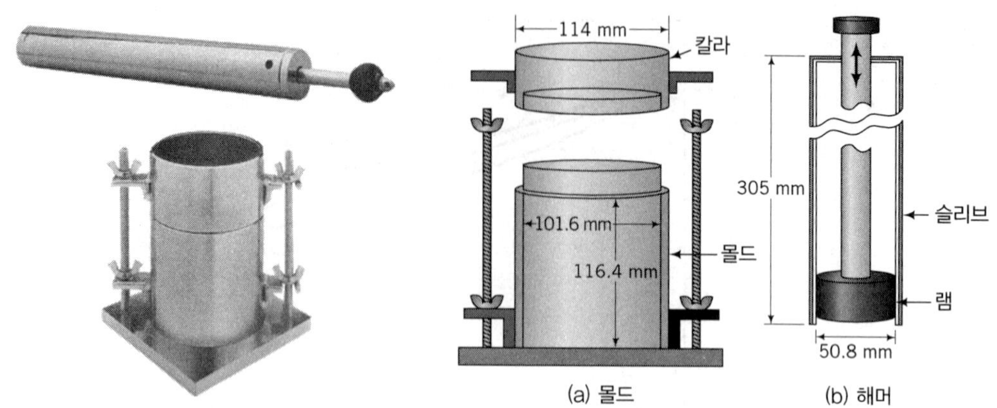

그림 5.3 RROCTOR 다짐장비.

2.5 kg의 해머로 높이 305 mm에서 그림 5.3과 같이 낙하시켜 다진다. 흙은 세 개의 층으로 각 층당 25회를 해머로 다짐을 한다.

해머의 에너지는,

$$E_{comp} = m_h g \frac{h_d}{V} N_b N_l \tag{5.3}$$

여기서 m_h는 해머의 무게, g는 중력의 가속도, h_d는 해머의 낙하높이, V는 몰드의 체적, N_b는 각층에 대한 다짐횟수, N_l은 다지는 흙의 층수이다. 따라서 표준 proctor 시험의 다짐에너지는,

$$E_{comp} = 2.5 \times 9.8 \frac{0.305}{9.44 \times 10^{-4}} \times 25 \times 3 \times 10^{-3} = 594 \text{ kJ/m}^3$$

대부분의 proctor시험은 만족스러운 결과를 나타낸다. 수정 proctor시험은 중량급 항공기의 이착륙이 가능한 공항 건설을 위해 개발되었다. 수정 proctor시험에서는 4.5 kg의 해머를 457 mm의 높이에서 자유낙하한다. 흙을 5층으로 나누어 넣고 층당 25회씩 다짐한다. 수정 proctor시험의 다짐에너지는 2695 kJ/m^{3}로 표준다짐시험의 약 4.5배의 에너지이다.

서로 다른 함수비 상태에서 4회 이상의 시험을 실시한다. 추가된 물의 양으로 인하여 습윤단위중량의 감소가 확인되면, 이를 마지막 회의 시험으로 간주하여 시험을 종료한다. 종방향의 축은 건조단위중량, 그리고 횡방향의 축을 함수비로 정하여 그 결과를 도시한다. 전형적인 건조단위중량-함수비 관계곡선은 그림 5.4와 같다.

점토는 일반적으로 종모양의 곡선 형태로 나타난다. 모래는 입자의 자유로운 이동을 제한하는 모세관현상의 인장력으로 인하여 건조단위중량이 초기에 감소한 후에 종모양의 곡선형태를 이룬다. 액성한계가 30% 이하인 흙에서는 최대건조단위중량에 도달하기 전에 한개 이상의 볼록한 부분이 나타나기도 한다.

최대건조단위중량에 도달할 때의 함수비를 최적함수비라 한다. 최적함수비보다 작은 함수비에서는 공기가 배제되고 물이 조밀한 상태의 입자들을 재배열시킴으로써 흙의 단위체적당 입자의 수는 감소하게 된다. 최적함수비보다 큰 함수비에서는 다짐에너지가 더 많은 공기를 배출시키지 못하고 추가된 물은 흙입자를 이동하게 함으로써 흙의 단위체적당 입자의 수가 감소하게 되어 결국, 건조단위중량이 감소하게 된다.

흙은 최대건조단위중량에서 반드시 불포화 상태이며, $S < 1$이다. 식 (5.1)을 사용하여 최대건조단위중량에서의 포

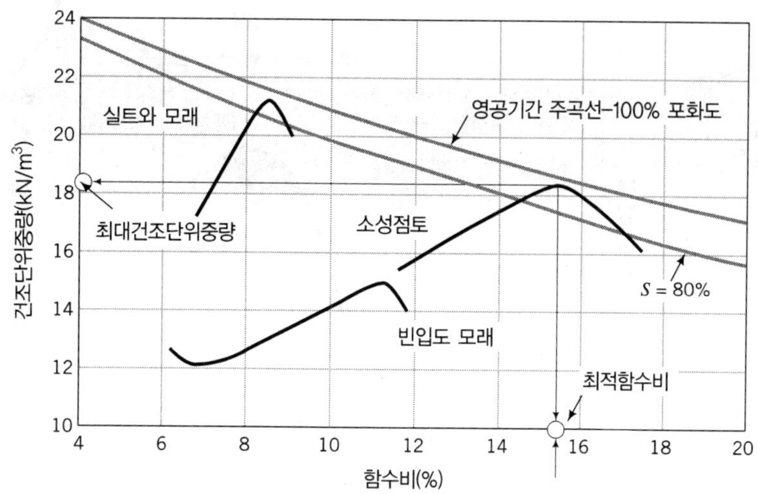

그림 5.4 건조단위중량과 함수비 곡선.

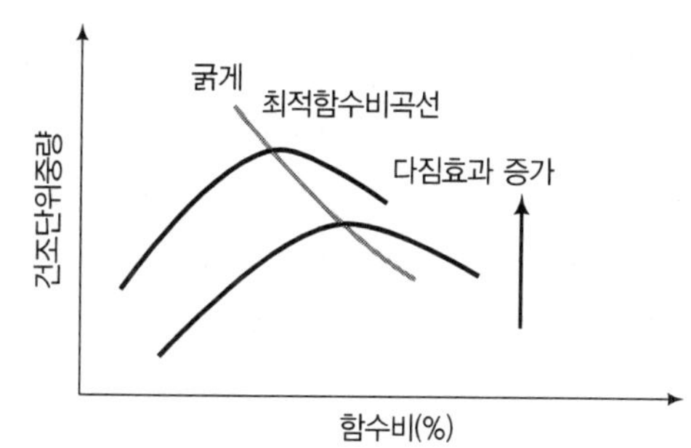

그림 5.5
다짐효과 증가시에 건조단위중량과 함수비의 관계.

화도를 결정할 수 있다. Proctor을 통하여 γ_d에서 $(\gamma_d)_{max}$ 까지와 w 부터 w_{opt} 까지의 과정을 알수있다. G_s를 알면, 식 (5.1)에서 S를 구할 수 있으며. G_s를 모르는 경우에는 2.7을 대입하면 매우 작은 오차 내에서 결과 값을 얻을 수 있다.

What's next... 실제 적용되는 proctor시험을 해석하는 방법에 대하여 숙지하게 될 것이다.

5.5 PROCTOR 시험결과의 분석

다짐을 통하여 흙을 개량하는 시방기준을 결정하기 위해서는, 흙의 최적함수비와 최대건조단위중량에 대한 지식이 매우 중요하다. 토공구조물(제방, 기초, 등)에 대한 시방규정에서는 일반적으로 proctor 시험에서 얻어진 최대건조단위중량의 최소 95%를 요구한다. 이와 같은 다짐기준은 최대건조단위중량 또는 최적함수비에 도달하기 전과 후의 두 개의 함수비 상태에서 얻을 수 있다(그림 5.6). 일반적인 다짐은 건조측에서 이루어진다. 팽창성 흙, 쓰레기매립장의 라이너, 함수비 변화에 따라 체적 변화가 큰 흙의 경우 습윤측에서 다짐이 이루어진다.

과다하게 다져진 흙 (특히 최대건조단위중량 부근)이 전단파괴를 일으키면, 그 흙은 팽창하거나 느슨해지는 경향을 보인다. 보통 이 팽창성은 일정하지 않으며, 어떤 부분의 흙은 다른 부분보다 느슨해지기도 한다. 흙 속에서 물의 흐름은 단단한 부분보다 느슨한 부분의 흙에서 더 유속이 빨라지며, 물이 흡수됨으로서 급작스런 붕괴를 일으킬 수

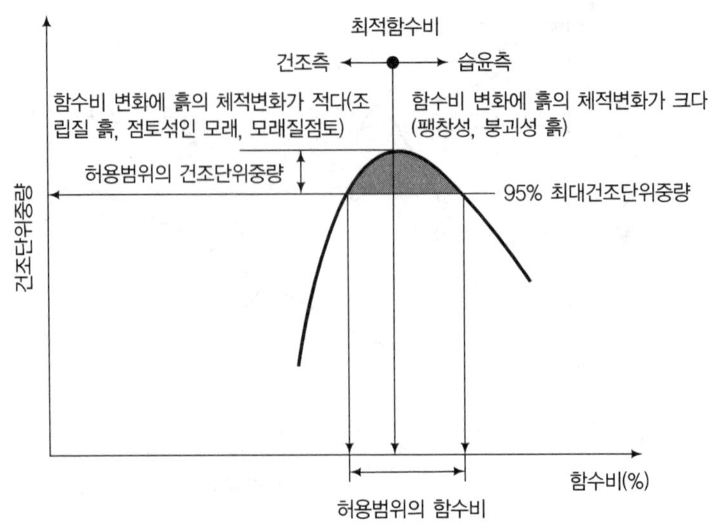

그림 5.6 현장에서 흙의 다짐시방서.

있다. 그러므로 과하게 다져진 흙에서 전단거동이 발생시는 급작스런 강도저하를 보인다. 실제로 공학적인 관점에서 붕괴가 발생된다면 급작스런 붕괴보다는 이에 대한 대처를 할 수 있도록 오히려 서서히 발생되는 조건을 더 선호할 수도 있다. 예를 들면, 댐과 같은 토공구조물에서는 다짐정도를 조정하여 흙이 유연하게(파열없이 변형되는 능력)거동하도록 설계할 필요가 있다. 이러한 유연성은 최대건조중량의 95% 미만에서 최적함수비의 습윤쪽으로(대략 80%~90%의 최대건조중량) 설계가 되어야 얻을 수가 있다.

예제 5.1 Proctor 시험결과로부터 건조단위중량의 산정

표준다짐시험에서 사용될 시료의 함수비가 8% 일 때, 습윤상태의중량은 1806 g이다. 표준다짐시험의 시료체적은 $9.44 \times 10^{-4}\,\mathrm{m}^3$ 일 때, 습윤단위중량과 건조단위중량을 계산하라.

핵심전략 부피와 습윤상태의 중량을 통해서 습윤단위중량을 계산할 수 있다. 습윤단위중량(γ)을 1 더하기 함수비(w)로 나누면 건조단위중량 (γ_d)을 구할 수 있다.

풀이 5.1

Step 1 : 습윤단위중량을 구한다.

$$\gamma = \frac{W}{V} = \frac{(1806/1000) \times 9.8}{9.44 \times 10^{-4}} = 18{,}749\ \mathrm{N/m^3} = 18.7\ \mathrm{kN/m^3}$$

(1806 grams 나누기 1000은 kilograms이 된다. 1 kg = 9.8 N)

Step 2 : 건조단위중량을 구한다.

$$\gamma_d = \frac{\gamma}{1 + w} = \frac{18.7}{1 + 0.08} = 17.3\ \mathrm{kN/m^3}$$

예제 5.2 다짐시험 자료 결과의 해석 (1)

표준다짐시험의 결과는 아래 표와 같다

함수비(%)	6.2	8.1	9.8	11.5	12.3	13.2
단위중량(kN/m³)	16.9	18.7	19.5	20.5	20.4	20.1

(a) 최대건조단위중량과 최적함수비를 결정하라.
(b) 95% 표준다짐에 대한 건조단위중량과 함수비는 얼마인가?
(c) 최대건조밀도에서의 포화도를 결정하라.
(d) 영공기간극곡선을 그려라.

핵심전략 계산하고, γ_d와 $w(\%)$관계를 작도하여서, 필요한 정보를 얻는다.

풀이 5.2

Step 1 : 표 또는 γ_d를 구하기 위한 스프레드쉬트 프로그램을 사용한다.
공식(4.12)사용하여 건조단위중량을 산정하고, 포화도 $S = 1$일 때의 건조단위중량을 계산하기 위해 식 (5.1)과 (5.2)를 사용한다.

			영공기간극	
함수비	단위중량 (kN/m³)	건조단위중량 (kN/m³) $\gamma_d = \dfrac{\gamma}{1+w}$	함수비 (%)	건조단위중량 (kN/m³) $\gamma_d = \left(\dfrac{G_s}{1+wG_s/S}\right)\gamma_w$; $S = 1$
6.2	16.9	15.9	6	22.8
8.1	18.7	17.3	8	21.8
9.8	19.5	17.8	10	20.8
11.5	20.5	18.4	12	20.0
12.3	20.4	18.2	14	19.2
13.2	20.1	17.8		

Step 2 : 그림 E5.2에서 보여진 바와 같이 그래프를 작도하시오.

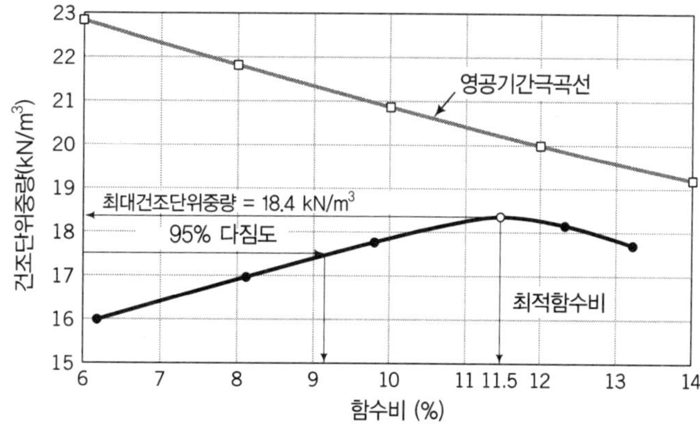

그림 E5.2 다짐시험결과.

Step 3 : 원하는 값을 그림에서 추출한다.

$$(\gamma_d)_{max} = 18.4\ \text{kN/m}^3, \quad w_{opt} = 11.5\%$$

95% 다짐도에서, $\gamma_d = 18.4 \times 0.95 = 17.5\ \text{kN/m}^3$ and $w = 9.2\%$ (그림 E 5.2).

Step 4 : 최대건조단위중량에서 포화도를 계산한다.

S를 찾기 위한 식 (5.1)을 정리하면,

$$S = \frac{wG_s(\gamma_d)_{max}/\gamma_w}{G_s - (\gamma_d)_{max}/\gamma_w} = \frac{0.115 \times 2.7 \times (18.4/9.8)}{2.7 - 18.4/9.8} = 0.71 = 71\%$$

예제 5.3 다짐시험 자료의 해석 (2)

표준다짐시험을 수행한 후 결과는 아래의 표와 같다. 최대건조단위중량과 최적함수비를 결정하라.

몰드의 직경 = 101.4 mm
몰드의 높이 = 116.7 mm
몰드의 무게 = 4196.5 g

단위중량자료	함수비 자료		
습윤흙과 몰드무게 M_{wm}	습윤흙과 접시무게 M_w	건조흙과 접시무게(grams) M_d	접시무게 (grams) M_c
5906.00	114.92	111.48	46.50
6056.00	163.12	155.08	46.43
6124.00	190.43	178.64	46.20
6156.00	193.13	178.24	46.50
6103.00	188.77	171.58	46.10

핵심전략 이 예제는 수행한 실제 함수비를 계산한 것 외에는, 예제 5.2와 동일하다.

풀이 5.3

Step 1 : 스프레드쉬트나 계산할 수 있는 표를 만든다.

$$\text{몰드체적} = \frac{\pi}{4} \times 0.1014^2 \times 0.1167 = 942.4 \times 10^{-6}\ \text{m}^3$$

함수비 산정				건조단위 중량산정		
습윤흙과 접시무게 M_w	건조흙과 접시무게 (grams) M_d	접시무게 (grams) M_c	함수비 (%)	습윤흙과 접시무게(grams) M_{wm}	습윤흙 무게 (grams) M_w	건조흙 무게 γ_d (kN/m^3)
114.92	111.48	46.50	5.30	5906.00	1709.5	16.9
163.12	155.08	46.43	7.40	6056.00	1859.5	18.0
190.43	178.64	46.20	8.90	6124.00	1927.5	18.4
193.13	178.24	46.50	11.30	6156.00	1959.5	18.3
188.77	171.58	46.10	13.70	6103.00	1906.5	17.5

$$\text{건조단위중량} = \frac{\text{습윤흙 질량} \times \text{중력가속도}}{\text{몰드체적}(1 + \text{함수비})}$$

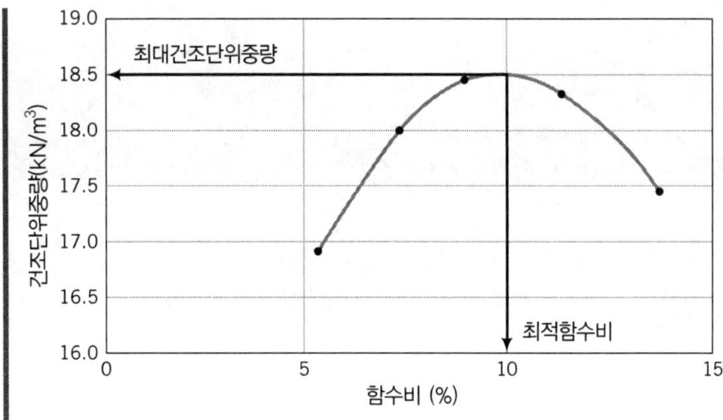

그림 E5.3

Step 2 : 함수비곡선과 건조단위중량 작성
그림 E5.3 참고

Step 3 : 결과 추출(그림 E5.3 참조)
최대건조단위중량 = 18.5 kN/m^3, 최적함수비 = 10%

What's next... 흙의 다짐이 왜 중요한가? 이러한 질문은 다음절에도 계속될 것이다.

5.6 흙 다짐의 목적

다짐은 흙의 성질을 개선시키기 위한 가장 일반적인 기법이다. 흙의 구조는 외적인 다짐에너지를 가하면 물의 도움 없이 공기를 배출하면서 밀도가 조밀해진다. 흙 다짐의 목적은:

1. 흙의 강도 증가
2. 지지력의 증가
3. 침하의 감소 (낮은 압축성)
4. 물의 흐름 감소(물의 침투성 감소)
5. 흙의 팽창(확장)과 붕괴(흙의 수축)감소
6. 흙의 안정성 증가
7. 동상 방지

부적절한 다짐이 초래 할 수 있는 사례:

1. 과도한 총침하와 부등침하로부터 구조적 손상
2. 포장,바닥, 지하실의 균열
3. 상수관, 하수관, 지하매설물, 지하구조물 등에 대한 구조적인 손상
4. 흙의 침식

요점정리 THE ESSENTIAL POINT ARE

1. 다짐이란 흙속의 공기를 제거하고 입자들을 재배치 시킴으로서 흙을 밀실하게 만든다.
2. Proctor시험은 최대건조단위중량과 최적함수비를 결정하여 현장에서 사용될 다짐 시방서에 대한 참고자료를 제공한다.
3. 높은 다짐성과는 최대건조단위중량을 증가시키고 최적함수비를 감소시킨다.
4. 다짐은 흙의 강도를 증가시키고 압축성을 감소시키며 흙을 통한 물의 흐름을 감소시킨다.

What's next... 세 가지 유용한 현장다짐시험의 장비에 대해 설명 한다.

5.7 현장다짐시험

현장에서 흙을 다지는데 사용되는 다짐장비는 매우 다양하다. 다짐은 정적인 하중 또는 진동의 수직방향의 힘으로부터 수행된다.

양족롤러(sheepsfoot roller) (그림 5.7a), 그리드롤러, 타이어롤러, 드럼롤러(그림 5.7b)들은 정적 하중을 전달하는 장비이다. 수직방향의 힘, 진동에 의한 수직방향의 힘을 생성하기 위해서는 편심 회전과 엔진 구동 시스템이 적용된다. 무게 또는 스프링/피스톤 작용으로 흙의 표면에 연속적으로 다짐이 가해진다. 충격이나 진동에 의해 흙의 구조는 압축과 재배치로 다짐이 형성된다. 양족롤러는 일반적으로 세립토를 다지는 반면, 평활강륜롤러는 조립토를 다지는데 일반적으로 사용된다. 진동장비의 일반적인 종류는 진동롤러와 진동양족롤러가 있다. 진동양족롤러(vibrating sheepsfoot) 그리고 충격래머(impact compactor)는 충격식 다짐기계이다.

흙은 한 층씩(lift) 쌓아서 다져지며, 한 개 층의 두께(lift thinckness)는 거의 300 mm를 초과하지 않는다. 굵은 입자를 가진 흙들은 250 mm와 300 mm 사이의 두께로 다져진다. 특히 정적인 다짐의 경우 다짐에 의한 힘이 전달은 다짐층의 깊이와 함께 감소된다. 결과적으로 다짐층의 상단부분은 하단부분과 두꺼운 다짐층에서 보다 더 큰 강도가 작용된다. 그러므로 균일한 다짐을 위해서는 비교적 얕은 다짐층의 두께가 적합하다. 현장에서 적용되는 흙의 종류별 다양한 다짐장비들의 적용성은 표 5.1에서 볼 수 있다. 일반적으로 원하는 다짐의 양을 지정하는 것이 바람직하다. 관련된 proctor시험을 기초자료로 하여 시공자는 해당 장비를 선택하고 요구되는 수준의 경험을 가지고 있는지 확인하여야 한다.

What's next... 다음 장에서는 세 가지의 유용한 다짐관리시험에 관하여 논의하고자 한다.

5.8 현장다짐의 품질관리

지반공학 기술자는 현장다짐이 시방규정을 만족하는지를 확인할 필요가 있다. 다짐도(DC, Degree of compaction)를 측정하여 시방규정 건조단위중량에 대한 측정된 건조단위중량의 비율을 결정하여야 한다.

(a)

(b)

그림 5.7 현장다짐에 사용되는 2종류의 다짐장비 (a) 양족롤러 (b) 드럼롤러

$$다짐도(DC) = \frac{측정된\ 건조단위중량}{시방규정\ 건조단위중량} \tag{5.4}$$

현장에서 얻은 다짐도(DC)를 확인할 수 있는 여러 종류의 시험기구가 있다. 가장 널리 사용되고 있는 세 가지 시험기구는 (1) 모래치환법, (2) 고무막시험법, (3) 방사능밀도시험법 이다.

5.8.1 모래치환법-ASTM D 1556

모래치환법의 시험기구는 그림 5.8과 같으며, 목 부분에 깔대기가 붙어 있는 유리 또는 플라스틱 용기로 되어 있다.

시험순서는 다음과 같다.

표 5.1 흙의 종류별 현장다짐 장비의 비교

전압에 의한 압력		다짐 종류				
		정적		동적		
		전압에 의한 압력	압력에 의한 전압	진동	충격	
흙의 종류	다짐 두께 (mm)	정적양족그리드 롤러: 스크래퍼	스크래퍼: 공기타이어롤러: 로더: 그리드롤러	진동판 다짐기 진동롤러 진동양족롤러	진동양족램머	다짐성능
모래	300+	사용불가	매우우수	우수	불량	매우우수
자갈	250±	사용불가	우수	탁월	불량	우수
실트	150±	우수	탁월함	불량	우수	불량
점토	150±	매우우수	우수	사용불가	탁월	매우불량

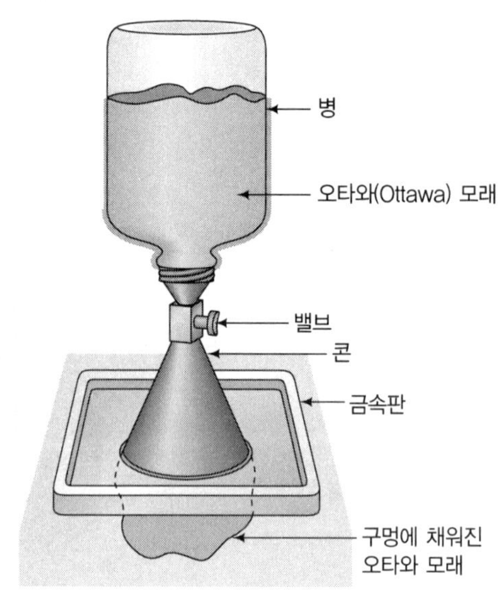

그림 5.8 모래치환법 시험기구.

1. 알고 있는 밀도의 표준모래를 용기에 채우고, 모래가 채워진 시험기구의 무게(W_1)를 결정한다. 한국에서의 표준모래로는 주문진 모래를 사용하도록 권장하고 있다.

2. 콘을 채운 모래의 무게 (W_2)를 측정한다.

3. 지반에 작은 구멍을 파고, 파낸 흙의 무게 (W_3)를 측정한다.

4. 파낸 흙의 함수비 (w)를 측정한다.

5. 모래가 채워진 시험기구를 구멍 위에 거꾸로 세우고 밸브를 열어 흙을 파낸 구멍에 모래를 채운다.

6. 남은 모래는 시험기구와 함께 무게 (W_4)를 측정한다.

7. 다음과 같이 흙의 단위중량을 계산한다.

$$\text{구멍에 채운 모래의 무게} = W_s = W_1 - (W_2 + W_4)$$

$$\text{구멍의 체적} = V = \frac{W_s}{(\gamma_d)_{Ottawa\ sand}}$$

$$\text{건조흙의 무게} = W_d = \frac{W_3}{1 + w}$$

$$\text{건조단위중량} = \gamma_d = \frac{W_d}{V}$$

예제 5.4 모래치환법 시험결과의 해석

표준모래의 건조단위 중량측정	
Proctor 몰드 무게	4178 grams
Proctor 몰드와 모래 무게	5609 grams
몰드체적	0.00095 m^3
모래치환	
모래치환기구와 병속의 모래 무게 전체	5466 grams
모래치환기구와 병속에 남은 모래 무게	3755 grams
모래치환법 시험결과	
모래치환기구와 모래 무게(전체)	7387 grams
굴착된 흙의 무게	1827 grams
모래치환기구와 남은 모래 무게(전체)	3919 grams
굴착흙의 함수비	4.8%

(a) 건조단위중량을 구하라

(b) 도로제방에 다짐을 한 후 건조측 최적함수비 4.2%일 때 최대건조단위중량 16 kN/m^{3}을 얻었다. 시방서에서 요구되는 최소건조단위중량는 proctor시험에서 얻어진 95%의 최대건조단위중량의 95%이다. 시방서의 요구 사항은 충족되었는지? 그렇지 않다면, 어떻게 만족 시킬 수 있을까?

핵심전략 모래치환법의 계산을 수행하기 위해 스프레드쉬트 프로그램을 추천한다. 시행의 만족도를 확인하기 위해 현장에서 건조단위중량을 측정하여 비교한다.

풀이 5.4

Step 1 : 스프레드쉬트 프로그램을 설정한 후, 모래치환법은 다음과 같이 계산한다.

표준모래의 건조단위 중량 측정	
Proctor 몰드 무게, M_1	4178 grams
Proctor 몰드와 모래 무게, M_2	5609 grams
몰드체적, V_1	0.00095 m^3
콘속 모래의 건조단위중량, $\gamma_{dc} = (M_2 - M_1) \times g/V_1$	14.8 kN/m^3
모래치환	
모래치환기구와 병속의 모래 무게 전체, M_a	5466 grams
모래치환기구와 병속에 남은 모래 무게, M_b	3755 grams
콘속 모래 무게, M_2	1711 grams

모래치환 시험의 결과	
모래치환기구와 병속의 모래 무게 전체, M_1	7387 grams
굴착된 흙의 무게, M_3	1827 grams
모래치환기구와 병속의 모래 무게 전체, M_4	3919 grams
구멍속의 모래 무게, $M_s = M_1 - (M_2 + M_4)$	1757 grams
구멍체적, $V = M_S \times 9.8 \times 10^{-6}/\gamma_{dc}$	0.0011664 m^3
굴착흙의 함수비, w	4.8%
건조흙의 무게, $M_d = M_3/(1 + w)$	1743 grams
건조흙의 단위중량 $= M_d \times 9.8 \times 10^{-6}/V$	14.6 kN/m^3

Step 2 : 모래치환법의 결과와 시방사항의 비교

요구되는 최소건조단위중량 = 0.95 × 16 = 15.2 kN/m^3 모래치환법의 결과에서 얻은 건조단위중량은 14.6 kN/m^3이다 다짐도 값인 DC = 14.6/15.2 = 96%. 시방기준에 충족되지 않는다.

Step 3 : 시방서에 부합하는 최적의 방법 제안

Proctor시험에서 얻은 함수비는 4.2%이며, 현장의 함수비는 4.8%이다. 현장의 도로제방공사시 너무 많은 물이 유입되었다(흙은 습윤상태의 최적이다). 시공회사는 다짐흙에 대하여 공기를 통하게 하여 건조시켜야 한다. 건조단위중량과 함수비는 다시 확인되어야 하며 필요에 따라 재다짐이 필요하다.

5.8.2 고무막시험법–ASTM D 2167

고무막시험법의 시험기구는 그림 5.9와 같이 중앙에 고무풍선과 함께 눈금이 매겨진 실린더로 되어있으며, 실린더는 물로 가득 채워져 있다. 시험순서는 다음과 같다.

1. 실린더에 물을 채우고 그 체적 (V_1)을 기록한다.
2. 지반에 작은 구멍을 파고, 파낸 흙의 무게 (W)를 측정한다.
3. 파낸 흙의 함수비 (w)를 결정한다.
4. 펌프를 사용하여 고무풍선을 구멍 안으로 불어 넣는다.
5. 실린더에 물의 체적 (V_2)을 기록한다.
6. 아래와 같이 흙의 단위중량을 계산한다. 고무막시험법은 흔히 사용되는 방법은 아니다.

$$\gamma = \frac{W}{V_1 - V_2}; \quad \gamma_d = \frac{\gamma}{1 + w}$$

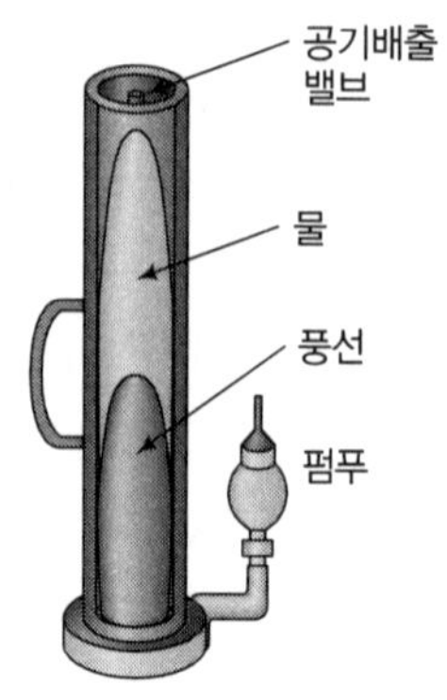

그림 5.9 고무막 시험기구.

그림 5.10 원자력 밀도시험기

5.8.3 방사능밀도시험-ASTM D 2922, ASTM D 5195

원자력 밀도시험기는 그림 5.10과 같이 흙을 파헤치지 않고 흙의 단위중량과 함수비를 쉽게 얻을 수 있는 다용도의 장비이다. 흙입자로 인하여 분산된 방사능의 양이 탐지튜브를 통해 측정된다.

분산율은 흙의 단위중량에 반비례한다. 흙이 물속에 있는 경우에는 물의 수소가 중성자를 분산시키게 되므로 분산량은 함수비에 비례한다. 방사능은 라듐이나 세슘과 아메리슘(americium)이며 방사능밀도시험기는 먼저 제조업체의 참고자료에 의거하여 검증해야한다. 이러한 검증방법은 특정 현장에서 흙의 단위중량과 함수비를 결정하기 위한 기준이 된다.

두 가지 측정방법이 있다.

1. Backscatter(후면확산)방법으로 방사선 감마광선의 변화 탐지와 계수자(counter)는 흙의 단위중량과 관계를 이용한다. 측정가능한 깊이는 50 mm~75 mm이다.
2. Direct transmission(직접전송)방법은 광선의 번호가 흙의 단위중량으로 직접 변환되며, 측정가능한 깊이는 50 mm~200 mm이다.

5.8.4 다짐에 대한 3가지 품질관리 시험의 비교

3가지의 다짐품질관리 시험의 장점과 단점을 표 5.2에 비교하였다.

요점정리 THE ESSENTIAL POINT ARE

1. 다양한 장비가 원하는 다짐을 얻기 위해 사용된다.
2. 모래치환법, 고무막시험법, 방사능밀도시험기는 현장에서 다짐의 품질관리에 사용되는 3가지 유형이다.
3. 이것은 사용자가 어느 방법이든 선택할 수 있으며 원하는 다짐을 얻기 위해서는 적합한 장비를 사용하는 것이 좋다.

표 5.2 다짐의 품질관리시험에 사용되는 3가지 방법들의 장·단점 비교

시험방법	모래치환법	고무막시험법	방사능밀도시험
장점	• 값이 저렴 • 정확함 • 많은 시료가 요구됨	• 저렴~중간정도 가격. • 모래치환보다 계산이 용이 • 많은 시료가 요구됨	• 신속 • 함수비와 단위중량을 직접 측정
단점	• 느림(여러단계 요구됨). • 구멍 속의 표준사를 회수되어야 함 • 단위중량을 별도 계산해야 됨 • 구멍속의 모래밀도 관리가 어려움 • 판 아래의 공간 발생 가능 • 구멍크기가 흙의 움직임에 따라 축소 가능 • 조립토에서 구멍 붕괴 가능	• 느림 • 풍선의 손상 예방조치 필요 (특히 자갈층에서). • 단위중량을 별도계산 • 정확한 구멍크기를 얻기 힘듬 • 판 아래에 공간발생 가능 • 구멍크기가 흙의 움직임에 따라 축소 가능 • 조립토에서 구멍 붕괴 가능	• 고가 • 방사성 취급대가가 요구됨 • 함수비의 오차가 클 수 있음 • 표면을 정리해야 됨 • 방사선 확산시 위험 가능성

5.9 요약

다짐은 흙 속의 공기를 배출시키고 흙입자를 강제로 밀착과 재배열시키며 흙의 밀도를 증가시켜서 지반을 개선하는 가장 일반적인 방법이다. Proctor시험은 최대건조단위중량과 최적함수비를 결정하는데 사용되며, 그 결과는 다짐의 현장기준으로 활용된다. 다양한 다짐 장비를 통하여 시방기준에 제시된 다짐도를 얻을 수 있다. 장비의 활용도와 흙의 종류에 근거하여 적절한 장비를 선택해야 할 필요가 있으며 표 5.1을 참조한다.

자력평가

http://www.wiley.com/college/budhu 에 접속하여 제5장의 이해도를 측정하기 위한 퀴즈를 풀어라.

실용 예제

예제 5.5 다짐에 필요한 장비와 proctor시험 결과 의 분석

자갈질 모래흙 자갈 24%, 모래 76%에서 시행된 표준 proctor시험의 그 결과가 그림 E5.5a에 나타내었다. 이 자갈질 모래는 고속도로 제방공사를 하여 원지반위에 설치되는 층으로 사용된다.

(a) 현장의 다짐기준을 서술하라.

(b) 시방기준의 다짐을 얻기 위한 다짐 장비를 제안하라.

(c) 적절한 품질 관리 시험을 서술하라

핵심전략 흙은 자갈이 섞인 모래이기 때문에 최적함 수비의 건조측으로 다짐시방서를 추천한다.

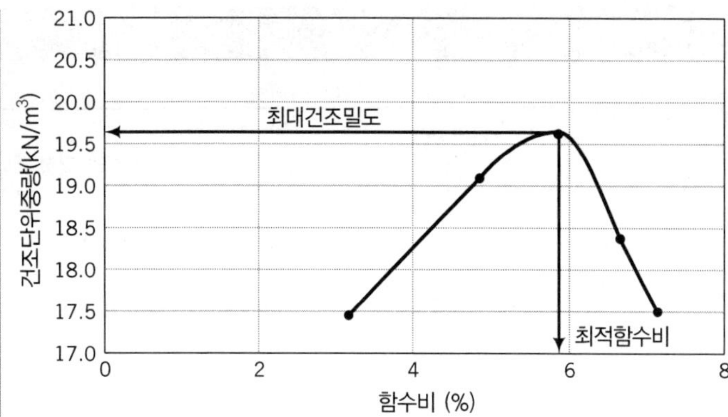

그림 E5.5a

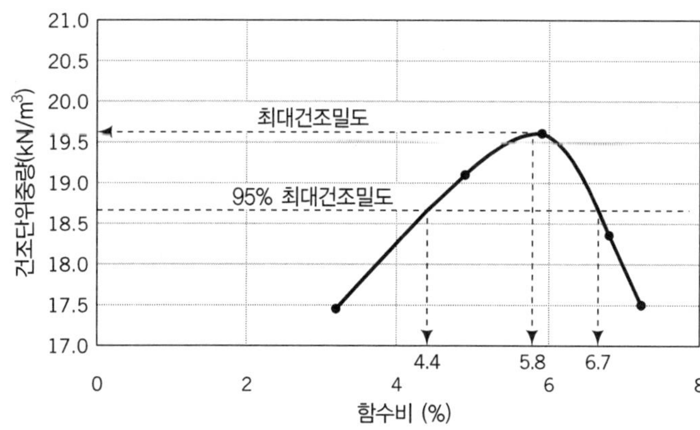

그림 E5.5b

풀이 5.5

Step 1 : 최대건조단위중량과 최적함수비의 결정

그림 E5.5b에서 얻은 최대건조단위중량과 최적함수비는 각각 19.6 kN/m^{3}와 5.8%이다.

Step 2 : 건조단위중량과 함수비에 관한 시방기준을 결정한다.

(그림 E5.5b)로 부터 건조측으로 95%의 최대건조단위중량을 구하여 그때의 γ_d와 w를 시방기준으로 산정한다.

$$\gamma_d = 18.6 \text{ kN/m}^3; \quad w = 4.4\%$$

Step 3 : 현장다짐방법의 결정

다짐재료인 흙에서 자갈보다 모래의 함량이 더 크다. 표 5.1에서 진동롤러는 모래에서 뛰어나고 자갈에도 좋다. 그러므로 진동롤러를 시방기준으로 선정한다.

Step 4 : 품질관리 장비의 선정

모래치환법, 원자력 밀도시험 모두 적합하다.

연습문제 EXERCISES

모든 문제 풀이에 있어서 필요할 경우 $G_s = 2.7$을 가정하여 사용한다.

이론문제

5.1 표준proctor시험에서 만약에 다짐해머를 높이 305 mm 이외의 높이에서 떨어뜨렸을 경우 다짐의 영향에 대하여 설명 하라. 해머의 낙하높이를 250 mm~400 mm까지 50 mm의 간격으로 값을 정하고 그에 대한 적용된 에너지 값을 구하여 그림으로 나타내라.

몰드, 해머무게, 다짐층수 (3), 층당 낙하숫자 (25)의 값들은 모두 일정하다고 가정한다.

5.2 **(a)** 아래의 시험자료를 사용하여 이론적인 건조단위중량과 함수비를 산정하라.

함수비(%)	4	5	8	10	12
포화도, S(%)	20	30	60	70	75

(b) 최대건조단위중량과 최적함수비를 구하라.

기본문제

5.3 광산지역의 흙이 USCS분류법에 의해 GW-GM 으로 분류되었다.

(a) 이 흙은 도로의 기초지반으로서 적합한가?

(b) 어떤 종류의 현장다짐 장비를 권장하는가?

(c) 어떻게 현장에서 원하는 다짐도를 확인하는가?

(d) 다짐의 최적조건은 최적함수비의 건조측인가 또는 습윤측인가? 그 이유는 무엇인가?

5.4 다섯 개의 표준proctor시험결과 중 하나의 샘플에서 함수비 15.2%를 얻었다. 포화도가 85%이고 비중이 $G_s = 2.67$ 일때 건조단위중량을 구하라.

5.5 표준proctor시험을 통하여 얻어진 시험결과는 아래와 같다.

(a) 최대건조단위중량과 최적함수비를 결정하라.

(b) 영공기간극곡선을 그려라.

(c) 최대건조단위중량에서 포화도를 산정하라.

몰드의 직경	101.40 mm
몰드의 높이	116.70 mm
몰드의 질량	4196.50 grams
비중(G_s)	2.69

단위중량 결정	함수비 결정		
습윤흙과 몰드무게(grams)	접시와 습윤흙 무게 (grams)	접시와 건조흙 무게 (grams)	접시무게 (grams)
5906	108.12	105.10	42.10
6013	98.57	94.90	40.90
6135	121.90	114.70	42.70
6156	118.39	110.50	42.50
6103	138.02	126.80	41.80

실용문제

5.6 세립토에서 LL = 220%, PL = 45% 그리고 자연함수비가 6%이며, 60%정도가 점토성분이다. 표준proctor시험은 시험실에서 수행하였고 다음과 같은 결과를 얻었다.

몰드 직경	101.40 mm
몰드 높이	116.70 mm
몰드 질량	4196.50 grams
비중(G_s)	2.69

단위중량 결정	함수비 결정		
습윤흙과 몰드무게(grams)	접시와 습윤흙 무게 (grams)	접시와 건조흙 무게 (grams)	접시무게 (grams)
6257	105.05	103.10	42.10
6356	100.69	97.90	40.90
6400	114.71	110.70	42.70
6421	134.26	128.50	42.50
6400	109.34	104.80	41.80

(a) 최대건조단위중량과 최적함수비를 구하라.

(b) 현장에서 원하는 다짐도가 표준proctor시험 결과의 95%를 요구하는 경우 건조단위중량과 함수비 값을 결정하고, 해당 값을 선택한 이유를 설명하라.

(c) 현장다짐시 어떤 다짐 장비가 필요한가?

(d) 현장에서 달성한 건조단위중량과 함수비는 어떻게 측정하는가?

5.7 채취장에서 가져온 모래질 점토 (모래 35%, 점토 55%, 실트

10%로 구성)를 가지고 표준proctor다짐시험을 한 결과 아래의 표를 얻었다.

함수비 (%)	4.2	5.1	7.8	9.2	12
건조단위중량(kN/m^3)	16.9	18.1	19.6	19.5	18.5

토취장에서 가져온 모래질 점토의 함수비는 5.2%이고 간극율은 65% 이다. 이 흙을 사용하여 고속도로 제방을 건설하려고 할 때 아래의 물음에 답하라.

(a) 현장에서 얻어지는 건조단위중량과 함수비와 다짐에 관한 시방내용을 서술하고. 이러한 시방사항들을 평가하라.

(b) 고속도로 제방 1 m^3 건설에 요구되는 토취장에서의 흙의 용량을 구하라.

(c) 시방기준을 만족시키려면 단위체적당 얼마나 많은 물이 필요한가?

(d) 고속도로제방 100,000 m^3를 건설하는데 필요한 트럭의 운반량을 산정하라. 트럭의 최대용량은 22.5 m^3이고, 규정상 최대용량의 90%만 허용한다.

(e) 아래의 자료를 참조하여 100,000 m^3의 다져진 제방 기초를 건설하는데 요구되는 공사비를 산정하라. 다짐재료는 현장에서 구매하여 적재한다. 왕복운반거리는 2 km, 200 HP 도저로 포설과 다짐 \$15/m^3; 매 km 당 추가비용은 \$0.5 m^3, 왕복거리 = 10 km, 다짐 = \$1.02/m^3.

5.8 모래질 점토흙을 다짐하는 동안 품질관리를 위해 모래치환법을 실시하였다. 그 결과의 자료는 다음과 같다.

표준사의 건조단위중량을 찾기 위한 보정	
proctor 몰드무게	4178 grams
proctor 몰드와 모래 무게	5609 grams
몰드체적	0.00095 m^3
모래치환법	
모래치환기구와 병속의 모래 전체 무게	5466 grams
모래치환기구와 병속에 남은 모래 무게	3755 grams
모래치환 시험결과	
모래치환기구와 병속의 모래 전체 무게	7387 grams
굴착된 흙의 무게	2206 grams
모래치환기구와 병속이 남은 무래 무게	3919 grams
굴착된 흙의 함수비	9.2%

(a) 건조단위중량은 얼마인가?

(b) 모래질 점토의 표준proctor시험에서 얻은최대건조단위중량은 17.8 kN/m^3, 최적함수비는 10%이다. 시방규정은 허용함수 비 9%~10.8% 내에서 proctor최대건조단위중량의 95%에 만족하도록 되어 있다. 이러한 시방규정이 지켜질 수 있는지? 그렇다면 당신의 답에 대하여 설명하라.

CHAPTER 06

흙 속에서 물의 1차원 흐름

ONE-DIMENSIONAL FLOW OF WATER THROUGH SOILS

6.0 서론

본 장에서는 흙 속에서 물의 1차원적 흐름에 대해서 기술한다. 2차원적 흐름에 대해서는 제14장에서 다룰 것이다.

6장 마쳤을 때, 당신은 아래의 내용을 할 수 있어야 한다.

- 흙 속에서 물의 유속을 결정
- 흙의 투수계수를 결정
- 흙 속에서의 물 흐름의 중요성을 이해

중요사항

앞서 흙의 입자 크기와 지수 특성 등에 대해서 논의하였고, 이것을 흙의 분류에 이용하였다. 세립토 흙에서의 물은 흙의 상태를 변화시킨다: 흙 내부에 물의 함유량이 많으면 많을수록 흙은 더욱 더 약화된다. 흙은 스폰지와 같은 다공성 재료이기 때문에 물은 흙 내부의 서로 연결된 간극 사이로 흐를 수 있다. 흙 입자의 크기와 입자들간의 구조적인 배열은 물의 유속에 영향을 준다.

물의 흐름은 많은 지반공학 구조물(도로, 다리, 댐, 굴착 등)의 불안정과 파괴를 야기시킨다. 흙 속에서의 물의 흐름은 주로 투수계수(또는 투수성)에 의해 지배 받는다. 간단한 적용 예로, 선룰의 지하공긴(히부)를 조성하기 위해서는 지반을 굴착하게 된다. 시공 중의 굴착의 저면에는 물이 존재하면 안 된다. 그래서 지반 기술자들은 굴착된 지역으로의 물이 스며드는 것을 막기 위해 굴착주변에 흙막이를 설치한다. 그러나 굴착지역 외부의 물은 흙막이 하부로 흐르고, 이것은 굴착지역의 침수뿐만 아니라 불안정을 야기시킨다. 굴착지역에 물이 흐르지 못하게 하기 위해 흙막이 길이의 산정이 필요하며 이를 위해서는 흙의 투수계수를 알아야만 한다.

6.1 용어 정의

지하수 : 흙의 간극에 존재하는 중력의 영향을 받는 물

수두(H) : 단위중량당 역학적인 에너지

투수전도율, 혹은 **투수계수(k) :** 흙 속의 물의 유속을 결정하기 위해 사용되는 비례상수

간극수압(u) : 흙 입자 사이의 간극 내에서의 물의 압력

6.2 이해를 돕기 위한 질문

1. 흙 속에서 물의 흐름을 야기시키는 것은 무엇인가?
2. 흙 속에서 물의 흐름을 설명할 수 있는 법칙은 무엇인가?
3. 투수전도율(투수계수)은 무엇이고 어떻게 결정되는가?
4. 조립토와 세립토에 대한 투수계수의 일반적인 값은 얼마인가?

6.3 흐름이 없는 유체에서의 수두와 압력변화

본 절에서는 정상상태(steady-state condition)에서 중력으로 인한 물의 흐름에 대해서 논하게 된다. 독자들은 다음과 같은 의문을 가질 수도 있다: "정상상태란 무엇인가?" 경사가 있다면 중력에 의한 흐름이 발생한다. 흐름은 아래방향으로 발생하며 만약 물의 흐름도 간극수압도 시간에 따라 변하지 않는다면 정상상태가 된다.

Darcy의 법칙은 흙 속에서 물의 흐름을 지배하는 법칙이다. 하지만 Darcy의 법칙에 대해 논하기 전에 흙 속에서의 유체의 흐름을 이해하기 위한 필수요건인 유체역학 — Bernoulli 정리 — 의 중요한 원칙에 대해서 서술하고자 한다.

만약 어떤 관의 한쪽 끝을 막고, 그 관에 물을 채운 다음 바닥에 놓는다면(그림 6.1) 바닥으로부터의 물의 높이를 압력수두(h_p, pressure head)라고 한다. 수두는 단위중량당 역학적 에너지를 의미한다. 만약에 그 관을 바닥위로 들어올리면, 역학적 에너지 혹은 전수두(total head)는 증가한다.

압력수두(h_p)와 위치수두(h_z, elevation head)의 두 요소가 전수두이다. 만약 물이 정상상태에서 관속을 통해 v의 속도로 흐른다면 속도에 의해 발생하는 추가적인 수두($v^2/2g$)가 발생한다. 전수두 H는 Bernoulli의 정리에 의해 다음과 같이 표현된다.

$$H = h_z + h_p + \frac{v^2}{2g} \tag{6.1}$$

물의 흐름은 일정하게 흐르고, 비점성(점성변화가 없는), 비압축(체적변화가 없는), 그리고 비회전(유체입자가 회전하지 않는)으로 가정된다.

위치수두는 임의의 기준면에 의해 결정되고 전수두는 기준면 위치의 선정에 따라 그 값이 변화한다. 따라서, 물

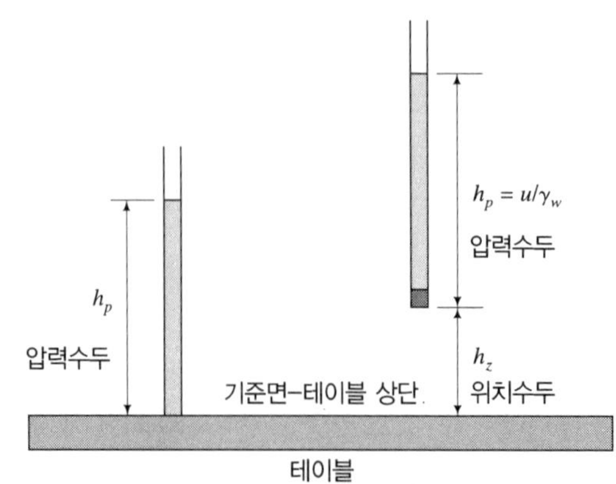

그림 6.1 위치수두와 압력수두의 예.

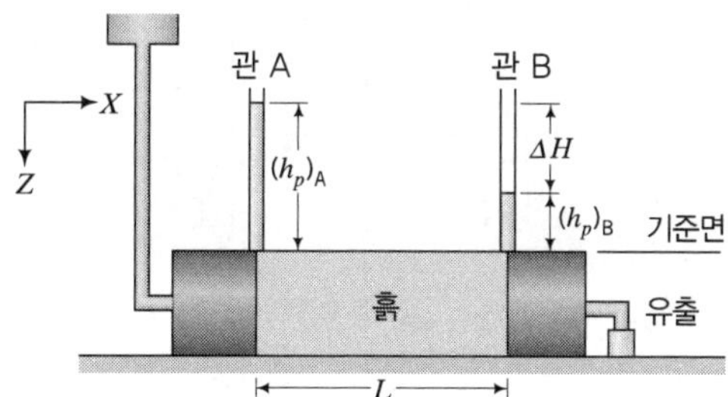

그림 6.2 물의 흙속 통과에 따른 수두 손실.

의 흐름과 관련된 일련의 문제를 해결하기 위해서는 기준면의 위치를 선정하는 것이 필수이다. 압력은 대기압과 관계하여 정의된다(대기압은 15°C의 온도에서 101.3 kPa이다). 이것은 게이지압력이라고도 하며 지하수위면에서는 자유수면 0이 된다. 흙 속에서의 유속은 일반적으로 작기 때문에(<1 cm/s) 속도수두(velocity head)는 무시된다. 그러므로 흙 속에서의 전수두는 다음과 같이 나타낸다.

$$H = h_z + h_p = h_z + \frac{u}{\gamma_w} \tag{6.2}$$

여기서 $u = h_p\gamma_w$는 간극수압이다.

그림 6.2에 나타낸 바와 같이 원통형 통에 채워진 흙 사이를 일정한 속도로 물이 흐르는 상황을 고려해 보자. 그림에서처럼 피에조미터(piezometer)라고 하는 A와 B의 관을 L만큼 떨어진 거리에 연결하면, 각각의 관에는 서로 다른 높이로 물이 상승할 것이다. 출구 근처의 관 B의 수위는 A의 수위보다 낮을 것이다. 그 이유는 무엇일까? 물이 흙 속에서 흐르게 되면 에너지는 흙 입자 사이의 마찰에 의해 소산되며, 그로 인해서 수두손실이 발생한다. 수두의 감소는 양(+)이므로 원통형 통의 윗부분을 임의의 기준면이라고 하면 A와 B사이의 수두손실은 $\Delta H = (h_p)_A - (h_p)_B$이다. 일반적으로, 수두손실은 A에서의 전수두에서 B에서의 전수두를 뺀 값이다.

정지상태(가속도가 0)에서 유체의 1차원 압력변화를 표현하는 일반적인 미분방정식은 다음과 같다.

$$\frac{dp}{dz} = \gamma_w \tag{6.3}$$

자유수면 하부의 두 점 z_1과 z_2 사이에서 유체의 압력차(그림 6.3)는 다음과 같이 나타낸다.

$$\int_{p_1}^{p_2} dp = \gamma_w \int_{z_1}^{z_2} z$$

적분을 하면 다음과 같이 주어진다.

$$p_2 - p_1 = \gamma_w(z_2 - z_1) \tag{6.4}$$

자유수면($z_1 = 0$)에서 게이지압력은 0($p_1 = 0$), $z_2 = z_w$이고, 따라서 유체압력의 변화(정수압 분포)는 다음과 같이 나타낸다.

$$p = u = \gamma_w z_w \tag{6.5}$$

여기서 z_w는 지하수면으로부터 깊이이다.

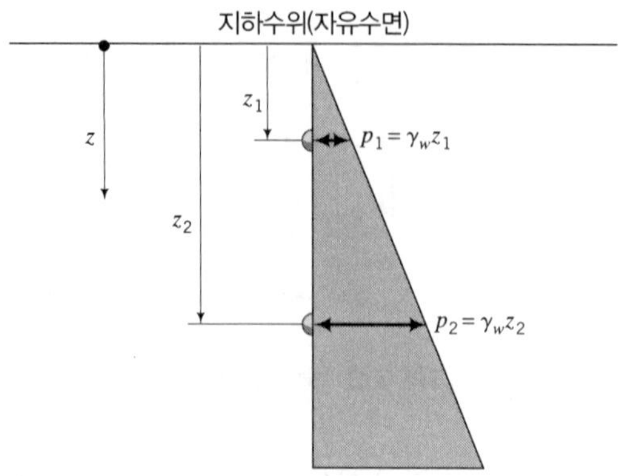

그림 6.3 지하수위 아래에서 정수압 또는 간극수압의 변화.

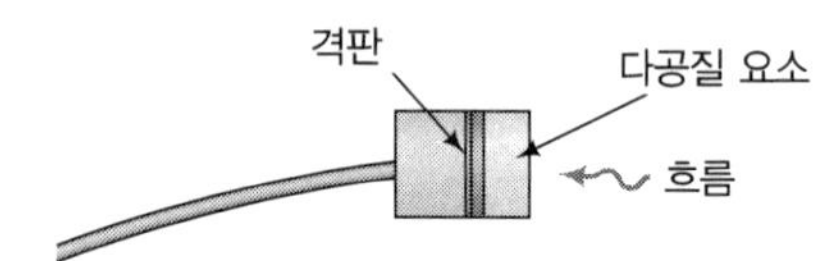

그림 6.4 간극수압계 모식도.

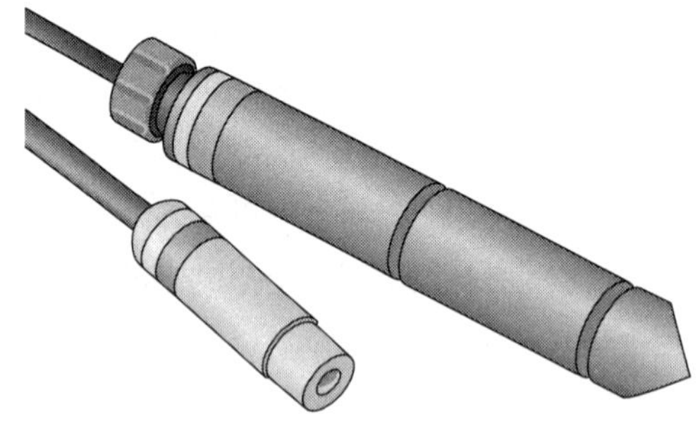

그림 6.5 피에조미터.

간극수압은 간극수압계(그림 6.4) 또는 피에조미터(그림 6.5)를 이용하여 측정한다. 그림 6.4에서 물은 간극수압계의 다공질의 재료를 통과하여 변형률게이지가 부착되어 있는 금속판을 누른다. 변형률게이지는 전기저항측정기(Wheatstone bridge)로 연결되어 있다. 간극수압계는 이미 알고 있는 압력을 가하여 전기저항측정기로부터의 전기적 전압 출력을 측정하여 두 개의 값이 같아지도록 보정을 실시한다. 피에조미터는 물을 투과시키는 다공질관이며 간단한 피에조미터의 예로, 고정된 기준면으로부터 관 내부의 수위를 측정하고 그 수위에 물의 단위중량을 곱해서 간극수압을 구한다. 시추공의 경우는 특정한 깊이에서의 피에조미터와 같은 역할을 하는 것으로 생각할 수 있다. 최근의 피에조미터에는 전자 측정과 데이터 수집이 가능한 간극수압계가 장착되어 있다.

예제 6.1 수두의 결정

그림 E6.1a에 나타낸 시험장치에서 압력게이지가 설치되어있고 압력이 19.6 kPa 이라고 하면 (a) 흙을 통과할 때의 위치수두, 압력수두, 전수두의 변화를 결정하고, (b) 흙의 중간 지점에서의 위치수두, 압력수두, 전수두를 구하라.

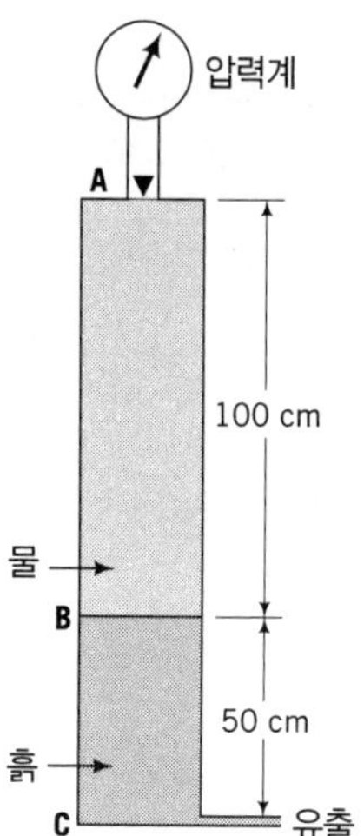

그림 E6.1a

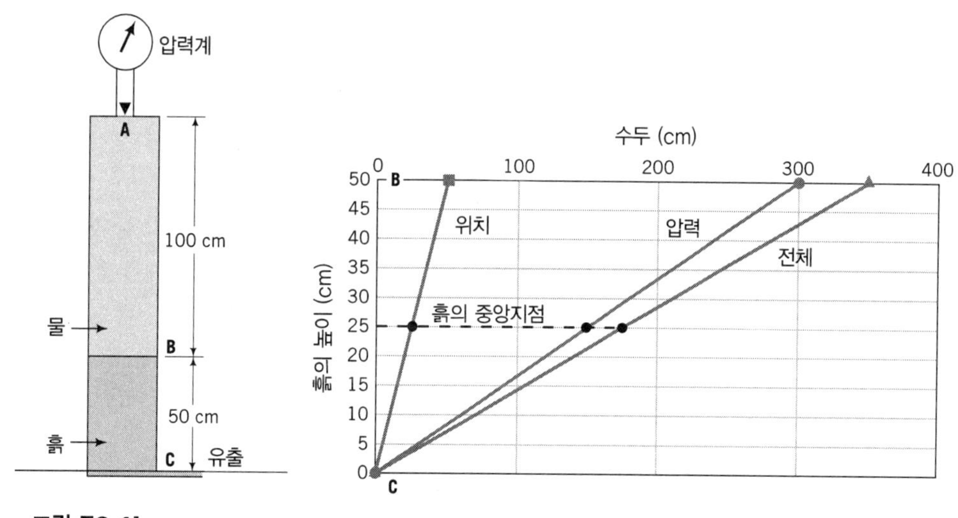

그림 E6.1b

핵심전략 첫 번째로 기준면을 정한다. 유출구 또는 출구에서는 압력수두가 0이기 때문에 기준면으로써 적당하다. 압력게이지에서의 압력을 물의 단위중량(9.8 kN/m^3)으로 나누어 압력수두로 변환 시킨다. 어떤 위치에서 압력수두를 결정하기 위해서는 그 위치에서 작은 관이 연결되어 있다고 가정하고 그 관 내부로 어느 정도의 수위가 상승할지를 계산한다.

풀이 6.1

Step 1 : 기준면을 정한다. 기준면으로써 C를 선택 (그림 E6.1b)

Step 2 : 수두결정

흙의 상부—B

압력게이지 = 19.6 kPa; 압력수두 = 압력/물의 단위중량 = 19.6/9.8 = 2 m = 200 cm

위치수두 = 50 cm; B상부의 물의 압력수두 + 압력게이지 수두 = 100 + 200 = 300 cm; 전수두 = 위치수두 + 압력수두 = 50 + 300 = 350 cm

흙의 하부—C

위치수두 = 0 cm; 압력수두 = 0 cm; 전수두 = 0 + 0 = 0 cm

Step 3 : 흙 중앙에서의 수두 결정

수두는 흙을 통해서 선형적으로 분포한다. 따라서, 수두는 흙의 높이에 비례한다. 흙의 중앙에서는 위치수두 = 25 cm, 압력수두 = 300/2 = 150 cm, 그리고 전수두 = 25 + 150 = 175 cm이다.

6.4 DARCY의 법칙

Darcy(1856)는 흙을 통해서 흐르는 평균유속은 전수두의 구배에 비례한다고 제안하였고, 어떤 방향으로의 흐름을 j라고 했을 때 다음과 같이 표현된다.

$$\mathrm{v}_j = k_j \frac{dH}{dx_j} \tag{6.6}$$

여기서 v는 평균유속, k는 투수전도율을 나타내는 비례상수(투수계수라고도 한다), 그리고 dH는 길이 dx에 따른 전수두의 변화이다.

k의 단위는 길이/시간 즉, cm/s이다. 그림 6.2를 참고하면, Darcy의 법칙은 다음과 같이 된다.

$$\mathrm{v}_x = k_x \frac{\Delta H}{L} = k_x i \tag{6.7}$$

여기서 $i = \Delta H/L$는 동수경사이다. 만약 모든 흙에서 그 흐름이 층류라고 할 때 Darcy의 법칙은 유효하다.

식 (6.7)로 계산된 평균속도 v는 흐름방향에 대해 수직인 단면적에 대한 값이다. 그러나 흙 속에서의 흐름은 간극을 통해서 흐르고, 간극을 통한 속도를 침투속도 (v_s)라고 하며, 그 값은 평균속도를 흙의 간극률로 나누면 구할 수 있다.

$$\mathrm{v}_s = \frac{k_j}{n} i \tag{6.8}$$

흐름의 체적을 나타내는 유량 q_j는 평균속도와 단면적의 곱으로 나타낸다.

$$q_j = \mathrm{v}_j A = A k_j i \tag{6.9}$$

유량 q_j의 단위는 m^3/s 또는 cm^3/s이다. 물의 흐름에서의 질량보존법칙(연속의 법칙)에서 흙 요소로부터의 유입량 $(q_j)_{in}$ 은 유출량 $(q_j)_{out}$과 같아야만 한다: $(q_j)_{in} = (q_j)_{out}$

투수계수는 다음과 같은 인자들에 영향을 받는다.

1. **흙의 종류**: 조립토는 세립토보다 더 큰 투수계수를 가진다. 세립토의 이중층(double layer) 내의 물은 침투 간극의 공간을 크게 감소시킨다.
2. **입자크기**: 투수계수는 조립토의 경우 D_{50}^2(또는 D_{10}^2)에 의존한다.
3. **유체 특성, 특히 점도**: $k_1 : k_2 \approx \mu_2 : \mu_1$, 여기서 μ는 동점성계수(물의 동점성계수는 15.6°C에서 1.12×10^{-3} N.s/m^{2}이다)이고 아래첨자 1과 2는 주어진 흙에 대해서 두 종류의 유체를 나타낸다.
4. **간극비**: $k_1 : k_2 \approx e_1^2 : e_2^2$, 여기서 아래첨자 1과 2는 조립토에 대한 흙 구조의 두 가지 종류를 나타낸다. 이 비는 다른 간극비를 가진 유사한 흙의 투수계수를 비교하는데 유용하다.
5. **간극크기**: 상호 연결된 간극공간이 클수록 높은 투수계수를 보인다. 큰 간극은 높은 다공성을 의미하지는 않는다. 흙 속에서의 물의 흐름은 간극크기의 제곱과 관계가 있으며 전체 간극의 체적과는 무관하다.

표 6.1 일반적인 흙의 투수계수

흙의 종류	k_z (cm/s)	상태	배수
깨끗한 자갈(GW, GP)	>1.0	높음	매우 좋음
깨끗한 모래, 깨끗한 모래 자갈 혼합토(SW, SP)	1.0 to 10^{-3}	중간	좋음
세립모래, 실트, 모래, 실트, 점토 혼합토 (SW–SC)	10^{-3} to 10^{-5}	낮음	불량
풍화되고 균열이 있는 점토 실트, 실트질 점토(MH, ML)	10^{-5} to 10^{-7}	매우 낮음	불량
균질한 점토(CL, CH)	<10^{-7}	실질적으로 불투수	매우 불량

6. 균질성, 흙의 층 구조(layering), 갈라진 틈(fissuring): 물은 느슨한층, 갈라진 틈새, 그리고 층으로 이루어진 흙 사이로 빠르게 스며드는 경향이 있다. 비극적인 재해는 주로 이와 같은 침투현상으로부터 발생한다.

7. 갇힌 공기: 간극에 고립된 공기는 투수계수를 감소시킨다. 흙 내부의 공기를 없에는 것은 상당히 어려우며, 심지어 지하수위 하부의 흙은 포화되었다고 가정하지만 여전히 고립된 공기가 존재한다.

8. Darcy의 법칙의 유효성: Darcy의 법칙은 층류에 대해서만 유효하다(Reynolds 수가 2100이하). Fancher et al.(1933)은 투수계수 결정을 위해 Darcy의 법칙의 적용에 대해서 다음과 같은 기준을 제시하였다.

$$\frac{vD_s\gamma_w}{\mu g} \leq 1 \tag{6.10}$$

여기서 v는 속도, D_s는 평균 흙 입자의 부피와 동등한 구의 직경, μ는 물의 동점성계수(15.6°C에서 1.12×10^{-3} N·s/m^2), 그리고 g는 중력가속도이다.

여러 종류의 흙에 대한 k_z의 일반적인 범위는 표 6.1과 같다.

균질한 점토는 현실적으로 불투수성이다. "불투수성" 점토의 대표적인 두 가지 사용의 예로는 댐 건설에서 물이 댐을 통과하여 흐르는 것을 억제시키기 위해서 사용하며, 폐기물 매립지역으로부터 주변지역에 오염물질이 이동하는 것을 차단하기 위한 차단벽으로써 사용된다. 모래나 자갈은 투수성 재료이기 때문에 배수재 또는 흙 필터(soil filter)로 사용될 수 있다. 표 6.1에 나타낸 값은 오직 예비 설계단계와 추정치로 유용하게 활용될 수 있다.

6.5 k에 대한 경험치

균질한 흙의 투수계수는 상호 연결된 간극의 공간 크기에 결정적으로 의존한다. 간극공간(간극비)은 흙 입자의 구조 또는 구조적 배열에 의존한다는 것은 전 절에서 이미 언급되었다. Taylor(1948)는 간극비와 k의 관계를 다음과 같이 나타냈다.

$$k_z = D_{50}^2 \frac{\gamma_w}{\mu} \frac{C_1 e^3}{1 + e} \tag{6.11}$$

여기서 C_1은 입자형상과 관련된 상수로 실내시험에서 구할 수 있다. k_z를 조립토의 간극비와 입자크기에 관련시켜 수 많은 경험치들이 제안되었다. Hazen(1930)은 다음과 같이 관계를 제안하였다.

$$k_z = CD_{10}^2 \text{ (단위: cm/s)} \tag{6.12}$$

여기서 C는 D_{10}의 측정단위가 mm일 때 0.4에서 1.4사이에서 변화하는 상수이고 일반적으로 $C = 1.0$이다. Hazen의 시험은 D_{10}이 0.1 mm에서 3 mm이고 $C_u < 5$인 모래에 대해서 수행하였다. Samarasinghe et al. (1982)와 Kenny et al. (1984) 등 여러 사람들도 조립토와 세립토에 대하여 또 다른 관계들을 제안하기도 하였다. 이러한 k_z에 대한 경험적 관계식은 간극비, 상호 연결된 간극공간, 그리고 흙의 균질성에 매우 민감하게 변하기 때문에 이들을 사용하는데 있어서 매우 신중해야 한다.

요점정리 THE ESSENTIAL POINT ARE

1. 흙 속에서의 물의 흐름은 Darcy의 법칙에 의해 지배된다. 그리고 평균유속은 동수경사에 비례한다.
2. Darcy의 법칙에서의 비례계수는 투수계수 k라고 부른다.
3. k_z의 값은 간극비, 간극의 크기, 상호 연결된 간극공간, 입도분포, 흙의 균질성, 간극유체의 특성, 그리고 간극유체내의 용해되지 않은 공기의 양에 영향을 받는다.
4. 균질한 점토는 거의 불투수성인 반면에 모래와 자갈은 투수성의 특징을 가진다.

예제 6.2 물의 흐름과 관련된 변수의 계산

1 m의 관속에 10 cm의 직경의 흙이 있다. 일정한 물이 A로 유입되고 B에서의 유출량은 비커에 저장된다(그림 E6.2). 저장된 물의 양은 매 10초당 1 cm^3이다. 이 관은 그림 E6.2에 나타나 있는 것처럼 경사져있다. (a) 동수경사, (b) 유량, (c) 평균속도, (d) $e = 0.6$일때의 침투속도, 그리고 (e) 투수계수를 구하라.

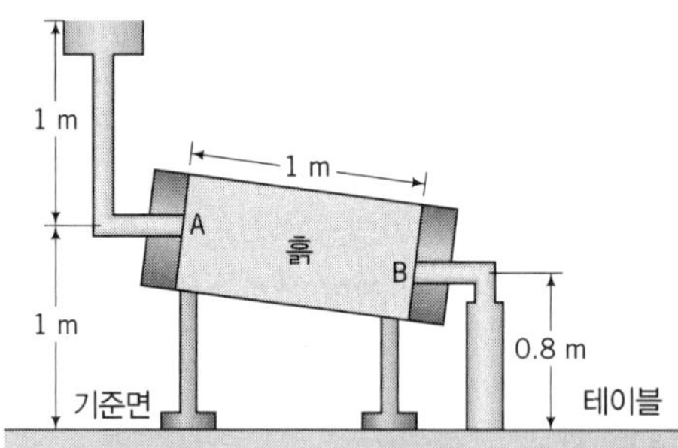

그림 E6.2

핵심전략 물의 흐름 문제에서는 우선 기준면을 정해야 한다. 다음으로 A와 B사이의 전수두 차를 구한다. 동수경사를 계산하기 위해 수두차를 이용하고, 이 문제를 풀기위해서 식 (6.7)~식 (6.9)를 이용한다.

풀이 6.2

Step 1 : 바닥의 상부를 기준면으로 선택.

Step 2 : A(유입)과 B(유출)에서의 전수두의 계산.

$$H_A = (h_p)_A + (h_z)_A = 1 + 1 = 2\,\text{m}$$

$$H_B = (h_p)_B + (h_z)_B = 0 + 0.8 = 0.8\,\text{m}$$

Step 3 : 동수경사의 계산.

$$\Delta H = H_A - H_B = 2 - 0.8 = 1.2 \text{ m}$$

$$L = 1 \text{ m}; \quad i = \frac{\Delta H}{L} = \frac{1.2}{1} = 1.2$$

만약 기준면으로 유출구인 B가 선택되면, $H_A = 1\text{ m} + 0.2\text{ m} = 1.2\text{ m}$이고 $H_B = 0$이다. 수두손실은 $\Delta H = 1.2\text{ m}$이다. 이 값은 기준면으로 바닥의 상부를 선택하였을 때와 같은 값이다. 간단히 계산하기 위해서 기준면으로 유출구를 선택하기도 한다.

Step 4 : 유출량의 결정.

비커에 저장된 물의 체적은 $Q = 1\text{ cm}^3$이고, 시간 $t = 10$초이다.

$$q_z = \frac{Q}{t} = \frac{1}{10} = 0.1 \text{ cm}^3/\text{s}$$

Step 5 : 평균유속의 결정.

$$q_z = A\text{v}$$

$$A = \frac{\pi \times (\text{diam})^2}{4} = \frac{\pi \times 10^2}{4} = 78.5 \text{ cm}^2$$

$$\text{v} = \frac{q_z}{A} = \frac{0.1}{78.5} = 0.0013 \text{ cm/s}$$

Step 6 : 침투속도의 결정.

$$\text{v}_s = \frac{\text{v}}{n}$$

$$n = \frac{e}{1+e} = \frac{0.6}{1+0.6} = 0.38$$

$$\text{v}_s = \frac{0.0013}{0.38} = 0.0034 \text{ cm/s}$$

Step 7 : Darcy의 법칙 $\text{v} = k_z i$에 의한 투수계수의 결정.

$$\therefore k_z = \frac{\text{v}}{i} = \frac{0.0013}{1.2} = 10.8 \times 10^{-4} \text{ cm/s}$$

예제 6.3 수두의 계산과 응용

폭풍시 1.5 m 길이의 배수관이 모래로 막힌 후 0.5 m 배수관이 점토, 실트, 모래가 혼합된 흙에 의해 완전히 막혔다(그림 E6.3a). 폭풍이 지나간 다음 지표면 상부의 수위는 1 m였다. 모래의 투수계수는 점토, 실트, 모래 혼합토의 2배이다.

(a) 배수관의 길이에 대한 압력수두, 위치수두, 전수두의 변화를 그려라.

(b) (1)모래의 중간, (2)혼합토의 중간에서 간극수압을 계산하라.

(c) 모래와 혼합토의 평균 동수경사를 구하라.

핵심전략 기준면을 결정하고 주어진 정보로부터 A와 B에서의 전수두를 계산할 수 있다. 수두차는 모래와 혼합토 두 구간에서의 수두손실이지만, 어느 정도의 수두가 모래와 혼합토에서 손실되었는지는 알 수가 없다. 연속방정식은 각각의 구간에서 수두손실을 구할 수 있는 실마리가 된다.

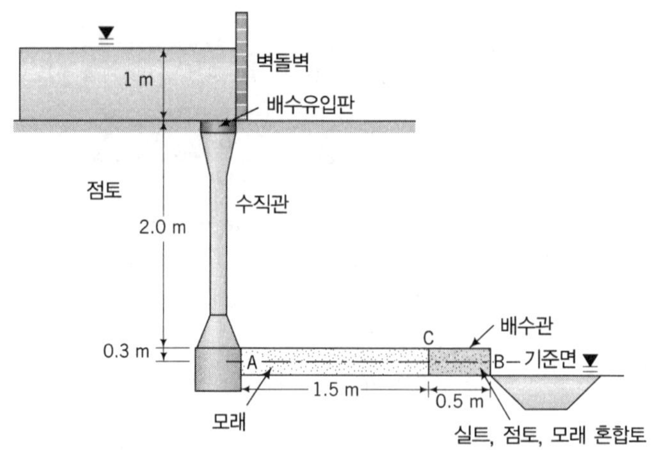

그림 E6.3a 흙으로 막힌 배수관의 예.

풀이 6.3

Step 1 : 기준면 선택.

기준면으로 배수관의 중심선과 연결되는 B의 유출구를 선택.

Step 2 : A와 B에서의 수두 결정.

$$(h_z)_A = 0\text{ m},\quad (h_p)_A = 0.3 + 2 + 1 = 3.3\text{ m},\quad H_A = 0 + 3.3 = 3.3\text{ m}$$

$$(h_z)_B = 0\text{ m},\quad (h_p)_B = 0\text{ m},\quad H_B = 0\text{ m}$$

Step 3 : 각각의 구간에서 수두손실 결정.

A와 B사이의 수두손실은 $|H_B - H_A| = 3.3$ m이다(수두의 감소를 양으로 한다). $\Delta H_1, L_1, k_1, q_1$은 각각 모래에서의 수두손실, 길이, 투수계수, 유량이다; $\Delta H_2, L_2, k_2, q_2$는 혼합토에서의 수두손실, 길이, 투수계수, 유량이다. 그러면,

$$q_1 = \mathrm{A}k_1\frac{\Delta H_1}{L_1} = \mathrm{A}\times 2k_2\frac{\Delta H_1}{L_1}$$

$$q_2 = \mathrm{A}k_2\frac{\Delta H_2}{L_2} = \mathrm{A}\times k_2\frac{\Delta H_2}{L_2}$$

연속방정식으로부터 $q_1 = q_2$이고

$$\therefore\ \mathrm{A}\times 2k_2\frac{\Delta H_1}{L_1} = \mathrm{A}k_2\frac{\Delta H_2}{L_2}$$

위의 식을 풀면,

$$\frac{\Delta H_1}{\Delta H_2} = \frac{L_1}{2L_2} = \frac{1.5}{2\times 0.5} = 1.5$$

$$\Delta H_1 = 1.5\Delta H_2 \tag{1}$$

또한,

$$\Delta H_1 + \Delta H_2 = \Delta H = 3.3\text{ m} \tag{2}$$

식 (1)과 식 (2)에서 각각의 ΔH_1과 ΔH_2을 다음과 같이 구할 수 있다.

$$\Delta H_1 = 1.98 \text{ m} \qquad \Delta H_2 = 3.3 - 1.98 = 1.32 \text{ m}$$

Step 4 : 두 구간의 합류점에서의 수두의 계산.

$$\text{C에서의 전수두} = H_C = H_A - \Delta H_1 = 3.3 - 1.98 = 1.32 \text{ m}$$

$$(h_z)_C = 0$$

$$(h_p)_C = H_C - (h_z)_C = 1.32 \text{ m}$$

Step 5 : 수두 분포 작성.
그림 E6.3b참조.

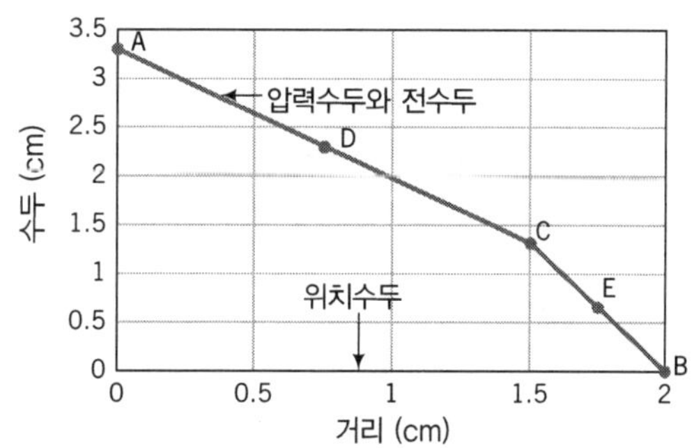

그림 E6.3b 파이프를 따라 위치, 압력, 전수두의 변화 .

Step 6 : 간극수압의 계산.
모래의 중간 점을 D라고 하자.

$$(h_p)_D = \frac{(h_p)_A + (h_p)_C}{2} = \frac{3.3 + 1.32}{2} = 2.31 \text{ m}$$

$$u_D = 2.31 \times \gamma_w = 2.31 \times 9.8 = 22.6 \text{ kPa}$$

혼합토의 중간 점을 E라고 하자.

$$(h_p)_E = \frac{(h_p)_C + (h_p)_B}{2} = \frac{1.32 + 0}{2} = 0.66 \text{ m}$$

$$u_E = 0.66 \times 9.8 = 6.5 \text{ kPa}$$

Step 7 : 평균 동수경사 계산.

$$i_1 = \frac{\Delta H_1}{L_1} = \frac{1.98}{1.5} = 1.32$$

$$i_2 = \frac{\Delta H_2}{L_2} = \frac{1.32}{0.5} = 2.64$$

예제 6.4 정수압 계산

흙 속의 지하수위는 지표면으로부터 2 m아래에 위치한다. 10 m깊이까지 깊이에 따른 정수압의 변화를 그려라.

핵심전략 정수압은 깊이에 대해 선형적인 관계이기 때문에 그 분포는 지표면부터가 아닌 지하수면에서 시작하는 직선이 될 것이다.

풀이 6.4

Step 1 : 정수압 분포 작성.

$$p = u = \gamma_w z_w = 9.8 z_w$$

10 m의 깊이에서 $z_w = 10 - 2 = 8$ m이고, $p = u = 9.8 \times 8 = 78.4$ kPa이다.
정수압 분포의 경사는 = 9.8 kN/m^{3}이 된다.
그림 E6.4참조.

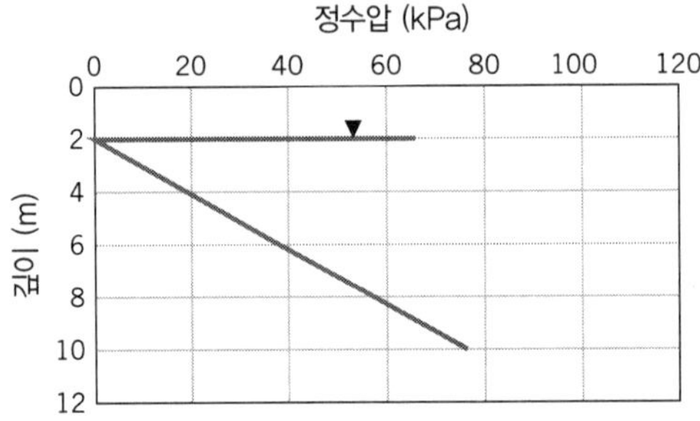

그림 E6.4

What's next... 지금까지는 균질한 흙에서의 흐름에 대해서 기술하였다. 실제 지반은 여러 종류의 토층으로 구성되어 있다. 이러한 층상토에 대한 흐름의 계산에서는 각 층의 투수계수로부터 전체 흙덩이를 대표할 수 있는 평균 또는 등가투수계수를 결정한다. 그 다음 층으로 이루어진 흙 속에서의 물의 흐름을 고려한다: 층과 평행하게 발생되는 흐름과 층과 수직으로 흐르는 흐름.

6.6 층상토에서의 수평방향 흐름

토층에 평행하게 물이 흐를 때(그림 6.6), 모든 지점에서의 동수경사는 동일하고 흙 속에서의 흐르는 전체 유량은 각 층에서의 유량의 합과 같다. 병렬연결에 의한 전기의 흐름으로 생각할 수 있다. 그림 6.6에서 y방향을 단위 폭으로 간주하고 식 (6.9)을 사용하면, 다음과 같은 식을 얻을 수 있다.

$$q_x = A\text{v} = (1 \times H_o)k_{x(eq)}i = (1 \times z_1)k_{x1}i + (1 \times z_2)k_{x2}i + \cdots + (1 \times z_n)k_{xn}i \tag{6.13}$$

여기서 H_o는 토층의 전체두께, $k_{x(eq)}$는 수평방향(x방향)에서 등가투수계수, z_1에서 z_n는 첫 번째 층에서 n번째 층까지의 토층의 두께, k_{x1}에서 k_{xn} 는 첫 번째 층에서 n번째 층까지의 수평방향 투수계수, 식 (6.13)을 $k_{x(eq)}$에 대해서 정리하면,

$$k_{x(eq)} = \frac{1}{H_o}(z_1 k_{x1} + z_2 k_{x2} + \cdots + z_n k_{xn}) \tag{6.14}$$

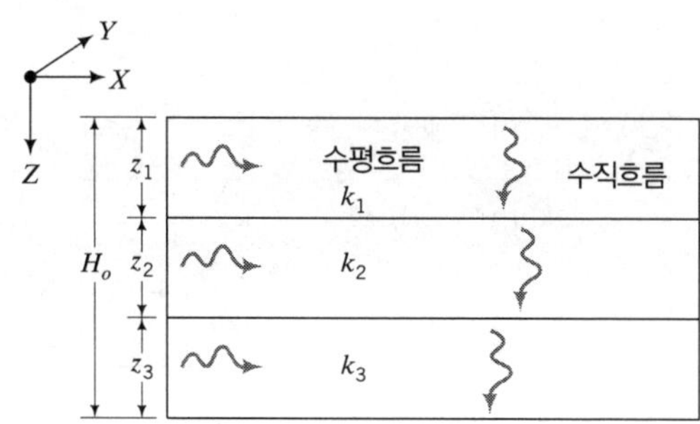

그림 6.6 층상토에서 흐름.

6.7 층상토에서의 수직방향 흐름

토층에서 수직 흐름에 대한 수두손실은 각 층에서 수두손실의 합과 같다.

$$\Delta H = \Delta h_1 + \Delta h_2 + \cdots + \Delta h_n \tag{6.15}$$

여기서 ΔH는 전체 수두손실, Δh_1에서 Δh_n는 각각의 n층에서의 수두손실이다. 각 층에서의 속도는 같고 전기의 흐름으로 생각하였을 때 직렬연결이며, Darcy의 법칙으로부터 다음과 같이 정리할 수 있다.

$$k_{z(eq)}\frac{\Delta H}{H_o} = k_{z1}\frac{\Delta h_1}{z_1} = k_{z2}\frac{\Delta h_2}{z_2} = \cdots = k_{zn}\frac{\Delta h_n}{z_n} \tag{6.16}$$

여기서 $k_{z(eq)}$는 수직방향(z방향)에서 등가투수계수, k_{z1}에서 k_{zn}은 첫 번째 층에서 n번째 층까지의 수직방향 투수계수이다. 식 (6.15)와 식 (6.16)을 다음과 같이 정리할 수 있다.

$$k_{z(eq)} = \frac{H_o}{\dfrac{z_1}{k_{z1}} + \dfrac{z_2}{k_{z2}} + \cdots \dfrac{z_n}{k_{zn}}} \tag{6.17}$$

$k_{z(eq)}$의 값은 일반적으로 $k_{x(eq)}$보다 작다 — 10배까지 차이가 나는 경우도 있다.

6.8 등가투수계수

토층에서 수평과 수직흐름에 대한 등가투수계수는 다음과 같다.

$$k_{eq} = \sqrt{k_{x(eq)}k_{z(eq)}} \tag{6.18}$$

예제 6.5 토층에서 수직 및 수평흐름

그림 E6.5에서와 같이 토층을 굴착하여 운하를 건설하였다. 운하의 옆 면은 물의 흐름이 수평 및 수직방향으로 발생하고, 운하의 하부는 물의 흐름이 수직방향으로 발생한다고 가정하였을 때, 수직 및 수평방향의 등가투수계수를 구하여라. 각 층에서 수직 및 수평투수계수는 같다고 가정한다. 또 운하의 옆 면에서의 흐름에 대해서 수평방향의 등가투수계수와 수직방향 등가투수계수의 비($k_{x(eq)}/k_{z(eq)}$)를 계산하라.

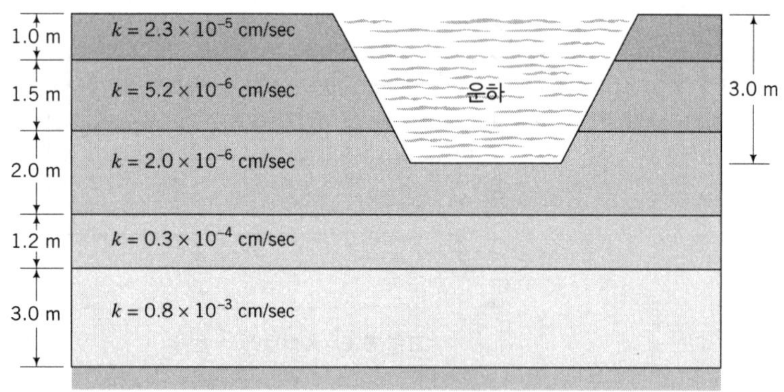

그림 E6.5

핵심전략 운하 깊이 (3.0 m)에 대한 수평방향의 등가투수계수를 구하기 위해서 식 (6.14)를 이용하고, 운하 하부의 수직방향의 등가투수계수를 구하기 위해 식 (6.17)을 이용하라. 계산을 좀 더 간단히 하기 위해서 모든 지수를 동일하게 표시하라.

풀이 6.5

Step 1 : 운하 옆면의 흐름에 대한 $k_{x(eq)}$와 $k_{z(eq)}$를 구하라.

$$H_o = 3\text{ m}$$

$$k_{x(eq)} = \frac{1}{H_o}(z_1k_{x1} + z_2k_{x2} + \cdots + z_nk_{xn})$$

$$= \frac{1}{3}(1 \times 0.23 \times 10^{-6} + 1.5 \times 5.2 \times 10^{-6} + 0.5 \times 2 \times 10^{-6})$$

$$= 3 \times 10^{-6}\text{ cm/s}$$

$$k_{z(eq)} = \frac{H_o}{\dfrac{z_1}{k_{z1}} + \dfrac{z_2}{k_{z2}} + \cdots + \dfrac{z_n}{k_{zn}}}$$

$$= \frac{3}{\dfrac{1}{10^{-6}}\left(\dfrac{1}{0.23} + \dfrac{1.5}{5.2} + \dfrac{0.5}{2}\right)} = 0.61 \times 10^{-6}\text{ cm/s}$$

Step 2 : $k_{x(eq)}/k_{z(eq)}$의 비를 구하라.

$$\frac{k_{x(eq)}}{k_{z(eq)}} = \frac{3 \times 10^{-6}}{0.61 \times 10^{-6}} = 4.9$$

Step 3 : 운하 하부의 흐름에 대한 $k_{z(eq)}$를 구하라.

$$H_o = 1.5 + 1.2 + 3.0 = 5.7\text{ m}$$

$$k_{z(eq)} = \frac{H_o}{\dfrac{z_1}{k_{z1}} + \dfrac{z_2}{k_{z2}} + \cdots + \dfrac{z_n}{k_{zn}}} = \frac{5.7}{\dfrac{1.5}{2 \times 10^{-6}} + \dfrac{1.2}{30 \times 10^{-6}} + \dfrac{3}{800 \times 10^{-6}}}$$

$$= 7.2 \times 10^{-6}\text{ cm/s}$$

What's next... 흙 속에서의 물의 흐름을 계산하기 위해서는 투수계수 k_z를 알아야 한다. 다음 절에서는 실내 및 현장에서는 어떻게 그 값을 결정하는지에 대해서 기술한다.

6.9 투수계수의 결정

가상 시험

www.wiley.com/college/budhu의 Chapter 6에 접속; Virtual Lab을 클릭하여 가상의 정수두투수시험을 실행하기 위해 constant-head test를 선택. 가상 정수위 투수시험이 완료된 후, falling-head test를 선택하여 변수두투수시험을 실행.

6.9.1 정수두투수시험(Constant-Head Test)

정수두투수시험은 조립토의 투수계수를 결정하기 위해 사용된다. 그림 6.7은 일반적인 정수두 시험장치를 나타내고 있다. 어느 일정한 수두 (h)의 하부에 원통형의 흙 시료가 있고 물은 그 흙을 통해서 흐른다. 유출량(Q)은 눈금이 표시되어 있는 실린더로 저장된다.

그림 6.7에서

$$\Delta H = h \quad \text{이고} \quad i = \frac{\Delta H}{L} = \frac{h}{L}$$

흙을 통해서 흐르는 유량은 $q_z = Q/t$이고, 여기서 Q는 시간 t동안 실린더에 저장된 물의 양이다.

식 (6.9)로부터,

$$k_z = \frac{q_z}{Ai} = \frac{QL}{tAh} \tag{6.19}$$

여기서 k_z는 수직방향의 투수계수이고, A는 흙 시료의 단면적이다.

유체의 온도와 밀접한 관계가 있는 점성은 k_z의 값에 영향을 주며 시험에 의한 그 값($k_{T°C}$)은 20°C의 기준 온도에 의해 보정되어 다음과 같이 나타낼 수 있다.

$$k_{20°C} = k_{T°C} \frac{\mu_{T°C}}{\mu_{20°C}} = k_{T°C} R_T \tag{6.20}$$

여기서 μ는 물의 동점성계수, T는 계측시의 온도(°C), 그리고 $R_T = \mu_{T°C}/\mu_{20°C}$은 다음의 식으로 계산할 수 있는 온도 보정계수이다.

$$R_T = 2.42 - 0.475 \ln(T) \tag{6.21}$$

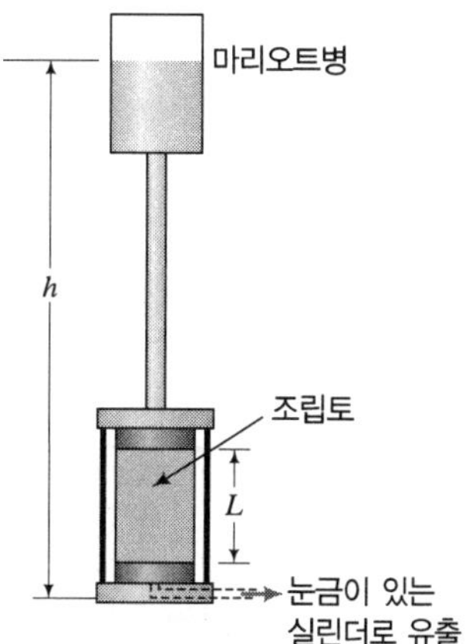

그림 6.7 정수두투수시험 장치.

6.9.2 변수두투수시험(Falling-Head Test)

변수두투수시험은 주로 세립토에 이용된다. 왜냐하면, 세립토에서의 물의 흐름은 아주 느리기 때문에 정수두시험에서는 그 측정이 너무 어렵기 때문이다. 다짐시료 또는 현장에서 채취한 시료를 금속 또는 아크릴 실린더에 준비한다(그림 6.8). 시료의 손상을 방지하고 물만 통과시키기 위해서 다공판을 시료의 상부와 하부에 놓는다. 물은 실린더의 상부에 부착되어 있는 관으로부터 시료를 통과해서 흐르고 수두(h)는 물이 흙을 통과할 때 시간에 따라서 변화하고 각각의 시간에 대해서 그 수두를 기록한다. dh를 dt의 시간동안 변화한 수두라고 하면 수두 손실률 또는 그 속도는 다음과 같이 나타낼 수 있다.

$$\mathrm{v} = -\frac{dh}{dt}$$

그리고 흙으로의 물의 유입량은 다음과 같다.

$$(q_z)_{in} = a\mathrm{v} = -a\frac{dh}{dt}$$

여기서 a는 관의 단면적이다. 유출량을 구하기 위해서 Darcy의 법칙을 이용하면 다음과 같이 나타낼 수 있다.

$$(q_z)_{out} = Aki = Ak\frac{h}{L}$$

여기서 A는 흙 시료의 단면적, L은 흙 시료의 길이, 그리고 h는 어떤 시간 t에서의 수두이다. 연속방정식 $(q_z)_{in} = (q_z)_{out}$을 고려하면 다음과 같다.

$$-a\frac{dh}{dt} = Ak\frac{h}{L}$$

변수(h와 t)를 분리시키고 적분하면 위의 식은 다음과 같이 된다.

$$\frac{Ak}{aL}\int_{t_1}^{t_2} dt = -\int_{h_1}^{h_2}\frac{dh}{h}$$

그리고 수직방향의 k에 대해서 풀면 다음과 같이 구할 수 있다.

$$k = k_z = \frac{aL}{A(t_2 - t_1)}\ln\left(\frac{h_1}{h_2}\right) \tag{6.22}$$

마지막으로 여기서 구해진 투수계수는 식 (6.20)를 이용하여 보정한다.

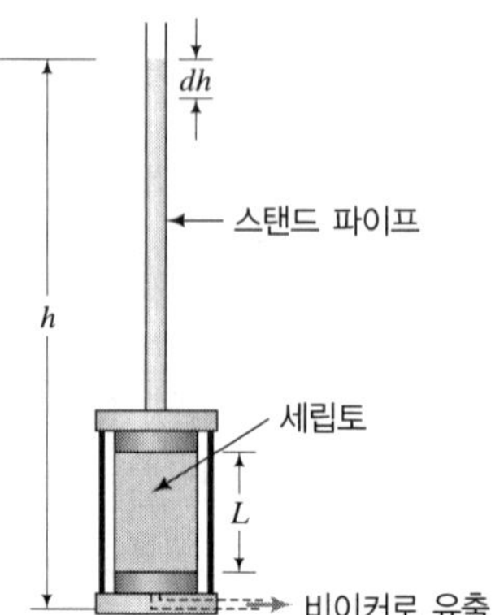

그림 6.8 변수두투수시험 장치.

요점정리 THE ESSENTIAL POINT ARE

1. 정수두투수시험은 조립토의 투수계수를 구하기 위해서 수행된다.
2. 변수두투수시험은 세립토의 투수계수를 구하기 위해서 수행된다.

예제 6.6 정수두시험 데이터의 해석

직경 5 cm, 길이 15 cm의 모래시료가 정수두시험장치에 60%의 간극률로 준비되었다. 전수두는 30 cm로 일정하고 5초후에 유출된 물의 양은 40 cm^{3}이었고, 20°C의 온도에서 시험이 수행되었다. 투수계수와 침투속도를 계산하라.

핵심전략 주어진 정보에서 k_z를 구하기 위해 Darcy의 법칙을 적용할 수 있다.

풀이 6.6

Step 1 : 시료의 단면적, 동수경사, 유량의 계산.

$$D = 5 \text{ cm}$$

$$A = \frac{\pi \times D^2}{4} = \frac{\pi \times 5^2}{4} = 19.6 \text{ cm}^2$$

$$\Delta H = 30 \text{ cm}$$

$$i = \frac{\Delta H}{L} = \frac{30}{15} = 2$$

$$Q = 40 \text{ cm}^3$$

$$q_z = \frac{Q}{t} = \frac{40}{5} = 8 \text{ cm}^3/\text{s}$$

Step 2 : k_z의 계산.

$$k_z = \frac{q_z}{Ai} = \frac{8}{19.6 \times 2} = 0.2 \text{ cm/s}$$

Step 3 : 침투속도의 계산.

$$v_s = \frac{k_z i}{n} = \frac{0.2 \times 2}{0.6} = 0.67 \text{ cm/s}$$

예제 6.7 변수두시험 데이터의 해석

실트질점토에 대한 변수두시험으로부터의 데이터는 다음과 같다.

시료의 단면적 = 80 cm^2
시료길이 = 10 cm
초기수두 = 90 cm
최종수두 = 84 cm
시험시간 = 15 분
관 직경 = 6 mm
온도 = 22°C
k를 구하라.

핵심전략 변수두시험에 대해서는 식 (6.22)을 이용하고 동일한 단위를 사용하라.

풀이 6.7

Step 1 : 식 (6.22)에 필요한 변수의 계산.

$$a = \frac{\pi \times (6/10)^2}{4} = 0.28 \text{ cm}^2$$

$$A = 80 \text{ cm}^2 \text{ (주어진 조건)}$$

$$t_2 - t_1 = 15 \times 60 = 900 \text{ 초}$$

Step 2 : k_z의 계산.

$$k_z = \frac{aL}{A(t_2 - t_1)} \ln\left(\frac{h_1}{h_2}\right) = \frac{0.28 \times 10}{80 \times 900} \ln\left(\frac{90}{84}\right) = 2.7 \times 10^{-6} \text{ cm/s}$$

식 (6.21)에서, $R_T = 2.42 - 0.475\text{In}(T) = 2.42 - 0.475\text{In}(22) = 0.95$

$$k_{20°\text{C}} = k_z R_T = 2.7 \times 10^{-6} \times 0.95 = 2.6 \times 10^{-6} \text{ cm/s}$$

What's next... 정수두 및 변수두투수시험으로 흙 시료내의 특정위치에서 투수계수를 결정할 수 있다. 어떤 경우에는 재성형 및 교란시료를 이용해야 할 때가 있다. 게다가 현장에서 채취된 시료를 이용할 때는 채취과정에 의해 시료는 교란(3장 참조)되고 투수계수는 흙의 구조 변화에 민감하므로 실내 투수시험을 사용하여 현장의 흙의 상태를 조사하여도 그 정확성에 대해서는 여전히 의심의 여지가 있다. 실제 현장에서 투수계수를 구하기 위한 몇 가지의 현장시험이 있으며 다음 절에서는 가장 대중적으로 이용되는 방법에 대해서 기술한다.

6.9.3 양수시험(Pumping Test)

현장에서 투수계수를 결정하기 위한 가장 일반적인 방법은 양수정(pumping well)으로부터 일정률로 양수하면서 관측정(observation well)에서 지하수 수위강하률을 측정하는 양수시험이다(그림 6.9). 다음과 같은 가정하에 투수계수 결정을 위한 수식을 정식화 할 수 있다.

1. 대수층은 비피압(unconfined) 비누수(nonleaky) 층이다.
2. 양수정은 대수층을 침투하여 지하수위면의 하부로 관통시킨다.
3. 토층은 균질하고 등방성이며 규모가 무한하다.
4. Darcy의 법칙이 유효하다.
5. 물은 양수정 쪽으로 방사형으로 흐른다.
6. 대수층 내 어떤 지점에서의 동수경사는 일정하고 지하수위면의 경사와 일치한다 (Dupuit의 가정).

dz는 dr의 거리에 대한 전수두의 강하률이고 Dupuit의 가정에 의해 동수경사를 다음과 같이 나타낸다.

$$i = \frac{dz}{dr}$$

양수정의 중앙으로부터 반경 r에서의 유입면적은 다음과 같다.

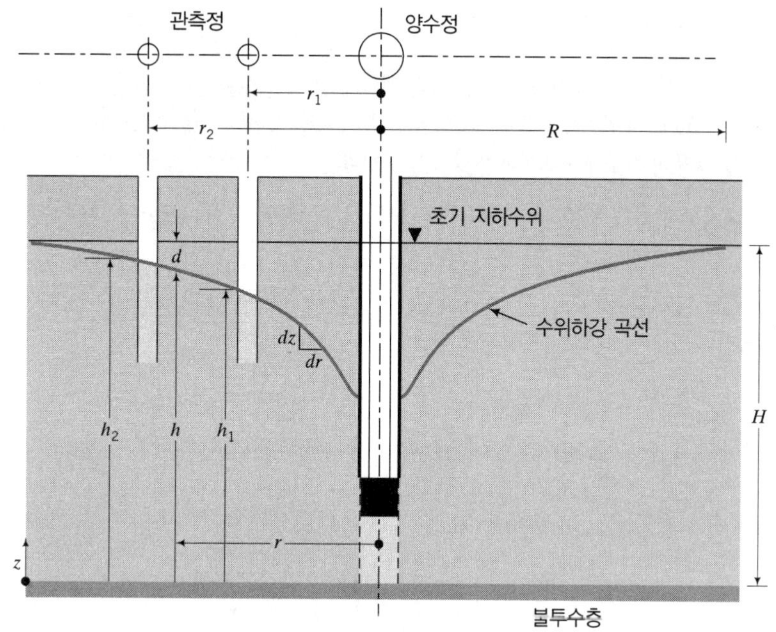

그림 6.9 k_z 결정하기 위한 양수시험 개략도.

$$A = 2\pi rz$$

여기서 z는 투수층의 흙 체적에 해당되는 두께이다.

Darcy의 법칙에서 유량은 다음과 같다.

$$q_z = 2\pi rzk\frac{dz}{dr}$$

위의 식을 정리해서 r_1과 r_2, h_1과 h_2의 범위로 적분을 하면 다음과 같다.

$$q_z\int_{r_1}^{r_2}\frac{dr}{r} = 2k\pi\int_{h_1}^{h_2} z\,dz \tag{6.23}$$

정리하면 다음과 같다.

$$k = \frac{q_z \ln(r_2/r_1)}{\pi(h_2^2 - h_1^2)} \tag{6.24}$$

r_1, r_2, h_1, h_2, q_v (양수에 의한 유량)를 측정하여 식 (6.24)를 이용하면 k를 계산할 수 있다. 이 시험은 단지 조립토에 대해서만 실용적으로 사용할 수 있다.

양수시험은 지하수위를 낮출 수 있으며, 이는 흙의 응력을 변화시킬 수 있다. 그림 6.9의 수위강하 곡선(drawdown curve)에 나타나있는 바와 같이 지하수위는 균일(일정)하게 저하되지 않기 때문에 흙의 응력변화도 일정하지 않다. 결과적으로, 양수시험은 기존에 설치되어 있는 구조물 근처에서 수행하면 이 구조물에 부등침하가 발생할 수도 있기 때문에 양수시험을 수행할 때는 기존 구조물에 대한 부등침하의 가능성을 고려해야 한다.

예제 6.8 양수시험 데이터의 해석

15 m 두께의 토층에서 양수시험이 실시되었고 다음과 같은 계측결과를 얻었다. 양수률은 10.6×10^{-3} m^3/s; 양수정의 중간 점으로부터 15 m와 30 m에 위치한 관측정에서의 수위강하는 초기 지하수위면으로부터 각각 1.6 m와 1.4 m였다. 초기 지하수위면은 지표면에서 1.9 m 하부에 위치하고 있다. k를 구하라.

핵심전략 k를 구하기 위한 식 (6.24)에 필요한 모든 값이 주어져있다. 식 (6.24)에 사용되는 값들을 확인하기 위해서 양수시험의 개요도를 그려라.

풀이 6.8

Step 1 : 적당한 크기로 양수시험의 개요도를 작성 — 그림 E6.8 참조.

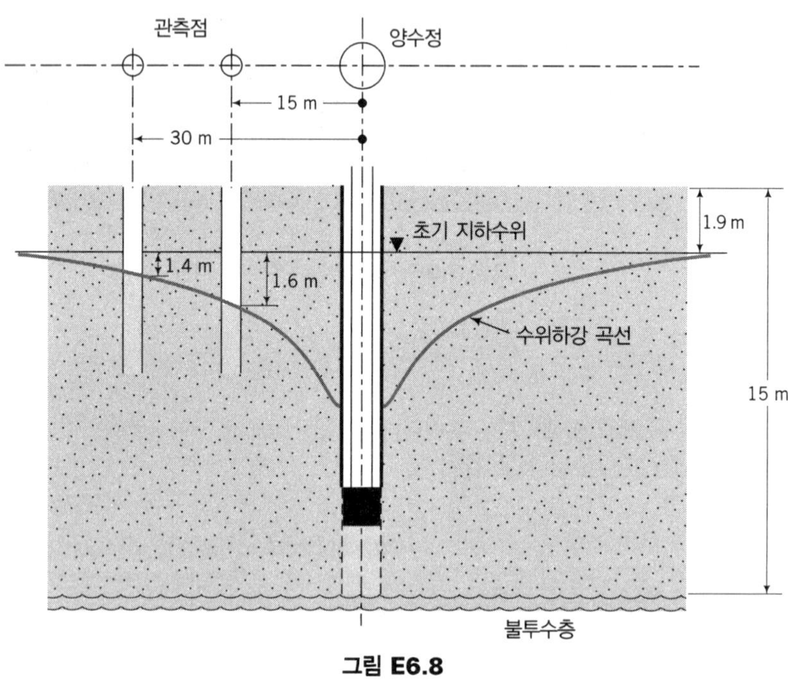

그림 E6.8

Step 2 : 주어진 값을 식 (6.24)에 대입하고 k를 계산.

$$r_2 = 30\text{ m},\quad r_1 = 15\text{ m},\quad h_2 = 15 - (1.9 + 1.4) = 11.7\text{ m}$$

$$h_1 = 15 - (1.9 + 1.6) = 11.5\text{ m}$$

$$k = \frac{q_z \ln(r_2/r_1)}{\pi(h_2^2 - h_1^2)} = \frac{10.6 \times 10^{-3} \ln(30/15)}{\pi(11.7^2 - 11.5^2)10^4} = 5.0 \times 10^{-2}\text{ cm/s}$$

6.10 웰포인트공법에 의한 지하수위강하

기초공사를 할 때에 지하수위를 일시적으로 저하시켜야 할 경우가 있다. 지하수위를 저하시키는 과정을 배수라고 하고, 기초공사를 위한 굴착지역 부근에 웰포인트를 설치하여 수행한다. 우물공법 시스템은 굴착 주위에 설치된 파이프

관의 상호 네트워크로 이루어져 있다. 파이프는 여러 줄로 열 지어 설치하고 그 간격은 흙의 종류와 투수계수에 따라 달라진다. 지하수위가 약 5 m이고 입도분포가 좋은 모래인 경우에는 그 간격이 약 1 m에서 1.5 m이다.

그림 6.9를 참조하면 수위강하 d는 다음과 같다.

$$d = H - h \tag{6.25}$$

원뿔형수위강하(depression cone)의 영향 반경 R은 수위강하가 0인 곳에서의 반경이다. r과 R 그리고 h와 H의 범위에서 유량 또는 배수량은 식 (6.23)으로부터 다음과 같이 구할 수 있다.

$$q_w = \frac{k\pi\,(H^2 - h^2)}{\ln\left(\dfrac{R}{r}\right)} \tag{6.26}$$

h에 대해서 정리하면 다음과 같다.

$$h = \pm\sqrt{H^2 - \frac{q_w \ln\left(\dfrac{R}{r}\right)}{k\pi}} \tag{6.27}$$

따라서 좌표 (r, z)의 어느 지점에서의 수위강하는 다음과 같다.

$$d = H \pm \sqrt{H^2 - \frac{q_w \ln\left(\dfrac{R}{r}\right)}{k\pi}} \tag{6.28}$$

물이 파이프로 펌프 될 때는 양의 부호가 사용되고, 물이 파이프에서 펌프 될 때는 음의 부호가 사용된다. 최대 수위강하 d_{max}는 파이프 쪽에서 발생하며, 즉 $r = r_o$이고 식 (6.28)을 다음과 같이 나타낼 수 있다.

$$d_{max} = H \pm \sqrt{H^2 - \frac{q_w \ln\left(\dfrac{R}{r_o}\right)}{k\pi}} \tag{6.29}$$

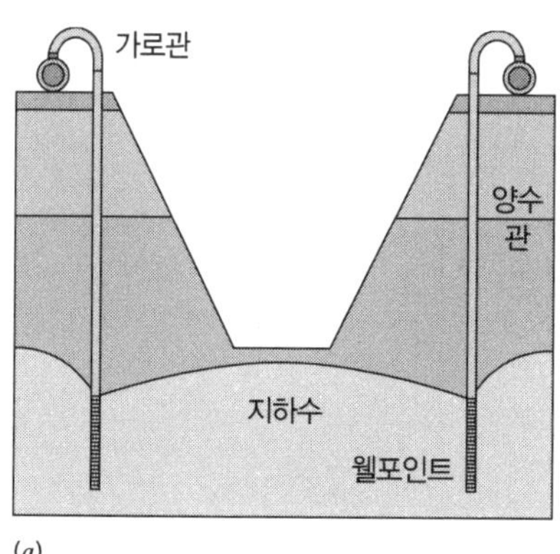

(a)

(b)

그림 6.10 굴착에 대한 웰포인트 시스템.

원뿔형수위강화의 영향 반경은 Slichter(1899)에 의한 경험식으로 다음과 같이 추정할 수 있다.

$$R = 3000d_{max}\sqrt{k};\ d\text{의 단위는 } m,\ k\text{의 단위는 m/s이다.} \tag{6.30}$$

식 (6.30)은 이론적인 근거 혹은 기준이 없고 정확하지 않지만 실무에서 만족스럽게 이용되어 왔다. Kozeny(1933)에 의한 식은 정확한 편이며 다음과 같이 나타낸다.

$$R = \sqrt{12\frac{t}{n}\sqrt{\frac{q_w k}{\pi}}} \tag{6.31}$$

여기서 t (sec)는 배수 q_w(m^3/s) 의 경과 시간, n은 간극률, 그리고 k는 평균 투수계수(m/s)이다. 식 (6.30)과 식 (6.31)에서의 R 값은 서로 상당히 차이가 난다. 하지만 (R/r)가 크게 변화하더라도 $\ln (R/r)$의 변화는 작기 때문에 배수는 R 값의 정확도에 크게 민감하지는 않다. R의 정확도는 기존의 건물 근처에서의 수위강하에 대해 큰 영향을 미치고 웰포인트가 서로 가깝게 설치되어있는 경우에는 2차원 흐름에 대한 해석(제14장)이 요구된다.

예제 6.9 웰포인트 데이터의 해석

7 m두께의 투수성 토층에 0.1 m 반경의 웰포인트는 24시간 동안에 0.05 m^3/s의 배수량을 일정하게 유지한다. $k = 0.004$ m/s, $e = 0.5$이다. 영향반경과 최대 수위강하를 구하라.

핵심전략 R을 구하기 위해 Kozeny (1933)에 의해 제안된 식을 사용하고 그 다음에 d_{max}를 계산하기 위해 식 (6.29)를 사용한다.

풀이 6.9

Step 1 : R의 계산.

$$n = \frac{e}{1+e} = \frac{0.5}{1+0.5} = 0.33$$

$$R = \sqrt{12\frac{t}{n}\sqrt{\frac{q_w k}{\pi}}} = R = \sqrt{12\frac{24 \times 3600}{0.33}\sqrt{\frac{0.05 \times 0.004}{\pi}}} = 158.3 \text{ m}$$

Slichter (1899)의 식으로 계산한 R을 비교하면 다음과 같다.

$$R = 3000d_{max}\sqrt{k} = 3000 \times 2.56\sqrt{0.004} = 485.7 \text{ m}$$

d_{max}의 값은 Step 2에서 구한다.

Step 2 : d_{max}의 계산

$$d_{max} = H - \sqrt{H^2 - \frac{q_w \ln\left(\frac{R}{r_o}\right)}{k\pi}} = 7 - \sqrt{7^2 - \frac{0.05 \ln\left(\frac{158.3}{0.1}\right)}{0.004\pi}} = 2.56 \text{ m}$$

6.11 요약

흙 속에서의 흙의 흐름은 유속이 동수경사에 비례하는 Darcy의 법칙에 의해 지배되고 비례상수는 투수계수이다. 투수계수는 흙의 종류, 입자크기, 유체특성, 간극비, 간극크기, 균질성, 흙의 층 구조(layering), 갈라진 틈(fissuring), 갇힌 공기(entrapped gases)의 존재에 따라 다르다. 조립토의 투수계수는 정수두투수시험에 의해 결정되고 세립토는 변수두투수시험에 의해 결정된다. 현장에서는 양수시험이 사용되고 웰포인트는 건설지역에서의 지하수위를 저하시키기 위해 사용된다.

자력평가

http://www.wiley.com/college/budhu에 접속하여 제 6장의 이해도를 측정하기 위한 퀴즈를 풀어라.

실용 예제

예제 6.10 운하(Canal)가 존재하는 현장에서의 적용

그림 E6.10에 나타나 있는 것처럼 운하 근처에 전력선의 설치를 위해서 임시로 굴착 공사가 요구되고 그 당시 운하는 물이 가득차 있었다. 평균 수직 및 수평 투수계수는 각각 1×10^{-5} cm/s, 2×10^{-4} cm/s 이다. 굴착의 길이를 1 m라고 가정했을 때 그 곳으로 흐르는 유량을 계산하라.

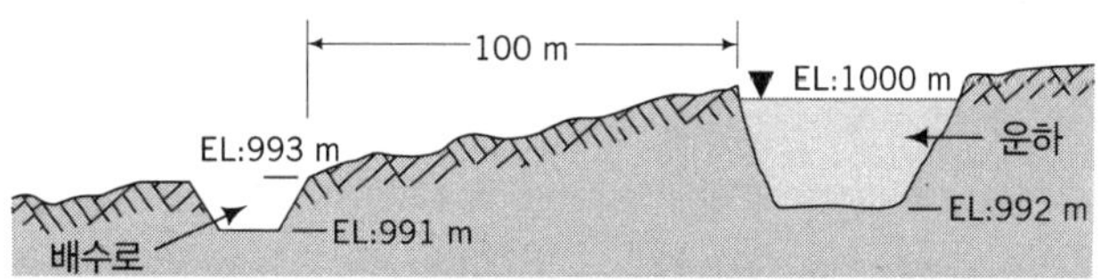

그림 E6.10

핵심전략 우선 등가투수계수를 결정하고 Darcy의 법칙을 이용하여 유량을 구하라. 하지만 유량을 계산하기 위해 동수경사를 결정해야 한다. 그것을 하기 위해서는 운하와 굴착지역 사이의 전수두의 차를 구하고 그 길이에 의해 나누어 준다.

풀이 6.10

Step 1 : 등가투수계수의 계산.

$$k_{eq} = \sqrt{k_z k_x} = \sqrt{10^{-5} \times 2 \times 10^{-4}} = 4.5 \times 10^{-5} \text{ cm/s}$$

Step 2 : 동수경사의 결정.

굴착 지역의 바닥을 기준면으로 한다.

기준면에서의 위치수두 = 0, 압력수두=0; 전수두는 = 0이다.

운하의 바닥에서의 위치수두 = 1 m, 압력수두 = 8 m; 전수두는 = 9 m이다.

수두차 $\Delta H = 9$ m

$$\text{경사} \cong \tan^{-1}\left(\frac{100 - 993}{100}\right) = 4°$$

$$\text{물 흐름 통로의 평균 길이 } L = \frac{100}{\cos(4°)} = 100.2 \text{ m}$$

$$i = \frac{\Delta h}{L} = \frac{9}{100.2} = 0.09$$

Step 3 : 유량의 계산.

경사와 평행하게 흐른다고 가정하고 굴착지역의 수직 방향을 고려.

$$A = (993 - 991) \times 1 = 2 \text{ m}^2$$

$$q_i = AK_{eq}i = 2 \times (4.5 \times 10^{-5}/100) \times 0.09 = 0.81 \times 10^{-7} \text{ m}^3/\text{s}$$

연습문제 EXERCISES

이론문제

6.1 그림 P6.1에 나타나 있는 바와 같이 피압대수층의 투수계수를 구하기 위해 양수시험이 수행된다. k에 대한 다음 방정식을 유도하라.

$$k = \frac{q \ln (r_1/r_2)}{2\pi H(h_1 - h_2)}$$

기본문제

6.2 그림 P6.2에서 A, B, C에서의 위치수두, 압력수두, 전수두를 구하라. 기준면으로 유출구의 수위면을 선택하라. (*힌트:* 압력 10 kPa을 수두로 변환)

6.3 지하수위가 지표면으로부터 3 m 지점 아래에 위치하고 있는 10 m두께의 토층이 있다. (a)깊이에 대한 정수압 분포를 작성

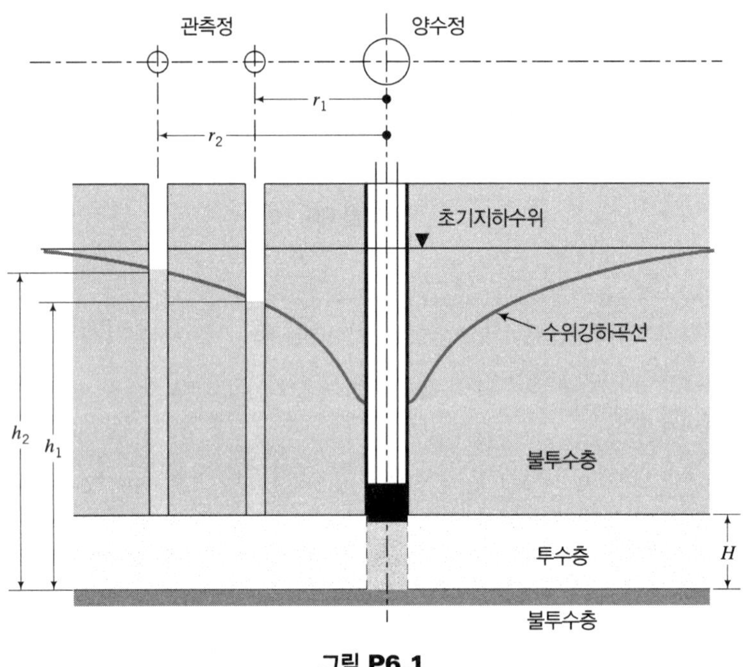

그림 P6.1

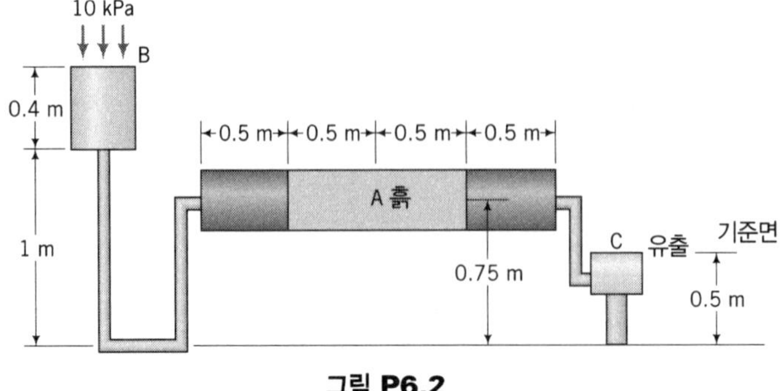

그림 P6.2

하라. (b)만약 지하수위가 지표면까지 상승하였을 때 선 종류를 바꾸어서 (a)와 같은 그래프를 작성하라. (c) 지하수위가 지표면 상부의 2 m에 위치할 때에 대하여 (b)과정을 반복하라(침수상태). 이 그래프들을 이용하여 지하수위 변동의 영향에 관해서 해석하고 논하라.

6.4 길이 12 cm, 직경 6 cm의 흙 시료에 대해 정수두투수시험을 수행하여 10분 동안 1.5×10^{-3} m^{3}의 물이 배수되었다. 흙 시료의 바닥으로부터 각각 1 cm와 11 cm에 있는 피에조미터 A와 B사이의 수두차는 2 cm이다. 흙의 투수계수를 결정하라. 어떤 종류의 흙이 시험에 이용되는가?

6.5 길이 15 cm, 단면적 60 cm^{2}의 흙 시료에 대해서 정수두투수시험이 수행되었다. 24 cm의 수두차에 의해 20분 동안 50 cm^{3}의 물이 배수되었다. 투수계수를 계산하라. 만약 모래의 간극률이 55%이면 평균유속과 침투속도를 구하라. 그리고 이 시험결과를 이용하여 35%의 간극률을 가진 유사한 흙의 투수계수를 추정하라.

6.6 직경 10 cm, 길이 15 cm의 점토에 대해서 변수두투수시험이 실시되었다. 한 시간 후에 직경 5 cm의 스탠드파이프(standpipe)에서의 수두가 68 cm에서 50.2 cm로 떨어졌다. 이 점토의 투수계수를 계산하라.

6.7 그림 P6.7에 나타나있는 토층 단면에 대한 등가투수계수를 계산하라.

6.8 불투수성 점토 위에 존재하는 20 m 두께의 모래 퇴적층의 평균 투수계수를 구하기 위해서 양수시험이 수행되었다. 양수정에서의 배수량은 10×10^{-3} m^3/s이다. 양수정의 중앙선으로부터 15 m, 30 m 위치에 있는 관측정에서의 수위강하는 각각 2.1 m, 1.6 m였다. 지하수위는 지표면으로부터 3.2 m 하부에서 관측되었다. 모래층의 투수계수를 결정하라. Hazen에 의해 제안된 방정식을 사용하여 유효입경을 추정하라.

실용문제

6.9 그림 P6.9에 나타나있는 바와 같이 강의 만곡 근처의 정사각형 지역에 대해서 굴착을 실시하려고 한다. 물이 실트층을 통해서 굴착지역으로 흘러들어 갈 것으로 예상되고 양수시험으로부터 실트층의 평균 수평 투수계수는 2×10^{-5} cm/s이었다. 굴착지역은 건조상태를 유지해야만 한다. 굴착지역으로의 유량 (q_i)를 구하라.

6.10 가정용수를 위해서 비피압대수층으로부터 지하수위가 양수되었다. 모래층 위의 점토층의 두께는 20 m이고 초기 간극률은 40%이다. 양수 10년후 간극률이 30%로 감소하였다. 점토층 지표면의 침하량을 결정히리.

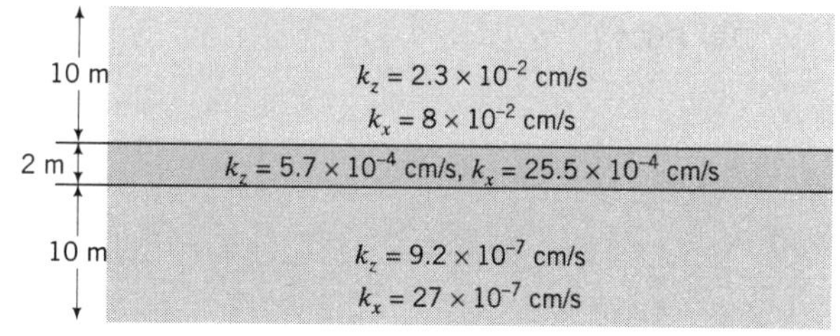

그림 P6.7

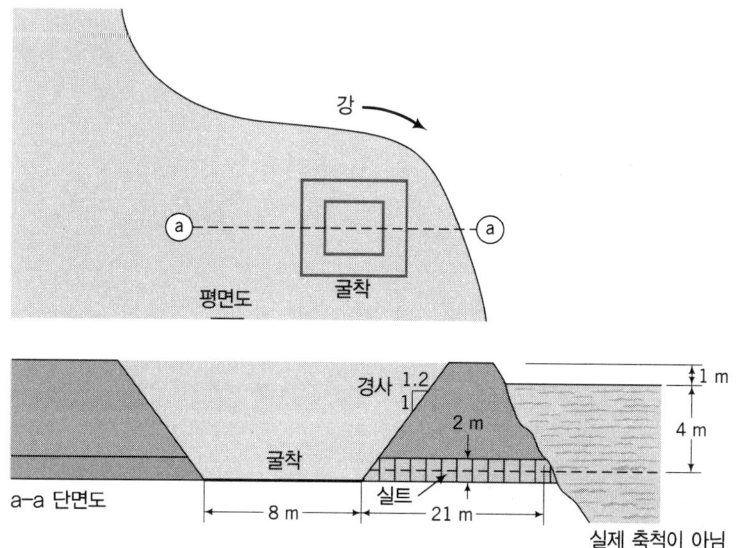

그림 P6.9

6.11 그림 P6.11에서처럼 운하가 강과 평행하게 건설된다. 평균 두께 0.5 m의 모래질 실트층이 강과 운하를 가로지르고 있고, 나머지 부분은 불투수 점토층으로 구성되어 있다. 평균 수직 및 수평 투수계수는 각각 1.5×10^{-5} cm/s, 15×10^{-5} cm/s이다. 운하의 길이를 1 m라고 가정하였을 때 운하에서 강으로 흐르는 물의 유량을 구하라.

6.12 그림 P6.12에서처럼 하천에서 물이 공급되는 운하를 건설하기 위해 굴착이 실시되었다. 운하에서 계측된 유량은 단위 면적당 0.25×10^{-4} m^3/s이다. 운하 중간 높이의 경사면에 평행하게 설치된 두 개의 간극수압계 A와 B는 각각 3 kPa과 2.5 kPa이었다. 경사면과 평행하게 흐른다고 가정하였을 때 투수계수를 구하라.

6.13 그림 P6.13에 나타나있는 바와 같이 0.1 m반경의 양수정은 굴착지역으로 물이 공급되지 않게 하기 위한 웰포인트 네트워크의 일부분이다. 굴착지역의 가장자리에서 지하수위는 굴착바닥에서 0.5 m하부에 위치하고 있다.

(a) 영향반경을 계산하라.

(b) 최대수위강하를 계산하라.

(c) 수위강하 곡선을 그려라.

(d) (a)의 영향반경에 대해서 (i)만약 양수정 반경이 0.2 m까지 증가될 때 배수량을 구하라. (ii)그 값을 0.1 m의 양수정에 대한 배수량과 비교하여라.

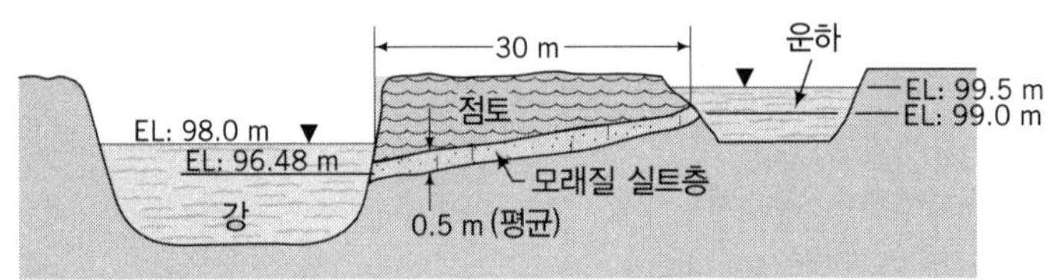

그림 P6.11

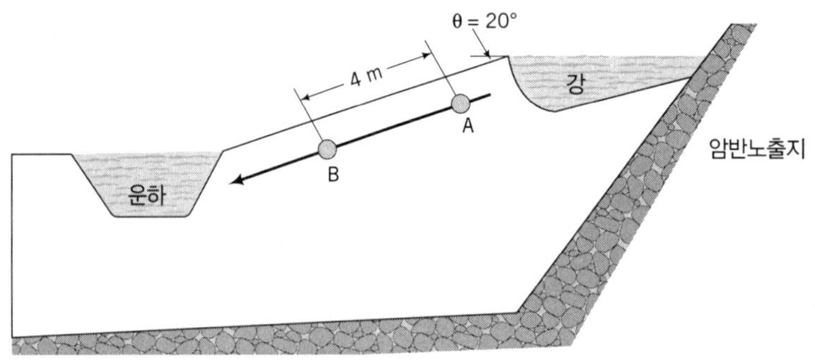

그림 P6.12

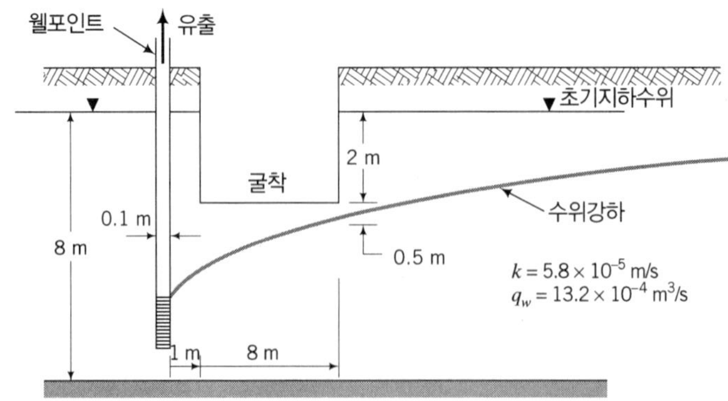

그림 P6.13

CHAPTER 07

흙의 응력, 변형률과 탄성변형

STRESSES, STRAINS, AND ELASTIC DEFORMATIONS OF SOILS

7.0 서론

7장에서는 여러가지 역학적 기본원리와 재료강도에 대해서 재검토하고, 이러한 역학적 원리를 탄성거동 측면에서 다공성 재료인 흙에 적용할 것이다. 이 7장에는 흙의 응력과 변형률에 관한 많은 수학적인 개념이 포함되어 있다. 이러한 수학적 개념에 의한 수식들은 번거롭기는 하나, 흙의 역학적 거동을 해석하기 위하여 필수적인 부분들이다. 기본적 수식을 제외하고는 모든 수식들은 외울 필요는 없다.

7장을 마쳤을 때, 당신은 아래의 내용을 할 수 있어야 한다..

- 외부하중에 의한 탄성거동 측면에서의 흙의 응력과 변형률 계산
- 탄성침하량 계산
- 흙의 응력상태 계산
- 흙의 유효응력 계산

재료강도와 정역학적 측면에서의 다음과 같은 원리가 사용된다.

- 응력과 변형률
- Mohr 원(Mohr's circle)
- 탄성-후크의 법칙(Hooke's law)

중요사항

지금까지는 외부하중에 대해 균질하고, 탄성거동을 하며, 견고한 것으로 가정한 물체의 역학적인 응력들에 대해 검토하였다. 그러나 흙은 균질하지 않고, 탄성거동을 하지 않으며, 견고한 물체라고 할 수도 없다. 따라서 흙에 대한 응력과 변형률을 결정하는 것은 실제로 매우 어렵다. "만약 흙이 탄성재료가 아니라면, 왜 우리가 탄성해석 방법에 대해 배워야 하는가?"라는 질문을 할 수가 있을 것이다. 이 7장에서는 다음과 같이 탄성해석의 필요성에 대해 설명이 잘 되어 있다.

등방성 재료의 탄성해석은 단 두 가지의 상수, 즉 탄성계수(Young's modulus)와 포아송비(Poisson's ratio)만을 이용한다. 따라서 흙을 등방성 탄성재료로 가정하게 되면, 외부하중에 의한 흙의 거동을 예측하는데 매우 효과적이고, 또한 간단한 해석도구를 가지게 된다. 그러한 목적을 위해서는 실내시험이나 현장시험을 통해 흙에 대한 두 가지 탄성 상수들을 결정하여야 한다.

지반공학 기술자들은 지반 구조물들이 임의의 예상 하중에 의해 붕괴되지 않도록 설계하여야 하고, 작용하중(붕괴하중의 일부분)에 의한 침하가 허용범위 내에 있도록 하여야 한다. 설계 시 작용하중 하에서의 침하가 탄성범위 내에 있어, 영구적인 침하가 발생하지 않는 여건을 더 선호하게 된다. 탄성침하를 계산하기 위해서는 당연히 탄성해석이 이용되어야 한다. 예를 들어, 조립질 흙에 대한 기초설계를 수행할 경우, 일반적으로 기초지반의 침하거동은 탄성적 거동을 한다고 가정하고, 침하 계산을 위하여 탄성해석을 수행한다.

지반공학 관련 기술자들의 중요한 임무 중의 하나는 외부하중에 의해 지반에 부과되는 흙의 응력, 변형률을 결정하는 것이다. 흙의 변형률은 작은 변형으로 가정하고, 흙의 탄성체 거동을 바탕으로 역학적 거동을 산출하는 것이 일반적인 개념이다. 여기에서 흙의 작은 변형률은 미소변형률을 의미한다. 흙의 실질적인 거동해석을 위하여 탄성해석은 그다지 만족스럽지는 못하다. 다만, 흙 거동의 복합성을 정확하게 표현하기 위한 역학적 모델이 필요하나, 그러한 흙 모델 역시 탄성해석이 선행돼야 한다.

다양한 형태의 지표면 하중과 응력들이 흙에 작용한다. 예를 들어, 석유저장탱크는 균일한 원형모형의 수직응력을 지표면에 부과하고 있지만, 비대칭 건물은 불균일한 수직응력을 지표면에 부과하게 된다. 우리는 지표면에 작용하고 있는 응력들이 어떻게 지반내로 분포되어 가고, 결과적으로 발생하는 변형이 어떻게 진행되어 가는지 알아야 한다. 현재 가해지고 있는 응력들이 지반을 파괴할 수도 있고, 또는 변형이 허용치를 넘어설 수도 있을 것이다. 간단한 실제적인 상황을 예로서 설명한다. 두 개의 저장탱크가 단단하고 깊은 포화점토층위에 세워져 있는 경우를 생각한다. 저장탱크의 소유주와 배관공사를 담당하고 있는 책임기술자는 저장탱크 내부가 모두 채워졌을 때, 지반의 침하가 얼마나 발생하는지 알기를 원한다. 그 지역의 토지이용 제한성으로 소유주는 가능하다면 두 개의 저장탱크를 서로 가깝게 위치하도록 설계하려고 할 수도 있다. 분리된 두 개의 기초가 서로 너무 가깝게 위치하도록 설계된다면, 각 기초에 의해 유발되는 지반의 응력은 중복되어 구조물과 기초들의 허용이상의 부등침하를 유발할 것이다. 이와 같은 응력 중복으로 발생하는 구조물의 부등침하 예는 그림 7.1에서 볼 수 있다.

지반의 침하는 토립자에 전달되는 응력에 의해 유발된다. 이러한 응력들을 유효응력이라고 한다. 따라서 지반의 유효응력을 계산하는 방법은 매우 중요하다.

7.1 용어 정의

응력 또는 하중강도 **:** 단위면적당 가해지는 하중. 응력의 기본적인 정의는 평면 ΔS가 '0'으로 접근할 때, 평면 ΔS의 면적에 대해 작용하고 있는 힘 ΔP의 비율. Δ는 미소량을 나타냄

유효응력(σ') : 토립자에 의해 전달되는 응력

전응력(σ) : 간극속의 공기와 물 그리고 토립자 모두에 의해 전달되는 응력

변형률 또는 변형정도 : 원래의 크기에 대한 변화된 크기의 비율 또는 원길이에 대한 변화된 길이의 비율

응력(변형)상태 : 어느 임의의 지점에 대한 응력(변형)상태는 그 지점을 통과하는 모든 평면에 상응하는 응력(변형) 벡터의 조합

간극수압(u) : 흙의 간극 속에 갇혀 있는 물의 압력

등방성 : 재료의 특성이 모든 방향에 대해 같으며, 하중 역시 모든 방향으로 같게 작용한다는 것을 의미함

이방성 : 재료의 특성이 방향에 따라 다르며, 따라서 하중 역시 방향성에 따라 다르게 작용한다는 것을 의미함

그림 7.1 기초가 서로 접촉되어 있는 곡물저장탱크("kissing" silos). (Bozozuk, 1976, National Research Council of Canada) 이들 저장탱크는 각각의 기초 부분이 너무 가깝게 설계되어 기초 가장자리에서의 응력 중복 작용으로 지지력이 약해져 윗부분이 맞닿고 있다.

탄성재료 : 후크의 법칙(Hooke's law)에 따라 재료가 변형하며, 하중을 제거하면 재료의 원래 배열형태로 되돌아가는 재료

소성재료 : 하중을 제거하여도 재료의 원래 배열형태로 되돌아가지 않는 재료

7.2 이해를 돕기 위한 질문

1. 수직 및 전단응력은 무엇인가?

2. 응력상태란 무엇이며 어떻게 결정하는가?

3. 흙은 탄성재료인가?

4. 흙을 탄성재료로 가정한다면, 지반해석에 있어 흙의 제약 사항은 무엇인가?

5. 전단변형, 수직변형, 체적변형 및 축차변형은 무엇인가?

6. 지반의 탄성침하를 평가하기 위해 탄성해석을 어떻게 해야하고, 그 한계점들은 무엇인가?

7. 평면변형과 축대칭 조건 사이의 차이점은 무엇인가?

8. 외부하중에 의해 흙에 부과되는 응력과 변형률/변위는 어떻게 결정하는가?

9. 유효응력은 무엇인가?

10. 변형은 유효응력의 함수인가 또는 전응력의 함수인가?

7.3 응력과 변형률

7.3.1 수직응력과 수직변형률

인접한 3면에 직각방향으로 힘 P_x, P_y, P_z가 작용하는, x, y, z의 길이가 같은 정육면체를 고려하면, 그림 7.2와 같이 수직응력은

$$\sigma_z = \frac{P_z}{xy}, \quad \sigma_x = \frac{P_x}{yz}, \quad \sigma_y = \frac{P_y}{xz} \tag{7.1}$$

이 힘들의 작용하에, 정육면체가 X, Y, Z 방향으로 Δx, Δy, Δz 만큼 압축되었다고 가정하자. 각 방향에서의 변형률을 미소변형이라 가정하면, 다음과 같이 나타낼 수 있다.

$$\varepsilon_z = \frac{\Delta z}{z}, \quad \varepsilon_x = \frac{\Delta x}{x}, \quad \varepsilon_y = \frac{\Delta y}{y} \tag{7.2}$$

7.3.2 체적 변형률

체적변형률은 다음과 같다.

$$\varepsilon_p = \varepsilon_x + \varepsilon_y + \varepsilon_z \tag{7.3}$$

7.3.3 전단응력과 전단변형률

그림 7.3과 같이 단순하게 XZ 평면을 고려한다. 그리고 정사각형을 평형사변형으로, 비틀림을 일으키는 힘 F를 작용시킨다. 이때 힘 F는 전단력을 일으키는 힘으로써, 전단응력은 다음과 같다.

$$\tau = \frac{F}{xy} \tag{7.4}$$

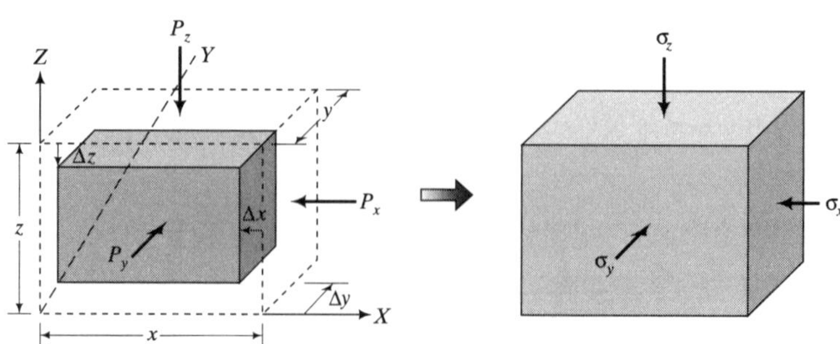

그림 7.2 작용 하중에 의한 응력과 변위

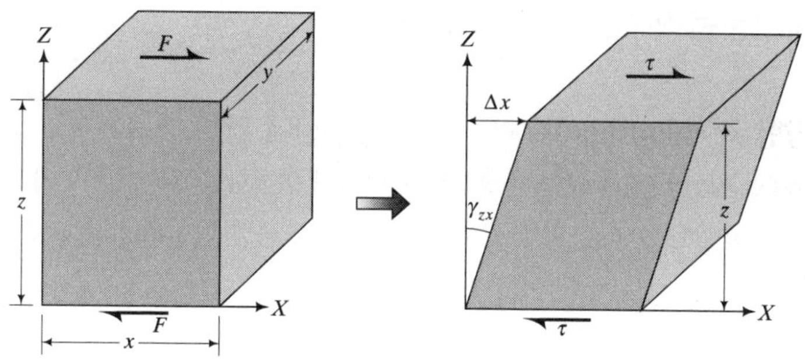

그림 7.3 전단응력과 전단변형률

단순전단변형률은 전단력에 의한 각변위의 크기이다. 수평변위를 Δx 라고 가정하면 전단변형률 또는 단순전단변형률 γ_{zx}는 다음과 같다.

$$\gamma_{zx} = \tan^{-1}\frac{\Delta x}{z}$$

미소변형에 대해서 $\tan \gamma_{zx} = \gamma_{zx}$ 이므로 다음과 같이 나타낼 수 있다.

$$\gamma_{zx} = \frac{\Delta x}{z} \tag{7.5}$$

임의의 평면에 작용하는 전단응력이 '0' 이면, 그 임의의 평면상에 작용하는 수직응력을 주응력(principal stress)이라고 한다. 주응력에 대해서는 다시 검토된다. 일반적으로 지반공학에서는 흙의 압축응력을 '+' 로 가정한다. 흙은 어떤 인장응력에 견딜 수 없다. 따라서 흙의 인장강도는 거의 무시할 수 있을 정도로 작다고 가정하는 것이 일반적이다. 변형률은 압축일 수도 인장일 수도 있다.

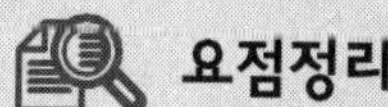

요점정리 THE ESSENTIAL POINT ARE

1. 수직응력은 하중 방향에 수직인 평면상의 단위면적당 하중이다.
2. 전단응력은 전단력 방향과 평행한 평면상의 단위면적당 하중이다.
3. 수직응력은 재료를 압축하거나 늘일 수 있고, 전단응력은 재료가 비틀어지게 한다.
4. 수직변형률은 원길이 방향에서 변화된 길이를 원길이로 나눈 값이다.
5. 주응력은 전단응력이 '0' 인 평면에서의 수직응력이다.
6. 흙은 오직 압축응력만을 견딜 수 있다.

What's next... 변형되는 재료에 응력이 가해지면 어떻게 되는가? 앞 절의 학습으로부터 우리는 그 물체는 변형한다고 답할 수 있을 것이다. 서로 다른 재료는 작용하중에 대해 다르게 반응한다. 다음 절에서는 지반의 하중~거동 특성화에 대한 기초자료를 제공하기 위해 작용하중에 대해 변형성 재료들의 몇 가지 전형적인 거동을 살펴볼 것이다.

7.4 이상화된 응력-변형률 관계와 항복

7.4.1 연직방향 재하(loading)와 제하(unloading)에 의한 재료거동

그림 7.4에서와같이 횡단면 A를 갖는 변형성의 실린더에 수직하중 ΔP가 점차 가해진다면 실린더는 Δz 만큼 압축되고, 반경은 Δr 만큼 늘어날 것이다. 이와 같은 재하조건을 일축압축(uniaxial loading)이라고 한다. 수직응력의 변화량은 다음과 같다.

$$\Delta\sigma_z = \frac{\Delta P}{A} \tag{7.6}$$

수직변형률과 방사방향(반경방향) 변형률은 각각 다음과 같다.

$$\Delta\varepsilon_z = \frac{\Delta z}{H_o} \tag{7.7}$$

$$\Delta\varepsilon_r = \frac{\Delta r}{r_o} \tag{7.8}$$

여기서 H_o는 원길이, r_o는 원반경이다. 식 (7.7)과 (7.8)에서는 인장의 경우 '−' 부호가 붙으며, 압축의 경우 '+' 부호로 계산된다. 따라서 방사방향 인장에 대해 식 (7.8)은 '−' 부호를 갖는다. 수직변형률에 대한 반경방향변형률의 비를 포와송비 ν (Poisson' s ratio)라고 하고 다음과 같이 나타낸다.

$$\nu = \frac{-\Delta\varepsilon_r}{\Delta\varepsilon_z} \tag{7.9}$$

흙에 대한 포와송비의 일반적인 값은 표 7.1에 제시하였다.

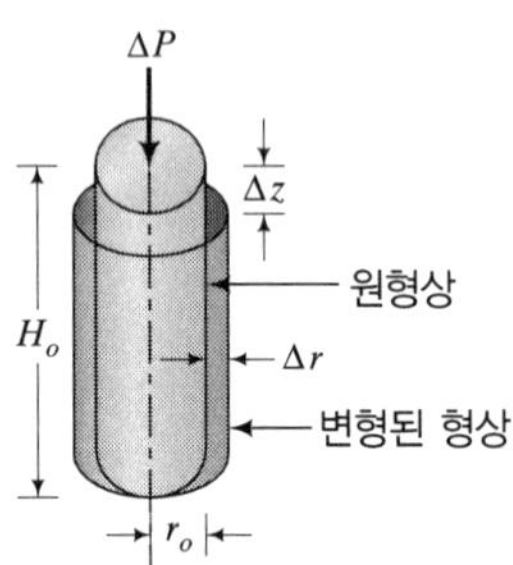

그림 7.4 실린더에 가해지는 힘과 변위

표 7.1 포와송비의 일반적인 값

흙의 종류	상태	ν[a]
점토	연약	0.35~0.40
	중간	0.30~0.35
	견고	0.20~0.30
모래	느슨	0.15~0.25
	중간	0.25~0.30
	조밀	0.25~0.35

[a]이들 값은 유효값 ν'이다.

위 관계에서 우리는 $\sigma_z = \Sigma\Delta\sigma_z$와 $\varepsilon_z = \Sigma\Delta\varepsilon_z$의 그래프를 그릴 수 있다. 만약에 동일한 ΔP의 증가에 대해 같은 값의 Δz를 얻는다면 그림 7.5에 나타낸 것과 같이, $\sigma_z = \Sigma\Delta\sigma_z$와 $\varepsilon_z = \Sigma\Delta\varepsilon_z$의 그래프에서 OA의 직선관계를 얻을 수 있다. 그림 7.5에서 임의의 A점에서 실린더에 가해진 하중을 제거(unloading)하게 되면 다시 원상태로 되돌아가는데, 이와 같은 경우 실린더를 구성하고 있는 재료를 선형탄성(linearly elastic) 재료라고 한다. 만약, 동일한 증가량 ΔP에 대해 서로 다른 Δz값을 얻으나, 하중 제하시에는 위 경우와 마찬가지로 원상태로 되돌아가는 경우에는, 응력-변형률 관계가 그림 7.5에서와 같이 OB의 곡선을 이루게 된다. 이 경우, 실린더를 구성하고 있는 재료를 비선형 탄성(nonlinearly elastic) 재료라고 한다. 탄성재료에 변위 Δz_1을 발생시키는 P_1하중을 가하고, 다시 변위 Δz_2를 발생시키는 P_2하중을 가한다면, 합계 변위는 $\Delta z = \Delta z_1 + \Delta z_2$ 이다. 탄성재료는 중첩의 원리에 따른다. 즉, P_2를 먼저 적용하고 P_1하중을 적용하여도 최종적인 변위는 같으므로 하중을 적용하는 순서는 중요하지 않다.

어떤 재료들(흙도 이들 재료에 포함됨)은 제하시(unloading) 원상태로 되돌아오지 않는다. 이들 재료들은 그림 7.6에서 나타낸 것과 유사한 응력-변형률 관계를 보여준다. 그림에서 OA는 재하(loading) 상태이고, AB는 제하(unloading) 상태, BC는 재재하(reloading) 상태를 나타낸다. 재하 OA상태에서 발생하는 변형률은 두 가지 부분으로 구성된다. 즉, 하나는 회복 가능한 BD의 탄성부분, 그리고 다른 하나는 회복 불가능한 OB의 소성부분이다. 이러한 재료 거동을 탄소성(elastoplastic)이라고 부르며, 하중 거동을 탄성과 소성으로 나눌 수 있다.

기술자들은 재료의 소성변형률에 특별한 관심을 갖게 되는데, 그 이유는 소성변형률이 재료의 영구적인 변형의 결과이기 때문이다. 그러나 영구적인 변형을 산출하기 위해서는 탄성변형을 먼저 알아야 한다. 여기에 탄성해석의 중요성이 있다. 영구적인 변형이 시작되는 응력을 항복응력(yield stress)이라고 한다.

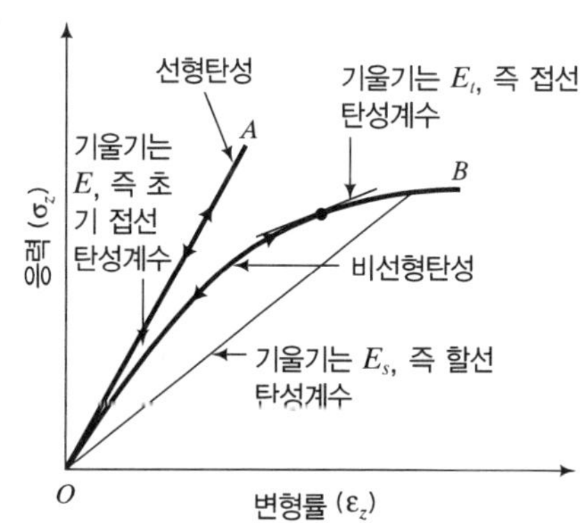

그림 7.5 탄성재료의 선형과 비선형 응력–변형률 곡선

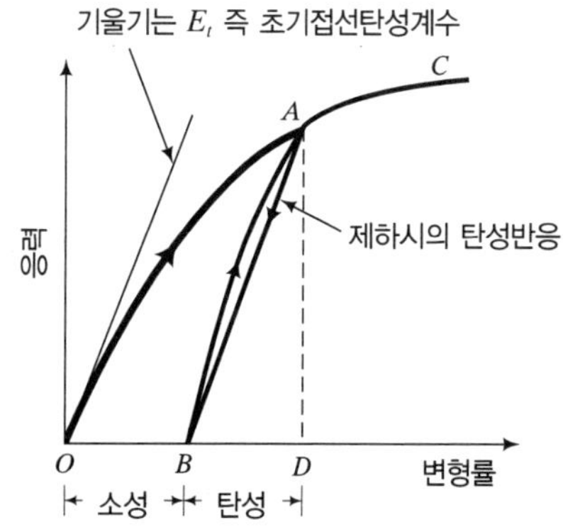

그림 7.6 탄소성 재료의 이상화된 응력–변형률 곡선

탄성계수(elastic modulus)나 초기접선탄성계수(initial tangent elastic modulus, E)는 선형 등방성 재료의 응력–변형률 관계의 기울기를 의미한다(그림 7.5). 비선형 탄성재료에 대한 접선탄성계수(tangent modulus, E_t)나 할선탄성계수(secant modulus, E_s)는 모두 응력-변형률 관계로부터 결정된다(그림 7.5). 접선탄성계수(tangent elastic modulus)는 응력-변형률 관계곡선에서 고려하고 있는 임의 점에서의 접선기울기이고, 할선탄성계수(secant elastic modulus)는 원점에서 임의의 응력-변형률 관계의 지점을 연결한 기울기이다. 예를 들어, 어떤 기술자는 응력-변형률 곡선에서 최대 응력지점을 연결한 기울기로 할선탄성계수를 결정하기도 하고, 반면에 또 다른 기술자는 임의의 변형률 값(예를 들어, 변형률 1% 또는 최대응력의 1/2에 해당하는 변형률-이 경우의 탄성계수는 E_{50}으로 나타낸다.)에 상응하는 응력-변형률 곡선의 지점을 선택하기도 한다. 두 탄성계수 모두 일정하지 않다. 이들 탄성계수들은 전단변형률의 증가에 따라 감소하는 경향이 있다. 일반적으로 탄소성재료의 초기접선탄성계수를 결정할 때 제하(unloading)를 하게 되고, 제하(unloading)시의 초기접선을 접선탄성계수로 결정하게 된다(그림 7.6).

엄격하게 말하자면 이렇게 계산된 변형계수 값들은 실제 탄성계수 값과는 다르다. 실제 탄성계수는 미소의 재하 및 제하 증분에 의해 결정된다. 얻어진 응력-변형률 경로에서 재하시(loading)와 제하시(unloading)의 경로가 같다면, 그 기울기가 실제 재료의 탄성계수가 된다.

7.4.2 전단력에 의한 재료반응

전단력은 재료에 비틀림을 준다. 그림 7.7은 탄소성 재료에서 단순전단에 의한 전형적인 재료의 반응을 보여준다. 초기 전단변형계수(G_i)는 τ_{zx}와 γ_{zx}의 곡선의 초기 직선부분의 기울기를 나타낸다. 할선전단변형계수(G)는 그림 7.7의 원점에서 임의의 전단응력–전단변형률 곡선 지점까지의 기울기를 말한다.

7.4.3 항복경계면(Yield Surface)

원통형 형태의 재료에서 일축하중보다 좀 더 복잡한 재하상황에 대해 검토한다(그림 7.8a). 이 경우에는 수직방향과 방사방향으로 응력증분을 점차 작용시킨다. 여기에서 어떠한 전단응력도 작용시키지 않으므로 수직방향과 방사방향 응력들은 주응력들이다. 즉, 각각의 주응력들은 $\sigma_z = \sigma_1 = \Sigma\Delta\sigma_z$와 $\sigma_r = \sigma_3 = \Sigma\Delta\sigma_r$과 같다. 예를 들어, σ_3를 가하지 않고 σ_1을 증가시키면, σ_1의 어느 한계치, $(\sigma_1)_y$이라고 표시하는 점에서 항복하며 이 점을 그림 7.8b에서와 같이 A점으로 표시할 수 있다. 만약, 반대로 σ_1 하중을 가하지 않고 σ_3을 증가시키면, 재료는 $(\sigma_3)_y$에서 항복이 이루어지며 그림 7.8b에서와 같이 B점으로 표시할 수 있다. 따라서 σ_1과 σ_3의 조합 하중을 적용시키면 그러한 재하상테에서

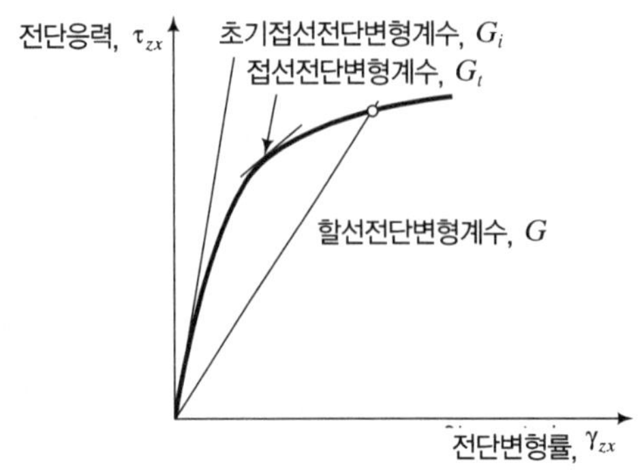

그림 7.7 탄소성 재료의 전단응력–전단변형률 곡선

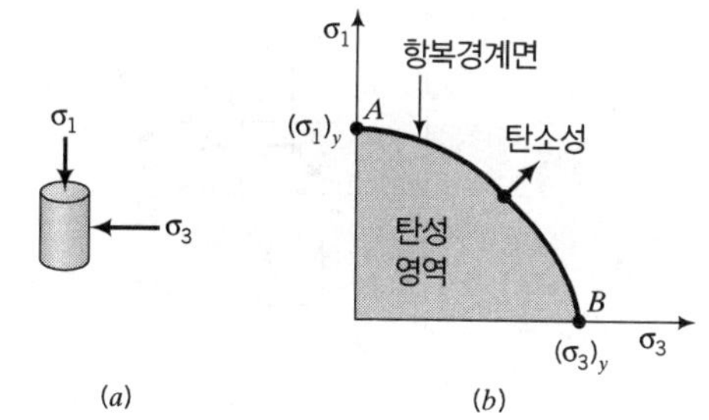

그림 7.8 탄성범위와 항복면, 그리고 탄소성 응력상태

의 항복점들을 표시할 수 있다. 이들 항복점들을 곡선의 형태로 연결되고, 그림 7.8b에 나타낸 곡선 AB를 **항복곡선**(*yield curve*) 또는 **항복경계면**(*yield surface*)이라고 부른다. 이 항복경계면 아래에서 작용하는 응력조합이 가해지는 재료들은 원상태로 회복 가능한 탄성거동을 보일 것이다. 항복응력(yield stress) 이후에 계속해서 하중증분이 가해진다면, 재료는 회복 불가능하거나 영구적인 변형을 하는 탄소성 거동을 보일 것이다. 재료가 등방성을 갖는다면, 항복경계면은 σ_1과 σ_3축에 대해서 축대칭을 이룰 것이다.

 **요점정리** THE ESSENTIAL POINT ARE

1. 탄성재료는 하중제하시(unloading) 원상태로 되돌아가고, 탄소성재료는 하중재하시(loading) 탄성변형(recoverable)과 소성변형(permanent) 모두 발생된다.
2. 흙은 탄소성 거동을 하는 재료이다.
3. 흙은 미소변형시, 탄성재료처럼 거동하고, 그 이후에는 탄소성 거동을 한다.
4. 흙이 항복되는 응력의 궤적(locus)을 항복경계면(yield surface)이라고 부른다. 항복응력 이전의 응력에서는 탄성거동을 하고, 그 이후의 응력에서는 탄소성거동을 한다.

What's next... 이 후의 두절에서는 선형탄성재료의 기본법칙인 후크의 법칙(Hooke' s law)의 일반적인 표현 방법에 대해 기술한다. 그리고, 흙에 적용하는 두 재하의 경우를 고려한다.

7.5 후크의 법칙 Hooke's Law

www.wiley.com/college/budhu에 접속하여, 7장을 클릭하고 Hooke의 법칙을 사용한 응력과 변형률을 계산하기 위한 스프레드쉬트 elastic.xls를 참조한다.

7.5.1 응력의 일반적 상태

흙을 선형(linear), 등방성(isotropic), 탄성(elastic)으로 해석하기 위한 응력과 변형률 관계는 Hooke의 법칙을 사용한다. 일반적인 응력상태(그림 7.9)에 대한 Hooke의 법칙은 다음과 같다.

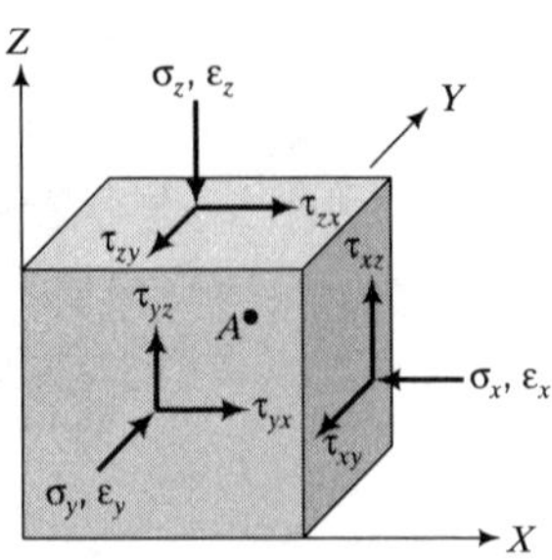

그림 7.9 일반적인 응력상태

$$\begin{Bmatrix} \varepsilon_x \\ \varepsilon_y \\ \varepsilon_z \\ \gamma_{xy} \\ \gamma_{yz} \\ \gamma_{zx} \end{Bmatrix} = \frac{1}{E} \begin{bmatrix} 1 & -\nu & -\nu & 0 & 0 & 0 \\ -\nu & 1 & -\nu & 0 & 0 & 0 \\ -\nu & -\nu & 1 & 0 & 0 & 0 \\ 0 & 0 & 0 & 2(1+\nu) & 0 & 0 \\ 0 & 0 & 0 & 0 & 2(1+\nu) & 0 \\ 0 & 0 & 0 & 0 & 0 & 2(1+\nu) \end{bmatrix} \begin{Bmatrix} \sigma_x \\ \sigma_y \\ \sigma_z \\ \tau_{xy} \\ \tau_{yz} \\ \tau_{zx} \end{Bmatrix} \tag{7.10}$$

여기에서 E는 탄성계수(elastic or Young' s modulus), ν는 포와송비(Poisson' s ratio) 이다. 식 (7.10)은 탄성방정식(elastic equation) 또는 탄성응력-변형률 구성방정식(elastic stress-strain constitutive equation)이라고 한다. 식 (7.10)으로부터 다음과 같은 식을 얻을 수 있다.

$$\gamma_{zx} = \frac{2(1+\nu)}{E}\tau_{zx} = \frac{\tau_{zx}}{G} \tag{7.11}$$

식에서

$$G = \frac{E}{2(1+\nu)} \tag{7.12}$$

식 (7.12)는 전단탄성계수이다. E, G, 그리고 ν를 탄성정수라고 한다. 이들 정수들 중 두 개 (E 또는 G 및 ν)가 등방성, 탄성재료를 해석하는데 요구된다. 만약 E와 ν값을 알고 있다면, 식 (7.12)에서 G 값을 계산할 수 있다. 흙의 포와송비를 결정하는 것은 쉽지 않으며, G 값을 얻는 직접적인 방법은 7.4.2절에 설명했듯이 전단력을 재료에 직접 가하는 방법이다. 비선형 탄성재료에서 접선탄성계수(tangent modulus)와 할선탄성계수(secant modulus)는 식 (7.10)에 이용되고, 계산은 미소 응력증분에 의해 점차적으로 수행된다.

흙의 탄성계수와 전단변형계수는 응력이력, 재하방향, 가해진 변형률의 크기에 따라 좌우된다. 10장에서 E 와 G 값을 구하는 몇 가지 시험에 대해서 고찰할 것이다. 그리고 11장에서는 흙의 역학적인 해석에 있어서 E와 G값의 사용에 대한 세부적 내용에 대해 자세히 살펴볼 것이다. 표 7.2에 전형적인 E와 G 값을 나타내었다.

7.5.2 주응력(Principal Stresses)

흙에 작용하는 응력들이 주응력이라면, Hooke의 법칙은 다음과 같이 간소화 할 수 있다.

표 7.2 *E* 와 *G*의 전형적인 값

흙의 종류	상태	E^a(MPa)	G^a(MPa)
점토	연약	1~15	0.5~5
	중간	15~30	5~15
	견고	30~100	15~40
모래	느슨	10~20	5~10
	중간	20~40	10~15
	조밀	40~80	15~35

[a]이들 값은 배수상태에서의 평균할선탄성계수이다.

$$\begin{Bmatrix} \varepsilon_1 \\ \varepsilon_2 \\ \varepsilon_3 \end{Bmatrix} = \frac{1}{E}\begin{bmatrix} 1 & -\nu & -\nu \\ -\nu & 1 & -\nu \\ -\nu & -\nu & 1 \end{bmatrix}\begin{Bmatrix} \sigma_1 \\ \sigma_2 \\ \sigma_3 \end{Bmatrix} \tag{7.13}$$

식 (7.13)에서 오른쪽 행렬부분을 순행렬(compliance matrix)이라고 한다. 식 (7.13)의 역행렬은

$$\begin{Bmatrix} \sigma_1 \\ \sigma_2 \\ \sigma_3 \end{Bmatrix} = \frac{E}{(1+\nu)(1-2\nu)}\begin{bmatrix} 1-\nu & \nu & \nu \\ \nu & 1-\nu & \nu \\ \nu & \nu & 1-\nu \end{bmatrix}\begin{Bmatrix} \varepsilon_1 \\ \varepsilon_2 \\ \varepsilon_3 \end{Bmatrix} \tag{7.14}$$

식 (7.14)의 우항 행렬을 강성행렬(stiffness matrix)이라고 한다. 만약 응력과 재료정수 E와 ν값들을 알고 있다면 변형률을 계산하기 위해 수식 (7.13)을 이용할 수 있다. 또는 변형률과 E, ν값을 알고 있다면, 식 (7.14)를 이용하여 응력을 계산할 수 있다.

7.5.3 변형률(Strains)과 응력(Stresses)으로부터 변위(Displacements)와 힘(Forces)

변위와 힘은 적분 계산에 의해 얻어질 수 있다. 예를 들어, 연직 변위 Δz는 식(7.15)이고

$$\Delta z = \int \varepsilon_z dz \tag{7.15}$$

그리고 축력은, 식(7.16)과 같다.

$$P_z = \int \Delta\sigma_z dA \tag{7.16}$$

식에서 dz는 요소의 높이 혹은 두께이고 dA는 요소의 면적이다.

 요점정리 THE ESSENTIAL POINT ARE

1. Hooke법칙은 선형탄성재료에 적용할 수 있다.
2. 근사값으로써, Hooke법칙을 사용하여 응력, 변형률 및 흙의 탄성침하를 계산할 수 있다.
3. 비선형재료에서 Hooke법칙을 사용할 때에는 적절한 탄성계수 (접선변형계수와 할선변형계수)가 이용되고, 계산은 (증분 증가된) 응력과 변형률의 대해 수행된다.

What's next... 3차원에서의 응력, 변형률은 실제문제에 적용될 때 복잡하게 된다. 실제 목적을 위해, 많은 지반공학적 문제들은 2차원응력, 변형률 정수를 사용하여 풀 수 있다. 다음 절에서, 흙의 응력, 변형률상태를 단순화시키는 두 개의 조건에 대해 고찰한다.

7.6 평면변형률과 축대칭 상태

7.6.1 평면변형률상태(Plane Strain Condition)

지반공학적인 측면에서 보편적인 응력과 변형률의 두 가지 상태가 있다. 그 중 하나는 어느 한 방향의 변형률이 '0' 인 평면변형률(plane strain) 상태이다. 평면변형률상태의 예로서, 옹벽 뒤채움 흙 요소(A)를 생각하자(그림 7.10). Y 방향으로 발생하는 변위 Δy는 이 방향의 총길이와 비교할 때 극히 소량이기 때문에 변형률은 거의 '0' 으로 가정할 수 있다. 즉, $\varepsilon_y = \Delta y/y \cong 0$ 이다. 흙 요소 A 는 평면변형률상태하에 있다고 가정할 수 있다. 주응력을 고려하면 3, 2, 1방향으로 X, Y, Z 방향이 그려질 수 있다. 옹벽의 경우 Y 방향(2방향)은 변형률이 '0' 인 방향이 되며, 식 (7.13)에서 $\varepsilon_2 = 0$으로 나타낼 수 있다.

평면변형률상태에 대한 Hooke의 법칙은 식 (7.17), (7.18) 및 (7.19)이다.

$$\varepsilon_1 = \frac{1+\nu}{E}[(1-\nu)\sigma_1 - \nu\sigma_3] \tag{7.17}$$

$$\varepsilon_3 = \frac{1+\nu}{E}[(1-\nu)\sigma_3 - \nu\sigma_1] \tag{7.18}$$

그리고,

$$\sigma_2 = \nu(\sigma_1 + \sigma_3) \tag{7.19}$$

행렬형태로 식 (7.17)과 (7.18)을 표현하면, 식 (7.20)이고,

$$\begin{Bmatrix} \varepsilon_1 \\ \varepsilon_3 \end{Bmatrix} = \frac{1+\nu}{E}\begin{bmatrix} 1-\nu & -\nu \\ -\nu & 1-\nu \end{bmatrix}\begin{Bmatrix} \sigma_1 \\ \sigma_3 \end{Bmatrix} \tag{7.20}$$

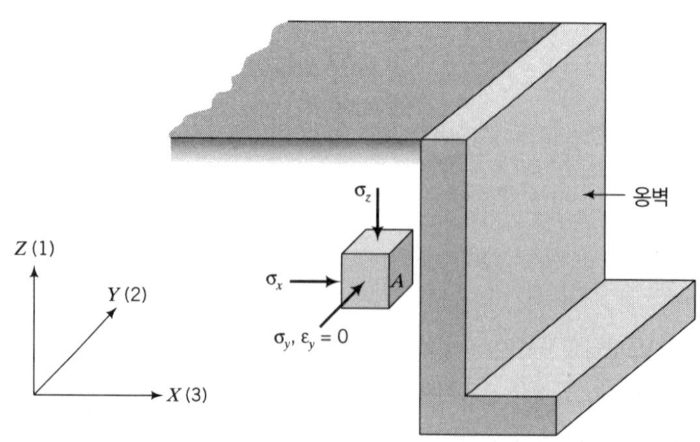

그림 7.10 옹벽 뒷면 흙 요소의 평면변형률(Plane strain) 상태

식 (7.20)의 역행렬은 식(7.21)과 같다.

$$\begin{Bmatrix} \sigma_1 \\ \sigma_3 \end{Bmatrix} = \frac{E}{(1+\nu)(1-2\nu)} \begin{bmatrix} 1-\nu & \nu \\ \nu & 1-\nu \end{bmatrix} \begin{Bmatrix} \varepsilon_1 \\ \varepsilon_3 \end{Bmatrix} \tag{7.21}$$

7.6.2 축대칭상태(Axisymmetric condition)

현장에서 발생하는 또 다른 상태는 두 방향의 응력이 같은 축대칭상태(axial symmetry, or axisymmetric condition)이다. 그림 7.11에서처럼 물 저장탱크나 기름 저장탱크가 지반위에 세워져 있는 경우를 생각하자.

실린더 모양의 흙 요소를 가정할 때, 저장탱크 중심 아래에서 방사방향 응력(radial stress, σ_r)과 원주방향 응력(circumferential stress, σ_θ)은 축대칭이기 때문에 같다. 기름 저장탱크는 일정한 수직응력을 지반에 가하고, 흙 요소는 수직응력 $\Delta\sigma_z = \Delta\sigma_1$과 방사방향 응력 $\Delta\sigma_r = \Delta\sigma_\theta = \Delta\sigma_3$가 증가하게 될 것이다. 다른 위치인, 저장탱크의 가장자리 밑의 흙 요소에서는 응력이 모두 다르므로 축대칭 조건을 만족할 수 없다.

축대칭 상태에 대한 Hooke의 법칙은 식 (7.22) 및 (7.23)과 같다.

$$\varepsilon_1 = \frac{1}{E}[\sigma_1 - 2\nu\sigma_3] \tag{7.22}$$

$$\varepsilon_3 = \frac{1}{E}[(1-\nu)\sigma_3 - \nu\sigma_1] \tag{7.23}$$

또는 행렬형태로는 식 (7.24)로 나타낼 수 있다.

$$\begin{Bmatrix} \varepsilon_1 \\ \varepsilon_3 \end{Bmatrix} = \frac{1}{E} \begin{bmatrix} 1 & -2\nu \\ -\nu & 1-\nu \end{bmatrix} \begin{Bmatrix} \sigma_1 \\ \sigma_3 \end{Bmatrix} \tag{7.24}$$

식 (7.24)의 역행렬을 얻으면, 식 (7.25)이다.

$$\begin{Bmatrix} \sigma_1 \\ \sigma_3 \end{Bmatrix} = \frac{E}{(1+\nu)(1-2\nu)} \begin{bmatrix} 1-\nu & 2\nu \\ \nu & 1 \end{bmatrix} \begin{Bmatrix} \varepsilon_1 \\ \varepsilon_3 \end{Bmatrix} \tag{7.25}$$

평면변형과 축대칭응력상태들은 이상적인 상태이고, 실제로 흙에 작용하는 응력조건들은 매우 복잡하다.

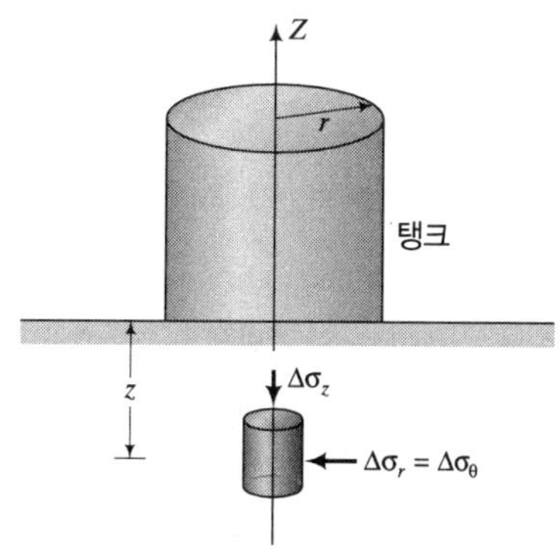

그림 7.11 저장탱크 중심 바로아래 흙 요소의 축대칭 상태

요점정리 THE ESSENTIAL POINT ARE

1. 평면변형(plain strain) 상태에서는 어느 한방향의 변형률이 "0"이거나, 무시할 수 있을 만큼 충분히 작다.
2. 축대칭 상태에서는 두 방향의 응력이 같다.

예제 7.1 평면변형률상태에 대한 Hooke 법칙의 적용

옹벽이 흙이 없는 방향으로 움직여 지표면에서 3 m 아래 지점의 흙 요소에 수평변형률 0.1%와 수직변형률 0.05%를 발생시킨다. 흙은 선형, 등방, 탄성체라고 가정하고, $E = 5000$ kPa, $\nu = 0.3$일 때 부가된 응력증가량을 계산하라. 옹벽의 높이가 6 m이고, 계산된 응력이 평균응력이라고 한다면, 옹벽의 단위길이 당 수평력의 증가량을 결정하라.

핵심전략 우선 평면변형률조건을 사용할 것인지 축대칭조건을 사용할 것인지를 결정한 다음에 적절한 수식을 사용하여야 한다. 응력의 증가량을 구하여야 하므로 증분 관점에서 탄성방정식을 쓰는 것이 최선의 방법이다. 옹벽이 바깥 방향으로 움직이므로 수평변형률은 인장(−)이고, 수직변형률은 압축(+)이다. 수평력의 증가는 평균수평응력의 적분으로 얻어진다.

풀이 7.1
Step 1: 적절한 응력조건을 결정하고, 적절한 방정식을 세운다.
흙요소는 평면변형률상태하에 있으므로($\varepsilon_2 = 0$), 식 (7.21)을 사용한다.

$$\begin{Bmatrix} \Delta\sigma_1 \\ \Delta\sigma_3 \end{Bmatrix} = \frac{5000}{(1+0.3)(1-2\times 0.3)} \begin{bmatrix} 1-0.3 & 0.3 \\ 0.3 & 1-0.3 \end{bmatrix} \begin{Bmatrix} 0.0005 \\ -0.001 \end{Bmatrix}$$

Step 2: 방정식을 푼다.

$$\Delta\sigma_1 = 9615.4\{(0.7\times 0.0005) + [0.3\times(-0.001)]\} = 0.5\ \text{kPa}$$

$$\Delta\sigma_3 = 9615.4\{(0.3\times 0.0005) + [0.7\times(-0.001)]\} = -5.3\ \text{kPa}$$

부의 기호는 감소를 의미한다.

Step 3: 단위길이 당 수평력을 계산한다.

$$\Delta\sigma_3 = \Delta\sigma_x$$

$$\Delta P_x = \int_0^6 \Delta\sigma_x dA = -\int_0^6 5.3(dz\times 1) = -[5.3x]_0^6 = -31.8\ \text{kN/m}$$

예제 7.2 축대칭 상태에 대한 Hooke 법칙의 적용

기름 저장탱크가 5 m 두께의 중간 정도의 단단한 모래층 위에 세워져 있고, 이 모래층 아래에는 단단한 모래층이 존재한다. 지반기술자는 경험상 탱크의 침하는 중간정도 단단한 지반의 모래층에서의 침하로 인해 발생할 것으로 가정하였다. 탱크의 중심부 아래 중간정도 단단한 층 중앙부에서의 수직 및 수평응력은 각각 50 kPa과 20 kPa이다. E와 ν의 값은 각각 20 MPa과 0.3이다. 선형, 등방, 탄성재료로서의 거동을 가정하여, 중간정도 단단한 모래층에 부과된 변형률과 연직침하량을 계산하라.

핵심전략 탱크 중심 아래의 흙 요소의 응력조건을 결정하여야 한다. 다음에는 적절한 방정식을 사용하여 변형률을 구하고, 수직 변형률을 적분하여 침하량을 계산한다. 문제를 설명하는 그림을 작도한다.

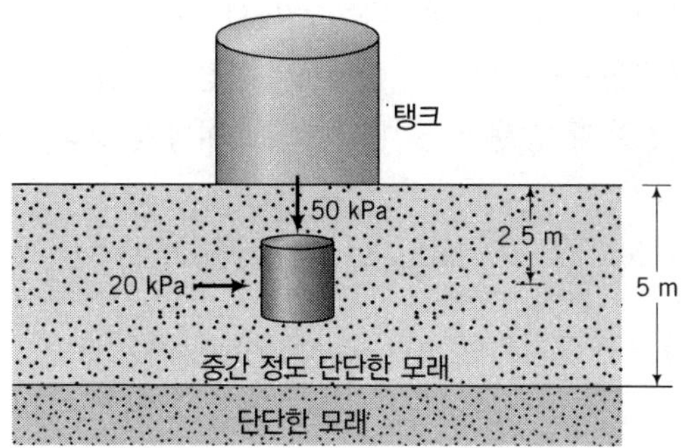

그림 E7.2

풀이 7.1

Step 1: 문제를 그림으로 표현한다(그림 E7.2 참조).

Step 2: 응력조건을 결정한다.
요소는 탱크 중심 아래에 있다. 따라서, 축대칭 조건이 지배하고 있다.

Step 3: 적절한 방정식을 선택하여 푼다.
식 (7.24)를 이용한다.

$$\begin{Bmatrix} \Delta\varepsilon_1 \\ \Delta\varepsilon_3 \end{Bmatrix} = \frac{1}{20 \times 10^3} \begin{bmatrix} 1 & -0.6 \\ -0.3 & 0.7 \end{bmatrix} \begin{Bmatrix} 50 \\ 20 \end{Bmatrix}$$

대수학을 이용하여 다음을 얻는다.

$$\Delta\varepsilon_1 = \frac{1}{20 \times 10^3}[1 \times 50 - 0.6 \times 20] = 1.9 \times 10^{-3}$$

$$\Delta\varepsilon_3 = \frac{1}{20 \times 10^3}[-0.3 \times 50 + 0.7 \times 20] = -5 \times 10^{-5}$$

Step 4: 연직침하량을 계산한다.

$$\Delta\varepsilon_1 = \Delta\varepsilon_z$$

$$\Delta z = \int_0^5 \Delta\varepsilon_z dz = [1.9 \times 10^{-3} z]_0^5 = 9.5 \times 10^{-3}\text{m} = 9.5 \text{ mm}$$

What's next... 흙이 선형, 등방, 탄성체로 가정한 지반에서의 응력, 변형률, 침하량을 계산하기 위하여 탄성방정식을 사용하였다. 그러나 흙은 일반적으로 선형도, 등방성도, 탄성체도 아니다. 다음 절에서는 간단하게 이방성, 탄성재료에 대해 논의할 것이다.

7.7 이방성, 탄성상태 Anisotropic, Elastic states

이방성 재료들은 방향이 다르면 다른 탄성계수들을 갖는다. 흙에서 이방성은 다음과 같은 요인들에 의해 비롯된다.

1. 흙이 퇴적되는 방법: 이 것을 구조이방성이라고 하는데, 퇴적되는 동안 형성되는 흙의 조직형태의 종류에 따른 결과이다. 2장에 설명되었듯이, 생성된 흙 조직은 흙이 형성되는 곳에서의 환경적 이력에 관련되어 있다. 구조이방성의 특별한 형태는 수평방향 평면이 등방성일 때 발생한다. 이러한 구조이방성 형태를 교축이방성(transverse anisotropy)이라고 한다.
2. 다른 방향에서의 응력의 차이: 응력유발이방성(stress-induced anisotropy)으로도 알려져 있다.

교축이방성(transverse anisotropy) 또는 교차이방성(cross anisotropy)은 흙에서 가장 일반적인 이방성 형태이다. 수직방향(Z 방향)으로 하중을 작용시키고, 같은 하중을 수평방향(X 방향)으로도 작용시킨다면 흙은 다르게 반응할 것이다. 흙의 응력-변형률 특성과 강도는 방향에 따라 다르기 때문이다. 그러나, 또 다른 수평방향(Y 방향)으로 X 방향과 같은 응력을 작용시킨다면 흙은 유사한 거동을 보일 것이다. 위의 내용이 암시하고 있는 것은 일반적으로 지반은 하중을 작용시키는 방향에 따라 다르게 거동한다고 하는 것이다. 교축이방성에서 탄성계수들은 횡방향(X, Y 방향)에서는 서로 같으나 수직방향으로는 다르다.

흙의 이방적 거동을 완전히 표현하기 위해서는 21개의 탄성계수들 (Love, 1927)이 필요하지만, 교축이방성(transverse anisotropy)에서는 5개의 탄성계수들(E_z, E_x, ν_{xx}, ν_{zx}, ν_{zz})만이 필요하다. 각 상수에서 두 개의 아래첨자 중 첫 번째는 하중의 방향을 의미하고, 두 번째는 측정방향을 의미한다. 예를 들어, ν_{zx}는 수직방향(Z 방향)으로 하중이 가해질 때, 수평방향(X 방향)의 변형률과 수직방향(Z 방향)의 변형률의 비율로 결정되는 포아송비이다.

실내시험에서 현장에서 채취한 흙 시료의 하중방향은 언제나 수직방향이다. 결과적으로, 일반적인 실내시험으로는 요구되는 5개의 탄성계수들을 결정할 수 없다. Graham과 Houlsby(1983)는 교축이방성의 문제를 해결하기 위해 요구되어지는 5개의 탄성계수들을 구하기 위한 방법을 제시하였다. 그러나 그들의 방법은 이 책의 범주를 벗어나 있어 여기에서 설명하지 않는다.

축대칭상태에 대한 교축이방성 탄성방정식은 식(7.26)으로 나타낼 수 있다.

$$\begin{Bmatrix} \Delta\varepsilon_z \\ \Delta\varepsilon_r \end{Bmatrix} = \begin{bmatrix} \dfrac{1}{E_z} & \dfrac{-2\nu_{rz}}{E_r} \\ \dfrac{-\nu_{zr}}{E_z} & \dfrac{(1-\nu_{rr})}{E_r} \end{bmatrix} \begin{Bmatrix} \Delta\sigma_z \\ \Delta\sigma_r \end{Bmatrix} \tag{7.26}$$

여기서 아래첨자 z는 수직방향, r은 방사방향을 의미한다. 중첩에 의해 $\nu_{rz}/\nu_{zr} = E_r/E_z$가 된다.

 요점정리 THE ESSENTIAL POINT ARE

1. 흙에는 이방성의 두 가지 형태가 있다. 그 중 하나는 하중이력과 퇴적되어 질 때 환경적인 조건과 관련된 구조이방성(structural anisotropy)이고, 나머지 하나는 방향에 따른 응력의 차이로 인한 응력유발이방성(stress-induced anisotropy)이다.
2. 흙에서 구조이방성의 일반적인 형태는 교축이방성(transverse anisotropy)이다. 즉, 모든 횡방향에서의 흙의 특성과 거동은 같으나, 수직방향에서의 특성과 거동은 다르다.
3. 탄성응력, 변형률 그리고 변위들을 결정하기 위해서 지반의 다른 방향에서의 탄성계수들을 구하여야 한다.

예제 7.3 교축이방성 흙에 대한 Hooke 법칙의 적용

예제 7.2를 다시 계산하라. 다만, 기름탱크 아래의 흙은 이방성이고, $E_z = 20$ MPa, $E_r = 25$ MPa, $\nu_{rz} = 0.15$ 및 $\nu_{rr} = 0.3$이다.

핵심전략 이 문제의 풀이는 식 (7.26)을 직접 적용하는 것이다.

풀이 7.3

Step 1: ν_{zr}을 결정한다(중첩에 의해).

$$\frac{\nu_{rz}}{\nu_{zr}} = \frac{E_r}{E_z}$$

$$\nu_{zr} = \frac{20}{25} \times 0.15 = 0.12$$

Step 2: 식 (7.26)을 이용하여, 변형률을 구한다.

$$\begin{Bmatrix} \Delta\varepsilon_z \\ \Delta\varepsilon_r \end{Bmatrix} = 10^{-3}\begin{bmatrix} \dfrac{1}{20} & \dfrac{-2 \times 0.15}{25} \\ \dfrac{-0.12}{20} & \dfrac{(1-0.3)}{25} \end{bmatrix}\begin{Bmatrix} 50 \\ 20 \end{Bmatrix}$$

풀면, $\varepsilon_z = 2.26 \times 10^{-3} = 0.23\%$와 $\varepsilon_r = 0.26 \times 10^{-3} = 0.03\%$을 얻는다.

Step 3: 연직변위를 결정한다.

$$\Delta z = \int_0^5 \varepsilon_z dz = [2.26 \times 10^{-3} z]_0^5 = 11.3 \times 10^{-3}\,\text{m} = 11.3\text{ mm}$$

이방성의 경우의 연직변위는 예제 7.2에서의 등방성의 경우보다 약 19% 정도 크다. 또한 등방성의 경우 방사방향 변형률은 인장이나, 이 문제에서의 이방성의 경우가 압축이다.

What's next... 흙이 탄성이고, 균질한 매체라고 가정하였을 때 지반에서의 응력과 변형률을 산출하는 방법을 알게 되었다. 공학적 과제에 대한 주요 임무 중의 한 가지는 재료의 강도 또는 파괴를 결정하는 것이다. 쇠사슬의 강도로 재료강도의 추론을 그려낼 수 있다. 쇠사슬은 가장 약한 연결부위가 그 쇠사슬의 강도이다. 흙에서도 파괴가 흙 매체 내 약한 곳에서 유발되어 약한 부분을 통하여 전달 될 것이다. 이것이 진행성 파괴로 알려져 있다. 작용된 경계층 하중에 의해 지반 내 임의의 점에서의 응력상태가 흙의 강도와 같을 경우, 그로 인해 파괴가 유발되는 것이다. 따라서 공학자로서 우리는 작용하중에 의한 임의 점에서의 응력상태를 알 필요가 있다. 응력상태를 알기 위해 식 (7.10)을 사용할 수 있으나, 지반기술자들은 Mohr원(Mohr' s circle)에 근거한 2차원 응력 체계를 사용하여 왔다. 다음 절에서는 재료강도에 대한 Mohr원을 활용하여 응력과 변형률상태에 대해 기술한다.

7.8 응력과 변형률상태

www.wiley.com/college/budhu에 접속하여, 7장을 선택하고 Mohrcircle.zip을 복사하여 그림 작성, 해석에 활용하여 상호 작용하는 응력상태의 변화를 탐구하여 보기 바람.

7.8.1 응력상태(stress states)에 관한 Mohr원(Mohr's circle)

그림 7.9에 나타낸 응력이 작용하고 있는 흙 입방체를 가정한다. 우리는 응력이 작용하고 있는 시료내에 임의의 지점 A의 응력에 대해서 알고 싶다. A의 응력상태라고 불리우는 A의 응력들을 알기 위한 한 가지 방법은 Mohr원을 이용하는 것이다. 임의의 지점에서의 응력상태는 그 지점을 통하는 모든 평면들에 상응하는 응력벡터들의 조합이다. 간단히 말해서, 그림 7.12a에서처럼 응력을 가진 2차원 요소를 고려해서 Mohr원으로 표현한다면, 이미 언급했듯이 압축력과 시계반대방향 전단력을 '+'의 부호로 정하고 $\sigma_z > \sigma_x$의 관계를 가정한다. Mohr원의 두 개의 좌표는 (σ_z, τ_{zx})와 (σ_x, τ_{xz})이며, 재료강도의 평형조건을 위해 전단응력들은 서로 직각을 이루며 $\tau_{xz} = -\tau_{zx}$ 관계가 성립하고, 이 두 전단응력을 공액전단응력(complementary shear stress)이라고 한다. 그림 7.12b에서의 세로축인 전단응력과 가로축인 수직응력의 그래프에서 두 개의 좌표 A와 B를 도시할 수 있다. AB를 직경으로 하는 원을 그리면, 원은 가로축의 1과 3을 지나게 된다. 이 두 지점의 응력들을 최대주응력 σ_1과 최소주응력 σ_3라고 한다.

주응력들은 σ_z, σ_x, τ_{zx}의 응력성분들과 다음과 같은 관계를 갖고 있다.

$$\sigma_1 = \frac{\sigma_z + \sigma_x}{2} + \sqrt{\left(\frac{\sigma_z - \sigma_x}{2}\right)^2 + \tau_{zx}^2} \tag{7.27}$$

$$\sigma_3 = \frac{\sigma_z + \sigma_x}{2} - \sqrt{\left(\frac{\sigma_z - \sigma_x}{2}\right)^2 + \tau_{zx}^2} \tag{7.28}$$

최대주응력 평면과 수평면 사이의 각도 ψ는 식 (7.29)와 같다.

$$\tan \psi = \frac{\tau_{zx}}{\sigma_1 - \sigma_x} \tag{7.29}$$

최대주응력평면으로부터 θ 각도를 이루는 평면에서의 응력들은 식 (7.30), 식 (7.31)과 같다.

$$\sigma_\theta = \frac{\sigma_1 + \sigma_3}{2} + \frac{\sigma_1 - \sigma_3}{2}\cos 2\theta \tag{7.30}$$

$$\tau_\theta = \frac{\sigma_1 - \sigma_3}{2}\sin 2\theta \tag{7.31}$$

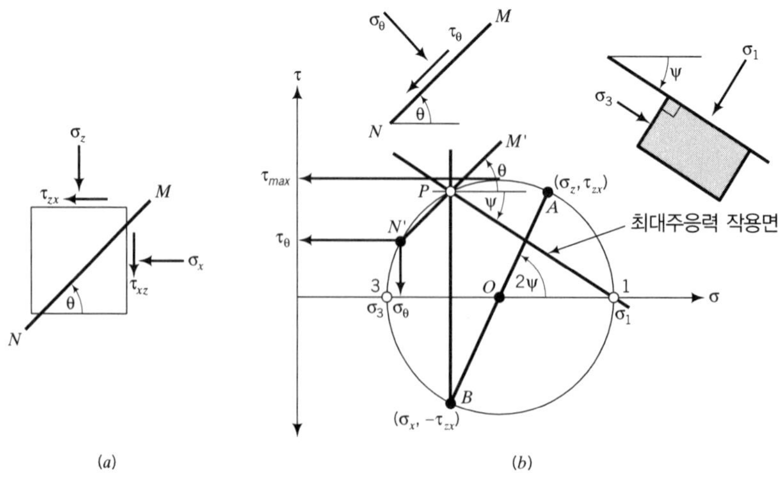

그림 7.12 2차원 요소에서의 응력들과 Mohr원.

수평면으로부터 θ 각도 만큼 기울어진 평면에서의 응력들은 식 (7.32), 식 (7.33)과 같다.

$$\sigma_\theta = \frac{\sigma_z + \sigma_x}{2} + \frac{\sigma_z - \sigma_x}{2}\cos 2\theta + \tau_{zx}\sin 2\theta \tag{7.32}$$

$$\tau_\theta = \tau_{zx}\cos 2\theta - \frac{\sigma_z - \sigma_x}{2}\sin 2\theta \tag{7.33}$$

위 식들에서 θ는 시계반대방향을 '+'로 한다.

최대전단응력은 Mohr원의 정점에서 식(7.34)와 같은 크기를 갖는다.

$$\tau_{max} = \frac{\sigma_1 - \sigma_3}{2} \tag{7.34}$$

그림 7.9에서 보여준 응력들에 대하여는 세 개의 Mohr원이 그려질 수 있으나, 한 개의 주응력 방향에 수직인 모든 평면들에 있는 응력들을 하나의 Mohr원으로 표현함으로서, 이 문제를 단순화할 수 있다.

문제에서 수평면에 응력 σ_z가 작용하고, 수직면에 σ_x가 작용하고 있다. 이러한 평면들을 Mohr원에 그린다면, 이들 평면들은 Mohr원의 한점 P 점에서 교차한다. 이 P점을 극점(pole)이라고 한다. 극점을 통과하는 어떠한 직선도 그 직선에 평행한 평면에서의 응력들을 나타내는 한 짐에시 Mohr원과 교차하기 때문에 이 극점은 특수한 점이다. 이것이 무엇을 의미하는지 살펴보자. 그림 7.12a에 MN 직선으로 그려져 있는 것과 같이, 수평면에서 θ 만큼 경사진 평면에 작용하는 응력들을 알고 싶다고 하자. 극점 P가 정해져 있다면, MN과 평행하고 P점을 통과하는 직선 $M'N'$ (그림 7.12b)을 그릴 수 있다. 직선 $M'N'$과 Mohr원과 교차하는 N'은 좌표 $(\sigma_\theta, \tau_\theta)$로서 MN 평면에 작용하는 수직응력과 전단응력을 나타낸다.

7.8.2 변형률상태(strain states)에 관한 Mohr원

응력상태에 대해서 고찰한 것과 같은 방법으로 변형률상태도 알 수 있다. 그림 7.13을 참고하여 주변형률들은 식 (7.35), (7.36)과 같다.

$$\text{최대주변형률:}\quad \varepsilon_1 = \frac{\varepsilon_z + \varepsilon_x}{2} + \sqrt{\left(\frac{\varepsilon_z - \varepsilon_x}{2}\right)^2 + \left(\frac{\gamma_{zx}}{2}\right)^2} \tag{7.35}$$

$$\text{최소주변형률:}\quad \varepsilon_3 = \frac{\varepsilon_z + \varepsilon_x}{2} - \sqrt{\left(\frac{\varepsilon_z - \varepsilon_x}{2}\right)^2 + \left(\frac{\gamma_{zx}}{2}\right)^2} \tag{7.36}$$

여기서 γ_{zx}는 공학적전단변형률(engineering shear strain) 또는 단순전단변형률(simple shear strain)이라고 한다.

최대단순전단변형률은 식 (7.37)과 같다.

$$\gamma_{max} = \varepsilon_1 - \varepsilon_3 \tag{7.37}$$

흙에서 변형률은 압축도 인장도 될 수 있다. 흙에 관한 응력에 대해서는 대기압(atmospheric pressure)을 기준으로 선택할 수 있으나, 변형에 대한 기준은 없다. 일반적으로 응력변화로 야기되는 변형률 변화나 증분을 다루게 된다.

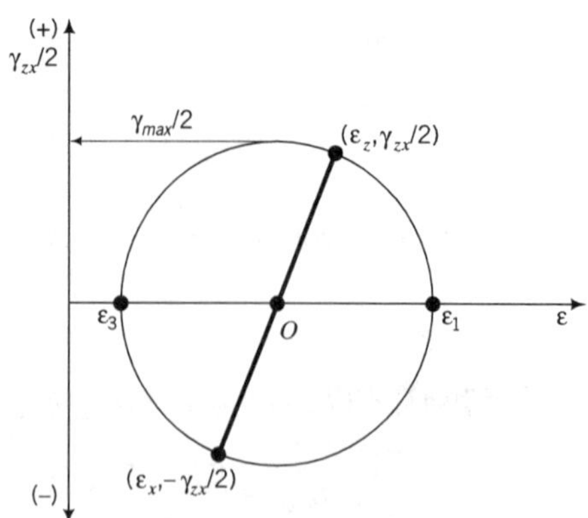

그림 7.13 변형률에 관한 위한 Mohr원

요점정리 THE ESSENTIAL POINT ARE

1. Mohr원은 흙의 응력과 변형률에 관한 한 개의 2차원 응력상태로부터 임의의 응력상태 또는 변형률상태를 찾기 위하여 사용된다.
2. Mohr원의 극점이란, 임의의 평면에 작용하는 응력상태를 나타내는 점에서 평행하게 그은 선은 Mohr원과 한 점에서 교차되는데 이 교차점이 극점이다.

예제 7.4 응력상태에 관한 Mohr원

흙시료(0.1 m × 0.1 m)가 그림 E7.4a에 나타낸 것과 같은 힘이 가해져 있다. 다음을 결정하라. (a) σ_1, σ_3, 및 Ψ; (b) 최대전단응력; (c) 최대주응력면으로부터 반시계방향으로 30° 기울어진 평면상의 응력

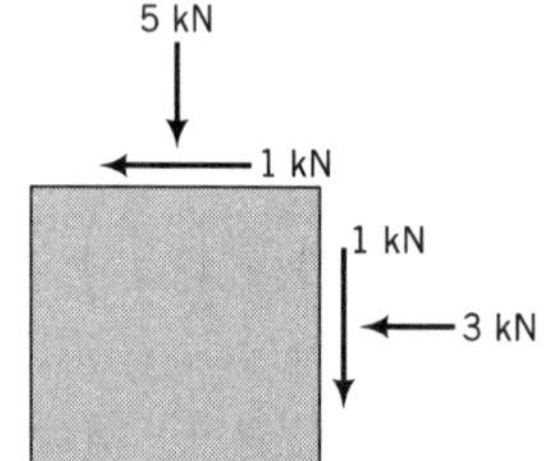

그림 E7.4a

핵심전략 이 문제를 풀기 위한 두 가지 방법이 있다. Mohr원을 이용할 수 있고, 또는 적절한 수식을 이용할 수 있다. 이 예제에서는 두 방법이 사용된다.

풀이 7.4

Step 1: 면적을 구한다.

$$\text{면적:}\quad A = 0.1 \times 0.1 = 10^{-2}\ \text{m}^2$$

Step 2: 응력을 계산한다.

$$\sigma_z = \frac{\text{힘}}{\text{면적}} = \frac{5}{10^{-2}} = 500\ \text{kPa}$$

$$\sigma_x = \frac{3}{10^{-2}} = 300\ \text{kPa}$$

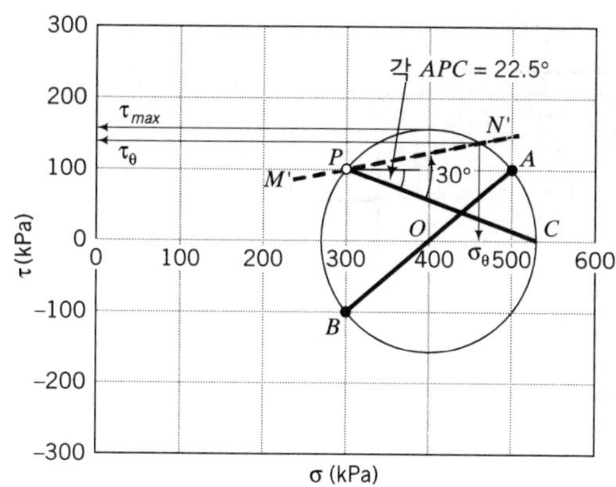

그림 E7.4b

$$\tau_{zx} = \frac{1}{10^{-2}} = 100\ \text{kPa}; \quad \tau_{xz} = -\tau_{zx} = -100\ \text{kPa}$$

Step 3: Mohr원을 그리고, σ_1, σ_3, 및 τ_{max}를 구한다.

Mohr원은 그림 E7.4b에 나타내있다.

$$\sigma_1 = 540\ \text{kPa}, \quad \sigma_3 = 260\ \text{kPa}, \quad \tau_{max} = 140\ \text{kPa}$$

Step 4: Mohr원에서 극점을 찾는다. Mohr원의 극점은 그림 E7.4b에서 점 P로 나타내었다.

Step 5: ψ를 결정한다.

P로부터 σ_1으로 선을 긋고, 이 선과 수평면과 이루는 각을 구한다.

$$\psi = 22.5°$$

다른 방법으로, 각 $AOC = 2\psi = 45°$

$$\therefore\ \psi = 22.5°$$

Step 6: 주응력면에서 30° 경사진 평면상의 응력을 결정한다.

주응력면에서 30° 기울어지고 P를 통과하는 선 $M'N'$과 각 CPN'를 그린다. 점 N'의 좌표는 (470, 120)이다.

별해 :

Step 1: 식 (7.27), (7.28), (7.29) 와 (7.34)를 이용하여 σ_1, σ_3, ψ, 및 τ_{max}를 구한다.

$$\sigma_1 = \frac{500 + 300}{2} + \sqrt{\left(\frac{500 - 300}{2}\right)^2 + 100^2} = 541.4\ \text{kPa}$$

$$\sigma_3 = \frac{500 + 300}{2} - \sqrt{\left(\frac{500 - 300}{2}\right)^2 + 100^2} = 258.6\ \text{kPa}$$

$$\tan\psi = \frac{\tau_{yx}}{\sigma_1 - \sigma_x} = \frac{100}{541.4 - 300} = 0.414$$

$$\therefore\ \psi = 22.5°$$

$$\tau_{max} = \frac{\sigma_1 - \sigma_3}{2} = \frac{541.4 - 258.6}{2} = 141.4\ \text{kPa}$$

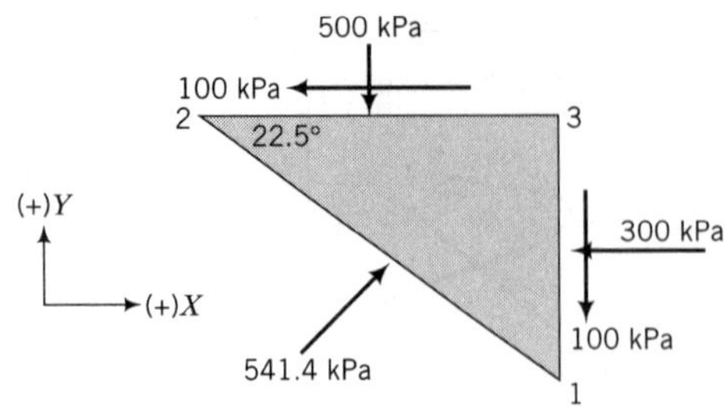

그림 E7.4c

그림 E7.4c로부터 식을 검토한다.

$$2-3 \text{ 사이 길이 } = 0.1 \text{ m}$$

$$3-1 \text{ 사이 길이 } = 0.1 \times (\tan 22.5°) = 0.0414 \text{ m}$$

$$1-2 \text{ 사이 길이 } = 0.1/(\cos 22.5°) = 0.1082 \text{ m}$$

$$\Sigma F_x = 0:\ -300 \times 0.0414 - 100 \times 0.1 + 541.4 \times 0.1082 \times \cos(22.5°) = 0$$

$$\Sigma F_y = 0:\ -100 \times 0.0414 - 500 \times 0.1 + 541.4 \times 0.1082 \times \sin(22.5°) = 0$$

Step 2: 식 (7.30)과 (7.31)을 이용하여 σ_θ와 τ_θ를 구한다.

$$\sigma_\theta = \frac{541.4 + 258.6}{2} + \frac{541.4 - 258.6}{2} \cos(2 \times 30) = 470.7 \text{ kPa}$$

$$\tau_\theta = \frac{541.4 - 258.6}{2} \sin(2 \times 30) = 122.5 \text{ kPa}$$

What's next... 우리가 산출한 응력들은 고체 탄성재료로서의 흙에 대한 것이다. 아직 까지는 흙 간극 내의 압력에 대하여는 설명하지 않았다. 다음 절에서는 흙 간극내의 압력을 설명하는 유효응력의 원리에 대해 토의할 것이다. 이 원리는 토질역학에서 가장 중요한 원리이다.

7.9 전응력과 유효응력

7.9.1 유효응력의 원리

흙의 변형은 트러스(truss)같은 구조물 뼈대의 변형과 유사하다. 각각의 부재들에 의해 전달되는 하중 변화에 의해서 트러스 구조물은 변형된다. 트러스 구조물이 대기압과 수압만을 받는다면 주어진 하중조건에 의한 변형은 발생하지 않는다. 트러스 구조물의 변형이 정수압에 의존하지 않는 것은 흙의 경우에서도 마찬가지이다.

그림 7.14에 나타낸 것과 같이, 수평 경계면에 작용하는 연직응력 σ를 받고 있는 포화토(saturated soil)의 요소를 고려한다. 응력 σ를 전응력(total stress)이라고 하고, 평형조건(뉴튼의 3법칙)에 의해 흙에서의 응력들은 같아야 하고, σ와 동격이다. σ의 저항력 또는 반력은 유효응력(effective stress, σ')이라고 불리우는 토립자 고체에서 발생하는 응력들과 간극수압(porewater pressure, u)이라고 불리우는 간극수에서 발생하는 응력들의 조합에 의해 발생하게 된다. 유효응력에 대해서는 수직응력 σ에 프라임(prime)부호 (′)를 사용하여 표현하고, 일반적으로 다음과 같은 평형방정식이 성립된다.

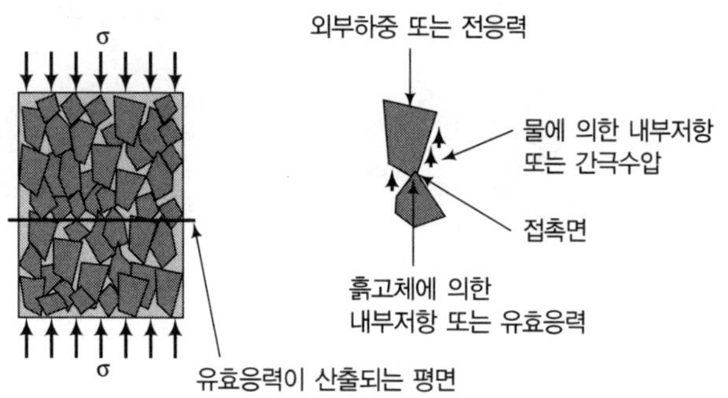

그림 7.14 유효응력

$$\sigma = \sigma' + u \tag{7.38}$$

따라서,

$$\sigma' = \sigma - u \tag{7.39}$$

식 (7.39)가 유효응력의 원리이며, Terzaghi(1883-1963)가 1920년대 중반 흙의 압밀(9장)에 대해서 연구하던 중 처음으로 발견한 개념이다. 유효응력의 원리는 토질역학에서 가장 중요한 개념이며, 흙의 변형 역시 전응력이 아닌 유효응력의 함수로 표현된다. 유효응력의 원리는 전단응력에는 적용되지 않고 수직응력에만 적용되는 개념이다. 간극수는 전단응력을 지탱할 수 없기 때문에 토립자가 전단력에 저항하여야 한다. 따라서 $\tau = \tau'$ 관계가 성립하며, 식에서 τ는 전체전단응력이며 τ'은 유효전단응력이다. 유효응력은 토립자들 사이의 접촉응력이 아니라, 토체의 임의 평면에서의 평균응력이라고 이해하는 것이 좋다.

흙은 인장력을 지탱할 수 없기 때문에 유효응력은 '0' 보다는 항상 크고, 간극수압은 정의 간극수압(+)과 흡입력 또는 부압이라고 불리우는 부의 간극수압(−) 모두 발생할 수 있다.

불포화토에 대해서 유효응력(Bishop et al., 1960)은 식(7.40)으로 나타낼 수 있다.

$$\sigma' = \sigma - u_a + \chi(u_a - u) \tag{7.40}$$

여기서 u_a 는 간극공기압, u는 간극수압, χ는 포화도에 관한 계수이다. 건조토의 경우 $\chi = 0$이며, 완전 포화토의 경우 $\chi = 1$이다. 실트질 흙에 대해서 χ의 값을 그림 7.15에 나타내었다.

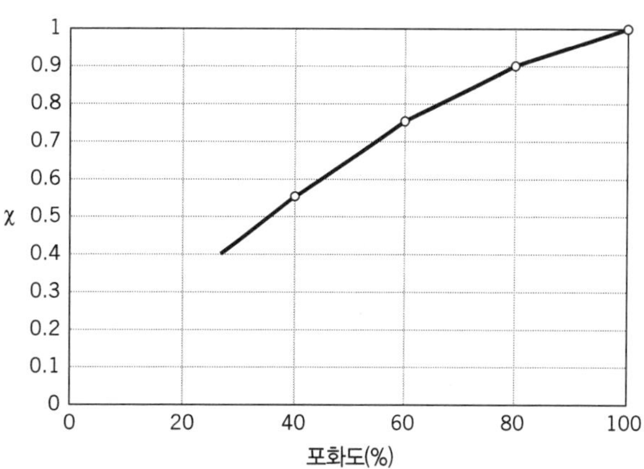

그림 7.15 포화도에 따른 실트질 흙의 χ값의 변화

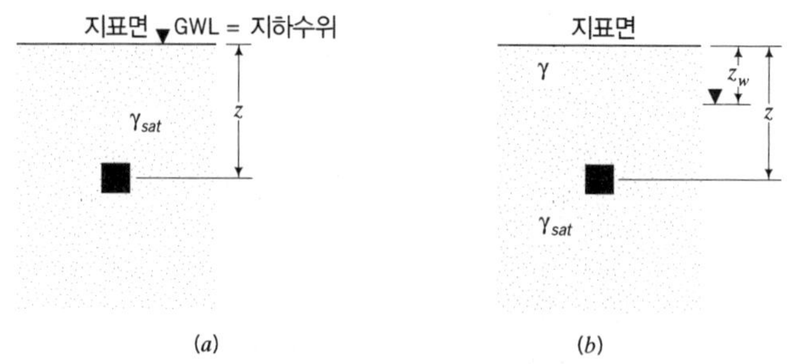

그림 7.16 지표면 아래 깊이 z의 흙요소
(a) 지표면이 지하수위인 경우 (b) 지하수위가 지표면밑에 있는 경우

7.9.2 지압응력장(geostatic stress field)에 기인한 유효응력

외부하중이 작용하지 않는 지반내의 유효응력은 흙의 단위중량과 지하수위의 깊이에 따라 계산할 수 있다. 지하수위(groundwater level, GWL)가 지표면에 놓여있고, 지표면 아래로 깊이 z만큼 떨어진 흙의 요소(그림 7.16a)에서 수직 전응력은 식 (7.41)이고,

$$\sigma = \gamma_{sat} z \tag{7.41}$$

간극수압은 식 (7.42)이다.

$$u = \gamma_w z \tag{7.42}$$

그리고, 유효응력은 식 (7.43)이다.

$$\sigma' = \sigma - u = \gamma_{sat} z - \gamma_w z = (\gamma_{sat} - \gamma_w) z = \gamma' z \tag{7.43}$$

지하수위가 깊이 z_w위치에 있다면(그림 7.16b), 전응력과 간극수압은 다음 식과 같고,

$$\sigma = \gamma z_w + \gamma_{sat}(z - z_w) \qquad u = \gamma_w (z - z_w)$$

유효응력은 다음과 같다.

$$\begin{aligned}\sigma' = \sigma - u &= \gamma z_w + \gamma_{sat}(z - z_w) - \gamma_w (z - z_w) \\ &= \gamma z_w + (\gamma_{sat} - \gamma_w)(z - z_w) = \gamma z_w + \gamma'(z - z_w)\end{aligned}$$

7.9.3 모관현상의 효과

실트나 세립질 모래에서 지하수위 윗부분의 흙이 모관작용에 의해 포화될 수 있다. 모관작용은 물리학 강좌에서 메니스커스(menisci)를 배울 때 접할 수 있었다. 우리는 연속된 간극을 모관으로 이상화하여 지반에서의 모관 현상을 이해할 수 있다. 그림 7.17에 나타낸 것과 같이, 한 개의 이상화된 관을 생각하자. 관 내부에서 상승하는 물의 상승높이를 정역학적으로 계산할 수 있다. 수직방향의 힘을 합하면(윗방향의 힘을 '−'로 한다), 다음과 같다.

$$\Sigma F_z = \text{물의 중량} - \text{모관현상에 의한 인장력}$$

즉,

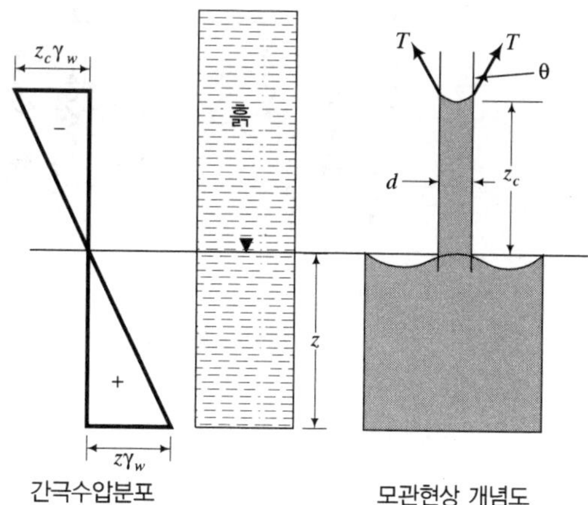

그림 7.17 흙에서의 모관현상

$$\frac{\pi d^2}{4} z_c \gamma_w - \pi d T \cos\theta = 0 \tag{7.44}$$

z_c에 대해서 정리하면, 식 (7.45)를 얻을 수 있다.

$$z_c = \frac{4T\cos\theta}{d\gamma_w} \tag{7.45}$$

여기서 T는 표면장력(surface tension)(단위길이당 힘), θ는 접촉각(contact angle), z_c는 모관 상승 높이, d는 흙 속의 간극을 의미하는 관의 직경이다. 물의 표면장력이 0.075 N/m이고, 깨끗한 유리관의 표면과 물의 접촉각은 0이다. T, θ, γ_w는 상수이기 때문에 식 (7.46)이 성립한다.

$$z_c \propto \frac{1}{d} \tag{7.46}$$

흙에서 d는 0.1 D_{10}값을 갖는다고 가정할 수 있다. 여기에서 D_{10}은 유효입경이다. 식 (7.46)에서 알 수 있듯이, 흙의 간극이 작으면 작을수록 모관 상승은 더 높아진다. 세립질 모래는 중간 또는 조립질 모래보다 더 높은 모관 상승을 보일 것이다.

모관작용에 의한 간극수압은 그림 7.17에서와 같이, 부(−)의 값(부압)이고, 간극의 크기와 함수비의 함수이다. 지하수위 높이에서, 간극수압은 '0' 이고, 모관 영역인 윗부분으로 이동할수록 감소한다('−' 가 된다). 간극수압이 '−' 의 부호를 갖기 때문에 흙의 유효응력은 증가하게 된다. 예를 들어, 모관상승 영역 z_c에서 상단의 간극수압은 $-z_c\gamma_w$이며 유효응력은 $\sigma' = \sigma - (-z_c\gamma_w) = \sigma + z_c\gamma_w$ 이다.

모관현상의 해석에 대한 우리의 접근은 단순하나, 대부분의 지반공학적인 문제에 충분히 적용할 수 있다. 모관현상의 자세한 설명을 위한 참고자료는 Adamson(1982)에서 찾아볼 수 있다.

7.9.4 침투효과

6장에서 흙 속에서의 1차원적인 물의 흐름을 설명하였다. 물이 흙을 통해 흐를 때, 토립자에서 마찰지연이 발생되고, 결과적으로 수두가 감소된다. 이러한 마찰지연 현상을 토질역학에서는 침투력(seepage force)이라고 한다. 침투력은 단위중량과 비슷한 단위로 단위체적당 침투력 j_s로서 침투(seepage)를 정의하는 것이 편리할 때가 있다. 물이 흐

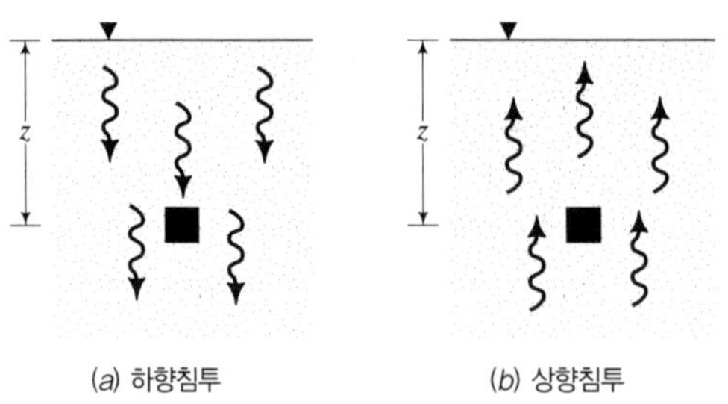

그림 7.18 흙 속에서의 침투

르는 총 길이 L 구간에서의 수두손실을 Δh라고 할 때, 침투력은 식 (7.47)과 같다.

$$j_s = \frac{\Delta h \gamma_w}{L} = i\gamma_w \tag{7.47}$$

침투가 하향으로 발생한다면(그림 7.18a), 침투응력은 중력 유효응력이 작용하는 방향과 같은 방향으로 작용한다. 정역학적인 평형조건에서, 수직유효응력의 합력은 식 (7.48)과 같다.

$$\sigma'_z = \gamma' z + iz\gamma_w = \gamma' z + j_s z \tag{7.48}$$

침투가 상향으로 발생하면(그림 7.18b), 침투응력은 중력 유효응력방향과 반대방향으로 작용한다. 정역학적 평형조건에서 수직유효응력의 합력은 식 (7.49)와 같다.

$$\sigma'_z = \gamma' z - iz\gamma_w = \gamma' z - j_s z \tag{7.49}$$

침투력은 지반 구조물들을 불안정하게 만드는 매우 중요한 역할을 한다. 예를 들어, 그림 7.19에서처럼 켄틸레버 옹벽의 안정성은 근입깊이에 따라 좌우된다. 옹벽의 뒷채움 흙(벽의 왼쪽)은 벽에 외향의 수평력을 가하게 되고, 그 수평력은 벽의 오른쪽에 있는 흙으로부터의 내부 수평저항에 의해 지지된다. 예를 들어, 파괴된 상수관으로부터 일정한 양의 물이 벽의 왼쪽 지역에 공급이 되면, 그 물은 벽의 왼쪽에서 오른쪽으로 흐르게 될 것이다. 물입자의 이동 경로는 그림 7.19에 AB로 그려져 있고, 또한 A에서 B로 물이 흐름에 따라, 수두손실이 발생한다. 옹벽 왼쪽의 침투응력은 중력 방향으로 작용한다. 유효응력은 증가하게 되고, 추가적으로 외향의 수평력이 옹벽 왼쪽에 발생하게 된다. 옹벽의 오른쪽면에서의 침투응력은 상향이고, 유효응력은 감소하게 된다. 근입깊이에 의한 수평저항력은 감소하게 된다. 이 문제에서 침투응력은 지반공학적인 구조물의 안정성 감소에서 두 가지 역할(수평력 분포의 증가와 수평저항력 감소)을 하고 있다. 14장과 15장에서 지반구조물들의 여러 형태의 안정성에 대한 침투의 영향에 대해서 배우게 될 것이다.

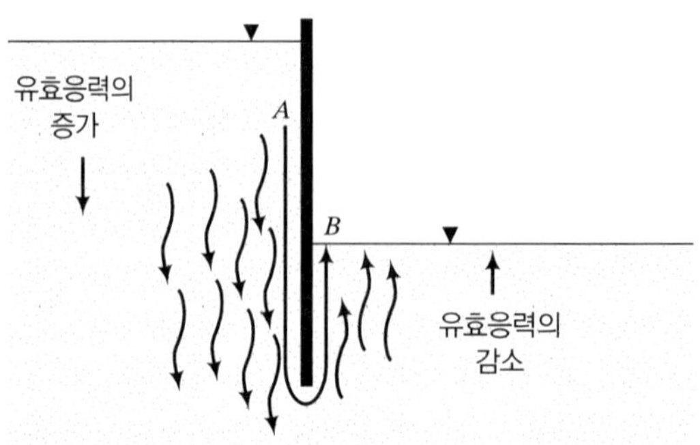

그림 7.19 옹벽 주변에서 유효응력에 대한 침투의 영향

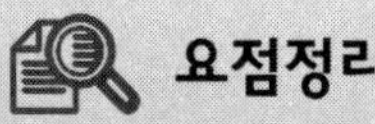

요점정리

THE ESSENTIAL POINT ARE

1. 유효응력은 토립자에 의해 전달되는 평균응력을 나타내는 것으로, 전응력과 간극수압의 차이이다.
2. 유효응력 원리는 수직응력에 대해서만 적용될 뿐 전단응력에 대해서는 적용되지 않는다.
3. 흙의 변형은 전응력에 의한 것이 아니라 유효응력에 의한 발생이다.
4. 실트질 흙이나 세립분을 갖는 모래질 흙은 모관현상에 의한 영향을 받을 수 있다.
5. 모관현상은 부의 간극수압에 의한 결과이고 유효응력을 증가시킨다.
6. 하향침투는 유효응력을 증가시키며 상향침투는 유효응력을 감소시킨다.

예제 7.5 수직 유효응력의 산출

그림 E7.5에 나타낸 것과 같이 등방성 퇴적층 지표면에서 깊이 5 m의 흙요소에 대한 유효응력을 계산하라. 간극공기압은 "0"로 가정하고 G_s는 2.7이다.

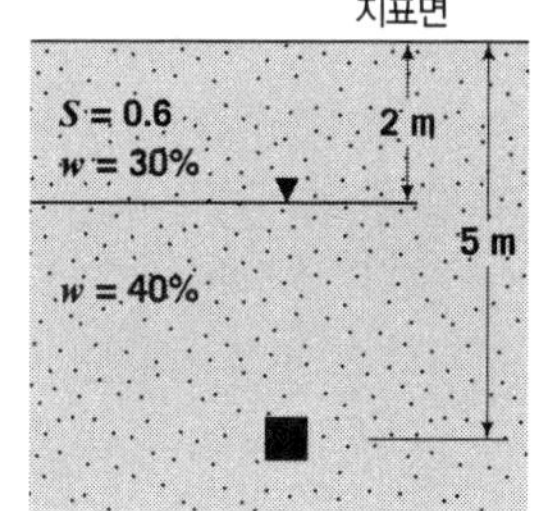

그림 E7.5

핵심전략 주어진 데이터로부터 단위중량을 얻어야 하고, 지하수면 위의 흙은 불포화라는 점을 주목해야 한다.

풀이 7.5

Step 1: 단위중량을 계산한다.

지하수위 위 지역

$$\gamma = \left(\frac{G_s + Se}{1 + e}\right)\gamma_w = \frac{G_s(1 + w)}{1 + e}\gamma_w$$

$$Se = wG_s, \quad \therefore e = \frac{0.3 \times 2.7}{0.6} = 1.35$$

$$\gamma = \frac{2.7(1 + 0.3)}{1 + 1.35} \times 9.8 = 14.6 \text{ kN/m}^3$$

지하수위 아래 지역

흙은 포화되어 있고, $S = 1$이다.

$$e = wG_s = 0.4 \times 2.7 = 1.08$$

$$\gamma_{sat} = \left(\frac{G_s + e}{1 + e}\right)\gamma_w = \left(\frac{2.7 + 1.08}{1 + 1.08}\right)9.8 = 17.8 \text{ kN/m}^3$$

Step 2: 유효응력을 계산한다.

전응력: $\sigma_z = 2\gamma + 3\gamma_{sat} = 2 \times 14.6 + 3 \times 17.8 = 82.6 \text{ kPa}$

간극수압: $u = 3\gamma_w = 3 \times 9.8 = 29.4 \text{ kPa}$

유효응력: $\sigma'_z = \sigma_z - u = 82.6 - 29.4 = 53.2 \text{ kPa}$

별해 :

$$\sigma'_z = 2\gamma + 3(\gamma_{sat} - \gamma_w) = 2\gamma + 3\gamma' = 2 \times 14.6 + 3(17.8 - 9.8) = 53.2 \text{ kPa}$$

예제 7.6 수직유효응력 분포의 산출 및 분포도 작성

어느 현장에서의 시추주상도가 그림 E7.6a와 같다. 깊이에 따른 수직 전응력과 유효응력의 분포를 도시하라. 간극공기압은 "0"으로 가정하고 G_s는 2.7이다.

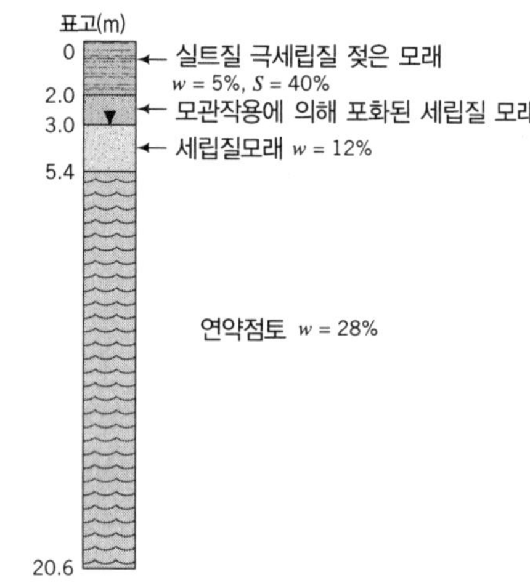

그림 E7.6a

핵심전략 주어진 데이터로부터 응력을 계산하기 위하여 각층의 단위중량을 구하여야 한다. 모관현상에 의해 지하수위면에서 1 m위 세립질 모래가 포화되어 있다. 따라서, 이 1 m 지역의 간극수압은 부의 값을 갖는다.

풀이 7.6

Step 1: 각 층의 단위중량을 계산한다.

0~2 m

$$S = 40\% = 0.4; \quad w = 0.05$$

$$e = \frac{wG_s}{S} = \frac{0.05 \times 2.7}{0.4} = 0.34$$

$$\gamma = \frac{G_s(1 + w)}{1 + e}\gamma_w = \frac{2.7(1 + 0.05)}{1 + 0.34}9.8 = 20.7 \text{ kN/m}^3$$

2~5.4 m

$$S = 1; \quad w = 0.12$$

$$e = wG_s = 0.12 \times 2.7 = 0.32$$

$$\gamma_{sat} = \left(\frac{G_s + e}{1 + e}\right)\gamma_w = \left(\frac{2.7 + 0.32}{1 + 0.32}\right)9.8 = 22.4 \text{ kN/m}^3$$

5.4~20.6 m

$$S = 1; \quad w = 0.28$$

$$e = wG_s = 0.28 \times 2.7 = 0.76$$

$$\gamma_{sat} = \left(\frac{2.7 + 0.76}{1 + 0.76}\right)9.8 = 19.3 \text{ kN/m}^3$$

Step 2: 표나 스프레드쉬트 프로그램을 사용하여 응력을 계산한다.

깊이(m)	두께(m)	σ_z (kPa)	u (kPa)	$\sigma'_z = \sigma - u$ (kPa)
0	0	0	0	0
2	2	$20.7 \times 2 = 41.4$	$-1 \times 9.8 = -9.8$	51.2
3	1	$41.4 + 22.4 \times 1 = 63.8$	0	63.8
5.4	2.4	$63.8 + 22.4 \times 2.4 = 117.6$	$2.4 \times 9.8 = 23.5$	94.1
20.6	15.2	$117.6 + 19.3 \times 15.2 = 411$	$23.5 + 15.2 \times 9.8 = 172.5$ 또는 $17.6 \times 9.8 = 172.5$	238.5

Step 3: 그림 E7.6b와 같은 깊이에 따른 응력에 관한 그림을 작성한다.

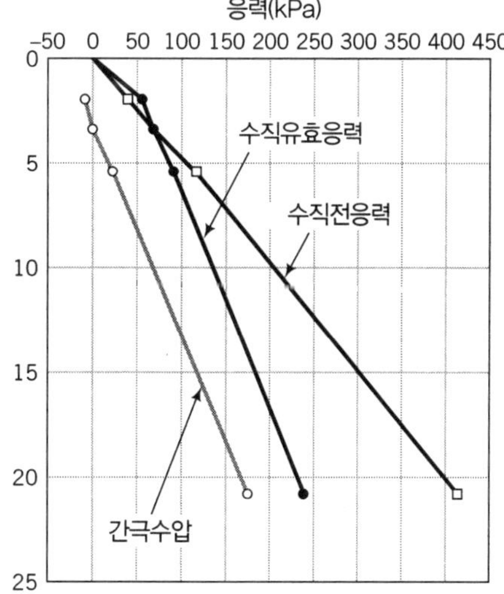

그림 E7.6b

예제 7.7 유효응력에 대한 침투효과

그림 E7.7에 나타낸 것과 같이, 물이 흙층을 통해 아래 방향으로 침투되고 있다. 수직으로 2 m 떨어져 설치된 두 개의 피에조미터(A와 B)가 0.2 m의 수두차를 보이고 있다. 지표면에서 6 m깊이의 흙요소에 대한 수직유효응력을 계산하라.

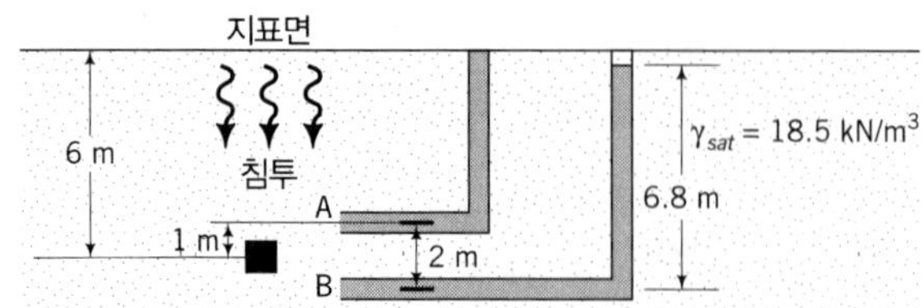

그림 E7.7

핵심전략 우선 침투응력을 계산하여야 한다. 그러나 침투응력을 얻기 위하여 주어진 데이터로부터 동수경사를 알아내야 한다.

풀이 7.7

Step 1: 동수경사를 찾는다.

$$\Delta H = 0.2 \text{ m}; \quad L = 2 \text{ m}; \quad i = \frac{\Delta H}{L} = \frac{0.2}{2} = 0.1$$

Step 2: 유효응력을 결정한다.

동수경사는 흙 매체에서 평균이라 가정하라. 그러면, 다음과 같다.

$$\sigma'_z = (\gamma_{sat} - \gamma_w)z + i\gamma_w z = (18.5 - 9.8)6 + 0.1 \times 9.8 \times 6 = 58.1 \text{ kPa}$$

예제 7.8 유효응력에 대한 지하수위 조건의 영향

(a) 정상침투조건에 대하여, 그림 E7.8에 보여진 흙층에 대해 깊이에 따른 전응력, 유효응력과 간극수압을 도시하라. 모래층의 상부에 설치된 간극수압계는 58.8 kPa를 나타내고 있다. G_s = 2.7로 가정하고 간극공기압은 무시한다.

(b) 한 개의 시추공이 모래층을 관입하였다고 한다면, 물은 지하수위면 위로 얼마나 올라갈 것인가?

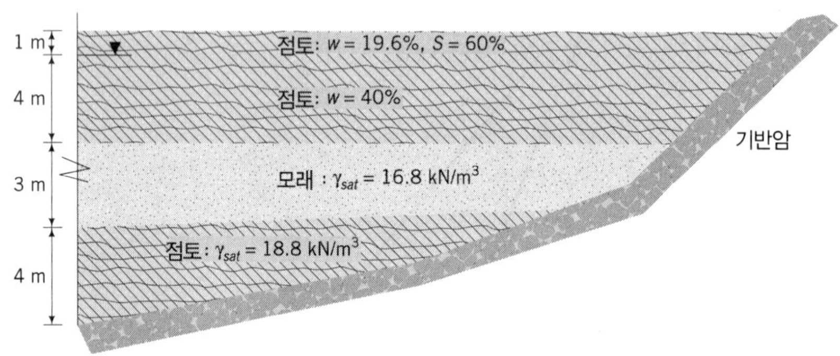

그림 E7.8a

핵심전략 상부 점토층의 단위중량을 계산해야 한다. 지반의 단면도에서 지하수는 피압상태에 있는 것으로 나타나 있다. 따라서, 유효응력은 모래층과 상부점토층의 경계에서 급격히 변화할 것이다. 지하수위 아래의 흙과 지하수위 위의 흙을 분리하는 것이 최상의 방법이다.

풀이 7.8

Step 1: 지하수위를 고려하여 흙층을 분할한다.

그림 E7.8b를 참고하라.

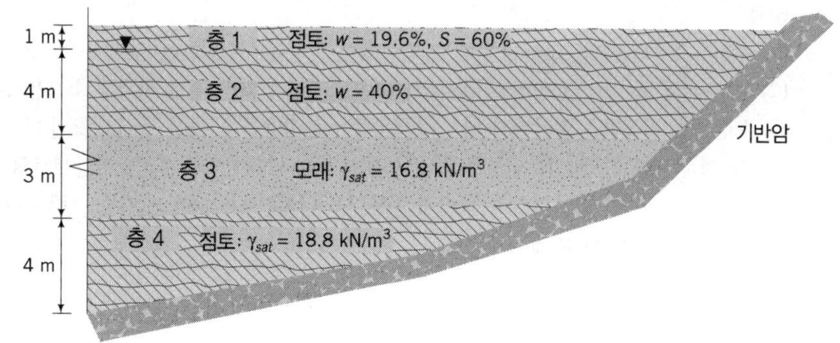

그림 E7.8b

Step 2: 상부 점토층의 단위중량을 계산한다.

$$\text{지하수위 위: } \gamma = \frac{G_s + Se}{1+e}\gamma_w = \frac{G_s(1+w)}{1+\dfrac{wG_s}{S}}\gamma_w = \frac{2.7(1+0.196)}{1+\dfrac{0.196\times 2.7}{0.6}} \times 9.8 = 16.8\ \text{kN/m}^3$$

$$\text{지하수위 아래: } \gamma_{sat} = \frac{G_s + e}{1+e}\gamma_w = \frac{G_s(1+w)}{1+wG_s}\gamma_w = \frac{2.7(1+0.4)}{1+0.4\times 2.7} \times 9.8 = 17.8\ \text{kN/m}^3$$

Step 3: 유효응력을 결정한다.

계산표를 참고하라. 비고: 모래층 상부의 간극수압은 58.8 kPa이다.

층	깊이(m)	두께(m)	γ (kN/m^3)	σ_z (kPa)	u (kPa)	σ'_z (kPa)
1 - 위 1 - 아래	0 1	1	16.8	0 16.8	0 0.0	0 16.8
2 - 위 2 - 아래	1 5	4	17.8	16.8 88.0	0.0 39.2	16.8 48.8
3 - 위 3 - 아래	5 8	3	16.8	88.0 138.4	58.8 88.2	29.2 50.2
4 - 위 4 - 아래	8 12	4	18.8	138.4 213.6	88.2 127.4	50.2 86.2

Step 4: 깊이에 따른 수직 전응력과 유효응력 및 간극수압분포를 그린다.

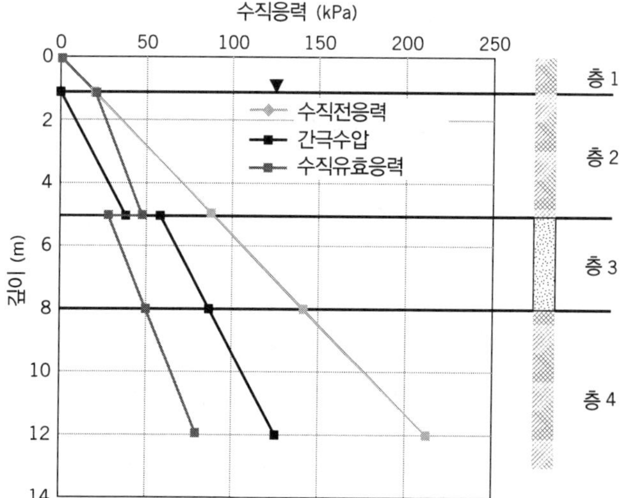

그림 E7.8c

비고:

(1) 수직유효응력은 피압조건에 의해 모래층 상부에서 갑자기 변화한다.

(2) 각 층에서 또는 조건(지하수위 또는 단위중량)변화에 따라, 위층 바닥의 수직응력은 모든 아래층에 똑같은 크기의 등분포 수직응력을 전달하게 되는 상재하중으로 작용한다. 예를 들어, 층2의 바닥에서의 수직전응력은 88 kPa이다. 이 응력은 층3과 층4에 모두 전달된다. 따라서 자중에 의한 층3의 바닥에서의 수직 전응력은 3 × 16.8 = 50.4 kPa이고, 위층으로 부터의 추가 수직 전응력을 더하게 되면, 88 + 50.4 = 138.4 kPa이 된다.

Step 5: 물의 높이(수두)를 계산한다.

$$h = \frac{58.8}{9.8} = 6\text{ m}$$

현재의 지하수위 위치보다 6 − 4 = 2 m 위로 올라간다. 또는 지표면보다 1 m 위로 올라간다.

What's next... 지금까지는 오직 수직응력만을 고려하였다. 그러나 지반내의 흙 요소는 수평응력도 받고 있다. 다음 절에서는 수직, 수평응력과 관련된 식들이 다루어 질 것이다.

7.10 정지상태에서의 수평토압

수직유효주응력에 대한 수평유효주응력의 비를 정지상태 수평토압계수(lateral earth pressure coefficient at rest, K_o)라고 한다.

$$K_o = \frac{\sigma_3'}{\sigma_1'} \tag{7.50}$$

정지상태는 어떠한 변형도 발생하지 않음을 의미한다. 정지상태계수에 대해서는 뒷 장에서 다시 검토된다. K_o는 전주응력(total principal stress)이 아니라 유효주응력(effective principal stress)에만 적용된다는 것을 기억해야 한다. 수평전응력을 계산하기 위해서는 간극수압을 항상 고려해야 한다. 간극수압은 정수압이며 임의의 깊이에서 모든 방향에 대해서 같은 값을 갖는다.

현재 받고 있는 유효응력보다 더 큰 유효응력을 과거에 받은 적이 없는 흙(정규압밀토)에 대해서, $K_0 = K_0^{nc}$의 값은 Jaky(1944)가 제안한 식(7.51)에 의해 얻어질 수 있다.

$$K_o^{nc} \approx 1 - \sin\phi'_{cs} \tag{7.51}$$

여기서 ϕ'_{cs}는 10장에서 설명할 기본적인 흙의 마찰상수이다.

K_0^{nc}의 값은 상수이며, 제하(unloading) 또는 재재하(reloading) 동안 흙의 응력들은 외부응력들과 평형상태를 이루어야 한다. 이것은 흙의 응력변화는 수직방향 뿐만 아니라 수평방향으로도 발생한다는 것을 의미한다. 주어진 지표면에서의 응력에 대하여 수평방향의 전응력과 수직방향의 전응력의 변화는 다르나, 간극수압의 변화는 모든 방향에서 똑같다. 그러므로 현재 작용하는 유효응력들은 방향에 따라 다르다. 현재의 유효응력이 과거의 최대응력보다 작은 흙을 과압밀흙이라고 한다(9장에서 보다 더 자세히 설명할 것이다). 과압밀 흙에 대한 K_0값은 상수가 아니며, 과압밀 흙의 K_0를 K_0^{oc}로 표시한다. 다양한 방정식들이 K_0^{oc}와 K_0^{nc}에 관련하여 제안되어져 왔다. 실내시험을 통해서 증명이 잘 되어있고, 또한 널리 알려져 있는 Meyerhof(1976)가 제안한 방정식은 식 (7.52)이다.

$$K_o^{oc} = K_o^{nc}(\text{OCR})^{1/2} = (1 - \sin\phi'_{cs})(\text{OCR})^{1/2} \tag{7.52}$$

여기서 OCR은 과압밀비(9장에서 더 자세히 설명할 것이다)이며 현재 수직유효응력에 대한 과거 수직유효응력의 비율로 정의된다.

예제 7.9 수평유효응력과 수평전응력의 산출

예제 7.5에서 $K_o = 0.5$라고 하였을 때 지표면에서 5 m 깊이의 흙 요소의 수평유효응력과 수평전응력을 계산하라.

핵심전략 흙 요소의 수평, 수직 평면상의 응력들은 주응력(이들 평면상의 전단응력은 "0"이다) 이다. 유효주응력을 얻기 위하여 K_o를 적용하여야 하고, 수평 전응력을 얻기 위하여는 간극수압을 더하여야 한다.

풀이 7.9

Step 1: 수평유효응력을 계산한다.

$$K_o = \frac{\sigma_3'}{\sigma_1'} = \frac{\sigma_x'}{\sigma_z'}; \quad \sigma_x' = K_o\sigma_z' = 0.5 \times 53.2 = 26.6\ \text{kPa}$$

Step 2: 수평전응력을 계산한다.

$$\sigma_x = \sigma_x' + u = 26.6 + 29.4 = 56\ \text{kPa}$$

예제 7.10 과잉간극수압의 소산에 의한 수평전응력과 수평유효응력의 산출

다음과 같은 조건에서 정규압밀 흙시료에 작용하고 있는 수평유효응력과 전응력을 결정하라.

(a) 시간: $t = t_1$, $\Delta u = 20$ kPa

(b) 시간: $t \to \infty$, $\Delta u = 0$

수직 전응력은 100 kPa이고, 마찰정수 $\phi'_{cs} = 30°$이다.

핵심전략 수평토압계수는 수직전응력이 아니라, 수직유효응력에 적용되어야 한다. 우선, 수직유효응력을 산출한 후에 수평유효응력을 산출하여야 할 것이다. 수평전응력을 얻기 위하여는 수평유효응력에 과잉간극수압을 더한다.

풀이 7.10

Step 1: 수직유효응력을 계산한다.

$$\sigma_z' = \sigma_z - \Delta u$$

(a) $\sigma_z' = 100 - 20 = 80$ kPa

(b) $\sigma_z' = 100 - 0 = 100$ kPa

Step 2: 수평유효응력을 계산한다.

$$K_o^{nc} = 1 - \sin\phi_{cs}' = 1 - \sin 30° = 0.5$$

$$\sigma_x' = K_o^{nc}\sigma_z'$$

(a) $\sigma_x' = 0.5 \times 80 = 40$ kPa

(b) $\sigma_x' = 0.5 \times 100 = 50$ kPa

Step 3: 수평전응력을 계산한다.

$$\sigma_x = \sigma_x' + \Delta u$$

(a) $\sigma_x = 40 + 20 = 60$ kPa

(b) $\sigma_x = 50 + 0 = 50$ kPa

What's next... 지금까지 우리가 고려한 것은 지압 응력이다. 따라서 흙의 변형을 고려하면 흙에 부과된 추가응력이 주어져야 한다. 그러나 실제 문제에서 지표면 또는 지반내에 위치한 적용 하중으로부터 이들 추가응력을 구하여야 한다. 이들 추가응력을 구하기 위해 탄성해석을 사용할 것이다. 다음에 일련의 일반적인 지표하중으로부터 응력의 증가를 검토할 것이다. 많은 식들이 등장하나, 식 모두를 기억할 필요는 없고, 다만 그 식들을 이용하는 방법은 반드시 알아야 한다.

7.11 상재하중에 의한 흙의 응력

컴퓨터 프로그램 활용

www.wiley.com/college/budhu 에 접속하여 7장을 선택하여 STRESS.zip을 내려받고, 지표면 하중에 의한 변위와 응력 증가량을 얻기 위한 응용프로그램을 작동시킨다. 이 프로그램은 여러 가지 형태의 하중에 의한 응력 변화를 탐구하기 위하여 활용될 수 있다. 그리고 임의 형태의 하중(7.11.8절에 설명됨)하의 수직응력에 관한 Newmark 도표를 인쇄한다. 이 프로그램은 다음 장의 문제풀이에도 유용하다.

지표면에 작용하는 하중 또는 응력에 의한 지반내의 응력분포는 흙이 반무한성, 균질성, 선형, 등방성, 탄성재료라는 가정에 의해 결정되어진다. 반무한(semi-infinite) 매체는 한쪽은 경계를 갖지만, 다른 모든 방향에서는 무한적인 연속성을 갖는다. 이러한 것을 반탄성공간(elastic half-space)이라고도 한다. 흙에서 수평 지표면은 경계면이다. 선형 탄성 매체로 흙을 가정하기 때문에 중첩의 원리를 사용할 수 있다. 즉, 흙매체의 임의 지점에서 응력증가량에 또 다른 하중에 의한 응력증가량을 더할 수 있다.

지표면 하중은 일반적으로 유한적인 것과 무한적인 것, 두 가지로 나눌 수 있다. 그러나 이것들은 질적분류이고 해석적인 조건이 된다. 유한하중의 예는 집중하중, 원하중, 사각형하중 들이다. 무한하중의 예는 뒤채움 흙이나 상재하중이 있다. 흙 매체에 대한 기초의 상대적인 강성(흙에 하중전달체계)은 흙의 응력분포에 영향을 준다. 제시된 탄성해석들은 연성하중(flexible load)에 대한 것이고, 지반과 기초체계의 상대적인 강성에 대해서는 고려하지 않는다. 만약 기초가 강성이라면, 응력증가는 본 절에서 다루는 탄성해석에 의한 값보다 일반적으로 작다(점토는 15~30%, 모래는 20~30% 작다). 전통적으로 탄성해석으로부터의 응력증가는 흙의 거동이 비선형이기 때문에 적합하지 않으나, 보수적 측면에서 큰 과오를 피할 수 있다. 지표면 하중으로 인한 흙의 응력 증가는 전응력이다. 이러한 응력 증가들은 초기에 토립자와 간극수 모두에 의해 지지된다.

위 가정들을 토대로 지표면 연성하중의 몇 가지 형태에 대한 방정식과 도표들이 제시되었다. 대부분 흙들은 일정한 두께를 갖고, 지층을 형성한다. 반무한적인 지반상태에 근거한 해법을 이러한 지층으로 형성된 지반들에 적용시에는 정확하지 않을 것이다. 부록 C에서 한 개의 지층과 두 개의 지층에서의 수직응력의 증가분에 대한 선별된 그래프들과 표들을 찾아 볼 수 있을 것이다. 다양한 하중상황에 의한 광범위한 방정식들은 Poulos 와 Davis(1974)가 제안한 내용들에서 또한 찾아볼 수 있다.

7.11.1 집중하중(point load)

Boussinesq(1885)는 지표면에 재하된 집중하중에 대한 응력분포의 해를 제안하였다. 집중하중은 송전선의 전신주가 흙에 전달하는 수직하중을 하나의 예로 들 수 있다.

집중하중 Q에 위해 A지점(그림 7.20a)에 위치한 흙 요소에서의 응력증가분은 다음의 식 (7.53), (7.54), (7.55), (7.56)과 같다.

$$\Delta\sigma_z = \frac{3Q}{2\pi z^2\left[1+\left(\frac{r}{z}\right)^2\right]^{5/2}} \tag{7.53}$$

$$\Delta\sigma_r = \frac{Q}{2\pi}\left(\frac{3r^2 z}{(r^2+z^2)^{5/2}} - \frac{1-2\nu}{r^2+z^2+z(r^2+z^2)^{1/2}}\right) \tag{7.54}$$

$$\Delta\sigma_\theta = \frac{Q}{2\pi}(1-2\nu)\left(\frac{z}{(r^2+z^2)^{3/2}} - \frac{1}{r^2+z^2+z(r^2+z^2)^{1/2}}\right) \tag{7.55}$$

$$\Delta\tau_{rz} = \frac{3Q}{2\pi}\left[\frac{rz^2}{(r^2+z^2)^{5/2}}\right] \tag{7.56}$$

여기서 ν는 포아송비이다. 종종 수직응력의 증가는 실제 현장에서 많이 사용된다. 식 (7.53)을 다음과 같이 바꿀 수 있다.

$$\Delta\sigma_z = \frac{Q}{z^2}I \tag{7.57}$$

여기서 I는 영향계수이고, 식 (7.58)이다.

$$I = \frac{3}{2\pi}\frac{1}{\left[1+\left(\frac{r}{z}\right)^2\right]^{5/2}} \tag{7.58}$$

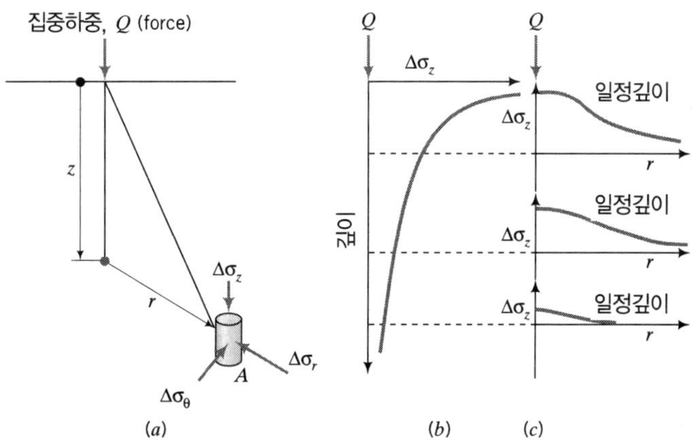

그림 7.20 집중하중과 깊이와 반경길이에 따른 수직응력분포

식 (7.57)과 식 (7.58)로부터 수직응력 증가의 분포는 깊이나 반경거리에 따라 감소된다는 것이 밝혀졌다(그림 7.20b, 7.20c).

수직변위는 식 (7.59)이고,

$$\Delta z = \frac{Q(1+\nu)}{2\pi Ez\left[1+\left(\frac{r}{z}\right)^2\right]^{1/2}}\left[2(1-\nu)+\frac{1}{1+\left(\frac{r}{z}\right)^2}\right] \tag{7.59}$$

그리고 방사방향변위는 식 (7.60)이다.

$$\Delta r = \frac{Q(1+\nu)}{2\pi Ez\left[1+\left(\frac{r}{z}\right)^2\right]^{1/2}}\left[\frac{\left(\frac{r}{z}\right)}{\left\{1+\left(\frac{r}{z}\right)^2\right\}} - \frac{(1-2\nu)\left(\frac{r}{z}\right)}{\left\{1+\left(\frac{r}{z}\right)^2\right\}^{1/2}+1}\right] \tag{7.60}$$

여기서 E는 탄성계수(Young' s modulus)이다.

예제 7.11 집중하중에 의한 수직응력의 증가

전신주가 200 kN의 수직하중을 전달한다. (a) 전신주 바로 아래의 5 m 깊이에서 수직 전응력의 증가량을 결정하라. (b) 반경거리 2 m 위치에서 5 m 깊이에서 수직전응력의 증가량을 결정하라.

핵심전략 첫 단계는 지표면 하중의 형태를 결정하는 것이다. 전신주에 의해 전달되는 하중은 집중하중으로 근사시킬 수 있다. 집중하중에 대한 수직응력 증가에 관한 방정식을 사용할 수 있다.

풀이 7.11

Step 1: 하중형태를 결정한다.

전신주에 의해 전달되는 하중은 집중하중으로 근사시킬 수 있다고 가정한다.

Step 2: 집중하중을 위한 식을 사용한다. 식 (7.57)을 사용하라.

$$z = 5\text{ m},\quad Q = 200\text{ kN};\quad \text{하중바로 아래},\quad r = 0,\quad \therefore \frac{r}{z} = 0$$

$$\text{식 (7.58)로부터: } \frac{r}{z} = 0,\quad I = \frac{3}{2\pi} = 0.48$$

$$\Delta\sigma_z = \frac{Q}{z^2}I = \frac{200}{5^2}\times 0.48 = 3.8\text{ kPa}$$

Step 3: 반경거리에서의 연직응력을 결정한다.

$$r = 2\text{ m},\quad \frac{r}{z} = \frac{2}{5} = 0.4,\quad I = \frac{3}{2\pi}\frac{1}{[1+(0.4)^2]^{5/2}} = 0.33$$

$$\Delta\sigma_z = \frac{200}{5^2}\times 0.33 = 2.6\text{ kPa}$$

7.11.2 선하중(line load)

그림 7.21a에서 선하중 Q(힘/길이)에 의한 응력증가분은 식 (7.61), (7.62), (7.63)과 같다.

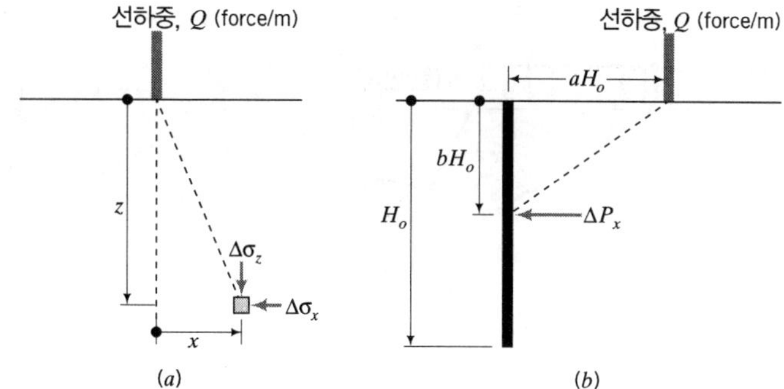

그림 7.21 (a) 선하중과 (b)옹벽 근처의 선하중

$$\Delta\sigma_z = \frac{2Qz^3}{\pi(x^2 + z^2)^2} \tag{7.61}$$

$$\Delta\sigma_x = \frac{2Qx^2z}{\pi(x^2 + z^2)^2} \tag{7.62}$$

$$\Delta\tau_{zx} = \frac{2Qxz^2}{\pi(x^2 + z^2)^2} \tag{7.63}$$

선하중의 실제적인 예는 긴 벽체에 의한 하중을 예로 들 수 있다.

7.11.3 옹벽구조물 근처의 선하중

선하중 Q(힘/길이)로 인한 옹벽구조물(그림 7.21b)의 수평응력의 증가는 식 (7.64)이고,

$$\Delta\sigma_x = \frac{4Qa^2b}{\pi H_o(a^2 + b^2)^2} \tag{7.64}$$

수평력의 증가분은 식 (7.65)이다.

$$\Delta P_x = \frac{2Q}{\pi(a^2 + 1)} \tag{7.65}$$

7.11.4 띠하중(strip load)

띠하중은 지표면에 일정 폭과 무한 길이의 구조물에 의해 전달되는 하중을 말한다. 지반공학에서 두 가지의 형태의 띠하중이 있다. 그 중 하나는 지반에 등분포응력이 전달되는 하중이다. 예를 들어 제방의 중앙 단면이 그 예이다(그림 7.22a), 나머지 하나는 폭B(그림 7.22b)의 영역에 걸쳐 삼각형의 응력분포가 유발되는 하중이다. 삼각형응력분포를 유발하는 띠하중의 예는 제방의 측면 부분 밑의 응력이다(그림 7.22b).

지표면 응력 q_s(힘/길이)에 기인한 응력증가는 다음과 같다:

(a) 등분포응력이 전달되는 영역(그림 7.22a),

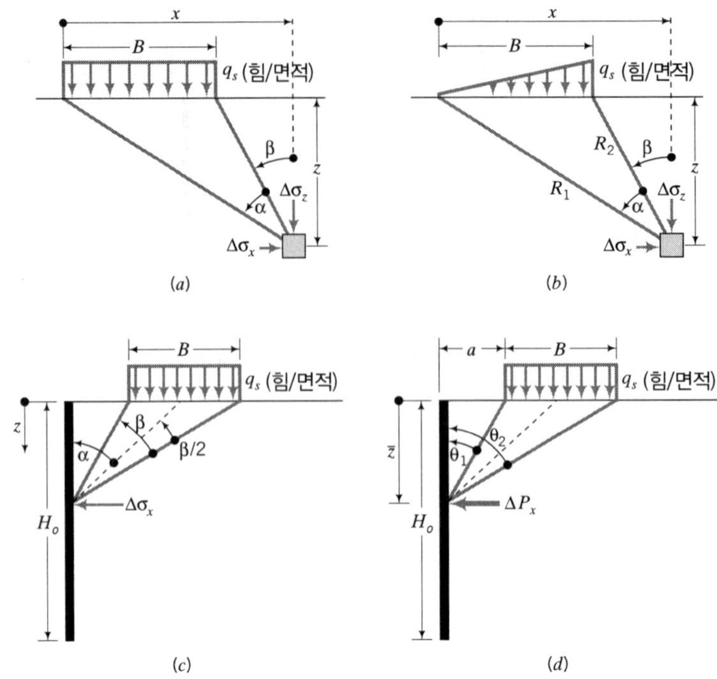

그림 7.22 (a) 등분포응력을 부과하는 띠하중 (b) 선형적으로 변화하는 응력을 부과하는 띠하중 (c) 옹벽 근처에 등분포응력을 부과하는 띠하중 (d) 등분포응력을 부과하는 띠하중으로부터 옹벽에 가해진 수평력

$$\Delta\sigma_z = \frac{q_s}{\pi}[\alpha + \sin\alpha\cos(\alpha + 2\beta)] \tag{7.66}$$

$$\Delta\sigma_x = \frac{q_s}{\pi}[\alpha - \sin\alpha\cos(\alpha + 2\beta)] \tag{7.67}$$

$$\Delta\tau_{zx} = \frac{q_s}{\pi}[\sin\alpha\sin(\alpha + 2\beta)] \tag{7.68}$$

여기서 q_s는 부과된 지표면 응력이다.

띠하중으로 인한 수직변위는 무한대로 위치하지 않은 두 지점에서의 상대적인 변위로서 유용하다. 띠하중의 중앙 (0, 0)과 지표면의 임의의 한점 $(x, 0)$ 사이의 상대적인 수직변위는 식 (7.69)와 같다.

$$\Delta z(x,0) - \Delta z(0,0) = \frac{2q_s(1-\nu^2)}{\pi E}\left\{\left(x - \frac{B}{2}\right)\ln\left|x - \frac{B}{2}\right| - \left(x + \frac{B}{2}\right)\ln\left|x + \frac{B}{2}\right| + B\ln\left(\frac{B}{2}\right)\right\} \tag{7.69}$$

(b) 삼각형응력이 전달되는 영역(그림 7.22b),

$$\Delta\sigma_z = \frac{q_s}{\pi}\left(\frac{x}{B}\alpha - \frac{1}{2}\sin 2\beta\right) \tag{7.70}$$

$$\Delta\sigma_x = \frac{q_s}{\pi}\left(\frac{x}{B}\alpha - \frac{z}{B}\ln\frac{R_1^2}{R_2^2} + \frac{1}{2}\sin 2\beta\right) \tag{7.71}$$

$$\Delta\tau_{zx} = \frac{q_s}{2\pi}\left(1 + \cos 2\beta - 2\frac{z}{B}\alpha\right) \tag{7.72}$$

띠하중의 중앙 (0, 0)과 지표면의 임의의 한점 $(x, 0)$ 사이의 상대적인 수직변위는 식 (7.73)과 같다.

$$\Delta z(x,0) - \Delta z(0,0) = \frac{q_s(1-\nu^2)}{\pi E\left(\frac{B}{2}\right)}\left\{\frac{B^2}{2}\ln B - \frac{x^2}{2}\ln x + \left(\frac{x^2}{2} - \frac{B^2}{2}\right)\ln|B-x| + \frac{B}{2}x\right\} \tag{7.73}$$

(c) 옹벽근처에서 등분포응력이 전달되는 영역(그림 7.22c,d)

$$\Delta\sigma_x = \frac{2q_s}{\pi}(\beta - \sin\beta\cos 2\alpha) \tag{7.74}$$

수평력의 크기와 위치는 Jarquio(1981)에 의해서 다음과 같이 제안되었다.

$$\Delta P_x = \frac{q_s}{90}[H_o(\theta_2 - \theta_1)] \tag{7.75}$$

$$\bar{z} = \frac{H_o^2(\theta_2 - \theta_1) - (R_1 - R_2) + 57.3BH_o}{2H_o(\theta_2 - \theta_1)} \tag{7.76}$$

여기서

$$\theta_1 = \tan^{-1}\left(\frac{a}{H_o}\right), \quad \theta_2 = \tan^{-1}\left(\frac{a+B}{H_o}\right)$$

$$R_1 = (a+B)^2(90 - \theta_2), \qquad R_2 = a^2(90 - \theta_1)$$

7.11.5 원형등분포하중

흙 매체에 응력을 전달하는 원형단면의 예로서, 기름이나 물탱크의 원형기초를 들 수 있다. 반경 r_0를 갖는 원형단면의 중앙 바로아래에 작용하는 수직 및 방사방향 응력의 증가는 식 (7.77) 및 식 (7.78)과 같다.

$$\Delta\sigma_z = q_s\left[1 - \left(\frac{1}{1+(r_o/z)^2}\right)^{3/2}\right] = q_s I_c \tag{7.77}$$

여기서

$$I_c = \left[1 - \left(\frac{1}{1+(r_o/z)^2}\right)^{3/2}\right]$$

는 영향계수이다.

$$\Delta\sigma_r = \Delta\sigma_\theta = \frac{q_s}{2}\left[(1+2\nu) - \frac{4(1+\nu)}{[1+(r_o/z)^2]^{1/2}} + \frac{1}{[1+(r_o/z)^2]^{3/2}}\right] \tag{7.78}$$

원형단면의 연성하중에 의한 수직탄성침하는 식 (7.79)와 식 (7.80)과 같다.

$$\text{하중이 작용하는 중앙 바로 아래:} \quad \Delta z = \frac{q_s D(1-\nu^2)}{E} \tag{7.79}$$

$$\text{가장자리 하부:} \quad \Delta z = \frac{2}{\pi}\frac{q_s D(1-\nu^2)}{E} \tag{7.80}$$

여기서 $D = 2r_0$는 재하영역의 직경이다. 수직응력은 증가하고 원형 하중에 의한 지반내의 모든 위치에서의 수직탄성침하는 부록 B에서 참고할 수 있다.

예제 7.12 반지형태의 원형하중에 의한 수직응력

저장용 사일로가 그림 E7.12a에 나타낸 것과 같이 반지 형태의 기초에 지지되어 있다. 전 수직하중은 4 MN이다. (a)반지 형태의 중앙 바로 아래에서 8 m 깊이까지의 수직응력의 증가를 도시하라(점 O, 그림 E7.12a). (b)최대수직응력 증가량과 그 위치를 결정하라.

핵심전략 반지형태의 기초를 위해 등분포원형하중에 대한 식을 사용하기 위해서는, 두 개의 인공적인 원형기초(한 개는 반경 5 m의 기초, 또 한 개는 반경 3 m의 기초)를 생각해야 한다. 두 개의 기초는 모두 적용된 등분포의 수직응력으로 재하되어 있다. 큰 기초로부터 작은 기초의 수직응력 증가량을 차감하여 반지 형태 기초에 의한 수직응력 증가를 얻을 수 있다. 여기에서는 중첩의 원리가 적용된다.

풀이 7.12

Step 1: 재하 형태를 확인한다.

등분포의 반지형태 기초이다.

Step 2: 부과된 지표면 응력을 계산한다.

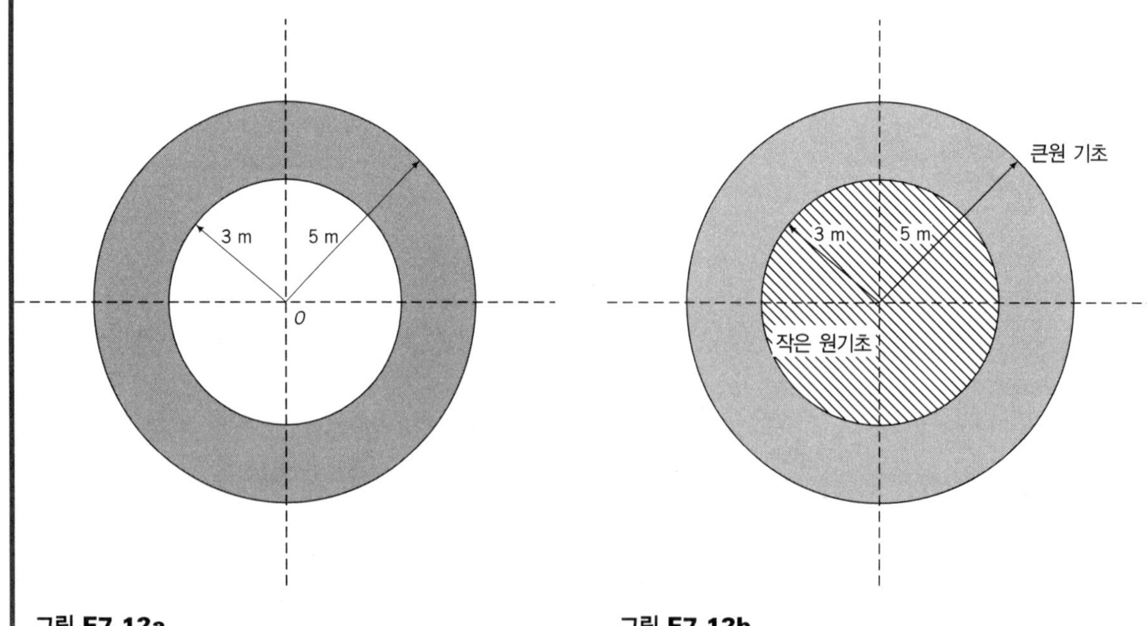

그림 E7.12a

그림 E7.12b

$$r_2 = 5 \text{ m}, \quad r_1 = 3 \text{ m}$$

$$\text{Area} = \pi(r_2^2 - r_1^2) = \pi(5^2 - 3^2) = 16\pi \text{ m}^2$$

$$q_s = \frac{Q}{A} = \frac{4000}{16\pi} = 79.6 \text{ kPa}$$

Step 3: 반경 5 m, 3 m의 두 강체 원형기초를 그린다.

그림 E7.12b를 참조. 큰 원기초는 반경 5 m의 기초이고, 작은 원 기초는 반경 3 m의 기초이다.

Step 4: 계산을 위한 계산표를 작성한다.

반지형태 하중	
하중	4000 kN
외부반경	5 m
내부반경	3 m
면적	50.3 m^2
q_s	79.6 kPa

	큰 원기초		작은 원기초		I_{diff}	$\Delta\sigma_z$ (kPa)
z	r/z	$(I_c)_{large}$	r_o/z	$(I_c)_{small}$	$(I_c)_{large} - (I_c)_{small}$	$q_s \times I_{diff}$
1	7.00	0.992	3.00	0.968	0.024	1.9
2	2.50	0.949	1.50	0.829	0.119	9.5
3	1.67	0.864	1.00	0.646	0.217	17.3
4	1.25	0.756	0.75	0.488	0.268	21.3
5	1.00	0.646	0.60	0.369	0.277	22.0
6	0.83	0.547	0.50	0.284	0.262	20.9
7	0.71	0.461	0.43	0.223	0.238	18.9
8	0.63	0.390	0.38	0.179	0.211	16.8

계수 I_c는 응용프로그램 STRESS.zip에 의해 얻어졌다. www.wiley.com/college/budhu 로부터 이 응용프로그램을 내려 받을 수 있다.

Step 5: 깊이에 따른 수직응력 증가의 변화를 도시한다.

그림 E7.12c를 참조.

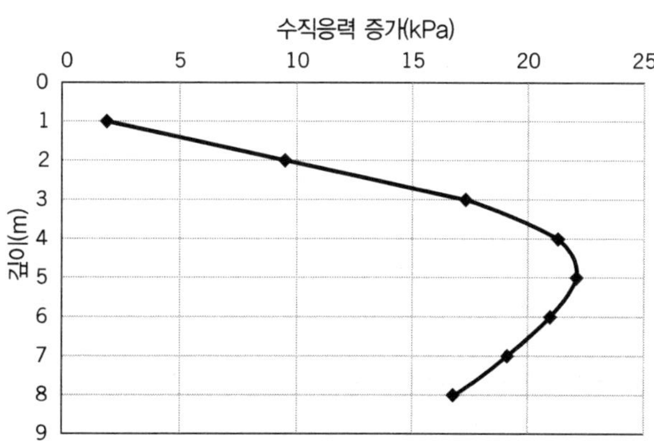

그림 E7.12c

Step 6: 최대수직응력 증가와 발생 깊이를 결정한다.

그림 E7.12c로부터 최대수직응력증가는 22 kPa이고, 발생 깊이는 지표면으로부터 5 m 위치이다.

7.11.6 직사각형등분포하중

많은 구조물의 기초는 직사각형이거나 직사각형의 형태를 갖고 있다. 폭 B와 길이 L을 갖는 직사각형하중의 모서리 밑에서의 응력증가는 식 (7.81)~(7.84)와 같다.

$$\Delta\sigma_z = \frac{q_s}{2\pi}\left[\tan^{-1}\frac{LB}{zR_3} + \frac{LBz}{R_3}\left(\frac{1}{R_1^2} + \frac{1}{R_2^2}\right)\right] \tag{7.81}$$

$$\Delta\sigma_x = \frac{q_s}{2\pi}\left[\tan^{-1}\frac{LB}{zR_3} - \frac{LBz}{R_1^2 R_3}\right] \tag{7.82}$$

$$\Delta\sigma_y = \frac{q_s}{2\pi}\left[\tan^{-1}\frac{LB}{zR_3} - \frac{LBz}{R_2^2 R_3}\right] \tag{7.83}$$

$$\Delta\tau_{zx} = \frac{q_s}{2\pi}\left[\frac{B}{R_2} - \frac{z^2 B}{R_1^2 R_3}\right] \tag{7.84}$$

여기서 $R_1 = (L^2 + z^2)^{1/2}$, $R_2 = (B^2 + z^2)^{1/2}$, 그리고 $R_3 = (L^2 + B^2 + z^2)^{1/2}$이다.

이들 응력증가 방정식들은 다음과 같이 표현할 수 있다.

$$\Delta\sigma_z = q_s I_z \tag{7.85}$$

$$\Delta\sigma_x = q_s I_x \tag{7.86}$$

$$\Delta\sigma_y = q_s I_y \tag{7.87}$$

$$\tau_{zx} = q_s I_\tau \tag{7.88}$$

여기서 I는 영향계수(Influence factor)를 나타낸다. 수직응력에 대한 영향계수는 식 (7.89)이다.

$$I_z = \frac{1}{4\pi}\left[\frac{2mn\sqrt{m^2 + n^2 + 1}}{m^2 + n^2 + m^2n^2 + 1}\left(\frac{m^2 + n^2 + 2}{m^2 + n^2 + 1}\right) + \tan^{-1}\left(\frac{2mn\sqrt{m^2 + n^2 + 1}}{m^2 + n^2 - m^2n^2 + 1}\right)\right] \tag{7.89}$$

여기서 $m = B/z$이고 $n = L/z$이다. 영향계수의 값 I_z는 계산기나 계산표 프로그램을 이용하여 얻을 수 있다. 마지막 항 ($\tan^{-1}$)의 계산에 유의해야 한다. 만약 $m^2 + n^2 + 1 < m^2n^2$이라면, 마지막 항의 tan 괄호 안에 π를 더 해야 한다. 등분포하중 정사각형의 기초 밑의 수직응력의 분포는 그림 7.23과 같다. 기초의 폭이 B일 때, 깊이 $2B$지점에서 수직응력의 증가는 약 10%이다. 수직응력은 깊이 B지점에서 가장자리로부터 $B/2$의 수평거리가 떨어져 있는 곳에서 대략 10% 값에 도달하면서, 기초 중앙으로부터 바깥방향으로 감소한다.

직사각형 재하영역의 모서리를 위한 영향계수 I_z의 도표는 그림 7.24에 나타내었다. $m = B/z$와 $n = L/z$의 값을 계산하여 도표로 부터 영향계수 I_z를 읽어야 한다. m과 n은 바꿀 수 있다. 일반적으로 수직응력의 증가는 $z > 2B$일 때, 지표응력의 10% 미만이다.

직사각형 연성지표면 하중에 의한 지표면의 수직 탄성침하는 식 (7.90)과 같다.

$$\Delta z = \frac{q_s B(1 - \nu^2)}{E} I_s \tag{7.90}$$

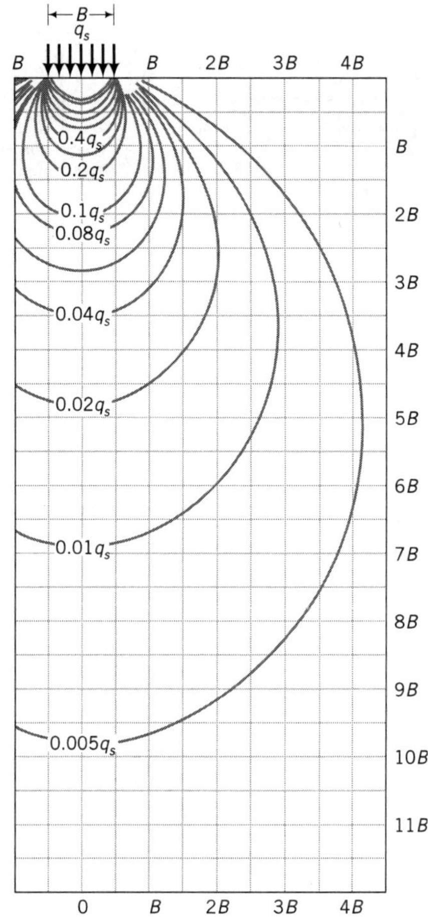

그림 7.23 정사각형기초 아래의 수직응력 분포

여기서 I_s는 L/B비율의 함수인 침하 영향계수이다(L은 길이, B는 폭이다). $\xi_s = L/B$로 하면, 영향계수 I_s는 다음과 같다.

직사각형 중앙에서(Giroud, 1968):

$$I_s = \frac{2}{\pi}\left[\ln\left(\xi_s + \sqrt{1 + \xi_s^2}\right) + \xi_s \ln\frac{1 + \sqrt{1 + \xi_s^2}}{\xi_s}\right] \tag{7.91}$$

직사각형의 모서리에서 (Giroud, 1968):

$$I_s = \frac{1}{\pi}\left[\ln\left(\xi_s + \sqrt{1 + \xi_s^2}\right) + \xi_s \ln\frac{1 + \sqrt{1 + \xi_s^2}}{\xi_s}\right] \tag{7.92}$$

위 식에서 $\xi_s \geq 1$인 경우에 다음과 같이 간단히 표현할 수 있다.

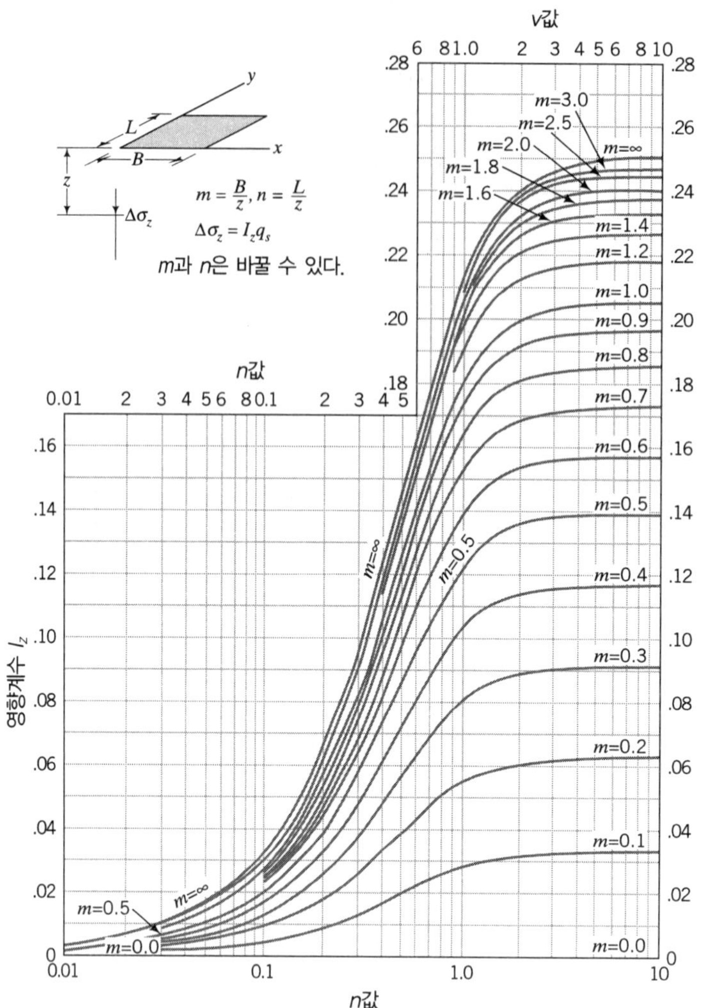

그림 7.24 직사각형하중의 가장자리 아래에서의 수직응력 증가량을 계산하기 위한 영향계수(자료: NAV-FAC-DM 7.1)

$$\text{직사각형 중앙에서:} \quad I_s \cong 0.62 \ln(\xi_s) + 1.12 \tag{7.93}$$

$$\text{직사각형 모서리에서:} \quad I_s \cong 0.31 \ln(\xi_s) + 0.56 \tag{7.94}$$

7.11.7 직사각형하중에 대한 근사적 방법

직사각형하중 중앙 밑에서의 수직응력 증가량의 예비해석에서 지반기술자들은 근사적인 계산법을 사용하기도 한다(2:1 법이라고도 한다). 그림 7.25에서 보여진 것과 같이 $B \times L$의 크기를 갖는 지표면 하중은 z깊이에서는$(B + z) \times (L + z)$의 넓이를 갖는 하중으로 넓게 분산된다. 하중의 중앙하부에서의 수직응력의 증가는 식 (7.95)와 같다.

$$\Delta\sigma_z = \frac{Q}{(B + z)(L + z)} = \frac{q_s BL}{(B + z)(L + z)} \tag{7.95}$$

이와 같은 근사적인 방법은 $z > B$일 때, Boussinesq의 탄성 계산과 비교할 때 비교적 정확하다.

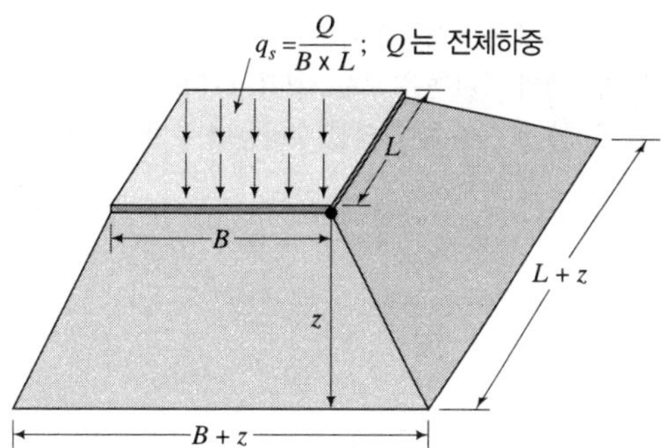

그림 7.25 직사각형 재하영역 하부의 수직응력 증가에 대한 근사적 하중분산

예제 7.13 직사각형하중에 의한 수직응력 증가

3 m × 4.5 m 크기의 직사각형 콘크리트슬래브가 지표면에 놓여있다. 슬래브 위의 하중은 2025 kN이다. 깊이 3 m에서, 다음에 지시하는 위치에서의 수직응력증가량을 결정하라. (a) 슬래브의 중심 바로 아래 지점 A(그림 E7.13a) (b) 가장자리 지점 B (그림 E7.13a) (c) 가장자리에서 1.5 m떨어진 지점 C (그림 E7.13a)

핵심전략 슬래브는 직사각형이고 직사각형 등분포하중에 대한 식은 재하면적의 모서리에 관한 것이다. 구하고자 하는 지점이 직사각형의 모서리에 오도록 재하면적을 분할하여야 한다. 만약에 구하고자 하는 지점이 재하면적의 외부에 있다면, 재하면적을 확장하여야 한다. 그러한 확장은 가상의 면적이므로 확장면적에 의한 수직응력의 가상의 증가량은 결과값에서 감하여야 한다.

풀이 7.13

Step 1: 하중 형태를 확인한다.

사각형 등분포하중이다.

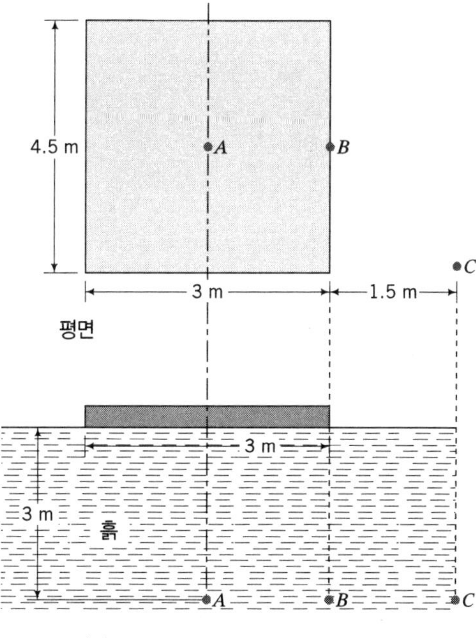

그림 E7.13a

Step 2: 중앙이 모서리가 되도록 사각형을 분할한다.

이 문제에서 분할 후의 4개의 사각형은 모두 같다(그림 E7.13b: C지점은 단순화를 위해 배제하였다). 따라서 B = 1.5 m, L = 2.25 m 크기의 한 개 사각형에 의한 수직응력 증가만 구하면 된다. 그리고 구한 값에 4를 곱하면 된다.

$$m = \frac{B}{z} = \frac{1.5}{3} = 0.5; \quad n = \frac{L}{z} = \frac{2.25}{3} = 0.75$$

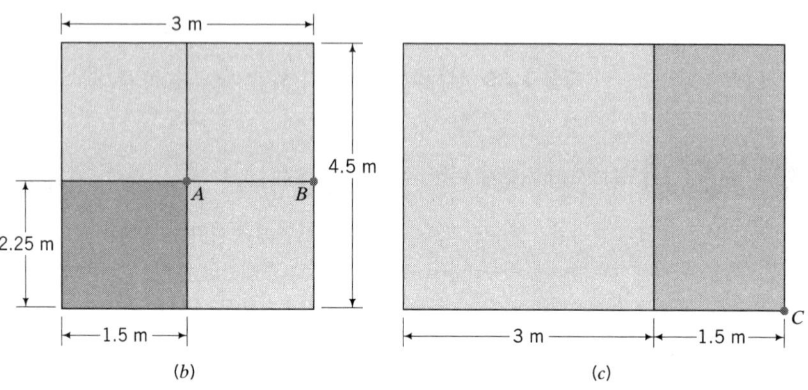

그림 E7.13b, c

그림 7.24의 도표에서, I_z = 0.107이다.

Step 3: 슬래브의 중심 바로 아래의 수직응력 증가량을 구한다(지점 A, 그림 E7.13b).

$$q_s = \frac{Q}{A} = \frac{2025}{3 \times 4.5} = 150 \text{ kPa}$$

$$\Delta\sigma_z = 4q_sI_z = 4 \times 150 \times 0.105 = 63 \text{ kPa}$$

비고: 식 (7.95)의 근사법에 의하면,

$$\Delta\sigma_z = \frac{Q}{(B+z)(L+z)} = \frac{2025}{(3+3)(4.5+3)} = 45 \text{ kPa}$$

이 값은 탄성해법에 의한 값보다 30% 작은 값이다.

Step 4: 지점 B의 수직응력 증가를 구한다.

지점 B는 두 개의 직사각형의 모서리이다. 각 직사각형의 크기는 B = 3 m, L = 2.25 m이다.

$$m = \frac{3}{3} = 1; \quad n = \frac{2.25}{3} = 0.75$$

그림 7.24의 도표에서, I_z = 0.158이다.

$$\Delta\sigma_z = 2q_sI_z = 2 \times 150 \times 0.158 = 47.4 \text{ kPa}$$

예상한 바와 같이, B지점의 수직응력 증가는 A지점 보다 작다는 것을 알아야 한다.

Step 5: 지점 C의 수직응력 증가를 구한다.

지점 C는 직사각형 슬래브의 외부에 있기 때문에 그림 E7.13c와 같이 지점 C까지 직사각형을 확장하여 B = 4.5 m, L = 4.5 m의 확장된 직사각형에 대한 수직응력 증가를 구한 다음에 작은 직사각형 B = 1.5 m, L = 4.5 m의 수직응력 증가를 구해 빼주면 된다.

확장된 직사각형

$$m = \frac{4.5}{3} = 1.5, \quad n = \frac{4.5}{3} = 1.5; \quad \text{그림 7.24 도표에서}, I_z = 0.22$$

작은 직사각형

$$m = \frac{1.5}{3} = 0.5, \quad n = \frac{4.5}{3} = 1.5; \quad \text{그림 7.24 도표에서}, I_z = 0.13$$

$$\Delta\sigma_z = q_s \Delta I_z = 150 \times (0.22 - 0.13) = 13.5 \text{ kPa}$$

7.11.8 임의형태의 등분포 하중 재하시의 수직응력

Newmark(1942)는 임의의 모양의 등분포하중으로 인한 수직응력의 증가를 구하기 위한 도표를 개발하였다. 도표는 방사성의 동심원 형태로 구성되었다(그림 7.26). 각 요소의 면적은 지표면 아래의 z깊이에서 가해진 지표면응력과 같은 크기를 나타낸다. 10개의 동심원과 20개의 방사방향 선이 있다면, 각 원의 응력은 $q_s/10$이고, 각 요소의 응력은 $q_s/(10 \times 20)$이다. 안쪽의 첫 번째 원의 반지름과 깊이의 비율은 식 (7.77)에서 $\Delta\sigma_z = 0.1q_s$를 적용하여 얻을 수 있다. 즉, $\gamma_o/z = 0.27$을 얻는다.

$$0.1q_s = q_s\left[1 - \left\{\frac{1}{1 + (r_o/z)^2}\right\}^{3/2}\right] \tag{7.77}$$

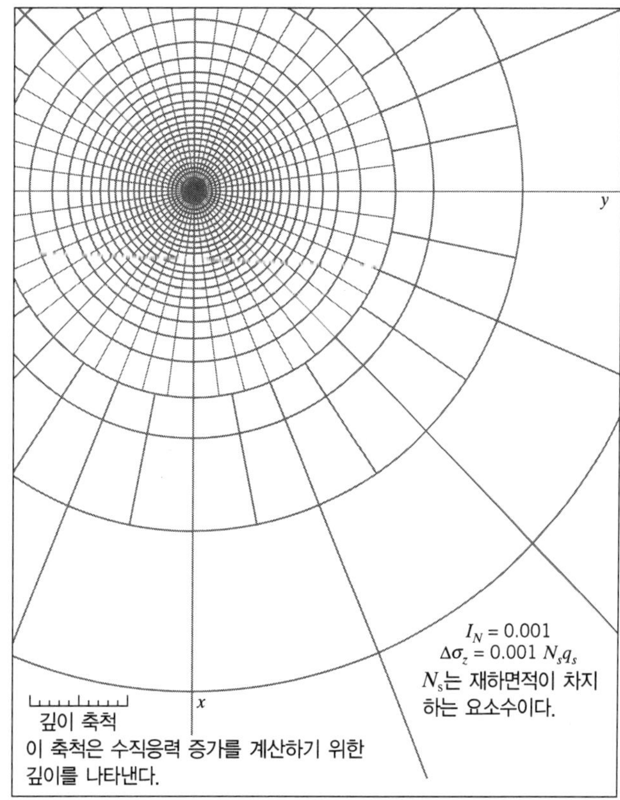

그림 7.26 수직응력 증가량 계산을 위한 Newmark 도표

다른 동심원들에 대해서 $\Delta\sigma_z$를 구하기 위해 적절한 값을 대입하면 된다. 예를 들어 두 번째 원에 대하여는 $\Delta\sigma_z = 0.2 q_s$를 대입하여 r/z를 찾는다. 도표는 깊이에 대해 무차원화 되어 있다. 즉 모든 크기는 깊이에 따라 결정되는 초기 요소 값에 의해 축척이 결정된다. 모든 도표는 축척과 영향계수 I_N값을 명시하여야 한다. 그림 7.26에서의 영향계수는 0.001이다.

Newmark 도표를 사용하는 단계는 아래와 같다:

1. 도표에 그려진 바와 같이 수직응력의 증가가 요구되는 깊이에 맞는 축척을 정한다. 이것을 깊이축척이라고 한다.
2. 응력이 요구되는 하중재하 면적 아래 지점을 확인한다. 그 지점을 A라고 하자.
3. 도표의 중앙에 A 지점이 오도록 하고, 깊이 축척을 사용하여 하중재하 면적을 그린다.
4. 축척에 맞게 그려진 재하면적이 덮고 있는 요소의 개수(N_s)를 센다. 어떤 요소를 부분적으로 덮고 있으면 분수로 계산할 수 있다.
5. 수직응력의 증가량을 $\Delta\sigma_z = q_s I_N N_s$ 식을 이용하여 계산한다.

예제 7.14 불규칙 면적의 하중재하로 인한 수직응력 증가

건물의 균등한 두께를 갖는 기초의 평면을 그림 E7.14a에 나타내었다. 중심부 바로 아래 4 m 위치의 수직응력 증가량을 결정하라. 기초에 의해 지표면에 200 kPa의 수직응력이 가해지고 있다.

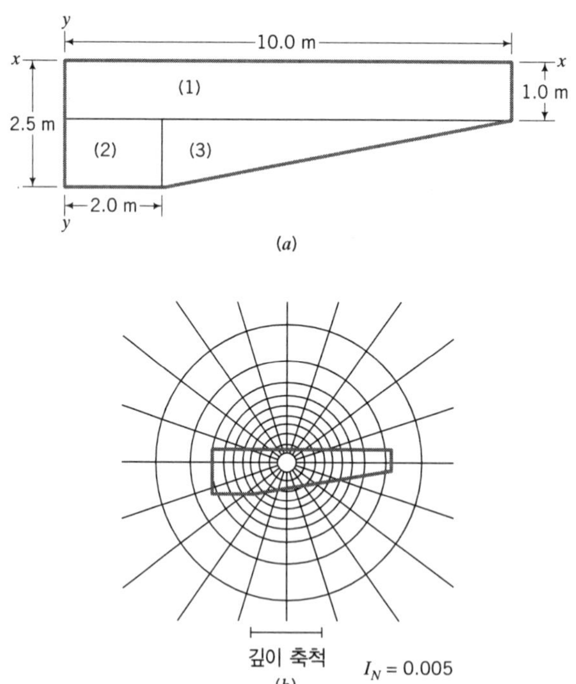

그림 E7.14a, b

핵심전략 기초의 도심을 찾을 필요가 있다. 기초의 형상이 검토된 표준 형상(직사각형 또는 원)이 아니기 때문에 이와 같은 형상에 대해 유용한 Newmark도표를 사용한다.

풀이 7.14

Step 1: 도심을 찾는다.

재하면적을 일련의 규칙적 형상의 면적으로 나눈다. 이 예제에서는 3개로 나눈다. y-y에 대한 면적 모멘트의 합을 구하고(그림 E7.14a), x방향 도심 $\bar{x}$를 얻기 위해 면적의 합으로 나눈다. 마찬가지로 $\bar{y}$를 얻기 위해 x-x에 대한 모멘트를 취한다.

$$\bar{x} = \frac{(1.0 \times 10.0 \times 5.0) + (1.5 \times 2.0 \times 1.0) + \left[\frac{1}{2} \times 8.0 \times 1.5 \times \left(2 + \frac{1}{3} \times 8.0\right)\right]}{(1.0 \times 10.0) + (1.5 \times 2.0) + \frac{1}{2} \times 8.0 \times 1.5} = \frac{81}{19} = 4.26 \text{ m}$$

$$\bar{y} = \frac{(1 \times 10 \times 0.5) + (1.5 \times 2 \times 1.75) + \left[\frac{1}{2} \times 8.0 \times 1.5 \times \left(1.0 + \frac{1.5}{3}\right)\right]}{(1.0 \times 10.0) + (1.5 \times 2.0) + \frac{1}{2} \times 8.0 \times 1.5} = \frac{19.25}{19} \approx 1 \text{ m}$$

Step 2: 축척을 정하고 Newmark도표에 기초를 그린다.

도표의 축척은 깊이와 동일하게 정한다. 도심이 도표의 중심에 위치하게 하고, 기초는 깊이 축척을 사용하여 크기를 맞춘다(그림 E7.14b).

Step 3: 기초에 의해 덮여진 요소 수를 더한다.

$$N_s = 61$$

Step 4: 수직응력 증가량을 계산한다.

$$\Delta\sigma_z = q_s I_N N_s = 200 \times 0.005 \times 61 = 61 \text{ kPa}$$

7.11.9 성토하중(embankment loads)

성토하중은 하나의 직사각형과 두 개의 삼각형 띠하중의 조합으로 생각할 수 있다. 성토하중으로 인한 수직응력 증가량은 그림 7.27에 나타내었다. 가해진 지표면 응력은 성토 재료의 단위중량에 성토 높이를 곱해서 계산할 수 있다.

7.11.10 무한하중(infinite loads)

성토나 상재하중처럼 측방으로 크게 확장된 등분포하중은 깊이 전체에 걸쳐 등분포 수직응력으로 지반에 전달되고 있다고 가정할 수 있다. 예를 들어 15 kN/m^{3}의 단위중량과 2 m 높이만큼 흙을 성토할 때, 지표면 아래의 임의의 깊이에서 수직응력은 $2 \times 15 = 30$ kPa이다.

요점정리 THE ESSENTIAL POINT ARE

1. 지표면 하중으로 인한 응력증가는 흙을 탄성, 반무한 매질로 가정함으로서 계산된다.
2. 지표면 하중으로 인한 응력증가는 다양한 수식으로 계산된다.
3. 임의의 깊이에서 응력증가는 지표면 하중의 형상과 분포에 따라 달라진다.
4. 하중재하 면적에 의해 지표면에 가해진 응력은 깊이, 하중 중심으로부터의 측방거리가 멀어짐에 따라 감소한다.
5. 수직응력의 증가량은 깊이와 폭의 비가 2보다 클 때, 지표면 응력의 10% 미만이다.

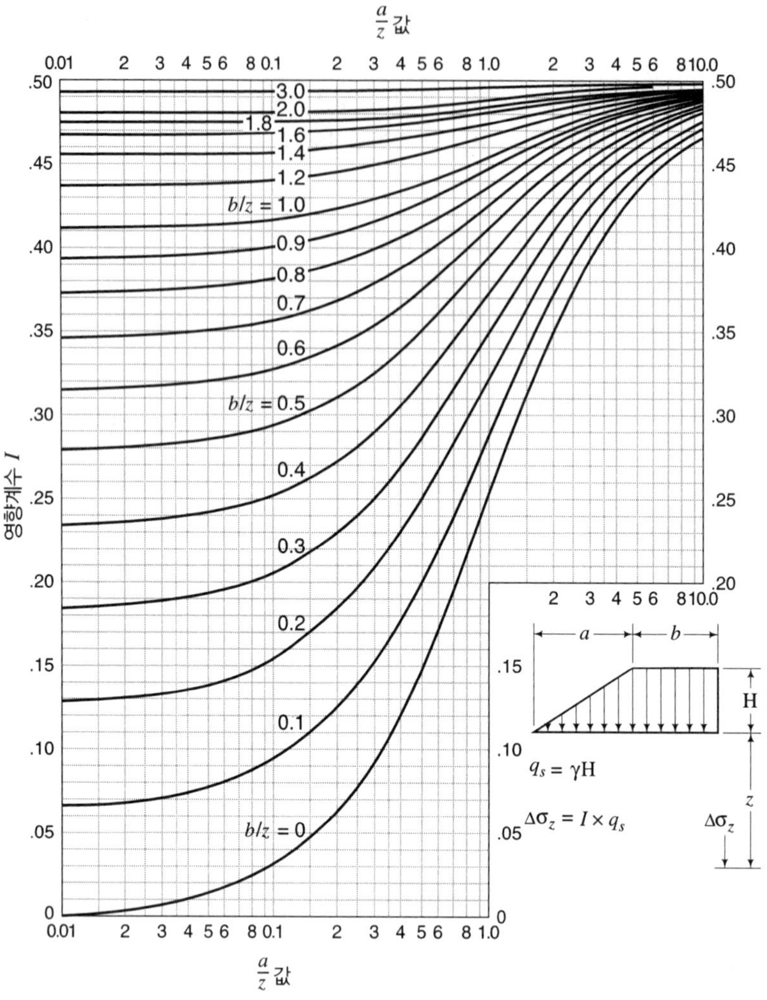

그림 7.27 제방하중으로 인한 수직응력 증가

7.12 요약

탄성이론은 미소변형에서 간편하게 개략적인 흙의 변형을 계산할 수 있게 한다. 그러나 모든 흙의 거동을 탄성이론으로 적절하게 설명할 수 없으며, 좀 더 많은 것이 포함된 이론이 요구되는 점을 간과해서는 안된다. 토질역학에서 가장 중요한 원리는 유효응력 개념이다. 흙의 변형은 전응력이 아닌 유효응력에 의한 것이다. 지표면에 가해진 응력들은 그 가해진 지점으로부터의 거리나 깊이에 따라 그 응력의 크기가 감소하면서 분포되어간다.

자력평가

http://www.wiley.com/college/budhu 접속하여 제 7장의 이해도를 측정하기 위한 퀴즈를 풀어라.

실용 예제

예제 7.15 전신주에 의한 수직응력 증가

전나무로 만들어진 송전 전신주가 지표면 위 12 m의 높이이고, 지반속에 2 m가 묻혀져 있다. 하부의 직경은 450 mm이고, 상부의 직경은 320 mm이다. 전신주, 가로대, 전선의 중량은 33 kN이다. 전신주가 집중하중으로 하중을 전달한다고 가정하고, 지표면에서부터 응력증가가 5 kPa보다 작은 깊이 까지의 수직응력 증가를 깊이에 따라 도시하라.

핵심전략 이 예제는 Boussinesq 방정식을 그대로 적용시키는 예이다.

풀이 7.15

Step 1: 수직응력 증가를 계산한다.

전신주의 중앙에서, $r = 0, r/z = 0$.

식 (7.58): $I = \dfrac{3}{2\pi} = 0.477$

깊이에 따른 수직응력 증가는 아래의 표에 나타내었다.

z(m)	r/z	I	$\Delta\sigma_z$ 식 (7.57) (kPa)
0.1	0.00	0.477	1577.6
0.2	0.00	0.477	393.9
0.5	0.00	0.477	63.0
1	0.00	0.477	17.8
2	0.00	0.477	3.9

Step 2: 깊이에 따른 수직응력 분포를 그린다.

그림 E7.15 참고.

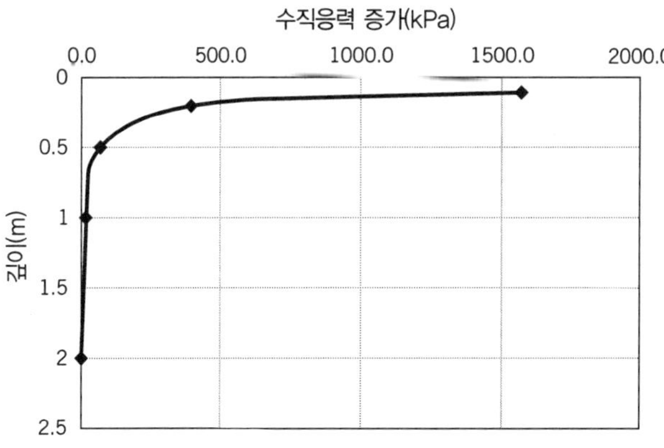

그림 E7.15

예제 7.16 필요로 하는 수직응력 증가를 얻기 위한 성토 높이

예정된 고속도로 노선이 하부에 점토섞인 빈입도 자갈층(ASTM-CS:GP-GC)이 있는 대략 4 m 두께의 연약점토층(ASTM-CS:CH)이 있는 2 km 구간을 통과한다. 지반기술자들은 포장과 교통하중으로 인한 침하(9장)가 과도한 것으로 판단하였다. 한 가지 해법은 일시적 단계 성토를 통해 점토지반에 프리로딩을 가하는 것이다. 각각의 재하 단계는 간극수압의 배수와 점토층의 침하를 위해 6개월간 지속될 것이다. 그러나, 가해지는 하중에 의해 점토층이 파괴가 되어서는 안된다. 재하 첫 단계에서 성토중앙부를 통한 점토층 중앙에서의 예상 최대 수직응력 증가는 20 kPa이다. 포장 폭이 8 m이고, 성토 최대 경사가 1(V):1.5(H)를 넘지 않을 때 요구되는 성토높이를 산출하라. 성토재료의 단위중량은 16 kN/m^{3}이다.

핵심전략 이러한 문제의 풀이는 반복계산이 요구된다. 이 문제의 제한사항은 최대수직응력 증가량과 성토 경사이다. 최대 수직응력 증가량이 주어져 있으므로 a(그림 7.27)를 찾고, H를 얻기 위해 성토의 최대 경사를 사용하여야 한다.

풀이 7.16

Step 1 : 문제에 대한 단면을 그린다.

그림 E7.16을 참조하라.

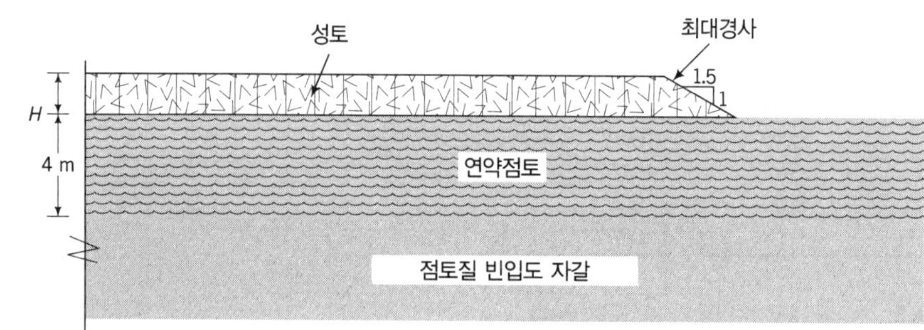

그림 E7.16

Step 2 : $\frac{b}{z}$ 비를 계산한다.

$\frac{b}{z} = \frac{4}{2} = 2$; $\frac{a}{z}$ 비도 결정되어야 한다.

Step 3: 요구되는 I를 결정한다.

그림 7.27에서, $\frac{b}{z} = 2$와 $\frac{a}{z} = 0.001 \sim 2$의 경우 $I = 0.48$이다.

Step 4: 요구되는 $\frac{a}{z}$ 비를 결정한다.

그림 7.27은 성토하중의 1/2에 대한 응력증가량에 대한 것이므로, 요구되는 응력증가량을 2로 나눈다.

$$\therefore \frac{\Delta\sigma_z}{2} = q_s I = \gamma H I = 16HI$$

$$I = \frac{20}{2 \times 16H} = \frac{1}{1.6H}$$

a의 최대값은 $1.5H$이므로,

$$I = \frac{1}{1.6H} = \frac{1}{1.6\dfrac{a}{1.5}} = \frac{0.94}{a}$$

$a = \dfrac{0.94}{I} = \dfrac{0.94}{0.48} = 1.96\text{ m}; \dfrac{a}{z} = \dfrac{1.96}{2} = 0.98$, 이 값은 0.001에서 2의 범위에 있다.

따라서 $I = 0.48$.

만약 $\dfrac{a}{z}$ 가 0.001에서 2의 범위에 없다면, $\dfrac{b}{z} = 2$에 대한 I값을 선택하여 반복계산을 하여야 한다. 그리고 $\dfrac{a}{z}$ 가 I값과 상응하는지 검토해야 한다.

Step 5: 요구되는 H를 결정한다.

$$H = \frac{a}{1.5} = \frac{1.96}{1.5} = 1.3\text{ m}$$

예제 7.17 기초로 인한 수직응력 증가

폭10 m, 길이 40 m의 건물기초가 80 MN의 하중을 깊게 퇴적된 견고한 포화점토층(그림 E7.17a)으로 전달한다. 점토의 탄성계수는 깊이에 따라 변화한다(그림 E7.17b). $\nu = 0.32$이다. 기초 중심 바로 아래의 점토층의 탄성침하를 평가하라.

핵심전략 이 문제의 주요 결정사항은 적합한 탄성계수의 결정에 사용되는 깊이이다. 한 가지 선택사항은 $2B$ 또는 $3B$의 깊이에 걸친 평균 탄성계수를 사용하는 것이다. $2B$보다 깊은 지역의 수직응력 증가는 10% 미만이다. $3B$의 깊이를 사용하기로 하자.

풀이 7.17

Step 1: 가해진 수직 지표면 응력을 구한다.

$$q_s = \frac{Q}{A} = \frac{80 \times 10^3}{10 \times 40} = 200\text{ kPa}$$

Step 2: 탄성계수를 구한다.

유효깊이를 $3B = 3 \times 10 = 30$ m로 가정한다.

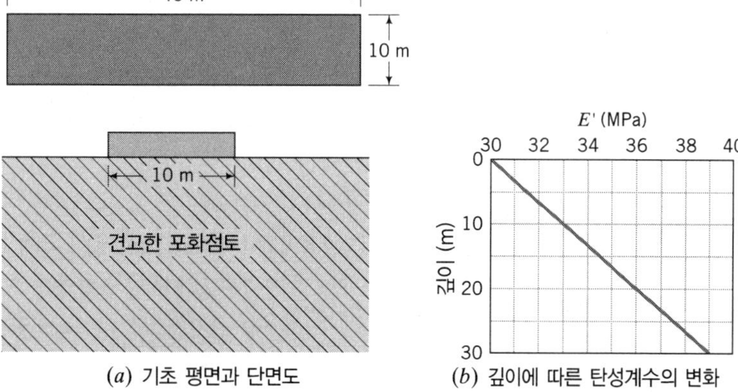

(a) 기초 평면과 단면도 (b) 깊이에 따른 탄성계수의 변화

그림 E7.17

E의 평균값은 34.5 MPa이다.

Step 3: 연직침하량을 계산한다.

식 (7.90)을 사용한다: $\Delta z = \dfrac{q_s B(1-\nu^2)}{E} I_s$

$$\frac{L}{B} = \frac{40}{10} = 4, \quad I_s = 0.62 \ln\left(\frac{L}{B}\right) + 1.12 = 0.62 \ln(4) + 1.12 = 1.98$$

$$\Delta z = \frac{200 \times 5 \times (1 - 0.32^2)}{34.5 \times 10^6} 1.98 = 51.5 \times 10^{-6}\,\text{m} = 51.5 \times 10^{-3}\,\text{mm}$$

연습문제 EXERCISES

이론문제

7.1 탄성체의 흙은 배수조건에서 횡방향으로는 구속되고 축방향으로 압축된다. 토질역학에서 그러한 흙에 부과되는 재하 상황을 K_o 압축(compression) 또는 압밀(consolidation)이라고 한다. K_o 조건하에서 아래 식이 성립함을 증명하라.

$$\frac{\sigma'_x}{\sigma'_z} = \frac{\nu'}{1-\nu'}$$

여기서 ν'은 배수조건에서의 포아송비이다.

7.2 탄성체인 원통형시료가 횡방향으로 구속되어 있다고 하면, 구속 탄성계수는 다음과 같은 식이 됨을 증명하라.

$$E_c = \frac{E'(1-\nu')}{(1+\nu')(1-2\nu')}$$

여기서 E'과 ν'은 배수조건에서의 탄성 계수(Young's modulus)와 포아송비이다.

7.3 포화토에서 간극수압의 증가는 $\Delta u = \Delta\sigma_3 + A(\Delta\sigma_1 - \Delta\sigma_3)$로 표현할 수 있다. 흙을 선형, 등방성, 탄성재료로 가정한다면, 축대칭 조건에서는 $A = \frac{1}{3}$임을 증명하라.

기본문제

응력과 변형률

7.4 직경 75 mm, 길이 150 mm인 원통형 시료가 축방향으로 압축되고 있다. 압축으로 길이가 147 mm로 감소하였고, 반경은 0.3 mm가 증가하였다. 다음을 계산하라.

(a) 축(axial)변형률과 방사방향(radial)변형률

(b) 체적변형률(volumetric strains)

(c) 포아송비(Poisson's ratio)

7.5 직경 75 mm, 길이 150 mm인 원통형 시료가 횡방향으로 압축되고 있다. 압축으로 길이가 153 mm로 증가하였고, 반경은 37.2 mm로 감소하였다. 다음을 계산하라.

(a) 축(axial)변형률과 방사방향(radial)변형률

(b) 체적변형률(volumetric strains)

7.6 100 mm × 150 mm × 20 mm(높이)의 흙 시료가 단순전단 변형을 받고 있다(그림 7.3 참고). Z 방향에서의 수직력은 1 kN이고, 전단력은 0.5 kN 이다. 흙 시료의 윗부분에서 X 방향과 Z 방향의 변위는 $\Delta x = 1$ mm와 $\Delta z = 1$ mm 이다. 다음을 계산하여라.

(a) 전단응력과 수직응력

(b) 축변형률과 전단변형률

탄성변형

7.7 긴 제방이 다음과 같은 순서로 구성된 지층 위에 놓여져 있다. 지층은 4 m의 중간 강도 점성토층, 8 m의 중간 조밀한 모래층, 기반암층으로 이루어져 있다. 공사 중 제방의 중앙에서 5 mm의 수직침하가 계측되었다. 모든 침하가 점성토 흙의 탄성침하로 가정하고, 탄성 방정식을 사용하여 제방 중앙 바로 아래의 점성토층에 부과된 평균응력을 결정하라. 탄성정수는 $E = 15$MPa과 $\nu = 0.3$ 이다. (힌트: 수평변형률은 '0' 으로 가정한다)

7.8 옹벽 뒷편의 흙(모래)에 수직응력이 5 kPa 증가하였고, 수평응력은 25 kPa 감소하였다. 흙을 $E = 20$ MPa과 $\nu = 0.3$인 선형, 탄성재료로 가정하였을 때, 수직, 수평변형률의 변화를 결정하라.

Mohr원을 이용한 응력상태

7.9 원통형 모양의 시료가 500 kPa의 수직 주응력과 200 kPa의 수평 주응력에 의해 압축되고 있다. Mohr의 응력원을 작도하고, (a) 최대전단응력과 (b) 수평면에서 반시계방향으로 30° 기울어진 평면에 작용하는 수직응력과 전단응력을 결정하라.

7.10 그림 P7.10에 나타낸 힘들이 흙 시료(100 mm × 100 mm × 100 mm)에 작용하고 있다. (a) 주응력들의 크기, (b) 수평면과 이루어진 주응력면의 각도, (c) 최대전단응력, (d) 수평면에서 시계방향으로 20° 기울어진 평면에 작용하는 수직응력과 전단응력을 결정하라.

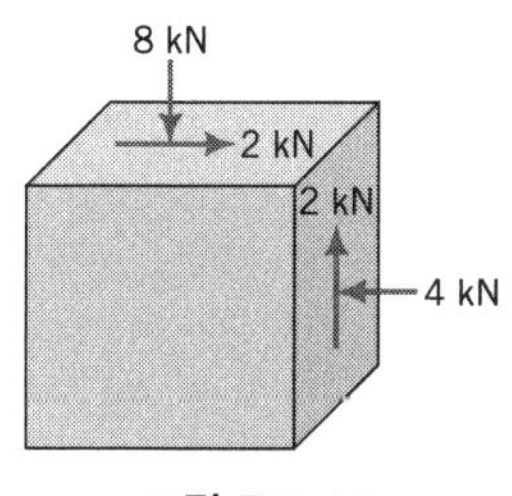

그림 P7.10

7.11 점성토 지반에서 임의의 깊이의 초기 주응력들이 수평방향 평면에 100 kPa, 수직방향 평면에 50 kPa이 작용하고 있다. 지표면의 기초공사로 인하여 45 kPa의 수직응력, 20 kPa의 수평응력, 그리고 반시계 방향(수평면을 기준으로)의 40 kPa 전단응력이 추가적으로 발생하였다. (1) 흙의 초기응력상태와 (2) 기초공사 후에 응력상태를 Mohr원으로 도시하라. (a) 주응력 크기의 변화, (b) 최대전단응력의 변화, (c) 기초공사로 인한 주응력면의 방향 변화를 결정하라.

유효응력

7.12 그림 P7.12에 나타낸 지층 구조에서 깊이에 따른 전응력, 유효응력 그리고 간극수압의 분포를 도시하라. (모관현상과 간극공기압은 무시하라)

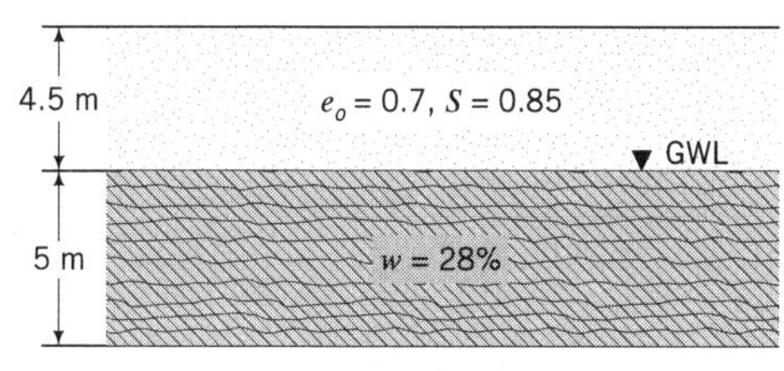

그림 P7.12

7.13 문제 7.12에서 지하수위가 (a) 지표면까지 상승, (b) 지표면 위 2 m 높이까지 상승, (c) 지표면 위 2 m 높이에서 급격하게 현재의 지하수위 높이 아래 1 m까지 하강한다고 하였을 때, 수직유효응력과 전응력 그리고 간극수압을 결정하고, 깊이에 따른 분포도를 그려라.

7.14 간극비가 e = 1.1이라고 한다면, 점토 지층에서 수직 유효응력이 100 kPa이 되는 깊이는 얼마인가? 지하수위는 지표면 아래 1 m에 위치하여 있고, 지하수위 위 지층의 포화도 S = 95% 이다. 간극공기압은 무시하라.

7.15 배수의 목적으로 모래지반(e = 0.5) 바닥에 암거가 시공되고 있다. 암거의 지붕은 지표면 아래 3 m에 위치하게 된다. 현재, 지하수위는 지표면에 위치하나, 암거 설치 이후에는 지하수위가 지표면 아래 2 m까지 떨어질 것으로 예상되고 있다. 설치 후, 암거 지붕에 작용하는 수직 유효응력의 변화를 계산하라. 지하수위 위의 모래지반은 포화된다고 가정하라.

7.16 지층은 매우 두꺼운 점토층 위에 10 m 두께의 유효입경 0.15 mm의 세립분 모래층으로 구성되고 있다. 지하수위는 지표면 아래 3 m에 위치한다. (a) 등가 모관의 직경이 유효입경의 10%이고 모래표면이 부드러운 유리와 유사하다고 가정할 때, 모관 상승고를 결정하라. (b) 모래의 간극비가 0.6이고 포화도가 90% 라고 할 때, 깊이에 따른 수직 유효응력과 간극수압 분포를 도시하라. 간극공기압은 무시하라.

7.17 모래층 위에 점토층의 지층이 그림 P7.17과 같이 구성되었다. 관이 모래층 바닥까지 삽입되었고, 관의 수위가 지표면 위 1m까지 상승하였을 때, A, B, C 위치에서의 수직 유효응력과 간극수압을 결정하라. K_o가 0.5라고 하였을 때, A, B, C 위치에서의 수평유효응력과 수평전응력을 결정하라. A 위치에서의 수직유효응력이 '0' 이 되기 위한 간극수압의 크기는 얼마인가?

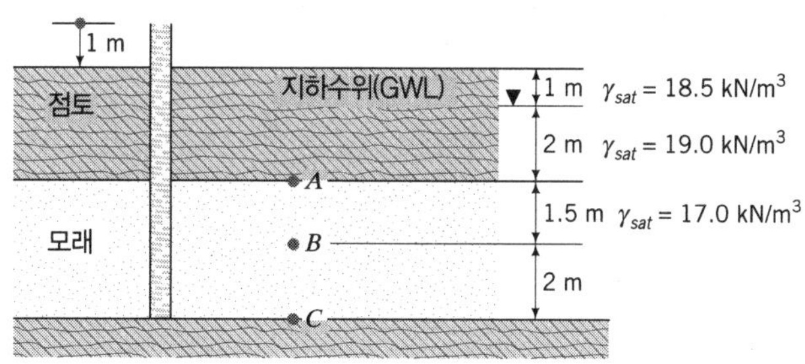

그림 P7.17

7.18 그림 P7.18에 나타낸 것과 같이 부분적으로 상승된 지하수위가 있는 흙 단면이 있다. 단면 A-A와 B-B에서 깊이에 따라 수직 전응력, 유효응력, 간극수압을 도시하라. 간극공기압은 무시하라.

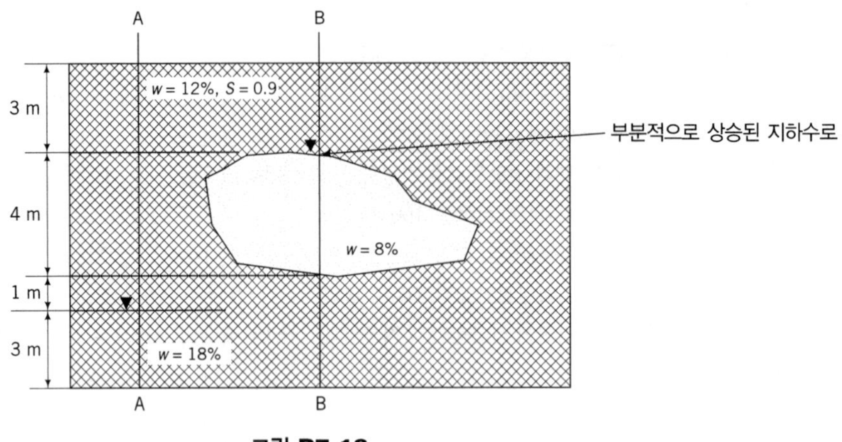

그림 P7.18

지표면 하중으로 인한 지반내의 응력

7.19 전신주가 지표면 위에 수직으로 세워져 있다. 이 때 전신주의 상부에서 수평면과 45° 경사로 3개 전선이 같은 간격으로 묶여져 있다. 묶여진 전선에는 각각 1 kN의 인장력이 작용한다. 다음을 계산하라.

(a) 지표면 아래 1 m에서의 수직응력의 증가량

(b) E = 40 MPa, ν = 0.3 일 때, 전신주의 축 밑에서 발생하는 탄성침하량의 크기

7.20 4 m × 6 m크기의 직사각형 기초(그림 P7.20)가 퇴적층 지표면에 100 kPa의 응력을 전달한다. A, B, C의 위치에서 20 m 깊이까지 깊이에 따른 수직응력 증가량의 분포도를 작성하라. A 위치 아래 깊이에서, 수직응력 증가량이 지표면응력의 10%보다 작은 깊이는 어디인가?

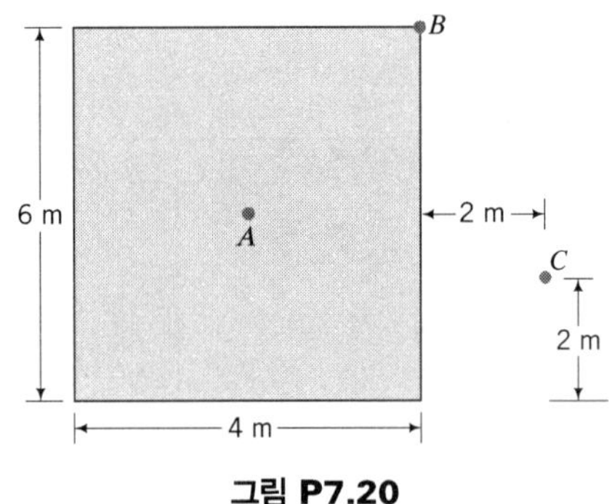

그림 P7.20

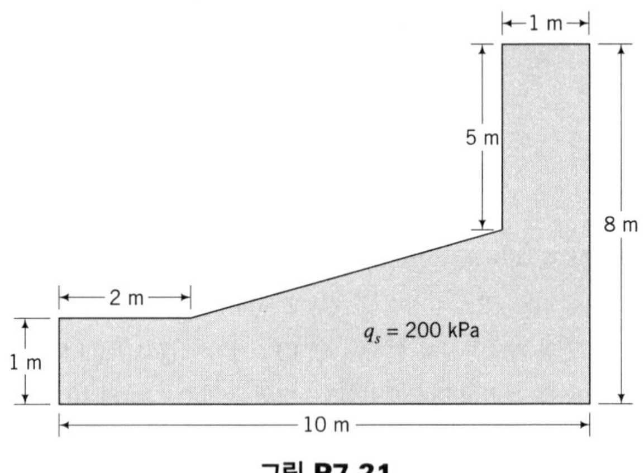

그림 P7.21

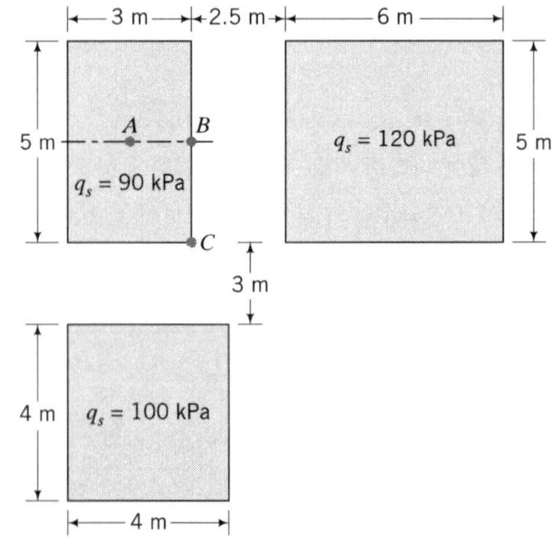

그림 P7.22

7.21 그림 P7.21에 나타낸 기초의 도심(centroid) 아래 5 m 깊이에서의 수직응력의 증가량을 결정하라.

7.22 3개의 기초들이 근접하게 위치하고 있다(그림 P7.22). A, B, C 위치에서 지표면 아래 2 m 깊이의 응력증가량을 결정하라.

실용문제

7.23 당신은 복잡하게 밀집해 있는 도시 안에 예정된 업무용 건물을 위한 지반기술자이다. 업무용 건물은 현존하는 업무용 복합 빌딩에 근접하여 건설될 것이다. 현장에서 채취한 흙은 매우 조밀한 퇴적층 모래이고, $E = E' = 45$ MPa, $\nu = \nu' = 0.3$ 이다. 모래 층은 깊은 조밀한 자갈 퇴적층 위에 놓여 있다. 현존의 고층 복합 빌딩은 지표면 아래 2 m에 위치한 100 m × 120 m의 콘크리트 슬래브 위에 세워져 있고, 지반으로 전달되는 하중은 2400 MN 이다. 당신의 업무용 건물 기초의 크기는 50 m × 80 m이고, 1000 MN의 하중을 지반에 전달한다. 당신도 역시 지표면 아래 2 m 깊이에 기초를 두고자 한다. 신축 건물의 정면은 복합 빌딩과 나란히 위치하고, 측면은 0.5 m 간격을 두고 시공된다. 각각 건물의 길이가 작은 쪽이 정면으로 되어 있다. 복합 빌딩의 소유주는 신축 건물의 시공으로 인해 기존 빌딩의 침하 발생을 걱정하고 있다. 그로 인해 당신은 당신의 의뢰인과 복합 빌딩의 소유주 그리고 현존 빌딩의 기술진들과의 회의에 참석하게 되었다. 협의를 위해 당신은 신축건물이 복합 빌딩에 어떠한 영향을 주는지 결정하여야 한다. 예비 계산을 위해 당신에게 주어진 시간은 단지 1시간뿐이다. 당신의 건물 신축으로 인하여 현존 복합 빌딩의 예상 침하량과 응력 증가량을 계산하여 발표하여야 한다.

7.24 약간의 점토와 실트가 섞인 깊은 퇴적 모래 지반에 주택(평면 크기: 10 m × 15 m)이 위치하고 있다. 주택이 완성되었을 때 지하수위의 위치는 지표면 아래 0.5 m에 위치하고 있었다. 후에 주택의 길이 방향의 옆면을 따라 다용도 트렌치가 4 m 깊이로 굴착되었다. 트렌치를 건조 상태로 유지시키기 위하여 고인 물은 펌프로 제거하였다. 노동 쟁의로 인해 다용도 관의 설치는 중단되었으나, 오픈 트렌치의 펌프작업은 계속해서 수행되었다. 노동 쟁의 기간 중, 주택 소유주는 벽체에 크랙이 진행되고 있는 것을 발견하였다. 지하수위 위의 포화도 $S = 0.9$이고, 간극비 $e = 0.9$ 라고 가정할 때, 주택 소유주에게 크랙의 발생 원인을 보고하기 위한 짧은 예비 기술보고서(1쪽 이하)를 작성하라. 트렌치의 벽은 측방으로 움직이지 않았다. 지반의 수직과 수평 투수계수는 각각 0.5×10^{-4} cm/sec, 2.3×10^{-4} cm/sec이다. 계산과정도 보고서에 수록되어야 한다. 간극공기압은 무시하라.

7.25 농부가 밀(wheat)의 저장을 위한 철재의 두 개의 곡물창고(silos)를 필요로 하고 있다. 각각의 곡물창고의 외부 직경은 8 m, 높이는 10 m이다. 곡물창고의 기초는 가장자리가 두껍게 된 원형 콘크리트슬래브이다. 창고에 밀을 가득 채웠을 때 각 창고의 무게는 9552 kN이다. 지반은 매우 견고하고 깊은 점토 퇴적층 위에 중간 강도를 갖는 30 m 두께의 점토 퇴적층으로 구성되어 있다. 농부는 두 개의 곡물창고의 사이를 2 m 간격으로 하여 건설하기를 원하고 있다. 이 거리가 만족스러운 것인지 여부에 대한 자문을 얻고자 당신을 고용한다. 이 지역은 시간당 100 km 속도의 돌풍이 분다. 다음 사항들을 해결하라.

(a) 하나의 곡물창고의 중앙과 가장자리 위치에 대해 16 m의 깊이까지 수직응력 증가의 분포를 도시하라. 중간 강도 점토층은 반무한하고, 콘크리트슬래브는 연성이라고 가정한다. 계산표를 이용하고, 그 결과를 도시하라.

(b) $E = 30$ MPa, $\nu = 0.7$로 가정하여, 하나의 곡물창고 가장자리와 중앙 위치에 대하여, 지표면의 탄성침하를 계산하라.

(c) 하나의 곡물창고 기초의 탄성 기울기를 계산하고, 기초 슬래프의 변형된 형태를 스케치하라.

(d) 탄성 기울기로 인하여 두 개 창고의 상단부가 맞닿을 것인가? 당신의 답에 대한 계산 근거를 제시하라.

(e) 당신이 추천하고자 하는 창고 사이의 최소거리는 얼마인가? 농부에게 당신의 제안을 설명하기 위한 자세한 도면을 작성하라.

(f) 돌풍이 창고 아래의 응력 분포도를 어떻게 변화시킬 수 있는지 설명하라.(힌트: 부록 B의 차트를 사용하라)

7.26 직경 15 m, 높이 10 m의 물탱크가 기존의 지중 관로가 설치되어 있는 곳에 예정되어 있다(그림 P7.26). 탱크에 가까운 관로의 반원주를 따라 물탱크에 의해 관로에 부과되는 수직응력과 수평응력 증가의 분포를 도시하라. 빈 탱크의 무게(사하중)는 350 kN이다. 탱크에는 물로 가득 채워졌다고 가정하라.

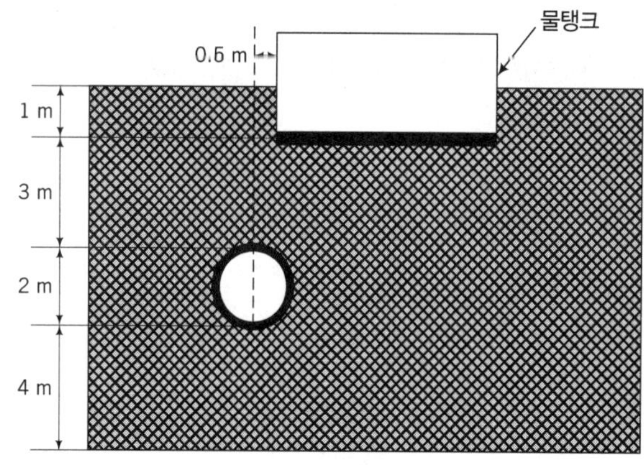

그림 P7.26

7.27 개발업자가 기존 옹벽에 인접하여 아파트 건물의 건축을 제안하고 있다(그림 P7.27). 폭 12 m, 길이 300 m아파트 건물(옹벽과 평행하다)은 150 kPa의 지표면 응력을 부과할 것이다.

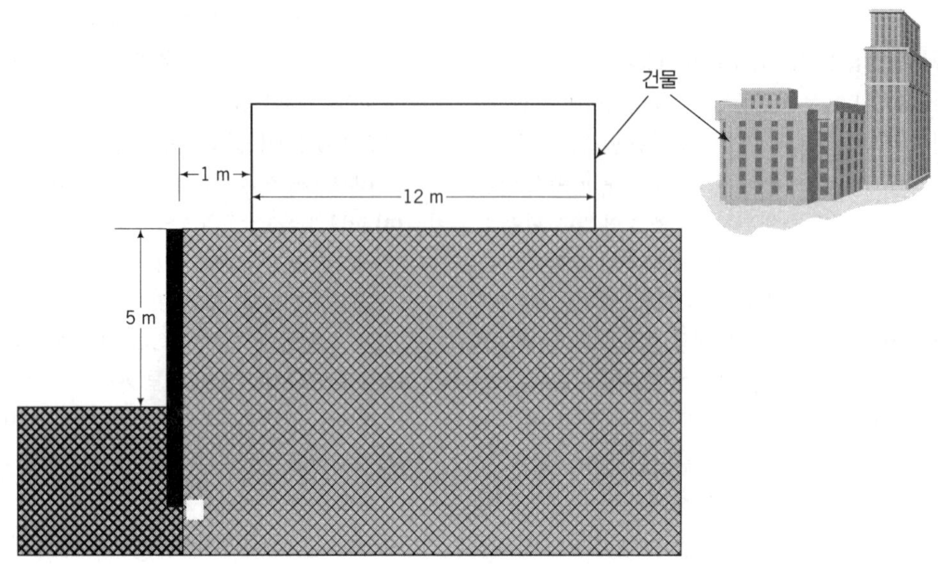

그림 P7.27

예비설계에서 건물의 긴 벽면은 옹벽으로부터 1 m 거리에 있게 된다. 이 건물하중은 띠하중(strip load)으로 취급할 수 있다고 가정하라.

(a) 4 m까지 깊이에 따른 수평력 증가의 분포를 그려라.

(b) 최대수평력 증가는 얼마이고 어디에서 발생하는가?

(c) 옹벽의 근입깊이가 지표면 아래 4 m일 때, 옹벽 기점에 대한 최대추가모멘트를 계산하라.(그림 P7.27의 O점이 기점임)

(d) 당신이라면 개발업자에게 아파트 건물이 옹벽으로부터 얼마나 떨어져야 하는지 권고할 것인가?

7.28 10 m 두께의 대수 모래층(투수층)이, 위층의 6 m 두께의 점토층(불투수층)과 아래의 기반암(불투수층) 사이에 끼어 있다. 지하수위는 지표면에 위치해 있다. 모래층 바로 위에 파이프가 설치되어 있다. 파이프 내의 물이 지하수위 위로 5 m까지 상승한다. 점토와 모래의 함수비는 각각 52%, 8% 이다.

(a) 피압지하수 조건(artesian condition)이 존재하는가? 왜 존재하는가?

(b) 10 m 깊이까지의 깊이에 따른 수직전응력, 수직유효응력, 간극수압의 분포를 그려라.

(c) 점토의 $K_o = 0.5$이고, 모래의 $K_o = 0.45$일 때, 수평전응력과 수평유효응력의 분포를 그려라.

(d) 직경 2 m의 급수관이 지표면 아래 4 m(급수관 바닥의 위치)에 위치할 것이 제안되고 있다. 지층 구성과 급수관의 위치를 그려라. 제안된 급수관의 위치에 대한 문제점에 대해 설명하라(계산에 의해 정당화하라).

CHAPTER 08

응력경로

STRESS PATH

8.0 서론

8장에서는 응력경로와 재하에 따른 흙의 거동을 이해하는데 응력경로의 중요성에 대해서 배운다. 8장을 마쳤을 때, 당신은 아래의 내용을 할 수 있어야 한다.

- 응력과 변형률의 불변량(invariants)의 계산
- 일반적 재하시의 흙의 응력경로 작성
- 전응력과 유효응력 경로의 차이점을 이해

중요사항

7장에서 다루어진 응력과 변형률은 어떠한 체계를 사용하느냐에 따라 다르다. 일반적으로 직교 좌표계(cartesian coordinate system)를 사용하거나 원통형 좌표계(cylindrical coordinate system)를 사용하고 있다. 그러나 좌표계에 의존하지 않는 응력과 변형률을 정의할 수 있다. 본 장에서 그러한 좌표계에 대해서 검토 할 것이고, 좌표계는 흙의 거동을 해석하기 위한 응력과 변형률 정수들의 일반화에 사용된다. 특히, 응력과 변형률의 3차원 체계를 2차원 체계에서 설명할 수 있다.

앞에서 흙을 선형, 등방성, 탄성재료로 가정할 때, 지표면에 작용하는 응력이 지반내로 어떻게 분포해 가는지 조사하였다. 서로 다른 구조물들은 각각 다른 응력들을 부과하고, 흙 역시 다르게 반응한다. 예를 들어 오일탱크의 중심 바로 아래의 흙 요소는 탱크가 채워지거나 비워지는 과정에서 반복하여 흙의 수직응력들이 증가하거나 감소되는 이력을 갖게 될 것이다. 그러나 옹벽구조물 근처의 흙에서 만약 옹벽이 외측으로 움직이면 흙에 가해지는 수평응력은 감소될 것이다. 이러한 다른 재하조건들은 흙의 서로 다른 반응을 일으키게 한다. 그러므로 흙의 거동을 예측하는데 응력의 증가/감소에 대한 응력이력을 추적할 필요성이 있으며, 현장 흙의 하중이력을 재현하는 시험을 수행할 필요가 있다. 그림 8.1은 고층빌딩 근처에서의 굴착공사 현장을 보여주고 있다. 같은 깊이에서 빌딩의 중앙지점과 굴착지역의 가장자리 부근의 하중이력은 다를 것이며, 지반 역시 다른 반응을 보일 것이다.

8.1 용어 정의

평균응력(p) : 3차원 좌표에서 직교하는 응력들의 평균 또는 물체에 작용하는 평균 응력

그림 8.1 고층건물에 근접한 굴착공사. 건물의 중앙과 굴착지역 가장자리의 같은 깊이에서 흙 요소에 작용하고 있는 하중이력은 다를 것이다.

축차응력(q) : 물체에 작용하는 전단 응력, 비틀림 응력 또는 응력 차(stress differemce)

응력경로 : 물체가 받고 있는 응력 궤적

등방성 : 모든 방향에서 같은 재료특성 및 모든 방향에서 같은 재하조건

8.2 이해를 돕기 위한 질문

1. 평균응력(mean stresses)과 축차응력(deviatoric stresses)은 무엇인가?

2. 응력경로(stress path)란 무엇인가?

3. 현장의 실제문제에서 응력경로의 중요성은 무엇인가?

8.3 응력과 변형률 불변량

응력과 변형률의 불변량(invariants)은 좌표축 체계와는 무관한 계량값이다. 이 절에서는 (1) 평균응력과 (2) 축차, 비틀림 또는 전단응력의 계량값을 제공하는 응력불변량과, (1) 체적변형 및 (2) 축차, 비틀림 또는 전단변형률의 계량값을 제공하는 변형률 불변량을 정의할 것이다.

8.3.1 평균응력

$$p = \frac{\sigma_1 + \sigma_2 + \sigma_3}{3} = \frac{\sigma_x + \sigma_y + \sigma_z}{3} \tag{8.1}$$

직교의 주응력축 $\sigma_1, \sigma_2, \sigma_3$ 직교좌표 그래프에서, 평균응력은 공간 사선이 된다(그림 8.2). 평균응력은 체적변화를 유발한다.

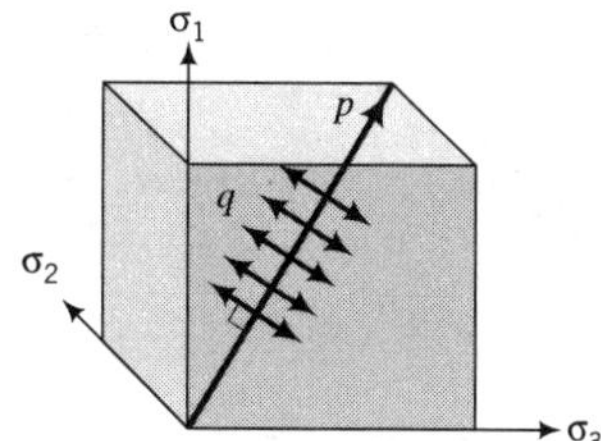

그림 8.2 평균응력과 축차응력

8.3.2 축차응력 또는 전단응력

$$q = \frac{1}{\sqrt{2}}[(\sigma_1 - \sigma_2)^2 + (\sigma_2 - \sigma_3)^2 + (\sigma_3 - \sigma_1)^2]^{1/2} \tag{8.2}$$

그림 8.2에 나타낸 것처럼 평균응력(p)에 수직인 직선은 축차응력(q)을 의미한다. 축차응력은 흙 매체의 비틀림이나 전단을 유발한다. 식 (8.2)는 수직응력과 전단응력의 항으로 아래와 같이 나타낼 수 있다.

$$q = \frac{1}{\sqrt{2}}\{[(\sigma_{xx} - \sigma_{yy})^2 + (\sigma_{yy} - \sigma_{zz})^2 + (\sigma_{zz} - \sigma_{xx})^2] + 6\tau_{xy}^2 + 6\tau_{yz}^2 + 6\tau_{zx}^2\}^{1/2} \tag{8.3}$$

8.3.3 체적변형률

$$\varepsilon_p = \varepsilon_1 + \varepsilon_2 + \varepsilon_3 = \varepsilon_x + \varepsilon_y + \varepsilon_z \tag{8.4}$$

8.3.4 축차, 변형률 비틀림 또는 전단변형률

$$\varepsilon_q = \frac{\sqrt{2}}{3}[(\varepsilon_1 - \varepsilon_2)^2 + (\varepsilon_2 - \varepsilon_3)^2 + (\varepsilon_3 - \varepsilon_1)^2]^{1/2} \tag{8.5}$$

8.3.5 축대칭 조건, $\sigma'_2 = \sigma'_3$ 또는 $\sigma_2 = \sigma_3$; $\varepsilon_2 = \varepsilon_3$

$$p' = \frac{\sigma'_1 + 2\sigma'_3}{3} \quad \text{및} \quad p = \frac{\sigma_1 + 2\sigma_3}{3} \tag{8.6}$$

$$p' = p - u \tag{8.7}$$

$$q = \sigma_1 - \sigma_3; \quad q' = \sigma'_1 - \sigma'_3 = (\sigma_1 - \Delta u) - (\sigma_3 - \Delta u) = \sigma_1 - \sigma_3 \tag{8.8}$$

따라서 $q = q'$; 전단에 미치는 간극수압의 영향은 없다.

$$\varepsilon_p = \varepsilon_1 + 2\varepsilon_3 \tag{8.9}$$

$$\varepsilon_q = \frac{2}{3}(\varepsilon_1 - \varepsilon_3) \tag{8.10}$$

8.3.6 평면변형률, $\varepsilon_2 = 0$

$$p' = \frac{\sigma'_1 + \sigma'_2 + \sigma'_3}{3} \quad \text{및} \quad p = \frac{\sigma_1 + \sigma_2 + \sigma_3}{3} \tag{8.11}$$

$$p' = p - u \tag{8.12}$$

$$q' = q = \frac{1}{\sqrt{2}}[(\sigma_1' - \sigma_2')^2 + (\sigma_2' - \sigma_3')^2 + (\sigma_3' - \sigma_1')^2]^{1/2} \tag{8.13}$$

또는

$$q = q' = \frac{1}{\sqrt{2}}[(\sigma_1 - \sigma_3)^2 + (\sigma_2 - \sigma_3)^2 + (\sigma_3 - \sigma_1)^2]^{1/2} \tag{8.14}$$

$$\varepsilon_p = \varepsilon_1 + \varepsilon_3 \tag{8.15}$$

$$\varepsilon_q = \frac{2}{3}(\varepsilon_1^2 + \varepsilon_3^2 - \varepsilon_1\varepsilon_3)^{1/2} \tag{8.16}$$

8.3.7 응력과 변형률의 불변량을 이용한 Hooke의 법칙

탄성체에서의 응력과 변형률의 불변량은 다음과 같은 관계를 갖는다:

$$\varepsilon_p^e = \frac{1}{K'}p' \tag{8.17}$$

여기서

$$K' = \frac{p'}{\varepsilon_p^e} = \frac{E'}{3(1 - 2\nu')} \tag{8.18}$$

K'는 유효 체적탄성계수(effective bulk modulus)이고 윗첨자 e는 탄성을 의미한다.

$$\varepsilon_q^e = \frac{1}{3G}q \tag{8.19}$$

여기서

$$G = G' = \frac{E'}{2(1 + \nu')} \tag{8.20}$$

G'는 전단탄성계수이다. 응력과 변형률의 불변량 항으로 Hooke의 법칙은 식 (8.21)과 같다.

$$\begin{Bmatrix} p' \\ q \end{Bmatrix} = \begin{bmatrix} K' & 0 \\ 0 & 3G \end{bmatrix} \begin{Bmatrix} \varepsilon_p^e \\ \varepsilon_q^e \end{Bmatrix} \tag{8.21}$$

식 (8.21)은 선형, 등방성, 탄성체에서는 전단응력이 체적변화를 유발하지 않으며, 평균유효응력 역시 전단변형을 발생시키지 않음을 보여준다.

식 (8.18)과 (8.20)으로부터 E'을 제거함으로써, 일반화된 포아송비를 다음과 같이 유도할 수 있다.

$$\text{식 (8.18)}: \quad E' = 3K'(1 - 2\nu')$$

$$\text{식 (8.20)}: \quad E' = 2G(1 + \nu')$$

$$\therefore \frac{3K'(1 - 2\nu')}{2G(1 + \nu')} = 1$$

그리고

$$\nu' = \frac{3K' - 2G}{2G + 6K'} \tag{8.22}$$

요점정리

THE ESSENTIAL POINT ARE

1. 응력과 변형률의 불변량은 선택된 좌표계와 무관한 사항들이다.

2. 응력과 변형률의 불변량은 흙의 응력과 변형률의 일반적인 상태변화를 알 수 있는 편리한 계량값이다.

3. 평균응력은 흙의 평균응력을 나타내며, 반면에 축차응력은 평균적인 전단 또는 비틀림 응력을 나타낸다.

예제 8.1 축대칭 하중에 대한 응력과 변형률의 불변량(invariants)의 계산

직경이 50 mm이고 길이가 100 mm인 원통형 시료가 400 kPa의 축방향 유효주응력과 100 kPa의 방사방향 유효주응력을 받고 있다. 축변위와 방사방향 변위가 각각 0.5 mm, −0.04 mm이다. 흙을 등방, 탄성재료로 가정하여, 다음을 계산하라. (a) 평균응력과 축차응력, (b) 체적변형률과 전단변형률, 그리고 (c) 전단탄성계수, 체적탄성계수, 탄성계수.

핵심전략 간단한 예제이다. 앞 절에 제시된 방정식들을 적용하면 된다. 방사방향 변위에 대해서 '−' 부호는 팽창을 의미한다.

풀이 8.1

Step 1: 평균응력과 축차응력을 계산한다.

$$\sigma'_1 = \sigma'_z = 400\ \text{kPa}, \quad \sigma'_3 = \sigma'_r = 100\ \text{kPa}$$

(a)

$$p' = \frac{\sigma'_z + 2\sigma'_r}{3} = \frac{400 + 2 \times 100}{3} = 200\ \text{kPa}$$

$$q = q' = \sigma'_z - \sigma'_r = 400 - 100 = 300\ \text{kPa}$$

Step 2: 체적변형률과 전단변형률을 계산한다.

$$\Delta z = 0.5\ \text{mm}, \quad \Delta r = -0.04\ \text{mm}, \quad r = 50/2 = 25\ \text{mm}, \quad L = 100\ \text{mm}$$

(b)

$$\varepsilon_z = \varepsilon_1 = \frac{\Delta z}{L} = \frac{0.5}{100} = 0.005$$

$$\varepsilon_r = \varepsilon_3 = \frac{\Delta r}{r} = \frac{-0.04}{25} = -0.0016$$

$$\varepsilon_p^e = \varepsilon_z + 2\varepsilon_r = 0.005 - 2 \times 0.0016 = 0.0018 = 0.18\%$$

$$\varepsilon_q^e = \frac{2}{3}(\varepsilon_z - \varepsilon_r) = \frac{2}{3}(0.005 + 0.0016) = 0.0044 = 0.44\%$$

Step 3: 계수를 계산한다.

(c)

$$K' = \frac{p'}{\varepsilon_p^e} = \frac{200}{0.0018} = 111{,}111\ \text{kPa}$$

$$G = \frac{q}{3\varepsilon_q^e} = \frac{300}{3 \times 0.0044} = 22{,}727\ \text{kPa}$$

그리고

$$G = \frac{E'}{2(1+\nu')} \quad \text{그리고} \quad \nu' = \frac{3K' - 2G}{2G + 6K'} = \frac{3 \times 111{,}111 - 2 \times 22{,}727}{2 \times 22{,}727 + 6 \times 111{,}111} = 0.4$$

$$\therefore E' = 2G(1+\nu') = 2 \times 22{,}727(1 + 0.4) = 63{,}636 \text{ kPa}$$

What's next... 다음 절에서는 흙의 하중이력 궤적의 추적 방법이 설명된다.

8.4 응력경로

8.4.1 기본 개념

조립질 흙의 두 개의 토립자를 나타내는 두 개의 구슬을 생각하자. 하나는 반구형의 구멍에 고정되어 있고 다른 하나는 그 위에 올려져있다(그림 8.3a). 두 개의 구슬의 상대변위가 접촉점에서 발생하도록 일차원 체계를 구축한다. 위에 있는 구슬에 수직의 집중하중 F_z를 점차적으로 작용시키고, 이 하중을 A라고 하자. 접촉점에서의 힘은 작용하고 있는 하중과 같고, 구슬들은 같은 수직력을 받고 있다. 구슬들 사이에 어떠한 상대변위도 발생하고 있지 않다. 이 체계가 불안한 상태나 파괴가 발생하려면, 작용하고 있는 힘이 구슬을 찌그러뜨려야 한다. 좌표를 임의로 정하여 하중상태를 그릴 수 있다. 직교 좌표계를 선택할 때, X 축은 수평력을 나타내고 Z 축은 수직력을 나타낸다. 그림 8.3c에서 보여진 것과 같이 직선 OA로 하중 A를 나타낼 수 있고, 이 직선 OA를 하중경로(load path) 또는 힘경로(force path)라고 한다.

ZX 평면에서 X 축방향으로부터 θ의 각도에서 같은 힘을 작용시키고(그림 8.3b)이 하중을 B 하중이라고 하자. 이 경우에는 힘에 두 성분이 생긴다. 힘의 두 성분 중에 하나는 $F_x = F\cos\theta$ 이고, 다른 하나는 $F_z = F\sin\theta$ 이다. 두 구슬의 접촉점에서 마찰저항이 수평력보다 작다면, 위에 있는 구슬은 바닥으로 미끄러져 내려갈 것이다. 응용역학이나 물리학에서 배웠듯이 마찰저항은 μF_z(Coulomb의 법칙)이며, μ 는 두 구슬 사이의 접촉면 마찰계수이다. 이와 같은 1차원 체계는 두 가지의 불안정 또는 파괴 형태를 갖고 있다. 한 가지는 상대적 미끄러짐이고 다른 한 가지 형태는 구슬의 찌그러짐이다. 하중 B의 힘경로(force path)는 그림 8.3c처럼 직선 OB로 나타낼 수 있다. 여기에서 중요한 점은 체계의 반응, 안정, 파괴는 힘경로에 의해 좌우된다는 것이다.

물론 흙은 이러한 구슬들로 이루어져 있지 않으나 기본적인 원리는 같다. 흙의 조직은 토립자가 골조의 부재이고 토립자 접촉점이 연결 공간골조로 생각할 수 있다. 흙의 조직 또는 공간골조의 반응, 안정, 파괴는 응력경로(stress path)에 의해 좌우된다.

응력경로는 응력정수들 사이의 관계를 나타내는 도면에 그려질 수 있으며, 지반기술자들이 하중 조건에 의해 야기되는 흙의 응력 변화를 검토하기 위한 편리한 방법이다. 예를 들어 σ_1과 σ_2또는 σ_3 관계로 그려지는 2차원 그래프

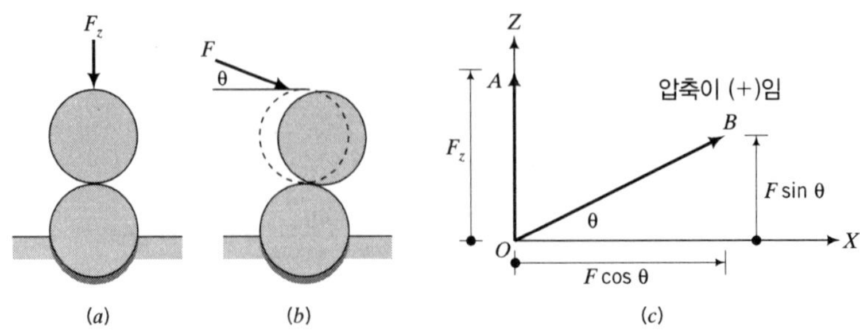

그림 8.3 구슬의 1차원 체계에서 힘경로의 영향

로 이를 응력정수들 사이의 관계를 표현할 수 있다. 그러나 좌표체계에 영향을 받지 않는 응력불변량으로 표현하는 것이 사용하기에 더욱 편리하다.

8.4.2 응력불변량을 사용한 응력경로의 작성

하중조건의 범위에서 여러 응력경로를 조사하기로 한다. 원통모양의 흙 시료를 사용하여 몇 가지 하중조건을 부과한다. 그림 8.4의 1단계에서처럼 초기 조건으로 축응력과 방사방향응력(측방응력)($\Delta\sigma_z = \Delta\sigma_r = \Delta\sigma$)을 같은 증가율로 부과한다. 수평과 수직 경계조건에 어떠한 전단응력도 부과하지 않기 때문에, 축응력과 측방응력은 주응력($\Delta\sigma_z = \Delta\sigma_1$, $\Delta\sigma_r = \Delta\sigma_3$)이다.

지금 부과하고 있는 하중조건은 등방성 압축으로 모든 방향($\Delta\sigma_1 = \Delta\sigma_2 = \Delta\sigma_3$)에서 같은 응력이 부과되고 있다. 이 하중 상태를 하중 1이라고 할 것이다. 응력경로를 결정함에 있어, 응력증가분을 이용하면 보다 편리하다. 결과적으로 우리는 응력불변량의 증분형태를 사용할 것이다. 등방성 압축에 대한 응력불변량은 다음과 같다.

$$\Delta p_1 = \frac{\Delta\sigma_1 + 2\Delta\sigma_3}{3} = \frac{\Delta\sigma_1 + 2\Delta\sigma_1}{3} = \Delta\sigma_1$$

$$\Delta q_1 - \Delta\sigma_1 - \Delta\sigma_3 = \Delta\sigma_1 - \Delta\sigma_1 = 0$$

p와 q에서 아래첨자 1은 하중 1을 의미한다.

그림 8.4에 나타낸 것과 같이 가로축 p와 세로축 q를 좌표로 도시한 그래프를 p-q 그래프라고 한다. 시료의 초기 응력은 '0' 이다. 즉, $p_o = 0$와 $q_o = 0$이다. 하중 1의 최종 응력은 다음과 같다.

$$p_1 = p_o + \Delta p_1 = 0 + \Delta\sigma_1 = \Delta\sigma_1$$

$$q_1 = q_o + \Delta q_1 = 0 + 0 = 0$$

이 응력은 그림 8.4에서 좌표 A로 나타낼 수 있다. 직선 OA는 등방압축에 대한 응력경로이다. 직선 OA의 경사는 다음과 같다.

$$\frac{\Delta q_1}{\Delta p_1} = 0$$

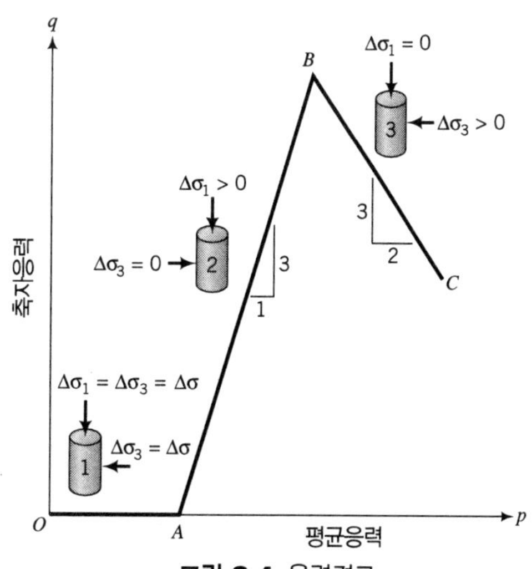

그림 8.4 응력경로

응력 σ_3를 일정하게 유지하면서 하중 2를 적용시키자. 즉 $\Delta\sigma_3 = 0$이고 σ_1은 계속 증가한다. 즉, $\Delta\sigma_1 > 0$(그림 8.4에서 단계 2)이다. 하중 2에 대한 응력불변량의 증가는 다음과 같다.

$$\Delta p_2 = \frac{\Delta\sigma_1 + 2 \times 0}{3} = \frac{\Delta\sigma_1}{3}$$

$$\Delta q_2 = \Delta\sigma_1 - 0 = \Delta\sigma_1$$

그리고 하중 2의 최후의 응력불변량은 다음과 같다.

$$p_2 = p_1 + \Delta p_2 = \Delta\sigma_1 + \frac{\Delta\sigma_1}{3} = \frac{4}{3}\Delta\sigma_1$$

$$q_2 = q_1 + \Delta q_2 = 0 + \Delta\sigma_1 = \Delta\sigma_1$$

그림 8.4의 B 지점은 (q_2, p_2)을 나타내고 있고, 직선 AB는 하중 2에 대한 응력경로이다. AB의 경사는 다음과 같다.

$$\frac{\Delta q_2}{\Delta p_2} = \frac{\Delta\sigma_1}{(\Delta\sigma_1/3)} = 3$$

하중조건에 또 다른 변화를 주어 보자. σ_1을 일정하게 유지하고($\Delta\sigma_1 = 0$), σ_3를 증가시키면($\Delta\sigma_3 > 0$) 그 상태는 그림 8.4에 삽입된 그림에서 단계 3을 설명하는 것이다. 이때 응력불변량의 증가량은 다음과 같다.

$$\Delta p_3 = \frac{0 + 2\Delta\sigma_3}{3} = \frac{2\Delta\sigma_3}{3}$$

$$\Delta q_3 = 0 - \Delta\sigma_3 = -\Delta\sigma_3$$

하중 3의 최후의 응력불변량은 다음과 같다.

$$p_3 = p_2 + \Delta p_3 = \frac{4}{3}\Delta\sigma_1 + \frac{2}{3}\Delta\sigma_3$$

$$q_3 = q_2 + \Delta q_3 = \Delta\sigma_1 - \Delta\sigma_3$$

하중 3에 대한 응력경로는 그림 8.4에서 BC 로 나타낼 수 있다. BC의 경사는 다음과 같다.

$$\frac{\Delta q_3}{\Delta p_3} = \frac{-\Delta\sigma_3}{\frac{2}{3}\Delta\sigma_3} = -\frac{3}{2}$$

응력경로 BC에서 q는 감소하나 p는 증가한다는 점에 주목하여야 한다.

지금까지 흙 시료의 배수와 비배수의 조건에 대해서는 고려하지 않았다. 7.9절에서 검토된 바와 같이 토립자와 간극수는 포화토에서 부과된 응력증가분을 전달하여야 한다. 간극수가 흙 시료에서 배수된다면, 간극수에 의해 전달되는 응력증가(과잉간극수압(excess porewater pressure, Δu))는 '0' 까지 계속적으로 감소하며 토립자가 작용 응력들의 모든 증가량을 지지하여야 한다. 하중 1 동안 과잉간극수의 배수가 허용되었다고 가정하자. 이와 같은 조건을 지반공학적인 측면에서 배수조건(drained condition)이라 한다. 하중 1에 의해 부과되는 재하 형태를 등방 압밀이라고 한다. 9장에서 등방압밀에 대해서 보다 자세히 다루게 될 것이다. 과잉간극수압(Δu_1)이 흙에서 물이 배수됨에 따라 소산되기 때문에 하중 1의 각 증가분의 마지막에서 평균유효응력은 평균전응력과 같다. 즉, 다음과 같다.

$$\Delta p_1' = \Delta p_1 - \Delta u_1 = \Delta p_1 - 0 = \Delta p$$

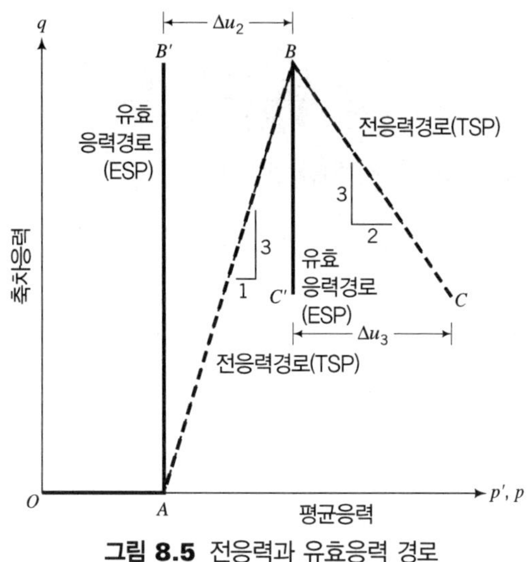

그림 8.5 전응력과 유효응력 경로

유효응력경로(effective stress path, ESP)와 전응력경로(total stress path, TSP)는 같고, 그림 8.5에서 OA로 나타낼 수 있다. 그림 8.5의 수평축에 대해서 p', p의 두 개의 지표를 동시에 중첩 사용한 것에 대해 주목하여야 한다. 이중지표의 사용으로 유효응력경로와 전응력경로의 두 가지 모두를 하나의 그래프에서 표시할 수 있다.

하중 2와 3의 과정에서는 흙의 과잉간극수압의 발생을 막아서 흙 시료의 비배수(*undrained*) 상태로 조건을 변경할 것이다. 이러한 상태는 흙시료의 체적은 일정하게 유지됨을 암시한다. 10장에서 배수와 비배수 재하조건이 보다 자세히 토의될 것이다. 하중 2에 대해 전응력경로는 AB이며 이 책에서는 전응력경로를 점선으로 표시한다.

흙 시료가 등방성이며 탄성 재료라고 가정하면 식 (8.17)에 따라 다음과 같은 증분 형태로 표현된다.

$$\Delta\varepsilon_p^e = \frac{\Delta p'}{K'} = 0 \tag{8.23}$$

식 (8.23)의 결과는 $\Delta p' = 0$ 또는 $K' = \infty$가 된다. K' 값이 무한대가 되어야 할 이유는 없다. 과잉간극수의 배수를 막는 작용이 토립자의 (유효)체적탄성계수를 변화시킬 수 없게 한다. 유효응력에 대해 사용한 트러스이론(truss analogy)을 기억하라. 같은 이론이 여기에 적용될 수 있다. 유일한 결과는 $\Delta p' = 0$이 된다. 식 (8.23)을 전응력의 항으로 쓸 수 있다. 즉,

$$\Delta\varepsilon_p^e = \frac{\Delta p}{K} = 0 \tag{8.24}$$

여기서 $K = E_u/3(1 - 2\nu_u)$이며 아래첨자 u는 비배수조건을 나타낸다. 이 경우에 Δp는 작용 하중에 의한 평균전응력의 변화를 나타내기 때문에 '0' 이 될 수 없다. 따라서 유일한 해답은 체적탄성계수 $K = K_u = \infty$가 되고, 포아송비는 $\nu_u = 0.5$ 값을 갖게 된다. 선형, 등방성, 탄성재료의 비배수조건에서 식 (8.23)과 (8.24)가 암시하는 것은 다음과 같다.

1. 평균유효응력의 변화는 없고, 결과적으로 유효응력경로는 수직으로 변한다.
2. 비배수체적탄성계수는 무한대이고 $\nu_u = 0.5$이다.

축차응력은 간극수압 변화와 무관하다. 전응력으로 식 (8.20)을 표현하면, 다음과 같다.

$$G = G_u = \frac{E_u}{2(1 + \nu_u)}$$

$G = G_u = G'$ 이므로, 다음과 같다.

$$\frac{E_u}{2(1+\nu_u)} = \frac{E'}{2(1+\nu')}$$

그리고 $\nu_u = 0.5$ 를 대입하면, 식 (8.25)를 얻는다.

$$E_u = \frac{1.5E'}{(1+\nu')} \tag{8.25}$$

대부분의 흙에 대해서는 포아송비 $\nu' \approx \frac{1}{3}$이며, 결과적으로 $E_u \approx 1.1E'$; 즉, 비배수탄성계수는 유효탄성계수보다 대략 10% 크다.

흙시료를 등방성, 탄성재료라고 가정하면, 하중 2에 대한 유효응력경로는 그림 8.5에서처럼 AB'로 나타낼 수 있고, B'의 좌표는 다음과 같다.

$$p'_2 = p'_1 + \Delta p'_2 = p'_1 + 0 = \Delta\sigma_1$$

$$q_2 = q_1 + \Delta q_2 = 0 + \Delta\sigma_1 = \Delta\sigma_1$$

고정된 q 값에서 TSP와 ESP 사이의 평균응력의 차이는 과잉간극수압의 변화를 의미한다. 즉, TSP와 ESP 사이의 수평거리의 크기가 과잉간극수압의 변화이다. 하중 2의 재하후에 과잉간극수압의 최대변화는 다음과 같다.

$$\Delta u_2 = p_2 - p'_2 = \frac{4}{3}\Delta\sigma_1 - \Delta\sigma_1 = \frac{1}{3}\Delta\sigma_1$$

하중 3에 대해 탄성재료인 흙의 ESP는 BC'이며 과잉간극수압의 최대 변화는 CC'로 표현된다(그림 8.5).

단지 흙은 미소변형에서만 탄성재료로써 거동한다. 따라서 비배수 재하시의 $\Delta p' = 0$의 조건은 매우 제한적인 적용조건이다. 흙이 일단 항복하게 되면, ESP의 방향은 꺽이는 경향이 있다. 11장에서 어떻게 흙의 항복이 ESP에 영향을 주는지 알아볼 것이다.

어떠한 하중조건에서도 응력경로를 결정하기 위한 위의 절차들을 사용할 수 있다. 예를 들어 흙 시료가 측방향으로 구속압이 적용되었다고 하자. 즉, 측방변위 $\Delta\varepsilon_r = 0$으로 가정하고 배수조건 하에서 σ_1를 점차적으로 증가시킨다(그림 8.6). 이와 같이 흙 시료에 부과된 재하조건을 1차원 압축이라고 한다.

배수조건에서 수직응력 $\Delta\sigma_1$의 증가에 대한 측방유효응력의 증가는 $\Delta\sigma_3 = \Delta\sigma'_3 = K_0\Delta\sigma'_1$로서 식 (7.50)에 나타내었다. 응력불변량은 다음과 같다.

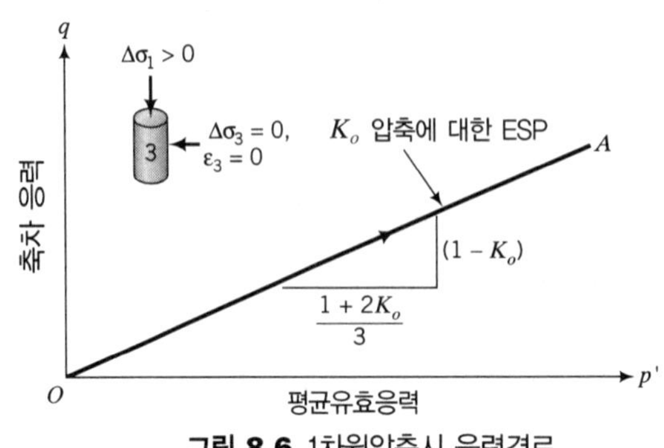

그림 8.6 1차원압축시 응력경로

$$\Delta p' = \frac{\Delta\sigma_1' + 2\Delta\sigma_3'}{3} = \frac{\Delta\sigma_1' + 2K_o\Delta\sigma'}{3} = \Delta\sigma_1'\left(\frac{1 + 2K_o}{3}\right)$$

$$\Delta q = \Delta q' = \Delta\sigma_1' - \Delta\sigma_3' = \Delta\sigma_1' - K_o\Delta\sigma_1' = \Delta\sigma_1'(1 - K_o)$$

TSP의 경사는 ESP 경사와 같으며, 다음과 같이 나타낼 수 있다.

$$\frac{\Delta q}{\Delta p} = \frac{\Delta q}{\Delta p'} = \frac{3(1 - K_o)}{1 + 2K_o}$$

1차원압축 응력경로는 그림 8.6에 나타내었다.

8.4.3 2차원 응력 정수들을 사용한 응력경로의 작성

2차원 응력에 대하여 Mohr원에 근거한 대체 응력경로를 사용할 수 있다. 다음과 같이 정의할 수 있다.

$$t = \frac{\sigma_1 - \sigma_3}{2} = \frac{\sigma_1' - \sigma_3'}{2} \tag{8.26}$$

$$s = \frac{\sigma_1 + \sigma_3}{2}; \quad s' = \frac{\sigma'_1 + \sigma'_3}{2} \tag{8.27}$$

여기서 t와 s는 각각 Mohr원의 반경과 중심까지의 거리이며, 각각 최대전단응력과 평균응력을 나타낸다. 이러한 응력의 표현은 중간 주응력의 효과를 무시하게 되고, 평면응력 조건에 적합하다. 그러나 실내시험이나 현장에서 사용하는 장치로부터 중간응력의 값들을 쉽게 알 수 없기 때문에, 일부 지반기술자들은 s' 또는 s와 t를 특히 평면변형률 조건에서 사용한다. 평면변형률 시험에서 중간 주응력은 '0' 이 아니다. 그래서 s' 또는 s 그리고 t의 공간을 사용하여 중간주응력을 '0' 또는 상수값으로 설정한다. s' 또는 s 그리고 t의 공간은 평면응력 조건에 대하여도 사용하기 좋다(하나의 주응력이 '0' 인 조건). 그러나 평면응력 조건은 매우 드물다.

평균응력 p에 좌우되는 과잉간극수압의 예측되는 변화는 (p, q) 공간과 (s, t) 공간의 응력경로의 그래프에서 서로 다르다는 것을 알아야 한다. 예를 들어 선형, 등방성, 탄성재료의 흙에 대한 삼축압축시험(측방향의 일정구속압을 가하고 축방향으로 응력을 증가시키는 시험)을 고려할 때, AB에 의해 TSP를 나타내고 AB'로 ESP를 나타낼 수 있다(그림 8.7a,b). (p, q)공간 (그림 8.7a)에서 과잉간극수압의 예측된 변화는 다음과 같다.

$$\Delta u = \Delta p = \frac{\Delta\sigma_1 + 0 + 0}{3} = \frac{\Delta\sigma_1}{3}; \quad \Delta\sigma_2 = \Delta\sigma_3 = 0$$

(s, t) 공간에서 (그림 8.7b)는 다음과 같다.

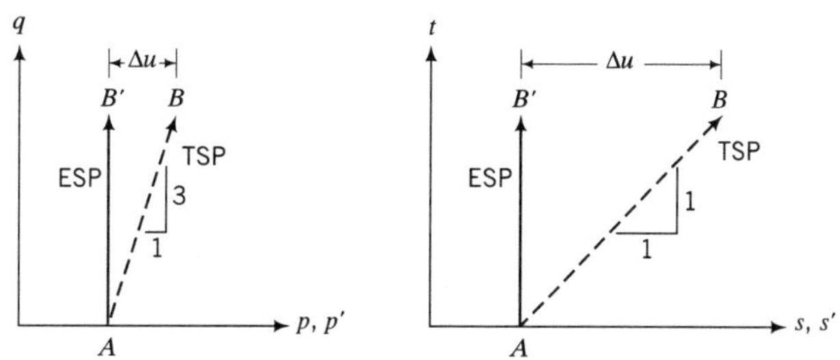

그림 8.7 (p, q)와 (s, t)공간에서의 전응력과 유효응력 경로

$$\Delta u = \Delta s = \frac{\Delta\sigma_1 + 0}{2} = \frac{\Delta\sigma_1}{2}$$

따라서 (s, t) 공간에서는 중간응력을 고려 할 수 없기 때문에, (s, t) 공간의 응력경로로부터 과잉간극수압의 해석은 (p, q) 공간의 응력경로에서의 과잉간극수압에 비해 50% 큰 값을 보이게 된다. TSP의 경사 또한 두 응력경로 공간에서 서로 다르다. (p, q) 공간에서 삼축압축 (TC)의 TSP는 $\frac{\Delta q}{\Delta p} = 3$이나, 반면에 (s, t) 공간에서는 $\frac{\Delta t}{\Delta s} = 1$ 이다. 문헌에서 p 또는 p' 그리고 q는 때때로 s 또는 s' 그리고 t로 응력상태 특성화에 쓰이곤 한다.

요점정리 THE ESSENTIAL POINT ARE

1. 응력경로는 응력공간에서의 응력상태의 도화적 표현이다. 편이상 응력경로들은 세로축은 축차응력(q)으로 가로축은 평균유효응력(p') 또는 평균전응력(p)으로 그려진다.
2. 비배수조건하에 선형, 탄성재료인 흙에 대해서 유효응력경로는 수직으로 이동한다(즉, $\Delta p' = 0$ 또는 $\Delta s' = 0$이다).
3. 전응력경로와 유효응력경로 사이의 평균응력차이는 과잉간극수압이다.
4. 흙의 반응, 안정, 파괴는 응력경로에 의해 좌우된다.

8.4.4 응력경로를 그리기 위한 절차

응력경로를 그리는 절차를 요약하면 다음과 같다.

1. 배수와 비배수의 재하조건을 결정한다.
2. 초기 하중값 p'_o, p_o 그리고 q_o을 계산한다.
3. 가로축 p'(전응력시에는 p)와 세로축 q로 정하고 초기값 (p'_o, q_o)과 (p_o, q_o)를 그린다.
4. 응력증가분 $\Delta\sigma_1$, $\Delta\sigma_2$ 그리고 $\Delta\sigma_3$을 결정한다. 이들 값은 '−' 부호가 될 수 있다.
5. 응력불변량의 증가분 $\Delta p'$, Δp 그리고 Δq을 계산한다. 이들 값은 '−' 부호가 될 수 있다.
6. 현재 응력불변량 $p' = p'_o + \Delta p'$, $p = p_o + \Delta p$ 그리고 $q = q_o + \Delta q$를 계산한다. p'의 현재값은 '+' 값이나, q는 '−' 값일 수 있다.
7. 현재 응력불변량 (p', q)와 (p, q)를 그린다.
8. 확인된 유효응력 점들을 연결하고, 같은 방법으로 전응력 점들 역시 연결한다.
9. 다음 하중조건에 대해 4번에서 8번까지의 절차를 반복한다.
10. 요구되는 축차응력의 단계에서 과잉간극수압은 전응력경로와 유효응력 경로 사이의 평균응력 차이이다. 배수조건에서 ESP = TSP 이며, 비배수조건에서 선형과 탄성재료인 흙에서 ESP는 수직으로 진행된다.

(s, t) 공간에서 응력경로의 그래프는 식 (8.26)과 (8.27)를 적용하는 것을 제외하고는 같은 절차로 진행된다.

예제 8.2 축대칭 하중에 의한 응력경로(삼축시험)

두 개의 원통형 시료 A, B가 다음과 같은 하중을 받고 있다. 두 개의 시료는 모두 배수조건에서 200 kPa의 등방성 응력이 재하되고 있었다. 이어서, 시료 A에 작용하는 반경방향 수평응력은 일정하게 유지되었고, 비배수조건하에서 축응력은 점차적으로

440 kPa까지 증가되었다. 시료 B의 축응력은 일정하게 유지되었고, 배수조건에서 방사방향 수평응력이 점차적으로 50 kPa까지 감소되었다. 흙을 선형, 등방성, 탄성재료로 가정하여, 각 시료의 전응력과 유효응력 경로를 도시하라. 시료 A에서의 최대 과잉간극수압을 계산하라.

핵심전략 두 시료의 재하 상태는 축대칭이다. 가장 쉬운 방법은 평균응력과 축차응력 방정식을 증가량의 항으로 작성하고, 식에 필요한 대입을 하는 것이다.

풀이 8.4

Step 1 : 재하조건을 결정한다.

재하는 축대칭이며 배수와 비배수조건이 모두 명시되었다.

Step 2 : 등방성 재하경로에 대한 초기응력불변량을 계산한다.

배수조건인 축대칭, 등방성 재하조건에 대하여, $\Delta u = 0$이다.

$$\Delta p' = \frac{\Delta\sigma'_a + 2\Delta\sigma'_r}{3} = \frac{\Delta\sigma'_1 + 2\Delta\sigma'_1}{3} = \Delta\sigma'_1 = 200\text{ kPa}$$

$p_o = p'_o$ =200 kPa이고, 흙 시료가 배수 조건에서 응력이 없는 상태에서 하중을 받기 시작하기 때문에,

$$q_o = q'_o = 0$$

Step 3 : 그래프를 만들고, 초기응력 점을 그린다.

가로축은 p'와 p축으로, 세로축은 q축으로 그래프를 만들고, 그림 E8.2에서 OA로 나타낸 것과 같이 좌표 (0, 0)에서 좌표 (200, 0)으로 진행하는 등방응력경로를 그린다.

Step 4 : 응력의 증가량을 결정한다.

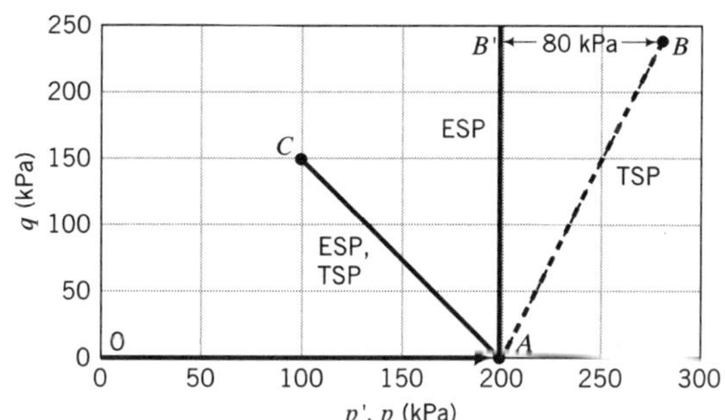

그림 E8.2

시료 A

(1) 비배수조건에서 Δu는 '0' 이 아니며, (2) 방사방향 수평응력은 변화가 없으나, 축응력은 440 kPa까지 증가한다. 그러므로,

$$\Delta\sigma_3 = 0,\ \Delta\sigma_1 = 440 - 200 = 240\text{ kPa}$$

시료 B

배수 조건($\Delta u = 0$); 그러므로, TSP = ESP이다.

축응력은 일정하게 유지되고, $\Delta\sigma_1 = \Delta\sigma'_1 = 0$; 방사방향 수평응력은 50 kPa까지 감소한다. 즉,

$$\Delta\sigma_3 = \Delta\sigma'_3 = 50 - 200 = -150\text{ kPa}$$

Step 5 : 응력불변량의 증가량을 계산한다.

시료 A

$$\Delta p = \frac{\Delta\sigma_1 + 2\Delta\sigma_3}{3} = \frac{240 + 2 \times 0}{3} = 80 \text{ kPa}$$

$$\Delta q = \Delta\sigma_1 - \Delta\sigma_3 = 240 - 0 = 240 \text{ kPa}$$

$$\text{전응력경로의 기울기} = \frac{\Delta q}{\Delta p} = \frac{240}{80} = 3$$

시료 B

$$\Delta p = \Delta p' = \frac{\Delta\sigma_1' + 2\Delta\sigma_3'}{3} = \frac{0 + 2 \times (-150)}{3} = -100 \text{ kPa}$$

$$\Delta q = \Delta\sigma_1 - \Delta\sigma_3 = 0 - (-150) = 150 \text{ kPa}$$

$$\text{ESP의 기울기(또는 TSP)} = \frac{\Delta q}{\Delta p'} = \frac{150}{-100} = -1.5$$

Step 6: 현재 응력불변량을 계산한다.

시료 A

$p = p_o + \Delta p = 200 + 80 = 280$ kPa, $q = q' = q_o + \Delta q = 0 + 240 = 240$ kPa
$p' = p_o + \Delta p' = 200 + 0 = 200$ kPa(탄성체흙)

시료 B

$$p = p' = p_o + \Delta p = 200 - 100 = 100 \text{ kPa}$$
$$q = q_o + \Delta q' = 0 + 150 = 150 \text{ kPa}$$

Step 7 : 현재 응력불변량을 도시한다.

시료 A

B점 (280, 240); B$'$ 점 (200, 240) 좌표를 도시한다.

시료 B

C 점 (100, 150) 좌표를 도시한다.

Step 8 : 응력점을 연결한다.

시료 A

그림 E8.2에서 AB는 전응력경로를, AB'는 유효응력 경로를 나타낸다.

시료 B

그림 E8.2에서 AC는 ESP와 TSP를 나타낸다.

Step 9: 과잉간극수압을 결정한다.

시료 A

BB'는 최대 과잉간극수압을 나타낸다. 평균응력의 차이는 280 − 200 = 80 kPa이다.

예제 8.3 굴착 부근 흙 요소에 대한 (p, q)와 (s, t) 공간에서의 응력경로

빌딩 건축을 위하여 견고한 포화지반에서의 긴 굴착이 요구되고 있다. 두 지역의 흙 요소를 고려하자. 그 중 하나인 A 요소는 중앙선에 따른 굴착 바닥에 있고, 나머지 B 요소는 굴착 바닥의 측면에 있다(그림 E8.3a).

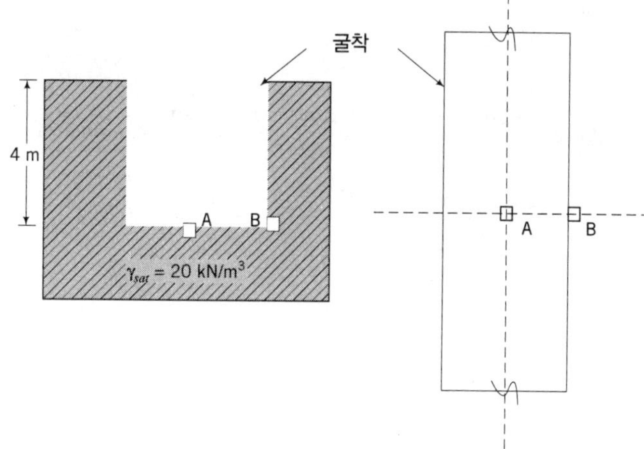

그림 E8.3a

(a) A 요소와 B 요소에 대하여 (p, q)와 (s, t)공간에서의 응력경로를 그려라.
(b) 흙을 등방성, 선형탄성재료로 가정할 때, 과잉간극수압을 예측하라.

핵심전략 재하조건을 결정하고 증가량에 관한 평균응력과 축차응력 방정식을 작성한다.

풀이 8.3

Step 1 : 재하조건을 결정한다.

A 요소는 축대칭 상태에 있고, 수직, 수평응력이 감소한다. 수평응력의 증가는 수직응력의 증가량보다 매우 작다. B 요소는 평면변형률 상태에 있고, 수직응력의 변화없이 수평응력이 감소할 것이다.

Step 2 : 초기응력을 계산한다.

A 요소와 B 요소는 같은 초기응력을 갖는다.

$$\sigma_z = \sigma_z' = 4 \times 20 = 80 \text{ kPa}$$
$$\sigma_x = \sigma_x' = \sigma_y = \sigma_y' = 0.6 \times 80 = 48 \text{ kPa}$$

비고: 모든 응력들은 주응력들이다.

$$p_o = p_o' = \frac{\sigma_x + \sigma_y + \sigma_z}{3} = \frac{80 + 48 + 48}{3} = 58.7 \text{ kPa}$$
$$q_o = \sigma_z - \sigma_x = (80 - 48) = 32 \text{ kPa}$$
$$s_o = s_o' = \frac{\sigma_z + \sigma_x}{2} = \frac{80 + 48}{2} = 64 \text{ kPa}$$
$$t_o = \frac{\sigma_z - \sigma_x}{2} = \frac{80 - 48}{2} = 16 \text{ kPa}$$

Step 3 : 응력 변화를 결정한다.

A 요소: 수직 전응력은 감소하고 수평응력 변화량은 무시할 수 있을 만큼 작다.

$$\Delta p = \frac{\Delta\sigma_x + \Delta\sigma_y + \Delta\sigma_z}{3} = \frac{0 + 0 + (-\Delta\sigma_z)}{3} = \frac{-\Delta\sigma_z}{3} = \frac{-80}{3} \text{ kPa}$$
$$\Delta q = (-\Delta\sigma_z) - \Delta\sigma_x = -\Delta\sigma_z - 0 = -\Delta\sigma_z = -80 \text{ kPa}$$

$$\text{기울기} = \frac{\Delta q}{\Delta p} = \frac{-\Delta\sigma_z}{\frac{-\Delta\sigma_z}{3}} = 3$$

$$\Delta s = \frac{(-\Delta\sigma_z) + \Delta\sigma_x}{2} = \frac{-\Delta\sigma_z + 0}{2} = \frac{-\Delta\sigma_z}{2} = -40 \text{ kPa}$$

$$\Delta t = \frac{\Delta\sigma_z - \Delta\sigma_x}{2} = \frac{-\Delta\sigma_z - 0}{2} = \frac{-\Delta\sigma_z}{2} = -40 \text{ kPa}$$

$$\text{기울기} = \frac{\Delta t}{\Delta s} = \frac{\frac{-\Delta\sigma_z}{2}}{\frac{-\Delta\sigma_z}{2}} = 1$$

B 요소: 수직 전응력은 일정하게 유지되나, X 방향의 수평응력은 감소한다. Y 방향의 수평응력의 변화는 매우 작아서 무시할 수 있다.

$$\Delta p = \frac{\Delta\sigma_x + \Delta\sigma_y + \Delta\sigma_z}{3} = \frac{(-\Delta\sigma_x) + 0 + 0}{3} = \frac{-\Delta\sigma_x}{3} = \frac{-48}{3} = -16 \text{ kPa}$$

$$\Delta q = \Delta\sigma_z - (-\Delta\sigma_x) = 0 + \Delta\sigma_x = \Delta\sigma_x = 48 \text{ kPa}$$

$$\text{기울기} = \frac{\Delta q}{\Delta p} = \frac{\Delta\sigma_x}{\frac{-\Delta\sigma_x}{3}} = -3$$

$$\Delta s = \frac{\Delta\sigma_z + (-\Delta\sigma_x)}{2} = \frac{0 - \Delta\sigma_x}{2} = \frac{-\Delta\sigma_x}{2} = -24 \text{ kPa}$$

$$\Delta t = \frac{\Delta\sigma_z - \Delta\sigma_x}{2} = \frac{0 - (-\Delta\sigma_x)}{2} = \frac{\Delta\sigma_x}{2} = 24 \text{ kPa}$$

$$\text{기울기} = \frac{\Delta t}{\Delta s} = \frac{\frac{\Delta\sigma_x}{2}}{\frac{-\Delta\sigma_x}{2}} = -1$$

Step 4 : 응력경로들을 도시한다.

그림 E8.3b를 참고한다.

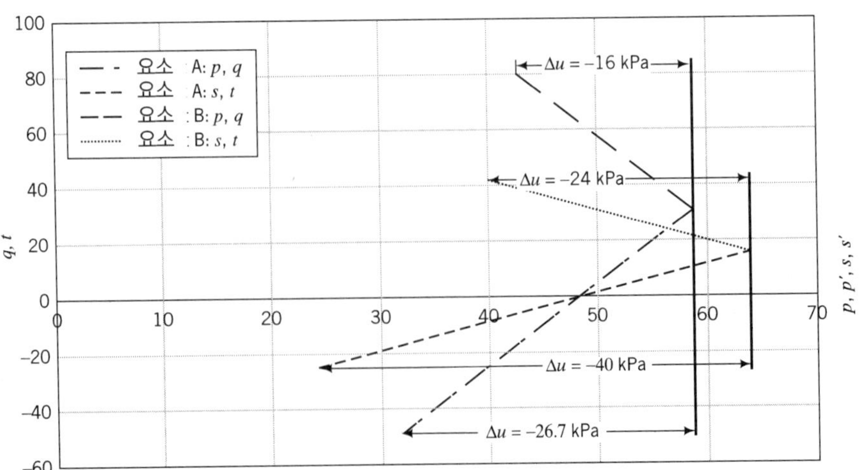

그림 E8.3b

Step 5 : 결과들을 정리한다.

요소	공간	기울기	*u* (kPa)
A	*p, q*	3	−26.7
A	*s, t*	1	−40
B	*p, q*	−3	−16
B	*s, t*	−1	−24

A 요소와 B 요소 모두 제하되었다. A 요소는 초기 수직응력의 제거로 제하되는 반면에, B 요소는 수평응력의 제거에 의해 제하된다. A 요소에 대한 축차응력의 변화는 '−' 값이므로 인장을 의미한다. 즉, 수평응력의 변화가 수직응력의 변화보다 크다. 이것은 수평방향으로 깡통을 쥐어짜는 것과 같다. B 요소에서 축차응력의 변화는 '+' 값이고, 압축을 의미한다. 즉, 수직응력 변화는 수평응력 변화보다 크다. 이것은 깡통을 수직으로 압축하는 것과 같아서 수평방향으로는 불룩해지게 된다(방사방향 인장). 부의 간극수압은 이러한 인장에 의한 것이다.

8.5 요약

응력경로는 흙에 작용하는 하중이력을 통해 응력상태를 알 수 있는 유용한 방법이다. 선형, 등방성 그리고 탄성재료인 흙에서 평균유효응력변화는 비배수 재하시는 '0'이며, 유효응력경로는 전응력경로에서 q 세로축에 상응하는 응력상태의 축차응력 축과 평형한 벡터이다. 전응력경로와 유효응력경로 사이의 평균응력의 차이는 요구되는 축차응력값에서의 과잉간극수압이다.

자력평가

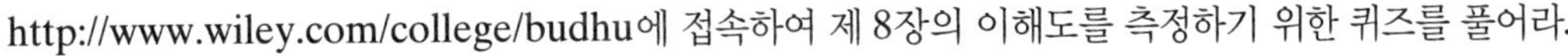
http://www.wiley.com/college/budhu에 접속하여 제 8장의 이해도를 측정하기 위한 퀴즈를 풀어라.

실용 예제

예제 8.4 고층빌딩 기초 하부의 응력경로

한 개의 4 m × 4 m 크기의 정사각형 기초(콘크리트슬래브)가 3층 빌딩에서 한 개 기둥에서 전달되는 하중을 지지하여야 한다. 기초의 바닥은 지표면에 위치하고 무게는 160 kN이다. 각 층은 720 kN의 하중을 가하고 있다. 지반은 포화단위중량 20 kN/m^{3}과 $K_o^{oc} = 1$인 견고하고 포화된 과압밀점토이다. 지하수위는 지표면 아래 10 m에 위치한다. 빌딩은 빨리 건축되었으나, 2층이 거의 완성된 후에, 작업이 1년 동안 중단되었다. 기초 중앙 아래 5 m 깊이에 있는 transducer로 간극수압을 측정하였다. 1년 후, 작업이 다시 시작되었을 때, 공사기간 중 발생되었던 과잉간극수압이 50% 소산되었다. 견고한 점토가 등방성, 선형탄성재료로 거동한다고 가정하라. 5 m 지점의 흙 요소에 대해서:

(a) 공사가 중단되기 전, 전응력과 유효응력 경로를 (p, q)공간에 도시하라.
(b) 공사가 중단되기 직전의 과잉간극수압을 예측하라.
(c) 공사가 재개된 후에 전응력과 유효응력 경로를 (p, q) 공간에 도시하라.
(d) 공사가 재개된 후에 과잉간극수압을 예측하라.

핵심전략 초기응력을 결정하고 지표면 작용 응력에 의한 응력증가량을 계산한다. 증가량에 관한 평균응력과 축차응력 방정식을 작성한다.

풀이 8.4

Step 1 : 초기응력을 계산한다.

기초의 중앙 하부의 흙 요소는 축대칭 상태에 있다. 지하수위는 흙 요소 아래 5 m에 위치한다. 따라서 어떠한 영향도 없다. 간극수압이 '0' 이기 때문에 초기 전응력과 유효응력은 같다.

$$\sigma_z = \sigma_z' = 5 \times 20 = 100 \text{ kPa}$$

$$\sigma_x = \sigma_x' = \sigma_y = \sigma_y' = K_o^{oc}\sigma_z' = 1 \times 100 = 100 \text{ kPa}$$

비고: 모든 응력은 주응력이다.

$$p_o = p_o' = \frac{\sigma_x + \sigma_y + \sigma_z}{3} = \frac{100 + 100 + 100}{3} = 100 \text{ kPa}$$

$$q_o = \sigma_z - \sigma_x = (100 - 100) = 0 \text{ kPa}$$

Step 2 : 2층 공사 완료시 까지의 응력 변화량을 결정한다. 2층 완료 시점에서의 전하중은 160 + 720 + 720 = 1600 kN이다.

$$q_s = \frac{1600}{4 \times 4} = 100 \text{ kPa}$$

컴퓨터 프로그램 STRESS를 사용한다. $L = B = 4/2 = 2$ m, $z = 5$ m.

$$\Delta\sigma_z = 4 \times 6 = 24 \text{ kPa}; \Delta\sigma_x = \Delta\sigma_y = 4 \times 0.29 = 1.2 \text{ kPa}$$

수평응력의 변화는 수직응력 변화의 대략 5% 정도임을 인지하라. 그렇다면 우리는 크기가 매우 작기 때문에 수평응력 변화를 '0' 으로 가정할 수 있다. 초기 계산이 정사각형 기초의 1/4에 대한 모서리에 해당되는 것이므로 곱하기 4로 계산한다.

$$\Delta p = \frac{\Delta\sigma_x + \Delta\sigma_y + \Delta\sigma_z}{3} = \frac{0 + 0 + 24}{3} = 8 \text{ kPa}$$

$$\Delta q = \Delta\sigma_z - \Delta\sigma_x = 24 - 0 = 24 \text{ kPa}$$

$$\text{기울기} = \frac{\Delta q}{\Delta p} = \frac{24}{8} = 3$$

$$\text{현재 응력들: } p_1 = p_o + \Delta p = 100 + 8 = 108 \text{ kPa}$$

$$q_1 = q_o + \Delta q = 0 + 24 = 24 \text{ kPa}$$

$$p_1' = p_o' + \Delta p' = 100 + 0 = 100 \text{ kPa}$$

흙을 선형탄성재료로 가정하기 때문에 평균유효응력의 변화는 '0' 이다. 또한 간극수압의 변화가 축차(전단)응력에 미치는 영향은 없다.

Step 3 : 응력경로를 도시한다.

그림 E8.4를 참고하라.

TSP는 OA로 나타내었고, ESP는 OA'으로 나타내었다.

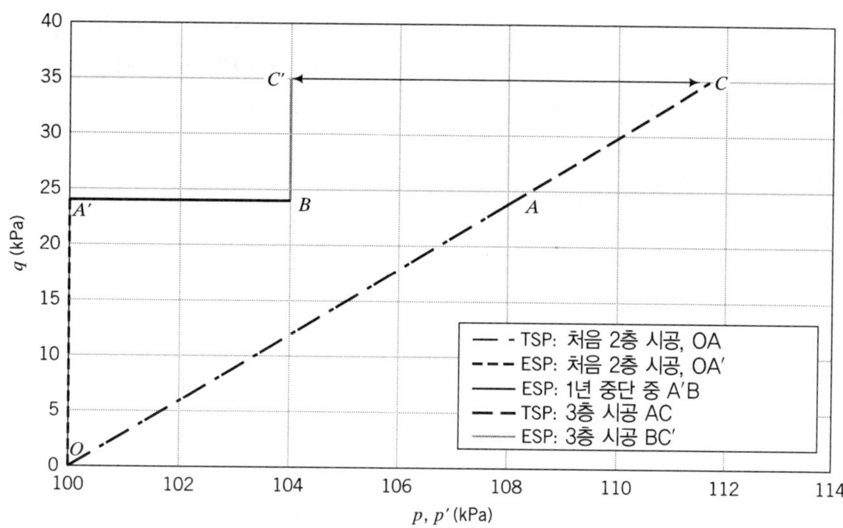

그림 E8.4

Step 4 : 과잉간극수압을 계산한다.

과잉간극수압은 전응력과 유효응력 경로 사이의 평균응력 차이다. 과잉간극수압의 크기는 AA'으로 나타내었다.

$$\Delta u = \Delta p = 8 \text{ kPa}$$

Step 5 : 공사 재개 직전의 과잉간극수압을 결정한다.

소산된 과잉간극수압의 양 = 0.5 × 8 = 4 kPa

현재 과잉간극수압의 양 = 8 − 4 = 4 kPa

과잉간극이 감소하기 때문에 평균유효응력은 같은 양만큼 증가할 것이다.

$$\text{현재 응력:} \quad p_2' = p_1' + \Delta u = 100 + 4 = 104 \text{ kPa}$$

$$q_1 = q_o + \Delta q = 0 + 24 = 24 \text{ kPa}$$

비고: q의 변화는 없다.

과잉간극수압 소산에 따른 응력경로는 그림 E8.4에서 A′B로 나타난다.

Step 6 : 3층 공사로 인한 응력 변화를 결정한다.

추가하중은 720 kN이다.

$$q_s = \frac{720}{4 \times 4} = 45 \text{ kPa}$$

지표면의 응력에 의한 지반내 응력 증가 계산에서 흙을 등방성과 탄성재료로 가정(7장)하기 때문에, 추가적인 지표면 응력으로 인한 응력증가량 계산을 위해서는 간단히 비율 증가로 계산할 수 있다.

$$\Delta\sigma_z = 24 \times \frac{45}{100} = 10.8 \text{ kPa}$$

$$\Delta p = \frac{\Delta\sigma_x + \Delta\sigma_y + \Delta\sigma_z}{3} = \frac{0 + 0 + 10.8}{3} = 3.6 \text{ kPa}$$

$$\Delta q = \Delta\sigma_z - \Delta\sigma_x = 10.8 - 0 = 10.8 \text{ kPa}$$

$$\text{기울기} = \frac{\Delta q}{\Delta p} = \frac{10.8}{3.6} = 3$$

현재 응력: $p_3 = p_1 + \Delta p = 108 + 3.6 = 111.6$ kPa

$q_3 = q_1 + \Delta q = 24 + 10.8 = 34.8$ kPa

$p'_3 = p'_2 + \Delta p' = 104 + 0 = 104$ kPa

Step 7 : 응력경로를 도시한다.
그림 E8.4를 참고하라.
TSP는 AC로 나타나고, ESP는 BC'로 나타난다.

Step 8 : 과잉간극수압을 계산한다.
과잉간극수압은 전응력과 유효응력 경로 사이의 평균응력 차이다.
과잉간극수압의 크기는 CC'로 나타낸다.

$$\Delta u = \Delta p = 111.6 - 104 = 7.6 \text{ kPa}$$

연습문제 EXERCISES

이론문제

8.1 원통형 흙 시료의 축방향 응력이 감소되고, 방사방향 수평응력이 두 배로 증가되었을 때, 응력경로가 $q/p = -3$의 경사가 됨을 보여라. 응력경로도 도시하라.

8.2 지반에서 초기 평균유효응력은 p'_o이고, 축차응력은 $q = 0$이다. 흙을 선형, 등방성, 탄성재료로 가정하고, 다음과 같은 축대칭 비배수 재하조건에서 전응력과 유효응력 경로를 도시하라.
(a) $\Delta\sigma_3 = \frac{1}{2}\Delta\sigma_1$ (b) $\Delta\sigma_3 = -\frac{1}{2}\Delta\sigma_1$

기본문제

8.3 배수조건에서 원통형 흙 시료가 100 kPa의 수직응력과 100 kPa의 방사방향 수평응력으로 등방적으로 압축되고 있다. 그 이후에 수직응력은 일정하게 유지하고 수평응력만 비배수조건에서 300 kPa로 증가되었다.

(a) x축을 p, p'로 y축을 q로 하여 그래프를 작성하라. 초기 평균유효응력과 축차응력을 계산하고 도시하라.

(b) 평균전응력과 축차응력의 증가량을 계산하라.

(c) 현재 전응력과 유효응력 경로를 도시하라(흙을 선형, 등방성, 탄성재료로 가정하라).

(d) 전응력과 유효응력 경로의 기울기와 최대 과잉간극수압을 결정하라.

8.4 원통형 흙시료가 배수조건에서 100 kPa의 수직응력과 100 kPa의 방사방향 수평응력으로 등방적으로 압축되고 있다. 그 이후에, 수직응력은 일정하게 유지하고 수평응력만 비배수조건에서 300 kPa로 증가되었다.

(a) x축을 s, s' 로 y축을 t로 하여 그래프를 작성하라. 초기 평균유효응력과 축차응력을 계산하고 도시하라.

(b) 평균전응력과 축차응력의 증가량을 계산하라.

(c) 현재 전응력과 유효응력 경로를 도시하라(흙을 선형, 등방성, 탄성재료로 가정하라).

(d) 전응력과 유효응력 경로의 기울기와 최대 과잉간극수압을 결정하라.

8.5 포화토 지반의 임의 깊이의 흙 요소에서의 초기 유효응력은 $\sigma'_1 = 80$ kPa, $\sigma'_2 = 40$ kPa, $\sigma'_3 = 40$ kPa이다. 지하수위는 흙 요소의 깊이 아래에 놓여 있다. 옹벽의 갑작스런 바깥방향으로의 움직임에 의해 다음과 같은 응력변화가 발생하였다. $\Delta\sigma_1 = 0$ kPa, $\Delta\sigma_2 = -10$ kPa(벽체와 평행한 방향), $\Delta\sigma_3 = -40$ kPa(벽체와 수직인 방향).

(a) 초기응력상태와 전응력 경로를 (p, q)그래프에 도시하라.

(b) 흙을 선형탄성재료로 가정할 때, 유효응력 경로를 도시하라.

(c) 최대 과잉간극수압을 결정하라.

8.6 포화토 지반의 임의 깊이의 흙 요소에서의 초기 유효응력은 $\sigma'_1 = 40$ kPa, $\sigma'_2 = 20$ kPa, $\sigma'_3 = 20$ kPa이다. 지하수위는 흙 요소 아래에 놓여있다. 흙 요소에서 응력의 변화는 그림 P8.6에서 나타내었다.

(a) 전주응력(principal total stresses)의 변화를 계산하라.

(b) 전응력 경로를 (p, q)그래프에 도시하라.

(c) 흙을 선형탄성재료로 가정할 때, 유효응력 경로를 도시하고, 최대 과잉간극수압을 결정하라.

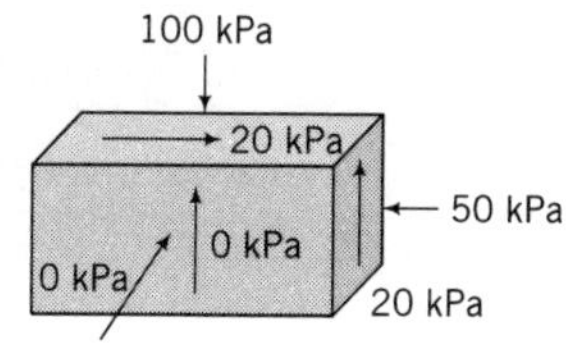

그림 P8.6

실용문제

8.7 직경이 10 m인 석유탱크가 CH로 분류되는 10 m 두께의 연약한, 정규압밀 점토층에 건설될 예정이다. 점토의 포화 단위중량은 18.8 kN/m^{3}이고 정지 상태에서의 수평토압계수는 K_o = 0.5이다. 지하수위는 지표면에 놓여있다. 점토층 아래에 SP로 분류되는 모래층이 놓여있다. 예상되는 석유탱크의 침하가 과도하다. 지반기술자는 석유탱크를 설치하고, 단계별로 물로 채우는 프리 로딩을 제안하였다. 탱크의 기초와 탱크만의 하중(사하중)은 25 kPa의 등분포 지표면 수직응력을 부과한다. 첫 번째 재하단계의 탱크의 물 높이는 2 m이다. 탱크 중앙 아래의 5 m 깊이에서의 흙 요소에 대해 다음을 계산하고 도시하라.

(a) 초기 평균전응력, 평균유효응력, 초기 축차응력을 계산하라. x축을 p, p'로 y축을 q로 하여 그래프를 작성하고, 초기응력상태를 도시하라.

(b) 탱크에 물을 2 m 높이로 채웠을 때, 지표면에서 작용하는 수직 전응력을 계산하라.

(c) 탱크에 물을 2 m 높이로 채웠을 때, 지표면에 작용하는 전응력으로 인한 흙요소의 수직응력과 수평응력의 증가량을 계산하라.

(d) 탱크에 물을 2 m 높이로 채웠을 때, 지표면에 작용하는 전응력으로 인한 평균전응력과 축차응력의 증가량을 계산하라.

(e) 탱크에 물을 2 m 높이로 채웠을 때, 전응력 경로를 도시하라. 응력경로를 분명하게 표기하라.

(f) 연약점토를 등방, 탄성재료로 거동한다고 하였을 때, 유효응력경로를 도시하고 간극수압의 증가량을 계산하라.

CHAPTER 09

세립토의 1차원 압밀침하

ONE-DIMENSIONAL CONSOLIDATION SETTLEMENT OF FINE-GRAINED SOILS

9.0 서론

본 장에서는 세립토의 1차원 압밀침하에 관해서 다루며 그 침하는 연직방향으로만 발생하는 것으로 제한한다. 먼저 (1) 압밀의 기본개념에 대해서 기술하고, (2) 재하하중에 의해 발생된 압밀침하량의 산정에 개념적용과, (3) 1차원 압밀이론의 정식화와 이론을 활용한 침하속도의 예측, (4) 침하량과 관련된 매개변수를 어떻게 결정하는지에 대해서 기술한다.

9장을 마쳤을 때, 당신은 아래의 내용을 할 수 있어야 한다.

- 수직 하중조건에서 흙 압밀의 기본적 이해
- 1차원 압밀침하량과 침하속도의 계산

본 장의 이해를 돕기 위해서는 이전 장들이나 역학과 수학교과목으로 배운 다음의 기본 지식의 활용이 필요하다.

- 흙의 응력-지표면에 작용하는 하중에 의한 유효응력 및 수직응력의 증가 (제7장)
- 흙의 변형-수직 및 체적변형 (제7, 8장)
- 탄성론 (제7장)
- 흙 속에서의 물의 흐름 (제6장)
- 편미분방정식의 해법

중요사항

하중 조건하에 모든 흙은 침하하여 이로 인해서 흙 위 또는 내에 존재하는 구조물의 침하를 발생시킨다. 만약 침하량이 허용량을 초과하면, 구조물에 손상을 유발시킬 수 있으며 구조물의 설계수명도 단축될 수 있다. 구조물은 균등 또는 불균등하게 침하할 수 있고 후자를 부등침하라고 하며 이것은 매우 중요한 설계 고려 사항이다.

피사의 탑은 전형적인 부등침하의 한 예이다(그림 9.1). 사탑의 시공은 1173년에 시작되어 1178년까지 이루어졌으며 사탑의 2/3가 완공되었을 때 기울어지기 시작했다. 그때 이후로 사탑의 침하는 불균등하게 발생하였다. 사탑의 기초는 실트질 모래가 3 m정도까지 위치해 있고 이 실트질 모래 하부에는 30 m의 연약 점토층이 퇴적되어 있다. 피사의 사탑은 온전히 그 모습을 유지하고 있지만 사탑의 기능은 부등침하에 의해 이미 손상되었다.

전체 침하량은 보통 3부분으로 나눌 수 있다-즉시 또는 탄성압축(elastic compression), 1차 압밀침하(primary consolidation), 그리고 2차 압밀침하 또는 2차 압축(secondary compression). 7장에서는 탄성압축에

그림 9.1 피사의 사탑. (© Photo Disc Inc./Getty Images.)

대해서 다루었고, 12장에서는 탄성해석의 실무적용을 위해 약간의 수정을 고려한 것이다. 본 장에서는 1차 압밀침하와 2차 압밀침하에 대해서 기술한다.

9.1 용어 정의

압밀 : 흙의 간극에서 물이 외부로 배수되는 흙의 시간의존적 침하

***1*차압밀침하 :** 간극에서 물이 배수되어 세립토의 체적이 변화하는 것

***2*차압밀침하 :** 흙 구조의 재배열로 인하여 발생하는 세립토의 체적변화

과잉간극수압(Δu) : 현재의 평형 간극수압을 초과하는 간극수압. 예를 들어, 만약 어떤 흙에서의 간극수압이 u_o라고 하고 하중이 흙에 작용을 하면 기존의 간극수압은 u_1까지 증가하고 여기서 과잉간극수압은 $\Delta u = u_1 - u_o$임

배수경로(H_{dr}) : 물이 배수표면에 도달할 최장수직경로

선행압밀응력(σ'_{zc}) : 과거에 흙에 작용되었던 최대응력

정규압밀토 : 현재의 유효수직응력보다 더 큰 응력을 과거에 경험하지 않은 흙($\sigma'_{zo} = \sigma'_{zc}$)

과압밀토 : 현재의 유효수직응력보다 더 큰 응력을 과거에 경험한 흙($\sigma'_{zo} < \sigma'_{zc}$)

과압밀비(*OCR*) : 과거에 경험한 최대하중인 선행압밀응력을 현재 작용하고 있는 유효수직응력으로 나눈 값(OCR $= \sigma'_{zc}/\sigma'_{zo}$)

압축지수(C_c) : 대수유효수직응력과 간극비(압밀곡선) 관계에서 정규압밀선의 경사

재압축지수(C_r) : 대수유효수직응력과 간극비(압밀곡선) 관계에서 재하(unloading) / 재재하(reloading) 부분에서 평균경사

체적압축계수(m_v) : 유효수직응력과 축변형 관계에서 두 응력 사이의 곡선의 기울기.

9.2 이해를 돕기 위한 질문

1. 흙의 압밀과정이란 무엇인가?
2. 압밀과 압축의 차이점은 무엇인가?
3. 1차압밀의 지배방정식은 무엇인가?
4. 1차압밀 이론의 성립을 위한 가정은 무엇인가?
5. 하중이 어떻게 작용하고 경과시간에 따른 흙 내부의 과잉간극수압은 어떻게 분포되는가?
6. 흙의 압밀침하를 결정하는 요소는 무엇인가?
7. 평균압밀도, 시간요소, 체적압축계수, 압축지수 및 재압축지수란 무엇인가?
8. 1차압밀과 2차압밀의 차이점은 무엇인가?
9. 단면배수(single drainage)와 양면배수(double drainage)에서 배수경로는?
10. 왜 압밀시험이 필요하고 어떻게 수행하는가? 그리고 그 시험 결과로부터 어떤 매개변수를 추론할 수 있는가?
11. 어떻게 침하속도와 압밀침하량을 계산하는가?
12. 계산된 침하량과 현장의 실제 침하량 사이의 큰 차이점이 있는가?

9.3 기본개념

압밀침하에 대한 다양한 생각의 개발을 위해 다음과 같이 가정한다:

- 흙은 완전 포화, 균질
- 흙 입자와 물은 비압축성
- 물의 흐름은 수직 방향으로 발생
- Darcy 법칙 유효
- 미소변형률

세립토의 1차원 압밀침하의 기본개념을 성립하기 위해 간단한 시험이 수행된다. 그림 9.2a에 보여진 것처럼 얇은 포화된 점토 시료를 내부마찰이 없는 강체의 원통형 몰드 내부에 있는 다공판 사이에 놓는다. 다공판은 흙의 상부와 하부로부터 간극수의 배수를 가능하게 하며 시료의 상부 절반은 상부 다공판에 의해 그리고 시료 하부의 절반은 하부의 다공판으로부터 배수가 될 것이다. 상부 다공판 위의 상판은 흙에 하중을 전달하는 역할을 한다. 배출된 물은 플라스틱 관을 통해 뷰렛으로 이동되는데 벨브로 이 흐름을 조절한다. 3개의 간극수압계가 원통형몰드 내부에 설치되어 상부 다공판 근처 (A), 그 곳으로부터 25 mm 하부 (B), 그리고 시료의 중앙분분 (C)의 과잉간극수압을 측정한다. 과잉간극수압은 하중에 의해 흙에서 발생하는 추가적인 간극수압이고, 상판에 연결된 변위계는 흙 시료의 수직 침하량을 나타낸다.

간극수와 흙 입자는 비압축성이고 초기 간극수압은 0으로 가정한다. 흙 시료에서 배수되는 과잉간극수의 체적은 적용하중에 의한 흙 시료의 체적변화이고, 원통형 몰드의 벽면은 강체이기 때문에 수평방향의 변위는 발생하지 않는

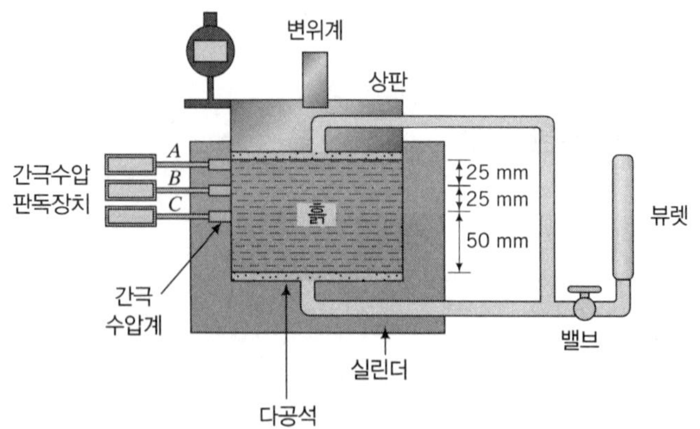

그림 9.2a 압력의 기본개념을 설명하는 시험장치 구성.

다. 그러므로 흙 시료의 측방 또는 원주방향의 변형은 0 ($\varepsilon_r = \varepsilon_\theta = 0$)이고, 체적변형 ($\varepsilon_p = \varepsilon_z + \varepsilon_\theta + \varepsilon_r$)은 수직변형과 같으며 $\varepsilon_z = \Delta z / H_o$이다. 여기서 Δ_z는 흙 시료의 높이 또는 두께의 변화, H_o는 흙 시료의 초기 높이 또는 두께이다.

9.3.1 순간하중

상부 하중판을 통해 흙 시료에 하중 P를 가하고 벨브를 잠근다. 흙 시료로부터 과잉간극수가 배수되지 않기 때문에 흙 시료의 체적변화는 0 ($\Delta V = 0$)이고 하중 또는 응력은 흙 입자로 전달되지 않는다($\Delta\sigma'_z = 0$). 전체하중은 간극수가 지탱하고, 흙 시료의 초기과잉간극수압(Δu_o)은 작용된 수직응력 $\Delta\sigma_z = P/A$와 같다. 여기서 A는 흙 시료의 단면적이다. 대략 평균전응력의 변화는 $\Delta p = (\Delta\sigma_z + \Delta\sigma_r)/3$이다. 여기서 $\Delta\sigma_r$은 원주방향 응력이다. 초기과잉간극수압은 균일하게 분포할 것이라고 가정하여 토층의 모든 지점에서 초기과잉간극수압은 적용수직응력과 동일하다고 생각한다. 예를 들어 만약 그림 9.2b에서처럼 $\Delta\sigma_z = 100$ kPa이라고 하면, $\Delta u_o = 100$ kPa이 된다.

9.3.2 일정한 하중에 의한 압밀–1차압밀

벨브를 열고 초기과잉간극수가 배수가 되도록 한다. 시간 t_1에서 흙 시료의 전체 체적은 뷰렛 안의 물의 체적 변화와 같이 과잉간극수가 배수되는 양만큼 감소할 것이다(그림 9.6c). 흙 시료의 상부 및 하부에서는 배수 경계조건이기 때

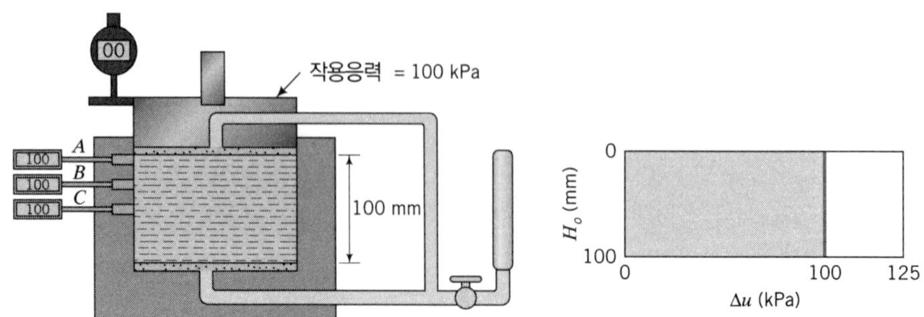

그림 9.2b 수직하중이 작용되었을때 순간 또는 초기과잉간극수압.

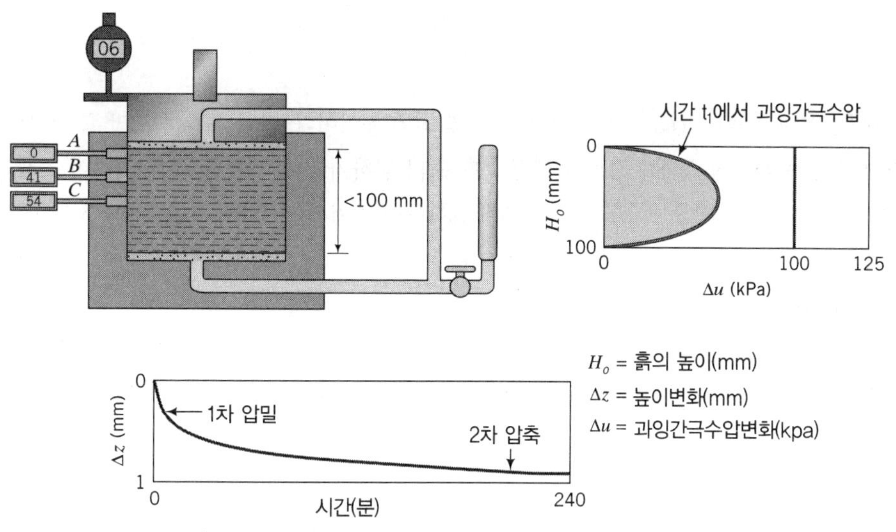

그림 9.2c 압밀과정동안 과잉간극수압 분포와 침하량.

문에 과잉간극수압은 0이다. 물이 흙 시료 중간에서 상 · 하부의 경계로 흐르기 때문에 흙 시료의 중간(C) 지점에서 초기과잉간극수압의 감소가 가장 느리다.

시간 t에 따른 흙의 침하(Δz)는 선형적이지 않다는 것을 알아야 한다(그림 9.2c). 대부분의 침하는 벨브를 연 직후에 발생한다. 침하속도 $\Delta z/t$도 벨브를 열었을 때 가장 빠르다. 벨브를 열기 전의 초기수두 $\Delta u_o/\gamma_w$는 수직하중에 의해 발생하고 벨브를 열었을 때 초기과잉간극수는 이 초기수두에 의해 흙 시료 외부로 배출된다. 시간이 흐름에 따라 초기수두는 감소하고, 결과적으로 시간이 지날수록 배출되는 과잉간극수가 적어진다. 어느 파이프 내부에 압력이 가해진 물이 있다고 가정하자. 그 파이프가 터지는 순간에 많은 양의 물이 뿜어지고 그 직후 물의 흐름은 점점 줄어드는 것과 같다. 여기서 벨브를 연 직후에 발생하는 것을 초기침하 또는 1차압밀이라고 한다. 1차압밀은 간극으로부터 물의 배출과 과잉간극수압에서 흙 입자로의 하중 전달에 의해 발생하는 흙의 체적변화이다.

9.3.3 2차압밀

이론적으로 1차압밀은 $\Delta u_o = 0$이될 때 종료된다. 그 이후의 시간에 발생하는 것을 2차압밀 또는 크리프(creep)라고 한다. 2차압밀은 1차압밀이 완료된 이후에 흙 구조의 재배열에 의한 세립토 체적의 변화이다. 압밀이라는 용어는 흙의 침하가 과잉간극수압의 감소에 의해 유효응력의 변화로 발생하는 과정을 말한다. 2차압밀 침하속도는 1차압밀과 비교해서 상당히 느리다.

지금까지는 1차압밀과 2차압밀을 분리해서 생각하였다. 실제로 연약점토에서 2차압밀은 1차압밀의 한 부분으로써 발생하기 때문에 그 구별은 명확하지 않다. 압밀의 역학관계는 여전히 완전하게 해명되지 않았기 때문에 침하량을 추정하기 위해서는 1차압밀과 2차압밀을 구분하는 것이 편리하다.

9.3.4 배수경로

흙 내부의 입자들 사이에서 흙 외부로 통하는 가장 긴 수직 경로의 거리를 배수경로 길이라고 한다. 흙 시료의 상부 및 하부에 배수를 허용(양면배수)하기 때문에 배수경로의 길이 H_{dr}은 다음과 같다.

$$H_{dr} = \frac{H_{av}}{2} = \frac{H_o + H_f}{4} \tag{9.1}$$

여기서 H_{av}은 평균높이, H_o와 H_f는 각각 초기 및 최종 높이이다. 만약 배수가 오직 흙 시료의 한 면에서만 허용된다고 하면 $H_{dr} = H_{av}$이고 배수경로가 짧을수록 흙의 침하가 완료되는데 짧은 시간이 소요된다. 단면배수(single drainage)에 대한 흙 시료는 특정 침하량에 도달하는데 있어서 양변배수보다 4배의 시간이 걸린다.

9.3.5 압밀속도

균질한 흙에 대한 압밀속도는 흙의 투수계수, 두께, 배수경로의 길이에 의존한다. 본 장에서 실시한 흙 시료보다 작은 투수계수를 가진 흙은 초기과잉간극수를 배수시키는데 시간이 더 걸릴 것이고 침하는 느린 속도로 진행될 것이다.

9.3.6 유효응력 변화

적용된 수직응력(전응력)이 일정하게 유지되면 유효응력의 원칙($\Delta\sigma'_z = \Delta\sigma_z - \Delta u$)에 의해 초기과잉간극수압의 감소는 유효수직응력이 증가하는 것으로 평형이 될 것이다. 이러한 유효수직응력의 증가는 흙 구조의 재배열에 의해 침하를 야기시키고 시간이 흐를수록 초기과잉간극수는 계속해서 소산되고 흙은 계속해서 침하한다(그림 9.2c).

시간이 어느 정도 흐른 뒤(보통 실내시험에 사용된 흙 시료의 경우는 24시간 이내) 흙 시료의 중간에서의 초기과잉간극수압은 대략 0까지 감소하고, 흙의 체적 감소율은 매우 작게 된다. 초기과잉간극수압이 0이 된 이후로 유효응력의 원칙에서 적용된 모든 응력은 흙에 전달된다. 즉 유효수직응력은 수직전응력과 동일하게 된다($\Delta\sigma'_z = \Delta\sigma_z$).

요점정리 THE ESSENTIAL POINT ARE

1. 포화된 흙에 하중이 가해질 때 적용된 모든 응력은 초기에는 간극수에 의해 지탱된다(초기과잉간극수압); 즉, $t = 0$, $\Delta u_o = \sigma_z$ 또는 $\Delta u_o = \Delta p$. 유효응력의 변화는 0이다($\Delta\sigma'_z = 0$).
2. 간극수가 흙 외부로 배수가 되면 초기과잉간극수압은 감소하고, 흙의 침하 (Δz)는 시간에 따라 증가한다; 즉, $\Delta u(t) < \Delta u_o$ 그리고 $\Delta z > 0$이다. 전응력의 변화는 0이기 때문에($\Delta\sigma_z = 0$) 유효응력의 변화는 과잉간극수압의 변화와 동일하다[$\Delta u_o - \Delta u(t)$].
3. $t \to \infty$일 때 흙의 체적 및 과잉간극수압의 변화는 0에 가까워진다; 즉, $\Delta V \to 0$, $\Delta u_o \to 0$. 유효수직응력의 변화는 $\Delta\sigma'_z = \Delta\sigma_z$이다.
4. 흙의 침하량은 초기압밀과정을 제외하고는 시간에 대해서 비선형 관계를 보인다.
5. 흙의 체적변화는 배수된 과잉간극수의 체적과 동일하다.
6. 침하속도는 흙의 투수계수에 의존한다.

9.3.7 일정하중에 대한 간극비와 침하량 변화

흙의 초기체적(특정체적)은 $V = 1 + e_o$(제4장)이다. 여기서 e_o는 초기간극비이고 흙 체적의 변화 (ΔV)는 간극비의 변화와 같다. 간극비의 변화로부터 체적변형률을 다음과 같이 계산할 수 있다.

$$\varepsilon_p = \frac{\Delta V}{V} = \frac{\Delta e}{1 + e_o} \tag{9.2}$$

1차원 압밀에 대해서 흙 시료의 측방 또는 원주의 변형은 0 $(\varepsilon_r = \varepsilon_\theta = 0)$이기 때문에 $\varepsilon_z = \varepsilon_p$이다. 그러면 침하량과 간극비와의 관계는 다음과 같이 나타낼 수 있다.

$$\varepsilon_z = \frac{\Delta z}{H_o} = \frac{\Delta e}{1 + e_o} \tag{9.3}$$

여기서 H_o는 시료의 초기 높이이고, 식 (9.3)을 다음과 같이 다시 표현할 수 있다.

$$\Delta z = H_o \frac{\Delta e}{1 + e_o} \tag{9.4}$$

Δz보다는 1차압밀침하량를 나타내기 위해 ρ_{pc}를 사용하면 다음과 같다.

$$\rho_{pc} = H_o \frac{\Delta e}{1 + e_o} \tag{9.5}$$

하중 P가 작용할 때 어느 시간에서의 간극비는 다음과 같다.

$$e = e_o - \Delta e = e_o - \frac{\Delta z}{H_o}(1 + e_o) = e_o\left(1 - \frac{\Delta z}{H_o}\right) - \frac{\Delta z}{H_o} \tag{9.6}$$

포화된 흙에 대해서 $e_o = wGs$이고, 여기서 w는 함수비이다. 따라서 식 (9.6)을 다음과 같이 다시 표현할 수 있다.

$$c - wG_s\left(1 - \frac{\Delta z}{H_o}\right) - \frac{\Delta z}{II_o} \tag{9.7}$$

9.3.8 1차압밀에서의 수직 응력의 영향

흙 시료에 추가 하중을 재하시켜 각각의 하중 증가분에 대해서 식 (9.6)으로부터 최종 간극비를 계산할 수 있다. 그 결과를 그림 9.3의 AB구간에 나타낼 수 있다. 그림 9.3에서 볼 수 있는 바와 같이 본 장에서의 수행한 시험결과를 3개의 방법으로 설명하기 위해 3개의 그래프로 표현하였다. 그림 9.3a는 간극비와 유효수직응력의 관계를 표현한 것이고, 그림 9.3b는 유효수직응력을 대수눈금으로 표현한 유사한 그래프이다. 그림 9.3c는 수직변형률(ε_z)과 유효수직응력 관계를 표현한 것이다. 그림 9.3a와 9.3c에서 AB구간은 각 하중 증가에 의해 발생하는 침하는 흙을 초기상태로 부터 조밀하게 하고, 투수성을 감소시키기 때문에 비선형관계를 보여준다. 따라서 이전의 하중보다 배로 하중을 늘려도 침하량은 그 전의 침하량과 비교해서 배로 늘어나지 않는다. AB구간(그림 9.3a~c)을 처녀압밀곡선(virgin consolidation line) 또는 정규압밀곡선 (NCL)이라고 한다. $\log \sigma'_z - e$에서의 NCL은 거의 직선에 가깝다.

어떤 유효수직응력 σ'_{zc}에서 점진적으로 하중을 제하한다. 일단 하중을 제거한 후에 그 관계가 평형에 도달하면 또 다시 하중을 재하한다. 하중을 제거하면 흙 시료는 뷰렛으로부터 물을 흡수하여 부풀기 시작해서 간극비는 증가하지만, 같은 하중을 가하였을 때의 간극비가 감소한 것 보다는 적게 증가한다.

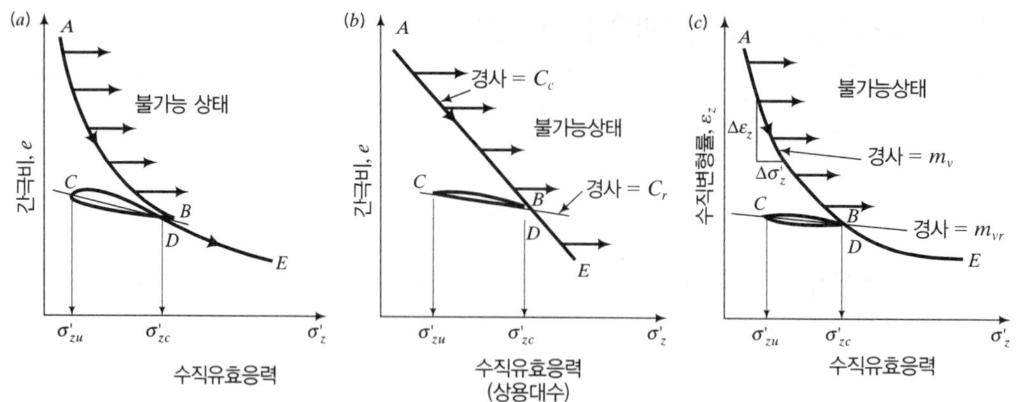

그림 9.3 흙 압밀 침하 데이터의 세가지 형태의 그래프.

하중제하 후 다시 σ'_{zc}로 재재하를 실시한다. 재재하 경로 CD는 하중제하 경로인 오목한 BC와 비교해서 볼록한 형태이다. 이에 대한 한 가지 이유로는 하중과 하중제하 동안 흙 구조(흙 입자)가 변화한 것으로 볼 수 있다. 각각의 하중재하/제하 단계에서 흙 입자는 하중에 저항하는 다른 구조로 재배열 된다. 하중제하 및 재재하에 대한 경로의 평균 경사는 동일하지 않지만 그 차이는 작은 것으로 생각할 수 있다. 하중제하–재재하 경로를 평균 경사 BC로 표현할 수 있고, 그것을 재압축곡선 또는 하중제하–재재하 곡선(URL)이라고 한다.

그림 7.5와 7.6에 나타나 있는 하중에 대한 일반적인 재료의 거동을 흙의 거동과 비교해 보면 흙은 탄소성(elastoplastic) 재료로 생각할 수 있다. 경로 BC는 탄성거동을 표현하는 반면 AB는 흙의 탄소성거동을 나타낸다. 경로 BC에 대한 하중은 탄성 침하(작은 규모로 회복 가능한 침하)를 일으키고, 경로 AB에 대한 하중은 탄성과 소성의 두 가지 요소를 가진 침하를 발생시킨다.

일단 선행압밀응력 σ'_{zc}을 초과하면 경로 DE의 경사는 초기 하중경로 AB와 거의 같다. 차후의 또 다른 유효수직응력에서 흙 시료에 대한 하중제하 및 재재하는 경로 $BCDE$와 유사한 거동을 보일 것이다.

9.3.9 1차압밀 정수

흙의 1차압밀 침하량(그림 9.3에서 AB구간에서 발생하는 침하)은 그림 9.3에서의 곡선의 경사로부터 표현될 수 있다. 1차압밀에 대해 두 개의 경사를 정의하면, 하나는 압축계수 또는 압축지수 C_c이고, $e - \log \sigma'_z$(그림 9.3b)에서 다음과 같이 나타낼 수 있다.

$$C_c = -\frac{e_2 - e_1}{\log \dfrac{(\sigma'_z)_2}{(\sigma'_z)_1}} \text{ (무차원)} \tag{9.8}$$

여기서 아래첨자 1과 2는 NCL에서의 임의의 두 지점을 나타낸다.

또 다른 하나는 체적압축계수 m_v이고, $\varepsilon_z - \sigma'_z$ (그림 9.3c)에서 다음과 같이 나타낼 수 있다.

$$m_v = -\frac{(\varepsilon_z)_2 - (\varepsilon_z)_1}{(\sigma'_z)_2 - (\sigma'_z)_1} \left(\frac{\text{m}^2}{\text{kN}}\right) \tag{9.9}$$

여기서 아래첨자 1과 2는 NCL에서의 임의의 두 지점을 나타낸다.

이와 유사하게 그림 9.3b에서 BC의 경사를 재압축지수 C_r로 다음과 같이 정의할 수 있다.

$$C_r = -\frac{e_2 - e_1}{\log \dfrac{(\sigma_z')_2}{(\sigma_z')_1}} \tag{9.10}$$

여기서 아래첨자 1과 2는 URL에서의 임의의 두 지점을 나타낸다.

그림 9.3c의 경사 BC는 체적재압축계수 m_{vr}라 하고 다음과 같이 표현할 수 있다.

$$m_{vr} = -\frac{(\varepsilon_z)_2 - (\varepsilon_z)_1}{(\sigma_z')_2 - (\sigma_z')_1} \quad \left(\frac{\mathrm{m}^2}{\mathrm{kN}}\right) \tag{9.11}$$

여기서 아래첨자 1과 2는 URL에서의 임의의 두 지점을 나타낸다.

Hooke의 법칙으로부터 다음과 같이 탄성계수(Young' s modulus of elasticity)를 구할 수 있다.

$$E_c' = \frac{\Delta\sigma_z'}{\Delta\varepsilon_z} = \frac{E'(1-\nu')}{(1+\nu')(1-2\nu')} \tag{9.12}$$

여기서 아래첨자 c는 흙 시료가 한 방향(1차원 압밀)에서만 침하를 발생 하도록 제 한하기 때문에 제한된(constrained) 의미로 사용하였다. E'는 유효응력 에 근거한 탄성계수를 의미하고, ν'는 포아송비(Poisson' s ratio)다. 식 (9.12)는 다음과 같이 다시 표현할 수 있다.

$$E_c' = \frac{1}{m_{vr}} \tag{9.13}$$

토질역학에서 압축 및 재압축을 양의 부호로 사용하는 원칙에 따라 C_c, C_r, m_v, m_{vr}은 양의 값이 된다.

9.3.10 하중 이력의 영향

본 장의 시험에서 재하중에 의해 선행압밀응력을 초과하였을 때, 흙은 정규압밀곡선에 따르는 것을 알 수 있었다. 흙의 하중이력(history)은 흙의 구조와 관련된 것으로, 흙은 계속해서 선행압밀응력을 기억하고 있다. 흙이 하중에 대해서 어떻게 거동할지에 대해서 이해하기 위해 먼저 그 기억을 풀어야 한다. 만약 흙이 선행압밀응력보다 낮은 응력에 의해 압밀되었다면 과거에 높은 응력에 의해 흙 구조가 영구적으로 변화하였기 때문에 침하량은 작을 것이다. 하지만 만약 흙이 선행압밀응력을 넘어선 응력에 의해 압밀되면 흙 구조는 현재의 하중에 의해 더 크게 변화하기 때문에 침하량은 더욱 증가할 것이다.

이러한 흙 거동의 중요성은 다음과 같다. 만약 어떤 구조물에 의해 흙에 하중이 가해지고 그 유효수직응력은 선행압밀응력이 초과하지 않으면 구조물의 침하는 작게 될 것이고, 그렇지 않으면 상당히 큰 침하량이 발생할 것이다. 선행압밀응력은 탄성거동의 한계로 정의할 수 있다. 선행압밀응력보다 작은 응력에 대해서 흙은 URL에 따르고, 그 흙은 탄성재료와 같은 거동을 할 것이라고 가정할 수 있다. 선행압밀응력보다 큰 응력에 대해서 흙은 탄소성 재료과 같은 거동을 할 것으로 생각할 수 있다.

9.3.11 과압밀비

흙의 압밀이력을 기초로 하여 그 흙을 구분하여 정의할 수 있다. 현재의 유효수직응력 또는 유효상재응력 σ_{zo}'이 선행압밀응력 σ'_{zc}보다 작다면 그 흙을 과압밀토라 하고, 그 과압밀토에 하중을 가했을 때는 CDE(그림 9.3)와 유사한 유효수직응력과 간극비 곡선으로 표현될 것이다. 그 과압밀도를 과압밀비 OCR이라 하고 다음과 같이 정의한다.

$$\mathrm{OCR} = \frac{\sigma'_{zc}}{\sigma'_{zo}} \tag{9.14}$$

만약 OCR = 1이면 그 흙은 정규압밀토이고, 정규압밀토는 ABE(그림 9.3)와 유사한 경로를 따르게 된다. 깊이에 따른 흙의 과입밀비는 감소하다가 결국 1의 값(정규압밀상태)에 도달하게 된다.

9.3.12 가능(Possible)과 불가능(Impossible) 압밀 상태

정규압밀곡선으로 흙의 상태를 불가능과 가능상태로 구분하여 설명할 수 있다. 흙에 하중을 제거하거나 하중을 다시 가해서 정규압밀곡선의 오른쪽 상태로 이동할 수 없는데 이것을 불가능흙상태(그림 9.3)라고 한다. 가능한 흙의 상태는 정규압밀곡선의 왼쪽 편에서만 발생된다.

요점정리 THE ESSENTIAL POINT ARE

1. 경로 AB(그림 9.3)를 정규압밀곡선(NCL)이라 하고, 정규압밀토의 거동을 나타낸다 — 흙이 과거에 현재의 유효수직응력보다 더 큰 유효수직응력을 경험하지 않은 상태. NCL은 $\log \Delta\sigma'_z - e$곡선에서 거의 직선이고, 그 경사를 압축지수 C_c로 정의한다.
2. 정규압밀토는 탄소성재료와 유사한 거동을 한다. 즉 어떤 하중에서의 침하의 한 부분은 회복 가능하며, 다른 부분은 영구적인 침하가 된다.
3. 과압밀토는 현재의 유효수직응력보다 더 큰 유효수직응력을 과거에 경험한 흙을 의미한다.
4. 과압밀토는 CDE(그림 9.3)와 같은 거동을 보인다. 선행압밀응력보다 작은 응력에 대해서 과압밀토는 탄성재료와 거의 같은 거동을 보이고 그 침하량는 작다. 하지만 선행압밀응력보다 큰 응력에 대해서 과압밀토는 탄소성재료와 같은 거동을 보이고, 정규압밀토와 유사한 거동 보인다.

What's next... 다음은 1차원 침하를 계산하기 위해 기본개념을 어떻게 사용할 것인가에 대해서 기술한다.

9.4 1차압밀 침하량의 계산

9.4.1 현장에서 채취한 흙 시료에 대한 하중제하/재하중의 영향

현장에서 깊이 z(그림 9.4a)에서 흙 시료를 채취한 경우를 생각해 보자. 지하수위가 지표면에 위치한다고 가정하며, 현재의 유효수직응력 또는 유효상재응력은 다음과 같다.

$$\sigma'_{zo} = (\gamma_{sat} - \gamma_w)z = \gamma' z$$

현재의 간극비는 식 (4.13)을 이용하여 γ_{sat}으로부터 구할 수 있다. $e - \log\sigma'_z$ 곡선에서 현재의 유효수직응력을 A로 나타낼 수 있다(그림 9.4b).

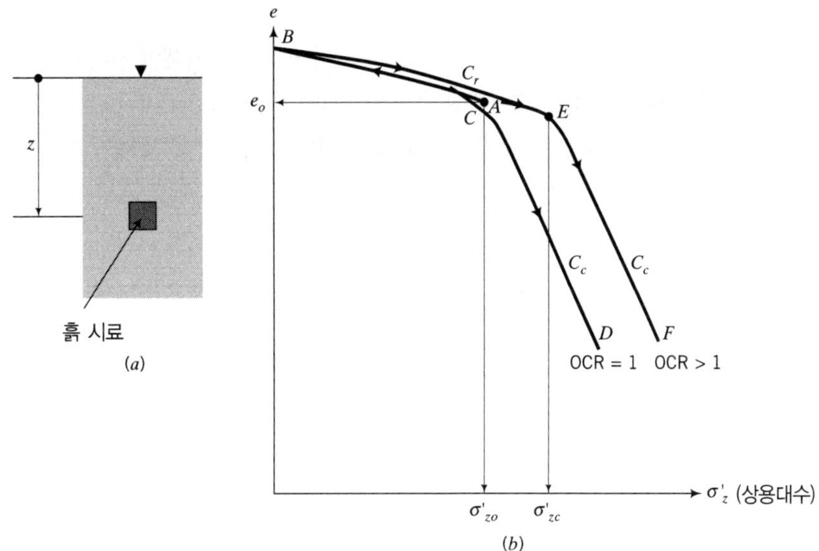

그림 9.4 (a) 지표면 아래 깊이 z에서의 흙 시료. (b) 예상되는 1차원 침하 경향.

흙 시료를 채취하기 위해 시추를 하면 시료 상부의 지반을 제거해야 한다. 지반을 제거하고 시료를 채취하는 과정에서 전응력이 0까지 감소한다. 즉, 완전히 하중이 제거된 상태이다. 유효응력의 원칙은 식 (7.38)으로부터 $\Delta\sigma'_z = -\Delta u$가 된다. σ'는 음의 값을 가지지 않기 때문에 — 즉, 흙은 인장상태로 유지될 수 없다 — 간극수압이 음의 값이 된다. 간극수압이 시간에 따라 소산되면 체적변화(swelling)가 발생한다. 9.3절에서 설명한 압밀의 기본개념에서 시료는 하중제하 경로 AB를 따를 것이다. 대수눈금에서 유효응력을 0으로 표현할 수 없기 때문에 절점 B는 0의 값이 아니지만, 대수눈금에서의 초기 유효응력 수준은 아주 작다고 가정한다(≈0). 만약 이 시료가 재하중을 받는다면 재하중 경로는 OCR에 의존할 것이다. 또 OCR = 1(정규압밀토)이라면 재하중을 가할 때 그 경로는 BCD(그림 9.4b)가 될 것이다. ABC의 평균경사는 C_r이고, 일단 σ'_{zo}를 초과하면 그 흙은 정규압밀곡선 CD의 기울기 C_c를 따른다. 만약 그 흙이 과압밀토(OCR > 1)이면 재하중 경로는 정규압밀토와 같은 거동을 하기 전에 σ'_{zc}을 초과하는 재하중을 가하기 때문에 BEF를 따를 것이다. ABE의 평균경사는 C_r이고, EF의 경사는 C_c이다. 절점 E는 선행압밀응력을 의미한다. 본 장의 후반부에서 실내시험으로부터 절점 E의 위치를 결정한다.

9.4.2 정규압밀된 세립토의 1차압밀침하량

어떤 건물을 건설하려고 하는 지반이 정규압밀로 퇴적되어 있다고 하자. 깊이 z에서 건물에 의한 수직응력의 증가는 $\Delta\sigma_z$로 가정하면(7.11절에 설명되어 있는 방법으로 $\Delta\sigma_z$를 구할 수 있다) 최종 수직응력은 다음과 같다.

$$\sigma'_{fin} = \sigma'_{zo} + \Delta\sigma_z \tag{9.15}$$

수직응력의 증가에 의해 흙은 NCL을 따라 침하하게 될 것이고 1차압밀침하는 다음과 같다.

$$\rho_{pc} = H_o \frac{\Delta e}{1 + e_o} = \frac{H_o}{1 + e_o} C_c \log \frac{\sigma'_{fin}}{\sigma'_{zo}}; \quad \text{OCR} = 1 \tag{9.16}$$

여기서 $\Delta e = C_c \log (\sigma'_{fin}/\sigma'_{zo})$이다.

9.4.3 과압밀된 세립토의 1차압밀침하량

만약 흙이 과압밀 되었다면 $\Delta\sigma_z$의 크기에 의존하는 두 가지 경우를 생각해야 한다. 그림 9.5에 나타나있는 바와 같이 $\log \sigma'_z - e$ 공간에 두 개의 직선으로 근사화할 수 있다. Case 1에서의 $\Delta\sigma_z$의 증가는 $\sigma'_{fin} = \sigma'_{zo} + \Delta\sigma_z$이 σ'_{zc}보다 작은 값일 때의 경우이다(그림 9.5a). 이러한 경우에 압밀은 URL을 따라 발생하고 그 침하량은 다음과 같다.

$$\rho_{pc} = \frac{H_o}{1 + e_o} C_r \log \frac{\sigma'_{fin}}{\sigma'_{zo}}; \quad \sigma'_{fin} < \sigma'_{zc} \tag{9.17}$$

Case 2에서의 $\Delta\sigma_z$의 증가는 $\sigma'_{fin} = \sigma'_{zo} + \Delta\sigma_z$이 $\Delta\sigma'_{zc}$보다 큰 값일 때의 경우이다(그림 9.5b). 이러한 경우에 침하의 두 가지 요소를 고려해야 한다 — 하나는 URL를 따르는 것이고, 또 하나는 NCL을 따르는 것이다. Case 2에 사용하는 식은 다음과 같다.

$$\rho_{pc} = \frac{H_o}{1 + e_o}\left(C_r \log \frac{\sigma'_{zc}}{\sigma'_{zo}} + C_c \log \frac{\sigma'_{fin}}{\sigma'_{zc}}\right); \quad \sigma'_{fin} > \sigma'_{zc} \tag{9.18}$$

또는,

$$\rho_{pc} = \frac{H_o}{1 + e_o}\left[C_r \log(\text{OCR}) + C_c \log \frac{\sigma'_{fin}}{\sigma'_{zc}}\right]; \quad \sigma'_{fin} > \sigma'_{zc} \tag{9.19}$$

9.4.4 1차압밀침하량의 계산절차

1차압밀침하량을 계산하기 위한 절차는 다음과 같다.

1. 토층의 중간부분에서의 현재 유효수직응력(σ'_{zo})과 간극비(e_o)를 계산한다.
2. 토층의 중간부분에서 작용하는 수직응력 증가 ($\Delta\sigma_z$)를 7.11에서의 설명된 방법을 사용하여 계산한다.
3. 최종 유효수직응력 $\sigma'_{fin} = \sigma'_{zo} + \Delta\sigma'_z$를 계산한다.
4. 1차압밀침하량을 계산한다.
 (a) 만약 정규압밀토(OCR = 1)이라고 하면 1차압밀침하량은 다음과 같다.

$$\rho_{pc} = \frac{H_o}{1 + e_o} C_c \log \frac{\sigma'_{fin}}{\sigma'_{zo}}$$

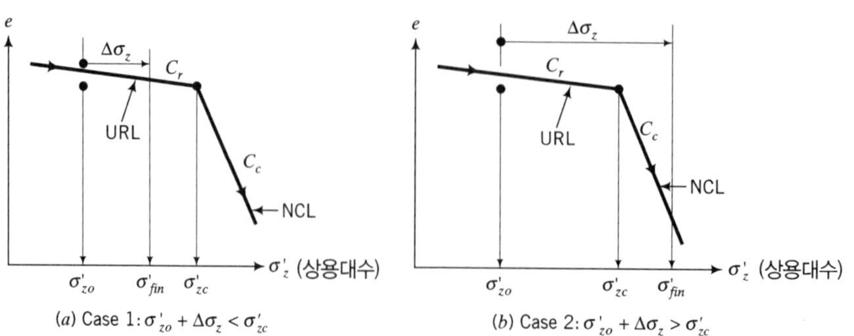

그림 9.5 과압밀된 세립토의 침하량 계산을 위한 두가지 경우.

(b) 만약 과압밀토이고 $\sigma'_{fin} < \sigma'_{zc}$라고 하면 1차압밀침하량은 다음과 같다.

$$\rho_{pc} = \frac{H_o}{1 + e_o} C_r \log \frac{\sigma'_{fin}}{\sigma'_{zo}}$$

(c) 만약 과압밀토이고 $\sigma'_{fin} > \sigma'_{zc}$라고 하면 1차압밀침하량은 다음과 같다.

$$\rho_{pc} = \frac{H_o}{1 + e_o}\left[C_r \log(\text{OCR}) + C_c \log \frac{\sigma'_{fin}}{\sigma'_{zc}}\right]$$

여기서 H_0는 토층의 두께이다.

m_v를 사용하여 1차압밀침하량을 계산할 수도 있지만, 일정 상수인 C_c와는 다르게 m_v는 응력수준에 따라 변화한다. 따라서 이러한 경우는 응력범위 $\sigma'_{zo} \sim \sigma'_{fin}$에서의 평균 m_v값을 계산해야 한다. 비선형의 영향을 줄이기 위해서는 m_v 또는 m_{vr}를 계산하는데 있어서 유효수직응력 차가 100 kPa을 넘으면 안 된다. m_v를 사용한 1차압밀침하량은 다음과 같다.

$$\rho_{pc} = H_o m_v \Delta\sigma_z \tag{9.20}$$

식 (9.20)의 장점은 m_v를 압밀시험의 변위로부터 쉽게 결정할 수 있다는 것이다. 압밀시험 결과로부터 C_c의 결정에 필요한 간극비의 변화를 계산하지 않아도 된다.

9.4.5 두꺼운 토층

두꺼운 토층에 대해서 보다 높은 정확도를 위해 토층을 몇 개의 층(약 2개에서 5개의 층)으로 나누어 각각의 층에서의 침하량을 구하고, 전체 1차압밀침하량을 계산하기 위해서 각 층에서의 침하량을 합한다. 1차압밀침하량을 구하는 식에서 H_o는 층의 두께임을 반드시 상기해야 한다. 이 방법은 1차압밀침하량에 대한 공식에 각 층에서의 수직응력 증가의 조화평균값을 사용하는 것이다. 조화평균응력증가는 다음과 같다.

$$\Delta\sigma_z = \frac{n(\Delta\sigma_z)_1 + (n-1)(\Delta\sigma_z)_2 + (n-2)(\Delta\sigma_z)_3 + \cdots + (\Delta\sigma_z)_n}{n + (n-1) + (n-2) + \cdots + 1} \tag{9.21}$$

여기서 n은 층의 개수, 아래첨자 1, 2, 등은 첫 번째 층, 두 번째 층 등을 의미한다. 조화평균의 장점은 침하량이 토층의 윗부분에서 더 발생하는 것을 편향되게 표현할 수 있다는 것이다. 제7장에서 수직응력은 깊이에 따라 감소하는 것을 알 수 있었고, 따라서 토층의 윗부분에서는 더 큰 수직응력의 증가를 받고 있기 때문에 1차압밀침하량은 더 증가할 것이다.

예제 9.1 정규압밀점토의 압밀침하량

사무실 건물을 위한 부지에는 10.4 m의 가는 모래층이 2 m두께의 정규압밀점토 위에 퇴적되어 있다. 그 연약점토 아래는 굵은 모래가 퇴적되어 있고 지하수위는 지표면으로부터 3 m 아래 깊이에 위치하고 있다. 가는 모래의 간극비는 0.76, 점토의 함수비는 43%이다. 건물에 의해 점토층 중간부분에서 140 kPa의 수직응력 증가가 발생했다. 점토층의 1차압밀침하량을 산정하라. 지하수위 상부의 흙은 포화된 것으로 가정하고 $C_c = 0.3$, $G_s = 2.7$이다.

핵심전략 우선 어떤 정수가 주어졌는지를 생각하고 토층단면을 작성한다(그림 E9.1 참조). 이 문제에서 지층구조, 지하수위, 수직응력 증가, 그리고 다음과 같은 토질정수가 주어져 있다.

$$e_o\,(\text{for sand}) = 0.76; \quad w\,(\text{for clay}) = 43\%$$

$$H_o = 2\,\text{m}, \quad \Delta\sigma_z = 140\,\text{kPa}, \quad C_c = 0.3, \quad G_s = 2.7$$

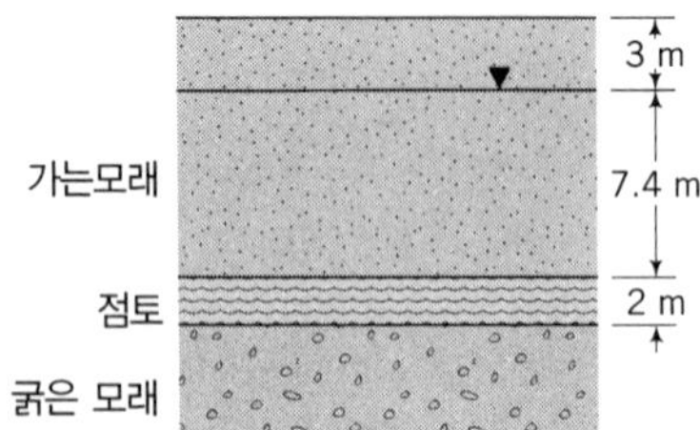

그림 E9.1

정규압밀점토이기 때문에 흙의 1차압밀침하 거동은 경로 ABE(그림 9.3)를 따른다. 계산을 위한 공식은 식 (9.16)이다.

풀이 9.1

Step 1 : σ'_{zo}와 e_o의 계산.

점토층의 중간 깊이에서 유효수직응력은 다음과 같다.

$$\text{모래:}\quad \gamma_{sat} = \left(\frac{G_s + e}{1 + e}\right)\gamma_w = \left(\frac{2.7 + 0.76}{1 + 0.76}\right)9.8 = 19.3\ \text{kN/m}^3$$

$$\gamma' = \left(\frac{G_s - 1}{1 + e}\right)\gamma_w = \left(\frac{2.7 - 1}{1 + 0.76}\right)9.8 = 9.5\ \text{kN/m}^3$$

$$\text{또는}\quad \gamma' = \gamma_{sat} - \gamma_w = 19.3 - 9.8 = 9.5\ \text{kN/m}^3$$

$$\text{점토:}\quad e_o = wG_s = 2.7 \times 0.43 = 1.16$$

$$\gamma' = \left(\frac{G_s - 1}{1 + e}\right)\gamma_w = \left(\frac{2.7 - 1}{1 + 1.16}\right)9.8 = 7.7\ \text{kN/m}^3$$

점토층 중간에서 수직응력은

$$\sigma'_{zo} = (19.3 \times 3) + (9.5 \times 7.4) + (7.7 \times 1) = 135.9\ \text{kPa}$$

Step 2 : 점토층의 중간깊이에서 응력 증가 계산. 이 문제를 위해서 $\Delta\sigma_z$를 계산할 필요는 없다. $\Delta\sigma_z = 140$ kPa로 주어져 있다.

Step 3 : σ'_{fin}의 계산.

$$\sigma'_{fin} = \sigma'_{zo} + \Delta\sigma_z = 135.9 + 140 = 275.9\ \text{kPa}$$

Step 4 : 1차압밀침하량의 계산.

$$\rho_{pc} = \frac{H_o}{1 + e_o} C_c \log\frac{\sigma'_{fin}}{\sigma'_{zo}} = \frac{2}{1 + 1.16} \times 0.3 \log\frac{275.9}{135.9} = 0.085\ \text{m} = 85\ \text{mm}$$

예제 9.2 과압밀점토의 압밀침하량

예제 9.1과 같은 토층에서 해당 점토는 OCR = 2.5, w = 38%, C_r = 0.05인 과압밀점토라고 가정하자. 점토를 제외한 다른 토층에 대해서는 예제 9.1에 주어진 값을 사용한다. 점토층의 1차압밀침하량을 결정하라.

핵심전략 과압밀점토이기 때문에 점토층 중간 깊이에서 $\Delta\sigma'_{zc}$가 현재의 유효수직응력과 적용된 수직응력 증가의 합보다 큰지 작은지를 확인하라. 이러한 확인은 사용해야 할 식을 결정하는데 도움을 줄 것이다. 이 문제에서 모래의 단위중량은 변하지 않지만 점토의 단위중량은 변할 것이다.

풀이 9.2

Step 1 : 점토의 중간 깊이에서 σ'_{zo}와 e_o의 계산.

여기서 구해진 침하량은 예제 9.1에서 구해진 값보다 작다.

$$\text{점토:}\quad e_o = wG_s = 0.38 \times 2.7 = 1.03$$

$$\gamma' = \left(\frac{G_s - 1}{1 + e}\right)\gamma_w = \left(\frac{2.7 - 1}{1 + 1.03}\right)9.8 = 8.2\ \text{kN/m}^3$$

$$\sigma'_{zo} = (19.3 \times 3) + (9.5 \times 7.4) + (8.2 \times 1) = 136.4\ \text{kPa}$$

(점토: 단위중량의 변화에 따른 유효수직응력의 증가는 매우 작은 것을 주목)

Step 2 : 선행압밀응력의 계산.

$$\sigma'_{zc} = \sigma'_{zo} \times \text{OCR} = 136.4 \times 2.5 = 341\ \text{kPa}$$

Step 3 : σ'_{fin}의 계산.

$$\sigma'_{fin} = \sigma'_{zo} + \Delta\sigma_z = 136.4 + 140 = 276.4\ \text{kPa}$$

Step 4 : σ'_{fin}의 값이 σ'_{zc}보다 큰지 작은지를 확인.

$$(\sigma'_{fin} = 276.4\ \text{kPa}) < (\sigma'_{zc} = 341\ \text{kPa})$$

따라서, 식 (9.17) 사용.

Step 5 : 1차압밀침하량의 계산.

$$\rho_{pc} = \frac{H_o}{1 + e_o}\ C_r \log\frac{\sigma'_{fin}}{\sigma'_{zo}} = \frac{2}{1 + 1.03} \times 0.05 \log\frac{276.4}{136.4} = 0.015\ \text{m} = 15\ \text{mm}$$

예제 9.3 미약한 과압밀상태의 점토에 대한 압밀침하량

예제 9.2에 사용된 같은 토층단면과 토질 정수에 대해서 점토의 과압밀비가 1.5일 때 점토층의 1차압밀침하량을 결정하라.

핵심전략 과압밀점토이기 때문에 점토층 중간 깊이에서 σ'_{zc}가 현재의 유효수직응력과 적용된 수직응력 증가의 합보다 큰지 작은지를 확인하라. 이러한 확인은 사용해야 할 식을 결정하는데 도움을 줄 것이다.

풀이 9.3

Step 1 : σ'_{zo}와 e_o의 계산.

예제 9.2에서 σ'_{zo} = 136.4 kPa이였다.

Step 2 : 선행압밀응력의 계산.

$$\sigma'_{zc} = \sigma'_{zo} \times \text{OCR} = 136.4 \times 1.5 = 204.6 \text{ kPa}$$

Step 3 : σ'_{fin}의 계산.

$$\sigma'_{fin} = \sigma'_{zo} + \Delta\sigma_z = 136.4 + 140 = 276.4 \text{ kPa}$$

Step 4 : σ'_{fin}의 값이 σ'_{zc}보다 큰지 작은지를 확인.

$$(\sigma'_{fin} = 276.4 \text{ kPa}) > (\sigma'_{zc} = 204.6 \text{ kPa})$$

따라서, 식 (9.18) 또는 식 (9.19) 사용.

Step 5 : 1차압밀침하량의 계산.

$$\rho_{pc} = \frac{H_o}{1+e_o}\left(C_r \log\frac{\sigma'_{zc}}{\sigma'_{zo}} + C_c \log\frac{\sigma'_{fin}}{\sigma'_{zc}}\right) = \frac{2}{1+1.03} \times \left(0.05 \log\frac{204.6}{136.4} + 0.3 \log\frac{276.4}{204.6}\right) = 0.047 \text{ m} = 47 \text{ mm}$$

or

$$\rho_{pc} = \frac{H_o}{1+e_o}\left[C_r \log(\text{OCR}) + C_c \log\frac{\sigma'_{fin}}{\sigma'_{zc}}\right] = \frac{2}{1+1.03} \times \left(0.05 \log 1.5 + 0.3 \log\frac{276.4}{204.6}\right) = 0.047 \text{ m} = 47 \text{ mm}$$

예제 9.4 m_v를 이용한 압밀침하량

현장의 건물기초의 지층 수직단면이 그림 E9.4와 같다. 점토의 평균 체적압축계수 $m_v = 5 \times 10^{-5}$ m²/kN이다. 1차압밀침하량을 결정하라.

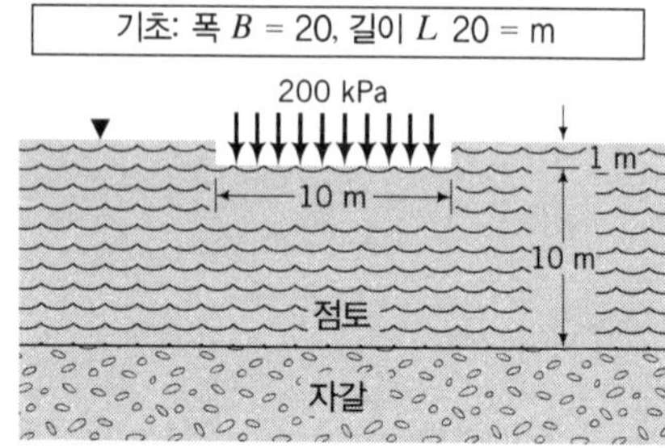

그림 E9.4

핵심전략 1차압밀침하량을 구하기 위해 건물의 하중에 의한 점토층에서의 수직응력 증가를 알아야 한다. 점토층은 한정된 범위를 가지기 때문에 Appendix C에서 수직응력 영향값(influence value)를 사용한다. 만약 바닥이 고르지 않으면 Milovic and Tournier(1971)에 의해 명시된 영향값를 사용하고, 바닥이 평탄하다면 Sovince(1961)에 의해 명시된 영향치를 사용한다. 점토층은 10 m두께이기 때문에 2 m이하의 층으로 나누어서 생각하는 것이 좋다.

풀이 9.4

Step 1 : 기초 하부의 점토층 중간 깊이에서의 수직응력증가를 구하라. 층 두께가 2 m로 5개의 층으로 나눈다 — 즉, $H_o = 2$ m. 사각 기초의 중간부분에 대한 각 점토층 중간 깊이에서의 수직응력 증가를 구한다. 바닥은 고르지 않은 것을 가정하여 표 C1(Appendix C)을 사용한다.

$$B = 10 \text{ m}, \quad L = 20 \text{ m}, \quad \frac{L}{B} = 2, \quad q_s = 200 \text{ kPa}$$

층	z (m)	$\frac{z}{B}$	I_{zp}	$\Delta\sigma_z = I_{zp}q_s$ (kPa)
1	1	0.1	0.992	198.4
2	3	0.3	0.951	190.2
3	5	0.5	0.876	175.2
4	7	0.7	0.781	156.2
5	9	0.9	0.686	137.2

Step 2 : 1차압밀침하량의 계산.

식 (9.20) 사용.

$$\rho_{pc} = \sum_{i=1}^{n}(H_o m_v \Delta\sigma_z)_i = 2 \times 5 \times 10^{-5} \times (198.4 + 190.2 + 175.2 + 156.2 + 137.2) = 0.086 \text{ m} = 86 \text{ mm}$$

별해:

n = 5층에 대한 $\Delta\sigma_z$의 조화평균값을 사용; 즉 식 (9.21)

$$\Delta\sigma_z = \frac{5(198.4) + 4(190.2) + 3(175.2) + 2(156.2) + 1(137.2)}{5 + 4 + 3 + 2 + 1} = 181.9 \text{ kPa}$$

$$\rho_{pc} = 10 \times 5 \times 10^{-5} \times 181.9 = 0.091 \text{ m} = 91 \text{ mm}$$

이 방법에 의하면 상부층의 경우가 더 큰 침하량이 발생한다.

예제 9.5 깊이에 따른 OCR 변화의 추정

지표면으로부터 10 m 아래에 위치하고 있는 포화 점토에 대해서 실내시험을 실시하였고 다음과 같은 결과를 얻었다: $C_c = 0.3$, $C_r = 0.08$, OCR = 5, $w = 23\%$, $G_s = 2.7$. 지하수위는 지표면에 위치하고 있다고 할 때 50 m깊이까지의 함수비와 과압밀비의 변화를 결정하고 작도하라.

핵심전략 과압밀 상태는 하중제하/재재하 곡선(그림 9.3)을 따르고 주어진 자료를 이용하여 이 곡선에 대한 식을 구해야 한다. 주어진 자료가 하중제하/재재하 곡선에 대한 공식과 어떠한 관련이 있는지를 파악하라. C_r이 주어져있고 공식을 완성하기 위해서 주어진 다른 정수를 사용해야 한다. 함수비와 깊이로부터 하중제하/재재하 곡선에서 한 점의 좌표를 찾을 수 있다.

풀이 9.5

Step 1 : σ'_{zo}와 e_o의 계산.

주어진 시료는 포화되어 있기 때문에 $S = 1$이다.

$$\gamma' = \left(\frac{G_s - 1}{1 + e}\right)\gamma_w = \left(\frac{2.7 - 1}{1 + 0.621}\right)9.8 = 10.3 \text{ kN/m}^3$$

$$e_o = G_s w = 2.7 \times 0.23 = 0.621$$

$$\sigma'_{zo} = \gamma' z = 10.3 \times 10 = 103 \text{ kPa}$$

Step 2 : 선행압밀응력의 결정.

$$\sigma'_{zc} = \sigma'_{zo} \times \text{OCR} = 103 \times 5 = 515 \text{ kPa}$$

Step 3 : URL(그림 E9.5a에서 경사 BC)에 대한 공식을 구한다.

$$e_B = e_o - C_r \log \frac{\sigma'_{zc}}{\sigma'_{zo}}$$

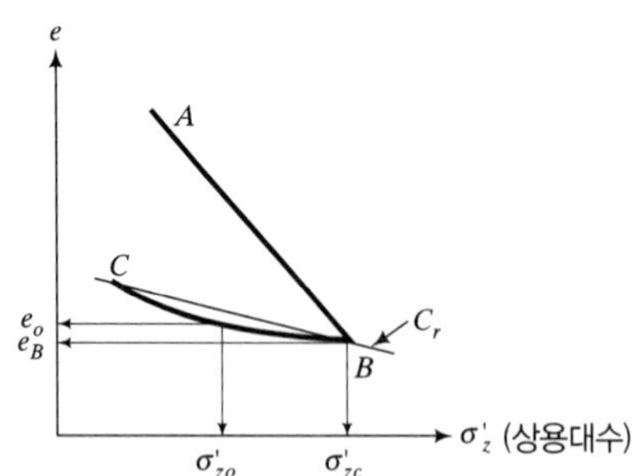

그림 E9.5a

따라서,

$$e_B = 0.621 - 0.08 \log (5) = 0.565$$

그러므로 제하/재재하 곡선에 대한 공식은 다음과 같다.

$$e = 0.565 + 0.08 \log (\text{OCR}) \quad (1)$$

식 (1)에서 $e = wGs$ ($G_s = 2.7$), OCR = $515/\gamma' z$ ($\gamma' = 10.3$ kN/m^3, z는 깊이)를 대입하면

$$w = 0.209 + 0.03 \log \left(\frac{50}{z} \right)$$

z를 1~50까지 대입하여 w를 계산 한 뒤, OCR을 구하기 위해 식 (1)에 $e = wG_s$을 대입한다. 아래의 표는 계산된 값과 결과를 나타내고 그림 E9.5b처럼 작도할 수 있다.

깊이	함수비 w(%)	과압밀비 (OCR)
1	26.0	51.4
5	23.9	10
10	23.0	5
20	22.1	2.5
30	21.6	1.7
40	21.2	1.2
50	20.9	1.0

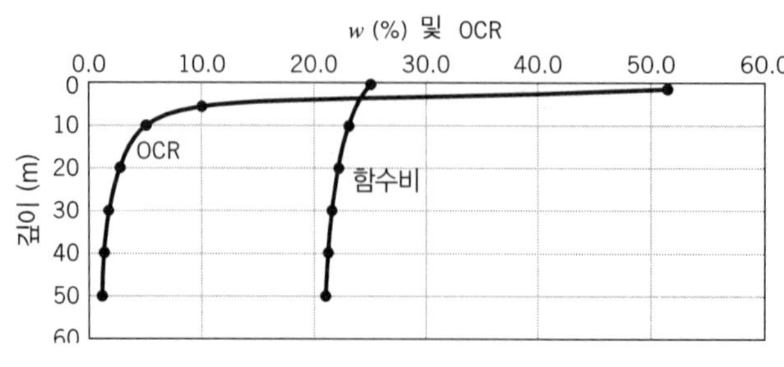

그림 E9.5b

흙은 깊이가 깊어짐에 따라 정규압밀토에 가까워지는 것을 주목하라. 이것은 실제 흙에서 관찰되는 특징이다.

What's next... 지금까지 최종 1차압밀침하량을 어떻게 결정하는지에 대해서 기술하였다. 이 침하량은 흙의 투수계수, 토층두께, 배수상태, 작용 응력의 크기에 의존하며 수개월 또는 몇 년에 걸쳐서 발생할지도 모른다. 지반공학자는 최종 1차압밀침하량을 뿐만 아니라, 임의의 시간에서의 침하량도 평가할 수 있어야 하기 때문에 침하속도에 대한 것도 숙지하고 있어야만 한다.

다음 절에서는 임의의 시간에서의 침하량을 계산하기 위한 이론에 대해서 기술한다. 그 이론을 정립하기 위해서 몇몇의 가정이 사용되지만, 9.3절에서 이미 언급된 많은 것들이 이 이론에 의해 잘 설명 될 것이다.

9.5 1차원 압밀이론

9.5.1 지배방정식의 정식화

두께 dz, 단면적 $dA = dx\,dy$의 흙 요소를 사용하여(그림 9.6) 침하속도에 대한 이론을 정식화하기 위해 9.3절 시험으로 다시 돌아간다. 다음과 같은 가정이 필요하다.

1. 흙은 완전 포화, 등방, 그리고 균질
2. Darcy의 법칙 유효
3. 물의 흐름은 수직방향으로 발생
4. 미소변형률

9.3절에서 도출된 다음과 같은 결과를 사용한다.

1. 흙의 체적변화 (ΔV)는 간극수의 배수량의 체적 (ΔV_w)의 변화와 같다. 다시 말해 간극 체적 (ΔV_v)의 변화와 같다. 흙 요소의 단면적은 일정하기 때문에(흙은 측방에 대해서는 구속되어 있다.) 체적의 변화는 시료 높이의 변화에 비례한다.
2. 어떤 깊이에서 유효수직응력의 변화는 그 깊이에서의 과잉간극수압 변화와 동일하다. 즉, $\partial\sigma'_z = \partial u$.

그림 9.6의 흙 요소에 대해서 물의 유입량은 $v\,dA$이고, 요소 두께 dz를 통과 하는 유출량은 $[v + (\partial v/\partial z)dz]dA$이다. 제 6장에서 유량은 속도와 흐름방향에 수직한 단면적을 곱한 것이었다. 그러면 유량의 변화는 $(\partial v/\partial z)dz\,dA$가 된다. 배수된 물 체적의 변화률은 흙 요소의 체적변화률과 같고 다음과 같이 나타낼 수 있다.

$$\frac{\partial V}{\partial t} = \frac{\partial v}{\partial z} dz\,dA \tag{9.22}$$

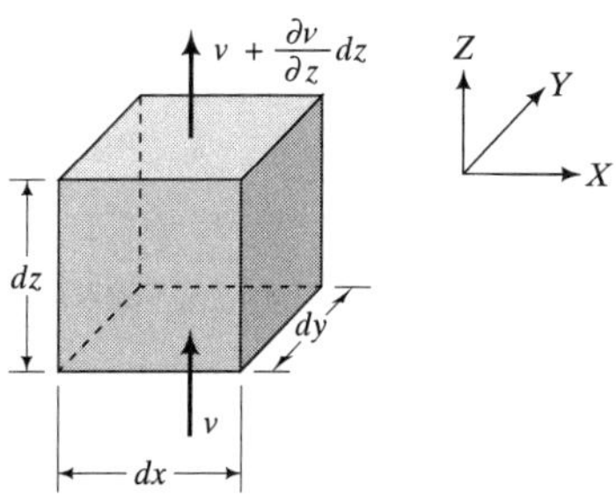

그림 9.6 2차원 흙 요소에서 1차원 흐름.

식 (9.2)에서 체적변형률 $\varepsilon_p = \partial V/V = \partial e/(1 + e_o)$이고, 따라서 체적변화는 다음과 같이 나타낼 수 있다.

$$\partial V = \frac{\partial e}{1 + e_o} dz\, dA = m_v\, \partial \sigma_z'\, dz\, dA = m_v\, \partial u\, dz\, dA \tag{9.23}$$

식 (9.23)을 식 (9.22)에 대입하고 정리하면 다음과 같다.

$$\frac{\partial v}{\partial z} = \frac{\partial u}{\partial t} m_v \tag{9.24}$$

Darcy의 법칙에서 물의 1차원 흐름은 다음과 같다.

$$v = k_z i = k_z \frac{\partial h}{\partial z} \tag{9.25}$$

여기서 k_z는 수직방향의 투수계수이다.

z에 대한 식 (9.25)를 편미분하면

$$\frac{\partial v}{\partial z} = k_z \frac{\partial^2 h}{\partial z^2} \tag{9.26}$$

9.3절의 시험에서 임의의 시간에서 간극수압은 다음과 같다.

$$u = h\gamma_w \tag{9.27}$$

여기서 h는 뷰렛에서의 물의 높이이다.

식 (9.27)을 z에 대해 편미분하면

$$\frac{\partial^2 h}{\partial z^2} = \frac{1}{\gamma_w} \frac{\partial^2 u}{\partial z^2} \tag{9.28}$$

식 (9.28)을 식 (9.26)에 대입하면

$$\frac{\partial v}{\partial z} = \frac{k_z}{\gamma_w} \frac{\partial^2 u}{\partial z^2} \tag{9.29}$$

식 (9.24)와 식 (9.29)를 같다고 하면

$$\frac{\partial u}{\partial t} = \frac{k_z}{m_v \gamma_w} \frac{\partial^2 u}{\partial z^2} \tag{9.30}$$

압밀계수 C_v에 의해 $\dfrac{k_z}{m_v \gamma_w}$를 표현할 수 있다.

C_v에 대한 단위는 길이^2/시간 (cm^2/min)이다. C_v을 대입하여 식 (9.30)을 다시 표현하면 다음과 같은 1차원압밀에 대한 일반 방정식을 구할 수 있다.

$$\frac{\partial u}{\partial t} = C_v \frac{\partial^2 u}{\partial z^2} \tag{9.31}$$

이 식은 시간 (t)과 깊이 (z)에 따른 과잉간극수압 (Δu)의 공간적 변화를 나타낸다. 이 식은 많은 다른 공학분야에서도 일반적으로 사용하고 있다. 예를 들어, 기계공학에서 사용되는 열전도방적식은 u를 대신하여 온도 T, C_v를 대신하여 열 상수 K를 사용하는 것을 제외하고는 식 (9.31)과 유사하다. 식 (9.31)은 Terzaghi(1925)에 의해 제안되었기 때문에 Terzaghi 1차원압밀방정식이라고도 한다.

식 (9.31)의 정식화에서 k_z와 m_v를 묵시적으로 일정하다고 가정하였다. 흙은 압밀되면 간극이 줄어들어 k_z는 감소하기 때문에 보통은 이러하지 않다. 또한 m_v는 σ'_z와 관계하여 선형적이지 않고(그림 9.3c) k_z와 m_v가 일정하지 않다는 것은 C_v가 일정한 상수가 아니라는 것과 같다. 실제로 C_v는 일정하다고 가정하고 이러한 가정은 응력변화가 매우 작을 때, 다시 말해 k_z와 m_v가 크게 변화하지 않는 정도로 충분히 작을 때 적용된다.

요점정리 THE ESSENTIAL POINT ARE

1. 1차원압밀방정식은 시간에 따른 토층의 다양한 깊이에서 과잉간극수압의 변화를 예측 할 수 있다.
2. 1차압밀침하량을 계산하기 위해서 유효수직응력을 결정해야 하기 때문에 어느 지정된 시간에서의 과잉간극수압을 알아야 한다.

What's next... 다음 절에서는 흙 시료의 상 · 하부의 경계면에서 배수되는 경우에 대해서 두 가지 방법을 이용하여 1차원압밀방정식의 해법을 소개한다. 첫 번째 방법은 푸리에급수(Fourier series)를 기초로 한 것이고, 또 다른 하나는 유한차분 해석에 기초한 것이다. 본 절의 뒷 부분에서는 임의의 경계조건에 대해서 프로그래밍 및 스프레드쉬트를 응용하는 것으로 더욱 간단한 내용을 다룬다.

9.5.2 푸리에급수(Fourier series)를 사용한 지배 압밀방정식의 해법

미분방정식의 해법을 위해서는 경계조건의 정보가 필요하다. 경계점에서 과잉간극수압의 초기 분포의 지정에 의해 시간과 깊이에 따른 과잉간극수압의 공간적 변화에 대한 해법을 찾을 수 있다. 토층 내의 간극수압의 다양한 분포를 구하는 것은 가능하며 두 가지 형태가 그림 9.7에 나타나 있다. 첫 번째는 깊이에 따른 초기과잉간극수압의 균등분포(그림 9.7a)이고, 두께가 얇은 세립토의 경우에 주로 발생한다. 두 번째는 삼각분포(그림 9.7b)이고, 두께가 두꺼운 세립토의 경우에 주로 발생한다.

양면배수에서 초기과잉간극수압의 균등분포에 대한 경계조건은 다음과 같다.

$t = 0$, $\Delta u = \Delta u_o = \Delta\sigma_z$ 일때

상부 경계조건, $z = 0$, $\Delta u = 0$.

하부 경계조건, $z = 2H_{dr}$, $\Delta u = 0$, 여기서 H_{dr}은 배수경로의 길이이다.

이러한 경계조건을 만족시키는 지배 압밀방정식을 위한 해법인 식 (9.31)은 다음과 같이 푸리에급수를 사용해서 구할 수 있다.

$$\Delta u(z, t) = \sum_{m=0}^{\infty} \frac{2\Delta u_o}{M} \sin\left(\frac{Mz}{H_{dr}}\right) \exp\left(-M^2 T_v\right) \tag{9.32}$$

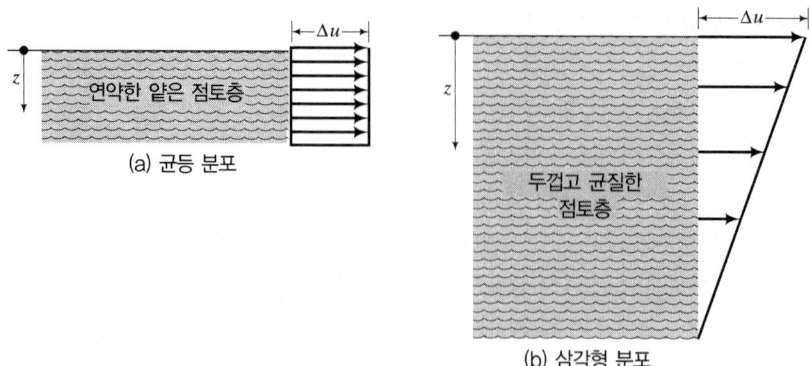

그림 9.7 두 가지 형태의 깊이에 따른 과잉간극수압 분포: (a) 깊이가 얕은 층에서 균등 분포 (b) 깊이가 두꺼운 층에서 삼각형 분포.

여기서 $M = (\pi/2)(2m + 1)$이고, m은 0에서 ∞까지의 값을 가진 양의 정수이다.

$$T_v = \frac{C_v t}{H_{dr}^2} \tag{9.33}$$

여기서 T_v는 시간계수로서 무차원이다.

식 (9.32)로부터 시간대별 깊이에 따른 과잉간극수압의 변화를 구할 수 있다. 그림 9.8에 나타나있는 바와 같이 어떤 시간 t, 또는 시간계수 T_v에서 임의로 선택된 등시곡선(isochrone)에 대해서 식 (9.32)을 검토해보자, 시간 $t = 0$ $(T_v = 0)$에서 초기과잉간극수압 Δu_o는 토층을 통해 작용되는 수직응력과 동일하다. 배수가 발생하자 마자 투수 경계조건에서의 초기과잉간극수압은 즉시 0으로 될 것이다. 9.3절의 시험에서 설명된 것처럼 배수경로가 가장 긴 토층의 중간 지점에서 최대 과잉간극수압이 발생한다.

시간 $t > 0$에서 깊이 z에서의 전체 수직응력증가 $\Delta\sigma_z$는 유효수직응력증가 $\Delta\sigma'_z$와 과잉간극수압 Δu_z의 합과 동일하다. $t \to \infty$이후에는 과잉간극수압은 0까지 감소하고, 유효수직응력증가는 수직 전응력 증가와 동일하다.

어느 특정 깊이와 시간에서 완료된 압밀의 양을 표현하는 매개변수 U_z를 압밀도 또는 압밀비라고 정의하고, 이 매개변수는 다음과 같이 수학적으로 표현될 수 있다.

$$U_z = 1 - \frac{\Delta u_z}{\Delta u_o} = 1 - \sum_{m=0}^{\infty} \frac{2}{M} \sin\left(\frac{Mz}{H_{dr}}\right) \exp\left(-M^2 T_v\right) \tag{9.34}$$

압밀초기 $(\Delta u_z = \Delta u_o)$에서 압밀비는 어디에서도 0이지만, 초기과잉간극수압이 소산됨에 따라 증가한다.

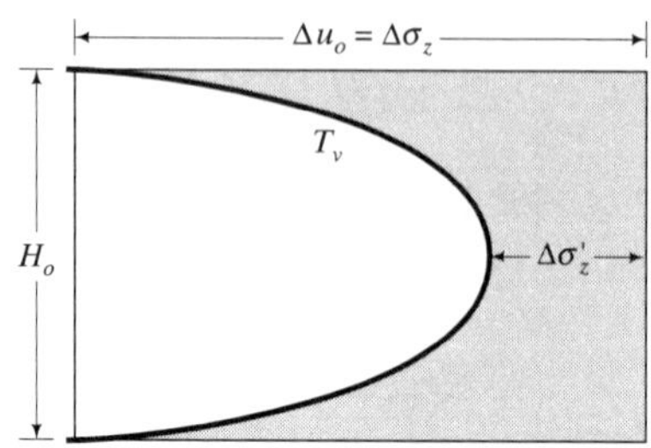

그림 9.8 깊이에 따른 이론적 과잉간극수압 분포를 설명하는 동시곡선.

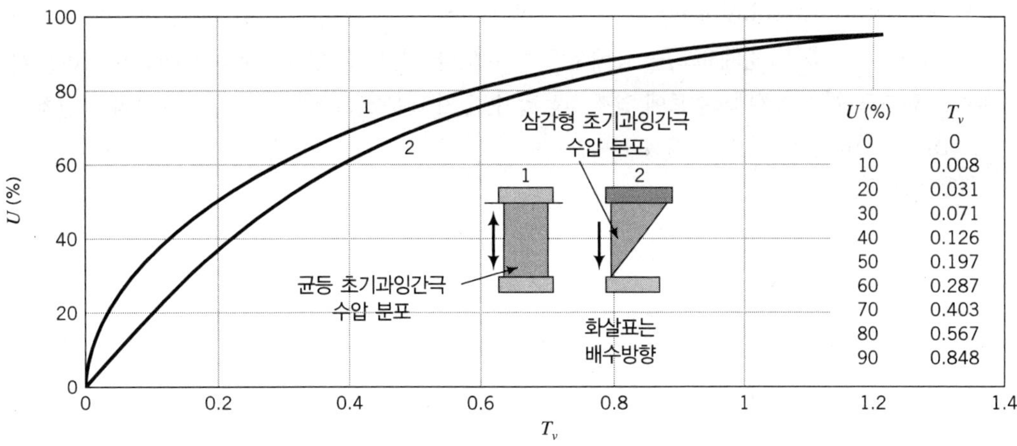

U (%)	T_v
0	0
10	0.008
20	0.031
30	0.071
40	0.126
50	0.197
60	0.287
70	0.403
80	0.567
90	0.848

그림 9.9 초기과잉간극수압이 균등 및 삼각형분포일때 시간계수와 평균압밀도의 관계.

지반공학자들은 특정 깊이에서의 압밀노 보나는 특정시간에서 전체 층에 대한 평균압밀도 U에 대해서 종종 고려해야 할 필요가 있다. 그림 9.8의 음영부분은 어떤 주어진 시간에서 토층의 압밀량을 나타낸다. 평균압밀도는 1차원압밀방정식의 해법으로부터 다음과 같이 표현될 수 있다.

$$U = 1 - \sum_{m=0}^{\infty} \frac{2}{M^2} \exp(-M^2 T_v) \tag{9.35}$$

그림 9.9는 균등분포와 삼각분포의 과잉간극수압에 대하여 시간계수 T_v에 따른 평균압밀도의 변화를 보여준다. 양면배수에 대한 방정식은 그림 9.9에 의해 다음과 같이 표현된다.

$$T_v = \frac{\pi}{4}\left(\frac{U}{100}\right)^2 \quad \text{for } U < 60\% \tag{9.36}$$

그리고

$$T_v = 1.781 - 0.933 \log(100 - U) \quad \text{for } U \geq 60\% \tag{9.37}$$

양면배수에 대한 평균압밀도의 각 10%에 해당되는 시간계수는 그림 9.9안에 삽입된 표에 나타나 있고 50% 및 90% 압밀에 상응하는 시간계수가 압밀시험 결과를 해석하는데 주로 사용된다. 90% 압밀에 대한 T_v는 0.848이고 50% 압밀에 대한 T_v는 0.197인 것을 기억해 두고 있는 것이 좋다.

9.5.3 지배 압밀방적식의 유한차분 해법

컴퓨터 프로그램 활용

www.wiley.com/college/budhu의 Chapter 9에 접속; 1차원압밀방정식에 대한 유한차분 방정식의 스프레드쉬트 해법을 클릭. 관련된 문제들을 풀기위해서 이 스프레드쉬트를 수정할 수 있으며 스트레드쉬트에 접속하기 전에 이 절을 읽는 것이 좋다.

완결해(closed-form solution)를 풀 수 없는 여러 경계조건에 대해 미분 및 적분방정식의 대략적인 해법을 수치해석(유한차분, 유한요소, 경계요소)을 통해서 구할 수 있다. 여기서는 압밀방적식이 Taylor 정리를 사용하는 미분방정식을 포함하고 있고 스프레드쉬트에 쉽게 적용할 수 있기 대문에 그것의 해를 구하기 위해 유한차분법을 사용한다.

Taylor 정리를 사용하면 다음과 같다.

$$\frac{\partial u}{\partial t} = \frac{1}{\Delta t}(u_{i,j+1} - u_{i,j}) \tag{9.38}$$

그리고

$$\frac{\partial^2 u}{\partial z^2} = \frac{1}{(\Delta z)^2}(u_{i-1,j} - 2u_{i,j} + u_{i+1,j}) \tag{9.39}$$

여기서 (i,j)는 열 i와 행 j에서의 절점위치를 나타내고, 행은 시간을 열은 흙의 깊이를 나타낸다. 식 (9.39)에서 암시된 가정은 두 인접한 절점 사이의 과잉간극수압은 시간에 대해 선형적으로 변화 한다는 것이고, 이 가정은 두 절점 사이의 거리가 아주 작을 때 유효하다. 식 (9.38)과 식 (9.39)를 지배압밀방정식 (9.31)에 대입하고 정리하면 다음과 같다.

$$u_{i,j+1} = u_{i,j} + \frac{C_v \Delta t}{(\Delta z)^2}(u_{i-1,j} - 2u_{i,j} + u_{i+1,j}) \tag{9.40}$$

식 (9.40)은 해당 절점이 경계절점(boundary node)이 아닐 때 유효하다. 경계절점에 적용할 수 있는 특별한 상태가 있는데 그것은 불투수 경계에서 그 경계를 가로질러 어떠한 흐름도 발생하지 않을 때이다. 따라서 $\partial u/\partial z = 0$이고, 유한차분방정식은 다음과 같이 표현된다.

$$\frac{\partial u}{\partial z} = 0 = \frac{1}{2\Delta z}(u_{i-1,j} - u_{i+1,j}) = 0 \tag{9.41}$$

그리고 지배 압밀방정식을 다음과 같이 나타낼 수 있다.

$$u_{i,j+1} = u_{i,j} + \frac{C_v \Delta t}{(\Delta z)^2}(2u_{i-1,j} - 2u_{i,j}) \tag{9.42}$$

어떤 임의의 시간에 흙 내부에서 간극수압이 어떻게 분포되는지를 결정하기 위해 경계에서의 초기과잉간극수압을 정해야 한다. 일단 이것을 수행하면 흙 내부에서의 초기과잉간극수압의 변화를 추정해야만 한다. 예를 들어 토층이 얇은 층이거나 두꺼운 층에 대해서는 삼각분포를 가진다면 깊이에 따른 초기과잉간극수압의 선형적인 분포를 짐작할 수 있을 것이다. 만약 초기과잉간극수압을 추정할 수 없다면 흙 내부에서의 타당한 값을 추정하거나 선형보간법을 사용할 수 있다. 다음으로 각각의 내부 절점에 식 (9.40)을 적용하고 이전의 해와 새롭게 계산된 해의 차이가 허용오차안에 들어갈 때까지 이전의 해가 새로 계산된 해로 교체된다. 그리고 불투수 경계에서는 식 (9.42)를 적용해야 한다.

임의의 시간과 깊이에 대한 과잉간극수압을 결정하기 위한 지배 압밀방정식을 유한차분법 형태로 적용하기 위한 절차는 다음과 같다:

1. 토층을 시간과 깊이의 격자로 나눈다(그림 9.10). 열은 깊이를 세분화한 것이고, 행은 시간을 세분화 한 것이다. 깊이를 m열, 시간을 n행으로 나눈다; 그러면 $\Delta z = H_o/m$이고 $\Delta t = t/n$이다. 여기서 H_o는 토층의 두께이고, t는 전체 시간을 의미한다. 하나의 절점은 i번째 깊이와 j번째 경과시간을 나타낸다. 수렴문제를 피하기 위해서 많은 연구자

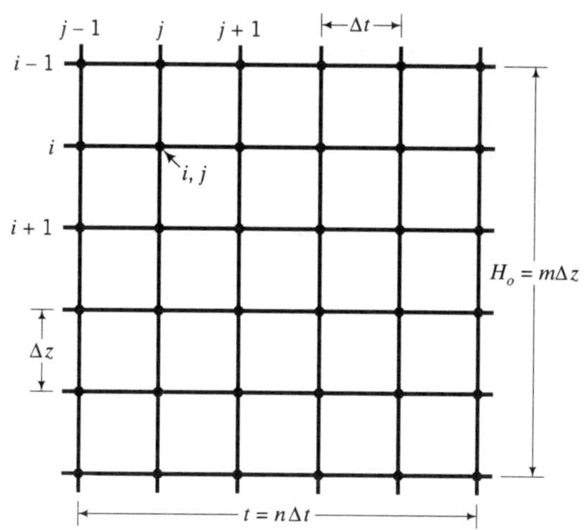

그림 9.10 깊이(행)와 시간(열)의 경자로 토층의 분할.

들은 $\alpha = C_v\Delta t/(\Delta z)^2$은 $\frac{1}{2}$보다 작아야만 한다는 사실을 밝혀냈다. 이는 격자를 세분화 하는데 그 개수가 제한되는 것을 의미한다. 종종 깊이를 임으로 분할하고 시간 간격 Δt를 $\alpha < \frac{1}{2}$ 되는 것으로 선택한다. 몇몇의 실제 상황을 바탕으로 $\alpha = 0.25$는 대부분 수렴하게 된다.

2. 경계조건을 확인한다. 예를 들어, 만약 상부경계가 배수경계라고 하면 그곳에서의 과잉간극수압은 0이다. 하지만 만약 상부경계가 불투수 경계라고 하면 그곳을 통하는 어떠한 흐름도 발생하지 않고 식 (9.42)를 적용한다.
3. 초기과잉간극수압 분포를 추정하고 각 절점에서의 초기과잉간극수압을 결정한다.
4. 식 (9.40)을 이용하여 내부절점에서의 그리고 식 (9.42)를 이용하여 불투수 경계절점에서의 과잉간극수압을 계산한다.

 **요점정리** THE ESSENTIAL POINT ARE

1. 1차원 지배 압밀방정식을 유도하는데 있어서 흙을 이상적인 상태(등방, 균질, 포화)로 생각한다.
2. 변형률은 작다고 가정한다.
3. 과잉간극수압의 소산은 시간, 토층두께, 배수상태, 그리고 흙의 투수계수에 의존한다.
4. 초기과잉간극수압의 감소는 동등한 유효수직응력의 증가와 침하량의 증가를 야기한다.
5. 일반적으로 평균압밀도가 침하속도를 구하는데 사용된다.

예제 9.6 주어진 압밀도에서의 유효수직응력의 변화

1.5 m두께의 연약 점토층이 모래층 사이에 겹쳐있다. 점토층 중간 깊이에서 초기 수직전응력은 200 kPa이고, 간극수압은 100 kPa이고 건물기초에 의한 점토층 중간 깊이에서의 수직응력의 증가는 100 kPa이다. 60% 압밀이 진행되었을 때 점토층 중간 깊이에서의 유효수직응력과 과잉간극수압을 구하라.

핵심전략 적용된 수직응력 증가와 압밀도가 주어져 있다. 과잉간극수압의 초기변화는 적용된 수직응력의 변화와 같다. 주어진 자료로부터 적절한 식을 결정하라[이 문제의 경우는 식 (9.34)이다].

풀이 9.6

Step 1 : 초기과잉간극수압의 계산.

$$\Delta u_o = \Delta\sigma_z = 100 \text{ kPa}$$

Step 2 : 60% 압밀에서의 과잉간극수압 계산.

$$\Delta u_z = \Delta u_o(1 - U_z) = 100(1 - 0.6) = 40 \text{ kPa}$$

Step 3 : 수직전응력과 전과잉간극수압의 계산.

수직전응력: $\Delta\sigma_z = 200 + 100 = 300 \text{ kPa}$

전간극수압: $100 + 40 = 140 \text{ kPa}$

Step 4 : 현재 유효수직응력의 계산.

$$\sigma'_z = \sigma_z - \Delta u_z = 300 - 140 = 160 \text{ kPa}$$

별해:

Step 1 : 초기 유효수직응력의 계산.

$$\text{초기 유효수직응력} = 200 - 100 = 100 \text{ kPa}$$

Step 2 : 위의 Step 2와 동일.

Step 3 : 60% 압밀에서의 유효수직응력의 증가 계산.

$$\Delta\sigma'_z = 100 - 40 = 60 \text{ kPa}$$

Step 4 : 현재 유효수직응력의 계산.

$$\sigma'_z = 100 + 60 = 160 \text{ kPa}$$

예제 9.7 간극수압 분포의 계산을 위한 유한차분법의 적용

5 m두께의 연약 점토층은 상부 표면으로만 배수가 허용된다. 시간 $t = 0$에서 적용된 하중에 의한 초기과잉간극수압은 $\Delta u_o = 80 - 2z^2$로 분포된다. 여기서 z는 상부경계에서 측정된 깊이이다. 유한차분법을 사용하여 6개월 후의 깊이에 대한 과잉간극수압 분포를 구하라. 압밀계수 C_v는 8×10^{-4} cm^2/s이다.

핵심전략 점토층을 두께 1 m인 5개의 층으로 나누고, $\Delta u_o = 80 - 2z^2$를 사용하여 시간 $t = 0$에 대한 각 절점에서의 초기과잉간극수압을 구하라. 다음으로 $\alpha < \frac{1}{2}$을 만족하는 시간 간격 Δt를 구하라. 상부경계는 배수경계이며, 따라서 이 위치의 모든 절점에서 과잉간극수압은 항상 0이 된다. 지배 압밀방정식을 풀기 위한 반복 계산을 하기 위해 스프레드쉬트 사용하거나 간단한 프로그램을 만들어라. 하부 경계는 배수경계가 아니며, 이 경계의 절점에서의 계산을 위해 사용해야 하는 식은 식 (9.42)임을 상기하라.

풀이 9.7

Step 1 : 토층을 격자로 분할.

깊이를 5개의 층으로 분할, 즉 $m = 5$.

$$\Delta z = \frac{H_o}{m} = \frac{5}{5} = 1 \text{ m}$$

$$C_v = 8 \times 10^{-4} \text{ cm}^2/\text{s} = 8 \times 10^{-8} \text{ m}^2/\text{s} = 2.52 \text{ m}^2/\text{yr}$$

5번의 시간간격을 고려하면, $n = 5$이고, $\Delta t = \frac{t}{n} = \frac{0.5}{5} = 0.1$ 년.

$$\alpha = \frac{C_v \Delta t}{\Delta z^2} = \frac{2.52 \times 0.1}{1^2} = 0.252 < 0.5$$

Step 2 : 경계조건의 확인.

하부경계는 불투수층이다; 즉, 식 (9.42)가 이 경계조건에서의 절점에 적용된다.

상부경계는 투수층이다; 즉, 과잉간극수압은 0보다 큰 시간에 대해서 0이다.

Step 3 : 초기과잉간극수압 분포의 결정.

초기과잉간극수압 분포는 $\Delta u_o = 80 - 2z^2$로 주어져 있다. 시간 $t = 0$ (1행)에서 초기과잉간극수압의 절점 값을 대입. 예를 들어, 2열 1행(절점 2)에서는 $\Delta u_o = 80 - 2 \times 1^2 = 78$ kPa이다. 초기과잉간극수압은 1행에 표시되어 있다; 아래 표 참조.

Step 4 : 각각의 절점에서의 과잉간극수압 계산. 불투수 경계를 제외한 지배방정식은 다음과 같다.

$$u_{i,j+1} = u_{i,j} + 0.252(u_{i-1,j} - 2u_{i,j} + u_{i+1,j})$$

2열, 2행에 위치한 절점에서 0.1년 후의 과잉간극수압을 계산.

$$u_{2,1+1} = 78 + 0.252(0 - 2 \times 78 + 72) = 57 \text{ kPa}$$

하부 불투수 경계 (6열, 2행)에 대해 식 (9.42)를 적용하면 다음과 같다.

$$u_{i,j+1} = u_{i,j} + 0.252(2u_{i-1,j} - 2u_{i,j})$$

따라서

$$u_{6,1+1} = 30 + 0.252(2 \times 48 - 2 \times 30) = 39 \text{ kPa}$$

스프레드쉬트를 사용하여 6개월 후의 완성된 결과는 아래의 표에 나타나있고, 그 결과는 그림 E9.7과 같이 작성할 수 있다.

행	1	2	3	4	5	6
	시간(년)					
깊이(m)	**0.00**	**0.10**	**0.20**	**0.30**	**0.4**	**0.5**
0.0	0.0	0.0	0.0	0.0	0.0	0.0
1.0	78.0	57	46.3	39.4	34.5	30.7
2.0	72.0	71	65.0	59.1	54.0	49.7
3.0	62.0	61	60.0	58.4	56.5	54.5
4.0	48.0	47	48.5	50.0	51.0	51.6
5.0	30.0	39	43.0	45.8	47.9	49.5

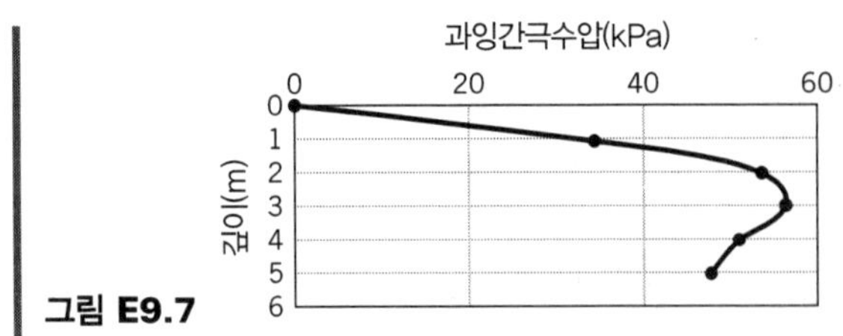

그림 E9.7

What's next... 지금까지는 1차압밀침하량에 대해서만 기술하였다. 전체 압밀침하량의 다른 부분인 2차압밀에 대해서는 다음절에 서술한다.

9.6 2차압밀 침하

9.3절 시험을 상기하면 압밀침하는 두 부분으로 구성된다. 첫 번째 부분으로 1차압밀은 초기에 발생하는 것이고 두 번째 부분은 일정한 수직유효응력 하에서 발생하는 2차압밀 또는 크리프(creep)이다. 흙의 2차압밀에 대한 물리적 원인은 완전히 밝혀지지 않았지만 이치에 맞는 하나의 설명으로는 미세간극(micropore)으로부터 물의 방출; 또 다른 설명으로는 흙 구조의 점성변형(viscous deformation)을 들 수 있다

9.3절에서의 시험결과로부터 그림 9.11에 나타나있는 바와 같이 간극비와 시간(대수눈금) 곡선을 작성 할 수 있다. 1차압밀은 이 곡선에서 두 개의 직선의 교차점에서 끝나는 것으로 간주한다.

2차압축지수는 다음과 같다.

$$C_\alpha = -\frac{(e_t - e_p)}{\log(t/t_p)} = \frac{|\Delta e|}{\log(t/t_p)}; \quad t > t_p \tag{9.43}$$

여기서 (t_p, e_p)는 그림 9.11에 나타나있는 바와 같이 시간(대수눈금)–간극비 곡선에서 1차압밀과 2차압밀의 접선 기울기의 교차점에서의 좌표이고, (t, e_t)는 2차압밀 곡선에서 어떤 지점의 좌표이다. 2차압밀침하량은 다음과 같다.

$$\rho_{sc} = \frac{H_o}{(1 + e_p)} C_\alpha \log\left(\frac{t}{t_p}\right) \tag{9.44}$$

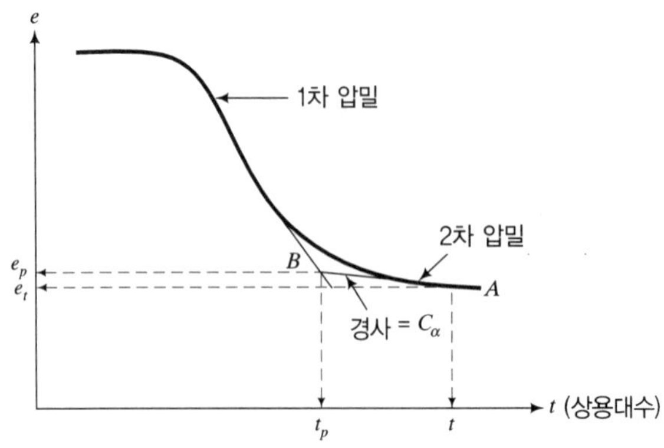

그림 9.11 2차압축.

What's next... 1차원압밀방정식의 이론적인 해법에서는 몇 개의 미지의 매개변수가 있다. 세립토에 대한 침하량과 침하속도를 구하기 위해서는 이러한 매개변수를 알아야만 하고 1차원압밀 시험을 통해서 이러한 매개변수를 구할 수 있다. 이 시험은 실내에서 수행하는 시험중의 하나이며 다음 절에서는 실내시험 절차에 대해 간략하게 서술한 다음 다양한 압밀정수를 결정하기 위해 사용되는 방법에 대해서 서술한다.

9.7 1차원 압밀 실내시험

가상 시험

www.wiley.com/college/budhu에 접속하여 가상 압밀시험에 대한 9장을 선택.

9.7.1 압밀시험 (Oedometer Test)

Oedometer test라고 하는 1차원 압밀시험은 C_c, C_r, C_α, C_v, m_v, σ'_{zc}를 구하기 위해 사용된다. 투수계수 k_z는 이 시험으로부터 계산 가능하고, 9.3절에서 사용된 시험구성이 이 시험장치와 유사하다. 시험기구의 세부사항과 시험질차는 ASTM D 2435에 나타나 있다. 그림 9.12에 나타낸 바와 같이 흙 시료는 단단한 금속 링으로 둘러싸져 있고, 물로 채워진 원통 용기내부에 두 개의 다공판 사이에 위치한다. 상부 다공판의 위에는 금속 하중판이 설치되어 흙 시료에 적용되는 수직응력을 전달한다. 수직응력을 가하면 금속 하중판과 상부 다공판은 금속 링 내부에서 수직으로 움직일 수 있게 되어있다. 흙 시료가 들어있는 금속 링은 원통 용기에 고정시킬 수 있게 되어 있거나(그림 9.12b) 고정시키지 않는 경우도 있다(그림 9.12c).

하중제하 단계를 포함한 하중증분은 상부 하중판에 작용하고, 각각의 하중 증가 후 정해진 시간에서 흙 시료의 침하량은 변위계에 의해 계측된다. 각각의 하중은 침하량이 더 이상 변하지 않고 현재의 하중에 의한 과잉간극수압이 소산될 때까지 계속해서 유지된다. 다양한 흙에 대해 이러한 현상은 24시간 이내에 발생하지만, 흙의 종류 에 따라서

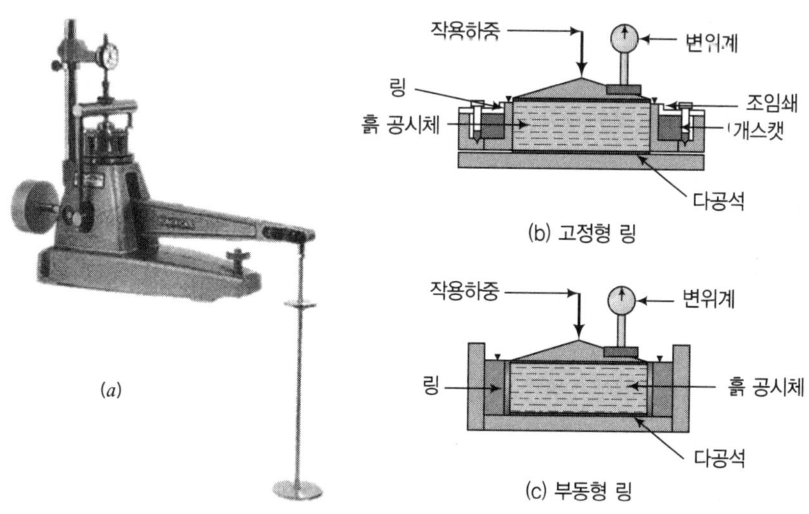

그림 9.12 (a) 전형적인 압밀시험기(출처: Geotest), (b) 고정형 링 셀 (c) 부동형 링 셀.

더 긴 계측시간이 요구될 수도 있다 (예를 들어 몬모릴로나이트(montmorillonite)). 각각의 하중은 2배수로 증가시키며 이전 하중에 대한 하중증분의 비를 하중증분비(LIR)이라고 한다; 대개 LIR = 1이다. C_r을 결정하기 위해 흙 시료에 2의 하중 감소비(하중 감소에 대한 현재 하중의 비)를 사용하여 하중제하를 실시해야 한다.

압밀시험이 종료되면 시험장치를 해체하고 흙 시료의 함수비를 측정한다. 최종 압밀 하중을 완전히 제거하면 최종 압밀 하중과 동일한 부의 과잉간극수압이 발생하기 때문에 시험장치의 해체 전에는 작은 하중을 흙 시료에 작용시키는 것이 바람직하다. 부의 과잉간극수압은 흙 내부로 물을 흡수하게 하며 흙의 함수비를 증가시킬 수도 있다. 따라서 최종 함수비로부터 계산된 최종 간극비가 잘못된 수치를 나타낼 수 있다.

1차원 압밀시험으로 획득되는 데이터는 다음과 같다;

1. 금속 링의 높이에 의해 고정되는 흙 시료의 초기 높이 H_0
2. 각각의 하중 단계에서 다양한 시간 간격에서의 흙 시료의 높이변화(시간–침하량 곡선)
3. 시험 시작과 종료시의 함수비, 그리고 시험 종료시의 흙 시료의 건조중량

이러한 자료를 이용하여 C_c, C_r, C_α, C_v, m_v, σ'_{zc}를 구할 수 있다. C_v를 구하는 것부터 시작한다.

9.7.2 압밀계수의 결정

C_v를 결정하기 위해 사용되는 일반적인 방법으로는 두 가지가 있다. 첫 번째 방법은 Taylor(1942)에 제안된 $\sqrt{t}$ 방법이다. 또 다른 방법으로는 Casagrande and Fadum(1940)에 의해 제안된 log t방법이다. $\sqrt{t}$ 방법은 초기 시간 응답을 활용한 것으로 이론적으로 $\sqrt{t}$-변위량 읽음은 직선으로 나타난다.

9.7.2.1 $\sqrt{t}$ 방법(시간 제곱근 방법) 그림 9.13에 나타나있는 것처럼 $\sqrt{t}$-변위량 곡선에서 임의의 한 점 C를 선택한다. 이 점을 $T_v = 0.848$(그림 9.9)인 90% 압밀($U = 90\%$)에 상응하는 점이라고 하자. 만약 C가 그래프의 직선상에 놓인다면 U와 T_v의 이론적인 관계는 $U = 0.98\sqrt{T_v}$가 된다. 즉 이 식에 $T_v = 0.848$를 대입하면 $U = 90\%$가 된다.

압밀의 초기단계에서 U와 T_v의 이론적인 관계는 식 (9.36)에 의해 결정된다. 즉 다음 식과 같다.

$$U = \sqrt{\frac{4}{\pi}T_v} = 1.13\sqrt{T_v} \quad U < 0.6$$

그림 9.13에서처럼 압밀시험의 초기에는 직선 OA로 나타나고, 압밀이 시작되기 전에는 흙 시료가 초기에 압축되어 있기 때문에 절점 O는 초기 변위계의 값보다 작다는 것을 숙지하는 것이 좋다. 이러한 압축은 가볍게 고결화된 흙에서의 입자 결합의 파괴에 의해 발생한다. OA의 기울기와 이론에 의한 기울기의 비 OBC는 다음과 같다.

$$\frac{1.13\sqrt{T_v}}{0.98\sqrt{T_v}} = 1.15$$

이 비(ratio)은 1차원압밀시험에서 90% 압밀이 진행되었을 때의 시간을 구할 때 사용된다.

그림 9.14를 참고하여 C_v를 구하는 절차는 다음과 같다;

1. $\sqrt{t}$-변위량 곡선을 작성한다.
2. 그 곡선에서 세로축(변위량) O점과 가로축($\sqrt{t}$) A점을 교차하는 초기 기울기 선을 그린다.
3. 절점 A에서의 시간은 $\sqrt{t_A}$라고 한다.

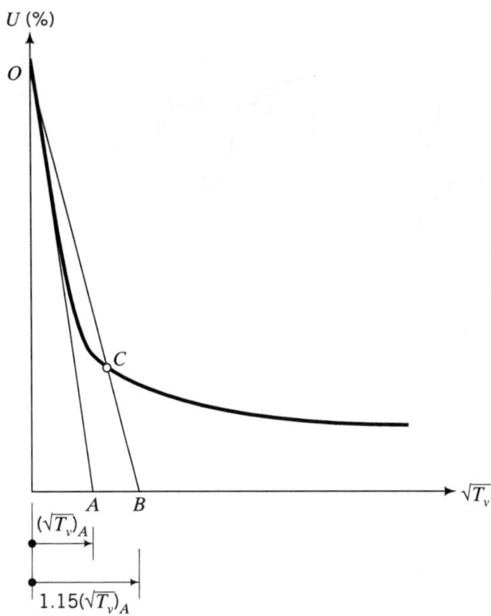

그림 9.13 C_v 결정을 위한 시험초기 시간응답의 수정.

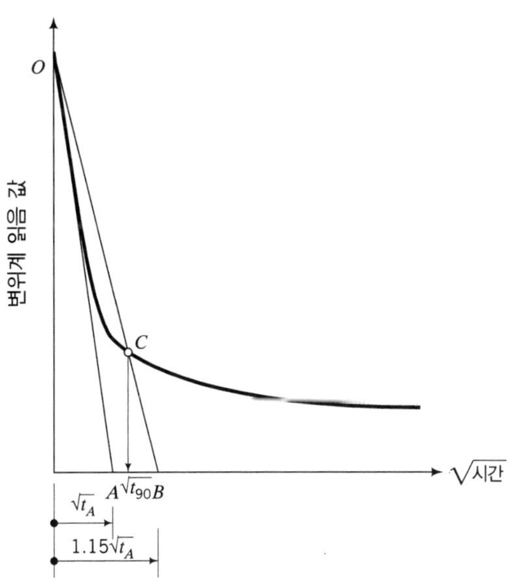

그림 9.14 C_v 결정을 위한 $\sqrt{t}$ 법.

4. 절점 B인 $1.15\sqrt{t_A}$를 가로축에 위치시킨다.

5. OB를 연결한다.

6. 선분 OB와 곡선의 교차점 C는 90% 압밀 (t_{90})에 대한 변위량과 시간을 의미하고 그 값의 가로축이 $\sqrt{t_{90}}$ 인 것을 알아야 한다. 그리고 $U = 90\%$이고 $T_v = 0.848$ (그림 9.9)일 때 식 (9.31)로부터 다음과 같이 나타낼 수 있다.

$$C_v = \frac{0.848 H_{dr}^2}{t_{90}} \tag{9.45}$$

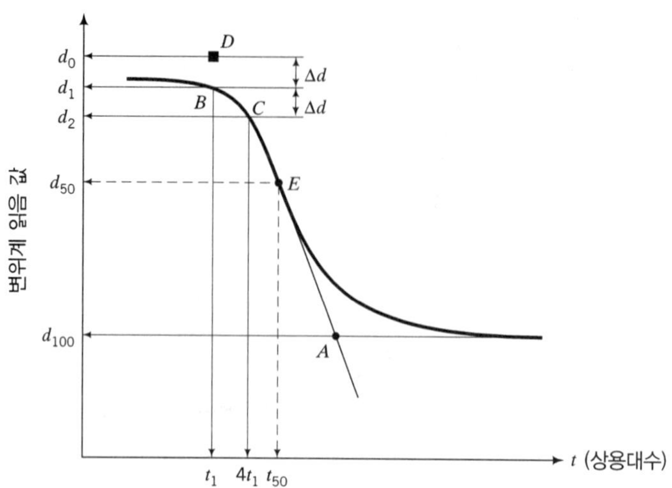

그림 9.15 C_v 결정을 위한 log t법.

여기서 H_{dr}은 배수경로의 길이이다.

9.7.2.2 log t방법 log t방법은 변위량을 시간(대수눈금)에 대해서 도식화한 것이다. log t는 단지 편리하기 때문에 자주 사용되고 있고 일반적인 log t-변위 곡선은 그림 9.15에 나타나있다. 이론적으로는 log t-변위 곡선에서의 초기 압밀은 포물선의 형태(9.3절)이고, 시험에 의한 초기 곡선 형태는 엄밀히 말하면 포물선이 아니며 종종 수정이 필요할 때가 있다.

그림 9.15를 참고하여 C_v를 구하는 절차는 다음과 같다;

1. 점 A에 교차하는 1차압밀과 2차압밀의 직선을 작도한다. A의 세로축 d_{100}은 100% 1차압밀에 대한 변위량이다.
2. 이 곡선의 초기부분이 포물선으로 되기 위해 수정을 실시한다. 이 곡선의 초기부분 ($U < 60\%$)의 앞부분 근처의 t_1, B점을 선택하고 $t_2 = 4t_1$이 되는 t_2, C점을 선택한다.
3. 시간 t_2와 t_1에서의 변위량의 차 $\Delta d = d_2 - d_1$을 계산한다. B로부터 수직거리 Δd만큼 떨어진 D점을 추가한다. D점의 세로축은 1차압밀 초기에서의 수정된 변위량 d_o이다.
4. 식 $d_{50} = (d_{100} + d_o)/2$으로 50% 압밀에 대한 세로축 값을 계산한다. 그 점에서 수평선을 추가하여 점 E에서 이 곡선과 교차시킨다.
5. 50% 압밀의 시간계수는 0.197(그림 9.9)이고, 식 (9.31)로부터 다음과 같이 나타낼 수 있다.

$$C_v = \frac{0.197 H_{dr}^2}{t_{50}} \tag{9.46}$$

log t방법은 1차압밀과 2차압밀에 사용되지만, $\sqrt{t}$ 방법은 직선구간인 초기압밀(1차압밀)에 대하여 주로 사용된다. 이론적으로 $\sqrt{t}$ 방법은 2차압밀부터 시작하는 비선형이 상당한 편차를 야기하기 하는 것을 제외하고는 좋은 결과를 도출한다. 이 편차는 유기질을 함유한 세립토에서 확연히 드러난다.

9.7.3 각 하중단계 종료시의 간극비

σ'_{zc}, C_c, C_r, C_α를 구하기 위해서는 각각의 하중단계에서의 간극비를 알아야 한다. 압밀시험이 끝나면 흙 시료의 함수비 (w)를 구할 수 있고, 이 결과와 초기 높이 (H_o), 흙 시료의 비중 (G_s)을 이용해서 다음과 같이 각 하중단계에서의 간극비를 계산할 수 있다.

1. 최종 간극비 $e_{fin} = wG_s$를 계산한다. 여기서 w는 시험이 끝났을 때 구할 수 있다.
2. 흙 시료의 전체 압밀침하량 $(\Delta z)_{fin} = d_{fin} - d_i$를 계산한다. 여기서 d_{fin}는 변위계에서 기록된 최종 침하량, d_i는 시험을 시작할 때의 변위계의 눈금이다.
3 식 (9.6)을 이용하여 다음과 같이 역계산을 통해 초기 간극비를 구한다.

$$e_o = \frac{e_{fin} + \dfrac{(\Delta z)_{fin}}{H_o}}{1 - \dfrac{(\Delta z)_{fin}}{H_o}}$$

4. 식 (9.6) 또는 식 (9.7)을 이용하여 각 하중단계에서의 e를 계산한다.

9.7.4 선행압밀응력의 결정

각 하중단계에서의 e를 계산하였기 때문에 그림 9.16에 나타나있는 바와 같이 간극비와 유효수직응력(상용대수)의 그래프를 작도 할 수 있다. 그림 9.16을 $e - \log \sigma'_z$곡선이라고 부른다. 이 곡선으로부터 Casagrande(1936)에 의해 제안된 빙법을 사용하여 선행압밀응력을 구할 수 있다.

그림 9.16을 참고하여 선행압밀응력을 결정하는 방법은 다음과 같다.

1. 곡선의 초기부분에서 곡률이 가장 큰 점 D를 찾는다.
2. 점 D를 가로지르는 수평선을 그린다.
3. 점 D에서의 접선을 그린다.
4. 점 D에서의 기울기와 수평선에 의한 각도를 2등분한다.
5. 곡선의 직선부(정규압밀곡선)를 연장한 BA 선과 만나는 점 F를 그린다.
6. 점 F의 가로좌표가 선행압밀응력 σ'_{zc}이다.

실제로 사용되는 간단한 방법으로는 그림 9.17에 나타나있는 것처럼 초기의 재압축 곡선의 직선부를 연장시키고 정규압밀선의 외부로 연장된 선과 교차시켜서 F를 구한다. 절점 F의 가로좌표가 σ'_{zc}이다.

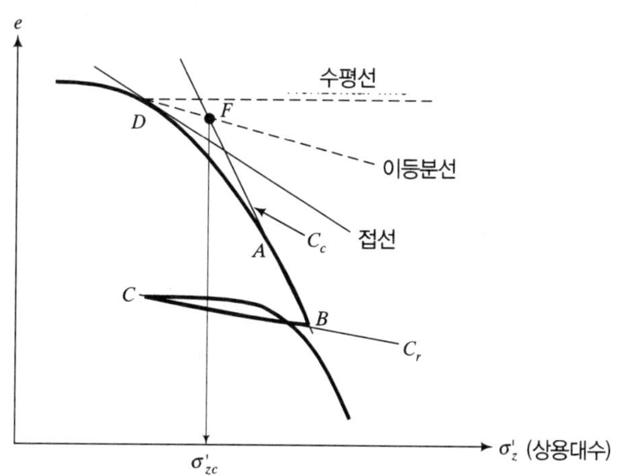

그림 9.16 Casagrande방법을 이용한 선행압밀응력의 결정.

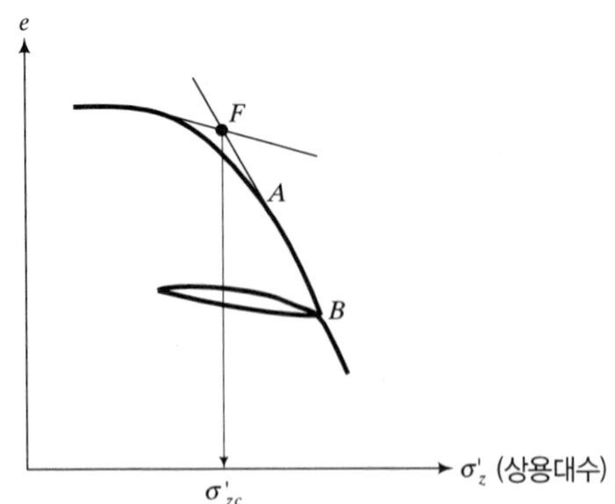

그림 9.17 간편법에 의한 선행압밀응력의 결정.

이 두 가지 방법에서의 선행압밀응력은 개인의 판단에 의해 결정된다. 실제 흙의 σ'_{zc}는 위에서 언급된 것보다 그 결정이 훨씬 어렵다. 흙의 채취, 운반, 취급 그리고 시료제작에 의해 야기되는 원상태로부터의 흙의 교란은 그림 9.16에 나타나있는 이상적인 곡선에 반영되지 못한다.

9.7.5 압축 및 재압축 지수의 결정

정규압밀곡선 AB의 경사가 압축지수 C_c이다. 재압축지수 C_r을 구하기 위해서 하중제하와 재하중 곡선 사이의 대략 중간 선 (BC)을 긋는다. 이 선분의 경사가 재압축지수 (C_r)이다.

현장 관측의 많은 예에서 표준압밀시험에 의한 전체 침하량과 침하속도의 예측은 실제 구조물의 침하기록과는 일치하지 않는다. 시료채취와 시료준비 과정에서의 흙의 교란으로 C_c와 C_r는 감소하는 경향이 있으므로, Schmertmann (1953)은 현장에서의 C_c의 대표 값을 구하기 위해서 실내시험에 의한 곡선을 수정해야 한다고 제안했다. 그가 제안한 방법은 그림 9.18에 나타나있는 바와 같이 실내시험에 의한 $e - \log \sigma'_z$곡선상에 좌표(σ'_{zo}, e_o)의 절점 A와 세로좌표 $0.42e_o$의 절점 B를 구하는 것이고 선분 AB의 경사가 수정된 C_c이다.

9.7.6 체적압축계수의 결정

체적압축계수 m_v는 그림 9.3c와 유사한 곡선을 작도하여 구하고, 이 그림에 나타나있는 바와 같이 경사를 구한다. m_v를 구하기 위해서 간극비를 계산할 필요는 없다. 각 하중단계에서의 최종 높이 (Δz)을 알아야 하고, 다음으로 수직변

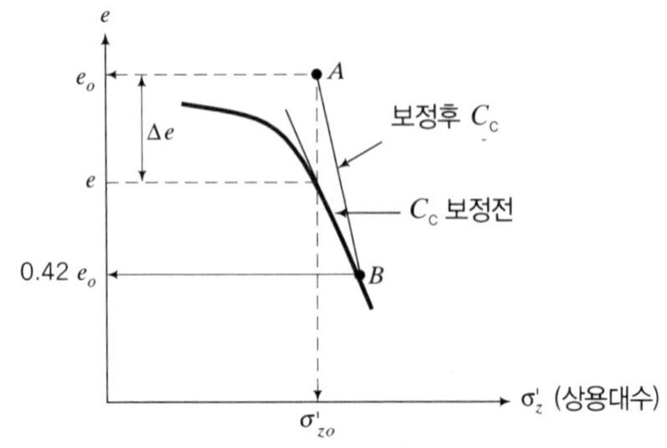

그림 9.18 흙의 교란에 대한 Schmertmann방법에 의한 C_c 수정.

형률 $\varepsilon_z = \Delta z/H_o$를 계산한다. 여기서 H_o는 초기 높이이다. 체적압축계수는 일정한 상수가 아니라 계산에 사용되는 유효수직응력 범위에 의존한다. m_v의 대표 값은 현장에서의 토층의 중간 깊이 또는 100 kPa중 작은 값에서의 현재 유효수직응력과 최종 유효수직응력 $(\sigma'_{zo} + \Delta\sigma_z)$사이의 경사를 구하는 것으로 결정한다.

9.7.7 2차압축지수의 결정

2차압축지수 C_α은 그림 9.11과 유사한 곡선을 작도하여 구할 수 있다. 하지만 그림 9.11은 단일 하중에 대한 곡선임을 기억하고, C_α의 값은 보통 적용된 하중의 규모와 LIR과 같은 요소에 따라 변하는 것을 숙지해야 한다.

What's next... 위에서 언급한 다양한 압밀 정수를 어떻게 구하는지를 보여주기 위해 3개의 예제와 그 해법이 제시된다. 처음의 두 문제는 압축지수의 결정과 그것을 어떻게 활용하여 예측하는지에 대해 설명한다. 세 번째 문제는 $\sqrt{t}$ 방법을 사용하여 C_v 어떻게 구하는지를 설명한다.

예제 9.8 시험결과를 사용한 C_c의 계산

200 kPa의 수직응력에서 표준압밀시험에 사용된 포화된 흙 시료의 간극비는 1.52이고, 정규압밀곡선 위에 놓여있다. 150 kPa의 수직응력 증가로 인해 흙 시료가 압축되고 간극비가 1.43까지 감소하였다.

(a) 흙의 압축지수 C_c를 구하라.
(b) 흙 시료는 200 kPa의 수직응력까지 하중이 제거되었고 간극비는 1.45까지 증가하였다. 재압축지수 C_r를 구하라.
(c) (b)단계에서 흙의 과압밀비를 구하라.
(d) 흙이 500 kPa의 수직응력에 의해 다시 하중이 가해졌을 때의 간극비를 구하라.

핵심전략 유효수직응력(대수눈금)과 간극비 곡선을 작도하라. 문제를 해결하기 위해서 이 곡선을 이용하라.

풀이 9.8

Step 1: C_c의 계산.
C_c는 그림 E9.8에서의 AB의 경사이다.

$$C_r = \frac{-(1.43 - 1.52)}{\log(350/200)} = 0.37$$

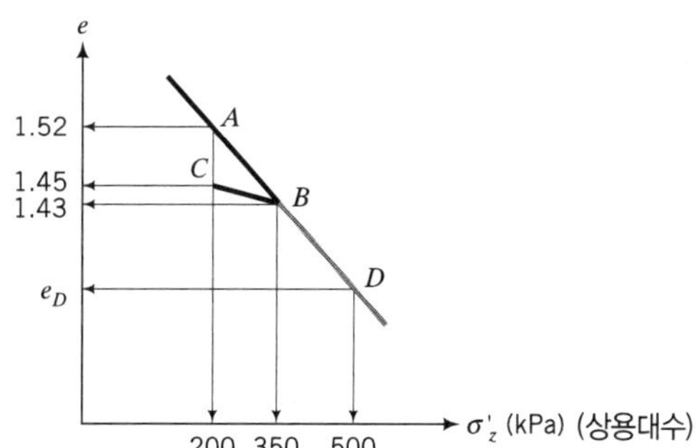

그림 E9.8

Step 2: C_r의 계산.
C_r은 그림 E9.8에서의 BC의 경사이다.

$$C_r = \frac{-(1.43 - 1.45)}{\log(350/200)} = 0.08$$

Step 3 : 과압밀비의 계산.

$$\text{선행압밀응력:}\quad \sigma'_{zc} = 350\ \text{kPa}$$

$$\text{현재의 유효수직응력:}\quad \sigma'_z = 200\ \text{kPa}$$

$$\text{OCR} = \frac{\sigma'_{zc}}{\sigma'_z} = \frac{350}{200} = 1.75$$

Step 4 : 500 kPa에서의 간극비 계산.

500 kPa에서의 간극비는 정규압밀곡선 상의 절점 D에서의 간극비이다(그림 E9.8).

$$e_D = e_B - C_c \log\left(\frac{500}{350}\right) = 1.43 - 0.37\log 1.43 = 1.37$$

예제 9.9 탄성 매개변수 m_{vr}과 E'_c의 계산

1차원 압밀시험에서 200 kPa의 유효수직응력으로 정규압밀된 흙 시료의 높이는 18 mm였다. 유효수직응력을 50 kPa까지 감소시켜 흙이 0.5 mm까지 팽창되었다. m_{vr}과 E'_c를 구하라.

핵심전략 주어진 자료로부터 수직변형률을 계산한다. 유효수직응력이 어느 정도 증가하였는지를 알고 있기 때문에 식 (9.11)과 식 (9.12)을 이용하여 m_{vr}과 E'_c를 계산한다.

풀이 9.9

Step 1 : 수직변형률의 계산.

$$\Delta\varepsilon_{zr} = \frac{\Delta z}{H_o} = \frac{0.5}{18} = 0.028$$

Step 2 : 체적재압축계수의 계산.

$$m_{vr} = \frac{\Delta\varepsilon_{zr}}{\Delta\sigma'_z} = \frac{0.028}{150} = 1.9 \times 10^{-4}\ \text{m}^2/\text{kN}$$

Step 3 : 탄성계수의 계산.

$$E'_c = \frac{1}{m_{vr}} = \frac{1}{1.9 \times 10^{-4}} = 5263\ \text{kPa}$$

예제 9.10 $\sqrt{t}$ 방법을 사용한 C_v의 계산

직경 75 mm, 두께 20 mm의 포화된 점토시료에 대한 압밀시험에서 수직응력을 20 kPa로 증가하여 다음의 계측결과를 얻었다. 상 · 하부의 경계조건은 양면배수이다.

시간(min)	0.25	1	2.25	4	9	16	25	36	24 시간
ΔH (mm)	0.12	0.23	0.33	0.43	0.59	0.68	0.74	0.76	0.89

$\sqrt{t}$ 방법을 사용하여 압밀계수를 구하여라.

핵심전략 변위– $\sqrt{t}$ 곡선을 그리고 9.7.2.1절에 설명된 절차에 따라 문제를 해결한다.

풀이 9.10

Step 1 : 그림 E9.10에서처럼 침하량– $\sqrt{t}$ 곡선을 작도.

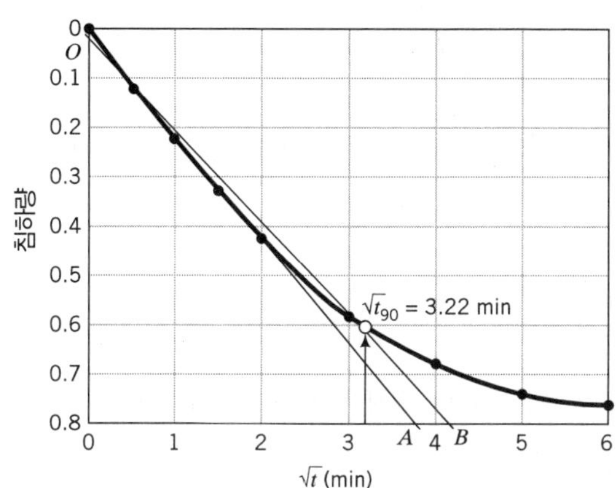

그림 E9.10

Step 2 : t_{90}을 구하기 위해서는 9.7.2.1절에 설명된 절차를 참고.
그림 E9.10에서,

$$\sqrt{t_{90}} = 3.22 \text{ min}; \quad t_{90} = 10.4 \text{ min}$$

Step 3 : 식 (9.45)로부터 C_v를 계산.

$$C_v = \frac{0.848 H_{dr}^2}{t_{90}}$$

여기서 H_{dr}은 배수경로이고, 현재의 시료높이는 20 − 0.89 = 19.11 mm이다. 식 (9.1)에 의해,

$$H_{dr} = \frac{H_o + H_f}{4} = \frac{20 + 19.1}{4} = 9.8 \text{ mm}$$

$$\therefore C_v = \frac{0.848 \times 9.8^2}{10.4} = 7.8 \text{ mm}^2/\text{min}$$

What's next... 작은 흙 시료를 대상으로 수행한 압밀시험과 그 시험에 의해 획득된 압밀정수에 대해서 서술하였다. 실내시험에 사용된 흙 시료와 현장에서의 흙 사이에는 어떤 차이점이 있을까? 실내압밀시험의 결과를 기초로 하여 현장에서의 침하량을 쉽게 계산하는 것이 가능한가? 다음 절에서는 실내시험에 사용되는 흙 시료와 현장에서의 흙의 관계에 대해서 기술한다.

9.8 실내 및 현장 압밀사이의 관계

시간계수 (T_v)는 실내압밀시험의 결과로부터 현장에서의 침하량을 추정하는 유용한 지표를 제공한다. 만약 동일점토의 두 층이 같은 압밀도를 가지고 있다면 그들의 시간계수와 압밀계수는 동일하다. 즉, 다음과 같다.

$$T_v = \frac{(C_v t)_{lab}}{(H_{dr}^2)_{lab}} = \frac{(C_v t)_{field}}{(H_{dr}^2)_{field}} \tag{9.47}$$

그리고 위의 식을 정리하면 다음과 같다.

$$\frac{t_{field}}{t_{lab}} = \frac{(H_{dr}^2)_{field}}{(H_{dr}^2)_{lab}} \tag{9.48}$$

What's next... 다음의 예제는 어느 특정한 압밀도에 대한 압밀시험 결과를 이용하여 현장에서의 침하량을 어떻게 구하는지에 대한 것이다.

예제 9.11 시간-침하량 계산

직경 75 mm, 높이 20 mm의 시료가 10 m 두께의 점토층에서 채취되었고, 양면배수의 조건으로 표준압밀시험을 수행하였다. 흙 시료가 50% 압밀이 진행되는 데는 15분이 걸렸다.

(a) 만약 현장에서의 점토층이 실내시험과 동일한 배수조건이라면 10 m두께의 점토층이 50% 압밀이 진행될 때까지 시간이 얼마나 소요되는지를 계산하라.

(b) 만약에 하나의 경계에서만 배수가 이루어진다면 10 m 점토층이 50% 압밀이 진행될 때까지 시간이 얼마나 더 소요되는가?

핵심전략 식 (9.48)에 주어진 자료를 직접 적용한다. (a)에 대해서는 현장과 실내 모두 양면배수이기 때문에 배수경로는 토층 두께의 1/2이다. (b)에 대해서는 현장에서의 조건이 단면배수이기 때문에 배수경로가 토층 두께와 동일하다.

풀이 9.11

(a) 다음과 같이 진행한다:

Step 1 : 배수경로 계산.

$$(H_{dr})_{lab} = \frac{20}{2} = 10 \text{ mm} = 0.01 \text{ m}; \quad (H_{dr})_{field} = \frac{10}{2} = 5 \text{ m}$$

Step 2 : 식 (9.48)을 사용하여 현상에서의 시간을 계산.

$$t_{field} = \frac{t_{lab}(H_{dr}^2)_{field}}{(H_{dr}^2)_{lab}} = \frac{15 \times 5^2}{0.01^2} = 375 \times 10^4 \text{ min} = 7.13 \text{ years}$$

(b) 다음과 같이 진행한다:

Step 1 : 배수경로 계산:

$$(H_{dr})_{lab} = \frac{20}{2} = 10 \text{ mm} = 0.01 \text{ m}; \quad (H_{dr})_{field} = 10 \text{ m}$$

Step 2 : 식 (9.48)을 사용하여 현장에서의 시간을 계산.

$$t_{field} = \frac{t_{lab}(H_{dr}^2)_{field}}{(H_{dr}^2)_{lab}} = \frac{15 \times 10^2}{0.01} = 15 \times 10^6 \text{ min} = 28.54 \text{ years}$$

만약 배수가 점토층의 양쪽 경계가 아니라 한 쪽에서만 발생한다면 현장에서 주어진 압밀도까지 걸리는 시간은 4배 더 길어진다는 사실을 주목해야 한다.

What's next... 아터버그한계(Atterberg limits) 및 함수비와 같은 시험결과를 이용한 몇몇의 경험식으로부터 간단하게 압밀정수를 구하는 것이 가능하다. 다음 절에서는 이러한 경험식에 대해서 기술한다.

9.9 압밀침하 매개변수의 일반적인 값과 경험식

간단한 실내시험과 압밀침하 매개변수의 관계가 아래에 주어져 있다. 흙의 종류에 따라서 적용할 수 없는 경우도 있기 때문에 이러한 관계를 사용할 때는 주의 해야만 한다.

압밀침하 매개변수의 일반적인 범위

$C_c = 0.1$에서 0.8

$C_r = 0.015$에서 0.35; 또는 $C_r \approx C_c/5$ 에서 $C_c/10$

$C_\alpha/C_c = 0.03$에서 0.08

경험식	**참고문헌**
$C_c = 0.009\ (\mathrm{LL} - 10)$	Terzaghi and Peck, 1967
$C_c = 0.40(e_o - 0.25)$	Azzouz et al., 1976
$C_c = 0.01(w - 5)$	Azzouz et al., 1976
$C_c = 0.37(e_o + 0.003\ \mathrm{LL} - 0.34)$	Azzouz et al., 1976
$C_c = 0.00234\ \mathrm{LL}\ G_s$	Nagaraj and Murthy, 1986
$C_r = 0.15(e_o + 0.007)$	Azzouz et al., 1976
$C_r = 0.003(w + 7)$	Azzouz et al., 1976
$C_r = 0.126(e_o + 0.003\ \mathrm{LL} - 0.06)$	Azzouz et al., 1976
$C_r = 0.000463\ \mathrm{LL}\ G_s$	Nagaraj and Murthy, 1985
$C_c = 0.35\ \mathrm{PI}$ (재형성점토)	Schofield and Wroth, 1968

w는 자연 함수비 (%), LL은 액성한계 (%), e_o는 초기 간극비, 그리고 PI는 소성지수이다.

C_v의 일반적인 값은 표 9.1에 나타나 있다.

What's next... 때때로 상당히 큰 침하량이 예상되는 지역에 건물을 건설해야 할 때도 있을 것이다. 압밀침하를 감소시킬 수 있는 하나의 일반적인 방법으로는 지반에 상재하중(preload)를 적용하고 과잉간극수압 소산을 촉진하기 위해 윅드레인(Wick drain) 공법을 사용한다. 다음 절에서는 윅드레인에 대해서 기술한다.

9.10 윅드레인(Wick drain)을 이용한 흙의 선행압밀

 **컴퓨터 프로그램 활용**

www.wiley.com/college/budhu에 접속하여 Chapter 9의 Wick drain(wick.xls)에 대한 스프레드쉬트 클릭.

표 9.1 일반적인 C_v값

흙	c_v (cm²/s × 10⁻⁴)	c_v (m²/yr)
Boston blue clay (CL)	40±20	12±6
Organic silt (OH)	2–10	0.6–3
Glacial lake clays (CL)	6.5–8.7	2.0–2.7
Chicago silty clay (CL)	8.5	2.7
Swedish medium sensitive clays (CL-CH)		
1. laboratory	0.4–0.7	0.1–0.2
2. field	0.7–3.0	0.2–1.0
San Francisco Bay mud (CL)	2–4	0.6–1.2
Mexico City clay (MH)	0.9–1.5	0.3–0.5

출처: Carter and Bentley, 1991

윅드레인의 목적은 배수거리를 짧게 하여 연약, 포화점토의 압밀침하를 가속화시키는 것이다. 윅드레인은 부직포 폴리프로필렌 지오텍스타일 피복(nonwoven polypropylene geotextile jacket)에 둘러싸인 플라스틱 코어로 구성되어 있는 조립식 배수재이다. 지오텍스타일(여과직물)은 코어 내부로 물을 통과시킨 다음에 외부로 양수한다. 윅드레인은 관으로 된 금속 멘드렐(mendrel)에 배수재를 둘러 씌우고 앵커에 의해 바닥으로부터 지탱되게 설치한다. 진동굴착기 또는 유압굴착기를 이용해 멘드렐을 지반 속으로 삽입한다. 원하는 깊이까지 삽입이 되면 그 멘드렐은 제거되고, 그 장소에는 배수재와 앵커만이 존재하게 되며 배수재의 마지막 300 mm정도를 남기고 자른다. 배수재에 의한 흙의 압밀 효과는 그림 9.20에 설명되어 있다. 윅드레인의 한 쪽 끝은 불투수 경계이고 그것을 반밀폐 배수(half-closed drain)라고 한다(그림 9.21). 때로는 배수재가 불투수층 지반 아래의 투수층 지반까지 삽입 될 수도 있다. 이러한 경우는 배수재 상 · 하부에서 물이 방출되고 이러한 배수재가 양면배수를 허용하면 흙의 압밀은 더욱 가속화 될 것이다. 1차원압밀에서 양면배수는 단면배수와 비교하여 주어진 압밀도에 대해서 4배까지 그 시간을 단축한 사실을 기술하였었다.

축대칭 방사형 배수에 대한 지배방정식은 다음과 같다.

$$\frac{\partial u}{\partial t} = C_h\left(\frac{\partial^2 u}{\partial r^2} + \frac{1}{r}\frac{\partial u}{\partial r}\right) \tag{9.49}$$

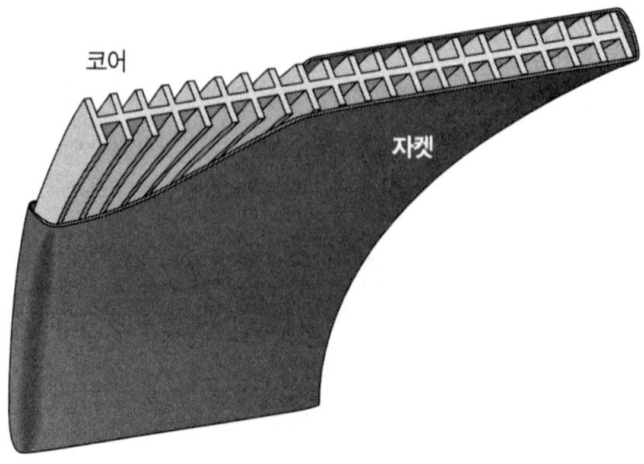

그림 9.19 웍 드레인.

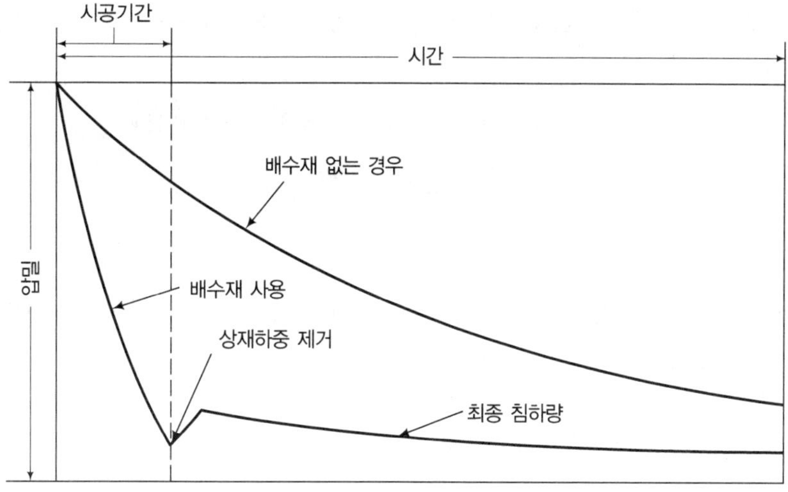

그림 9.20 정해진 시간에 목표 압밀도 달성을 위한 웍드레인 효과.

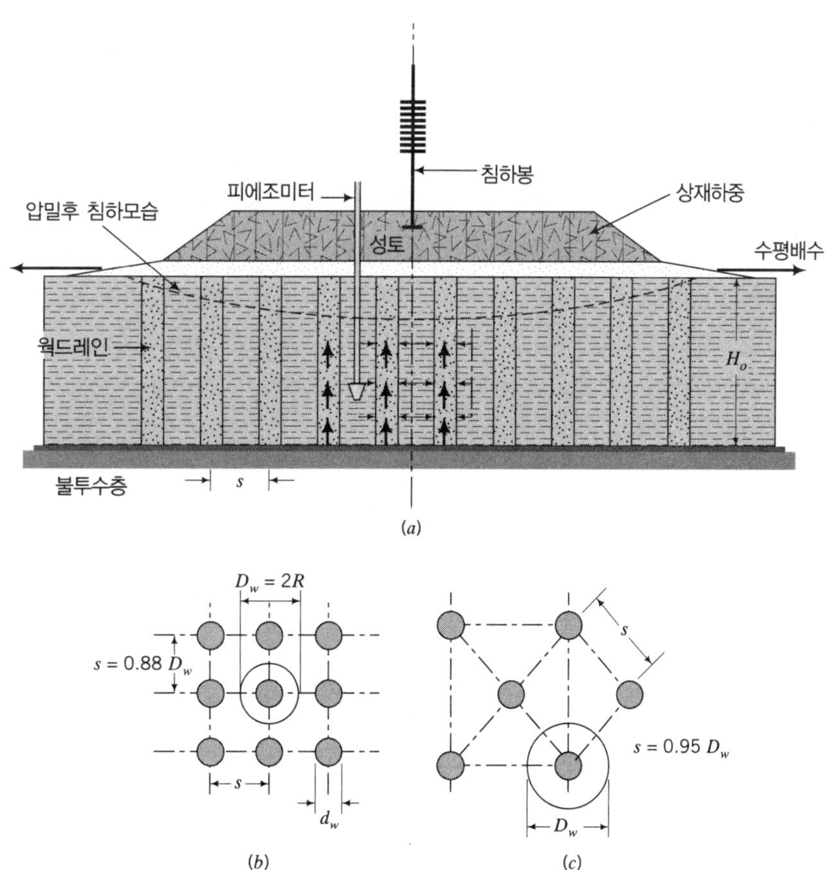

그림 9.21 (a) 반밀폐웍드레인 수직단면도. (b) 정사각형 격자 웍드레인 평면도. (c) 삼각형 격자 웍드레인 평면도.

여기서 r은 배수재 중앙에서의 반경거리이고, C_h는 수평방향 또는 반경방향 압밀계수이다. 식 (9.49)를 풀기 위한 경계조건은 다음과 같다.

$$r = r_d \text{ 에서: } \quad u = 0 \qquad t > 0 \text{ 일 때}$$

$$r = R \text{ 에서: } \quad \frac{\partial u}{\partial r} = 0$$

초기 조건은 $t = 0$, $u = u_o$이고, 여기서 r_d는 배수재의 반지름, t는 시간, R은 영향원의 반경이다(그림 9.21). Richart(1959)은 두 가지 경우[자유변형률(free strain)과 균등변형률(equal strain)]에 대한 식 (9.49)의 해법을 제안하였다. 자유변형률은 지표면하중이 균등하게 분포(연성기초)되고, 그에 따른 지표면 침하가 불균등하게 될 때 발생한다. 균등변형률은 지표면 침하는 균등(강성기초)하지만, 그에 따른 지표면 하중이 불균등하게 분포될 때 발생한다. Richart는 이 두 경우의 차이가 미소하다는 것을 알았으며, 그래서 실무에서는 균등변형률에 대한 해법이 종종 사용된다.

수직방향에서의 압밀에 대한 시간계수는 식 (9.33)에 의해 구할 수 있고, 반경방향 (T_r)에서의 압밀에 대한 시간계수는 다음과 같이 표현할 수 있다.

$$T_r = \frac{C_h t}{4R^2} \tag{9.50}$$

수평 또는 반경방향에서의 흙의 투수계수는 때로 수직방향에서의 것보다 상당히 클(2배에서 10배) 때가 있고(제6장), C_h는 C_v보다 더 크며 보통 $C_h/C_v \simeq 1.2$에서 2이다. 지반에 시추공을 만들고 배수재를 설치하는 동안에 배수재의 경계면에서의 토층은 종종 교란이 된다. 이렇게 교란된 토층을 스미어존(smear zone)이라고 한다. C_v와 C_h의 값은 스미어존에서 더 작은 값을 가진다. 스미어존을 고려하기 위해 C_v와 C_h의 값을 감소시켜 사용하는 것이 관례적이다.

간극수압의 연직 및 수평방향 소산에 대한 평균압밀도 (U_{vr})는 다음과 같다.

$$U_{vr} = 1 - (1 - U)(1 - U_r) \tag{9.51}$$

여기서 U는 연직배수에 대한 평균압밀도[식 (9.35)]이고, U_r은 수평배수에 대한 평균압밀도이다.

윅드레인 내부로의 흐름은 대개 방사형이고, 배수재의 설치 시에 흙은 교란되지 않았다고 하면 수직 통수능력에 대한 압밀 시간은 다음과 같다.

$$t = \frac{D_w^2}{8C_h}\left[\frac{1}{1-\left(\frac{d_w}{D_w}\right)^2}\ln\frac{D_w}{d_w} - 0.75 + 0.25\left(\frac{d_w}{D_w}\right)^2 + z\pi(2L - z)\frac{k}{q_w}\right]\ln\frac{1}{1 - U} \tag{9.52}$$

여기서 t는 목표 압밀도에 도달하는 시간, D_w는 영향원의 직경, C_h는 수평흐름(m^2/s)에 대한 압밀계수, $d_w\,(m) = 2(h + b)/\pi$는 등가배수직경, b (m)는 폭, h (m)는 배수재의 두께이다. z (m)는 유동점(flow point)에서의 거리, L (m)는 유효배수길이(단면배수일 때는 전체 배수길이이고, 양면배수일 때는 전체 배수길이의 반이다), k(m/s)는 흙의 투수계수(보통 수평 또는 등가투수계수가 사용된다), q_w (m^3/s)는 1의 수두구배에서의 윅드레인 통수능력, U는 평균압밀도이다. 배수재의 사각형 배열에서 간격 s는 약 $0.88D_w$인 반면에 삼각형 배열에서는 $s = 0.95D_w$이다.

윅드레인의 간격은 요구되는 시간 동안에 목표 침하량을 이루기 위한 기본 설계 매개변수이다. 다른 설계매개변수로는 성토등에 의한 추가높이(surcharge height)이다. 일반적으로 설계자는 간격과 추가높이를 변경하여 윅의 간격, 압밀시간, 추가높이의 가장 경제적인 조합을 획득할 수 있다.

예제 9.12 윅드레인의 간격

구조물 기초가 20 m두께의 점토층 상부에 건설된다. 연약점토 하부는 단단한 과압밀점토가 있다. 계산에 의한 침하량은 용인될 수 없어 그 연약지반은 12개월 후에 90% 압밀이 완료되도록 건물의 하중과 같은 성토에 의해 선행압밀이 되어야 한다고 결정되었다. 지반 압밀에 대한 시간을 단축하기 위해 윅드레인공법이 사용되었다. 윅드레인는 $0.1 \times 10^{-6}\,m^2/s$의 통수능력에 폭 100 mm, 두께 3 mm이다. 토질정수 $k = 0.01 \times 10^{-8}\,m/s$이고 $C_h = 1 \times 10^{-8}\,m^2/s$이다. 유동점에서의 거리는 10 m이고 반밀폐 (half-closed) 시스템이다. 정사각형 격자로 배열된 윅드레인의 간격을 결정하라.

핵심전략 식 (9.52)으로부터 계산된 시간과 주어진 시간 12개월과 일치하는 간격을 고려해야 한다. 이 계산을 하는데 스프레드쉬트를 만들고 목표 값 찾기 기능(Goal Seek function)을 사용하는 것이 최선이다. 스프레드쉬트는 www.wiley.com/college/budhu에서 구할 수 있다.

풀이 9.12

스프레드쉬트는 다음과 같다.

	A	B	C	D	E
1					
2	간격	s	0.97	m	
3	배수재 설치패턴		s	s = 사각형, t = 삼각형	
4	배수재 폭	h	100	mm	
5	두께	b	3	mm	
6	압밀도	U	90	%	
7	수평압밀계수	C_h	1	$\times 10^{-8}\,m^2/s$	
8	목표시간	t	365	days	
9	토층 두께	L	20	m	
10	유동점으로부터 거리	z	10	m	
11	배수량	q_w	0.1	$\times 10^{-6}\,m^3/s$	
12	흙의 투수계수	k_s	0.01	$\times 10^{-8}\,m/s$	
13	영향범위	D_w	1.107	m	
14	등가직경	d_w	65.57	mm	
15	k/q_w 비		0.1	$\times 10^{-2}$	
16	계산된 시간		365	days	
17					

셀 C16은 식 (9.52)이고 다음의 입력값으로 엑셀의 목표값 찾기 기능을 사용하면:

설정 셀	C16
목표 값	365
조정 셀	C2

스프레드쉬트 계산에 의하면 0.97 m의 간격이다. 문제에서의 선행압밀에 사용되는 윅드레인의 간격은 1m이다.

9.11 요약

흙의 압밀침하는 투수계수, 토층 두께, 배수상태에 의존하는 시간종속 과정이다. 흙에 수직응력이 가중될 때 초기과잉간극수압은 수직응력 증분과 동일하다. 시간과 더불어 초기과잉간극수압이 감소하고, 유효수직응력은 초기과잉간극수압이 감소된 양 만큼 증가하고 침하량 또한 증가한다. 압밀침하는 두 부분으로 구성되어 있다 — 1차압밀침과 2차압밀이다.

흙은 선행압밀응력의 기억을 가지고 있고 그것은 더 높은 응력이 가중되면 그 기억은 지워질 것이다. 만약 현재의 유효수직응력보다 큰 응력을 과거에 받아본 적이 없는 흙 (정규압밀토)이라고 하면, 그 흙은 탄소성적으로 거동을 할 것이다. 만약 현재의 유효수직응력보다 큰 응력을 과거에 받아본 적이 있는 흙 (과압밀토)이라고 하면 그 흙의 선행압밀응력보다 작은 응력에 대해서는 탄성적인 거동을 할 것이다.

자력평가

http://www.wiley.com/college/budhu에 접속하여 제 9장의 이해도를 측정하기 위한 퀴즈를 풀어라.

실전연습

예제 9.13 실내시험에서 흙이 압밀할 때의 수평방향 응력

흙이 100 kPa의 수직응력으로 압밀시험기에서 압밀되었고, 그 다음에 50 kPa으로 하중이 제거되었다. 과잉간극수압은 0이다. 흙의 내부마찰각 ϕ'_{cs}가 25°일 때 수평방향 응력을 구하라.

핵심전략 이 경우에서는 흙은 과압밀토이다 — 선행압밀응력이 100 kPa이고, 현재의 유효수직응력은 50 kPa이다. K_o^{nc}를 구한 다음 OCR을 이용하여 K_o^{oc}을 계산하라.

풀이 9.13

Step 1 : K_o^{nc} 계산

식 (7.51): $K_o^{nc} = 1 - \sin\phi'_{cs} = 1 - \sin 25 = 0.58$

Step 2 : OCR 계산

$$\text{OCR} = \frac{\sigma'_{zc}}{\sigma'_{zo}} = \frac{100}{50} = 2$$

Step 3 : K_o^{oc} 계산

식 (7.52): $K_o^{oc} = K_o^{nc}(\text{OCR})^{1/2} = 0.58(2)^{1/2} = 0.82$

Step 4 : 수평유효응력 계산

$$\sigma'_x = K_o^{oc}\sigma'_{zo} = 0.82 \times 50 = 41\,\text{kPa}$$

Step 5 : 수평전응력 계산

$$\sigma_x = \sigma'_x + \Delta u = 41 + 0 = 41\,\text{kPa}$$

예제 9.14 기초에 의해 발생하는 압밀침하량 계산

오일탱크를 위한 기초가 그림 E9.14a에 나타낸 토층에 세워질 예정이다. 직경 75 mm, 두께 20 mm의 세립토 시료에 대해서 실내압밀시험이 수행되었다. 초기 함수비는 62%, $G_s = 2.7$이였다. 수직응력이 점진적으로 작용되었다 — 각각의 수직응력 증가는 간극수압의 변화가 없을 때까지 계속해서 유지된다. 각 하중단계의 마지막에 계측된 누적 침하량은 다음과 같다:

수직응력 (kPa)	15	30	60	120	240	480
침하량 (mm)	0.10	0.11	0.21	1.13	2.17	3.15

수직응력이 200 kPa이였을 때 시간–침하량은 다음과 같다:

시간 (m)	0	0.25	1	4	9	16	36	64	100
침하량 (mm)	0	0.22	0.42	0.6	0.71	0.79	0.86	0.91	0.93

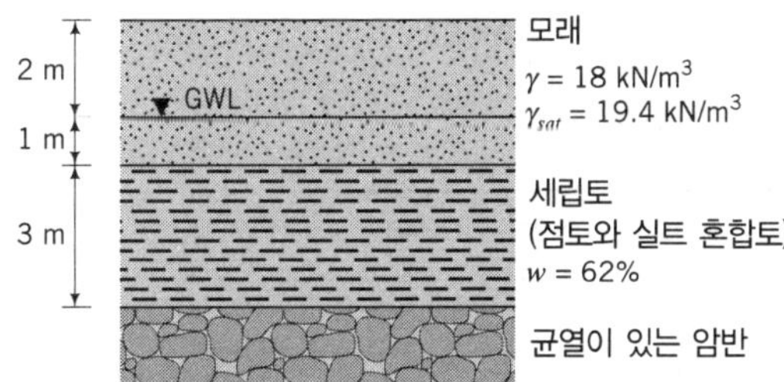

그림 E9.14a

오일탱크가 가득 차있을 때는 세립토층의 상부와 하부에는 각각 90 kPa와 75 kPa의 수직응력이 부과된다. 이 세립토층에서는 수직응력이 선형적으로 분포한다고 가정할 수 있다.

(a) 오일탱크가 가득 차있을 때 세립토층의 1차압밀침하량을 구하라.
(b) 침하량–시간곡선을 작도하라.

핵심전략 1차압밀침하량을 계산하기 위해서는 C_c, C_r 또는 m_v, 그리고 σ'_{zo}, $\Delta\sigma$, σ'_{zc}를 알아야 한다. 이 정수들을 계산하기 위해 수어진 사료를 사용하라. 이 문제를 해결하기 위해 Appendix C에 나와있는 응력 증가를 사용하는 것이 최선의 방법이지만, $\Delta\sigma_z$를 계산하기 위해 7.11절에 언급된 방법을 사용할 수 있다. 주어진 압밀도에 대한 시간을 계산하기 위해 먼저 주어진 자료를 이용해 C_v를 구해야 한다.

풀이 9.14

Step 1: $\sqrt{t}$ 방법을 사용해서 C_v를 계산.

그림 E9.14b에 나타나있는 것처럼 침하 — $\sqrt{t}$ 곡선을 작도하기 위해 240 kPa의 하중 단계에서의 결과를 사용하라. 9.7절에 설명되어 있는 절차에 따라 C_v를 구한다. 그 곡선으로부터 $t_{90} = 1.2$ min이다.

하중 초기의 시료높이 = 20 − 1.2 = 18.8 mm

하중 종료시의 시료높이 = 20 − 2.17 = 17.83 mm

$$H_{dr} = \frac{H_o + H_f}{4} = \frac{18.8 + 17.83}{4} = 9.16 \text{ mm}$$

$$C_v = \frac{T_v H_{dr}^2}{t_{90}} = \frac{0.848 \times (9.16)^2}{1.2} = 59.3 \text{ mm}^2/\text{min}$$

$$= 59.3 \times 10^{-6} \text{ m}^2/\text{min}$$

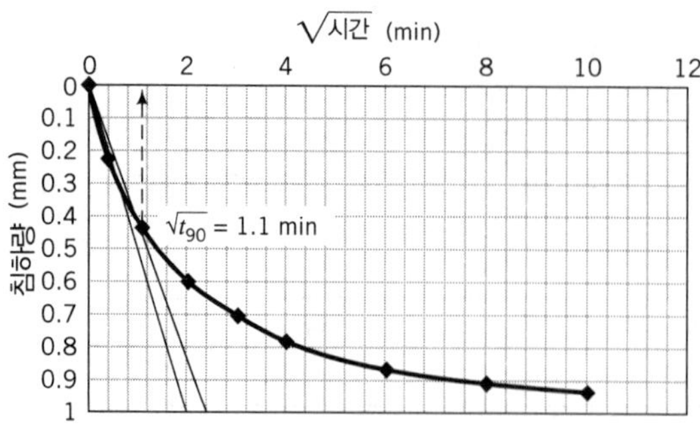

그림 E9.14b

Step 2 : 각 하중 단계가 끝날 때의 간극비 계산.

초기 간극비: $e_o = wG_s = 0.62 \times 2.7 = 1.67$

$$\text{식 (9.6):}\quad e = e_o - \frac{\Delta z}{H_o}(1 + e_o) = 1.67 - \frac{\Delta z}{20}(1 + 1.67)$$

$$= 1.67 - 13.35 \times 10^{-2}\,\Delta z$$

각 하중단계에서의 간극비는 아래의 표와 같다.

σ'_z (kPa)	15	30	60	120	240	480
간극비	1.66	1.65	1.64	1.52	1.38	1.25

$e - \log \sigma'_z$는 그림 E9.14c와 같다.

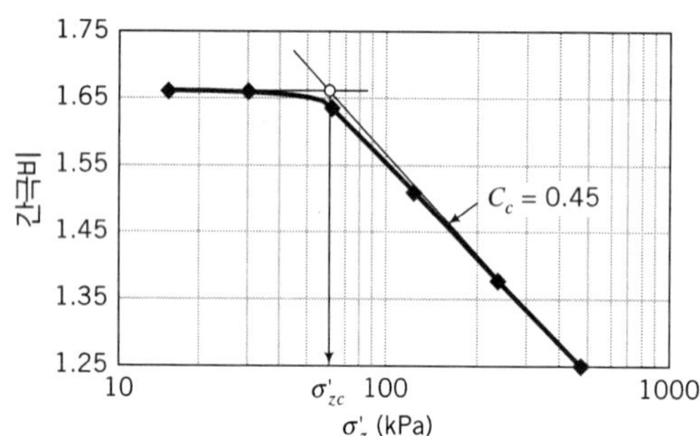

그림 E9.14c

Step 3 : σ'_{zc}와 C_c의 계산.

9.7절에 설명되어 있는 절차에 따라 σ'_{zc}를 구한다.

$$\sigma'_{zc} = 60 \text{ kPa}$$

$$C_c = \frac{1.52 - 1.25}{\log\left(\frac{480}{120}\right)} = 0.45$$

Step 4 : σ'_{zo}의 계산.

$$\text{Clay:}\quad \gamma_{sat} = \frac{G_s + e_o}{1 + e_o}\gamma_w = \left(\frac{2.7 + 1.67}{1 + 1.67}\right)9.8 = 16 \text{ kN/m}^3$$

$$\sigma'_{zo} = (18 \times 2) + (19.4 - 9.8)1 + (16 - 9.8)1.5 = 54.9 \text{ kPa}$$

Step 5 : 침하량 계산.

$$\text{OCR} = \frac{\sigma'_{zc}}{\sigma'_{zo}} = \frac{60}{54.9} = 1.1$$

사실상 OCR은 1에 상당히 가깝다. 즉, $\sigma'_z \approx \sigma'_{zc}$이다. 따라서 흙은 정규압밀 되었다. 또한 $e - \log \sigma'_z$곡선을 살펴보면 C_r은 거의 0이다. 이것은 흙이 정규압밀 되었다는 가정을 더욱 뒷받침 하고 있다.

$$\rho_{pc} = \frac{H_o}{1 + 1.67} 0.45 \left(\frac{\sigma'_{zo} + \Delta\sigma_z}{\sigma'_{zo}} \right) = 0.17 H_o \log \left(\frac{\sigma'_{zo} + \Delta\sigma_z}{\sigma'_{zo}} \right)$$

점토층을 1.0 m 두께의 세 개의 층으로 나누고 각각의 층에 대한 침하량을 계산하라. 1차압밀침하량은 각 층에서의 침하량의 합과 같고, 세립토에서의 수직응력 증가는 다음과 같다.

$$90 - \left(\frac{90 - 75}{3} \right) z = 90 - 5z$$

여기서 z는 상부토층에서 아래의 깊이이다. 각 층에서의 수직응력 증가와 아래에 나타나있는 식으로부터 침하량을 계산하라. 아래의 표는 그 계산을 요약한 것이다.

층	z (m)	하부층 중앙에서 σ'_{zo}(kPa)	$\Delta\sigma_z$ (kPa)	$\sigma'_{zo} + \Delta\sigma_z$ (kPa)	ρ_{pc} (mm)
1	0.5	48.7	87.5	136.2	75.9
2	1.5	54.9	82.5	137.4	67.7
3	2.5	61.1	77.5	138.6	60.5
				합계	204.1

별해: 전체로써 3 m 세립토층을 고려하고 평균수직응력 증가를 취하면 다음과 같이 구할 수 있다.

$$\rho_{pc} = \frac{3000}{1 + 1.67} 0.45 \log \left(\frac{137.4}{54.9} \right) = 201.4 \text{ mm}$$

일반적으로 이전의 방법이 두꺼운 층에 대해서는 더 정확도가 높다.

Step 6 : 침하량–시간 곡선.

$$C_v = 59.3 \times 10^{-6} \times 60 \times 24 = 85{,}392 \times 10^{-6} \text{ m}^2\text{/day}$$

$$t = \frac{T_v H_{dr}^2}{C_v} = \frac{T_v \times (\frac{3}{2})^2}{85{,}392 \times 10^{-6}} = 26.3\, T_v \text{ days}$$

각각의 시간에서 침하량의 계산은 아래 표에 나타나 있고, 그림 E9.14d에 나타나있는 것처럼 그 결과를 이용하여 침하량–시간 곡선을 작도 할 수 있다.

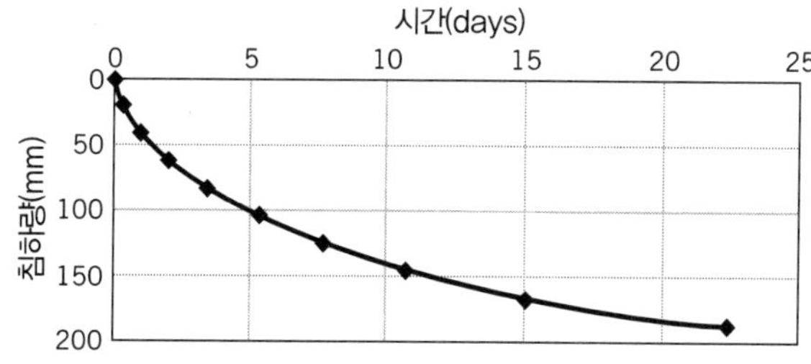

그림 E9.14d

U (%)	T_v	침하량 (mm) $\rho_{pc} \times \frac{U}{100}$	$t = 26.3\ T_v$ (days)
10	0.008	20.4	0.2
20	0.031	20.8	0.8
30	0.071	61.3	1.9
40	0.126	81.6	3.3
50	0.197	102.1	5.2
60	0.287	122.5	7.6
70	0.403	142.9	10.6
80	0.567	163.3	14.9
90	0.848	183.7	22.3

예제 9.15 현장에서의 압밀침하량의 추정

사무실용 건물이 압축성 점토층위에 건설될 예정이고, 지반공학자가 그 건물의 기초에 대해서 1차압밀침하량 해석을 실시한 해석 결과 1차압밀침하량은 50 mm였다. 150 kPa의 평균 수직응력이 건물에 의해 점토층에 부과될 예정이다. 실무설계에서 자주 일어나는 설계변경이 요구된다. 점토층의 실제 두께는 원래의 토층 보다 30% 두껍고 시공 중에 지하수위는 2 m까지 낮아지는 경우 설계변경이 요구된다. 이런 경우 새로운 1차압밀침하량을 추정하라.

핵심전략 9.3절에서 1차압밀침하량은 토층의 두께와 수직응력 증가에 비례한다고 하였다[식 (9.20)]. 새로운 1차압밀침하량을 구하기 위해 비례의 원칙을 이용하라.

풀이 9.15

Step 1 : 층두께의 증가에 따른 1차압밀침하량의 계산.

$$\frac{(\rho_{pc})_n}{(\rho_{pc})_o} = \frac{H_n}{H_o}$$

여기서 아래첨자 o와 n은 각각 "Original"과 "New"를 나타낸다.

$$(\rho_{pc})_n = 50 \times \frac{1.3H_o}{H_o} = 65 \text{ mm}$$

Step 2 : 지하수위의 저하로 인한 수직응력 증가에 따른 1차압밀침하량의 계산.

지하수위의 저하로 인한 유효수직응력증가 = 2 × 9.8 = 19.6 kPa

1차입밀침하량은 유효수직응력에 비례한다:

$$\frac{(\rho_{pc})_n}{(\rho_{pc})_o} = \frac{(\sigma'_z)_n}{(\sigma'_z)_o}$$

$$\therefore\ (\rho_{pc})_n = 65 \times \frac{(150 + 19.6)}{150} = 73.5 \text{ mm}$$

예제 9.16 불균등 토층에서 압밀 부등침하

건물의 두 기둥을 지지하는 기초가 그림 E9.16에서처럼 건설되었다. 어떠한 지반조사 없이 그 기초를 설계할 때 점토층이 1.2 m의 균등한 두께라고 가정하였다. 건물의 완공 2년후 10 mm의 부등침하가 발생하였다. 건물 벽은 균열이 생기고 문은 제대로 작동은 했지만 문의 바깥쪽 수직거리를 측정한 결과 부등침하가 24 mm를 초과하면 문은 그 기능이 유지될 수 없다고 판단하였다. 차후의 지반조사에서 점토층의 깊이는 균등하지 않고, 그림 E9.16에 나타낸 것처럼 위치에 따라서 변하는 것을 알게 되었다. 건물 주인은 예상되는 부등침하의 추정치와 문의 기능이 손실되는데 어느 정도 시간이 소요되는지를 알고 싶어한다.

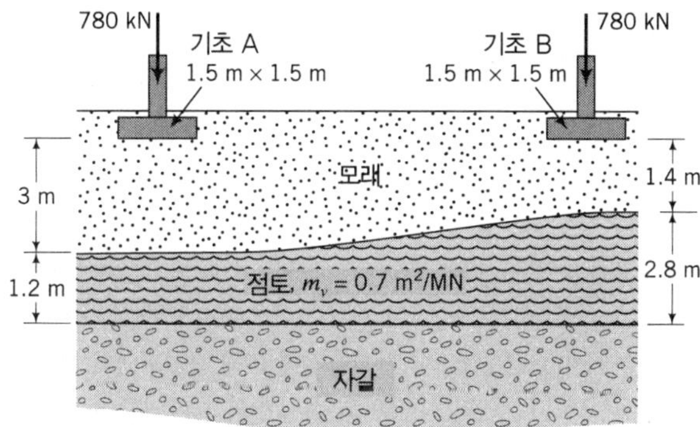

그림 E9.16

핵심전략 각 기초 하부에서의 침하량을 계산한 다음 부등침하를 구하라. 시공완료 후 2년에 걸친 부등침하량을 알고 있기 때문에 압밀도를 구할 수 있고, 그 정보를 이용하여 문의 기능이 파손되는데 걸리는 시간을 구할 수 있다.

풀이 9.16

Step 1 : 식 (7.95)를 사용하여 각 기초하부의 점토층 중간에서의 수직응력 증가를 계산.

$$\Delta\sigma_z = \frac{P}{(B+z)(L+z)}$$

$$(\Delta\sigma_z)_A = \frac{780}{(1.5+3.6)(1.5+3.6)} = 30\text{ kPa}$$

$$(\Delta\sigma_z)_B = \frac{780}{(1.5+2.8)(1.5+2.8)} = 42.2\text{ kPa}$$

비고: 더 정확한 $\Delta\sigma_z$를 구하기 위해서는 다층의 구조를 가진 지반에서 표면하중으로 인한 수직응력 증가량을 사용해야 한다.

Step 2 : 1차압밀침하량 계산.

1차압밀침하량을 구하기 위해서 $\rho_{pc} = H_o m_v \Delta\sigma$를 사용

$$(\rho_{pc})_A = 1.2 \times 0.7 \times 10^{-3} \times 30 = 25.2 \times 10^{-3}\text{m} = 25.2\text{ mm}$$

$$(\rho_{pc})_B = 2.8 \times 0.7 \times 10^{-3} \times 42.2 = 82.7 \times 10^{-3}\text{m} = 82.7\text{ mm}$$

Step 3 : 부등침하량 계산.

부등침하량: $\delta = 82.7 - 25.2 = 57.5$ mm

Step 4 : 24 mm의 부등침하가 발생되는 시간을 계산.

현재의 부등침하량: $\delta_c = 10$ mm

압밀도: $U = \frac{\delta_c}{\delta} = \frac{10}{57.5} = 0.17$

$$T_v = \frac{4}{\pi}U^2 = \frac{4}{\pi} \times 0.17^2 = 0.037$$

$$C_v = \frac{T_v H_{dr}^2}{t} = \frac{0.037 \times (2.8/2)^2}{2} = 0.036 \text{ m}^2/\text{yr}$$

24 mm 부등침하량에 상응하는 시간: $U = \frac{24}{57.5} = 0.42, \quad T_v = \frac{4}{\pi} \times 0.42^2 = 0.225$

$$t = \frac{T_v H_{dr}^2}{C_v} = \frac{0.225 \times (2.8/2)^2}{0.036} = 12.25 \text{ 년}$$

따라서 지금으로부터 10.25년후에 전체 부등침하량은 24 mm가 될 것이다.

예제 9.17 제방의 침하

그림 E9.17a에 나타나있는 바와 같이 최근에 제방(긴 성토)이 기계다짐에 의해 건설되었다. 기후 및 파고 기록 자료의 통계분석을 통해서 1 m의 여유고(freeboard)가 필요하다는 의견이 제안되었다. 만약 지반의 침하를 고려하지 않는 경우 (a) 여유고 어느 정도 위험하게 되는지를 결정하라. (b) 제방 하부에서의 침하 단면을 추정하라. $w = 55.6\%$, LL = 68%, PL = 30%이다. 단 주어진 자료는 연약, 정규압밀점토에 대해서 사용가능 하다.

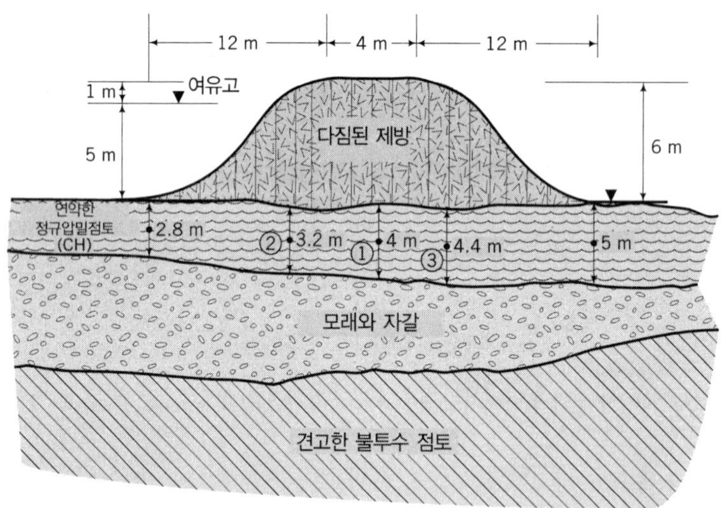

그림 E9.17a

핵심전략 토층에 대한 자료는 극히 제한되어 있다. 압축지수를 구하기 위해서는 9.9절에 설명된 경험식을 이용해야 한다. 수직 응력 분포를 구하기 위해서는 균등분포와 삼각분포를 가진 표면하중의 조합을 이용하라. 그림 7.27을 이용할 수 있지만 이것은 단지 제방의 중앙에서만 유용하게 사용된다. 지반공학자로써 적어도 압밀 및 전단시험을 실시하여 더 많은 정보를 획득해야만 한다.

풀이 9.17

Step 1 : 토질정수를 추정하고 표면에서의 응력을 계산.

9.9절에서: $C_c = 0.009\,(\text{LL} - 10) = 0.009\,(68 - 10) = 0.52$

$$q_s = \gamma H_o = 18 \times 6 = 108 \text{ kPa}$$

$$e_o = wG_s = 0.556 \times 2.7 = 1.5$$

$$\gamma' = \frac{G_s - 1}{1 + e_o}\gamma_w = \frac{2.7 - 1}{1 + 1.5} \times 9.8 = 6.7 \text{ kN/m}^3$$

Step 2 : 연약점토의 중간 깊이에서의 응력 증가를 계산.

프로그램 STRESS를 사용하여 점토층의 중간 깊이에서의 수직응력의 증가를 구할 수 있다. 그림 E9.17a에 나타낸 바와 같이 점토층의 중간 깊이에서 3개의 절점을 선택한다. 계산된 수직응력의 증가는 그림 E9.17b에 나타낸 바와 같다.

q_s (kPa)	108	108	108	108	108
B (m)	12	4	4	4	12
x (m)	12	0	2	4	12
z (m)	1.6	1.6	2	2.2	2.2
$\Delta\sigma_z$ (kPa)	49.4	52.7	88.4 + 17.2	51	47.8
	2		1	3	

그림 E9.17b 각각의 절점(그림 E 9.17a 참조)

제방 중앙에서 추가로 증가된 17.2 kPa의 수직응력은 두 개의 삼각 하중에 의한 것이다. STRESS프로그램에 q_s = 108 kPa, B = 12 m, x = 14 m (12 m + 4/2 m), z = 2 m를 입력한다. 삼각 하중이 두 개 있기 때문에 그 값을 두 배로 해야 한다.

Step 3 : 침하량 계산.

흙은 정규압밀점토이기 때문에 OCR = 1이다. 식 (9.16)을 사용하면 다음과 같다.

$$\rho_{pc} = \frac{H_o}{1 + e_o} C_c \log \frac{\sigma'_{fin}}{\sigma'_{zo}}$$

계산을 위해서 아래와 같이 스프레드쉬트를 사용한다.

절점	H (m)	$\Delta\sigma_z$ (kPa)	σ'_{zo}(kPa)	σ'_{fin} (kPa)	ρ_{pc} (m)
1	4	105.6	13.4	119.0	0.79
2	3.2	102.1	10.7	112.8	0.68
3	4.4	98.8	14.7	113.5	0.81

제방 저면의 가장자리에서의 침하량은 거의 0이다. 비록 절점 2와 3에서 수직응력 증가는 거의 같지만, 점토층의 두께가 절점 3에서 더 두껍기 때문에 침하량은 절점 3에서 더 크다.

여유고의 평균 감소량은 (0.79 + 0.68 + 0.81)/3 = 0.76 m이다.

Step 4 : 침하 단면 작성.

예상되는 침하 단면은 그림 E9.17c와 같이 나타낼 수 있다.

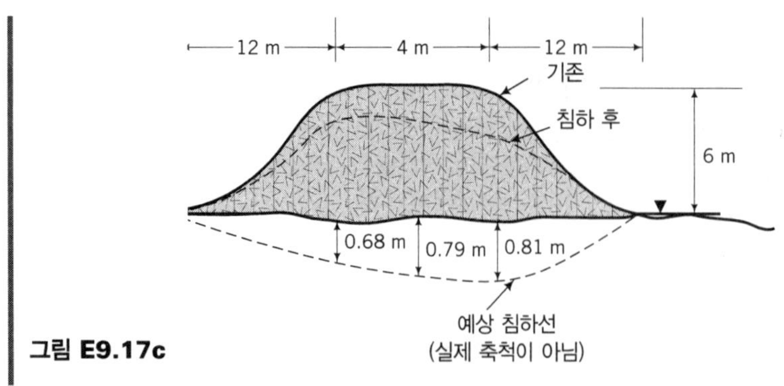

그림 E9.17c

연습문제 EXERCISES

모든 문제에서 G_s에 대한 어떠한 언급이 없을 때는 $G_s = 2.7$로 간주하라.

이론문제

9.1 두께 H의 점토층은 상부 경계의 모래층을 통해서 배수가 허용되고 σ의 수직응력이 점토에 작용한다. 과잉간극수압은 상부 경계에서는 u_t고, 하부 경계에서는 u_b ($u_b > u_t$)로 선형적인 분포를 보인다. 상부 경계에서의 과잉간극수압은 모래층이 부분적으로 차단되어 있기 때문에 0이 아니다. 토층의 두께와 시간에 대한 과잉간극수압 분포를 위한 수식을 유도하라.

9.2 두께 H_o의 토층은 상부경계에서만 배수를 허용한다. 수직응력 σ가 적용될 때 과잉간극수압 분포는 상부 경계에서는 0이고, 하부 경계에서는 u_b의 값이며 포물선으로 변화하고 다음과 같이 나타낼 수 있다. 다음 관계식을 유도하라.

$$C_v = \frac{H_o^2}{2u_b}\frac{d\sigma'}{dt} \qquad k_z = \frac{\gamma_w H_o}{2u_b}\frac{dH_o}{dt}$$

9.3 선형 탄성재료와 같은 거동을 하는 흙에 대해서 다음 식을 유도하라.

$$m_{vr} = \frac{(1 + \nu')(1 - 2\nu')}{E'(1 - \nu')}$$

9.4 만약 과압밀토가 선형탄성재료와 같은 거동을 한다고 할 때 다음 식을 유도하라

$$K_o^{oc} = (\mathrm{OCR})K_o^{nc} - \frac{\nu'}{1 - \nu'}(\mathrm{OCR} - 1)$$

9.5 수직응력이 작용할 때 10 m 두께의 점토층에서의 과잉간극수압 분포는 점토층 상부에 100 kPa, 하부 10 kPa로 선형적인 변화를 보인다. 점토층 상부에서만 배수가 허용된다고 가정하고 C_v = 1.5 m^2/yr이라고 할 때, 유한차분법을 이용하여 1년 후의 과잉간극수압을 결정하라.

9.6 어떤 점토질 퇴적층의 4 m 깊이에서의 과압밀비는 3.0이다. 15 m까지 퇴적되어 있는 이 점토층의 깊이에 따른 과압밀비와 함수비의 변화를 작도하라. 재압축지수는 C_r = 0.05이고 4 m 깊이에서의 함수비는 32%이다. 지하수위는 지표면에 위치한다.

9.7 5 m깊이에 포화된 점토의 과압밀비는 6.0이고, 함수비는 38%이다. 이 점토는 침식으로 인해서 과압밀되었다고 예상된다. 침식된 토층의 두께를 계산하라. 지하수위는 과거부터 지금까지 지표면에 위치하고 있다고 가정하라.

기본문제

9.8 포화된 점토시료에 대해 표준압밀시험을 수행하여 다음과 같은 결과를 얻었다: C_c = 0.2, C_r = 0.04. OCR = 4.5. 현장에서의 유효수직응력은 130 kPa이다. 점토층 중간 깊이에서의 수직응력은 건물 기초에 의해 50 kPa까지 증가된다. 점토층의 두께는 2 m이고 함수비는 28%이다.

(a) 1차압밀침하량을 계산하라.

(b) 만약 OCR이 4.5대신에 1.5이라고 하면 침하량의 차이는 어떻게 되는가?

9.9 어떤 건물에 의해 두께 2 m의 점토층 중간에서의 수직응력은 100 kPa까지 증가된다. 만약 m_v가 4×10^{-4} m^2/kN이라고 할 때 1차압밀침하량을 구하라.

9.10 같은 특성을 가진 서로 다른 두께의 점토층에 기초한 두 개의 인접한 교각이 있다. 교각 1은 두께 3 m의 점토층에 100 kPa

의 수직응력 증가를 유발하고, 교각 2는 두께 5 m의 점토층에 150 kPa의 수직응력 증가를 유발한다. $m_v = 3 \times 10^{-4}\, m^2/kN$이라고 할 때 두 교각 사이의 부등침하는 얼마인가?

9.11 아래의 표는 200 kPa의 수직응력 증가에 대한 흙 시료의 압밀시험 결과를 나타내고 있다. 하중의 시작점에서 시료의 높이는 19.17 mm였다.

시간(min)	0	0.25	1	4	9	16	36	64	100
침하량(mm)	0	0.30	0.35	0.49	0.61	0.73	0.90	0.95	0.97

24시간 경과한 후 침하량은 변화가 없었고 시료 높이는 18.2 mm이고 그에 따른 간극비는 1.20이었다. $\sqrt{t}$ 방법과 log t를 사용하여 C_v를 구하라.

9.12 높이 20 mm, 함수비가 30%인 포화된 점토시료에 대해서 압밀시험을 수행하였다. 시료에 하중을 가하고 일정 시간 후에 하중을 제거하였다. 각 응력 증가/감소의 마지막 단계에서의 시료의 두께 H_f는 아래 표에 나타나있다.

σ'_z (kPa)	100	200	400	200	100
H_f (mm)	20	19.31	18.62	18.68	18.75

(a) $e - \log \sigma'_z$를 작도하라.

(b) C_c와 C_r을 구하라.

(c) $\sigma'_z = 200$ kPa 과 $\sigma'_z = 300$ kPa의 범위에서의 m_v를 구하라.

9.13 깊이 5 m에서 채취된 포화된 점토시료에 대해서 압밀시험을 수행하였다. 아래의 표는 시험중의 수직유효응력과 그에 따른 두께의 변화를 보여주고 있다.

σ'_z (kPa)	100	200	400	800	1600	800	400	100
h (mm)	19.2	19.0	17.0	14.8	12.6	13.1	14.3	15.9

시험이 종료된 후의 함수비는 40%이고, 초기 높이는 20 mm이다.

(a) $e - \log \sigma'_z$를 작도하라.

(b) C_c와 C_r을 구하라.

(c) $\sigma'_z = 400$ kPa 과 $\sigma'_z = 500$ kPa의 범위에서의 m_v를 구하라.

(d) e (간극비)와 h (두께)사이의 관계를 구하라.

(e) Casagrande의 방법을 이용하여 σ'_{zc}를 구하라.

9.14 아래의 표는 직경 100 mm, 높이 30 mm의 점토시료에 대한 표준압밀시험 결과이다.

하중 (N)	0	50	100	200	400	800	0
변위계 읽은 값 (mm)	0	0.48	0.67	0.98	1.24	1.62	1.4

시험이 종료된 후의 시료의 습윤중량은 507.3 g이고, 건조 후의 중량은 412.5 g이였고 비중은 2.65이였다.

(a) 시험이 종료된 후의 간극비를 구하라.

(b) 각 하중단계 종료시의 간극비를 구하라.

(c) 초기 간극비로부터 시료의 초기 두께를 구하 뒤 이것을 실제 초기 두께와 비교하라.

(d) $\sigma'_z = 50$ kPa 과 $\sigma'_z = 150$ kPa의 범위에서의 m_v를 구하라.

9.15 두께 20 mm의 흙 시료에 대해서 실내 압밀시험을 수행하였고, 30분 후에 90% 압밀에 도달하였다. 현장에서 이 점토의 10 m 토층에 대한 (a) 단일배수와 (b) 양면배수일 때의 침하량(압밀도) - 시간 곡선을 작도하라.

9.16 건물 기초하부의 점토층이 건물시공이 완료되고, 200일후에 15 mm 침하하였다. 압밀시험에 따르면 이 침하량은 25%의 평균압밀도에 상응하는 값이었다. 양면배수로 가정하고 10년 동안의 침하량 - 시간 곡선을 작도하라.

9.17 오일탱크가 연약 점토층에 시공될 예정이다. 그 점토층 밑에는 단단하고 두꺼운 점토층이 있다. 선행압밀을 위해 연약 점토층에 삽입되는 윅드레인과 더불어 직경 10 m의 원형 성토가 실시되기로 결정되었다. 성토의 높이는 6 m이고 성토에 사용되는 흙의 단위중량은 18 kN/m^{3}이다. 연약 점토층의 두께 = 7 m, $k = 1 \times 10^{-10}$ m/s, 그리고 $C_h = 0.6\, m^2/yr$이다. 12개월 후의 목표 압밀도는 90%일 때, 윅드레인의 사각 격자의 간격을 결정하라. 윅드레인의 크기는 100 mm × 3 mm이고, $q_w = 1 \times 10^{-6}\, m^3/s$라고 가정한다. 유동길 거리는 4 m이다. 반밀폐(half-closed) 시스템으로 가정하라.

실용문제

9.18 그림 P9.18은 사무실용 건물 부지의 토질단면을 보여준다. 점토층 상부에서의 수직응력은 150 kPa까지, 하부는 90 kPa까지 증가할 것으로 예상된다. 점토층 내부에서는 선형 응력분포를 가정하여 압밀침하량을 계산하라. (힌트: 우선 점토층을 5개의 동일한 두께의 층으로 나누어 각 층에 대한 침하량을 계산한 다음 전체 침하량을 구하라.) 지하수위는 점토층 상부에 위치하고 있다. 20 mm 두께의 점토시료에 대한 표준압밀시험으로부터 90% 압밀도는 40후에 발생하였다. 이 시료는 상 · 하부에서 배수가 허용된다. 현장에서 50% 압밀도가 되려면 얼마나 걸리는가?

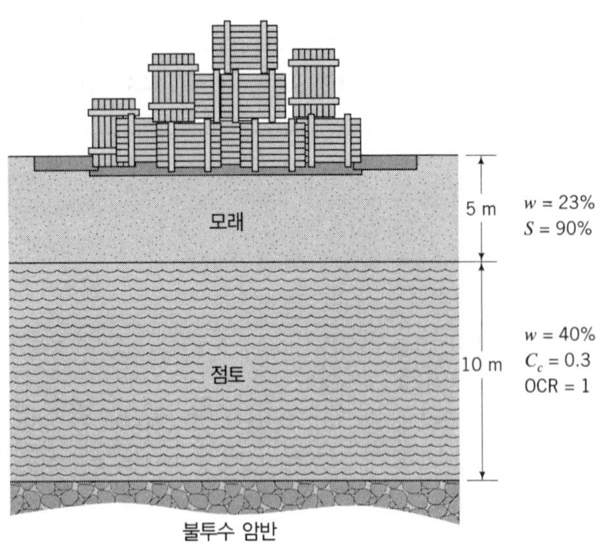

그림 F9.18

9.19 건물 부지에서의 시추공으로부터 다음과 같은 토질단면을 얻었다.

0–5 m	조밀한 모래, γ = 18 kN/m^3, γ_{sat} = 19 kN/m^3
4 m 위치	지하수위
5–10 m	연약학 정규압밀 점토, γ_{sat} = 17.5 kN/m^3
10 m이하	불투수층 암반

지표면에서 2 m하부에 기초를 구축하고 건물이 시공된다. 건물하중은 30 MN이고, 기초는 폭 10 m, 길이 15 m의 직사각형 모양이다. 이 지역에서 채취된 점토 시료에 대한 표준압밀시험 결과는 다음과 같다.

수직응력(kPa)	50	100	200	400	800
간극비	0.945	0.895	0.815	0.750	0.705

1차압밀침하량을 계산하라. 1차압밀침하는 현장에서 5년 걸렸다고 가정하고, 1차압밀 이후 10년동안의 2차압밀침하량을 계산하라. 2차압축지수는 $C_c/6$이다. [힌트: $e - \log \sigma'_z$곡선에서 σ'_{fin}에 대한 e_p를 결정하라.]

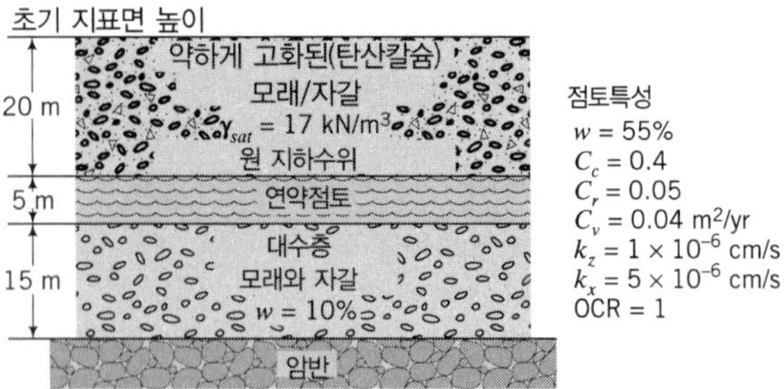

그림 F9.20

9.20 가정용수의 목적으로 그림 E9.20에 나타나있는 것처럼 물이 대추층으로부터 양수된다. 양수전의 지하수위는 점토지반의 상부에 위치하였었고 10 m까지 저하되었다.

(a) 점토층의 압밀에 의해 침하되었다고 할 때 지표면에서의 침하량을 계산하라.

(b) 운하로부터 물을 양수하여 대수층에 다시 물을 채우기로 결정했다. 만약 지하수위가 원래의 길이까지 회복되었다면 지표면도 원래 표고로 회복되는가? 만약 그렇다면 이유는 무엇인가? 그렇지 않다면 그 이유는 무엇인가? 답을 지지할 수 있는 계산을 보여라. 그리고 1차원압밀이론을 사용하면 지반은 얼마나 복구(흙의 팽창)가 되는가?

9.21 8 m폭의 고속도로 노선이 4 m 두께의 포화 연약 정규압밀점토(CH)가 퇴적되어 있는 지역을 가로지른다. 그 연약 점토하부에는 불투수 암반이 존재하고 있고, 지하수위는 지표면으로부터 1 m하부에 위치하고 있다. 예비설계단계에 사용할 수 있는 지반공학 자료는 아터버그 한계(LL = 68%, PL = 32%)와 자연 함수비(w = 56%)가 있다. 한 지반공학자가 경험을 바탕으로 압밀계수를 8 m^2/yr라고 추정했다. 침하량을 억제하기 위해서 16 kN/m^{3}의 단위중량을 가진 뒤채움으로 4 m 높이의 성토가 시공될 것이다(그림 P9.21).

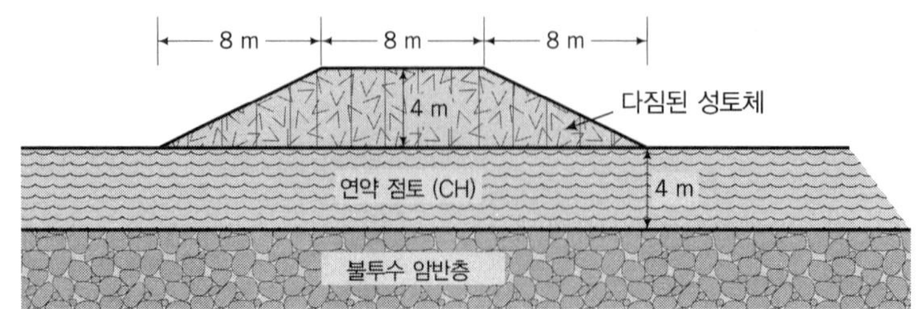

그림 F9.18

(a) 압축 및 재압축 지수를 구하라(힌트: 9.9절 참조)

(b) 성토의 중앙에서의 전체 1차압밀침하량을 구하라.

(c) 성토의 중앙에서의 시간-침하량 곡선을 작도하라.

(d) 50% 압밀도가 발생하기까지 몇 년이 걸리는가?

(e) 어떻게 압밀을 촉진시키는지를 설명하라.

(f) 추가하중이 제거되었을 때의 회복량을 추정하라.

(g) 성토의 저면(base)을 따라 침하단면을 작도하라. 침하량은 저면을 따라 균등한가? 답의 이유를 설명하라.

9.22 직경 15 m, 높이 10, 벽체두께가 20 mm인 철재 탱크(단위중량 = 80 kN/m^3)가 높이 9.9 m까지 액체(단위중량 = 9 kN/m^3)로 가득 차있다. 그 탱크는 직경 15 m, 0.6 m두께의 콘크리트(단위중량 = 25 kN/m^3) 기초 위에 놓여있다. 그 기초는 5 m두께의 연약 정규압밀점토의 표면에 지지되어 있고, 점토층 하부는 두꺼운 자갈층이 존재한다. 이 점토에 대한 지반공학적 특성으로는 다음과 같다: $C_c = 0.6$, $C_r = 0.08$, $C_v = 10$ m^2/year, 그리고 $w = 48\%$. 지하수위는 지표면으로부터 0.5 m 하부에 위치하고 있고 연성기초라고 가정하라.

(a) 탱크의 중앙에서 1차압밀침하량을 구하라.

(b) 탱크의 중앙과 가장자리에서의 침하량의 차이를 구하라.

(c) 50% 압밀도가 발생되는 시간을 구하라.

(d) 탱크는 그 용량의 반이 채워져 있고, 2년동안 그 상태로 유지되었을 때 침하량을 계산하라. 그런 다음에 탱크 내부의 액체를 방출시켰다. 회복량을 구하라.

CHAPTER 10

흙의 전단강도

Shear Strength of Soils

10.0 서론

10장에서는 흙의 전단강도를 정의하고 설명한다. 이 과정을 통해 전단강도를 결정하게 된다. 10장을 마쳤을 때, 당신은 아래의 내용을 할 수 있어야 한다.

- 흙의 전단강도 결정
- 배수와 비배수전단강도의 차이점 이해
- 현장조건에 가장 적합한 전단시험의 종류 결정
- 전단강도 정수들을 얻을 수 있는 실내 시험과 현장시험 결과 분석

앞 장이나 다른 과목에서 다루었던 다음과 같은 원리를 사용할 것이다.

- 응력, 변형률, 응력과 변형률에 관한 Mohr원, 응력경로(7장)
- 마찰(정역학 또는 물리학)

중요사항

어떠한 지반구조물의 안전성도 흙의 강도에 의해 좌우된다. 지반이 파괴되면 지반위에 기초를 둔 구조물은 붕괴할 수 있으며 생명에 위협을 가하고 경제적인 피해를 유발한다. 그러므로 흙의 강도는 지반기술자들에게는 무엇보다도 중요한 요소이다. 강도(strength)라는 단어는 전단력에 대한 흙의 내부마찰 저항인 전단강도를 의미하는 것으로 막연하게 사용된다. 전단강도는 지반의 지지력, 지반구조물의 안전성 평가와 응력-변형률 특성 분석에 필요하다.

그림 10.1은 경사지의 전단응력이 흙의 전단강도보다 커져 위태로운 상황에 처한 가옥들을 보여주고 있다. 이 가옥들이 자신의 집이기를 원하는 사람은 아무도 없다. 10장의 내용은 그림 10.1에서 보여준 것 같은 재앙을 막을 수 있도록 흙의 전단거동을 이해할 수 있게 도움을 줄 것이다.

10.1 용어 정의

흙의 전단강도(τ_f) : 작용 전단력에 대한 최대 내부저항

유효마찰각(ϕ') : 마찰에 의한 흙의 전단강도 값

그림 10.1 집들이 놓여진 경사면의 전단파괴 (ⓒ Vince Streano/Corbis.)

고결작용(c_{cm}) : 토립자의 고결에 의한 흙의 전단강도 값

흙의 인장력(c_t) : 흙의 부압(부의간극수압 또는 모세관 응력)으로 인한 겉보기 전단강도 값

점착력(c_o) : 토립자 분자간 힘

비배수전단강도(s_u) : 일정체적하에서 발휘되는 흙의 전단강도

겉보기 점착력(C) : 수직유효응력이 0일 때의 겉보기 전단강도

한계상태 : 일정 체적과 일정 수직응력에 대한 전단응력 비율에서 계속적인 전단이 발생할 때, 흙이 도달하는 응력상태

팽창 : 전단에 의해 흙에 비틀림이 발생하였을 때의 체적변화 값

10.2 이해를 돕기 위한 질문

1. 흙의 전단강도는 무엇을 의미하는가?

2. 전단강도에 영향을 주는 요인들은 무엇인가?

3. 전단강도는 어떻게 결정되는가?

4. Coulomb, Tresca, Taylor, Mohr-Coulomb 파괴기준에서 사용된 가정은 무엇인가?

5. 흙은 어느평면에서 파괴가 일어나는가?

6. 첨두(peak), 한계상태(critical), 잔류유효마찰각(residual effective friction angles)들의 차이점은 무엇인가?

7. 첨두전단강도(peak shear strength), 한계전단강도(critical shear strength), 잔류전단강도(residual shear strength)는 무엇인가?

8. 조밀한 모래와 느슨한 모래의 전단강도의 차이점 또는 정규압밀점토(normally consolidated clay)와 과압밀점토(overconsolidated clay)의 전단강도 차이점은 무엇인가?

9. 배수전단강도와 비배수전단강도의 차이점은 무엇인가?

10. 배수전단강도 정수와 비배수전단강도 정수들은 어떠한 조건에서 사용되는가?
11. 전단강도를 결정하기 위해 어떠한 실내시험과 현장시험이 수행되는가?
12. 다양한 실내시험과 현장시험의 결과들 사이의 차이점은 무엇인가?
13. 프로젝트수행에 있어서 어떠한 실내시험이 필요한지 어떻게 알 수 있는가?

10.3 전단력에 대한 흙의 전형적인 반응

흙의 전단강도는 전단응력에 대한 저항을 의미한다. 전단력을 받는 두 흙 그룹의 거동에 대해서 설명하려고 한다. 비고결 흙(uncemented soils)이라고 하는 한 그룹은 매우 약한 입자상호간 부착력을 갖고 있다. 고결 흙(cemented soils)인 다른 그룹은 이온 교환 또는 치환을 통해 강한 입자간 부착력을 갖고 있다. 고결 흙의 입자들은 화학적으로 함께 부착되어 있거나 고결되어 있다. 고결 흙의 예는 탄산칼슘에 의해 고결된 점토, 모래, 자갈의 혼합토인 초석(caliche; 탄산칼슘이 응고된 지층)이다.

그림 10.2에서와 같이 단순전단 변형을 두 가지 시료에 가하여 점차적으로 두 시료를 변형시킨다. 첫 번째 시료인 I 형태는 보통 느슨한 모래와 정규압밀 또는 약하게 과압밀된 점토(OCR ≤ 2)을 나타낸다. 두 번째 시료인 II 형태는 보통 조밀한 모래와 과압밀점토(OCR > 2)를 나타낸다. 고전적 역학개념에서 단순전단변형(simple shear deformation)은 일정한 체적에서의 전단을 말한다. 그러나 토질역학에서는 단순전단(그림 10.2)에서 흙의 체적변형의 특징을 알아야 하기 때문에 일정 체적 제한성을 완화하여 적용하고 있다. 이것은 이러한 단순전단시험의 수학적인 해석은 흙 거동의 체적변형을 고려해야하기 때문에 더욱 더 복잡하다는 것을 암시한다. 단순전단에서는 $\varepsilon_x = \varepsilon_y = 0$이므로 체적변형률은 수직변형률 $\varepsilon_z = \Delta z/H_o$와 같다. 여기에서 Δz는 수직변위(압축이 '+' 임)이고, H_o는 초기 시료 길이이다. 전단변형률은 미소 비틀림 각인 $\gamma_{zx} = \Delta x/H_o$으로 표현할 수 있고, Δx는 수평변위이다.

일정한 수직유효응력하에서 전단변형률을 증가시킬 때, 흙 시료 I 과 II 의 두 가지 그룹의 반응에 관한 중요한 양상을 요약하려고 한다. 그림 10.3에서 설명하듯이 전단응력과 전단변형률, 체적변형률과 전단변형률, 간극비와 전단변형률의 관계를 검토할 것이다. 본 절에서 흙의 반응에 관한 검토에 있어 수직변형률과 체적변형률은 같은 뜻으로 사용될 것이다.

***I 형태* 시료–느슨한 모래, 정규압밀점토, 약하게 과압밀된 점토(*OCR* ≤ 2)에 대한 고찰:**

- 대략적으로 한계상태 전단응력(τ_{cs})이라고 하는 일정한 전단응력에 도달할 때 까지 전단변형률이 증가함에 따라

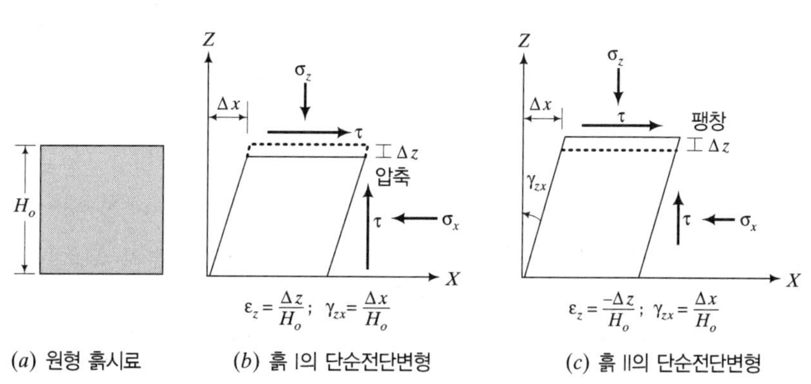

(a) 원형 흙시료 (b) 흙 I의 단순전단변형 (c) 흙 II의 단순전단변형

그림 10.2 흙 형태 I 과 II 에서의 단순전단변형

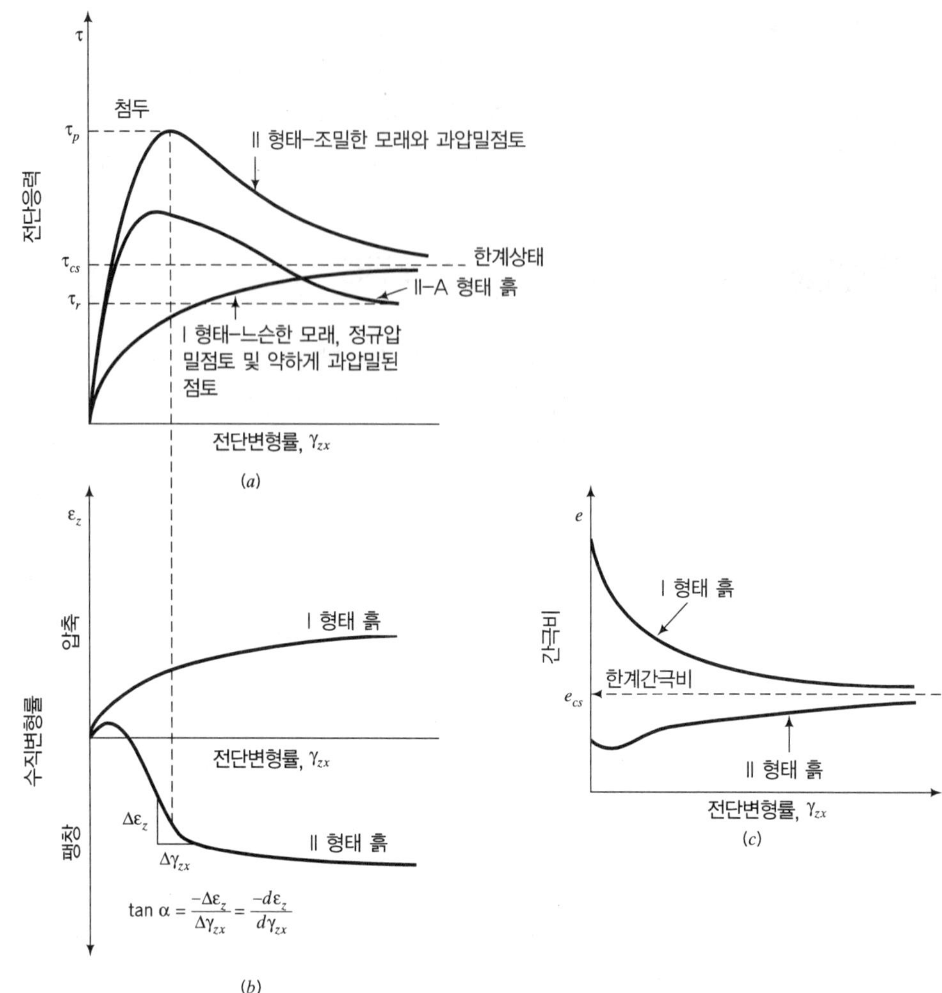

그림 10.3 전단에 대한 흙의 반응

전단응력도 점진적 증가를 보인다(변형률경화: strain-hardens)(그림 10.3a).

- 한계간극비(e_{cs})라고 하는 일정한 간극비에 도달(그림 10.3c)할 때까지 압축된다. 즉, 더 조밀해 진다(그림 10.2b 및 그림 10.3b, c).

***II 형태* 시료-조밀한 모래, 과압밀점토(*OCR* > 2)에 대한 고찰:**

- (Ⅰ형태의 시료에 비해) 작은 전단변형률에서 첨두전단응력 τ_p에 도달할 때까지 빠른 증가추세를 보이고, 그 후에는 전단변형률의 증가에 따라 전단응력의 감소(변형률연화; strain-softens)를 보이나, 궁극적으로는 한계상태 전단응력에 도달한다(그림 10.3a). 변형률연화(strain-softening) 반응은 전단층이라고 하는 국부적 파괴영역에 기인한다(그림 10.4). 이러한 전단층은 느슨해져 있고, 또 한계상태 전단응력에 도달해 있는 흙 내부의 얇은 주머니 같은 형상이다(그림 10.4). 전단층의 초기두께는 실내시험에서 대략 10~15 알갱이 직경 정도로 관찰되었다. 전단층 하부와 상부의 흙 덩어리가 단단한 매체로 거동하는 반면, 전단층 내부의 흙덩어리는 극도의 전단이 진행된다. 전단층의 발달은 흙에 부과되는 경계조건, 흙의 균질성, 토립자 크기, 하중의 균등성 및 초기 밀도에 의존한다.

몇 종류의 과압밀 점토에서 전단층이 발달할 때, 토립자가 전단층 방향에 평행하게 향하게 되는데, 이것은 이들 점토의 최종 전단응력이 한계상태 응력 아래로의 감소를 야기시킨다. 이와 같은 형태의 흙을 II-A형태라고 하고,

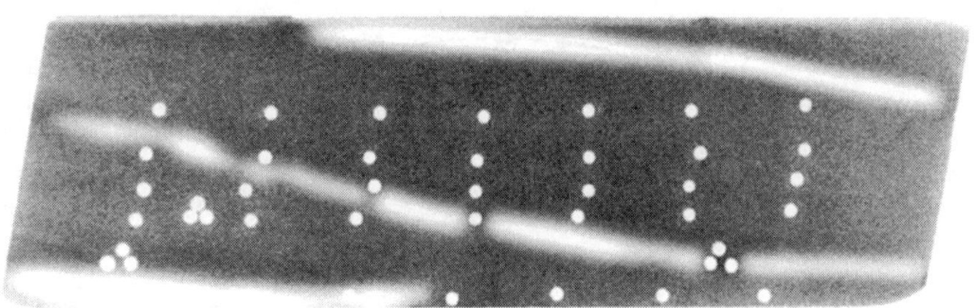

그림 10.4 조밀한 세립질 모래 전단층의 방사선 사진(흰원은 내부 변위의 추적을 위해 사용된 의한 점들이다; 흰선은 전단층(shear band)을 나타낸다(출처: Budhu, 1979).

최종 전단응력은 잔류전단응력, τ_r에 도달하게 된다. 매우 작은 수직유효응력에서의 I 형태의 흙도 전단 중 최대응력을 나타낼 수 있다.

- 초기에 압축(토립자 재배열의 결과)하고 이후에 팽창한다. 즉, 이 흙은 한계간극비(I 형태 흙에서의 한계간극비와 같은 간극비)에 도달할 때까지 느슨하게 된다(그림 10.2c 및 그림 10.3b,c).

계속되는 전단 동안에 더 이상의 체적변화가 발생하지 않을 때, 모든 흙의 경우 한계상태 전단응력에 도달하게 된다. 일정한 연직유효응력하의 연속적인 전단 상황에서, 전단응력과 체적변화가 없을 때, 흙이 도달하는 응력상태를 정의하기 위하여 한계상태(*critical state*)라는 용이를 사용한다.

10.3.1 연직유효응력 증가에 따른 영향

I 형태와 II 형태 흙의 반응에 대한 설명에서 지금까지는 한 개의 연직유효응력을 사용하였다. 연직유효응력 증가에 따른 영향은 어떠한가? I 형태 흙에서는 압축량과 한계상태 전단응력의 크기는 증가할 것이다(그림 10.5a,b). 흙 II 형태 흙에서는 첨두전단응력은 사라지는 경향이 있고, 한계전단응력은 증가하며, 그리고 체적팽창 변화는 감소한다(그림 10.5a,b).

I 형태와 II 형태 흙에서 각각의 일정한 연직유효응력에서의 첨두전단응력(peak shear stress)과 한계전단응력(critical state shear stress)을 그리면, 그림 10.5c의 선과 곡선을 얻는다.

1. I 형태 흙과 II 형태 흙의 모든 한계상태 전단응력 값들을 연결한 대략적인 직선(OA, 그림 10.5c) OA와 σ_n'축 사이의 각을 한계상태마찰각 ϕ_{cs}'라고 한다. 직선 OA는 그위에 놓여있는 전단응력이 한계상태 전단응력이기 때문에 파괴포락선(failure envelope)이라고 한다.
2. II 형태 흙의 모든 첨두전단응력 값들을 연결한 곡선이 OBCA이다(그림 10.5c). 이 곡선위에는 첨두전단응력이 놓여있기 때문에, OBC(OBCA 곡선의 일부분)를 첨두전단응력 포락선이라고 한다.

큰 연직유효응력에서는 II 형태 흙의 첨두전단응력이 억제되며, 단지 한계상태 전단응력만이 나타나고, OA(그림 10.5c)에 위치한 점(점 9)으로 나타난다. II-A 형태 흙에서는 잔류전단응력이 OA 밑의 직선 OD에 배열된다. OD와 σ_n'축 사이의 각을 잔류마찰각, ϕ_r'이라고 한다. 연직유효응력이 증가함에 따라, 한계간극비는 감소한다(그림 10.5d). 따라서 한계간극비는 연직유효응력에 좌우된다.

10.3.2 과압밀비의 영향

흙의 초기상태는 전단력에 대한 흙의 반응에 영향을 끼친다. 예를 들어, 그림 10.6에 나타낸 것과 같이 같은 광물학적인 구성을 갖는 두 종류의 균질한 흙이 다른 과압밀비를 갖고 있는 경우 첨두전단응력과 체적팽창은 다르다. 보다 큰 과압밀 흙일수록 보다 큰 첨두전단응력과 체적팽창을 보인다.

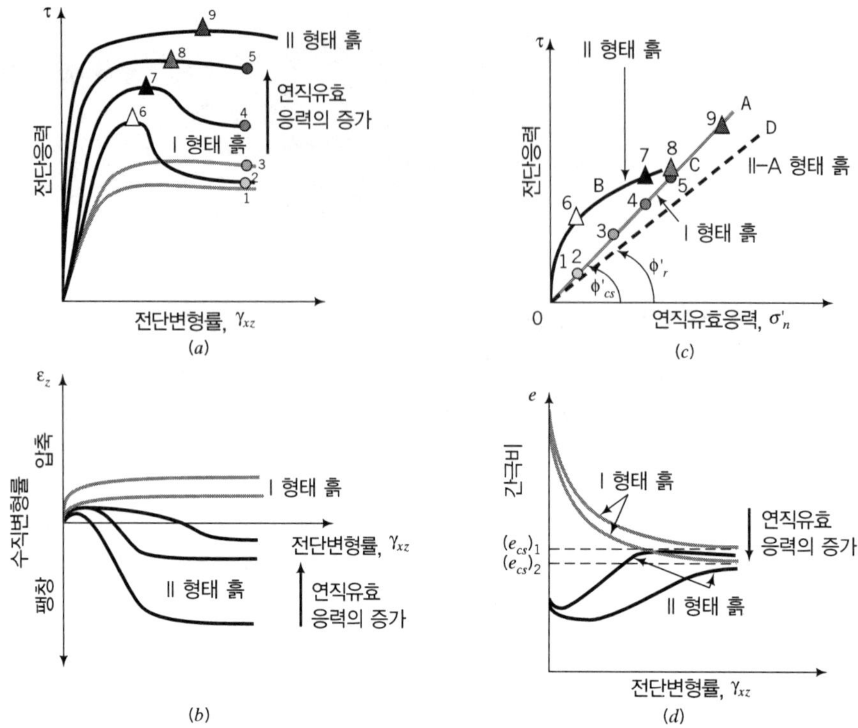

그림 10.5 흙의 거동에 대한 연직유효응력 증가의 영향

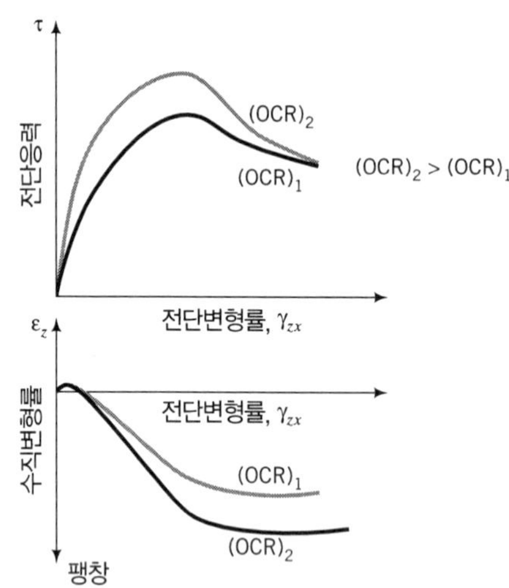

그림 10.6 첨두응력과 체적팽창에 끼치는 OCR의 영향

요점정리

THE ESSENTIAL POINT ARE

1. Ⅰ 형태 흙–느슨한 모래와 정규압밀점토 및 약하게 과압밀된 점토–한계상태 전단응력까지 변형률경화가 일어나고, 한계간극비까지 압축된다.
2. Ⅱ 형태 흙–조밀한 모래와 과압밀점토–첨두전단응력에 도달하고, 한계상태 전단응력까지 변형률연화가 발생한다. 그리고 작은 전단변형률에서 초기 압축 이후 한계간극비까지 팽창한다.

3. 연직유효응력이 커지면 II 형태 흙의 첨두전단응력은 억제되고, 체적팽창은 감소하게 된다.
4. II 형태 흙에서 첨두전단응력에 도달하기 직전에 전단층(shear band)이 발달된다. 전단층은 한계상태 전단응력에 도달한 흙덩어리의 느슨한 부분 또는 층을 말한다. 전단층에 근접한 조밀한 흙덩어리는 전단이 진행함에 따라 보다 느슨해진다.
5. 모든 흙들은 초기조건과 무관하게 주어진 연직유효응력에 대해서 전단응력과 체적의 변화없이 계속해서 전단이 발생하면서 한계상태에 도달한다.
6. 한계상태 전단응력과 한계간극비는 연직유효응력에 좌우된다. 연직유효응력이 커질수록 한계상태 전단응력도 커지며, 한계간극비는 작아진다. 한계간극비는 기본적인 흙의 특성은 아니다.
7. 과압밀점토의 입자들은 큰 변형에서 전단층의 방향과 평행하게 배열되며, 도달된 최종 전단응력은 한계상태 전단응력보다 작다.
8. 균질한 흙의 과압밀비가 클수록 첨두전단응력과 체적팽창도 커진다.

10.3.3 과잉간극수압의 배수영향

8장의 응력경로에 대한 검토에서 배수와 비배수 조건(상태)에 대해서 소개하였다. 배수상태는 흙에 하중재하시 발생한 과잉간극수압이 소산되면서 발생한다. 즉, $\Delta u = 0$이다. 비배수상태는 과잉간극수압이 흙에서 빠르게 소산될 수 없을 때 발생한다. 즉, $\Delta u \neq 0$이다. 두 가지 상태의 발현은 흙의 종류, 지반의 구성(갈라진 틈, 점토내의 모래층, 등)과 재하속도에 좌우된다. 사실, 두 가지 상태 모두 실제와는 다르다. 이들 상태는 실제상태 범위내에서 경계조건을 설정하는 제한적 상태이다.

비배수조건(상태)에서 재하속도는 종종 과잉간극수압의 소산 속도보다 훨씬 빠르고, 결과적으로 흙의 체적변화 경향이 억제된다. 이러한 억제의 결과는 전단중의 과잉간극수압의 변화이다. 배수재하 조건하에서 압축되려는 경향을 갖는 흙은 비배수조건에서 과잉간극수압이 증가하는 양상('+' 의 과잉간극수압, 그림 10.7)을 보이고, 유효응력의 감소를 초래한다. 배수재하 조건하에서 팽창하는 흙은 비배수조건에서 과잉간극수압의 감소('−' 의 과잉간극수압, 그림 10.7)를 보이고, 유효응력의 증가를 초래한다. 과잉간극수압의 이러한 변화들은 비배수 재하시 간극비가 변화하지 않기 때문에 발생한다. 즉, 흙의 체적은 일정하게 유지된다.

장기조건이라고 하는 지반구조물의 수명기간 중, 재하로 발생한 과잉간극수압이 소산되면 배수조건이 적용된다. 일반적으로 점토는 과잉간극수압이 소산하기까지 수년이 걸린다. 반면에 단기조건이라고 하는 공사기간 동안과 공사

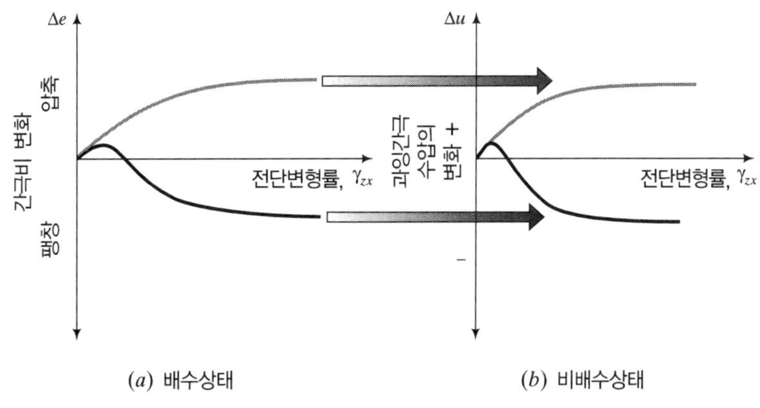

그림 10.7 체적변화에 대한 배수와 비배수조건의 영향

완료 후 단기간에는 낮은 투수계수를 갖고 있는 흙(세립질 흙)은 과잉간극수압을 소산시키기 위한 충분한 시간을 갖지 못하게 되어 비배수조건이 적용된다. 조립질 흙의 투수계수는 충분히 크기 때문에 정적재하조건에서 과잉간극수압이 빠르게 소산될 수 있다. 결과적으로 비배수조건은 정적재하조건에서 깨끗한 조립질 흙에 적용하지 않고, 오직 세립질 흙 조립질과 세립질이 섞인 흙에만 적용한다. 지진과 같은 동적재하는 조립질 흙 조차도 과잉간극수압이 소산될 수 있는 충분한 시간을 갖지 못하게 너무 빠르게 부과되므로 비배수조건을 적용하게 된다.

배수와 비배수상태(조건) 사이의 주요 차이점의 요약은 표 10.1에 나타내었다.

10.3.4 점착력의 영향

지반공학에서 통상적으로 사용하고 있는 **점착력**이라는 용어 C는 흙의 전단강도에 끼치는 분자간력(c_o), 흙의 인장력(c_t) 및 고결력 (c_{cm})의 영향들을 포함한 겉보기 전단강도이다. 이 책에서는 이 영향들을 분리한다. 점착력 c_o는 흙의 전단강도 중 분자간력의 작용을 나타낸다. 이들 분자간력은 실제적으로는 전단저항에 공헌하고 있지 않으므로 무시한다. 전단시험 데이터를 사용한 연직유효응력과 첨두전단응력의 도시에서 직선화된 추세선이 사용되면 종축과의 교점 전단응력, c_o가 얻어진다(그림 10.8).

10.3.5 흙 인장력의 영향

흙의 인장력은 불포화토에서 흙입자에 있는 물의 표면인장력의 결과이다. 흙입자를 상호 끌리게 하는 부압(모관응력에 의한 부의 간극수압)이 생성된다. 유효응력은 전응력에서 간극수압을 뺀 것과 같다는 것을 상기하면, 간극수압이 부의 값이라면 연직유효응력은 증가한다. 마찰성분이 있는 재료로서의 흙에 대해, 이와 같은 연직유효응력의 증가는 전단저항의 증가로 이어진다. 입자간 마찰각 또는 한계상태 마찰각은 변하지 않는다.

흙인장력은 매우 커서 1000 kPa(수심 100 m에서의 동등한 압력)를 넘는 경우도 있다. 흙이 포화되면, 흙인장력은 "0"으로 감소한다. 따라서 흙의 인장력으로부터 얻어진 전단강도는 일시적인 상황이다. 이것은 겉보기 전단강도 c_t로 나타낼 수 있다. 실제상황에서 특히 장기재하의 경우, 이 전단강도의 증가를 신뢰하여서는 안된다.

다만, 이 추가적인 전단강도(겉보기 전단강도)를 다음과 같은 경우에 사용할 수 있다. 그것은 예를 들어, 짧은 기간동안 세립토에서 얕은 개착굴착의 경우이다. 흙 인장력이 없다면 지반은 붕괴될 것이므로, 이들 굴착은 강재, 콘크리트 또는 목재 패널 등을 이용한 지보가 필요할 것이다. 흙인장력이 있다면, 겉보기 전단강도가 한계깊이(15장 참고)를 넘어서도 지반이 그 자체를 지지할 수 있도록 하기 때문에 위와 같은 지보재가 불필요할 수도 있다. 이 경우 상당한 비용의 절감이 가능하다. 그러나 흙의 인장력을 성공적으로 활용하기 위해서는 지역적 경험이 요구된다.

표 10.1 배수와 비배수 재하의 차이점

상태	배수	비배수
과잉간극수압	~0	0이 아님. 양 또는 음일 수도 있음
체적 변화	압축 팽창	양의 과잉간극수압 부의 과잉간극수압
압밀	발생, 세립질 흙	미발생
압축	발생	발생, 그러나 수평방향 팽창이 발생하므로 체적변화는 0임
해석	유효응력	전응력
설계 강도 정수	ϕ'_{cs} (또는 ϕ'_p, ϕ'_r)	s_u

일반적으로 불포화토는 II 형태의 흙과 같이 거동한다. 왜냐하면 부의 과잉간극수압이 유효연직응력을 증가시키고, 결과적으로 전단강도를 증가시키기 때문이다. 전단시험 데이터를 이용한 전단응력과 유효연직응력의 도시에서 전단응력 축과의 교차점 c_t를 얻을 수 있다(그림 10.8).

10.3.6 고결력의 영향

거의 모든 자연상태의 흙은 어느 정도 고결력을 가지고 있고, 그러한 조건에서의 흙입자들은 화학적으로 부착되어 있다. 탄산칼슘($CaCO_3$)과 같은 소금은 흙입자의 고결을 위한 주요 자연성분이다. 고결력의 정도는 매우 약한 부착강도(흙이 손가락에 의한 압력에 부서짐)로부터 연암의 부착강도까지 폭넓게 변화한다.

고결된 흙은 유효연직응력이 "0"일 경우라도 전단강도를 갖는다. 이러한 흙들은 "0"의 연직유효응력하에서 초기전단강도 c_{cm}을 갖는 경우를 제외하고는 II 형태의 흙과 같이 거동한다. 이 책에서는 이와 같은 초기전단강도를 고결강도(cemantation strength)라 명명한다. 전단시험 데이터를 이용한 전단응력과 연직유효응력의 도시에서, 전단응력축의 교차점 c_{cm}이 얻어진다(그림 10.8). 이 그림에서 전단시험 데이터의 직선화에 의해 얻어진 경사각, ξ_0는 겉보기 마찰각이다(그림 10.8).

고결력으로부터의 전단강도는 미소변형률 수준(< 0.001%)에서 발휘된다. 대부분의 지반구조물에서 지반은 보다 큰 전단변형률에 종속된다. 큰 전단변형시 흙속에서 고결력에 의한 전당강도는 파괴되므로 설계시 c_{cm}의 활용에 있어 주의할 필요가 있다. 또한 자연상태 흙의 고결력은 일반적으로 비등방성이다. 따라서 건설예정지역 전반에 걸쳐 고결력에 의한 전단강도는 다양하게 변화할 것이다.

요점정리 THE ESSENTIAL POINT ARE

1. 배수조건하에서 발생하는 체적변화는 비배수조건하에서는 억제된다. 이와같은 억제의 결과는 배수조건하에서의 압축경향을 지닌 흙은 비배수조건하에서는 (+)의 과잉간극수압으로 반응하고, 배수조건하에서 팽창경향을 지닌 흙은 비배수조건하에서는 (−)의 과잉간극수압으로 반응한다.

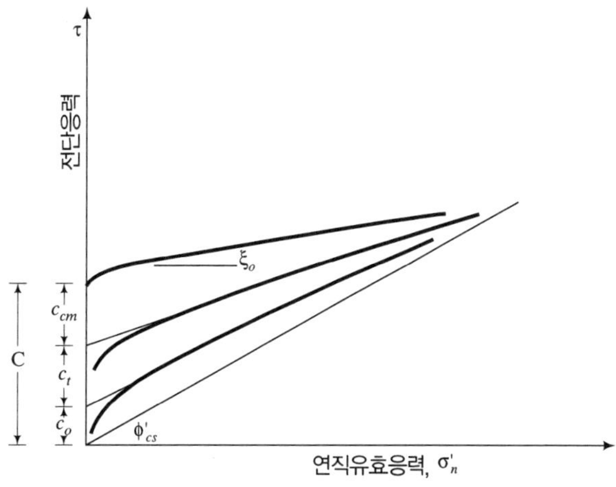

그림 10.8 점착력, 흙인장력, 고결력으로부터 얻어진 흙의 첨두전단응력 포락선

2. 전단저항력으로 정의되는 분자간력 점착력은 일반적으로 지반공학적 적용을 고려하기에는 작다.
3. 불포화토에서 흙입자의 물 표면장력에 의한 흙인장력은 흙이 포화되면 사라지는 겉보기 전단저항을 생성시킨다. 얕은 굴착과 같은 지반공학적 적용에 있어 이와같은 추가적인 전단저항의 활용에는 주의가 필요하다.
4. 고결력(흙입자의 화학적 부착)은 모든 자연상태의 흙에는 어느 정도 나타난다. 이것은 연직유효응력이 "0"일때에도 흙에 전단강도를 부여한다. 이 전단강도가 발휘되는 전단변형률은 매우 작다. 이 전단강도를 지반공학적 시스템 설계에 활용함에 있어서는 주의하여야 한다. 왜냐하면 이들 대부분의 시스템에서 발휘되는 전단변형률은 고결력에 의한 전단강도를 발휘시키기 위한 전단변형률보다 크기 때문이다.

What's next... 다음 절에서는 흙에 대한 파괴기준의 함축적 내용에 대해 논의할 것이다. 실제 응용시 흙의 강도 해석에 파괴기준을 사용할 때 이들 파괴기준의 몇 가지 세부내용을 알고 있어야 한다.

10.4 흙의 전단강도 해석을 위한 4가지 모델

이 절에서는 흙의 전단강도 해석에 유용한 4가지 흙 모델에 대해 조사한다. 흙 모델은 하중 재하 및 기타 외적 변화에 대한 흙의 반응을 이해할 수 있도록 하는 흙의 이상적 표현 방법이다. 따라서 정의에 따라 흙모델이 모든 흙거동의 복잡한 사항을 표현할 수 있을 것으로 기대해서는 안된다. 각각의 흙모델은 다른 일련의 가정을 내포하기도 하고, 한 가지 또는 몇 가지 흙거동 양상을 나타내기도 한다.

10.4.1 Coulomb의 파괴기준

개개의 입상체 토립자로 이루어진 지반은 자연적인 활동면을 지니고 있다. 토립자간의 접촉은 잠재적 미세 활동면이다. 하중재하는 일련의 이들 미세 활동 평면들이 최소저항의 방향으로 정렬하게 한다. 따라서 흙파괴의 가능 형태는 최소저항평면에서의 미끄러짐이라는 것을 추측할 수 있다. 두 단단한 물체 사이의 임계활동은 Coulomb의 마찰법칙의 논거가 되고 있다는 정역학 또는 물리학의 내용을 참고하기로 한다. 예를 들어, 만약 목재블럭이 평평한 탁자에서 수평방향으로 밀어진다면(그림 10.9a), 초기 움직임에 요구되는 수평력 (H)은 Coulomb의 마찰법칙에 따르면, 식 (10.1)이다.

$$H = \mu W \tag{10.1}$$

여기서 μ는 블록과 탁자 사이의 정적 활동 마찰계수이고, W는 블록의 무게이다. 합력(R)과 연직력(N)이 이루는 각을 마찰각이라 하고, $\phi' = \tan^{-1}\mu$이다.

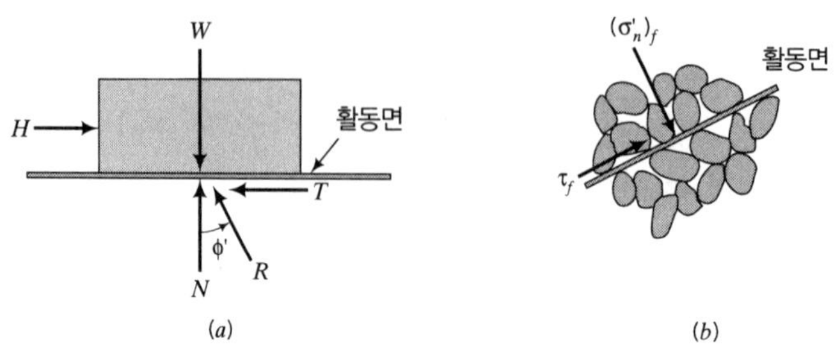

그림 10.9 (a) 목재블럭의 활동. (b) 지반에서의 활동면.

Coulomb법칙은 활동면이라고 불리우는 임계활동 평면의 존재 또는 발달이 요구된다. 탁자위 목재블록의 경우에서 활동면은 목재블록과 탁자사이의 경계면인 수평면이다. 목재블록과는 달리 흙속에서는 어디에 활동평면이 위치하는지 알 수 없다.

응력의 항으로 Coulomb법칙은 다음과 같이 나타낼 수 있다.

$$\tau_f = (\sigma'_n)_f \tan\phi' \tag{10.2}$$

여기서 τ_f(= T/A, T는 임계활동면에서의 전단력이고 A는 T에 평행한 면의 면적이다)는 활동이 시작될 때의 전단응력이고, $(\sigma'_n)_f$는 활동이 시작되는 평면상에서의 유효연직응력이다. 밑첨자 f는 파괴를 나타내고, Coulomb의 법칙에 따르면 파괴는 한 개 물체의 다른 물체에 대한 상대적인 물체이동이 시작될 때를 말한다. 파괴가 반드시 전체적 붕괴를 의미하지는 않으나, 한 개의 단단한 물체의 다른 물체에 대한 상대적인 임계 움직임이다.

Coulomb 식 (10.2)을 전단응력(τ_f)과 연직유효응력 $(\sigma'_n)_f$의 그래프상에 도시하면, $\phi' = \phi'_{cs}$라고 할때 OA (그림 10.5)와 유사한 직선을 얻는다. 따라서 Coulomb법칙은 한계상태에서의 흙의 거동 모델로 사용될 수 있다. 그러나, II 형태 흙의 특성인 첨두응력상태의 모델화는 어떻게 될 것인가?

4장에서 흙이 토립자의 배열에 따라 서로 다른 단위중량을 가질 수 있음을 기술하였다. 지금 조립토에 대해 느슨하고 조밀한 두 극한의 흙입자 배열을 모의하기로 한다. 토립자는 구체인 것으로 가정한다. 2차원에서 구체의 배열은 원반의 배열이 된다. 느슨한 배열은 구체를 다른 구체위에 겹쳐 쌓음으로 얻어진다. 반면에 조밀한 배열은 그림 10.10에 나타낸 것과 같이 공을 엇갈리게 배열하여 얻어진다.

단순화하기 위해 위의 두 열을 생각한다. 만약 느슨한 배열에서 1열을 기준으로 2열을 민다면, Coulomb의 마찰법칙(식 (10.2))에 일치하는 수평면 a-a상에 활동이 촉발될 것이다. 일단 움직임이 시작되면 느슨한 배열의 입자들은 빈공간이 있는 곳으로 움직이려고 할 것이다. 그 움직임의 방향은 아래방향 성분을 갖게 된다. 즉 압축이다.

조밀한 배열에서는 1열의 관점에서 2열의 상대적 활동은 구체의 맞물림효과에 의해 억제된다. 조밀한 배열에서의 활동은 수평면보다 다소 경사진 평면상에서 촉발된다. 조밀한 배열에서 입자들은 서로서로 올라타야 하거나 또는 옆으로 밀려진다. 각 입자들의 움직임 방향은 윗방향 성분을 갖는다. 즉 팽창이다.

Coulomb의 마찰법칙을 활용한 지반의 전단거동 해석에 있어 임의의 평면 위 또는 아래에 있는 토립자의 임계활동을 조사하기 위해 정역학의 시식을 사용하기로 하지. 느슨한 배열에서의 전단은 수평면에서의 목재블럭의 미끄러짐과 유사한 형태로 묘사할 수 있다. 파괴시에는 다음 식 (10.3)과 같다.

$$\frac{\tau_f}{(\sigma'_n)_f} = \frac{H}{W} = \tan\phi' \tag{10.3}$$

조밀한 배열의 두 개의 입자 A와 B를 고려하여, 그림 10.11과 같이 A와 B 사이의 활동 접촉점의 자유물체도를 그린다. 조밀한 배열에서의 전단거동을 묘사하기 위해 유사성으로 목재블럭의 미끄러짐으로 비유할 수 있다. 조밀한 배열에 대하여 수평면으로부터 경사각 α를 갖는 면에 목재블럭이 놓여있다(그림 10.11b). 목표는 경사면에서 목재블럭의 움직임이 시작하는 수평력을 찾는 것이다. 이 문제는 정역학적으로 풀 수 있을 것이다. 어쨌든, 다시 풀어보기

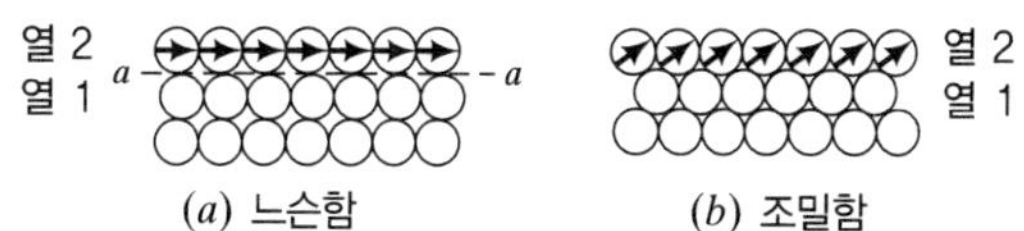

그림 10.10 느슨하고 조밀한 모래를 나타내는 공의 배열

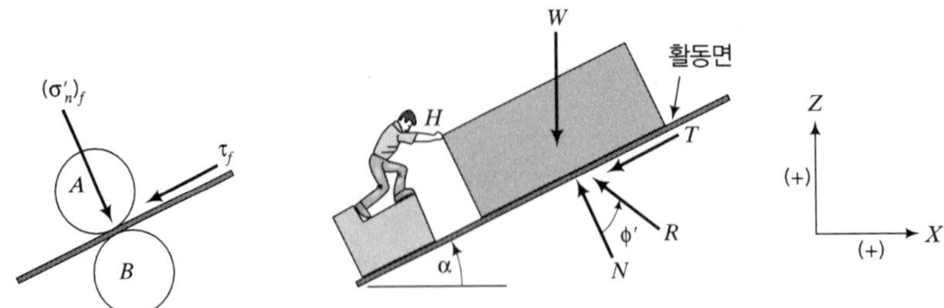

(a) 파괴면에서의 응력 (b) 조밀한 입자배열에 대한 전단의 모사

그림 10.11 조밀한 모래에서의 파괴모사

로 하자. 움직임이 생기기 시작할 때, $T = \mu N$이다. 식에서, N은 연직력이다. X와 Z방향의 좌표에서 힘의 평형방정식을 사용하면 다음 식을 얻을 수 있다.

$$\Sigma F_x = 0:\quad H - N\sin\alpha - \mu N\cos\alpha = 0 \tag{10.4}$$

$$\Sigma F_z = 0:\quad N\cos\alpha - \mu N\sin\alpha - W = 0 \tag{10.5}$$

H와 W에 대해 식 (10.4)와 식 (10.5)을 풀면

$$H = N(\sin\alpha + \mu\cos\alpha) \tag{10.6}$$

$$W = N(\cos\alpha - \mu\sin\alpha) \tag{10.7}$$

식 (10.6)을 식 (10.7)로 나누어서 간단히 하면

$$\frac{H}{W} = \frac{\mu + \tan\alpha}{1 - \mu\tan\alpha} = \frac{\tan\phi' + \tan\alpha}{1 - \tan\phi'\tan\alpha}$$

느슨한 배열에서 유추하여, H를 τ_f 로 W를 $(\sigma'_n)_f$로 대체할 수 있고, 결과적으로 식 (10.8)과 같다.

$$\tau_f = (\sigma'_n)_f \frac{\tan\phi' + \tan\alpha}{1 - \tan\phi'\tan\alpha} = (\sigma'_n)_f \tan(\phi' + \alpha) \tag{10.8}$$

식 (10.8)의 의미를 살펴보자. $\alpha = 0$라면, 식 (10.8)은 Coulomb 마찰 방정식 (10.2)으로 간소화된다. α가 증가하면, 전단강도 τ_f는 커진다. 예를 들어, $\phi' = 30°$이고, $(\sigma'_n)_f$가 상수라 하면, $\alpha = 0$에 대해 $\tau_f = 0.58(\sigma'_n)_f$ 이되나, $\alpha = 10°$에 대해서는 $\tau_f = 0.84(\sigma'_n)_f$이 된다. 즉, α의 10% 상승에 대하여, 전단강도의 45% 증가를 보이게 된다.

조밀한 원반배열에서 수직유효응력이 증가하면, 원반의 위로 올라가는 양은 줄어든다. 사실 조밀한 원반배열의 올라타기 경향을 억제하기 위하여 충분하게 큰 수직유효응력을 부과할 수 있다. 그러므로 조밀한 원반배열의 팽창성

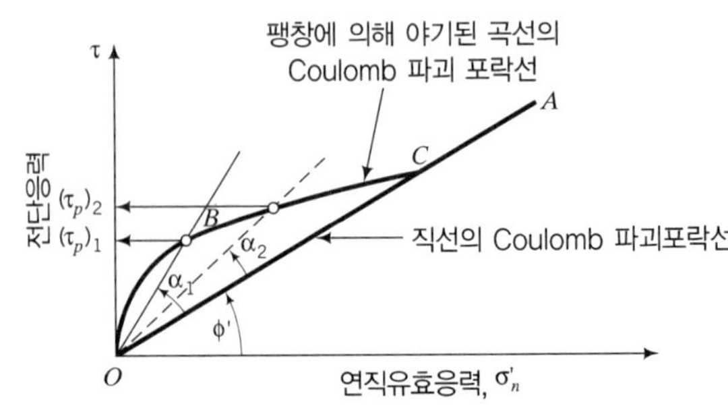

그림 10.12 Coulomb의 파괴포락선에 대한 체적팽창(dilation) 효과

은 연직유효응력의 크기에 따라 좌우된다. 연직유효응력이 작을수록 α값은 더 커지게 된다. 연직유효응력 증가로 인한 α의 순효과(net effect)는 그림 10.12에서 OBC로 나타낸 것과 같이 파괴포락선이 곡선으로 된다는 것이다. 이것은 II 형태 흙의 예상되는 첨두전단응력 반응과 유사하다(그림 10.5c).

토립자의 기하학적 배열과 구조적 배열은 우리가 지금까지 고려한 원반의 느슨하고 조밀한 배열보다 훨씬 복잡하다. 그러나 Coulomb 마찰법칙을 이용하여 흙의 전단강도를 해석하고자 한다면, 원반을 사용한 모델도 흙에 적용할 수 있다. 실제 흙에서 토립자들은 제멋대로 분포하고 불규칙하게 배열되어 있다. 주어진 일정 체적의 흙에서 전단은 어떤 입자는 활동평면 위로 또 다른 입자는 활동평면 아래로 움직이는 임계활동을 야기시킨다. 식 (10.8)의 일반적인 형태는 식 (10.9)이다.

$$\tau_f = (\sigma'_n)_f \tan(\phi' \pm \alpha) \tag{10.9}$$

여기서 '+' 부호는 토립자의 순움직임이 평면 위로 시작되는 흙을 나타내고, '−' 부호는 순움직임이 평면 아래로 발생하는 흙을 나타낸다.

경사각 α를 체적팽창 경사각이라고 한다. 이것은 전단변형률의 변화에 대한 체적변형률의 변화를 측정한 값이다. '+' 부호의 α를 갖는 흙은 전단시 팽창되는 반면, '−' 부호를 갖는 흙은 전단시 수축한다. 변형률을 나타내는 Mohr원에서(그림 10.13), 체적팽창 경사각은 식 (10.10)과 같다.

$$\alpha = \sin^{-1}\left(-\frac{\Delta\varepsilon_1 + \Delta\varepsilon_3}{\Delta\varepsilon_1 - \Delta\varepsilon_3}\right) = \sin^{-1}\left(-\frac{\Delta\varepsilon_1 + \Delta\varepsilon_3}{(\Delta\gamma_{zx})_{max}}\right) \tag{10.10}$$

여기서 Δ는 변화량을 나타낸다. '−' 부호는 흙이 팽창할 때 α값이 '+' 부호가 되도록하기 위해 사용한다. 토질역학에서 흙의 압축성을 '+' 부호를 사용한다는 것을 상기하여야 한다.

지반이 수평방향으로 구속되어 있다고 하면, 체적팽창각을 다음과 같이 표현할 수 있다(그림 10.3b).

$$\alpha = \tan^{-1}\left(\frac{-\Delta z}{\Delta x}\right) \tag{10.11}$$

체적팽창은 흙 뿐만 아니라 다른 재료들에서도 많이 발생한다. 예를 들어, 쌀이나 밀에서도 발생한다. 고대 곡물 무역상들도 이러한 곡물들의 체적팽창에 대해서 잘 알고 있었지만, 이러한 현상을 체적팽창 현상으로 설명하고 과학학회에 주목받도록 기여한 사람은 Osborne Reynolds(1885) 였다. 체적팽창은 쉽게 해변에서 발견할 수 있다. 여러분

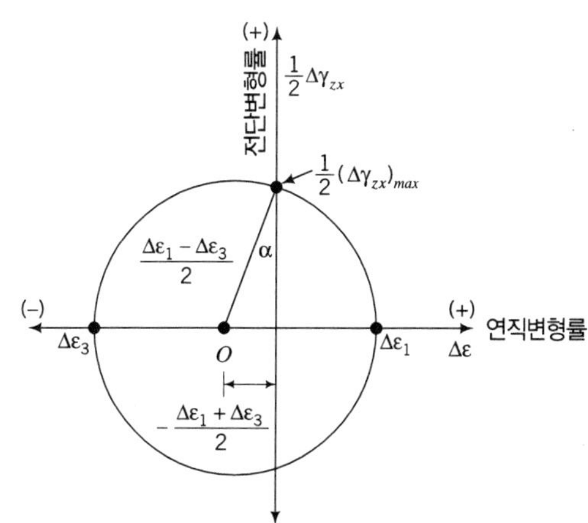

그림 10.13 변형률에 관한 Mohr원과 팽창각

은 파도가 방금 쓸려 내려가는 해변가 모래를 발로 밟으면, 처음 발 주위에 흠뻑 젖어 있는 포화된 모래가 순간적으로 희미한 하얀색을 띄며 건조되어가는 현상을 발견할 수 있다. 이것은 발 주위에 팽창한 모래의 간극사이로 물이 빨려 들어가기 때문에 발생한다. 이러한 물은 발을 들어 올리게 되면, 표면수로서 나타나게 되면서 방출된다.

고결된 흙에 대해서 Coulomb의 마찰법칙을 다음과 같이 표현할 수 있다.

$$\tau_f = c_{cm} + (\sigma'_n)_f \tan(\xi_o) \tag{10.12}$$

여기서 c_m은 고결강도(그림 10.8)이고 ξ_o는 겉보기마찰각(apparent friction angle)이다. c_m과 ξ_o 모두 흙의 기본적인 강도정수는 아니다. 겉보기마찰강도[$(\sigma'_n)_f \tan \xi_o$]에 고결강도(cementation strength)를 합하는 것은 이들이 같은 전단변형률에서 발휘되지 않기 때문에 엄격하게 말하자면 옳은 것은 아니다.

Coulomb의 모델은 구조물과 흙 사이의 접촉면, 또는 두 흙의 틈새 또는 접합부분 같은 활동면을 따라 발생하는 흙의 파괴에 대하여 엄격히 적용한다. 과압밀된 일련의 교호점토층 같은 층을 이루는 퇴적층(퇴적에 있어 계절적 변화를 나타내는 규칙적으로 층이 이루어진 지반)이나 균열점토층들은 특히 전단방향이 퇴적면 방향과 평행하다면 Coulomb 모델에 따른 파괴가 일어날 가능성이 크다.

요점정리 THE ESSENTIAL POINT ARE

1. 흙의 전단파괴는 Coulomb 마찰법칙 $\tau_f = (\sigma'_n)_f \tan(\phi' \pm \alpha)$를 사용하여 모델화할 수 있다. 식에서 τ_f는 활동이 시작될 때 전단응력, $(\sigma'_n)_f$는 파괴면에서의 연직유효응력, ϕ'는 마찰각, 그리고 α는 체적팽창각이다.
2. 체적팽창 효과는 흙의 전단강도가 증가되는 것이며, Coulomb 파괴포락선이 곡선이 되는 원인이다.
3. 큰 연직유효응력은 체적팽창을 억제시키는 경향이 있다.
4. 한계상태에서 체적팽창은 '0' 이다.
5. 고결된 흙에서 Coulomb 마찰법칙은 $\tau_f = c_{cm} + (\sigma'_n)_f \tan(\xi_o)$이다. 식에서 c_{cm}는 고결강도라하고, ξ_o는 겉보기 마찰각이다.

10.4.2 Taylor 파괴기준

Taylor(1948)는 단순한 흙 모델을 유도하기 위해 에너지 원리를 사용하였다. 그는 흙의 전단강도는 토립자의 결속력과 전단시 발생하는 미끄럼 마찰력에 기인한다고 가정하였다. 일정한 수직유효응력 σ'_z하에서 전단응력 τ에 의해 전단되는 직사각형 흙을 생각하자(그림 10.2c), 전단변형률 증가량을 $d\gamma$, 수직변형률 증가량을 $d\varepsilon_z$라고 가정하자.

외부에너지(힘 × 힘의 작용방향으로 움직인거리 또는 응력 × 상응하는 변형률)는 $\tau d\gamma$이다. 내부에너지는 마찰력 $\mu_f \sigma'_z d\gamma$에 의해 행하여진 일이다. 식에서 μ_f는 정적활동 마찰계수이다. 내부에너지는 또한 수직유효응력 $\pm\sigma'_z d\varepsilon_z$에 대한 흙의 이동에 의하여 발생된 일도 포함된다. '−' 부호는 수직변형률이 수직유효응력에 대해 반대방향(팽창)으로 나타나고 있다는 것을 의미한다. 에너지 $\pm\sigma'_z d\varepsilon_z$는 토립자나 흙조직의 배열에 따른 맞물림에너지이다.

평형조건에 의해 다음식을 얻는다.

$$\tau d\gamma = \mu_f \sigma'_z d\gamma \pm \sigma'_z d\varepsilon_z$$

위 식을 $\sigma'_z d\gamma$로 나누면

$$\frac{\tau}{\sigma'_z} = \mu_f \pm \frac{d\varepsilon_z}{d\gamma} \tag{10.13}$$

한계상태에서 $\mu_f = \tan\phi'_{cs}$ 이고, $\alpha = \frac{d\varepsilon_z}{d\gamma} = 0$ 이므로

$$\left(\frac{\tau}{\sigma'_z}\right)_{cs} = \tan\phi'_{cs} \tag{10.14}$$

첨두전단강도에서는 다음과 같다.

$$-\frac{d\varepsilon_z}{d\gamma} = \tan\alpha_p$$

그러므로

$$\left(\frac{\tau}{\sigma'_z}\right)_{p} = \tan\phi'_{cs} + \tan\alpha_p \tag{10.15}$$

여기서 아래첨자 cs 와 p는 각각 한계상태와 첨두상태를 의미한다.

Coulomb 파괴기준과는 다르게, Taylor 파괴기준은 활동면과 같은 파괴에 대한 어떠한 물리적인 메카니즘의 가정을 요구하지 않는다. 이 기준은 단순전단과 유사한 평면변형률 조건에서 변형되는 균실한 시반의 모든 재하단계에서 적용할 수 있다. 이 파괴기준은 두 흙 사이에 갈라진 틈이나 접촉면을 따라 파괴되는 지반에는 적용하지 않는다. Talyor 파괴기준은 Coulomb 파괴기준보다 첨두체적팽창각이 크게 나타난다.

식 (10.13)은 2차원 응력체계에 적용한다. 3차원 응력으로 Taylor 파괴기준의 확장은 11장에서 언급할 것이다. Taylor 와 Coulomb의 파괴기준 모두 명백하게 전단시 토립자의 회전을 고려하지 않고 있다.

요점정리 THE ESSENTIAL POINT ARE

1. 흙의 전단강도는 마찰과 토립자들의 맞물림에 기인한다.
2. 한계상태 전단강도는 $\tau_{cs} = (\sigma'_n)_f \tan\phi'_{cs}$ 이다.
3. 첨두응력시의 전단강도는 $\tau_p = (\sigma'_n)_f (\tan\phi'_{cs} + \tan\alpha_p)$이다.

10.4.3 Mohr-Coulomb 파괴기준

흙의 전단강도를 찾기 위한 Coulomb 마찰법칙은 활동면에서의 마찰각과 연직유효응력을 요구한다. 이들 모두는 흙이 다양한 응력을 받고 있기 때문에 쉽게 구할 수 있는 값들이 아니다. 7장에서 언급했듯이, Mohr원은 지반내의 응력상태를 결정하기 위해서 사용될 수 있다. 응력상태를 찾기 위하여 Mohr원과 Coulomb 마찰법칙을 결합하여 보다 일반화된 파괴기준을 개발할 수 있다.

그림 10.14에서 AB로 나타내었듯이 Coulomb의 마찰파괴선을 그리고 Mohr원이 Coulomb 파괴선에 접하도록 원통형 흙 시료에 유효주응력을 가하기로 하자. 물론, 여러개의 원들이 공통 접선인 AB을 공유할 수 있으나, 간편성을 위해 단 하나의 원만을 사용할 것이다. 접선의 교점은 $B[\tau_f, (\sigma'_n)_f]$이고, 원 중심은 O이다. 원의 상부 반원에 대해 논의한다. 하부의 반원은 대칭이다. 파괴시의 최대와 최소유효주응력은 $(\sigma'_1)_f$와 $(\sigma'_3)_f$ 이다. 파과시 유효주응력들과 ϕ'와의 관계를 찾는 것이 우리의 목표이다. 이 절 뒷부분에 적절한 ϕ'에 대하여 논의할 것이다.

Mohr원의 기하형상으로부터 다음 식을 얻을 수 있다.

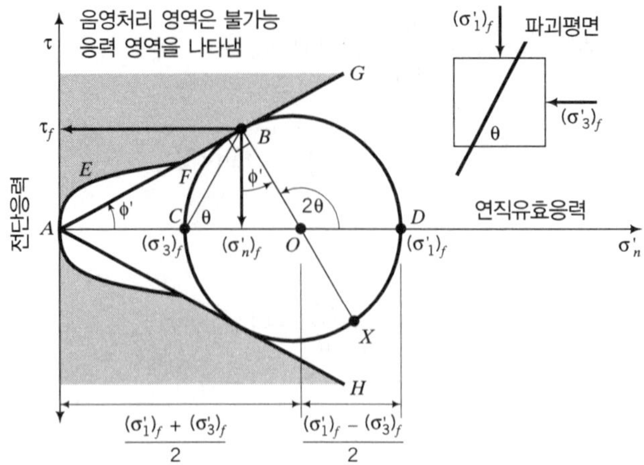

그림 10.14 Mohr–Coulomb 파괴포락선

$$\sin\phi' = \frac{OB}{OA} = \frac{\dfrac{(\phi'_1)_f - (\sigma'_3)_f}{2}}{\dfrac{(\sigma'_1)_f + (\sigma'_3)_f}{2}}$$

위 식을 다음과 같이 간소화하면

$$\sin\phi' = \frac{(\sigma'_1)_f - (\sigma'_3)_f}{(\sigma'_1) \ + (\sigma'_3)_f} \tag{10.16}$$

식 (10.16)을 다시 정리하면

$$\frac{(\sigma'_1)_f}{(\sigma'_3)_f} = \frac{1 + \sin\phi'}{1 - \sin\phi'} = \tan^2\left(45 + \frac{\phi'}{2}\right) = K_p \tag{10.17}$$

또는

$$\frac{(\sigma'_3)_f}{(\sigma'_1)_f} = \frac{1 - \sin\phi'}{1 + \sin\phi'} = \tan^2\left(45 - \frac{\phi'}{2}\right) = K_a \tag{10.18}$$

식에서 K_p와 K_a를 수동토압계수과 주동토압계수라고 한다. 15장에서 토압계수들에 대해서 다시 논의 할 것이며, 옹벽의 해석과 관련하여 이들 계수를 사용한다. 각 $BCO = \theta$는 파괴면(BC)의 경사, 또는 Mohr원에서 최대유효주응력이 작용하는 평면에 대한 활동면의 경사를 나타낸다. θ와 φ′사이의 관계를 찾아보자. Mohr원(그림 10.14)의 기하형상에서 식 (10.19)를 얻을 수 있다.

$$\angle BOC = 90 - \phi' \quad \text{and} \quad \angle BOD = 2\theta = 90° + \phi'$$

$$\therefore \theta = 45 + \frac{\phi'}{2} = \frac{\pi}{4} + \frac{\phi'}{2} \tag{10.19}$$

파괴응력들(BC 평면에서의 응력들)은 식 (10.20), (10.21)과 같다.

$$(\sigma'_n)_f = \frac{\sigma'_1 + \sigma'_3}{2} - \frac{\sigma'_1 - \sigma'_3}{2}\sin\phi' \tag{10.20}$$

$$\tau_f = \frac{\sigma'_1 - \sigma'_3}{2}\cos\phi' \tag{10.21}$$

Mohr-Coulomb(MC) 파괴기준은 그림 10.14에 보여지는 음영 영역에는 지반내 응력들이 존재할 수 없는 제한적 응력기준이다. 즉, 흙은 파괴응력상태보다 큰 응력상태를 보유할 수 없다. 음영지역을 불가능 응력영역이라고 한다. 체적팽창하는 흙에 대하여는 가능 응력상태의 경계곡선이 파괴포락선, $AEFB$이다. 체적팽창이 없는 흙에 대한 경계 곡선은 AFB직선이 된다. 여기에서 유도된 MC 파괴기준은 중간유효주응력 σ'_2와는 무관하고 파괴시의 변형률도 고려하지 않는다.

MC 파괴기준은 제한적인 응력기준이기 때문에, 파괴선 AG와 AH(그림 10.14)는 $[\tau, \sigma'_n]$ 공간에서 고정된 선이다. 직선 AG는 압축일 때의 파괴선이고, 직선 AH는 인장일 때의 파괴선이다(흙은 연직유효응력보다 측방향의 유효응력이 클 경우 인장된다). MC파괴기준을 사용하여 흙의 강도를 해석시 압축이나 인장에서의 전단강도는 동일하다. 그러나 실제로는 그렇지 않다.

흙 내부에서 평면상의 응력들이 파괴선(평면)에 도달한 후, 더 큰 하중에서도 그들은 그곳에 남아있어야 한다. 예를 들어, B점(그림 10.14)은 MC 파괴선 AG 상에 있으나, X점은 파괴선 AG상에 있지 않다. 추가하중이 재하되어도 점 B는 파괴선 AG상에 남아 있어야 한다. 그리고 Mohr원은 파괴선 AH 위에 X점이 놓여 질 때 까지 시계방향으로 점차적으로 회전하여야 한다. 이러한 방법으로 더 많은 평면상의 응력들은 파괴에 도달한다. X점이 파괴선 AH에 위치하고, B점이 파괴선 AG에 위치하지 않는 반대 상황을 생각할 수도 있다. 연약지반에서의 개착굴착과 같은 지반관련 프로젝트에서 이러한 상황이 있을 수 있다. 실제상황에서의 주된 관심은 파괴후의 거동보다는 파괴에 처음 도달할 때인 그림 10.14의 B점 이다.

전통적으로 파괴기준은 응력의 관점에서 정의된다. 변형률은 Hooke의 법칙과 같은 응력-변형률 관계(구성관계, constitutive relationship)를 이용한 작용응력(파괴응력이전의 응력, working stresses)에서 고려된다. 변형률은 흙에 부과되는 응력 또는 하중이 파괴를 일으키지 않더라도, 결과적으로 발생하는 변형률이나 변위가 허용될 수 없는 상태일 수 있기 때문에 중요하다. 흙의 거동에 미치는 중간유효주응력(intermediate principal effective stress)과 변형률의 영향을 고려하는 간단한 모델들에 대하여는 11장에서 다루어질 것이다.

분자와 분모를 σ'_3으로 나누어 식 (10.16)을 정규화하면 다음 식 (10.22)를 얻는다.

$$\sin\phi' = \frac{\dfrac{(\sigma'_1)_f}{(\sigma'_3)_f} - 1}{\dfrac{(\sigma'_1)_f}{(\sigma'_3)_f} + 1} \tag{10.22}$$

이 식이 내포하고 있는 의미는 MC 파괴기준은 최대유효응력 경사(maximum effective stress obliquity), $\dfrac{(\sigma'_1)_f}{(\sigma'_3)_f}$, 이라고 불리우는 최대유효주응력비(maximum principal effective stress ratio)에 도달했을때 발생되고, 최대전단응력(maximum shear stress), $[(\sigma'_1 - \sigma'_3)/2]_{max}$에 도달했을 때는 발생되지 않는다. 파괴전단응력(failure shear stress)은 최대전단응력보다 작다.

요점정리 THE ESSENTIAL POINT ARE

1. Coulomb의 마찰법칙과 Mohr원의 합성으로 흙의 응력상태에 근거한 전단파괴를 정의할 수 있다.
2. Mohr-Coulomb 파괴기준에 따르면, 파괴는 흙이 최대유효주응력 경사 $\left(\frac{\sigma'_1}{\sigma'_3}\right)_{max}$,에 도달할 때 발생한다.
3. 파괴면 또는 활동면은 최대유효주응력이 작용하는 평면과 각도 $\theta = \pi/4 + \phi'/2$를 이루고 있다.
4. 최대전단응력 $\tau_{max} = [(\sigma'_1 - \sigma'_3)/2]_{max}$은 파괴전단응력이 아니다.

10.4.4 Tresca 파괴기준

비배수조건에서 세립분 흙의 전단강도를 비배수전단강도 s_u라고 한다. 비배수전단강도를 해석하기 위해서 Tresca 파괴기준 — 파괴시 전단응력은 주응력 차이의 반 값 — 을 사용한다. 비배수전단강도 s_u는 Mohr의 응력원의 반경에 해당한다. 즉, 그림 10.15a에서 식 (10.23)을 얻는다.

$$s_u = \frac{(\sigma_1)_f - (\sigma_3)_f}{2} = \frac{(\sigma'_1)_f - (\sigma'_3)_f}{2} \tag{10.23}$$

비배수재하에서의 전단강도는 초기간극비나 초기함수비에 의해서만 좌우된다. 초기 연직유효응력(때때로 구속압이라고 한다.)의 증가는 흙이 비배수조건에서 전단될 때, 초기간극비의 감소와 과잉간극수압의 큰 변화를 발생시킨다. 그 결과는 전응력의 Mohr원이 확장되고 비배수전단강도의 증가를 나타낸다(그림 10.15b). 따라서 s_u는 기본적인 흙의 특성은 아니다. s_u값은 초기구속압의 크기나 초기간극비에 좌우된다. s_u를 사용하는 흙의 강도 및 안전성 문제의 해석을 전응력해석(TSA, total stress analysis)이라고 한다.

요점정리 THE ESSENTIAL POINT ARE

1. 세립토의 전응력해석에서 전단강도정수는 비배수전단강도 s_u이다.
2. Tresca 파괴기준은 비배수전단강도를 해석하기 위하여 사용된다.
3. 비배수전단강도는 초기간극비에 좌우된다. 비배수전단강도는 기본적인 흙의 전단강도정수는 아니다.

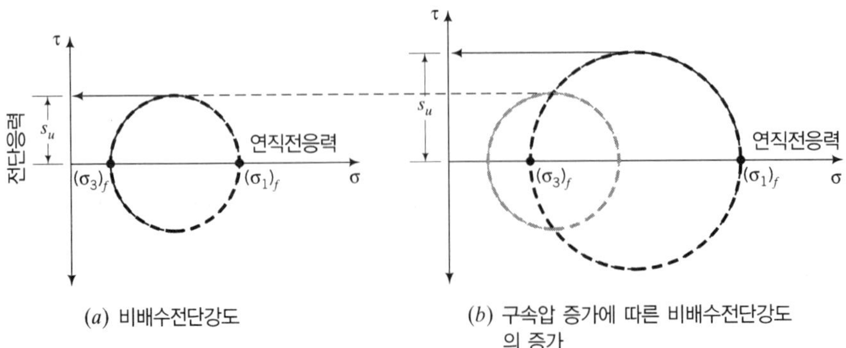

(*a*) 비배수전단강도

(*b*) 구속압 증가에 따른 비배수전단강도의 증가

그림 10.15 비배수 조건에 대한 Mohr원

What's next... 다음 절에서는 흙에 대한 파괴기준의 함축적 내용에 대해 논의할 것이다. 실제 응용시 흙의 강도 해석에 파괴기준을 사용할 때 이들 파괴기준의 몇 가지 세부내용을 알고 있어야 한다.

10.5 파괴기준의 설계적용성

Coulomb, Mohr-Coulomb, Tresca 또는 Taylor 파괴기준을 사용하여 흙의 파괴를 해석할 때, 특정한 역학적 모델을 사용하고 있다. 예를 들어, Coulomb의 파괴기준은 미끄러지는 목제 블럭 모델에 근거한다. Coulomb 파괴기준과 Mohr-Coulomb 파괴기준에서는 다음과 같이 가정하고 있다.

1. 토괴의 한 부분이 상대적으로 다른 부분에 대해 활동하는 활동면이 존재한다. 활동면 상부 및 하부 각 부분의 흙은 강체이다. 그러나 흙은 일반적으로 활동면에서 파괴되지 않는다. 조밀한 흙에서는 오히려 다른 지역이 여전히 조밀한 상태에 있을 때, 한계상태에 도달하게 되는 층 또는 영역이 발생한다. 흙이 첨두전단응력에 접근하거나 그 이후의 응력상태에서 보다 조밀한 지역은 흙의 변형률 연화에 따라 느슨하게 된다. 한계상태에서 토괴 전체는 느슨하게 되고 점성유동체와 같이 거동한다. 느슨한 흙에서는 정상적으로 활동면 또는 전단층이 나타나지 않고 한계상태까지 변형률 경화가 일어나게 된다.
2. 파괴전에는 토괴의 어떠한 변형도 발생하지 않는다. 실제로는 주목할 만한 흙의 변형(전단변형률 ~2%)이 첨두전단응력이 발휘되기 위해 필요하고, 한계상태 전단응력의 발휘를 위해서는 보다 큰 변형률(전단변형률 > 10%)이 요구된다.
3. 파괴면에 인하여 마찰 활동이 임박하게 되면 Coulomb 기준에 따라 파괴가 발생한다. 즉, 최대응력경사가 한 개 평면에 발휘될 때 Mohr-Coulomb기준에 따라 파괴가 발생한다.

Coulomb과 Mohr-Coulomb 파괴기준은 제한적 응력상태에 근거한다. 흙 내부의 응력들은 파괴평면 위에 있거나 그 밑에 있어야 한다. Taylor 파괴기준은 토괴에 작용하는 힘 뿐만 아니라 이러한 힘에 의해 발생하는 변형 또한 고려한다. 즉, 파괴는 힘과 그로 인해 발생하는 변형의 조합이다. 원래 연속체 역학에서의 항복기준으로써 제안된 Tresca 기준은 토질역하에서는 파괴(제한적 응력)기준으로써 적용되었다. 이 기준은 Mohr-Coulomb 파괴기준과는 다르다.

Taylor 파괴기준을 제외하고, 어떠한 파괴기준도 파괴를 유발함에 요구되는 전단변형률에 대한 정보를 제공하지 않는다. 변형률(전단과 체적)은 안전한 기초, 사면, 다른 지반시스템설계를 위한 전단강도와 흙의 변형평가에 있어 중요하다. 또한, 이를 파괴기준들은 흙의 초기상태(즉, 초기 응력들, 과압밀비, 초기간극비)를 고려하지 않는다. 사실상, 파괴는 흙의 초기상태에 의해서 영향을 받는다. 11장에서 초기상태와 흙이 파괴를 일으키는 변형률을 고려하는 간단한 모델을 개발할 것이다. 표 10.2에 4가지 파괴기준 사이의 중요 차이점들을 요약하였다.

영역 I. 불가능한 흙의 상태. 흙은 AEFB경계 위의 상태로 존재할 수 없다.

영역 II. 불안정성이 임박한 상태(위험한 설계). AEFA 영역(그림 10.16a)내의 흙의 상태 또는 1-2-3(그림 10.16b)은 첨두전단강도를 나타내며 전단층의 변형과 관련되는 체적팽창 흙의 특성이다. 전단층은 한계상태에 도달한 흙으로 구성되고, 토립자의 재배열로 인해 큰 맞물림 응력을 갖는 흙의 영역 사이에 둘러쌓여 있다. 이러한 전단층은 첨두전단강도가 발휘되고, 한계상태 직후에 흙의 변형률연화가 일어나면서 커지게 된다.

표 10.2 4가지 파괴기준의 차이점

명칭	파괴기준	흙의 취급	최적 적용 상황	시험데이터 해석
Coulomb	파괴는 마찰활동이 파괴면에 임박할 때 발생	강체, 마찰성 재료	층이 지고 갈라진 틈이 있는 과압밀 점토 또는 사전파괴 평면이 존재하는 흙	직접전단
Mohr–Coulomb	최대유효주응력비 경사면에 마찰활동이 임박할 때 파괴가 발생	강체, 마찰성 재료	과압밀 세립토와 조밀한 조립토의 장기(배수조건)강도	삼축
Tresca	최대유효주응력 차가 얻어질 때 파괴가 발생	균질한 고체	세립토의 단기 (비배수조건)강도	삼축
Taylor	토립자의 맞물림과 활동 (마찰강도)으로 파괴가 발생	변형되는 마찰성 고체	균질한 흙의 장 단기강도	직접단순전단

*이들 시험의 설명은 10.7절과 10.11절을 참조.

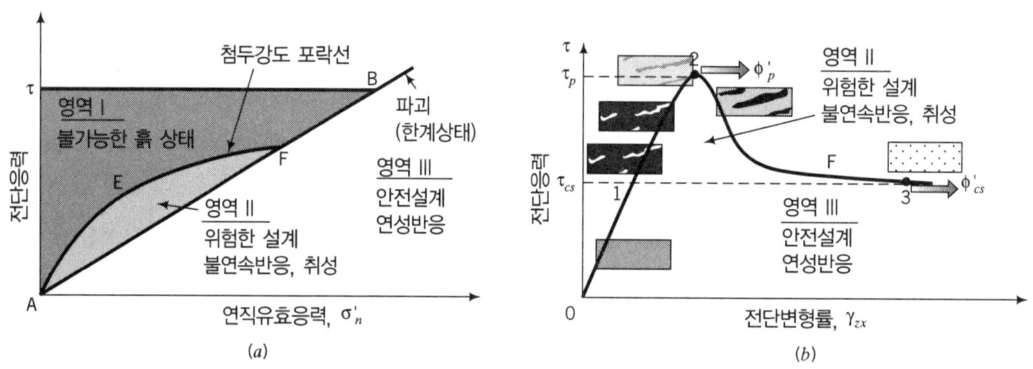

그림 10.16 흙의 상태 해석

AEFA(그림 10.16a) 또는 1-2-3(그림 10.16b)내부의 흙의 응력상태는 취성 재료 형태의 거동과 유사하다. 취성 재료(주철, cast iron)는 갑작스러운 파괴가 발생한다. 영역 II 안에서 형성되는 전단층 때문에, 흙의 투수계수는 증가하고, 만약 물이 있다면 전단층을 통해 흐르며 이동할 것이다. 이러한 현상은 전단층을 통한 물의 흐름은 유동활동을 야기시킬 수 있기 때문에 사면과 같은 흙 구조물에서 파멸적인 파괴를 초래할 수 있다. 흙이 영역 II 안에 놓여진 응력상태를 발휘하게 하는 설계는 위험한 설계로 분류될 수 있다. 곡선 *AEF* 위에 놓여진 흙의 응력상태는 급격한 파괴(붕괴)를 야기할 수 있다. 이러한 곡선을 첨두강도포락선(첨두전단강도의 위치를 연결한 곡선)이라고 부른다.

영역 III. 안정한 흙 상태(안전설계). 지반기술자들의 목표 중 하나는 만약 파괴상태가 발생한다면, 흙이 갑작스럽게 붕괴되지 않고 일정한 하중하에서 계속적으로 변형이 일어난다는 가정하에 지반구조물시스템을 설계 하는 것이다. 이것을 연성(ductility)이라고 한다. 파괴선 또는 파괴포락선 *AB* (그림 10.16a) 또는 0-1-3(그림 10.16b) 밑에 위치한 흙의 상태는 안전한 설계를 유도한다. *AB*위의 흙의 상태는 파괴(한계)상태이다.

지반구조물시스템을 설계할 때 지반기술자들은 어떤 조건이 한계상태가 되는지 여부를 결정하기 위해 배수와 비배수조건을 모두 고려해야 한다. 사용될 전단강도 정수의 결정은 단기(비배수) 또는 장기(배수) 조건중 어느 조건을 고려하는지에 달려있다. 유효응력해석(ESA)이라고 하는 배수조건 해석의 경우 전단강도정수는 ϕ'_p와 ϕ'_{cs}이다. ϕ'_{cs} 값은 초기조건과 연직유효응력의 크기에 상관없이 흙에 대해 일정하다. 그러나 ϕ'_p값은 연직유효응력에 따라 좌우된다. 세립질 흙의 경우, 단기재하에 대한 전단강도 정수는 s_u이다. 설계시 s_u를 성공적으로 사용하기 위해서는 초기조건, 특히 초기 연직유효응력과 과압밀비를 알고 있어야 한다.

요점정리 THE ESSENTIAL POINT ARE

1. 첨두전단강도 경계선위의 흙의 상태는 불가능하다.
2. 첨두전단강도 경계내부 파괴선(한계상태) 내에 있는 흙의 상태는, 취성이고 불연속적인 흙의 반응 및 위험한 설계와 관련이 된다.
3. 파괴선 아래의 흙의 상태는 연성반응을 유도하고 안전하다.
4. 지반설계에서 현장 또는 실내 시험에서 측정한 체적팽창 크기는 시공하중 하에서의 흙에 발휘되지 않기 때문에 ϕ'_p를 신뢰하면 안된다. 경험상 다른 결론이 없다면 ϕ'_{cs}값을 사용하여야 한다. ϕ'_{cs}값보다 ϕ'_p값이 설계시 사용된다면 보다 높은 안전율이 요구된다.

What's next... 다음 절에서는 흙의 전단강도를 해석하기 위한 여러 정수들을 정의하고 설명할 것이다. 흙의 안정해석과 설계 고려사항을 위한 흙의 전단강도의 이해에 있어 이 절은 중요한 연결고리가 되므로 주의 깊게 읽어야 한다.

10.6 흙의 전단강도 해석

이 책에서는 체적팽창 용량에 근거한 흙의 전단강도를 해석한다. 조밀한 모래와 과압밀 점토(OCR > 2)는 첨두전단응력을 보이고 팽창('+' 의 체적팽창각)하는 경향이 있나. 반면에 느슨한 모래와 정규압밀점토 및 약한 과압밀점토는 매우 작은 연직유효응력에서의 경우를 제외하고 첨두전단응력을 보이지 않고, 압축('−' 의 체적팽창각)되는 경향을 보인다. 전단강도 해석에서, $\alpha > 0$에서 첨두전단응력을 보일 때 체적팽창 흙으로 흙을 설명하고 첨두전단응력을 보이지 않고 $\alpha = 0$에서 최대전단응력에 도달할 때 비체적팽창 흙으로 설명할 것이다. 그러나 비체적팽창 흙이 전단되는 동안 체적변형(팽창 혹은 수축)되지 않는다는 것을 의미하지 않는다. 체적팽창과 비체적팽창의 용어는 단지 흙이 변형중의 특별한 응력상태(첨두와 한계, peak and critical)에 대한 정의이다.

흙의 첨두전단강도는 활동(Coulomb 마찰 활동), 체적팽창 효과, 파쇄, 그리고 토립자 재배열에 기인한 전단저항의 조합에 의해 발생된다(그림 10.17). 작은 연직유효응력에서는 큰 연직유효응력의 경우에 비해 토립자의 재배열과 체적팽창이 쉽게 촉진된다. 큰 연직유효응력에서 토립자의 파쇄는 전단 저항에 상당히 영향을 끼친다. 그러나 시험결과로 부터 파쇄와 토립자의 재배열에 의해 결정되는 전단강도의 크기를 결정하는 것은 어렵다. 이 책에서는 이에 대해서 간단한 접근을 시도할 것이다. 비고결 흙의 전단강도는 흙 입자의 마찰 활동과 체적팽창으로 인한 전단저항의 조합이라고 가정할 것이다. 즉, 파쇄, 토립자 재배열 및 체적팽창에 기인한 전단저항을 하나로 묶을 것이다.

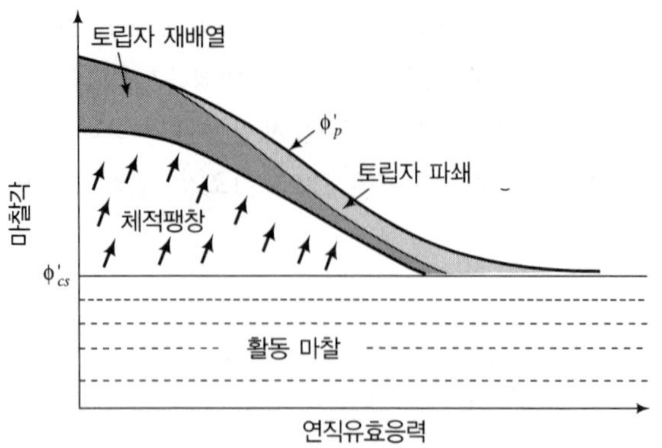

그림 10.17 흙의 첨두전단강도에 대한 활동마찰(sliding friction), 체적팽창(dilatancy), 파쇄(crushing), 토립자재배열(rearrangement of particles)의 기여도

다음의 표기법을 사용하여 전단강도 정수들을 알맞게 나타낼 것이다. 첨두전단강도 τ_p는 체적팽창되는 흙에서 얻어지는 첨두전단응력이다(그림 10.3). 첨두전단응력에서의 체적팽창각은 α_p로 표기한다. 큰 전단변형률($\gamma_{zx} > 10\%$)에서 모든 흙으로부터 얻어진 전단응력(체적팽창각이 '0' 일 때)은 한계상태 전단강도이고 τ_{cs}로 표기된다. 한계상태 전단강도에 상응하는 간극비는 한계간극비로서 e_{cs} 로 표기된다. 한계상태 전단강도와 한계간극비에 상응하는 유효마찰각은 ϕ'_{cs}이다.

Coulomb 모델에 따른 체적팽창 흙의 첨두유효마찰각은 식 (10.24)와 같다.

$$\phi'_p = \phi'_{cs} + \alpha_p \tag{10.24}$$

평면변형률 시험의 결과(Bolton, 1986)는 다음과 같이 나타났다.

$$\phi'_p = \phi'_{cs} + 0.8\alpha_p \tag{10.25}$$

식 (10.24)을 계속 사용하나, 실제문제에서 Bolton (1986)이 제안한 식 (10.25)을 확인할 수 있을 것이다.

흙에 대한 ϕ'_{cs}, ϕ'_p와 ϕ'_r의 전형적인 값들은 표 10.3에 제시되어 있다. 첨두체적팽창각, α_p은 일반적으로 0°에서 15°사이의 값을 갖는다.

마찰각을 표기할 때 유효(effective)용어항은 생략하고 유효라는 의미가 내제되어 있는 것으로 표현할 것이다. 예를 들어 유효한계상태 마찰각은 한계상태 마찰각 ϕ'_{cs}으로 유효첨두마찰각은 첨두마찰각 ϕ'_p으로 표현한다. 표 10.4는 첨두상태와 한계상태에서의 각각의 흙 모델을 위한 식들을 요약한 것이다.

잔류전단강도를 보이는 흙에 대해서는 표 10.4의 한계상태 행에서 ϕ'_{cs}을 ϕ'_r로 대체한다. 잔류전단강도는 과압밀점토로 이루어진 사면과 이전에 파괴된 사면의 설계와 해석에서 매우 중요하다.

흙에 유발된 전단응력(τ)이 첨두 또는 한계전단강도보다 작다면, 흙은 여유 전단강도를 가진다. 이 여유 전단강도를 안전율(FS)에 의해 다음과 같이 특성화할 수 있다.

$$\text{체적팽창흙에서 첨두조건:}\quad FS = \frac{\tau_p}{\tau} \tag{10.26}$$

$$\text{모든 흙에서 한계상태 조건:}\quad FS = \frac{\tau_{cs}}{\tau} \tag{10.27}$$

표 10.3 흙의 마찰각 범위(°)

흙 종류	ϕ'_{cs}	ϕ'_p	ϕ'_r
자갈	30–35	35–50	
세립질 흙을 함유한 자갈과 모래 혼합물	28–33	30–40	
모래	27–37*	32–50	
실트 또는 실트질 모래	24–32	27–35	
점토	15–30	20–30	5–15

*범위(32°~37°)에서 보다 큰 값은 상당히 많은 양의 장석을 포함한 모래에 대한 값이다. 범위에서 보다 작은 값은 석영모래에 대한 값이다.

표 10.4 4가지 파괴기준에 관한 식의 요약

명칭	첨두상태	한계상태
Coulomb	$\tau_p = (\sigma'_n)_f \tan(\phi'_{cs} + \alpha_p) = (\sigma'_n)_f \tan\phi'_p$	$\tau_{cs} = \tau_f = (\sigma'_n)_f \tan\phi'_{cs}$
Mohr–Coulomb	$\sin\phi'_p = \dfrac{(\sigma'_1)_p - (\upsilon'_3)_p}{(\sigma'_1)_p + (\sigma'_3)_p}$ $\dfrac{(\sigma'_3)_p}{(\sigma'_1)_p} = \dfrac{1-\sin\phi'_p}{1+\sin\phi'_p} = \tan^2\left(45° - \dfrac{\phi'_p}{2}\right)$ 최대유효주응력이 작용하는 평면에 대한 파괴면의 경사 $\theta_p = \dfrac{\pi}{4} + \dfrac{\phi'_p}{2}$ 파괴면에서의 응력 $(\sigma'_n)_p = \left(\dfrac{\sigma'_1+\sigma'_3}{2} - \dfrac{\sigma'_1-\sigma'_3}{2}\sin\phi'_p\right)_p$ $\tau_p = \left(\dfrac{\sigma'_1-\sigma'_3}{2}\right)_p \cos\phi'_p$	$\sin\phi'_{cs} = \dfrac{(\sigma'_1)_{cs} - (\sigma'_3)_{cs}}{(\sigma'_1)_{cs} + (\sigma'_3)_{cs}}$ $\dfrac{(\sigma'_3)_{cs}}{(\sigma'_1)_{cs}} = \dfrac{1-\sin\phi'_{cs}}{1+\sin\phi'_{cs}} = \tan^2\left(45° - \dfrac{\phi'_{cs}}{2}\right)$ 최대유효주응력이 작용하는 평면에 대한 파괴면의 경사 $\theta_{cs} = \dfrac{\pi}{4} + \dfrac{\phi'_{cs}}{2}$ 파괴면에서의 응력 $(\sigma'_n)_{cs} = \left(\dfrac{\sigma'_1+\sigma'_3}{2} - \dfrac{\sigma'_1-\sigma'_3}{2}\sin\phi'_{cs}\right)_{cs}$ $\tau_{cs} = \left(\dfrac{\sigma'_1-\sigma'_3}{2}\right)_{cs} \cos\phi'_{cs}$
Tresca	$(s_u)_p = \dfrac{(\sigma_1)_p - (\sigma_3)_p}{2}$	$(s_u)_{cs} = \dfrac{(\sigma_1)_{cs} - (\sigma_3)_{cs}}{2}$
Taylor	$\tau_p = (\sigma'_n)_f(\tan\phi'_{cs} + \tan\alpha_p)$	$\tau_{cs} = \tau_f = (\sigma'_n)_f \tan\phi'_{cs}$

요점정리

THE ESSENTIAL POINT ARE

1. 한계상태에서의 마찰각 ϕ'_{cs}은 기본적인 흙의 정수이다.
2. 체적팽창 흙의 첨두전단응력에서의 마찰각 ϕ'_p는 기본적인 흙의 정수는 아니며, 흙의 체적팽창정도에 따라 좌우된다.

예제 10.1 Coulomb과 Taylor 파괴기준의 적용

전단시험기를 이용하여 건조한 모래에 대한 시험을 수행하였다. 연직력 100 N에 대한 전단력–전단변위 곡선은 그림 E10.1a에 나타내었다.

(a) 흙 시료는 조밀한 모래인가 느슨한 모래인가?

(b) 첨두상태 전단력과 한계상태 전단력을 확인하고 결정하라.

(c) 첨두상태 마찰각과 한계상태 마찰각, 그리고 Coulomb 모델을 이용하여 첨두상태 체적팽창각(dilation angle)을 계산하라.

(d) Taylor 모델을 이용하여 첨두상태 체적팽창각을 결정하라.

(e) 모래시료가 느슨하다고 하였을 때, Coulomb 모델을 이용하여 200 kPa의 연직유효응력에 대한 한계상태 전단응력을 결정하라.

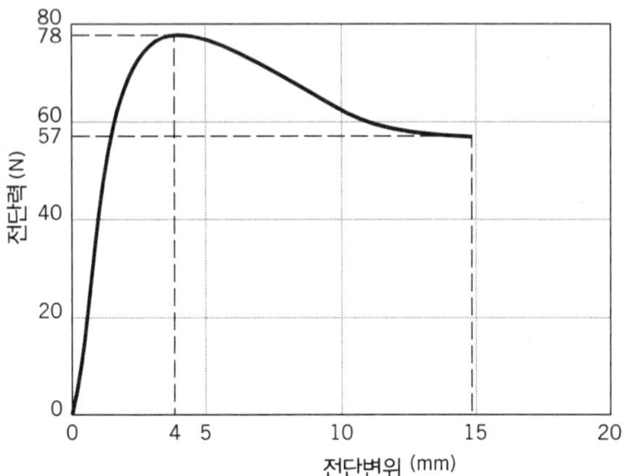

그림 E10.1a

핵심전략 첨두상태 전단력과 한계상태 전단력을 확인한다. 마찰각은 전단력에 대한 연직력 비율의 접선각이다. 큰 변위에서의 일정한 전단력은 한계상태 전단력을 의미한다. 이 힘으로부터 한계상태 마찰각을 계산할 수 있다. 같은 방법으로 첨두상태 전단력으로부터 ϕ_p'를 계산할 수 있다.

풀이 10.1

Step 1 : 흙 시료가 조밀한지 느슨한지 결정한다. 곡선은 첨두상태를 보이기 때문에 조밀한 흙으로 판단된다.

Step 2 : 첨두상태 전단력과 한계상태 전단력을 확인한다.

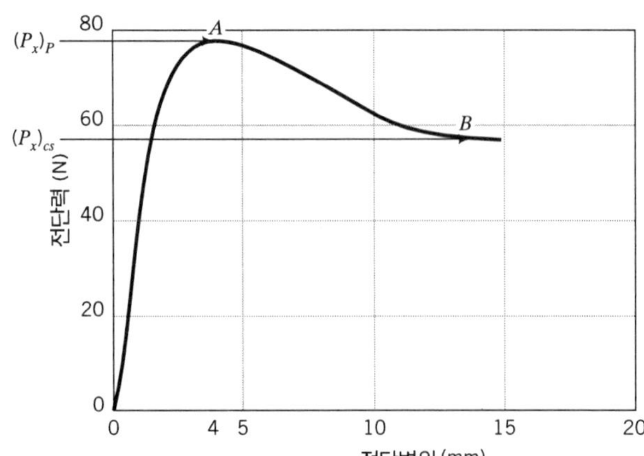

그림 E10.1b

그림 E10.1b을 참고하면, A점이 첨두상태 전단력이고, B점은 한계상태 전단력이다.

Step 3 : 그림 E10.1b의 곡선에서 첨두상태 전단력과 한계상태 전단력 값을 읽는다.

$$(P_x)_p = 78\,\text{N}$$
$$(P_x)_{cs} = 57\,\text{N}$$
$$P_z = 100\,\text{N}$$

Step 4 : 마찰각을 결정한다.

$$\phi'_p = \tan^{-1}\left(\frac{(P_x)_p}{P_z}\right) = \tan^{-1}\left(\frac{78}{100}\right) = 38^\circ$$

$$\phi'_{cs} = \tan^{-1}\left(\frac{(P_x)_{cs}}{P_z}\right) = \tan^{-1}\left(\frac{57}{100}\right) = 29.7^\circ$$

Step 5 : Coulomb 모델을 이용하여 첨두상태 체적팽창각을 결정한다.

$$\alpha_p = \phi'_p - \phi'_{cs} = 38 - 29.7 = 8.3^\circ$$

Step 6 : Taylor 모델을 이용하여 첨두상태 체적팽창각을 계산한다.

$$\tan\alpha_p = \frac{(P_x)_p}{P_z} - \tan\phi'_{cs}$$

$$\alpha_p = \tan^{-1}\left(\frac{78}{100} - 0.57\right) = 11.9^\circ$$

Step 7 : 한계상태 전단응력을 계산한다.

$$\tau_{cs} = \tau_f = \sigma'_n \tan\phi'_{cs} = 200\tan(29.7^\circ) = 200 \times 0.257 = 114\,\text{kPa}$$

예제 10.2 Mohr-Coulomb 파괴기준의 적용

원통형 흙 시료에 연직유효주응력(σ'_1)과 방사방향 유효주응력(σ'_3)이 작용하고 있다. $\sigma'_1 = 300$ kPa와 $\sigma'_3 = 100$ kPa 일 때, 시료는 추가적인 응력을 지지할 수 없었다. (1) 마찰각과 수평면과 이루는 파괴면의 경사각을 결정하라. (2) 파괴면에서 응력들을 결정하라. (3) 최대전단응력을 결정하라. (4) 최대전단응력이 파괴시 전단응력과 동일한가? 체적팽창효과가 크지 않다고 가정하라.

핵심전략 체적팽창효과가 크지 않기 때문에 $\phi' = \phi'_{cs}$ 이다.

풀이 10.2

Step 1 : ϕ'_{cs}를 구한다.

$$\sin\phi'_{cs} = \frac{(\sigma'_1)_{cs} - (\sigma'_3)_{cs}}{(\sigma'_1)_{cs} + (\sigma'_3)_{cs}} = \frac{300 - 100}{300 + 100} = \frac{2}{4} = \frac{1}{2}$$
$$\therefore\ \phi'_{cs} = 30^\circ$$

Step 2 : θ를 구한다.

$$\theta_{cs} = 45^\circ + \frac{\phi'_{cs}}{2} = 45^\circ + \frac{30^\circ}{2} = 60^\circ$$

Step 3 : 파괴면에서의 응력들을 계산한다.

$$(\sigma_n')_{cs} = \left(\frac{\sigma_1' + \sigma_3'}{2} - \frac{\sigma_1' - \sigma_3'}{2}\sin\phi_{cs}'\right)_{cs} = \left(\frac{300 + 100}{2} - \frac{300 - 100}{2}\sin 30°\right)_{cs} = 150\,\text{kPa}$$

$$\tau_{cs} = \left(\frac{\sigma_1' - \sigma_3'}{2}\right)_{cs}\cos\phi_{cs}' = \left(\frac{300 - 100}{2}\right)\cos 30° = 86.6\,\text{kPa}$$

Step 4 : 최대전단응력을 계산한다.

$$\tau_{max} = \left(\frac{\sigma_1' - \sigma_3'}{2}\right) = \left(\frac{300 - 100}{2}\right) = 100\,\text{kPa}$$

Step 5 : 최대전단응력과 파괴시 전단응력이 동일한지 확인한다.

$$\tau_{max} = 100\,\text{kPa} > \tau_{cs} = 86.6\,\text{kPa}$$

최대전단응력은 파괴시 전단응력보다 크다.

예제 10.3 Mohr-Coulomb 파괴기준을 이용한 기초로 인해 유발된 파괴응력

그림 E10.3은 신축 예정 건물부지의 측면도이다. 흙은 균질하며, 빈입도의 모래이다. 수평유효응력 증가량이 수직유효응력 증가량의 20%가 될 때, 파괴가 예상되는 건물의 중앙 아래 3 m 깊이의 흙 요소에서 발생하는 수직유효응력의 증가량을 결정하라. 정지상태 수평토압계수 K_o는 0.5이다. 모든 응력들은 주응력으로 가정하라.

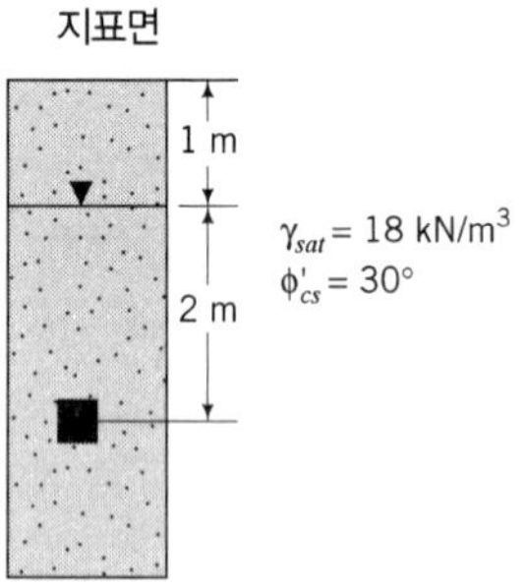

지표면

1 m

2 m

$\gamma_{sat} = 18\ \text{kN/m}^3$

$\phi_{cs}' = 30°$

그림 E10.3

핵심전략 균질한 모래 퇴적층과 그 퇴적층의 물성값이 주어졌다. 주어진 데이터를 이용하여 초기응력들을 계산하고, 문제를 풀기 위하여 Mohr-Coulomb 식을 이용한다. 흙 요소는 건물 중앙 아래에 위치하므로, 축대칭 조건이 지배하고 있다. 또한 $\Delta\sigma_3' = 0.2\Delta\sigma_1'$가 주어졌다. 따라서, $\Delta\sigma_1'$만 구하면 된다.

풀이 10.3

Step 1 : 3 m 깊이에서의 초기 유효응력들을 구한다.

지층의 윗부분 1 m는 포화되어 있다고 가정한다.

$$\sigma_{zo}' = (\sigma_1')_o = (18 \times 3) - 9.8 \times 2 = 34.4\,\text{kPa}$$

아래첨자 o는 원래 또는 초기를 나타낸다.

수평토압은 다음과 같다.

$$(\sigma_x')_o = (\sigma_3')_o = K_o\,(\sigma_z')_o = 0.5 \times 34.4 = 17.2\,\text{kPa}$$

Step 2 : $\Delta\sigma_1'$을 구한다.

$$\text{파괴시:}\quad \frac{(\sigma_1')_{cs}}{(\sigma_3')_{cs}} = \frac{1+\sin\phi_{cs}'}{1-\sin\phi_{cs}} = \frac{1+\sin 30°}{1-\sin 30°} = 3$$

그러나

$$(\sigma_1')_f = (\sigma_1')_{cs} = (\sigma_1')_o + \Delta\sigma_1' \quad \text{and} \quad (\sigma_3')_f = (\sigma_3')_c = (\sigma_3')_o + 0.2\,\Delta\sigma_1'$$

여기서 $\Delta\sigma_1'$는 지반의 파괴를 초래하는 추가적인 수직유효응력이다.

$$\therefore \frac{(\sigma_1')_o + \Delta\sigma_1'}{(\Delta\sigma_3')_o + 0.2\Delta\sigma_1'} = \frac{34.4 + \Delta\sigma_1'}{17.2 + 0.2\Delta\sigma_1'} = 3$$

정답은 $\Delta\sigma_1' = 43$ kPa가 된다.

What's next... 전단강도 정수들 (ϕ_{cs}', ϕ_p', ϕ_r' 및 s_u)이 지반구조물 시스템의 설계, 해석을 위하여 중요하다는 것을 확인하였다. 여러 가지 실내시험과 현장시험이 이들 정수의 결정을 위하여 사용되고 있다. 많은 시험방법과 결과해석에 대해 기술할 것이다. 학생들은 시험과목에서 이들 시험 중 일부는 수행하여야 할 것이다.

10.7 전단강도 정수를 결정하기 위한 실내시험

가상 시험실

www.wiley.com/college/budhu에 접속하고, 10장을 클릭하여 가상의 직접전단시험과 삼축시험을 수행하라.

10.7.1 깨끗한 조립질 흙의 마찰각을 결정하기 위한 간단한 시험법

깨끗한 조립질 흙의 한계상태 마찰각 ϕ_{cs}'는 수평한 지표면에 느슨하게 흙을 쌓아올려서 수평면과 쌓아올린 흙 무더기의 경사각을 측정함으로써 얻을 수 있다. 이러한 경사각을 안식각이라고 하고 있으나, 대략적으로 ϕ_{cs}'에 근접한다.

10.7.2 전단상자 또는 직접전단시험

전단강도정수를 결정하기 위한 가장 잘 알려진 시험장치는 전단상자(shear box)이다. 이 시험은 흙이 평면변형률 조건에서 얇은 구역을 따라 파괴가 일어날 경우 유용하다. 전단상자(그림 10.18)는 수평으로 분리되어 개방된 금속상자로 구성된다. 흙은 상자 안에 놓여지고, 상자의 반쪽이 다른 반쪽 상자에 상대적으로 움직인다. 그 때문에 파괴는 수평면상(AB)의 얇은 구역을 따라 국한되어 발생한다. 톱니모양이나 홈이 있는 금속판이 전단력을 발생시키기 위한 흙의 윗면과 아래면에 위치하게 된다.

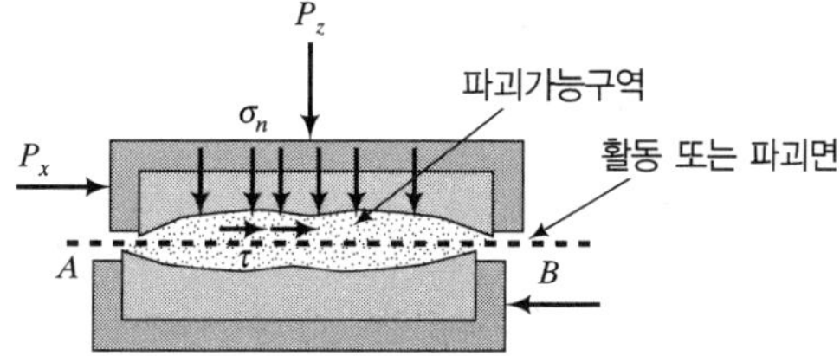

그림 10.18 전단상자

수직력은 톱니모양 판 위에 있는 금속판을 통해 가해진다. 수평력은 변위제어를 위한 모터로 가하거나 하중제어를 위한 도르레를 통해 중량에 의해 가해진다. 대부분의 전단상자시험은 첨두상태 전단력과 한계상태 전단력 모두를 얻을 수 있기 때문에 변위제어로 수행된다. 하중제어 시험에서는 최대 또는 첨두상태 전단력 이후의 데이터는 얻을 수 없다.

수평변위 Δx, 수직변위 Δz, 수직하중 P_z 및 수평하중 P_x가 측정된다. 일반적으로 3가지의 서로 다른 수직력을 사용하여 1개 흙시료에 대해 3회 또는 그 이상의 시험을 수행한다. 파괴는 더 이상의 수평력 증가량에 대해 흙이 저항할 수 없을 때 결정된다. 전단상자시험에서의 응력과 변형률은 측정된 힘과 변위로부터 계산하기 어렵다. 얇은(크기는 모름) 집중파괴 구역(그림 10.18)에서의 응력은 일정하게 분포되지 않고 변형률도 결정할 수 없다.

전단상자시험은 배수를 제한할 수 없으나, 시험이 재빨리 완료되도록 빠른 재하속도로 전단상자시험을 수행하여 점토의 비배수전단강도를 평가할 수 있다. 일반적으로 한 시료에 대해서 3회 이상의 시험이 수행된다. 각각의 시험에서 흙시료는 서로 다른 일정한 수직력 조건에서 전단된다. 시험에서 기록되는 결과들은 수평변위, 수평력, 수직변위 그리고 시험이 수행될때의 일정 수직력이다. 시험결과의 데이터로부터 다음과 같은 강도정수들 τ_p, τ_{cs}, ϕ'_p, ϕ_{cs}, α(그리고 세립질 흙을 빠른시간 내에 시험한다면 s_u)를 구할 수 있다. Coulomb 파괴기준이 전단강도를 결정하기 위해 사용된다. Taylor 파괴기준도 또한 사용될 수 있으나, Coulomb 파괴기준이 직접전단시험의 경우 보다 적합하다. 강도정수들은 보통 모래의 경우 그림 10.19에 나타낸 것과 같이 데이터를 도시하여 결정된다.

일정한 수직하중 P_z에서의 하나의 시험결과를 그림 10.19a,b에 나타내었다. 모든 시험에서의 P_z에 따른 $(P_x)_p$와 $(P_x)_{cs}$의 결과들을 그림 10.19c에 나타내었다. 만약 흙 시료가 체적팽창이 된다면, 첨두상태 전단력(그림 10.19a, 조밀한 모래)을 나타내고 팽창(그림 10.19b, 조밀한 모래)한다. 그래서 파괴포락선은 곡선(그림 10.19c, 조밀한 모래)으로

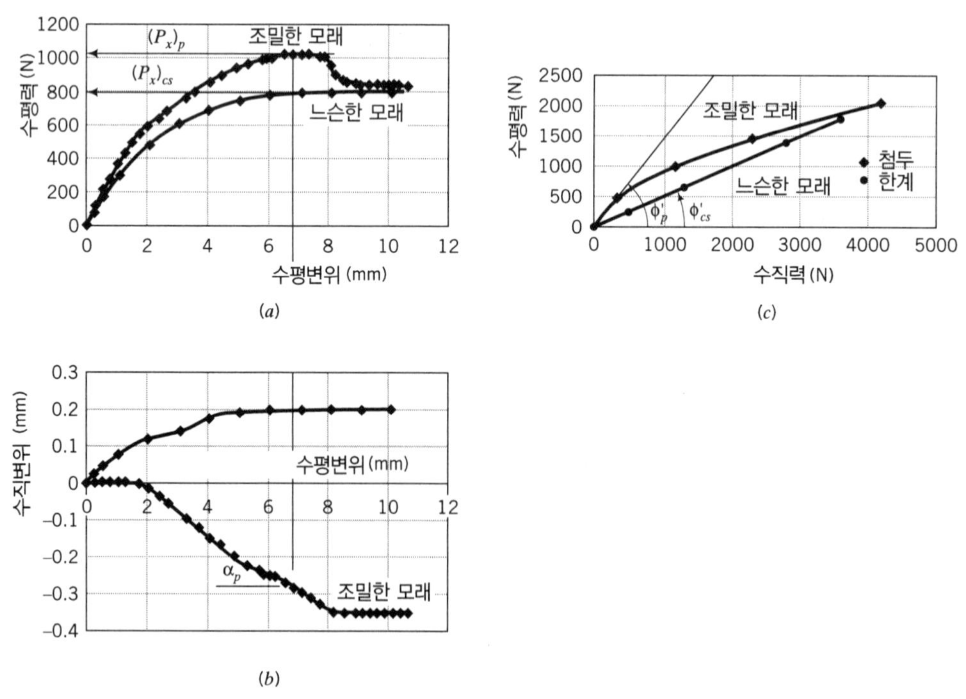

그림 10.19 조밀하고 느슨한 모래에 대한 전단상자시험(shear box test) 결과

될 것이다. 첨두상태 전단응력은 흙 시료의 단면적(A)으로 나누어진 첨두상태 전단력이다. 즉, 식 (10.28)과 같다.

$$\tau_p = \frac{(P_x)_p}{A} \tag{10.28}$$

한계상태전단응력은

$$\tau_{cs} = \frac{(P_x)_{cs}}{A} \tag{10.29}$$

수직력과 수평력 관계그래프(그림 10.19c)에서 한계상태수평력을 나타내는 점들은 원점을 지나는 직선을 따라 이상적으로 놓여져야 한다. 시험 결과들은 일반적으로 이러한 직선들로부터 작은 편차를 보이게 되며, 관습적으로 최적화된 직선(best-fit)으로 그려진다. 수평축과 이 직선이 이루고 있는 각도가 ϕ'_{cs}이다. 별해로 다음과 같이 나타낼 수 있다.

$$\phi'_{cs} = \tan^{-1}\frac{(P_x)_{cs}}{P_z} \tag{10.30}$$

체적팽창 흙의 경우, 원점에서 그림 10.19c에서의 최적화 직선에 놓이시 않는 각각의 첨두상태 수평력까지의 직선과 가로축(연직유효응력축)이 이루는 각은 상응하는 수직력에서의 ϕ'_p 값을 나타낸다. 10.5절에서, ϕ'_p는 상수가 아니고, 연직유효응력(P_z/A)의 크기에 따라 변화한다고 설명한 것을 기억하라. 보통 ϕ'_p가 결정된 곳의 연직유효응력은 현장에서의 최대 예상 연직유효응력에 상응하여야 한다. 그림 10.19c에 나타낸 것과 같이, ϕ'_p의 값은 가해진 수직유효응력이 가장 작을 때 가장 크다. 원점에서 요구되는 수직력에서의 첨두상태 수평력을 나타내는 점까지의 직선을 도시하고, 수평축과 그 직선이 이루는 각도를 측정함으로써 ϕ'_p 값이 결정되고, 다음과 같이 나타낼 수 있다.

$$\phi'_p = \tan^{-1}\frac{(P_x)_p}{P_z} \tag{10.31}$$

또한 그림 10.19b에 나타낸 것과 같이 수평변위와 수직변위의 관계그래프에서 각 시험에 대해 직접적으로 첨두상태 체적팽창각을 결정할 수 있다. 첨두상태 체적팽창각은 식 (10.32)와 같다.

$$\alpha_p = \tan^{-1}\left(\frac{-\Delta z}{\Delta x}\right) \tag{10.32}$$

다음 식 (10.33)으로부터 α_p를 계산할 수 있다.

$$\alpha_p = \phi'_p - \phi'_{cs} \tag{10.33}$$

예제 10.4 Coulomb 파괴기준을 이용한 전단상자시험의 해석

초기 단위중량이 다른 동일한 흙 시료에 대한 전단상자시험 결과를 아래 표에 나타내었다. 시료 A는 첨두상태 값을 보이지 않았으나, 시료 B는 첨두상태 값을 나타내었다.

흙	시험번호	수직력(N)	수평력(N)
A	Test 1	250	150
	Test 2	500	269
	Test 3	750	433
B	Test 1	100	98
	Test 2	200	175
	Test 3	300	210
	Test 4	400	248

다음을 결정하라.

(a) ϕ'_{cs}

(b) 시료 B에서 수직력이 200 N과 400 N일 때의 ϕ'_p

(c) 시료 B에서 수직력이 200 N과 400 N일 때의 체적팽창각

핵심전략 요구되는 값을 얻기 위하여 수직력과 수평력의 관계그래프를 그리는 것이 최선의 방법이다.

풀이 10.4

Step 1 : 각 시료의 수직력과 파괴시 수평력과의 관계그래프를 그린다. 그림 E10.4를 참고하라.

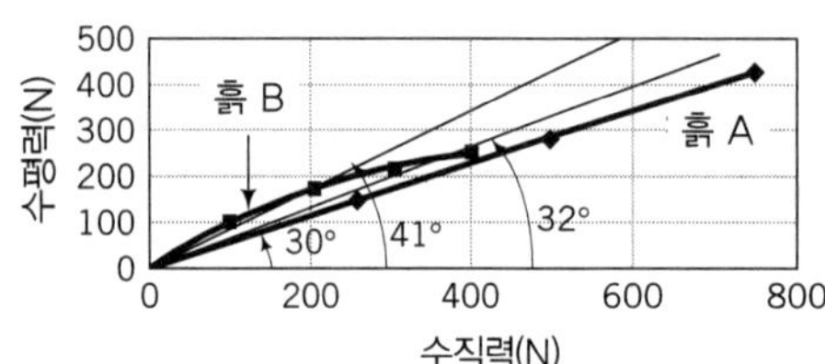

그림 E10.4

Step 2 : ϕ'_{cs}를 구한다.

시료 A의 모든 결과 값들은 원점을 통과하는 직선상에 표시된다. 시료 A는 비체적 팽창 흙이고, 느슨한 모래이거나 정규압밀 점토일 가능성이 크다. 유효마찰각 ϕ'_{cs}는 30° 이다.

Step 3 : ϕ'_p을 결정한다.

시료 B의 경우, 수직력 200 N과 400 N에 상응하는 수평력은 ϕ'_{cs}와 같은 직선상에 놓이지 않는다. 따라서 각각의 수직력에 관련된 ϕ'_p를 구한다.

$$(\phi'_p)_{200\text{ N}} = \tan^{-1}\left(\frac{175}{200}\right) = 41.2°$$

$$(\phi'_p)_{400\text{ N}} = \tan^{-1}\left(\frac{248}{400}\right) = 31.8°$$

Step 4 : α_p를 결정한다.

$$\alpha_p = \phi'_p - \phi'_{cs}$$

$$(\alpha_p)_{200\text{ N}} = 41.2 - 30 = 11.2°$$

$$(\alpha_p)_{400\text{ N}} = 31.8 - 30 = 1.8°$$

수직력이 증가함에 따라 α_p는 감소한다는 것에 주목하라.

예제 10.5 Coulomb 파괴기준을 사용한 파괴시 전단응력의 예측

흙의 한계상태 마찰각은 28°이다. 연직유효응력이 200 kPa일 때의 한계상태 전단응력을 결정하라.

핵심전략 Coulomb 파괴기준을 직접적으로 적용하는 문제이다.

풀이 10.5

Step 1 : 파괴전단응력을 결정한다.

$$\tau_f = \tau_{cs} = (\sigma'_n)_f \tan\phi'_{cs}$$

$$\tau_{cs} = 200\tan 28° = 106.3\,\text{kPa}$$

예제 10.6 Coulomb 파괴기준을 이용한 전단상자 시험 데이터의 해석

모래시료(10 cm × 10 cm × 3 cm)에 일정한 수직력 1200 N을 작용시켜 전단상자 시험 중 기록된 데이터를 아래 표에 나타내었다. '−' 부호는 수직방향 팽창을 의미한다.

(a) 다음의 관계 그래프를 그려라. (1) 수평력과 수평변위 (2) 수직변위와 수평변위.

(b) 모래시료는 느슨한가 그렇지 않으면 조밀한가? 이유를 설명하라.

(c) 다음 사항을 결정하라. (1) 최대 또는 첨두상태 전단응력 (2) 한계상태 전단응력 (3) 첨두상태 체적팽창각 (4) ϕ'_p (5) ϕ'_{cs}

수평변위 (mm)	수평력 (N)	수직변위 (mm)	수평변위 (mm)	수평력 (N)	수직변위 (mm)
0.00	0.00	0.00	6.10	988.29	−0.40
0.25	82.40	0.00	6.22	988.29	−0.41
0.51	157.67	0.00	6.48	993.68	−0.45
0.76	249.94	0.00	6.60	998.86	−0.46
1.02	354.31	0.00	6.86	991.52	−0.49
1.27	425.72	0.01	7.11	999.76	−0.51
1.52	488.90	0.00	7.37	1005.26	−0.53
1.78	538.33	0.00	7.75	1002.51	−0.57
2.03	571.20	−0.01	7.87	994.27	−0.57
2.41	631.62	−0.03	8.13	944.83	−0.50
2.67	663.54	−0.05	8.26	878.91	−0.58
3.30	759.29	−0.09	8.51	807.50	−0.58
3.68	807.17	−0.12	8.64	791.02	−0.59
4.06	844.47	−0.16	8.89	774.54	−0.59
4.45	884.41	−0.21	9.14	766.30	−0.60
4.97	928.35	−0.28	9.40	760.81	−0.59
5.25	939.34	−0.31	9.65	760.81	−0.59
5.58	950.32	−0.34	9.91	758.06	−0.60
5.72	977.72	−0.37	10.16	758.06	−0.59
5.84	982.91	−0.37	10.41	758.06	−0.59
5.97	988.29	−0.40	10.67	755.32	−0.59

핵심전략 그래프를 그리면 느슨한 모래인지 또는 조밀한 모래인지에 관한 아이디어를 얻을 수 있다. 조밀한 모래는 수평력과 수평변위와의 관계 그래프에서 첨두상태 수평력을 보이고, 팽창을 보일 것이다.

풀이 10.6

Step 1 : 그래프를 그린다.

그림 E10.6을 참고하라.

Step 2 : 모래가 느슨한지 조밀한지 결정한다.

모래는 조밀한 것으로 보인다. 왜냐하면, 첨두상태 수평력을 보이고 팽창되었다.

Step 3 : 요구하는 값들을 계산한다.

시료의 단면적: $A = 10 \times 10 = 100\ \text{cm}^2 = 10^{-2}\ \text{m}^2$

$$\tau_p = \frac{(P_x)_p}{A} = \frac{1005\ \text{N}}{10^{-2}} \times 10^{-3} = 100.5\ \text{kPa}$$

$$\tau_{cs} = \frac{(P_x)_{cs}}{A} = \frac{758\ \text{N}}{10^{-2}} \times 10^{-3} = 75.8\ \text{kPa}$$

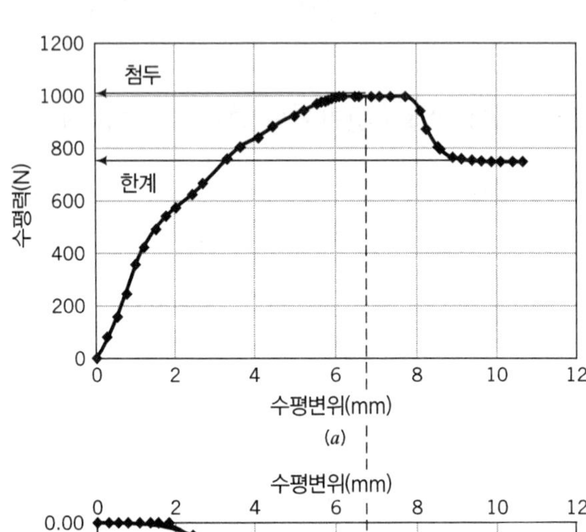

(a)

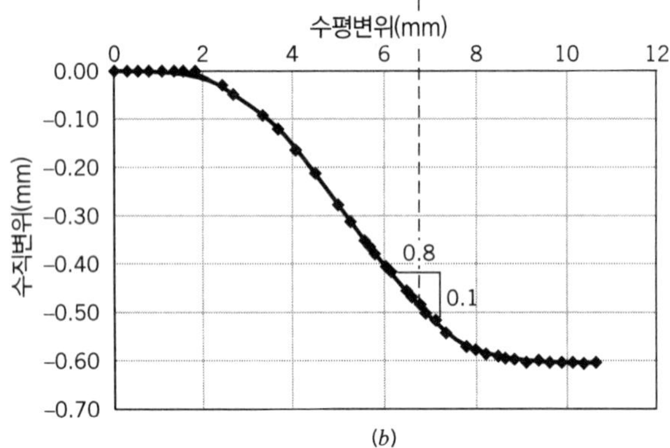

(b)

그림 E10.6

$$\alpha_p = \tan^{-1}\left(\frac{-\Delta z}{\Delta x}\right) = \tan^{-1}\left(\frac{0.1}{0.8}\right) = 7.1°$$

연직유효응력: $\sigma'_n = \left(\frac{1200\ \text{N}}{10^{-2}}\right) \times 10^{-3} = 120\ \text{kPa}$

$$\phi'_p = \tan^{-1}\left(\frac{\tau_p}{\sigma'_n}\right) = \tan^{-1}\left(\frac{100.5}{120}\right) = 39.9°$$

$$\phi'_{cs} = \tan^{-1}\left(\frac{\tau_{cs}}{\sigma'_n}\right) = \tan^{-1}\left(\frac{75.8}{120}\right) = 32.3°$$

또한,

$$\alpha_p = \phi'_p - \phi'_{cs} = 39.9 - 32.3 = 7.6°$$

10.7.3 일반적인 삼축시험기

전단강도 정수들과 흙의 응력-변형률 거동을 결정하기 위하여 가장 보편적으로 사용되는 시험기구는 삼축시험기이다. 3개가 아닌 2개의 응력을 제어할 수 있기 때문에 이름에 대해서는 약간 부적절하다. 삼축시험에서는 일반적으로 길이와 직경의 비율이 2인 원통형 흙 시료에 방사방향응력과 축응력 또는 축변위의 제어된 증가량이 부과된다. 시료는 멤브레인(membrane)에 의해 수평방향으로 구속되고, 삼축셀내부에 수압에 의해 방사방향응력을 작용시킨다(그림 10.20). 축응력은 재하피스톤에 의해 작용된다. 만약 축응력이 방사방향응력보다 크면, 시료는 수직으로 압축되고, 이 시험을 삼축압축시험이라고 한다. 반대로 방사방향응력이 축응력보다 크면, 수평방향으로 압축되고, 이 시험을 삼축인장시험이라고 한다.

작용되는 응력들은 주응력들이며 재하 조건은 축대칭이다. 압축시험에 대해서는, 방사방향응력 σ_r을 σ_3로 표기하고 축응력 σ_z을 σ_1으로 표기한다. 인장시험에서는 방사방향응력 σ_r을 σ_1으로, 축응력 σ_z을 σ_3로 표기한다.

삼축압축시험에서 흙 시료의 평균응력과 변형률은 다음과 같다.

$$\text{축전응력:} \quad \sigma_1 = \frac{P_z}{A} + \sigma_3 \tag{10.34}$$

$$\text{축차응력:} \quad \sigma_1 - \sigma_3 = \frac{P_z}{A} \tag{10.35}$$

$$\text{축변형률:} \quad \varepsilon_1 = \frac{\Delta z}{H_o} \tag{10.36}$$

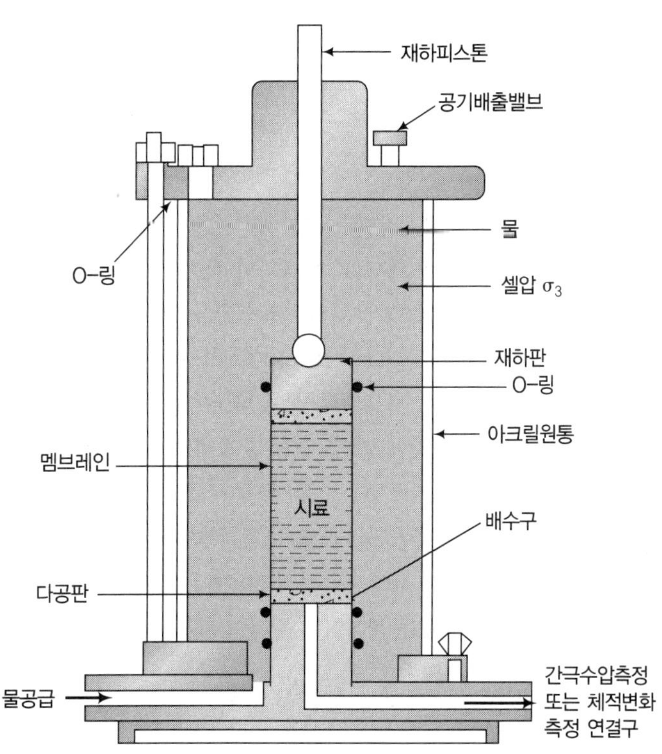

그림 10.20 삼축셀의 개요

$$\text{방사방향변형률:}\quad \varepsilon_3 = \frac{\Delta r}{r_o} \tag{10.37}$$

$$\text{체적변형률:}\quad \varepsilon_p = \frac{\Delta V}{V_o} = \varepsilon_1 + 2\varepsilon_3 \tag{10.38}$$

$$\text{축차변형률:}\quad \varepsilon_q = \frac{2}{3}(\varepsilon_1 - \varepsilon_3) \tag{10.39}$$

여기서 P_z는 재하피스톤에 가해지는 하중, A는 흙 시료의 단면적, r_o는 흙 시료의 초기 반경, Δr는 반경의 변화량, V_0는 초기 체적, ΔV는 체적변화량, H_o는 초기 길이, Δz는 길이 변화량이다. 재하피스톤에 가해지는 하중을 축차하중이라 하고 상응하는 응력을 축차응력, $q = (\sigma_1 - \sigma_3)$이라고 한다. 전단응력은 $\tau = \dfrac{q}{2}$이다.

하중이 가해지는 동안 시료 면적은 변화한다. 어떠한 주어진 단계의 면적은 다음과 같다.

$$A = \frac{V}{H} = \frac{V_o - \Delta V}{H_o - \Delta z} = \frac{V_o\left(1 - \dfrac{\Delta V}{V_o}\right)}{H_o\left(1 - \dfrac{\Delta z}{H_o}\right)} = \frac{A_o(1 - \varepsilon_p)}{1 - \varepsilon_1} \tag{10.40}$$

여기서 A_o $(= \pi r_o^2)$는 초기 단면적이고 H는 시료의 현재 길이이다. 삼축시험에 대한 체적팽창각은 식 (10.10)으로 구할 수 있다.

삼축시험기는 (1) 축응력과 반경방향응력을 독립적으로 제어가능하고 (2) 배수와 비배수 조건하에서의 시험이 가능하고, (3) 변위 또는 응력을 제어할 수 있어 매우 유용하다.

응력경로의 변화 역시 삼축압축시험에서 시료에 적용할 수 있다. 그러나 몇 개의 응력경로만이 전형적인 지반 문제들을 모의하기 위하여 실제로 사용된다. 이후부터 가장 많이 사용되는 시험들, 그 시험들을 사용하는 이유, 얻어진 전형적인 결과에 대해 논의한다.

10.7.4 일축압축시험(UC 시험)

일축압축시험의 목적은 포화점토의 비배수전단강도를 재빠르게 결정하고자 하는 것이다. UC 시험에서는 방사방향 응력은 가하지 않는다($\sigma_3 = 0$). 축하중 P_z를 시료가 파괴될 때까지 빠르게 증가시킨다. 하중이 재빠르게 가해지므로 시료에서 간극수가 배제될 수 없으므로, 일정한 체적으로 시료는 전단된다.

흙시료에 가해진 응력과 전응력 경로는 그림 10.21a,b에 나타내었다. 유효응력 경로는 간극수압의 변화가 정상적으로 측정되지 않기 때문에 알 수 없다. 전응력 개념의 Mohr원을 그림 10.21c에 도시하였다. 만약 과잉간극수압이 측정되어졌다면, 그 값은 '−' 부호를 갖게 될 것이다. 부의 과잉간극수압에 대한 이론적인 근거는 다음과 같다. $\sigma_3 = 0$이기 때문에, 유효응력의 개념에서 $\sigma_3' = \sigma_3 - \Delta u = 0 - \Delta u = -\Delta u$가 된다. 비고결 흙은 인장력에 대해서 버틸 수 없기 때문에 유효방사방향응력 σ_3'은 '−'가 될 수 없다. 따라서, σ_3'가 '+'가 되도록 과잉간극수압은 '−'이어야 한다. 그림 10.21c에 나타낸 것과 같이 유효응력의 Mohr원은 전응력 원의 오른쪽에 위치하게 될 것이다.

Tresca 파괴기준이 UC 시험의 결과를 해석하기 위하여 사용된다. 비배수전단강도는 식 (10.41)과 같다.

$$s_u = \frac{P_z}{2A} = \frac{1}{2}\sigma_1 \tag{10.41}$$

식 (10.40)으로부터 $A = A_o/(1 - \varepsilon_1)$(체적변화가 없다. 즉, $\varepsilon_p = 0$)이다. 식 (10.41)에서 만약 첨두상태하중이 사

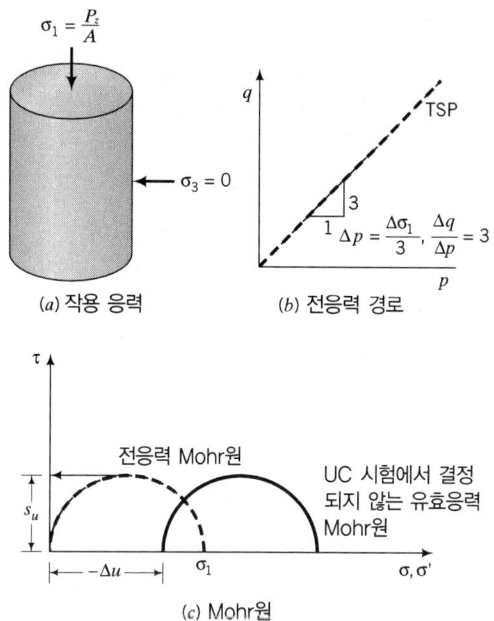

그림 10.21 UC시험에 대한 응력, 응력경로 및 Mohr원.

용된다면, $(s_u)_p$를 얻을 수 있다. 한계상태에서의 하중이 사용되면, $(s_u)_{cs}$를 얻을 수 있다. 비배수 탄성계수 E_u는 ε_1과 σ_1의 관계 그래프에서 구할 수 있다.

UC시험으로부터 얻은 결과는 다음을 위해 사용된다.

- 기초설계에서 세립질 흙의 단기(short-term) 지지력 평가
- 사면의 단기 안정성 평가
- 비용절감과 빠른 시간 내 흙의 강도변화 자료구축을 위하여 현장으로 부터의 흙의 전단강도 비교(UC시험은 다른 삼축시험에 비해 저렴하다)
- 빠른 (비배수) 재하조건에서의 응력-변형률 특성을 결정

예제 10.7 Tresca 파괴기준을 이용한 UC 시험에서의 비배수전단강도

포화점토 시료에 대한 일축압축시험을 실시하였다. 점토가 지탱한 최대(첨두상태)하중은 127 N이고 수직변위는 0.8 mm였다. 시료의 크기는 직경 38 mm, 길이 76 mm였다. 비배수전단강도를 결정하라. 이 시험의 응력에 관한 Mohr원을 그리고 s_u을 찾아라.

핵심전략 UC 시험이므로 $\sigma_3 = 0$ 이고, $(\sigma_1)_f$는 파괴시 축응력이다. 파괴시 축응력의 1/2 값으로 s_u를 구할 수 있다.

풀이 10.7

Step 1 : 파괴시 시료의 면적을 결정한다.

직경은 $D_o = 38$ mm 이고, 길이 $H_o = 76$ mm 이다.

$$A_o = \frac{\pi \times D_o^2}{4} = \frac{\pi \times 0.038^2}{4} = 11.3 \times 10^{-4}\ \text{m}^2, \quad \varepsilon_1 = \frac{\Delta z}{H_o} = \frac{0.8}{76} = 0.01$$

$$A = \frac{A_o}{1 - \varepsilon_1} = \frac{11.3 \times 10^{-4}}{1 - 0.01} = 11.4 \times 10^{-4}\ \text{m}^2$$

Step 2 : 파괴시 최대 주응력을 결정한다.

$$(\sigma_1)_p = \frac{P_z}{A} = \frac{127 \times 10^{-3}}{11.4 \times 10^{-4}} = 111.4 \text{ kPa}$$

Step 3 : s_u를 계산한다.

$$(s_u)_p = \frac{(\sigma_1)_p - (\sigma_3)_p}{2} = \frac{111.4 - 0}{2} = 55.7 \text{ kPa}$$

Step 4 : Mohr원을 그린다.

그림 E10.7을 참고하라. 그래프에서 획득된 값들은 다음과 같다.

$$(\sigma_3)_p = 0, (\sigma_1)_p = 111 \text{ kPa}, (s_u)_p = 56 \text{ kPa}$$

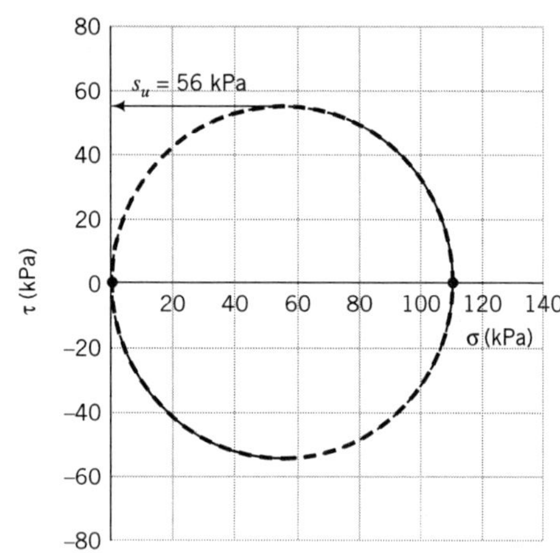

그림 E10.7

10.7.5 압밀배수압축시험(CD 압축시험)

CD 시험의 목적은 지반에 장기 재하를 해석하기 위한 배수 전단강도정수들 ϕ'_{cs} 와 ϕ'_p를 결정하는 것이다. 배수조건에 대한 유효탄성계수 E'와 E'_s도 또한 이 시험에서 얻어진다. 압밀배수삼축압축시험은 두 단계로 수행된다. 첫 번째 단계는 과잉간극수압이 소산될 때까지 시료내의 배수를 허용하면서 삼축셀 내의 수압에 의해 요구되는 유효응력 수준까지 흙 시료를 압밀시키는 것이다. 두 번째 단계에서는 삼축셀 내의 압력(셀압 또는 구속압)은 일정하게 유지한 상태에서 추가적인 축하중 또는 축변위를 시료가 파괴될 때까지 매우 느린 속도로 증가시킨다. 적용하는 변위 속도(변형률 속도)는 과잉간극수압이 소산될 수 있을 정도로 충분히 느려야한다. 세립질 흙의 투수계수가 조립질 흙의 투수계수보다 훨씬 작기 때문에 세립질 흙에 대한 시험에서의 변위 속도가 조립질 흙에서의 변위 속도보다 훨씬 작다. 과잉간극수의 배수가 허용되고 배출되는 물의 양이 측정된다. 일반적으로 서로 다른 셀압에서 3회 이상의 시험을 실시한다. CD 시험의 두 가지 단계에서 흙 시료의 응력은 다음과 같다.

단계 1: 등방압밀단계

$$\Delta\sigma_1 = \Delta\sigma_3 = \Delta\sigma'_1 = \Delta\sigma'_3; \quad \Delta\sigma_1 > 0, \quad \Delta u = 0$$

하중이 작용할 때 포화시료의 초기 과잉간극수압은 셀압과 같다. 즉, $\Delta u = \Delta\sigma_3$이다. 압밀단계의 최후에 과잉간극수압은 소산된다. 즉 $\Delta u = 0$ 이다.

$$\Delta p' = \Delta p = \frac{\Delta\sigma_1 + 2\Delta\sigma_1}{3} = \Delta\sigma_1; \quad \Delta q = \Delta\sigma_1 - \Delta\sigma_3 = 0, \quad \text{and } \frac{\Delta q}{\Delta p'} = \frac{\Delta q}{\Delta p} = 0$$

단계 2: 전단단계(shearing phase)

$$\Delta\sigma_1 = \Delta\sigma_1' > 0; \quad \Delta\sigma_3 = \Delta\sigma_3' = 0; \quad \Delta u = 0$$

따라서

$$\Delta p' = \Delta p = \frac{\Delta\sigma_1'}{3}; \quad \Delta q = \Delta\sigma_1'; \quad \frac{\Delta q}{\Delta p'} = \frac{\Delta q}{\Delta p} = 3$$

그림 10.22은 CD시험에서의 부과된 응력과 응력경로를 보여준다. 시료의 체적변형은 배출되는 간극수의 체적을 계속적으로 기록하여 측정된다. 체적변형률은 식 (10.42)와 같다.

$$\varepsilon_p = \frac{\Delta V}{V_o} = \varepsilon_1 + 2\varepsilon_3 \tag{10.42}$$

여기서 ΔV는 제석번화량, V_o는 시료의 초기체적이다. 또한 축변위가 기록되고, 축 변형률은 $\varepsilon_1 = \Delta z/H_o$으로 계산된다. 방사방향 변형률은 식 (10.42)을 이용하여 식 (10.43)으로 계산된다.

$$\varepsilon_3 = \frac{1}{2}(\varepsilon_p - \varepsilon_1) \tag{10.43}$$

최대 전단변형률은 식 (10.44)와 같다.

$$(\gamma_{zx})_{max} = (\varepsilon_1 - \varepsilon_3)_{max} \tag{10.44}$$

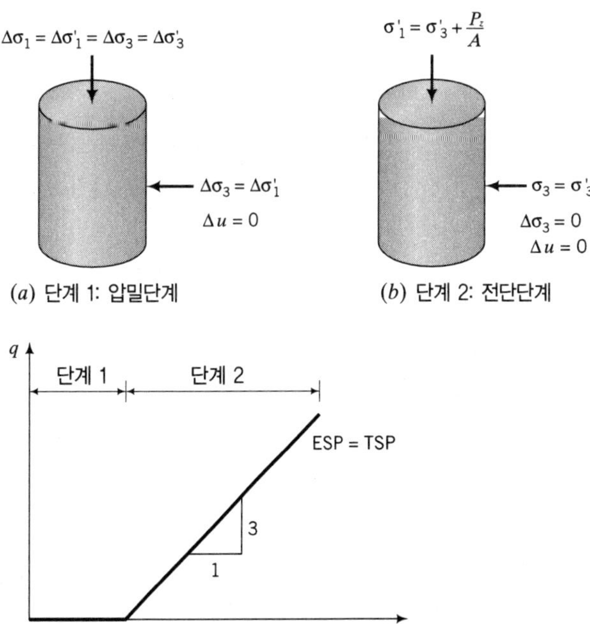

그림 10.22 CD 시험에서의 응력과 응력경로

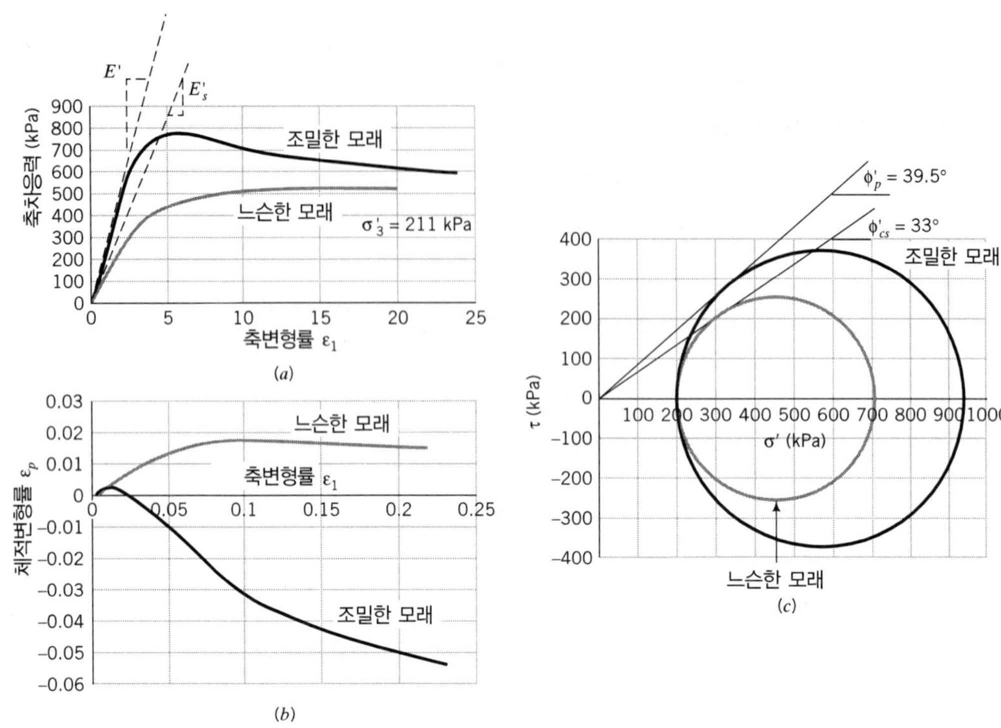

그림 10.23 조밀하고 느슨한 모래에 대한 CD시험 결과(출처: 그림 10.25 참조해서 수정)

식 (10.43)을 식 (10.44)에 대입하면

$$(\gamma_{zx})_{max} = \frac{1}{2}(3\varepsilon_1 - \varepsilon_p) \tag{10.45}$$

CD 시험은 배수시험이기 때문에 흙의 투수계수 값이 너무 작으면 한 번의 시험이 몇 일이 걸릴 수도 있다(즉, 세립질 흙의 경우). 모래에 대한 압밀배수 시험의 전형적인 결과들을 그림 10.23에 나타내었다. Mohr-Coulomb 파괴기준이 CD 시험의 결과를 해석하기 위해 사용된다.

배수조건에서의 탄성계수 E'와 E'_s는 그림 10.23a에서 나타낸것과 같이 CD 시험에서 세로좌표 축차응력 ($\sigma'_1 - \sigma'_3$)과 가로좌표 ε_1의 그래프로 부터 얻을 수 있다. CD 시험의 결과는 사면, 기초, 옹벽, 굴착 그리고 기타 지반구조물의 장기안정성을 결정하기 위해 사용된다.

예제 10.8 Mohr-Coulomb 파괴기준을 이용한 CD 삼축시험 해석

38 mm 직경과 76 mm 길이의 흙 시료에 대한 3회의 CD 시험 결과 파괴시 다음 표의 값들을 얻었다.

시험번호	σ'_3 (kPa)	축차응력 (kPa)
1	100	247.8 (첨두)
2	180	362.0 (첨두)
3	300	564 (첨두치 측정안됨)

시험 1에서의 세부적인 결과 값들은 다음과 같다. '−' 부호는 팽창을 의미한다.

Δz (mm)	ΔV (cm^3)	축하중 = P_z (N)
0	0.00	0.0
0.152	0.02	61.1
0.228	0.03	94.3
0.38	−0.09	124.0
0.76	−0.50	201.5
1.52	−1.29	257.5
2.28	−1.98	292.9
2.66	−2.24	298.9
3.04	−2.41	298.0
3.8	−2.55	279.2
4.56	−2.59	268.4
5.32	−2.67	252.5
6.08	−2.62	238.0
6.84	−2.64	229.5
7.6	−2.66	223.2
8.36	−2.63	224.3

(a) 각 시험에서의 마찰각을 결정하라.

(b) 시험 1에서, τ_p, τ_{cs}, E'와 첨두상태 전단응력에서의 E'_s을 결정하라.

(c) ϕ'_{cs}을 결정하라.

(d) 시험 1에서 α_p을 결정하라.

핵심전략 시험 1에 대한 축차응력과 축변형률 관계 그래프에서 τ_p, τ_{cs}, E', E'_s을 얻는다. 마찰각은 계산되거나 Mohr원에서 구할 수 있다.

풀이 10.8

Step 1 : 마찰각을 결정한다. 계산을 위해 표를 사용하라.

시험번호	σ'_3 (kPa)	$\sigma'_1 - \sigma'_3$ (kPa)	σ'_1 (kPa)	$\sigma'_1 + \sigma'_3$ (kPa)	$\phi' = \sin^{-1}\left(\frac{\sigma'_1 - \sigma'_3}{\sigma'_1 + \sigma'_3}\right)$
시험 1	100	247.8	347.8	447.8	33.6° (첨두)
시험 2	180	362	542	722	30.1° (첨두)
시험 3	300	564	864	1164	29°

대안으로 Mohr원을 그리고 그림 E10.8a에 시험 1과 시험 2의 경우를 나타낸 것과 같이 마찰각을 결정한다.

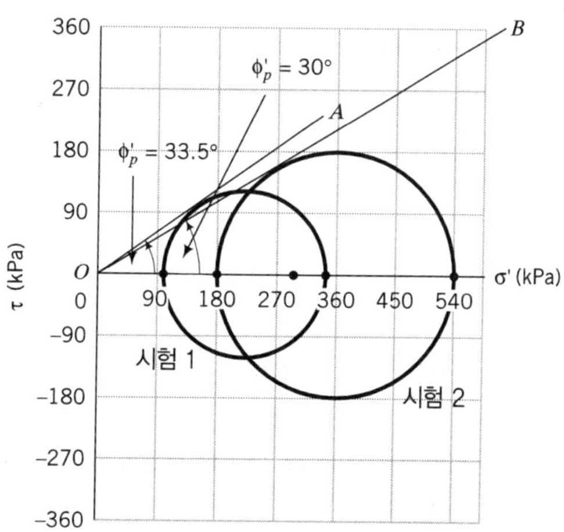

그림 E10.8a

Step 2 : 시험 1에 대한 축차응력과 축변형률 관계 그래프로 부터 τ_p와 τ_{cs}를 결정한다.

$$\text{초기면적은 } A_o = \frac{\pi D_o^2}{4} = \frac{\pi \times 38^2}{4} = 1134 \text{ mm}^2$$

$$V_o = A_o H_o = 1134 \times 76 = 86,184 \text{ mm}^3$$

$$A = \frac{A_o(1 - \varepsilon_p)}{1 - \varepsilon_1}$$

축차응력 q는 축하중(P_z)을 시료의 단면적으로 나눈 값이다.

A_o = 1134 mm²					
Δz (mm)	$\varepsilon_1 = \frac{\Delta z}{H_o}$	ΔV (cm³)	$\varepsilon_p = \frac{\Delta V}{V_o} \times 10^2$	A (mm²)	$q = P_z/A$ (kPa)
0.00	0.00	0.00	0.00	1134	0
0.15	0.20	0.02	0.02	1136	53.8
0.23	0.30	0.03	0.03	1137	82.9
0.38	0.50	−0.09	−0.10	1141	108.7
0.76	1.00	−0.50	−0.58	1152	174.9
1.52	2.00	−1.29	−1.50	1175	219.2
2.28	3.00	−1.98	−2.30	1196	244.9
2.66	3.50	−2.24	−2.60	1206	247.8
3.04	4.00	−2.41	−2.80	1215	245.3
3.80	5.00	−2.55	−2.97	1229	227.1
4.56	6.00	−2.59	−3.01	1243	215.9
5.32	7.00	−2.67	−3.10	1257	200.8
6.08	8.00	−2.62	−3.05	1270	187.3
6.84	9.00	−2.64	−3.07	1285	178.7
7.60	10.00	−2.66	−3.09	1299	171.8
8.36	11.00	−2.63	−3.06	1313	170.7

τ_p와 τ_{cs}를 계산한다.

$$\tau_p = \frac{(\sigma_1' - \sigma_3')_p}{2} = \frac{247.8}{2} = 124 \text{ kPa}, \quad \tau_{cs} = \frac{(\sigma_1' - \sigma_3')_{cs}}{2} = \frac{170.7}{2} = 85.4 \text{ kPa}$$

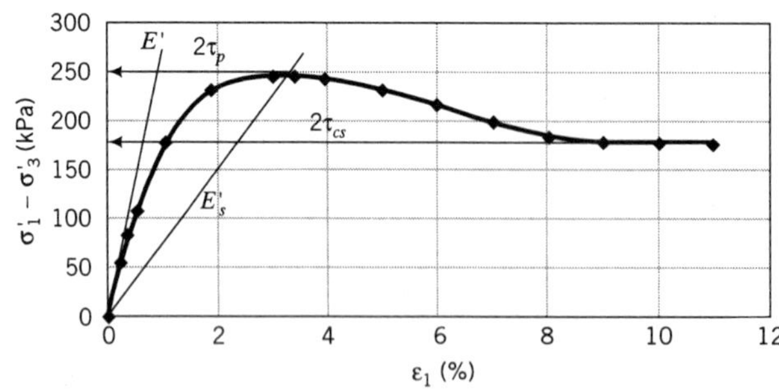

그림 E10.8b

계산을 위해 위 표를 참고하고, 결과의 도시를 위해 그림 E10.8b을 참고하라.

Step 3 : E'와 E_s를 결정한다.

그림 E10.8b의 초기 기울기는 E'이며 원점에서 $q_p = 2\tau_p$ 까지의 직선의 기울기는 E_s'이다.

$$E' = \frac{54}{0.002} = 27{,}000\ \text{kPa}$$

$$E'_s = \frac{247.8}{0.035} = 7081\ \text{kPa}$$

Step 4 : ϕ'_{cs}을 결정한다.

축차응력과 체적변화는 대략 $\varepsilon_1 \approx 10\%$로 부터 일정한 것으로 나타난다. ϕ'_{cs}을 결정하기 위해 $\varepsilon_1 = 11\%$에서의 결과를 사용할 수 있다.

$$(\sigma'_3)_{cs} = 100\ \text{kPa},\ (\sigma'_1)_{cs} = 170.7 + 100 = 270.7\ \text{kPa}$$

$$\phi'_{cs} = \sin^{-1}\left(\frac{\sigma'_1 - \sigma'_3}{\sigma'_1 + \sigma'_3}\right)_{cs} = \sin^{-1}\left(\frac{170.7}{270.7 + 100}\right) = 27.4°$$

Step 5 : α_p를 결정한다.

$$\alpha_p = \phi'_p - \phi'_{cs} = 33.6 - 27.4 = 6.2°$$

10.7.6 압밀비배수압축시험(CU 압축시험)

CU 시험의 목적은 비배수와 배수 전단강도정수들 (s_u, ϕ'_{cs}, ϕ'_p)을 결정하는 것이다. CU시험은 축하중이 비배수조건하에서 증가되고, 과잉간극수압이 측정된다는 것을 제외하고는 CD시험과 유사한 방법으로 수행된다. 시험시 부과되는 응력들은 다음과 같다.

단계 1: 등방 압밀 단계

$$\Delta\sigma_1 = \Delta\sigma_3 = \Delta\sigma'_1 = \Delta\sigma'_3; \quad \Delta\sigma_1 > 0, \quad \Delta u = 0$$

따라서

$$\Delta p' = \Delta p = \Delta\sigma_1; \quad \Delta q = 0, \quad \frac{\Delta q}{\Delta p'} = \frac{\Delta q}{\Delta p} = 0$$

단계 2: 전단 단계

$$\Delta\sigma_1 > 0, \quad \Delta\sigma_3 = 0; \quad \Delta\sigma'_1 = \Delta\sigma_1 - \Delta u, \quad \Delta\sigma'_3 = -\Delta u$$

$$\Delta p = \frac{\Delta\sigma_1}{3}; \quad \Delta q = \Delta\sigma_1, \quad \frac{\Delta q}{\Delta p} = 3$$

$$\Delta p' = \Delta p - \Delta u = \frac{\Delta\sigma_1}{3} - \Delta u$$

$$\Delta q = \Delta\sigma_1, \quad \frac{\Delta q}{\Delta p'} = \frac{\Delta\sigma_1}{\dfrac{\Delta\sigma_1}{3} - \Delta u} = \frac{3}{1 - \dfrac{3\Delta u}{\Delta\sigma_1}}$$

전응력 경로는 명확하나, 유효응력 경로는 과잉간극수압이 측정되어야만 결정될 수 있다. CU 시험에서의 시료의 응력들과 응력경로들은 그림 10.24에 나타내었다. 유효응력경로는 시료가 항복했을 때 과잉간극수압이 비선형으로 증가하여 ESP를 휘게 하기 때문에 비선형으로 나타난다.

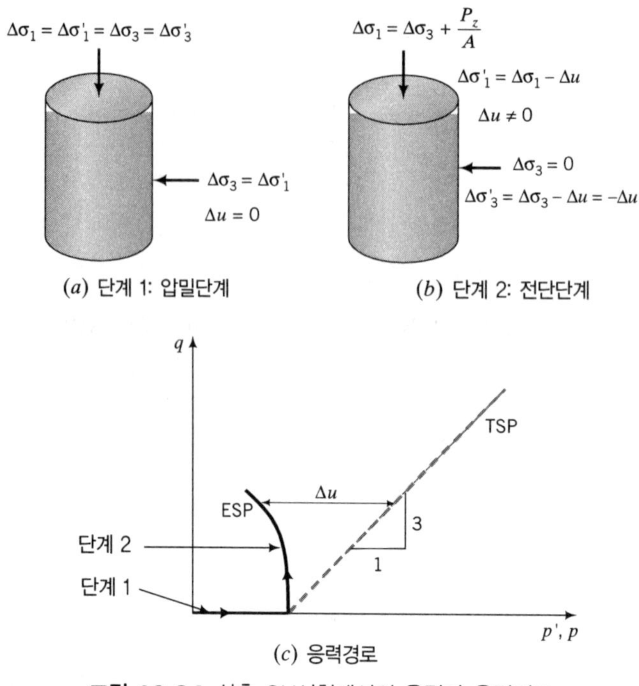

그림 10.24 삼축 CU시험에서의 응력과 응력경로

CU 시험에서 흙의 체적은 전단단계에서는 일정하다. 따라서 식 (10.46)이 성립한다.

$$\varepsilon_p = \varepsilon_1 + 2\varepsilon_3 = 0 \tag{10.46}$$

이 식을 다시 정리하면

$$\varepsilon_3 = -\frac{\varepsilon_1}{2} \tag{10.47}$$

축변위가 측정되고 $\varepsilon_1 = \Delta z/H_o$가 계산된다. 최대 전단변형률은 식 (10.48)과 같다.

$$(\gamma_{zx})_{max} = \varepsilon_1 - \varepsilon_3 = \varepsilon_1 - \left(\frac{-\varepsilon_1}{2}\right) = 1.5\varepsilon_1 \tag{10.48}$$

탄성계수 E_u와 $(E_u)_s$는 세로축 $(\sigma_1 - \sigma_3)$와 가로축 ε_1의 관계 그래프로부터 결정된다.

CU 시험으로부터 얻은 전형적인 결과들을 그림 10.25에 나타내었다. 그림 10.25에 그려진 것과 같이 두 세트의 Mohr원을 그릴 수 있다. 하나는 전응력 조건을, 다른 하나는 유효응력 조건을 나타낸다. 각 시험에서 전응력 Mohr원과 유효응력 Mohr원의 크기는 같으나, 과잉간극수압으로 인해 수평적으로 분리된다. 파괴시 과잉간극수압이 '−' 부호를 갖는다면 유효응력 Mohr원은 오른쪽으로 이동하고, '+' 부호를 갖는다면 왼쪽으로 이동한다. Mohr-Coulomb 파괴기준이 유효응력 Mohr원을 사용한 전단강도 해석에 사용된다. 그에 따른 전단강도 정수들은 ϕ'_{cs}와 ϕ'_p이다.

Tresca 파괴기준은 전응력 Mohr원을 사용한 비배수전단강도 해석에 사용된다. 전응력에 관한 각각의 Mohr원은 각 시험이 서로 다른 구속압 또는 적용 압밀압력에 의해 초래되는 서로 다른 초기 함수비를 갖고 있어 각각 특정한 s_u 값에 연관되어 있다. s_u 값은 요구되는 전응력 Mohr원의 정점에서 수평선과 수직의 전단축과 교차하는 점을 작도

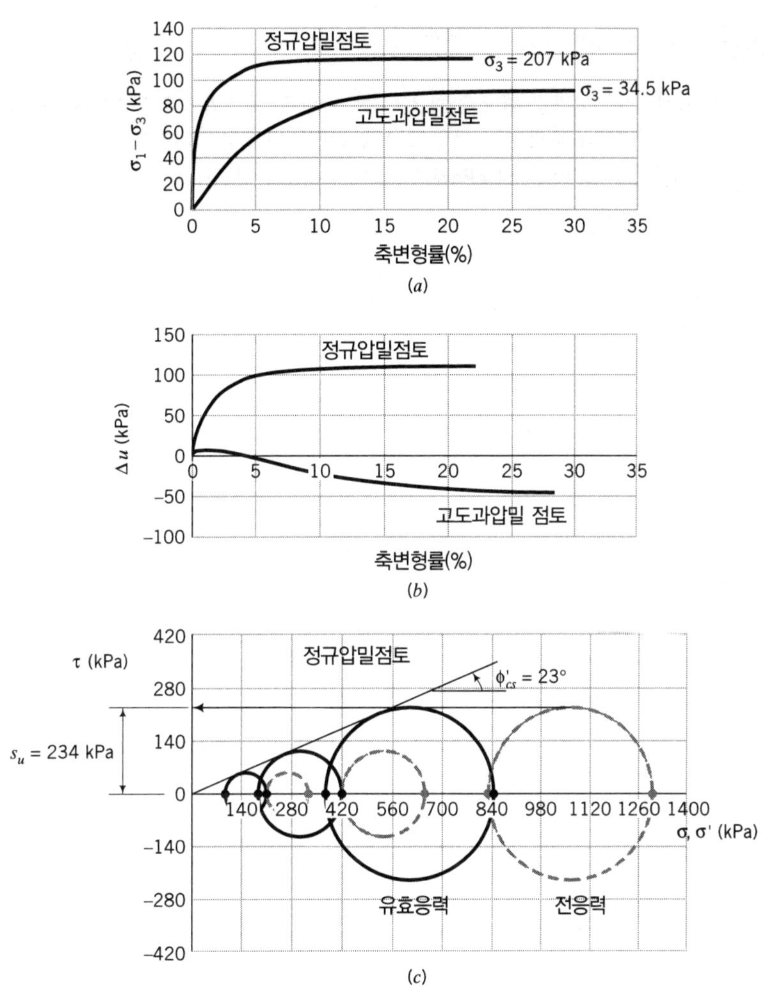

그림 10.25 점토에 대한 삼축CU시험. (출처: *The Measurement of Soil Properties in the Triaxial Test*, by Bishop and Henkel, Edward Arnold, 1962.)

하여 얻어진다. 그림 10.25에서와 같이, 대략 830 kPa의 셀압(구속압)에서의 s_u 값은 234 kPa이다. 다른 방법으로 식 (10.49)와 같이 s_u를 계산할 수 있다.

$$s_u = \frac{(\sigma_1 - \sigma_3)_f}{2} = \frac{(P_z)_{max}}{2A} \tag{10.49}$$

여기서 첨두상태하중이 사용된다면, $(s_u)_p$값을 얻는다. 만약 한계상태의 하중이 사용되면 $(s_u)_{cs}$값을 얻는다. 그래서 현장에서 예상되는 최대 응력수준에 대한 s_u값을 정상적으로 결정 할 수 있다. 보고되는 s_u값은 시험에서 사용된 초기 간극비와 과압밀비도 같이 수반되어 기록하여야 한다.

CU 시험은 s_u뿐만 아니라, ϕ'_{cs} 및 ϕ'_p 값들을 얻을 수 있고, 또 1일 이상의 시간이 걸리는 CD 시험에 비해 압밀 이후 수분 내에 대부분의 시험을 완료할 수 있기 때문에 가장 널리 보급된 삼축시험이다. 낮은 투수계수 k를 갖는 세립질 흙은 시료내부 전체적인 과잉간극수압의 평형을 위해 느리게 전단되어야 한다. CU 시험으로부터 얻은 결과들은 사면, 기초, 옹벽, 굴착 및 기타 지반구조물의 안정성을 해석하기 위해 사용된다.

예제 10.9 CU 삼축시험 데이터의 해석

포화점토 시료에 대해 150 kPa의 셀압(구속압)으로 등방압밀 후, 구속압을 일정하게 유지하며 점차적으로 피스톤 하중을 증가시키는 CU 시험이 수행되었다. 대략 15%의 큰 축변형률에서, 재하 피스톤에 의해 가해진 축응력은 대략 160 kPa로 일정하게 유지되었고, 그때 기록된 간극수압은 54 kPa로 일정하였다. (a) s_u와 (b) ϕ_{cs}을 결정하라. 전응력과 유효응력의 Mohr원을 도시하고 얻어진 답을 나타내라.

핵심전략 Mohr-Coulomb 파괴기준을 사용하여 유효 강도정수들을 계산하거나, Mohr원을 도시하여 강도정수들을 결정할 수 있다. 재하 피스톤에 의해 부과되는 (축)응력은 최대주응력 σ_1이 아니고, $(\sigma_1 - \sigma_3) = (\sigma_1' - \sigma_3')$임을 기억하라. 큰 변형률에서 축응력과 간극수압이 대략 일정하게 유지되므로, 한계상태조건이 달성되었다고 가정할 수 있다. Tresca 파괴기준이 s_u를 결정하기 위해 사용되어야 한다.

풀이 10.9

Step 1 : 파괴시의 응력들을 계산한다.

$$\frac{P_z}{A} = (\sigma_1)_f - (\sigma_3)_f = 160 \text{ kPa}$$

$$(\sigma_1)_{cs} = \frac{P_z}{A} + \sigma_3 = 160 + 150 = 310 \text{ kPa}$$

$$(\sigma_1')_{cs} = (\sigma_1)_{cs} - \Delta u_{cs} = 310 - 54 = 256 \text{ kPa}$$

$$(\sigma_3)_{cs} = 150 \text{ kPa}, \quad (\sigma_3')_{cs} = (\sigma_3)_{cs} - \Delta u_{cs} = 150 - 54 = 96 \text{ kPa}$$

Step 2 : 비배수전단강도를 결정한다.

$$s_u = (s_u)_{cs} = \frac{(\sigma_1)_{cs} - (\sigma_3)_{cs}}{2} = \frac{160}{2} = 80 \text{ kPa}$$

Step 3 : ϕ_{cs}'을 결정한다.

$$\sin\phi_{cs}' = \frac{(\sigma_1)_{cs} - (\sigma_3)_{cs}}{(\sigma_1)_{cs} + (\sigma_3)_{cs}} = \frac{160}{256 + 96} = 0.45$$

$$\phi_{cs}' = 26.7°$$

Step 4 : Mohr원을 그린다.

그림 E10.9를 참고하라.

$$\phi_{cs}' = 27°$$

$$(s_u)_{cs} = 80 \text{ kPa}$$

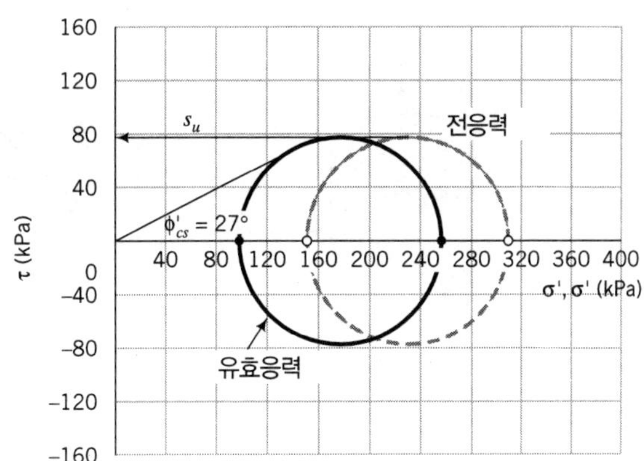

그림 E10.9

10.7.7 비압밀비배수시험(UU 시험)

UU시험의 목적은 포화시료의 비배수전단강도을 결정하는 것이다. UU시험은 간극수의 배수 없이 흙시료에 셀압(구속압)을 부과한 후 축응력을 증가시키는 과정으로 구성된다. 구속압은 일정하게 유지되고, 압밀과 전단 두 단계에서 과잉간극수가 배수되지 않기 때문에 매우 빨리 시험이 종료된다.

단계 1: 등방압축 (압밀이 아님) 단계

$$\Delta\sigma_1 = \Delta\sigma_3, \quad \Delta u \neq 0$$
$$\Delta p = \Delta\sigma_1, \quad \Delta q = 0, \quad \frac{\Delta q}{\Delta p} = 0$$

단계 2: 전단단계

$$\Delta\sigma_1 > 0, \quad \Delta\sigma_3 = 0$$
$$\Delta p = \frac{\Delta\sigma_1}{3}, \quad \Delta q = \Delta\sigma_1, \quad \frac{\Delta q}{\Delta p} = 3$$

보통 동일한 흙과 동일한 초기 간극비의 2개 이상의 시료에 대해 서로 다른 구속압에서 시험이 수행된다. 각각의 Mohr원은 같은 크기가 되나, Mohr원들은 구속압의 크기에 따라 수평적으로 이동된다. UU시험에 대한 Mohr원, 응력 그리고 응력경로를 그림 10.26에 나타내었다. 유효응력을 계산할 수 있는 간극수압이 측정되지 않기 때문에, 단지 전응력 경로만을 알 수 있다.

비배수전단강도 s_u와 비배수탄성계수 E_u와 $(E_u)_s$는 UU시험으로부터 얻어진다. Tresca 파괴기준이 UU시험의 해석에 사용된다. UC시험과 같이 UU시험은, CD시험 및 CU시험과 비교할 때 빠르고 경제적인 방법이다. UC시험에 비해 UU시험의 추가적인 장점은 시료에 현장상황을 모사하기 위하여 측면방향에서 응력을 가한다는 것이다. UU시험과 UC 시험 모두 사면, 기초, 옹벽, 굴착 및 기타 지반구조물 설계를 위한 예비 해석에 유용하다.

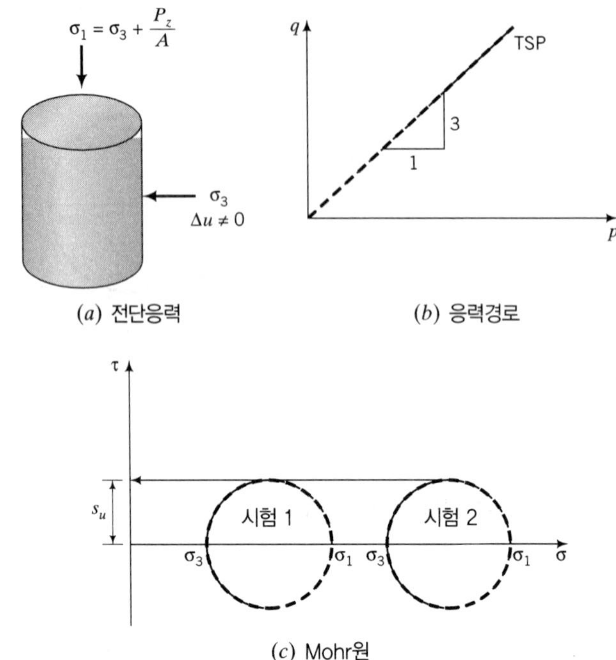

그림 10.26 UU시험에 대한 응력, 응력경로 및 Mohr원.

예제 10.10 UU삼축시험으로 부터의 비배수전단강도

포화점토에 대한 UU시험을 수행하였다. 구속압은 200 kPa이고, 첨두상태 축차응력은 220 kPa 였다. 비배수전단강도를 결정하라.

핵심전략 전응력의 반경을 이용하여 $(s_u)_p$을 계산할 수 있으나, Mohr원의 작도가 유익하다.

풀이 10.10

Step 1 : Mohr원을 그린다.

그림 E10.10을 참고하라.

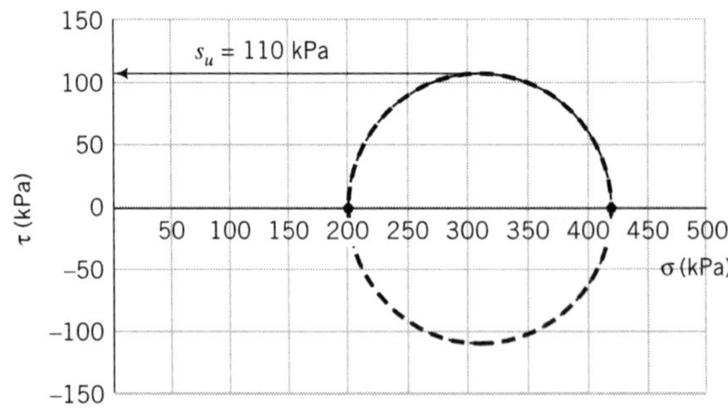

그림 E10.10

Step 2 : 비배수전단강도를 결정한다.

Mohr원의 정점에서 수평선을 그린다. 수평선과 세로축과의 교점이 비배수전단강도이다.

$$(s_u)_p = 110\,\text{kPa}$$

$$\text{계산에 의하면: } (s_u)_p = \frac{(\sigma_1)_p - (\sigma_3)_p}{2} = \frac{220}{2} = 110\,\text{kPa}$$

What's next... UU시험에서 그리고 때때로 CU시험에서 과잉간극수압이 측정되지 않는다. 그러나 유효응력을 계산하기 위하여는 과잉간극수압의 크기를 알 필요가 있다. 다음 절에서는 축대칭 시험에서 과잉간극수압을 예측하는 방법을 설명한다.

10.8 축대칭 비배수 재하시의 간극수압

흙에서 간극수압의 변화는 평균전응력과 축차응력의 변화에 기인한다. Skempton(1954)은 축대칭 조건에서 간극수압을 결정하기 위하여 다음 식을 제안하였다:

$$\Delta u = B[\Delta\sigma_3 + A(\Delta\sigma_1 - \Delta\sigma_3)] \tag{10.50}$$

여기서 $\Delta\sigma_3$는 측면 주응력의 증가량, $\Delta\sigma_1 - \Delta\sigma_3$는 축차응력 증가량, B는 포화도 계수, A는 과잉간극수압계수이다. A계수는 축차응력에 기인한다. B계수는 포화토에 대해 1 이고, 건조토에 대해 0 이다. 그러나 B계수는 높은 포화도 $(S > 90\%)$일 때를 제외하고는 포화도와 직접적으로 연관되지는 않는다. 파괴시에는 다음과 같다.

$$A = A_f = \left(\frac{\Delta u_q}{\Delta\sigma_1 - \Delta\sigma_3}\right)_f \tag{10.51}$$

여기서 Δu_q는 축차(전단)응력의 변화에 의해 야기되는 과잉간극수압의 변화이다. Skempton (1954)에 의해 발표된 A_f 계수의 시험적인 결과를 표 10.5에 나타내었다(A계수는 과압밀비(OCR)에 의존한다는 것이 밝혀졌다). OCR에 따른 전형적인 A_f의 변화는 그림 10.27에 나타내었다.

식 (10.50)은 축대칭 시험에서 흙의 포화 여부를 결정하는데 매우 유용하다. 양변을 $\Delta\sigma_3$으로 나누어 식 (10.50)을 다시 쓰면 식 (10.52)와 같다.

$$\frac{\Delta u}{\Delta\sigma_3} = B\left[1 + A\left(\frac{\Delta\sigma_1}{\Delta\sigma_3} - 1\right)\right] \tag{10.52}$$

등방압밀 중에는 $\Delta\sigma_3 = \Delta\sigma_1$이고, 식 (10.52)는 다음과 같이 된다.

$$\frac{\Delta u}{\Delta\sigma_3} = B \tag{10.53}$$

흙이 포화되어 있으면, $B = 1$이고 $\Delta u = \Delta\sigma_3$이다. 즉, 압밀응력 또는 구속압을 $\Delta\sigma_3$ 만큼 증가시키면 즉각적인 과잉

표 10.5 A_f 값

점토의 종류	A_f
매우예민(Highly sensitive)	0.75 to 1.0
정규압밀	0.5 to 1
다짐된 모래질 점토	0.25 to 0.75
약과압밀점토	0 to 0.5
다짐된 점토-자갈	−0.25 to 0.25
고도과압밀점토(Heavily overconsolidated)	−0.5 to 0

출처: *The Measurement of Soil Properties in the Triaxial Test*, by Bishop and Henkel, Edward Arnold, 1962.

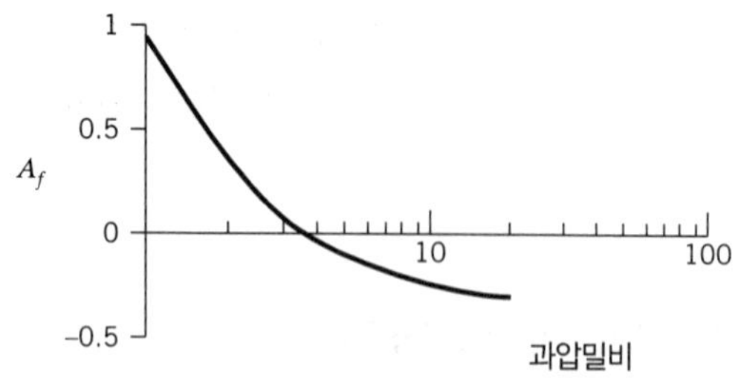

그림 10.27 A_f에 따른 OCR의 변화

간극수압 변화는 구속압의 증가와 같아야 한다. 따라서 식 (10.53)는 축대칭 시험에서 흙시료의 포화정도를 평가하기 위한 근거를 제공한다. A와 B계수는 Skempton의 간극수압계수로 알려져 있다.

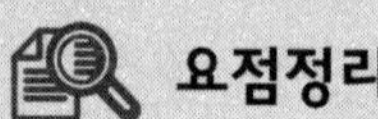

요점정리 THE ESSENTIAL POINT ARE

1. 축대칭 재하조건에서 간극수압은 Skempton의 간극수압 계수 A와 B를 사용하여 예측할 수 있다.
2. 포화토에 대해서는 B = 1 이다.

What's next... 다음절에서는 흙의 전단강도를 결정하기 위한 몇몇의 다른 실내 시험기에 대해 간단하게 설명한다. 이들 시험기들은 보다 복잡하고, 삼축이나 직접전단 시험기에 비해 흙 시료에 대해 현장응력을 보다 근접하게 재현할 수 있도록 개발되었다.

10.9 전단강도 측정을 위한 기타 실내 시험기구

실내시험에서 흙의 전단강도를 결정하기 위하여 사용되는 몇몇 다른 형태의 시험기들이 있다. 일반적으로 이들 시험기들은 전단상자나 삼축시험기에 비해 정교하다.

10.9.1 단순전단시험기

단순전단시험의 목적은 평면변형률을 근접하게 모사할 수 있고, 주 축응력과 주 축변형률이 회전하도록 허용하는 재하조건하에서 흙의 전단강도정수들과 응력-변형률 거동을 결정하고자 하는 것이다. 주응력의 회전은 직접전단시험에서도 발생하나 명확하지 않다. 많은 지반구조물에 대한 흙의 응력상태는 단순전단과 유사하다.

상업적으로 유용한 두 가지 형태의 단순전단시험기가 있다. 하나는 평면변형률 조건하에서 초기 입방체 시료를 평행 6면체로 변형시킨다(그림 10.28a). 시료는 상하의 압반 사이에 정사각형의 중공 금속판을 끼어넣어 제작한 상자 내에 수용된다. 상부 압반은 일정체적시험에서는 고정된 높이로 유지될 수 있고, 또 일정 하중 시험에서는 체적변화가 발생할 수 있도록 수직방향으로의 이동도 가능하다. 상자의 하부를 상부에 상대적인 이동으로 시료가 정육면체에서 평행 6면체로 변형된다.

상부 압반에 장착된 하중측정 장치는 수직응력을 측정한다. 측방향 응력은 변형률 게이지가 부착된 중공 금속판

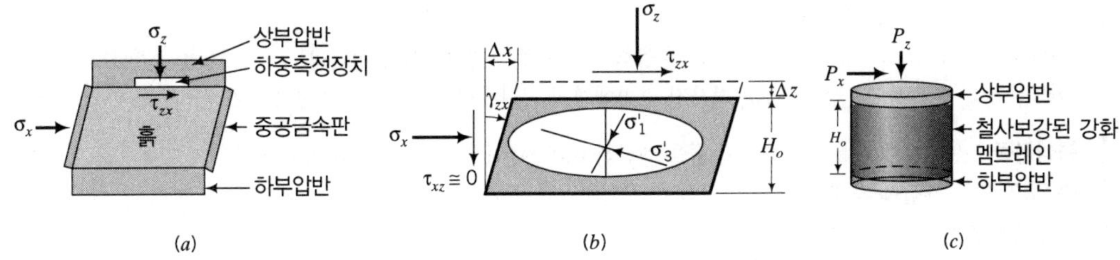

그림 10.28 입방체 단순전단시험기: (a) 단순전단상자, (b) 시료에 가해지는 응력, (c) 직접단순전단

들 중 하나로부터 얻어진다. 입방체 단순전단시험기로부터 측정된 응력과 변형률을 그림 10.28b에 나타내었다. 과잉 간극수압이 비배수(일정 체적)시험에서 측정된다면 유효응력은 결정될 수 있다.

또 다른 시험기구는 철선으로 보강된 강화 멤브레인으로 측면이 둘러쌓여 있는 원통형 시료에 대하여 시험을 수행하는 것이다(그림 10.28c). 강성의 거친 금속판이 시료의 상하부에 놓인다. 하부에 대한 시료 상부의 움직임으로 시료는 변형된다. 수직 및 수평 하중(일반적으로 상부 경계면에서)뿐만 아니라 경계면에서의 변위도 측정되고, 그 결과로 평균 수직 및 전단응력과 경계면의 변형률이 산출된다. 원통형 시험장치에서 측정된 응력들은 σ_z와 τ_{zx}이고, 이 시험은 직접단순전단시험으로 알려져 있다.

단순전단시험기는 시료 전체에 등방 응력과 변형률을 부과시키지 않는다. 그러나 시료의 중앙부분은 응력과 변형률이 균등하다. 단순전단시험에서 변형률은 $\varepsilon_x = \varepsilon_y = 0$, $\varepsilon_z = \Delta z/H_o$, 그리고 $\gamma_{zx} = \Delta x/H_o$이다. 전단응력 τ_{zx}과 전단변형률 γ_{zx} 사이의 관계 그래프를 작도하여 G를 결정한다.

전단변위 Δx는 위에서 정의한 사항을 따르기 위해 작은 증가량으로 적용시켜야 한다. 식 (7.35)와 (7.36)으로부터 주변형률은 다음 식 (10.54) 및 (10.55)와 같다.

$$\varepsilon_1 = \frac{1}{2}\left(\varepsilon_z + \sqrt{\varepsilon_z^2 + \gamma_{zx}^2}\right) \tag{10.54}$$

$$\varepsilon_3 = \frac{1}{2}\left(\varepsilon_z - \sqrt{\varepsilon_z^2 + \gamma_{zx}^2}\right) \tag{10.55}$$

최대전단변형률은 식 (10.56)과 같다.

$$(\gamma_{zx})_{max} = \varepsilon_1 - \varepsilon_3 = \sqrt{\varepsilon_z^2 + \gamma_{zx}^2} \tag{10.56}$$

체적팽창각은 식 (10.10)으로 부터 결정된다. Taylor 파괴기준이 단순전단시험 결과의 해석에 적합하다. ϕ'_{cs}과 ϕ'_p의 결정을 위해 유효응력과 함께 Mohr-Coulomb 파괴기준을 사용할 수 있고, s_u의 결정을 위해 전응력과 함께 Tresca 파괴기준이 사용될 수 있다.

예제 10.11 단순전단시험 데이터의 해석

한 면이 50 mm인 정육면체의 시료에 대해 단순전단시험기에서 시험을 수행하였다. 수직하중의 조절을 통하여 시료의 체적을 일정하게 유지하였다. 파괴시 수직하중(P_z)은 500 N, 수평하중(P_x)은 375 N, 그리고 전단력(T)은 150 N이었다. 발생된 과잉 간극수압은 60 kPa이다.

(a) 전응력과 유효응력에 대한 Mohr원을 그려라.

(b) 시료의 체적팽창이 없다고 가정하고, 마찰각과 비배수전단강도를 결정하라.

(c) 파괴시 응력들을 결정하라.
(d) 유효주응력의 크기와 수평면과 최대주응력축이 이르는 경사각을 결정하라.
(e) 수평면에서 시계방향으로 20° 경사진 평면에서의 전단응력과 수직응력을 결정하라.

핵심전략 흙 시료에 작용하는 힘과 응력을 계산하고, 또 Mohr원을 작도한다. Mohr원의 작도로부터 요구되는 모든 값을 얻을 수 있고, 또는 계산에 의해 얻을 수도 있다. 마찰각을 계산하기 위해 유효응력을 사용하여야 한다. 흙의 체적팽창이 없기 때문에 한계상태 조건으로 가정할 것이다.

풀이 10.11

Step 1 : 전응력과 유효응력을 결정한다.

$$\sigma_z = \frac{P_z}{A} = \frac{500 \times 10^{-3}}{(0.05)^2} = 200\,\text{kPa}$$

$$\sigma_x = \frac{P_x}{A} = \frac{375 \times 10^{-3}}{(0.05)^2} = 150\,\text{kPa}$$

$$\tau_{zx} = \frac{T}{A} = \frac{150 \times 10^{-3}}{(0.05)^2} = 60\,\text{kPa}$$

$$\sigma'_z = \sigma_z - \Delta u = 200 - 60 = 140\,\text{kPa}$$

$$\sigma'_x = \sigma_x - \Delta u = 150 - 60 = 90\,\text{kPa}$$

Step 2 : 전응력과 유효응력의 Mohr원을 그린다.
그림 E10.11을 참고하라.

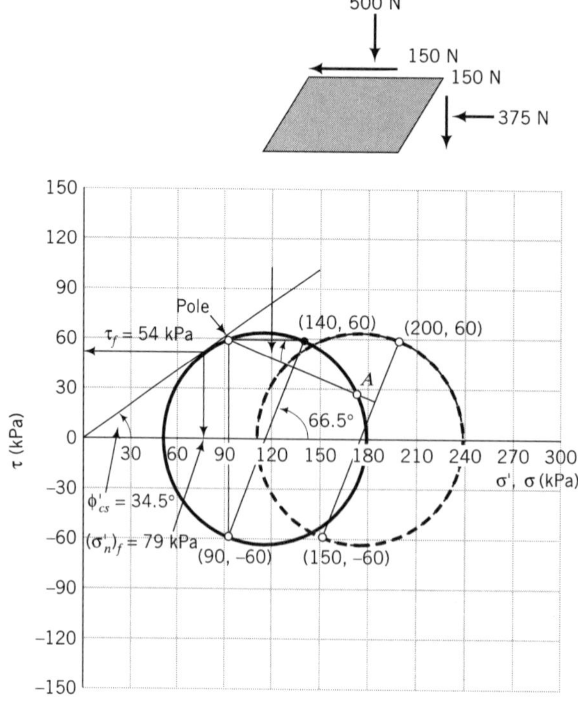

그림 E10.11

Step 3 : ϕ'_{cs}와 s_u를 결정한다.

원점으로부터 유효응력 Mohr원과의 접선을 그린다.

$$\text{Mohr원으로부터: } \phi'_{cs} = 34.5°$$

비배수전단강도는 전응력의 Mohr원의 정점에서 그은 수평선과 세로축과의 교점을 도시하여 찾을 수 있다.

$$(s_u)_{cs} = 65 \text{ kPa}$$

Step 4 : 파괴시 응력들을 결정한다.

유효응력 Mohr원과 파괴포락선의 접점에서 다음을 얻는다.

$$\tau_{cs} = 54 \text{ kPa}, (\sigma'_n)_{cs} = 79 \text{ kPa}$$

Step 5 : σ'_1, σ'_3, ψ를 결정한다.

유효응력 Mohr원으로부터 다음을 얻는다.

$$(\sigma'_1)_{cs} = 180 \text{ kPa와 } (\sigma'_3)_{cs} = 50 \text{ kPa}; 2\psi = 66.5°\text{와 } \psi = 33.3°$$

Step 6 : 20° 경사 평면에서 응력들을 결정한다.

그림 E10.11에 나타낸 것과 같이 극점을 확인한다. 그림 E10.11에 보여진 것과 같이 극점으로부터 수평면에서 20° 경사진 선을 작도한다. 반시계방향의 전단력을 '+' 부호로 한다는 것을 기억하라. A 점이 수평면으로부터 20° 경사진 평면상의 응력들을 나타낸다.

$$\tau_{20} = 30 \text{ kPa}; \sigma'_{20} = 173 \text{ kPa}$$

별해: 계산에 의한다면 다음과 같다.

식 (7.27): $$(\sigma'_1)_{cs} = \frac{140 + 90}{2} + \sqrt{\left(\frac{140 - 90}{2}\right)^2 + 60^2} = 180 \text{ kPa}$$

식 (7.28): $$(\sigma'_3)_{cs} = \frac{140 + 90}{2} - \sqrt{\left(\frac{140 - 90}{2}\right)^2 + 60^2} = 50 \text{ kPa}$$

$$(s_u)_{cs} = \frac{(\sigma'_1 - \sigma'_3)_{cs}}{2} = \frac{180 - 50}{2} = 65 \text{ kPa}$$

$$\phi'_{cs} = \sin^{-1}\left(\frac{\sigma'_1 - \sigma'_3}{\sigma'_1 + \sigma'_3}\right) = \sin^{-1}\left(\frac{180 - 50}{180 + 50}\right) = 34.4°$$

식 (7.29): $$\tan\psi = \frac{\tau_{zx}}{\sigma'_1 - \sigma'_x} = \frac{60}{180 - 90} = 0.67; \quad \psi = 33.7°$$

식 (7.32): $$(\sigma'_n)_{20} = \frac{140 + 90}{2} + \frac{140 - 90}{2} \cos 40° + 60 \sin 40°$$

$$= 172.7 \text{ kPa}$$

식 (7.33): $$\tau_{20} = 60 \cos 40° - \frac{140 - 90}{2} \sin 40° = 29.9 \text{ kPa}$$

예제 10.12 단순전단시험으로 부터의 변형률 해석

한 면이 50 mm인 정육면체 흙 시료를 이용하여 배수조건하에서 단순전단시험을 수행하였다. 전단변위 1 mm와 수직변위가 −0.05 mm 일 때, 최대전단응력이 발생하였다.

(a) 변형률에 관한 Mohr원을 그려라.

(b) 주변형률을 결정하라.

(c) 최대전단변형률을 결정하라.
(d) 체적팽창각 α를 결정하라.

핵심전략 수직변형률과 전단변형률을 계산하고, 변형률 Mohr원을 그린다. Mohr원으로부터 모든 요구되는 값들을 결정할 수 있다. 또는 계산으로 구할 수도 있다.

풀이 10.12

Step 1 : 변형률을 결정한다.

$$\varepsilon_z = \frac{\Delta z}{H_o} = -\frac{0.05}{50} = -0.001$$

(흙 시료가 팽창하기 때문에 '−' 부호임. '압축이 +' 부호임)

$$\varepsilon_x = \varepsilon_y = 0$$

$$\gamma_{zx} = \frac{\Delta x}{H_o} = \frac{1}{50} = 0.02$$

Step 2 : 변형률 Mohr원을 그리고, ε_1, ε_3, $(\gamma_{zx})_{max}$ 및 α를 결정한다.

그림 E10.12의 변형률에 관한 Mohr원을 참고하라.

$$\varepsilon_1 = 9.5 \times 10^{-3},\ \varepsilon_3 = -10.5 \times 10^{-3}$$

$$\alpha = 3°$$

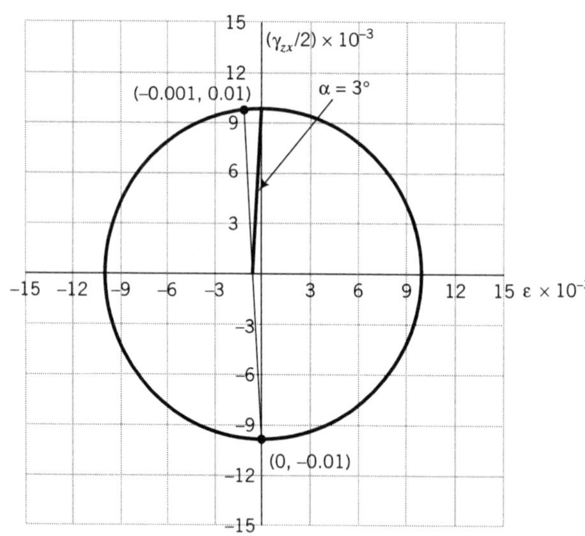

그림 E10.12

계산에 의하면 다음과 같다.

식 (7.35): $$\varepsilon_1 = \frac{1}{2}\left(-0.001 + \sqrt{(-0.001)^2 + (0.02)^2}\right) = 9.5 \times 10^{-3}$$

식 (7.36): $$\varepsilon_3 = \frac{1}{2}\left(-0.001 - \sqrt{(-0.001)^2 + (0.02)^2}\right) = -10.5 \times 10^{-3}$$

10.9.2 삼축응력제어시험기 또는 진삼축시험기(True Triaxial Apparatus)

삼축응력제어시험 또는 진삼축시험(true triaxial test)의 목적은 3차원에서의 재하를 통해 흙의 거동과 특성을 결정하고자 하는 것이다. 진삼축시험에서는 정육면체 시료에 3개 축에서의 독립적인 변위나 응력이 부과된다. 그림 10.29a에서의 화살표와 같이 변위들이 각 육면체 면에서 접선방향과 수직방향으로 움직이는 강체금속판 시스템을 통하여 발생된다. 압력 변환기는 3방향의 주응력들을 측정하기 위하여 각 면의 내부에 설치된다. 기존의 삼축시험기와 같이, 주응력 방향은 정해져있고, 단지 90°각도로 순간적으로 변화될 수 있다. 진삼축시험에서 측정될 수 있는 응력과 변형률을 그림 10.29b에 나타내었다.

10.9.3 중공원통시험기

중공원통 시험의 목적은 다양한 평면변형률 응력경로에 대한 흙의 특성을 결정하고자 하는 것이다. 중공원통 시험기(그림 10.30a)에서는 속이 비고, 얇은 벽의 원통형 시료가 압력실내에 둘러쌓여 있어 그림 10.30b에 나타낸 것과 같이 수직하중 또는 변위, 내부와 외부 원통면에 반경방향 응력 및 회전력을 가할 수 있다.

이 시험기에서 전형적인 흙 요소에 작용하는 수직응력은 다음과 같다.

$$\sigma_z = \frac{P_z}{A}$$

내부와 외부 반경방향 응력이 서로 같다면

$$\sigma_r = \sigma_\theta$$

작용된 전단응력은 식 (10.57)과 같다.

$$\tau_{z\theta} = \frac{3T_r}{2\pi(r_2^3 - r_1^3)} \tag{10.57}$$

여기서 T_r는 작용 회전력, r_1과 r_3는 내부와 외부 반경이다. 중공원통 시험을 통해 ϕ_p', ϕ_{cs}', s_u, G 값을 구할 수 있다.

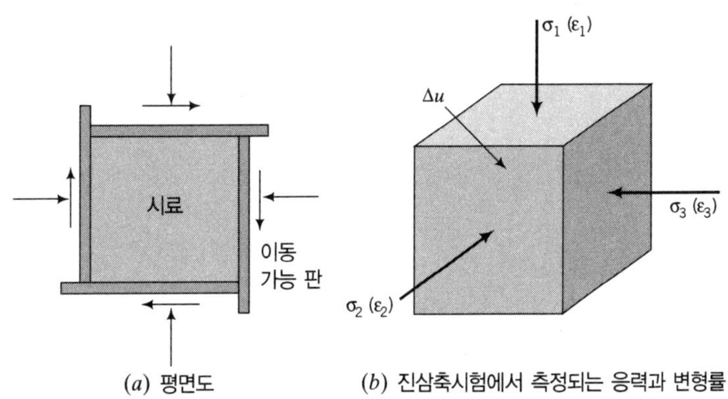

(*a*) 평면도 (*b*) 진삼축시험에서 측정되는 응력과 변형률

그림 10.29 진삼축셀의 개요와 흙 시료에 작용하는 응력들

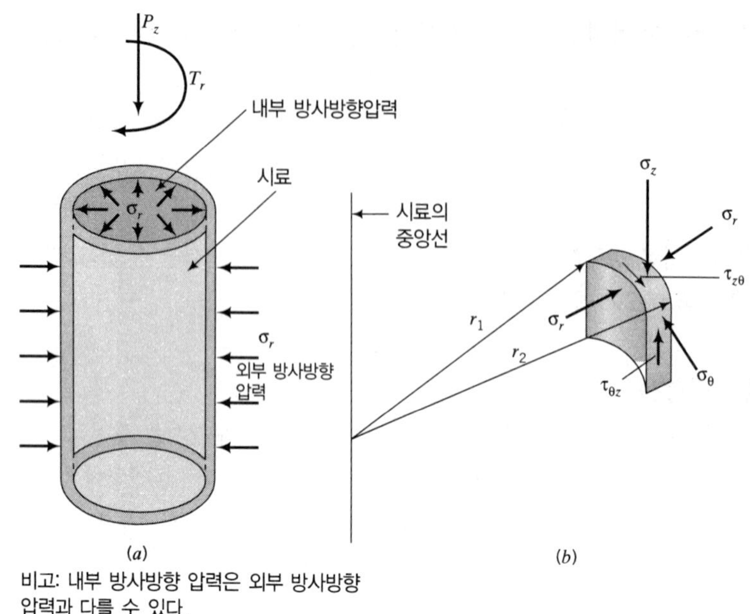

그림 10.30 (a) 중공원통셀 (b) 흙 요소에 작용하는 응력

What's next... 실내시험에서 시료 교란과 시료 준비과정은 전단강도 정수를 크게 손상시킨다. 결과적으로 다양한 현장시험(3장)이 보다 신뢰성있는 흙의 전단강도 정수를 얻을 수 있도록 개발되었다. 현장시험 결과들은 경험적인 요소를 사용하여 실내시험 결과들과 관련짓기도 한다. 다음 절에서는 자주 사용되는 현장시험으로 부터의 전단강도 정수가 설명된다.

10.10 현장 시험

10.10.1 베인전단시험(VST)

베인전단시험(3장, 3.5.7a절)으로부터 비배수전단강도는 다음 식 (10.58)에 의해 계산된다.

$$s_u = \frac{2T}{\pi d^3(h/d + \frac{1}{3})} \tag{10.58}$$

여기서 T는 최대 회전력, h는 베인의 길이, d는 베인의 직경이다.

10.10.2 표준관입시험(SPT)

SPT(3장)로부터 얻은 결과들은 몇몇 흙의 정수들과 상관관계를 갖고 있다. 대부분의 상관관계는 약하다. N치와 상대밀도 ϕ'의 전형적인 상관관계를 표 10.6과 10.7에 나타내었다. 표 10.6에 나타낸 상관관계를 이용할 때는 주의가 필요하다. SPT는 세립질 흙에 대해서는 추천되지 않는다. 따라서 표 10.7에서 제시한 상관관계들은 세립질 흙의 상대적인 전단강도에 대한 평가만을 제공함에 사용되어야 한다.

표 10.6 조립토에 대한 N, N_{60}, γ, D_r 그리고 ϕ'의 상관관계

N	N_{60}	다짐도	γ (kN/m^3)	D_r (%)	ϕ' (도)
0–4	0–3	매우 느슨함	11–13	0–20	26–28
4–10	3–9	느슨함	14–16	20–40	29–34
10–30	9–25	중간	17–19	40–70	35–40*
30–50	25–45	조밀함	20–21	70–85	38–45*
>50	>45	매우 조밀함	>21	>85	>45*

*이들 값은 ϕ'_p에 상응한다.

표 10.7 포화 세립토에 대한 N_{60}과 s_u의 상관관계

N_{60}	설명	s_u (kPa)
0–2	매우 연약	<10
3–5	연약	10–25
6–9	중간	25–50
10–15	단단함	50–100
15–30	매우 단단함	100–200
>30	극히 단단함	>200

10.10.3 콘관입시험(CPT)

콘 저항력 q_c는 통상적으로 비배수전단강도와 상관관계가 있다. 몇 가지 조정이 q_c에 대해 만들어졌다. 그 중 하나의 상관관계식은 식 (10.19)와 같다.

$$s_u = \frac{q_c - \sigma_z}{N_k} \tag{10.59}$$

여기서 N_k는 콘의 기하학적 형상과 관입속도에 따라 좌우되는 콘지수이다. 소성지수의 함수로써 평균적인 N_k값은 다음과 같이 평가될 수 있다.

$$N_k = 19 - \frac{\text{PI} - 10}{5}; \quad \text{PI} > 10 \tag{10.60}$$

콘관입시험의 결과들은 첨두상태 마찰각과 상관관계를 갖는다. 많은 상관식들이 존재한다. 모래에 대해 발표된 자료(Robertson and Campanella, 1983)를 바탕으로 다음 식을 이용하여 ϕ'_p값을 평가할 수 있다.

$$\phi'_p = 35^\circ + 11.5 \log\left(\frac{q_c}{30\sigma'_{zo}}\right); \quad 25^\circ < \phi'_p < 50^\circ \tag{10.61}$$

요점정리 THE ESSENTIAL POINT ARE

1. 다양한 현장시험들은 흙의 강도정수들을 결정하기 위해서 사용된다.
2. 특히 SPT의 경우 설계시 현장시험의 결과와 흙의 강도정수와의 상관관계를 사용하는데는 주의가 필요하다.

What's next... 다음 절에서는 전형적인 실제 상황을 구체화하기 위한 강도시험 방법을 제시한다.

10.11 실내 강도시험의 명시화

현장에서 발생할 것 같은 재하조건이나 경계조건하에서 흙 시료에 대한 시험이 요구된다. 종종 이러한 요구사항은 불확실한 현장에서의 재하조건과 경계조건 때문에 실현되기 어렵다. 그들 조건을 높은 확실성으로 알고 있다고 하더라도 요구되는 실내시험기를 고안한다는 것은 비용이 많이 들고 어려울 것이다. 그래서 기존의 시험기로부터 현장조건을 최대로 모의할 수 있도록 실내시험을 구체적으로 명시하여야 한다. 약간의 실제사례가 추천되는 시험형태와 함께 그림 10.31에 나타나 있다.

What's next... 예를 들어 Atterberg 한계시험과 같은 실내시험으로부터 또는 현장과 실내시험 결과의 통계적 해석으로부터 흙의 강도 정수를 얻기 위한 몇몇의 경험적 관계식이 제안되었다. 이들 관계식 중 몇 개가 다음절에 설명된다.

10.12 전단강도정수들에 대한 경험적 관계식

흙의 전단강도에 대해 여러 가지 제안된 경험적인 관계식들을 표 10.8에 나타내었다. 이들 관계식들은 오직 예비 설계시 계산과 지침으로서만 사용되어야 한다.

10.13 요약

흙의 강도는 4가지 파괴기준을 사용하여 해석된다. 각각의 파괴기준은 어떤 명확한 부류의 문제에 대한 해석에 적합하다. 예를 들어 Coulomb 파괴기준은 평면활동면이 발생하는 상황에 사용될 때 가장 적합하다. 초기 응력상태에 상

표 10.8 경험적인 흙의 강도 관계식

흙 종류	관계식	참고문헌
정규압밀점토	$\left(\dfrac{s_u}{\sigma'_z}\right)_{nc} = 0.11 + 0.0037\,\text{PI}$	Skempton (1957)
	$\left(\dfrac{s_u}{\sigma'_{zo}}\right) = 0.22$	Mesri (1975)
과압밀점토	$\dfrac{(s_u/\sigma'_z)_{oc}}{(s_u/\sigma'_z)_{nc}} = (\text{OCR})^{0.8}$ 비고 1 참조	Ladd et al. (1977)
	$\dfrac{s_u}{\sigma'_z} = (0.23 \pm 0.04)\text{OCR}^{0.8}$ 비고 1 참조	Jamiolkowski et al. (1985)
깨끗한 석영모래	$\phi'_p = \phi'_{cs} + 3D_r(10 - \ln p'_f) - 3$, 식에서 P'_f는 파괴시 평균유효응력이고 (kPa), D_r은 상대밀도이다. 이 식은 $12 > (\phi'_p - \phi'_{cs}) > 0$ 일 경우에만 사용된다.	Bolton (1986)

비고 1: 이들 식은 직접단순전단시험에만 적용할 수 있다. 삼축압축시험으로 부터 평가된 비배수전단강도는 약 1.4배 크다.

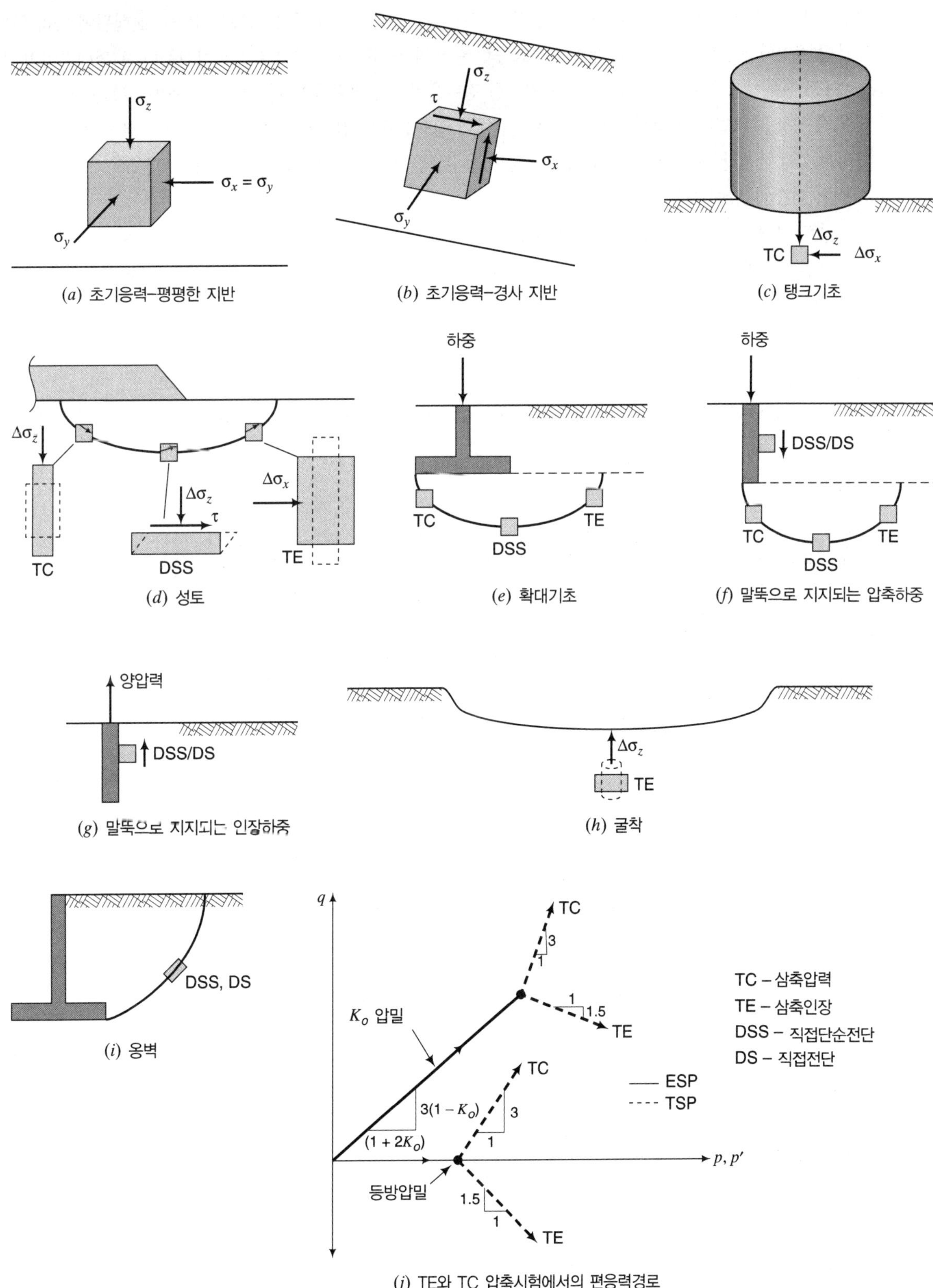

그림 10.31 몇몇의 실제상황과 그 상황을 명시하기 위한 실내강도시험

관없이 모든 흙들은 일정한 체적과 일정한 전단-연직유효응력비에서 계속적으로 전단이 진행됨에 따라 한계상태에 도달할 것이다. 흙의 초기 간극비와 수직유효응력은 흙의 체적팽창 발생여부를 결정짓는다. 체적팽창이 발생하는 흙들은 (1) 첨두상태 전단응력과 그 이후에 일정한 전단응력에서 변형률연화현상과 (2) 초기수축과 뒤이은 한계간극비까지의 팽창을 보인다. 체적팽창이 없는 흙들은 (1) 전단응력의 점진적인 증가와 궁극적으로는 일정 전단응력에 도달하고, (2) 한계간극비까지 수축한다. 전단강도 정수들은 배수조건에서의 마찰각들(ϕ_p' 과 ϕ_{cs}')과 비배수조건에서의 s_u이다. 이중 ϕ_{cs}'만이 기본적인 흙의 강도정수이다.

많은 실내시험과 현장시험들이 전단강도 정수들의 결정에 유용하다. 이들 모든 시험방법들은 결점들을 가지고 있다. 어떠한 시험이 어떤 특수한 프로젝트에 사용하여야 할 것인가를 결정할때 주의깊은 판단이 요구된다. 또한 시험 결과들을 해석하기 위한 적합한 파괴기준을 선택하여야 한다.

자력평가

http://www.wiley.com/college/budhu에 접속하여 제 10장의 이해도를 측정하기 위한 퀴즈를 풀어라.

실용 예제

예제 10.13 기초지반에 대한 파괴 계산

직사각형 기초(4 m × 5 m)가 깊고 견고한 등방성 퇴적층인 과압밀점토층(OCR = 4, γ_{sat} = 18 kN/m^3)에 전체 하중 5 MN을 전달하고 있다(그림 E10.13). 지하수위는 지표면 아래 1 m에 위치한다. 기초중앙 아래 5 m 지점에서 흙 시료를 채취하여 CU시험을 실시하였다. 시험결과로 부터 $(s_u)_p$ = 40 kPa, ϕ_p' = 28°, 그리고 ϕ_{cs}' = 24°를 얻었다. 지반이 단기재하 조건에서 파괴상태에 도달하는지 아니면 장기재하 조건에서 파괴상태에 도달하는지 결정하라. 만약 지반이 파괴상태에 도달하지 않는다면 단기재하 조건과 장기재하 조건에서의 안전율을 얼마인가? 지하수위 위에 지반은 포화되어 있다고 가정하라.

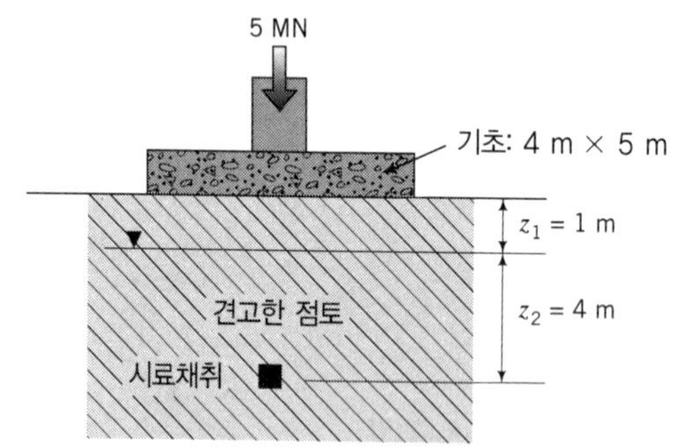

그림 E10.13

핵심전략 5 m 깊이의 지반에 부과된 응력들을 찾고, 부과된 전단응력이 한계상태 전단응력을 초과하는지 확인하는 것이 핵심이다. 단기재하 조건에서 한계상태전단강도는 s_u이고, 장기재하조건에서 한계상태 전단강도는 $(\sigma_n')_f \tan\phi_{cs}'$이다.

풀이 10.13

Step 1 : 초기응력들을 결정한다.

$$\sigma'_z = \sigma'_1 = \gamma_{sat} z_1 + (\gamma_{sat} - \gamma_w) z_2 = (18 \times 1) + (18 - 9.8)4 = 50.8\,\text{kPa}$$

$$K_o^{oc} = K_o^{nc}(\text{OCR})^{0.5} = (1 - \sin \phi'_{cs})(\text{OCR})^{0.5} = (1 - \sin 24°)(4)^{0.5} = 1.2$$

$$\sigma'_3 = K_o^{oc} \sigma'_z = 1.2 \times 50.8 = 61\,\text{kPa}$$

$$\sigma_1 = \sigma'_z + z_2 \gamma_w = 50.8 + 4 \times 9.8 = 90\,\text{kPa}$$

$$\sigma_3 = \sigma'_3 + z_2 \gamma_w = 61 + 4 \times 9.8 = 100.2\,\text{kPa}$$

Step 2 : 직사각형 기초 중심 바로 아래 5 m 지점에서의 수직응력의 증가량을 결정한다.

식 (7.85)를 사용하거나 컴퓨터 프로그램 STRESS (www.wiley.com/college /budhu)를 사용한다.

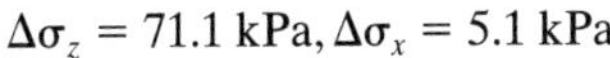

$$\Delta\sigma_z = 71.1\,\text{kPa}, \Delta\sigma_x = 5.1\,\text{kPa}$$

전단응력 $\Delta\tau_{zx}$의 영향은 무시한다.

Step 3 : 단기재하 동안 부과된 전단응력을 결정한다.

현재 수직전응력: $(\sigma_1)_T = \sigma_1 + \Delta\sigma_z = 90 + 71.1 = 161.1\,\text{kPa}$

현재 수평전응력: $(\sigma_1)_T = \sigma_3 + \Delta\sigma_x = 100.2 + 5.1 = 105.3\,\text{kPa}$

현재 전단응력: $\tau_u = \dfrac{(\sigma_1)_T - (\sigma_3)_T}{2} = \dfrac{161.1 - 105.3}{2} = 28\,\text{kPa} < 40\,\text{kPa}$

지반은 첨두응력 상태까지 도달하지 않을 것 이다.

$$\text{안전율:}\quad \text{FS} = \frac{(s_u)_p}{\tau_u} = \frac{40}{28} = 1.4$$

Step 4 : 장기재하 동안의 파괴 전단응력을 결정한다.

장기재하 중에 모든 과잉간극수압은 소산한다고 가정한다.

최종유효응력: $(\sigma'_1)_F = \sigma'_1 + \Delta\sigma_z = 50.8 + 71.1 = 121.9\,\text{kPa}$

$$(\sigma'_3)_F = \sigma'_3 + \Delta\sigma_x = 61 + 5.1 = 66.1\,\text{kPa}$$

발휘된 마찰각: $\phi' = \sin^{-1}\left(\dfrac{\sigma'_1 - \sigma'_3}{\sigma'_1 + \sigma'_3}\right) = \sin^{-1}\left(\dfrac{121.9 - 66.1}{121.9 + 66.1}\right) = 17°$

한계상태 마찰각은 24° 이고 ϕ'보다 크다. 따라서 파괴는 발생하지 않는다.

한계상태에 근거한 안전율: $\text{FS} = \dfrac{\tan 24°}{\tan 17°} = 1.5$

첨두상태에 근거한 안전율: $\text{FS} = \dfrac{\tan 28°}{\tan 17°} = 1.7$

예제 10.14 댐을 위한 실내시험의 명시

그림 E10.14a에 나타낸 것과 같이 균질하고 견고한 점토로 구성된 부지에 흙 댐의 건설이 예정되어 있다. 지반기술자인 당신은 댐의 안정성을 결정하기 위하여 흙의 강도시험을 명시할 것을 요구받고 있다. 한계상황 중의 한 가지는 견고한 점토지반내의 원호활동면에 의한 댐의 파괴 가능성이다. 어떠한 실내강도시험이 명시되어야 하는가? 또 그 이유는 무엇인가?

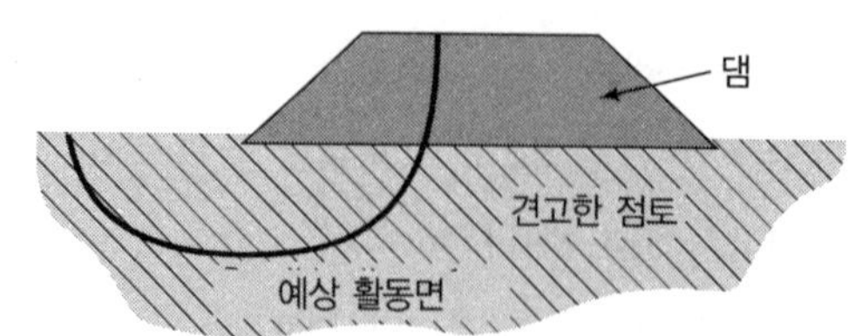

그림 E10.14a

핵심전략 장기 및 단기재하 조건에서 파괴면에서의 응력상태를 결정하는 것이 핵심이다.

풀이 10.14

Step 1 : 파괴면에 따른 응력들을 결정한다.

예상 파괴면 상의 A, B, C 세 지점을 선택한다. 원호파괴면은 요소 A에는 압축을 유발되고, 요소 B에는 전단이 유발되고 요소 C에는 인장이 유발될 것이다(그림 E10.14b). 요소 A의 응력들은 삼축압축시험에서의 응력과 유사하다. 요소 B는 단순전단과 같은 형태로 변형될 것이다. 반면에 요소 C는 삼축인장시험으로 모의할 수 있는 상향으로의 압력이 작용할 것이다.

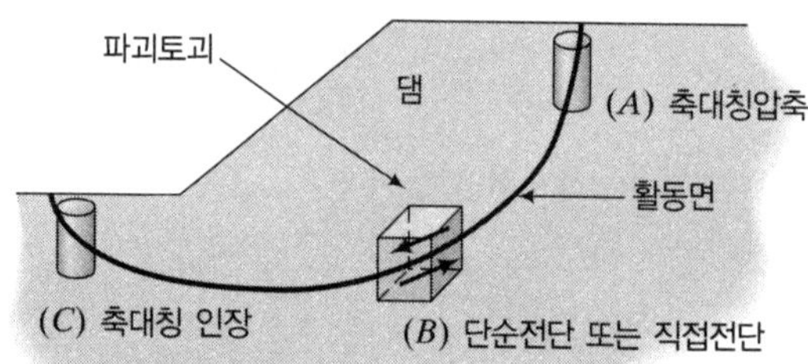

그림 E10.14b

Step 2 : 권고(안)을 작성한다.

다음의 강도시험을 실시할 것을 추천한다.

(a) 간극수압의 측정이 가능한 CU 삼축 압축시험. 필요한 정수들은 ϕ'_p, ϕ'_{cs}, s_u 이다.

(b) 체적일정 직접단순전단시험.

필요한 정수들은 ϕ'_p, ϕ'_{cs}, s_u이다. 직접단순전단 시험기가 없다면, 직접전단 (전단상자)시험으로 대체한다.

지반에서 예상되는 최대 응력에서 비배수시험이 수행되어야 한다. 7장에서 설명한 방법을 이용하여 댐에 의한 응력 증가를 결정할 수 있다.

예제 10.15 s_u의 평가

당신은 두께 6 m, 단위중량 γ_{sat} = 18 kN/m^{3}의 모래층으로 구성된 현장의 토질시험 수행을 위한 시험 계약을 체결하였다. 모래층 밑에는 깊고 연약한 엷은 남빛의 점토 (γ_{sat} = 20 kN/m^3)층이 놓여있다(그림 E10.15). 현장은 외진 곳에 있다. 지하수위는 지표면 아래 2.5 m에 위치한다. 당신은 지표면 아래 10 m 지점에서 채취한 시료에 대한 압밀시험과 압밀비배수 삼축시험을 명시하였다. 압밀시험에서 점토는 OCR =1.3인 약과압밀점토로 밝혀졌다. 초기 수직응력과 거의 같은 구속압에서의 비배수전단강도는 72 kPa이다. 지반의 OCR값이 정확하다고 가정할 때, 비배수전단강도 값은 적절하다고 생각하는가? 당신의 생각을 지지해 줄 수 있도록 계산 근거를 제시하라.

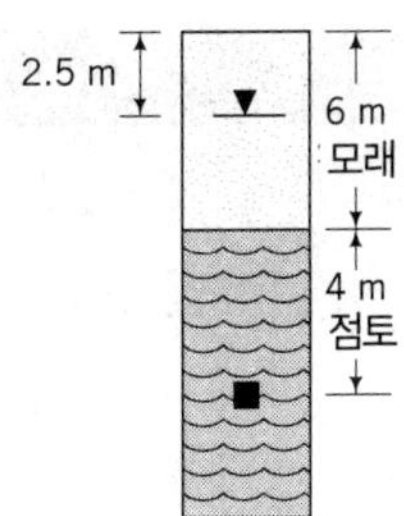

그림 E10.15

핵심전략 현장이 외진 곳이기 때문에 공사현장 근처에서 기존의 지반에 관한 시험 결과를 찾을 수 없을 것이다. 이러한 경우에는 지표로서 경험적인 관계식들을 이용할 수 있으나, 지반은 다양한 강도를 갖고 있다는 사실에 주의하여야 한다.

풀이 10.15

Step 1 : 초기유효응력들을 결정한다.

지하수위 위에 있는 모래 지반은 포화되었다고 가정한다.

$$\sigma'_{zo} = (18 \times 2.5) + (18 - 9.8) \times 3.5 + (20 - 9.8) \times 4 = 114.5 \text{ kPa}$$
$$\sigma'_{zc} = \sigma'_{zo} \times \text{OCR} = 114.5 \times 1.3 = 148.9 \text{ kPa}$$

Step 2 : s_u/σ'_{zo}을 결정한다.

$$\frac{s_u}{\sigma'_{zo}} = \frac{72}{114.5} = 0.63$$

Step 3 : 표 10.8의 경험식들을 사용한다.

$$\text{Jamiolkowski et al. (1985):} \quad \frac{s_u}{\sigma'_{zo}} = (0.23 \pm 0.04)\text{OCR}^{0.8}$$

$$\frac{s_u}{(\sigma'_{zo})} \text{ 의 범위:} \quad 0.19(\text{OCR})^{0.8} \sim 0.27(\text{OCR})^{0.8}$$
$$= 0.19(1.3)^{0.8} \sim 0.27(1.3)^{0.8}$$
$$= 0.23 \sim 0.33 < 0.63$$

Jamiolkowski et al.(1985) 은 DSS에 적용할 수 있다. 일반적으로 삼축압축시험에서의 s_u값은 DSS에서의 s_u값보다 크다. 1.4의 영향값(표 10.18의 비고(Note) 1을 참고하라)을 사용하여 다음을 얻을 수 있다.

$$\left(\frac{s_u}{\sigma'_{zo}}\right) = 0.32 \sim 0.46 < 0.63$$

계산된 결과값들과 경험식에 의한 값들의 사이에는 상당한 차이를 보이고 있다. 그러므로 비배수전단강도가 의심이 된다. 이와 같이 큰 비배수전단강도에 대해 가능한 한 가지 이유는 시험에 사용된 시료의 함수비가 자연함수비에 비해 작다는 것이다. 이것은 현장에서의 시료 채취시 함수비의 손실을 방지하기 위한 적절한 조치를 하지 못하였을 때 발생할 수 있다. 당신은 재시험을 요구하여야 한다.

연습문제 EXERCISES

이론문제

10.1 느슨한 모래에 대한 압밀배수(CD)삼축시험이 수행되었다. 축(수직)응력을 일정하게 유지하고 방사방향(수평)응력을 파괴될 때까지 증가시켰다. 한계상태에서 방사방향(수평)응력이 축(수직)응력보다 컸다. Mohr원과 기하학을 이용하여 파괴면이 수평면으로부터 $\pi/4 - \phi'_{cs}/2$ 만큼 경사져 있음을 보여라.

10.2 흙의 초기응력이 $\sigma'_1 = \sigma'_z$와 $\sigma'_3 = K_o\sigma'_z$ 이다. 여기에서 K_o는 정지수평토압계수이다(7장 참고). 이후 흙은 σ'_1이 일정하게 유지되고, σ'_3가 감소하여 파괴(한계상태)에 도달하였다. 파괴 시 $\sigma'_3 = K\sigma'_1$이고, 여기에서 K는 수평토압계수이다. 다음 식이 성립함을 증명하라.

$$\frac{\tau_{cs}}{\tau_{zx}} = \frac{1 - K}{1 - K_o}\cos\phi'_{cs}$$

여기서, τ_{zx}는 초기응력하에서의 최대전단응력이고, τ_{cs}는 파괴시(한계상태) 전단응력이다.

10.3 그림 P10.3과 같이 견고한 점토사면위에 모래가 놓여있다. (a) $\theta > \phi'$일 때, 모래는 불안정하게 됨을 증명하라. (b) 모래층의 두께가 파괴촉진에 영향을 끼치게 되는가? (c) $\phi' = 25°$와 $\theta = 23°$일 때, 안전율을 결정하라.

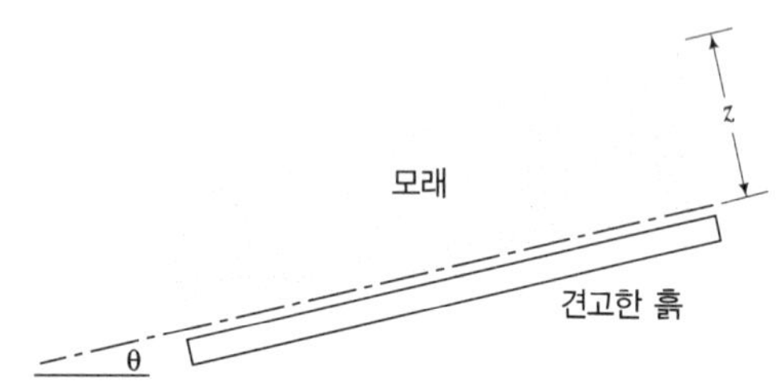

그림 P10.3

기본문제

10.4 어떤 구조물이 수평면과 58° 경사진 평면에 100 kPa의 연직유효응력과 30 kPa의 전단응력을 부과한다. 지반의 한계상태 마찰각은 25° 이다. 지반은 파괴될 것인가? 그렇지 않다면, 안전율은 얼마인가?

10.5 그림 P10.5는 어떤 흙의 응력-변형률 거동을 나타낸다. 첨두상태 전단응력과 한계상태 전단응력을 결정하라. 첨두상태 마찰각, 한계상태 마찰각과 첨두상태 팽창각을 (i) Coulomb 모델, (ii) Taylor 모델을 이용하여 평가하라. 연직유효응력은 160 kPa이다.

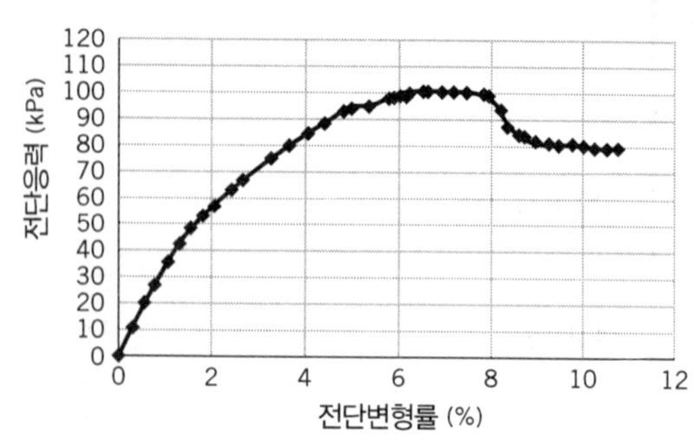

그림 P10.5

10.6 모래질 점토 시료에 대한 3회의 직접전단(전단상자)시험을 통하여 아래 표와 같은 결과를 얻었다. 전단상자의 단면은 6 cm × 6 cm 이다.

연직력 (N)	1250	1000	500	250
전단력 (N)	506	405	325	255

(a) 이러한 결과 값들을 해석하기 위하여는 어떠한 파괴기준이 적합한가?

(b) 한계상태마찰각을 결정하라.

(c)흙이 팽창할 경우, 250 N의 수직력에서 ϕ'_p를 결정하라.

10.7 조밀한 모래에 대한 직접전단시험 결과는 다음 표와 같다. ϕ'_p, ϕ'_{cs}, α_p를 결정하라. 수직력은 200 N이다. 시료의 면적은 100 mm × 100 mm, 높이는 20 mm이다. 표에서 Δx, Δz, P_x는 각각 수평, 수직변위, 수평(전단)력이다.

Δx (mm)	Δz (mm)	P_x (N)
0	0	0
0.25	0	17.7
0.38	0.02	19.3
0.76	0.04	40.3
1.52	0.03	83.3
2.67	−0.04	127.2
3.18	−0.09	137.4
4.06	−0.15	155.9
5.08	−0.22	169.6
6.1	−0.26	176.8
6.6	−0.28	177.7
7.11	−0.28	172.9
8.13	−0.28	161.2
9.14	−0.28	159.8
10.16	−0.28	158.8

10.8 Coulomb 모델 대신에 Taylor 모델을 사용하여 문제 10.7을 다시 풀어라. 데이터들은 직접단순전단시험으로부터 얻었다

고 가정하라.

10.9 직경 50 mm, 길이 100 mm인 원통형 시료가 축응력과 방사방향(수평)응력을 받고 있다. 수직변위가 2mm일 때, 흙 시료가 파괴되었다. 한계상태에서의 응력은 $(\sigma_1')_{cs} = 280$ kPa과 $(\sigma_3')_{cs} = 100$ kPa이다. 파괴시 흙의 체적변화는 800 mm^3이었다. (i) 시험데이터를 해석하기 위하여 적합한 파괴기준은 무엇인가? (ii) 다음을 결정하여라. (a) 파괴시 축변형률 (b) 파괴시 체적변형률 (c) 한계상태 마찰각 (d) 수평면과 파괴면의 경사각.

10.10 직경 50 mm, 길이 100 mm인 다짐된 흙 시료에 대해 일축압축시험을 수행하였다. 시료의 포화도는 86%이나, 완전히 포화되어 있다고 가정할 수 있다. 기록된 첨두상태 수직력은 230 N이었고, 시료는 2 mm 압축되었다. (a) 시험 데이터를 해석하기 위하여 적합한 파괴기준은 무엇인가? (b) 비배수전단강도를 결정하라. (c) 시료의 포화도가 얻은 결과에 어떠한 영향을 끼칠 수 있는지 설명하라.

10.11 직경이 38 mm, 길이 76 mm인 조밀한 모래 시료에 대해 CD 시험을 수행되었다. 구속압(cell pressure)은 200 kPa이었고, 아래 표와 같은 결과를 얻었다.

(a) ϕ_p', ϕ_{cs}', α_p, τ_p, E', E_s'을 결정하라.

(b) $\nu' = 0.3$일 때, G를 계산하라.

축 변위 (mm)	축 하중 (N)	체적 변화 (1×10^3 mm^3)
0	0	0
0.3	128.1	0.1
0.6	225.9	0.1
1.0	338.9	0.1
1.3	451.8	−0.25
1.6	508.3	−0.7
1.9	564.8	−1.9
3.2	604.3	−2.7
5.2	593.0	−3.2
6.4	576.0	−3.4
7.1	564.8	−3.5
9.7	525.2	−3.6
12.9	497.0	−3.7
15.5	480.0	−3.7

10.12 2개의 점토시료에 대한 CU시험을 수행하였다. 각 시료는 축(수직)응력을 증가시키기 전에 등방압밀이 수행되었다. 아래 표와 같은 결과를 얻었다. 시료 II의 결과는 한계상태에 있는 반면, 시료 I의 결과는 첨두상태 축차응력을 표시하고 있다.

시료 번호	σ_3 (kPa)	$\sigma_1 - \sigma_3$ (kPa)	Δu (kPa)
I	420	320	205
II	690	365	350

(a) 동일한 그래프에서 두 개의 시험에 대한 Mohr원(전응력과 유효응력)을 그려라.

(b) 전응력 원들은 왜 동일한 크기가 아닌가?

(c) 각 시험에 대한 마찰각을 결정하라.

(d) 구속압 $(\sigma_3)_f = 690$ kPa에서의 비배수전단강도를 결정하라.

(e) 각 시료의 파괴면에서의 응력들을 결정하라.

10.13 다짐된 점토시료들에 대한 CU시험이 수행되었다. 각 시료는 전단 전에 포화되었다. 과잉간극수압이 더 이상의 변화가 없거나 축차응력의 변화가 없을 때의 결과를 다음 표에 나타내었다. 구속압이 420 kPa 일 때, (a) ϕ_{cs}', (b) s_u을 결정하라.

σ_3 (kPa)	$(\sigma_1 - \sigma_3)$ (kPa)	Δu (kPa)
140	636	−71
280	1008	−51.2
420	1323	−19.4

10.14 CU시험에서 3개의 느슨한 모래시료에 대한 파괴시 응력과 과잉간극수압의 결과가 아래 표와 같다.

시료 번호	$(\sigma_3)_f$ (kPa)	$(\sigma_1 - \sigma_3)_f$ (kPa)	Δu_f (kPa)
1	210	123	112
2	360	252	162
3	685	448	323

(a) 시험 데이터로부터 유효응력 Mohr원을 도시하라.

(b) 각 시험에 대한 마찰각을 결정하라.

(c) 모래에 300 kPa의 유효수직응력이 부과된다면, 파괴를 일으키는 유효수평응력의 크기는 얼마인가?

(d) 다음 경사각들을 결정하라. (1) 파괴면 (2) 시험 2에서 수평면과 최대전단응력면이 이루는 각

(e) 시험 1에서 파괴응력을 결정하라.

(f) 파괴시의 전단응력이 최대전단응력인가? 그 이유는 무엇인가?

10.15 125 kPa의 구속압을 사용하여 등방 압밀을 수행한 실트질 점토에 대한 CU삼축시험이 수행되었다. 다음과 같은 결과를 얻었다.

축하중 (kPa)	축변형률 ε_1 (%)	Δu (kPa)
0	0	0
5.5	0.05	4.0
11.0	0.12	8.6
24.5	0.29	19.1
28.5	0.38	29.3
35.0	0.56	34.8
50.5	1.08	41.0
85.0	2.43	49.7
105.0	4.02	55.8
120.8	9.15	59.0

(a) 축변형률에 대한 축차응력, 축변형률에 대한 과잉간극수압의 관계 그래프를 그려라.

(b) 비배수전단강도와 마찰각을 결정하라.

(c) E'와 E_s'을 결정하라.

(d) Skempton의 A_f계수를 결정하라.

10.16 점토시료에 대해 간극수압 측정과 함께 3개의 CU 시험을 수행하였다. 파괴시 결과는 다음과 같다.

σ_3 (kPa)	$\sigma_1 - \sigma_3$ (kPa)	Δu (kPa)
150	87.5	80
275	207.5	115
500	345.0	230

(a) 각 시험에서의 마찰각을 결정하라.

(b) 275 kPa 구속압에서의 비배수전단강도를 결정하라.

(c) 각 시험에서의 최대전단응력과 파괴시 전단응력을 결정하라.

10.17 한 개의 흙에 대해 2회의 CU시험을 통해 파괴시 다음과 같은 데이터를 얻었다.

시험	σ_3 (kPa)	$\sigma_1 - \sigma_3$ (kPa)	Δu (kPa)
1	100	240	−60
2	150	270	−90

(a) 각 시험에 대한 마찰각을 결정하라.

(b) 위 결과가 CD시험이라면, 두 시험 사이의 체적팽창각(dilation angle) 변화를 결정하라.

(c) 각 시험에 대한 비배수전단강도를 결정하여라.

10.18 견고한 과압밀점토에 대한 구속압 150 kPa의 CU 시험 결과, 첨두상태 축차응력은 448 kPa이었다. 그 때 상응하는 과잉간극수압은 −60 kPa이었다. 마찰각을 결정하라. 이 마찰각은 한계상태마찰각인가? 답에 대한 이유를 설명하라.

10.19 아래 표는 흙 시료에 대한 UU시험과 CU시험의 결과이다. 다음을 결정하라. (a) 마찰각 (b) CU시험에서 구속압이 210 kPa 일 때의 UU시험 시료들의 파괴시 과잉간극수압을 예측하라.

시험형태	σ_3 (kPa)	$(\sigma_1 - \sigma_3)$ (kPa)	Δu (kPa)
UU	57	105	결정될 것임
	210	246	결정될 것임
CU	57	74.2	11.9
	133	137.9	49.0
	210	203	86.1

10.20 아래 표는 일정체적 단순전단 시험에서의 파괴시 응력들이다.

수평면에 작용하는 연직전응력	300 kPa
수직면에 작용하는 연직전응력	200 kPa
수직면과 수평면에 작용하는 전전단응력	100 kPa
간극수압	50 kPa

(a) 전응력과 유효응력의 Mohr원을 그리고, 유효주응력의 크기와 최대 유효주응력 방향을 결정하라.

(b) 시료가 비체적팽창일 경우, 마찰각을 결정하라.

(c) 비배수전단강도를 결정하라. 수평면에서의 전단응력은 반시계방향으로 가정하라.

실용문제

10.21 당신은 옹벽설계 책임자이다. 뒷채움 흙에 대하여 어떠한 실내 시험이 명시되어야 하는가? 그 이유를 설명하라.

10.22 성토 최하부 재료인 점토에 대한 CU시험의 결과를 다음 표에 나타내었다.

σ_3 (kPa)	$\sigma_1 - \sigma_3$ (kPa)	Δu (kPa)
300	331	111
400	420	160
600	487	322

단기재하 해석과 장기재하 해석에 사용될 전단강도 정수들을 추천하라. 관심 깊이에서의 최대 구속압(셀압)은 300 kPa이다.

10.23 석유탱크 기초 부지의 프리로딩(preloading)을 위해 포화단위중량 $\gamma_{sat} = 18$ kN/m^{3}의 흙을 사용하여 성토가 되고 있다. 성토 아래에서 지반의 마찰각은 $\phi'_{cs} = 25°$이다. Skempton의 간극수압계수는 삼축시험으로부터 $A_f = 0.2$와 $B = 0.9$를 얻었다. 성토는 3m에서 6m까지 쌓아 올리려고 한다. 가정 사항들은 다음과 같다. (i) 응력의 증가는 주응력이다. (ii) 시공 단계에서의 과잉간극수압 소산은 무시할 수 있다. (iii) 임의

지점에서 수평전압력의 증가량은 수직전압력 증가량의 0.2배이다.

다음을 결정하라.

(a) 성토 바닥면에서의 수직전응력의 증가량 ($\Delta\sigma_z$).

(b) 성토 바닥 아래 0.5m에서 수평전응력의 증가량(σ_x). 바닥에서의 수직응력은 0.5m 깊이의 지반으로 완전히 전달된다고 가정하라.

(c) 성토 바닥 아래 0.5m에서 간극수압의 증가량 (Δu).

(d) 성토의 높이가 6m에 도달 했을 때, 성토 바닥 아래 0.5m에서 유효수직응력의 증가량 ($\Delta\sigma'_1$).

10.24 2개의 지층으로 구성된 매우 긴 사면을 따라 관로시설을 위한 트렌치를 계획하고 있다. 상부 지층은 균열된 포화점토(γ_{sat} = 20 kN/m^3, ϕ'_{cs} = 25°, $(s_u)_{cs}$ = 20)이고, 하부 지층은 $(s_u)_p$ = 80 kPa인 두껍고 견고한 고도과압밀점토지반이다(그림 P10.24). 지표면 아래 8m 지점에 지하수위가 놓여있다. 가능한 파괴거동 중의 하나는 상부 점토층이 접촉면을 따라 단단한 블록과 같이 활동하는 경우이다. 1m의 사면 길이를 생각하라. 다음과 같은 경우, 사면의 안전율(파괴시 전단응력/작용전단응력)을 계산하라. (a) 단기재하조건 (b) 장기재하조건. 두 지반의 접촉면에서의 마찰각은 25°로 가정하라.

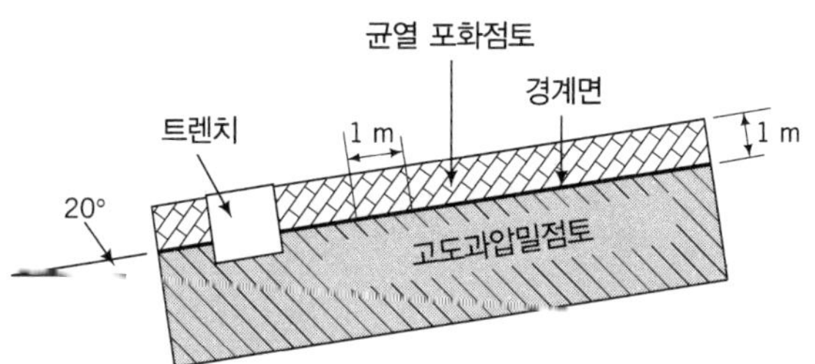

그림 P10.24

10.25 D_{50} = 0.2 mmx인, 습윤된 세립질 모래에 대하여 직접전단(전단상자)시험을 수행하였다. 세립분(0.075mm 이하의 입자들)은 전체시료의 1% 미만이다. 다음 표는 시험 결과이다.

수직하중(N)	270	540	1080
수평하중(N)	184	334	662

(a) 수평하중에 대한 수직하중을 도시하라.

(b) 원점을 통한 직선상에 데이터가 놓이는가? 그렇지 않다면, 그 이유를 설명하라. 시험결과는 정확하다고 가정하라.

(c) 10층 높이 빌딩의 기초설계를 위해 사용될 마찰각을 추천하라. 추천에 대한 이유를 설명하라.

10.26 OCR = 4인 과압밀점토에 대한 일정체적 직접단순전단시험의 결과, 한계상태에서τ_{cs} = 63 kPa, Δu = 12 kPa, σ_z = 100 kPa를 얻었다. (a) 비배수전단강도를 결정하라. (b) 시험결과는 타당한가? 답에 대한 이유를 설명하라.

CHAPTER 11

흙의 거동해석을 위한 한계상태모델

A CRITICAL STATE MODEL TO INTERPRET SOIL BEHAVIOR

11.0 서론

본 장에서는 정적하중 재하에 따른 흙의 거동을 해석하거나 예측하기 위해 압밀과 전단을 결합한 간단한 지반모델을 제시한다. 11장을 마쳤을 때 당신은 아래의 내용을 할 수 있어야 한다.

- 흙의 파괴응력을 산정
- 파괴변형률을 산정
- 토질정수간의 관계를 이해
- 실제 문제에서 배수조건 혹은 비배수조건 어느 쪽이 위험한 가를 판단
- 첨두전단응력의 발생 여부를 판단
- 간단한 토질시험으로 구한 토질정수를 활용하여 흙의 응력-변형률 특성을 예측
- 지반구조물의 하중재하조건이 바뀔 경우 흙의 응력상태 및 파괴상태를 평가

제 2장에서 제 10장까지 배운 모든 사항들을 — 특히 다음 사항을 — 사용하게 될 것이다.

- 지수특성
- 유효응력, 응력불변량, 응력경로
- 1차압밀
- 전단강도

중요사항

지금까지 우리는 흙의 여러 거동특성을 각각 분리하여 따로 다뤄왔다. 즉, 흙의 물리적 특성, 흙 속 물의 1차원흐름, 지표면하중에 인한 지중응력, 유효응력, 응력경로, 1차압밀 및 전단강도를 분리하여 다뤄왔다. 만일 흙이 현재보다 높은 응력상태로 압밀된다면 전단강도는 증가할 것이다. 그러나 전단강도의 증가량은 흙의 종류, 하중조건(배수 혹은 비배수 조건) 및 응력경로에 따라 다를 것이다. 그러므로 흙의 여러 거동특성은 결국 모두 연결되어져야한다. 그러나 어떻게 연결될 것인가?

본 장에서는 흙의 거동을 해석하고 예측하기 위해 이들 여러 거동특성을 포함한 하나의 모자이크를 만들 것이다. 이 모자이크에서는 주로 압밀과 전단강도를 연결시킬 것이다. 물론 실제 흙은 복잡한 모자이크를 필요로 한다, 왜냐하면 흙은 자연 상태의 복잡한 재료일 뿐만 아니라 하중 및 응력경로를 정확히 예측할 수도 없기 때문이다.

본 모자이크는 다양한 하중재하로 인한 흙의 거동을 묘사, 설명, 예측하기 위한 간단한 골격을 제공할 것이다. 이 골격은 본질적으로 한계상태 토질역학에 기반을 둔 이론모델이다 — 한계상태모델(Schofield and Wroth, 1968). 실내 및 현장 데이터 특히 연약한 정규압밀점토에 대한 결과는 이 한계상태모델(CSM) 개발에 구현된 기본개념을 제공한다. 본 장에서 강조하는 점은 수학적인 공식화 보다는 흙의 거동을 이해하는데 이 한계상태모델을 사용하게 하는데 있다.

한계상태모델(CSM)은 흙의 거동을 단순화시키고 이상화시킬 것이다. 그러나 CSM은 지반기술자에게 가장 중요한 흙의 거동을 파악할 수 있게 할 것이다. CSM의 핵심아이디어는 (p', q, e)공간(이 책의 표지 참조) 속의 특정 파괴곡면 상에서 흙이 파괴될 것이라는 점이다. 따라서 CSM은 Mohr-Coulomb의 파괴규준과는 달리 파괴규준에 체적변화를 포함하고 있다. Mohr-Coulomb의 파괴규준에서는 최대응력만으로 파괴를 정의한다. CSM에 의하면, 파괴응력상태는 파괴를 규정하기에는 불충분하다; 흙의 구조가 충분히 느슨해져야 하기 때문이다.

현장에서의 토질특성을 파악할 수 있는 충분한 토질시험을 실시하지 못하였을 경우 혹은 시공 중이나 후에 바뀐 하중조건에 대한 흙의 거동을 예측해야할 경우 CSM은 흙의 거동을 예측할 수 있는 수단이 된다. CSM의 아이디어는 간단하다. CSM은 흙의 거동을 파악하는데 매우 강력한 수단이다. 특히 만약의 상황에서의 흙의 거동을 예측하는데 사용된다. 문헌에 의하면 한계상태를 핵심으로 하는 많은 흙의 모델이 있다. 비록 간단한 버전이지만 본 장에서의 CSM을 공부하면 다른 흙의 모델을 이해할 수 있을 것이다.

실제 시나리오는 다음과 같다. 하나의 오일탱크가 연약한 충적점토위에 건설될 경우를 생각하자. 탱크가 채워져 있을 때의 전체응력과 최소한 동일한 크기의 원형성토압력이 그 점토에 선행재하 되어야 할 것으로 결정되었다. 압밀을 촉진시키기 위해 wick drains(제 9장 참조)이 사용된다. 탱크의 기초는 원형 콘크리트슬래브이며, 선행재하의 목적은 기초의 전체침하량을 줄이는 것이다. 선행재하 기간 동안 파괴를 막고 원하는 침하량을 얻기 위해 탱크를 얼마만큼 채울 것인가 발주자에게 말해 줄 것을 요구받는다. 선행재하 후 발주자는 탱크의 높이를 추가 증가시킬 것을 결정하였다. 발주자는 지반기술자에게 지반이 탱크높이의 추가증가분을 지지하기에 충분한 전단강도를 가지고 있는지 여부와 예상침하량을 알려달라고 할 것이다. 이 때 발주자는 추가선행재하와 토질시험에 더 많은 비용을 지불하기를 원하지 않을 것이다.

11.1 용어 정의

선행압밀비(R_o) : 현재 지반에 가해지는 평균유효응력이 과거에 받았던 응력과의 비($R_o = p'_c/p'_o$, p'_c는 선행압밀평균유효응력 혹은 간단히 선행압밀응력이고 p'_o는 현재의 평균유효응력)

압축지수(λ) : 간극비와 평균유효응력(자연대수) 관계 도면상의 정규압밀곡선의 기울기

감하/재부하지수 혹는 재압축지수(κ) : 간극비와 평균유효응력(자연대수)관계 도면상에 작도된 감하/재부하 곡선의 평균기울기

한계상태선(CSL) : 흙의 파괴상태를 나타내는 선. (p', q)공간에서 한계상태선의 기울기는 M이며 이 기울기는 한계상태에서 흙의 마찰각에 관련됨. $(e, \ln p')$공간에서 한계상태선의 기울기는 λ이며 이 기울기는 정규압밀곡선에 평행함. 3차원 (p', q, e)공간(이 책표지 그림 참조)에서는 한계상태선이 한계상태곡면이 됨

11.2 이해를 돕기 위한 질문

1. 흙의 항복은 무엇인가?
2. 흙의 항복과 파괴의 차이점은 무엇인가?
3. 흙의 항복 또는 파괴에 영향을 주는 변수는 무엇인가?
4. 파괴응력은 압밀응력에 의존하는가?
5. 한계상태의 정수는 무엇인가? 그리고 토질시험에서 어떻게 결정할 수 있나?
6. 흙의 파괴에서 변형률은 중요한가?
7. 응력경로의 차이에 따른 흙의 응력-변형률 거동의 차이는 무엇인가?
8. 배수와 비배수 조건에서의 흙의 거동의 차이점은 무엇인가?
9. 삼축압축시험와 직접단순전단시험의 결과는 같은가? 만일 다르다면 삼축압축시험으로 얻어진 결과로 직접단순전단시험의 전단강도를 어떻게 예측할 것인가? 또 반대의 경우는 어떠한가?
10. 실내시험의 결과를 이용하여 현장에서의 전단강도를 어떻게 예측할 수 있나?
11. 재하응력경로는 흙의 거동에 어떻게 영향을 주는가?

11.3 기본개념

컴퓨터 프로그램 활용

www.wiley.com/college/budhu에 들어가 Chapter 11을 클릭하고 criticalstate.zip을 다운로드한다. 이 프로그램으로 (1) 한계상태모델의 기본개념을 공부한다. (2) 항복시와 파괴시의 응력과 변형률을 산정한다. (3) 항복응력과 변형률을 산정한다. (4) 배수와 비배수 조건에서의 응력-변형률 거동을 예측한다.

11.3.1 매개변수작도

한계상태의 기본개념을 개발함에 있어 축대칭 포화토를 대상으로 응력과 변형률의 불변량을 사용하여 제 8장, 제 9장, 제 10장에서 공부했던 사항들을 도면으로 작성한다. 그러나 이 개념과 방법은 어떤 재하조건에서도 모두 적용가능하다. 그리고 여기서는 σ_n'와 τ 도로 작도하는 것보다 p'와 q 도로 작도하도록 한다(그림 11.1a). 이것은 요소에 작용하는 주응력을 반드시 알아야 함을 의미한다. 축대칭(삼축)조건에서는 2개의 주응력을 알아야 한다.

(σ_n', τ)공간에서 기울기 $\phi_{cs}' = \tan^{-1}[\sigma_{cs}/(\sigma_n')_f]$을 가지는 Coulomb 파괴선은 (p', q)공간에서는 기울기 $M = q_f/p_f'$ 선으로 도시된다. 여기서 첨자 f는 파괴를 의미한다. σ_z'와 e 도를 대신해서 p'와 e 도(그림 11.1b)에 데이터를 도시하고 σ_n'(상용대수)과 e 도를 대신해서 p' (자연대수)과 e 도(그림 11.1c)로 표시한다. p'(자연대수)와 e의 관계도는 $(\ln p', e)$도라 한다.

p' (자연대수)와 e 도에서 정규압밀곡선 (NCL)의 기울기를 λ라 하고 감하/재부하 곡선(URS)의 기울기는 κ라 한다. NCL은 포괄적 정규압밀곡선이다. CSM의 초기개발 시에는, NCL은 등방압밀곡선(ICL)과 같았다. 나중에는 ICL을 일차원압밀곡선(K_oCL)과 구별된다. 모든 압밀곡선은 같은 기울기를 갖는다. 이 그림으로 부터 σ_{cs}'와 M의 관계, C_c과 λ의 관계, C_r과 κ의 관계가 생긴다. 정규압밀곡선의 기울기 λ와 감하/재부하 곡선의 기울기 κ는 다음과 같다.

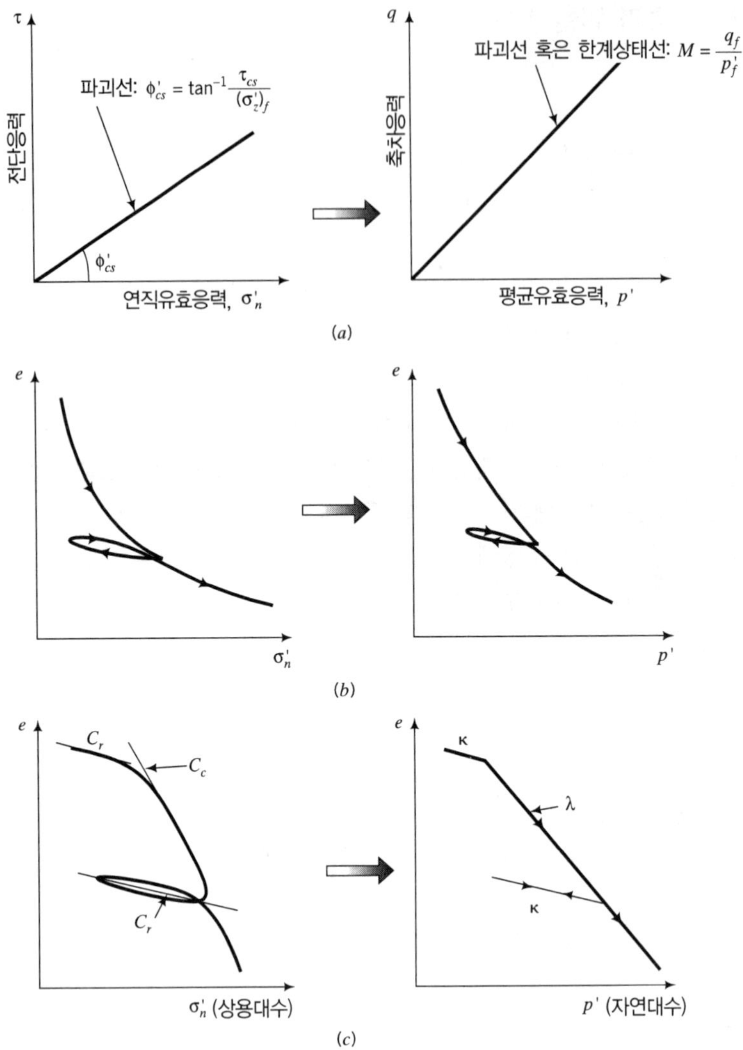

그림 11.1 강도정수와 압밀정수.

$$\lambda = \frac{C_c}{\ln(10)} = \frac{C_c}{2.3} = 0.434\,C_c \tag{11.1}$$

$$\kappa = \frac{C_r}{\ln(10)} = \frac{C_r}{2.3} = 0.434\,C_r \tag{11.2}$$

λ와 κ는 압축일 때 양의 값을 가지며 일반적으로 κ/λ의 값은 $\frac{1}{10} \sim \frac{1}{5}$사이의 값을 가진다. σ'_{cs}와 M의 관계는 나중에 공식화할 것이다. 선행압밀비라 부르는 과압밀비는 응력불변량을 사용하면 다음과 같다.

$$R_o = \frac{p'_c}{p'_o} \tag{11.3}$$

여기서 p'_o는 초기평균유효응력 또는 상재평균압력이며 p'_c는 선행압밀평균유효응력 또는 간단히 선행압밀응력이다. 식 (11.3)에 정의되어진 선행압밀비 R_o는 흙이 등방압밀된 경우를 제외하고는 OCR(식 (9.13))과 같지 않다.

예제 11.1 일차원압밀시험결과로 λ와 κ 산정

점토의 일차원압밀시험 결과 $C_c = 0.69$ $C_r = 0.16$ 이였다. λ와 κ을 산정하라.

핵심전략 식 (11.1)과 식 (11.2)를 직접 대입한다.

풀이 11.1

Step 1 : λ와 κ를 산정한다.

$$\lambda = \frac{C_c}{2.3} = \frac{0.69}{2.3} = 0.3$$

$$\kappa = \frac{C_r}{2.3} = \frac{0.16}{2.3} = 0.07$$

11.3.2 파괴곡면

CSM의 기본개념은 (p', q, e)공간에 하중이력이나 응력경로와 상관없이 흙의 파괴를 정의하는 유일한 파괴곡면이 존재한다는 것이다. 파괴상태와 한계상태는 동일하다. 이 장에서 파괴선을 한계상태선(CSL)으로 취급할 것이다. 한계상태는 일정한 체적상태에서 전단변형이 계속되면서 일정한 응력이 유지되는 상태이다. 응력공긴(p', q)에서 CSL은 압축에서는 $M = M_c$ 인 기울기를 가지며 신장에서는 $M = M_e$ 인 기울기를 가진다(그림 11.2a). 신장은 인장을 의미하지 않으며 측방응력이 연직응력보다 큰 경우를 의미한다. (p', e)공간(그림 11.2b) 또는 $(\ln p', e)$공간(그림 11.2c)에서 CSL선은 정규압밀곡선에 평행하다.

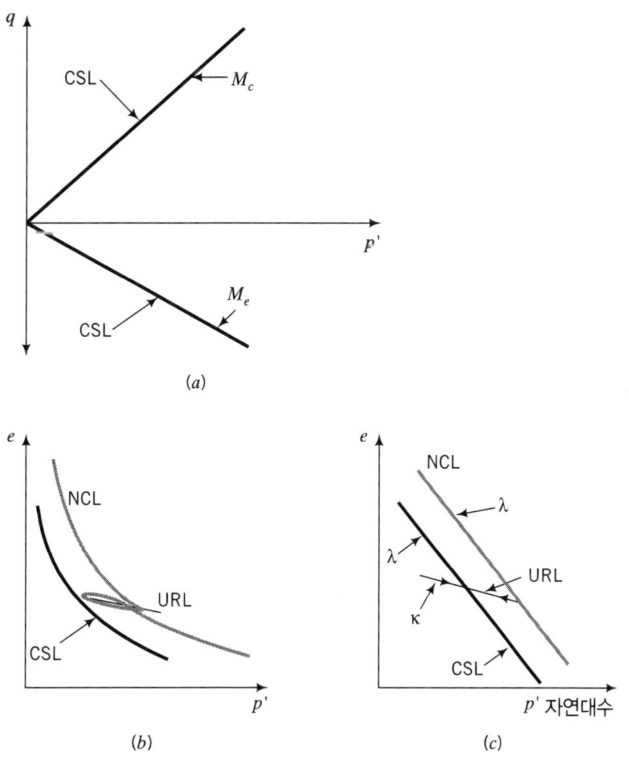

그림 11.2 한계상태선, 정규압밀곡선 및 감하/재부하곡선.

CSL은 p', q, e 축을 가지는 단일 3차원도로 나타낼 수 있다(이 책의 표지 그림 참조). 그러나 간단하게 표현하기 위해 파괴곡면을 (q, p')공간과 (p', e)공간에 투영하여 사용한다. 이 책의 표지에 보이는 파괴곡면은 Coulomb 파괴면 이나 Mohr-Coulomb 파괴면과 같이 한계응력을 정의하지는 않는다. 이 파괴곡면은 연속체로서의 흙에 에너지 균형(유입에너지=유출에너지 또는 소멸에너지)을 이루는 응력과 변형률의 불변량(p, q, ε_p, ε_q; 식 (8.1)에서 식 (8.5)까지 참조)의 특수한 집합에 근거한 파괴곡면이다. Coulomb 파괴면이나 Mohr-Coulomb 파괴면은 파괴면 위와 아래의 흙덩어리가 강체인 상태인 파괴면이다. 이런 파괴면은 불연속평면이다.

11.3.3 흙의 항복

제 7장(그림 7.8)에서 배운바와 같이 탄성거동을 보이는 응력상태와 소성거동을 보이는 응력상태 사이에 항복곡면이 존재한다. (σ'_1, σ'_3)공간 보다 (p', q)공간(그림 11.3) 상에 표시된 항복곡면을 사용하도록 한다. 왜냐하면, 이 모델에서 표현되는 흙의 거동은 좌표체계와는 무관하기 때문이다.

항복곡면은 타원으로 가정되며, 초기의 크기 또는 주축은 선행압밀응력 p'_c으로 결정된다. 시험결과(Wong and Mitchell, 1975)에 의하면 타원형 항복곡면은 합리적인 근사치로 나타났다. 선행압밀응력이 클수록 초기타원이 크다. 압축측의 항복곡면만 고려하기로 한다. 그러나 신장의 경우도 방법은 동일하다. 다만 신장측 타원항복곡면은 압축측 보다 작을 뿐이다.

항복곡면내 모든 q와 p'의 조합 상태 응력은, 예를 들어 그림 11.3의 A점은, 탄성거동을 보일 것이다. 만일 q와 p'의 한 조합 상태 응력이 초기항복곡면 위에 있다면(점 B, 그림 11.3), 흙은 철근의 항복과 유사한 형태로 항복할 것이다. 현재의 항복곡면 밖으로 이동하려는 응력 조합은 현재의 항복곡면을 확장하려고 한다. 소성재하시 응력 점 (p', q)는 확장된 항복곡면 위에 C점과 같이 놓이며 밖으로 나가지는 않는다. 그림 11.3의 BC의 유효응력경로는 흙의 탄소성거동을 야기한다.

만일 흙이 파괴 이내 응력상태에서 하중이 제하되는 경우, 흙은 탄성재료처럼 거동할 것이다. 초기항복곡면이 확장될 경우 탄성영역은 확대될 것이다. 초기항복곡면의 확장 현상은 느슨한 모래나, 정규압밀점토 혹은 약간의 과압밀점토 같은 물질에서 나타나는 변형률경화현상을 묘사한다. 또한 초기항복곡면은 수축할 수도 있다. 이 경우에서는 조밀한 모래나 고도과압밀점토와 같이 변형률연화현상을 묘사할 수 있다. 항복곡면을 풍선이라 생각할 수 있다. 풍선에 압력을 넣어(압력을 가함, 하중재하)부풀리는 것은 항복곡면이 확장되는 것과 유사한 형태가 되며 풍선에 공기를 빼는(압력을 감소시킴, 하중감하) 것은 항복곡면을 수축시키는 것과 유사한 형태가 된다.

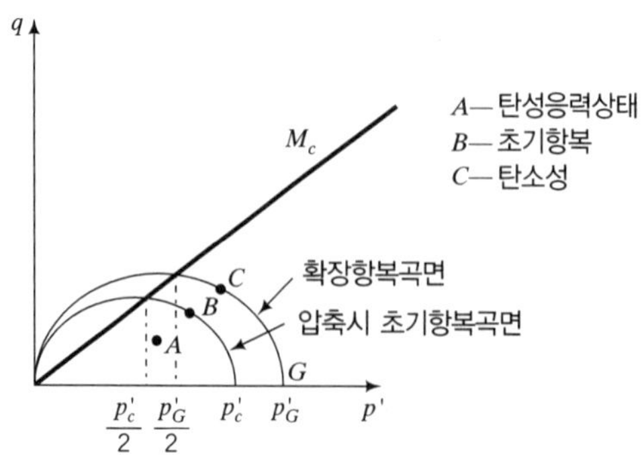

그림 11.3 항복곡면의 확장.

한계상태선은 모든 항복곡면의 정점과 교차한다. 그러므로 초기항복곡면과 한계상태선의 교차점은 평균유효응력 $\frac{p'_c}{2}$이 되며 확장된 항복곡면의 교차점은 $\frac{p'_G}{2}$이 된다.

11.3.4. 배수조건에서의 정규압밀지반과 약과압밀지반의 거동 예측

지금까지 제시한 아이디어를 설명하는 가상의 상태를 고려해 보자. 초기간극비가 e_o인 흙 시료에 배수조건에서 삼축압축시험, 즉 표준*CD*시험을 실시할 때 어떻게 거동할 지를 예측해 보자. *CD*시험에서는 먼저 등방압밀을 실시한 후 셀압을 일정하게 유지하면서 축하중 또는 축변위가 적용된다. 흙시료를 최대평균유효응력이 p'_c에 이를 때 까지 압밀한 후 평균유효응력이 p'_o에 이를 때까지 감하하여 $R_o = p'_c/p'_o < 2$이 되게 한다. R_o에 부과된 한계가 CSM의 근본개념을 제공한다. 고도과압밀된 지반과 약간 과압밀된 지반에 대한 자세한 사항은 11.7절에 기술되어있다.

p'와 e 도(그림 11.4b) 상에서 등방압밀경로는 *AC*로 도시된다. 그림 11.1에서 선 *AC*는 기울기 λ의 정규압밀곡선 (NCL)였다. 등방하중을 작용하였기 때에 *AC*선은 등방압밀곡선(ICL)이라 부른다. 흙을 *A*점에서 *C*점까지 점진적으로 압밀한 후 *O*점으로 다시 감하시켰을 때 (p', q)공간에서 응력경로는 그림 11.4a와 같이 각각 $A \to C$, $C \to O$로 된다. 그러면 선 *CO*는 $(\ln p', e)$공간상에 기울기가 κ인 감하/재부하 곡선이 된다.

선행압밀평균유효응력 p'_c는 초기항복곡면의 크기를 결정한다. 적용된 최대평균유효응력은 *C*점에서의 평균유효응력이며, *AC*는 초기항복곡면을 나타내는 타원의 최대주응력축이 된다. 그림 11.4a에 압축시 초기항복곡면을 나타내는 반타원이 도시되어 있다. 물론(p', q)공간에서 기울기 $M = M_c$, 초기항복곡면과 CSL의 식은 아직 모른다. 간단히 임의의 값을 선택한 후 (p', q)공간 혹은 $(\ln p', e)$공간상에 기울기 M, 항복곡면형상 및 한계상태선을 정하는

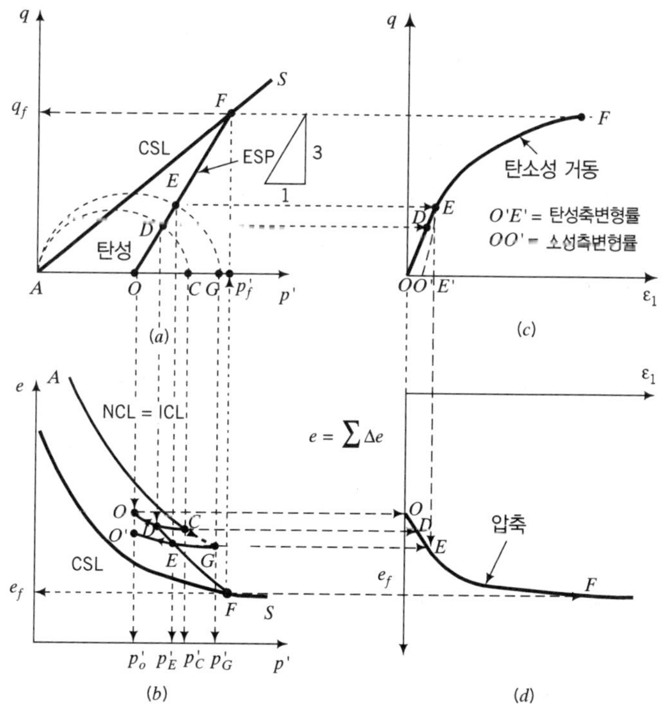

그림 11.4 CSM 을 적용한 약과압밀지반 ($1 < R_o \leq 2$)의 삼축CD시험결과.

식을 세운다. 초기항복곡면과 차후 확장되는 모든 항복곡면은 CSL과 $\frac{p'_c}{2}$에서 교차한다. 여기서 p'_c는 포괄적인 선행압밀평균유효응력이다. 예를 들면 항복곡면의 장축 AG가 확장되었을 때 CSL은 $\frac{p'_G}{2}$에서 교차한다.

현재의 평균유효응력이 p'_o인 흙시료가 배수조건에서 구속압 σ_3를 일정하게 유지하면서 축응력을 증가시켜 전단을 실시할 때를 생각해 보자. 흙의 배수가 허용되고 있으므로 전응력과 유효응력은 동일하다. 즉 ($\Delta\sigma_1 = \Delta\sigma'_1 > 0$) 이고 ($\Delta\sigma_3 = \Delta\sigma'_3 > 0$). 제 10장에서 표준삼축 CD시험의 유효응력경로는 $q/p' = 3$의 기울기를 가지고 있음을 알았다 (증명: $\frac{\Delta q}{\Delta p'} = \frac{\Delta\sigma'_1 - \Delta\sigma'_3}{\frac{\Delta\sigma'_1 + 2\Delta\sigma'_3}{3}} = \frac{\Delta\sigma'_1 - 0}{\frac{\Delta\sigma'_1 + 2\times 0}{3}} = 3$). 유효응력경로 (ESP)는 그림 11.4a에 OF로 도시되었다. 배수 시험이므로 ESP는 전응력경로 (TSP)와 동일하다. 유효응력경로는 D점에서 초기항복곡면과 교차한다. O점에서 D점까지의 모든 응력상태는 초기항복곡면 이내에 있게 되므로 탄성거동을 하게 된다.

흙의 선형탄성거동을 가정하면, 응력-변형률 탄성거동을 나타내기 위해 (ε_1, q)공간에서 직선 OD를 그릴 수 있다(그림 11.4c). 이 단계에서 OD의 기울기는 모르지만, 나중에 이 기울기를 구하는 방법을 배울 것이다. (p', e)공간에서 선 CO는 제하/재재하선(URL)으로 나타나므로 탄성거동은 이 선상에서 나타날 것이다. 간극비 변화량은 $\Delta e = e_D - e_o$ (그림 11.4b)이다. 그림 11.4d의 OD로 표시된 바와 같이 축변형률 (ε_1)과 e의 관계를 알 수 있다.

D점에 OF 응력경로를 따라 하중을 가하면 항복에 도달하게 된다. 초기항복곡면이 확장되고(그림 11.4a) 응력-변형률은 더 이상 탄성이 아니며 탄소성 거동을 보인다(제 7장). ESP를 따라 초기항복을 지나 약간의 하중을 증가시킨 점 E에서 항복곡면의 크기(주축)는 p'_G(그림 11.4a의 G점)가 된다. 그림 11.4b에서 보는 바와 같이 (p', e)공간에서 NCL상에 대응점 G가 존재한다. 그림 11.4에 보이는 하중의 증가는 좀 과장되게 표시한 것이다. 보통은 응력증가량은 매우 작아야 된다. 왜냐하면 흙의 거동은 더 이상 탄성이 아니기 때문이다. 응력은 변형률과 연계될 뿐만 아니라 소성변형률증분과도 연계되기 시작한다.

시료의 하중이 D에서 E까지 재하되는 동안 간극비의 전체변화량은 DE(그림 11.4b)가 된다. E점은 과거의 평균유효응력 p'_G의 확장된 항복곡면 상에 있으므로 그림 11.4b에서 E점은 감하선 GO'선 상에 놓이게 된다. 만약 하중이 E점에서 O점(그림 11.4a)으로 감하되면 흙은 감하경로 OC에 평행한 EO'(그림 11.4b)를 따라 거동할 것이다. 축변형률 축상의 OO'길이는 축방향 소성변형률에 해당하며 OE'길이는 탄성변형률에 해당한다.

CSL이 교차할 때까지 ESP를 따라 하중을 증가시킬 수 있다. 이 단계에서 흙은 파괴되고 더 이상의 하중을 가하여도 추가 전단저항력이 발휘되지 못한다. 축차응력 q와 간극비 e는 일정하게 된다. 파괴응력은 p'_f와 q_f(그림 11.4a)이고 파괴간극비는 e_f(그림 11.4b)이다. 일반적으로 비율 $\frac{q_f}{p'_f}$(= M)과 e_f는 일정하게 된다. 매 하중증가분에 대하여 Δe를 구할 수 있고 ε_1과 $\Sigma\Delta e$[혹은 $\varepsilon_p = (\Sigma\Delta e)/(1 + e_o)$]의 관계를 그림 11.4d와 같이 그릴 수 있다. 그러면 응력-변형률 곡선을 그릴 수 있고 계속하여 (p', e)공간상에 응력도 그릴 수 있다.

지금까지의 모델의 요점을 정리하면 다음과 같다.

1. 등방압밀동안 응력상태는 (p', q)공간에서는 평균유효응력축 상에 놓이며 (p', e)공간에서는 NCL상에 놓인다.

2. 항복곡면 이내에서의 ESP상의 모든 응력상태는 현재의 선행압밀평균유효응력을 지나는 제하/재재하선상에 놓여야 한다. 예를 들면 그림 11.4a의 반타원 AEG상의 임의 점은 제하/재재하선 $O'G$상에 대응점을 가진다. 동일하게 ESP상의 임의점 E는 제하/재재하선 $O'G$선상에도 놓이게 될 것이다. 실제, 응력상태의 평균유효응력 성분을 제하/재재하선상에 투영한 것이다.

3. 제하/재재하선상의 모든 응력상태는 탄성거동을 보인다.
4. 압밀(예를 들어, p'축 상의 응력경로)은 흙의 파괴를 초래하지 못한다. 흙은 압축측 CSL의 기울기보다 큰 기울기의 ESP에 따른 전단응력의 작용에 의하여 파괴된다.
5. 현재의 항복곡면 외부로의 ESP상의 모든 응력상태는 항복을 확장시키는 요인이 된다. 즉 항복곡면이 확장된다.
6. 확장된 항복곡면으로부터의 제하는 탄성거동을 보인다.
7. 일단 항복이 되면 응력-변형률 곡선은 탄성변형률 성분과 소성변형률 성분을 포함한 비선형이 된다.
8. 한계상태선은 항복곡면과 정점에서 교차한다. 이 대응 평균유효응력은 항복곡면을 나타내는 타원 장축의 평균유효응력의 반에 해당한다.
9. ESP가 CSL과 교차하고 체적변화가 없을 때 파괴가 발생한다.
10. 흙은 파괴 전에 항복하여야 한다.
11. 그림 11.4 중 한 그림의 모든 점들은 다른 그림에 대응점을 가진다. 따라서 각 점은 그림 11.4에 보는 바와 같이 투영에 의하여 얻을 수 있다. 물론, 축의 크기는 대응축의 크기와 맞아야 한다. 예를 들어 (p', q)공간 상 파괴선 AS상의 점 F은 (p', e)공간 의 파괴선 상에 대응점 F를 가진다.

정규압밀지반에서는 과거의 평균유효응력이 현재의 평균유효응력과 동일하나(그림 11.5a, b의 O점). O점은 초기항복곡면 상에 있다. 따라서 재하시 즉시 항복한다. 즉 초기탄성영역이 없다. 그림 11.5의 C점에 해당하는 유효응력증분은 초기항복곡면을 확장시키는데 기여한다. 지금의 선행압밀평균유효응력은 p'_G이고 정규압밀곡선과 제하/재재하선의 교차점에 놓이게 된다. C점은 확장된 항복곡면에 있으므로 G점를 지나는 감하/부재하선 상에 대응점을 가져야 한다. 만약 C점에서 제하를 하면 탄성거동($C \rightarrow O'$, 그림 11.5b)을 보일 것이다. 시료가 과압밀상태이면 ESP 상에 계속된 하중증가에 의하여 파괴가 발생될 때까지 항복이 계속 확장될 것이다.

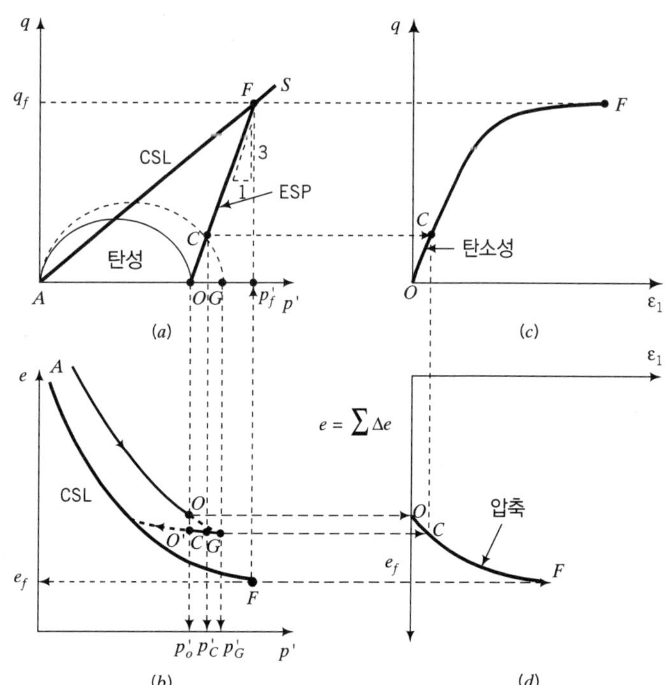

그림 11.5 CSM을 적용한 정규압밀지반 (R_o = 1)의 삼축CD시험결과.

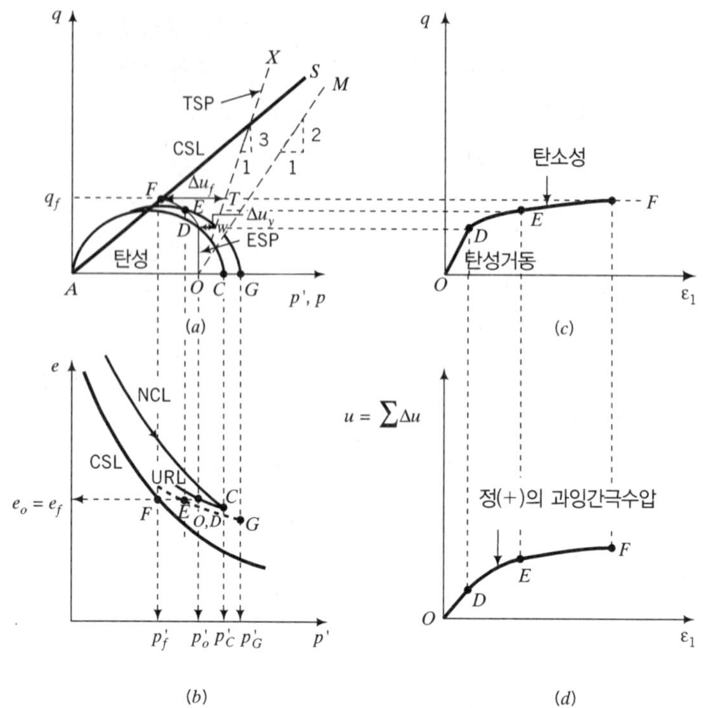

그림 11.6 CSM을 적용한 정규압밀지반 ($1 < R_o \leq 2$)의 삼축CU시험결과.

11.3.5 비배수조건에서의 정규압밀지반 및 약과압밀지반의 거동 예측

시료를 압밀한 후 표준삼축CD시험 대신, 표준삼축CU시험을 실시할 수 있다. TSP의 기울기는 3이다. 아직 ESP는 모른다. 비배수조건에서 약과압밀지반의 거동을 CSM에 따라 검토하여 본다. 횡축에 p'와 p의 중복축을 사용한다(그림 11.6). 비배수조건에서는 체적이 일정하다. 즉 $\Delta e = 0$ (제 10장). 일정체적은 전단시 시료 내에 체적변형률이 발생되지 않음을 의미한다. 이는 탄성체적변형률이 동일량의 소성체적변형률과 균형을 이루고 있음을 의미한다고 볼 수 있다. 제 8장과 제 10장에서 선형탄성지반의 ESP는 연직방향이고 평균유효응력 변화량 $\Delta p'$는 0임을 알았다.

체적변화가 없으므로 그림 11.6b의 OF로 도시된 바와 같이 파괴시 평균유효응력은 (p', e)공간의 초기간극비에서 수평선을 그려 한계상태선과 교차하는 점으로 표시할 수 있다. (p', e)공간에서 파괴시 평균유효응력으로부터 연직선을 그려 (p', q)공간의 한계상태선과 만나는 점이 파괴시 축차응력(그림 11.6a)에 해당한다. 초기항복응력(p'_y, q_y)은 ESP와 초기항복곡면의 교차점으로 그림 11.6a의 D점으로 구한다. 그림 11.6b에서 보는 바와 같이 (p', e)공간에서 $\Delta p' = 0$이므로 O점과 D점은 일치한다. 이 ESP(그림 11.6a의 OD)는 탄성거동을 보인다.

초기항복보다 큰 하중으로 계속 재하하면, 초기항복곡면이 확장된다. 예를 들어 일정한 간극비의 D점과 F점 사이에 E점은 (p', q)공간에서 확장된 항복곡면 (AEG)상에 놓이게 된다. 또한 E점은 G점을 통과하는 URL선상에 있어야한다(그림 11.6b). D점으로부터의 ESP는 초기항복 이후 과잉간극수압이 크게 증가하기 때문에 한계상태선상의 F점을 향하여 좌측으로 곡선을 그리게 된다.

TSP는 그림 11.6a의 OX로 표현되는 바와 같이 3의 기울기를 가진다. 전응력경로와 유효응력경로 사이의 평균응력 차이는 과잉간극수압의 변화이다. 이 그림에서 초기항복과 파괴시의 과잉간극수압은 각각 수평선 DW와 FT로 표시된다.

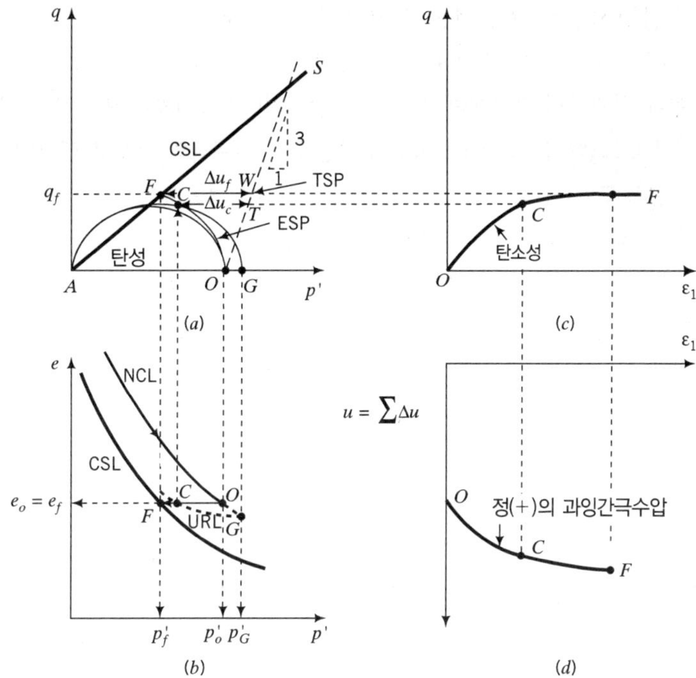

그림 11.7 CSM을 적용한 정규압밀지반 (R_o = 1)의 CU삼축시험결과.

비배수전단거동은 TSP와는 무관하다. 만약 TSP가 기울기가 3(V): 1(H)이 아닌 2(V): 1(H) 인 *OM*(그림 11.6a)의 경로를 따르더라도 전단거동은 동일할 것이다. 여기서 V와 H는 연직과 수평 값이다. TSP는 비배수조건에서 과잉간극수압을 구할 때만 중요하다.

TSP와 한계상태선과의 교차점은 파괴점이 아니다. 왜냐하면 파괴와 변형은 유효응력에 의존하지 전응력에는 의존하지 않기 때문이다. 그림 11.6c, d는 각각 축변형률에 대한 응력-변형률거동과 과잉간극수압거동을 나타내고 있다.

정규압밀지반에 대하여는 하중이 가해지는 즉시 항복에 도달한다(그림 11.7). ESP는 파괴선상의 *F*점을 향하여 곡선을 그린다. 그림 11.7b의 일정체적선 *OF*상에 *C*점은 확장항복곡면과 대응 URL상에 놓이게 되며(그림 11.7a, b), *C*점과 *F*점에서의 과잉간극수압은 각각 수평선 *CT*와 *FW*에 의해 나타난다.

약과압밀지반 및 정규압밀지반에 비배수조건으로 본 모델을 적용할 때의 요점을 요약하면 다음과 같다.

1. 비배수재하시(일정-체적 제하) 전체체적은 일정하다. 이 거동은 (p', e) 공간에서 초기평균유효응력에서 파괴상태까지 수평선을 그려 도시할 수 있다.
2. (p', q)공간에서 초기항복 이내의 ESP는 초기평균응력에서 초기항복응력까지 연직선으로 나타낼 수 있다. 이때 지반은 탄성거동을 보이며 평균유효응력의 변화는 0이다.
3. 정규압밀지반은 초기탄성거동을 보이지 않는다. 하중이 가하여지는 순간 항복한다.
4. 초기항복 이후의 재하로 인하여 변형률경화 탄소성거동을 한다. 이 때 초기항복곡면이 확장된다.
5. 하중단계에서 평균전응력과 평균유효응력의 차이는 과잉간극수압에 해당한다.
6. 비배수조건에서 흙의 거동은 전응력경로와는 무관하다. 전응력경로는 전체과잉간극수압을 구할 때만 중요하다.

11.3.6 고도과압밀지반의 배수거동 및 비배수거동 예측

지금까지 정규압밀지반과 약과압밀지반($R_o \le 2$)을 대상으로 하였다. 고도과압밀지반($R_o > 2$)의 경우는 어떨까? 정규압밀지반거동이나, 약과압밀지반거동인지, 고도과압밀지반거동인지는 R_o값뿐만 아니라 유효응력경로에도 의존한다. 고도과압밀지반의 모델링은 그림 11.8a,b의 O점에서 보는 바와 같이 선행압밀응력으로부터 제하를 하여 $p'_c/p'_o > 2$되게 하여 다룬다. 고도과압밀지반의 초기응력상태는 (p', e)공간에서 한계상태선 좌측에 위치하게 된다. 표준삼축 CD시험에서 ESP의 기울기는 3이고 D점에서 초기항복곡면과 교차하게 된다. 따라서 O점에서 D점까지 지반은 탄성거동을 보인다(그림 11.8b,c). ESP와 한계상태선의 교차점은 F점 (11.8a)이 된다. 이는 지반이 초기항복 이후 파괴까지 하중이 가하여질 때 항복곡면이 축소되도록 한다. 다이러턴시에 의하여 팽창하는 흙에서는 초기항복전단응력이 첨두전단응력과 유사하다. D점에서 체적이 팽창(그림 11.8b,d)하고 F점에서 파괴될 때까지 변형률이 연화된다(그림 11.8c). 파괴전에 항복이 먼저 옴을 기억해라. 따라서 지반은 $O \to F \to D$경로가 아닌 $O \to D \to F$ 경로를 따른다.

재현된 체적거동이 그림 11.8d에 도시되 있다. O점에서 D점까지(탄성단계) 흙은 수축한다. 초기항복이후 흙은 팽창(다이러턴시)하여 파괴에 이르며 이후 일정체적(일정 간극비)를 유지한다.

CSM에 의하여 고도과압밀지반이 첨두전단응력까지는 탄성체와 같이 거동하고 그 후에는 한계상태선을 향하여 변형률연화의 탄소성거동을 보이는 역학적 거동을 묘사할 수 있다. 실제 고도과압밀지반에서 첨두전단응력에 도달전에 탄소성거동을 보일수도 있다. 그러나 이러한 거동은 CSM으로는 예측할 수가 없다.

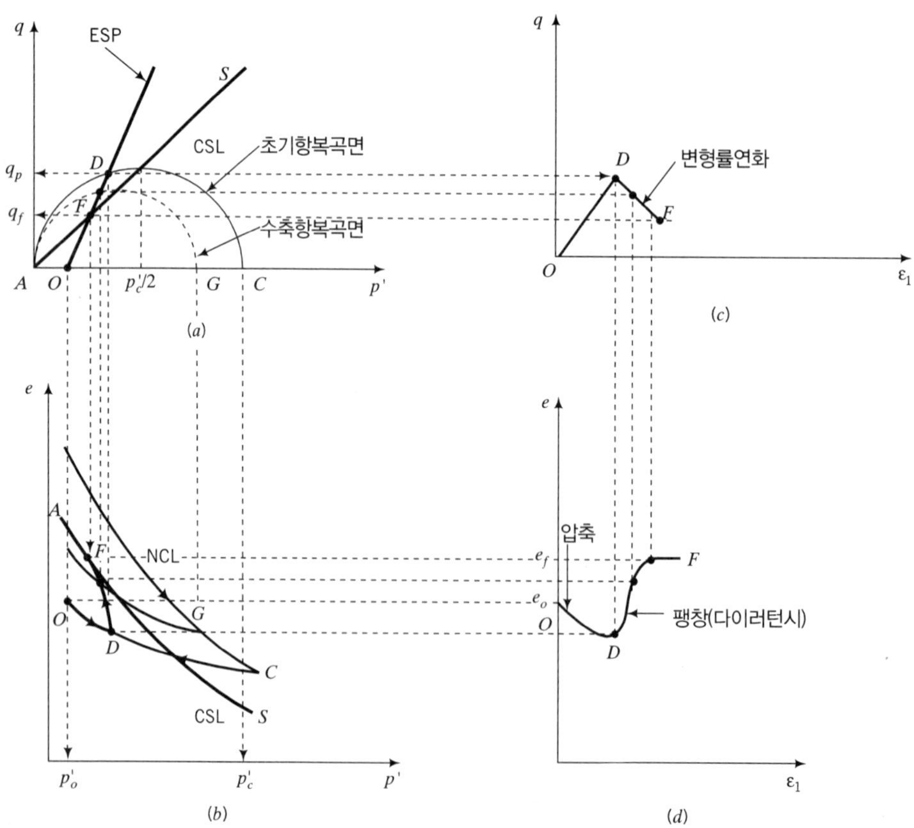

그림 11.8 CSM을 적용한 고도과압밀지반 ($R_o > 2$)의 삼축CD시험결과

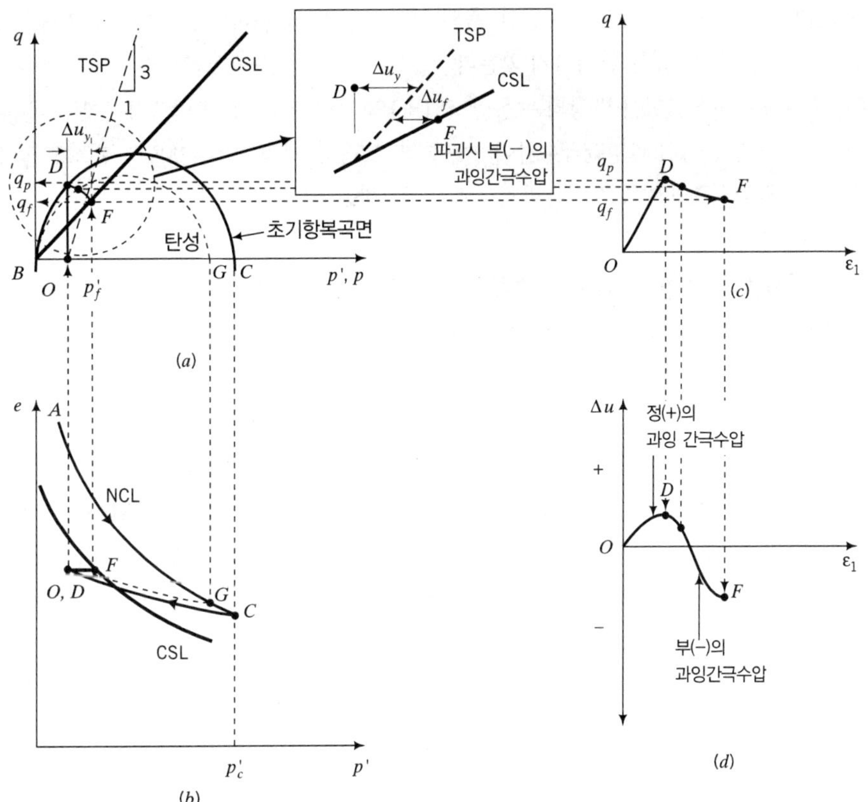

그림 11.9 CSM을 적용한 고도과압밀지반 ($R_o > 2$)의 삼축CU시험결과.

고도과압밀점토에 대한 표준삼축 CU시험의 경우 (p', e)공간에서 파괴까지의 경로는 체적변화가 없으므로 OF(그림 11.9b)이다. (p', q)공간(그림 11.9a)에서 흙은 D점에서 항복하여 F점에서 파괴된다. 따라서 파괴경로는 $O \rightarrow D \rightarrow F$이다. O점에서 D점까지의 모든 응력은 초기항복곡면내에 존재한다. 따라서 탄성거동을 보인다. ESP는 연직선으로 도시되고 D점과 F점 사이의 응력상태는 URL과 일정체적선 OF(그림 11.9b)의 교점에 대응하는 값을 가진다. D에서 F사이에 항복곡면이 축소된다.

O점에서 D점까지 흙이 압축되는 사이 정 (+)의 과잉간극수압이 발생되며 D점에서 F점까지 흙이 팽창하는 사이에 부 (−)의 과잉간극수압이 발생한다(그림 11.9d). 초기항복에서의 과잉간극수압 Δu_y와 파괴시 과잉간극수압 Δu_f는 그림 11.9a의 삽입도에 도시되어있다. 파괴시 과잉간극수압은 부($p'_f > p_f$)이다.

고도과압밀지반의 비배수거동을 본 모델을 사용하여 예측할 때의 요점을 요약하면 다음과 같다.

1. 비배수상태에서 전체 체적은 일정하다. 이는 (p', e)공간에서 초기평균유효응력에서 파괴선까지 수평선을 그려 표시할 수 있다.
2. (p', q)공간에서 초기항복곡면 내 ESP는 초기평균유효응력에서 초기항복곡면까지 연직선으로 도시된다. 이때 흙은 탄성거동을 하며 평균유효응력변화는 없다.
3. 초기항복 이후 한계상태에 이르기까지 변형률연화(초기항복곡면이 축소된다)나 변형률경화(초기항복곡면이 확장된다) 현상이 발생된다.

4. 배수조건에서 탄성변형이 발생되는 동안, 흙의 체적은 감소(압축)하며 초기항복 이후에는 한계상태에 이르기 까지 증가한다. 그 후 체적변화는 발생하지 않는다.

5. 비배수조건에서 탄성변형이 발생되는 동안 정 (+)의 과잉간극수압이 발생하다가 초기항복이후에는 한계상태에 도달할 때까지 부 (−)의 과잉간극수압이 발생한다. 그런 후 과잉간극수압은 일정하게 유지된다.

6. 비배수조건에서의 흙의 거동은 전응력경로에 무관하다.

11.3.7 CSM을 적용한 조립토지반의 거동 예측

CSM은 지반에 적용될 수 있다. 그러나 조립토에 대하여는 특별한 주의가 필요하다. 실내시험으로 조립토의 NCL선과 CSL선은 ($\ln p'$, e)공간에서 세립토에 비하여 직선으로 잘 나타나지 않는다(그림 11.10). 조립토의 형상, 크기, 조도, 구조배열(채움상태), 입자경도, 강성과 같은 특성 때문에 국부적 불연속이 발생될 수 있다. 조립토에 X-ray를 사용한 시험에서 전단띠가 존재하고(그림 10.4) 낮은 변형률(< 1%)에서도 변형률의 불균일분포가 발생한다. 토질시험장비로 측정한 평균응력과 변형률 예측에 CSM을 믿고 사용하기에는 불충분하다. CSM에서는 기본적으로 흙을 응력과 변형률의 연속적인 변화를 받는 연속체로 취급한다. 따라서 조립토에는 다른 모델(예, Coulomb 혹은 Mohr-Coulomb)이 CSM보다 적합할 것이다. 그러나 전단띠 내의 흙은 일반적으로 한계상태에 있고 점성유체와 같이 거동한다.

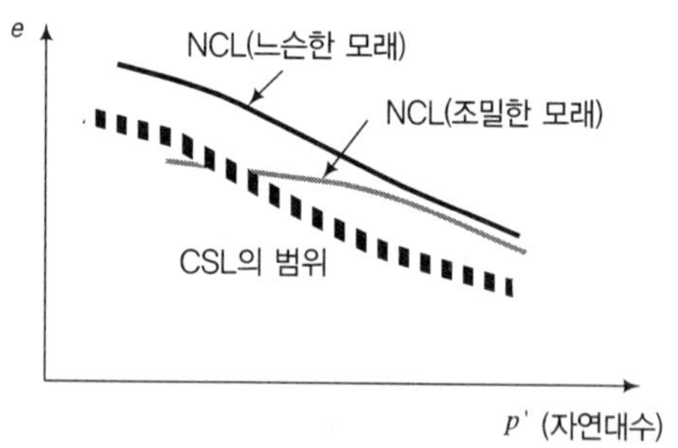

그림 11.10 조립토지반의 체적거동.

과압밀비와 선행압밀비는 세립토에 적합하다. 조립토의 선행압밀응력을 정할 수 있는 표준기술이 없다. 그러나 CSM 구조내에 조립토의 새로운 상태변수를 정의하려는 시도가 있었다. 그러한 시도는 이 책의 범위를 벗어난다. 조립토의 ($\ln p'$, e)공간상의 NCL와 CSL의 비선형성과 R_o 혹은 OCR을 결정하는 어려움에도 불구하고 CSM을 설명하고 강도와 변형을 구하려는 작업이 모든 지반에 활발히 진행 중이다.

11.3.8 한계상태의 경계

CSL은 정규압밀지반과 약과압밀지반을 고도과압밀지반과 구분하는 경계이다(그림 11.11). CSL우측의 응력상태는 압축이고 변형률-경화 지역이다: CSL좌측의 응력상태는 팽창이고 변형률 연화 지역이다. 흙이 어떻게 거동하는지에 대한 자세한 설명은 11.7절에서 다룬다.

11.3.9 체적변화와 과잉간극수압

CSM으로 예측한 배수 및 비배수 조건에서의 흙의 거동을 비교하면, 배수시험에서 압축은 비배수시험에서 정(+)의 과잉간극수압으로 바뀌고, 배수시험에서 팽창은 비배수시험에서 부(−)의 과잉간극수압으로 바뀐다. 또한 CSM을 적용하여 정규압밀점토와 약과압밀점토에서는 파괴시까지 변형률-경화를 예측하고 고도과압밀점토에서는 파괴시까

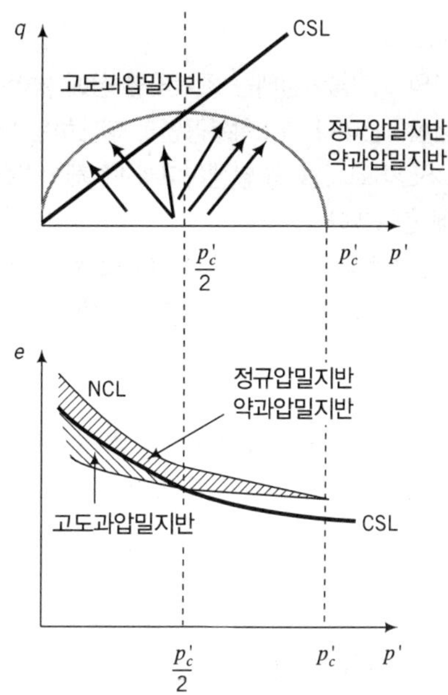

그림 11.11 정규 및 약과압밀지반과 고도과압밀지반의 상태경계.

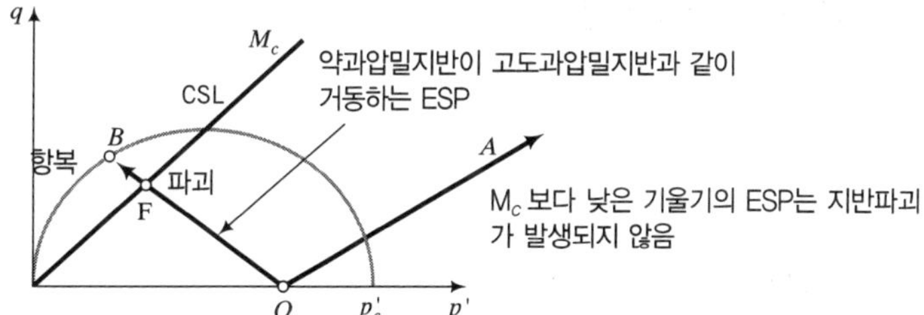

그림 11.12 지반거동상의 유효응력경로 영향.

지 변형률 연화를 예측할 수 있다. CSM으로 예측한 거동은 측정된 거동과 정성적으로 잘 일치한다(제 10장).

11.3.10 유효응력경로와 전응력경로의 효과

지반거동은 ESP에 의존한다. CSL의 기울기보다 낮은 기울기의 유효응력경로에서는 전단파괴가 발생하지 않는다. 왜냐하면 ESP는 한계상태선과 교차하지 않기 때문이다. 과압밀지반과 같이 거동하게 하는 ESP를 정규압밀지반 혹은 약과압밀지반에 가할 수 있다. 즉 그림 11.12의 *OBF*, *OBF*와 같은 유효응력경로는 지반굴착시 발생될 수 있다. 이 경우 지반은 파괴 (*F*)에 도달하기 전에 항복 (*B*)해야만 할 것이다. 따라서 파괴에 이르는 경로는 $O \rightarrow B \rightarrow F$이다. TSP는 비배수조건에서 지반거동에 영향을 주지 않는다.

 **요점정리** THE ESSENTIAL POINT ARE

1. (p', q)공간에 한계상태선이 존재하며 이에 대응하는 한계상태선이 (p', e)공간에도 존재한다.
2. 초기항복곡면의 크기는 선행압밀평균유효응력에 의해 정해진다.
3. 항복곡면 내의 응력에서는 탄성거동을 하며 이 곡면 외부 응력에서는 탄소성거동을 한다.
4. 초기항복응력보다 유효응력이 크게 작용하면 항복곡면이 정규압밀지반과 약과압밀지반에서는 팽창하고 고도

과압밀지반에서는 축소된다.
5. 정규압밀지반 R_o = 1의 초기응력상태는 초기곡면 상에 놓여진다.
6. 매 응력상태는 팽창항복곡면이나 축소항복공면과 대응하는 URL상에 놓인다.
7. 지반파괴는 ESP가 CSL와 교차할 때 발생하고 이때 체적변화는 0이다.
8. 지반은 파괴되기 전에 항복한다.
9. 과잉간극수압은 작용한 축차응력에서 TSP와 ESP의 평균응력 차이에 해당한다.
10. 한계상태모델은 배수재하와 비배수재하시 중요한 지반거동을 다룰 수 있다.

What's next... 한계상태모델의 중요사항을 투영도를 활용하여 설명하였다. 여기에는 미지수가 많다. 예를 들어 한계상태선기울기와 항복곡면식을 알 수 없었다. 다음절에서는 이들 미지수를 구하는 식을 정립할 것이다. 압밀과 전단강도의 중요사항을 결합시키는 간단한 연관 모델을 만드는 것이 목적이다.

11.4 한계상태모델(CSM)의 요소

11.4.1 항복곡면

항복곡면식은 타원방정식으로 주어진다.

$$(p')^2 - p'p'_c + \frac{q^2}{M^2} = 0 \tag{11.4a}$$

식 (11.4a)를 다시 쓰면

$$q^2 = M^2 p'(p'_c - p') \tag{11.4b}$$

또는

$$q = \pm M\sqrt{p'(p'_c - p')} \tag{11.4c}$$

또는

$$q = \pm Mp'\sqrt{\left(\frac{p'_c}{p'} - 1\right)} \tag{11.4d}$$

또는

$$p'_c = p' + \frac{q^2}{M^2 p'} \tag{11.4e}$$

항복곡면의 이론적 기초는 Schofield and Wroth (1968)와 Roscoe and Burland (1968)에 의해 제공되었다. M과 p'_c를 알면 초기응력으로 초기항복곡면을 그릴 수 있다.

예제 11.2 초기항복곡면작성

250 kPa의 평균유효응력으로 점토를 압밀하였다. $M = M_c = 0.94$일 때 항복곡면을 그려라.

핵심전략 O에서 p_c'까지의 p'에 대하여 식 (11.4d)를 적용하여 대응하는 q를 구하고 결과를 그린다.

풀이 11.2

Step 1 : 0에서 p_c'까지의 p값에 대한 q를 구한다.

0에서 $p_c' = 250$ kPa까지의 p'값에 대한 q를 구하기 위해 스프레드쉬트를 작성한다. 또는 계산기를 사용할 수도 있다. 예를 들어 $p' = 100$ kPa을 식 (11.4b)에 넣으면

$$q = \pm 0.94 \times 100\left[\frac{250}{100} - 1\right]^{\frac{1}{2}} = \pm 115.1 \text{ kPa}$$

Step 2 : 초기항복곡면을 작성한다.

그림 E11.2를 보라(타원의 상부반만 그린다)

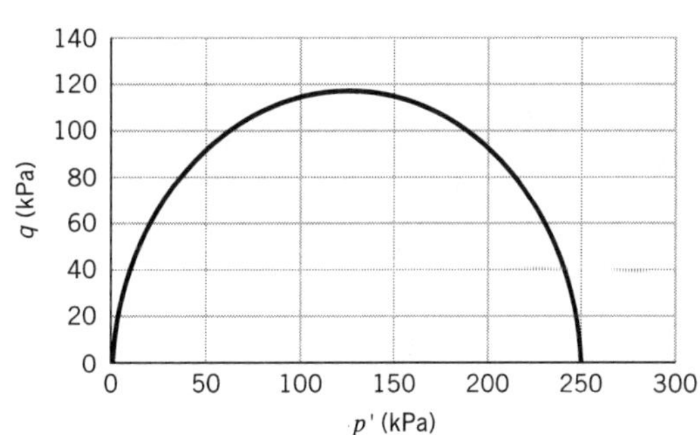

그림 E11.2

11.4.2 한계상태정수

11.4.2.1 (p', q)공간에서 파괴선

(p', q)공간에서 파괴선은

$$q_f = Mp_f' \tag{11.5}$$

여기서 q_f는 파괴시 축차응력이다. M은 마찰상수, p_f'는 파괴시 평균유효응력이다. 첨자 f는 파괴를 의미하고 한계상태를 의미하기도 한다. 압축에서 $M = M_c$이고 신장에서 $M = M_e$이다. 한계상태선은 항복곡면과 $p_c'/2$에서 교차한다.

축대칭 압축 및 신장 조건의 경우와 평면변형률조건에서 M과 ϕ_{cs}'의 관계식을 구한다.

축대칭압축

$$M_c = \frac{q_f}{p_f'} = \frac{(\sigma_1' - \sigma_3')_f}{\left(\dfrac{\sigma_1' + 2\sigma_3'}{3}\right)_f} = \frac{3\left(\dfrac{\sigma_1'}{\sigma_3'} - 1\right)_f}{\left(\dfrac{\sigma_1'}{\sigma_3'} + 2\right)_f}$$

제 10장에서

$$\left(\frac{\sigma_1'}{\sigma_3'}\right)_f = \frac{1 + \sin\phi_{cs}'}{1 - \sin\phi_{cs}'}$$

따라서

$$M_c = \frac{6\sin\phi_{cs}'}{3 - \sin\phi_{cs}'} \tag{11.6}$$

또는

$$\sin\phi'_{cs} = \frac{3M_c}{6 + M_c} \tag{11.7}$$

축대칭신장 축대칭 (삼축)신장에서는 방사응력이 최대주응력이다. 축대칭에서 방사응력은 원주응력과 동일하므로,

$$p'_f = \left(\frac{2\sigma'_1 + \sigma'_3}{3}\right)_f$$

$$q_f = (\sigma'_1 - \sigma'_3)_f$$

그리고

$$M_e = \frac{q_f}{p'_f} = \frac{\left(2\dfrac{\sigma'_1}{\sigma'_3} + 1\right)_f}{\left(\dfrac{\sigma'_1}{\sigma'_3} - 1\right)_f} = \frac{6\sin\phi'_{cs}}{3 + \sin\phi'_{cs}} \tag{11.8}$$

또는

$$\sin\phi'_{cs} = \frac{3M_e}{6 - M_e} \tag{11.9}$$

마찰각 ϕ'_{cs}는 압축과 신장에서 모두 동일하지만 (p', q)공간에서 한계상태선의 기울기는 같지 않다(그림 11.13). 따라서 압축과 신장에서 파괴축차응력은 다르다. $M_e < M_c$이므로 신장에서의 파괴축차응력은 압축에서 파괴축차응력보다 작다.

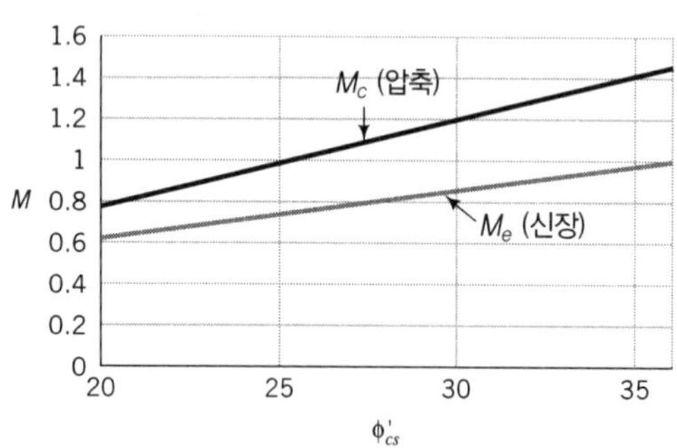

그림 11.13 한계상태마찰각에 따른 마찰상수 M의 변화.

평면변형률 평면변형률에서 변형률중 하나는 0이다. 제 7장에서 $\varepsilon_2 = 0$을 선택하였다; 따라서, $\sigma'_2 \neq 0$. σ'_2를 측정할 수 있는 특수 장비가 없는 한 일반적으로 σ'_2의 값은 모른다. 만약 $\sigma'_2 = C(\sigma'_1 + \sigma'_3)$이면 $C = 0.5$일 때

$$M = M_{ps} = \sqrt{3}\sin\phi'_{cs} \tag{11.10}$$

$C = 0.5$라 함은 탄성압축이 없다는 가정이다. 첨자 ps는 평변변형률을 의미한다. 계수 C는 모래에 특수 제작한 단순전단시험기(Budhu, 1984)를 사용하여 근사적으로 $\frac{1}{2}\tan\phi'_{cs}$였다. 식 (11.10)은 식 (8.1)과 식 (8.2)로 주어진 p'와 q를 적용하여 M_c를 유도하여 구할 수 있다.

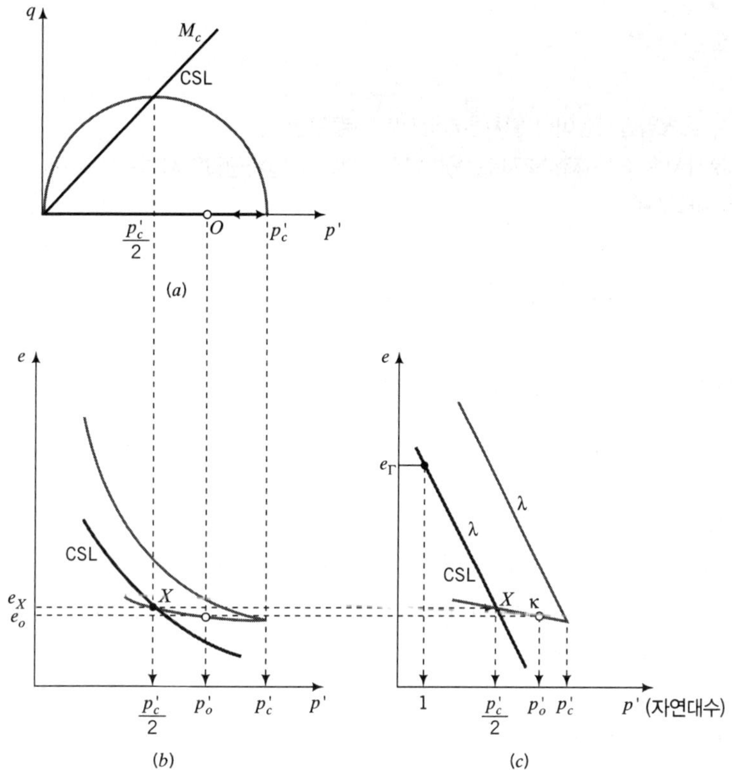

그림 11.14 한계상태선을 연결시키는 간극비 e_Γ

11.4.2.2 (p', e)공간에서 파괴선 한계상태선식을 파괴선 (p', e)공간에서 구하여 보자. 그림 11.14c와 같은(ln p', e)공간에서 CSL은 정규압밀선에 평행이다.

$$e_f = e_\Gamma - \lambda \ln p'_f \tag{11.11}$$

여기서 e_Γ는 $p' - 1$일 때 한계상태선상의 간극비이다 (Γ는 그리스 문자 감마의 대문자다). 간극비는 (p', e)공간과 (lnp', e)공간의 연결 역할을 한다. e_Γ값은 p'스케일의 단위에 의존한다. 이 책에서는 kPa을 p'의 단위로 하였다.

e_Γ을 초기상태로부터 구한다. p'_c로 등방압밀한 후 p'_o의 평균유효응력까지 제하한 경우를 대상으로(그림 11.14a,b)한다. X점은 제하/재재하선과 한계상태선이 교차한 위치이다. X점의 평균유효응력은 제하/재재하선에서 $p'_c/2$이다.

$$e_X = e_o + \kappa \ln \frac{p'_o}{p'_c/2} \tag{11.12}$$

여기서 e_o는 초기간극비, 한계상태선에서

$$e_X = e_\Gamma - \lambda \ln \frac{p'_c}{2} \tag{11.13}$$

따라서 식 (11.12)과 식 (11.13)을 결합하면,

$$e_\Gamma = e_o + (\lambda - \kappa) \ln \frac{p'_c}{2} + \kappa \ln p'_o \tag{11.14}$$

요점정리 THE ESSENTIAL POINT ARE

λ–압축지수, 등방압밀시험이나 일차원압밀시험으로 구한다.
κ–감하/재부하지수 혹은 재압축지수, 등방압밀시험이나 일차원압밀시험으로 구한다.
M–한계상태마찰상수

한계상태모델을 사용하기 위해 초기응력 예를 들어 p_o', p_c' 및 초기간극비 e_o를 알아야 한다.

예제 11.3 신장에서의 *M*과 파괴응력 산정

정규압밀점토에 표준삼축 CD시험을 $\sigma_3 = \sigma_3' = 120$ kPa에서 실시하였다. 파괴시 $q = \sigma_1' - \sigma_3' = 140$ kPa

(a) M_c을 구하라.

(b) p_f'을 구하라.

(c) 동일한 평균유효응력에서 파괴가 발생하도록 신장시험이 실시되었다면 파괴시 축차응력을 구하라.

핵심전략 최종응력을 아니까 이 값을 ϕ_{cs}'를 구하는데 활용한다. 식 (11.6)으로 M_c를 식 (11.8)로 M_e를 구한다. 그런 후 비례법으로 신장시험의 q_f를 산정한다.

풀이 11.3

Step 1 : 파괴시의 최대주응력을 구한다.

$$(\sigma_1')_f = (\sigma_1' - \sigma_3') + \sigma_3' = 140 + 120 = 260 \text{ kPa}$$

Step 2 : p_f' 를 구한다.

$$p_f' = \left(\frac{\sigma_1' + 2\sigma_3'}{3}\right)_f = \frac{260 + 2 \times 120}{3} = 166.7 \text{ kPa}$$

Step 3 : ϕ_{cs}'를 구한다.

$$\sin\phi_{cs}' = \frac{\sigma_1' - \sigma_3'}{\sigma_1' + \sigma_3'} = \frac{140}{260 + 120} = 0.37$$

$$\phi_{cs}' = 21.6°$$

Step 4 : M_c 와 M_e를 구한다.

$$M_c = \frac{6\sin\phi_{cs}'}{3 - \sin\phi_{cs}'} = \frac{6 \times 0.37}{3 - 0.37} = 0.84$$

$$M_e = \frac{6\sin\phi_{cs}'}{3 + \sin\phi_{cs}'} = \frac{6 \times 0.37}{3 + 0.37} = 0.66$$

Step 5 : 신장에서의 q_f를 구한다.

$$q_f = \frac{0.66}{0.84} \times 140 = 110 \text{ kPa}; \quad p_f' = \frac{q_f}{M_e} = \frac{110}{0.66} = 166.7 \text{ kPa}$$

예제 11.4 λ, κ, e_Γ 산정

포화토시료를 삼축시험기 내에서 등방압밀하고 표에 주어진 값을 얻었다. λ, κ , e_Γ를 산정하라.

조건	구속압(kPa)	최종간극비
재하	200	1.72
	1000	1.20
감하	500	1.25

핵심전략 이 문제를 풀기 위해 $(\ln p', e)$공간에 데이터를 넣는다.

풀이 11.4

Step 1 : $\ln p'$와 e의 그림을 그린다.

그림 E11.4참조

Step 2 : λ를 구한다.

그림 E11.4에서

$$\lambda = -\frac{\Delta e}{\ln(p'_c) - \ln(p'_1)} = -\frac{1.20 - 1.72}{6.91 - 5.3} = 0.32$$

그림 E11.4는 반대수(자연대수 e)도시가 아니다. 횡축값은 $\ln p'$이다. 데이터가 반대수지(밑이 e)에 도시된다면

$$\lambda = -\frac{\Delta e}{\ln(p'_c/p'_1)} = -\frac{1.20 - 1.72}{\ln\left(\frac{1000}{200}\right)} = 0.32$$

Step 3 : κ를 구한다.

그림 E11.4에서

$$\kappa = -\frac{\Delta e}{\ln(p'_c) - \ln(p'_o)} = -\frac{1.20 - 1.25}{6.91 - 6.21} = 0.07$$

Step 4 : e_Γ를 구한다.

$$e_\Gamma = e_o + (\lambda - \kappa)\ln\frac{p'_c}{2} + \kappa \ln p'_o$$

$$= 1.25 + (0.32 - 0.07)\ln\frac{1000}{2} + 0.07\ln 500 = 3.24$$

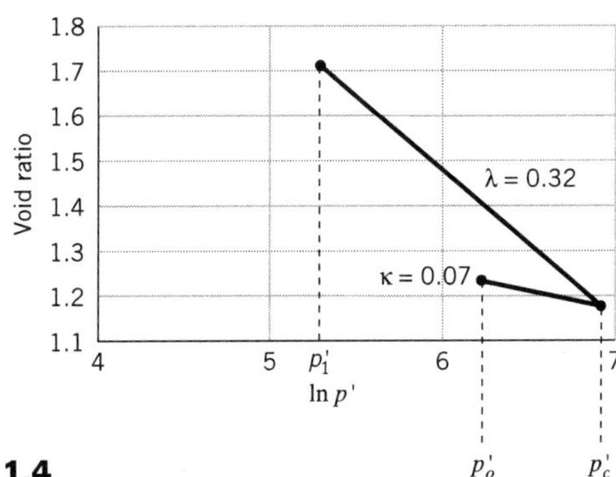

그림 E11.4

What's next... 위에서 CSM을 적용하기 위한 주요변수를 알았다. 다음은 지반의 전단강도를 예측하기 위해 CSM을 사용한다.

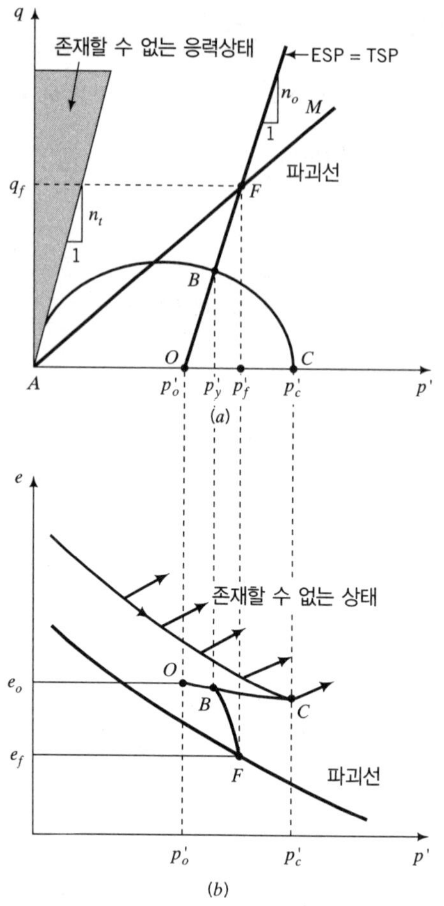

그림 11.15 약과압밀지반의 배수시험에서의 파괴.

11.5 한계상태모델에 의한 파괴응력

11.5.1 배수삼축시험

평균유효응력 p'_o로 등방압밀한 후 평균유효응력 p'_c으로 등방제하한($R_o \leq 2$) 표준삼축 CD시험의 경우를 설명한다. ESP = TSP의 기울기는 그림 11.15a에서 보는 바와 같이 3이다. ESP는 F점에서 한계상태선과 교차한다. F점의 응력을 구하여 본다. ESP의 식은

$$q_f = 3(p'_f - p'_o) \tag{11.15}$$

한계상태선의 식을 일반적인 M을 써서 나타내면(압축의 경우 M_c이고 신장의 경우 M_e이다),

$$q_f = Mp'_f \tag{11.16}$$

이들 두 선의 교차점은 식 (11.15)와 식 (11.16)을 결합하여 구할 수 있다.

$$p'_f = \frac{3p'_o}{3 - M} \tag{11.17}$$

그리고

$$q_f = Mp'_f = \frac{3Mp'_o}{3 - M} \tag{11.18}$$

일반적으로 ESP의 기울기 = n_o이므로 식 (11.17)과 식 (11.18)은

$$p'_f = \frac{n_o p'_o}{n_o - M} \tag{11.19}$$

그리고

$$q_f = Mp'_f = \frac{n_o M p'_o}{n_o - M} \tag{11.20}$$

식 (11.19)와 식 (11.20)에서 $M = M_c = n_o$이면 $p'_f \to \infty$이고 $q_f \to \infty$이 된다. 따라서 흙은 무한강도를 가질 수 없으므로 M_c는 n_o값과 같을 수 없다. 만약 $M_c > n_o$이면 p'_f 와 q_f는 부 (−)의 값이 된다. 그러나 흙은 인장을 지탱할 수 없으므로 p'_f는 부의 값이 될 수 없다. 따라서 M_c는 n_o보다 큰 값을 가질 수 없다. 그러므로 원점에서 $q/p' = n_o$기울기 이상으로 표시되는 영역과 축차응력은 존재할 수 없는 흙의 영역이다(그림 11.15a). 이 선을 인장선이라 부른다. 표준삼축시험에서 $n_o = n_t = 3$ (n_t는 인장선의 기울기이다). 삼축신장시험의 경우 인장선의 기울기는 $n_t = -\frac{3}{2}$이다. 평면변형률시험의 경우 인장이 최소유효주응력(σ'_3)에 평행하고 $\sigma'_2 = 0.5\,(\sigma'_1 + \sigma'_3)$이면 인장선의 기울기는 $n_t = \sqrt{3}$ 이 된다(증명하여 볼 것).

또한 9장에서 정규압밀선의 우측은 존재할 수 없는 영역(그림 11.15b)임을 알았고 (p', q) 응력공간 및 간극비와 평균유효응력공간 — 즉 (p', e)공간 — 에 존재할 수 없는 영역을 표시하였다. 따라서 흙은 항상 이들 영역 외에 존재해야 한다.

압밀지반에서 초기항복응력은 ESP가 초기항복곡면과 만나는 B점(그림 11.15a)으로 구한다. 이 항복응력의 좌표는 $q = q_y = n_o\,(p'_y - p'_o)$와 $p' = p'_y$로 구할 수 있다.

$$n_o(p'_y - p'_o) = \pm Mp'_y\sqrt{\left(\frac{p'_c}{p'_y} - 1\right)} \tag{11.21}$$

이 식을 p'_y으로 정리하면

$$p'_y = p'_p = \frac{(M^2p'_c + 2n_o^2p'_o) + \sqrt{(M^2p'_c + 2n_o^2p'_o)^2 - 4n_o^2(M^2 + n_o^2)\,(p'_o)^2}}{2(M^2 + n_o^2)} \tag{11.22}$$

식 (11.22)의 우측을 p'_o로 나누면

$$p'_y = \frac{p'_o\left[\left(M^2\dfrac{p'_c}{p'_o} + 2n_o^2\right) + \sqrt{\left(M^2\dfrac{p'_c}{p'_o} + 2n_o^2\right)^2 - 4n_o^2(M^2 + n_o^2)}\right]}{2(M^2 + n_o^2)}$$

$$= \frac{p'_o\left[(M^2R_o + 2n_o^2) + \sqrt{(M^2R_o + 2n_o^2)^2 - 4n_o^2(M^2 + n_o^2)}\right]}{2(M^2 + n_o^2)} \tag{11.23}$$

항복전단응력은

$$\tau_y = \frac{q_y}{2} = \frac{n_o(p'_y - p'_o)}{2} \tag{11.24}$$

표준삼축시험의 경우 $n_o = 3$

11.5.2 비배수삼축시험

비배수시험에서 전체체적변화량는 0이다. 즉 $\Delta V = 0$ 또는 $\Delta\varepsilon_p = 0$ 또는 $\Delta e = 0$이다(그림 11.16). 결국

$$e_f = e_o = e_\Gamma - \lambda \ln p'_f \tag{11.25}$$

식 (11.25)를 다시 정리하면

$$p'_f = \exp\left(\frac{e_\Gamma - e_o}{\lambda}\right) \tag{11.26}$$

$q_f = Mp'_f$이므로

$$q_f = M\exp\left(\frac{e_\Gamma - e_o}{\lambda}\right) \tag{11.27}$$

11.3.5절에서 비배수조건에서 흙의 거동은 전응력경로에 무관하다고 하였으므로 식 (11.27)은 이 사실을 확인시키고 있다. 즉 이 식은 전응력경로와 관련된 변수가 포함되어 있지 않다. 즉,

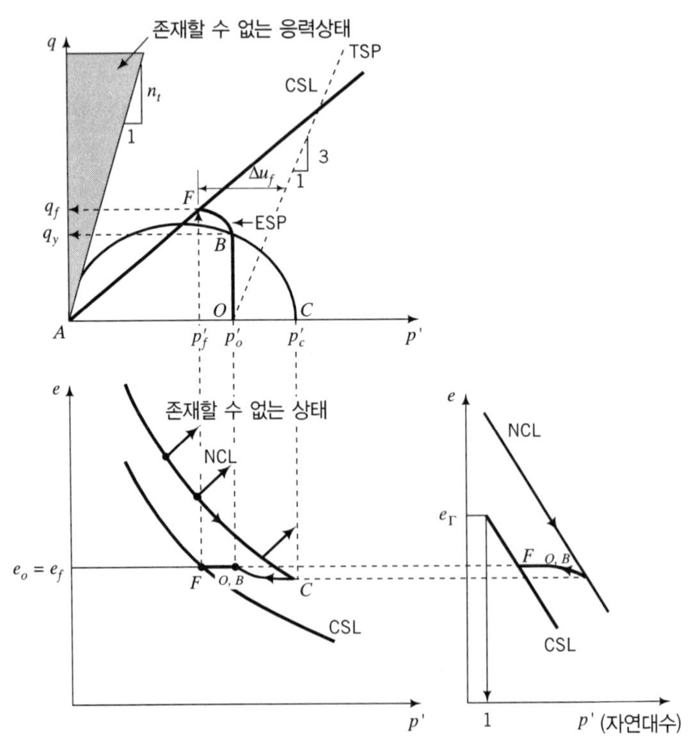

그림 11.16 약과압밀지반의 비배수시험에서의 파괴.

$$(s_u)_f = \frac{q_f}{2} = \frac{M}{2}\exp\left(\frac{e_\Gamma - e_o}{\lambda}\right) \tag{11.28}$$

이 식은 정규압밀지반, 약과압밀지반, 고도과압밀지반 모두에 타당하다. 주어진 흙에 대하여 M, λ, e_Γ는 일정하고 식 (11.28)에서 변수는 초기간극비 뿐이다. 따라서 포화세립토의 비배수전단강도는 초기간극비 또는 초기함수비에만 의존한다. 제 10장에서 이 사실을 설명하였다. 그러나 수학적으로 증명하지는 않았다. 또한 s_u는 흙의 초기상태에 의존하므로 기본적인 토질특성은 아니다.

식 (11.28)은 동일한 흙에 간극비를 다르게 시험한 두 시료의 비배수전단강도를 비교하거나, 한 시료의 비배수전단강도를 알고 다른 한 시료의 비배수전단강도를 예측할 때 활용할 수 있다. 예를 들어 두 시료를 A와 B라 하면 두 시료의 비배수전단강도비는

$$\frac{(s_u)_A}{(s_u)_B} = \frac{\left[\exp\left(\frac{e_\Gamma - e_o}{\lambda}\right)\right]_A}{\left[\exp\left(\frac{e_\Gamma - e_o}{\lambda}\right)\right]_B} = \exp\left(\frac{(e_o)_B - (e_o)_A}{\lambda}\right)$$

포화토의 경우 $e_o = wG_s$ 이므로

$$\frac{(s_u)_A}{(s_u)_B} = \exp\left[\frac{G_s(w_B - w_A)}{\lambda}\right] \tag{11.29}$$

A시료와 B시료 사이의 함수비가 1% 차이 날때 비배수전단강도의 차이는 얼마일까? B시료의 함수비가 A시료보다 크다고 하면, 즉 $(w_B - w_A)$는 정 (+)의 값을 가지고 $\lambda = 0.15$(실트질 점토의 대표값)이 된다, 여기서 $G_s = 2.7$이면 식 (11.29)는

$$\frac{(s_u)_A}{(s_u)_B} = 1.20$$

즉 1%의 함수비 증가는 20%의 비배수전단강도의 감소를 초래함을 알 수 있다. 이는 토질시험에서 흙시료의 함수비는 특히 현장에서 채취한 시료의 함수비는 변하지 않도록 반드시 보존해야 함을 의미한다. 왜냐하면 작은 함수비의 변화에도 비배수전단강도는 상당히 변할 수 있기 때문이다.

초기항복곡면 내에서 ESP는 연직($\Delta p' = 0$)이고, 항복 후에는 ESP는 한계상태선 쪽으로 휜다. 왜냐하면 과잉간극수압이 항복 후 상당히 증가하기 때문이다. 파괴시의 과잉간극수압은 파괴시의 평균전응력과 평균유효응력의 차이로 발생한다. 이 과잉간극수압은 두 개의 성분으로 구성되어 있다. 하나는 전단거동에 관련된 전단성분, Δu_f^s(그림 11.17, FA)이다. 다른 하나는 전응력성분 Δu_f^t (그림 11.17, AB)이라 부르며 이는 전단거동에는 관련되어 있지 않고 전응력경로에만 관련되어 있다. 만약 같은 초기응력상태에 있는 동일한 흙의 두 시료에 두 개의 다른 TSP 즉 그림 11.17의 OT와 OR로 응력을 가하면 과잉간극수압의 전단성분은 같고 전응력경로 성분은 다를 것이다(그림 11.17에서 AB와 AD를 비교). 파괴(한계상태)시의 전체과잉간극수압은

$$\Delta u_f = \Delta u_f^s + \Delta u_f^t = (p_o' - p_f') + \frac{q_f}{n_o} \tag{11.30}$$

$q_f = Mp_f'$를 식 (11.30)에 대입하면

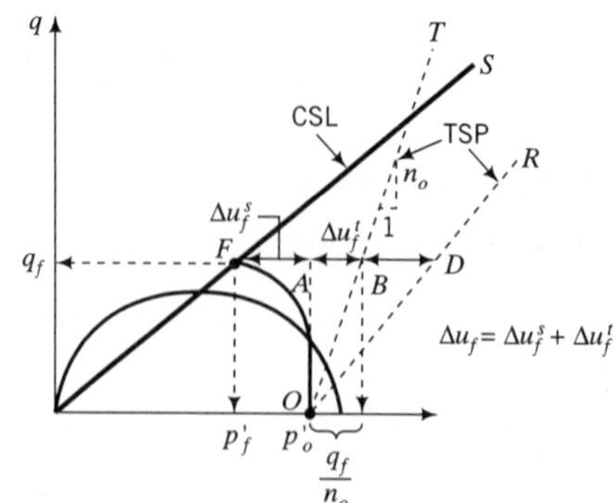

그림 11.17 비배수재하중시 과잉간극수압.

$$\Delta u_f = p'_o - p'_f + \frac{Mp'_f}{n_o} = p'_o + p'_f\left(\frac{M}{n_o} - 1\right) \tag{11.31}$$

식 (11.26)을 식 (11.31)에 대입하면,

$$\Delta u_f = p'_o + \left(\frac{M}{n_o} - 1\right)\exp\left(\frac{e_\Gamma - e_o}{\lambda}\right) \tag{11.32}$$

표준삼축CU시험에서는 $n_o = 3$이므로

$$\Delta u_f = p'_o + \left(\frac{M}{3} - 1\right)\exp\left(\frac{e_\Gamma - e_o}{\lambda}\right) \tag{11.32}$$

식 (11.28)의 우변에 식 (11.14)를 대입하고 정리하면 평균유효응력항으로 변환시킬 수 있다(Wroth, 1984). 여기서 Hvorslev(1937)가 제안한 등가응력을 채택하였다. 등가유효응력은 NCL상의 평균유효응력이다. 이는 현재의 평균유효응력에서의 간극비와 동일한 간극비를 가진다. 참고로 그림 11.18의 URL 상 O점에서의 등가유효응력은 p'_a이다.

동일한 흙의 두 시료에 대하여 고찰하여 보자. 시료 I은 그림 11.18의 C점까지 정규압밀을 실시한다, 즉 $R_o = 1$. 다른 시료 II는 C점까지 정규압밀한 후 O점으로 제하를 시켰다. 즉 시료 II는 R_o가 2 이상으로 고도과압밀되어 있다. CSL과 URL은 X점에서 교차한다. 평균유효응력은 $\frac{p'_c}{2}$가 된다. 두 시료에 비배수조건으로 파괴시까지 하중을 가하였다. 시료 I은 CSL 상의 D점에서 파괴되고, 시료 II는 CSL의 F점에서 파괴될 것이다. 시료 I의 등가유효응력은 p'_c이고 시료 II는 p'_a이다. 시료 I은 NCL과 URL상에 모두 놓여 있다. NCL상의 A에서 C까지 간극비 변화량은

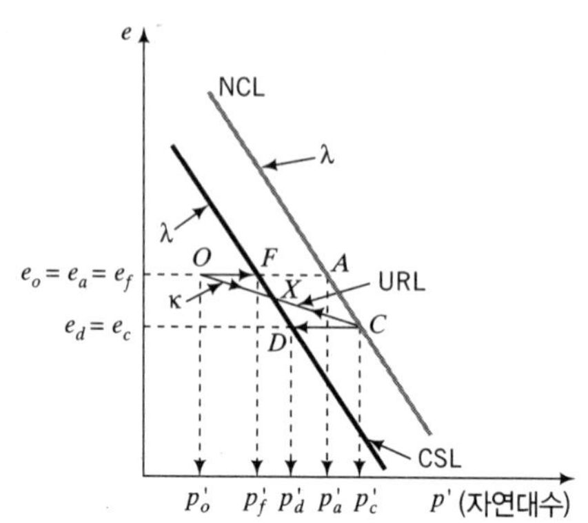

그림 11.18 (p', e) 공간에 도시된 정규압밀, 제하/재재하 및 한계상태선.

$$e_a - e_c = \lambda \ln \frac{p'_c}{p'_a} \tag{11.34}$$

URL상의 O에서 C사이의 간극비 변화량은

$$e_o - e_c = \kappa \ln \frac{p'_c}{p'_o} = \kappa \ln R_o \tag{11.35}$$

지금 $e_a = e_o$이면

$$\lambda \ln \frac{p'_c}{p'_a} = \kappa \ln R_o \tag{11.36}$$

F점과 X점은 CSL상에 있다. 닮은 삼각형(FOX와 AOC)에서

$$\lambda \ln \frac{p'_x}{p'_f} = \kappa \ln \frac{p'_x}{p'_o} \tag{11.37}$$

식 (11.37)의 양변에 $\lambda \dfrac{p'_x}{p'_o}$을 대입하면

$$\lambda \ln \frac{p'_x}{p'_o} - \lambda \ln \frac{p'_x}{p'_f} = \lambda \ln \frac{p'_x}{p'_o} - \kappa \ln \frac{p'_x}{p'_o} \tag{11.38}$$

정리하면

$$\lambda \ln \frac{p'_f}{p'_o} = (\lambda - \kappa) \ln \frac{p'_x}{p'_o} \tag{11.39}$$

$p'_x = \dfrac{p'_c}{2}$와 $R_o = \dfrac{p'_c}{p'_o}$를 식 (11.39)에 대입하면

$$\lambda \ln \frac{p'_f}{p'_o} = (\lambda - \kappa) \ln \frac{\frac{p'_c}{2}}{p'_o} = (\lambda - \kappa) \ln \left(\frac{R_o}{2} \right) \tag{11.40}$$

식 (11.40)을 간단히 하면

$$\frac{p'_f}{p'_o} = \left(\frac{R_o}{2} \right)^{\Lambda} \tag{11.41}$$

여기서 $\Lambda = \dfrac{\lambda - \kappa}{\lambda} = 1 - \dfrac{\kappa}{\lambda} = \dfrac{C_c - C_r}{C_c} = 1 - \dfrac{C_r}{C_c}$는 소성체적변형률비(Schofield & Wroth, 1968)이다. Λ는 그리스 대문자 람다이다. Λ의 근사값은 0.8이고 한계상태에서 비배수전단강도는

$$(s_u)_f = \frac{q_f}{2} = \frac{Mp'_f}{2} = \frac{Mp'_o}{2} \left(\frac{R_o}{2} \right)^{\Lambda} \tag{11.42}$$

식 (11.28)과 식 (11.42)는 한계상태에서 동일한 비배수전단강도를 예측할 것이다. 이들 식은 다른 매개변수를 써서 비배수전단강도를 예측한다. 식 (11.28)은 함수비가 알려져 있을 때 유리하다.

고도과압밀세립토나 조밀 내지 중간조밀의 조립토에서는 첨두전단응력이 나타날 수 있다. 그런 후 한계상태까지 변형률-연화가 발생된다(그림 11.9). 그러나 첨두응력은 초기응력상태와 ESP에 의존한다. CSM에 의하면 초기항복응력(첨두축차응력), q_y, 까지 탄성거동을 한다. $p' = p'_o$와 $q = q_y$를 항복곡면식, 식 (11.4d),에 대입하면

$$q_y = Mp'_o\sqrt{\frac{p'_c}{p'_o} - 1} = Mp'_o\sqrt{R_o - 1}; \quad R_o > 1 \tag{11.43}$$

초기항복 시 세립토의 비배수전단강도는

$$(s_u)_y = \frac{M}{2}p'_o\sqrt{R_o - 1}; \quad R_o > 1 \tag{11.44}$$

11.7절에서 지반구조물의 설계에 식 (11.44)의 연관성을 설명할 것이다.

요점정리 THE ESSENTIAL POINT ARE

1. ESP와 한계상태선의 교차점은 파괴응력이다.
2. 비배수전단강도는 초기간극비에만 의존한다.
3. 함수비의 작은 변화는 비배수전단강도를 크게 변화시킨다.
4. 비배수전단강도는 전응력경로와 무관하다.

예제 11.5 배수조건에서의 항복응력 예측

삼축시험에서 250 kPa의 셀압으로 점토시료를 등방압밀한 후 100 kPa의 평균유효응력까지 등방감하하였다. 이 점토시료에 구속압을 변화시키지 않고 축응력만 증가시켜 표준삼축 CD시험을 실시하였다. $M = 0.94$일 때 항복응력 p'_y와 q'_y를 예측하라.

핵심전략 표준삼축 CD시험이다. ESP의 기울기 $n_o = 3$이다. 항복응력 ESP와 초기항복곡면의 교차점이 항복응력이다. $p'_c = 250$ kPa이므로 초기항복곡면을 구할 수 있고, $M = 0.94$이다.

풀이 11.5

Step 1 : 초기항복곡면을 그린다.

$$(p')^2 - 250p'_c + \frac{q_y^2}{(0.94)^2} = 0$$

초기항복곡면은 예제 11.2와 동일하다. 그림 E11.5를 참조.

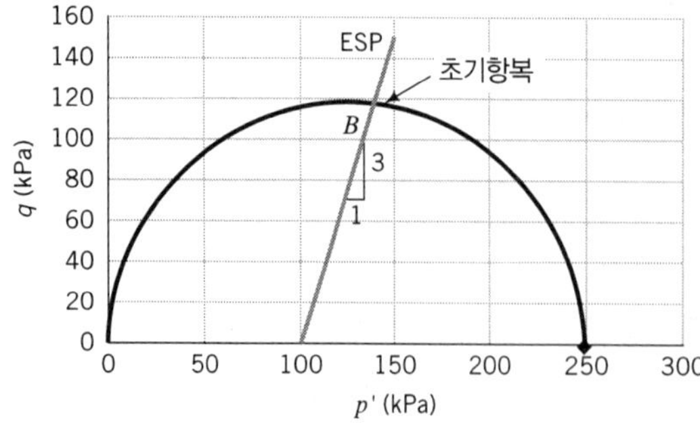

그림 E11.5

Step 2 : ESP의 식을 구한다.

ESP의 식은

$$p' = p'_o + \frac{q}{3}$$

그림 E11.5를 참조.

Step 3 : ESP와 초기항복곡면의 교차점을 찾는다.

초기항복곡면과 ESP의 교차점에서의 항복응력은 $B = (p'_y, q_y)$점이다(그림E11.5).

B점에서의 항복곡면식은

$$(p'_y)^2 - 250\,p'_y + \frac{q_y^2}{(0.94)^2} = 0 \tag{1}$$

B점에서의 ESP식은

$$p'_y = p'_o + \frac{q_y}{3} \tag{2}$$

식 (2)를 식 (1)에 대입하여 q_y를 풀면

$$\left(p'_o + \frac{q_y}{3}\right)^2 - 250\left(p'_o + \frac{q_y}{3}\right) + \frac{q_y^2}{(0.94)^2} = 0$$

$$= \left(100 + \frac{q_y}{3}\right)^2 - 250\left(100 + \frac{q_y}{3}\right) + \frac{q_y^2}{(0.94)^2} = 0$$

위 식을 풀면 $q_y = 117$ kPa과 -103.5 kPa이 구해진다. 시험은 압축에서 실시되었으므로 $q_y = 117$ kPa이 올바른 해가 된다.(그림 E11.5참조)

식 (2)에서 p'_y를 풀면

$$p'_y = p'_o + \frac{q_y}{3} = 100 + \frac{117}{3} = 139\,\text{kPa}$$

식 (11.23)을 사용할 수도 있다.

예제 11.6 비배수조건에서의 항복응력 예측

점토시료를 비배수조건에서 선난시킨 짐 이외에는 예제 11.5와 동일한 시헙을 실시하였다. 초기항복시의 과잉간극수압을 구하라.

핵심전략 이 경우 TSP의 $n_o = 3$이다. 항복곡면 내에서는 탄성거동을 하므로 ESP는 연직선으로 된다(8장 참조). 항복응력은 ESP와 초기항복곡면의 교차점에서 구할 수 있다.

풀이 11.6

Step 1 : 주어진 파라미터를 정리하면

$$p'_o = 100\,\text{kPa}, \quad p'_c = 250\,\text{kPa}, \quad R_o = \frac{p'_c}{p'_o} = \frac{250}{100} = 2.5$$

$$M = 0.94$$

Step 2 : 항복응력을 산정한다.

$$q_y = Mp'_o\sqrt{R_o - 1} = 0.94 \times 100\sqrt{2.5 - 1} = 115\,\text{kPa}$$

$$p'_y = p'_o = 100\,\text{kPa}$$

그림 E11.6을 참조

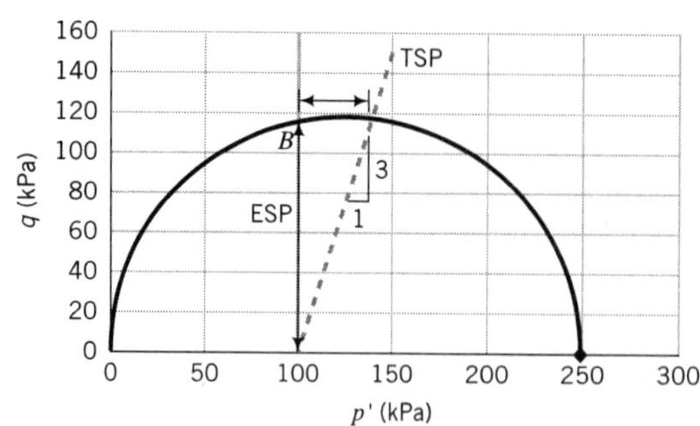

그림 E11.6

Step 3 : 항복시의 평균전응력을 구한다.

$$p_y = p_o + \frac{q_y}{3} = 100 + \frac{115}{3} = 138.3\,\text{kPa}$$

Step 4 : 항복시의 과잉간극수압을 구한다.

$$\Delta u_y = p_y - p'_o = 138.3 - 100 = 38.3\,\text{kPa}$$

예제 11.7 현장에서 K_o-(정규)압밀된 지반의 초기항복곡면크기와 초기항복응력 산정

(a) 그림 E11.7a에서 보는 바와 같이 매우 연약한 K_o-압밀점토의 5 m 깊이에 있는 흙요소의 항복곡면을 산정하라. 지하수위는 지표면에 있다.

(b) 초기항복 시 평균응력과 축차응력을 구하라.

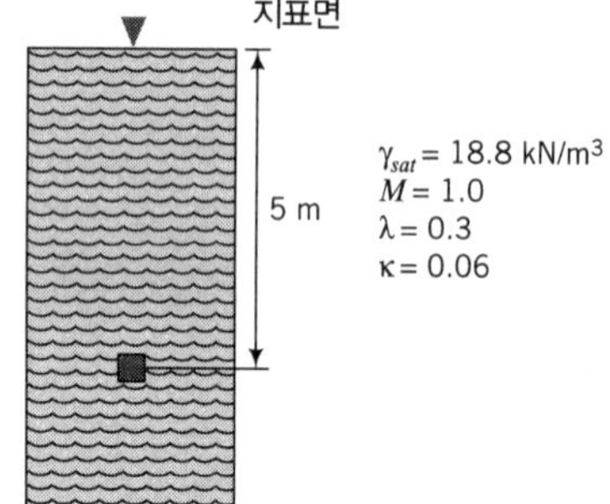

그림 E11.7a

핵심전략 초기응력을 계산하고 식 (11.4)를 사용한다.

풀이 11.7

Step 1 : 초기응력을 산정한다.

$$\sigma_{zo} = 5 \times 18.8 = 94\,\text{kPa};\quad u_o = 5 \times 9.8 = 49\,\text{kPa};\quad \sigma'_{zo} = 94 - 49 = 45\,\text{kPa}$$

또는

$$\sigma'_{zo} = 5 \times (18.8 - 9.8) = 45\,\text{kPa}$$

$$\sin\phi_{cs} = \frac{3M_c}{6 + M_c} = \frac{3 \times 1}{6 + 1} = \frac{3}{7} = 0.43$$

$$K_o = 1 - \sin\phi'_{cs} = 1 - 0.43 = 0.57$$

$$\sigma'_{xo} = K_o \times \sigma'_{zo} = 0.57 \times 45 = 25.7\,\text{kPa}$$

$$p'_o = \frac{\sigma'_{zo} + 2\sigma'_{xo}}{3} = \frac{45 + 2 \times 25.7}{3} = 32.1\,\text{kPa}$$

$$q_o = \sigma'_{zo} - \sigma'_{xo} = 45 - 25.7 = 19.3\,\text{kPa}$$

Step 2 : 항복곡면식으로 p'_c을 구한다.

초기항복곡면식은 식 (11.4e)로 다음과 같이 제공된다.

$$p'_c = \frac{q_o^2}{M^2 p'_o} + p'_o$$

$$\therefore\ p'_c = \frac{19.3^2}{1^2 \times 32.1} + 32.1 = 43.7\,\text{kPa}$$

Step 3 : 초기항복에서의 응력을 구한다.

$$p'_y = p'_o = 32.1\,\text{kPa}; \quad q_y = q_o = 19.3\,\text{kPa}$$

초기항복곡면과 초기항복점 O는 그림 E11.7b에서 보는 바와 같다.

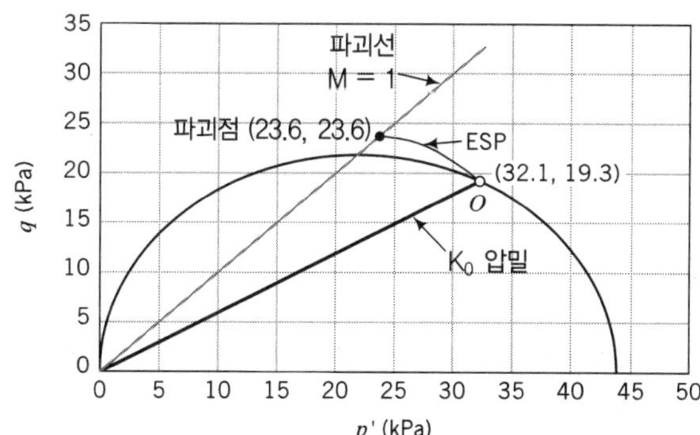

그림 E11.7b

예제 11.8 현장에서 K_o–(정규)압밀된 지반의 파괴응력 예측

(a) 예제 11.7이 흙 요소에 비배수조건으로 파괴가 발생될 추가응력 $\Delta p'$와 Δq은 얼마인가?

(b) 비배수전단강도를 예측하라.

핵심전략 비배수재하시 파괴응력을 산정할 필요가 있다. 주어진 데이터로 e_o와 e_Γ를 계산하고 파괴곡면을 구한다. 추가응력은 초기응력과 파괴응력의 차이다.

풀이 11.8

Step 1 : e_o와 e_Γ를 구한다.

$$\gamma_{sat} = \left(\frac{G_s + e_o}{1 + e_o}\right)\gamma_w$$

$$e_o = \left(\frac{G_s - \dfrac{\gamma_{sat}}{\gamma_w}}{\dfrac{\gamma_{sat}}{\gamma_w} - 1}\right) = \left(\frac{2.7 - \dfrac{18.8}{9.8}}{\dfrac{18.8}{9.8} - 1}\right) = 0.84$$

$$e_\Gamma = e_o + (\lambda - \kappa)\ln\frac{p'_c}{2} + \kappa \ln p'_o$$

$$= 0.84 + (0.3 - 0.06)\ln\frac{43.7}{2} + 0.06\ln(32.1) = 1.788$$

Step 2 : 파괴응력을 구한다.

$$p'_f = \exp\left(\frac{e_\Gamma - e_o}{\lambda}\right) = \exp\left(\frac{1.788 - 0.84}{0.3}\right) = 23.6\,\text{kPa}$$

$q_f = Mp'_f$이므로 $q_f = 1 \times 23.6 = 23.6$ kPa

식 (11.41)로도 동일한 결과를 얻을 수 있다.

Step 3 : 파괴에 이를 때까지의 추가응력을 구한다.

$$\Delta p'_f = p'_f - p'_o = 23.6 - 32.1 = -8.5\,\text{kPa}$$

$$\Delta q_f = q_f - q_o = 23.6 - 19.3 = 4.3\,\text{kPa}$$

정규압밀지반에는 초기탄성상태가 없다.

그림 E11.7b 참조.

Step 4 : 비배수전단강도를 구한다.

$$(s_u)_f = \frac{q_f}{2} = \frac{23.6}{2} = 11.8\,\text{kPa}$$

예제 11.9 항복응력, 파괴응력, 과잉간극수압 예측

어느 점토의 두 공시체 A와 B는 300 kPa의 구속압으로 등방압밀한 후 200 kPa의 평균유효응력까지 등방으로 감하하였다. A 공시체에는 CD시험을 실시하고 B공시체에는 CU시험을 실시하였다.

(a) 각 공시체에 대하여 (a) 항복응력, p'_y, q_y, $(\sigma'_1)_y$, $(\sigma'_3)_y$ (b) 파괴응력 p'_f, q_f, $(\sigma'_1)_f$, $(\sigma'_3)_f$ 를 구하라.

(b) B공시체에 대하여 항복시와 파괴시의 과잉간극수압을 구하라.

이 점토의 토질정수는 $\lambda = 0.3$, $\kappa = 0.05$, $e_o = 1.10$, $\phi'_{cs} = 30°$이다. 구속압은 200 kPa을 일정하게 유지하였다.

핵심전략 두 공시체는 동일한 압밀이력을 가지고 있으나, 다른 배수조건에서 시험하였다. 항복응력은 ESP와 초기항복곡면의 교차점에서 구할 수 있다. $p'_c = 300$ kPa이므로 초기항복곡면을 알 수 있고 M은 ϕ'_{cs} 으로부터 알 수 있다. 파괴응력은 ESP와 한계상태선의 교차점으로 구할 수 있다. 한계상태모델을 적용하여 문제를 풀 경우 $q - p'$관계도와 $e - p'$관계도를 그리는 습관이 좋다. 다른 방법인 도해법으로도 항복응력과 파괴응력을 구할 수 있다.

풀이 11.9

Step 1 : M_c를 계산한다.

$$M_c = \frac{6\sin 30°}{3 - \sin 30°} = 1.2$$

Step 2 : e_Γ를 계산한다.

$p'_o = 200$ kPa와 $p'_c = 300$ kPa로

$$e_\Gamma = e_o + (\lambda - \kappa)\ln\frac{p'_c}{2} + \kappa \ln p'_o$$

$$= 1.10 + (0.3 - 0.05)\ln\frac{300}{2} + 0.05\ln 200 = 2.62$$

Step 3 : q와 p'관계도, e와 p' 관계도를 작성한다.

그림 11.9a, b 참조

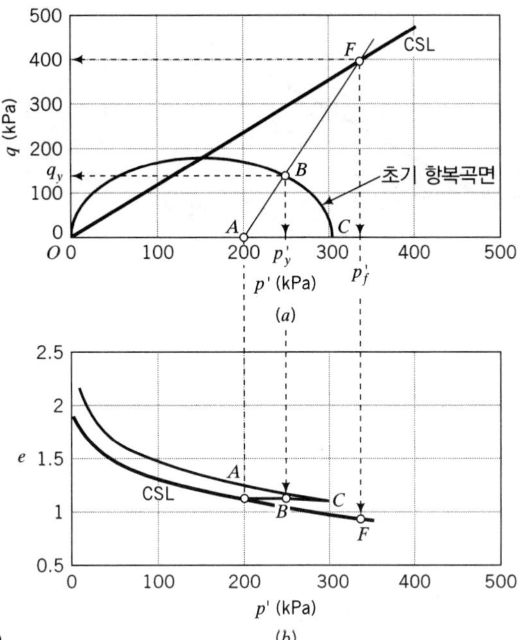

그림 E11.9a, b

Step 4 : 항복응력을 구한다.

배수시험 p'_y와 q_y를 항복응력이라 하면(그림 E11.9a 의 B점) 항복응력 식은

$$q_y = \pm M p'_y \sqrt{\left(\frac{p'_c}{p'_y} - 1\right)} = \pm 1.2 p'_y \sqrt{\left(\frac{300}{p'_y} - 1\right)} \tag{1}$$

ESP에서

$$q_y = 3(p'_y - p'_o) = 3p'_y - 600 \tag{2}$$

식 (1)과 식 (2)를 풀면, 두 가지 해가 구해 진다 : $p'_y = 140.1$ kPa과 $q_y = -179.6$ kPa, $p'_y = 246.1$ kPa과 $q_y = 138.2$ kPa이다. 물론 압축시험이기 때문에 $q_y = -179.6$ kPa은 불가능하므로 $p'_y = 246.1$ kPa, $q_y = 138.2$ kPa이다. 여기서

$$q_y = (\sigma'_1)_y - (\sigma'_3)_y = 138.2\ \text{kPa}; \quad (\sigma'_3)_f = 200\ \text{kPa}$$

$(\sigma'_1)_f$를 풀면

$$(\sigma'_1)_f = 138.2 + 200 = 338.2\ \text{kPa}$$

비배수시험 비배수시험의 ESP는 항복응력아래 응력경로 구역에서는 연직이다. 즉 $\Delta p' = 0$. $p' = p'_y = p'_o$일 때 항복곡면 식 (11.4d)에서

$$q = q_y = \pm M p'_o \sqrt{\left(\frac{p'_c}{p'_o} - 1\right)} = \pm 1.2 \times 200 \sqrt{\left(\frac{300}{200} - 1\right)} = 169.7\ \text{kPa}$$

TSP로부터 p_y (B'점, 그림 E11.9c)를 구할 수 있다.

$$p_y = p'_o + \frac{q_y}{3} = 200 + \frac{169.7}{3} = 256.6\ \text{kPa}$$

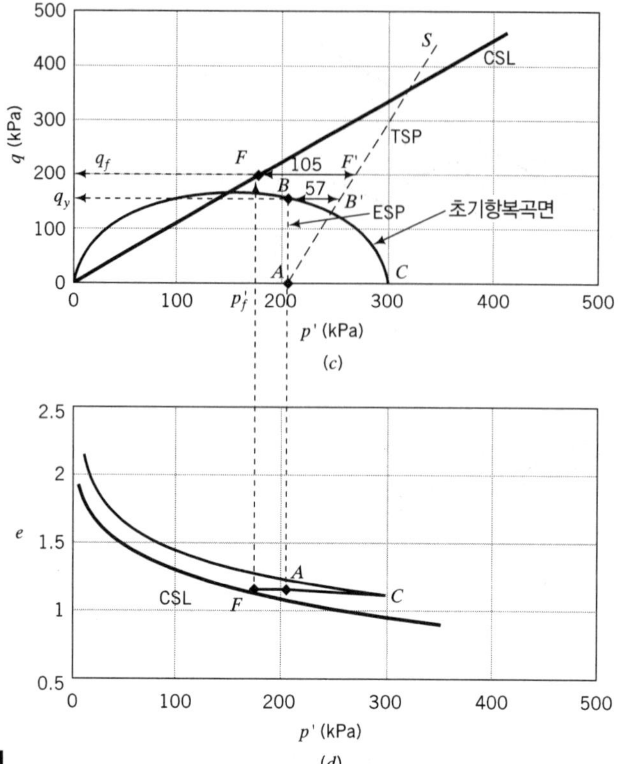

그림 E11.9c, d

항복 시 과잉간극수압은

$$\Delta u_y = p_y - p'_y = p_y - p'_o = 256.6 - 200 = 56.6\,\text{kPa}$$

여기서

$$p'_y = p'_o = \frac{(\sigma'_1)_y + 2(\sigma'_3)_y}{3} = 200\,\text{kPa}$$

$$q_y = (\sigma'_1)_y - (\sigma'_3)_y = 169.7\,\text{kPa}$$

$(\sigma'_1)_y$와 $(\sigma'_3)_y$를 풀면

$$(\sigma'_1)_y = 313.3\,\text{kPa}; \quad (\sigma'_3)_y = 143.4\,\text{kPa}$$

검토

$$(\sigma_3)_y = (\sigma'_3)_y + \Delta u_y = 143.4 + 56.6 = 200\,\text{kPa}$$

Step 5 : 파괴응력을 구한다.

배수시험

식 (11.17) : $p'_f = \dfrac{3 \times 200}{3 - 1.2} = 333.3\,\text{kPa}$

식 (11.18) : $q_f = 1.2 \times 333.3 = 400\,\text{kPa}$

여기서

$$q_F = (\sigma'_1)_f - (\sigma'_3)_f = 400\,\text{kPa} \text{ 그리고 } (\sigma'_3)_f = 200\,\text{kPa}$$

$(\sigma_1')_f$를 풀면

$$(\sigma_1')_f = 400 + 200 = 600\,\text{kPa}$$

비배수시험

$$\Lambda = \frac{\lambda - \kappa}{\lambda} = \frac{0.3 - 0.05}{0.3} = 0.833; \quad R_o = 300/200 = 1.5$$

$$\text{식 (11.41):} \quad p_f' = p_o'\left(\frac{R_o}{2}\right)^{\Lambda} = 200\left(\frac{1.5}{2}\right)^{0.833} = 157\,\text{kPa}$$

$$\text{식 (11.5):} \quad q_f = 1.2 \times 157 = 188.4\,\text{kPa}$$

별해:

$$\text{식 (11.26):} \quad p_f' = \exp\left(\frac{2.62 - 1.10}{0.3}\right) = 158.6\,\text{kPa}$$

$$\text{식 (11.5):} \quad q_f = 1.2 \times 158.6 = 190.3\,\text{kPa}$$

식 (11.41)과 식 (11.26)의 차이는 오차이다.
지금 p_f'와 g_y는

$$p_f' = \frac{(\sigma_1')_f + 2(\sigma_3')_f}{3} = 158.6\,\text{kPa}$$

$$q_f = (\sigma_1')_f - (\sigma_3')_f = 190.4\,\text{kPa}$$

$(\sigma_1')_y$와 $(\sigma_3')_y$를 구하면

$$(\sigma_1')_f = 285.5\,\text{kPa} \text{ 그리고 } (\sigma_3')_f = 95.1\,\text{kPa}$$

파괴 시 과잉간극수압은 식 (11.34)으로 부터

$$\Delta u_f = 200 + \left(\frac{1.2}{3} - 1\right)\exp\left(\frac{2.62 - 1.10}{0.3}\right) = 104.9\,\text{kPa}$$

또는

$$\Delta u_f = \sigma_3 - (\sigma_3')_f = 200 - 95.1 - 104.9\,\text{kPa}$$

도해법 정규압밀선과 한계상태선을 구하는 식이 필요하다.

정규압밀선 선행압밀응력에서의 간극비

$$e_c = e_o - \kappa \ln \frac{p_c'}{p_o'} = 1.10 - 0.05 \ln \frac{300}{200} = 1.08$$

NCL상 $p' = 1$ kPa에서의 간극비

$$e_n = e_c + \lambda \ln p_c' = 1.08 + 0.3 \ln 300 = 2.79$$

정규압밀선식은

$$e = 2.79 - 0.3 \ln p'$$

제하/재재하선 식에서는

$$e = 1.08 + 0.05 \ln \frac{p_c'}{p'}$$

$(\ln p', e)$공간의 한계상태선 식에서는

$$e = 2.62 - 0.3 \ln p'$$

그림 E11.9b에 정규압밀선, 제하/재재하선, 한계상태선을 그려 넣는다.

초기항복곡면 작성 항복곡면 식 (11.4d)은

$$q = \pm 1.2p' \sqrt{\frac{300}{p'} - 1}$$

$p' = 0$에서 300까지 초기항복곡면을 그린다(그림 E11.9a 참조).

한계상태선 작성 한계상태선은

$$q = 1.2p'$$

그림 E11.9a에 OF로 도시되었다.

배수시험 배수시험의 ESP는

$$p' = 200 + \frac{q}{3}$$

그림 E11.9a에 AF로 도시된다. ESP는 초기항복곡면과 B점에서 교차하며 항복응력 $p'_y = 240$ kPa, $q_y = 138$ kPa 이다. ESP는 한계상태선과 F점에서 교차하며 파괴응력 $p'_f = 333$ kPa, $q_y = 400$ kPa 이다.

비배수시험 비배수시험에서 초기간극비와 최종간극비는 같다. (p', e)공간 A점에서 수평선을 그려 한계상태선과 F점에서 교차한다(그림 E11.9d). 이 F점에서 연직선을 그리면 (p', q)공간 한계상태선과 F점에서 교차한다(그림 E11.9c). 파괴응력은 $p'_f = 159$ kPa, $q_f = 190$ kPa 이 된다. 그림 E11.9c 속에 AS로 도시된 TSP를 그린다. 탄성영역 내 ESP는 AB로 도시된 연직선이다. 항복응력은 $p'_y = 200$ kPa, $q_y = 170$ kPa이다. 과잉간극수압은 다음과 같다.

항복시 – 수평선 BB': $\Delta u_y = 57$ kPa
파괴시 – 수평선 FF' : $\Delta u_f = 105$ kPa

예제 11.10 고도과압밀점토에 대한 압축시험과 신장시험에 의한 s_u 예측

초기항복시 비배수전단강도를 구하라. 단, $R_o = 5$, $p'_o = 70$ kPa, $\phi'_{cs} = 25°$

(a) CU 압축시험 시
(b) CU 신장시험 시

핵심전략 ϕ'_{cs}를 알므로 식 11.6과 식 11.8로 M_c와 M_e를 구한다. s_u를 구하기 위해 식 (11.44)를 사용한다.

풀이 11.10

Step 1 : M_c와 M_e를 구한다.

$$M_c = \frac{6 \sin \phi'_{cs}}{3 - \sin \phi'_{cs}} = \frac{6 \sin 25°}{3 - \sin 25°} = 0.98$$

$$M_e = \frac{6 \sin \phi'_{cs}}{3 + \sin \phi'_{cs}} = 0.74$$

Step 2 : s_u를 구한다.

식 (11.44)로부터

$$\text{압축} : (s_u)_y = \frac{0.98}{2} \times 70\sqrt{5 - 1} = 68.6 \text{ kPa}$$

$$\text{신장} : (s_u)_y = \frac{0.74}{2} \times 70\sqrt{5-1} = 51.8\,\text{kPa}$$

혹은 비례법으로

$$\text{신장} : (s_u)_y = \frac{0.74}{2} \times 70\sqrt{5-1} = 51.8\,\text{kPa}$$

예제 11.11 s_u에 미치는 함수비변화의 효과

흙시료의 현장함수비가 48%이다. 시료를 현장에서 실내로 옮기고 시료를 준비하는 과정에서 함수비가 44%로 줄었다. 이로 인한 비배수전단강도 차이는 얼마인가. 단, $\lambda = 0.13$이고 $G_s = 2.7$이다.

핵심전략 이 문제는 식 (11.29)를 적용하여 직접 풀 수 있다.

풀이 11.11

Step 1 : s_u의 차이 결정

식 (11.29)를 적용하여

$$\frac{(s_u)_{lab}}{(s_u)_{field}} = \exp\frac{[G_s(w_{field} - w_{lab})]}{\lambda} = \exp\left[\frac{2.7(0.48 - 0.44)}{0.13}\right] = 2.3$$

실내 비배수전단강도는 현장강도보다 2배 이상 증가한다.

What's next... 다음 절에서는 몇몇 실제문제에 CSM을 적용할 것이다.

11.6 CSM의 수정과 실제문제와의 관련

CSM은 수치해석을 사용한 여러 지반모델의 기초이다. CSM은 정규압밀 및 약과압밀된 세립토의 거동을 예측하는 데 매우 양호하나 고도과압밀점토나 조립토에는 그렇지 못한다. 지금까지 이 장에서 취급한 하중조건보다 복잡한 경우나 고도과압밀점토, 조립토에 적용하기 위해 CSM의 수정작업이 많이 진행되어 오고 있다. 여기서도 폭넓은 종류의 지반기동을 예측하고 추가적인 개념을 이해하기 위해 CSM의 몇몇 수정을 설명한다.

한계상태모델의 개념을 개발함에 있어 항복곡면의 특별한 형상을 고려하였다. 예를 들면, Schofield and Wroth(1968)는 에너지법을 적용하여 총알모양 항복곡면을 개발하였다. 고도과압밀지반에 대하여는 첨두(초기항복)전단강도가 초기항복곡면(본 책의 경우 타원)에서 발생된다. Hvorslov(1937)가 제시한 고도과압밀점토에 대한 전단상자의 시험데이터는 첨두전단강도의 궤적이 거의 직선임을 나타냈다. 고도과압밀 세립토를 다룸에 있어 한계상태선 좌측부의 초기타원항복곡면의 부분을 Hvorslev가 발견한 직선으로 바꿀 것이다. 이 선을 한계응력상태라 정의한다. 이는 항복곡면이 아니다.

그림 11.19a, b에서 AT, At, ac는 불가능한 상태를 분리할 수 있는 선들이다; ac는 정규압밀선이고; AT와 At는 TL이라 표시한 한계인장응력상태이고; AF 및 gf는 한계상태선 또는 파괴선; TF는 Hvorslev면이고 HV면이라 한다. 선 ct는 감하/재부하선이다.

HV면은 고유불안정응력상태로 정의하고 응력공간에 고정되어 있다. 이는 $p' = \frac{p'_c}{2}$와 p'_t 사이에 놓여있다. 여기서 p'_t는 TL면과 HV면의 교차점에서의 평균유효응력이다. FC면은 항복곡면이며 한계응력곡면이 아니다. 이것을

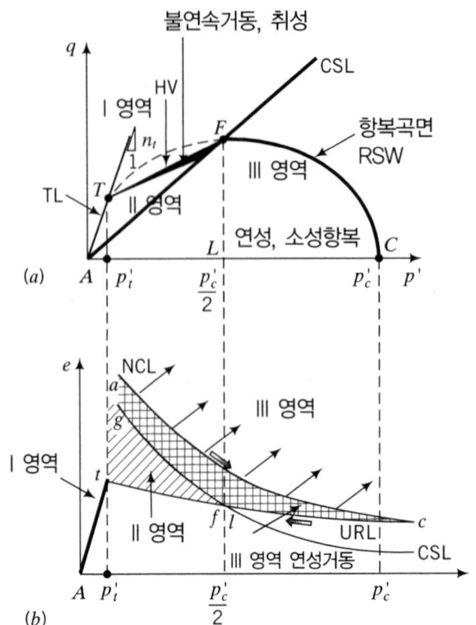

그림 11.19 흙의 영역별 설명과 예상거동.

RSW(Roscoe, Schofield & Wroth, 1958)라 명한다. HV면과 달리 RSW면은 응력공간에서 고정되어 있지 않다. 이는 팽창 또는 축소될 수 있다. 이 면은 한계상태선과 평균유효응력축[(p', q)공간에서 등방응력경로]을 경계로 한다. AT상의 응력상태는 흙을 인장에 의하여 파괴되게 한다. 고결되지 않은 흙은 인장력을 받을 수 없음을 상기해야 한다.

10.7절에서와 같이 흙의 거동을 세 영역으로 나누워 설명한다.

I영역. I영역 내의 응력상태는 존재할 수 없다. 제하기간 동안 흙은 정규압밀곡선 ac (그림 11.19b)보다 우측의 경로를 따를 수 없다. 또한 고결되지 않는 흙에서 인장된 AT 나 At의 좌측의 응력상태를 가할 수 없다.

II영역. II영역($ATFA$(그림 11.19a)) 내의 응력상태에서는 탄성거동을 보인다. 그러나 HV면에 접근할 때 불연속거동을 보이거나 하나 이상의 갈라지는 현상을 보이며 파괴된다. 실내 전단시험에서 첨두전단강도에 도달하기 직전이나 변형률연화 시기에 국부적 다이레이션 발생구역(전단띠, 그림 10.4)이 발달한다. 변형률연화가 점차 진행됨에 따라 국부적 다이레이션 발생구역의 크기가 첨두도달 후의 전단변형 발생 시기동안 증가한다.

흙의 투수성(특히 전단띠 혹은 국부적 다이레이션 발생구역 내)이 증가된다. 만약 물이 존재하면 이 증가된 투수성에 의하여 침투에 의한 돌발파괴가 발생된다(예, 사면에 유동파괴). 변형률연화시기의 전단띠 발생은 CSM을 적용하기 어렵게 한다. 왜냐하면 CSM은 흙을 연속체로 다루기 때문이다. 변형률연화구역에서 CSM을 적용하는 것은 정확하지가 않다.

III영역. III영역($AFCA$, 그림 11.19a) 내의 응력상태에서는 흙은 연성(ductile)거동을 보인다. 지반이 연성거동을 보이도록 지반구조물을 설계하는 것이 바람직하다. CSL 선상의 지반상태는 파괴상태이다. 그러나 당신의 설계하중은 예상하중조건에서 파괴상태가 되지 않도록 하여야한다.

비배수삼축시험에서 동일 흙에 대한 세 시료의 거동을 조사해 보자. 첫 번째 시료 A는 약과압밀($2 > R_o > 1$) 되있다. 두 번째로 시료 B는 고도과압밀 $R_t > R_o > 2$ ($R_t = \dfrac{p'_c}{p'_t}$) 되있다. 세 번째, 시료 C는 매우 고도과압밀 $R_o >$

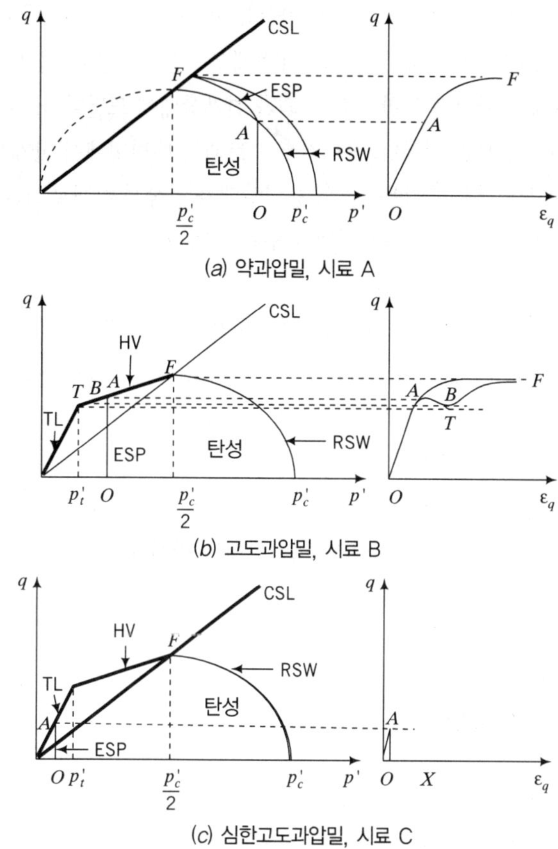

그림 11.20 CSM수정에 의한 약과압밀지반, 고도과압밀지반 및 심한고도과압밀지반의 이론적 거동.

R_t 되있다. 약과압밀시료의 이론거동은 그림 11.20a와 같다. O점에서 A점까지 탄성거동을 한다[비배수조건에서 탄성지반의 ESP는 (p', q)공간에서 연직선이다]. A점에서 항복하고 하중을 더 가하면 초기항복곡면 (RSW)은 팽창하고 과잉간극수압이 증가하여 F점에서 파괴된다. 축차응력-축차변형률의 관계는 그림 11.20a의 우측 OAF로 도시된다. 응력-변형률거동은 연성재료의 거동이다. 인장선과 HV면은 그림 11.20a에는 그려 넣지 않았다. 이들 면은 연성재료로서의 흙의 응력-변형률거동에는 역할을 하지 않는다.

고도과압밀지반의 이론적 거동은 그림 11.20b와 같다. O점에서 A점까지 탄성거동을 한다. A점에서 HV면에 도달하면 CSM은 더 이상 적용할 수 없다. HV면은 한계응력상태면이기 때문에 흙 요소의 응력상태는 이 면상이나 아래에 존재해야만 한다. 실제 A점에 접근하면 흙 속에는 불연속면이 발달하기 시작한다. HV에 도달하면 흙 속에 응력재분배가 예측하기 어려운 방법으로 발생된다.

HV면에서의 파괴(혹은 파괴형태)는 하나 이상의 좁은 전단띠가 발생한다. 이 현상이 나타나면 수평변형률은 거의 0이 된다. 이때 흙의 변형은 일차원적(연직)으로 발생한다. 전단띠 내의 토괴는 한계상태에 있게 된다. 이러한 파괴형태를 국부파괴(localization)라 한다. 사실 전단띠는 HV면에 도달하기 직전에 발달하고 불규칙한 거동을 초래한다. 이런 불규칙한 거동 효과를 무시하고 유효응력경로가 HV면에 도달할 때 같이 불안전이 시작되는 것으로 취급한다. 여기서 HV면에 도달하면 흙은 더 이상 연속체가 아니다.

HV면에 도달한 후 응력재분재가 어떻게 진행되느냐에 따라 여러 가지 거동이 다양하게 발생된다. 세 가지 응력재분배 경우(그림 11.20b)를 생각할 수 있다. Case 1은 응력상태가 HV면상에서 한계상태선을 따라 A점에서 F점으로 움직이면서 응력재분배가 발생된다. 이 때 응력-변형률거동은 그림 11.20b의 오른쪽 그림에서 OAF로 도시된 응력경화 형태의 거동에 유사하다. A점에서 F점까지 흙은 한계상태에 접근하는 토괴가 더 많은 불연속체가 된다. F점에서 전체가 아닌 충분한 량의 토괴가 한계상태에 도달한다. 그 흙은 F점 이후 하중의 분배가 계속되어 변형률경화 형태의 거동을 보일 것이다. 종국적으로 토괴는 대변형에서 한계상태에 도달할 것이다.

Case 2의 경우는 적용응력의 응력상태가 인장선 아래로 AB경로로 내려간 다음 한계상태선을 향하여 위로 움직인다. 이 경우 축차응력-축차변형률거동은 $OABF$로 된다. AB과정에서는 변형률-연화형태이며 BF과정에서는 변형률-경화형태가 된다. Case 3의 경우는 응력상태가 HV면 상에서 인장선을 향하여 아래로 이동하여 T점에서 인장파괴된다. 이 경우의 축차응력-축차변형률거동 OAT로 도시된다. T점 도착 후 축차변형률은 고전연속체역학을 사용하여 예측할 수가 없다. 또 다른 가능성의 Case는 응력상태가 F를 향하여 올라가다가 T로 내려오는 경우이다. 이 경우는 그림 11.20b에 명확히 도시하지 않았다.

한편 심한고도과압밀지반의 이론적 거동은 그림 11.20c와 같다. O점에서 A점까지 탄성적 거동을 보인다. A점에서 인장선에 도달하여 인장으로 파괴되는 경우이다. 토괴는 불연속체가 되며 인장 이후의 거동을 예측하기가 어렵다. 한 가지 가능한 경우는 유효응력경로가 인장선에 도착한 후 축차응력이 0이 되는 것이다. 이 경우의 축차응력-축차변형률거동은 OAX로 도시되 있다.

요점정리 THE ESSENTIAL POINT ARE

1. CSL과 p'축 사이의 정규압밀지반과 약과압밀지반의 응력상태는 초기탄성거동을 보이고 RSW의 확장에 의한 변형률경화현상이 나타난다. 이 거동은 CSL상에서 파괴가 발생할 때까지 진행된다.
2. 고도과압밀지반에서의 응력상태는 초기탄성거동이 HV면까지 발생된다.
3. HV면 도달 이후의 거동은 응력이 어떻게 재분배 되느냐에 따라 다르게 나타난다. 네 가지의 가능성이 있다. (1) 변형률경화거동 후 CSL상에서 파괴 (2) 변형률연화거동 후 변형률경화과정을 거쳐 CSL에서 파괴 (3) 변형률-연화거동 후 인장에 의한 파괴 (4) 변형률경화 후 변형률연화를 거쳐 인장으로 파괴
4. 지반구조물은 예상되는 하중재하 시 연성거동을 보이도록 설계하는 것이 바람직하다.

What's next... CSL의 기본사항을 논하였다; 파괴응력과 항복응력, 파괴간극비와 항복간극비, 파괴과잉간극수압과 항복과잉간극수압, 그리고 일부 수정에 필요한 산정식을 유도하였고 CSM으로 여러 관계식을 만들 수 있었다. 예를 들어 배수조건과 비배수조건 사이의 관계, 항복상태와 한계상태 사이의 관계, 첨두응력과 한계상태응력 사이의 관계. 다음 절에서는 흙의 거동을 더 이해하거나 이들을 실제문제에 적용하는데 CSM을 사용하는데 필요한 중요한 관련식을 구해 본다.

11.7 실제문제와 CSM의 관계

이 절에서는 CSM을 적용하여 얻은 여러 식으로 실제문제와의 관계를 조사하여 본다. 이들 관계에서는 무차원 값을 사용하도록 한다. CSM으로부터 흙의 초기상태는 흙의 거동에 크게 영향을 미치는 것을 알았다. 따라서 p'_y, $q_p\ (=q_y)$, 와 τ_f를 초기평균유효응력 p'_o로 나누어 정규화(무차원화)시킨다. 또한 가능하면, 기본 관련 값으로 ϕ'_{cs}를 사용한다. 왜냐하

면 이는 기본적 토질특성을 나타내기 때문이다. 그리고 압축의 경우만 취급하며 총괄적인 M값으로 나타낸다. 신장상태를 고려한다면 M을 M_e로 바꿔 놓을 수 있다. CSM 변수는 여러 관계를 설정하는데 사용되며 필요한 경우 실제 기술자에게 익숙한 토질변수로 바꾸도록 한다. 이들 관계식의 이점은 다음과 같다.

1. 흙의 역학적 거동을 보다 더 통찰할 수 있게 한다.
2. 다양한 현장조건에서의 토질강도를 예측하기 위해 편리하게 사용되는 일차원압밀시험과 삼축시험과 같은 간단한 토질시험으로 용이하게 구한 토질정수를 사용할 수 있다.
3. 지반구조물의 안전해석에 어떤 배수조건(배수 혹은 비배수)이 위험한가의 기준을 제시해 준다.
4. 전단강도를 축대칭시험(삼축)에서 평면변형률시험(직접단순전단)으로 전환 할 수 있다.
5. 지반구조물에 적합한 해석의 종류(탄성 혹은 탄소성)을 알려준다.
6. 흙은 어떤 조건에서 첨두전단응력이 나타나는지를 평가할 수 있게 한다.
7. 흙이 연성거동 혹은 불연속거동을 보이는 한계를 정의한다.

11.7.1 삼축배수상태에서 정규화된 항복(첨두)전단응력과 한계상태 전단응력과의 관계

식 (11.23)의 양변을 p'_o로 나눠 정규화(무차원화) 시키면,

$$\frac{p'_y}{p'_o} = \frac{(M^2R_o + 2n_o^2) + \sqrt{(M^2R_o + 2n_o^2)^2 - 4n_o^2(M^2 + n_o^2)}}{2(M^2 + n_o^2)} \tag{11.45}$$

유사하게, 식 (11.24)는

$$\frac{\tau_y}{p'_o} = \frac{n_o\left(\frac{p'_y}{p'_o} - 1\right)}{2} \tag{11.46}$$

표준삼축CD시험에서 $n_o = 3$ 이므로 식 (11.45)은 다음과 같다.

$$\frac{p'_y}{p'_o} = \frac{(M^2R_o + 18) + \sqrt{(M^2R_o + 18)^2 - 36(M^2 + 9)}}{2(M^2 + 9)} \tag{11.47}$$

유사하게, 식 (11.46)과 식 (11.20)으로부터

$$\frac{\tau_y}{p'_o} = \frac{3\left(\frac{p'_y}{p'_o} - 1\right)}{2} \tag{11.48}$$

$$\frac{\tau_f}{p'_o} = \frac{3M}{2(3 - M)} \tag{11.49}$$

삼축배수시험시 한계상태에서 정규화 전단응력에 대한 정규화 초기항복전단응력을 관련짓는 계수 α_{pcs}는 다음과 같다.

$$\alpha_{pcs} = \frac{\frac{\tau_y}{p'_o}}{\frac{\tau_f}{p'_o}} = \frac{\frac{3\left(\frac{p'_y}{p'_o} - 1\right)}{2}}{\frac{3M}{2(3 - M)}} = \frac{\left(\frac{p'_y}{p'_o} - 1\right)(3 - M)}{M} \tag{11.50}$$

삼축시험에서, M은 식 (11.6)이므로 식 (11.50)에 대입하면

$$\alpha_{pcs} = \frac{\dfrac{\tau_y}{p'_o}}{\dfrac{\tau_f}{p'_o}} = \frac{1.5\left(\dfrac{p'_y}{p'_o} - 1\right)(1 - \sin\phi'_{cs})}{\sin\phi'_{cs}} \tag{11.51}$$

식 (11.51)은 α_{pcs}, R_o 및 ϕ'_{cs}의 관계를 나타내며 그림 11.21과 같이 도시된다.

$\alpha_{pcs} < 1$인 흙은 첨두전단강도를 보이지 않으며, 연성재료와 같이 거동한다. 파괴(한계상태)까지 변형률경화현상이 나타난다. 예를 들어 흙의 $R_o = 3$이고 $\phi'_{cs} = 30°$이면, $\alpha_{pcs} = 0.9$(그림 11.21)이다. 그러므로 초기항복전단응력은 한계상태 전단응력의 0.9배가 된다. 이런 흙에서는 첨두전단응력이 나타나지 않는다. CSM에서는 초기전단응력 아래의 전단응력에서는 탄성거동을 보인다. 따라서 지반구조물이 $R_o = 3$과 $\phi'_{cs} = 30°$인 지반에 설치되어 있고 표준삼축시험과 같은 축대칭 상태로 하중이 작용하면 지반은 한계상태 전단응력의 0.9배 이하의 전단응력이 작용할 때 탄성거동을 보이게 된다. CSM에 따른 탄성해석이 가능하다. 만약 그렇지 않으면 탄소성해석이 실시되어야 한다.

$\alpha_{pcs} > 1$인 지반에서는 첨두전단강도가 나타나며 그 후 한계상태까지 변형률연화현상이 나타난다. 만약 HV곡면이 적용되면, 이 지반에는 국부변형(localization)현상이 발생된다. $R_o > 4.4$인 지반에서는 모든 한계상태마찰각(그림 11.21)에 대하여 첨두전단응력이 나타난다. 만약 $R = 10$이고 $\phi'_{cs} = 30°$ 이면 $\alpha_{pcs} = 2.7$이다. 즉 정규화된 첨두(초기항복)전단응력은 정규한계상태전단강도의 2.7배가 된다. 첨두전단응력이하의 전단응력에서는 탄성해석이 가능하다.

α_{pcs}값은 한계마찰각이 증가할수록 감소한다(그림 11.21). R_o는 인장한계 때문에 모든 범위에 다 적용되지 못한다(11.7.2절).

초기탄성거동을 보이지 않기 때문에 정규압밀지반은 그림 11.21에 도시되지 않는다. 정규압밀지반은 하중이 작용하자마자 항복한다. 그러므로 정규압밀지반 기초 지반구조물해석에서는 탄소성해석이 적용되어야한다.

표준삼축배수시험에서와 같이 유효응력경로만을 고려하였다. 기타 다른 유효응력경로에 대하여는 식 (11.45)와 식 (11.46)의 일반 표현식을 사용할 수 있다.

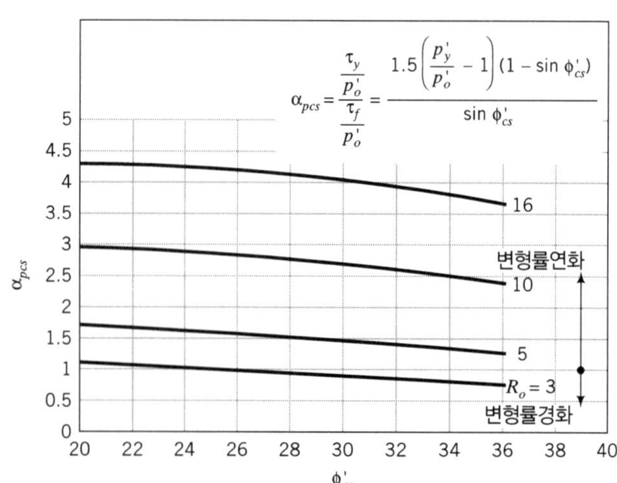

그림 11.21 배수삼축압축에서 여러가지 R_o와 한계상태마찰각에 대한 초기항복(첨두) 전단응력과 한계상태전단강도비의 변화.

11.7.2 인장절편력, 평균유효응력, 선행압밀응력 사이의 관계

비고결토 특히 세립 비고결토에서 인장선상에 파괴(예를 들면, 흙이 파단되고 인장균열이 발달한다)가 발생되는 유효응력경로(그림 11.19)가 존재한다, 초기항복곡면과 교차하는 평균유효응력과 인장선은 $p' = p'_t$, $q = q_t = n_t p'_t$ 를 대입한 식 (11.4e)로 주어진다. 여기서 첨자 t는 인장이고 n_t는 인장선의 기울기이다. 따라서

$$p'_c = p'_t + \frac{q_t^2}{M^2 p'_t} = p'_t + \frac{(n_t p'_t)^2}{M^2 p'_t} = p'_t\left(1 + \frac{n_t^2}{M^2}\right) \tag{11.52}$$

p'_t에 대하여 정리하면

$$p'_t = \frac{p'_c}{\left(1 + \dfrac{n_t^2}{M^2}\right)} \tag{11.53}$$

삼축압축에서 $n_t = 3$

$$\frac{p'_t}{p'_c} = t_c = \frac{1}{\left(1 + \dfrac{3^2}{M^2}\right)} = \frac{1}{1 + \dfrac{9}{\left(\dfrac{6 \sin\phi'_{cs}}{3 - \sin\phi'_{cs}}\right)^2}} \tag{11.54}$$

식 (11.54)의 역수는 인장절편력에 대한 선행압밀비로 다음과 같다.

$$\frac{p'_c}{p'_t} = R_t = \left(1 + \frac{n_t^2}{M^2}\right) \tag{11.55}$$

즉, 삼축압축에서

$$R_t = 1 + \frac{9}{\left(\dfrac{6 \sin\phi'_{cs}}{3 - \sin\phi'_{cs}}\right)^2} = 1 + \frac{1}{\left(\dfrac{2 \sin\phi'_{cs}}{3 - \sin\phi'_{cs}}\right)^2} \tag{11.56}$$

평면변형률에서는 $n_t = \sqrt{3}$ 이고 $M = \sqrt{3} \sin\phi'_{cs}$ 이므로

$$t_c = \frac{1}{1 + \dfrac{(\sqrt{3})^2}{(\sqrt{3} \sin\phi'_{cs})^2}} = \frac{\sin^2\phi'_{cs}}{1 + \sin^2\phi'_{cs}} \tag{11.57}$$

$$R_t = \frac{1 + \sin^2\phi'_{cs}}{\sin^2\phi'_{cs}} \tag{11.58}$$

한계상태마찰각의 변화에 대한 식 (11.58)은 그림 11.22에 도시되어있다. 식 (11.58)의 실용성은 비배수재하 세립토가 R의 임의 한계값에서 인장선상에서 파단됨을 의미한다. 예를 들어 $\phi'_{cs} = 20°$이고 $R_o = R_t > 16$ (OCR ≈ 57; 11.7.5절 혹은 그림 11.28 참조)이면 그 흙은 인장에서 파괴된다. 반면에 $\phi'_{cs} = 36°$이면 $R_o = R_t$는 5(OCR ≈ 5.5; 11.7.5절 혹은 그림 11.28 참조)가 된다. 따라서 심하게 과압밀된 세립토를 다룰 때는 보다 깊은 주의가 필요하다.

지반이 파괴되면 지반은 더 이상 연속체가 아니다. 정규화된 파괴비배수전단강도는 다음과 같다.

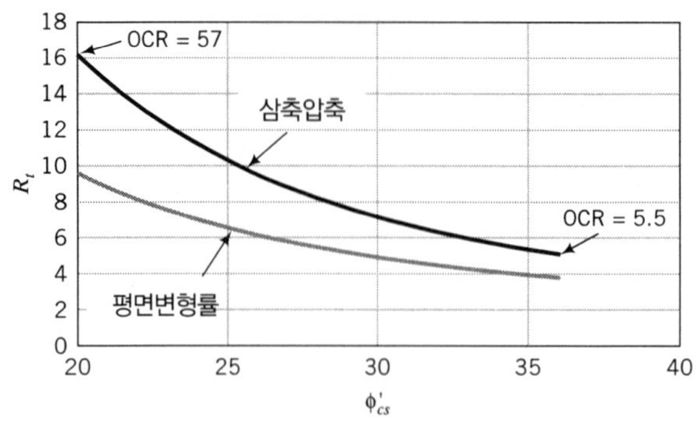

그림 11.22 인장절편력 선행압밀비.

$$\left(\frac{s_u}{p'_o}\right)_t = \frac{n_t}{2} \tag{11.59}$$

삼축상태에서

$$\left(\frac{s_u}{p'_o}\right)_t = 1.5 \tag{11.60}$$

평면변형률상태에서

$$\left(\frac{s_u}{p'_o}\right)_t = \frac{\sqrt{3}}{2} = 0.866 \tag{11.61}$$

11.7.3 비배수전단강도, 한계상태마찰각, 선행압밀비의 관계

식 (11.42)의 양변을 p'_o로 나누면

$$\frac{(s_u)_f}{p'_o} = \frac{M}{2}\left(\frac{R_o}{2}\right)^{\Lambda} \tag{11.62}$$

식 (11.62)의 좌변 비율을 한계상태에서의 정규화된 비배수전단강도라고 부른다. 등방압밀토에 대한 삼축압축에서 $p'_o = \sigma'_{zo}$이므로 식 (11.62)는

$$\left[\frac{(s_u)_f}{\sigma'_{zo}}\right]_{ic} = \frac{3\sin\phi'_{cs}}{3-\sin\phi'_{cs}}\left(\frac{R_o}{2}\right)^{\Lambda} \tag{11.63}$$

첨자 ic는 등방압밀을 의미한다. 식 (11.63)은 비배수전단강도, 한계상태마찰각 및 선행압밀비 사이의 관계를 나타내고 있다. 한계상태마찰각은 기본적 토질특성이다; 비배수전단강도는 기본적 토질특성이 아니다. $\Lambda = 0.8$일 때의 식 (11.63)은 그림 11.23에 도시된 바와 같다. 이 그림은 세립토의 비배수전단강도가 R_o값이 증가할 때 증가함을 보여주고 있다. 예를 들면, 세립토의 정규비배수전단강도가 1이고 $R_o = 5$이면 한계상태마찰각은 24°가 된다.

정규압밀토에 대하여는 $R_o = 1$이므로 식 (11.63)은 다음과 같이 된다.

$$\left[\frac{(s_u)_f}{\sigma'_{zo}}\right]_{nc-ic} = \frac{M}{2}\left(\frac{1}{2}\right)^{\Lambda} = \frac{3\sin\phi'_{cs}}{3-\sin\phi'_{cs}}\left(\frac{1}{2}\right)^{\Lambda} \tag{11.64}$$

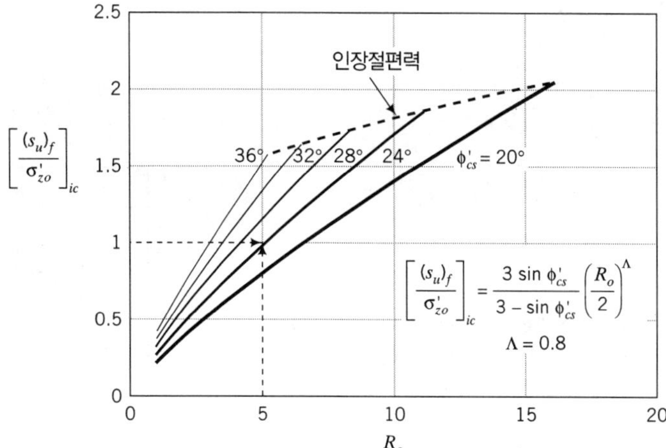

그림 11.23 등방압밀세립토의 삼축압축에서 한계상태마찰각과 R_o 에 대한 이론적으로 정규화된 비배수전단강도의 변화.

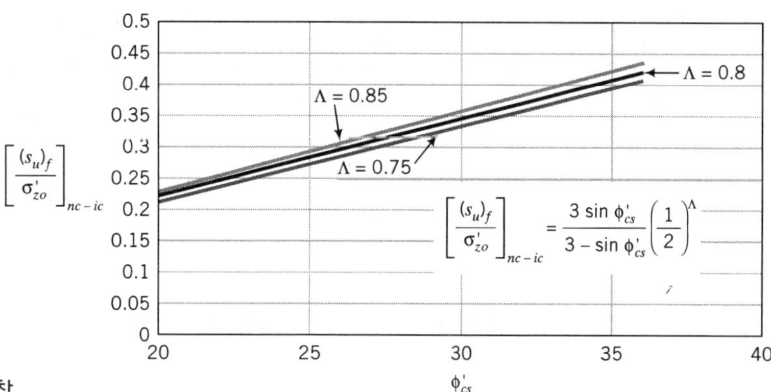

그림 11.24 정규압밀토의 한계상태마찰각과 Λ에 대한 이론적으로 정규화된 비배수전단강도율의 변화.

식 (11.64)를 Λ의 실용범위 내에서 도시하면 그림 11.24와 같다. 일부 흙의 Λ값은 0.75이하 일 수도 있으나 0.85를 넘는 경우는 드물다. 0.75에서 0.85 사이의 Λ값에 대한 예로 비배수전단강도율의 최대 차이는 10% 정도이다. 첨자 *nc-ic*는 등방압을 적용한 정규압밀토를 의미한다.

토질시험결과(Mesri, 1975) $\frac{s_u}{\sigma'_{zo}} = 0.22$, CSM은 $\frac{s_u}{\sigma'_{zo}}$가 R_o와 ϕ'_{cs}에 의존함을 보이고 있다. $\phi'_{cs} = 20°$ 이고 $R_o = 1$인 경우 식 (11.64)에서 $\frac{s_u}{\sigma'_{zo}}$는 0.22가 된다. 그림 11.24를 사용하여도 동일한 결과를 구할 수 있다.

11.7.4 정규압밀세립토와 과압밀세립토의 한계상태 비배수전단강도의 관계

α_R은 한계상태에서 과압밀세립토와 정규압밀세립토 사이의 정규화된 비배수전단강도의 비이다. 식 (11.63)과 식 (11.64)로부터 α_R은

$$\alpha_R = \frac{\left[\dfrac{(s_u)_f}{\sigma'_{zo}}\right]_{oc-ic}}{\left[\dfrac{(s_u)_f}{\sigma'_{zo}}\right]_{nc-ic}} = \frac{\dfrac{M}{2}\left(\dfrac{R_o}{2}\right)^{\Lambda}}{\dfrac{M}{2}\left(\dfrac{1}{2}\right)^{\Lambda}} = (R_o)^{\Lambda} \tag{11.65}$$

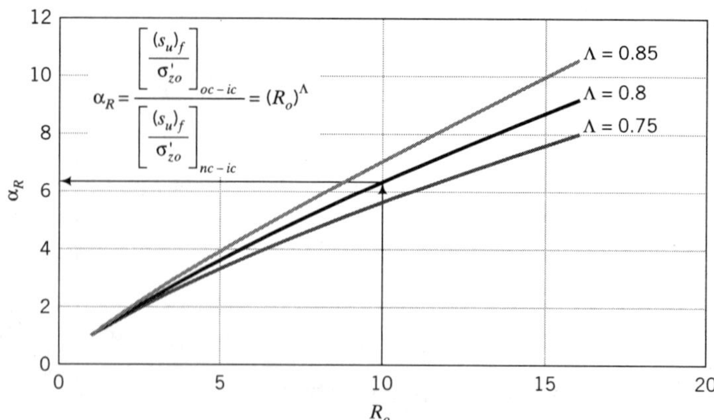

그림 11.25 여러가지 Λ값에 대한 과압밀토와 정규압밀토의 이론적으로 정규화된 비배수전단강도비의 변화.

여기서 첨자 *oc-ic*는 등방압을 받은 과압밀토를 의미한다. 식 (11.65)로 Λ가 0.75에서 0.85사이 일 때 산정된 값은 그림 11.25에 도시된 바와 같다. 식 (11.65)의 실용적 의미는 한계상태에서 정규화된 비배수전단강도가 선행압밀비에 비례함을 의미한다. 따라서 정규압밀토에 대하여 한계상태에서 세립토의 비배수전단강도를 안다면, 임의의 선행압밀비에서의 비배수전단강도를 예측할 수 있다. 예를 들어, 정규압밀세립토의 정규화된 비배수전단강도가 0.25이면 선행압밀비가 10일 때의 정규화된 비배수전단강도는 식 (11.65)나 그림 (11.25)에서 6.3배 큼을 알 수 있다. 즉 $\left[\frac{(s_u)_f}{\sigma'_{zo}}\right]_{oc} = 6.3 \times 0.25 = 1.58$ ($\Lambda = 0.8$일 때).

11.7.5 일차원압밀(혹은 K_o압밀)세립토와 등방압밀세립토의 비배수전단강도의 관계

현장에서 흙은 일차원압밀 혹은 K_o압밀된다. K_o압밀선(K_oCL)은 ICL에 평행이다(그림 11.26). K_o압밀상태에서 $p'_o = \frac{(1+2K_o^{oc})}{3}\sigma'_{zo}$만큼 좌측으로 평행 이동한다. 사실상 CSM에서는 K_o압밀토를 등방압밀을 받은 과압밀토로 취급할 수 있다. 예를 들어 그림 11.26에서 K_o압밀선상의 응력점 K는 등방압밀선으로 부터의 URL선상에 있어야 한다. 즉 K점은 OC선상에 있어야한다. 식 (11.62)에 p'_o를 대입하면

$$\left[\frac{(s_u)_f}{\sigma'_{zo}}\right]_{K_oCL} = \frac{(1+2K_o^{oc})}{3}\frac{M}{2}\left(\frac{R_o}{2}\right)^\Lambda \tag{11.66}$$

$K_o^{oc} \approx (1-\sin\phi'_{cs})\mathrm{OCR}^{\frac{1}{2}}$와 $M = \frac{6\sin\phi'_{cs}}{3-\sin\phi'_{cs}}$를 식 (11.66)에 대입하면,

$$\left[\frac{(s_u)_f}{\sigma'_{zo}}\right]_{K_o\mathrm{CL}} \approx \frac{3\sin\phi'_{cs}}{3-\sin\phi'_{cs}}\frac{\left[1+2(1-\sin\phi'_{cs})\mathrm{OCR}^{\frac{1}{2}}\right]}{3}\left(\frac{R_o}{2}\right)^\Lambda \tag{11.67}$$

R_o는 선행압밀응력 p'_c(그림 11.27)에 의거하여 구하여야한다. 식 (11.4e)로부터

$$p'_c = p'_k + \frac{q_k^2}{M^2 p'_k} \tag{11.68}$$

위 식을 양변을 p'_o로 나누면

$$\frac{p'_c}{p'_o} = R_o = \frac{p'_k}{p'_o} + \frac{q_k^2}{M^2 p'_k p'_o} \tag{11.69}$$

아래 관계식을 식 (11.68)과 식 (11.69)에 대입한다.

$$p'_o = \frac{(1 + 2K_o^{oc})}{3}\sigma'_{zo} \approx \frac{\left[1 + 2(1 - \sin\phi'_{cs})\mathrm{OCR}^{\frac{1}{2}})\right]}{3}\sigma'_{zo}$$

$$p'_k = \frac{(1 + 2K_o^{nc})}{3}\sigma'_{zc} \approx \frac{[1 + 2(1 - \sin\phi'_{cs})]}{3}\sigma'_{zc} \approx \frac{(3 - 2\sin\phi'_{cs})}{3}\sigma'_{zc}$$

$$q_k = (1 - K_o^{nc})\sigma'_{zc} \approx [1 - (1 - \sin\phi'_{cs})]\sigma'_{zc} \approx (\sin\phi'_{cs})\sigma'_{zc}$$

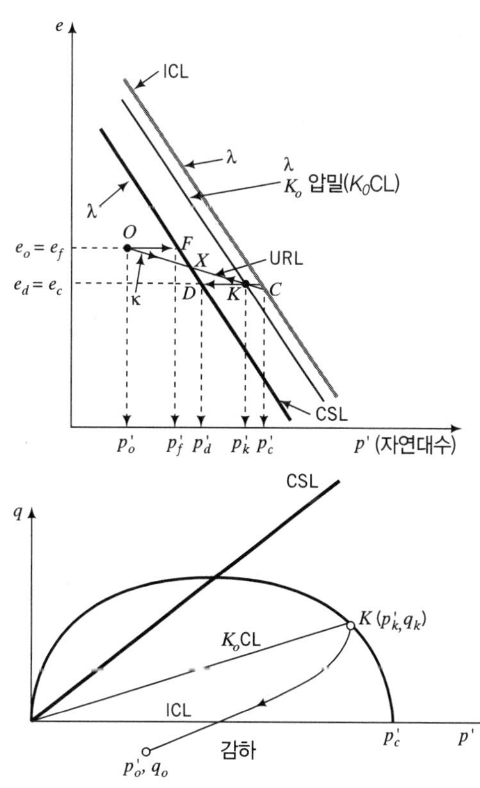

그림 11.26 K_o-압밀세립토의 재하 및 제하.

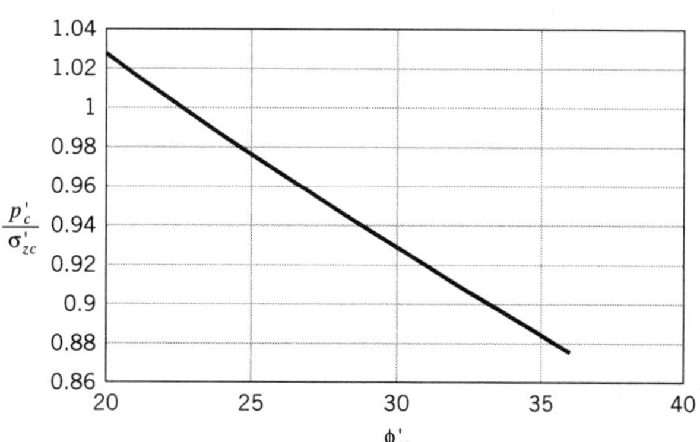

그림 11.27 한계상태마찰각에 대한 과거 최대연직유효응력과 선행압밀응력비의 관계.

축대칭재하상태에 대하여 간단하게 정리하면

$$\frac{p'_c}{\sigma'_{zc}} \approx \frac{1}{3}\left[(3 - 2\sin\phi'_{cs}) - \frac{(3 - \sin\phi'_{cs})^2}{4(2\sin\phi'_{cs} - 3)}\right] \tag{11.70}$$

식 (11.70)을 도시하면 그림 11.27과 같다. 이는 과거의 최대연직유효응력으로 선행압밀응력을 구하는 손쉬운 방법으로 활용할 수 있다.

선행압밀비는

$$R_o = \frac{p'_c}{p'_o} = R_o^* \approx \frac{\left[(3 - 2\sin\phi'_{cs}) - \dfrac{(\sin\phi'_{cs} - 3)^2}{4(2\sin\phi'_{cs} - 3)}\right]}{1 + 2(1 - \sin\phi'_{cs})\mathrm{OCR}^{\frac{1}{2}}}\mathrm{OCR} \tag{11.71}$$

위첨자 *는 등방하중의 응력불변량을 사용하여 정의한 R_o를 K_o압밀하중의 경우와 구분하기 위해 사용하였다. 식 (11.71)로 구한 값은 그림 11.28에 도시한 바와 같다. CSM에 근거하여 개발된 관계에 R_o를 일차원압밀시험으로 구해진 OCR = $\sigma'_{zc}/\sigma'_{zo}$로 직접 교체할 수는 없다. 그보다는 차라리 OCR을 식 (11.71)을 사용한 R_o로 전환하거나 그림 11.28에서 적당한 R_o를 정하는 것이 좋다. 예를 들어, 만약 OCR = 10이고 $\sigma'_{cs} = 20°$ 이면 $R_o^* = R_o = 6$이다.

한계상태에서 정규화된 K_o압밀비배수전단강도와 등방압밀비배수전단강도의 비 $\alpha_{K_{o-ic}}$는

$$\alpha_{K_{o-ic}} = \frac{\left[\dfrac{(s_u)_f}{\sigma'_{zo}}\right]_{K_o\mathrm{CL}}}{\left[\dfrac{(s_u)_f}{\sigma'_{zo}}\right]_{ic}} = \frac{\dfrac{(1 + 2K_o^{oc})}{3}\dfrac{M}{2}\left(\dfrac{R_o^*}{2}\right)^{\Lambda}}{\dfrac{M}{2}\left(\dfrac{R_o}{2}\right)^{\Lambda}} \approx \frac{1}{3}\left(1 + 2(1 - \sin\phi'_{cs})\mathrm{OCR}^{\frac{1}{2}}\right)\left(\frac{R_o^*}{R_o}\right)^{\Lambda} \tag{11.72}$$

여기서 R_o^*는 식 (11.71)로부터 얻는다. 등방압밀 세립토에서는 R_o = OCR = 1이다. 따라서 식 (11.72)은 다음과 같이 간략하게 된다.

$$(\alpha_{K_{o-ic}})_{nc} \approx \frac{1}{3}(3 - 2\sin\phi'_{cs})\left(1 - \frac{(\sin\phi'_{cs} - 3)^2}{4(2\sin\phi'_{cs} - 3)(3 - 2\sin\phi'_{cs})}\right)^{\Lambda} \tag{11.73}$$

Λ = 0.8이고 ϕ'_{cs}값을 여러 가지로 변경시켰을 때 $(\alpha_{K_{o-ic}})_{nc}$는 그림 11.29와 같다. OCR = 1이고 $\phi'_{cs} = 30°$인 K_o압밀세립토는 정규화된 비배수전단강도가 등방압밀시료의 정규화된 비배수전단강도의 0.87배 정도이다. 표준삼축등방압밀시험으로 얻은 비배수전단강도를 현장에 적용하기 위해 전환시켜야 한다. 식 (11.72)와 식 (11.73) 혹은 그림 11.29는 이러한 전환에 대한 이론적 근거를 제공하게 된다.

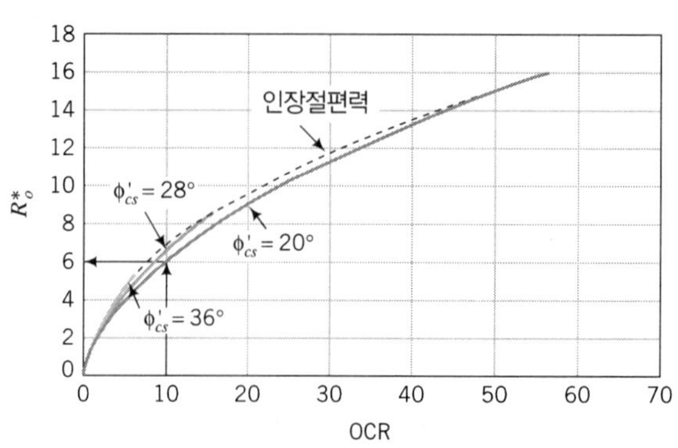

그림 11.28 일차원압밀세립토의 OCR과 R_o^* 의 관계.

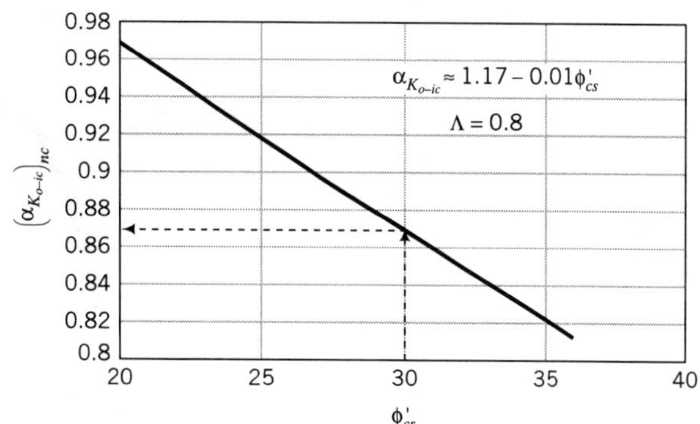

그림 11.29 등방압밀토에 대한 K_o–압밀토의 한계상태에서 이론적 정규화된 비배수전단강도의 변화.

11.7.6 과압밀세립토에 대한 삼축시험조건하의 초기항복상태와 한계상태에서의 정규화된 비배수전단강도의 관계

과압밀세립토에 대한 초기항복상태와 한계상태에서의 정규화된 비배수전단강도 사이의 관계를 정리할 수 있다. 제10장과 11.4절로부터 어떤 임의의 초기응력상태와 유효응력경로에 대하여 흙은 첨두전단응력이 나타난 후 한계상태까지 변형률연화현상이 나타남을 알 수 있다. CSM에서 흙의 초기상태는 세립토에 첨두비배수전단강도를 보인다. 한계상태에서의 정규화된 선단강도에 대한 초기항복 시의 정규화된 비배수전단강도의 비를 α_{ycs}라 하면, 식 (11.42)와 식 (11.43)으로부터,

$$\alpha_{ycs} = \frac{\dfrac{(s_u)_y}{p'_o}}{\dfrac{(s_u)_f}{p'_o}} = \frac{\dfrac{M}{2}\sqrt{R_o - 1}}{\dfrac{M}{2}\left(\dfrac{R_o}{2}\right)^{\Lambda}} = \frac{\sqrt{R_o - 1}}{\left(\dfrac{R_o}{2}\right)^{\Lambda}} \tag{11.74}$$

Λ 가 0.75에서 0.85사이의 범위에 대하여 식 (11.74)에 의한 산정치를 정리도시하면 그림 11.30과 같다. $\alpha_{ycs} > 1$일 때 정규화된 항복비배수전단강도는 정규화된 한계상태비배수전단강도보다 크다. 이 결과는 R_o의 일정범위에서만 발생한다. $\Lambda = 0.8$일 때 그 범위는 $2 < R_o < 4$이다. 각각의 토질에 따라 파단이 발생하는 R_o의 범위가 존재하므로 각각의 한계상태마찰각(그림 11.22참조)에 대하여 절편값 $R_o = R_t$가 존재한다. 그림 11.30은 $\phi'_{cs} = 20°$일 때의 결과이다.

α_{ycs}의 실용적 의미는 한계상태의 비배수전단강도를 알고 초기항복시의 비배수전단강도를 계산하거나 혹은 그 반대 경우가 가능하다는 점이다. 초기항복응력을 알면 지반구조물 해석 시 탄성해석을 할 수 있다.

그림 11.19와 Hvorslev가 발견한바와 같이 과압밀세립토에 대한 등가유효응력으로 정규화 시키면 첨두전단응력은 TF선상에 놓이게 된다. 이 선의 기울기(그림 11.31의 TF) m은 다음과 같다.

$$m = \frac{\dfrac{Mp'_c}{2} - n_t t_c p'_c}{\dfrac{p'_c}{2} - t_c p'_c} = \frac{0.5M - n_t t_c}{0.5 - t_c} = \frac{M - 2n_t t_c}{1 - 2t_c} \tag{11.75}$$

여기서 n_t는 인장선의 기울기이고 t_c는 식 (11.55)로 주어진 인장선과 HV면의 교차점이다. 삼축압축시험에서는 $n_t = 3$임으로 HV면상의 초기 축차응력 q_{yH}는

$$q_{yH} = m(p'_o - t_c p'_c) + n_t t_c p'_c = p'_o[m(1 - t_c R_o) + n_t t_c R_o] \tag{11.76}$$

여기서 $\dfrac{p'_c}{2} \geq p'_o \geq t_c p'_c$ 이고 첨자 yH는 HV면에 도달한 한계응력상태를 의미한다.

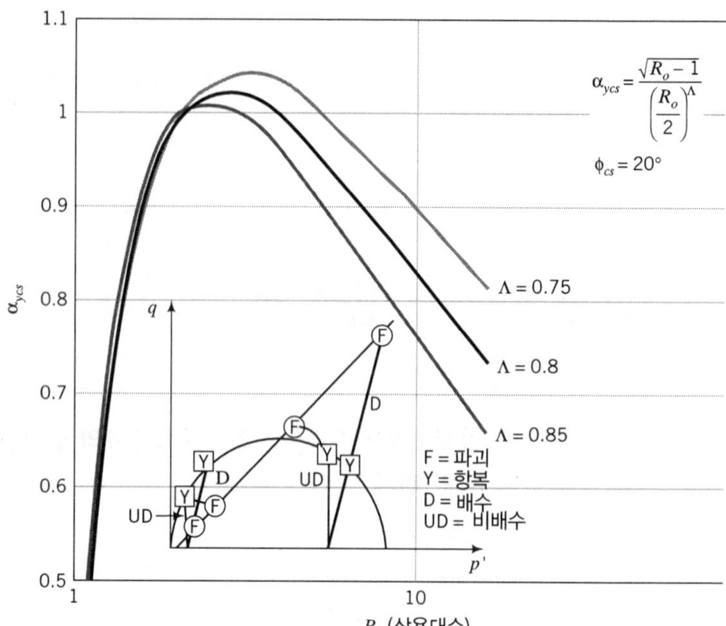

그림 11.30 등방압밀세립토의 한계상태에 대한 항복비배수전단강도비의 변화.

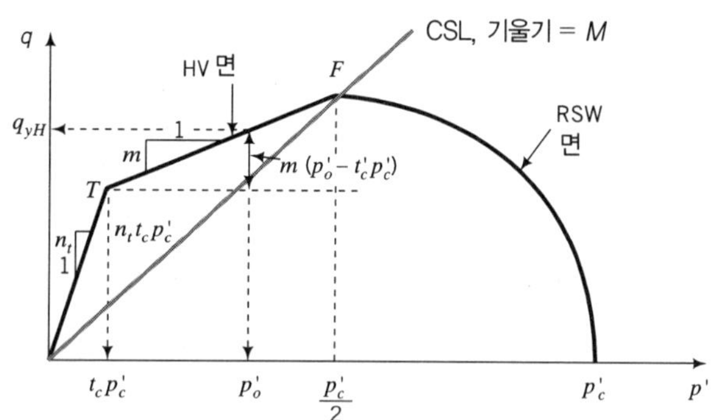

그림 11.31 CSM에 의한 Hvorslev의 한계응력면.

HV면에 도달한 정규화된 비배수전단강도는

$$\frac{(s_u)_{yH}}{p'_o} = 0.5\left[\frac{M - 2t_c n_t}{1 - 2t_c}(1 - t_c R_o) + t_c n_t R_o\right] \tag{11.77}$$

식 (11.7.7)에 의거 그림 11.32를 도시할 수 있다. $R_o < 2$일 때는 안정된 항복이 발생된다. 한계상태마찰각의 여러 값에 대하여 앞에서 설명한 바와 같이 흙이 파단(인장한계)될 때 한계치 $R_o = R_t$가 된다. 그림 11.32의 각 한계상태마찰각에 대한 곡선의 단부는 인장한계를 의미한다. 식 (11.77)은 고도과압밀세립토의 한계응력(불안정의 발달)을 계산할 때 활용될 수 있다.

11.7.7 직접단순전단(평면변형률)상태에서의 비배수전단강도

평면변형률상태에서 $M_{ps} \approx \sqrt{3}\sin\phi'_{cs}$ (식 11.10)이다. 만약 $\sigma'_2 = C(\sigma'_1 + \sigma'_3)$이고 $C = 0.5$이면,

$$p'_o = \frac{\sigma'_1 + \sigma'_2 + \sigma'_3}{3} = \frac{\sigma'_1 + 0.5(\sigma'_1 + \sigma'_3) + \sigma'_3}{3} = \frac{1}{2}(\sigma'_1 + \sigma'_3)$$

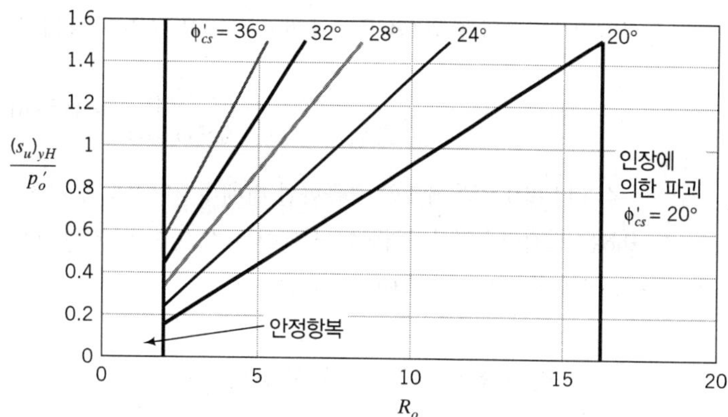

그림 11.32 등방압밀세립토의 Hvorslev면상 이론적 정규화된 비배수전단강도의 변화.

따라서 직접단순전단시험(초기전단응력이 0이고, $\sigma'_3 = \sigma'_{xo} = K_o^{oc}\sigma'_1 = K_o^{oc}\sigma'_{zo}$이므로)에서 K_o압밀세립토는

$$\left[\frac{(s_u)_f}{\sigma'_{zo}}\right]_{\text{DSS}} = \frac{1}{2}(1 + K_o^{oc})\,\frac{\sqrt{3}\sin\phi'_{cs}}{2}\left(\frac{R_o^*}{2}\right)^{\Lambda} = \frac{\sqrt{3}}{4}\left[1+(1-\sin\phi'_{cs})\text{OCR}^{\frac{1}{2}}\right]\sin\phi'_{cs}\left(\frac{R_o^*}{2}\right)^{\Lambda} \tag{11.78}$$

$\Lambda = 0.8$이고 OCR = 1인 경우 식 (11.78)에 의거 산정된 값은 그림 11.33에 도시되어 있다. 이 그림 속에 정규압밀세립토에 대한 직접단순전단시험 결과도 함께 도시되어 있다. 식 (11.78)에 의하여 예측된 이론치와 시험치는 잘 일치하고 있다. 시험데이터는 수평면상의 전단응력을 연직유효응력으로 나눠 정규화된 비배수전단강도의 간단한 형태에 근거를 두고 있다. 식 (11.78)은 흙의 완전한 응력상태를 고려하는 것에 근거하고 있다. 직접단순전단시험에서 수평면상의 응력에 관계를 둔다면 어떤 일이 일어 날 것인가? 이 경우 $p'_o = \sigma'_{zo}$이고 $R_o^* =$ OCR이므로 식 (11.78)은 다음과 같이 된다.

$$\left[\frac{(s_u)_f}{\sigma'_{zo}}\right]_{\text{DSS}} = \frac{\sqrt{3}\sin\phi'_{cs}}{2}\left(\frac{\text{OCR}}{2}\right)^{\Lambda} \tag{11.79}$$

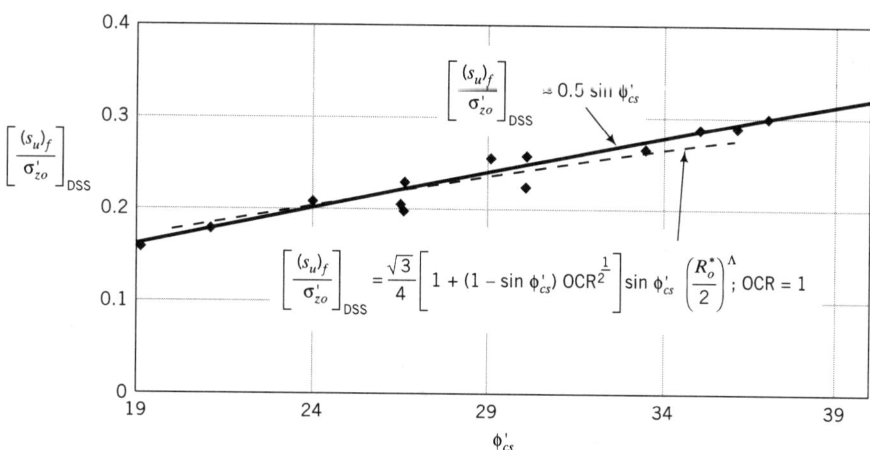

그림 11.33 정규압밀세립토의 직접단순전단에 의한 한계상태 정규화된 비배수전단강도의 이론치와 시험치의 비교(Mayne et al., 2009).

정규압밀세립토의 경우 OCR = 1이고 Λ = 0.8이면 식 (11.78)은 다음과 같이 된다.

$$\left[\frac{(s_u)_f}{\sigma'_{zo}}\right]_{DSS} \approx 0.5 \sin \phi'_{cs} \tag{11.80}$$

식 (11.80)으로 예측한 정규화된 비배수전단강도와 시험데이터는 매우 잘 일치하고 있다(그림 11.33). 지수 Λ = 0.8은 직접단순전단시험데이터에 매우 잘 맞고 있음을 보여주었다(Wroth, 1984). 여러 OCR값에 따른 이론예측 DSS결과는 그림 11.34에 도시되어 있다.

11.7.8 직접단순전단시험과 삼축시험의 관계

실제 직접단순전단시험기는 삼축시험기 만큼 쉽게 사용할 수 없다. 그러나 대부분의 지반구조물에 작용하는 응력상태는 직접단순전단(평면변형률)에 유사하다. 그러므로 삼축시험결과(축대칭상태)와 직접단순전단시험결과 사이의 관계를 알 수 있다면 작용응력을 직접단순전단상태로 묘사하는 것이 가장 적합한 지반구조물을 해석하는데 삼축시험 결과를 활용할 수 있을 것이다. 삼축시험에서는 주응력축을 90°씩 동시에 회전시킬 수 밖에 없다. 반면에 직접단순전단시험에서는 주응력축이 점진적으로 회전시킬 수 있다. 현장에서는 구조물하중으로 인해 주응력축이 점진적으로 회전하게 된다.

직접단순전단상태에서 세립토의 정규화된 비배수전단강도와 삼축비배수상태의 비배수전단강도의 비를 α_{DSS-ic}라 하면 식 (11.81)과 같이 된다. 단, 여기서 삼축시험은 등방압밀 후 전단시험을 실시하여 비배수전단강도를 구한 경우이다.

$$\alpha_{DSS-ic} = \frac{\left[\frac{(s_u)_f}{\sigma'_{zo}}\right]_{DSS}}{\left[\frac{(s_u)_f}{\sigma'_{zo}}\right]_{ic}} = \frac{\frac{\sqrt{3}\sin\phi'_{cs}}{2}\left(\frac{R_o^*}{2}\right)^{\Lambda}}{\frac{3\sin\phi'_{cs}}{3-\sin\phi'_{cs}}\left(\frac{R_o}{2}\right)^{\Lambda}} = \frac{(3-\sin\phi'_{cs})}{2\sqrt{3}}\left(\frac{R_o^*}{R_o}\right)^{\Lambda} = \frac{(3-\sin\phi'_{cs})}{2\sqrt{3}} \tag{11.81}$$

여기서 $\frac{R_o^*}{R_o} = 1$이다.

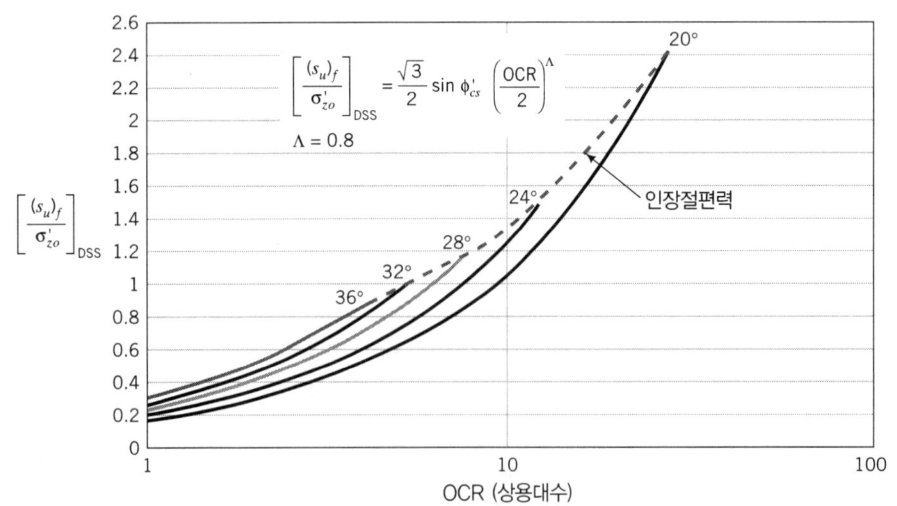

그림 11.34 직접단순전단시험에 의한 OCR과 한계상태마찰각에 따른 한계상태에서의 이론적으로 정규화된 비배수전단강도의 관계.

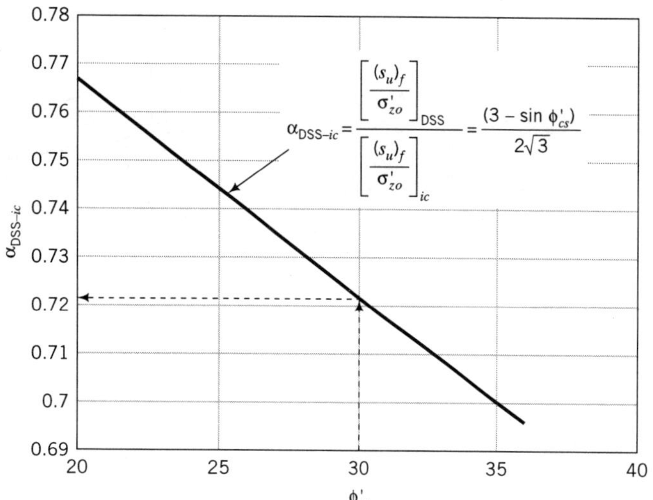

그림 11.35 한계상태에서 등방압밀 시료의 삼축비배수전단강도와 직접단순전단강도의 비.

이 식 (11.81)에 의한 값을 도시하면 그림 11.35와 같다. 직접단순전단시험에 의한 비배수전단강도는 등방압밀시료의 삼축시험결과 보다 작다. 세립토의 한계상태마찰각이 30°이면 등방압밀삼축시료의 비배수전단강도에 0.72를 곱하여 직접단순전단시험에 의한 비배수전단강도를 구할 수 있다. ϕ'_{cs}는 기본토질특성이므로 시험의 종류에 관계가 없다.

등방압밀시료에 대한 삼축시험결과를 직접단순전단상태의 응력을 받는 지반구조물 해석에 적용할 경우는 적절하게 수정되어야 함을 의미한다. 이와 같은 예의 지반구조물로는 옹벽과 사면을 들 수 있다. 사면의 경우, 설계안전율의 폭은 일반적으로 작다($1 < FS \le 1.5$; FS는 안전율). 만약 삼축시험결과 얻은 비배수전단강도를 감소시키지 않고 사용하면 파괴위험도가 증가할 것이다.

11.7.9 지반구조물 해석에 배수상태와 비배수상태의 관계

세립토 상부 혹은 내부에 설치된 지반구조물을 해석할 때 두 가지 경우를 고려한다 — 단기상태와 장기상태. 단기상태(비배수조건)는 시공 중이나 시공직후의 응력상태를 대상으로 한다. 장기상태(배수조건)는 구조물 수명기간 동안 혹은 과잉간극수압이 소멸되었을 때의 응력상태를 대상으로 한다.

비배수재하 시 초기응력상태와 배수재하 시 초기응력상태 사이의 관계를 구할 수 있다. α_{SL}비율을 도입하여 비배수단기조건(S첨자)의 전단강도와 장기조건 (L첨자)의 전단강도 사이의 비로 정한다. 식 (11.20)과 식 (11.49)로부터

$$\alpha_{SL} = \frac{\dfrac{(s_u)_f}{p'_o}}{\dfrac{\tau_f}{p'_o}} = \frac{\dfrac{M}{2}\left(\dfrac{R_o}{2}\right)^{\Lambda}}{\dfrac{M}{2}\dfrac{n_o}{n_o - M}} = \frac{(n_o - M)}{n_o}\left(\frac{R_o}{2}\right)^{\Lambda} \tag{11.82}$$

표준삼축시험조건에서 $n_o = 3$이므로 식 (11.82)은

$$\alpha_{SL} = \frac{(3 - M)}{3}\left(\frac{R_o}{2}\right)^{\Lambda} \tag{11.83}$$

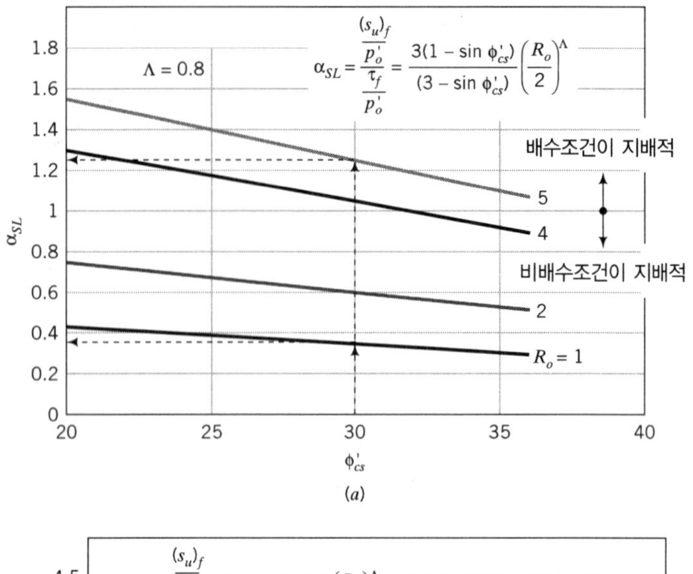

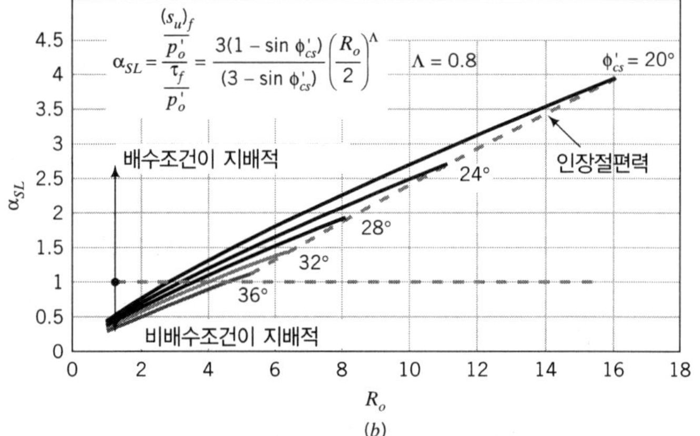

그림 11.36 R_o의 변화에 따른 한계상태에서 정규화된 전단강도의 비배수상태와 배수상태의 비의 이론적 예측값. 두 그림에는 동일한 값이 적용되었다.

식 (11.6)을 식 (11.83)에 대입하면

$$\alpha_{SL} = \frac{3(1 - \sin\phi'_{cs})}{(3 - \sin\phi'_{cs})}\left(\frac{R_o}{2}\right)^{\Lambda} \tag{11.84}$$

식 (11.84)에 의한 값을 그림 11.36에 두 개의 그림으로 도시하였다((a)그림은 $\Lambda = 0.8$일 때이고 (b)그림은 R_o값의 변화에 대한 결과이다). 두 그림 다 사용하기 편리한 그림이다. α_{SL}이 1이하이면 한계상태에서 비배수조건 하의 정규화된 전단강도는 배수조건 하의 전단강도 보다 낮다. 따라서 비배수재하상태가 더 위험할 것이다. 평균적으로 이런 경우는 R_o가 3이하일 때 발생된다. 비배수조건이 위험할 때 R_o의 실제값은 한계상태마찰값에 의존한다. 한계상태마찰각이 크면 비배수조건이 위험하게 되는 R_o값이 더 커진다. $\alpha_{SL} > 1$이면 배수조건이 더 위험하다. 즉 한계상태에서 정규화된 비배수전단강도는 한계상태에서 정규화된 배수전단강도 보다 크기 때문이다.

이 관계식은 실용적으로 아주 중요하다. 왜냐하면 어떤 조건일 때가 더 위험한가를 판단할 수 있는 기준을 제시할 수 있기 때문이다. 즉 R_o값의 변화에 따라 다른 위험(설계) 조건이 초래되기 때문이다. 예를 들면 $\phi'_{cs} = 30°$, $R_o = 1$, $\Lambda = 0.8$이면 그림 11.36a로부터 $\alpha_{SL} = 0.35$이 된다. 따라서 비배수재하가 위험하다. 그러나 $R_o = 5$이면 $\alpha_{ySL} = 1.25$가 되므로 배수재하가 위험하다. 식 (11.84)는 한계상태조건에서만 적용할 수 있다.

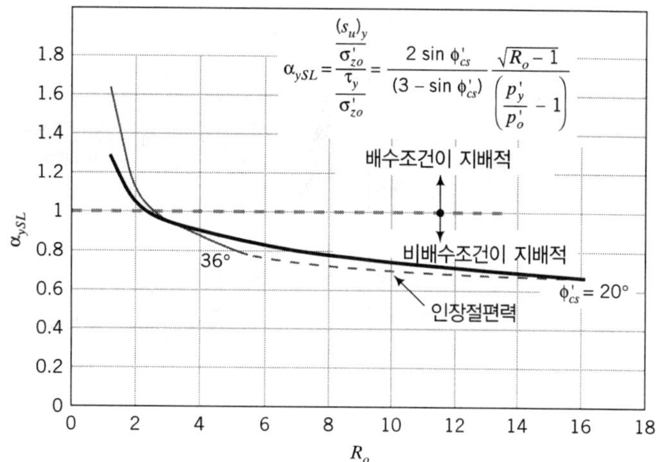

그림 11.37 R_o의 변화에 따른 정규화된 초기항복전단강도의 비배수상태와 배수상태비의 이론적 예측.

만약 첨두(초기항복)응력상태를 고려한다면,

$$\alpha_{ySL} = \frac{\dfrac{(s_u)_y}{p'_o}}{\dfrac{\tau_y}{p'_o}} = \frac{\dfrac{M}{2}\sqrt{R_o - 1}}{\dfrac{3}{2}\left(\dfrac{p'_y}{p'_o} - 1\right)} = \frac{M\sqrt{R_o - 1}}{3\left(\dfrac{p'_y}{p'_o} - 1\right)} = \frac{2\sin\phi'_{cs} \quad \sqrt{R_o - 1}}{(3 - \sin\phi'_{cs})\left(\dfrac{p'_y}{p'_o} - 1\right)} \tag{11.85}$$

식 (11.85)에 의한 값을 그림 11.37에 도시하였다. 그림 11.36b를 그림 11.37과 비교하면 배수조건과 비배수조건이 근사적으로 반대가 됨을 볼 수 있다. 예를 들어 $R_o < 2$일 때는 배수재하가 위험하나 $R_o > 2$일 때는 비배수재하가 위험하다. OCR=10이고 $\phi'_{cs} = 28°$인 과압밀점토 위의 탱크기초의 경우, 지반항복 시에는 비배수재하 및 배수재하 중 어느 경우가 위험할까? 그림 11.28에서 OCR = 10이면 $R_o = 6.5$이다. 그림 11.37에서 $\alpha_{ySL} = 0.78$을 구할 수 있다. 따라서 비배수조건에서의 항복이 위험할 것이다. 그러나 파괴를 생각하면(한계상태), $\alpha_{SL} = 1.3$(그림 11.36)이 되어 배수재하가 더 위험하다.

11.7.10 과잉간극수압, 선행압밀비, 한계상태마찰각의 관계

제 10장과 Skempton(1954)에 의하여 삼축시험에서 간극수압계수 A와 B를 제안하였다; A는 전단성분에 관련이 있고 B는 포화도에 관련이 있다. 이론적으로 A값을 구하고 R_o와 ϕ'_{cs}와 연계시키기 위해 CSM을 적용할 수 있다. 포화토의 파괴(한계상태)에서의 과잉간극수압을 고려하면 식 (10.51)에서

$$A_f = \frac{\Delta u_f}{(\Delta\sigma_1)f - (\Delta\sigma_3)_f} \tag{11.86}$$

표준삼축비배수시험에서 구속압은 일정하고 축(축차)응력이 파괴시까지 증가하므로 $(\Delta\sigma_3)_f = 0$이다. 따라서 $q_f = (\Delta\sigma_1)_f$이고

$$A_f = \frac{\Delta u_f}{q_f} \tag{11.87}$$

식 (11.30)을 식 (11.87)에 대입하면

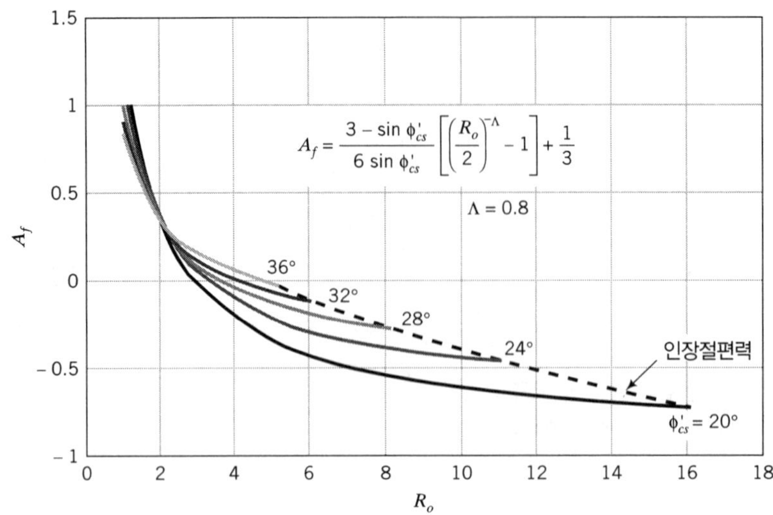

그림 11.38 R_o와 한계상태마찰각에 따른 A_f의 변화.

$$A_f = \frac{\left(p'_o - \frac{q_f}{M}\right) + \frac{q_f}{3}}{q_f} = \frac{1}{M}\left(\frac{p'_o}{p'_f} - 1\right) + \frac{1}{3} = \frac{1}{M}\left[\left(\frac{R_o}{2}\right)^{-\Lambda} - 1\right] + \frac{1}{3} \tag{11.88}$$

또는

$$A_f = \frac{3 - \sin \phi'_{cs}}{6 \sin \phi'_{cs}}\left[\left(\frac{R_o}{2}\right)^{-\Lambda} - 1\right] + \frac{1}{3} \tag{11.89}$$

과잉간극수압의 전단성분은 식 (11.89)의 우변 첫 번째항이며 마지막항의 $\frac{1}{3}$은 전응력경로성분이다. 식 (11.89)에 의한 계산값을 도시하면 그림 11.38과 같다. A_f는 R_o 뿐만 아니라 ϕ'_{cs}에도 의존함을 알 수 있다. Skempton A_f는 R_o에만 의존한다.

11.7.11 액성한계와 소성한계에서의 비배수전단강도

Wood(1990)는 Youssef et al.(1965) 시험결과와 Dumbleton과 West(1970) 시험결과를 활용하여 다음 식을 제시하였다.

$$\frac{(s_u)_{PL}}{(s_u)_{LL}} = R \tag{11.90}$$

여기서 R은 활성도(제 3장)에 의존하며 30에서 100사이의 값이다. 첨자 PL과 LL은 각각 소성한계와 액성한계를 나타낸다. Wood & Wroth(1978)은 대부분의 흙에 R = 100을 추천하였다(문헌에는 R값이 170까지 보고 되어있다). 문헌에서 발췌된 $(s_u)_{LL}$의 추천값은 2 kPa(시험데이터는 0.9에서 8 kPa 사이로 나타났다)이고 $(s_u)_{PL}$의 추천값은 200 kPa이다. 대부분의 흙은 소성범위내로 존재하므로 교란되거나 재성형된 점토의 비배수전단강도의 추천값은 $(s_u)_{LL}$은 2 kPa 이하이고 $(s_u)_{PL}$은 200 kPa $(s_u)_{PL}$ 이상이 된다.

11.7.12 액성한계와 소성한계에서의 연직유효응력

Wood(1990)는 Skempton(1970)결과를 활용하여 다음과 같이 추천하였다.

$$(\sigma_z')_{\text{LL}} = 8\,\text{kPa} \tag{11.91}$$

시험결과 $(\sigma_z')_{\text{LL}}$는 6에서 58 kPa 사이에 분포된다. 실내 및 현장데이터에 의하면 비배수전단강도가 연직유효응력에 비례한다. 따라서

$$(\sigma_z')_{\text{PL}} = R(\sigma_z')_{\text{LL}} \approx 800\,\text{kPa} \tag{11.92}$$

11.7.13 압축지수(λ와 C_c)와 소성지수

압축지수 C_c 나 λ는 통상 압밀시험으로 구한다. 압밀시험결과가 없을 때는 C_c 나 λ를 소성지수로 예측할 수 있다. 그림 11.39를 참조하여

$$-(e_{\text{PL}} - e_{\text{LL}}) = \lambda \ln \frac{(\sigma_z')_{\text{PL}}}{(\sigma_z')_{\text{LL}}} = \lambda \ln R$$

$e_{\text{LL}} = w_{\text{LL}}G_s$, $e_{PL} = w_{PL}G_s$, $G_s = 2.7$이다. 그러므로 $R = 100$일 때

$$\text{LL} - \text{PL} = \frac{\lambda}{2.7} \ln R \approx 1.7\lambda$$

그리고

$$\lambda \approx 0.59\ \text{PI} \tag{11.93}$$

또는

$$C_c = 2.3\lambda \approx 1.35\ \text{PI} \tag{11.94}$$

식 (11.93)은 압축지수가 소성지수와 함께 증가함을 나타내고 있다.

11.7.14 비배수전단강도, 액성지수, 예민비

액성지수와 비배수전단강도사이의 관계식을 만들어보자. 임의의 함수비 w에서의 비배수전단강도는 소성한계에서의 비배수전단강도를 참고로 하여 식 (11.29)로 부터 다음과 같이 구한다.

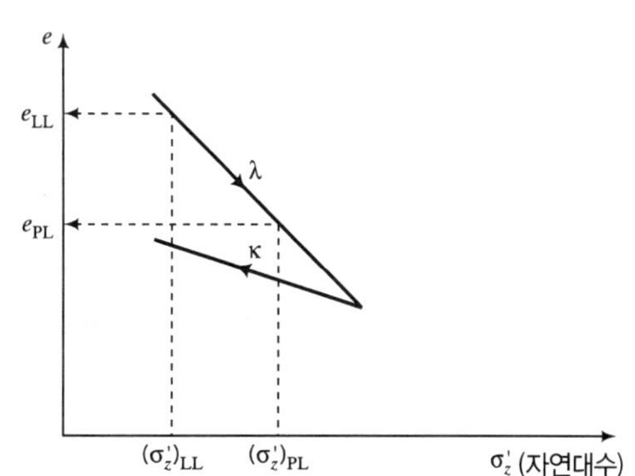

그림 11.39 e와 σ_z'관계의 개략도 (자연대수).

$$\frac{(s_u)_w}{(s_u)_{PL}} = \exp\left(G_s \frac{(PL - w)}{\lambda}\right)$$

$G_s = 2.7$과 $\lambda = 0.59$ PI를 위 식에 대입하고 다음 식을 활용하면 식 (11.95)을 구할 수 있다.

$$LI = \frac{w - PL}{PI}$$

$$(s_u)_w = (s_u)_{PL} \exp(-4.6\,LI) \approx 200 \exp(-4.6\,LI) \tag{11.95}$$

점토가 해수 속에 존재하면 면모화구조(제 2장)를 가지며 현장함수비는 액성한계 보다 높은 함수비를 가진다. 그러나 자연상태에서는 점성유체와 같이 거동하지 않는다. 담수로 염분을 씻으면 이 면모화구조는 불안정해 진다. 이들 점토의 불교란 혹은 신선한 비배수전단강도는 교란되거나 재성형한 비배수전단강도 보다 매우 크다. 예민비 S_t는 신선한 비배수전단강도와 재성형 비배수전단강도의 비이다.

$$S_t = \frac{(s_u)_i}{(s_u)_r} \tag{11.96}$$

여기서 첨자 i는 신선함을 의미하며 r은 재성형을 의미한다. 식 (11.95)를 식 (11.96)에 대입하면

$$(s_u)_r \approx 200 \exp(-4.6\,LI) \tag{11.97}$$

$S_t > 8$이면 예민점토라 부른다. 예민점토를 교란시키면 점성유체 (LI > 1)처럼 유동한다. Bjerrum(1954)은 스칸디나비아의 예민점토에 대한 시험결과로 S_t와 LI 사이의 경험식을 다음과 같이 제안하였다.

$$LI = 1.2 \log_{10} S_t \tag{11.98}$$

11.7.15 CSM의 토질정수사이의 관계식 요약

표 A.14(Appendix A)에는 CSM의 토질정수 사이의 관계식이 요약 정리되어있다. 실용적인 목적의 근사식은 CSM 식에 적용하여 결정할 수 있다. 근사식은 예비설계 단계에서 신속한 검토 목적으로 활용할 수 있다. 오차는 10%이하 정도이다.

예제 11.12 CSM을 적용한 세립토의 전단강도 예측

정규압밀상태의 세립토에 표준비배수삼축시험을 실시하였다. 구속압이 100 kPa이고 파괴시(한계상태) 축응력이 70 kPa이었다. $\Lambda = 0.8$로 가정한다.

(a) 정규화된 비배수전단강도를 구하라.
(b) ϕ'_{cs}를 구하라.
(c) $R_o = 5$ 인 과압밀상태라면 한계상태에서의 비배수전단강도는 얼마일까? 선행압밀응력은 동일하다고 가정한다.
(d) 직접단순전단을 받고 있다면 한계상태에서의 비배수전단강도는 얼마일까?
(e) 동일한 흙이 10 m 두께의 지층(포화단위중량이 19.8 kN/m^3)에 존재한다. 지하수는 지표면에 위치한다. OCR = 4일 때 5 m깊이에서의 비배수전단강도를 구하라.
(f) 시험에서 과잉간극수압을 구하라.

핵심전략 11.7절의 관계식을 활용한다.

풀이 11.12

Step 1 : 정규화된 비배수전단강도를 구한다.

$$(s_u)_f = \frac{q_f}{2} = \frac{70}{2} = 35 \text{ kPa}$$

$$\frac{(s_u)_f}{p'_o} = \frac{35}{100} = 0.35$$

초기평균유효응력이 100 kPa이다. 그러나 파괴 시에는 과잉간극수압이 발생하여 이 값이 변한다.

Step 2 : 한계상태마찰각을 구한다.

$\frac{s_u}{p'_o} = 0.35$와 $\Lambda = 0.8$의 조건으로 그림 11.24 혹은 식 (11.63)에서 $\phi'_{cs} = 30°$

Step 3 : M_c를 구한다.

$$M_c = \frac{6 \sin 30°}{3 - \sin 30°} = 1.2$$

Step 4 : $R_o = 5$일 때 비배수전단강도를 구한다.

$$\left[\frac{(s_u)_f}{p'_o}\right]_{R_o=5} = \frac{(s_u)_f}{p'_o}(R_o)^{\Lambda} = 0.35 \times (5)^{0.8} = 1.27$$

$R_o = 5$로부터, $p'_o = \frac{p'_c}{R_o} = \frac{100}{5} = 20 \text{ kPa}$

$$[(s_u)_f]_{R_o=5} = 1.27 \times 20 = 25.4 \text{ kPa}$$

Step 5 : DSS조건에서의 비배수전단강도를 구한다.

$$\left[\frac{(s_u)_f}{\sigma'_{zo}}\right]_{\text{DSS}} \approx 0.5 \sin \phi'_{cs} \approx 0.5 \sin 30° = 0.25$$

$$[(s_u)_f]_{\text{DSS}} = 0.25 \times 100 = 25 \text{ kPa}$$

Step 6 : 현장에서의 전단강도를 구한다.

OCR = 4

$$R_o^* = \frac{\left[(3 - 2\sin \phi'_{cs}) - \frac{(\sin \phi'_{cs} - 3)^2}{4(2 \sin \phi'_{cs} - 3)}\right]}{1 + 2(1 - \sin \phi'_{cs})\text{OCR}^{\frac{1}{2}}}\text{OCR} = \frac{\left[(3 - 2\sin 30°) - \frac{(\sin 30° - 3)^2}{4(2\sin 30° - 3)}\right]}{1 + 2(1 - \phi'_{cs} \sin 30°)4^{\frac{1}{2}}}4 = 3.7$$

$R_o = 1$로 식 (11.72)에서

$$\left[\frac{(s_u)_f}{\sigma'_{zo}}\right]_{K_o\text{CL}} \approx \left[\frac{(s_u)_f}{\sigma'_{zo}}\right]_{ic} \frac{[1 + 2(1 - \sin \phi'_{cs})\text{OCR}^{\frac{1}{2}}](R_o^*)^{\Lambda}}{3}$$

$$\approx 0.35 \times \frac{[1 + 2(1 - \sin 30°)4^{\frac{1}{2}}](3.7)^{0.8}}{3} = 1$$

현장에서의 연직유효응력은 $5 \times (19.8 - 9.8) = 50$ kPa 이므로

$$[(s_u)_f]_{K_o\text{CL}} = 50 \times 1 \approx 50 \text{ kPa}$$

Step 7 : 과잉간극수압을 구한다.

$$p'_f = \frac{q_f}{M} = \frac{70}{1.2} = 58.3 \text{ kPa}$$

$$p_f = p'_o + \frac{q_f}{3} = 100 + \frac{70}{3} = 123.3 \text{ kPa}$$

$$\Delta u_f = p_f - p'_f = 123.3 - 58.3 = 65 \text{ kPa}$$

예제 11.13 모래의 안식각으로 첨두전단강도와 한계상태전단강도의 예측

건조한 모래 시료를 테이블에 가만히 부어 안식각을 측정하니 30°이었다. 이 모래공시체에 삼축배수압축시험을 실시하였다. 구속압증분량을 12.5 kPa부터 가하고 그 후는 두 배의 증분량을 가하였다. 매 증가량을 15분씩 가하였다. 최대 셀압이 400 kPa에 이른 후 40 kPa까지 점진적으로 제하할 것이다. 그런 후 셀압을 일정하게 유지하면서 축응력을 증가시켜 전단시험을 실시할 것이다.

(a) CSM을 적용하여 한계상태에서 전단응력을 예측하라.

(b) 이 모래는 첨두전단응력을 보일까? 보인다면 얼마일까?

(c) 정규화된 비배수전단강도를 구하라.

(d) 이 모래는 어느 정도의 전단응력까지 선형탄성체로 거동할까?

(e) 2.5 기울기의 ESP경로로 이 흙이 직접단순전단조건에 있다면 한계상태전단응력을 구하라.

핵심전략 안식각은 한계상태마찰각과 거의 같다. 이 값은 M을 구하는데 활용하고, 몇 개의 토질정수로 이 흙의 전단강도를 예측하는데 CSM의 위력을 알 수 있다.

풀이 11.13

Step 1 : 한계상태마찰각을 구한다. 한계상태마찰각은 근사적으로 안식각과 동일하다

$$\phi'_{cs} = 30°$$

Step 2 : M_c를 구한다.

$$M_c = \frac{6 \sin 30°}{3 - \sin 30°} = 1.2$$

Step 3 : 한계상태 전단응력을 구한다.

$$p'_o = 40 \text{ kPa}, \quad p'_c = 400 \text{ kPa}, \quad R_o = \frac{p'_c}{p'_c} = \frac{400}{40} = 10$$

시험은 표준삼축배수시험이므로 ESP의 기울기는 3이다.

$$\frac{\tau_f}{p'_o} = \frac{3M}{2(3 - M)} = \frac{3 \times 1.2}{2(3 - 1.2)} = 1$$

$$\tau_f = 1 \times p'_o = 40 \text{ kPa}$$

Step 4 : 모래가 첨두전단응력을 갖는지 여부를 결정한다.

그림 11.22에 $\phi'_{cs} = 30°$, $R_o = 10$을 넣으면 $\alpha_{pcs} = 2.7$이다. 따라서 이 모래는 첨두전단응력을 보일 것이다.

Step 5 : 초기항복 시 첨두전단응력을 구한다.

$$\frac{\tau_y}{p'_o} = \alpha_{pcs} \times \frac{\tau_f}{p'_o} = 2.7 \times 1 = 2.7$$

$$\tau_y = 2.7 \times p'_o = 2.7 \times 40 = 108 \text{ kPa}$$

계산에 의해

$$\frac{p'_y}{p'_o} = \frac{(M^2R_o + 18) + \sqrt{(M^2R_o + 18)^2 - 36(M^2 + 9)}}{2(M^2 + 9)}$$

$$= \frac{(1.2^2 \times 10 + 18) + \sqrt{(1.2^2 \times 10 + 18)^2 - 36(1.2^2 + 9)}}{2(1.2^2 + 9)} = 2.8$$

$$\frac{\tau_y}{p'_o} = \frac{3\left(\dfrac{p'_y}{p'_o} - 1\right)}{2} = \frac{3(2.8 - 1)}{2} = 2.7$$

$$\tau_y = 2.7 \times p'_o = 2.7 \times 40 = 108 \text{ kPa}$$

Step 6 : 이 모래가 탄성체와 같이 거동하는 범위를 구한다.

탄성체와 같이 거동하는 전단 응력의 범위는 0에서 108 kPa까지이다.

Step 7 : DSS조건에 대한 한계상태전단응력을 구한다.

$$n_o = 2.5, \quad M = \sqrt{3}\sin\phi'_{cs} = \sqrt{3}\sin 30° = 0.866$$

$$\tau_{cs} = \frac{1}{2}\frac{n_o M p'_o}{(n_o - M)} = \frac{1}{2}\frac{2.5 \times 0.866 \times 40}{(2.5 - 0.866)} = 26.5 \text{ kPa}$$

예제 11.14 삼축비배수압축시험결과를 활용한 직접단순전단조건의 비배수전단강도 산정

직경이 50 mm이고 길이가 450 mm인 흙시료를 지표면 아래 5 m 깊이로 부터 채취한 시료튜브에서 추출하였다(그림 E 11.14a 참조). 지하수위는 지표면에 위치한다. 이 시료의 함수비가 변하지 않게 하기 위해 왁스로 밀봉하였다. 시료채취튜브에서 추출한 직경 50 mm 두께 25 mm의 한 공시체를 일차원압밀시험에 사용하였다. 튜브의 중간부에서 직경 50 mm 길이 × 100mm인 또 다른 공시체를 추출하여 표준삼축비배수압축시험에 사용하였다. ASTM 표준에 따라 시험을 실시하여 압밀시험에서 γ_{sat} = 18.8 kN/m^3, C_c = 0.35, C_r = 0.07, OCR = 6을 구하였고 삼축비배수압축시험에서는 구속압을 300 kPa까지 증가시켜 압밀하였다. 각 셀압의 증가 단계에서 24 시간씩 재하하여 과잉간극수압을 공시체에서 배수시켰다. 구속압이 300 kPa에 이르고 과잉간극수압의 95 %이상이 배수되었을 때 배수꼭지를 잠그고 축응력을 증가시키면서 전단을 실시하였다. 구속압 300 kPa은 전단시험 중 일정하게 유지하였다. 파괴시 1 mm 연직축압축량에서 최대축하중을 330 N을 측정하였다. 이 공시체는 균질상태였다.

(a) 비배수전단강도를 구하라.
(b) 정규화된 비배수전단강도를 구하라.
(c) 이 강도가 한계상태에서의 비배수전단강도인가?
만약 아니면, CSM을 적용하여 한계상태에서 정규화된 비배수전단강도를 구하라.
(d) 한계상태마찰각을 구하라.

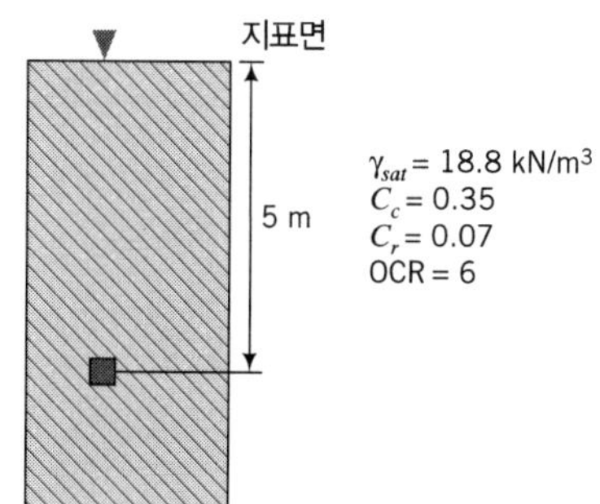

그림 E11.14a

(e) 실내공시체에 대한 비배수삼축시험이 현장에서의 비배수강도를 대표할 수 있는가? 만약 아니면, 비배수강도 값을 구하라.

(f) 지반구조물이 직접단순전단에 유사한 응력상태를 받고 있다면 해석에 사용할 비배수전단강도를 구하라.

핵심전략 이 문제에 대한 해답은 11.7절에서 설명한 여러 가지 관계식을 사용하면 된다. 최대축하중을 알고 있으며 이것이 첨두하중 혹은 한계상태하중인지 불확실하다. 어느 쪽인지 가정을 하고 그 가정을 점검하라. 현장 흙은 K_o압밀상태이다. 그러나 실내시험에서는 등방압밀상태이다. 따라서 시험결과를 수정할 필요가 있다.

풀이 11.14

Step 1 : 비배수전단강도를 구한다.

$$P_{max} = 330\ \text{N}, \Delta L = 1\text{mm};\quad L = 100\ \text{mm};\quad \varepsilon_z = \frac{\Delta L}{L} = \frac{1}{100} = 0.01$$

$$D = 50\ \text{mm, 초기면적, } A_o = \frac{\pi D^2}{4} = \frac{\pi(0.05)^2}{4} = 1.96 \times 10^{-3}\,\text{m}^2$$

$$A = \frac{A_o}{(1-\varepsilon_z)} = \frac{1.96 \times 10^{-3}}{(1-0.01)} = 1.98 \times 10^{-3}\ \text{m}^2$$

$$q = \frac{P_{max}}{A} = \frac{330 \times 10^{-3}}{1.98 \times 10^{-3}} = 166.7\ \text{kPa}$$

$$s_u = \frac{q}{2} = \frac{166.7}{2} = 83.4\ \text{kPa}$$

Step 2 : 정규화된 비배수전단강도를 구한다.

$$(p'_o)_{lab} = 300\ \text{kPa}$$

$$\frac{s_u}{(p'_o)_{lab}} = \frac{83.4}{300} = 0.278$$

Step 3 : 정규화된 비배수전단강도가 한계상태에 있는지 초기항복상태에 있는지 검토한다. 구속압 300 kPa이 선행압밀응력 보다 큰지 작은지 알 수 없다. 우선 선행압밀응력보다 크다고 가정하고 이 가정이 옳은지 검토한다. 이 경우 이 시험에서의 R_o는 1과 같고 $\frac{s_u}{(p'_o)_{lab}} = \frac{s_u}{(\sigma'_{zo})_{lab}} = 0.278$과 $\Lambda = \frac{C_c - C_r}{C_c} = \frac{0.35-0.07}{0.35} = 0.8$을 그림 11.24에 넣어 $\phi'_{cs} = 24.5°$를 구한다. 식 (11.64)를 활용하여서 ϕ'_{cs}를 구할 수 있다.

현장에서의 초기응력은

$$\sigma_{zo} = 5 \times 18.8 = 94\ \text{kPa};\quad u_o = 5 \times 9.8 = 49\ \text{kPa};\quad \sigma'_{zo} = 94 - 49 = 45\ \text{kPa}$$

또는

$$\sigma'_{zo} = 5 \times (18.8 - 9.8) = 45\ \text{kPa}$$

$$M_c = \frac{6\sin\phi'_{cs}}{3-\sin\phi'_{cs}} = \frac{6\sin 24.5°}{3-\sin 24.5°} = 0.96$$

$$K_o^{nc} = 1 - \sin\phi'_{cs} = 1 - 0.41 = 0.59$$

$$K_o^{oc} = K_o^{nc}\,\text{OCR}^{\frac{1}{2}} = 0.59 \times 6^{\frac{1}{2}} = 1.45$$

$$\sigma'_{xo} = K_o^{oc} \times \sigma'_{zo} = 1.45 \times 45 = 65.3\ \text{kPa}$$

$$p'_o = \frac{\sigma'_{zo} + 2\sigma'_{xo}}{3} = \frac{45 + 2 \times 65.3}{3} = 58.5\ \text{kPa}$$

$$q_o = \sigma'_{zo} - \sigma'_{xo} = 45 - 65.3 = -20.3\ \text{kPa}$$

$$\sigma'_{zc} = 6 \times 45 = 270\ \text{kPa}$$

$$p'_k = \sigma'_{zo}\left(\frac{1+2k_o^{nc}}{3}\right) = 270\left(\frac{1+2\times 0.59}{3}\right) = 196.2\ \text{kPa}$$

$$q_k = \sigma'_{zc}(1 - K_o^{nc}) = 270(1-0.59) = 110.7\ \text{kPa}$$

$$p'_c = p'_o + \frac{q_o^2}{M^2 p'_o} = 196.2 + \frac{110.7^2}{0.96^2 \times 196.2} = 264\ \text{kPa}$$

그림 E11.14b에 표시된 초기응력을 구한다.

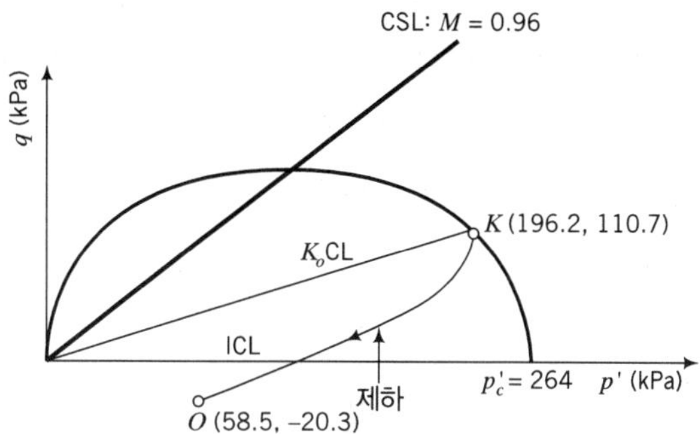

그림 E11.14b

실내시험에 적용된 300 kpa 구속압은 선행압밀응력(264 kPa)보다 크다. 따라서 이 공시체는 실내에서 ICL을 따라 재압밀된다. 시험에서 정규화된 비배수전단강도는 한계상태값이다.

Step 4 : 한계상태마찰각을 구한다.

$$\phi'_{cs} = 24.5° \text{ (Step 3)}$$

Step 5 : 공시체의 비배수삼축시험이 현장에서의 비배수강도를 대표할 수 있는지를 검토한다. 실내시험에 사용된 공시체는 R_o가 1이고 등방압밀되었으나 현장에서의 OCR은 6이고 K_o-압밀되었다.

$$R_o^* = \frac{\left[(3 - 2\sin\phi'_{cs}) - \dfrac{(\sin\phi'_{cs} - 3)^2}{4(2\sin\phi'_{cs} - 3)}\right]}{1 + 2(1-\sin\phi'_{cs})\,\text{OCR}^{\frac{1}{2}}}\text{OCR}$$

$$= \frac{\left[(3 - 2\sin 24.5°) - \dfrac{(\sin 24.5° - 3)^2}{4(2\sin 24.5° - 3)}\right]}{1 + 2(1-\sin 24.5°)\,4^{\frac{1}{2}}} \times 6 = 4.6$$

식 (11.72)에 $R_o = 1$을 넣으면

$$\left[\frac{(s_u)_f}{\sigma'_{zo}}\right]_{field} \approx \left[\frac{(s_u)_f}{p'_o}\right]_{ic} \frac{\left(1 + 2(1-\sin\phi'_{cs})\text{OCR}^{\frac{1}{2}}\right)(R_o^*)^{\Lambda}}{3}$$

$$\approx 0.278 \times \frac{\left(1 + 2(1-\sin 24.5°)6^{\frac{1}{2}}\right)(4.6)^{0.8}}{3} = 1.21$$

현장에서의 연직유효응력은 45 kPa이므로

$$[(s_u)_f]_{field} = 45 \times 1.21 \approx 54.7\ \text{kPa}$$

Step 6 : 직접단순전단조건에서의 비배수전단강도를 구한다

$$\left[\frac{(s_u)_{cs}}{\sigma'_{zo}}\right]_{DSS} = \frac{\sqrt{3}\sin\phi'_{cs}}{2}\left(\frac{\text{OCR}}{2}\right)^{\Lambda} \approx 0.5\sin\phi'_{cs}\,\text{OCR}^{0.8} = 0.5\sin 24.5° \times 6^{0.8} = 0.87$$

$$[(s_u)_{cs}]_{DSS} \approx 0.87\sigma'_{zo} = 0.87 \times 45 = 39\ \text{kPa}$$

What's next... 파괴응력을 산정하였다. 변형 혹은 변형률도 알 필요가 있다. 그러나 응력으로 변형률을 구하기 전에 탄성계수, 전단계수, 체적계수를 다음 절에서 알 필요가 있다. 이들 계수를 결정하기 위해 CSM을 적용한다.

11.8 지반강성

유효탄성계수 E', 혹은 전단계수 G, 유효체적계수 K'는 지반강성을 나타내는 계수이다. 특히 E'혹은 G와 K'는 통상 삼축시험 혹은 단순전단시험으로 구한다. 한계상태모델과 축대칭 등방압밀시험으로 E'혹은 G와 K'를 산정할 수 있다. 감하/재부하 과정으로 부터 간극비는 다음과 같이 표현된다.

$$e = e_\kappa - \kappa \ln p' \tag{11.99}$$

여기서 e_k는 제하/재재하선 상에 단위응력 $p' = 1$에서의 간극비(그림 11.40)이다. 경로 BC(그림 11.40)는 제하/재재하선 상에 동일 경로로 탄성재료 특성을 가진다. 식 (11.99)를 미분하면

$$de = -\kappa \frac{dp'}{p'} \tag{11.100}$$

탄성체적변형률증분은

$$d\varepsilon_p^e = -\frac{de}{1+e_o} = \frac{\kappa}{1+e_o}\frac{dp'}{p'} \tag{11.101}$$

그러나 식 (8.17)로부터

$$d\varepsilon_p^e = \frac{dp'}{K'}$$

그러므로

$$\frac{dp'}{K'} = \frac{\kappa}{1+e_o}\frac{dp'}{p'}$$

K'에 대하여 정리하면

$$K' = \frac{p'(1+e_o)}{\kappa} \tag{11.102}$$

식 (8.18)로부터

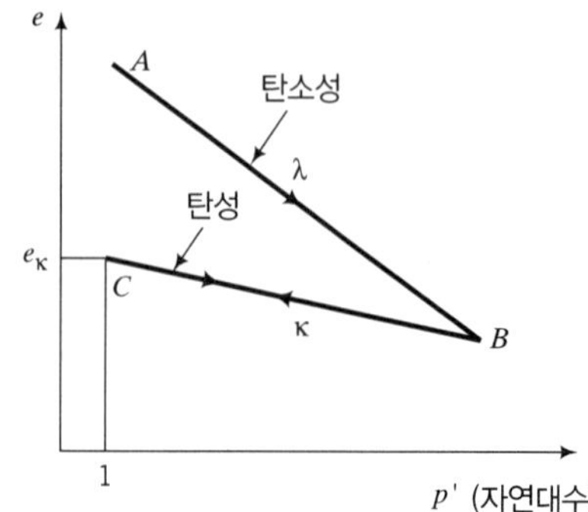

그림 11.40 (ln p', e)공간에서 재하 및 제하/재재하(탄성) 거동.

$$E' = 3K'(1 - 2\nu')$$

따라서

$$E' = \frac{3p'(1 + e_o)(1 - 2\nu')}{\kappa} \tag{11.103}$$

또한 식(8.20)으로부터

$$G = \frac{E'}{2(1 + \nu')}$$

따라서

$$G = \frac{3p'(1 + e_o)(1 - 2\nu')}{2\kappa(1 + \nu')} = \frac{1.5\,p'(1 + e_o)(1 - 2\nu')}{\kappa(1 + \nu')} \tag{11.104}$$

식 (11.103) 과 식 (11.104)는 탄성계수, E'와 G, 가 평균유효응력에 비례함을 보여주고 있다. 이는 비선형 탄성 거동을 보이므로 계산은 증분으로 실시하여야 한다. 과압밀토에서는 비교적 간단한 토질시험인 등방압밀시험결과를 활용하여 식 (11.103)과 (11.104)으로 E'와 G를 구하여 유익하게 활용할 수 있다. 그러나 세립토의 경우 E', G, K'를 현위치응력상태와 연계하면 비현실적으로 낮은 값으로 산출된다고 주장하기도 한다(Zytynski et al., 1978). Randolph et al.(1979)는 G는 K'의 최대값에 연계하여 다음과 같이 기술하였다.

$$K'_{max} = \frac{1 + e_c}{\kappa} p'_c \tag{11.105}$$

여기서 p'_c는 선행압밀 평균유효응력이며, e_c는 p'_c에서의 간극비다.

$$e_c = e_o - \kappa\, ln\frac{p'_c}{p'_o} = e_o - \kappa \ln R_o \tag{11.106}$$

따라서 식(8.18)로부터

$$E' = \frac{3\,p'_c(1 + e_c)(1 - 2\nu')}{\kappa} \tag{11.107}$$

식(8.20)으로부터

$$G = \frac{1.5\,p'_c(1 + e_c)(1 - 2\nu')}{\kappa(1 + \nu')} \tag{11.108}$$

이 책에서는 CSM의 간단한 구조를 유지하기 위해 식 (11.103), 식 (11.104)를 사용한다. 실제 지반관련문제에서는 세립토에 식 (11.105), 식 (11.107) 및 식 (11.108)을 사용하여야 한다.

지반강성은 전단변형률의 크기에 영향을 받는다. 전단변형률이 증가하면, G와 E'가 감소하고, 체적변형률이 증가하면 K'가 감소하는 경향이 있다. 따라서 전체적으로 변형률이 증가하면 지반강성이 감소한다.

적용된 전단변형률의 크기에 따라 지반강성을 세 영역으로 구분할수 있다. 미소전단변형률(통상 γ 혹은 ε_q가 $<$ 0.001%)에서는 지반강성은 거의 일정하며(그림 11.41) 지반은 선형탄성체와 같은 거동을 한다. 0.001%에서 1% 사이의 중간정도 전단변형률에서는 지반강성을 급격히 감소하며 지반은 탄소성(비선형)거동을 한다. 대변형($\gamma >$ 1%)에서는 지반강성은 서서히 감소하여 한계상태에 도달할 때의 일정한 값에 근접하게 된다. 한계상태에서는 지반은 점성유체와 같이 거동한다.

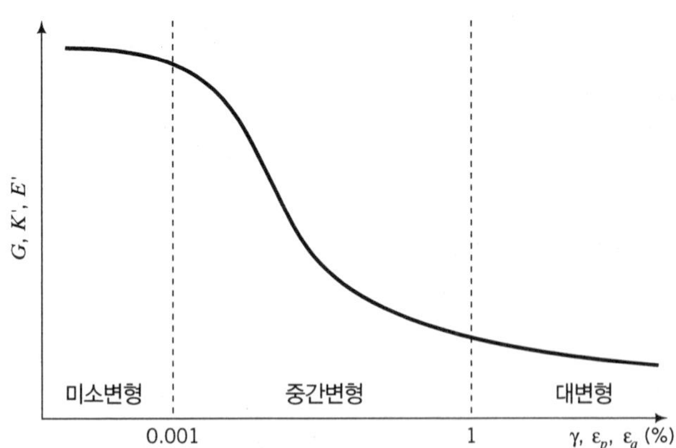

그림 11.41 변형규모에 따른 전단, 체적, Young탄성 계수의 개략도.

실제문제에서 전단변형률은 중간정도영역 $\gamma < 0.1\%$에 있다. 그러나 지반 내 전반변형률분포는 균일하지가 않다. 전단변형률은 구조물로부터 떨어져 있을수록 감소하며 기초모서리 근처에서의 국부전단변형률은 0.1%보다 클 수 있다. 이와 같은 전단변형률분포의 불균일성은 지반강성이 지반의 재하영역 내에서 변할 수 있음을 의미한다. 결국 과잉침하와 파괴는 보통 지반강성이 제일 작은 영역의 재하지반에서 시작된다.

통상적인 실내시험에서 0.001% 이하의 전단변형률에 대한 지반강성을 구하기는 실제 어렵다. 왜냐하면 시험장치 자체의 변위와 측정계측기의 부정확성 때문에 지반변위 측정이 부정확하다. 미소변형에서의 지반강성은 파동전파기술(wave propagation techniques)로 현장에서 구하는 것이 가장 좋다. 이런 기술 중 하나로 진동을 지표면이나 지중에 가하여 전단파속도 (V_{sh})를 측정한다. 이 값으로 미소변형에서의 전단계수는 다음과 같이 구한다.

$$G = \frac{\gamma(V_{sh})^2}{g} \tag{11.109}$$

여기서 γ는 지반의 단위중량이고, g는 중력가속도이다. 실내에서는 미소변형에 대한 전단계수는 공진주시험(resonance column test) (Drnevich, 1967)으로 구할 수 있다. 이 시험에서는 흙시료에 공명을 가하기 위해 중공원통형장치(제 10장)를 사용한다. 이 시험에 의하면 G는 전단변형률의 크기에만 의존하는 것이 아니고 간극비, 과압밀비, 평균유효응력에도 의존함을 보이고 있다. G를 e, 과압밀비 및 p'와 연계한 여러 가지 경험적인 상관식이 제안되었다. 이중 두 가지는 다음과 같다.

Jamiolkowski et al.(점토)

$$G = \frac{198}{e^{1.3}}(R_o)^a \sqrt{p'} \text{ MPa} \tag{11.110}$$

여기서 G는 초기전단계수, p'는 평균유효응력 (MPa), a는 소성지수에 의존하는 계수(아래 표 참조)이다.

PI (%)	*a*
0	0
20	0.18
40	0.30
60	0.41
80	0.48
≥100	0.50

Seed와 Idriss(1970)(모래)

$$G = k_1\sqrt{p'}\ \text{MPa} \tag{11.111}$$

여기서 k_1은 간극비나 상대밀도에 의존하는 계수(아래 표 참조)

e	k_1	D_r (%)	k_1
0.4	484	30	235
0.5	415	40	277
0.6	353	45	298
0.7	304	60	360
0.8	270	75	408
0.9	235	90	484

예제 11.15 지반강성 산정

5 m깊이에서 채취한 포화토시료의 현장함수비는 37 %이다. 지하수위가 지표면 아래 6 m 위치에 있다. 일차원압밀시험결과 $\lambda = 0.3$, $\kappa = 0.05$, OCR = 1 이다. $K_o = 0.5$이고, $\nu' = 0.3$이면, 유효탄성체적계수와 전단계수를 산정하라.

핵심전략 이 문제에 대한 해는 강성식을 직접 적용하여 구한다.

풀이 11.15

Step 1 : 초기간극비를 구한다.

$$e = wG_s = 0.37 \times 27 = 1.0$$

Step 2 : 초기평균유효응력을 구한다.

$$\gamma_{sat} = \left(\frac{G_s + e_o}{1 + e_o}\right)\gamma_w = \left(\frac{2.7 + 1}{1 + 1}\right)9.8 = 18.1\ \text{kN/m}^3$$

$$\sigma'_{zo} = \gamma_{sat} z = 18.1 \times 5 = 90.5\ \text{kPa}$$

$$p'_o = \frac{(1 + 2K_o)}{3}\sigma'_{zo} = \frac{1 + 2 \times 0.5}{3} \times 90.5 = 60.3\ \text{kPa}$$

Step 3 : 강성을 구한다.

$$E' = \frac{3p'(1 + e_o)(1 - 2\nu')}{\kappa} = \frac{3 \times 90.5(1 + 1)(1 - 2 \times 0.3)}{0.05} = 4344\ \text{kPa}$$

$$K' = \frac{p'(1 + e_o)}{\kappa} = \frac{90.5 \times (1 + 1)}{0.05} = 3620\ \text{kPa}$$

$$G = \frac{E'}{2(1 + \nu')} = \frac{4344}{2 \times (1 + 0.3)} = 1671\ \text{kPa}$$

What's next... 전단계수와 체적계수를 구하는 방법을 알았다. 다음은 변형률을 구하는 방법으로 옮기도록 한다.

11.9 한계상태모델에 의한 변형률

11.9.1 체적변형률

체적변형률은 두 개의 성분으로 구성되어있다: 회복 가능한 성분(탄성)과 회복 불가능한 성분(소성). 따라서 체적변형률의 전체변화량은 다음과 같이 쓸 수 있다.

$$\Delta\varepsilon_p = \Delta\varepsilon_p^e + \Delta\varepsilon_p^p \tag{11.112}$$

여기서 첨자 e와 p는 각각 탄성과 소성이다. 흙시료가 평균유효응력 p_c'로 등방압밀된 후 평균유효응력 p_o'으로 감소된 경우 (그림 11.42a와 b에서 ACO의 경로), CD시험에서 D점에서 항복할 것이다. 여기서 항복곡면이 확장되도록 응력증분 DE를 고려해보자(그림 11.42a).

이 응력증분에 대한 간극비 변화량은 $\Delta e = e_D - e_C$이다(그림 11.42).

$$e_D = e_C + \kappa \ln \frac{p_C'}{p_D'}$$

$$e_E = e_G + \kappa \ln \frac{p_G'}{p_E'}$$

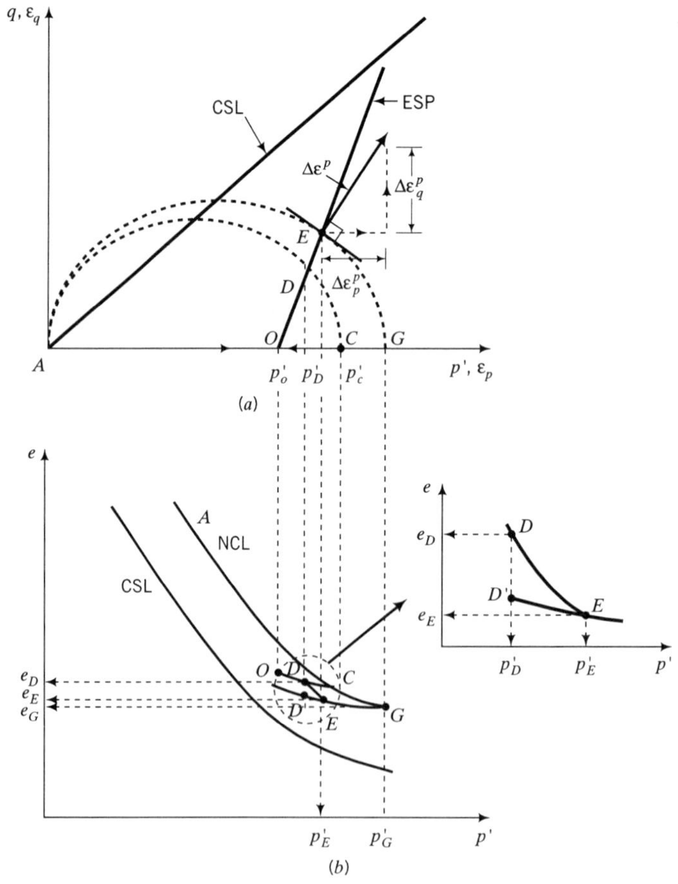

그림 11.42 소성변형률의 결정.

그러나

$$e_G = e_C + \lambda \ln \frac{p'_G}{p'_C}$$

그러므로

$$e_D - e_C = \Delta e = (\lambda - \kappa) \ln \left(\frac{p'_G}{p'_C} \right) + \kappa \ln \left(\frac{p'_E}{p'_D} \right)$$

체적변형률의 변화량은

$$\Delta \varepsilon_p = \frac{\Delta e}{1 + e_o} = \frac{1}{1 + e_o} \left\{ (\lambda - \kappa) \ln \frac{p'_G}{p'_C} + \kappa \ln \frac{p'_E}{p'_D} \right\} \tag{11.113}$$

체적탄성변형률성분은 ED'에 해당된다. 즉 E점에서 이전 응력상태 D점까지 감소하면 감소가 시작되는 항복곡면에 대한 최대평균유효응력에 해당되는 제하/재재하선을 따라 팽창이 발생될 것이다. E점에서 D'점까지 체적변형률의 탄성증분은

$$\Delta \varepsilon_p^e = \frac{\Delta e}{1 + e_o} = \frac{e_{D'} - e_E}{1 + e_o} = \frac{\kappa}{1 + e_o} \ln \frac{p'_E}{p'_D} \tag{11.114}$$

E점에서 D'점까지의 회복(팽창)을 계산하므로 $\Delta \varepsilon_p^e$는 정 (+)의 값이다. D'점에서 E점까지는 압축으로 계산한다. 체적탄성변형률은 식(8.17)으로부터 다음과 같이 산정되었다.

$$\Delta \varepsilon_p^e = \frac{\Delta p'}{K'} \tag{11.115}$$

따라서 체적소성변형률의 변화량은 다음과 같이 된다.

$$\Delta \varepsilon_p^p = \Delta \varepsilon_p - \Delta \varepsilon_p^e = \left(\frac{\lambda - \kappa}{1 + e_o} \right) \ln \frac{p'_G}{p'_C} \tag{11.116}$$

비배수상태에서는 체적변화가 없으므로 식 (11.112)에서 다음과 같이 된다.

$$\Delta \varepsilon_p^e = -\Delta \varepsilon_p^p \tag{11.117}$$

11.9.2 전단변형률

항복곡면은 다음과 같이 표현된다.

$$F = (p')^2 - p'p'_c + \frac{q^2}{M^2} = 0 \tag{11.118}$$

전단변형률이나 축차변형률을 구하기 위해 응력증분에 대응하는 합성소성변형률증분 $\Delta \varepsilon^p$는 항복곡면에 수직이라고 가정한다(그림 11.42a). 통상적으로 소성변형률증분은 소성포텐셜함수에 수직방향으로 발생되어야 한다. 그러나 여기서는 소성포텐셜함수와 항복곡면(항복함수 F)이 동일하다고 가정한다. 소성포텐셜함수는 공간에서 위치벡터로 정의되는 스칼라양이다. 고전소성론에서는 항복과 소성포텐셜에 의해 정의되는 곡면이 일치할 것을 요구하고 있다. 그렇지 않다면 기본작업 조건을 만족시키지 못한다. 그러나 최근 토질역학이론에서는 보다 실제의 응력-변형률 관계를

나타낼 수 있게 위해 항복함수와 포텐셜함수에 의한 곡면이 다르게 취급된다. 합성소성변형률 증분은 두 개의 성분-축차 혹은 전단성분 $\Delta\varepsilon_q^p$ 와 체적성분, $\Delta\varepsilon_p^p$(그림 11.42a)으로 되어 있다. 앞 절에서 이미 $\Delta\varepsilon_q^p$는 구하였다.

항복곡면식(식11.118)을 알고 있으므로 p'와 q항의 항복함수의 미분을 구하여 곡면의 수직방향을 구할 수 있다.

$$dF = 2p'dp' - p_c'dp' + 2q\frac{dq}{M^2} = 0 \tag{11.119}$$

식 (11.119)를 정리하여 접선방향을 구하면 다음과 같다.

$$\frac{dq}{dp'} = \left(\frac{p_c'/2 - p'}{q/M^2}\right) \tag{11.120}$$

항복곡면의 수직방향은 다음과 같다.

$$-\frac{1}{dq/dp'} = -\frac{dp'}{dq}$$

그림 11.42a로부터 소성변형률로 표시된 수직방향은 $d\varepsilon_q^p/d\varepsilon_p^p$이다. 따라서

$$\frac{d\varepsilon_q^p}{d\varepsilon_p^p} = -\frac{dp'}{dq} = -\frac{q/M^2}{p_c'/2 - p'} \tag{11.121}$$

이 식으로부터

$$d\varepsilon_q^p = d\varepsilon_p^p\frac{q}{M^2(p' - p_c'/2)} \tag{11.122}$$

탄성전단변형률은 식(8.19)로부터 다음과 같이 구할 수 있다.

$$\Delta\varepsilon_q^e = \frac{1}{3G}\Delta q \tag{11.123}$$

변형률증분에 대한 이들 식은 응력의 미소변화 범위에서만 성립된다. 예를 들면 이들 식은 p'와 q에 파괴시 응력을 단순히 대입한 파괴변형률 산정에는 사용될 수 없다. 응력을 미소증분상태에서 파괴시까지 변형률을 계산해야 할 때는 각각의 변형률성분을 분리하여 합산하여야 한다. 한계상태모델은 지반을 탄소성체로 다루며 선형탄성체로 다루지 않기 때문이다.

예제 11.16 변형률 산정

점토시료를 평균유효응력이 225 kPa까지 등방압밀 한후 $e = 1.4$일 때의 응력 150 kPa인 평균유효응력까지 감하하였다. 표준삼축 CD시험이 실시되었다. 다음을 계산하라.

(a) 초기항복시의 탄성변형률

(b) 초기항복후 축차응력의 증분이 12 kPa일 때 전체체적변형률과 축차변형률

단, 이 점토의 $\lambda = 0.16$, $\kappa = 0.05$, $\phi_{cs}' = 25.5°$, $\nu' = 0.3$이다.

핵심전략 그림 11.4와 같은 그림을 그린다. 항복곡면내 변형률은 탄성임을 잊지 말라.

풀이 11.16

Step 1 : 초기응력, R_o, M_c를 산정한다.

$$p'_c = 225\text{ kPa},\quad p'_o = 150\text{ kPa}$$

$$R_o = \frac{225}{150} = 1.5$$

$$M_c = \frac{6\sin\phi'_{cs}}{3 - \sin\phi'_{cs}} = \frac{6\sin 25.5°}{3 - \sin 25.5°} = 1$$

Step 2 : 초기항복응력을 결정한다.

항복응력은 초기항복곡면과 유효응력경로가 교차하는 점의 응력이다.

$$\text{항복곡면식: } (p')^2 - p'p'_c + \frac{q^2}{M_c^2} = 0$$

$$\text{ESP식: } p' = p'_o + \frac{q}{3}$$

$$\text{초기항복점 } D\text{에서(그림 11.4): } p'_y = p'_o + \frac{q_y}{3} = 150 + \frac{q_y}{3}$$

$p' = p'_y$, $q = q_y$, M_c와 p'_c 를 초기항복곡면식(식 (11.4a))에 대입하여.

$$\left(150 + \frac{q_y}{3}\right)^2 - \left(150 + \frac{q_y}{3}\right)225 + \frac{q_y^2}{1^2} = 0$$

정리하면,

$$q_y^2 + 22.5q_y - 10{,}125 = 0$$

이 식으로 q_y를 구하면 $q_y = 90$ kPa 혹은 $q_y = -112.5$ kPa이다. 압축만을 고려하므로 이중 $q_y = 90$ kPa 이 정답이다.

$$p'_y = 150 + \frac{q'_y}{3} = 150 + \frac{90}{3} = 180\text{ kPa}$$

Step 3 : 초기항복 시 탄성변형률을 산정한다.

탄성체적변형률

$$\text{탄성변형률: } \Delta\varepsilon_p^e = \frac{\kappa}{1 + e_o}\ln\frac{p'_y}{p'_o} = \frac{0.05}{1 + 1.4}\ln\frac{180}{150} = 38 \times 10^{-4}$$

식 (11.115)로도 구할 수 있다. p'를 p'_o와 p'_y 의 평균값으로 하여 K'를 구한다.

$$p'_{av} = \frac{p'_o + p'_y}{2} = \frac{150 + 180}{2} = 165\text{ kPa}$$

$$K' = \frac{p'(1 + e_o)}{\kappa} = \frac{165(1 + 1.4)}{0.05} = 7920\text{ kPa}$$

$$\Delta\varepsilon_p^e = \frac{\Delta p'}{K'} = \frac{180 - 150}{7920} = 38 \times 10^{-4}$$

탄성전단변형률

$$G = \frac{1.5p'(1 + e_o)(1 - 2\nu')}{\kappa(1 + \nu')} = \frac{1.5 \times 165(1 + 1.4)(1 - 2 \times 0.3)}{0.05(1 + 0.3)} = 3655\text{ kPa}$$

$$\Delta\varepsilon_q^e = \frac{\Delta q}{3G} = \frac{90}{3 \times 3655} = 82 \times 10^{-4}$$

별해:

p'_c에 대응하는 간극비는

$$e_c = e_o - \kappa \ln \frac{p'_c}{p'_o} = 1.4 - 0.05 \ln \frac{225}{150} = 1.38$$

$$\text{식 (11.115):} \quad K'_{max} = \frac{1 + e_c}{\kappa} p'_c = \frac{1 + 1.38}{0.05} \times 225 = 10{,}710 \text{ kPa}$$

$$\text{식 (11.108):} \quad G = \frac{1.5 p'_c (1 + e_c)(1 - 2\nu')}{\kappa (1 + \nu')} = \frac{1.5 \times 225 \times (1 + 1.38)(1 - 2 \times 0.3)}{0.05(1 + 0.3)} = 4943 \text{ kPa}$$

식 (11.108)의 G를 적용하면 탄성전단변형률은 $\left(\frac{4943 - 3655}{3655}\right) \times 100 = 35\%$ 이고 식 (11.104)의 G를 적용하면 이보다 낮은 값이 될 것이다. 고도과압밀점토의 경우 식 (11.108)은 식 (11.104)에 의한 G보다 더 현실성이 있다. 이 문제에 대하여 식 (11.104)를 적용한다.

Step 4 : 확장항복곡면을 결정한다.

$$\text{초기항복이후} : \Delta q = 12 \text{ kPa}$$

$$\therefore \; \Delta p' = \frac{\Delta q}{3} = \frac{12}{3} = 4 \text{ kPa}$$

E점(그림 11.4)에서의 응력은 $p'_E = p'_y + \Delta p = 180 + 4 = 184$ kPa

$$q_E = q_y + \Delta q = 90 + 12 = 102 \text{ kPa}$$

확장항복곡면의 선행압밀평균유효응력(주축)은 $p'_E = 184$ kPa과 $q_E = 102$ kPa을 항복곡면식(식 (11.4e))에 대입하여 구한다.

$$p'_c = p'_o + \frac{q^2}{M^2 p'_o} = 184 + \frac{102^2}{1^2 \times 184} = 240.5 \text{ kPa}$$

Step 5 : 항복 후 변형률증분을 구한다.

$$\Delta\varepsilon_p = \frac{1}{1 + e_o}\left\{(\lambda - \kappa)\ln\frac{p'_G}{p'_C} + \kappa \ln \frac{p'_E}{p'_D}\right\} = \frac{1}{1 + 1.4}\left\{(0.16 - 0.05)\ln\frac{240.5}{225} + 0.05 \ln \frac{184}{180}\right\} = 35 \times 10^{-4}$$

$$\Delta\varepsilon_p^p = \frac{\lambda - \kappa}{1 + e_o} \ln \frac{p'_G}{p'_C} = \frac{0.16 - 0.05}{1 + 1.4} \ln \frac{240.5}{225} = 31 \times 10^{-4}$$

$$\Delta\varepsilon_q^p = \Delta\varepsilon_p^p \frac{q_E}{M_c^2[p'_E - (p'_c)_E/2]} = 31 \times 10^{-4} \frac{102}{1^2(184 - 240.5/2)}$$

$$= 50 \times 10^{-4}$$

G가 일정하게 유지된다고 가정하면, 탄성전단변형률은

$$\text{식 (11.123):} \quad \Delta\varepsilon_q^e = \frac{\Delta q}{3G} = \frac{12}{3 \times 3655} = 11 \times 10^{-4}$$

Step 6 : 전체변형률을 산정한다.

$$\text{전체체적변형률} : \varepsilon_p = \Delta\varepsilon_p^e + \Delta\varepsilon_p = (38 + 35)10^{-4} = 73 \times 10^{-4}$$

$$\text{전체전단변형률} : \varepsilon_q = \Delta\varepsilon_q^e + \Delta\varepsilon_q^p = [(82 + 11) + 50]10^{-4} = 173 \times 10^{-4}$$

예제 11.17 항복곡면의 확장

비배수시험에서 항복곡면이 아래와 같이 증가함을 보여라.

$$p_c' = (p_c')_{prev}\left(\frac{p'_{prev}}{p'}\right)^{\kappa/(\lambda-\kappa)}$$

여기서 p_c'는 항복곡면의 주응력축의 현재 값, $(p_c')_{prev}$는 항복곡면의 주응력축의 이전 값, (p'_{prev})는 평균유효응력의 이전 값, p'는 평균유효응력의 현재 값이다.

핵심전략 e와 $\ln p'$ 그림을 그리고 주어진 식을 증명한다.

풀이 11.17

Step 1 : e와 $\ln p'$의 그림을 그린다.

그림 E11.17 참조

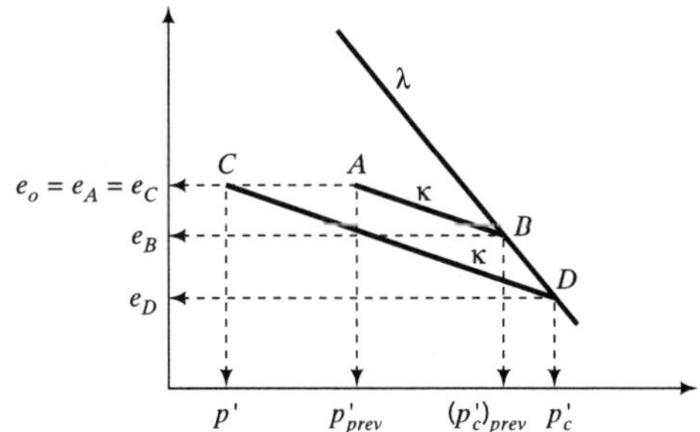

그림 E11.17

Step 2 : 식을 증명한다.

선 *AB*

$$e_B - e_A = \kappa \ln\left(\frac{(p_c')_{prev}}{p'_{prev}}\right) \tag{1}$$

선 *CD*

$$e_D - e_C = \kappa \ln \frac{p_c'}{p'} \tag{2}$$

식 (1)로부터 식 (2)을 감한다. $e_A = e_C$ 임을 참고하면.

$$e_D - e_B = \kappa \ln\left\{\frac{(p_c')_{prev}}{p'_{prev}}\right\} - \kappa \ln \frac{p_c'}{p'} \tag{3}$$

그러나 정규압밀선 BD로 부터

$$e_D - e_B = \lambda \ln\left\{\frac{p_c'}{(p_c')_{prev}}\right\} \tag{4}$$

식(4)를 식(3)에 대입하여 정리하면

$$\lambda \ln\left[\frac{p_c'}{(p_c')_{prev}}\right] = \kappa \ln\left[\frac{(p_c')_{prev}}{(p')_{prev}}\right] - \kappa \ln\left(\frac{p_c'}{p'}\right)$$

$$p_c' = (p_c')_{prev}\left(\frac{p'_{prev}}{p'}\right)^{\kappa/(\lambda-\kappa)}$$

What's next... 항복응력, 파괴응력 및 주어진 응력증분에 대한 변형률을 산정하였다. 다음으로는 한계상태모델을 적용하여 응력-변형률, 체적변화, 과잉간극수압을 계산하는 과정을 설명한다.

11.10 응력–변형률 산정

컴퓨터 프로그램 활용

www.wiley.com/college/budhu로 들어가 Chapter 11과 criticalstate.xis을 연속적으로 클릭하여 배수압축시험과 비배수압축시험에서의 응력-변형률 거동을 도시한다. 앞 절에서 설명한 방법으로 초기응력상태에서 파괴응력상태까지의 응력-변형률 거동, 체적변화, 과잉간극수압을 예측할 수 있다. 필요한 토질정수는 p'_o, e_o, p'_c 혹은 OCR, λ, κ, ϕ'_{cs} 및 ν'이다. 주어진 응력경로에 대한 과정은 다음과 같다.

11.10.1 배수압축시험

1. 초기항복시의 평균유효응력과 축차응력, p'_y 와 q'_y를 초기항복곡면과 유효응력경로의 교차점에서 구한다. CD시험에서

$$p'_y = \frac{(M^2 p'_c + 2n_o^2 p'_o) + \sqrt{(M^2 p'_c + 2n_o^2 p'_o)^2 - 4n_o^2(M^2 + n_o^2)(p'_o)^2}}{2(M^2 + n_o^2)} \tag{11.124}$$

$$q_y = n_o(p'_y - p'_o) \tag{11.125}$$

여기서 n_o는 ESP의 기울기다. 표준삼축배수시험에서 $n_o = 3$.

2. 파괴시의 평균유효응력과 축차응력을 식 (11.19)와 식 (11.20)으로 산정한다.

3. G를 식 (11.104) 혹은 식 (11.108)로 산정한다. 식 (11.108)로 G를 구할 때는 p'의 평균값 $(=(p'_o + p'_y)/2)$을 적용한다.

4. 초기탄성체적변형률을 식 (11.115)로 초기탄성축차응력을 식 (11.123)으로 구한다.

5. 초기항복응력과 파괴응력 사이의 ESP를 여러 개의 동일 크기의 응력증분으로 나눈다. 증분의 크기가 작을수록 (q_f와 q_y사이의 응력차가 < 5%) 정확한 결과를 얻을 수 있다.

파괴에 이를 때까지의 매 평균유효증분에 대하여:

6. 매 증분에 대한 선행압밀응력 p'_c를 산정하라; 즉 식 (11.4e)를 적용하여 타원의 주축 크기를 계산한다.

7. 식 (11.113)을 적용하여 전체체적변형률증분을 산정한다.

8. 식 (11.116)을 적용하여 소성체적변형률을 산정한다.

9. 식 (11.122)를 적용하여 소성축차변형률증분을 산정한다.

10. 식 (11.123)을 적용하여 탄성축차변형률증분을 산정한다.

11. 소성축차변형률증분과 탄성추가변형률증분을 합하여 전체축차변형률증분을 구한다.

12. 전체체적변형률증분 (ε_p)를 구한다.

13. 전체축차변형률 증분 (ε_q)를 구한다.

14. 다음을 계산한다.

$$\varepsilon_1 = \frac{3\varepsilon_q + \varepsilon_p}{3} = \varepsilon_q + \frac{\varepsilon_p}{3} \tag{11.126}$$

15. 축대칭삼축에 대한 유효주응력을 구하기 원하면.

$$\sigma'_1 = \frac{2q}{3} + p' \quad \text{and} \quad \sigma'_3 = p' - \frac{q}{3} \tag{11.127}$$

유효평균응력의 마지막 값은 불안정 해가 나오지 않게 하기위해서 $0.99p'_f$로 해야 한다.

11.10.2 비배수압축시험

1. 초기항복시의 유효평균응력과 축차응력, p'_y와 q'_y,를 구한다. 이때 초기항복곡면내의 유효응력경로는 연직방향임을 기억하라. 따라서 $p_y\ (= p'_o)$와 q_y는 p'_o에서의 연직선과 초기항복곡면의 교차점에 해당된다. 등방압밀지반의 q_y를 구하는 식은 다음과 같다.

$$q_y = Mp'_o\sqrt{\frac{p'_c}{p'_o} - 1} \tag{11.128}$$

만약 지반이 과도하게 과압밀되어 있으면, $q_y = q_p$이다.

2. 파괴시의 유효평균응력과 축차응력을 식 (11.41)과 식 (11.16)으로 구한다.

3. 식 (11.104)혹은 식 (11.108)로 G를 산정한다.

4. 초기탄성축차변형률은 식 (11.123)으로 구한다.

5. (p', e)도면상에 초기유효평균응력 p'_o와 파괴시 유효평균응력 p'_f 사이 수평거리를 여러 개의 동일 크기의 유효평균응력 증분으로 나눈다. 응력증분의 크기는 $0.05(p'_o - p'_f)$이하로 작게 해야 한다. 매 유효평균응력증분에 대하여 다음 사항을 진행한다.

6. 매 유효평균응력증분 후 선행압밀응력을 다음 식으로 구한다.

$$p'_c = (p'_c)_{prev}\left(\frac{p'_{prev}}{p'}\right)^{\kappa/(\lambda-\kappa)}$$

여기서 첨자 $prev$는 이런 증분을 의미하며, p'_c는 현재의 선행압밀응력 혹은 항복곡면의 주응력축의 현재 크기이다. p'는 현재의 유효평균응력이다.

7. 매 응력증분 종료시 q는 다음 식으로 구한다.

$$q = Mp'\sqrt{\frac{p'_c}{p'} - 1}$$

8. 탄성체적변형률증분을 식 (11.115)로 구한다.

9. 소성체적변형률증분을 계산한다. 전체체적변형률이 0이므로 소성체적변형률증분은 탄성 체적변형률증분의 부의 값이 된다. 즉 $\Delta\varepsilon_p^p = -\Delta\varepsilon_p^e$.

10. 소성축차변형률증분을 식 (11.122)로 구한다.

11. 탄성축차변형률증분을 식 (11.123)로 구한다.

12. 전체축차변형률증분을 위의 두 값을 더하여 구한다.

13. 모든 전체축차변형률증분의 합을 구한다. 비배수상태에서 $\varepsilon_1 = \varepsilon_q$.

14. TSP에서 현재의 평균전응력을 계산한다. 7단계에서 q의 현재 값을 알고 있으므로, 표준 CU삼축시험에서 $p = p'_o + q/n_o$ (여기서 $n_o = 3$).

15. 과잉간극수압의 변화량을 현재의 평균전응력에서 현재의 평균유효응력을 감하여 구한다.

예제 11.18 배수조건 및 비배수조건에서의 응력-변형률 거동 예측

컴퓨터 프로그램 활용

www.wiley.com/college/budhu로 들어가 Chapter 11과 criticalstate.xis을 연속적으로 클릭하여 배수압축시험과 비배수압축시험에서의 응력-변형률 거동을 도시한다. 앞 절에서 설명한 방법으로 초기응력상태에서 파괴응력상태까지의 응력-변형률 거동, 체적변화, 과잉간극수압을 예측할 수 있다. 필요한 토질정수는 p'_o, e_o, p'_c 혹은 OCR, λ, κ, ϕ'_{cs} 및 ν'이다. 주어진 응력경로에 대한 과정은 다음과 같다.

동일한 흙의 두 시료에 대하여 응력-변형률 곡선, 체적변화량(배수조건), 과잉간극수압(비배수조건)을 구하고 그림을 그려라. 첫 번째 시료 A는 표준 CD삼축시험 조건에서 실시되었고, 두 번째 시료 B는 표준CU삼축시험 조건에서 실시되었다. 지반정수는 다음과 같다. $\lambda = 0.25$, $\kappa = 0.05$, $\phi'_{cs} = 24°$, $\nu' = 0.3$, $e_o = 1.15$, $p'_o = 200$ kPa, $p'_c = 250$ kPa

핵심전략 11.9절에 기술된 순서에 따라 진행한다. 계산을 위해 스프레드쉬트를 준비한다. 그러나 계산을 바르게 하고 있는가를 확인하기 위해 수계산도 필요하다. 여기에서는 스프레드쉬트를 활용한다. 그러나 각 시료에 대하여 한 번씩 증분에 대해서는 수계산을 직접 해보도록 한다.

풀이 11.18

$$M_c \text{ 계산:} \quad M_c = \frac{6\sin\phi'_{cs}}{3-\sin\phi'_{cs}} = \frac{6\sin 24°}{3-\sin 24°} = 0.94$$

$$e_\Gamma \text{ 계산:} \quad e_\Gamma = e_o + (\lambda-\kappa)\ln\frac{p'_c}{2} + \kappa\ln p'_o$$

$$= 1.15 + (0.25-0.05)\ln\frac{250}{2} + 0.05\ln 200 = 2.38$$

표준삼축시험에 의해, $n_o = 3$이며,
11.9절에서 나타난 과정과 동일하게 각 단계를 적용하면

시료 A, 배수시험.

Step 1:

$$p'_y = \frac{(M^2p'_c + 2n_o^2p'_o) + \sqrt{(M^2p'_c + 2n_o^2p'_o)^2 - 4n_o^2(M^2+n_o^2)(p'_o)^2}}{2(M^2+n_o^2)}$$

$$= \frac{(0.94^2\times 250 + 2\times 9\times 200) + \sqrt{(0.94^2\times 250 + 2\times 9\times 200)^2 - 4\times 9\times(0.94^2+9)(200)^2}}{2(0.94^2+9)}$$

$$= 224 \text{ kPa}$$

$$q_y = 3(p'_y - p'_o) = 3(224-200) = 72 \text{ kPa}$$

Step 2:

$$p'_f = \frac{3p'_o}{3-M};$$

$$p'_f = \frac{3\times 200}{3-0.94} = 291.3 \text{ kPa}, \quad q_f = Mp'_f = 0.94\times 291.3 = 273.8 \text{ kPa}$$

Step 3:

$$p'_{av} = \frac{200+224}{2} = 212 \text{ kPa}$$

$$G = \frac{1.5p'(1+e_o)(1-2\nu')}{\kappa(1+\nu')} = \frac{1.5 \times 212(1+1.15) \times (1-2\times 0.3)}{0.05(1+0.3)} = 4207\ \text{kPa}$$

Step 4:

$$(\Delta\varepsilon_q^e)_{initial} = \frac{\Delta q}{3G} = \frac{71.9}{3 \times 4207} = 5.7 \times 10^{-3}$$

$$(\Delta\varepsilon_p^e)_{initial} = \frac{\kappa}{1+e_o}\ln\frac{p'_y}{p'_o} = \frac{0.05}{1+1.15}\ln\frac{224}{200} = 2.6 \times 10^{-3}$$

Step 5: $\Delta p' = 4\text{kPa}$라고 하면 $\Delta q = n_o \times \Delta p' = 3 \times 4 = 12\ \text{kPa}.$

첫 응력은 다음처럼 초기항복 이후 첫 번째 응력증분은 다음과 같다.

Step 6:

$$p' = 224 + 4 = 228\ \text{kPa}, \quad q = 71.9 + 12 = 83.9\ \text{kPa}$$

$$p'_c = p' + \frac{q^2}{M^2 p'} = 228 + \frac{83.9^2}{0.94^2 \times 228} = 262.9\ \text{kPa}$$

Step 7:

$$\Delta\varepsilon_p = \frac{1}{1+e_o}\left\{(\lambda-\kappa)\ln\frac{p'_G}{p'_c} + \kappa\ln\frac{p'_E}{p'_D}\right\} = \frac{1}{1+1.15}\left\{(0.25-0.05)\ln\frac{262.9}{250} + 0.05\ln\frac{228}{224}\right\} = 5.1 \times 10^{-3}$$

Step 8:

$$\Delta\varepsilon_p^p = \frac{\lambda-\kappa}{1+c_o}\ln\frac{p_G}{p'_c} = \frac{(0.25-0.05)}{1 \mid 1.15}\ln\frac{262.9}{250} = 4.6 \times 10^{-3}$$

Step 9:

$$\Delta\varepsilon_q^p = \Delta\varepsilon_p^p \frac{q}{M^2(p' - p'_c/2)} = 4.6 \times 10^{-3}\frac{83.9}{0.94^2(228 - 262.9/2)} = 4.5 \times 10^{-3}$$

Step 10 : G가 일정하다고 가정하면,

$$\Delta\varepsilon_q^e = \frac{\Delta q}{3G} = \frac{12}{3 \times 4207} = 1.0 \times 10^{-3}$$

Step 11:

$$\Delta\varepsilon_q = \Delta\varepsilon_q^e + \Delta\varepsilon_q^p = (1.0 + 4.5) \times 10^{-3} = 5.5 \times 10^{-3}$$

Step 12:

$$\varepsilon_p = (\Delta\varepsilon_p^e)_{initial} + \Delta\varepsilon_p = (2.6 + 5.1) \times 10^{-3} = 7.7 \times 10^{-3}$$

Step 13:

$$\varepsilon_q = (\Delta\varepsilon_q^e)_{initial} + \Delta\varepsilon_q = (5.7 + 5.5) \times 10^{-3} = 11.2 \times 10^{-3}$$

Step 14:

$$\varepsilon_1 = \varepsilon_q + \frac{\varepsilon_p}{3} - \left(11.2 + \frac{7.7}{3}\right) \times 10^{-3} = 13.8 \times 10^{-3}$$

스프레드쉬트 프로그램과 응력-변형률 도면은 아래 표와 그림 E11.18a,b에서 확인할 수 있다. 반올림 작업 때문에 위에 산정된 값과 스프레드쉬트 사이에 약간의 차이가 있다.

배수의 경우

조건		산정된 값			
λ	0.25	M	0.94	$\Delta p'$	4 kPa*
k	0.05	R_o	1.25	Δq	12 kPa
ϕ'_{cs}	24	e_G	2.38	G	4207.0 kPa
e_o	1.15	p'_f	291.4 kPa	$\Delta\varepsilon_p^e$	0.0026
p'_o	200 kPa	q_f	274.2 kPa	$\Delta\varepsilon_q^e$	0.0057
p'_c	250 kPa	p'_y	224.0kPa		
ν'	0.3	q_y	71.9 kPa		

* 선택된 증가

표

p' (kPa)	$\Sigma\Delta q$ (kPa)	q (kPa)	p'_c (kPa)	$\Delta\varepsilon_p$ $\times 10^{-3}$	$\varepsilon_p = \Sigma\Delta\varepsilon_p$ $\times 10^{-3}$	ε_p^p $\times 10^{-3}$	ε_q^p $\times 10^{-3}$	ε_q^e $\times 10^{-3}$	$\Delta\varepsilon_q$ $\times 10^{-3}$	$\Delta\varepsilon_q = \Sigma\varepsilon_q$ $\times 10^{-3}$	ε_1 $\times 10^{-3}$
0	0	0	0	0.0	0.0	0.0	0.0	0.0	0.0	0.0	0.0
224.0	0.0	71.9	250.0	2.6	2.6	0.0	0.0	5.7	5.7	5.7	6.6
228.0	12.0	83.9	262.8	5.1	7.7	4.6	4.6	1.0	5.5	11.2	13.8
232.0	24.0	95.9	276.7	6.4	14.1	4.8	5.5	1.0	6.5	17.7	22.4
236.0	36.0	107.9	291.6	6.5	20.6	4.9	6.6	1.0	7.6	25.3	32.1
240.0	48.0	119.9	307.6	6.6	27.2	4.9	7.8	1.0	8.7	34.0	43.0
244.0	60.0	131.9	324.4	6.6	33.8	5.0	9.1	1.0	10.0	44.0	55.2
248.0	72.0	143.9	342.2	6.6	40.3	5.0	10.5	1.0	11.4	55.4	68.9
252.0	84.0	155.9	360.8	6.5	46.9	4.9	12.1	1.0	13.1	68.5	84.1
256.0	96.0	167.9	380.3	6.5	53.3	4.9	14.1	1.0	15.0	83.5	101.3
260.0	108.0	179.9	400.5	6.4	59.7	4.8	16.4	1.0	17.3	100.8	120.8
264.0	120.0	191.9	421.4	6.3	66.0	4.7	19.3	1.0	20.3	121.1	143.1
268.0	132.0	203.9	443.1	6.2	72.2	4.7	23.1	1.0	24.1	145.2	169.2
272.0	144.0	215.9	465.4	6.1	78.3	4.6	28.4	1.0	29.4	174.6	200.6
276.0	156.0	227.9	488.4	5.9	84.2	4.5	36.3	1.0	37.3	211.9	239.9
280.0	168.0	239.9	512.0	5.8	90.0	4.4	49.7	1.0	50.6	262.5	292.5
284.0	180.0	251.9	536.2	5.7	95.7	4.3	77.1	1.0	78.1	340.5	372.4
288.0	192.0	263.9	561.0	5.6	101.3	4.2	167.7	1.0	168.7	509.2	543.0

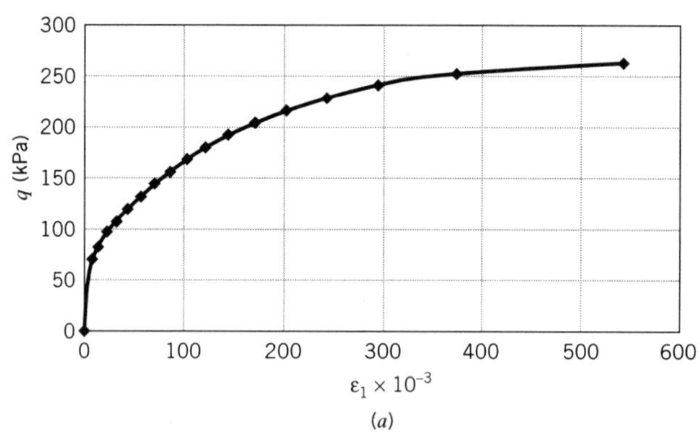

(a)

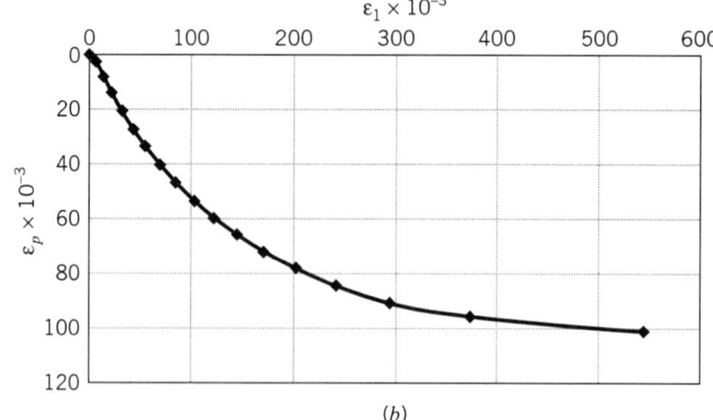

(b)

그림 E11.18a,b

시료 B, 비배수시험.

Step 1:
$$q_y = Mp'_o\sqrt{\frac{p'_c}{p'_o} - 1} = 0.94 \times 200\sqrt{\frac{250}{200} - 1} = 94 \text{ kPa}$$

Step 2:
$$p'_f = \exp\left(\frac{e_\Gamma - e_o}{\lambda}\right) = \exp\left(\frac{2.38 - 1.15}{0.25}\right) = 137\text{ kPa}$$
$$q_f = Mp'_f = 0.94 \times 137 = 128.8\text{ kPa}$$

Step 3:
$$G = \frac{1.5p'(1+e_o)(1-2\nu')}{\kappa(1+\nu')} = \frac{1.5 \times 200(1+1.15) \times (1 - 2 \times 0.3)}{0.05(1+0.3)} = 3969.2\text{ kPa}$$

Step 4:
$$(\Delta\varepsilon_q^e)_{initial} = \frac{\Delta q}{3G} = \frac{94}{3 \times 3939.2} = 7.9 \times 10^{-3}$$

Step 5: $\Delta p' = 3$ kPa라고 하면

초기항복 이후의 첫 번째 응력증분은 다음과 같다.

Step 6:
$$p' = p'_o - \Delta p' = 200 - 3 = 197\text{ kPa}$$
$$p'_c = (p'_c)_{prev}\left(\frac{p_{prev}}{p}\right)^{\kappa/(\lambda-\kappa)} = 250\left(\frac{200}{197}\right)^{0.05/(0.25-0.05)} = 250.9\text{ kPa}$$

Step 7:
$$q = Mp'\sqrt{\frac{p'_c}{p'} - 1} = 0.94 \times 197\sqrt{\frac{250.9}{197} - 1} = 97\text{ kPa}$$

Step 8:
$$\Delta\varepsilon_p^e = \frac{\kappa}{1+e_o}\ln\frac{p'_{prev}}{p'} = \frac{0.05}{1+1.15}\ln\frac{200}{197} = 0.35 \times 10^{-3}$$

Step 9:
$$\Delta\varepsilon_p^p = -\Delta\varepsilon_p^e = -0.35 \times 10^{-3}$$

Step 10 : 압축은 (+)이다.
$$\Delta\varepsilon_q^p = \Delta\varepsilon_p^p\frac{q}{M^2(p' - p'_c/2)} = 0.35 \times 10^{-3}\frac{97}{0.94^2(197 - 250.9/2)} = 0.54 \times 10^{-3}$$

Step 11:
$$\Delta\varepsilon_q^e = \frac{\Delta q}{3G} = \frac{97 - 94.1}{3 \times 3969.2} = 0.24 \times 10^{-3}$$

Step 12:
$$\Delta\varepsilon_q = \varepsilon_q^e + \Delta\varepsilon_q^p = (0.24 + 0.54) \times 10^{-3} = 0.78 \times 10^{-3}$$

Step 13:
$$\varepsilon_q = \varepsilon_1 = (\Delta\varepsilon_q^e)_{initial} + \Delta\varepsilon_q = (7.9 + 0.78) \times 10^{-3} = 8.7 \times 10^{-3}$$

Step 14:
$$p = p'_o + \frac{q}{3} = 200 + \frac{97}{3} = 232.3\text{ kPa}$$

Step 15:
$$\Delta u = p - p' = 232.3 - 197 = 35.3\text{ kPa}$$

스프레드쉬트 프로그램과 응력-변형률 도면은 아래 표와 그림 E11.18c, d에서 볼 수 있다.

비배수삼축시험

조건		산정된 값			
λ	0.25	M	0.94	$\Delta p'$	4 kPa*
k	0.05	R_o	1.25	Δq	12 kPa
ϕ'_{cs}	24	e_G	2.38	G	4207.0 kPa
e_o	1.15	p'_f	291.4 kPa	$\Delta\varepsilon_p^e$	0.0026
p'_o	200 kPa	q_f	274.2 kPa	$\Delta\varepsilon_q^e$	0.0057
p'_c	250 kPa	p'_y	224.0kPa		
ν'	0.3	q_y	71.9 kPa		
		Δu_f	105.8 kPa		

표

p' (kPa)	p'_c (kPa)	q (kPa)	$\Delta\varepsilon_p^e$ $\times 10^{-3}$	$\Delta\varepsilon_p^p$ $\times 10^{-3}$	$\Delta\varepsilon_q^p$ $\times 10^{-3}$	$\Delta\varepsilon_p^e$ $\times 10^{-3}$	$\Delta\varepsilon_q$ $\times 10^{-3}$	$\varepsilon_q = \Sigma\Delta\varepsilon_q$ $\times 10^{-3}$	ε_1 $\times 10^{-3}$	p (kPa)	Δu (kPa)
0	0	0		0.0	0.0	0.0	0.0	0.0	0.0	0	0
200.0	250.0	94.1	0.0	0.0	0.0	7.9	7.9	7.9	7.9	231.4	31.4
197.0	250.9	97.0	−0.4	0.4	0.5	0.2	0.8	8.7	8.7	232.3	35.3
194.0	251.9	99.7	−0.4	0.4	0.6	0.2	0.8	9.5	9.5	233.2	39.2
191.0	252.9	102.3	−0.4	0.4	0.6	0.2	0.9	10.4	10.4	234.1	43.1
188.0	253.9	104.7	−0.4	0.4	0.7	0.2	0.9	11.3	11.3	234.9	46.9
185.0	254.9	107.0	−0.4	0.4	0.8	0.2	1.0	12.3	12.3	235.7	50.7
182.0	256.0	109.2	−0.4	0.4	0.9	0.2	1.0	13.3	13.3	236.4	54.4
179.0	257.0	111.2	−0.4	0.4	1.0	0.2	1.1	14.4	14.4	237.1	58.1
176.0	258.1	113.1	−0.4	0.4	1.1	0.2	1.2	15.7	15.7	237.7	61.7
173.0	259.2	114.9	−0.4	0.4	1.2	0.2	1.3	17.0	17.0	238.3	65.3
170.0	260.4	116.6	−0.4	0.4	1.3	0.1	1.5	18.5	18.5	238.9	68.9
167.0	261.5	118.2	−0.4	0.4	1.5	0.1	1.7	20.2	20.2	239.4	72.4
164.0	262.7	119.7	−0.4	0.4	1.7	0.1	1.9	22.0	22.0	239.9	75.9
161.0	263.9	121.1	−0.4	0.4	2.0	0.1	2.1	24.2	24.2	240.4	79.4
158.0	265.2	122.5	−0.4	0.4	2.4	0.1	2.5	26.7	26.7	240.8	82.8
155.0	266.4	123.7	−0.4	0.4	2.9	0.1	3.0	29.6	29.6	241.2	86.2
152.0	267.8	124.8	−0.5	0.5	3.5	0.1	3.6	33.3	33.3	241.6	89.6
149.0	269.1	125.9	−0.5	0.5	4.6	0.1	4.6	37.9	37.9	242.0	93.0
146.0	270.5	126.9	−0.5	0.5	6.3	0.1	6.4	44.3	44.3	242.3	96.3
143.0	271.9	127.8	−0.5	0.5	9.9	0.1	9.9	54.2	54.2	242.6	99.6
140.0	273.3	128.6	−0.5	0.5	21.4	0.1	21.5	75.7	75.7	242.9	102.9
138.0	274.3	129.1	−0.3	0.3	57.4	0.0	57.5	133.2	133.2	243.0	105.0

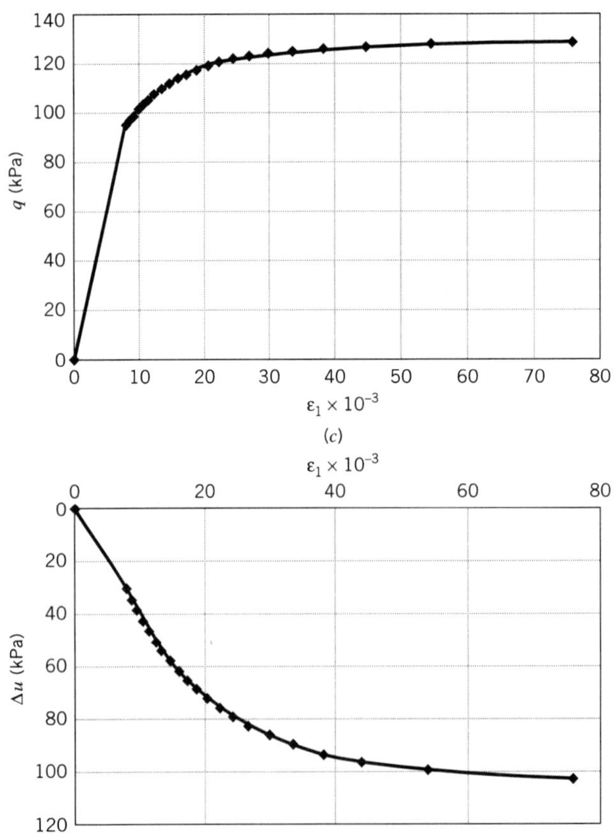

그림 **E11.18c, d**

11.11 고결토에 CSM 적용

고결된 흙의 응력-변형률 거동과 파괴거동을 알기 위해 CSM의 기본개념을 적용할 수 있다. 대부분의 경우 자연상태에서의 흙은 정도의 차이는 있으나 고결되어 있다. 고결제의 한 예로는 일반적으로 지하수에 존재하는 탄산칼슘을 들 수 있다. 우호적인 환경조건에서 탄산칼슘은 결정작용을 하여 간극을 채우고 비고결된 흙의 간극을 감소시키며 흙입자들을 결합시킨다.

현재 평균유효응력 p'_o로 등방정규압밀된 비고결토를 대상으로 생각하자(그림 11.43). 정규압밀토에서는 $p'_c = p'_o$이다. 정규압밀된 비고결토의 초기항복곡면은 ABO이다. 이 흙이 고결되기 시작하였다고 가정하면, 일부 간극에 고결제가 채워지고 나머지 부분은 포화상태에 있다. C_m을 초기 전체 흙 체적에 대한 고결제 체적의 비라 하자. 그러면 간극률의 변화는 C_m이 되고 간극비의 감소량은 $C_m(1 + e_o)$이 된다. 여기서 e_o는 비고결토의 초기간극비이다. 간극비의 감소는 평균유효응력의 변화없이 발생된다. 따라서 비고결토의 NCL상의 O점은 연직 하방향으로 이동하여 O'점에 이르게 된다(그림 11.43b).

고결현상은 다음과 같은 효과를 가진다.

1. 흙을 정규압밀상태에서 과압밀상태로 전환시킨다. 따라서 O'점은 고결토의 제하/재재하선 상에 있어야만 한다.
2. 고결토의 NCL의 경사 λ_{cm}과 URL의 경사 κ_{cm}은 비고결토의 값들보다 낮다.
3. 고결토는 새로운 확장 RSW곡면 FC와 관련이 있게 된다. 고결토의 선행압밀응력 p'_{cm}은 다음과 같이 산정된다. 비고결토의 압축선으로 부터

$$e_{cm} = e_o - \lambda \ln \frac{p'_{cm}}{p'_o} \tag{11.129}$$

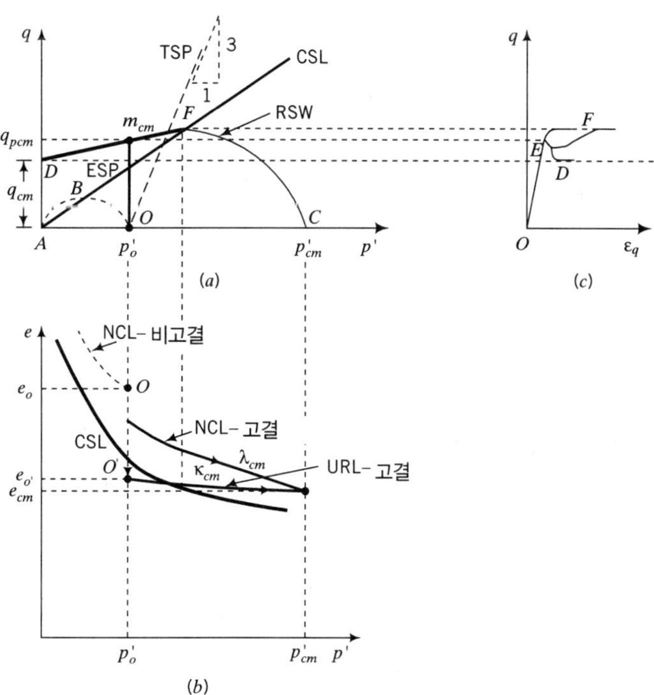

그림 11.43 고결토에 CSM적용.

한편 고결토의 제하/재재하선으로부터

$$e_{cm} = e_{o'} - \kappa_{cm} \ln \frac{p'_{cm}}{p'_o} \tag{11.130}$$

식 (11.130)에서 식 (11.129)를 빼면

$$e_o - e_{o'} = (\lambda - \kappa_{cm}) \ln \frac{p'_{cm}}{p'_o}$$

그러나 $\Delta e_{cm} = e_o - e'_o = C_m (1 + e_o)$. 따라서 p'_{cm}을 풀면

$$p'_{cm} = p'_o \exp\left[\frac{C_m(1 + e_o)}{(\lambda - \kappa_{cm})}\right] \tag{11.131}$$

흙입자의 체적이 고결제입자체적 보다 크면 고결토와 비고결토의 CSL은 동일하다. 과압밀도는 고결의 종류와 양에 의존한다. 고결토의 이론적인 예상 응력–변형률거동은 고도내지 매우 고도의 과압밀 비고결토의 거동과 유사하다(그림 11.20b,c). 고결토의 한계응력면(limiting stress surface : 강도선) DF와 비고결토의 Hvorslev면 사이의 차이는 인장절편력이 있느냐 여부에 있다. 고결제에 의한 입자의 결합으로 인하여 흙에 q_{cm}만큼 인장강도가 생긴다.

일반적으로 고결토의 파괴는 확산파괴형태(diffused failure mode)로 발생된다. ESP가 DF면에 접근하거나 도달하였을 때 한 개 또는 그 이상의 분기(bifurcation)현상이 나타난다. 이런경우의 고결토의 응력-변형률 거동은 고전연속체역학을 적용하여 묘사할 수 없다. 그림 11.43에서 보는바와 같이 이 경우 세 가지 응력-변형률 거동의 가능성이 있다.

한계응력선상 고결토의 전단강도 $\tau_{cm는}$는

$$\tau_{pcm} = \frac{1}{2}(q_{cm} + m_{cm} p'_o) \tag{11.132}$$

여기서 m_{cm}은 한계응력선의 기울기이다. m_{cm}과 q_{cm}은 모두 기본 토질정수는 아니다. 이 둘은 모두 토체 내의 고결제의 종류, 분량 및 기여도에 의존한다. m_{cm}값은 전단시험결과인 첨두축차응력과 평균유효응력 사이 관계도면에서 구할 수 있다.

11.12 요약

이 장에서 간단한 한계상태모델(CSM)이 흙의 거동을 예측하기 위해 설명되었다. 이 모델로 흙거동의 중요한 양상을 예측할 수 있다. 한계상태모델의 중요한 점은 모든 흙이 하나의 (p', q, e)공간 속의 면상에서 발생된다는 점이다. CSM에 의하면, 파괴응력상태는 파괴를 발생시키기에 불충분하다고 한다: 흙도 충분히 느슨해져야만 한다(한계간극비에 도달하도록). 동일한 흙의 모든 시료는 초기응력상태의 차이, 응력이력, 시료내 응력경로에 관계없이 한계상태선에 놓이는 응력 상태에서 파괴된다.

이 모델에서는 하중재하시 경화 혹은 연화를 묘사하는데 더 확장 할 수 있는 타원항복곡면을 사용한다. 항복곡면의 확장이나 축소는 정규압밀선에 관계된다. 초기항복곡면내의 응력상태에서는 탄성거동을 보인다. 그러나 초기항복곡면 밖의 응력상태에서는 탄소성거동을 보인다. 흙이 항복하게 되는 각 응력상태는 반드시 항복곡면과 현제의 항복응력에 관련된 선행평균유효응력에 대응한 제하/재재하선 상에 놓여져야 한다.

CSM은 실제 흙의 모든 상세한 거동을 묘사하지는 못하나 흙 거동의 중요한 양상을 설명하고 이해할 때 간단한 골격을 제공할 수는 있다. 몇몇 실제현장조건과의 관계가 CSM에 근거하여 제공되었다. 이들 관계는 유도과정에서 도입된 간단한 가정 때문에 사용시 주의를 해야만 한다.

자력평가

http://www.wiley.com/cpllege/budhu에 접속하여 제 11장의 이해도를 측정하기 위한 퀴즈를 풀어라.

실용 예제

예제 11.19 한계상태개념을 적용한 토질시험 평가

시추공으로부터 다양한 깊이에서 채취한 샘플에 대한 실내토질시험을 실시하였다. 시험결과는 표 E11.19a와 같다. 깊이 5.2 m에서 시험은 재시험되었으며 결과는 약 10 % 정도 차이를 보였다. 이 깊이에서의 평균 결과가 보고되었다. 이 결과에 의문점이 있는가? 있다면 어디에 있나?

표 E11.19a

Depth (m)	w (%)	PL (%)	LL (%)	s_u (kPa)	λ
2.1	22	12	32	102	0.14
3	24	15	31	10	0.12
4.2	29	15	29	10	0.09
5.2	24	17	35	35	0.1
6.4	17	13	22	47	0.07
8.1	23	12	27	85	0.1

핵심전략 깊이 5.2 m에서 결과는 정확하다는 것으로 나타났다. λ와 s_u를 예측하기 위해 11.7절에 있는 식들을 사용하고 예상되는 실내시험결과들과 비교한다.

풀이 11.19

Step 1 : 표로 정리하고 λ와 s_u을 산정한다.

λ을 예측하기 위해 식 (11.93)을 사용하고 s_u를 예측하기 위해 식 (11.95)를 사용한다. 결과는 표 E11.19b에서 확인할 수 있다.

표 E11.9b

깊이	실내시험 결과					산정된 값			
(m)	w (%)	PL (%)	LL (%)	s_u (kPa)	λ	PI	LI	λ	s_u (kPa)
2.1	22	12	32	102	0.14	20	0.50	0.12	20.1
3	24	15	31	10	0.12	16	0.56	0.096	15.0
4.2	29	15	29	10	0.09	14	1.00	0.084	2.0
5.2	24	17	35	35	0.1	18	0.39	0.108	33.4
6.4	17	13	22	47	0.07	9	0.44	0.054	25.9
8.1	23	12	27	85	0.1	15	0.73	0.09	6.9
평균	23.2	14.0	29.3						
STD[a]	3.5	1.8	4.1						

* STD는 표준편차이다.

Step 2 : 예측결과와 실내시험결과를 비교한다.

다른 모든 값은 적절해 보이나 2.1 m에서 s_u가 의심이 된다. 4.2m에서 s_u의 예측 값을 실내시험결과보다 낮다. 그러나 동일한 깊이에서 함수비는 가장 높게 기록되었고 소성지수는 평균 정도이다. 만약 함수비가 24%(4.2 m 바로 위와 아래의 함수비의 평균)라면, s_u는 10.4 kPa가 된다. 이는 실내시험으로부터 구한 10 kPa과 비슷하다. 따라서 4.2 m에서의 함수비가 의심된다.

6.4 m에서 s_u값과 함수비 및 액성한계도 의심스러워 보인다. 함수비로 천공 내 평균치로 가정하여도 예측된 s_u값 (≅ 1 kPa)은 실내시험결과보다 더 낮게 된다. 따라서 6.4 m에서 채취한 시료에 대한 시험을 다시 해야 할 것이다. 8.1 m에서 s_u값을 제외한 다른 값들은 모두 합리적인데 s_u의 실내시험결과는 너무 높게 나와 의심스럽다.

예제 11.20 과압밀점토에 대한 기초설계

포화과압밀점토지반상에 존재하는 기초(콘크리트 슬래브)는 400 kN의 기초하중을 포함하는 기둥하중을 지지하기 위해 설계되었다. 지하수위는 지표면아래 4 m에 위치한다. 깊이 1 m에서 채취한 $w = 20\%$의 자연함수비를 갖는 점토시료에 대한 일차원압밀시험 결과는 다음과 같다: $C_c = 0.46$, $C_r = 0.115$, OCR = 8이다. 아터버그한계 시험으로 LL = 59%와 PL = 29%이 측정되었다. 다른 시험은 수행되지 않았다. 예비 설계를 위해, 2 m × 2 m 크기의 정사각형 기초로 가정한다.

(a) 기초로부터의 응력증가로 $\frac{B}{2} = 1$ m의 깊이에서 점토가 한계응력상태 (HV표면)에 도달할 것인지 아닌지를 결정하라.

(b) 점토가 한계응력에 도달하지 않는다면, 안정계수를 산정하라.

(c) 깊이 1 m의 응력상태를 점토의 2 m 두께 이상 평균응력상태를 대표한다고 가정하면, 완전히 재하 되었을 때(단기침하) 기초의 침하(압축)를 산정하라.

(d) 과잉간극수압의 소산으로부터 발생하는 장기침하는 얼마나 되는가?

(e) 전체침하를 산정하라.

핵심전략 2개의 단순 토질시험으로서 제한된 정보를 가지고 있다. 필요한 매개변수를 산정하기 위해 표 11.11에서 주어진 CSM을 사용하여 단순토질시험결과의 상관관계를 이용할 수 있다.

풀이 11.20

Step 1 : 초기값을 산정하라.

문제의 그림을 그려라. 그림 E11.20a와 같다.

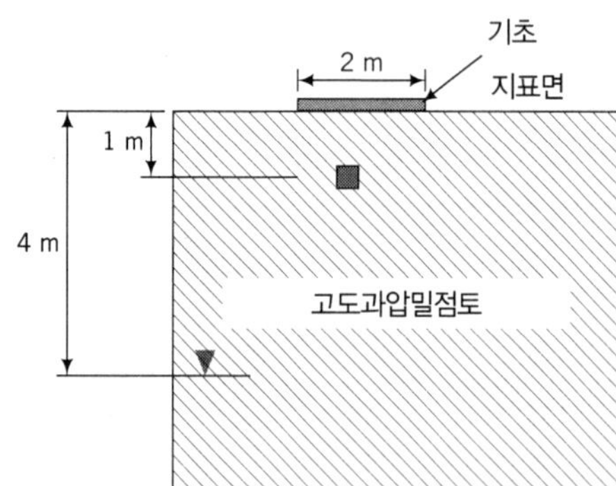

그림 E11.20a

$$e_o = wG_s = 0.2 \times 2.7 = 0.54$$

$$\gamma_{sat} = \left(\frac{G_s + e_o}{1 + e_o}\right)\gamma_w = \left(\frac{2.7 + 0.54}{1 + 0.54}\right) 9.8 = 20.6 \text{ kN/m}^3$$

$$\sigma'_{zo} = \gamma_{sat} z = 20.6 \times 1 = 20.6 \text{ kPa}$$

$$\sigma'_{zc} = \text{OCR} \times \sigma'_{zo} = 8 \times 20.6 = 164.8 \text{ kPa}$$

$$\phi'_{cs} = \sin^{-1}\left[0.35 - 0.1 \ln\left(\frac{\text{PI}}{100}\right)\right] = \sin^{-1}\left[0.35 - 0.1 \ln\left(\frac{30}{100}\right)\right] = 28°$$

$$M_c = \frac{6 \sin \phi'_{cs}}{3 - \sin \phi'_{cs}} = \frac{6 \sin 28°}{3 - \sin 28°} = 1.11$$

$$K_o^{nc} = 1 - \sin \phi'_{cs} = 1 - \sin 28° = 0.53$$

$$K_o^{oc} = K_o^{nc}\,\text{OCR}^{\frac{1}{2}} = 0.53 \times 8^{\frac{1}{2}} = 1.5$$

$$\kappa = \frac{C_r}{2.3} = \frac{0.115}{2.3} = 0.05$$

현장의 초기와 과거의 압밀응력은 다음과 같다.

$$\text{현재:}\quad p'_o = p_o = \frac{1 + 2K_o^{oc}}{3}\sigma'_{zo} = \frac{1 + 2 \times 1.5}{3} \times 20.6 = 27.5\ \text{kPa}$$

$$\text{과거:}\quad p'_k = \frac{1 + 2K_o^{nc}}{3}\sigma'_{zc} = \frac{1 + 2 \times 0.53}{3} \times 164.8 = 113.2\ \text{kPa}$$

$$\text{현재:}\quad q_o = \sigma'_{zo}(1 - K_o^{oc}) = 20.6 \times (1 - 1.5) = -10.3\ \text{kPa}$$

$$\text{과거:}\quad q_k = \sigma'_{zc}(1 - K_o^{nc}) = 164.8 \times (1 - 0.53) = 77.5\ \text{kPa}$$

주목: 과압밀 결과로서, 현재 측방유효응력은 연직유효응력(그림 E11.20b에서 볼 수 있다.)보다 크다. 그림 E11.20b에서 압밀(유효)응력경도는 $A \rightarrow K$이며, 감하(유효)응력경로는 $K \rightarrow O$이다.

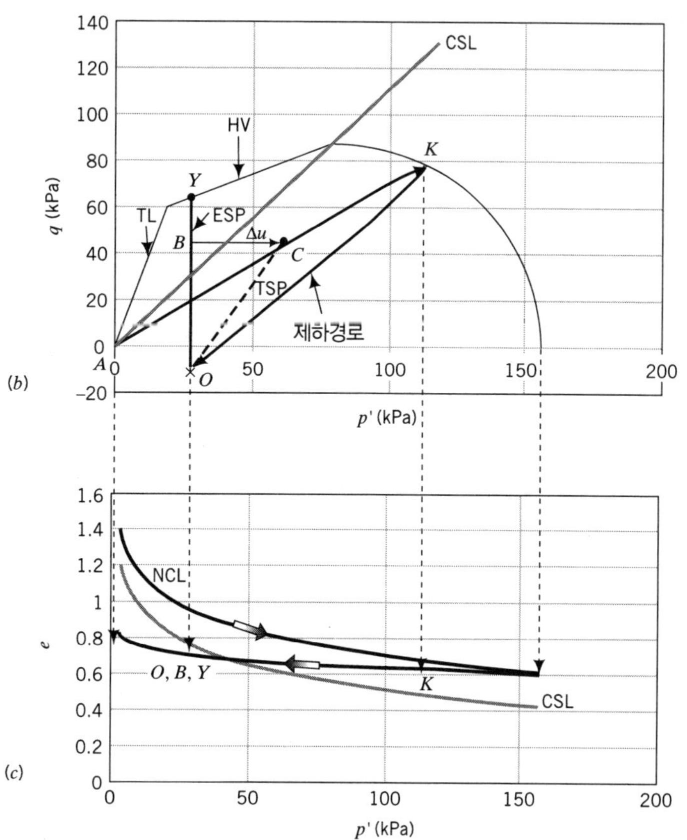

그림 E11.20b, c

식 (11.4e)를 사용하여 p_c'를 산정한다. 그러면,

$$p_c' = p_k' + \frac{q_k^2}{M^2 p_k'} = 113.2 + \frac{77.5^2}{1.11^2 \times 113.2} = 156.3 \text{ kPa}$$

$$R_o = \frac{p_c'}{p_o'} = \frac{156.3}{27.5} = 5.7$$

Step 2 : 상재하중으로부터 응력의 증가를 산정한다.

$$q_s = \frac{400}{2 \times 2} = 100 \text{ kPa}$$

STRESS프로그램으로부터, $B = L = 2/2 = 1$ m, $q_s = 100$ kPa, $z = 1$ m의 입력값에 대한 기초의 중심아래 수직응력과 측방응력에서 증가량은

$$\Delta\sigma_z = 70 \text{ kPa}; \quad \Delta\sigma_x = 15 \text{ kPa}; \quad \Delta\sigma_y = 15 \text{ kPa}$$

주응력을 가정한다.

$$\Delta p = \frac{70 + 2 \times 15}{3} = \frac{100}{3} = 33.3 \text{ kPa}$$

$$\Delta q = 70 - 15 = 55 \text{ kPa}$$

$$\frac{\Delta q}{\Delta p} = \frac{55}{\frac{100}{3}} = 1.65$$

Step 3 : 기초가 재하된 후의 응력을 산정한다.

$$p = p_o + \Delta p = 27.5 + 33.3 = 60.8 \text{ kPa}$$

$$q = q_o + \Delta q = -10.3 + 55 = 44.7 \text{ kPa}$$

전응력경로는 그림 E11.20b에서 $O \rightarrow C$이다.

Step 4 : HV표면에 대한 응력을 산정한다.

축대칭조건이 기초의 중앙에서 가정되어, $n_t = 3$.

$$t_c = \frac{1}{\left(1 + \frac{n_t^2}{M^2}\right)} = \frac{1}{\left(1 + \frac{3^2}{1.11^2}\right)} = 0.12$$

$R_t = \dfrac{1}{t_c} = \dfrac{1}{0.12} = 8.3 > R_o$ 그러므로, 지반은 인장으로 파괴하지 않을 것이다.

$$m = \frac{M - 2t_c n_t}{1 - 2t_c} = \frac{1.11 - 2 \times 0.12 \times 3}{1 - 2 \times 0.12} = 0.51$$

HV 표면에 대한 축차응력, q_{yH}는

$$q_{yH} = p_o'[m(1 - t_c R_o) + t_c n_t R_o]$$

$$= 27.5[0.51(1 - 0.12 \times 5.7) + 0.12 \times 3 \times 5.7] = 61 \text{ kPa}$$

Step 5 : 재하하중이 지반에서 HV표면으로 이동할 것인지 아닌지를 결정한다.

$q = 44.7$ kPa $< q_{yH} = 61$ kPa이기 때문에, 지반응력상태는 HV표면 아래로 될 것이다.

Step 6 : 안정계수를 결정한다.

$$FS = \frac{q_{yH}}{q} = \frac{61}{44.7} = 1.36$$

Step 7 : 단기침하를 산정한다.

기초하중으로부터 응력이 HV표면 아래에 있기 때문에 지반은 소성으로 거동할 것이며, 침하를 산정하기 위해 11.8절에서 탄성강도매개변수를 사용할 수 있다. 고도과압밀토는 다음을 사용한다.

$$E' = \frac{3p'_c(1 + e_c)(1 - 2\nu')}{\kappa}$$

$$e_c = e_o - \kappa \ln(R_o) = 0.54 - 0.05 \times \ln(5.7) = 0.453$$

$\nu' = 0.35$라고 가정하면

$$E' = \frac{3 \times 156.3(1 + 0.453)(1 - 2 \times 0.35)}{0.05} = 4088 \text{ kPa}$$

$$G = \frac{E'}{2(1 + \nu')} = \frac{4088}{2(1 + 0.35)} = 1514 \text{ kPa}$$

단기상태에 대한 수직응력에서 평균변화는

$$\Delta\varepsilon_z = \Delta\varepsilon_q = \frac{\Delta q}{3G} = \frac{55}{3 \times 1514} = 0.0121$$

침하는

$$\Delta\varepsilon_z H = \Delta\varepsilon_z B = 0.0121 \times 2000 \approx 24 \text{ mm}$$

Step 8 : 장기침하를 산정한다.

장기침하 상태에서 과잉간극수압이 소산된다. 유효응력의 변화는 과잉간극수압의 변화와 동일하다. 예를 들면, $\Delta p' = \Delta u = \frac{100}{3}$ kPa.

$$\Delta e = \kappa \ln\left(\frac{p'_o + \Delta p}{p'_o}\right) = 0.05 \times \ln\left(\frac{27.5 + \frac{100}{3}}{27.5}\right) = 0.04$$

평균수직응력은

$$\Delta\varepsilon_z = \frac{\Delta e}{1 + e_o} = \frac{0.04}{1 + 0.54} = 0.026$$

장기침하는

$$\Delta\varepsilon_z H = \Delta\varepsilon_z B = 0.026 \times 2000 = 52 \text{ mm}$$

Step 9 : 전체침하를 산정한다.

전체 침하 = 24 + 52 = 76 mm

예제 11.21 탱크기초 아래 예측 가능한 지반 거동

오일탱크기초는 6 m 단단히 굳은 점토의 두꺼운 퇴적층으로 이루어졌으며, 두께는 6 m인 매우 연약한 점토위에 위치해 있다. 깊이 3 m에서의 토질시험 결과는 다음과 같다: $\lambda = 0.24$, $\kappa = 0.05$, $\phi_{cs} = 30°$, OCR = 1.2, $w = 55\%$이다. 오일의 단위중량은 8.5 kN/m^{3}이다. 탱크는 8 m의 직경과 5 m 높이로 구성되어 있다. 탱크와 기초의 사하중은 350 kN이다. 예상되는 큰 침하 때문에 물로 탱크를 빠르게 채우고 지반을 선행압밀 할 것을 결정하였다. 압밀의 목표량에 빠르게 도달하기 위해 샌드드레인을 현장에 설치하였다.

(a) 탱크에 물을 가득 채운다면 탱크 아래 3 m 지반요소가 항복할 것인지 아닌지를 결정하라.
(b) 탱크에 물을 가득 채운다면 탱크아래 3 m에 지반요소는 파괴가 발생할 것인가?
(c) 지반요소가 항복 및 파괴될 때의 수위는 얼마인가?
(d) 사하중 만 으로 지반의요소가 항복할 것인가?
(e) 깊이 3 m에서 지반요소의 응력상태가 평균을 나타낸다고 가정하고, 사하중재하 시 단기침하, 장기침하와 전체 침하를 산정하라.
(f) 사하중은 과잉간극수압이 소산될 때 까지 재하되고 유지된다. 수위가 얼마일 때 지반요소가 파괴 될 것인가?

핵심전략 지반은 탱크가 놓이기 전에 일차원압밀된다. 탱크의 하중은 재하된 응력증가에 의존하는 경로에 따라 압밀시키기 위해 지반에 작용한다. 탱크 중심 아래의 지반요소는 축대칭하중상태 일 것이다. 탱크가 빠르게 재하된다면, 비배수상태를 적용하며, 파괴응력을 예측하기 위해 파괴가 발생하는 지표면 응력을 산정한다. 압밀 후 비배수전단강도는 증가할 것이며, 새로운 파괴응력을 산정해야 한다.

풀이 11.21

Step 1 : 초기값을 산정한다.

$$e_o = wG_s = 0.55 \times 2.7 = 1.49$$

$$K_o^{nc} = 1 - \sin\phi'_{cs} = 1 - \sin 30° = 0.5$$

$$K_o^{oc} = K_o^{nc}(\text{OCR})^{1/2} = 0.5 \times (1.2)^{1/2} = 0.55$$

$$\gamma' = \frac{G_s - 1}{1 + e_o}\gamma_w = \frac{2.7 - 1}{1 + 1.49} \times 9.8 = 6.69 \text{ kN/m}^3$$

$$\sigma'_{zo} = \gamma' z = 6.69 \times 3 = 20.1 \text{ kPa}$$

$$\sigma'_{xo} = K_o^{oc}\sigma'_{zo} = 0.55 \times 20.1 = 11.1 \text{ kPa}$$

$$\sigma'_{zc} = \text{OCR} \times \sigma'_{zo} = 1.2 \times 20.1 = 24.1 \text{ kPa}$$

$$M_c = \frac{6\sin\phi'_{cs}}{3 - \sin\phi'_{cs}} = \frac{6\sin 30°}{3 - \sin 30°} = 1.2$$

$$\Lambda = 1 - \frac{\kappa}{\lambda} = 1 - \frac{0.05}{0.24} = 0.79$$

초기항복표면에 대한 응력은 다음과 같다.

$$p'_k = \frac{1 + 2K_o^{nc}}{3}\sigma'_{zc} = \frac{1 + 2 \times 0.5}{3} \times 24.1 = 16.1 \text{ kPa}$$

$$q_k = (1 - K_o^{nc})\sigma'_{zc} = (1 - 0.5) \times 24.1 = 12.1 \text{ kPa}$$

$$p'_o = \frac{1 + 2K_o^{oc}}{3}\sigma'_{zc} = \frac{1 + 2 \times 0.55}{3} \times 20.1 = 14.1 \text{ kPa}$$

$$q_o = (1 - K_o^{oc})\sigma'_{zo} = (1 - 0.55) \times 20.1 = 9 \text{ kPa}$$

등방압밀선(점 I, 그림 E11.21)상에 선행압밀응력을 산정할 필요가 있다.
(p'_k, q_k)가 초기항복표면(점 K, 그림 E11.21)에 있다는 것에 주목해야 한다.

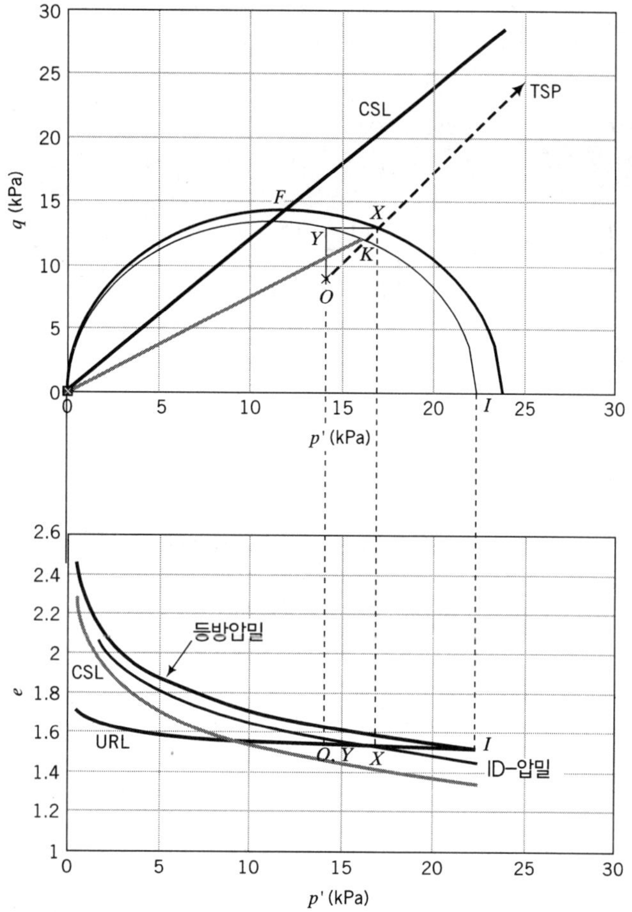

그림 E11.21

식 (11.4e)를 사용하여 p'_c를 산정한다.

$$p'_c = p'_k + \frac{(p'_k)^2}{M^2 p'_k} = 16.1 + \frac{12.1^2}{1.2^2 \times 16.1} = 22.4 \text{ kPa}$$

$$R_o = \frac{p'_c}{p'_o} = \frac{22.4}{14.1} = 1.59$$

$p' = 1$ kPa에 대한 CSL상의 간극비를 산정한다.

$$e_\Gamma = e_o + (\lambda - \kappa)\ln\frac{p'_c}{2} + \kappa \ln p'_o = 1.49 + (0.24 - 0.05)\ln\frac{22.4}{2} + 0.05 \ln 14.1 = 2.08$$

Step 2 : 탱크과 압밀응력경로로부터 응력증가를 산정한다.

탱크의 면적: $A = \frac{\pi D^2}{4} = \frac{\pi \times 8^2}{4} = 50.27 \text{ m}^2$

물로부터 연직상재하중: $\gamma_w h = 9.8 \times 5 = 49$ kPa

사하중으로부터 연직상재하중: $\frac{350}{50.27} = 7$ kPa

전체연직연직상재하중: $q_s = 49 + 7 = 56$ kPa

연직응력증가량:

$$\Delta\sigma_z = q_s\left[1 - \left(\frac{1}{1-(r/z)^2}\right)^{3/2}\right] = q_s\left[1 - \left(\frac{1}{1+(4/3)^2}\right)^{3/2}\right] = 0.78q_s$$

방사응력증가량:

$$\Delta\sigma_r = \frac{q_s}{2}\left((1+2\nu) - \frac{2(1+\nu)}{[1+(r/z)^2]^{1/2}} + \frac{1}{[1+(r/z)^2]^{3/2}}\right)$$

$$= \frac{q_s}{2}\left((1+2+0.5) - \frac{2(1+0.5)}{\left[1+\left(\frac{4}{3}\right)^2\right]^{1/2}} + \frac{1}{\left[1+\left(\frac{4}{3}\right)^2\right]^{3/2}}\right) = 0.21q_s$$

$$\frac{\Delta\sigma_r}{\Delta\sigma_z} = \frac{0.21}{0.78} = 0.27$$

$$\Delta\sigma_z = 0.78 \times 56 = 43.7\text{ kPa}, \quad \Delta\sigma_r = 0.21 \times 56 = 11.8\text{ kPa}$$

$$\Delta p_{app} = \frac{0.78q_s + 2 \times 0.21q_s}{3} = 0.4q_s = 0.4 \times 56 = 22.4\text{ kPa}$$

$$\Delta q_{app} = 0.78q_s - 0.21q_s = 0.57q_s = 0.57 \times 56 = 31.9\text{ kPa}$$

TSP 의 기울기 = 압밀기간 동안의 ESP: $\dfrac{\Delta q_{app}}{\Delta p_{app}} = \dfrac{0.57q_s}{0.4q_s} = 1.42$

Step 3 : 초기항복응력과 항복시 과잉간극수압을 산정한다.

항복점(점 C, 그림 E11.21)은 식 (11.4d)로부터 찾는다. 즉,

$$q_y = Mp'_o\sqrt{\frac{p'_c}{p_o} - 1} = Mp'_o\sqrt{R_o - 1} = 1.2 \times 14.1\sqrt{1.59 - 1} = 13\text{ kPa}$$

$$p'_y = p'_o = 14.1\text{ kPa}, \quad \Delta q_y = q_y - q_o = 13 - 9 = 4\text{ kPa}$$

항복시 과잉간극수압은

$$\Delta u_y = \Delta p_y = \frac{\Delta q_y}{1.42} = \frac{4}{1.42} = 2.8\text{ kPa}$$

Step 4 : 탱크에 물을 가득채웠을 때 지반이 항복하는지 아닌지를 검토한다.

Δq_{app} (= 31.9 kPa) > Δq_y (= 4 kPa) 이기 때문에 흙은 항복할 것이다.

Step 5 : 탱크에 물을 가득채웠을 때 흙 요소 파괴가 발생하는지 아닌지를 검토한다.

$$q_f = Mp'_o\left(\frac{R_o}{2}\right)^{\Lambda} = 1.2 \times 14.1 \times \left(\frac{1.59}{2}\right)^{0.79} = 14.1\text{ kPa}$$

$$\Delta q_f = q_f - q_o = 14.1 - 9 = 5.1\text{ kPa} < \Delta q_{app} = 31.9\text{ kPa}$$

흙 요소가 파괴할 것이다.(그림 E11.21에서 점F를 볼수 있다; F는 파괴선상에 있다.)

Step 6 : 항복과 파괴가 발생하기 위한 수위를 결정한다. 흙 요소가 항복 또는 파괴가 발생 할 때, 지표면응력의 탄성분포는 효과가 없다. 그러나 산정을 위하여, 유효하다고 가정할 것이다.

초기항복시: $\Delta q_y = 4$ kPa

상재하중의 변화(초기상재하중은 0이다)는

$$\Delta q_s = \frac{\Delta q_y}{0.57} = \frac{4}{0.57} = 7\text{ kPa}$$

$$\Delta h_w = \frac{\Delta q_s}{\gamma_w} = \frac{7}{9.8} = 0.72\text{ m}$$

초기파괴시: $\Delta q_f = 14.1 - 9 = 5.1$ kPa

$$\Delta q_s = \frac{\Delta q_f}{0.57} = \frac{5.1}{0.57} = 8.9 \text{ kPa}$$

$$\Delta h_w = \frac{\Delta q_s}{\gamma_w} = \frac{8.9}{9.8} = 0.9 \text{ m}$$

초기항복에서 파괴까지의 수위의 차 = 0.9 − 0.72 = 0.28 m

Step 7 : 흙 요소가 사하중재하 시 항복할 것인지 아닌지를 결정한다.

사하중 지표면응력 = 7 kPa = 항복응력

그러므로 흙 요소는 파괴할 것이다.

Step 8 : 사하중에 의한 단기침하과 장기침하를 결정한다.

상재하중이 사하중보다 작으면 흙은 탄성거동을 할 것이다.

$$e_c = e_o - \kappa \ln R_o = 1.49 - 0.05 \ln 1.59 = 1.47$$

$$E' = \frac{3p'_c(1 + e_o)(1 - 2\nu')}{\kappa} = \frac{3 \times 22.4 \times (1 + 1.47)(1 - 2 \times 0.35)}{0.05}$$

$$= 996 \text{ kPa}$$

$$G = \frac{E'}{2(1 + \nu')} = \frac{996}{2(1 + 0.35)} = 369 \text{ kPa}$$

$$K' = \frac{E'}{3(1 - 2\nu')} = \frac{996}{3(1 - 2 \times 0.35)} = 1107 \text{ kPa}$$

비배수상태(단기하중)에서 체적변형률은 0이며 $\varepsilon_q = \varepsilon_1 = \varepsilon_z$이다.

$$\Delta q_{dead\ load} = 0.57 q_{dead\ load} = 0.57 \times 7 = 4 \text{ kPa}$$

$$\varepsilon_z = \varepsilon_p = \frac{\Delta q_{dead\ load}}{3G} = \frac{4}{3 \times 369} = 0.0036$$

$$\rho_z = \varepsilon_z H = 0.0036 \times 6000 \approx 22 \text{ mm}$$

주목: 3 m 깊이에서 흙요소가 평균응력상태를 나타내기 때문에 침하량 산정을 위해 사용하는 지반두께는 2 × 3 = 6 m 이다.

탄성변형에서, $\varepsilon_3 = -\nu' \varepsilon_1$이다. 그러므로 축대칭하중의 경우

$$\varepsilon_p = \varepsilon_1 + 2\varepsilon_3 = \varepsilon_1(1 - 2\nu')$$

그리고

$$\varepsilon_1 = \varepsilon_z = \frac{\varepsilon_p}{(1 - 2\nu')}$$

$$\Delta p_{dead\ load} = 0.4 q_{dead\ load} = 0.4 \times 7 = 2.8 \text{ kPa}$$

$$\varepsilon_p = \frac{\Delta p_{dead\ load}}{K'} = \frac{2.8}{1107} = 0.0025$$

$$\varepsilon_1 = \varepsilon_z = \frac{\varepsilon_p}{(1 - 2\nu')} = \frac{0.0025}{(1 - 2 \times 0.35)} = 0.0084$$

$$p_z = \varepsilon_z H = 0.0084 \times 6000 \approx 50 \text{ mm}$$

전체침하량은 = 22 + 50 = 72 mm

Note: $\varepsilon_1 \neq \varepsilon_z$ 주변형률 회전이 작지 않다면

Step 9 : 초기항복에서 압밀 후 파괴를 발생시키는 수위를 산정한다.

첨자 1은 초기항복응력에서 압밀 후 응력을 나타낸다.

$$(p'_o)_1 = p'_y + \Delta p_y\,(= \Delta u_y) = 14.1 + 2.8 = 16.9\ \text{kPa}$$

$$(q_o)_1 = q_y = 13\ \text{kPa}$$

$$(p'_c)_1 = (p'_o)_1 + \frac{(q_o)_1^2}{M^2(p'_o)_1} = 16.9 + \frac{13^2}{1.2^2 \times 16.9} = 23.8\ \text{kPa}$$

$$R_o = \frac{p'_c}{p'_o} = \frac{23.8}{16.9} = 1.41$$

$$(q_f)_1 = M(p'_o)_1\left(\frac{R_o}{2}\right)^{\Lambda} = 1.2 \times 16.9 \times \left(\frac{1.41}{2}\right)^{0.79} = 15.4\ \text{kPa}$$

$$(\Delta q_f)_1 = (q_f)_1 - (q_y)_1 = 15.4 - 13 = 2.4\ \text{kPa}$$

$$\Delta q_s = \frac{\Delta q_f}{0.57} = \frac{2.4}{0.57} = 4.2\ \text{kPa}$$

$$\Delta h_w = \frac{\Delta q_s}{\gamma_w} = \frac{4.2}{9.8} = 0.43\ \text{m}$$

초기항복상태로부터 파괴가 발생하는 수위 차 = 0.43 − 0.28 = 0.15 m 즉 흙에 선행재하 및 압밀에 의하여 지반 파괴를 발생하기 하여 상재하중이 증가한다.

연습문제 EXERCISES

필요시 $G_s = 2.7$로 가정.

이론문제

11.1 다음을 증명하라.

$$K_o^{nc} = \frac{6 - 2M_c}{6 + M_c}$$

11.2 일차원압밀에서 유효응력경로가 다음과 같이 됨을 증명하라.

$$\frac{q}{p'} = \frac{3M_c}{6 - M_c}$$

11.3 등방고도과압밀점토의 경우 $s_u = 0.5Mp'_o\,(0.5R_o)^{(\lambda-\kappa)/\lambda}$임을 증명하라.

11.4 $e_\Gamma = e_c - (\lambda - k)\ln 2$가 됨을 증명하라. 단, e_Γ는 $p' = 1$ kPa일 때 한계상태선상의 간극비이고 e_c는 $p' = 1$ kPa 에 대응한 정규압밀곡선상의 간극비이다.

11.5 흙의 함수비가 55%이고 $\lambda = 0.15$이다. 이 흙은 등방압밀되었다. 하중증분비가 (a) $\Delta p/p' = 1$ (b) $\Delta p'/p' = 2$ 일 때의 평균유효응력에 대한 예상 간극비를 도시하라.

11.6 두 점토(하나는 $\phi'_{cs} = 21°$이고 다른 하나는 $\phi'_{cs} = 32°$)에 대한 CSM을 사용하여 과압밀비를 포함한 파괴시의 Skempton 간극수압계수 A_f의 변화를 도시하라. $\kappa = 0.2\,\lambda$이고 첨두전단응력은 파괴전단응력과 동일하다고 가정한다.

11.7 정규압밀된 연약지반을 선행압밀하기 위해 $\gamma_{sat} = 18$ kN/m^{3}인 토사로 5 m 높이의 성토를 실시한다. 2 m 깊이에서의 시험으로 $w = 45\%$, $\phi'_{cs} = 23.5°$, $\lambda = 0.25$, $\kappa = 0.05$를 얻었다. 지하수위는 지표면과 동일하다.

(a) 재하에 앞서 흙의 현재 응력상태는 항복곡면 상에 다음 식으로 주어짐을 증명하라.

$$F = (p')^2 - p'p'_c + \frac{q^2}{M^2} = 0$$

(b) 성토는 1 m씩 급속으로 진행된다. 과잉간극수압은 다음단계성토가 실시되기 전에 소멸되도록 한다. (p', q)공간과 (p', e)공간에서 어떻게 거동하는 지를 설명하라.

11.8 7 m 두께의 포화된 정규압밀토의 간극률과 비배수전단

강도 사이의 이론적 관계를 도시하라. $\phi'_{cs} = 30°$, $\Lambda = 0.8$, $G_s = 2.7$로 가정하고 함수비는 지표면에서 80%로부터 이 지층 바닥에서 10%까지 선형적으로 감소한다. 지하수위는 이 지층 아래에 존재한다. 이 이론적 도면에서 어떤 결론을 얻을 수 있는가? 이런 관계가 실제로 관찰되었는지 여부를 문헌으로 조사하라.

기본문제

11.9 함수비 $w = 72\%$ 포화점토에 대한 일차원압밀시험결과로 $C_c = 0.52$, $C_s = 0.06$, OCR = 4.8을 얻었다. 만약 $K_o^{nc} = 0.5$이면 λ, κ, e_o, R_o, M_c, M_e를 구하라.

11.10 $\lambda = 0.2$, $\kappa = 0.04$, $e_o = 1.1$, $R_o = 1.4$, $p'_o = 40$ kPa이면

(a) e_Γ를 산정하라.

(b) 재하, 제하/재재하선을 (p', e)공간과 $(\ln p', e)$공간에 도시하라.

11.11 점토의 표준삼축 CU 시험의 압밀단계에서 다음결과를 얻었다. λ와 κ를 산정하라.

p' (kPa)	25	50	200	400	800	1600	800	400	200
e	1.65	1.64	1.62	1.57	1.51	1.44	1.45	1.46	1.47

11.12 10 kPa의 평균유효응력에서 포화시료의 함수비는 85%이다. 이 시료를 150 kPa의 평균유효응력으로 등방압밀하였다. 압밀종료 시 함수비는 50%였다. 그런 후 100 kPa의 평균유효응력으로 등방제하되었다. 이 때 함수비는 1% 증가하였다.

(a) 정규압밀선과 제하/재재하선을 (p', e)공간과 $(\ln p', e)$공간에 도시하라.

(b) λ와 κ를 산정하라.

(c) 초기항복곡면과 한계상태선을 (p', q)공간과 (p', e)공간 및 $(\ln p', e)$공간에 도시하여라. 단, $\phi'_{cs} = 25°$로 한다.

11.13 직경 38 mm, 길이 76 mm인 포화시료를 삼축셀에서 200 kPa로 등방압밀하였다. 과잉간극수압(Δu)이 20 kPa일 때 압밀을 멈추기로 하였다. 이 시료에 표준비배수시험을 실시하였다($\sigma_3 = 200$ kPa을 유지한 상태에서). $q_f = 64$ kPa일 때 파괴(한계상태)가 기록되었다. 함수비가 40%이고, $\lambda = 0.16$, $\kappa = 0.03$였다. e_Γ, M, Δu_f를 구하라.

11.14 문제 11.12에서 설명한 조건에서 (a)표준삼축CU시험 (b)표준삼축CD시험을 실시하였을 때 파괴응력을 결정하라. CU 시험에서 s_u를 구하라.

11.15 포화과압밀점토에서 $\phi'_{cs} = 30°$, $R_o = 5$, $\lambda = 0.2$, $\kappa = 0.04$, $p'_o = 60$ kPa일 때, (a)압축 (b)신장에서의 비배수전단강도를 산정하라.

11.16 포화점토의 정규압밀시료에 CU삼축시험을 실시하였다. 100 kPa의 평균유효응력에서 비배수전단강도는 22 kPa였다. $R_o = 15$이고 초기응력이 시험한 시료와 동일할 때 이 점토의 비배수전단강도를 산정하라. 압밀정수는 $\lambda = 0.28$, $\kappa = 0.06$이다.

11.17 포화토의 자연(현위치)함수비는 64%이다. 표준삼축CU시험을 실시할 때 부주의로 4%의 함수비 손실이 발생하였다. 비배수전단강도는 56 kPa로 보고되었다. $\lambda = 0.2$일 때, 이 흙의 현장 비배수전단강도를 산정하라.

11.18 $p'_o = 80$ kPa이고 $R_o = 7$일 때, $\lambda = 0.2$, $\kappa = 0.04$, $\sigma'_{cs} = 28°$, $e_o = 1.08$이다. 전응력경로 $\frac{q}{p} = 2.5$로 재하될 때 다음 사항을 예측하라.

(a) 비배수상태 초기항복응력 p'_y과 q_y

(b) 비배수상태 항복시 과잉간극수압

(c) 초기항복시 비배수전단강도

(d) 한계상태시 과잉간극수압

(e) 이 흙은 첨두전단응력이 나타나는가? 있다면 그 이유는?

11.19 일차원압밀시험에서 $C_c = 0.32$, $C_r = 0.06$, $\phi'_{cs} = 28°$이다.

(a) s_u/p'_o와 R_o(R_o가 2.5에서 7사이의 값)사이의 관계를 도시하라(표준삼축비배수상태로 가정한다).

(b) R_o의 값이 얼마일 때 인장절편(tension cutoff)이 발생하나?

11.20 문제 11.19에서의 토질정수조건으로 E', K', G를 계산하라(단, $\nu' = 0.3$, $R_o = 4$, $p'_o = 50$ kPa, $e_o = 1$이다).

11.21 두 개의 연약점토 시료에 대하여 일반 삼축시험기로 시험을 실시한다. 우선 시료를 250 kPa의 셀압으로 등방압밀을 실시한 후 175 kPa의 평균유효응력으로 팽창시켰다. 시료 A는 배수시험으로, 시료 B는 비배수시험으로 실시하였다. 응력-변형률, 체적변형률(시료 A)와 과잉간극수압(시료 B) 거동을 산정하라. 지반정수는 $\lambda = 0.15$, $\kappa = 0.04$, $\phi'_{cs} = 26.7°$, $e_o = 1.08$, $\nu' = 0.3$이다.

11.22 CD시험에서 과압밀토의 응력-변형률(q vs ε_1)과 체적변화(ε_p vs ε_1)을 구하여 도시하라. 지반정수는 $\lambda = 0.17$, $\kappa = 0.04$, $\phi'_{cs} = 25°$, $\nu' = 0.3$, $e_o = 0.92$, $p'_c = 280$ kPa, OCR = 5이다.

11.23 문제 11.22를 비배수삼축압축 (CU)시험으로 실시할 경우로 다시 산정하고 비배수삼축신장시험 결과와 비교하라.

11.24 점토시료를 평균유효응력 300 kPa로 등방압밀한 후 250 kPa의 평균유효응력으로 등방감하시켰다. 축응력을 일정하게 한 상태에서 수평응력을 증가시키면서 비배수삼축신장시험을 실시하였다. 파괴시까지 응력-변형률(q vs ε_1)과 과잉간극수압(Δu vs ε_1)거동을 예측하라. 여기서 지반정수는 $\lambda = 0.23$, $\kappa = 0.07$, $\phi'_{cs} = 24°$, $\nu' = 0.3$, $e_o = 1.32$이다.

11.25 한계상태 마찰각이 30°이고 OCR이 20인 흙이 있다. 이 지반에 평면변형률상태로 재하되면 인장파괴가 발생될 것인가? 계산으로 입증해 보아라. 평면변형률상태에서의 비배수전단강도를 구하라.

11.26 표준삼축CU시험에서 등방압밀 세립토의 비배수전단강도가 50 kPa이다. 이 시료의 압밀에 적용된 구속압은 225 kPa이다. $\dfrac{C_r}{C_c} = 0.25$이고 $\phi'_{cs} = 30°$로 가정한다.

(a) 정규화된 비배수전단강도를 구하라.

(b) $R_o = 6$일때 비배수전단강도를 구하라. 선행압밀응력은 동일하다고 가정한다.

(c) DSS시험이 실시되었다면 비배수전단강도는 얼마일까?

실용문제

11.27 세립토에 표준비배수삼축시험을 실시하였다. 이 흙은 120 kPa로 압밀한 후 80 kPa의 셀압으로 감하되었다. 파괴(한계상태)시 축응력은 64 kPa이고 $\Lambda = 0.8$로 가정한다.

(a) 정규화된 비배수전단강도를 구하라.

(b) ϕ'_{cs}를 산정하라.

(c) 단순전단시험이 실시되었다면 비배수전단강도는 얼마인가.

(d) (1)유류탱크기초 (2)사면의 설계에 적용될 비배수전단강도를 추천하라.

11.28 기초중량을 포함한 기둥하중 250 kN을 지지할 수 있도록 포화과압밀점토면 위에 놓인 기초(콘크리트슬래브)를 설계한다. 지하수위는 지표면에 일치한다. 이 점토시료의 자연함수비가 $w = 40\%$이고 2 m깊이에서 채취한 시료에 대한 일차원압밀시험결과 $C_c = 0.54$, $C_r = 0.108$, OCR = 12였다. 아터버그한계시험으로 LL = 70%, PL = 30%였다. 다른 시험은 실시되지 않았다. 예비설계를 하기위해 직경이 2.5 m인 원형기초를 가정하고 $\nu' = 0.35$으로 한다.

(a) 기초의 응력증가결과 1 m깊이에서 항복하는가 여부를 결정하라.

(b) 만약 이 점토가 항복하지 못하면 비배수상태에서 안전율을 계산하라.

(c) 기초하중에 의한 과잉간극수압을 산정하라.

(d) 1 m깊이에서의 응력상태는 2 m두께의 점토층에서의 평균응력상태로 나타낸다고 가정하면, 기초의 침하량은 얼마인지 계산하라. 이 침하량은 탄성인가, 탄소성인가?

(e) 과잉간극수압의 소멸로 인한 장기침하량은 얼마인가?

11.29 5 m직경의 탱크가 깊게 퇴적된 약간 과압밀된 균질점토에 놓여있다. 탱크로부터 지표면에 재하되는 연직응력은 60 kPa이다. 토질정수는 $\lambda = 0.26$, $\kappa = 0.06$, OCR = 1.8, $\phi'_{cs} = 24°$이다. 평균함수비가 42%이고 지하수위는 지표면 아래 1 m위치에 있다. 지하수위 아래의 흙은 포화되어 있다고 가정한다.

(a) 연직응력이 순간적으로 가하여졌다면 깊이 2, 5, 10, 20 m 위치에서의 과잉간극수압을 산정하라.

(b) 깊이 2.5 m 위치에서의 비배수전단강도를 구하라.

(c) 깊이 2.5 m에 흙이 항복하려면 지표면응력이 얼마이어야 하는지 산정하라.

11.30 균질 과압밀포화점토 5 m 깊이에서 채취한 시료로 표준삼축 CU상태시험을 실시하였다. 함수비가 48%였다. 이 흙이 50 kPa의 평균유효응력으로 등방압밀되었다. 첨두축차응력은 20 kPa로 보고되었다. 한계상태마찰각이 32°이다. 일차원압밀시험결과 : $C_c = 0.32$, $C_r = 0.06$, OCR = 6. 현장에서 지하수위는 지표면과 일치한다.

(a) 보고된 첨두축차응력은 합리적인가?

(b) 실시된 CU시험은 현장상태를 잘 재현하였다고 생각하는가?

(c) 현장에서의 흙시료의 비배수전단강도를 산정하라.

CHAPTER 12

흙의 지지력과 얕은기초의 침하

BEARING CAPACITY OF SOILS AND SETTLEMENT OF SHALLOW FOUNDATIONS

12.0 서론

이 장에서는 흙의 지지력과 얕은기초의 침하에 대하여 다룬다. 해석방법은 한계평형법을 사용하는데, 이 해석법은 Coulomb이 흙으로 뒷채움된 벽체에 작용하는 토압을 해석(제1장)하는데 사용하였던 것이다. 한계평형법은 기초의 지지력, 옹벽의 안정, 그리고 사면 등을 포함하는 다양한 문제에 대한 해를 얻는데 사용된다. 또한 이 장에서는 기존 해석방법의 대안을 다루며, 이 대안은 한계상태 토질역학에 근거하고 있다.

12장을 마쳤을 때, 당신은 아래의 내용을 할 수 있어야 한다.

- 흙의 지지력 산정
- 얕은기초의 침하량 산정
- 지지력과 침하기준을 만족하는 얕은기초의 크기 결정

이 장의 내용을 완전히 이해하려면 이전의 장들과 역학관련 교과목에서 습득한 다음 개념들을 이용하여야 한다.

- 정역학
- 응력과 변형률 – 제7장
- 압밀 – 제9장
- 전단강도 – 제10장

중요사항

구조물에 작용하는 하중은 기초를 통하여 흙으로 전달된다. 기초 자체는 구조물이며, 보통 콘크리트, 강재, 또는 나무로 만들어 진다. 지금까지 이 책에서 흙의 성질과 하중에 대한 반응에 대한 내용을 다루었다. 지반공학자의 중요한 업무 중 하나는 흙의 성질과 하중에 대한 거동의 지식을 이용하여 기초를 설계하는 것이다. 또한 기초의 형식과 기하학적 형상 및 시공방법을 결정하여야 한다. 흔히 가장 저렴한 기초의 한 형식이 얕은기초이다. 얕은기초는 기초의 폭에 대한 근입깊이의 비가 2.5보다 작은 기초이다.

지반공학자는 기초가 다음의 두 가지 안정조건을 만족하도록 설계하여야 한다.

1. 기초는 가능한 어떠한 하중에 대하여도 파괴되거나 불안정한 상태가 되어서는 안되며, 이것을 극한한계상태 (ultimate limit state)라 한다.
2. 기초의 침하는 구조물의 설계기능을 손상시키지 않도록 허용한계 보다 작아야 하며, 이것을 사용성한계상태 (serviceability limit state)라 한다.

두 가지 조건 모두를 만족하여야 한다. 흔히 얕은기초의 설계를 지배하는 것은 침하이다.

이 장에서는 극한한계상태와 사용성한계상태를 만족하는 흙의 하중–지지력 관계와 얕은기초의 기하학적 형상을 결정하는 몇가지 방법을 다루게 된다. 주안점은 이러한 방법들의 기본적인 내용과 가정을 제공하는 것이다. 흙의 복잡성, 상세 지반조사의 고비용, 하중의 불확실성, 흙의 거동을 정확히 이해하고 모델링하는 것에 대한 능력부족으로 인하여 소위 반경험적 방법으로 기초의 기하학적 형상을 결정하고 있다. 실무에서 사용되는 방법들은 가정들을 단순화하는 간단한 해석들, SPT와 같은 단순한 시험방법, 경험에 근거하고 있다.

기초 설계에서 설계를 추천하는 경우에 시공과 품질관리 방법을 고려하여야 한다. 이것들은 흙의 지지력에 중요한 영향을 미친다. 얕은기초의 시공 모습은 그림 12.1과 같다.

그림 12.1 얕은기초의 시공.

12.1 용어 정의

기초 : 하중을 하부 지반으로 전달하는 구조물

확대기초 : 구조물 하중을 하부 지반으로 전달하는 작은 보로 구성된 기초이다. 확대기초의 종류에는 하나의 기둥을 지지하는 독립기초(그림 12.2a), 두개 이상의 기둥을 지지하는 복합기초(그림 12.2b), 하중지지 벽을 지지하는 콘크리트 보의 연속기초(그림 12.2c, d; 기초의 길이 (L)에 대한 기초 폭 (B)의 비가 작으며, 거의 영에 가까움), 그리고 매트기초(그림 12.2e)가 있음

근입깊이(D_f) : 기초의 바닥면이 놓이는 지표면 아래의 깊이

얕은기초 : 근입깊이에 대한 최소 단면 크기, 보통 기초폭의 비(D_f/B)가 2.5 이하인 기초

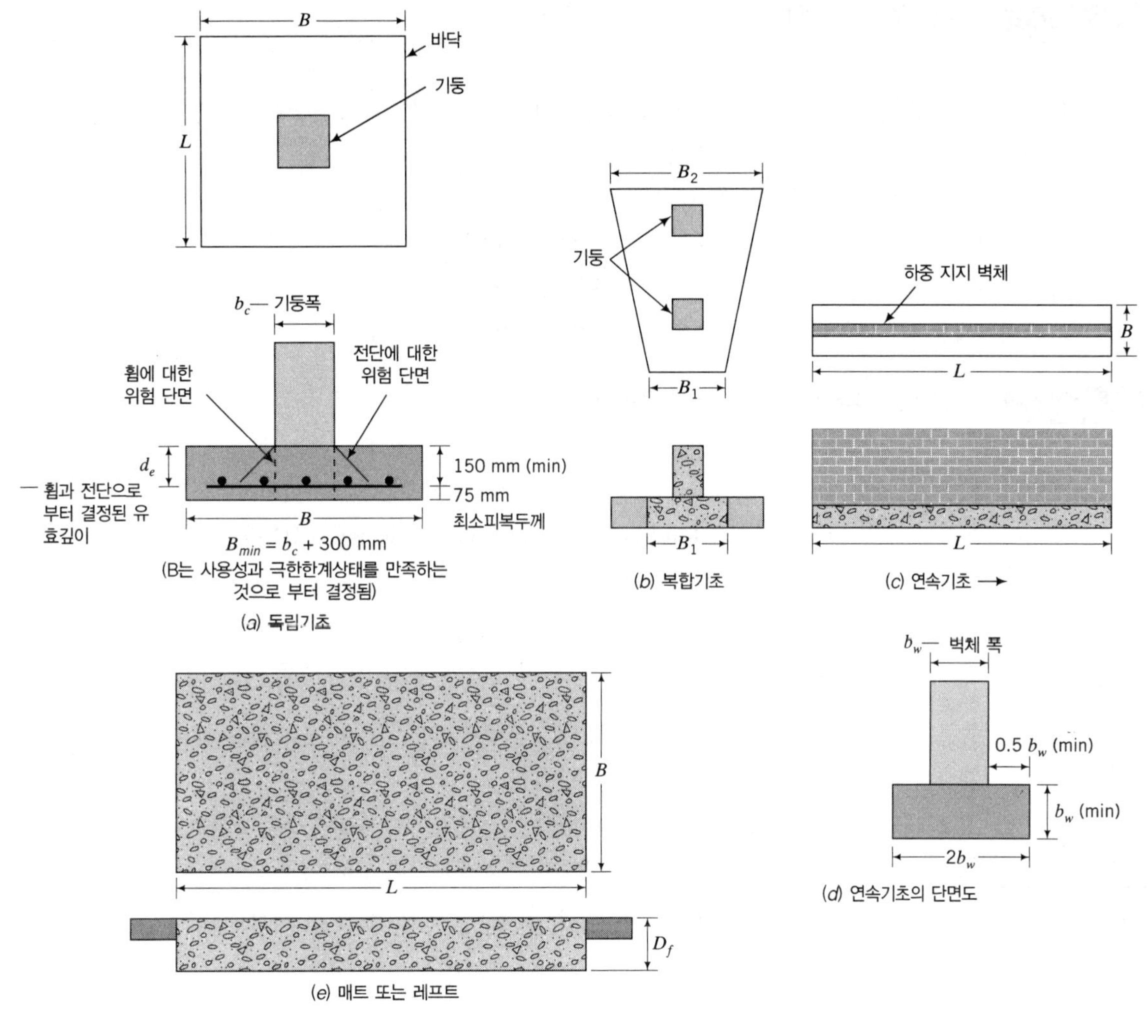

그림 12.2 얕은기초의 종류.

극한지지력 : 흙이 지지할 수 있는 최대압력

순극한지지력(q_u) : 상재하중을 제외한 흙이 지지할 수 최대압력

총극한지지력(q_{ult}) : 순극한지지력과 기초 바닥면 위의 상재하중의 합

허용지지력 또는 안전지지력(q_a) : 전단파괴로부터 구조물의 파괴에 대한 안전을 보장할 수 있는 작용압력

안전율(*FS*) : 순극한지지력에 대한 순허용지지력 또는 작용 최대 순수직응력의 비. 지반공학에서는 허용지지력을 산정하는데 2~5의 안전율이 사용

극한한계상태 : 기초나 어떠한 지반 시스템의 설계수명 동안 받을 수 있거나 예상할 수 있는 최대의 한계응력 또는 하중으로 정의함

사용성한계상태 : 지지하는 구조물의 기능을 손상시킬 수 있는 한계변형이나 기초의 침하로 정의함

12.2 이해를 돕기 위한 질문

1. 얕은기초의 순극한지지력과 허용지지력은 무엇인가?
2. 얕은기초의 허용지지력은 어떻게 결정하는가?
3. 지지력 해석에서의 가정들은 무엇인가?
4. 기초의 지지력을 산정하는데 필요한 지반정수들은 무엇인가?
5. 지하수와 편심하중은 지지력에 어떠한 영향들을 미치는가?
6. 극한한계상태와 사용성한계상태를 만족하는 확대기초의 크기는 어떻게 결정하는가?

12.3 허용응력과 하중 및 저항계수 설계

북미의 실무에서는 두 가지 설계과정을 사용하고 있다. 하나는 허용응력설계법(allowable stress design, ASD)이고, 다른 하나는 하중저항계수설계법(load and resistance factor design, LRFD)이다. 허용응력설계법에서는 극한하중 또는 응력을 산정한 다음, 안전율(FS)로 나누어 허용하중 또는 응력을 구한다.

$$\text{허용하중(응력 또는 강도)} = \frac{\text{극한하중(응력 또는 강도)}}{\text{안전율}} \tag{12.1}$$

안전율은 근본적인 기준을 가지고 있지 않다. 그것은 현존하는 기초의 성능에 대한 경험과 판단에 근거한다. 허용응력설계법은 오랫동안 사용된(재래식) 설계방법이다.

하중저항계수설계법은 하중, 흙의 저항력, 해석방법과 시공에서의 불확실성을 고려하는 신뢰성 방법에 근거하고 있다. 하중들은 서로 다른 조합에서 일반적으로 1보다 큰 하중계수를 곱하고, 흙의 극한저항력은 일반적으로 1보다 작은 소위 성능계수를 곱하게 된다. LRFD에 근거한 설계에서 지배방정식은 다음과 같다.

$$\sum \eta_i \rho_i P_i \leq \varphi_i R_i \tag{12.2}$$

여기서 ρ는 하중계수, P는 하중, R은 저항, φ는 성능계수, η는 유연성, 여분과 기능적 성능계수, i는 사하중이나 활하중과 같은 하중종류나 저항형식을 나타낸다. 법규(예, International Building Code, UBC), 공학 기구(예, American Society for Civil Engineers, ASCE), 그리고 기관(예, American Association of State Highway and Transportation Officials, AASHTO)들은 하중과 저항계수와 하중조합에 대하여 각자의 규정들을 가지고 있다. 이 책에서는 오직 두 종류의 사하중(DL)과 활하중(LL), 한 개의 하중조합, 그리고 제한된 성능계수 조합을 고려한다. 그것들은 단지 이러한 방법을 어떻게 적용하는지를 보여주기 위함이다.

하중계수들은 오직 강도에만 적용된다. 침하산정에서는 계수를 고려하지 않는 하중이나 허용응력이 사용된다.

하중조합(Load combination)

ASD : DL + LL
LRFD : 1.25 DL + 1.75 LL

성능계수(Performance factor)

성능계수 조합은 표 12.1에 나타나 있다. 실무에서는 지역적 관행에 근거한 적절한 성능계수를 사용하여야 한다.

ASD와 LRFD 설계법의 상세한 내용은 M. Budhu의 *"Foundation and Earth Retaining Structures"*(출판사: John Wiley & Sons, NY)에 나타나 있으며, 여기서는 상세하게 반복하지 않는다.

표 12.1 LRFD[1]를 이용하여 지지력 산정에 사용되는 성능계수

지지력	저항계수, φ_i
ESA : 조립토와 세립토	
ϕ'_{cs} (실내시험)	0.95*
ϕ'_p (실내시험)	0.80
ϕ'_p (SPT)	0.35
ϕ'_p (CPT)	0.45
SPT (N값)	0.45
CPT (콘 선단저항)	0.55
평판재하시험	0.55
TSA: 세립토	
s_u – 실내시험(UU삼축압축시험)	0.60
– 실내베인전단시험	0.60
– CPT	0.50
– 현장베인전단시험	0.60
– 평판재하시헌	0.55
활동 (세립토 위 150mm 모래에서의 콘크리트 보)	0.85

[1]서로 다른 출처로부터 수집된 자료이므로, 추천값에 대한 지역 규정을 검토할 필요가 있음.
*저자의 추천값임.

12.4 기본개념

12.4.1 하중을 받는 확대기초에 대한 흙의 응답

여기에서는 기본개념을 전개하는데 일반적인 내부마찰각, ϕ'를 사용하며, 나중에 ϕ'_p를 사용할지 또는 ϕ'_{cs}를 사용할 것인가에 대하여 논의하고자 한다. 지지력 맥락에서 파괴는 극한전지지력을 의미한다. 팽창하는 흙에서의 파괴는 첨두전단응력(peak shear stress)에 해당하지만, 팽창하지 않는 흙에서의 파괴는 한계상태 전단응력에 해당한다. 이러한 두 가지 상태를 구분하기 위하여 팽창토에서의 파괴하중은 붕괴하중(collapse load)으로 부르며, 비팽창토에 대해서는 파괴하중(*failure load*)으로 구분한다. 그러므로 붕괴하중은 첨두전단응력에 해당하는 하중이고, 반면에 파괴하중은 한계상태에서의 하중이다. 붕괴는 흙 지지력의 갑작스러운 감소를 의미한다. 제10장을 상기해 보면, 다일레이턴시(dilatancy)는 상당히 큰 구속압력에서 억압되며, 그래서 첨두전단응력이 발생하지 않을 수 있다.

흙 위에 놓인 확대기초의 해석은 유사하지 않는 두 물체 사이의 접촉 문제이다. 그러한 해석에서는 흙을 탄성체나 탄소성체 또는 완전강소성체(제7장)와 같은 이상적인 물질로 가정하여야 한다. 여기서는 흙을 탄성반응이 작은 선형의 완전탄소성체로 고려하자(그림 12.2a). 연속기초(길이가 폭에 비하여 매우 큰 기초)가 흙 쐐기를 발달시킨다고 가정하면, 기초에 의해 작용하는 이러한 흙 쐐기는 아래방향의 흙 속으로 진행된다(그림 12.3b). 만약 원형기초인 경우에는 콘 모양의 흙 쐐기를 발달시키게 된다.

중심 수직 하중이 기초에 점차적으로 작용하면, 처음에는 흙은 탄성적으로 반응한다. 흙은 수직방향과 측면으로 압축될 것이다(수평의 바깥쪽으로의 움직임). 변형은 저장된 에너지처럼 흙 내부에서 완전히 포용된다. 만약 기초에 가해

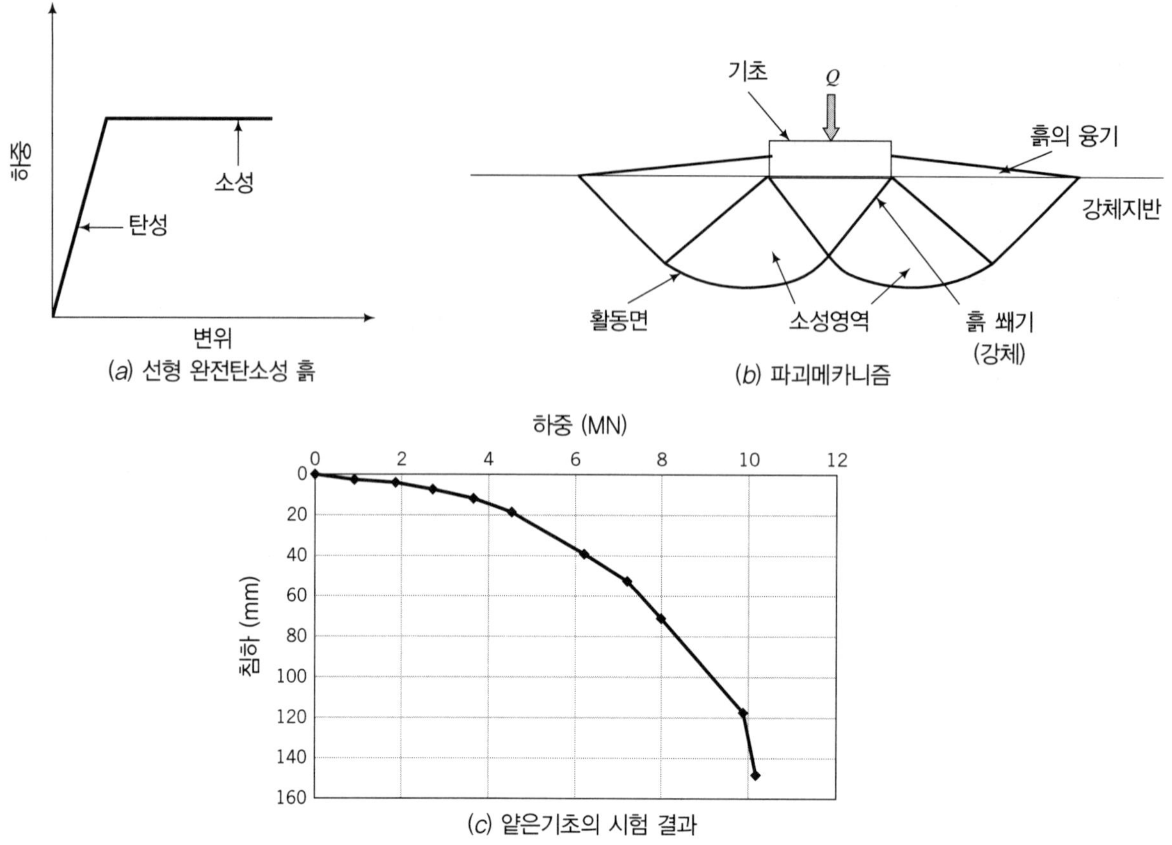

그림 12.3 (a) 완전 탄소성체의 하중–변위 관계 (b) 흙 속으로 흙 쐐기의 관입(쐐기면과 기초–흙 경계면에서는 활동이 발생하지 않고, 기초 두께를 따라서 활동이 발생함) (c) 모래 위에 놓인 3m 정사각형 기초의 현장시험결과(출처: Briaud and Gibbens, 1994).

진 하중이 제거되면, 변형은 회복된다. 하중이 증가함에 따라 흙의 일부 영역은 항복하게 되고, 소성적으로 거동(소성흐름)하게 된다. 흙 쐐기의 정점에서 압력은 무한대로 커지며 주응력의 차이가 무한대로 된다. 그러면 정점 주위는 하중에 대하여 곧바로 항복하게 되는 영역이 된다. 만약 흙이 완전 강소성체 물질이라면, 어떤 영역은 소성흐름이 발생하지만, 반면에 다른 영역에서는 변형이 발생하지 않게 된다. 소성상태에 도달한 흙의 영역을 소성영역(plastic zone)이라 한다. 더 많은 하중이 기초에 작용하게 되면, 소성영역은 증가하게 되며 궁극적으로는 지표면까지 확대되어 기초의 측면에서 흙이 솟아오르게 ("pileup")된다(그림 12.3b). 탄성에서 완전소성반응을 하는 전이영역이 있으며, 거기에서 흙은 탄소성체로 거동하고 변형은 근본적으로 측방향으로 발생한다. 소성영역과 비소성영역 또는 변형이 발생하지 않는 영역(완전 강소성체에 적용됨) 사이의 경계면을 활동면(slip surface) 또는 한계응력경계면(limiting stress surface)이라 한다.

기초 측면에서 흙의 솟아오름은 상재하중과 재료의 변형률 경화 능력에 의하여 영향을 받게 된다. 만약 기초가 흙 속에 근입되어 있고, 흙이 변형률 경화 가능성이 큰 경우 또는 양쪽 모두인 경우 기초 가장자리 주변에서 흙이 솟아오르게 하는 소성흐름은 억제되고, 이로 인하여 큰 측방향응력을 야기하여 흙을 측방향방향으로 이동시키게 된다. 이로 인하여 첫 번째는 흙이 다일레이턴시 현상때문에 보통 첨두전단응력을 보이고, 그리고 나서 변형률연화현상이 억압되어 변형률경화 물질처럼 거동하여 소성영역이 흙 덩어리 속으로 더 확대되고, 두 번째로 그림 12.3b에서 보이는 파괴형태가 발생하지 않는 것이다. 그러므로 이러한 상황에서는 어떠한 명확한 붕괴하중이 보이지 않지만, 하중이 계속 증가하면 한계상태에 도달할 때까지 기초의 변위가 발생하게 된다. 일반적으로 이것은 받아들일 수 없는 변위에서 발생한다. 얕은기초에 대한 시험에서 이와 같은 유형의 반응이 흔히 발생하며, 여기서는 첨두 또는 붕괴하중을 인식하기가 쉽지 않다(그림 12.3c).

다음 절에서는 붕괴하중에 대한 기존의 해석에서 가정된 파괴면을 보여 주며, 이 절에서 나타난 학습한 비교하기 바란다.

12.4.2 확대기초에서 기존의 파괴면

Prandtl(1920)은 완전강소성 반무한 공간에서 기초중심에 하중이 작용하는 강체쐐기에 대하여 연구하였다. Terzaghi (1943)는 Prandtl의 이론을 연속기초에 적용하였으며, 이 때 흙은 반무한, 균질, 등방, 자중을 무시한 강소성체로 가정하였다. 앞 절을 상기해 보면, 이와 같은 가정들과 함께 하중이 어떤 크기에 도달하면 소성흐름이 발생한다. Prandtl이 가정하고 Terzaghi가 받아들인 활동면의 양상이 그림 12.4a에 나타나 있다. 두 개의 소성영역이 강체쐐기 주변에 존재하며, 이것들은 기초의 중심을 통과하는 수직면(기초의 길이에 평행함)에 대하여 대칭이다. 영역 ABD(그림 12.4a 참조)는 대수나선 활동면까지 방사선 방향의 활동평면으로 이루어진 부채꼴 형상이다. 또 다른 ADE 영역은 수평면과 수직면에 대하여 각각 $45° + \phi'/2$와 $45° - \phi'/2$의 각으로 이루어진 활동평면으로 구성되어 있으며, 이것은 이미 제7장에서 설명하였다. 영역 ADE는 Rankine의 수동영역이라 부른다. 제15장에서 옹벽과 연관하여 Rankine의 수동영역과 주동영역에 대하여 설명하겠다. 면 AB와 AD는 마찰활동면이며 이것들의 움직임은 흙 속으로 관입된 거친 벽의 거동과 유사하다. 이 때 발생된 압력을 수동토압이라 한다. 만약 수동토압의 크기를 알면 쐐기 ABC의 평형을 고려하여 총극한지지력을 결정할 수 있다. 제10장을 상기해 보면, Mohr-Coulomb 파괴규준에 따라 흙이 전단파괴될 때 활동면이 형성된다는 것을 알 수 있다. 그렇지만 어떠한 활동면도 강체기초를 통과할 수 없고, 그래서 기초 바로 아래 흙에서는 발생되지 않는다. 그림 12.4a에 나타난 파괴형태를 전면전단파괴라고 한다.

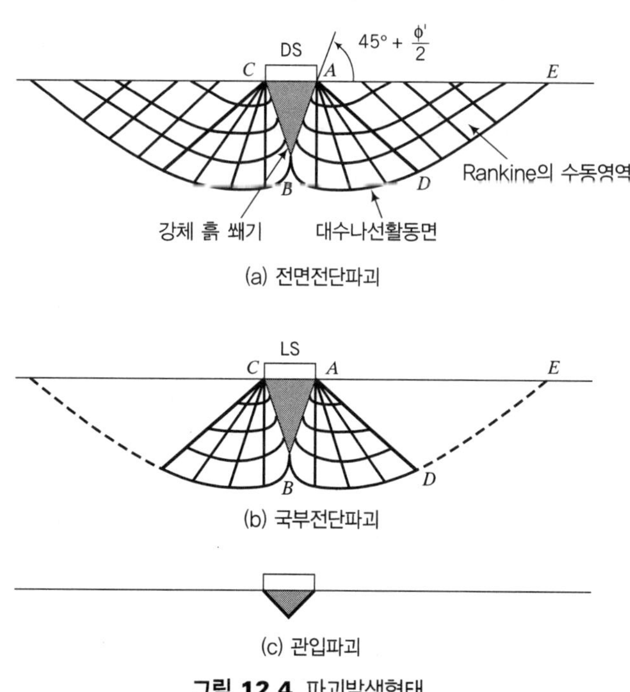

그림 12.4 파괴발생형태.

앞 절에서 설명한 바와 같이 그림 12.4a에 나타난 기존의 파괴형태는 발생되지 않을 수 있다. 그러므로 이러한 파괴형태로부터 붕괴하중을 산정하는 것(12.5절과 12.6절)은 상당히 부정확할 수 있다.

다른 파괴형태들도 제안되었다. 예를 들면 느슨한 흙에서 활동면이 발생된다면, 기초바닥면 아래 흙 내에서 활동면이 형성되어 수평으로 확장되는 것으로 가정한다. 이것을 국부전단파괴라고 한다(그림 12.4b 참조). 매우 느슨한 흙에서 활동면은 강체쐐기의 면으로만 제한될 수 있으며, 이것을 관입전단파괴(punching shear failure)라고 한다(그림 12.4c 참조).

요점정리 THE ESSENTIAL POINTSARE

1. 기초의 하중-변위 반응은 흙의 응력-변형률 거동과 주어진 경계조건에 의존한다.
2. 흙이 완전 강소성체로 거동하면, 소성유동으로 기초 가장자리 근처에서 흙이 솟아 오르고, 붕괴형태는 자유면까지 발생한다. 이러한 붕괴형태는 실제 지반에서는 발생하지 않을 수 있다.
3. 기존의 붕괴형태는 기초 바로 아래의 강체쐐기와 인접한 방사소성전단영역(radial plastic shear zone), Rankine 수동영역으로 구성된다.

What's next... 이 장에서 다루는 지지력 공식은 Prandtl에 의해 제안된 파괴형태를 수정한 것에 대하여 유도되었다. 이러한 지지력 공식을 고려하기 전에, 일반적인 해석방법인 한계평형법(limit equilibrium method)을 이용하여 점토지반 위에 놓인 연속기초의 파괴하중에 대하여 다룬다.

12.5 한계평형법을 이용한 파괴하중

공학실무에서 일반적으로 사용되는 지지력 공식들은 소위 한계평형법이라 부르는 해석적 방법을 이용하여 유도되었다. 이 방법으로 연속기초에 대한 붕괴하중(P_u)을 구하는 방법에 대하여 설명하겠다. 한계평형법에서 기본적인 순서는 (1) 타당한 파괴형태나 파괴면을 가정하고, (2) 파괴면에 작용하는 힘들을 결정한 다음, (3) 정역학에서 배운 평형방정식을 사용하여 붕괴 또는 파괴하중을 구하는 것이다.

지반의 비배수전단강도가 s_u인 균질하고 포화된 점토 표면에 폭 B인 연속기초가 놓여 있다고 가정하자(그림 12.5 참조). 단순화를 위하여 흙의 자중은 무시한다. 한계평형법의 1단계에서는 파괴형태를 알거나 추정한다. 어떠한 시험도 실시하지 않았기 때문에 파괴형태가 어떠한지 정확히 알지 못하므로, 기초는 안쪽의 가장자리 A점(그림 12.5 참조)을 중심으로 회전한다고 추정하며, 이 때 파괴면은 반경 B인 반원이다.

2단계에서는 파괴면에 작용하는 힘들을 결정하여야 한다. 반원의 원주를 따라 전단응력 (τ)과 수직응력 (σ_n)이 작용한다. 이러한 응력들이 원주에서 균등하게 분포하고 있는지 알지 못하지만, 균등하게 분포하고 있다고 가정한다. 그렇지 않으면 시험을 수행하거나 타당한 응력분포를 가정하여야 한다. 파괴가 발생하기 때문에 흙의 최대 전단강도가 발휘되고, 그러므로 전단응력은 흙의 전단강도와 같게 된다. 이제 3단계로 옮겨갈 준비가 되었다. A점을 중심으로 반원에 작용하는 수직력에 의한 모멘트는 작용선이 A점을 통과하므로 0이 된다. 그러면 모멘트 평형방정식은 식 (12.3)과 같게 되고, 붕괴하중은 식 (12.4)와 같게 된다.

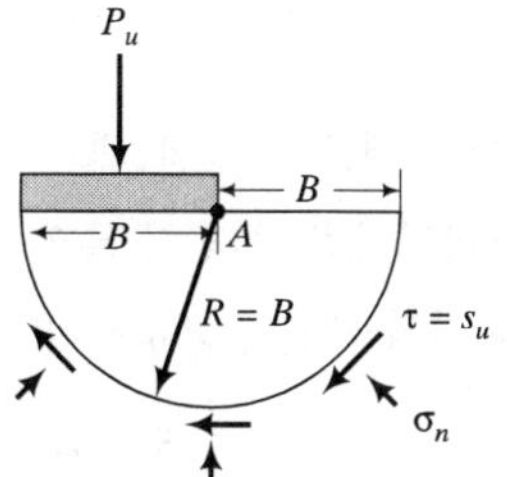

그림 12.5 원형의 파괴형태.

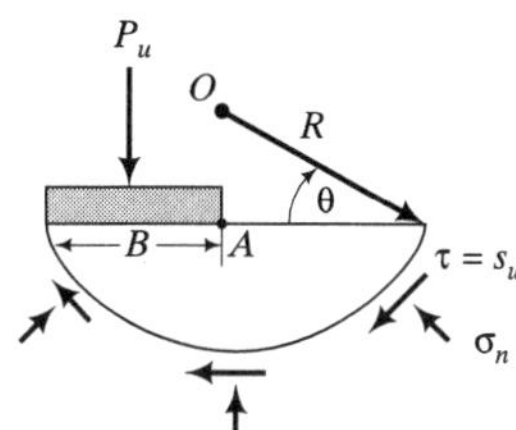

그림 12.6 원호 파괴형태.

$$P_u \times \frac{B}{2} - s_u \pi B \times B = 0 \tag{12.3}$$

$$P_u = 6.28 B s_u \tag{12.4}$$

파괴형태를 추정했기 때문에 계산된 붕괴하중이 정확한지 확신할 수 없다. 다른 파괴형태를 선택하여 위의 세 단계 과정을 반복할 수 있다. 예를 들면 파괴면의 회전 중심점이 A점이 아닌 기초 위의 O점이고, 파괴면의 반경이 R인 파괴형태를 가정한다(그림 12.6 참조). O점에 대하여 모멘트를 취하면 식 (12.5)가 되고, 이식을 재정리하면 식 (12.6)이 된다.

$$P_u(R\cos\theta - B/2) - s_u[(\pi - 2\theta)R]R = 0 \tag{12.5}$$

$$P_u = \frac{s_u[(\pi - 2\theta)R]R}{(R\cos\theta - B/2)} = \frac{s_u(\pi - 2)R}{(\cos\theta - B/2R)} \tag{12.6}$$

이제 붕괴하중은 두 개의 변수 R과 θ에 의존하고, 수 많은 파괴형태가 존재할 수 있다. 그리고 나서 붕괴를 발생시키는 최소 하중을 구할 수 있다. 변수 R과 θ에 대하여 식 (12.6)을 미분하여 극한값들을 찾아서 구할 수 있으며 이 식을 미분하면 다음과 같다.

$$\frac{\partial P_u}{\partial R} = \frac{4s_u R(\pi - 2\theta)(R\cos\theta - B)}{(2R\cos\theta - B)^2} = 0 \tag{12.7}$$

$$\frac{\partial P_u}{\partial \theta} = \frac{4s_u R^2(B - 2R\cos\theta + \pi R\sin\theta - 2R\theta\sin\theta)}{(2R\cos\theta - B)^2} = 0 \tag{12.8}$$

이 식들의 해는 $\theta = 23.2°$와 $R = B\sec\theta$이며, 즉, O점은 A점 바로 위에 있다. 이 값들을 식 (12.6)에 대입하면 다음과 같은 붕괴하중을 얻을 수 있다.

$$P_u = 5.52Bs_u \tag{12.9}$$

붕괴하중이 식 (12.4)보다 작기 때문에 이것은 더 좋은 해가 되지만, 그러나 이것보다 더 작은 P_u를 줄 수 있는 다른 파괴형태들을 조사할 필요가 있다. 한계평형법 보다 더 복잡한 해석법을 이용하면 문제에 대한 정확한 해는 다음과 같게 되며, 이것은 두 번째 파괴형태의 결과보다 약 9% 적다.

$$P_u = 5.14Bs_u \tag{12.10}$$

What's next... 이 절에서 한계평형법의 원리에 대하여 알아 보았다. 이것은 가능한 파괴형태들에 대하여 추정한 다음, 정역학을 이용하여 붕괴하중을 찾는 반복적 방법이다. 다음 절에서 논의하는 지지력 공식들은 한계평형법을 이용하여 유도되었다. 습득할 새로운 개념이 없기 때문에 지지력 공식을 유도하지는 않는다. 만약 유도과정을 원한다면, 출간된 문헌을 참조할 수 있다.

12.6 지지력 공식

컴퓨터 프로그램 활용

흙의 지지력을 계산하기 위해서 www.wiley.com/college/budhu에 접속하여 12장을 클릭한 다음, bc.xls 파일을 클릭하면 된다.

Terzaghi(1943)는 균질한 지반의 지표면에서 깊이 D_f에 놓인 기초에 대하여 Prandtl(1920)의 파괴형태와 한계평형법에 근거하여 지지력 공식을 유도하였다. 대부분 얕은기초에서 근입깊이 D_f는 동결작용(frost acfion), 동결(freezing), 융해, 그리고 다른 환경적 영향 등을 고려한 것이다. 건축법규에서는 기초에서 최소의 근입깊이에 대한 지침을 제공하고 있다. Terzaghi는 다음과 같은 가정을 하였다:

1. 흙은 반무한, 균질, 등방, 무게를 무시한 강소성체이다.
2. 근입깊이는 기초의 폭보다 크지 않다 ($D_f < B$).
3. 전면전단파괴가 발생한다.
4. 쐐기의 각도 θ(그림 12.7)는 ϕ'이다. 이 후에 $\theta = 45° + \phi'/2$로 밝혀졌다(Vesic, 1973).
5. 기초 바닥면 위에 있는 흙의 전단강도는 무시한다. 이 후에 Meyerhof(1951)는 기초 바닥면 위의 전단저항을 고려하였다.
6. 기초 바닥면 위에 있는 흙은 상재하중($= \gamma D_f$)으로 대체한다.
7. 기초의 바닥면은 거칠다.

한계평형법에 근거한 많은 지지력 공식들이(예, Terzaghi, 1943; Meyerhof, 1963; Hansen, 1970; Vesic, 1973) 제안되었다. 여기서는 지반공학 실무에서 일반적으로 사용되는 전면전단파괴에 대한 지지력 공식만을 다루고자 한다. 전면전단파괴는 상대밀도가 70%보다 큰 조밀한 조립토와 굳은 세립토에서 주로 발생한다. 국부전단파괴의 경우, Terzaghi는 ϕ_p'와 s_u를 2/3으로 감소시키는 것으로 제안하였다.

여기서는 두 가지 한계조건을 다루고자 한다. 하나는 전응력해석(TSA)을 필요로 하는 단기조건이다. TSA는

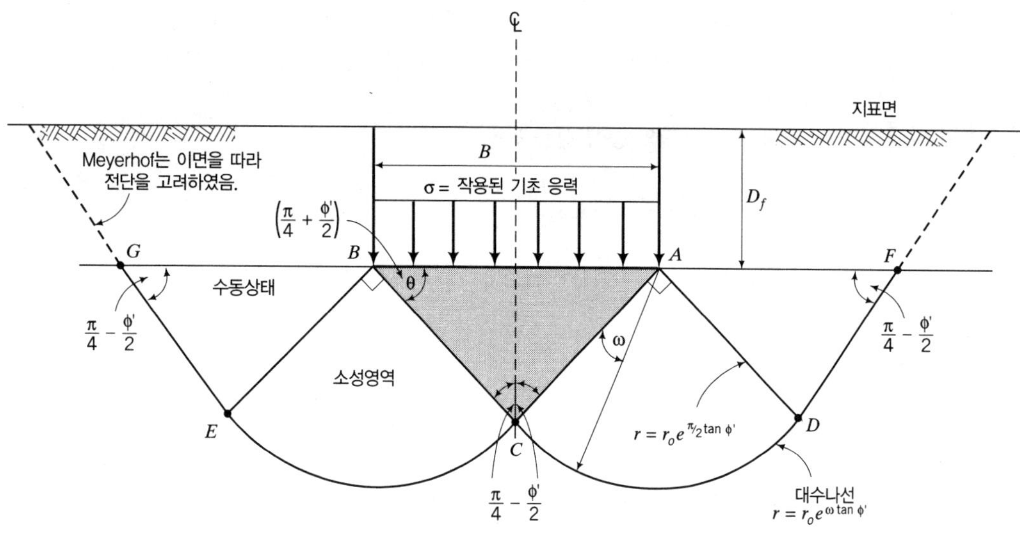

그림 12.7 얕은기초의 파괴면.

세립토에 적용 가능하고, 전단강도정수는 비배수전단강도 s_u이다. 또 다른 조건은 유효응력해석(ESA)을 필요로 하는 장기조건이다. ESA는 모든 지반에 적용할 수 있고, 전단강도정수는 평면변형률시험에서 얻는 첨두내부마찰각 ϕ_p'이다.

일반적인 하중조건

순극한지지력

전면전단파괴에 대한 순극한지지력은 다음과 같다.

$$\text{TSA:} \quad q_u = 5.14 s_u s_c d_c i_c b_c g_c \tag{12.11}$$

$$\text{ESA:} \quad q_u = \gamma D_f (N_q - 1) s_q d_q i_q b_q g_q + 0.5 \gamma B' N_\gamma s_\gamma d_\gamma b_\gamma g_\gamma \tag{12.12}$$

식 (12.11)에 의하면, 세립토의 지지력은 기초의 크기와 무관하다.

총극한지지력

총극한지지력은

$$q_{ult} = q_u + \gamma D_f \tag{12.13}$$

허용지지력

허용지지력은

$$q_a = \frac{q_u}{\text{FS}} + \gamma D_f \tag{12.14}$$

여기서 FS는 2~3사이의 안전율이고, 3이 가장 많이 사용된다. 실무에서 어떤 지반공학자들은 보수적인 설계를 위하여 식 (12.12)에서 $(N_q - 1)$ 대신에 N_q를 사용하기도 하며, 식 (12.14)에서 γD_f항을 무시하기도 한다.

수평면 위에 놓인 기초에 오직 수직의 중심 하중 작용

$$\text{TSA:} \quad q_u = 5.14 s_u s_c d_c \tag{12.15}$$

$$\text{ESA:} \quad q_u = \gamma D_f (N_q - 1) s_q d_q + 0.5 \gamma B' N_\gamma s_\gamma d_\gamma \tag{12.16}$$

수평면 위에 놓인 기초에 오직 경사 하중 작용

$$\text{TSA:} \quad q_u = 5.14\, s_u i_c \tag{12.17}$$

$$\text{ESA:} \quad q_u = \gamma D_f (N_q - 1) i_q + 0.5 \gamma B' N_\gamma i_\gamma \tag{12.18}$$

여기서 N_q와 N_γ는 ϕ'_p의 함수인 지지력계수이고, s_c, s_q, s_γ는 형상계수, d_c, d_q, d_γ는 근입깊이계수, i_c, i_q, i_γ는 하중경사계수, b_c, b_q, b_γ는 바닥면 경사계수, B'는 등가기초폭(그림 12.10 참조)이고, g_c, g_q, g_γ는 지표면 경사계수이다.

지지력 계수 지지력 계수 N_q는 다음과 같다.

$$N_q = e^{\pi \tan \phi'_p} \tan^2\left(45° + \frac{\phi'_p}{2}\right); \quad \phi'_p\,[\text{각도}] \tag{12.19}$$

기존 문헌에서 여러 가지 공식들이 제안되었다. 가장 많이 사용되는 식들은 다음과 같다.

$$\text{Vesic (1973):} \quad N_\gamma = 2(N_q + 1)\tan\phi'_p; \quad \phi'_p\,[\text{각도}] \tag{12.20}$$

$$\text{Meyerhof (1976):} \quad N_\gamma = (N_q - 1)\tan(1.4\phi'_p); \quad \phi'_p\,[\text{각도}] \tag{12.21}$$

Davis and Booker (1971): 거친 기초의 경우, $N_\gamma = 0.1054\exp(9.6\phi'_p)$; ϕ'_p [호도] (12.22)

매끄러운 기초의 경우, $N_\gamma = 0.0663\exp(9.3\phi'_p)$; ϕ'_p [호도] (12.23)

일반적으로 많이 사용되는 지지력 계수들의 차이는 그림 12.8에 나타나 있다.

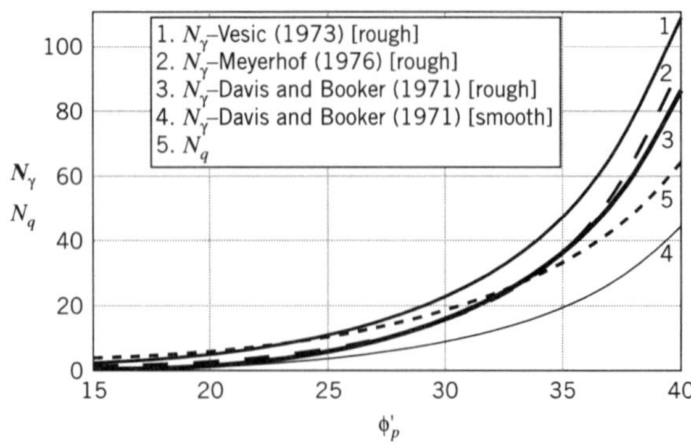

그림 12.8 몇 가지 지지력 계수들의 비교.

Davis와 Booker에 의해 제안된 지지력 계수 N_γ는 개선 소성법(refined peastic method)에 근거하며, Vesic 방법에 비하여 보수적인 결과를 준다. Meyerhof 방법에 의한 N_γ는 ϕ_p'가 약 35°보다 작은 경우에 Davis와 Booker 방법의 결과와 동일한 결과를 준다. 이 책에서는 N_γ에 대하여 Davis와 Booker 방법의 결과를 사용한다.

중요한 정수는 ϕ_p'이다. ϕ_p'의 도달 여부는 흙이 큰 유효연직응력에 의해 억압되는 흙의 팽창하는 능력에 달려있다. 흙덩어리에 작용하는 하중이나 하중에 의해 발생된 응력 둘다 확실하지 않기 때문에 ϕ_p'의 이용은 불확실하다. $\phi_p' = \phi_{cs}' + \alpha_p$ 로 쓸 수 있으며, 여기서 ϕ_{cs}'는 한계상태에서의 내부마찰각(기본적인 흙의 특성임)이고, α_p는 첨두팽창각(기본적인 흙의 특성이 아님)이다. ϕ_p'에서의 불확실성은 주로 α_p값의 불확실성으로부터 기인된다.

이론적인 지지력 공식을 전개하는데 평면변형률 조건이 가정되었다. 그러므로 ϕ_p'의 값은 직접전단시험이나 직접단순전단시험과 같은 평면변형률 시험에서 얻어야 한다. 일반적으로 동일한 흙에 대하여 삼축시험에 의한 ϕ_p'는 평면변형률 조건보다 작은 값을 나타낸다. 이것에 대한 여러가지 변환 관계가 제안되었다. 실무적인 목적에서는 다음과 같은 식이 사용될 수 있으며, 여기서 아래첨자 ps와 tr은 각각 평면변형률과 삼축압축을 의미한다.

$$(\phi_p')_{ps} = \frac{9}{8}(\phi_p')_{tr} \tag{12.24}$$

식 (12.11)에 사용된 비배수전단강도 s_u는 경험과 판단을 필요로 한다. s_u는 흙의 기본적인 특성이 아니며, 초기 간극비나 초기구속응력에 따른 값이라는 것을 상기하자. Skempton(1953)는 구속되지 않는 삼축압축시험에서 얻은 s_u를 이용하여 제1장에서 언급된 Transcona 곡물저장창고 기초 파괴의 파괴후 평가를 성공적으로 평가하였다. 그렇지만, 식 (12.11)의 유도에 사용된 극한해석법(limit analysis method)에서는 평면변형률시험에서 얻은 s_u의 사용을 필요로 한다. 일반적으로 s_u는 깊이에 따라 변한다(제11장의 내용을 상기해 보면, 정규압밀점토에서 s_u는 깊이에 따라 증가한다). 균질한 흙에서 사용할 수 있는 실용적인 한 방법은 기초 바닥면 바로 아래 1.5 B 깊이에서의 평균 s_u를 식 (12.11)에 사용하는 것이다.

거친 기초는 기초–흙 사이의 경계면에서 완전한 전단이 발생하는 기초를 말한다. 보통의 시공방법은 조립토의 층을 다짐하여 그 위에 기초를 설치하는 것이다. 이러한 경우에는 거친 기초에 대한 N_γ이 적절하다. 기초가 세립토에 직접 놓여있을 때 매끄러운 기초에 대한 N_γ를 사용해야 한다.

기하학적 계수(Geometric factors) 기하학적 계수들은 기초의 형상과 기울기, 하중경사의 편심량, 그리고 지반의 기울기(그림 12.9 참조)에 해당하는 것이다. 이러한 계수들에 대한 몇 가지 공식들이 제안되어 왔다. 이 책에서는 일반적으로 실무에서 많이 사용되거나 보다 정밀한 해석 또는 시험결과에 의하여 개정된 계수들을 사용할 것이다. 이 계수들이 표 12.2에 나타나 있으며, 추정치로 간주된다.

지지력 공식은 하나의 합력 하중을 받는 기초에 적용할 수 있으며, 그 하중은 수직성분 V_n과 폭 B에 평행한 수평성분 H_B와 길이 L에 평행한 수평성분 H_L의 합력이다. 기초의 짧은 변을 따라 잠재적인 파괴가 조사되면, H_B를 사용하고, 기초의 장변을 따라 파괴가 발생하면 H_L을 사용한다.

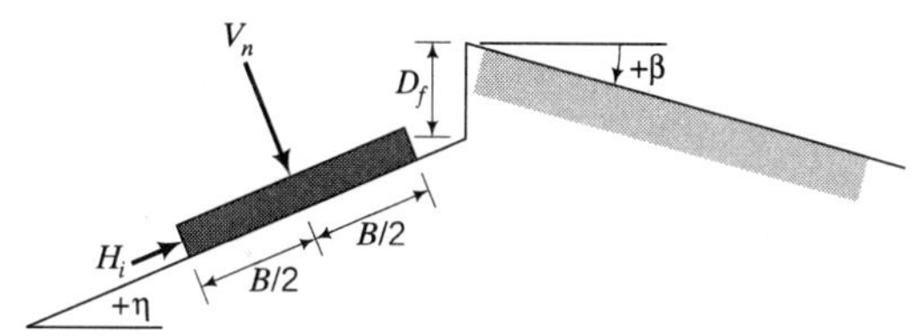

그림 12.9 경사면 위의 기초.

표 12.2 이론적 지지력 방정식에 사용되는 기하학적 계수

TSA에 대한 기하학적 정수				
s_c	d_c	i_c	b_c	g_c
$1+0.2\frac{B'}{L'}$	$1+0.33\tan^{-1}\frac{D_f}{B'}$ (주1) 참조	$1-\frac{nH}{5.14\,s_u B'L'}$ (주2) 참조	$1-\frac{\eta^\circ}{147}$ $\beta<\phi'_p;\ \eta^\circ+\beta^\circ<90^\circ$ (그림 12.9 참조)	$1-\frac{\beta^\circ}{147}$ $\beta<\phi'_p;\ \eta^\circ+\beta^\circ<90^\circ$ (그림 12.9 참조)
ESA에 대한 기하학적 정수				
s_q	d_q	i_q	b_q	g_q
$1+\frac{B'}{L'}\tan\phi'_p$	$1+2\tan\phi'_p(1-\sin\phi'_p)^2\tan^{-1}\left(\frac{D_f}{B'}\right)$	$\left(1-\frac{H}{V_n}\right)^n$ (주2) 참조	$(1-\eta\tan\phi'_p)^2$ (η : 호도)	$(1-\tan\beta)^2$
s_γ	d_γ	i_γ	b_γ	g_γ
$1-0.4\frac{B'}{L'}$	1	$\left(1-\frac{H}{V_n}\right)^{n+1}$ (주2) 참조	$b_\gamma=b_q$	$g_\gamma=g_q$

주1: 만약 기초 위에 있는 흙의 전단강도가 기초 아래 지반의 것보다 작으면, 모든 깊이계수들은 1을 사용하여야 한다. $\tan^{-1}\left(\frac{D_f}{B'}\right)$ 항은 호도값이다.

주2: 경사하중에 대한 깊이계수와 형상계수는 1이다. 폭 B 방향으로 경사진 하중에서는 그림 12.10d에서 $\theta=90°$이, $n=n_B=\left(2+\frac{B'}{L'}\right)\Big/\left(1+\frac{B'}{L'}\right)$이다. 길이 L방향으로 경사진 하중에서는 $\theta=0°$이고, $n=n_L=\left(2+\frac{L'}{B'}\right)\Big/\left(1+\frac{L'}{B'}\right)$이다. 다른 하중조건에서는 $n=n_L\cos^2\theta+n_B\sin^2\theta$이다.

편심하중(Eccentric Loads) 하중합력의 위치(하중중심)가 기초의 중심(면적의 중심)과 일치하지 않으면 기초크기는 이론적으로 하중중심과 기초중심이 일치하도록 조정해야 한다. 면적중심에서부터 합력하중의 수직성분의 위치로부터의 거리가 편심량이다. 작용된 모멘트는 편심량 e_B와 e_L에서의 합력수직하중으로 전환될 수 있으며 다음과 같이 구할 수 있다.

$$e_B=\frac{M_y}{V_n};\quad e_L=\frac{M_x}{V_n} \tag{12.25}$$

여기서 그림 12.10c에서 보는 바와 같이 V_n은 합력수직하중이고, M_x와 M_y는 x와 y축에 대한 모멘트이다. 편심하중에 대한 몇가지 가능한 경우들이 그림 12.10에 나타나 있다.

편심량 e에서 수직하중에 의한 응력들(모멘트 $=V_ne$)은 다음과 같다.

$$\sigma=\frac{V_n}{A}\pm\frac{My}{I}=\frac{V_n}{A}\pm\frac{V_ney}{I}=\frac{V_n}{A}\pm\frac{V_ne}{Z} \tag{12.26}$$

여기서 I는 면적의 2차모멘트, y는 중립축에서 바깥쪽 가장자리까지의 거리, A는 단면적, Z는 단면계수이다. 직사각형 단면에서 Y축 또는 X축에 대한 모멘트를 고려하는지에 따라, $Z=\frac{I}{y}=\frac{\frac{B^3L}{12}}{\frac{B}{2}}=\frac{B^2L}{6}$ 또는 $\frac{BL^2}{6}$이다.

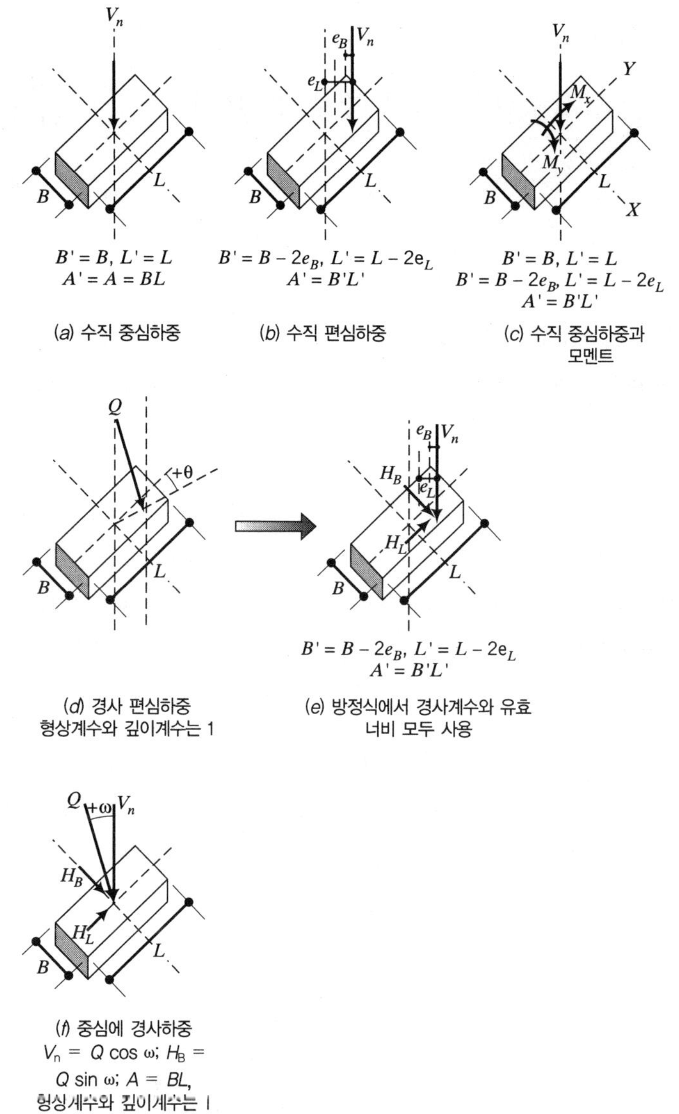

그림 12.10 몇 가지 가능성이 있는 하중 경우.

X 축에 따라 최대와 최소 수직응력은 식 (12.27)과 같고, Y축에 따른 최대 및 최소 수직응력은 식 (12.28)과 같다.

$$\sigma_{max} = \frac{V_n}{A} + \frac{V_n e}{Z} = \frac{V_n}{BL}\left(1 + \frac{6e_B}{B}\right);\quad \sigma_{min} = \frac{V_n}{A} - \frac{V_n e}{Z} = \frac{V_n}{BL}\left(1 - \frac{6e_B}{B}\right) \tag{12.27}$$

$$\sigma_{max} = \frac{V_n}{A} + \frac{V_n e}{Z} = \frac{V_n}{BL}\left(1 + \frac{6e_L}{L}\right);\quad \sigma_{min} = \frac{V_n}{A} - \frac{V_n e}{Z} = \frac{V_n}{BL}\left(1 - \frac{6e_L}{L}\right) \tag{12.28}$$

폭 방향에 평행하고 하중 작용점을 통과하는 평면에서 편심하중을 받는 기초 아래에서의 수직응력의 분포는 그림 12.11에 나타나 있다.

σ_{min}을 검토해 보면 다음과 같다. 만약 $e_B = \dfrac{B}{6}$이거나 또는 $e_L = \dfrac{L}{6}$이면, $\sigma_{min} = 0$이 된다. 그렇지만, $e_B > \dfrac{B}{6}$

이거나 $e_L > \frac{L}{6}$이 되면, $\sigma_{min} < 0$이 되고, 인장력이 발생된다. 미고결된 흙의 인장강도는 0이기 때문에 기초의 일부분은 하중을 지반으로 전단할 수 없게 된다. 이러한 상황을 피하기 위하여 $e_B < \frac{B}{6}$와 $e_L < \frac{L}{6}$이 되도록 기초를 설계하여야 한다.

순극한하중은

$$P_u = q_u B'L' \tag{12.29}$$

유효면적 $A' = B'L'$에서 유효너비 B'와 유효길이 L'를 이론적 지지력 공식에 사용하여야 한다. 만약 하중에 중앙에 작용하면, $B' = B$과 $L' = L$이다. 직경이 D인 원형기초에서는 $B = L = D$이 된다. 편심하중을 받는 원형기초의 등가면적은

$$A' = \frac{D^2}{2}\left[\cos^{-1}\frac{2e}{D} - \frac{2e}{D}\sqrt{1 - \left(\frac{2e}{D}\right)^2}\right] \tag{12.30}$$

지하수의 영향 지하수 조건에 따라 이론적 지지력 공식을 조정하여야 한다. ESA에 대한 지지력 공식에서 γD_f 항은 기초 바닥면 위에 있는 흙의 수직응력을 의미한다. 마지막 γB 항은 기초 바닥면 아래 두께 B의 흙에서의 수직응력을 나타낸다. 프로젝트 수행에서는 다음의 세가지 지하수 조건 중 하나를 검토할 필요가 있다.

상황 1 : 지하수위가 기초 바닥면 아래에서 B 보다 더 깊거나 같은 경우(그림 12.2a)에는 수정할 필요가 없다.
상황 2 : 지하수위가 기초 바닥면 아래에서 B 이내의 깊이에 있어서 $0 \le z < B$의 조건(그림 12.2a)인 경우에는 γB

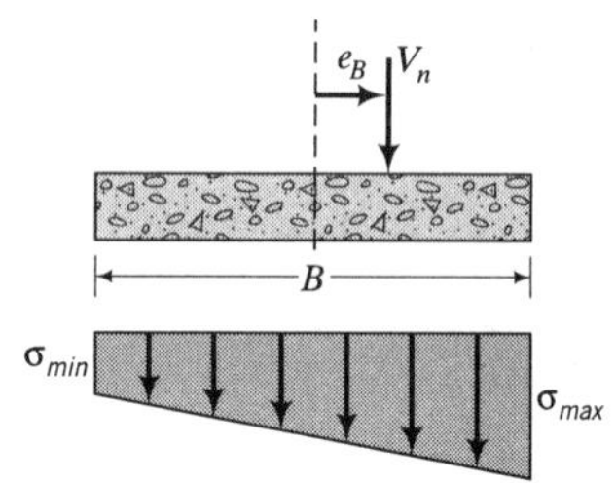

그림 12.11 편심하중을 받는 기초에서 수직응력 분포.

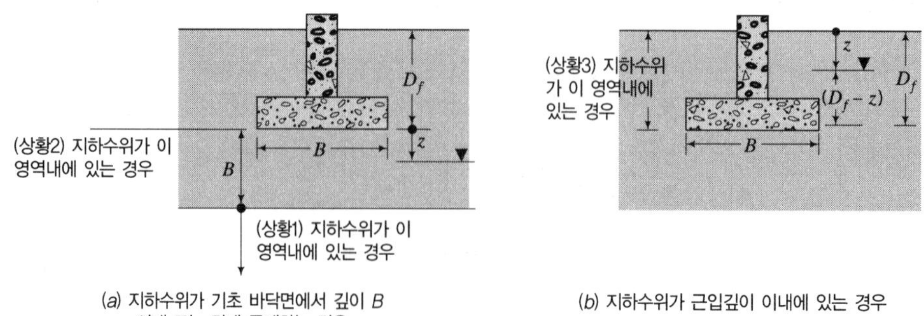

그림 12.12 기초 바닥면 아래 지하수위 영향.

항은 $\gamma z + (\gamma_{sat} - \gamma_w)(B - z)$ 또는 $\gamma_{sat}z + (\gamma_{sat} - \gamma_w)(B - z)$가 된다. 만약 지하수위 위의 흙이 포화되어 있는 경우에는 후자의 식을 사용한다. z는 기초 바닥면에서부터의 거리이다. γD_f 항은 변화하지 않는다.

상황 3 : 지하수위가 근입깊이 이내에 있어서 $0 \le z < D_f$의 조건(그림 12.2b)인 경우에는 γD_f 항은 $\gamma z + (\gamma_{sat} - \gamma_w)(D_f - z)$이 되고, 또는 지하수위 위의 흙이 포화된 경우에는 $\gamma_{sat}z + (\gamma_{sat} - \gamma_w)(D_f - z)$이 된다. z는 지표면에서부터의 거리이고, $\gamma B = (\gamma_{sat} - \gamma_w)B$이 된다.

예제 12.1 모래의 허용지지력

중앙에 집중하중을 받는 2 m의 정사각형 기초가 다져진 모래로 깊게 퇴적된 지층($\phi'_p = 35°$, $\phi'_{cs} = 30°$, $\gamma_{sat} = 18$ kN/m^3)의 지표면 아래 1 m 깊이에 놓여 있다. 지하수위는 지표면에서 5 m 깊이에 있고, 지하수위 위의 흙은 포화되어 있다고 가정한다. 내부마찰각은 평면변형률 시험으로 구한 값이다. 안전율 3인 경우 허용지지지력을 구하라.

핵심전략 주어진 조건들을 나타내는 도해를 작성하는 것이 좋은 방법이다(그림 E12.1 참조). 지하수위는 기초 바닥면으로부터 4 m 깊이에 위치한다. 즉, 지하수위는 기초 바닥면에서 기초폭 $B = 2$ m 보다 깊게 있으므로 지하수위의 영향은 무시한다.

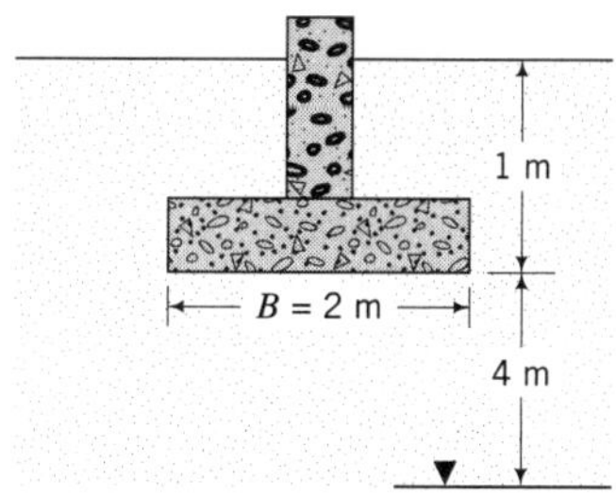

그림 E12.1

풀이 12.1

Step 1 : 지지력 계수들과 기하학적 계수들을 계산한다. 거친 기초로 가정하고, $\phi' = \phi'_p = 35°$를 사용한다. 편심은 없으므로 $B' = B$, $L' = L$이다.

$$N_q = e^{\pi \tan\phi'_p} \tan^2\left(45° + \frac{\phi'_p}{2}\right) = e^{\pi \tan 35°}\tan^2\left(45° + \frac{35°}{2}\right) = 33.3$$

$$N_q - 1 = 32.3$$

$$N_\gamma = 0.1054 \exp(9.6\,\phi'_p) = 0.1054 \exp\left(9.6 \times \frac{35 \times \pi}{180}\right) = 37.1$$

$$s_q = 1 + \frac{B'}{L'}\tan\phi'_p = 1 + \frac{2}{2}\tan 35° = 1.70$$

$$s_\gamma = 1 - 0.4\frac{B'}{L'} = 1 - 0.4\frac{2}{2} = 0.6$$

$$d_\gamma = 1.0$$

$$d_q = 1 + 2\tan\phi'_p(1 - \sin\phi'_p)^2 \tan^{-1}\left(\frac{D_f}{B'}\right)$$

$$= 1 + (2\tan 35°)(1 - \sin 35°)^2\left[\tan^{-1}\left(\frac{1}{2}\right) \times \frac{\pi}{180}\right] = 1.13$$

Step 2 : 순극한순지지력을 계산한다.

$$q_u = \gamma D_f(N_q - 1)s_q d_q + 0.5\gamma B N_\gamma s_\gamma d_\gamma$$
$$q_u = (18 \times 1 \times 32.3 \times 1.7 \times 1.13) + (0.5 \times 18 \times 2 \times 37.1 \times 0.6 \times 1.0)$$
$$= 1515 \text{ kPa}$$
$$q_a = \frac{q_u}{\text{FS}} + \gamma D_f$$
$$= \frac{1515}{3} + 18 \times 1 = 523 \text{ kPa}$$

예제 12.2 지지력에 대한 지하수의 영향

지하수위가 (a) 지표면에서 5 m 깊이, (b) 지표면, (c) 기초 바닥면, (d) 기초 바닥면에서 1 m 아래에 있을 때, $\phi_p' = 35°$를 사용하여 예제 12.1에 대한 순극한지지력을 비교하라.

핵심전략 여기서 요령은 지지력 산정식에서 적절한 단위중량을 사용하는 것이다.

풀이 12.2

Step 1 : 지지력 계수 및 형상계수와 깊이계수를 계산한다. 이 값들은 예제 12.1에 사용된 값들과 동일하다.

Step 2 : 1 단계에서 얻은 값들을 식 (12.14)에 대입한다.

(a) *지하수위가 지표면에서 5 m 깊이에 있는 경우*: 지하수위는 기초 폭보다 깊은 기초 바닥면 아래 4 m 깊이에 있으므로, 지하수위의 영향은 없다.

예제 12.1로부터: $q_u = 1515$ kPa

(b) *지하수위가 지표면에 있는 경우*: 이 경우에 지하수위는 지지력에 영향을 미치므로 다음과 같이 계산한다.

$$\gamma' = \gamma_{sat} - \gamma_w = 18 - 9.8 = 8.2 \text{ kN/m}^3$$
$$q_u = \gamma' D_f(N_q - 1)s_q d_q + 0.5\gamma' B' N_\gamma s_\gamma d_\gamma$$
$$= (8.2 \times 1 \times 32.3 \times 1.7 \times 1.13) + (0.5 \times 8.2 \times 2 \times 37.1 \times 0.6 \times 1.0)$$
$$= 691 \text{ kPa}$$

대안으로 단위중량의 변화는 지지력 산정식의 두 항 모두에서 동일하므로, 단순히 γ'/γ의 비율로 순극한지지력을 산정하면 다음과 같다.

$$q_u = 1515 \times \frac{8.2}{18} = 690 \text{ kPa}$$

(c) *지하수위가 기초 바닥면에 있는 경우*: 이 경우에는 지하수위가 지지력 산정식의 마지막 항에 영향을 미치므로 순극한지지력은 다음과 같다.

$$q_u = \gamma D_f(N_q - 1)s_q d_q + 0.5\gamma' B' N_\gamma s_\gamma d_\gamma$$
$$= (18 \times 1 \times 32.3 \times 1.7 \times 1.13) + (0.5 \times 8.2 \times 2 \times 37.1 \times 0.6 \times 1.0)$$
$$= 1299 \text{ kPa}$$

(d) *지하수위가 기초 바닥면 아래 1m에 위치한 경우*: 이 경우에 지하수위가 기초 바닥면 아래 기초 폭(B) 깊이 이내에 있으므로 지지력 산정식의 마지막 항에 영향을 미치고 순극한지지력은 다음과 같다.

$$\gamma' B' = \gamma_{sat} z + \gamma'(B' - z) = 18 \times 1 + 8.2 \times (2 - 1) = 26.2 \text{ kN/m}^2$$

$$
\begin{aligned}
q_u &= \gamma D_f(N_q - 1)s_q d_q + 0.5(\gamma' B')N_\gamma s_\gamma d_\gamma \\
&= (18 \times 1 \times 32.3 \times 1.7 \times 1.13) + (0.5 \times 26.2 \times 37.1 \times 0.6 \times 1.0) \\
&= 1408 \text{ kPa}
\end{aligned}
$$

Step 3 : 결과들을 비교한다. 각 순극한지지력을 사례 (a)의 결과로 나눈(정규화) 결과들을 비교한다.

지하수위의 위치	$\dfrac{q_u}{(q_u)_{(a)}} \times 100$
(b) 지표면	$\dfrac{691}{1515} \times 100 \approx 46\%$
(c) 기초 바닥면	$\dfrac{1299}{1515} \times 100 = 86\%$
(d) 기초 바닥면 아래 1 m	$\dfrac{1408}{1515} \times 100 = 93\%$

주 : $(q_u)_{(a)}$는 사례 (a)의 순극한지지력이다.

지하수위가 지표면으로 상승함에 따라 지지력은 절반 이하로 감소한다.

예제 12.3 점토지반에서 단기 허용지지력

1.8 m × 2.5 m 크기의 기초가 포화된 과압밀점토의 깊은 퇴적층에서 지표면 아래 1.5 m의 깊이에 위치하고 있다. 지하수위는 지표면에서 2 m아래에 있다. 직접단순전단시험으로부터 비배수전단강도는 120 kPa이고, $\gamma_{sat} = 20$ kN/m^{3}이다. 안전율을 3으로 가정하고, 단기조건에 대한 허용지지력을 결정하라. 근입깊이의 영향은 무시한다.

핵심전략 단기 지지력 산정식을 사용한다. 단기조건을 고려할 때에는 지하수의 영향을 고려할 필요가 없다.

풀이 12.3

Step 1 : 기하학적 계수들을 계산한다.

$$\text{편심 없음: } B' = B,\ L' = L$$

$$s_c = 1 + 0.2\frac{B'}{L'} = 1 + 0.2\frac{1.8}{2.5} = 1.14, \quad d_c = 1$$

Step 2 : q_u를 계산한다.

$$q_u = 5.14 s_u s_c d_c = 5.14 \times 120 \times 1.14 \times 1 = 703 \text{ kPa}$$

Step 3 : q_a를 계산한다.

$$q_a = \frac{q_u}{\text{FS}} + \gamma D_f = \frac{703}{3} + 1.5 \times 20 = 264 \text{ kPa}$$

예제 12.4 ASD와 LRFD를 이용한 직사각형 기초의 크기 결정

기초 중앙에 수직 사하중과 활하중이 각각 800 kN과 1000 kN이 작용할 때, 조밀한 조립토 위에 놓인 직사각형 기초의 크기를 결정하라. 삼축시험으로 얻은 내부마찰각은 $\phi'_p = 28.4°$이고, $\gamma_{sat} = 18$ kN/m^{3}이다. 기초는 지표면에서 1 m 아래에 위치하고, 지하수위는 지표면 아래 6 m에 위치한다. 단, FS = 3, $\eta_i = 1$, $\varphi = 0.8$로 가정한다.

핵심전략 기초의 폭이나 길이 어느 것도 주어져 있지 않다. 이 두 가지 모두 q_a를 구하는데 필요하다. 먼저 기초 길이–폭의 비를 고정시킨 다음, 기초의 폭 (B)을 가정한다. q_a에 대한 풀이를 진행하고, 만약 만족한 조건이 되지 않는다면[$q_a \geq (\sigma)_{max}$], 만족한 조건이 얻어질 때까지 다른 B 값에 대하여 풀이를 반복한다. 삼축시험에서 얻은 내부마찰각은 식 (12.24)를 이용하여 등가 평면변형률 조건의 값으로 바꾸어야 한다.

풀이 12.4

Step 1 : 지지력계수, 형상계수 및 깊이계수를 계산한다.

먼저 $B' = B = 1.5$ m와 $\frac{L'}{B'} = 1.5$로 가정하면, $L' = 1.5 \times 1.5 = 2.25$ m 이고, $\frac{B'}{L'} = \frac{1.5}{2.25} = 0.67$이다. 기초 단면적은 $A = B'L' = 1.5 \times 2.25 = 3.375\ \text{m}^2$이다.

$$(\phi'_p)_{ps} = \frac{9}{8}(\phi'_p)_{tr} = \frac{9}{8} \times 28.4° = 32°$$

$$N_q = e^{\pi \tan 32°}\tan^2(45° + 32°/2) = 23.2$$

$$N_q - 1 = 23.2 - 1 = 22.2$$

거친 기초로 가정한다.

$$N_\gamma = 0.1054 \exp(9.6\phi'_p) = 0.1054 \exp\left(9.6 \times \frac{32 \times \pi}{180}\right)$$
$$= 22.5$$

$$s_q = 1 + \frac{B'}{L'}\tan\phi'_p = 1 + 0.67 \tan 32° = 1.42$$

$$s_\gamma = 1 - 0.4\frac{B'}{L'} = 0.73$$

$$d_q = 1 + 2\tan\phi'_p(1 - \sin\phi'_p)^2 \tan^{-1}\frac{D_f}{B'}$$
$$= 1 + (2\tan 32°)(1 - \sin 32°)^2\left[\tan^{-1}\left(\frac{1}{1.5}\right) \times \frac{\pi}{180}\right]$$
$$= 1.18$$
$$d_\gamma = 1.0$$

Step 2 : 극한지지력과 허용지지력을 계산한다. 1단계에서의 값들을 지지력 산정식인 식 (12.16)에 대입한다. 지하수위는 기초 바닥면에서 B보다 더 깊게 위치한다. 그러므로 지하수는 지지력에 영향을 미치지 않는다.

$$q_u = \gamma D_f(N_q - 1)s_q d_q + 0.5\gamma B' N_\gamma s_\gamma d_\gamma$$
$$= (18 \times 1 \times 22.2 \times 1.42 \times 1.18) + (0.5 \times 18 \times 1.5 \times 22.5 \times 0.73 \times 1.0) = 891\ \text{kPa}$$

$$q_{ult} = q_u + \gamma D_f = 891 + 18 \times 1 = 909\ \text{kPa}$$

$$q_a = \frac{q_u}{\text{FS}} + \gamma D_f = \frac{891}{3} + 18 \times 1 = 315\ \text{kPa}$$

$$R = q_{ult} \times A = 909 \times 3.375 = 3068\ \text{kN}$$

$$P_a = q_a \times A = 315 \times 3.375 = 1063\ \text{kN}$$

Step 3 : ASD와 LRFD에 근거하여 기초에 작용하는 하중을 계산한다.

ASD: $P = \text{DL} + \text{LL} = 800 + 1000 = 1800$ kN

LRFD: $P_{uf} = 1.25\,\text{DL} + 1.75\,\text{LL} = 1.25 \times 800 + 1.75 \times 1000 = 2750$ kN

p_{uf}는 하중계수를 고려한 하중이다.

Step 4 : 가정된 기초 크기의 적합성을 검토한다.

LRFD: $\varphi R = 0.8 \times 3068 = 2454\text{ kN} < P_{uf}(= 2750\text{ kN})$

따라서 적합하지 않으므로, 다른 기초 크기에 대하여 검토한다.

ASD: $P_a(= 1063\text{ kN}) < \text{P}(= 1800\text{ kN})$

따라서 적합하지 않으므로 다른 기초 크기에 대하여 검토한다.

Step 5 : 다른 기초 폭을 고려하고 계산과정을 반복한다. $\dfrac{L'}{B'} = 1.5$를 유지하면서 더 큰 기초 폭에 대하여 검토할 필요가 있다.

$B' = B = 2\text{ m}$로 가정하면, 깊이계수는 1.14가 되고, s_γ와 s_q는 동일한 값이다.

$$\begin{aligned} q_{ult} &= \gamma D_f(N_q - 1)s_q d_q + 0.5\gamma B' N_\gamma s_\gamma d_\gamma \\ &= (18 \times 1 \times 22.2 \times 1.42 \times 1.14) + (0.5 \times 18 \times 2 \times 22.5 \times 0.73 \times 1.0) + 18 \times 1 \\ &= 942 + 18 = 960\text{ kPa} \end{aligned}$$

$$q_a = \frac{q_u}{\text{FS}} + \gamma D_f = \frac{942}{3} + 18 \times 1 = 332\text{ kPa}$$

$$R = q_{ult} \times A = 960 \times (2 \times 3) = 5760\text{ kN}$$

$$P_a = q_a \times A = 332 \times (2 \times 3) = 1992\text{ kN}$$

Step 6 : 가정된 기초 크기의 적합성을 검토한다.

LRFD: $\varphi R = 0.8 \times 5760 = 4608\text{ kN} > P_{uf}(= 2750\text{ kN})$; 적합함(O.K.)

ASD: $P_a(= 1992\text{ kN}) > \text{P}(= 1800\text{ kN})$; 적합함(O.K.)

예제 12.5 경사하중에 대한 허용지지력

예제 12.1의 기초 형상을 사용하여 기초 폭에 따라 수직에서 20° 경사진 하중에 대하여 q_a를 구하라(그림 E12.5 참조).

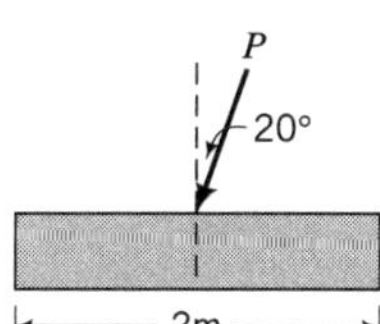

그림 E12.5

핵심전략 경사하중에 대해서는 식 (12.18)을 사용할 필요가 있다. 형상계수와 깊이계수는 하중경사에 포함되지 않기 때문에 오직 경사계수만을 계산할 필요가 있다.

풀이 12.5

Step 1 : 경사계수와 깊이계수를 계산한다.

$$B' = B; \quad \omega = 20°$$

$$n = n_B = \left(2 + \frac{B'}{L'}\right) \Big/ \left(1 + \frac{B'}{L'}\right) = (2 + 1)/(1 + 1) = 1.5$$

$$i_q = \left(1 - \frac{H}{V_n}\right)^n = (1 - \tan\omega)^n = (1 - \tan 20°)^{1.5} = 0.51$$

$$i_\gamma = \left(1 - \frac{H}{V_n}\right)^{n+1} = (1 - \tan\omega)^{n+1} = (1 - \tan 20°)^{1.5+1} = 0.32$$

Step 2 : 순극한지지력과 순허용지지력을 계산한다. 식 (12.18)을 사용한다.

$$q_u = \gamma D_f(N_q - 1)i_q + 0.5\gamma BN_\gamma i_\gamma = (18 \times 1 \times 32.3 \times 0.51) + (0.5 \times 18 \times 2 \times 37.1 \times 0.32) = 510\,\text{kPa}$$

$$q_a = \frac{q_u}{\text{FS}} + \gamma D_f = \frac{510}{3} + 18 \times 1 = 188\,\text{kPa}$$

예제 12.1로부터 수직의 중심하중에 대한 허용지지력은 523 kPa이다.

경사하중에 대한 허용지지력의 감소는 $\frac{523 - 188}{523} = 0.64 = 64\%$이다.

예제 12.6 수직하중과 모멘트를 받는 기초의 안전율

예제 12.1에서 기초가 500 kN의 수직하중과 Y축에 대한 125 kN · m의 모멘트를 받고 있는 경우의 안전율을 계산하라.

핵심전략 오직 Y축에 대한 모멘트만 주어졌으므로 편심량 e_B를 구할 필요가 있다. 지지력 계수들은 예제 12.1에서의 값과 동일하다.

풀이 12.6

Step 1 : 주어진 문제를 스케치하고, e_B를 계산한다. 단면도는 그림 E12.6을 보면 된다.

$$M_y = 125\,\text{kN·m}, \quad P = 500\,\text{kN}; \quad e_B = \frac{M_y}{P} = \frac{125}{500} = 0.25\,\text{m}$$

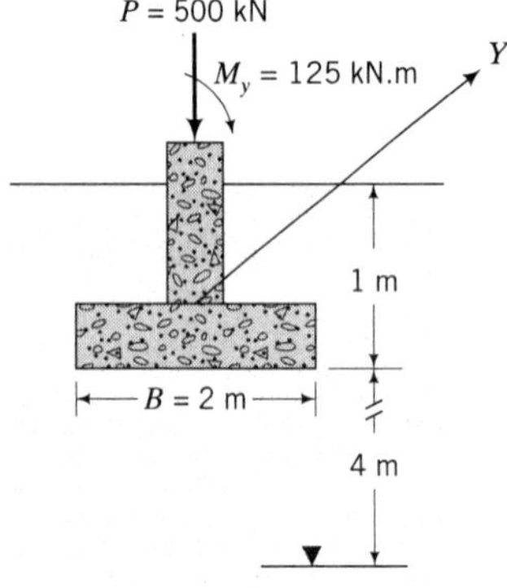

그림 E12.6

Step 2 : 인장의 발생여부를 검토한다.

$$\frac{B}{6} = \frac{2}{6} = 0.33\,\text{m} > e_B = 0.25\,\text{m}$$

그러므로 인장은 발생하지 않는다.

Step 3 : 최대 수직응력을 계산한다.

$$\sigma_{max} = \frac{P}{BL}\left(1 + \frac{6e_B}{B}\right) = \frac{1000}{2 \times 2}\left(1 + \frac{6 \times 0.25}{2}\right) = 438\,\text{kPa}$$

Step 4 : 감소된 기초 크기를 계산한다.

$$B' = 2 - 2(0.25) = 1.5\,\text{m}$$

Step 5 : 형상계수와 깊이계수를 계산한다.

$$s_q = 1 + \frac{B'}{L}\tan\phi'_p = 1 + \frac{1.5}{2}\tan 35° = 1.53$$

$$s_\gamma = 1 - 0.4\frac{B'}{L} = 1 - 0.4\frac{1.5}{2} = 0.7$$

$$d_q = 1 + 2\tan\phi'_p(1 - \sin\phi'_p)^2\tan^{-1}\left(\frac{D_f}{B'}\right) = 1 + 2\tan 35°(1 - \sin 35°)^2\left[\tan^{-1}\left(\frac{1}{1.5}\times\frac{\pi}{180}\right)\right] = 1.15$$

$$d_\gamma = 1$$

Step 6 : 적절한 값들을 지지력 산정식에 대입한다.

$$\begin{aligned} q_u &= \gamma D_f(N_q - 1)s_q d_q + 0.5\gamma B' N_\gamma s_\gamma d_\gamma \\ &= (18\times 1\times 32.3\times 1.53\times 1.15) + (0.5\times 18\times 1.5\times 37.1\times 0.7\times 1.0) \\ &= 1373\ \text{kPa} \end{aligned}$$

Step 7 : 안전율을 계산한다.

$$\text{FS} = \frac{q_u}{(\sigma_a)_{max} - \gamma D_f} = \frac{1373}{438 - 1\times 18} = 3.3$$

What's next... 어떤 프로젝트에서는 확대기초나 독립기초들이 서로 중복되거나 또는 부등침하가 허용치를 초과할 수 있다. 하나의 해는 하중을 받는 면적 전체를 포함하는 기초를 사용하는 것이다. 이러한 기초들을 전면기초 또는 레프트 기초라 한다. 다음에 전면기초에 대하여 설명하겠다.

12.7 전면기초

전면기초는 다음과 같은 경우에 사용되는 재래식의 콘크리트 보 이다.

- 큰 기둥하중 또는 지반이 연약하여 시시력이 작기 때문에 확대기초 또는 독립기초가 기초면적의 50% 이상을 부담한다.
- 연약한 층에 구덩이가 존재한다.
- 구조물이 부등침하에 민감하다.

전면기초는 지표면에 위치하거나 가해진 하중의 전부 또는 일부를 보상하기 위하여 깊게 매립될 수 있다. 전면기초는 하중의 일부 또는 전부가 근입깊이에 의하여 보상될 때 레프트와 같이 작용하므로 흔히 레프트 기초라 부른다. 레프트의 자중을 포함하여 구조물로부터 지표면에서의 평균 수직응력이 50 kPa이고, 흙의 단위중량을 20 KN/m^{3}이라 가정한다. 그러면 레프트가 깊이 $D_f = 50/20 = 2.5$ m에 매립된다면, 완전히 보상기초가 된다. 만약 레프트가 2 m 깊이에 매립된다면, 보상은 $\frac{2\times 20}{50}\times 100 = 80\%$가 된다. 그러면 레프트는 부분적으로 보상된다. 또 한 전면기초는 말뚝들로 지지되어 하중을 더 강한 지반으로 전달할 수 있다. 이것들을 말뚝지지전면기초(piled raft)라 한다. 두 가지 형식의 레프트가 그림 12.13에서 보여준다.

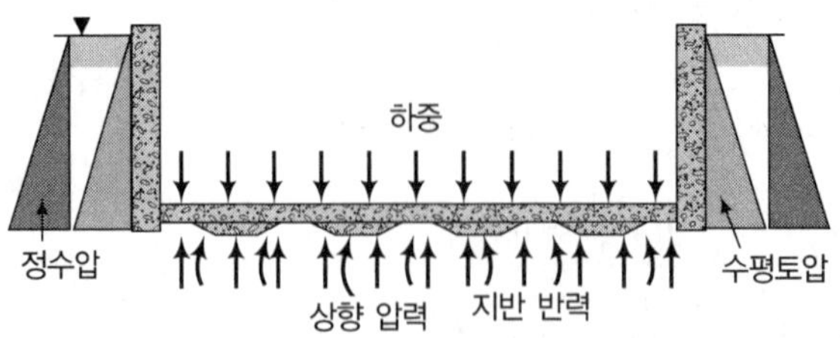

(a) 흙 속에 묻힌 두꺼운 레프트에 작용하는 압력

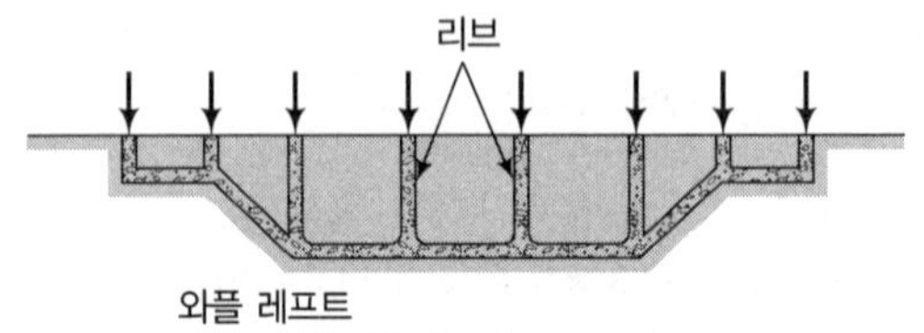

(b) 와플 레프트(Waffle raft)

그림 12.13 매트(레프트)의 두가지 형식.

매트는 복잡한 흙–구조물 상호작용 문제이고, 이 교재의 범위를 넘어선 고급 해석을 필요로 한다. 매트의 지지력은 확대기초의 경우와 비슷한 방법으로 산정되지만 매트의 침하는 훨씬 더 복잡하다. 침하는 매트의 강성, 매트의 종류, 흙의 종류, 흙의 균질성, 지하수 조건, 시공방법에 의존한다. 전면기초의 설계에서 다음 사항들을 고려하여야 한다.

1. 지지하중. 매우 큰 하중은 완전 또는 부분적으로 보상된 레프트 기초를 필요로 한다.
2. 구조물과 어떤 기계의 침하에 대한 민감도.
3. 특히 지반 속으로 근입되어 있는 경우에 매트의 안정성. 만약 지하수위가 굴착 가능한 깊이 아래에 있다면, 세립토에서 이론적인 굴착 깊이는 Bjerrum과 Eide(1956)에 의하여 다음의 식 (12.31)과 같고, 바닥면의 히빙(heave)에 대한 안전율은 다음의 식 (12.32)와 같다.

$$(D_f)_{cr} = N_c \frac{s_u}{\gamma} \tag{12.31}$$

$$\text{FS} = N_c \frac{s_u}{\gamma D_f + q_s} \tag{12.31}$$

여기서 $\frac{D_f}{B} \le 2.5$인 경우에 $N_c \approx 6\left(1 + 0.2\frac{D_f}{B}\right)I_c$이며, $\frac{D_f}{B} > 2.5$이면 $N_c = 9I_c$이고, $I_c = \left(0.84 + 0.16\frac{B}{L}\right)$이다. s_u는 비배수전단강도이며, q_s는 기초의 평균 수직응력이고, B와 L은 각각 레프트의 폭과 길이이다. 만약 지하수위가 굴착 가능한 깊이 이내이고, 굴착이 물속에서 이루어진다면, 식 (12.32)에서 γ 대신 $(\gamma_{sat} - \gamma_w)$를 사용한다.
4. 히빙현상(heaving). 레프트를 묻기 위하여 세립토를 굴착할 때 지반은 팽창하게 된다. 기초를 시공할 때 반대 현상이 되어(재압밀) 침하가 발생하게 된다.

예제 12.7 전면기초의 허용지지력

s_u = 80 kPa이고 γ_{sat} = 20.8 kN/m^{3}인 딱딱한 점토 퇴적물 지표면에서 직경 10 m의 탱크기초가 수직의 중심하중 15,700 kN을 지지할 필요가 있다. 지하수위는 지표면에 있다. 탱크기초를 시공하기 전에 점토 표면에 75 mm 두께의 다져진 입상토 기층이 놓여 질 때, 안전율을 계산하라.

핵심전략 입상토 기반 조성과정은 흙-기초 경계면에서 거친 조건을 의미하지만 단기 지지력 계산에서는 이것을 고려하지 않는다. 또한, 지하수위의 효과는 단기 지지력 계산에서 고려하지 않는다.

풀이 12.7

Step 1 : 지지력 계수와 기하학적 계수들을 계산한다. 기초가 지표면에 놓이므로 모든 깊이계수는 1이다.

$$B' = B = D = 10\,\text{m}$$

$$s_c = 1 + 0.2\frac{B'}{L'} = 1.2$$

Step 2 : 단기 지지력을 계산한다.

$$q_u = 5.14 s_u s_c d_c = 5.14 \times 80 \times 1.2 \times 1 = 493\,\text{kPa}$$

Step 3 : 안전율을 계산한다.

$$(\sigma_a)_{max} = \frac{\text{하중}}{\text{면적}} = \frac{15{,}700}{\pi\frac{10^2}{4}} = 200\,\text{kPa}$$

$$\text{FS} = \frac{493}{200} \cong 2.5$$

12.8 층이진 지반에서의 지지력

여러 층 지반의 지지력을 결정하는데 현재 이용할 수 있는 단순하고 만족할만한 해석적인 방법은 없다. 해석적인 방법은 두개 층의 지반에서 가능하다(M. Budhu의 교재 *Foundations and Earth Retaining Structures*, John Wiley & Sons, NY 참조). 만약 위층에서 기초 아래 흙의 두께 H_1(그림 12.14 참소)이 나음의 H_{cr} 보다 크면, 파괴면은 위층에서만 한정되고, 위층에서의 흙의 특성을 고려하여 지지력을 계산하면 충분히 정확하다. 다른 경우에서는 파괴면이 아래층의 영향을 받아서 그곳까지 확장될 수 있다.

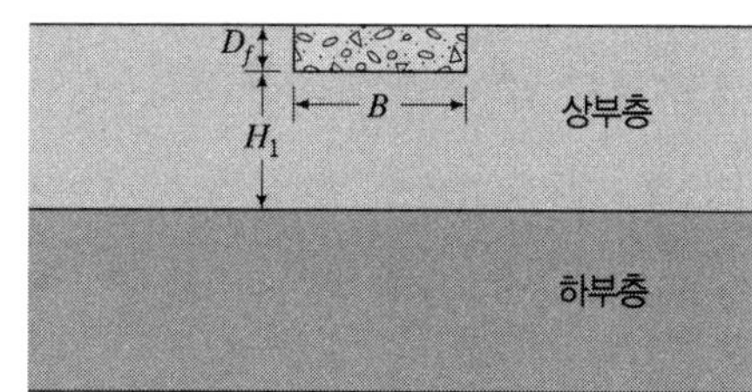

그림 12.14 두 개 지층에서의 기초.

$$H_{cr} = \frac{B}{2\cos\left(45° + \dfrac{\phi'_p}{2}\right)} \exp\left[A\tan\phi'_p\right]; \quad A = \left(45° - \frac{\phi'_p}{2}\right), \text{ [호도]} \tag{12.33}$$

대안으로 H_{cr}은 다음과 같이 계산할 수 있다.

$$H_{cr} = \frac{2B\ln\dfrac{(q_u)_t}{(q_u)_b}}{2\left(1 + \dfrac{B}{L}\right)} \tag{12.34}$$

여기서 $(q_u)_t$은 윗 층의 순극한지지력이고, $(q_u)_b$는 크기와 형상이 동일한 가상의 기초가 아래 층의 표면에 놓인 경우의 순극한지지력이다. 지반공학자는 층이진 지층을 해석하는데 일련의 실무 지침서(practical guidelines)를 적용할 수 있거나, 또는 유한요소해석과 같은 수치해석적 도구를 이용할 수 있다. 기본적인 문제는 층이진 지반에서 흙의 특성을 결정하고 규정하는데 있다. 다음과 같은 세 가지의 일반적 경우, 굳은 점토층 위의 연약한 점토층, 연약한 점토층 위의 굳은 점토층, 얇은 층상의 지층에 대하여 어떤 실무 지침서에 의지할 수 있다.

굳은 점토층 위에 연약한 점토층의 경우 : 일반적으로 주택이나 단층 건물과 같은 가벼운 구조물 이외에는 연약한 점토층 위의 얕은기초는 피해야 한다. 연약한 점토를 제거하고 다짐성토로 대체하는 것을 고려해야 한다. 경험이 부족한 지반공학자는 연약한 점토층의 제거를 검토하기 전에 이미 언급된 방법들을 이용하여 지지력을 계산하여야 한다.

연약한 점토층 위에 굳은 점토층의 경우 : 이 경우는 (1) 마치 연약한 점토층이 없는 것으로 가정하고 굳은 점토층에서의 지지력과 (2) 기초가 굳은 층을 관입하여 연약한 점토층에 지지된 것으로 가정한 지지력 중에서 작은 값이다. 두 번째 지지력은 굳은 점토층에서 수직으로 관입하는데 필요한 전단력과 연약한 점토층에서의 지지력의 합이다. 오직 비배수전단강도의 약 2/3에서 1/2부분을 사용하여 굳은 점토층의 수직면에서 전단저항을 계산하여야 한다.

다른 방법은 크기가 $(B + t_{se}) \times (L + t_{se})$인 가상의 기초가 연약한 점토층에 놓여 있는 것으로 보고, 지지력 산정식을 이용하여 순극한지지력을 계산한다. 여기서 B와 L은 실제 기초의 폭과 길이이고, t_{se}는 바닥면 아래 굳은 점토층의 두께이다.

얇은 층상 지반의 경우 : 이와 같은 퇴적층에서는 깊은 기초를 사용하여야 한다. 만약 깊은 기초가 비경제적이라면, 가장 약한 층에 대한 전단강도 정수를 이용하여 지지력을 계산한다. 대안으로 s_u와 ϕ'에 대하여 조화평균을 계산하여(제9장 참조) 이 값들을 이용하여 지지력을 계산할 수 있다.

예제 12.8 연약한 점토 위에 굳은 점토층에서의 지지력

부지에서 지층 단면도가 그림 E12.8에 보여준다. 5 m 크기의 정사각형 기초가 굳은 점토층에서 지표면 아래 1 m에 위치하고 있다. 작용하중 3875 kN에 단기하중에 대한 안전율을 구하라. 단 근입깊이의 영향은 무시한다.

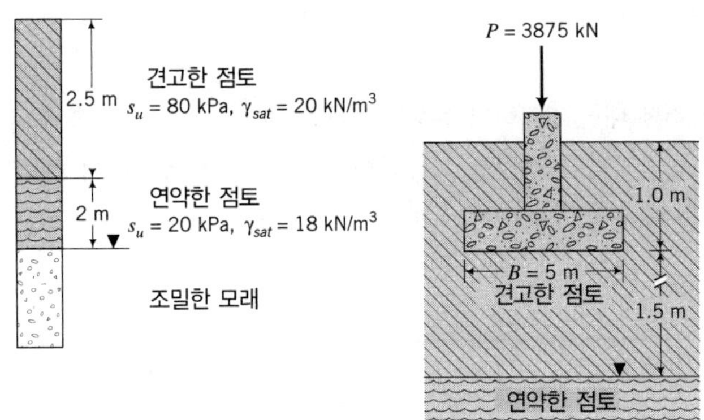

그림 E12.8

핵심전략 기초 아래 한계깊이를 검토한다. 만약 한계깊이가 바닥면 아래 지층의 두께보다 작으면, 연약한 점토층이 없는 것으로 가정하여 굳은 층의 안전율을 검토한다. 그 다음에 가상의 기초가 연약층의 상부에 놓여 있는 것으로 보고 안전율을 계산할 수 있다.

풀이 12.8

Step 1 : 한계깊이를 검토한다.

$$\phi'_p = 0$$

$$H_{cr} = \frac{B}{2\cos\left(45° + \dfrac{\phi'_p}{2}\right)}\exp[A\tan\phi'_p] = \frac{B}{2\cos 45°} = \frac{5}{2\cos 45°} = 3.54\text{ m}$$

기초 아래에서 연약층 상부까지의 높이, $2.5 - 1 = 1.5\text{ m} < H_{cr}$이다. 연약한 점토층 위의 굳은 점토층에 대한 지침서를 이용한다.

Step 2 : 굳은 점토층에서의 안전율을 계산한다.

$$s_c = 1 + 0.2\frac{B'}{L'} = 1.2$$

$$d_c = 1$$

$$q_u = 5.14 s_u s_c d_c = 5.14 \times 80 \times 1.2 \times 1 = 493\text{ kPa}$$

$$\sigma_{max} = \frac{P}{A} = \frac{3875}{5 \times 5} = 155\text{ kPa}$$

$$\text{FS} = \frac{q_u}{\sigma_{max} - \gamma D_f} = \frac{493}{155 - 20 \times 1.0} = 3.7$$

Step 3 : 연약한 점토층에서 안전율을 검토한다.

가상의 기초 크기: $B + t_{sc} = 5 + 1.5 = 6.5\text{ m}$; $L + t_{sc} = 5 + 1.5 = 6.5\text{ m}$

$$q_u = 5.14 s_u s_c d_c = 5.14 \times 20 \times 1.2 \times 1 = 123\text{ kPa}$$

$$\sigma_{max} = \frac{P}{A} = \frac{3875}{6.5 \times 6.5} = 92\text{ kPa}$$

$$\text{FS} = \frac{123}{92 - 2.5 \times 20} = 2.9$$

12.9 건축법규의 지지력 제안값 Building Codes Bearing Capacity Values

건축법규들은 보통 지역적 조건에 대한 지지력의 추정값을 제공하고 있다. 이 값들을 예비설계에서는 이용할 수 있으나, 흙에 대한 시험 데이터와 지지력 산정식을 이용하여 이 값들을 검토하여야 한다. 표 12.3은 국제건축법규(International Building Code, IBC, 2006)에서 제안한 일반적인 흙 종류에 대한 허용지지력을 나타낸다.

표 12.3 허용지지력 (IBC, 2006)

흙 종류	q_a(kPa)
모래질 자갈/자갈 (GW, GP)	144
모래, 실트질모래, 점토질모래, 실트질자갈 (SW, SP, SM, SC, GM, GC)	96
점토, 모래질점토, 실트질점토, 점토질실트 (CL, ML, MH, CH)	72

What's next... 많은 얕은기초들의 크기는 지지력 보다 침하에 의해 지배된다. 즉, 극한한계상태(ultimate limit state) 보다 사용성한계상태(serviceability limit state)가 설계를 지배한다. 다음에는 얕은기초의 침하를 산정하는 방법에 대하여 설명하겠다.

12.10 침하

얕은기초의 침하를 방지하는 것은 현실적으로 불가능하다. 최소한 탄성침하는 발생한다. 지반공학자로서의 임무는 기초시스템이 사용성 한계상태에 도달하는 것을 방지하는 것이다. 몇몇 사용성 한계상태에 대한 설명이 표 12.4에 주어져 있다.

표 12.4 사용성 한계상태 (Poulos et al., 2001)

구조물 종류	손상의 종류	기준(Criterion)	한계값
뼈대 건물과 보강된 하중지지 벽체	구조적 손상	각변위	1/500~1/250
	벽체와 격벽(partition)의 균열	각변위	1/500 1/1000~1/1400(맨 끝의 기둥과 기둥 사이(end bays))
	시각적 외형	전도	1/300
	시설사용성	전침하량	50~75 mm (모래) 50~135 mm (점토)
고층건물	승강기의 작동	전도	1/1200~1/2000
보강되지 않는 하중지지 벽체	아래로 볼록한 변형에 의한 균열	처짐비*	1/2500 (벽 길이/높이 = 1) 1/1250 (벽 길이/높이 = 5)
	위로 볼록한 변형에 의한 균열	처짐비*	1/5000 (벽 길이/높이 = 1) 1/2500 (벽 길이/높이 = 5)
교량	승차감(ride quality)	전침하량	100 mm
	기능	수평변위	38 mm
	구조적 손상	각변위	1/250 (다경간) 1/200 (단경간)

*처짐비(deflection ratio) = 판넬 길이에 대한 판넬의 최대 상대 처짐의 비

기초침하는 세 가지 기본적 유형으로 나눌 수 있다: 강체 또는 균등 침하(그림 12.15a), 전도(tilt) 또는 뒤틀림(distortion)(그림 12.15b), 불균등 침하(그림 12.15c). 균등 침하로 인한 대부분의 손상은 주위 배수시스템, 인접 건물들과 시설물에 한정된다. 뒤틀림은 부등침하로 인하여 발생되고, 특히 고층건물에서 심각한 구조적 문제를 불러 온다. 뒤틀림은 구조 요소들의 휨(bending)을 발생시키고 구조물에서 대다수 균열의 원인이 된다. 그것은 δ/l로 정량화되는데, 여기에서 δ는 최대 부등침하이고, l은 침하가 발생하는 길이이다. 그러므로 뒤틀림은 각(호도)으로 측정되고, 흔히 각변위(angular distortion)로 간주된다. 기초가 토사층 위에 놓여졌을 때, 한계 사용성 값은 표 12.5에 주어져 있다. 표 12.4와 표 12.5 모두 오직 지침서(guideline)이며 지역적 경험에 근거하여 수정될 수 있다.

뒤틀림이 발생하지 않게 하는 것이 바람직하지만 이것은 실질적으로 불가능하다. 그 이유로는 (1) 건물 재료들의 성질과 하중조건들이 정확하게 알려져 있지 않고, (2) 그 현장에서 흙의 변동성과 시공방법의 효과가 불확실하기 때문이다. 심지어 항목 (1)과 (2)를 알고 있다고 하더라도 침하계산은 매우 복잡하다.

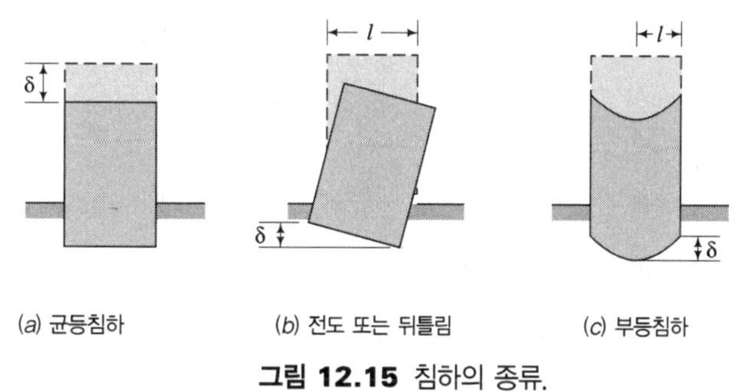

그림 12.15 침하의 종류.

표 12.5 토사층에서의 기초에 대한 사용성 한계상태(Negro et al., 2009)

토사층에서의 구조물	기준(Criterion)	한계값
교량 접속도로를 포함한 도로	도로 시공후 장기 전침하량 부등침하	50 mm 20 mm (5m 길이에 대하여)
교량 교각	기초설치 후의 수평변위	25 mm (기초가 측방유동에 대해 설계되어 있다면 적용되지 않음)
얕은기초의 건물	각변위	1/150~1/250 (건물의 종류에 따라 변화)
흙을 통하여 건물-시설물의 연결	부등침하	50 mm (접속 종류에 따라 변화)
매설관	각변위	1/200 (관의 종류에 따라 변화)
점토라이너(liner)	각변위	1/5~1/200 (점토종류에 따라 변화)

필수 요점 :

1. 부등침하로 야기된 뒤틀림은 구조물의 균열과 손상을 일으키기 때문에 설계에서 치명적이다.

2. 뒤틀림 한계값은 지역적 경험에 근거하여 수정될 수 있는 지침서이다.

예제 12.9 각변위의 계산

두 개의 얕은기초가 보강된 하중지지 벽으로 된 뼈대 사무실 건물의 맞은 편 벽에 중심간격 8 m로 위치하고 있다. 두 기초에서 수직의 균등침하가 각각 20 mm와 30 mm이다. 기초는 자연지반 위에 놓여 있다.

(a) 각변위를 계산하라.

(b) 각변위는 벽체 균열을 감소시키기에 충분한가?

핵심전략 침하의 차이를 결정한 다음, 침하의 차이를 기초의 중심간 거리로 나누어 각변위를 계산한다. 그리고 표 12.4에 주어진 한계값과 계산결과를 비교한다.

풀이 12.9

Step 1 : 부등침하를 계산한다.

$$\delta = 30 - 20 = 10\,\text{mm}$$

Step 2 : 각변위를 계산한다.

$$\frac{\delta}{L} = \frac{10}{8000} = \frac{1}{800}$$

Step 3 : 각변위가 만족하는지를 검토한다.

표 12.4로부터 균열을 감소시키기 위하여 맨 끝의 기둥과 기둥사이(end bays)에서 각변위는 이상적으로 $\frac{1}{1000}$ ~ $\frac{1}{1400}$ 범위 내에 있어야 한다. 그러므로 계산된 각변위는 이 조건을 만족시키지 못한다. 만약 고객이 벽체 균열의 가능성을 용인한다면, 부등침하는 받아들일 수 있다.

What's next... 다음 절에서는 기초의 침하를 산정하는 방법들에 대하여 논의한다.

12.11 침하 산정

얕은기초의 침하는 세 가지 — 즉시 또는 탄성침하, 일차압밀침하, 이차압밀침하(크리프, creep)로 구분된다. 이미 탄성침하(제7장)와 압밀침하(제10장)는 앞에서 설명하였다. 그렇지만, 얕은기초의 침하 산정을 위하여 앞에서 설명된 방법들에 대하여 약간 수정하여야 한다. 이러한 수정은 탄성침하와 일차압밀침하의 산정 방법에서 이루어진다.

12.11.1 즉시침하

탄성이론을 이용하여 얕은기초의 즉시침하 또는 탄성침하를 결정할 수 있다. 균일한 직사각형 연성하중의 경우에는 식 (7.90)을 이용할 수 있다. 그렇지만 탄성방정식은 침하에 중요한 영향을 미치는 기초의 형상(L/B 비가 아님)과 근입깊이를 고려하지 못한다. 근입된 기초는 표면에 놓인 기초와 비교하여 다음의 효과가 있다:

1. 흙의 강성(stiffness)은 일반적으로 깊이에 따라 증가하며, 그래서 기초하중은 표면 흙보다 더 견고한 흙으로 전달될 수 있다. 이것으로 인하여 더 작은 침하가 발생할 수 있다.
2. 기초 바닥면 위의 흙으로부터 발현된 수직응력은 반무한 지반변형을 구속하여 침하를 감소시킨다(Eden, 1974; Gazetas & Stokoe, 1991). 이것을 트렌치효과(trench effect) 또는 근입효과(embedment effect)라 한다.

3. 기초에 작용하는 하중의 일부는 또한 측면벽체를 통하여 전달될 수 있는데, 흙–벽 접촉면에서 발생되는 전단저항의 크기에 의존한다. 하중 일부를 축면저항으로 수용하면 수직침하는 감소된다. 이것을 측면 벽체–흙의 접촉 효과(side wall-soil contact effect)라 한다.

Gazetas 등(1985)은 깊고 균질한 흙 속에 근입된 임의의 형상의 강성기초(그림 12.16 참조)를 고려하여 탄성침하에 대한 다음과 같은 식을 제안하였다.

$$\rho_e = \frac{P}{E_u L}(1 - \nu_u^2)\mu_s \mu_{emb} \mu_{wall} \tag{12.35}$$

여기서 P는 전수직하중이고, E_u는 흙의 비배수탄성계수이고, L은 사각형 둘레길이의 절반이고, ν_u는 비배수 조건에서의 포아송비이며, μ_s, μ_{emb}, μ_{wall}은 형상, 근입(트렌치) 및 측면벽체 계수로 다음 식과 같다.

$$\mu_s = 0.45\left(\frac{A_b}{4L^2}\right)^{-0.38} \tag{12.36}$$

$$\mu_{emb} = 1 - 0.04\frac{D_f}{B}\left[1 + \frac{4}{3}\left(\frac{A_b}{4L^2}\right)\right] \tag{12.37}$$

$$\mu_{wall} = 1 - 0.16\left(\frac{A_w}{A_b}\right)^{0.54} \tag{12.38}$$

A_b는 기초 바닥면의 실제 면적이고, A_w는 기초가 근입된 부분과 접촉하는 벽체의 실제 면적이다. 사각형 둘레의 폭과 길이는 각각 $2B$과 $2L$이다. $A_b/4L^2$은 보통의 기초형상에서 무차원 형상 정수값들로 표 12.6에 나타나 있다.

Gazetas 등(1985)에 의해 제안된 식들은 깊고 균질한 지반 위에 임의의 모양의 기초에 적용된다. 깊은 것에 대

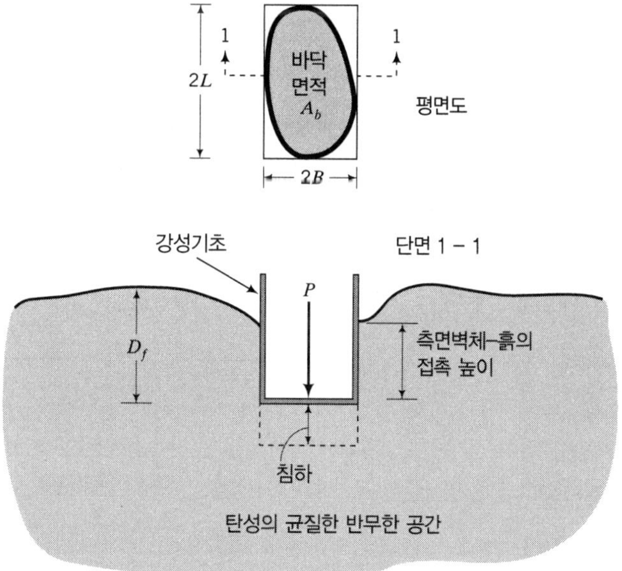

그림 12.16 얕은기초의 탄성침하를 계산하기 위한 기하학적 단면 (On behalf of the Institution of Civil Engineers).

표 12.6 보통의 기초 형상에 대한 $A_b/4L^2$의 값

기초형상	$\dfrac{A_b}{4L^2}$
정사각형	1
직사각형	B/L
원형	0.785
연속	0

한 명확한 정의는 없다. 저자는 지층의 두께가 가해진 응력의 90%가 그 층 내에 분포할 정도로 충분하면, Gazetas 등(1985)의 제안식들을 사용할 수 있는 것으로 제안한다. 실제 폭 B_r의 직사각형 면적에 대하여 지층의 두께는 최소한 $2B_r$은 되어야 한다.

식 (7.90)은 근입깊이를 고려하여 다음과 같이 수정될 수 있다.

$$\rho_e = \frac{q_s B_r(1 - \nu_u^2)}{E_u} I_s \mu'_{emb} \tag{12.39}$$

$$\mu'_{emb} = 1 - 0.08\frac{D_f}{B_r}\left(1 + \frac{4B_r}{3L_r}\right) \tag{12.40}$$

여기서 B_r과 L_r은 각각 실제 폭과 길이이다.

흙에서 어떤 탄성방정식의 정확성은 특히 탄성계수의 정확도에 달려있다. 보통 통상적인 시험방법은 배배수 삼축시험이나 일축압축시험으로부터 최대 전단강도의 절반과 같은 축차응력에서 할선 E_u로 결정한다. 그렇지만 즉시 침하를 구하는 경우에는 주어진 문제와 관계되는 축차응력의 범위에 대하여 E_u를 결정하는 것이 더 바람직하다. 부가적으로 식 (12.35)와 (12.39)는 하나의 E_u값으로 계산되는 반면에, 탄성계수는 깊이와 밀접하게 연관이 있다. 가능성 있는 하나의 방법은 지반을 여러 층으로 나누어서 E_u에 대한 가중조화평균(제9장)을 사용하는 것이다.

만약 충분한 변위가 발생한다면, 완전한 벽체저항이 발휘된다. 흙 – 벽체 부착력의 성질을 규명하는 것은 어렵다. 따라서 침하 감소를 벽체계수에 기인하는 것으로 기대하는 것은 조심해야 한다. 만약 벽마찰과 근입을 무시한다면, $\mu_{wall} = 1$과 $\mu_{emb} = 1$이 된다.

식 (12.35)와 (12.39)는 엄밀히 단기하중 하에서 세립토에 적용된다. 세립토와 조립토에서 장기하중의 경우, E_u와 ν_u 대신 E'와 ν'를 사용해야 한다.

예제 12.10 점토층 위에 놓인 기초의 탄성(즉시)침하

그림 E12.10에서 보는 바와 같이 균일한 점토의 깊은 퇴적층에 근입되어 있는 폭 4 m×길이 6 m인 직사각형 기초의 즉시침하를 구하라.

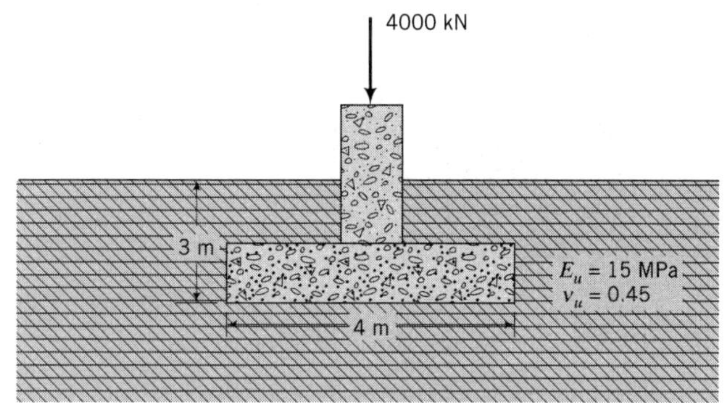

그림 E12.10

핵심전략 식 (12.35)나 (12.39)에 직접 적용할 수 있는 충분한 정보가 있다. 실제로 벽체가 없기 때문에 측면 벽체 효과를 고려할 필요가 없으며, 즉 $\mu_{wall} = 1$이다.

풀이 12.10

Step 1 : 기하학적 정수들을 결정한다.

$$A_b = 4 \times 6 = 24\,\text{m}^2, \quad L = \frac{6}{2} = 3\,\text{m}, \quad B = \frac{4}{2} = 2\,\text{m}$$

$$\frac{A_b}{4L^2} = 0.67 \left(\text{증명: } \frac{A_b}{4L^2} = \frac{2B \times 2L}{4 \times L^2} = \frac{B}{L} = \frac{4}{6} = 0.67\right)$$

Step 2 : 형상계수와 근입깊이계수를 계산한다.

$$\mu_s = 0.45\left(\frac{A_b}{4L^2}\right)^{-0.38} = 0.45(0.67)^{-0.38} = 0.52$$

$$\mu_{emb} = 1 - 0.04\frac{D_f}{B}\left[1 + \frac{4}{3}\left(\frac{A_b}{4L^2}\right)\right] = 1 - 0.04 \times \frac{3}{2}\left[1 + \frac{4}{3}(0.67)\right] = 0.89$$

Step 3 : 즉시침하를 계산한다.

$$\rho_e = \frac{P}{E_u L}(1 - \nu_u^2)\,\mu_s \mu_{emb} \mu_{wall} = \frac{4000}{15{,}000 \times 3}(1 - 0.45^2)$$

$$\times 0.52 \times 0.89 \times 1 = 0.033\,\text{m} = 33\,\text{mm}$$

예제 12.11 탄성계수가 깊이에 따라 변화할 때의 즉시침하

그림 E12.11에 나타난 기초의 즉시침하를 결정하라. 비배수 탄성계수는 그림에서 보는 바와 같이 깊이에 따라 변화하며, ν_u = 0.45이다.

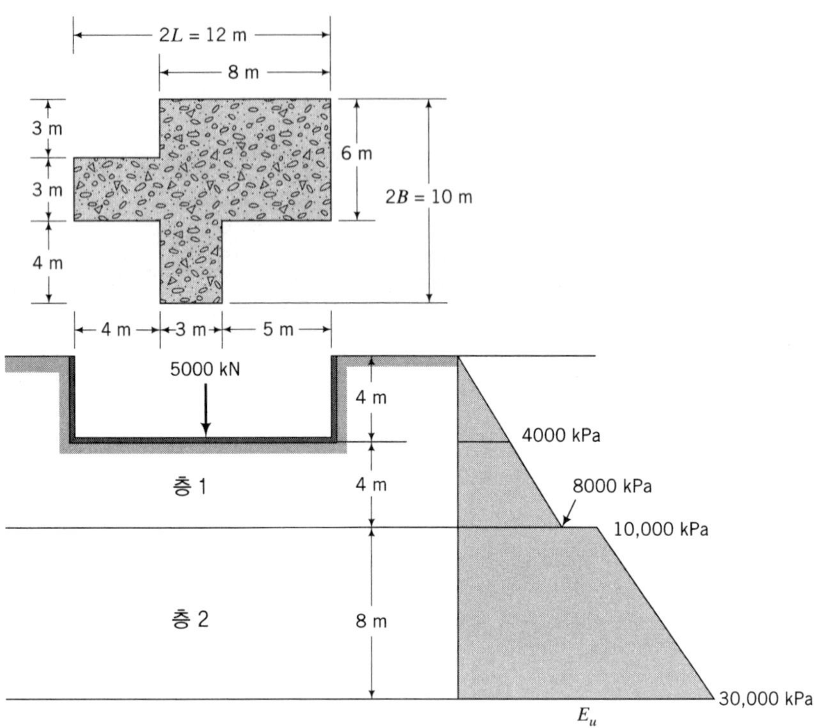

그림 E12.11

핵심전략 사각형 둘레의 길이 (2*L*)과 폭 (2*B*)를 결정하여야 한다. 비배수 탄성계수는 깊이에 따라 변하고, 그래서 각 지층에서의 평균 E_u 값을 고려할 필요가 있고, 그 다음에 조화평균을 구할 수 있다. 또한 형상정수 $A_b/4L^2$를 구할 필요가 있다.

풀이 12.11

Step 1: 사각형 둘레의 길이와 폭을 결정한다.

$$2L = 8 + 4 = 12\,\text{m}; \quad L = 6\,\text{m}$$
$$2B = 3 + 3 + 4 = 10\,\text{m}; \quad B = 5\,\text{m}$$

Step 2: E_u를 결정한다.

층 1:

기초 바닥면 깊이에서 $E_u = \dfrac{4}{8} \times 8000 = 4000\,\text{kPa}$, 층의 바닥에서 $E_u = 8000\,\text{kPa}$

$$(E_u)_{avg} = \frac{4000 + 8000}{2} = 6000\,\text{kPa}$$

층 2:

층의 윗부분에서 $E_u = 10{,}000\,\text{kPa}$, 층의 바닥에서 $E_u = 30{,}000\,\text{kPa}$

$$(E_u)_{avg} = \frac{10{,}000 + 30{,}000}{2} = 20{,}000\,\text{kPa}$$

Step 3: 가중 조화평균 E_u를 구한다.

$$E_u = \frac{2(6000) + 1(20{,}000)}{3} = 10{,}667\,\text{kPa}$$

Step 4: 형상정수 $A_b/4L^2$를 구한다.

$$A_b = (3 \times 4) + (3 \times 10) + (6 \times 5) = 72\,\text{m}^2; \quad \frac{A_b}{4L^2} = \frac{72}{4 \times 6^2} = 0.5$$

Step 5: 형상, 근입깊이, 그리고 벽체계수를 구한다.

$$\mu_s = 0.45(0.5)^{-0.38} = 0.59; \quad \mu_{emb} = 1 - 0.04\frac{4}{5}\left(1 + \frac{4}{3} \times 0.5\right) = 0.94$$

$$A_w = \text{둘레} \times \text{깊이} = (3 + 4 + 5 + 6 + 8 + 3 + 4 + 3 + 4 + 4) \times 4$$

$$= 176\,\text{m}^2$$

$$\frac{A_w}{A_b} = \frac{176}{72} = 2.44; \quad \mu_{wall} = 1 - 0.16(2.44)^{0.54} = 0.74$$

Step 6 : 즉시침하를 계산한다.

$$\rho_e = \frac{P}{E_u L}(1 - \nu_u^2)\mu_s \mu_{emb} \mu_{wall}$$

$$= \frac{5000}{10{,}667 \times 6}(1 - 0.45^2) \times 0.59 \times 0.94 \times 0.74 = 0.026\,\text{m} = 26\,\text{mm}$$

12.11.2 일차압밀침하

제9장에서 설명된 방법을 사용하여 기초 아래 점토층의 일차압밀침하를 계산할 수 있다. 그렇지만 이러한 식들은 수평변형률이 없는 경우의 일차원 압밀에 대해 획득된 것이다. 실제로 점토로 된 매우 얇은 층들이나 재하면적의 수평크기에 대한 층두께의 비가 작은(거의 0에 접근) 경우를 제외하고는 수평변형률은 중요하다. 또한 초기 과잉간극수압은 하중이 가해지는 즉시 작용된 응력의 변화와 같다고 가정한다. 이론적으로 만약 수평응력이 수직응력과 같다고 가정하면, 이러한 가정은 가능하다. 만약 수평변형률이 없다고 가정하면, 그러면 비배수 소선(하중이 재하되는 순간) 하에서 수직침하는 0이 된다.

Skempton과 Bjerrum(1957)은 수평변형률이 아닌 수평응력을 고려하여 일차원 압밀식을 수정하는 방법을 제안하였다. 제안식은 다음의 식 (12.41)과 같으며, 여기서 Δu는 과잉간극수압이고, H_o는 지층의 두께이다.

$$(\rho_{pc})_{SB} = \int_0^{H_o} m_v \Delta u dz \tag{12.41}$$

Skempton과 Bjerrum은 수평변형률을 무시하는 것에 대한 오차는 압밀침하의 산정에서 20%까지 발생할 수 있다고 제안하였다. 축대칭 하중 조건에서 포화된 점토층에서 과잉간극수압에 대한 Skempton의 식(식 (10.50))은 대수적으로 다음의 식 (12.42)와 같이 변경되며, 이 식을 식 (12.41)에 대입하면 다음의 식 (12.43)과 같게 된다.

$$\Delta u = \Delta\sigma_1\left(A + \frac{\Delta\sigma_3}{\Delta\sigma_1}(1 - A)\right) \tag{12.42}$$

$$(\rho_{pc})_{SB} = \int_0^{H_o} m_v \Delta\sigma_1\left(A + \frac{\Delta\sigma_3}{\Delta\sigma_1}(1 - A)\right)dz = \Sigma(m_v \Delta\sigma_z H_o)\mu_{SB} = \Sigma\rho_{pc}\mu_{SB} \tag{12.43}$$

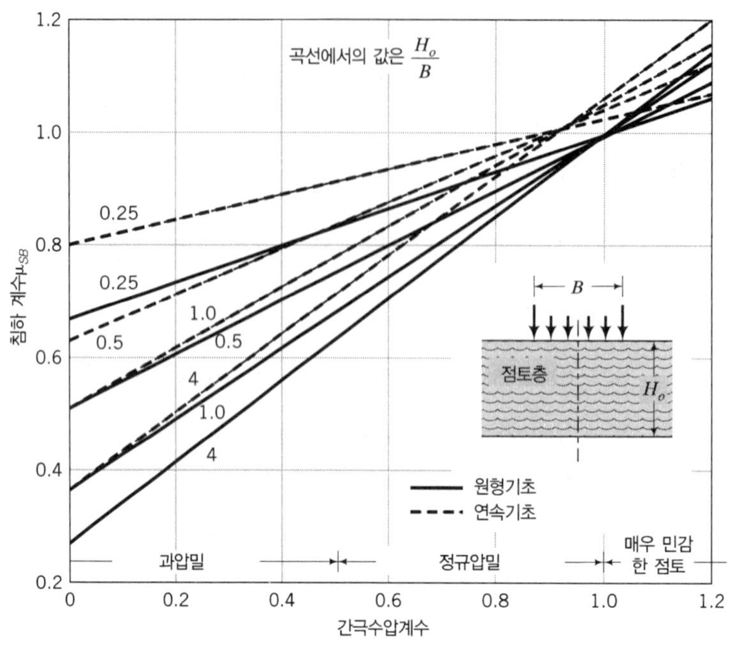

그림 12.17 원형기초와 연속기초에서 μ_{SB}값 (Scott(1963)의 결과를 재작성).

여기서 ρ_{pc}는 일차원 일차압밀침하량(제9장)이고, $\mu_{SB} = A + \alpha_{SB}(1 - A)$는 수평응력의 영향을 고려하는 침하 계수이고, $\alpha_{SB} = \left(\int \Delta\sigma_3 dz\right)/\left(\int \Delta\sigma_1 dz\right)$이다. μ_{SB}의 값은 일반적으로 연약한 점토에서 0.6~1.0이고, 과압밀점토에서 0.3~0.8이다. 원형기초와 연속기초에 대한 μ_{SB}의 값은 그림 12.17에 나타나 있다. 정사각형 또는 직사각형 기초에 대해서는 등가원형기초의 직경 $D = 2\sqrt{A/\pi}$를 사용하며, 여기서 A는 정사각형 또는 직사각형의 면적이다. 식 (12.43)은 적절히 사용되어야 한다. 그것은 삼축 조건으로부터 얻은 것이고, 원형기초의 중심 아래에서와 같은 축대칭 상황에서만 적용된다.

예제 12.12 기초의 일차 압밀침하

Skempton-Bjerrum 방법을 이용하여 그림 E12.12에 나타난 정사각형 기초에서의 일차 압밀침하량을 구하라.

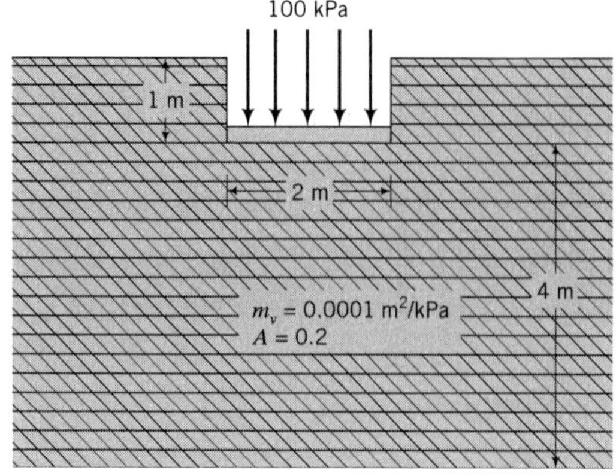

그림 E12.12

핵심전략 먼저 일차원 일차 압밀침하량을 계산할 필요가 있고, 그 다음에 도표로부터 μ_{sb}를 결정한다. 점토층은 유한하기 때문에 부록 B의 계수들을 이용하여 수직응력 증가량을 계산하여야 한다.

풀이 12.12

Step 1: 기초 바닥면 아래 각 층의 중앙에서 작용된 응력 증가량을 계산한다.

$$\frac{L}{B} = 1, \quad \frac{H_o}{B} = 2, \quad \frac{z}{B} = 0.5$$

표 C1.2에서 보간법으로부터 $I_{zp} = 0.72$이다.

$$\Delta\sigma_z = I_{zp}q_s = 0.72 \times 100 = 72\,\text{kPa}$$

Step 2: μ_{SB}를 결정한다.

바닥 단면적은 $2 \times 2 = 4\ \text{m}^2$이다.

정사각형 기초의 등가직경, $D = 2\sqrt{\frac{4}{\pi}} = 2.26\,\text{m}, \quad \frac{H_o}{B} = \frac{4}{2.26} = 2.21, \quad A = 0.2$

그림 12.17로부터 $\mu_{SB} = 0.43$ 이다.

Step 3: 일차압밀침하량을 계산한다.

$$(\rho_{pc})_{SB} = m_v\Delta\sigma_z H_o\mu_{SB} = 0.0001 \times 72 \times 4 \times 0.43 = 0.0124\,\text{m} = 12.4\,\text{mm}$$

What's next... 흔히 실내시험에서 흙, 특히 조립토의 회복은 곤란하고, 현장시험 결과를 이용하여 얕은기초의 지지력과 침하를 결정하여야 한다. 다음 절에서 조립토에 사용되는 몇 가지 현장시험 방법들을 소개한다.

12.12 현장시험으로부터 조립토의 지지력과 침하의 결정

얕은기초의 지지력과 침하를 산정하는데 SPT와 CPT의 결과를 고려하고자 한다. 아래에 주어진 경험식에 사용되는 N과 q_c를 선택하는데 특별한 주의가 필요하다. 결과들을 세밀히 검토하고 허구로 보이는 N이나 q_c 중에서 특별히 지나치게 큰 값들을 제거한다. 이렇게 큰 값들은 호박돌과 같은 장애물에 기인될 수 있다. N 또는 q_c가 연속적으로 작은 값들은 연약한 지층을 나타낼 수 있다. 예를 들면 기초 아래 깊이 B이내에서 이런 층들의 위치에 따라 연약층이 기초의 성능을 좌우한다.

12.12.1 표준관입시험(SPT)

컴퓨터 프로그램 활용

www.wiley.com/college/budhu에 접속하여 Chapter 12를 클릭하고, 그리고 SPT 데이터로부터 지지력과 침하를 계산하는 스프레드쉬트가 있는 bc.xls를 클릭한다.

시험실에서 시험하기 위하여 조립토의 불교란 시료를 채취하는 것은 어렵다. 결과적으로 조립토 위에 놓인 기초의 허용 지지력과 침하는 흔히 현장시험으로 얻은 결과들을 이용하는 경험적 방법들에 근거한다. 대중적인 한 방법은 표준관입시험(SPT)의 결과들을 이용한다. 통상적으로 상재하중에 대하여 N값을 보정한다. 많은 연구자들이 다양한 보정계수들을 제안하였다. 에너지와 다른 보정은 제3장에서 고려하였다. 이 책에서 상재하중에 대하여 N값을 보정하는 두 가지 제안이 제시되었으며, 이것들은 다음과 같다.

$$c_N = \left(\frac{95.8}{\sigma'_{zo}}\right)^{1/2}; \quad C_N \leq 2 \quad \text{(Liao 와 Whitman, 1985)} \tag{12.44}$$

$$c_N = 0.77 \log_{10}\left(\frac{1916}{\sigma'_{zo}}\right); \quad C_N \leq 2; \quad \sigma'_{zo} > 24\,\text{kPa} \quad \text{(Peck et al., 1974)} \tag{12.45}$$

여기서 c_N은 상재하중에 대한 보정계수이고, σ'_{zo}는 유효상재하중 (kPa)이다. 만약 지하수위가 기초 바닥면 아래 깊이 B이내에 있다면, N값에 대해 추가적인 보정계수가 부가된다. 지하수 보정계수는 다음과 같다.

$$c_W = \frac{1}{2} + \frac{z}{2(D_f + B)} \tag{12.46}$$

여기서 z는 지하수위까지의 깊이이고, D_f는 기초의 근입깊이, B는 기초 폭이다. 만약 지하수위의 깊이가 기초 바닥면에서 B를 넘어서 있다면, $c_w = 1$이 된다.

수정된 N값은 다음과 같다.

$$N_1 = c_N c_W N \tag{12.47}$$

수직하중을 받는 얕은기초의 극한 지지력은 다음의 식 (12.48)과 같으며, 여기서 B는 기초 폭 (m)이다.

$$q_{ult} = 32\, N_1 B \text{ (kPa)} \tag{12.48}$$

실무적으로 기초 바닥면 아래 1.5 B 깊이까지 지층에서의 각 N값은 보정되어야 하고, N_1의 평균값이 식 (12.48)에 사용된다.

Meyerhof(1965)는 지하수 영향은 이미 측정시 고려되었기 때문에 N값을 따로 보정할 필요가 없다고 제안하였다. 더욱이 $N_1 = c_N N$을 사용하여 식 (12.45)으로 계산된 q_{ult}는 50% 증가시켜야 한다고 제안하였다. 식 (12.48)을 사용하는데 침하는 25 mm 보다 작은 것으로 가정한다.

Burland와 Burbidge(1985)는 석영질 모래와 자갈층에 위치한 200개 기초로부터 침하기록들을 통계적으로 분석하였다. 그들은 시공 끝에 정규압밀된 모래에서 기초의 침하에 대하여 다음의 식을 제안하였다.

$$\rho = f_s f_1 \sigma_a B^{0.7} I_c \tag{12.49}$$

$$f_s = \text{형상계수} = \left(\frac{1.25\, L/B}{L/B + 0.25}\right)^2 \tag{12.50}$$

$$I_c = \text{압축지수} = \frac{1.71}{N^{1.4}} \tag{12.51}$$

여기서 ρ는 침하 [mm]이고, $f_1 = (H_o/z_1)(2 - H_o/z_1)$은 기초 바닥면 아래 모래층의 두께 (H_o)가 영향깊이 z_1보다 작은 경우의 보정계수(correction factor)이고, σ_a는 기초에 가해진 수직응력 또는 허용지지력 (kPa)이다. B와 L은 각각 기초의 폭과 길이 [m]이고, 여기서 N은 보정되지 않는 N값이다. 그렇지만 매우 가는 모래나 실트질 모래의 경우에 Burland 와 Burbidge는 식 (12.51)에서 수정된 $N' = 15 + 0.5(N - 15)$을 사용하도록 추천하였다. 더 나아가 자갈이나 모래질 자갈에서는 식 (12.51)에 $N' = 1.25\,N$을 사용한다. 영향깊이(influence depth)는 지지력과 침하에 영향을 미치는 기초 아래의 깊이이다. 만약 N값이 깊이에 따라 증가하거나 또는 거의 근사적으로 일정하다면, 영향 깊이는 $z_1 = B^{0.763}$으로 간주한다. 만약 N값이 깊이에 따라 감소한다면, 영향 깊이는 $z_1 = 2B$이다.

만약 모래가 과압밀되었다면, 침하는 다음과 같다.

$$\rho = f_1 f_s\left(\sigma_a - \frac{2}{3}\sigma'_{zc}\right)B^{0.7}I_c, \quad \text{if } \sigma_a > \sigma'_{zc} \tag{12.52}$$

$$\rho = f_1 f_s q_a B^{0.7}\frac{I_c}{3}, \quad \text{if } \sigma_a < \sigma'_{zc} \tag{12.53}$$

Burland 와 Burbidge는 또한 시간에 의존하여 침하를 고려하는 시간계수(time factor)를 제안하였다. 이 계수에 대하여 원래의 참고문헌을 검토할 수 있다.

Burland-Burbidge 방법의 순서는 다음과 같다.

1. 영향깊이 z_1을 계산한다.
2. 기초 아래 z_1이내의 깊이에서 평균 N값을 찾는다.
3. 식 (12.51)로부터 I_c를 계산한다.
4. 적당한 식[식 (12.49) 또는 (12.52) 또는 (12.53)]으로부터 ρ를 결정하거나, 또는 ρ가 명시되어 있다면, σ_a를 결정할 수 있다.

예제 12.13 SPT 데이터를 이용한 허용지지력

지층의 여러 깊이에서 SPT 결과가 표 E12.13(a)에 나타나 있다.

표 E12.13(a)

깊이 (m)	0.6	0.9	1.2	1.5	2.1	2.7	3	3.3	4.2
N (타격횟수/ft)	25	28	33	29	28	29	31	35	41

지표면 아래 0.6 m에 위치한 2 m 크기의 정사각형 기초의 허용지지력을 결정하라. 허용침하량은 25mm이고, 지하수위는 깊게 있어서 영향은 무시한다.

핵심전략 여기서의 문제는 어떤 N값을 사용하는 것인가이다. 상당한 응력(작용 응력의 10% 이상)을 받는 기초 아래 지층의 두께 ($\approx 2B$)를 결정하고, 그 지층 내에서의 N값의 평균을 구한다. 단위중량은 주어지지 않았고, 그래서 설명과 N값에 근거하여 단위중량을 결정하여야 한다(제10장, 표 10.4 참조).

풀이 12.13

컴퓨터 프로그램 활용
www.wiley.com/college/budhu에 접속하여 Chapter 12를 클릭하고, 그리고 SPT 데이터로부터 지지력과 침하를 계산하는 스프레드쉬트가 있는 bc.xls를 클릭한다.

Step 1: N_1을 결정한다.

σ'_{zo}와 식 (12.44) 또는 (12.45)를 이용하여 보정계수 c_N을 계산한다. 표 E12.13(b)에서 보는 바와 같이 스프레드쉬트를 이용하여 계산을 수행한다.

표 E12.13(b)

SPT로부터 지지력		
q_a	1033	kPA
기초 두께	2	m
기초 근입깊이	0.9	m
지하수위	5	m
안전율(FS)	3	

깊이 (m)	단위중량 (kN/m^3)	유효수직 응력(kPa)	C_n (계산값)	C_n (사용값)	N	N_1
0	0	0	0	0	0	0
0.6	18.5	11.1	2.9	2.0	25	50
0.9	19	16.8	2.4	2.0	28	56
1.2	20	22.8	2.0	2.0	33	66
1.5	19	28.5	1.8	1.8	29	53
2.1	19	39.9	1.5	1.5	28	43
2.7	19	51.3	1.4	1.4	29	40
3	20	57.3	1.3	1.3	31	40
3.3	20.5	63.45	1.2	1.2	35	43
4.2	20.5	81.9	1.1	1.1	41	44
				평균	31	48

Step 2: q_a를 계산한다.

식 (12.48):

$$q_{ult} = 32N_1B = 32 \times 48 \times 2 = 3072 \text{ kPa}$$

$$q_a = \frac{q_{ult}}{\text{FS}} = \frac{3072}{3} = 1024 \text{ kPa}$$

계산을 수행하는데 많은 유효수자를 사용하기 때문에 스프레드쉬트에서는 $q_a = 1033$ kPa이다.

예제 12.14 SPT를 이용한 허용지지력과 침하

3 m × 4 m기초에 대하여 Burland-Burbidge 방법을 이용하여 위의 예제를 풀이하라.

핵심전략 모래가 정규압밀된 것인지 과압밀된 것인지를 결정하여야 한다. 모래의 압밀상태를 결정할 수 있는 직접적인 증거가 주어지지 않았다. 이러한 문제에 대한 한 가지 해결 방법은 표 10.4를 이용하여 압밀상태를 평가하는 것이다.

풀이 12.14

Step 1: 압밀상태를 결정하고 z_1을 구한다.

B(3m)깊이 이내에서 N값의 평균은 29이다. 표 10.4로부터, 모래는 중간상태(10~30 사이의 N값)이다. 합리적인 압밀상태의 평가는 정규압밀상태이다.

$$z_1 = B^{0.763} = 3^{0.763} = 2.3 \text{ m}$$

Step 2: 기초 바닥면 아래 2.3 m 깊이에 대한 평균 N값을 구한다.

기초 바닥면 아래 2.3 m 깊이에 대한 평균 N값은 29이다(주: 바닥면 아래 2.3 m는 2.9 m의 깊이에 해당하므로, 3 m까지의 N값을 사용한다).

Step 3 : I_c를 계산한다.

$$I_c = \frac{1.71}{N^{1.4}} = \frac{1.71}{29^{1.4}} = 0.015$$

Step 4 : q_a를 계산한다.

$$\frac{L}{B} = \frac{4}{3} = 1.33; \quad f_s = \left(\frac{1.25L/B}{L/B + 0.25}\right)^2 = \left(\frac{1.25 \times 1.33}{1.33 \times 0.25}\right)^2 = 1.11$$

$f_1 = 1$ (모래층의 두께가 2.3 m 보다 큼)

$$q_a = \sigma_a = \frac{\rho}{f_s f_1 B^{0.7} I_c} = \frac{25}{1.11 \times 1 \times 3^{0.7} \times 0.015} = 696\,\text{kPa}$$

12.12.2 콘관입시험(Cone Penetration Test, CPT)

컴퓨터 프로그램 활용

www.wiley.com/college/budhu에 접속하여 Chapter 12를 클릭하고, 그리고 CPT 데이터로부터 지지력과 침하를 계산하는 스프레드쉬트가 있는 bc.xls를 클릭한다.

Schmertmann(1970)과 Schmertmann 등(1978)은 모래에 대한 유시정적 콘관입시험(quasi-static cone test) 데이터로부터 침하를 결정하는 방법론을 제안하였다. 그들은 모래는 선형 탄성재료이고, 축대칭 조건에서 $2B$, 평면 변형률 조건에서 $4B$ 깊이 이내에서만의 응력 변화가 침하에 영향을 미친다고 가정하였다. 침하는 수직 변형률을 적분하여 계산되며 다음과 같다.

$$\rho = \int \varepsilon_z dz \tag{12.54}$$

Schmertmann 등에 의한 침하[mm] 제안식은 다음의 식 (12.55)와 같으며, c_D와 c_t는 식 (12.56) 및 (12.57)과 같다.

$$\boxed{\rho = \frac{c_D c_t}{\beta} q_{net} \sum_{i=1}^{n} \frac{(I_{co})_i}{(q_c)_i} \Delta z_i} \tag{12.55}$$

$$c_D = \text{깊이계수} = 1 - 0.5\frac{\sigma'_{zo}}{q_{net}} \geq 0.5 \tag{12.56}$$

$$c_t = \text{크리프계수} = 1.0 + A \log_{10}\left|\frac{t}{0.1}\right| \tag{12.57}$$

여기서 β는 콘지수[정사각형 기초(축대칭 조건)의 경우 $\beta = 2.5$, 연속기초(평면변형률 조건)의 경우 $\beta = 3.5$]이고, q_{net}[kPa]는 순기초압력(작용 응력에서 기초 바닥 위의 상재하중을 뺀 값)이고, σ'_{zo}[kPa]는 기초 깊이에서 원래의 유효수직응력이며, t [년]는 시간 ($t \geq 0.1$)이다. A는 경험계수로 0.2이고, Δz_i는 i번째 층의 두께이며, $(I_{co})_i$는 i번째 층의 영향계수(influence factor)로 다음과 같이 계산된다.

축대칭(Axisymmetric) 조건: $L = B$

$$\frac{z}{B} \leq \frac{1}{2} \text{의 경우, } I_{co} = 0.1 + 2(I_{cp} - 0.1)\frac{z}{B} \tag{12.58}$$

$$2 \geq \frac{z}{B} > \frac{1}{2} \text{의 경우, } I_{co} = I_{cp}\left[1 - \frac{2}{3}\left(\frac{z}{B} - \frac{1}{2}\right)\right] \tag{12.59}$$

평면변형률(Plane strain) 조건: $L > 10B$

$$\frac{z}{B} \leq 1\text{의 경우}, I_{co} = 0.2 + (I_{cp} - 0.2)\frac{z}{B} \tag{12.60}$$

$$4 \geq \frac{z}{B} > 1\text{의 경우}, I_{co} = I_{cp}\left[1 - \frac{1}{3}\left(\frac{z}{B} - 1\right)\right] \tag{12.61}$$

여기서 $I_{cp} = 0.5 + 0.1\sqrt{\frac{q_{net}}{\sigma'_{zp}}}$, $(q_c)_i$는 i번째 층의 콘선단저항력이고, σ'_{zp}는 I_{cp}가 발생하는 깊이(축대칭 조건에서는 $\frac{B}{2}$, 평면변형률 조건에서는 B)에서 원래 유효수직응력이고, n은 지층 수이며, B의 단위는 미터(m)이다.

콘시험 자료로부터 침하를 구하는 과정은 다음과 같다.

1. 기초 아래 지반을 몇 개의 층으로 분할한다. 정사각형 기초에서는 분할하는 지층의 전체 깊이는 $2B$이며, 합리적인 분할 지층의 수는 4개이다. 연속기초에서 분할하는 지층의 전체 깊이는 $4B$이며, 합리적인 분할 지층의 수는 8개이다.
2. 깊이에 따른 q_c의 현장 데이터로부터 각 지층에서의 평균 $(q_c)_i$를 결정한다.
3. 각 지층의 중앙에서 I_{co}를 구한다.
4. 식 (12.54)를 이용하여 ρ를 결정한다.

CPT 시험 결과로부터 기초의 지지력은 축대칭 조건에서 기초 바닥면 아래 $2B$깊이, 평면변형률 조건에서 $4B$깊이에서의 콘선단저항의 가중 평균값을 취하여 평가한다.

예제 12.15 CPT 데이타를 이용한 허용지지력과 침하

어떤 부지에서 대표적인 콘시험 데이터가 그림 E12.15(a)에 나타나 있다. 217 kPa의 작용하중을 받는 3 m × 3 m 정사각형 기초가 이 부지에서 지표면 1 m 아래에 놓여 있다. (1) 기초의 지지력과 (2) 시공 1년후의 침하량을 결정하라. 모래의 단위중량은 17 kN/m^{3}이고, 지하수위는 지표면 아래 8 m에 위치한다.

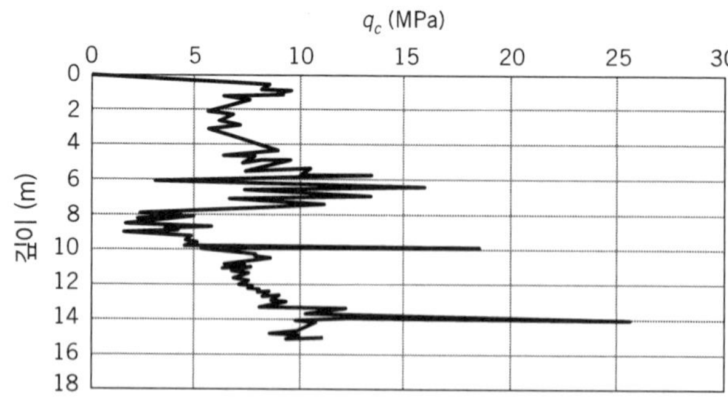

그림 E12.15a

핵심전략 정사각형 기초에서 영향깊이는 $2B$이다. 이 깊이를 몇 개의 지층으로 나누고 식 (12.54)를 이용한다.

풀이 12.15

Step 1 : 기초 바닥면 아래 영향깊이를 결정한다.

$$\text{영향깊이} = 2B = 6\,\text{m}$$

Step 2: 기초 바닥면 아래 영향깊이에서 q_c값들을 검토한다. 지나치게 큰 q_c값들은 무시하고 그림 E12.15b와 같이 복합 분포도를 작성한다. 영향깊이에서의 q_c, I_{co} 및 ρ 값을 구한다.

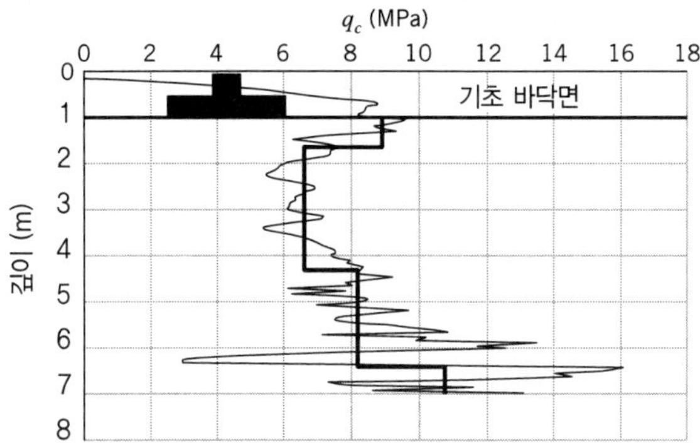

그림 E12.15b

스프레드쉬트 프로그램을 이용한다(www.wiley.com/college/budhu_bc.xls; 표 E12.15 참조). 이 문제는 축대칭조건이므로, I_{cp}의 발생 깊이는 $2B$이다.

q_{ap} = 작용 응력, D = 원지반에서의 기초 깊이, D_f = 마무리된 지표면에서의 기초 깊이.

Muni Budhu "Soil Mechanics and Foundations", John Wiley & Sons, NY, 2007
Bearing capacity and settlement of shallow footings using CPT data

Condition	1	Axisymmetric			HELP		
Settlement	24	mm					
Bearing capacity	6.7	MPa					
q	217	kPa		c_D	0.96		
D_f	1	m			1.20		
D	1	m					
γ	17	kN/m³					
B	3	m					
L	3	m					
σ'_{zp}	42.5	kPa					
σ'_{zo}	17	kPa					
σ_{net} or q_{net}	200	kPa					
I_{cp}	0.72						
t	1	yr					
Layer	z	Δz	z/B	I_{co}	q_c	(I_{co}/q_c)	$q_c\Delta z$
m	**m**	**m**			**MPa**		**MPa.m**
	0						
1	1.00	1.00	0.33	0.51	8.80	0.058	8.8
2	2.00	1.00	0.67	0.64	6.30	0.101	6.3
3	4.00	2.00	1.33	0.32	6.30	0.101	12.6
4	6.00	2.00	2.00	0.00	6.30	0.000	12.6
	Sum	6.00			Sum	0.260	40.3

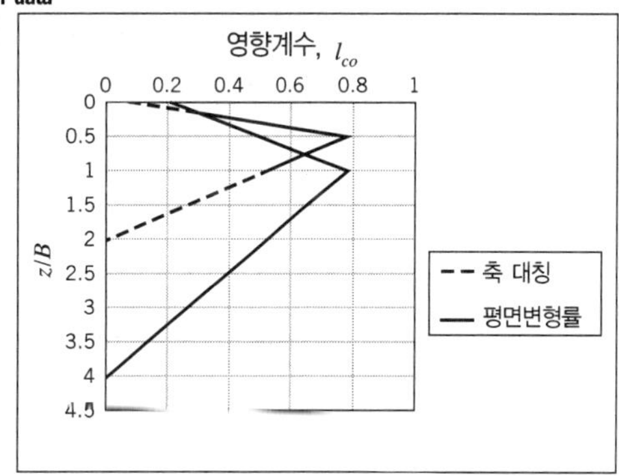

표 E12.15

$$q_{net} = q_{ap} - \gamma D_f = 217 - 1 \times 17 = 200\,\text{kPa}$$

$$\sigma'_{zp} = \gamma\left(\frac{B}{2} + D_f\right) = 17 \times \left(\frac{3}{2} + 1\right) = 42.5\,\text{kPa}; \quad I_{cp} = 0.5 + 0.1\sqrt{\frac{200}{42.5}} = 0.72$$

$$\sigma'_{zo} = \gamma D = 1 \times 17 = 17\,\text{kPa}; \quad c_D = 1 - 0.5 \times \frac{17}{200} = 0.96$$

$$c_t = 1 + 0.2\log_{10}\left|\frac{1}{0.1}\right| = 1.2$$

Step 3 : 지지력을 계산한다.

$$q_{ult} = \frac{\Sigma q_c \Delta z}{\Sigma \Delta z} = \frac{40.3}{6} = 6.7 \text{ MPa}$$

Step 4 : 침하를 계산한다.

$$\rho = \frac{c_D c_t}{\beta} q_{net} \sum_{i=1}^{n} \frac{(I_{co})_i}{(q_c)_i} \Delta z_i = \frac{0.96 \times 1.2}{2.5} \times 200 \times 0.26 = 24 \text{ mm}$$

12.12.3 평판재하시험(Plate Load Test, PLT)

실물기초에 대한 시험은 바람직하지만, 비용이 너무 많이 소요된다. 대안은 실제 기초의 하중–침하 거동을 모의하기 위하여 평판재하시험(그림 12.18)을 수행하는 것이다. 평판은 강철로 만들고, 크기는 150~760 mm이다. 통상 두 가지의 평판 크기가 실무에 사용되는데, 하나는 30 cm 정사각형 평판이고, 다른 하나는 직경 30 cm의 원형 평판이다. 시험은 적어도 1.5 m 깊이의 구덩이에서 실시한다. 하중은 예상되는 허용지지력의 10~20%에 해당하는 하중을 단계적으로 증가시킨다. 각 단계에서 하중은 침하가 멈출 때까지 유지된다. 각 하중 단계의 끝에서의 최종 침하를 기록한다. 재하 지반이 파괴되거나 침하가 평판 직경의 10%를 초과할 때까지 계속된다. 최대 하중은 적어도 예상되는 허용지지력의 1.5배 이상이어야 한다.

만약 모래가 탄성재료와 같이 거동한다면, 침하는 다음의 식 (12.62)로 계산되고,

$$\rho_p = q_{ap} B_p \frac{1 - (\nu')^2}{E'} I_p \tag{12.62}$$

여기서 ρ_p는 평판침하이고, q_{ap}는 작용응력이고, B_p는 평판의 크기 또는 직경이고, ν'는 포아송비이고, E'는 탄성계수이며, I_p는 영향계수(강성평판의 경우 0.82)이다. 폭 B인 실제 기초의 침하 (ρ)는 다음 식과 같이 평판침하와 관련된다.

$$\rho = \rho_p \left(\frac{2}{1 + B_p/B} \right)^2 \tag{12.63}$$

극한에서 $B_p/B \rightarrow \infty$이면, $\rho/\rho_p \rightarrow 4$이다.

식 (12.63)은 오직 변형률이 작은(미소) 경우에만 정당하다. 평판재하시험과 관련된 몇 가지 문제가 있다.

1. 시험은 오직 모래층이 두껍고 균질한 경우에만 믿을 만하다.
2. 평판 아래에서 압력을 받는 모래의 깊이는 실물 기초보다 매우 작다. 평판 아래의 연약층은 시험결과에 영향을 미치지 못하는데, 그 이유는 그것이 평판하중으로 인하여 연약층에 부과되는 응력이 거의 영향을 미치지 않을 정도의 깊이에 있기 때문이다. 그러나 이러한 연약층은 실물 기초의 지지력과 침하에 중대한 영향을 미칠 수 있다.

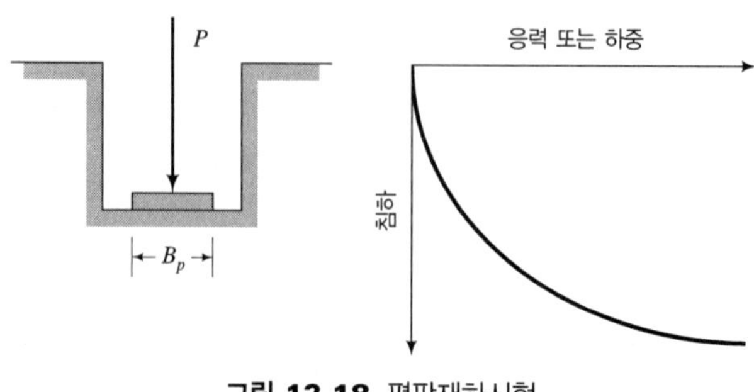

그림 12.18 평판재하시험

3. 평판 근처에 있는 연약한 흙덩어리와 같은 국부적 조건은 시험 결과에 영향을 주지만, 이것들은 실물 기초에 중요한 영향을 주지 않는다.
4. 평판재하시험 결과와 실물 기초 사이의 관계는 일반적으로 의문의 여지가 있다. 모래에서 침하는 평판의 크기에 의존한다. 일반적으로 평판이 커지면 침하는 증가한다. Bjerrum과 Eggestad(1963)는 주어진 작용 응력에서 평판 크기와 침하 사이의 관계에서 분산이 심각하다는 사실을 발견하였다. 또한 Bjerrum & Eggestad는 현장 증거 자료가 ρ/ρ_p의 극한은 고정값인 4가 아니라 3~5 사이의 범위를 보인다고 보고하였다.
5. 시험의 작업은 어렵다. 구덩이를 만들기 위한 모래층의 굴착으로 인하여 평판 아래 흙은 변함없이 느슨해지며, 이것은 시험 결과에 상당한 영향을 미치게 된다. 평판과 모래층 표면 사이는 긴밀히 밀착되어야 하는데, 그러나 이것은 흔히 어렵다. 만약 평판이 지하수 위에 있다면, 부의 간극수압으로 인하여 결과에 영향을 주게 된다.

What's next... 다음 절에서 얕은기초의 지지력과 침하의 해석에 대하여 CSM의 사용을 검토한다.

12.13 CSM을 이용한 얕은기초의 해석

얕은기초의 지지력과 침하를 산정하기 위한 재래의 해석방법의 대안은 이 장의 앞부분에서 설명된 CSM을 이용하는 것이다. CSM 사용의 장점은 다음과 같다.

1. 두 개의 개별적인 해석 보다 하나의 통일된 해석으로 지지력과 침하의 결정을 제공한다.
2. 흙을 일관되게 나타낸다. 비교해 보면 기존의 방법은 파괴(붕괴)하중을 결정하기 위하여 기초 바닥 아래의 흙을 강체로 간주하지만, 침하 계산을 위해서는 동일한 흙을 탄성체로 간주한다.
3. 전적으로 유효응력에 근거한다. 상기해 보면 전응력 보다 유효응력이 흙에서 파괴와 침하에 책임이 있다.
4. 기초는 연성으로 보고 설계하는데 그것으로 인하여 균열이나 갑작스런 파괴없이 흙이 변형된다.
5. 침하를 계산하는데 이용되는 탄성계수의 불확실성이 현저히 감소된다.
6. 극소수의 지반정수를 필요로 한다. 이것들은 간단한 흙 시험에서 얻을 수 있다. 최소한의 지반정수들은 $C_r(\kappa)$, OCR (R_o), $\phi'_{cs}(M)$, 초기응력이다. 후자는 함수비, 흙시료 깊이와 지하수 조건으로부터 구할 수 있다. 만약 $\phi'_{cs}(M)$가 아닌 s_u가 주어져 있다면, 예제 12.16에서와 같이 $\phi'_{cs}(M)$의 이론적인 값을 구하는 것은 가능하다.
7. 기초의 근입깊이나 형상을 설명하는 특별한 정수를 필요로 하지 않는다.
8. 이상적으로 실내시험은 현장에서의 응력조건을 모사할 수 있다. 그러나 어떤 프로젝트에서는 그와 같은 시험은 수행하는데 시간을 소비하고 비경제적일 수 있다. CSM은 해석에 사용하기 위하여 실내시험으로부터 적절한 지반정수들을 평가하고 수정하는 체제를 제공한다.
9. 이론적인 체제는 흙의 거동에 대한 이해를 제공한다. 예를 들면, 기초 아래 흙 요소가 탄소성(항복 이후) 상태인지 탄성 상태인지를 결정할 수 있다.
10. CSM에서는 아무런 파괴면이나 파괴형태를 가정하지 않는다.
11. 주어진 어떤 흙 요소의 완전한 응력상태를 고려한다.
12. 기초의 재사용을 평가하는데 유용한 도구이다.

우리가 고려하는 모든 방법들과 같이 CSM은 오직 흙의 지지력과 침하를 평가한다.

12.13.1 고도과압밀된 세립토

CSM을 이용하는 얕은기초의 해석에서의 기본은 기초에 작용된 응력은 불안정을 초래하는 응력보다 작아야 한다는 것이다. 흙 응력상태가 처음으로 Hvorslev 면 (*HV*)에 도달하는 응력집합은 한계지지력을 규정하는 것으로 간주된다. 이러한 한계지지력은 극한평형해석에 의한 극한지지력과 다르다. 사실은 *HV*면에 처음으로 도달 후에 응력들이 재분배되는 방법 때문에 흙은 한계지지력 보다 더 큰 하중을 지지할 수도 있다. 그렇지만 이러한 응력의 재분배를 예측할 수 없다. 제11장으로부터 흙은 *HV*면에 도달하면 두 갈래로 나누어진다는 사실을 상기하자. 그래서 작용 응력이 *HV*면 아래에 있는 응력상태가 되도록 기초 크기를 조정할 필요가 있다.

고도과압밀된 흙이 그림 12.19a의 *TF*로 표현된 *HV* 면에서의 한계응력상태에 도달한다고 가정한다. 이 면은 한계상태선의 왼쪽에 있는 초기 타원형의 항복면의 일부분을 근사적으로 선형화한 것이다. *TF* 아래의 작용응력 상태는 흙을 탄성적으로 거동하도록 한다. 그림 12.19a의 *AT*는 인장절편력면이고, *FC*면은 Roscoe, Schofield와 Wroth 면(RSW)이다. 고도과압밀된 흙은 면적 *ATFNA*속에 놓이는 응력상태를 갖는다. 이 영역 내에서의 유효응력경로는 탄성적 흙의 거동을 나타낸다. 그렇지만, 면적 *ATFA*내에서 흙은 불연속 거동을 초래할 것 같다. 이상적으로 기초 하중은 유효응력들이 면적 *ATFA*내에서 있지 않도록 해야 한다. 만약 작용된 유효응력이 이 면적 내에 있다면, 면적 *AFN*내에서의 작용 유효응력과 비교하여 설계에서 더 높은 수준의 위험을 감수한다. 면적 *AFC*(그림 12.19a)는 흙 거동의 연성영역을 구성한다(그림 12.19b).

현장에서 세립토가 평균유효응력 p'_k과 축차응력 p_k (ESP, 그림 12.19a, b에서 *AK*)에서 일차원적으로 압밀된 다음, 침식과 같은 지질학적 과정을 거쳐 하중이 제거된다(ESP, 그림 12.19a, b에서 *KO*)고 가정하자. 지금 이 흙 위

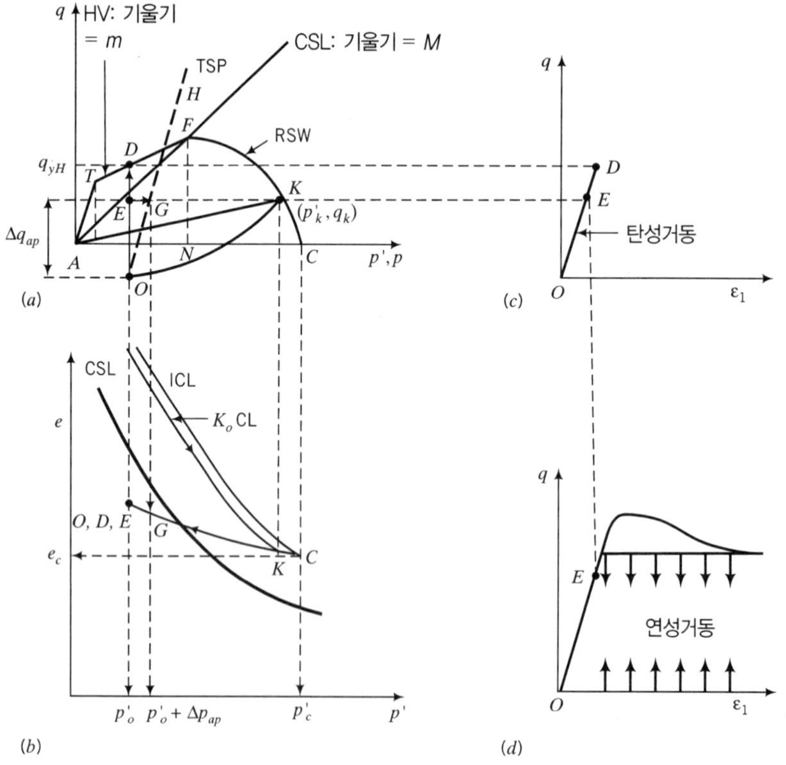

그림 12.19 얕은기초에서의 응력에 대한 고도과압밀세립토의 거동

에 정사각형의 얕은기초를 건설할 것이다. 얕은기초의 중심 아래 깊이 z에서의 흙 요소는 축대칭적으로 하중을 받는다. 비배수조건(제10장)에서 흙 요소의 파괴는 TSP(그림 12.19a에서 OH)와 상관이 없는 사실을 상기할 수 있다. 이와 같이 TSP는 과잉간극수압의 측정을 제외하고는 단기하중에서 중요하지 않다. 또한 비배수조건에서 탄성 흙에 대한 ESP는 그림 12.19a에 표시된 OD와 같이 수직 방향인 것을 상기할 수 있다. 그러므로 기초 중심 아래 흙 요소가 작용된 축차응력 Δq_{ap} (축차 또는 전단응력은 간극수압과 무관함)가 HV면에서의 한계응력상태(그림 12.19a에서 D점) 아래가 되도록 하중을 받게 된다면, 흙은 탄성적인 거동을 할 것이다. HV면에서 축차응력 q_{yH}에 대한 안전율은 다음과 같으며,

$$\text{FS} = \frac{q_{yH}}{q_o + \Delta q_{ap}} = \frac{q_{yH}}{q} \tag{12.64}$$

여기서 q_o는 초기 축차응력이다. 한 개 요소의 파괴 (FS < 1)는 기초가 파괴되는 것을 의미하는 것은 아니다. 파괴된 요소들이 이어져 연결망이 되면 파괴가 발생한다. HV면 위에서 축차응력은 식 (11.76)으로부터 하고, 쉽게 참조하기 위하여 다음에 다시 나타냈다.

$$q_{yH} = p'_o\left[\frac{M - 2n_t t_c}{1 - 2t_c}(1 - t_c R_o) + t_c n_t R_o\right] \tag{12.65}$$

$$t_c = \frac{1}{\left(1 + \dfrac{n_t^2}{M^2}\right)} \tag{12.66}$$

여기서 t_c는 인장계수(tension factor)이다. 이 계수는 평균유효응력 $p'_t = t_c p'_c$을 나타내며, 이것 아래에서는 흙이 인장파괴되고, p'_c는 선행압밀압력이다. t_c의 역수는 과압밀비 R이고, 그것 위에서 흙은 인장파괴된다. 인장선 AT의 기울기는 n_t이다. 축대칭 하중에서 $n_t = 3$이고, $M = \dfrac{6\sin\phi'_{cs}}{3 - \sin\phi'_{cs}}$이지만, 평면변형률 조건에서 $n_t = \sqrt{3}$이고, $M = \sqrt{3}\sin\phi'_{cs}$이다.

인장파괴가 발생한다면 다음 식과 같게 된다.

$$q_{tf} = n_t p'_o \tag{12.67}$$

여기서 q_{tf}는 인장으로 인한 파괴축차응력이다. 이상적으로 작용 축차응력 $q = q_o + \Delta q_{ap}$은 연성영역 이내에 있어야 한다(그림 12.19d). 즉 식(11.61)로부터 $q_o + \Delta q_{ap} < Mp'_o\left(\dfrac{R_o}{2}\right)^{\Lambda}$이고, 여기서 Λ는 체적변형률비 $= 1 - \dfrac{\kappa}{\lambda} = 1 - \dfrac{C_r}{C_c}$이며, C_c와 C_r은 $e - \log_{10} p'$(간극비-유효수직응력) 곡선으로부터 얻어지는 압축지수와 재압축지수(팽창지수)이고, λ와 κ는 간극비-평균유효응력의 자연대수 곡선으로부터 얻어지는 압축지수와 재압축지수이다. 이 압축지수와 재압축지수들은 서로 관계가 있으며, $\kappa = \dfrac{C_r}{2.3}$ 및 $\lambda = \dfrac{C_c}{2.3}$이다. C_c와 C_r에 대한 정보가 없는 경우에 Λ의 근사값은 $\Lambda \approx 0.8$이고, $\dfrac{C_r}{C_c} = 0.2$이다.

탄성축차변형률 ε_q는 다음과 같다.

$$\varepsilon_q = \varepsilon_z = \frac{\Delta q_{ap}}{3G} \tag{12.68}$$

여기서 ε_z는 수직변형률, $G = \dfrac{E'}{2(1+\nu')}$는 전단탄성계수, ν'는 포아송비, E'는 $E' = \dfrac{3p'_c(1+e_c)(1-2\nu')}{\kappa} = \dfrac{6.9p'_c(1+e_c)(1-2\nu')}{C_r}$의 식 (11.107)로 주어지는 유효탄성계수(여기서는 탄성계수임)이고, 여기서 e_c는 p'_c에 상응하는 간극비이다. 앞에서 배운 바와 같이 비배수 조건에서 체적변형률은 0이고, 식 (8.9)와 (8.10)으로부터 축대칭 비배수 조건에서 $\varepsilon_q = \varepsilon_1 = \varepsilon_z$이다. 평면변형률 비배수 조건에서는 $\varepsilon_2 = 0$, $\varepsilon_q = \dfrac{2}{\sqrt{3}}\varepsilon_1$이다. 즉, $\varepsilon_1 = \varepsilon_z = \dfrac{\sqrt{3}}{2}\varepsilon_q$이다. 일반적으로 변형률 주축의 회전이 작지 않다면, ε_1은 ε_z와 같지 않다.

이제 장기조건에서 어떠한 현상이 발생하는지 살펴보자. 그림 12.19a에서 E점은 작용 축차응력 $q_o + \Delta q_{ap}$을 나타내고, 그러므로 FS > 1이다. 단기하중이 작용하는 동안 발생된 과잉간극수압, E에서 G까지 평균 응력차이(그림 12.19a)는 결국에는 소산된다. 이러한 소산(압밀) 동안 응력경로는 EG(그림 12.19(a), (b))이다. E에서 G(그림 12.19b)까지 간극비의 변화는 다음과 같다.

$$\Delta e = \kappa \ln\left(\frac{p'_o + \Delta p_{ap}}{p'_o}\right) = \kappa \ln\left(1 + \frac{\Delta p_{ap}}{p'_o}\right) \tag{12.69}$$

여기서 Δp_{ap}는 작용된 평균응력이다. 과잉간극수압이 소산될 때, $\Delta p_{ap} = \Delta p'_{ap}$인 것을 유의해야 한다. 장기하중 동안의 체적 탄성 변형률의 증가는 다음과 같다.

$$\varepsilon_p = \frac{\Delta e}{1+e_o} = \frac{1}{1+e_o}\kappa \ln\left(1 + \frac{\Delta p_{ap}}{p'_o}\right) = \frac{1}{1+e_o}\frac{C_r}{2.3}\ln\left(1 + \frac{\Delta p_{ap}}{p'_o}\right) \tag{12.70}$$

또는

$$\varepsilon_p = \frac{\Delta p_{ap}}{K'} \tag{12.71}$$

여기서, K'는 식 (11.105)로 주어지는 체적탄성계수(bulk modulus)이고, 다음과 같다.

$$K' = \frac{E'}{3(1-2\nu')} = \frac{1+e_c}{\kappa}p'_c = \frac{2.3(1+e_c)}{C_r}p'_c \tag{12.72}$$

탄성변형에서 $\varepsilon_3 = -\nu'\varepsilon_1$이다. 그러므로 축대칭하중의 경우에는

$$\varepsilon_p = \varepsilon_1 + 2\varepsilon_3 = \varepsilon_1(1 - 2\nu') \tag{12.73}$$

식 (12.71)과 (12.72)로부터

$$\varepsilon_1 = \varepsilon_z = \frac{3(1-2\nu')\Delta p_{ap}}{E'(1-2\nu')} = \frac{3\Delta p_{ap}}{E'} \tag{12.74}$$

평면변형률에서 $\varepsilon_2 = 0$이고, $\varepsilon_3 = -\nu'\varepsilon_1$을 이용하면,

$$\varepsilon_p = \varepsilon_1 + \varepsilon_3 = \varepsilon_1(1 - \nu') \tag{12.75}$$

$$\varepsilon_1 = \varepsilon_z = \frac{3(1 - 2\nu')\Delta p_{ap}}{E'(1 - \nu')} \tag{12.76}$$

침하를 계산하기 위해서는 수직변형률에 흙 지층의 유효두께를 곱하여야 한다. 유효두께는 작용하중에 의해 압력을 받는 흙의 두께이다. 대부분의 경우, 약 1.5 B~2.0 B 정도이며, 여기서 B는 기초의 폭이다. 제7장 내용을 상기해 보면, 약 1.5 B 깊이 아래에서의 응력 증가는 일반적으로 작용된 지표면 하중의 10% 보다 작다. 또한 응력증가는 흙의 선형탄성에 근거하여 계산된다. 응력에 대한 모든 계산은 면적 *ATFNA* 내에서의 응력에 근거하기 때문에 지표면에서의 하중으로 인한 응력 증가의 계산에서 했던 탄성 흙 거동의 가정은 정당하다. 제7장 내용을 상기하면 지표면에서의 하중으로 인한 어떤 특정한 깊이에서의 응력증가는 기초의 형상에 따라 달라진다. 그러므로 CSM을 이용한 얕은기초의 지지력과 침하 계산에서 형상의 효과는 어떤 추가적인 정수들을 필요로 하지 않는다. 또한 근입깊이는 흙의 초기응력상태에서 설명된다.

수직의 균일한 표면응력 q_s가 마찰이 없는 줄기초에 작용될 때(그림 7.22a), 최대(주)전단응력 $(\Delta\tau)_{max} = \frac{1}{2}(\sigma_1 - \sigma_3) = \frac{q_s}{\pi}$ [식 (7.68) 참조]는 $\alpha = 90°$와 $\beta = 45°$ 일 때 발생한다. 최대(주)전단응력이 빌생하는 한계깊이는 기초 바닥면 아래 $B/2$이다. 만약 기초아래 최대(주)전단응력을 그린다면, 기초의 가장자리와 $B/2$깊이에서 흙 요소를 통과하는 원이 된다. 즉, 최대(주)전단응력의 반경은 $B/2$이다. 그러므로 균일한 압력을 받는 마찰이 없는 줄기초에서 기초 바닥면 아래 $B/2$ 깊이에 있는 어떤 요소의 응력상태를 고려하면 충분하다.

평균응력의 증가 $\Delta p_{ap} = I_p q_s$와 축차응력의 증가 $\Delta q_{ap} = I_q q_s$는 탄성 반무한 공간의 하중으로부터 얻어지는데(제7장), 여기서 I_p와 I_q는 응력계수(stress coefficient)이다. 표 12.7에서 연속, 정사각형, 직사각형, 원형 기초에 대한 이 값들이 요약되어 있다. 식 (12.68)과 (12.74)를 결합하면, 축대칭 조건에서 다음과 같다.

$$\varepsilon_z = \frac{q_s}{E'}\left[\frac{2I_q(1 + \nu')}{3} + 3I_p\right] \tag{12.77}$$

$E' = \dfrac{3p'_c(1 + e_c)(1 - 2\nu')}{\kappa}$를 식 (12.77)에 대입하면,

$$\varepsilon_z = \frac{q_s\kappa}{3p'_c(1 + e_c)(1 - 2\nu')}\left[\frac{2I_q(1 + \nu')}{3} + 3I_p\right] \tag{12.78}$$

선행압밀평균유효응력에서의 간극비 e_c는 다음과 같이 초기간극비 e_o와 관계가 있다.

$$e_c = e_o - \kappa \ln R_o \tag{12.79}$$

만약 $B/2$ 깊이에서의 응력상태가 평균 응력상태를 나타낸다면, 그러면 전침하는 다음과 같다.

$$\rho_z = \frac{q_s\kappa B}{3p'_c(1 + e_c)(1 - 2\nu')}\left[\frac{2I_q(1 + \nu')}{3} + 3I_p\right] \tag{12.80}$$

만약 대부분의 흙에서 합리적인 가정인 $\nu' = 0.35$이면, 식 (12.80)은

$$\rho_z \approx \frac{q_s \kappa B}{p'_c(1+e_c)}\left[I_q + \frac{10}{3}I_p\right] = \frac{q_s C_r B}{2.3p'_c(1+e_c)}\left[I_q + \frac{10}{3}I_p\right] \tag{12.81}$$

침하의 보수적인 평가는 오직 수직방향에서의 변형률을 고려하여 계산할 수 있다. 이것은 HV면이나 근처에서 합리적인데, 그 면에서 얇은 전단띠(band)들의 형성이 근사적으로 수평변형률이 없는 상태에서 변형을 일으킨다. R_o = OCR, $I_p = I_q = I_z$와 $p'_c = \sigma'_{zc}$를 식 (12.81)에 대입하면 다음과 같으며, 여기서 I_z는 기초 아래 $B/2$ 깊이에서의 수직응력 증가에 대한 영향계수이고, $e_c = e_o - C_r \log \text{OCR}$이다.

$$\rho_z \approx \frac{13}{6.9}\frac{q_s C_r B I_z}{\sigma'_{zc}(1+e_c)} = 1.88\frac{q_s C_r B I_z}{\sigma'_{zc}(1+e_c)} \tag{12.82}$$

식 (12.81)과 (12.82)는 축대칭 하중 조건에서 기초의 침하 가능한 범위의 하한치와 상한치를 각각 제공한다. 식 (12.81)을 다시 정리하면, 다음과 같은 허용침하를 만족하는 바람직한 기초의 폭을 얻을 수 있다.

$$B = \frac{p'_c(1+e_c)\rho_z}{q_s\kappa\left[I_q + \frac{10}{3}I_p\right]} \tag{12.83}$$

평면변형률 조건에서 $\varepsilon_p = 0$에 대해 $\varepsilon_3 = -\varepsilon_1$이고, 식 (8.16)으로부터 $\varepsilon_1 = \frac{\sqrt{3}}{2}\varepsilon_q$이다. 그러면 식 (12.80)은 다음과 같이 된다.

$$\rho_z = \frac{q_s\kappa B}{3p'_c(1+e_c)}\left[\frac{\sqrt{3}I_q(1+\nu')}{3(1-2\nu')} + \frac{3I_p}{(1-\nu')}\right] \tag{12.84}$$

만약 $\nu' = 0.35$이면, 그러면 식 (12.84)와 (12.82)는 다음 식 (12.85)와 (12.86)과 같이 표현할 수 있다.

$$\rho_z \approx \frac{q_s \kappa B}{p'_c(1+e_c)}\left[\frac{\sqrt{3}}{2}I_q + 1.54I_p\right] \tag{12.85}$$

$$\rho_z \approx \frac{1.05\, q_s C_r B I_z}{\sigma'_{zc}(1+e_c)} \tag{12.86}$$

지지력과 침하 산정에 필요한 정수들은 모두 기존의 흙에 대한 시험들로부터 구한다. 흙 정수들을 요약하면, ϕ'_{cs}, OCR, e_o, ν', σ'_{zo}와 C_r이다.

고도과압밀된 흙의 거동을 HV면까지 탄성재료로 취급하기 때문에, 예를 들면 수직과 수평하중들과 같은 어떤 하중 조합은 각 하중으로부터 응력들의 합으로 포함될 수 있다. CSM에 근거하여 고도과압밀된세립토 위에 놓인 얕은기초의 지지력과 침하를 구하는 과정은 다음과 같다.

1. 기초의 크기를 추정한다(본 보기로 그림 12.1 참조).

2. 수직의 중심하중에 대해서는 중심선을 따르거나 편심하중에서는 최대 작용하중이 발생하는 모서리를 따라 기초 바닥면 아래 $\frac{B}{2}$ 깊이에서의 초기 응력을 계산한다.

3. 만약 실내 또는 현장시험으로부터, ϕ'_{cs}가 아닌 S_u가 주어져 있다면, 11.7절로부터 ϕ'_{cs}를 구한다.
4. 흙은 탄성적 거동을 하는 것으로 가정하고, 응력불변량의 증가량을 제7장 (7.4절)으로부터 기초 바닥면 아래 $\frac{B}{2}$ 깊이에서 계산하거나, 또는 오직 수직하중만 작용한다고 가정하여 표 12.7을 이용하여 계산한다. 수직의 중심하중에 대해서 기초의 중심선을 따라 평균전응력과 축차응력의 증가량을 계산한다(그림 12.20 참조). 편심하중에 대해서는 가장 큰 수직응력이 작용하는 기초 모서리를 따라 이들 응력의 증가량을 계산한다(그림 12.20 참조). 원한다면 기초 바닥면 아래 다른 깊이에서의 이들 응력들을 계산할 수 있다. 수직의 중심하중에 대해 최대 작용 수직응력은 $q_s = \frac{P}{A}$이고, 반면에 편심하중에 대해 $q_s = \frac{P}{A}\left(1 + \frac{6e}{B}\right)$인데, 여기서 P는 ASD에서 계수를 고려하지 않는 하중이며, LRFD에서는 계수를 고려한 하중이고, A는 바닥 면적, e는 기초 폭(B) 방향에서의 편심량이다. 만약 길이방향으로 편심이 있다면, B를 L로 대신하면 된다.
5. 흙이 인장파괴되는지 즉, $R_o > R_t$를 검토한다.
6. 작용 축차응력이 연성영역 이내인지를 검토한다. 즉, $q_o + \Delta q_{ap} \leq Mp'_o\left(\frac{R_o}{2}\right)^{\Lambda}$를 검토하는데, 여기서 체적변형

표 12.7 수직하중 조건에서 연속, 정사각형, 직사각형과 원형기초에 대한 응력불변량의 승가

모양	가장자리 I_p	가장자리 I_q	중심 I_p	중심 I_q
연속	0.35	0.49	0.50	0.55
정사각형	0.22	0.39	0.33	0.55
직사각형 (L/B = 1.5)	0.27	0.46	0.40	0.57
직사각형 (L/B = 2)	0.30	0.49	0.44	0.56
원형	0.25	0.53	0.5	0.62

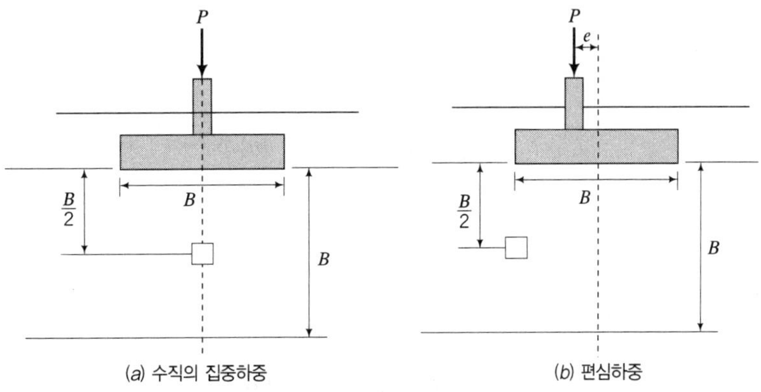

그림 12.20 수직 집중하중과 편심하중에서 흙 요소의 위치.

률비 Λ는 $1 - \frac{\kappa}{\lambda} = 1 - \frac{C_r}{C_c}$ 이다. LRFD에서는 이것을 검토할 필요가 없다. 사실은 얕은기초의 설계에서 CSM의 적용은 LRFD 보다 ASD에서 가장 바람직하게 사용된다. 경제적인 설계를 위해서는 $1.0 < \frac{Mp'_o\left(\frac{R_o}{2}\right)^{\Lambda}}{q_o + \Delta q_{ap}} < 1.1$의 한계를 사용할 수 있다. 만약 이 한계가 만족되지 않는다면, 기초의 폭을 증가시키거나 근입깊이를 증가시켜야 한다. 만약 연성한계(ductility limit)가 만족된다면, 안전율은 일반적으로 1.25보다 크고, 단계 7과 8을 생략할 수 있다. 그렇지만, 안전율을 검토하는 것은 좋은 관행이다.

7. 식 (12.65)로부터 q_{yH}를 계산한다.
8. ASD에서 안전율(식 (12.64))을 계산하거나, LRFD 조건(식 (12.2))이 만족되는지를 검토한다. 만약 만족되지 않는다면, 기초 크기나 근입깊이를 바꾸어서 다시 계산한다. $FS > 1.25$이면 만족한다.
9. 식 (12.80)과 (12.82)를 이용하여 침하를 계산한다. 이 결과들은 축대칭 하중에서 발생가능한 침하의 하한치와 상한치를 나타낸다. 평면변형률 조건에서는 식 (12.85)와 (12.86)을 이용한다.
10. 대안으로 식 (12.83)으로부터 사용성 한계상태를 만족하는 기초 폭을 계산할 수 있고, 그리고 나서 축대칭 하중에서 극한한계상태를 만족하는지를 검토한다.

12.13.2 조밀한 조립토

조밀한 조립토에서 (1) TSP는 ESP와 동일하고(그림 12.21), (2) HV면은 점토에 대한 시험에 근거한다는 점을 제외하고는 12.13.1절과 동일한 접근방법을 이용할 수 있다. 그렇지만 조밀한 모래에 대한 단순전단시험에서의 관찰 결과(Budhu, 1984)는 심하게 과압밀된 점토와 비슷한 거동을 보인다. 그러므로 유사한 면이 조립토에도 역시 적용 가능한 것으로 가정할 수 있다.

*LS*면(HV와 유사한 면)에서의 한계응력은 ESP와 *LS*면의 교차점(그림 12.21)으로부터 다음과 같이 찾는다.

$$LS \text{ 면:} \quad q_{yLS} = n_t t_c p'_c + m(p'_{yLS} - t_c p'_c) \tag{12.87}$$

$$\text{ESP:} \quad q_{yLS} = n_o(p'_{yLS} - p'_o) + q_o \tag{12.88}$$

여기서 m은 LS 면의 기울기이며, n_o는 ESP의 기울기이고, p'_{yLS}는 ESP와 LS 면의 교차점에서 평균유효응력이다.

식 (12.87)과 (12.88)을 q_{yLS}에 대하여 계산하면

$$q_{yLS} = \frac{t_c p'_c(n_t - m) + m\left(p'_o - \frac{q_o}{n_o}\right)}{1 - \frac{m}{n_o}} \tag{12.89}$$

식 (12.89)를 정규화시키면

$$\frac{q_{yLS}}{p'_o} = \frac{t_c R_o(n_t - m) + m\left(1 - \frac{q_o}{n_o p'_o}\right)}{1 - \frac{m}{n_o}} \tag{12.90}$$

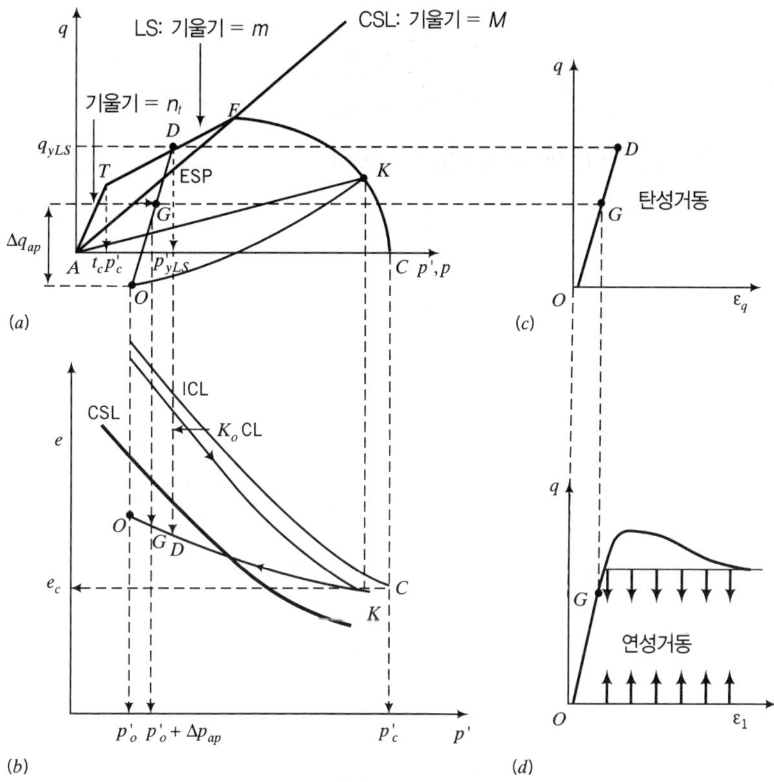

그림 12.21 얕은기초에서 응력에 대한 조밀한 조립토의 거동.

축대칭 조건에서 식 (10.41)과 (10.42)의 수직변형률은 다음과 같다.

$$\varepsilon_z = \varepsilon_q + \frac{\varepsilon_p}{3} \tag{12.91}$$

고도과압밀된 점토에 대해 사용된 것과 비슷한 방법을 따르면, 침하는 다음의 식 (12.92)와 같고, 만약 $\nu' = 0.35$이면, 식 (12.93)과 같게 된다.

$$\rho_z = \frac{q_s \kappa B}{3p'_c(1+e_c)}\left[\frac{2I_q(1+\nu')}{3(1-2\nu')} + \frac{3I_p(1-2\nu')}{3(1-2\nu')}\right] = \frac{q_s \kappa B}{3p'_c(1+e_c)}\left[\frac{2I_q(1+\nu')}{3(1-2\nu')} + I_p\right] \tag{12.92}$$

$$\rho_z = \frac{q_s \kappa B}{3p'_c(1+e_c)}[3I_q + I_p] = \frac{q_s C_r B}{6.9p'_c(1+e_c)}[3I_q + I_p] \tag{12.93}$$

침하의 보수적인 평가는 오직 수직 변형률만 발생한다고 가정하는 것이고, 그래서 $R_o = OCR$과 $I_p = I_q = I_z$가 되고, 여기서 I_z는 기초 아래 B/2 깊이에서 수직 응력 증가에 대한 영향계수이고, $p'_c = \sigma'_{zc}$이다. 그러면 식 (12.93)은 다음과 같게 된다.

$$\rho_z = \frac{4q_s C_r B I_z}{6.9\sigma'_{zc}(1+e_c)} = \frac{0.58q_s C_r B I_z}{\sigma'_{zc}(1+e_c)} \tag{12.94}$$

평면변형률 조건(제8장)인 경우에 다음과 같다.

$$\varepsilon_q = \frac{2}{3}(\varepsilon_1^2 + \varepsilon_3^2 - \varepsilon_1\varepsilon_3)^{\frac{1}{2}} \tag{12.95}$$

$$\varepsilon_p = \varepsilon_1 + \varepsilon_3 \tag{12.96}$$

$\varepsilon_3 = -\nu'\varepsilon_1$으로 바꾸면, 식 (12.95)와 (12.96)으로부터

$$\varepsilon_q = \frac{2}{3}\varepsilon_1[1 + \nu' + (\nu')^2]^{\frac{1}{2}} \tag{12.97}$$

$$\varepsilon_p = \varepsilon_1(1 - \nu') \tag{12.98}$$

식 (12.97)과 (12.98)을 ε_1에 대하여 풀면,

$$\varepsilon_1 = \frac{1}{2}\left[\frac{3\varepsilon_q}{2[1 + \nu' + (\nu')^2]^{\frac{1}{2}}} + \frac{\varepsilon_p}{1 - \nu'}\right] \tag{12.99}$$

식 (12.68)과 (12.71)을 식 (12.99)에 대입하여 간단히 정리하면

$$\begin{aligned} \varepsilon_1 &= \frac{\kappa}{6p_c'(1 + e_c)}\left[\frac{\Delta q_{ap}(1 + \nu')}{(1 - 2\nu')[1 + \nu' + (\nu')^2]^{\frac{1}{2}}} + \frac{3\Delta p_{ap}}{1 - \nu'}\right] \\ &= \frac{\kappa q_s}{6p_c'(1 + e_c)}\left[\frac{I_q(1 + \nu')}{(1 - 2\nu')[1 - \nu' + (\nu')^2]^{\frac{1}{2}}} + \frac{3I_p}{1 - \nu'}\right] \end{aligned} \tag{12.100}$$

만약 $\nu' = 0.35$이고 $\varepsilon_1 = \varepsilon_z$로 가정한다면, 수직침하는

$$\rho_z \approx \frac{0.62\kappa q_s B}{p_c'(1 + e_c)}(I_q + 1.24I_p) \approx \frac{0.27C_r q_s B}{p_c'(1 + e_c)}(I_q + 1.24I_p) \tag{12.101}$$

식 (12.94)에 따라 수직침하의 보수적인 평가는

$$\rho_z \approx \frac{1.39\kappa I_z q_s B}{\sigma_{zc}'(1 + e_c)} \approx \frac{0.6C_r I_z q_s B}{\sigma_{zc}'(1 + e_c)} \tag{12.102}$$

조밀한 조립토 위에 놓인 얕은기초의 설계 과정은 다음과 같다.

1. 기초의 크기를 추정한다(본 보기로 그림 12.1 참조).

2. 수직의 중심하중에 대해서는 중심선을 따라 또는 편심하중에서는 최대 작용하중이 발생하는 모서리를 따라 기초 바닥면 아래 $\frac{B}{2}$ 깊이에서의 초기 응력을 계산한다. 원한다면 기초 바닥면의 다른 깊이에서 이 값들을 계산할 수 있다.

3. 흙은 탄성적 거동을 하는 것으로 가정하고, 제7장 (7.4절)으로부터 기초 바닥면 아래 $\frac{B}{2}$ 깊이에서의 응력불변량의 증가량을 계산하거나, 또는 오직 수직하중만 작용한다면, 표 12.7을 이용한다. 수직의 중심하중에 대해서 기초의 중심선을 따라 평균 전응력과 축차응력의 증가량을 계산한다(그림 12.20 참조) 편심하중에 대해서는 가장 큰 수직응력이 작용하는 기초 모서리를 따라 이들 응력의 증가량을 계산한다(그림 12.20 참조) 원한다면 기초 바닥면 아

래 다른 깊이에서의 이들 응력들을 계산할 수 있다. 수직의 중심하중에 대해 최대 작용 수직응력은 $q_s = \frac{P}{A}$이고, 반면에 편심하중에 대해 $q_s = \frac{P}{A}\left(1 + \frac{6e}{B}\right)$인데, 여기서 P는 ASD에서 계수를 고려하지 않는 하중이며, LRFD에서는 계수를 고려한 하중이고, A는 바닥 면적, 그리고 e는 기초 폭 (B) 방향에서의 편심량이다. 만약 길이방향으로 편심이 있다면, B를 L로 대신하면 된다.

4. 흙이 인장파괴되는지 즉, $R_o > R_t$를 검토한다.
5. 작용 축차응력이 연성영역 이내인지(그림 12.21(d)), 즉, $q_o + \Delta q_{ap} < \frac{n_o M p'_o}{n_o - M}$를 검토한다. LRFD에서는 이것을 검토할 필요가 없다. 경제적인 설계를 위해서는 $1 < \frac{\frac{n_o M p'_o}{n_o - M}}{q_o + \Delta q_{ap}} < 1.1$ 의 한계를 사용할 수 있다. 만약 이 한계가 만족되지 않는다면, 기초의 폭이나 근입깊이를 증가시켜야 한다.
6. 식 (12.89)나 (12.90)을 이용하여 LS면에서 축차응력을 계산한다.
7. ASD에서 안전율(식 (12.64))을 계산하거나, LRFD 조건(식 (12.2))이 만족되는지를 검토한다. 만약 만족되지 않는다면, 기초 크기나 근입깊이를 바꾸어서 다시 계산한다. FS > 1.25이면 만족한다.
8. 식 (12.101)과 (12.102)를 이용하여 침하를 계산한다.

위의 접근방법에서 어려움은 표준 방법이 없고, 심지어 조립토의 과압밀비를 결정하는 방법 조차도 없다는 것이다. 대안은 다음과 같다.

1. 장기 조건에 대하여 식 (12.12)에서 ϕ'_{cs}를 이용하는 것이다. 만약 ϕ'_p를 이용할 수 있다면, 11.7절에서 설명한 바와 같이 수정하면 된다.
2. ASD에서 안전율 1.25를 적용하거나, 또는 LRFD에서 0.9~0.95 사이의 성능계수(performance factor)를 적용한다.

예제 12.16 CSM을 이용하여 심하게 과입밀된 점토위에서 얇은 연속기초의 설계

얕은 연속기초가 35 kN/m의 하중을 지지한다. 흙은 심하게 과압밀된 포화 점토이다. 기초 아래 1 m 깊이에 대한 평균 지반정수는 $C_c = 0.28$, $C_r = 0.07$, OCR = 3, $\phi'_{cs} = 28°$, 그리고 $w = 37\%$이다. 지하수위는 지표면에서 6 m에 있다. 기초는 마무리된 지표면 아래 1 m 깊이에 놓인다. 폭이 1 m인 기초의 적합성을 검토하라. 허용침하는 25 mm 보다 작아야 하고, 유효 포아송비는 0.35로 가정한다.

핵심전략 연속기초는 평면변형률 조건을 가장 잘 모사한다. 기초 아래 B/2 깊이에서의 응력들을 계산한다.

풀이 12.16

Step 1: 초기값을 계산한다.

길이 1 m의 기초를 고려한다.

$B = 1$ m

$$e_o = wG_s = 0.37 \times 2.7 = 1.0; \quad \gamma_{sat} = \left(\frac{G_s + e_o}{1 + e_o}\right)\gamma_w = \left(\frac{2.7 + 1.0}{1 + 1.0}\right)9.8 = 18.1 \text{ kN/m}^3$$

$$\sigma'_{zo} = \gamma_{sat} z = \gamma_{sat}\left(\text{근입깊이} + \frac{B}{2}\right) = 18.1 \times \left(1 + \frac{1}{2}\right) = 27.2 \text{ kPa}$$

$$\sigma'_{zc} = \sigma'_{zc} \times 3 = 27.2 \times 3 = 81.6 \text{ kPa}$$

$$\Lambda = \frac{C_c - C_r}{C_c} = \frac{0.28 - 0.07}{0.28} = 0.75; \quad \kappa = \frac{C_r}{2.3} = \frac{0.07}{2.3} = 0.03$$

$$\phi'_{cs} = 28°; \quad M = \sqrt{3}\sin\phi'_{cs} = \sqrt{3}\sin(28°) = 0.81; \quad K_o^{nc} = 1 - \sin\phi'_{cs} = 1 - \sin 28° = 0.53$$

$$K_o^{oc} = K_o^{nc}\,\text{OCR}^{\frac{1}{2}} = 0.53 \times 3^{\frac{1}{2}} = 0.92$$

초기응력 :

$$p'_o = \frac{1 + 2K_o^{oc}}{3}\sigma'_{zo} = \frac{1 + 2 \times 0.92}{3} \times 27.2 = 25.7 \text{ kPa}$$

$$q_o = \sigma'_{zo}(1 - K_o^{oc}) = 27.2 \times (1 - 0.92) = 2.2 \text{ kPa}$$

$$\frac{p'_c}{\sigma'_{zc}} \approx \frac{1}{3}\left[(3 - 2\sin\phi'_{cs}) + \frac{(3 - \sin\phi'_{cs})^2}{4(3 - 2\sin\phi'_{cs})}\right] = \frac{1}{3}\left[(3 - 2\sin 28°) + \frac{(3 - \sin 28°)^2}{4(3 - 2\sin 28°)}\right] = 0.946$$

$$p'_c = 0.946 \times 81.6 = 77.2 \text{ kPa}; \quad R_o = \frac{p'_c}{p'_o} = \frac{77.2}{25.7} = 3$$

대안으로 그림 11.29로부터 OCR = 3에 대하여 $R_o = R_o^* = 3$이다.

Step 2: 인장파괴가 설계를 지배하는지 검토한다.

평면변형률조건에서, $n_t = \sqrt{3}$

$$t_c = \frac{1}{\left(1 + \frac{n_t^2}{M^2}\right)} = \frac{1}{\left(1 + \frac{(\sqrt{3})^2}{0.81^2}\right)} = 0.18$$

$$R_t = \frac{1}{t_c} = \frac{1}{0.18} = 5.6 > 3$$ 그러므로 인장이 설계를 지배하지 않는다.

Step 3: 지표 하중으로부터 응력 증가량을 계산한다.

길이는 1m로 가정한다.

$$q_s = \frac{\text{하중}}{\text{면적}} = \frac{35}{1 \times 1} = 35 \text{ kPa}$$

표 12.7: $\Delta p_{ap} = I_p q_s = 0.5 \times 35 = 17.5$ kPa

표 12.7: $\Delta q_{ap} = I_q q_s = 0.55 \times 35 = 19.3$ kPa

Step 4: 기초하중이 작용한 후에 응력을 계산한다.

깊이 $\frac{B}{2}$에서:

$$q = q_o + \Delta q_{ap} = 2.2 + 19.3 = 21.5 \text{ kPa}$$

Step 5: 작용된 하중이 연성영역 이내인지를 검토한다.

$$\frac{Mp'_o\left(\frac{R_o}{2}\right)^{\Lambda}}{q_o + \Delta q_{ap}} = \frac{0.81 \times 25.7 \times \left(\frac{3}{2}\right)^{0.75}}{21.5} = \frac{28.2}{21.5} = 1.31 > 1.10$$

그러므로 흙에 작용된 응력상태는 연성영역 내에 있다.

Step 6: HV면에서 축차응력을 계산한다.

$$m = \frac{M - 2n_t t_c}{1 - 2t_c} = \frac{0.81 - 2 \times \sqrt{3} \times 0.18}{1 - 2 \times 0.18} = 0.3$$

$$q_{yH} = p'_o[m(1 - t_c R_o) + t_c n_t R_o]$$

$$= 25.7 \times [0.3(1 - 0.18 \times 3) + 0.18 \times \sqrt{3} \times 3] = 27.6\ \text{kPa}$$

Step 7: 안전율을 계산한다.

$$\text{FS} = \frac{q_{yH}}{q} = \frac{27.6}{21.5} = 1.28 > 1.25\text{; O.K.}$$

Step 8: 침하를 계산한다.

$$e_c = e_o - \kappa \ln R_o = 1.0 - 0.03 \times \ln 3 = 0.967$$

$$\nu' = 0.35$$

$$\rho_z = \frac{q_s \kappa B}{p'_c(1 + e_c)}\left[\frac{\sqrt{3}}{2} I_q + 1.54 I_p\right]$$

$$= \frac{35 \times 0.03 \times 1 \times 10^3}{77.2 \times 1.967}\left[\frac{\sqrt{3}}{2} \times 0.55 + 1.54 \times 0.5\right] = 8.6\ \text{mm} \approx 9\ \text{mm}$$

침하의 보수적인 평가는 다음과 같다.

$$\rho_z = \frac{1.05 q_s C_r B I_z}{\sigma'_{zc}(1 + e_c)}$$

$$e_c = e_o - C_r \log(\text{OCR}) = 1 - 0.07\log(3) - 0.966$$

식 (7.66)으로부터, $\Delta\sigma_z = I_z q_s$이고, 여기서 $I_z = \frac{1}{\pi}[\alpha + \sin\alpha\cos(\alpha + 2\beta)]$이다.
기초의 중심에서,

$$I_z = \frac{1}{\pi}\left[\frac{90 \times \pi}{180} + \sin 90 \cos(90 + 2 \times 45)\right] = 0.82$$

$$\rho_z = \frac{1.05 q_s C_r B I_z}{\sigma'_{zc}(1 + e_c)}$$

$$= \frac{1.05 \times 35 \times 0.07 \times 1 \times 10^3 \times 0.82}{81.6 \times (1 + 0.966)} = 13.1\ \text{mm} \approx 13\ \text{mm}$$

Step 9: 기초가 만족하는지를 결정한다.

기초는 사용성 한계상태와 극한한계상태 요구조건 모두를 만족한다. 예상되는 침하는 9~12 mm 범위 이내이다.

예제 12.17 CSM을 이용하여 심하게 과압밀된 점토 위에서 얕은 정사각형 기초의 허용지지력과 침하

기반암 위에 12 m 두께의 포화 점토에 놓여 있는 사하중 60 kN과 활하중 40 kN을 지지하는 정사각형 기초를 설계하라. 점토의 과압밀비는 깊이에 따라 변화한다. 직경 50 mm, 길이 450 mm인 점토시료를 5 m 깊이(시료중심의 위치가 5 m임)에서 채취하였으며, 함수비의 변화를 방지하기 위하여 시료를 밀봉하였다. 현장의 함수비는 40%이고, 지하수는 마무리된 지표면에서 3 m 깊이에 위치하지만, 계절적 영향으로 지표면까지 상승하는 것으로 알려져 있다. 현장 함수비 상태에서 시료 가운데 점토에 대한 일차원 압밀시험 결과, $C_c = 0.32$, $C_r = 0.1$, 그리고 OCR = 2이다. 직경 50 mm, 길이 100 mm의 시료에 대하여 표준 일축압축시험을 실시하였다. 수직 변위 1 mm일 때, 수직 (축)하중은 79.1 N이고, 추가적인 압축에서 이 값이 유지되었다. 기초의 허용 전침하량은 25 mm 이하이다. 지표면 아래 1 m에서 2 m × 2 m 정사각형 기초가 기둥을 지지할 수 있는지를 결정하라. 단, 유효 포아송비는 0.3으로 가정한다.

핵심전략 흙에 대한 두 가지 간단한 시험(일차원 압밀시험과 일축압축시험)에 의한 오직 한정된 자료만이 있다. 시험 결과들을 평가하고 측정되지 않는 값들을 예측하기 위해서는 11.7절의 관계식을 이용할 수 있다. 이 예제의 해는 의도적으로 긴데 적절한 지반정수들의 산정에서 CSM이 어떻게 이용되고, 기초하중에 대하여 흙이 어떤 거동을 하는지를 보여준다.

풀이 12.17

Step 1: 초기값을 계산한다.

주어진 문제의 단면도를 그린다(그림 E12.17a 참조).

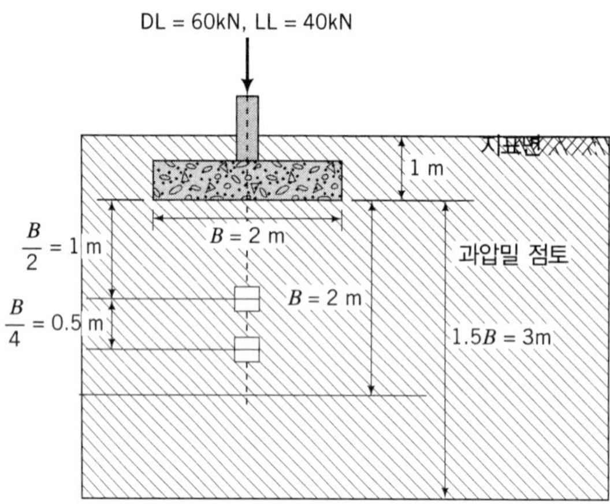

그림 E12.17a

$$e_o = wG_s = 0.4 \times 2.7 = 1.08$$

$$\gamma_{sat} = \left(\frac{G_s + e_o}{1 + e_o}\right)\gamma_w = \left(\frac{2.7 + 1.08}{1 + 1.08}\right)9.8 = 17.8 \text{ kN/m}^3$$

$$\gamma' = \gamma_{sat} - \gamma_w = 17.8 - 9.8 = 8 \text{ kN/m}^3$$

$$\sigma'_{zo} = \gamma'_z = 8 \times 5 = 40 \text{ kPa}; \quad \sigma'_{zc} = \text{OCR} \times \sigma'_{zo} = 2 \times 40 = 80 \text{ kPa}$$

$$P_{max} = 79.1 \text{ N}; \quad \Delta L = 1 \text{ mm}; \quad L = 100 \text{ mm}; \quad \varepsilon_z = \frac{\Delta L}{L} = \frac{1}{100} = 0.01$$

$$\text{D} = 50 \text{ mm, 초기 단면적, } A_o = \frac{\pi D^2}{4} = \frac{\pi(0.05)^2}{4} = 1.96 \times 10^{-3} \text{ m}^2$$

$$A = \frac{A_o}{(1 - \varepsilon_z)} = \frac{1.96 \times 10^{-3}}{(1 - 0.01)} = 1.98 \times 10^{-3} \text{m}^2$$

하중은 일정하게 유지되므로, 흙은 한계상태에 도달할 것 같다.

$$q_f = \frac{P_{max}}{A} = \frac{79.1 \times 10^{-3}}{1.98 \times 10^{-3}} = 40\ \text{kPa}$$

$$(s_u)_f = \frac{q_f}{2} = \frac{40}{2} = 20\ \text{kPa}$$

$$\Lambda = \frac{C_c - C_r}{C_c} = \frac{0.32 - 0.1}{0.32} = 0.686$$

$$\kappa = \frac{C_r}{2.3} = \frac{0.1}{2.3} = 0.043$$

Step 2: 한계상태 내부마찰각을 계산한다.

흙이 지표면에서 제거된다면, 평균 전응력은 0이고 ($p = 0$), 부의 간극수압(석션)이 된다. 부의 간극수압 크기는 초기 평균 유효응력과 같다($0 = p' + u$; $u = -p'$). 그리고 나서 비배수시험이 현장조건과 동일한 평균 유효응력에서 실시된다. 그러나 정지토압계수를 모르기 때문에 이 값의 크기를 정확히 알 수 없다. 만약 ϕ'_{cs}를 안다면, 정지토압계수를 추정할 수 있다. 그렇지만 식 (11.61)으로부터 반복법(iteration)으로 ϕ'_{cs}를 구할 수 있는데, 즉, $\sin\phi'_{cs}$에 여러 가지 값들을 대입하여 다음에서 보는 바와 같이 식 (11.61)의 우변이 좌변과 거의 같아질 때까지 반복한다.

$$\left[\frac{(s_u)_f}{\sigma'_{zo}}\right]_{K_oCL} \approx \frac{3\sin\phi'_{cs}}{3 - \sin\phi'_{cs}} \frac{\left[1 + 2(1 - \sin\phi'_{cs})\text{OCR}^{\frac{1}{2}}\right]}{3} \left(\frac{R^*_o}{2}\right)^{\Lambda}$$

$$\text{여기서 } R^*_o \approx \frac{\left[(3 - 2\sin\phi'_{cs}) - \dfrac{(\sin\phi'_{cs} - 3)^2}{4(2\sin\phi'_{cs} - 3)}\right]}{1 + 2(1 - \sin\phi'_{cs})\text{OCR}^{\frac{1}{2}}}\text{OCR}$$

실내시험으로부터 $(s_u)_f$, OCR과 Λ의 값을 알 수 있고, σ'_{zo}를 계산할 수 있다. 또한 식 (11.61)을 재정리하여 $\sin\phi'_{cs}$에 대한 표현을 얻을 수 있다. 그러나 계산기나 엑셀에서 Goal Seek 기능을 이용하여 반복법을 수행하는 것이 더 간단하다.

윗 식에 $(s_u)_f = 20$ kPa, OCR $= 2$, $\Lambda = 0.686$과 $\sigma'_{zo} = 40$ kPa을 대입하면 다음과 같게 된다.

$$\frac{20}{40} \approx \frac{3\sin\phi'_{cs}}{3 - \sin\phi'_{cs}} \frac{\left[1 + 2(1 - \sin\phi'_{cs}) \times 2^{\frac{1}{2}}\right]}{3} \left(\frac{\dfrac{\left[(3 - 2\sin\phi'_{cs}) - \dfrac{(\sin\phi'_{cs} - 3)^2}{4(2\sin\phi'_{cs} - 3)}\right]}{1 + 2(1 - \sin\phi'_{cs}) \times 2^{\frac{1}{2}}} \times 2}{2}\right)^{0.686}$$

ϕ'_{cs}에 대한 해는 27.5°이다.

$$M_c = \frac{6\sin\phi'_{cs}}{3 - \sin\phi'_{cs}} = \frac{6\sin 27.5°}{3 - \sin 27.5°} = 1.09$$

$$K^{nc}_o = 1 - \sin\phi'_{cs} = 1 - \sin 27.5° = 0.54$$

$$K^{oc}_o = K^{nc}_o\,\text{OCR}^{\frac{1}{2}} = 0.54 \times 2^{\frac{1}{2}} = 0.76$$

현장에서 현재와 과거 압밀응력들은 다음과 같다.

$$\text{현재:}\quad p'_o = \frac{1 + 2K_o^{oc}}{3}\sigma'_{zo} = \frac{1 + 2 \times 0.76}{3} \times 40 = 33.6 \text{ kPa}$$

$$q_o = \sigma'_{zo}(1 - K_o^{oc}) = 40 \times (1 - 0.76) = 9.6 \text{ kPa}$$

그림 12.19에서, q_o가 양수인 것을 제외하고 O점은 (p'_o, q_o)를 나타낸다.

$$\text{과거:}\quad p'_k = \frac{1 + 2K_o^{nc}}{3}\sigma'_{zc} = \frac{1 + 2 \times 0.54}{3} \times 80 = 55.5 \text{ kPa}$$

$$q_k = \sigma'_{zc}(1 - K_o^{nc}) = 80 \times (1 - 0.54) = 36.9 \text{ kPa}$$

그림 12.19에서 K점은 (p'_k, q_k)를 나타낸다.

ICL에서 선행압밀하중은 다음과 같다.

$$p'_c = p'_k + \frac{(q_k)^2}{M^2 p'_k} = 55.5 + \frac{36.9^2}{1.09^2 \times 55.5} = 76.2 \text{ kPa}$$

그림 12.19에서 C점은 $(p'_c, 0)$를 나타낸다.

Step 3 : 깊이에 따른 OCR의 변화를 계산한다.

시료는 5 m 깊이에서 채취되었다. 지금까지 계산된 모든 값들은 이 깊이에 대한 것이다. 하지만, 기초의 유효깊이(흙이 응력을 받는 깊이는 근사적으로 $1.5B$)는 $1.5 \times 1.0 \approx 1.5$ m이다. 제9장으로부터 과압밀과 함수비가 깊이에 따라 어떻게 변화하는지 추정할 수 있다. 깊이 5 m에서의 e_o, σ'_{zo}와 OCR을 알고 있으므로, 어떤 깊이에서의 OCR과 s_u를 계산할 수 있다.

과거 최대유효수직응력에서 간극비는

$$e_k = e_o - C_r \log \frac{\sigma'_{zc}}{\sigma'_{zo}} = e_o - C_r \log(\text{OCR}) = 1.08 - 0.1 \times \log 2 = 1.05$$

그러므로 임의의 깊이에서 간극비 e_z는

$$e_z = e_k + C_r \log \frac{\sigma'_{zc}}{\sigma'_{zo}} = 1.05 + 0.1 \log \frac{\sigma'_{zc}}{\sigma'_{zo}}$$

여기서 σ'_{zo}는 임의의 깊이 z에서 현재유효수직응력이고, σ'_{zc}는 과거 최대유효수직응력이다.

이러한 계산에서는 스프레드쉬트가 유용하며, 그 예가 표 E12.17a에 나타나 있다. 깊이 5 m까지만 계산되어 있으므로 이 표는 실례의 목적이 있다. 깊이 1 m는 기초 바닥면에 해당한다(표 E12.17a 참조). 5 m까지 깊이에 대한 OCR과 s_u가 그림 E12.17b, c에서 보여준다. 표 E12.17b는 깊이 $\frac{B}{2}$와 $\frac{3B}{4}$에서 깊이에 대한 결과들을 보여준다.

표 E12.17a

지표면 아래 깊이 (m)	e_o	γ_{sat} (kN/m^3)	σ'_{zo} (kPa)	OCR	p'_o (kPa)	R_o	s_u (kPa)
1	1.150	17.5	7.7	10.3	6.5	6.6	41.8
2	1.120	17.7	15.6	5.1	13.1	4.3	30.9
3	1.102	17.7	23.5	3.4	19.8	3.2	25.7
4	1.090	17.8	31.5	2.5	26.5	2.7	22.4
5	1.080	17.8	39.5	2.0	33.2	2.3	20.0

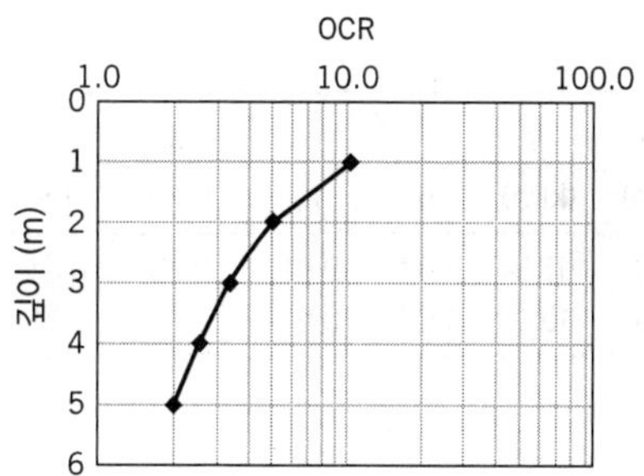

그림 E12.17b

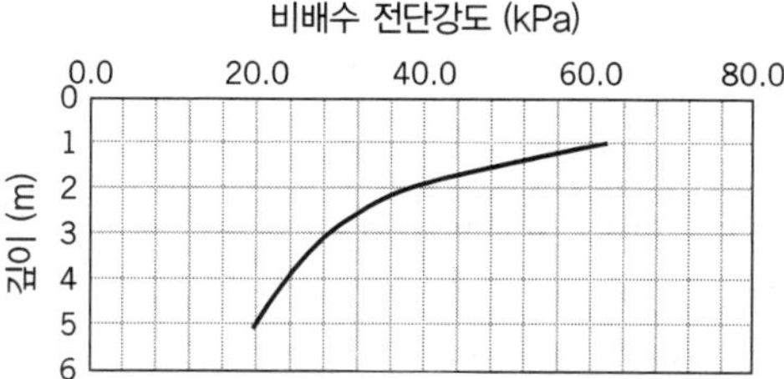

그림 E12.17c

표 E12.17b

지표면 아래 깊이 (m)	e_o	γ_{sat} (kN/m^3)	σ'_{zo} (kPa)	OCR	p'_o (kPa)	R_o	q_o (kPa)	s_u (kPa)
2.00	1.120	17.7	15.6	5.1	13.1	4.3	3.7	30.9
2.50	1.110	17.7	19.5	4.1	16.4	3.7	4.6	27.9

Step 4: 지표 하중에 대한 응력 증가를 계산한다.

$$q_s = \frac{100}{2 \times 2} = 25 \text{ kPa}$$

$$\text{표 12.7:} \quad \Delta p_{ap} = I_p q_s = 0.33 \times 25 = 8.3 \text{ kPa}$$

$$\text{표 12.7:} \quad \Delta q_{ap} = I_q q_s = 0.55 \times 25 = 13.8 \text{ kPa}$$

TSP의 기울기는 $\dfrac{\Delta q_{ap}}{\Delta p_{ap}} = n_o = \dfrac{0.55}{0.33} = 1.67$이다(이것은 $\Delta\sigma_3 \neq 0$이므로 표준삼축시험에서와 같이 3이 아니다).

$\dfrac{B}{2}$ 깊이에서 요소에 대한 전응력경로는 그림 12.19에서 $O \rightarrow H$이다.

Step 5: 기초에 하중이 재하된 이후에 응력들을 계산한다.

$\dfrac{B}{2}$ 깊이:

$$p = p_o + \Delta p_{ap} = 13.1 + 8.3 = 21.4 \text{ kPa}$$

$$q = q_o + \Delta q_{ap} = 3.7 + 13.8 = 17.5 \text{ kPa}$$

그림 12.19에서 G점은 (p, q)를 나타낸다.

$\dfrac{B}{2}$와 $\dfrac{3B}{4}$ 깊이에서의 응력들이 표 E12.17c에 나타나 있으며, 이것은 엑셀을 이용하여 계산되었다.

표 E12.17c

지표면 아래 깊이 (m)	R_o	p'_o (kPa)	q_o (kPa)	Δp (kPa)	Δq (kPa)	q (kPa)	n_o	m	q_{yH} (kPa)	FS
2.0	4.3	13.1	3.7	8.3	13.8	17.5	1.67	0.51	22.9	1.31
2.5	3.7	16.4	4.6	5.0	10.5	15.1	1.67	0.51	25.9	1.71

Step 6: HV면에서 축차응력을 계산한다.

기초의 중심 아래에서 응력조건을 근사화하는 축대칭 조건에서 $n_t = 3$이다. $\frac{B}{2}$ 깊이에서 결과는 다음과 같다.

$$t_c = \frac{1}{\left(1 + \frac{n_t^2}{M^2}\right)} = \frac{1}{\left(1 + \frac{9}{1.09^2}\right)} = 0.12$$

$$m = \frac{M - 2t_c n_t}{1 - 2t_c} = \frac{1.09 - 2 \times 0.12 \times 3}{1 - 2 \times 0.12} = 0.49$$

$$q_{yH} = p'_o[m(1 - t_c R_o) + t_c n_t R_o]$$
$$= 13.1 \times [0.49(1 - 0.12 \times 4.3) + 0.12 \times 3 \times 4.3] = 23.4 \text{ kPa}$$

엑셀을 이용한 계산 결과가 표 E12.17c에 나타나 있다. 결과의 차이는 어림오차(rounding error)에 기인한다.

Step 7: 안전율을 계산한다.

$$\text{FS} = \frac{q_{yH}}{q_o + \Delta q_{ap}} = \frac{23.4}{17.5} = 1.34 > 1.25\text{; 그러므로 O.K}$$

표 E12.17c는 $\frac{B}{2}$와 $\frac{3B}{4}$ 반응에 대한 엑셀을 이용한 계산을 보여준다.

Step 8: 작용된 상태가 연성영역 이내인지를 검토한다.

$$\frac{Mp'_o\left(\frac{R_o}{2}\right)^{\Lambda}}{q_o + \Delta q_{ap}} = \frac{1.09 \times 13.1 \times \left(\frac{4.3}{2}\right)^{0.686}}{17.5} = 1.38 > 1.10$$

그러므로 흙 속에 작용 응력 상태는 연성영역 내에 있다.

Step 9: 침하를 계산한다.

$\nu' = 0.35$로 가정한다.

$$e_c = e_o - \kappa \ln R = 1.12 - 0.043 \ln(4.3) = 1.06$$

$$\rho_z \approx \frac{q_s \kappa B}{p'_c(1 + e_c)}\left[I_q + \frac{10}{3} I_p\right]$$
$$= \frac{25 \times 0.043 \times 2 \times 10^3}{76.2(1 + 1.06)}\left[0.55 + \frac{10}{3} \times 0.33\right] = 22.6 \text{ mm} = 23 \text{ mm}$$

Step 10: 기초가 요구조건을 만족하는지를 검토한다.

기초는 사용성한계상태와 극한한계상태 요구조건을 모두 만족한다.

예제 12.18 연성 흙 반응에 대한 CSM을 이용한 조립토 위에 놓인 얕은기초의 설계

조밀한 석영질 모래에서 1m 근입된 정사각형 얕은기초가 사하중 150 kN과 활하중 100 kN을 지지할 필요가 있다. 삼축시험과 일차원 압밀시험으로부터 얻은 지반정수들은 다음과 같다:

$$\phi'_{cs} = 25°, \phi'_p = 29°, \gamma_{sat} = 19.6 \text{ kN/m}^3, C_c = 0.08, C_r = 0.016, \text{OCR} = 9.5, \text{그리고}\ \nu' = 0.35$$

현미경을 이용하여 석영질 모래를 조사한 결과, 매우 광택이 나는 표면을 가진 것으로 나타났다. 이것은 이러한 유형의 재료에서 흔히 관측되며, 평균 한계상태 내부마찰각보다 작은 것으로 설명된다. 지하수는 지표면에서 6 m 아래에 있고, 침하는 25 mm를 초과하지 않아야 한다. ASD와 LRFD 모두를 이용하여 1.2 m × 1.2 m 얕은기초가 조건들을 만족하는지 여부를 검토하라.

핵심전략 12.13.2절에 주어진 순서를 따른다.

풀이 12.18

Step 1: 기초 크기를 가정한다.

주어진 기초 크기 1.2 m × 1.2 m를 이용한다.

Step 2: 초기 응력을 계산한다.

$$\gamma_{sat} = \left(\frac{G_s + e_o}{1 + e_o}\right)\gamma_w$$

$$19.6 = \left(\frac{2.7 + e_o}{1 + e_o}\right)9.8; \quad e_o = 0.7$$

$\frac{B}{2}$ 깊이에서 계산 결과는 다음과 같다.

$$\sigma'_{zo} = \gamma_{sat}z = 19.6 \times 1.6 = 31.4 \text{ kPa}$$

$$\sigma'_{zc} = \text{OCR} \times \sigma'_{zo} = 9.5 \times 31.4 = 298 \text{ kPa}$$

$$\Lambda = \frac{C_c - C_r}{C_c} = \frac{0.08 - 0.016}{0.08} = 0.8$$

$$\kappa = \frac{C_r}{2.3} = \frac{0.016}{2.3} = 0.007$$

$$R_o^* \approx \frac{\left[(3 - 2\sin\phi'_{cs}) - \dfrac{(\sin\phi'_{cs} - 3)^2}{4(2\sin\phi'_{cs} - 3)}\right]}{1 + 2(1 - \sin\phi'_{cs})\text{OCR}^{\frac{1}{2}}}\text{OCR}$$

$$R_o^* \approx \frac{\left[(3 - 2\sin 25°) - \dfrac{(\sin 25° - 3)^2}{4(2\sin 25° - 3)}\right]}{1 + 2(1 - \sin 25°) \times 9.5^{\frac{1}{2}}} \times 9.5 = 6.1$$

$$M_c = \frac{6\sin\phi'_{cs}}{3 - \sin\phi'_{cs}} = \frac{6\sin 25°}{3 - \sin 25°} = 0.98$$

$$K_o^{nc} = 1 - \sin\phi'_{cs} = 1 - \sin 25° = 0.58$$

$$K_o^{oc} = K_o^{nc}\,\text{OCR}^{\frac{1}{2}} = 0.58 \times 9.5^{\frac{1}{2}} = 1.78$$

현장에서 현재와 과거 압밀응력은 다음과 같다.

$$\text{현재:}\quad p'_o = \frac{1 + 2K_o^{oc}}{3}\sigma'_{zo} = \frac{1 + 2 \times 1.78}{3} \times 31.4 = 47.7\ \text{kPa}$$

$$q_o = \sigma'_{zo}(1 - K_o^{oc}) = 31.4 \times (1 - 1.78) = -24.4\ \text{kPa}$$

그림 12.21a에서, O점은 (p'_o, q_o)를 나타낸다.

$$\text{과거:}\quad p'_k = \frac{1 + 2K_o^{nc}}{3}\sigma'_{zc} = \frac{1 + 2 \times 0.58}{3} \times 298 = 214.6\ \text{kPa}$$

$$q_k = \sigma'_{zc}(1 - K_o^{nc}) = 298 \times (1 - 0.58) = 125.2\ \text{kPa}$$

그림 12.21a에서 K점은 (p'_k, q_k)를 나타낸다.
ICL에서 선행압밀 평균 유효응력은 다음과 같다.

$$p'_c = p'_k + \frac{(q_k)^2}{M^2 p'_k} = 214.6 + \frac{125.2^2}{0.98^2 \times 214.6} = 291\ \text{kPa}$$

$$\text{또한}\ p'_c = R_o p'_o = 6.1 \times 47.7 = 291\ \text{kPa}$$

그림 12.21a에서 C점은 $(p'_c, 0)$을 나타낸다.

Step 3: 지표 하중으로부터 응력 증가량을 계산한다.

DL = 100 kN, LL = 150 kN

ASD: 설계하중 = DL + LL = 100 + 150 = 250 kN

$$q_s = \frac{250}{1.2 \times 1.2} = 173.6\ \text{kPa}$$

$$\text{표 12.7:}\quad \Delta p_{ap} = 0.33 \times 173.6 = 57.3\ \text{kPa}$$

$$\text{표 12.7:}\quad \Delta q_{ap} = 0.55 \times 173.6 = 95.5\ \text{kPa}$$

LRFD: 설계하중 = 1.25 DL + 1.75 LL = 1.25 × 100 + 1.75 × 150 = 387.5 kN

$$q_s = \frac{387.5}{1.2 \times 1.2} = 269\ \text{kPa}$$

$$\text{표 12.7:}\quad \Delta p_{ap} = 0.33 \times 269 = 88.8\ \text{kPa}$$

$$\text{표 12.7:}\quad \Delta q_{ap} = 0.55 \times 269 = 148\ \text{kPa}$$

$\frac{B}{2}$ 깊이의 요소에서 유효응력경로, $n_o = \frac{0.55}{0.33} = 1.67$은 그림 12.21a에서 $O \rightarrow D$이다.

Step 4: 기초에 하중이 재하된 이후에 응력들을 계산한다.

$\frac{B}{2}$ 깊이에서:

$$\text{ASD:}\quad p = p_o + \Delta p_{ap} = 47.7 + 57.3 = 105\ \text{kPa}$$

$$q = q_o + \Delta q_{ap} = -24.4 + 95.5 = 71.1\ \text{kPa}$$

그림 12.21a에서 G점은 (p, q)를 나타낸다.

$$\text{LRFD:}\quad p = p_o + \Delta p_{ap} = 47.7 + 88.8 = 136.5\text{ kPa}$$
$$q = q_o + \Delta q_{ap} = -24.4 + 148 = 123.6\text{ kPa}$$

Step 5: 인장이 발생하는지를 검토한다.

기초 중심에서 축대칭 조건을 가정하면, $n_t = 3$이다.

$\frac{B}{2}$ 깊이에서:

$$t_c = \frac{1}{\left(1 + \frac{9}{M^2}\right)} = \frac{1}{\left(1 + \frac{9}{0.98^2}\right)} = 0.096$$

인장절편력 과압밀비는 $R_t = \frac{1}{t_c} = \frac{1}{0.096} = 10.4 > R_o(= 6.1)$ 이므로, 흙은 인장에 의해서 파괴되지 않는다.

Step 6: 작용된 응력들이 연성영역 이내인지를 검토한다.

$$\frac{\dfrac{n_o M p'_o}{n_o - M}}{q_o + \Delta q_{ap}} = \frac{\dfrac{1.67 \times 0.98 \times 47.7}{1.67 - 0.98}}{71.1} = 1.59 > 1.10$$

그러므로 흙에 작용된 응력 상태는 연성영역 내에 있다.

Step 7: *LS*면에서 축차응력을 계산한다.

$$m = \frac{M - 2n_t t_c}{1 - 2t_c} = \frac{0.98 - 2 \times 3 \times 0.096}{1 - 2 \times 0.096} = 0.5$$

$$q_{yLS} = \frac{t_c p'_c(n_t - m) + m\left(p'_o - \dfrac{q_o}{n_o}\right)}{1 - \dfrac{m}{n_o}}$$

$$= \frac{0.096 \times 291(3 - 0.5) + 0.5 \times \left(47.7 - \dfrac{-24.4}{1.67}\right)}{1 - \dfrac{0.5}{1.67}} = 144.2\text{ kPa}$$

Step 8 : 안전율을 계산하고(ASD), 그리고 작용된 계수를 고려한 축차응력이 최대 축차응력보다 작은지를 결정한다(LRFD).

$$\text{ASD:}\quad \text{FS} = \frac{q_{yLS}}{q} = \frac{144.2}{71.1} = 2.03 > 1.25;\quad \text{O.K.}$$

LRFD: $\varphi q_{yLS} = 0.95 \times 144.2 = 137\text{ kPa} > 123.6\text{ kPa}$. 그러므로 O.K

Step 9 : 침하를 계산한다.

$$e_c = e_o - \kappa \ln R_o = 0.7 - 0.007 \ln(6.1) = 0.687$$

$$\rho_z = \frac{q_s \kappa B}{3p'_c(1 + e_c)}[3I_q + I_p] = \frac{176.3 \times 0.007 \times 1.2 \times 10^3}{3 \times 291 \times (1 + 0.687)}[3 \times 0.55 + 0.33]$$

$$\approx 2\text{ mm}$$

침하의 보수적인 평가는 다음과 같다.

$$e_c = e_o - C_r \log \text{OCR} = 0.7 - 0.016 \log(9.5) = 0.684$$

$$\rho_z = \frac{0.6 q_s C_r B I_z}{\sigma'_{zc}(1 + e_c)} = \frac{0.6 \times 176.3 \times 0.016 \times 1.2 \times 10^3 \times 0.7}{298 \times (1 + 0.684)} = 2.8 \text{ mm} \approx 3 \text{ mm}$$

Step 10: 기초 크기가 조건들을 만족하는지를 결정한다.

기초는 *ASD*와 *LRFD*에 대해 극한한계상태와 사용성한계상태 모두를 만족한다. 기초 크기를 줄일 수 있다.

What's next... 수직하중과 경사하중에서 오직 수직 침하만을 고려하였다. 상당한 수평하중을 받는 구조물의 경우 수평변위와 회전은 중요하다. *CSM*을 이용하여 수평변위를 계산할 수 있다. 기존의 방법에서 수평변위와 회전은 다음 절에서 설명되는 방법으로 평가할 수 있다.

12.14 수평 탄성변위와 회전

레이다 타워나 통신 송전탑과 같은 구조물은 바람으로부터 상당한 수평하중을 받는데, 그것으로 인하여 허용할 수 없는 기초의 수평변위와 회전을 일으킬 수 있다. Gazetas와 Hatzikonstanyinou(1988)는 임의의 하중을 받는 기초의 탄성 수평변위와 회전을 결정하기 위하여 등방선형탄성 흙에 근거한 방정식을 제안하였다. $\frac{D_f}{B} \leq 2$에 대한 이론적인 탄성해들에 대한 곡선도표로부터 식들을 얻었다. 이 식들을 요약한 내용이 표 12.8에 나타나 있다. 이 표에 있는 식들을 이용할 때에는 주의하여야 한다(12.10.1절 참조).

표 12.8 임의 모양의 기초에 대한 수평변위와 회전의 평가식

하중	표면 기초		굴착된 트랜치에 놓인 기초
	Y, M_y, H_y, H_x, M_x, X, $2B$, $2L$, $L > B$, $I_y > I_x$		h, $d/2$, $d/2$, D_f, d
	수평방향 *y*	길이방향 *x*	모든 방향
수평	$\rho_e = \frac{H_i}{EL}(2 - \nu)(1 + \nu)\mu_s$		$(\rho_e)_{emb} \approx \rho_e \mu_{emb}$
	$\mu_{sy} \approx 0.5 - 0.28\left[\frac{A_b}{4L^2}\right]^{0.45}$	$\mu_{sx} \approx \left[1 + 1.12\left(\frac{1 - B/L}{1 - \nu}\right)\right]\mu_{sy}$	$\mu_{emb} \approx 1 - 0.14\left(\frac{D_f}{B}\right)^{0.35}$
모멘트	$\theta_{ry} = \frac{M}{E}\frac{2(1 - \nu^2)}{I_y^{0.75}}(\mu_s)_{ry}$	$\theta_{rx} = \frac{M}{E}\frac{2(1 - \nu^2)}{I_x^{0.75}}\left(\frac{B}{L}\right)^{0.25}(\mu_s)_{rx}$	$\theta_{emb} \approx \theta_r$
	$(\mu_s)_{ry} \approx 0.43 - 0.10\frac{B}{L}$	$(\mu_s)_{rx} \approx 0.33\left(\frac{B}{L}\right)^{0.15}$	

표 12.8 임의 모양의 기초에 대한 수평변위와 회전의 평가식(계속)

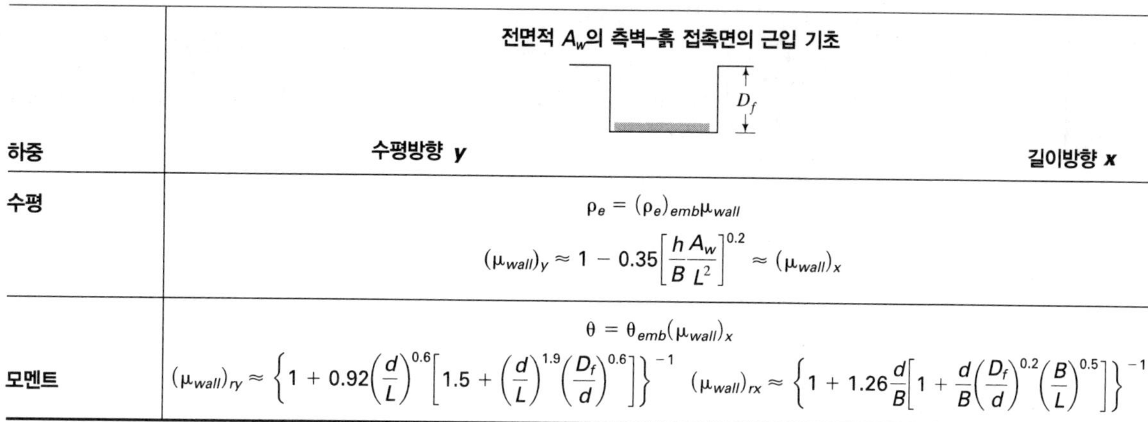

하중	전면적 A_w의 측벽-흙 접촉면의 근입 기초 수평방향 *y*	길이방향 *x*
수평	$\rho_e = (\rho_e)_{emb}\mu_{wall}$ $(\mu_{wall})_y \approx 1 - 0.35\left[\dfrac{h}{B}\dfrac{A_w}{L^2}\right]^{0.2} \approx (\mu_{wall})_x$	
모멘트	$\theta = \theta_{emb}(\mu_{wall})_x$ $(\mu_{wall})_{ry} \approx \left\{1 + 0.92\left(\dfrac{d}{L}\right)^{0.6}\left[1.5 + \left(\dfrac{d}{L}\right)^{1.9}\left(\dfrac{D_f}{d}\right)^{0.6}\right]\right\}^{-1}$	$(\mu_{wall})_{rx} \approx \left\{1 + 1.26\dfrac{d}{B}\left[1 + \dfrac{d}{B}\left(\dfrac{D_f}{d}\right)^{0.2}\left(\dfrac{B}{L}\right)^{0.5}\right]\right\}^{-1}$

주: 윗 식에서 H_i와 M에 대해 적절한 값을 사용한다. 예를 들면, 만약 X방향을 고려한다면, $H_i = H_x$와 $M = M_x$이다. 또한 μ_s와 θ_r에 대해 적절한 값을 사용한다. 예를 들면, X방향에서 $\mu_s = \mu_{sx}$와 $\theta_r = \theta_{rx}$이다. 단기하중에 대해서는 E와 ν의 비배수값을 사용하고, 장기하중에 대해서는 유효 값들을 사용한다. I_x와 I_y는 각각 X축과 Y축에 대한 이차단면모멘트이고, θ는 모멘트에 의해 발생된 회전각이다.
(출처: Gazetas와 Hatzikonstantinou, 1988)

12.15 요약

이 장에서는 얕은기초의 지지력과 침하를 계산하는 방법들에 대하여 설명하였다. 대다수 얕은기초의 설계에서 한계기준(critical criterion)은 사용성한계상태이다. 시료를 채취하는데 어려움이 있기 때문에 조립토에서의 지지력과 침하는 보통 현장시험으로 결정된다. 조립토 위의 얕은기초의 지지력과 침하를 평가하기 위하여 SPT, 콘시험과 평판재하시험 결과들을 어떻게 이용하는지 설명하였다. 과압밀된 세립토와 조밀한 조립토 위에 놓인 얕은기초의 지지력과 침하를 평가하기 위하여 *CSM*에 근거한 대안이 개발되었다.

자력평가

http://www.wiley.com/college/budhu에 접속하여 제12장의 이해도를 측정하기 위한 퀴즈를 풀어라.

실용 예제

예제 12.19 정사각형 기초의 설계(크기 결정)

LRFD를 이용하여 사하중 300 kN과 활하중 200 kN을 지지하는 정사각형 기초의 크기를 결정하라. 현장에서의 지반은 그림 E12.19에서 보여 준다. 허용전침하는 20 mm이다. 지하수위는 지표면 아래 3 m에 위치하며, 기초의 근입깊이는 1.5 m이다. 그렇지만 지하수위는 계절적으로 지표면까지 상승할 것으로 예상한다. 점토층은 일차 압밀이 발생하도록 얇은 것으로 가정한다. 성능계수는 0.8이다.

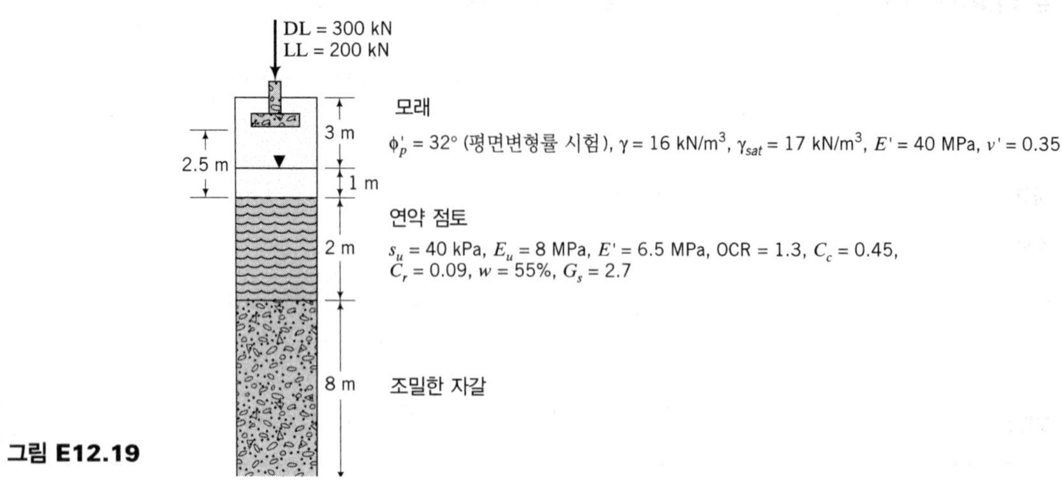

그림 E12.19

핵심전략 연약한 점토층의 존재는 침하가 설계를 좌우하도록 하는 단서를 제공한다. 이 경우에 침하를 만족하는데 필요한 폭을 결정한 다음에, 지지력을 검토해야 한다. 폭을 가정하고, 침하를 계산하는 과정을 침하기준이 만족될 때까지 반복한다. 다층 지반 단면이기 때문에 다층 지반에서 수직응력 증가량을 계산하는 것이 더 정확하다. 그렇지만 단순화를 위하여 균일지반에 대한 Boussinesq 방법을 사용할 것이다.

풀이 12.19

Step 1: 폭과 모양을 가정한다.

$B = 3$ m이고, 정사각형 기초로 가정한다.

Step 2: 탄성침하량을 계산한다.

모래층

측벽 효과와 근입 효과를 무시한다. 즉, $\mu_{wall} = \mu_{emb} = 1$이다.
식 (12.39)와 (7.93)을 사용한다.

식 (7.93): $I_s = 0.62 \ln (L/B) + 1.12 = 0.62 \ln (1) + 1.12 = 1.12$

$$\rho_e = \frac{q_s B_r[1 - (\nu')^2]}{E'} I_s \mu'_{emb} = \frac{P[1 - (\nu')^2]}{E' L_r} I_s \mu'_{emb}$$

식 (12.39): $$= \frac{500(1 - 0.35^2)}{40 \times 10^3 \times 3} \times 1.12 \times 0.81 = 3.3 \times 10^{-3} = 3.3 \text{ mm}$$

주: 위 식에서 L_r과 B_r은 실제 길이와 폭이다.

점토층

점토층의 상부에서 등가 기초 폭을 구한다. 기초 바닥면에서부터 점토층의 상부까지의 거리를 z_1이라 하자.
점토층 상부에서 기초의 등가 폭과 길이: $B + z_1 = 3 + 2.5 = 5.5$ m

$$\mu'_{emb} = 1 - 0.04 \frac{4}{(5.5/2)} \left(1 + \frac{4}{3} \times 1\right) = 0.86$$

$$\mu_s = 0.45$$

점토층에서 즉시침하를 산정하기 위하여, $\nu = \nu_u = 0.5$인 비배수 조건을 사용한다.

식 (12.35): $$\rho_e = \frac{P(1-\nu_u^2)}{E_u L}\mu_s \mu'_{emb} = \frac{500(1-0.5^2)}{8000 \times (5.5/2)} \times 0.45 \times 0.86 = 6.6 \times 10^{-3} = 6.6\ \text{mm}$$

Step 3: 점토층의 압밀침하량을 계산한다.

$$e_o = wG_s = 0.55 \times 2.7 = 1.49$$

$$\gamma_{sat} = \frac{G_s + e_o}{1 + e_o}\gamma_w = \frac{2.7 + 1.49}{1 + 1.49}9.8 = 16.5\ \text{kN/m}^3$$

점토층 중앙에서 현재 유효수직응력(상재하중)을 계산한다.

$$\sigma'_{zo} = 3 \times 16 + 1(17 - 9.8) + 1(16.5 - 9.8) = 61.9\ \text{kPa}$$

점토층 중앙 ($z = 3.5$ m)에서 응력 증가량을 계산한다.

$$\frac{Z}{B} = \frac{3.5}{3} = 1.17$$

그림 7.23으로부터 $I_z = 0.27$이다.

$$\sigma_{ap} = \frac{P}{B^2} = \frac{500}{3^2} = 55.6\ \text{kPa}$$

$$\Delta\sigma_z = \sigma_{ap} \times I_z = 55.6 \times 0.27$$

$$\sigma'_{zo} + \Delta\sigma_z = 61.9 + 15 \approx 77\ \text{kPa}$$

$$\sigma'_{zc} = \text{OCR} \times \sigma'_{zo} = 1.3 \times 61.9 = 80.5\ \text{kPa} > \sigma'_{zo} + \Delta\sigma_z (= 77\ \text{kPa})$$

$$\rho_{pc} = \frac{H_o}{1 + e_o} C_r \log \frac{\sigma'_{zo} + \Delta\sigma_z}{\sigma'_{zo}}$$

$$= \frac{2}{1 + 1.49} \times 0.09 \log \frac{77}{61.9} = 6.9 \times 10^{-3}\ \text{m} = 6.9\ \text{mm}$$

Step 4: 전침하량을 구한다.

전침하량: $$\rho = (\rho_e)_{sand} + (\rho_c)_{clay} + \rho_{pc}$$

$$= 3.3 + 6.6 + 6.9 = 16.8\ \text{mm} < 20\ \text{mm}$$

Step 5: 지지력을 검토한다.

지하수위는 기초 바닥면 아래에서 $B = 3$ m보다 작으므로, 지하수 영향을 고려하여야 한다.

Step 6: 한계높이(critical height)를 검토한다.

$$H_{cr} = \frac{B}{2\cos\left(45° + \dfrac{\phi'_p}{2}\right)} \exp\left[A \tan \phi'_p\right]$$

$$A = \left(45° - \frac{\phi'_p}{2}\right) = \left(45° - \frac{32}{2}\right)\frac{\pi}{180} = 0.506\ \ \text{rad}$$

$$H_{cr} = \frac{3}{2\cos\left(45° + \dfrac{32}{2}\right)} \exp\left[0.506 \tan 32\right] = 4.24\ \text{m}$$

연약한 점토층 상부까지 기초 아래 흙의 높이는 2.5 m $< H_{cr}$이다. 그러므로 연약한 층의 지지력을 고려하여야 한다.

ESA(모래)

$$d_\gamma = 1, \quad s_q = 1 + \frac{B'}{L'}\tan\phi'_p = 1 + \tan 32° = 1.62$$

$$s_\gamma = 1 - 0.4\frac{B'}{L'} = 0.6$$

$$d_q = 1 + 2\tan\phi'_p(1 - \sin\phi'_p)^2 \tan^{-1}\left(\frac{D_f}{B'}\right) = 1 + 2\tan 32°(1 - \sin 32°)^2\left[\tan^{-1}\left(\frac{1.5}{3}\right) \times \frac{\pi}{180}\right] = 1.13$$

$$N_q = e^{\pi \tan 32°}\tan^2\left(45 + \frac{32}{2}\right) = 23.2; \quad N_q - 1 = 23.2 - 1 = 22.2$$

$$N_\gamma = 0.1054\exp\left(9.6 \times 32 \times \frac{\pi}{180}\right) = 22.5$$

최악의 시나리오 – 지표면에 지하수위가 있는 경우에 대한 지지력을 계산한다. 즉, $\gamma = \gamma' = 17 - 9.8 = 7.2\ \text{kN/m}^3$ 이다.

$$q_u = \gamma D_f(N_q - 1)s_q d_q + 0.5(\gamma B)N_\gamma s_\gamma d_\gamma$$

$$= (7.2 \times 1.5 \times 22.2 \times 1.62 \times 1.13) + (0.5 \times 7.2 \times 3 \times 22.5 \times 0.6 \times 1.0) = 585\ \text{kPa}$$

$$q_{ult} = q_u + \gamma D_f = 585 + 1.5 \times 7.2 = 596\ \text{kPa}$$

$$Q_{ult} = q_{ult}A = 596 \times 3^2 = 5364\ \text{kN}$$

$$\omega Q_{ult} = 0.8 \times 5364 = 4291\ \text{kN}$$

$$P_{uf} = 1.25\ \text{DL} + 1.75\ \text{LL} = (1.25 \times 300) + (1.75 \times 200) = 725\ \text{kN} < 4291\ \text{kN}; \quad \text{O.K}$$

TSA(점토)

점토의 지지력을 검토한다.

등가 기초 폭 $= B + z_1 = 3 + 2.5 = 5.5$ m

$$(\Delta\sigma)_{max} = \frac{500}{5.5^2} = 16.5\ \text{kPa}$$

$$q_u = 5.14 s_u s_c d_c$$

$$s_c = 1 + 0.2\frac{B'}{L'} = 1.2$$

기초는 점토 위의 표면 기초로 가정하기 때문에 $d_e = 1.0$이다.

$$q_u = 5.14 \times 40 \times 1.2 \times 1.0 = 247\ \text{kPa}$$

$$\omega Q_{ult} = 0.8 \times 247 \times 5.5^2 = 5977\ \text{kN} > 725\ \text{kN}; \quad \text{O.K.}$$

침하가 설계를 지배한다.

예제 12.20 한계부등침하(limit differential settlement)에 대한 기초의 설계(크기 결정)

그림 E12.20은 건물의 양 끝에 두 개의 독립된 기초를 보여준다. 지역 법규(local Code)에서 최대뒤틀림 $\delta/\ell = 350$과 최대 전침하 50mm를 규정하고 있다. 극한한계상태와 사용성한계상태를 만족하는 가장 경제적인 각 기초의 크기를 결정하라. 지하수위는 지표면에서 5m 깊이에 있다. 흙에서 크리프효과는 무시하고 근입깊이는 1m이다.

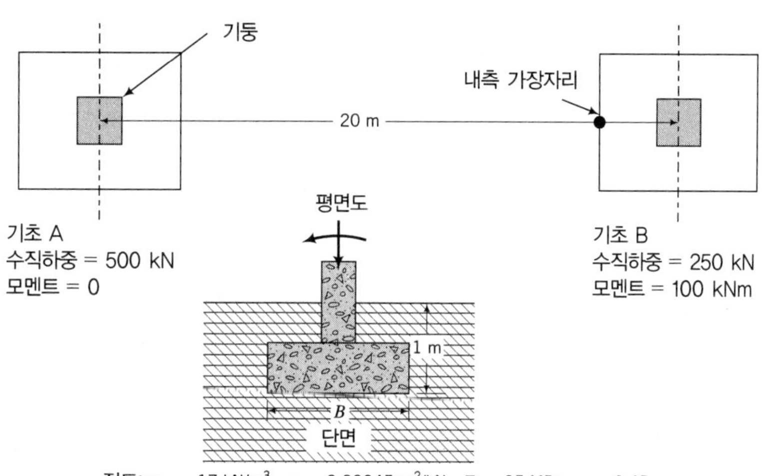

그림 E12.20

점토: $\gamma_{sat} = 17$ kN/m^3, $m_v = 0.00045$ m^2/kN, $E_u = 25$ MPa, $\nu_u = 0.45$, $\phi'_p = 24°$, $s_u = 80$ kPa, $A = 0.38$

핵심전략 점토층은 매우 두껍고, 오직 각각의 기초 아래 어떤 깊이에서만 응력을 받고 있다. 제7장으로부터 정사각형 기초에서 $2B$ 깊이 아래에서 수직응력 증가는 10%미만이다. 그러므로 점토층의 유효두께로 $2B$나 $3B$의 두께를 사용할 수 있다. 이 문제의 경우 압밀침하량 계산에서 Skempton-Bjerrum 방법이 적당하다.

풀이 12.20

기초A

Step 1: 기초 폭을 가정한다.

폭 $B = 3$ m인 정사각형 기초로 가정한다.

Step 2: 탄성침하를 계산한다.

식 (12.35)~(12.38)의 계산 결과는 다음과 같다.

$$\frac{A}{4L^2} = 1, \quad \mu_{wall} = 1, \quad \mu_s = 0.45\left(\frac{A_b}{4L^2}\right)^{0.38}$$

$$= 0.45 \times 1 = 0.45$$

$$\mu_{emb} = 1 - 0.04\frac{D_f}{B}\left[1 + \frac{4}{3}\left(\frac{A_b}{4L^2}\right)\right]$$

$$= 1 - 0.04\frac{1}{(3/2)}\left[1 + \frac{4}{3}(1)\right] = 0.94$$

$$\rho_e = \frac{P}{E_u L}(1 - \nu_u^2)\mu_s\mu_{emb}\mu_{wall} = \frac{500}{25{,}000 \times (3/2)}(1 - 0.45^2)$$

$$\times 0.45 \times 0.94 \times 1 = 4.5 \times 10^{-3} = 4.5 \text{ mm}$$

Step 3: 압밀침하량을 계산한다.

기초 아래 $3B = 9$ m에 대한 응력 증가량을 결정한다. 유효 깊이를 3 m씩 세 개의 층으로 구분하고 기초 중심아래 각 층의 중앙에서 응력 증가량을 구한다. 기초들이 B보다 더 멀리 떨어져 있기 때문에 응력 중첩은 일어나지 않을것이다.

$$\sigma = \frac{P}{B^2} = \frac{500}{3^2} = 55.6\ \text{kPa}$$

층	층의 중앙까지 깊이, z(m)	$m = n = \dfrac{(3/2)}{z}$	I_z	$\Delta\sigma_z = 4q_sI_z$(kPa)
1	1.5	1	0.175	38.9
2	4.5	0.33	0.045	10.0
3	7.5	0.2	0.018	4.0
				Σ52.9

$$\text{기초의 등가 직경:}\quad D = 2\sqrt{\frac{A}{\pi}} = 2\sqrt{\frac{9}{\pi}} = 3.38\ \text{m}$$

$$\frac{H_o}{B} = \frac{H_o}{D} = \frac{9}{3.38} = 2.7$$

$H_o/B = 5.3$는 그림 12.17에서 표시된 한계를 넘어선다. 그래서 $H_o/B = 4$를 사용하며, 이것으로 인하여 일차압밀침하량을 과대평가하는 결과를 초래할 것이다. 그림 12.17로부터, $A = 0.38$에서 $\mu_{SB} = 0.58$이다.

$$\rho_{pc} = \Sigma m_v \Delta\sigma_z H_o \mu_{SB} = 0.00045 \times 52.9 \times 3 \times 0.58$$

$$= 41.4 \times 10^{-3}\ \text{m} = 41.4\ \text{mm}$$

$$\text{전체침하량} = 4.5 + 41.4 = 45.9\ \text{mm} < 50\ \text{mm}$$

기초 A의 전침하량은 기준을 만족한다.

기초 B

Step 4: 편심량을 계산한다.

$$e = \frac{M}{P} = \frac{100}{250} = 0.4\ \text{m}$$

Step 5: 기초 폭을 가정한다.

인장이 없는 경우, $e/B < 6$이다. 즉, $B > 6e$이다.

$$B_{min} = 6 \times 0.4 = 2.4\ \text{m};\ B = 2.5\ \text{m로 가정한다.}$$

Step 6: 탄성침하량을 계산한다.

$$\mu_{emb} = 1 - 0.04 \times \frac{1}{(2.5/2)}\left(1 + \frac{4}{3}(1)\right) = 0.93$$

$$\rho_e = \frac{500}{25{,}000 \times 1.25}(1 - 0.45^2) \times 0.45 \times 0.93 \times 1 = 5.3 \times 10^{-3}\ \text{m} = 5.3\ \text{mm}$$

Step 7: 압밀침하량을 계산한다.

편심하중 때문에, 기초 B 아래에서 수직응력 분포는 불균등하다. 내부 가장자리에서 발생하는 최대수직응력(식 (12.27))은 다음과 같다.

$$\sigma_{max} = \frac{250}{2.5^2}\left(1 + \frac{6 \times 0.4}{2.5}\right) = 78.4\ \text{kPa}$$

그러면 기초 B의 내부 가장자리 중앙 아래에서(그림 E12.20 참조) 응력증가를 계산할 필요가 있다. 계산과 검토를 쉽게 하기 위하여 표를 이용하였다.

층	층의 중앙까지의 깊이, z(m)	$m = \frac{B}{z} = \frac{2.5}{z}$	$n = \frac{L}{z} = \frac{1.25}{z}$	I_z	$\Delta\sigma_z = 4q_s I_z$(kPa)
1	3.0	0.83	0.42	0.10	15.7
2	4.5	0.56	0.28	0.055	8.6
3	7.5	0.33	0.17	0.025	3.9
					Σ28.2

$$\text{기초의 등가 직경:}\quad D = 2\sqrt{\frac{A}{\pi}} = 2\sqrt{\frac{2.5^2}{\pi}} = 2.8\text{ m}$$

$$\frac{H_o}{B} = \frac{H_o}{D} = \frac{9}{2.8} = 3.2$$

그림 12.17로부터, $\mu_{SB} = 0.57$이다.

$$\rho_{pc} = \Sigma m_v \Delta\sigma_z H_o \mu_{SB} = 0.00045 \times 28.2 \times 3 \times 0.57$$
$$= 22 \times 10^{-3}\text{ m} = 22\text{ mm}$$

Step 8: 전침하량을 계산한다.

$$\rho = \rho_e + \rho_{pc} = 5.3 + 22 = 27.3\text{ mm} < 50\text{ mm}$$

기초 B의 전침하는 조건을 만족한다.

Step 9: 뒤틀림을 계산한다.

$$\delta = 45.9 - 27.4 = 18.5\text{ mm}$$
$$\frac{\delta}{L} = \frac{18.5}{(20 - 1.25) \times 10^3} = \frac{1}{987} < \frac{1}{350};\quad \text{그러므로 뒤틀림은 만족함.}$$

주) L은 기초 A의 중앙에서부터 기초 B의 외부 가장자리까지의 거리인데, 이유는 δ가 이 지점에서 계산되기 때문이다.

Step 10: 지지력을 검토한다.

기초 A

계수

근입깊이의 영향은 무시한다.

$$B' = B;\quad L' = L;\quad s_c = 1 + 0.2\frac{B'}{L'} = 1.2;\quad s_\gamma = 1 - 0.4\frac{B'}{L'} = 0.6$$

$$s_q = 1 + \frac{B'}{L'}\tan\phi'_p = 1 + \tan 24° = 1.45;\quad d_c = d_q = d_\gamma = 1$$

TSA

$$q_u = 5.14 s_u s_c d_c = 5.14 \times 80 \times 1.2 \times 1.0 = 493\text{ kPa}$$
$$\text{FS} = \frac{493}{55.6 - 17 \times 1} \approx 13 > 3 \quad (\text{O.K.})$$

ESA

매끄러운 면으로 가정한다.

$$N_q = e^{\pi\tan 24°}\tan^2(45° + 24°/2) = 9.6$$

$$N_\gamma = 0.0663\exp(9.3\phi'_p) = 0.0663\exp\left(9.3 \times 24 \times \frac{\pi}{180}\right) = 3.3$$

$$q_u = \gamma D_f(N_q - 1)s_q d_q + 0.5\gamma B' N_\gamma s_\gamma d_\gamma$$

$$q_u = (17 \times 1 \times 8.6 \times 1.45 \times 1.0) + (0.5 \times 17 \times 3 \times 3.3 \times 0.6 \times 1.0) = 262 \text{ kPa}$$

$$\text{FS} = \frac{262}{55.6 - 17 \times 1} = 6.8 > 1.5 \quad (\text{O.K.})$$

기초 B

$$B' = B - 2e = 2.5 - 2 \times 0.4 = 1.7 \text{ m}$$

TSA

기초 A와 같은 결과이다.

ESA

$$q_u = \gamma D_f(N_q - 1)s_q d_q + 0.5\gamma B' N_\gamma s_\gamma d_\gamma = (17 \times 1 \times 8.6 \times 1.45 \times 1.0) + (0.5 \times 17 \times 1.7 \times 3.3 \times 0.6 \times 1.0) = 241 \text{ kPa}$$

$$\text{FS} = \frac{241}{78.4 - 17 \times 1} = 3.9 > 1.5 \quad (\text{O.K.})$$

Step 11: 기초 크기를 추천한다.

기초 A: 3 m × 3 m; $\rho \approx 46$ mm

기초 B: 2.5 m × 2.5 m; $\rho \approx 27$ mm

예제 12.21 SPT 데이터를 이용한 건물기초의 크기 결정

건물 일부분에 대한 기둥배치가 그림 E12.21a에 보여준다. 세 개의 시추공이 건물의 이 부분 내에 있으며, SPT 데이터가 그림 E12.21b, c, d에 나타나 있다. ASD를 이용하여 기둥 B2와 B4 아래 기초의 적합한 크기를 결정하라. 이 기둥들에 작용하는 하중들은 그림 E12.21a에 주어져 있다. 지역법규에 따른 설계기준은 최대침하 25 mm와 기초의 최소깊이 300 mm, 마무리된 표고는 780 m이다. 지하수위는 시추공 어디에도 나타나지 않았다.

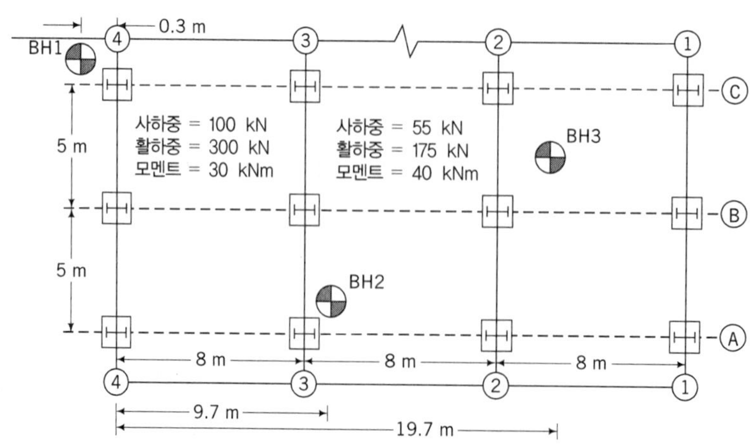

그림 E12.21a

	BORING LOG: BH-1
	SHEET 1 of 1 **PROJECT #:**
PROJECT: **CLIENT:** **CLIENT PROJECT:**	**CONTRACTOR:** **DRILLER:** **INSPECTOR:**
COORDINATES N: **E:** **LOCATION:** Tucson **REF. ALIGNMENT:** **STATION:** **OFFSET:**	**RIG TYPE:** **DRILLING METHOD:** **HAMMER TYPE:**
COMMENTS:	**SURFACE ELEV.:** 781.5 **TOTAL DEPTH:** 23 **START DATE:** **TIME:** **FINISH DATE:** **TIME:**

	Casing	Split Spoon	Ring Sampler	Shelby Tube	Cuttings	Core Barrel
Type/Symbol		S	R	U	CU	C
I.D.		34.93mm	63.50mm			
O.D.		50.80mm	76.20mm			
Length		457.20mm	457.20mm			
Hammer WT.	622.75 N		Drill Rod Size			
Hammer Fall	762mm		I.D. (O.D.)			

GROUNDWATER DATA					
Date	Time	Water Depth (m)	Casing Depth (m)	Hole Depth (m)	Symbol

지표면에서의 깊이 (m)	고도 (m)	범례	시료 형식	시료 번호	시료 기호	깊이(m) 시작	깊이(m) 끝	타격횟수 0-152.4 mm	타격횟수 152.4-304.8-mm	타격횟수 304.8-457.2-mm	N치	회수 (m)	지층분석과 비교	습도, %	건조밀도	시험실로 보내진 시료
	780		S	S1	⊠	0.5	0.957	4	5	9	14	.457	자갈섞인 실트질 모래(SM)			
5	775		S	S2	⊠	6	6.457	20	21	17	38	.457	자갈과 전석이 섞인 입도 분포가 나쁜 모래(SP)			
10	770		S	S3	⊠	10	10.457	12	14	10	24	.457	빈점토, 단단, 짙은 갈색~회색(CP)			
15	765		S	S4	⊠	14	14.457	25	30	41	71	.229	매우 조밀하고 입도분포가 좋은 모래(SW)			
20	760															
25													EOB @ 23m. 지하수 없음			

그림 E12.21b

	BORING LOG: BH-2
	SHEET 1 of 1 **PROJECT #:**
PROJECT: **CLIENT:** **CLIENT PROJECT:**	**CONTRACTOR:** **DRILLER:** **INSPECTOR:**
COORDINATES N: **E:** **REF. ALIGNMENT:** **STATION:** **LOCATION:** Tucson **OFFSET:**	**RIG TYPE:** **DRILLING METHOD:** **HAMMER TYPE:**
COMMENTS:	**SURFACE ELEV.:** 781 **TOTAL DEPTH:** 20 **START DATE:** **TIME:** **FINISH DATE:** **TIME:**

	Casing	Split Spoon	Ring Sampler	Shelby Tube	Cuttings	Core Barrel
Type/Symbol		S ☒	R	U	CU	C
I.D.		34.93mm	63.50mm			
O.D.		50.80mm	76.20mm			
Length		457.20mm	457.20mm			
Hammer WT.	622.75 N		Drill Rod Size			
Hammer Fall	762mm		I.D. (O.D.)			

GROUNDWATER DATA					
Date	Time	Water Depth (m)	Casing Depth (m)	Hole Depth (m)	Symbol

지표면에서의 깊이 (m)	고도 (m)	범례	시료 형식	번호	기호	깊이(m) 시작	깊이(m) 끝	타격횟수 0-152.4 mm	152.4-304.8-mm	304.8-457.2-mm	N치	회수 (m)	지층분석과 비교	습도, %	건조밀도	시험실로 보내진 시료
	780		S	S1	☒	1	1.457	6	9	10	19	.457	자갈섞인 실트질 모래(SM)			
			S	S2	☒	2	2.457	11	12	10	22	.457	약간의 자갈이 섞인 입도 분포가 나쁜 모래(SP)			
5	775		S	S3	☒	7	7.457	20	28	20	48	.457				
10	770		S	S4	☒	9	9.457	10	13	15	28	.457	빈점토, 단단, 짙은 갈색 ~회색(CP)			
15	765		S	S5	☒	14	14.457	25	35	31	66	.229	매우 조밀하고 입도분포가 좋은 모래(SW)			
20	760												EOB @ 23m. 지하수 없음			
25																

그림 E12.21c

	BORING LOG: BH-3
	SHEET 1 of 1 PROJECT #:
PROJECT: CLIENT: CLIENT PROJECT:	CONTRACTOR: DRILLER: INSPECTOR:
COORDINATES N: E: REF. ALIGNMENT: STATION: LOCATION: Tucson OFFSET:	RIG TYPE: DRILLING METHOD: HAMMER TYPE:
COMMENTS:	SURFACE ELEV.: 782 TOTAL DEPTH: 21 START DATE: TIME: FINISH DATE: TIME:

	Casing	Split Spoon	Ring Sampler	Shelby Tube	Cuttings	Core Barrel
Type/Symbol		S	R	U	CU	C
I.D.		34.93mm	63.50mm			
O.D.		50.80mm	76.20mm			
Length		457.20mm	457.20mm			
Hammer WT.	622.75 N		Drill Rod Size			
Hammer Fall	762mm		I.D. (O.D.)			

GROUNDWATER DATA					
Date	Time	Water Depth (m)	Casing Depth (m)	Hole Depth (m)	Symbol

지표면에서의 깊이 (m)	고도 (m)	범례	시료 형식	번호	기호	깊이(m) 시작	끝	타격횟수 0-152.4 mm	152.4-304.8-mm	304.8-457.2-mm	N치	회수 (m)	지층분석과 비교	습도, %	건조밀도	시험실로 보내진 시료
	780												자갈섞인 실트질 모래(SM)			
			S	S1	⊠	2.5	2.957	5	7	9	16	.457				
5													약간의 자갈이 섞인 입도 분포가 나쁜 모래(SP)			
	775															
			S	S2	⊠	7.5	7.957	14	15	18	33	.457				
10													빈점토, 단단, 짙은 갈색 ~회색(CP)			
	770		S	S3	⊠	11	11.457	13	14	12	26	.457				
15			S	S4	⊠	15	15.457	15	23	16	39	.457	매우 조밀하고 입도분포가 좋은 모래(SW)			
	765															
			S	S5	⊠	18	18.229	25	36	42	78	.229				
20													EOB @ 23m. 지하수 없음			
	760															
25																

그림 E12.21d

핵심전략 세 개의 시추공 데이터 항목들에 근거하여 평가된 지반의 종단면도를 작성하는 것이 최선이다. 가장 큰 하중을 받는 기초에 대하여 크기를 결정한 다음, 이 기초에 작용하는 최대 수직응력을 이용하여 다른 기초들의 크기를 결정하는 것이 관행이다. 이것은 항상 만족스러운 결과를 주는 것이 아니며, 이 예제에서 보여 줄 것이다. 가장 큰 하중을 받는 기초 보다 가장 약한 층 위에 놓인 가장 작은 하중을 받는 기초와 같은 다른 조건들이 설계를 좌우할 수 있다. 이 예제는 설계에서 요구되는 반복과정을 설명한다.

풀이 12.21

Step 1: 근처에 있는 시추공 결과에 근거하여 복합지층의 종단면도를 작성한다.

(a) 기준선(reference line)으로 기둥 연결선(4)-(4)를 이용하여 고도-거리의 그래프에 시추공들을 그린다(그림 E12.21e 참조).

(b) 각 시추공에서 흙 종류와 N값을 조사한다.

(c) 비슷한 흙 종류들을 연결하는 선들을 그린다.

(d) 필요하다면, 각 종류의 흙을 N값과 흙 설명에 근거하여 다른 밀도의 군(조밀, 중간, 느슨)으로 구분한다(그림 E12.21e 참조). 부록 A에 있는 표 A.11에 근거하여 단위중량의 값을 정한다.

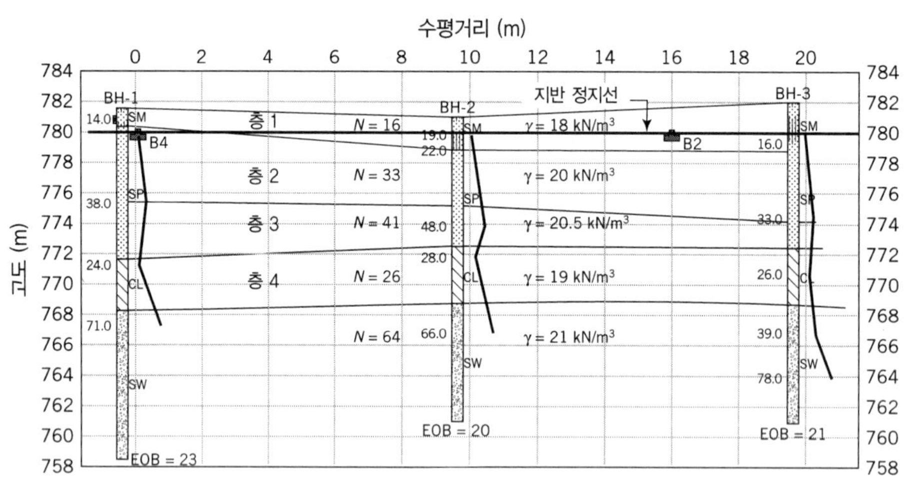

그림 E12.21e

Step 2: 가장 큰 하중을 받는 기초에 대하여 깊이를 결정한다.

기초 B4에 대하여 $D_f = 0.5$ m(표고 779.5)로 가정한다.

이 기초는 지층 2의 상부 바로 아래에 있다.

Step 3: 기초 B4에 대한 기초크기를 가정한다.

1 m × 1 m의 정사각형 기초로 가정한다.

Step 4: N값을 보정한다.

기초 아래 $\frac{1.5B}{2}$ 의 평균깊이, 즉, $\frac{1.5 \times 1}{2} = 0.75$ m (표고 778.75)를 이용한다. 기초 B4에서 원래의 지반수평면은 약 표고 781.5 m이다.

$$\sigma'_{zo} = \gamma z = 18(781.5 - 780.5) + 20(780.5 - 778.75) = 53 \text{ kPa}$$

$$c_N = \left(\frac{95.8}{\sigma'_{zo}}\right)^{\frac{1}{2}} = \left(\frac{95.8}{53}\right)^{\frac{1}{2}} = 1.34 < 2 \quad \text{(O.K)}$$

$$N_1 = c_N N = 1.34 \times 33 = 44$$

Step 5: q_{ult}를 평가한다.

$$q_{ult} = 32N_1B = 32 \times 44 \times 1 = 1408\ \text{kPa}$$

Step 6: 최대 작용 수직응력을 계산한다.

$$V_n = \text{전수직하중} = 400\ \text{kN};\quad M = \text{모멘트} = 30\ \text{kN.m}$$

$$\text{편심},\quad e = \frac{M}{V_n} = \frac{30}{400} = 0.075\ \text{m}$$

$$\frac{B}{6} = \frac{1.0}{6} = 0.17 > e;\quad \therefore \text{ 인장은 없음}$$

$$\sigma_{max} = \frac{V_n}{A}\left(1 + \frac{6e}{B}\right) = \frac{400}{1 \times 1}\left(1 + \frac{6 \times 0.075}{1}\right) = 580\ \text{kPa}$$

Step 7: 안전율을 검토한다.

$$\text{FS} = \frac{q_{ult}}{\sigma_{max}} = \frac{1408}{580} = 2.4$$

FS ≃ 3이 되도록 B를 조정한다. 표 E12.21a에서 보는 바와 같이 스프레드쉬트를 이용하는 것이 더 쉽다. 1.1 m × 1.1 m 정사각형 기초에서 FS = 3.3이다.

표 E12.21a

마무리된 지표면 표고	780 m	사하중	100 kN	
기초 폭	1.1 m	활하중	300 kN	
기초 근입깊이	0.5 m	모멘트	30 kN.m	
기초 길이	1.1 m	전하중	400 kN	
지하수위	100 m	e	0.08 m	인장 없음
FS	3.3	σ_{max}	465.8 kPa	

표고 (m)	두께 (m)	단위중량 (kN/m³)	유효수직응력 (kPa)	C_N (사용값)	N	N_1	q_{ult} (kPa)
781.5	0	0	0.0	0	0	0	0
780.5	1	18	18.0	2.0	16	32	1126
778.7	1.8	20	54.5	1.3	33	44	1540

Step 8: 기초 B2의 크기를 결정한다.

기초 B2의 깊이는 기초 B4의 표고와 같은 것으로 가정한다. 기초 B2는 $N = 16$인 지층 1에 위치한다. 중요한 점은 기초 B2와 B4의 침하가 근사적으로 같아지도록 (< 25 mm), 최대 수직응력은 같아야 하는 것이다.

Step 9: 기초 B2의 크기를 계산한다.

$$\text{전수직하중} = V_n = 55 + 175 = 230\ \text{kN};\quad \text{모멘트} = 40\ \text{kN.m}$$

$$e = \frac{40}{230} = 0.17\ \text{m}$$

$$\text{인장이 없는 경우의 } B_{min} = 6e = 6 \times 0.17 = 1.02\ \text{m}$$

$B = 1.1$ m로 가정한다.

$$\sigma_{max} = \frac{V_n}{A}\left(1 + \frac{6e}{B}\right) = \frac{230}{1.1^2}\left(1 + \frac{6 \times 0.17}{1.1}\right) = 366\ \text{kPa} > 465.8\ \text{kPa (표 E 12.2a 참조)} \tag{12.101}$$

σ_{max} = 465.8 kPa을 얻기 위해서는 B가 감소되어야 한다. 그러나 인장이 발생하기 때문에 이것은 가능할 것 같지 않다. 그러므로 기초 B2에서 최대수직응력이 설계를 지배한다.

Step 10: 기초 B2의 크기를 재조정한다.

표 E12.21b와 같이 계산을 수행하기 위하여 스프레드쉬트를 준비하는 것이 최선이다. 1.2 m × 1.2 m 크기의 기초에서 안전율은 3.1이고, 최대 수직응력은 298.6 kPa이다.

표 E12.21b

마무리된 지표면 표고	780 m	사하중	55 kN	
기초 폭	1.2 m	활하중	175 kN	
기초 근입깊이	0.5 m	모멘트	40 kN.m	
기초 길이	1.2 m	전 하중	230 kN	
지하수위	100 m	e	0.17 m	인장 없음
FS	3.1	σ_{max}	298.6 kPa	

표고 (m)	두께 (m)	단위중량 (kN/m^3)	유효수직응력 (kPa)	C_N (사용값)	N	N_1	q_{ult} (kPa)
781.5	0	0	0.0	0	0	0	0
778.6	2.4	18	43.2	1.5	16	24	915

Step 11: 기초 B4의 크기를 재조정한다.

기초 B2에 의한 최대 수직응력을 기초 B4에 대한 허용응력으로 사용한다. 기초 B4의 크기는 1.35 m × 1.35 m이고, 스프레드쉬트로부터 최대 수직응력은 292.6 kPa이고, 안전율은 6.2이다(표 E12.21c 참조).

표 E12.21c

마무리된 지표면 표고	780 m	사하중	100 kN	
기초 폭	1.35 m	활하중	300 kN	
기초 근입깊이	0.5 m	모멘트	30 kN.m	
기초 길이	1.35 m	전 하중	400 kN	
지하수위	100 m	e	0.08 m	인장 없음
FS	6.2	σ_{max}	292.6 kPa	

표고 (m)	두께 (m)	단위중량 (kN/m^3)	유효수직응력 (kPa)	C_N (사용값)	N	N_1	q_{ult} (kPa)
781.5	0	0	0.0	0	0	0	0
780.5	1	18	18.0	2.0	16	32	1382
778.6	2.0	20	58.3	1.3	33	42	1828

Step 12: 설계를 평가한다.

두 기초의 침하는 N값과 작용응력 분포가 같은 경우에만 같을 것이다. 기초 B2는 기초 B4 보다 더 약한 지층에(더 작은 N값) 위치하고 있기 때문에, 침하는 같게 되지 않을 것이다.

더 좋은 대안은 지층 2(N = 33)에 있는 두 기초 모두 778.5 m의 고도에 위치시키는 것이다. 기초 시공을 위한 굴착으로 추가적인 비용이 발생하지만, 두 기초의 침하는 비슷해지고, 기초 크기도 더 작게 될 것 같다.

기초 B2의 크기 재산정

$B = L = 1.1$ m와 $D_f = 1.5$ m를 시도한다. 표 12.E21d로부터 $\sigma_{max} = 370.4$ kPa이고, 안전율은 3.9이다.

표 E12.21d

마무리된 지표면 표고	780 m	사하중	55 kN	
기초 폭	1.1m	활하중	175 kN	
기초 근입깊이	1.5 m	모멘트	40 kN.m	
기초 길이	1.1 m	전 하중	230 kN	
지하수위	100 m	e	0.17 m	인장 없음
FS	3.9	σ_{max}	370.4 kPa	

표고 (m)	두께 (m)	단위중량 (kN/m^3)	유효수직응력 (kPa)	C_N (사용값)	N	N_1	q_{ult} (kPa)
781	0	0	0.0	0	0	0	0
778	2	18	36.0	1.6	16	26	919
777.7	1.3	20	62.5	1.2	33	41	1438

기초 B4의 크기 재산정

$B = L = 1.21$ m에 대하여 $\sigma_{max} = 374.8$ kPa이고, 안전율은 3.8이다(표 12.E21e 참조).

표 E12.21e

마무리된 지표면 표고	780 m	사하중	100 kN	
기초 폭	1.21 m	활하중	300 kN	
기초 근입깊이	1.5 m	모멘트	30 kN.m	
기초 길이	1.21 m	전 하중	400 kN	
지하수위	100 m	e	0.08 m	인장 없음
FS	3.8	σ_{max}	374.8 kPa	

표고 (m)	두께 (m)	단위중량 (kN/m^3)	유효수직응력 (kPa)	C_N (사용값)	N	N_1	q_{ult} (kPa)
781.5	0	0	0.0	0	0	0	0
780.5	1	18	18.0	2.0	16	32	1239
777.6	2.9	20	76.2	1.1	33	37	1433

예제 12.22 베인전단시험 데이터와 CSM에 근거한 얕은기초의 설계

부지에서 대표적인 현장베인전단시험 결과는 그림 E12.22a와 같다. 기존의 연구에서 회색점토에 대한 $C_r = 0.08$로 제시된다. 기둥하중들이 다른 건물이 부지에 세워질 예정이다. 최대 편심은 기초 폭의 10%로 예상된다. 최소 안전율은 CSM에서 1.25이고, 기존의 지지력 방법에서 2.5이다. 침하는 25 mm를 초과하지 않아야 한다. 3 m × 3 m의 정사각형 얕은기초에서 지지할 수 있는 최대 하중을 결정하라.

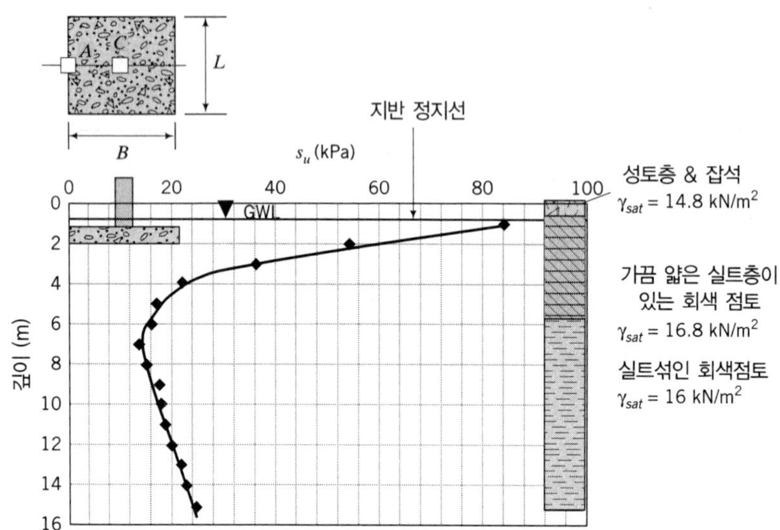

그림 E12.22a

핵심전략 기초를 설계하기 위하여 주어진 데이터를 조사하고 해석한 다음, 12.12.1절과 같은 과정을 따라 할 필요가 있다. 베인전단시험에 대하여 평면변형률 조건으로 가정한다. 기둥하중들은 편심을 받고 있기 때문에 평면변형률 (DSS) 조건으로 가정하는 것이 더 좋다.

풀이 12.22

Step 1: 베인전단시험 데이터를 조사하고 해석한다.

베인전단시험 데이터를 조사해 보면, 상부 7 m 흙은 과압밀되었고, 하부 7 m는 정규압밀된 것으로 나타났다. 정규 압밀된 흙은 전단강도가 깊이에 따라 선형 증가한다는 사실을 상기하자. 다시 말하면 정규화된 전단강도는 깊이에 대하여 일정하다.

Step 2: 한계상태 내부마찰각을 계산한다.

$$7\text{ m에서 } (s_u)_f = 14\text{ kPa}$$

7 m에서 유효수직응력은 다음과 같다.

$$\sigma'_{zo} = 14.8 \times 1 + (16.8 - 9.8) \times 6 = 56.8\text{ kPa}$$

식 (11.73)으로부터 정규압밀된 세립토에 대한 정규화된 비배수 전단강도는 다음과 같다.

$$\left[\frac{(s_u)_f}{\sigma'_{zo}}\right]_{\text{DSS}} \approx 0.5 \sin \phi'_{cs}$$

$$\therefore \frac{14}{56.8} = 0.5 \sin \phi'_{cs}; \quad \sin \phi'_{cs} = 0.493; \quad \phi'_{cs} = 29.5°$$

$$M_c = \sqrt{3} \sin \phi'_{cs} = \sqrt{3} \times 0.493 = 0.85$$

Step 3: 기초 아래 $B/2$에서 초기응력, 과압밀비와 선행압밀하중을 계산한다.

3 m × 3 m 기초에 대하여 계산을 실시한다. 다른 기초 크기에 대해서는 스프레드쉬트를 이용한다. 최대 기초크기 아래 $B/2$에서 지표면으로부터의 깊이는 2 + (3/2) = 3.5 m이다. 3.5 m에서 유효수직응력은 다음과 같다.

$$\sigma'_{zo} = 14.8 \times 1 + (16.8 - 9.8) \times 2.5 = 32.3 \text{ kPa}$$
$$3.5 \text{ m에서 } (s_u)_f = 28 \text{ kPa}$$

식 (11.72)로부터,

$$\left[\frac{(s_u)_f}{\sigma'_{zo}}\right]_{\text{DSS}} = \frac{\sqrt{3}\sin\phi'_{cs}}{2}\left(\frac{\text{OCR}}{2}\right)^{0.8}$$
$$\left[\frac{28}{32.3}\right]_{\text{DSS}} = \frac{0.85}{2}\left(\frac{\text{OCR}}{2}\right)^{0.8}$$

그림 11.29로부터, 다음과 같은 결과를 얻을 수 있다.

$$R_o = 4.2$$
$$K_o^{nc} = 1 - \sin\phi'_{cs} = 1 - \sin 29.5° = 0.51$$
$$K_o^{oc} = K_o^{nc}\,\text{OCR}^{\frac{1}{2}} = 0.51 \times 4.9^{\frac{1}{2}} = 1.13$$
$$\sigma'_{zc} = \text{OCR} \times \sigma'_{zo} = 4.9 \times 32.3 = 158.3 \text{ kPa}$$

현장에서 현재와 과거 압밀응력은 다음과 같다.

$$\text{현재:}\quad p'_o = \frac{1 + 2K_o^{oc}}{3}\sigma'_{zo} = \frac{1 + 2 \times 1.13}{3} \times 32.3 = 35 \text{ kPa}$$
$$q_o = \sigma'_{zo}(1 - K_o^{oc}) = 32.3 \times (1 - 1.13) = -4.2 \text{ kPa}$$

그림 12.19에서 O점은 (p'_o, q_o)를 나타낸다.

$$\frac{p'_c}{\sigma'_{zc}} \approx \frac{1}{3}\left[(3 - 2\sin\phi'_{cs}) + \frac{(3 - \sin\phi'_{cs})^2}{4(3 - 2\sin\phi'_{cs})}\right]$$
$$= \frac{1}{3}\left[(3 - 2 \times 0.493) + \frac{(3 - 0.493)^2}{4(3 - 2 \times \sin \times 0.493)}\right]$$
$$= 0.93$$
$$p'_c = 0.93 \times 158.3 = 147.2 \text{ kPa}$$

그림 12.19에서 C점은 $(p'_c, 0)$를 나타낸다.

$$\gamma_{sat} = \left(\frac{G_s + e_o}{1 + e_o}\right)\gamma_w$$
$$16.8 = \left(\frac{2.7 + e_o}{1 + e_o}\right)9.8;\quad e_o = 1.38$$
$$\kappa = \frac{C_r}{2.3} = \frac{0.08}{2.3} = 0.035$$

Step 4: 흙 요소가 인장파괴 되는지를 검토한다.

$$t_c = \frac{1}{\left(1 + \frac{n_t^2}{M^2}\right)} = \frac{1}{\left(1 + \frac{\sqrt{3^2}}{0.85^2}\right)} = 0.194$$
$$R_t = \frac{1}{t_c} = \frac{1}{0.194} = 5.2 > 4.2$$

흙은 인장에 의하여 파괴되지 않는다.

Step 5: HV면에서 축차응력을 계산한다.

$$m = \frac{M - 2t_c n_t}{1 - 2t_c} = \frac{0.85 - 2 \times 0.194 \times \sqrt{3}}{1 - 2 \times 0.194} = 0.29$$

$$q_{yH} = p'_o[m(1 - t_c R_o) + t_c n_t R_o] = 35 \times [0.29(1 - 0.194 \times 4.2) + 0.194 \times \sqrt{3} \times 4.2] = 51.3 \text{ kPa}$$

Step 6: 극한한계상태를 만족하기 위하여 하중-폭의 비를 평가한다.

편심이 기초 폭의 10%이므로, 다음과 같게 된다.

$$q_s = \frac{P}{B^2}\left(1 + \frac{6e}{B}\right) = \frac{P}{B^2}\left(1 + \frac{6 \times 0.1B}{B}\right) = \frac{1.6P}{B^2}$$

기초 A의 가장자리에서(그림 E12.22a 참조), $I_p = 0.22$, $I_q = 0.39$이다(표 12.7 참조).

$$\Delta q_{ap} = I_q q_s = 0.39 \times \frac{1.6P}{B^2} = 0.624\frac{P}{B^2}$$

$$q_o + \Delta q_{ap} = -4.2 + 0.624\frac{P}{B^2}$$

$$\text{FS} = \frac{q_{yH}}{q_o + \Delta q_{ap}}$$

$$1.25 = \frac{51.3}{-4.2 + 0.624\dfrac{P}{B^2}}$$

$$\frac{P}{B^2} = 72.5; \quad P = 652.5 \text{ kN}$$

Step 7: 침하를 만족하는 하중-폭의 비를 평가한다.

$$e_c = e_o - \kappa \ln R_o = 1.38 - 0.035 \ln(4.2) = 1.33$$

$\nu' = 0.35$로 가정하면, 침하는 다음과 같다.

$$\rho_z = \frac{q_s \kappa B}{p'_c(1 + e_c)}\left[\frac{\sqrt{3}}{2}I_q + 1.54 I_p\right]$$

$$= \frac{\dfrac{1.6P}{B^2} \times 0.035 \times B}{147.2(1 + 1.33)}\left[\frac{\sqrt{3}}{2} \times 0.39 + 1.54 \times 0.22\right]$$

$$= 1.1 \times 10^{-4}\frac{P}{B} \text{ m}$$

위의 식으로부터 침하는 다른 모든 정수들이 일정한 값이기 때문에 오직 P/B의 비에만 의존한다. 최대 허용침하는 25 mm이므로 다음과 같다.

$$0.025 = 1.1 \times 10^{-4}\frac{P}{B}$$

$$\frac{P}{B} = 227; \quad P = 681 \text{ kN}$$

지지력을 고려한 하중은 침하를 고려한 것보다 작기 때문에 지지력이 설계를 지배한다.

Step 8: 기존의 방법을 이용하여 허용하중을 결정한다.

최대 기초크기는 3 m이다. 기초 아래 유효깊이 B를 가정하면, 최대 유효깊이는 3 m이다(지표면에서 5 m 깊이). 평균 비배수전단강도는 28 kPa이다. 극한지지력은 다음과 같다.

$$q_{ult} = 5.14\, s_u s_c d_c = 5.14 \times 28 \times 1.2 \times 1 = 172.7 \text{ kPa}$$

안전율 FS = 2.5를 이용하면, 다음과 같게 된다.

$$2.5 \times \frac{1.6P}{B^2} = 172.7$$

$$\frac{P}{B^2} = 43; \quad P = 387 \text{ kN}$$

탄성계수는 직접 구할 수 없다. 모든 침하는 압밀에 의한 것으로 가정한다. 기초 모서리 중앙에서(그림 E12.22a 참조) 수직응력 증가는 그림 7.24에서 $B = 3$ m, $L = 1.5$ m, 그리고 $z = 1.5$ m인 경우를 이용하여 계산된다. 수직응력 증가 계수는 $I_z = 0.2$이다.

$$\sigma'_{zo} + \Delta\sigma_z = 32.3 + 2 \times 0.2 \times \frac{1.6P}{B^2}$$

(주: 배수 2는 그림 7.24를 이용하기 위하여 기초를 절반 두 개로 나누었기 때문이다.)

과거 최대 유효수직응력을 초과하지 않는다고 가정하여 침하를 계산한다. 만약 그렇다면, 문제에서 주어지지 않는 C_c를 알아야 한다. 그러므로 다음과 같이 계산된다.

$$\rho_{pc} = \frac{H_o}{1 + e_o} C_r \log \frac{\sigma'_{zo} + \Delta\sigma_z}{\sigma'_{zo}} = \frac{B}{1 + 1.38} \times 0.08 \times \log \frac{\sigma'_{zo} + \dfrac{0.64P}{B^2}}{\sigma'_{zo}}$$

$$0.025 = \frac{B}{1 + 1.38} \times 0.08 \times \log\left(1 + \frac{\dfrac{0.64P}{B^2}}{\sigma'_{zo}}\right)$$

$$\therefore B \log\left(1 + \frac{\dfrac{0.64P}{B^2}}{\sigma'_{zo}}\right) = 0.744; \quad \sigma'_{zo} + \Delta\sigma_z < \sigma'_{zc}$$

$$\frac{P}{B^2} = \frac{\sigma'_{zo}}{0.64}\left(10^{\frac{0.744}{B}} - 1\right) = \frac{32.3}{0.64}\left(10^{\frac{0.744}{3}} - 1\right) = 38.9$$

$$P = 38.9 \times 3^2 = 350 \text{ kN}$$

$\sigma'_{zo} + \Delta\sigma_z < \sigma'_{zc}$를 검토한다.

$$\sigma'_{zo} + \Delta\sigma_z = 32.3 + 2I_z \frac{1.6P}{B^2} = 32.3 + 2 \times 0.2 \times 1.6 \times \frac{350}{3^2} = 57.2 \text{ kPa} < 158.3 \text{ kPa}$$

$\therefore$ O.K.

Step 9: 결과들을 비교한다.

	CSM 하중(kN)	기존 방법 하중(kN)
지지력	652.5	387
침하	681	350

CSM에서 기초가 지지할 수 있는 최대 하중은 652.5 kN이고, 이것은 지지력에 의해서 지배된다. 기존 방법에서는 기초가 지지할 수 있는 최대 하중은 350 kN이고 침하에 의해서 지배된다.

Step 10: 기초 크기가 다른 경우에 대하여 최대 하중을 계산한다.

스프레드쉬트를 이용하여 다른 크기의 기초에 대한 계산을 수행할 수 있다. 하나의 스프레드쉬트 결과가 표 E12.22에서 보여주며, 그 결과들 또한 그림 E12.22b에 도시되어 있다. 앞에서의 계산결과와 스프레드쉬트 결과 사이의 차이는 어림수에 기인한다. $\sigma'_{zo} + \Delta\sigma'_z < \sigma'_{zc}$에 대한 검토는 작용된 수직응력이 과거 최대 유효수직응력 보다 작은지를 알아보는 것이다. 만약 그렇지 않다면, 작용된 수직응력과 과거 최대 유효수직응력 사이의 차이에 대하여 정규압밀 선상으로 흙은 압밀될 것이다(제9장 참조). CSM에서는 지지력이 모든 기초 크기에 대하여 지배한다. 기존 방법에 대해서는 지지력이 약 $B = 2.7$ m까지 설계를 좌우하고, 그것보다 큰 경우에는 침하가 지배한다. CSM과 기존 방법에 의한 지지력은 $B < 1.5$ m인 경우에 거의 비슷하다. 인장이 발생하면, $q_{yH} = q_{tf}$는 식 (11.61)에 따라 $\sqrt{3}\, p'_o$로 수정된다.

표 E12.22

B (m)	σ'_{zo} (kPa)	p'_o (kPa)	q'_o (kPa)	R_o p'_c/p'_o	OCR $\sigma'_{zc}/\sigma'_{zo}$	인장	q_{yH} (kPa)
0	0	0	0	0			
0.5	23.6	25.6	−3.1	5.8	6.7	발생	44.3
0.75	24.4	26.5	−3.2	5.5	6.5	발생	46.0
1	25.3	27.5	−3.3	5.4	6.3	발생	47.6
1.25	26.2	28.4	−3.4	5.2	6.0	발생	49.3
1.5	27.1	29.4	−3.5	5.0	5.9	미발생	50.0
2	28.8	31.3	−3.7	4.7	5.5	미발생	50.5
2.5	30.6	33.2	−4.0	4.7	5.2	미발생	51.1
3	32.3	35.1	−4.2	4.2	4.9	미발생	51.6

	CSM				기존 방법				
	BC*		침하		BC	침하			
B (m)	P/B^2 (kPa)	P (kN)	P/B (kN/m)	P (kN)	P (kN)	P/B^2 (kPa)	P (kN)	$\sigma'_{zo} + \Delta\sigma_z$ (kPa)	검토**
0	0	0	0	0	0	0			
0.5	61.7	15	227	114	11	1093.8	273	723.6	N.G.
0.75	64.0	36	227	170	24	336.2	189	239.6	N.G
1.0	66.3	66	227	227	43	179.6	180	140.2	O.K.
1.25	68.6	107	227	284	67	120.1	188	103.0	O.K.
1.5	69.7	157	227	341	97	90.1	203	84.7	O.K.
2.0	70.7	283	227	454	172	60.9	244	67.8	O.K.
2.5	71.8	449	227	568	269	47.0	294	60.6	O.K.
3.0	72.9	656	227	681	387	38.8	350	57.2	O.K.

*BC = 지지력(Bearing Capacity)

**$\sigma'_{zo} + \Delta\sigma_z > \sigma'_{zc}$인지를 검토

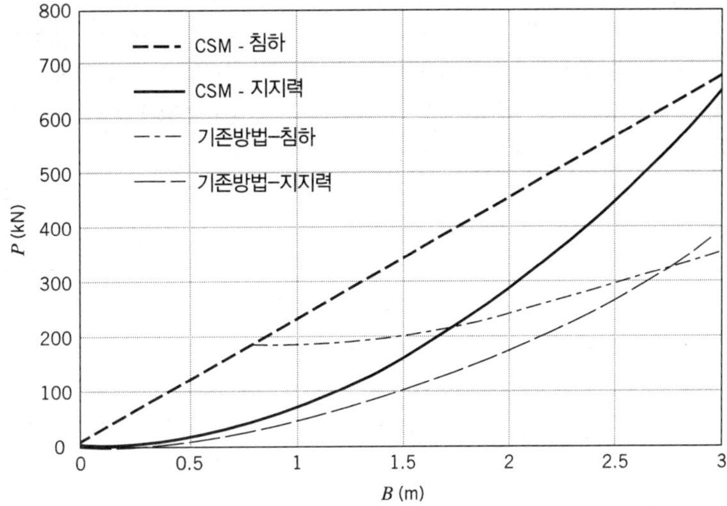

그림 E12.22b

연습문제 EXERCISES

이론문제

12.1 그림 P12.1에서 보여진 두 개의 삼각형 파괴면을 이용하여 장기 조건에서 연속기초의 극한하중은 $P_u = \frac{1}{2}\gamma B^2 N_\gamma$인 것을 보여라. 여기서 N_γ는 다음과 같다.

$$N_\gamma = \frac{2\tan\phi'(\tan^2\phi' - 3)}{[(1+\tan^2\phi') - 2](1-\tan\phi')} = \frac{2\sin 3\phi'}{\cos\phi' - \sin 3\phi'}$$

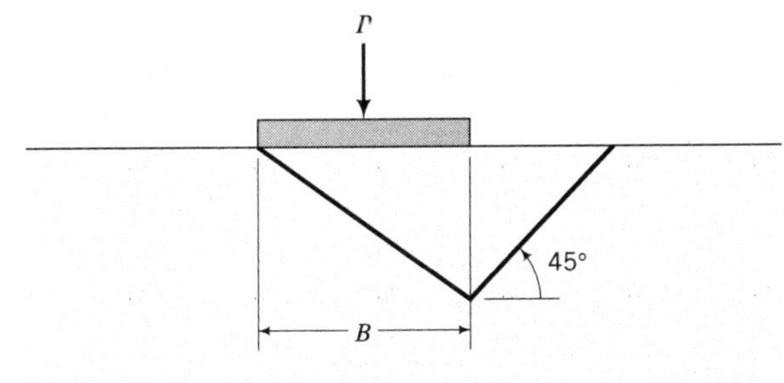

그림 P12.1

12.2 폭 5 m의 연속기초가 깊게 퇴적된 점토의 지표면에 놓여 있다. 점토의 비배수전단강도는 지표면의 3 kPa에서 5 m에서의 10 kPa로 선형 증가한다. 하중이 기초 중심에서 오른쪽으로 0.5 m의 편심을 가지고 작용한다고 가정할 때, 극한 수직하중을 산정하라. (힌트: 원형의 파괴면으로 가정하고, 깊이에 따른 전단강도 분포에 대한 식을 결정한 다음, 전단력을 구하기 위하여 반경에 대하여 전단강도를 적분한다.)

12.3 한 변이 5 m인 정사각형 기초의 도심이 깊이 4 m의 수직 굴착면의 가장자리로부터 10 m 떨어져 위치하고 있다. 흙은 비배수전단강도가 20 kPa이고, 단위중량이 16 kN/m^{3}인 굳은 점토이다. 극한 수직하중을 계산하라. 기초에 대해서 원호 파괴면과 굴착면에서는 평면 파괴면을 가정한다.

기본문제

12.4 (a) 폭 2 m의 연속기초, (b) 3 m × 3 m의 정사각형 기초, (c) 직경 3 m의 원형기초의 조건에서 순극한지지력을 계산하라. 모든 기초는 지표면에 놓여 있고 지하수위는 지표면에 있다. 흙은 γ_{sat} = 17 kN/m^{3}이고, 직접전단시험으로부터 ϕ'_p = 30°인 중간–조밀한 조립토이다.

12.5 조밀한 모래(직접전단시험으로부터 ϕ'_p = 35°이고, γ_{sat} 17kN/m^3) 위에 연속기초가 단위길이당 400 kN의 수직하중을 지지하도록 설계할 예정이다. FS = 3에 대하여 이 기초의 적당한 폭을 결정하라. 기초는 지표면 아래 1 m에 위치하고 지하수위는 지표면에서 10 m 깊이에 위치한다.

12.6 크기 3 m의 정사각형 기초가 굳은 점토의 지표면 아래 1.5 m에 위치한다. 만약 $(s_u)_p$ = 100 kPa와 γ_{sat} = 20 kN/m^{3}이라

면, 단기조건에서 허용지지력을 결정하라. 만약 기초가 지표면에 놓인다면, 허용지지력은 얼마인가? FS = 3을 사용하고, 근입된 기초와 지표면에 놓인 기초 모두 $(s_u)_p$를 사용한다.

12.7 750 kN의 기둥 하중을 전달하는 깊은 점토층의 지표면에서 2 m 깊이에 정사각형 기초가 세워질 예정이다. TSA에서 FS = 3에 대한 기초의 크기는 얼마인가? 흙의 정수는 γ_{sat} = 18.5 kN/m^{3}이고, $(s_u)_p$ = 55 kPa이다. 지하수위는 기초 바닥면에 있지만, 우기 동안에는 지표면까지 상승할 것으로 예상된다.

12.8 수직하중과 더불어 길이에 평행한 축에 대한 모멘트 250 kN · m을 받는 경우에 대하여 문제 12.7을 풀이하라.

12.9 조밀한 모래층 위에 놓인 정사각형 기초가 사하중 200 kN과 활하중 300 kN을 받고 있으며, 이 하중들은 기초 폭을 따라 수직면에 15° 경사지게 작용한다. 건축법규에서는 1.2 m의 근입깊이를 요구한다. 지하수위는 지표면에서 1 m 깊이에 위치한다. 직접전단시험에 의한 ϕ'_p = 35°, γ_{sat} = 18.5 kN/m^{3}와 FS = 3인 경우에 대하여 ASD와 LRFD를 이용하여 기초의 크기를 결정하라. 지하수위 위의 흙은 포화된 것으로 가정한다.

12.10 교량 교각의 기초가 그림 P12.10에서 보는 바와 같이 모래층에 세워져 있다. 점토층은 정규압밀 상태이고, C_c = 0.25, $(s_u)_f$ = 40 kPa와 ϕ'_{cs} = 30°이다. 지지력 파괴에 대한 안전율과 교각의 전침하(탄성침하와 일차압밀침하)를 결정하라. 조밀한 모래층의 내부마찰각은 직접전단시험으로 결정하였다.

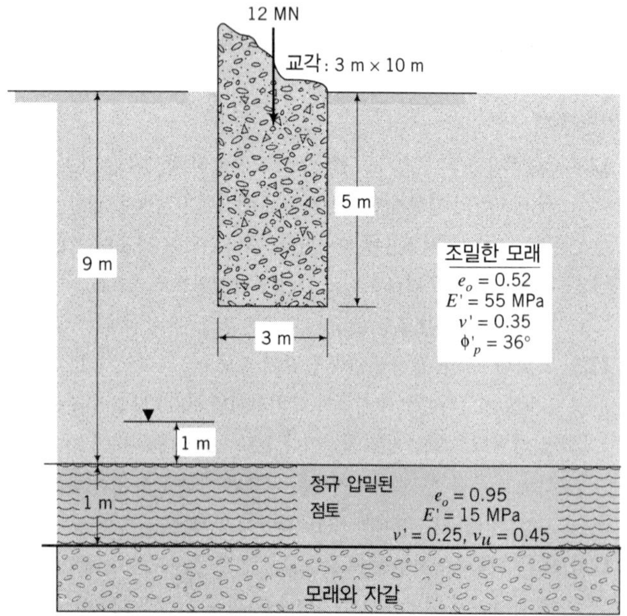

그림 P12.10

12.11 매우 굳은 포화된 점토층 위에 놓인 58 m × 75 m × 3 m(폭 × 길이 × 두께)의 기초가 고층건물을 지지하고 있다. 기초는 지표면에서 3m 깊이에 놓여 있다. 기초의 바닥면에서 평균 응력은 350 kPa이고, 지하수위는 지표면 아래 12 m에 위치한다. 현장 및 시험실 시험의 결과는 다음과 같다: e_o = 0.57, C_c = 0.16, C_r = 0.035, OCR = 10, ϕ'_p = 28°, ϕ'_{cs} = 24°, E_u = 100 MPa, ν_u = 0.45, E' = 90 MPa, ν' = 0.3.

깊이 (m)	0.5	6	25
$(s_u)_p$(kPa)	58	122	156

전침하량과 지지력 파괴에 대한 안전율을 결정하라. 침하량 산정을 위하여 기초 바닥면 아래 2B의 유효두께를 가정한다. 직접전단시험에서 전단강도 정수를 결정하였다.

12.12 조밀한 모래층에 위치한 정사각형 기초가 기초 폭의 10%를 초과하지 않는 편심을 가지고 사하중 200 kN과 활하중 300 kN을 지지하고 있다. 근입깊이는 1 m이고, 지하수위는 지표면 아래 1m에 위치한다. ASD와 LRFD에 대하여 CSM을 이용하여 기초의 크기를 계산하라. 기초 바닥면 아래 B/2 깊이에서 지반정수들은 직접전단시험으로부터 ϕ'_{cs} = 30°, OCR = 9, Λ = 0.8, C_r = 0.016, γ_{sat} = 18.8 kN/m^{3}이다. 지하수위 위의 흙은 포화되고, ν' = 0.35로 가정한다. 기존 방법을 이용하여 기초(CSM에 따라 설계된 기초 크기를 이용)의 안전율을 결정하라.

실용문제

12.13 직경 8 m의 원형 기초가 탱크를 지지하고 있다. 기초의 바닥은 지표면에서 1 m 깊이에 위치한다. 수직하중은 20 MN이고, 탱크 기초는 단기하중 조건($(s_u)_p$ = 80 kPa과 γ_{sat} = 19 kN/m^3)에서 설계되었다. 탱크가 초기에 설계될 때, 지하수위는 지표면에서 4 m 아래에 위치하고, 지하수위는 변하지 않는 것으로 가정하였다. 탱크가 시공된지 14개월 후 강력한 강우가 내린 일주일 기간 동안 탱크 기초는 파괴었다. 파괴는 지지력파괴에 의한 것으로 추측되었다. 이 내용이 사실인지를 입증하라. 직접전단시험으로부터 내부마찰각은 ϕ'_p = 25°이다.

12.14 긴 옹벽 기초가 그림 P12.14에서 보인 하중(바닥판과 벽체의 자중 포함)과 모멘트(이것은 벽체에 작용하는 수평하중 때문에 발생)를 지지할 필요가 있다. 지지력 파괴에 대한 안전율을 결정하라. 바닥판의 침하는 일정하게 발생하는가? 해에 대하여 논하라.

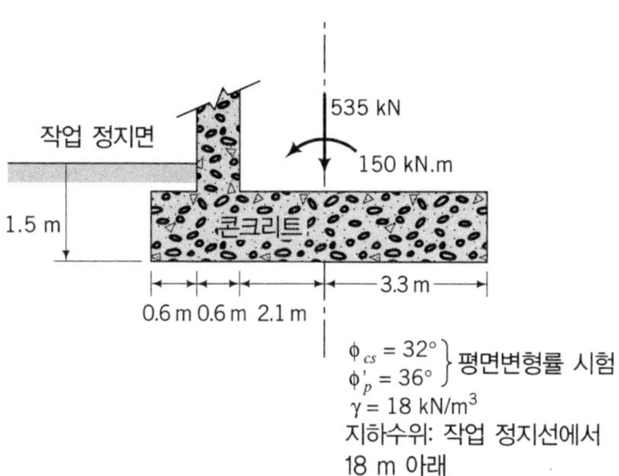

그림 P12.14

12.15 아래의 표에서 보는 바와 같이 N값을 갖는 중간 조밀한 모래층으로 구성된 지층에서 정사각형 기초의 크기를 결정하라.

깊이(m)	0	5	10	15
N	0	28	31	37

사하중은 500 kN 이고, 활하중은 200 kN이다. 기초는 모래층에 0.5 m 근입되어 있고, 지하수위는지표면 아래 4 m 깊이에 위치한다. FS = 3의 *ASD*와 *LRFD* 모두를 고려하라.

12.16 사무용 건물에 대한 기둥하중은 200 kN과 활하중 250 kN이다. 사무용 건물 현장의 흙은 상당히 균질한 점토이다. 2m 깊이에서의 흙 시료는 다음의 평균 결과들을 나타냈다. 삼축시험: 포화된 시료에 대한 등방압밀 CU 시험, $(s_u)_f$ = 36 kPa, 구속응력 = 144 kPa, 40% 의 평균 함수비; 일차원 압밀시험: C_c = 0.16, C_r = 0.04, OCR = 9. 기초의 최소 근입깊이는 1 m 이고, 지하수위는 지표면에 있다. FS = 3인 기존의 ASD을 이용하여 3m 크기의 정사각형 기초의 적합성을 검토하라. 기존 방법의 결과를 FS = 1.25 를 이용한 CSM 결과와 비교하라. ν' = 0.35 로 가정한다. 허용침하는 20 mm 보다 크지 않다. 시료는 기초바닥면 아래 0.5*B* 깊이에서의 흙을 대표하는 것으로 가정한다.

12.17 현장에서 대표적인 현장 베인전단시험의 결과가 그림 E12.22a에 나타나 있다. 기존의 연구로부터 Λ = 0.8 과 λ = 0.12 이다. 이 값들은 평균치이다. 다른 기둥하중의 건물이 그 부지에 건설되는 것으로 예정되어 있다. CSM을 이용하여 2 m의 정사각형 기초가 지지할 수 있는 최대 중심하중을 결정하라. 최소안전율은 1.25이고, 침하는 25 mm를 넘지 않아야 한나. ν' = 0.35로 가정한다.

12.18 그림 P12.18 은 30 m × 50 m(폭×길이) 크기의 5층 아파트 건물 근처에 제안된 수로를 보여준다. 건물은 전면기초로 시공되어 있다. 현재의 지하수위는 지표면 아래 약 1 m 깊이에 있다. 수로에서 제안된 정상수위는 1 m로 지표면에서 2 m 깊이이다. 수로의 시공으로 부터 건물의 안정성에 관한 몇 가지 관심사를 기술하고 정당화하라. 만약 소유주가 수로의 건설을 주장한다면, 수로가 안전하게 설계 및 시공될 수 있도록 고려해야 하는 방법들을 연구하라.

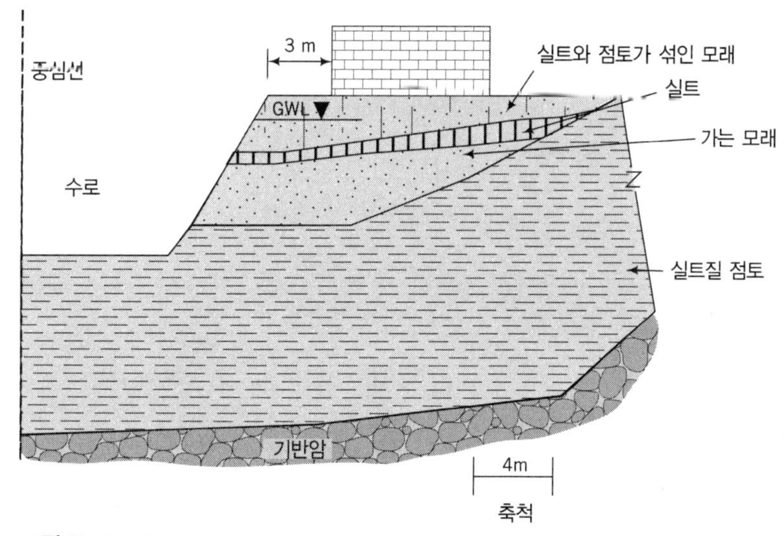

그림 P12.18

CHAPTER 13

말뚝기초

PILE FOUNDATIONS

13.0 서론

12장에서는 얕은기초의 해석에 대하여 논의하였다. 어떤 경우에는 얕은기초가 구조물 하중을 지지하는데 부적당하여 깊은기초(말뚝기초)를 필요로 한다.

이 장에서는 축방향 하중과 수평하중을 받는 단일말뚝과 무리말뚝의 지지력과 침하량에 대하여 연구할 것이다. 13장을 마쳤을 때, 당신은 아래의 내용을 할 수 있어야 한다.

- 지반에 말뚝설치와 구조물 하중에 의하여 부과되는 응력과 변형률 상태의 복잡성에 대한 인식과 이해
- 단일말뚝과 무리말뚝의 허용 축방향 지지력의 평가
- 단일말뚝의 허용 수평지지력과 수평변위의 평가
- 단일말뚝과 무리말뚝의 침하 평가

다음의 내용에 대해 상기할 필요가 있다.

- 유효응력 – 제7장
- 압밀 – 제9장
- 정역학

중요사항

말뚝은 구조물의 하중을 구조물 바닥 아래 임의 깊이의 흙으로 전달하기 위하여 지반 속에 설치되는 가느다란 구조부재이다. 구조물 하중은 축하중, 수평하중 그리고 휨모멘트를 포함한다. 말뚝기초에 대하여 실무에서 흔히 사용되는 용어는 깊은기초이다. 얕은기초로 경제적인 지지를 할 수 없는 구조물은 보통 말뚝기초로 지지한다. 말뚝기초가 사용되는 경우는 다음과 같다:

- 지표면 근처의 지반이 구조물의 하중을 지지하는데 충분한 지지력을 가지지 못하는 경우
- 예상되는 지반의 침하가 허용한계(즉, 사용성한계상태보다 큰 침하)를 초과하는 경우
- 흙의 다양성 또는 균등하지 않는 구조물 하중으로 인한 부등침하가 심각한 경우
- 구조물 하중이 수평하중, 모멘트 그리고 양압력의 독립적 또는 조합으로 구성되는 경우

- 견고한 지층에 얕은기초를 설치하기 위한 굴착이 곤란하거나 비용이 많이 드는 경우

시공 중인 말뚝기초의 예가 다음의 그림 13.1에서 보여 준다.

그림 13.1 초고층 빌딩의 기초로 사용되는 콘크리트 말뚝 (© Fritz Henle/Photo Researchers).

13.1 용어 정의

말뚝 : 강재, 콘크리트, 목재, 플라스틱, 또는 복합물로 만들어지는 가느다란 구조 부재

배토말뚝 : 많은 체적의 흙을 대체하는 말뚝. 고체 단면의 타입 말뚝은 배토말뚝. 폐단 강관말뚝은 배토말뚝임

비배토말뚝 : 말뚝의 외부 체적에 비하여 작은 체적(≈ 10%)의 흙을 대체하는 말뚝. H-Pile과 개단 강관말뚝은 비배토말뚝임

마이크로파일 : 강관말뚝으로 설치된 직경이 작은(50~340 mm) 말뚝이다. 미니말뚝, 핀말뚝, 바늘말뚝(needle pile), 그리고 뿌리말뚝(root pile)이라고도 함

주면마찰응력 또는 축마찰응력 또는 부착응력(f_s) : 말뚝 축에서의 마찰응력 또는 부착응력

선단지지응력 또는 선단저항응력(f_b) : 말뚝의 바닥 또는 선단에서의 응력

극한지지력(Q_{ult}) : 지반파괴가 일어나기 전에 말뚝이 지지할 수 있는 최대 하중

무리말뚝의 극한지지력($(Q_{ult})_g$) : 지반파괴가 일어나기 전에 무리말뚝이 지지할 수 있는 최대 하중

주면마찰력 또는 축마찰지지력 또는 측면전단력(Q_f) : 말뚝의 축에서 발휘되는 마찰력

선단지지력 또는 선단저항력(Q_b) : 말뚝의 바닥 또는 선단에서 발휘하는 저항력

선단지지말뚝 : 거의 대부분의 구조물 하중을 말뚝의 선단 아래 흙으로 전달하는 말뚝

마찰말뚝 : 거의 대부분의 구조물 하중을 말뚝의 실제 길이에 따른 주면마찰력에 의해 흙으로 전달하는 말뚝

플로팅파일 : 선단지지력을 무시할 수 있는 마찰말뚝

현장타설콘크리트말뚝 또는 **천공말뚝 :** 나선형 오거(spiral auger)로 굴착한 구멍 속에 타설된 콘크리트 말뚝. 이 말뚝은 일반적으로 원통형임

바레트말뚝 : 오거보다 그래브(grab)로 굴착하여 만든 현장타설말뚝. 바레트 말뚝은 정사각형 또는 직사각형 단면임

13.2 이해를 돕기 위한 질문

1. 서로 다른 말뚝들 간의 차이점은 무엇인가?
2. 주어진 조건에서 말뚝을 어떻게 선택할 것인가?
3. 지반에 설치된 말뚝은 어떠한가?
4. 흙 응력과 변형률 상태는 시공과 구조물 하중에 의해 어떻게 변화되는가?
5. 단일말뚝과 무리말뚝의 허용지지력은 어떻게 평가하는가?
6. 단일말뚝과 무리말뚝의 침하는 어떻게 평가하는가?
7. 말뚝의 지지력 해석결과는 참 값인지 또는 근사 값인가?

13.3 말뚝의 종류와 설치

말뚝은 콘크리트, 강재, 나무, 플라스틱, 또는 복합 소재로 만들어진다(그림 13.2 참조). 프로젝트에서 필요로 하는 말뚝 종류의 선택은 쉽게 이용할 수 있는 말뚝 형식, 하중의 크기, 흙의 종류, 그리고 말뚝이 설치되는 환경, 예를 들어 부식되기 쉬운 환경 또는 해양환경인지에 따라 다르게 된다.

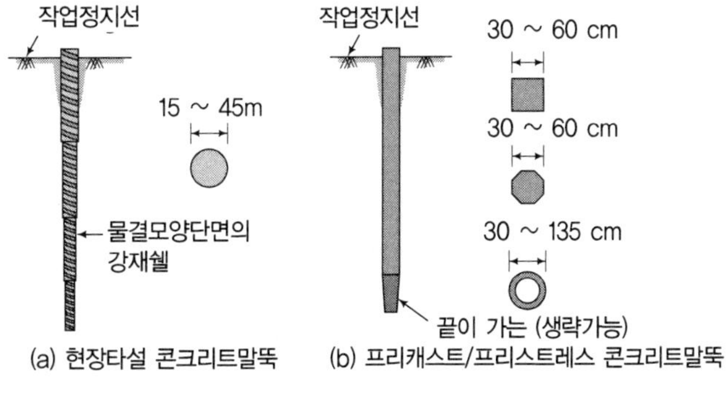

(계속)

그림 13.2 말뚝의 종류.

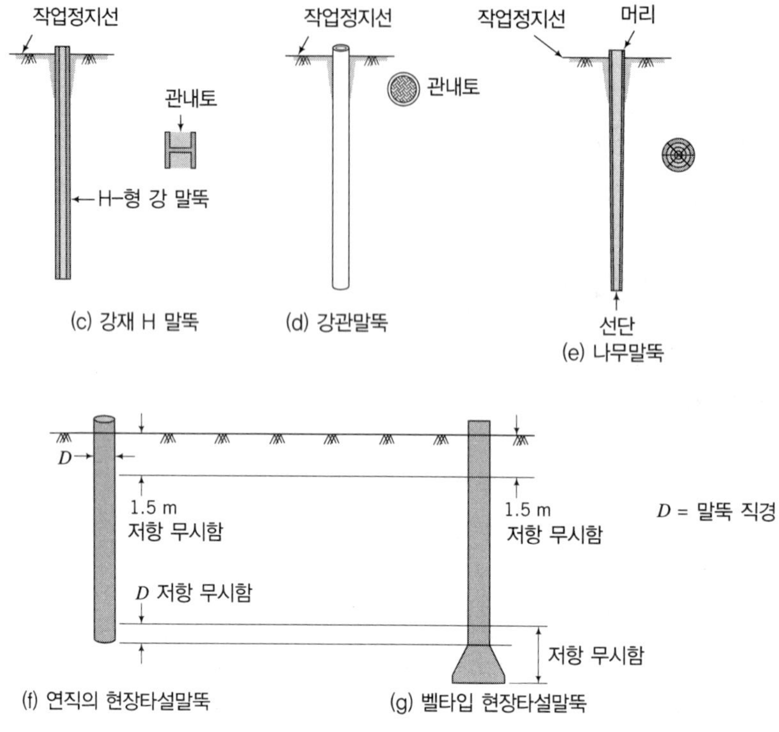

그림 13.2 말뚝의 종류 (계속).

13.3.1 콘크리트 말뚝

통상적으로 많이 사용되는 콘크리트 말뚝에는 몇 가지 종류가 있다. 여기에는 현장타설콘크리트말뚝(cast-in-place concrete pile), 기성콘크리트말뚝(precast concrete pile), 현장타설말뚝(drilled shaft), 그리고 바레트말뚝이 있다. 현장타설콘크리트말뚝(cast-in-place concrete pile)은 원통형 강재 쉘을 원하는 지반의 깊이만큼 타입하고 난 후, 쉘의 빈공간에 콘크리트를 채워서 만들며, 배토말뚝으로도 부른다. 강재 쉘은 시공의 편의를 위한 것이고 말뚝의 하중전이능력에는 기여하지 않는다. 그것의 목적은 지반에 구멍을 내고, 구멍을 유지하여 콘크리트 말뚝의 시공을 용이하게 하는데 있다. 무근 콘크리트는 구조물 하중이 오직 압축만 받는 경우에 사용한다. 만약 휨모멘트와 수평 하중을 받는다면, 말뚝 상부에 보강 철근망을 사용한다. 빈틈없는 양질의 관리와 좋은 시공관행이 현장타설콘크리트말뚝의 온전한 상태를 확보하는데 필요하다.

기성말뚝은 보통 정사각형, 원형 또는 팔각형의 단면을 가지고, 시공 현장이나 공장에서 철근 보강 또는 프리스트레스 콘크리트로 제작된다. 사전에 말뚝의 길이를 알아두는 것이 좋다. 기성말뚝의 결점은 긴 말뚝의 운반, 절단, 그리고 연결에 문제가 있다. 가장 많이 사용되는 기성 콘크리트말뚝은 레이몬드 원통형 프리스트레스 말뚝이다. 이 말뚝은 여러 개의 단면으로 구성되며, 말뚝길이 70m까지 여러 개를 연결하여 만든다. 전형적인 설계하중은 2 MN보다 크다.

마이크로파일(소위 미니말뚝, 핀말뚝, 바늘말뚝, 또는 뿌리말뚝이라고도 함)은 작은 직경(50~340 mm)의 강관말뚝(관입 또는 항타) 또는 주입(제트 또는 포스트 또는 압력)말뚝이다. 그것들은 특히 1) 머리와 천장 사이의 거리가 낮은 지역, 2) 혼잡한 지역, 3) 접근이 제한된 지역, 그리고 4) 기초 보수 또는 보강에 유리하다.

13.3.2 강말뚝(steel pile)

강말뚝은 다양한 모양과 크기가 있고, 원통형, 끝이 가는 모양, 그리고 H-말뚝이 있다. 강재 H-말뚝은 압연 강재단면이다. 그것들은 비배토말뚝이다. 강관말뚝은 길이 70 m까지 용접으로 연결되는 이음매가 없는 강관이다. 그것들은 보통 끝이 막혀있지 않아서 흙속으로 항타 관입된다. 원뿔형 선단은 전석(boulder)이나 암반을 뚫어야 할 경우에 사용된다. 강관말뚝의 지지력을 증가시키기 위하여, 관내토(soil plug, 그림 13.2d)를 굴착하고 콘크리트로 채운다. 이러한 말뚝을 콘크리트 속채움 강관말뚝(concrete-filled steel pile)이라 한다. 관내토는 말뚝표면에 들어붙어서 말뚝을 항타하면 그것과 같이 아래로 움직인다. 이것을 폐색(plugging)이라 한다.

13.3.3 나무말뚝

나무말뚝은 오래전부터 사용되어 왔다. 나무말뚝의 길이는 사용되는 나무의 종류에 의존하지만, 통상 길이는 약 12 m이다. 더 긴 말뚝은 여러 개의 말뚝을 접합하여 만들 수 있다. 나무말뚝은 흰개미, 해양유기물, 그리고 계절적 변화에 노출된 부분은 부식에 민감하다. 나무말뚝은 배토말뚝이다.

13.3.4 플라스틱 말뚝

플라스틱 말뚝은 폴리머 합성물, PVC, 그리고 재활용 재료를 포함하는 다양한 복합재료로 구성되어 있다. 이 말뚝들은 해양환경이나 계절적 변화에 노출된 흙 영역에서와 같은 특별한 경우에 사용된다.

13.3.5 복합 말뚝

콘크리트, 강재, 그리고 나무를 결합하여 복합 말뚝을 만들 수 있다. 예를 들어, 흰개미나 부식으로 인해 부패할 수 있는 지하수위 위의 나무말뚝 부분은 콘크리트로 대체할 수 있다. 유사하게, 부식환경 내의 강재말뚝은 콘크리트나 다른 부식방지 재료로 표면처리 할 수 있다.

여러 종류의 말뚝에 대한 상대적인 요약이 표 13.1에 주어져 있다.

13.3.6 말뚝 시공

말뚝은 땅 속으로 관입(항타말뚝)되거나 선행굴착된 공내에 설치된다(천공말뚝 또는 현장타설말뚝). 다양한 항타장비가 말뚝설치에 사용된다. 중요한 구성요소는 리드(lead)와 해머이다. 리드는 해머를 정열시켜 말뚝에 직각으로 타격하는데 사용된다(그림 13.3 참조). 해머에는 2.5~15 kN 무게의 단순한 드롭해머(drop hammer) 또는 현대식의 증기/공기 해머가 있다. 두 가지 대중적인 증기/공기해머의 종류가 그림 13.4에서 보여 준다. 단동식해머(single-acting hammer)는 램(ram)과 부속물(쿠션, 항타 캡 등)을 들어 올리는데 증기나 공기를 이용한다. 복동식해머(double-acting hammer)는 분당 타격횟수를 증가시키기 위하여 사용되고, 증기 또는 공기를 이용하여 램을 들어올리고 낙하시킨다.

시공방법은 조심성있게 고려할 필요가 있는데, 그 이유는 그것이 불가피하게 흙의 응력과 변형률 상태를 변화시키고, 시공동안 참을 수 없는 소음과 진동을 발생시킬 수 있기 때문이다.

상부로부터 항타 관입되는 말뚝에서 최대 설치 응력은 말뚝재료의 압축 또는 인장강도를 초과해서는 안된다(표 13.1 참조).

표 13.1 여러 가지 말뚝의 비교

말뚝 종류	단면* m(in)	통상 길이 m(ft)	평균하중 kN(kips)	허용응력 MPa(ksi)	허용항타응력 MPa(ksi)	장점	단점
현장타설 콘크리트 말뚝	0.15~1.5** (6~60**)	≤35 (115)	600 (135)	4.5~8.5 (0.65~1.2)	$0.85f'_c$	강력한 항타 가능; 해양 유기물에 저항; 검사 용이; 길이 쉽게 변화 가능.	콘크리트 타설로 재료분리 가능; 콘크리트 안정전에 인접말뚝항타 경우에 손상가능.
보강철강 기성콘크리트 말뚝	0.15~0.3 (6~24)	≤35 (115)	750 (170)	4.5~7 (0.65~1)	$0.85f'_c$	특정 길이에서 경제적; 나무보다 큰 지지력.	말뚝 절삭과 길이 확대는 고가; 취급 곤란. 긴말뚝 선적은 고가, 항타동안 균열 가능.
선행긴장 기성콘크리트 말뚝	0.15~0.6 (6~24)	≤35 (115)	1000 (225)	$\frac{f'_c}{3} - 0.27\ f_{pe}$ $(f_{pe})_{min}$ = 5 MPa (0.7) $(f_{pe})_{mix}$ = 34.5 MPa (5)	$0.85f'_c - f'_{pe}$	특정길이에서 경제적. 철근보강 콘크리트보다 침투성 작음. 해양환경에 유리.	절삭과 길이확대는 불가. 취급 곤란. 긴말뚝 선적은 고가, 압축강도는 긴장력 증가에 따라 감소.
끝이 가는 강관 원형 말뚝	다양함	<60 (200)	2,000(450)	40~70 (5.8~10)		분리하여 선적 가능; 높은 지지력; 말뚝길이 장대	비용 (고가)
	0.2~1 (8~36)	<35 (115)	900(200)	59~83 (8.5~12)	186 (27) – ASTM A252, f_y = 207 (30) GR 1217 (31.5) ASTM A572, f_y = 241 (35) GR 2 310 (40.5) ASTM A572, f_y = 345 (50) GR 3	높은 축방향과 수평 지지력; 강력한 항타 가능, 검사와 취급 용이; 길이 변화 용이; 품질저하에 저항. (강관말뚝과 유사)	부식환경에 대한 처리 필요.
강관 속채움 콘크리트 말뚝	0.2~1 (8 to 36)	<35 (115)	900 (200)	콘크리트:4.5~8.5 (0.65~1.2) 강재: 62~83 (9~12)	186 (27) – ASTM A252, f_y = 207 (30) GR 1 217 (31.5) ASTM A572, f_y = 241 (35) GR 2 310 (40.5) ASTM A572, f_y = 345 (50) GR 3		(강관말뚝과 유사)
강재 H-말뚝	웨브: 1~3 (36~117) 플랜지: 0.2~0.35 (8~14)	<60 (200)	900 (200)	59~83 (8.5~12)	223 (32.4) – ASTM A36, f_y = 248 (36)310 (40.5) ASTM A572, f_y = 345 (50)	비배토 말뚝, 강력한 항타 가능; 취급용이; 높은 축방향과 수평 지지력; 길이 변화 용이.	(강관말뚝과 유사)
나무 말뚝	0.125~0.45 (5~18)	12~35 (40~115)	250 (55)	5.5~8.5 (0.8~1.2)	5.5~8.3 (0.8~1.2)	저비용, 취급 용이, 재생가능 자원.	낮은 지지력. 보호장치 없다면 지하수위 위에서 품질저하 가능. 강력한 항타 불가능.
마이크로파일	0.05~0.3 (2~12)	<25 (80)	1000 (225)	콘크리트: 4.5~8.5 (0.65~1.2) 강재: 59~83 (8.5~12)	(콘크리트와 강관말뚝과 유사)	높은 지지력; 머리와 천장 사이의 거리가 낮은 곳; 제한된 접근; 작은 **소음과 진동**	

*적당한 직경이나 폭. **큰 수치(>0.6 m)는 현장타설말뚝에 해당한다.
f'_c = 콘크리트 극한강도 = 21 MPa, GR = 등급(grade), f_{pe}는 긴장력(prestress)이다.

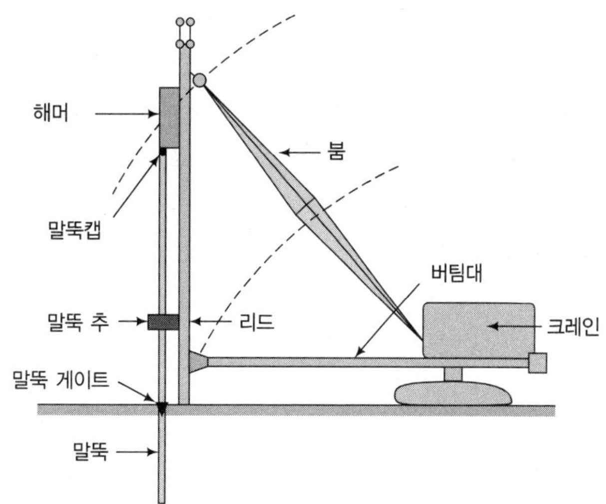

그림 13.3 말뚝 항타 장비의 주요 요소

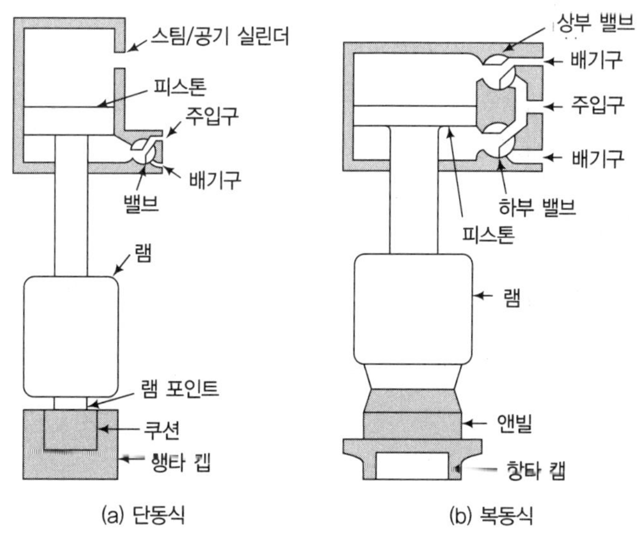

(a) 단동식 (b) 복동식

그림 13.4 말뚝 항타 해머의 두 가지 종류.

요점정리 THE ESSENTIAL POINT ARE

1. 말뚝 종류의 선택은 구조물의 하중, 적용성, 부지에서의 환경에 의존한다.
2. 말뚝은 간단한 드롭해머로 설치할 수 있지만, 주로 동력해머(예, 증기 또는 공기)로 설치된다.

What's next... 보통 사용되는 다양한 말뚝 종류에 대하여 설명하였다. 다음 절에서는 말뚝설치 효과와 구조물 하중의 부담에 대하여 이해하기 위한 기본개념적인 것에 대하여 설명할 것이다.

13.4 기본개념

이 전의 장, 특히 제9~11장에서 언급된 토질역학의 지식을 활용하면, 말뚝시공과 구조물 하중으로부터 흙이 받는 효과의 이해에 대한 단순한 체계를 구축할 수 있다. 이것은 이 장의 뒷부분에서 설명될 말뚝시험 결과를 해석하고, 말뚝지지력을 산정하는데 도움을 준다. 말뚝에서 수직하중에 대한 저항력은 말뚝표면을 따라 작용하는 마찰력(주면마찰력)과 그리고 말뚝선단에서의 저항력, 소위 선단지지력 또는 선단 또는 바닥저항력으로 규정된다(그림 13.5a 참조).

말뚝항타는 충격하중을 부과한다. 해머가 말뚝을 항타할 때, 말뚝을 통하여 주변 흙 속으로 진행하는 응력파(stress wave)를 발생시킨다. 말뚝의 관입은 연속적인(정적) 하중을 부과한다. 설치하중은 빠르게 작용하여 비배수 조건(체적변화 없음)으로 가정될 수 있다.

흙은 말뚝과 흙의 경계면에서 전단응력(경계면 전단, τ)과 말뚝에 인접한 흙 덩어리에 방사방향 압축력의 부과로 파괴된다(그림 13.5a, b 참조). 말뚝 축 근처의 반경 r에서 흙 요소, A에서의 응력이 그림 13.5b에 나타나 있다. 만약 말뚝 길이에 대하여 흙 덩어리가 층을 이루고 있다면, 그러면 각각의 층에서 응력이 다를 것이다.

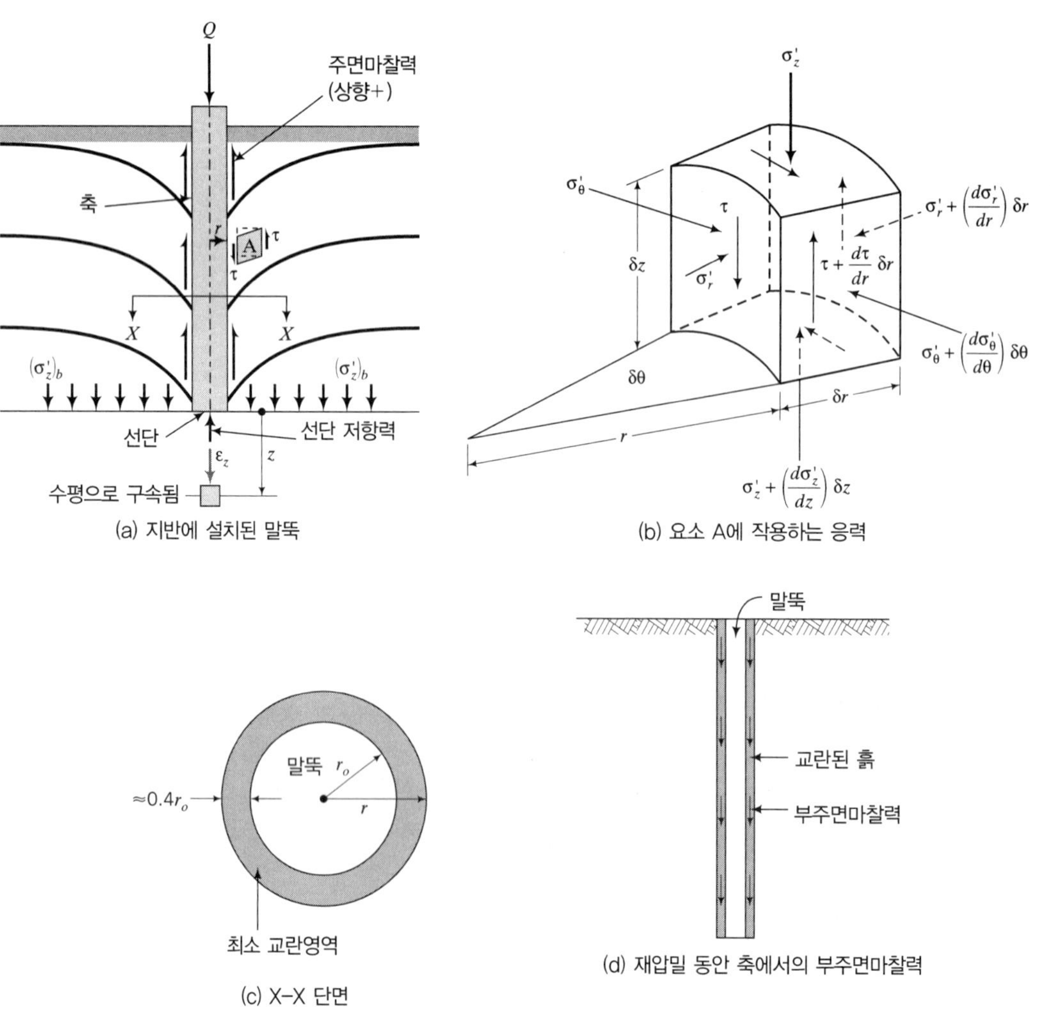

그림 13.5 말뚝의 축과 선단 근처에서의 응력과 변형률.

흙 요소에서의 응력은 간단하지 않다. 역학을 이용하여 이러한 응력들을 풀이할 수 있을지라도, 응력과 변형 형태의 모사는 현실적인 적용이 곤란하다. 축 근처에서의 변형 형태는 단순전단과 비슷하다. 경계면 근처에 있는 흙 요소는 그림 13.5a의 요소 A에서 보는 것과 같이 아래로 끌려내려간다.

배토말뚝 또는 폐단강관말뚝에서 말뚝의 부피와 동일한 흙의 부피가 말뚝이 시공되는 동안 대체되어야 한다. 이러한 흙의 체적은 교란되거나 재성형된다. 길이 L과 반지름 r_o의 말뚝을 가정하자. 더우기 원통형 흙이 두께 $r - r_o$의 고리면적에 압축된다고 가정하고, 여기서 r은 교란된 흙의 외경이다(그림13.5c 참조). 그 결과로 발생되는 흙의 부풀림은 ΔL로 가정한다. 축 주위의 최소 교란 영역 또는 흙의 교란 체적은 다음과 같다.

말뚝의 체적은 다음과 같다.

$$V_p = \pi r_o^2 L \tag{13.1}$$

교란된 흙의 부피는 말뚝의 체적과 같아야 한다. 즉, 다음과 같다.

$$\pi(r^2 - r_o^2)(L + \Delta L) = \pi r_o^2 L \tag{13.2}$$

r에 대하여 풀이하면,

$$r = r_o\sqrt{\frac{2L + \Delta L}{L + \Delta L}} \tag{13.3}$$

일반적으로 ΔL은 L에 비하여 작으므로 r은 다음과 같게 된다.

$$r \approx r_o\sqrt{2} \approx 1.4r_o \tag{13.4}$$

그러므로 말뚝 반경의 40%보다 더 크게 고리형태의 원통형 흙이 교란된다. 이러한 교란영역은 연화영역(softening zone)인데, 흙의 강성이 일반적으로 원래의(교란되지 않는) 강성보다 작기 때문이다. 교란영역 내에서의 흙 덩어리는 한계상태일 것 같다. 접촉면에서의 전단응력은 교란영역의 두께를 더 증가시킨다.

말뚝설치 후에 원통형 교란된 흙은 말뚝시공 동안 발생된 과잉간극수압이 소산되기 때문에 재압밀될 것이다. 재압밀 동안에 부주면마찰력(그것의 방향이 제안된 수직 압축하중의 반대 방향이 아닌 같은 방향이기 때문)이 말뚝 축에 부과되고, 그래서 말뚝지지력을 감소시킨다(그림 13.5d 참조). 그렇지만 과잉간극수압이 소산됨에 따라 유효응력이 증가하기 때문에 흙의 강도는 증가한다. 조립토에 비하여 세립토의 투수계수가 작기 때문에 재압밀은 매우 긴 시간 동안 발생한다.

말뚝이 설치되는 동안, 말뚝선단 바로 아래에 있는 흙 요소는 축방향으로 압축하중을 받게 되고, 압축뿐만 아니라 전단되는 경향도 있다. 전단력은 수직응력과 수평응력 사이의 차이 때문에 발생된다. 만약 선단에서의 흙이 조밀하거나 과압밀되었다면, 정상적인 경우와 마찬가지로, 어떤 단계에서 팽창될 것으로 기대한다. 그러나 말뚝 축 주변의 흙 요소와는 달리, 선단 바로 아래의 흙 요소는 심하게 구속된다. 변위는 수평방향으로 제한되고, 어떤 히빙이나 팽창 거동은 말뚝 자중과 말뚝-흙의 경계면에서 마찰력에 의하여 제한된다. 또한, 완전한 상재하중(유효수직응력, $(\sigma_z')_b$)이 선단 높이에서 작용하여 이동을 더욱 제한한다(그림 13.5a 참조).

선단 바로 아래의 요소에 작용하는 압축력은 작용하중의 크기와 형태뿐만 아니라, 흙의 압축성, 투수계수, 파쇄 정도에 의존한다. 세립토와 같은 투수계수가 작은 흙에서, 이러한 흙이 압축되는 경향으로부터 과잉간극수압은 빠르게 소산되지 않는다. 물과 흙입자 모두 실제적으로 비압축성이기 때문에, 선단 바로 아래의 흙은 실제 압축되지 않는다. 이것은 말뚝 항타나 관입에 비정상적인 그러나 일시적인 저항력을 제공하고, 그래서 말뚝의 장기지지력을 잘못

평가할 수 있다. 말뚝이 설치되는 동안에 선단에서 발생하는 약간의 수직 압축은 수평방향의 확장(흙 이동은 바깥 방향이다)과 균형을 이루고, 그래서 흙의 부피는 일정하게 유지된다. 흙의 수평방향 확장은 선단에서 인장에 의한 흙의 파괴를 일으킬 수 있다.

말뚝 설치가 중단되면, 과잉간극수압은 소산되고, 압밀을 일으킨다. 조밀하거나 과압밀된 흙에서 부의 과잉간극수압이 선단 바로 아래의 흙에서 발생하고, 항타하는 동안 흙에서의 유효응력은 증가한다. 순 효과는 흙의 전단강도가 일시적으로 증가한다는 것이다.

지금부터 그림 13.6의 예와 같이 선단 바로 아래 흙 요소의 응력-변형률 거동에 대해 조사할 것이다. 두 가지 개념적 실례를 고려하는데, 하나는 수직응력-압축변형률 관계(그림 13.6a 참조)를 보여주고, 그리고 다른 하나는 작용하중-말뚝선단의 침하(그림13.6b 참조)를 보여주는데, 고체역학에서 컴플라이언스 곡선(compliance curve)이라 한다. 후자는 말뚝지지력을 해석하는 사실상(the de facto) 표준 그림이다. 말뚝 항타는 충격재하-하중제하-충격 재재하를 포함한다. 말뚝관입은 연속적인 재하과정이다. 충격하중 또는 관입 동안, 흙 요소는 압축을 받고, 그림 13.6a, b에서 AB로 보여준 수직응력-압축변형률 경로를 따른다. 만약 흙이 완전강소성 재료(이것이 Coulomb, Mohr-Coulomb, 그리고 Tresca 파괴규준의 기본적 가정이라는 사실을 상기한다)이고, 그리고 상재하중이 선단 위의 말뚝 측면에 작용하지 않는다면(자유 표면), 충격에서 소성흐름 때문에 흙은 가장자리에서 벗어나서 '파일업(pileup)' 된다. 이것을 변형이 억제되지 않는 형태(uncontained mode)라 한다. 상재하중은 이러한 흙의 파일업을 방해하여, 흙을 방사방향으로 이동시키려 하지만, 이러한 움직임은 역시 그 방향에서의 흙의 팽창에 의해 제한된다. 이것을 변형이 억제된 형태(contained mode)라 한다. 만약 흙이 탄소성(elatoplastic) 재료라면, 그것은 방사방향으로 압축되는 경향이 있지만, 그러나 변형이 억제된 형태내에 있다.

충격 재재하의 준비를 위해 제하 동안에, 흙 요소는 반발(제9장에서 논의한 바와 같이 탄성 반발)하는 경향이 있다. 이러한 반발은 말뚝의 자중(말뚝이 지하수위 아래에 있다면, 수중 무게)과 축을 따라 발생된 말뚝-흙 사이에서의 부주면마찰력(그림 13.5d)에 의하여 구속된다. 결론적으로 설치하중이 제거되더라도(그림 13.6b에서 O), 잔류응력(소위 고정된(locked-in) 응력)이 흙 요소에 존재한다(그림 13.6a에서 CO). 만약 흙이 팽창하는 힘이 말뚝자중과 부주면마찰력의 합 보다 작다면, 반발은 완전히 구속되고, 잔류응력은 CB가 된다. 그림 13.6a에서 곡선 AO는 잔류응력의 발생을 보여준다. 시간이 지나면 흙은 이완되고, 잔류응력을 재분배하게 된다.

이제 흙의 응력상태는 원래 상태와는 완전히 다르다. 응력상태 변화는 실질적으로 불명확하게 이루어진다. 말뚝 설치는 흙에 대하여 겉보기 선행압밀응력을 준다. 구조물 하중이 작용할 때, 흙이 거동하는 것은 이러한 선행압밀응력에 달려있다. 일반적으로 타입말뚝 또는 배토말뚝은 말뚝 근처의 느슨한 조립토를 조밀하게 만들고, 반면에 조밀한 조립토를 느슨하게 하는 경향이 있다. 연약한 세립토에 대한 과압밀비 또는 초기에 느슨한 조립질 흙에 대한 밀도는 원래의 과압밀비 또는 밀도보다 더 커지는 것으로 기대하지만 그 크기가 얼마인지는 알지 못한다.

말뚝선단을 평편하고 고형이라 가정한다. 실제로 어떤 말뚝의 선단은 흙 관입을 쉽게 하기 위하여 끝이 뾰족하게(원뿔형 또는 쐐기꼴 모양) 되어 있다. 만약 흙이 강소성(rigid plastic) 재료라 가정한다면, 선단에서 흙 파괴에 대한 두 가지 그럴듯한 메커니즘, 즉 $ABCDEFH$(메커니즘 I)과 $BCDEF$(메커니즘 II)가 그림 13.7에서 보여 준다. 세 번째 메커니즘은 그림 13.8과 같다. 오직 드문 환경, 예를 들면 짧은 말뚝(길이-직경의 비가 3 이하)에서 이러한 파괴 메커니즘이 발생할 가능성이 있다. 말뚝선단과 앞에서 논의하였던 축 주변의 교란된 영역과 근처에서 흙의 이동에 대한 구속이 파괴메커니즘이 발생하는 것을 일반적으로 방지한다. 더구나 흙은 강소성 재료가 아니다. 이들 중에서 하나 또는 비슷한 파괴메커니즘이 수치해석모델에서 보일 수 있을 지라도, 그 결과는 사용된 지반 모델과 해석자의 역량에 의존한다. 예를 들면, Mohr-Coulomb 파괴기준에 근거한 흙의 파괴는 강소성 재료 또는 컴퓨터 프로그램에서

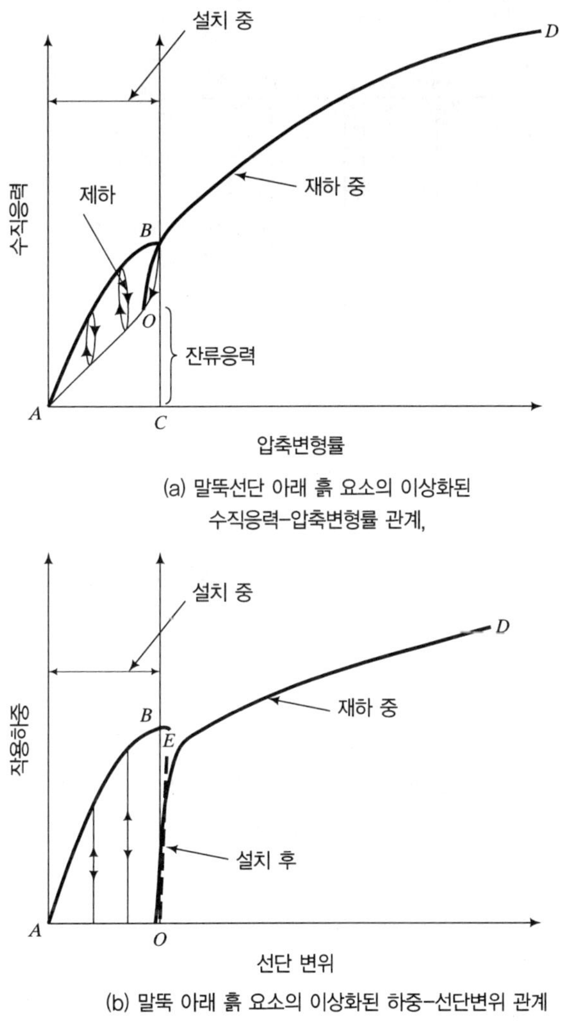

(a) 말뚝선단 아래 흙 요소의 이상화된 수직응력-압축변형률 관계,

(b) 말뚝 아래 흙 요소의 이상화된 하중-선단변위 관계

그림 13.6 선단 아래 흙 요소에서 이상화된 응력-변형률 거동과 이상화된 하중-선단변위 거동

사용되는 것과 같이 탄성-강소성 재료의 흙 거동으로 예상된다.

말뚝설치 후에 구조물 하중이 작용될 때, 선단 흙의 초기 상태는 C가 아닌 O나 B점이다(그림 13.6a 참조). 초기의 수직응력-압축변형률 거동은 탄성이고 그리고 나서 탄소성, OBD이다(그림 13.6a 참조). 곡선 BO는 일차원 압밀시험에서 제하선과 유사하고, OBD는 재재하선과 유사하다. 이러한 유추로 ABD는 완전한 하중재하선(정규 압밀선)으로 기대할 수 있다. 그렇지만, AB부분은 말뚝 설치동안 충격하중으로 인한 것이고, BD와는 매끄럽게 연결될 것 같지 않다. 말뚝선단에서 큰 상재하중 때문에 구조물 하중이 말뚝에 작용할 때 흙 요소는 첨두 응력-변형률 거동 또는 변형률 연화거동을 보일 것 같지 않다. 오히려 한계상태에 도달할 때까지 변형률 경화 거동(제10장 참조)을 보인다. 한계상태에 도달하는데 필요한 전단 또는 압축변형률은 일반적으로 매우 크다(>>10%). 상응하는 말뚝 변위(침하)는 견딜 수 없을 정도이다. 또한 과압밀비가 높은 세립토 또는 매우 조밀한 조립토는 인장균열을 발생시킬 수 있다(제11장 참조).

만약 말뚝하중-변위 데이터를 곡선으로 작도하면, 말뚝하중이 한계상태에 도달할 수 있는 큰 전단 또는 압축변형률을 발생시킬 수 있을 정도로 충분히 크지 않는 한 파괴하중을 구별할 수 없다. 이것은 시험말뚝 데이터를 해석하는

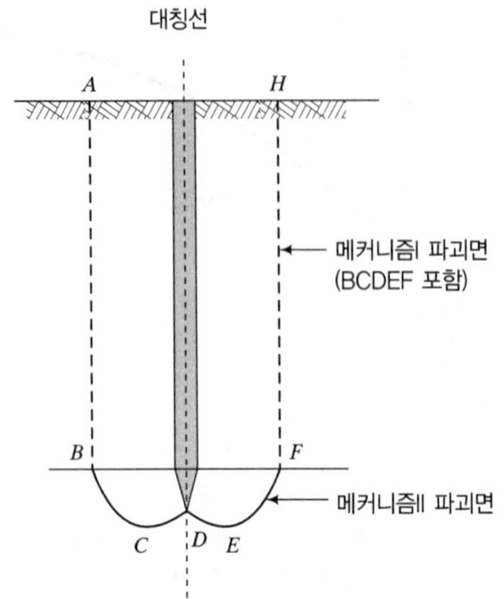

그림 13.7 두 가지 가능한 파괴메커니즘.

데, 특히 극한선단지지력을 결정하는데 중요하다.

현장 말뚝재하시험으로 항타말뚝에서 주면마찰력을 충분히 발휘하기 위해서는 2.5~10 mm정도의 수직변위가 필요하다는 것을 알았다. 실제의 수직변위는 흙의 강도와 강성도에 의존하지만, 말뚝길이와 직경과는 무관하다. 항타말뚝에서 완전한 선단지지력은 수직변위가 말뚝선단 직경의 약 8~9%일 때 발생한다. 천공말뚝이나 현장타설말뚝에서는 말뚝선단 직경의 약 30%에 해당하는 수직변위가 필요하다. 많은 경우에서 선단지지력은 구별할 수 없고, 침하가 커짐에 따라 선단지지력은 계속 증가한다. 완전한 주면마찰력과 선단지지력은 동일한 변위에서 발생하지 않기 때문에 그것들이 같은 변위에서 발휘되지 않는다면 극한주면마찰력과 극한선단지지력을 단순히 더할 수 없다.

주면마찰력이 인접한 흙으로 전이되는 방법은 흙 종류에 달려 있다. 세립토에서 하중전이는 그림 13.8의 예에서 보는 바와 같이 비선형이고, 깊이에 따라 감소한다. 결과적으로 말뚝의 탄성압축은 균일하지 않고, 말뚝선단 부근보

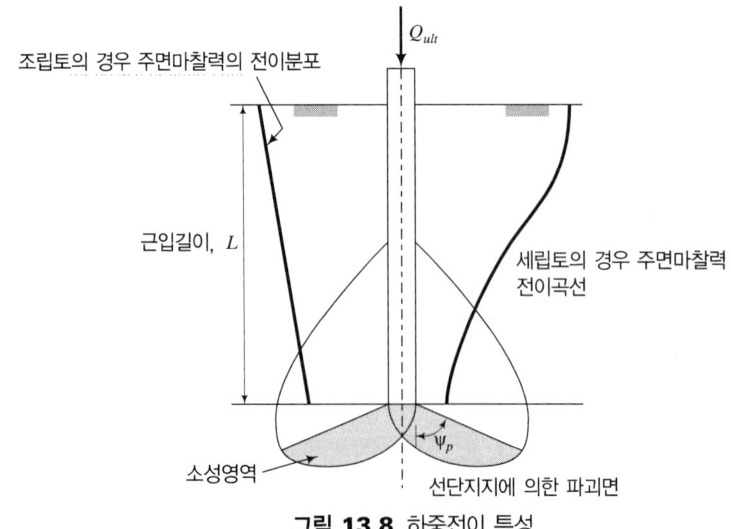

그림 13.8 하중전이 특성

다 상부 부분에서 더 많은 압축이 발생한다. 조립토에서 하중전이는 깊이에 따라 근사적으로 선형이다(상부에서 하중이 크고 선단에서 작은 하중).

현재 실무에서, 완전한 선단지지력은 얕은기초와 유사한 파괴면이 형성될 때(그림 13.8 참조) 발생하는 것으로 가정한다. 그러면 선단지지력은 얕은기초와 유사하게 계산할 수 있다. 중요한 지지력계수는 N_q이다. 이 절의 앞부분에서 논의한 내용을 상기해 보면, 말뚝선단에서 그러한 파괴메커니즘은 정상적인 하중 범위 내에서는 발생할 것 같지 않고, 그래서 선단지지력의 계산은 신뢰할 수 없다. 그렇지만 우리는 이러한 유추를 이용할 것이며, 이는 통상적이다. 이러한 유추의 한계성을 인식하여야 한다.

요점정리 THE ESSENTIAL POINT ARE

1. 말뚝설치는 말뚝지지력에 중대한 영향을 미친다.
2. 말뚝설치와 구조물 하중이 작용하는 동안에 흙 덩어리에 부과되는 응력은 복잡하다.
3. 축 주위의 흙은 말뚝을 수용하기 위한 흙 변위에 의해 압축되고, 말뚝–흙 경계면에서 접촉면 마찰에 의하여 전단된다. 말뚝 주위의 흙의 원통형 체적은 교란되거나 재성형되고, 그리고 한계상태에 도달할 수 있다. 교란되는 흙의 최소 두께는 말뚝반경의 약 40%이다. 정규압밀된 세립토와 약과압밀된 세립토, 그리고 느슨한 조립토에서 양의 과잉간극수압이 발생하고, 반면에 고도과압밀된세립토와 조밀한 조립토에서 적어도 교란된 흙에서 부의 과잉간극수압이 발생한다. 이러한 과잉간극수압은 소산되고, 기초의 설계수명 동안 흙을 침하시키게 된다.
4. 말뚝선단 아래에서 흙은 주로 압축하중을 받지만, 그러나 흙의 이동은 수평방향과 수직방향으로 심하게 구속된다. 고도과압밀된세립토와 조밀한 조립토는 부의 과잉간극수압을 발생시키고, 그리고 흙의 강도를 일시적으로 증가시키게 된다. 이것이 말뚝의 지지력을 과대평가하게 만든다.
5. 말뚝설치는 말뚝에 인접한 흙에서, 그러나 흙 이동에 대한 구속 때문에 특히 선단아래에서 잔류응력을 유발한다.
6. 흙의 응력상태는 원래의 흙 상태와 매우 다르고, 실질적으로 불명확하다.
7. 말뚝지지력을 평가하는데 흙에 대한 강도와 강성도를 이용할 때 말뚝설치 효과를 고려할 필요가 있다.

What's next... 지금 말뚝설치와 하중재하의 기본개념을 이해하였다. 다음 절에서는 지지력을 평가하는 방법들을 설명한다. 말뚝의 지지력은 광범위하게 연구되고 있지만, 그러나 지지력을 결정하는 만족할만한 단 하나의 방법도 개발되지 못하고 있다. 말뚝의 지지력은 대부분 경험식, 경험, 그리고 판단에 근거한다. 이것들의 일부는 앞에서 설명한 개념적 이해와 상충한다.

13.5 단일말뚝의 지지하중

13.4절로부터 말뚝지지력의 정확한 평가는 다소 어려운 일인데, 그 이유는 불가능한 것은 아닐지라도 다음 사항들, (a) 설치효과로인한 응력과 변형률 상태의 변화, (b) 흙 종류의 다양성, 그리고 (c) 시공실무에서 질의 차이를 설명하기 어렵기 때문이다. 그러므로, 말뚝지지력의 계산은 근사값이고, 경험론(empiricism) 또는 반경험론(일부는 역학, 일부는 경험적)에 크게 의존한다.

말뚝의 극한지지력, Q_{ult}는 전통적으로 두 부분으로 구성된다. 한 부분은 주면마찰 또는 축 마찰 또는 측면 전단으로 불리는 마찰력, Q_f(그림 13.9 참조)에 의한 것이고, 다른 하나는 바닥 또는 말뚝선단 또는 말뚝 끝에서 선단지지력, Q_b에 의한 것이다. 만약 주면마찰력이 선단지지력의 80%보다 크다면, 그 말뚝은 마찰말뚝으로 간주하고, 그리고 그렇지 않다면 선단지지말뚝이다. 만약 선단지지력을 무시한다면, 그 말뚝은 플로우팅파일(floating pile)이라고 한다.

정역학으로부터 다음 식과 같고, 여기서 W_p는 말뚝의 무게이다.

$$Q_{ult} = Q_f + Q_b - W_p \tag{13.5}$$

많은 경우에 말뚝의 무게는 사하중에 포함되거나 또는 작은 단면적(< 0.07 m^2)의 말뚝에 대해서는 무시된다. 식 (13.5)는 침하와 무관하다. 13.4절을 상기해 보면, Q_f와 Q_b는 일반적으로 크기가 다른 침하에서 발생된다. 그러므로 동일한 크기의 침하에서 발생된 주면마찰력과 선단지지력을 더하는 것이 바람직하다. 다음 절에서 설명되는 기존의 방법들은 말뚝의 극한지지력과 침하를 분리하여 취급한다. 그러므로 말뚝재하시험(다음 절 참조)과 수치해석방법을 제외하고는 동일한 침하에서 발생된 주면마찰력과 선단지지력을 더하는 것은 불가능하다.

ASD에 대한 기존의 허용지지력은 다음과 같이 표현된다.

$$Q_a = \frac{Q_{ult}}{\text{FS}} \tag{13.6}$$

여기서 FS는 일반적으로 2보다 큰 전체 안전율이다. 실무에서 2보다 큰 안전율의 적용은 한계침하를 약 25 mm로 하기에 충분한 것으로 생각된다. 그럼에도 불구하고 말뚝침하를 좋은 설계실무의 일부로 산정해야 하고, 필요하다면, 그것을 말뚝의 허용지지력을 제어하는데 사용해야 한다. LRFD에서는 다음과 같다.

$$\boxed{\Sigma \eta_i \rho_i P_i \le (\varphi_f Q_f + \varphi_b Q_b)} \tag{13.7}$$

여기서 ρ는 하중계수; P는 하중; φ_f 와 φ_b는 주면마찰력과 선단지지력에 대한 성능계수; η는 연성, 여유, 그리고 작동의 성능계수; 그리고 i는 하중 종류이다.

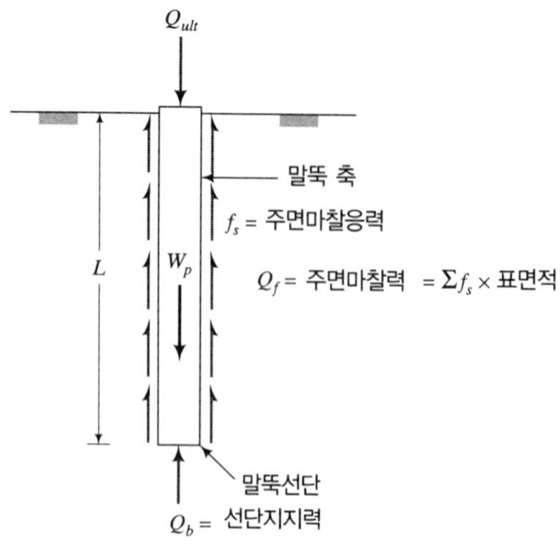

그림 13.9 말뚝 주면마찰과 선단저항.

요점정리 THE ESSENTIAL POINT ARE

1. 말뚝의 극한지지력은 주면마찰력과 선단저항력의 합에서 말뚝 무게를 뺀 값으로 평가된다.
2. 말뚝의 극한지지력 산정은 극한주면마찰력과 극한선단지지력을 발현시키는데 필요한 서로 다른 침하를 고려하지 못한다.

What's next...다양한 방법으로 Q_f와 Q_b를 결정할 수 있다. 다음의 네 가지 방법을 다룰 것이다:

- 말뚝재하시험
- 정역학 – α와 β방법
- 말뚝-항타공식
- 파형분석

먼저 말뚝재하시험으로 시작한다.

13.6 말뚝재하시험(ASTM D 1143)

말뚝재하시험의 목적은 다음과 같다:

- 단일말뚝이나 무리말뚝의 지지력의 결정, 특히 설계가 일반적으로 인정된 관례를 벗어난 방법들의 요구시
- 작용하중에서 단일말뚝의 침하 결정
- 평가된 지지력의 검증

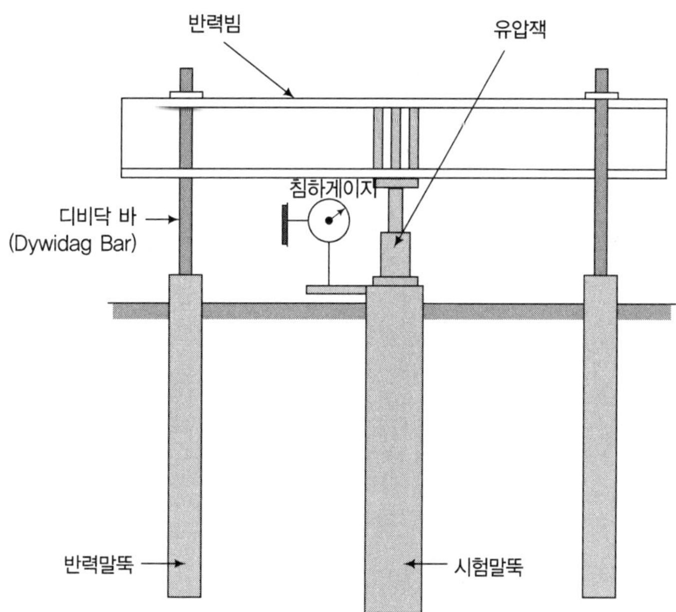

그림 13.10 말뚝재하시험 장치.

- 주면마찰력과 선단지지력에서 하중전이에 관한 정보 획득
- 관리기관(regulatory agencies)의 만족

ASTM D 1143은 말뚝재하시험들을 수행하는데 표준방법을 제공한다. 이 절에서는 오직 간단한 설명이 제공된다. 전형적인 말뚝재하시험(재래식 재하시험)에서 시험말뚝은 원하는 깊이에 근입되고, 하중을 단계적으로 증가시켜 재하하고, 그리고 말뚝의 침하를 기록한다. 축하중은 말뚝에 부착된 재하틀(loading frame) 위에 모래자루를 쌓아 올리거나 보다 일반적으로 반력 빔과 반력말뚝(그림 13.10 참조)에 대하여 잭을 이용하여 재하된다. 만약 하중전이 자료를 필요로 한다면, 말뚝길이에 따라 변형률과 응력을 측정하기 위한 센서나 스트레인 게이지를 말뚝에 설치하여야 한다. 재래식 말뚝재하시험은 주면마찰력과 선단지지력이 결합된 결과를 준다(그림 13.11a 참조). 그것들은 쉽게 분리될 수 없다.

지지력의 분석은 재하방법에 달려있다. 두 가지 재하방법은 널리 보급된 방법이다. 하나의 방법은 소위 일정침하율(constant rate of penetration, CRP) 시험이라하며 하중은 세립토에서는 1.25 mm/min, 그리고 조립토에서 0.75~2.5 mm/min의 속도로 재하된다. 다른 방법은 소위 급속재하시험방법이라하며 예상되는 설계하중의 약 10~15%의 하중을 약 2.5분 간격으로 재하된다. 각 하중증가 종료시 하중과 침하를 기록한다. 보통 최대 작용하중은 단일말뚝의 경우 예상되는 설계하중의 약 두 배, 그리고 무리말뚝에 대해서는 예상되는 설계하중의 약 1.5배이다. 13.4절을 상기해 보면, 이러한 최대 하중은 흙을 한계상태에 이를 정도로 충분하지 않을 수 있다. 말뚝재하시험 결과의 도식도가 그림 13.12에서 보여 준다.

극한하중은 항상 잘 정의되는 것은 아니다. 그림 13.12의 하중-침하 곡선(a)는 명확히 규정된 극한하중을 보여 주지만, 반면에 곡선 (b)는 그렇지 않다. 곡선 (b)로부터 극한하중을 얻기 위해서 여러 가지 경험적 절차들이 제안되었다. 가장 간단한 하나의 방법은 곡선의 두 부분에서 접선을 그어 교차점을 찾는 것이다. 교차점(그림 13.12의 *C*)의 세로좌표 값이 Q_{ult}이다.

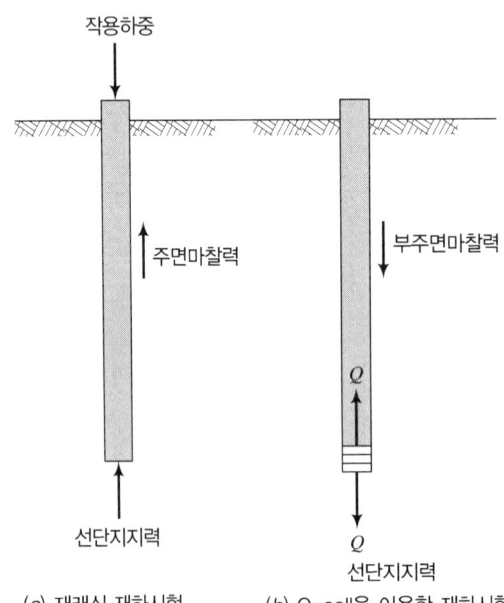

그림 13.11 재래식 재하시험과 O-cell을 이용한 말뚝재하시험의 비교.

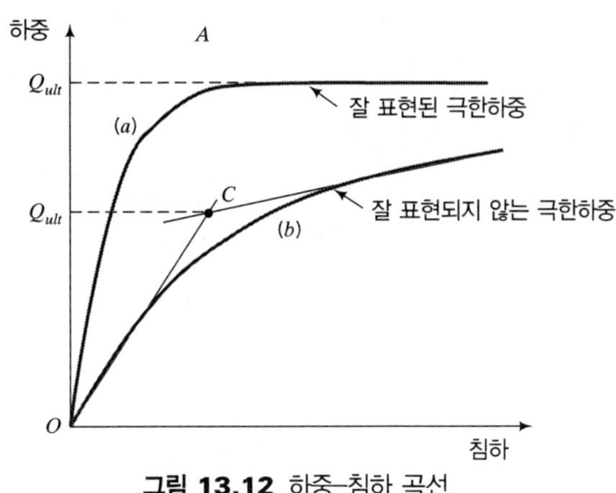

그림 13.12 하중–침하 곡선.

허용하중은 극한하중을 안전율로 나눈 값으로 안전율은 보통 2이다. 대체 기준은 희망하는 사용 한계상태, 예를 들어 말뚝직경의 1%에 해당하는 침하에 대하여 허용하중을 결정하는 방법이다. 허용(작용) 하중에서의 침하는 하중-침하 곡선(그림 13.12 참조)으로부터 쉽게 결정된다. 침하를 말뚝직경과 연관시키는 것은 일반적인 것이지만, 침하는 말뚝형상과는 연관되지 않는다. 예를 들면, 13.4절에서 말뚝 주위의 흙은 단순전단과 유사하게 거동한다. 단순전단 변형률(그림 13.5a에서 요소 A의 변형 참조)은 말뚝형상의 함수가 아니다.

접선의 교차점을 이용하는 방법과 실무에 사용되는 다른 유사한 방법을 적용하는데, 특히 선단지지력을 해석하는데 특별히 주의를 할 필요가 있고, 그것들은 13.4절과 다음의 추가적인 토의에서 논의된다.

주면마찰력과 선단지지력을 분리하기 위하여, 개발자의 이름을 딴 오스터버그셀(Osterberg Cell)로 불리는 O-cell 시험(Osterberg, 1984)이 사용된다. 이 셀은 근본적으로 말뚝장치 내에 설치된 유압잭이다(그림 13.13 참조). 잭이 팽창하면 상향의 변위는 주면마찰력에 의하여 저항되고, 하향의 변위는 선단저항에 의하여 저항된다. 그러므로 주면마찰력과 선단저항력이 분리되어 측정된다. 만약 주면마찰력이나 선단저항력 중 하나의 극한하중이 O-cell을 이용하여 어떤 값 Q에 도달한다면, 그러면 작용되어야 하는 재래의 등가하중은 $2Q$가 된다. O-cell은 H말뚝, 널말뚝과 굵기가 점점 줄어드는 나무말뚝에 적합하지 않다.

O-cell을 이용한 재하시험과 가능성이 있는 하중–재하 거동에 대하여 고려해 보자. O-cell이 팽창할 때, 그것은 말뚝을 밀어 올리고 그리고 부마찰력이 발생된다(그림 13.11b 참조). 말뚝의 상향 변위는 오직 주면마찰력에 의해 저항하고, 만약 그렇지 않다면 말뚝은 자유롭게 위로 움직인다. 이와 동시에 O-cell은 말뚝을 밀어 올리는 힘과 같은 크기로 말뚝선단 아래의 흙을 밀게 된다. 13.4절을 상기해 보면, 선단 아래 흙은 심하게 구속되어 있다. 말뚝의 상향 변위와 비교하여 그것은 쉽게 압축될 수 없다.

주면마찰력과 선단지지력을 발휘시키는 상대적 변위는 말뚝축에 인접한 흙의 전단강성과 전단강도, 선단 아래 흙의 압축강성과 강도 및 선단 아래 흙에 대한 구속력에 따라 달라진다. 말뚝의 상향 변위가 선단 흙의 하향 변위보다 더 작게 구속되어 있기 때문에, 주어진 O-cell 하중에 대한 주면마찰력은 선단저항력에 앞서서 발생될 것이다. 이러한 사실의 예외는 선단 흙이 선단 위의 흙에 비하여 매우 연약한 경우이다. 13.4절에서 논의한 대로, 만약 선단에서의 흙이 과압밀(세립토)되거나 또는 조밀(조립토)하다면, 부의 과잉간극수압이 하중재하 동안 발생하여 과잉간극수압이 소산되는 경우에 발생하지 않는 선단저항력의 일부를 발생시킬 수 있다. 이것들(극한선단하중 전에 극한 주면마찰력의 발생과 부의 과잉간극수압으로부터의 추가적인 저항력)은 O-cell과 또한 재래의 말뚝재하시험을 이용한 말뚝재하시험 결과를 해석하는데 중요한 고려사항이다. 말뚝의 자중(말뚝이 물 속에 있다면 수중 무게)은 실제의 마찰저

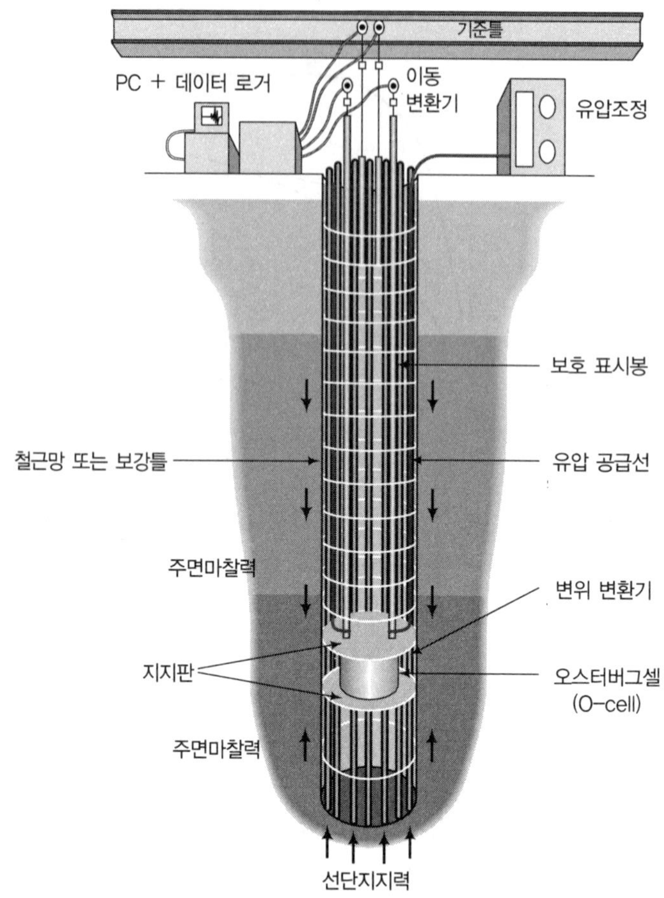

그림 13.13 말뚝재하시험을 위한 O-cell과 다른 도구 (Courtesy of Loadtest, Inc.).

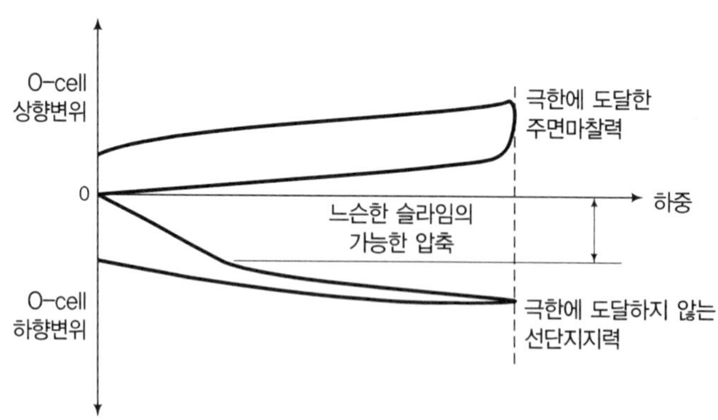

그림 13.14 현장타설말뚝에 대한 O-cell 말뚝재하시험 결과의 모식도.

항력을 구하기 위하여 상향의 O-cell 하중에서 빼야 한다. 상향 변위 또한 말뚝의 압축을 포함하고 있다. 그러므로 극한 주면마찰력을 발생시키는 축과 흙 사이의 실제 상대변위는 일반적으로 작다($<$ 10 mm).

천공말뚝(bored pile)이나 현장타설말뚝에서 미리 천공된 공내의 바닥에서 느슨한 슬라임 전부를 제거하는 것은 현실적으로 불가능하다. 결과적으로 초기의 하중-변위 거동은 선단에서 교란되지 않는 흙보다 이런 느슨한 흙의 하중-변위 특성을 나타낸다. 각각의 현장타설말뚝은 선단에서 느슨한 슬라임의 양과 종류가 다를 수 있기 때문에, 이 흙에서의 하중-변위 거동은 다를 것이다. O-cell을 이용한 현장타설말뚝의 재하시험 결과에 대한 모식도가 그림 13.14에서 보여 준다.

특히 극한선단하중이 잘 규명된 경우에 작용하중을 결정하기 위하여 사용성한계상태를 이용하는 것이 최선이다. 주면마찰력과 선단지지력의 합을 구하기 위하여 주어진 변위를 선택하고, 그 변위에서의 주면마찰력과 선단지지력을 더한 다음에 말뚝무게를 빼야 한다. 때로는 이것을 사용성하중이라 부른다. 현장타설말뚝에 대하여 이것을 구하는 경우에 주의할 필요가 있는데, 그 이유는 선단에서 느슨한 슬라임의 압축성 때문이다. 만약 선단지지력이 현장타설말뚝의 전지지력의 15% 보다 작다면, 선단지지력을 무시하는 것을 고려해야 한다.

요점정리 THE ESSENTIAL POINT ARE

1. 말뚝재하시험은 공사현장에서 특정한 위치에서의 지지력과 침하를 제공한다.
2. 다양한 기준과 방법들이 말뚝재하시험으로부터 허용지지력을 결정하는데 사용된다.
3. 주면마찰력과 선단지지력은 O-cell을 이용하여 각각 측정된다.
4. 말뚝지지력을 해석하는데 토질역학 원리와 연결된 경험이 필요하다.

예제 13.1 말뚝재하시험 데이터의 해석 (1)

직경 0.45 m의 말뚝에 대한 재하시험의 결과가 아래 표에서 보여준다. 변위는 말뚝두부에서 측정하였다. 다음을 결정하라. (a) 말뚝의 극한하중, (b) 안전율 2에 대한 허용하중, (c) 말뚝직경 1%에 해당하는 변위에서 허용(사용성) 하중.

변위(mm)	0.0	1.3	2.5	5.1	7.6	10.2	12.7	15.2	17.8	20.3	22.9	25.4	27.9	30.5	33.0
하중(kN)	0	200	350	670	870	1070	1250	1400	1500	1600	1700	1750	1780	1810	1830

변위(mm)	35.6	38.1	40.6	43.2	45.7	47.0
하중(kN)	1860	1870	1890	1890	1900	1905

핵심전략 변위-하중 관계 그래프를 그린 다음, 13.6절에서의 과정을 따라한다.

풀이 19.1

Step 1 : 말뚝머리 변위-하중 그래프를 작성하라.

그림 E13.1을 참조하라.

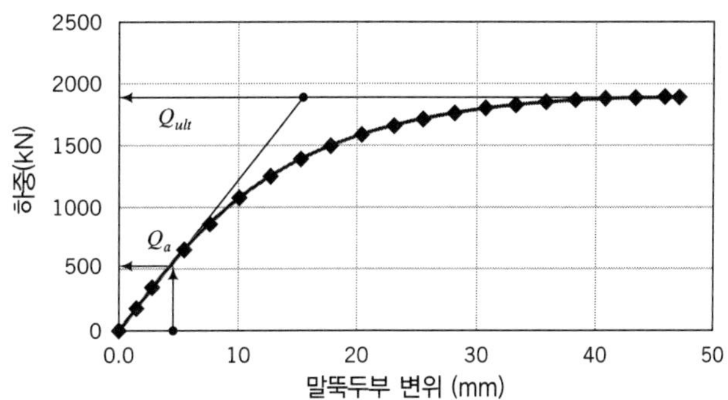

그림 E13.1

Step 2 : 말뚝의 극한하중을 결정하라.

파괴하중이 명확히 발달되는 것으로 나타난다. 하중-변위 곡선에서 상대적으로 평편한 부분을 통과하는 수평선으로부터의 극한하중과 곡선의 시작점과 끝에서 접선의 교점으로부터의 극한하중 사이의 차이를 조사한다. 두 방법 모두 다음과 같은 동일한 극한하중을 나타낸다.

$$Q_{ult} = 1780 \text{ kN}$$

Step 3 : 말뚝의 허용하중을 결정하라.

$$\text{FS} = 2$$

$$Q_a = \frac{Q_{ult}}{\text{FS}} = \frac{1780}{2} = 890 \text{ kN}$$

Step 4 : 말뚝직경 1%의 침하에 해당하는 말뚝 하중을 결정하라.

$$\text{말뚝 직경} = 450 \text{ mm}$$

$$\text{원하는 말뚝머리 변위} = 450 \times 0.01 = 4.5 \text{ mm}$$

그림 E13.1로부터, $Q_a = 510$ kN

예제 13.2 말뚝재하시험 데이터의 해석 (2)

직경 2 m 말뚝에 대한 재하시험 결과가 그림 E13.2a에서 보여 준다. 다음을 결정하라: (a) 말뚝의 극한하중, (b) 말뚝직경 1%에 해당하는 변위에서 허용(사용성) 하중.

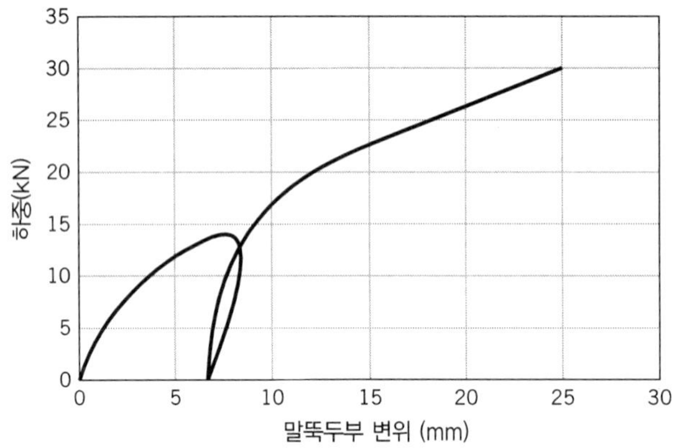

그림 E13.2a

핵심전략 그림을 조사하고, 극한하중이 잘 발달되었는지 또는 그렇지 않는지를 결정한다. 만약 명확히 발달되지 않았다면, 접선의 교차점 방법 또는 유사한 방법이 적합한지 아닌지에 대하여 결정을 하여야 한다.

풀이 13.2

Step 1 : 말뚝의 극한하중이 잘 규정되는지 또는 그렇지 않는지를 결정하라.

그림 E13.2a를 검사한 결과, 극한하중이 잘 규정되지 않는다.

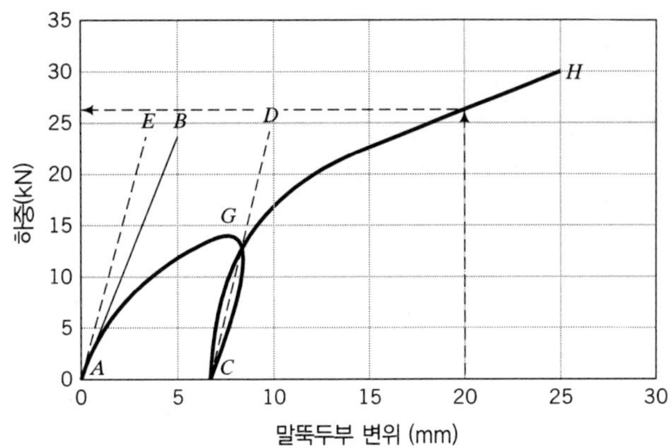

그림 E13.2b

Step 2 : 접선의 교차점 방법이 적합한지 아닌지를 결정하라.

하중제하-재재하 곡선이 하중-변위 곡선을 해석하는데 실마리를 제공할 수 있다. 일차원 압밀시험을 상기해 보면, 유효수직응력-간극비 곡선의 하중제하-재재하 곡선의 평균이 C_r이며, 그것은 흙의 탄성거동과 연관이 있다. 우리는 이러한 사실을 이용하여 하중-변위 곡선을 평가할 수 있다. 조기의 탄성기동은 선 AB로 나타난다(그림 E13.2(b); 명확히 하중제하 거동은 보이지 않는다). 하중제하-재재하 곡선으로부터 탄성거동은 선 CD로 보여준다. 정상적으로 CD의 기울기는 AB 보다 약간 크다. 만약 A점을 통과하고 CD에 평행하는 선, AE를 그린다면, 이 선이 AB보다 약간 가파른 것을 알 수 있다. AE와 AB의 기울기 차이는 매우 작고(< 10%), 무시할 수 있다. 이러한 사실은 흙이 우리가 기대한대로 거동하고, 극한하중이 최대변위 25 mm에서 도달하지 않았다는 것을 의미한다. 또한 초기 재하 곡선 AG는 재하중 곡선 CH 보다 다소 매끄럽게 변하고 있다. 그러므로 극한하중은 다음과 같게 된다.

$$Q_{ult} > 30 \text{ MN}$$

접선의 교차점 방법은 이러한 시험 데이터에 적합하지 않다. 만약 재재하곡선에 그것을 적용하였다면, $Q_{ult} \approx 17.5$ MN을 얻게 된다. 그러나 이것은 정확한 것이 아니다.

Step 3 : 말뚝직경 1%에 해당하는 변위에서 말뚝하중을 결정하라.

$$\text{말뚝 직경} = 2 \text{ m} = 2000 \text{ mm}$$
$$\text{허용 말뚝머리 변위} = 2000 \times 0.01 = 20 \text{ mm}$$

그림 E13.2(b)로부터, $Q_a = 26$ MN

예제 13.3 O-cell 말뚝재하시험 데이터의 해석

O-cell이 설치된 길이 14 m와 직경 1.5 m의 현장타설말뚝에 대하여 하중재하시험이 실시되었다(그림 E13.3a 참조). 시험결과는 그림 E13.3b에서 보여 준다. 콘크리트의 단위중량은 24 kN/m^{3}이다. 다음을 결정하라. (a) FS = 2에 대해 침하를 고려하지 않는 말뚝의 극한하중과 허용하중, (b) 6 mm 침하에 대한 허용하중, (c) 안전율 2와 침하에 대한 허용하중.

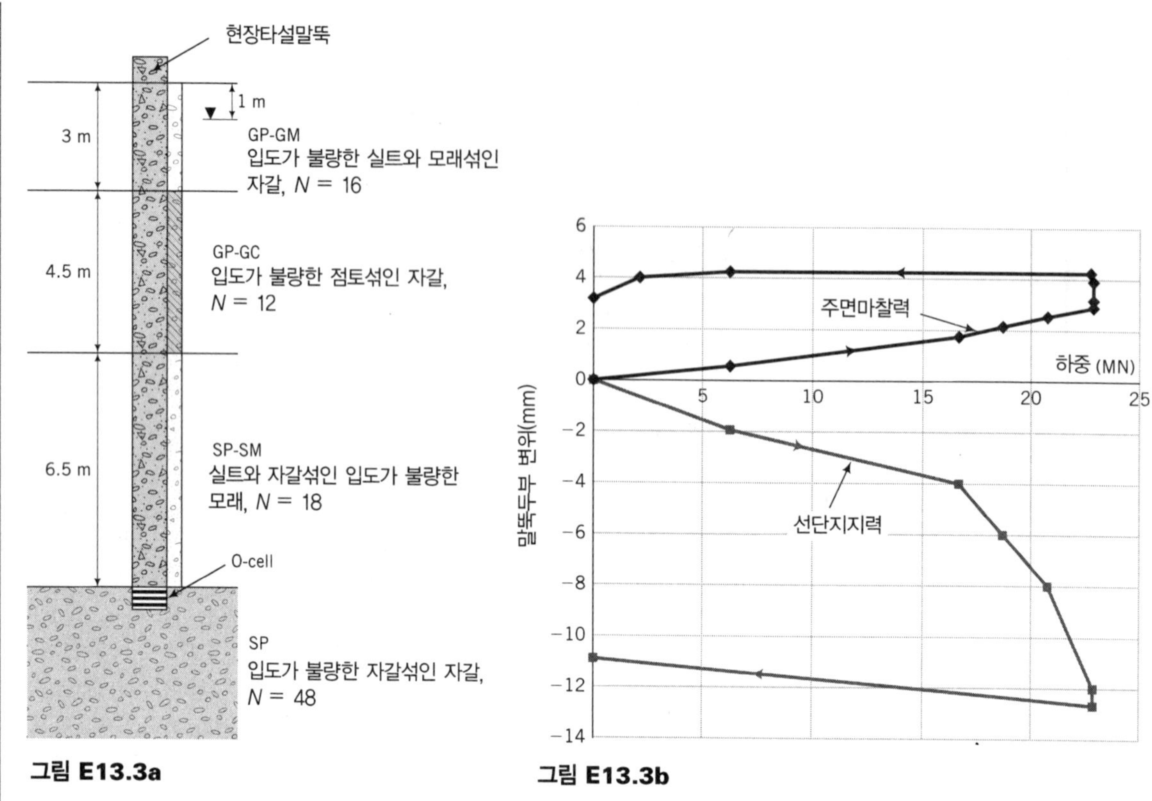

그림 E13.3a

그림 E13.3b

핵심전략 그림을 조사하고, 극한하중이 잘 규정되는지 그렇지 않는지를 결정한다.

풀이 13.3

Step 1 : 말뚝의 극한하중이 잘 규정되는지 그렇지 않는지를 결정하라.

그림 E13.3b를 조사해 보면, 주면마찰력은 약 4.5 mm 침하에서 완전히 발휘되었으나 선단지지력은 아직 완전히 발휘되지 않았다. 선단지지력에 대한 초기의 하중–변위 거동은 공내의 바닥에서 느슨한 슬라임에 해당하는 것으로 보인다(그림 E13.3c 참조).

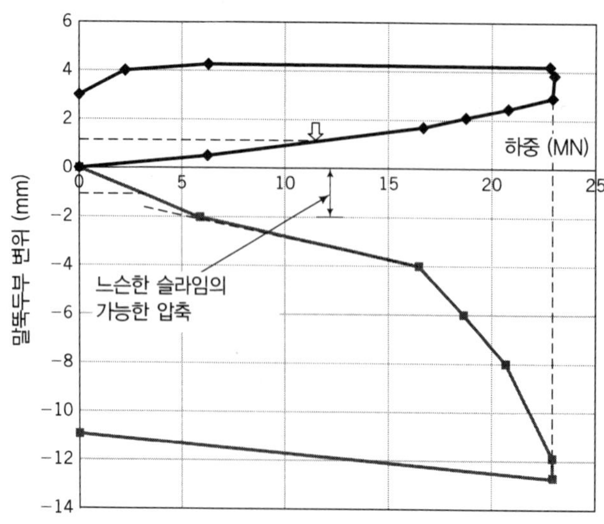

그림 E13.3c

Step 2 : 침하를 고려하지 않고 극한하중과 허용하중을 결정하라.

$$Q_f = 23\ \text{MN}$$

느슨한 슬라임을 압축하는 하중은 약 6 MN이다. 선단에서 조밀한 모래에 대한 실제 거동은 다음과 같다.

$$Q_b > (23\ \text{MN} - 6\ \text{MN}) = 17\ \text{MN}$$

$$W_p = \frac{\pi D^2}{4} L \gamma_c = \frac{\pi \times 1.5^2}{4} \times 14 \times (24 - 9.8) = 351\ \text{kN} = 0.35\ \text{MN}$$

말뚝의 대부분이 지하수위 아래에 있기 때문에 말뚝의 수중 무게를 사용한다.

$$Q_{ult} = Q_f + Q_b - W_p = 23\ \text{MN} + (>)17\ \text{MN} - 0.35\ \text{MN} > 39.7\ \text{MN}$$

$$Q_a = \frac{Q_f + Q_b}{2} - W_p = \frac{23 + 17}{2} - 0.35 = 19.7\ \text{MN}$$

Step 3 : 6 mm 침하에서 허용하중을 결정하라.

$(Q_f)_{\text{at 6 mm}} = 23$ MN이다. 이것은 극한 주면마찰력이 일정하다는 가정에 근거한다. 시험결과들을 추정하는 것은 좋은 관행이 아니며, 그 이유는 흙이 추정한 것과 같이 거동하는지를 모르기 때문이다. 이 경우에 4.4 mm 까지 침하에 대한 극한 주면마찰력 후에 세 개의 시험 결과가 있으며, 하중은 약 6 mm까지 상대적으로 일정할 것 같다. 또한 주면마찰력은 감소할 것 같다. 기술자로서 흔히 제한된 양의 데이터에 근거한 결론을 도출하도록 요구받는다. 그런 경우에, 결론을 내리는데 원리와 경험을 사용하여야 한다.

6 mm에서 선단지지력은 약 19 MN − 6 MN = 13 MN이다. 그러므로

$$(Q_a)_{at\ 6\ \text{mm}} = 23 + 13 = 36\ \text{MN}$$

이 허용하중에서 완전한 주면마찰력을 발휘한다. 즉 주면마찰력에 대한 FS = 1이다.

Step 4 : FS = 2에 대한 허용하중과 침하를 결정하라.

주면마찰력은 완전히 발휘되었기 때문에, FS가 그것에 적용될 것이다.

$$Q_{af} = \frac{23}{2} = 11.5\ \text{MN}$$

침하는 약 1 mm이다(그림 E13.3c 참조). 동일한 변위에서 선단지지력은 3 MN이지만, 이것은 느슨한 슬라임에 대한 거동이다. 이 하중을 무시하거나 경험에 근거하여 그것에 FS를 적용할 수 있다. 이 경우에 1.5 MN을 사용한다. 그러므로 허용하중은 11.5 + 1.5 − 0.35 = 12.7 MN이다.

말뚝재하시험 결과를 해석하고 그것들로부터 공학적 결정을 내리는 경우에 불확실성을 제대로 인식하여야 한다. 정확한 해가 없기 때문에, 가능한 값의 범위로 처리하는 것이 최선이다. 이 상황에서 허용하중의 범위는 약 3 mm보다 작은 침하에서 12.7~19.7 MN이다.

What's next... 말뚝재하시험은 비용이 비싸고 주의깊은 고찰을 요한다. 말뚝지지력을 평가하기 위하여 적어도 예비설계 단계에서 정역학과 토질시험 결과를 이용한 상관관계를 이용하여야 한다. 다음 절에서는 말뚝지지력을 평가하는데 정역학이 어떻게 적용되고, 현장 토질시험 결과와 측정된 말뚝지지력이 어떻게 연관되는지를 검토할 것이다.

13.7 항타말뚝에 대하여 정역학을 이용하는 방법

13.7.1 α 방법

13.7.1.1 주면마찰력 α방법은 전응력해석 (TSA)에 근거하며, 보통 세립토에 근입된 말뚝의 단기지지력을 평가하는데 사용된다. α방법에서 계수 α_u는 비배수전단강도 s_u를 말뚝 축을 따른 부착응력(f_s)과 관련시키는데 사용된다. 말뚝의 근입길이에서 주면마찰력 Q_f는 부착응력($f_s = \alpha_u s_u$)과 축의 표면적(주면장 × 근입길이)의 곱과 같으므로 다음의 식 (13.8)과 같다.

$$Q_f = \sum_{i=1}^{j}(f_s)_i \times (\text{표면적})_i = \sum_{i=1}^{j}(\alpha_u)_i (s_u)_i \times (\text{주면장} \times \text{길이})_i \tag{13.8}$$

여기서 j는 말뚝이 근입된 길이 내에서 지층의 수이다. 균질한 층을 관입하는 단면적이 일정하고 직경 D인 원형말뚝에서, Q_f는 다음의 식 (13.9)와 같고, 여기서 L은 말뚝의 근입길이이다.

$$Q_f = f_s \pi DL = \alpha_u s_u \pi DL \tag{13.9}$$

말뚝의 지지하중을 결정하는데 사용되는 α_u의 값은 많은 연구와 시험을 거쳐서 결정되었다. α_u를 결정하기 위한 대부분의 시험들은 균질한 퇴적층에 설치된 모형말뚝에 대한 실내시험이다. 이러한 실내시험에 대한 주요 문제는 다음과 같다:

1. 실내모형시험 결과를 실제 말뚝으로 일정한 비율로 적용하기가 어렵다.
2. 시험실에서 조심스럽게 준비된 균질한 지층에 비하여 현장의 흙은 대부분 균일하지 않다.
3. 현장에서 말뚝 시공이 α_u에 큰 영향을 미치는데, 그것은 실내시험에서 정확히 묘사할 수 없다.
4. s_u의 규정되지 않는(최대인지 한계인지와 초기간극비가 얼마인지) 값이 s_u와 α_u사이의 관계를 확립하는데 사용되었다.

실제 말뚝에 대한 실물크기의 현장시험들을 더 선호하지만, 그런 시험들은 비용이 너무 많이 들고, 그 결과들은 시험이 수행된 장소에서만 적용될 수 있다. 콘관입시험과 SPT시험 결과들이 α_u값과 연결되지만, 이것들은 통계적 상관관계에 근거한 다소 작은 계수로 알려져 있다.

제 10장과 제 11장을 상기해 보면, s_u는 기본적인 흙 특성치가 아니지만, 주로 초기간극비나 초기구속응력에 의존하는 값이다. 말뚝시공은 적어도 쉽게 예측할 수 있는 방법으로 초기응력상태를 변화시키기 때문에, 저자는 s_u를 한계상태에 해당하는 값으로 추천한다. 어떤 알려진 s_u값을 한계상태의 값으로 바꾸는 것은 제11장에서 설명하였다.

Tomlinson(1987)이 제안한 α_u값이 그림 13.15에서 보여준다. Randolph와 Murphy(1985)는 다음의 두 식 중에서 작은 값을 이용하여 f_s를 평가해야 한다고 제안하였다.

$$f_s = 0.5\sqrt{s_u \sigma'_{zo}} \tag{13.10}$$

$$f_s = 0.5\, s_u^{0.75}(\sigma'_{zo})^{0.25} \tag{13.11}$$

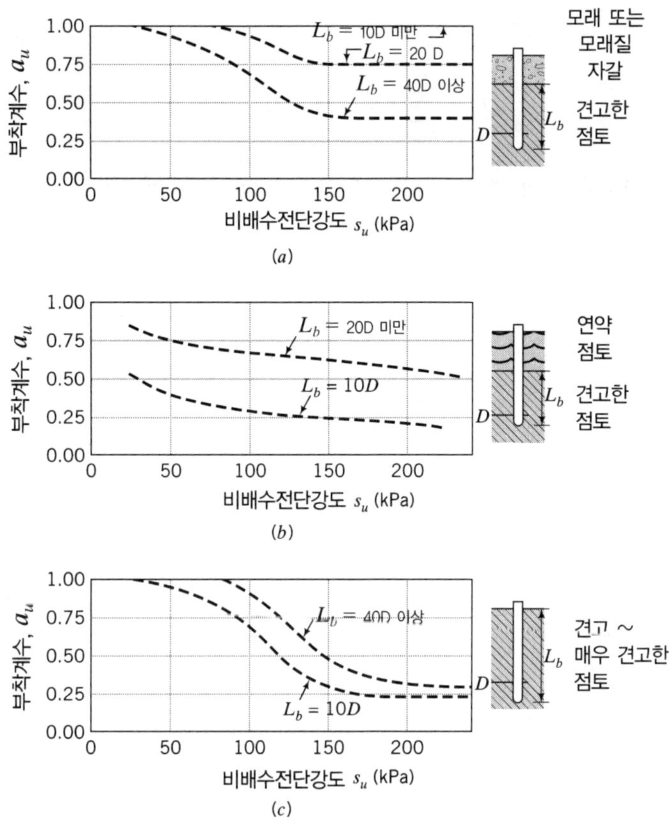

그림 13.15 α_U값 (Tomlinson, 1987).

13.7.1.2 선단지지력 선단지지력은 얕은기초에서 기존의 파괴형태와 유사하게 구할 수 있으며, 다음 식과 같이 표현된다.

$$Q_b = f_b A_b = N_c (s_u)_b A_b \tag{13.12}$$

여기서, f_b는 선단저항응력, N_c는 지지력계수, $(s_u)_b$는 말뚝선단에서 흙의 비배수전단강도, 그리고 A_b는 말뚝선단의 횡단면적이다. N_c에 대하여 여러 식들이 제안되었다. 이 교재에서는 N_c에 대하여 다음 관계식을 이용한다.

$$N_c = 9 \ (\frac{L}{D} \geq 3; \quad (s_u)_b > 25 \text{ kPa}) \tag{13.13a}$$

$$N_c = 6 \ ((s_u)_b \leq 25\text{kPa 의 경우}) \tag{13.13b}$$

13.7.2 β 방법

13.7.2.1 주면마찰력 β방법은 유효응력해석에 근거하며, 조립토에서 단기와 장기 말뚝지지력과 세립토에서 장기 말뚝지지력을 결정하는데 사용된다. 말뚝 축에 따른 마찰력은 Coulomb의 마찰법칙을 이용하여 구할 수 있는데, 여기서 마찰응력은 $f_s = \mu\sigma'_x = \sigma'_x \tan\phi'_i$로 주어지며, 여기서 μ는 마찰계수, σ'_x는 유효수평응력, 그리고 ϕ'_i는 유효 내부마찰각이다. 주면마찰력은 다음 식과 같이 표현된다.

$$Q_f = \sum_{i=1}^{j} (f_s)_i(\text{표면적})_i = \sum_{i=1}^{j} (\sigma'_x)_i \tan\phi'_i \times (\text{둘레} \times \text{길이})_i \tag{13.14}$$

측방유효응력은 계수 K에 의하여 유효수직응력 (σ_z')에 비례한다(제7장). 그러므로 식 (13.14)로 나타낼 수 있다.

$$Q_f = \sum_{i=1}^{j} K_i(\sigma_z') \tan\phi_i' \times (\text{둘레} \times \text{길이})_i \tag{13.15}$$

두 개의 계수 K와 $\tan\phi_i'$을 한 개의 인자 β로 대신하면, 다음과 같게 된다.

$$Q_f = \sum_{i=1}^{j} \beta_i(\sigma_z')_i \times (\text{둘레} \times \text{길이})_i \tag{13.16}$$

제 7장을 상기해 보면, 정규압밀된 세립토와 조립토에서 식 (13.17)과 같고, 과압밀된 세립토에서는 식 (13.18)과 같다.

$$K = K_o^{nc} = 1 - \sin\phi_{cs}' \tag{13.17}$$

$$K = K_o^{oc} = (1 - \sin\phi_{cs}')(\text{OCR})^{0.5} \tag{13.18}$$

말뚝에 인접한 흙 덩어리는 한계상태에 도달하거나 또는 그것에 가깝게 되는 것으로 기대된다(13.4절 참조). 그러면 말뚝의 장기지지력을 결정하는데 한계상태의 전단강도정수를 사용하여야 한다. 항타말뚝에 인접한 느슨한 조립토는 조밀해지고, $\phi' = \phi_p'$이다. ϕ_p'의 실제 값은 유효연직응력의 크기에 의존하다. 유효연직응력이 불확실하기 때문에 장기지지력을 평가하기 위하여 ϕ_p'를 사용하는데 주의하여야 한다. 평행하게 정렬된 입자들이 우세한 일부 과압밀점토를 제외한 모든 경우에 $\phi' = \phi_{cs}'$를 사용하는 것은 신중하여야 하고, 여기서는 $\phi' = \phi_r'$의 사용이 바람직하다.

β값 또한 많은 논란의 문제이고, 특히 조립토에서 그렇다. 이러한 논란 가운데 한가지 이유는 확실하지 않는 ϕ' 값과 β의 관계이다. 이 교재에서는 ϕ_{cs}'(기본적인 흙 특성치)를 사용하거나, 또는 평행하게 정렬된 판모양의 입자들이 우세한 과압밀점토에서 ϕ_r'을 사용하겠다. 이 교재에서 채택한 β관계식은 다음과 같다.

세립토 (Burland, 1973)

$$\text{Burland (1973)}: \beta = K\tan\phi_i' = K_o^{oc}\tan\phi_i' = (1 - \sin\phi_{cs}')(\text{OCR})^{0.5}\tan\phi_i' \tag{13.19}$$

조립토

$$\beta = (1 - \sin\phi_{cs}')\tan\phi_i' \tag{13.20}$$

$$\text{석회질토(Poulos, 1988)}: \beta = 0.05 \sim 0.1 \tag{13.21}$$

ϕ_i'값에 대한 일반적인 범위가 표 13.2에 주어져 있다. 유효연직응력 σ_z'는 각 층의 가운데에서 계산된다.

표 13.2 일반적인 접촉 마찰각의 범위

흙	강재	콘크리트	나무
ϕ_i'	$\frac{2}{3}\phi_{cs}' \sim 0.8\phi_{cs}'$	$0.9\phi_{cs}' \sim 1.0\phi_{cs}'$	$0.8\phi_{cs}' \sim 1.0\phi_{cs}'$

13.7.2.2 선단지지력 선단지지력은 얕은기초의 지지력과 유사하게 계산되며, 다음 식과 같다.

$$Q_b = f_b A_b = N_q(\sigma_z')_b A_b \tag{13.22}$$

여기서 $f_b = N_q(\sigma'_z)_b$는 선단저항응력, N_q는 ϕ'의 함수인 지지력계수, $(\sigma'_z)_b$는 선단에서 유효수직응력, 그리고 A_b는 선단의 단면적이다.

N_q에 대한 수많은 관계식이 있으며, 일부가 그림 13.16에 도시화되어 있다. 이러한 N_q의 다양한 관계식을 이용한 극한선단지지력의 차이는 900%보다 클 수도 있다. 13.4절을 상기하면, 말뚝선단 아래에서의 파괴메커니즘은 발생하지 않을 수 있고 N_q에 대한 관계식이 선단 아래 흙 거동을 대표하지 않을 수 있다.

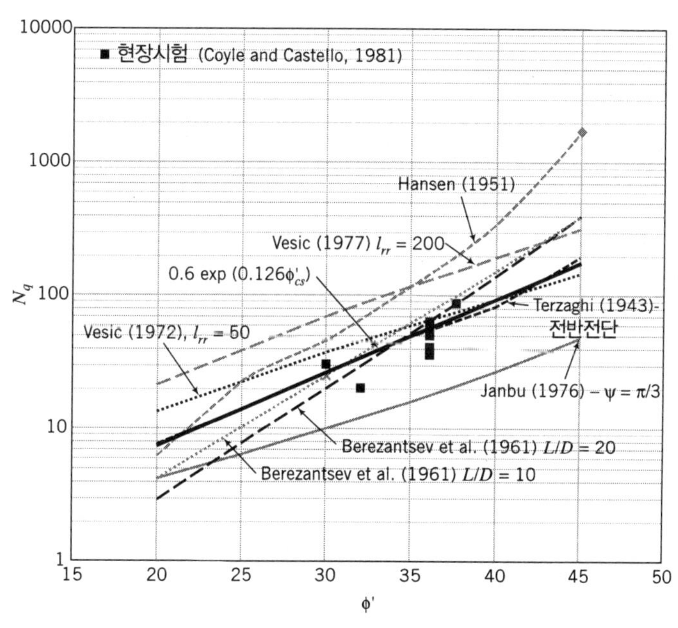

그림 13.16 N_q 값의 비교.

세립토와 조립토

이 교재에서는 N_q에 대하여 오직 두 개의 관계식을 이용하겠다. 하나는 Janbu (1976)에 의해 제안되었으며, 다음 식과 같다.

$$N_q = \left(\tan\phi' + \sqrt{1+\tan^2\phi'}\right)^2 \exp\left(2\psi_p \tan\phi'\right) \tag{13.23}$$

여기서 각도 ψ_p(그림 13.8에서 보는 바와 같이 '완화각도(angle of pastification)'라 부름)는 연약한 세립토에서의 $\psi_p \le \pi/3$에서부터 조밀한 조립토와 과압밀된 세립토에서의 $\psi_p \le 0.58\,\pi$까지 변화한다. Janbu는 연약한 압축성 흙에 대하여 ψ_p는 $\pi/3$를 초과하지 않아야 하고, 반면에 조밀한 조립토에 대하여 ψ_p는 $\pi/2$를 초과하지 않아야 한다고 제안하였다.

다른 관계식은 현장말뚝시험 데이터(그림 13.16 참조)로부터 저자가 제안하였으며, 다음 식과 같이 표현된다.

$$N_q = 0.6 \exp(0.126\,\phi'_{cs}); \quad (\phi'_{cs} \text{ 의 단위는 각도}) \tag{13.24}$$

Janbu 제안식은 식 (13.24)와 비교하여 더 작은 N_q를 나타낸다.

요점정리

THE ESSENTIAL POINT ARE

1. α방법은 TSA에 근거하고, 세립토에서 말뚝의 단기지지력을 평가하는데 사용된다.
2. β방법은 ESA에 근거하고, 모든 종류의 흙에서 말뚝의 단기와 장기지지력을 평가하는데 사용된다.
3. α_u, β와 N_q의 실제 값은 불확실하다.

예제 13.4 점토층에서 말뚝지지력

직경이 400 mm인 원통형의 나무말뚝이 $s_u = 40$ kPa, $\phi'_{cs} = 28°$, OCR = 2, 그리고 $\gamma_{sat} = 18$ kN/m^{3}인 점토층에 10 m깊이로 항타 관입되었다. 지하수위는 지표면에 있다. 안전율 2에 대하여 허용하중을 평가하라. 이 말뚝은 마찰말뚝인가?

핵심전략 해법은 말뚝의 지지력공식을 곧바로 적용하면 된다.

풀이 13.4

Step 1 : f_s와 β를 결정하라.

근입길이의 중앙에서 상재하중을 계산하라.

$$\sigma'_{zo} = \gamma'\frac{L}{2} = (18 - 9.8) \times \frac{10}{2} = 41 \text{ kPa}$$

f_s는 다음 중에서 작은 값이다:

$$f_s = 0.5\sqrt{s_u\sigma'_{zo}} = 0.5\sqrt{40 \times 41} = 20 \text{ kPa}$$

$$f_s = 0.5 s_u^{0.75}(\sigma'_{zo})^{0.25} = 0.5 \times 40^{0.75}(41)^{0.25} = 20 \text{ kPa}$$

$f_s = 20$ kPa을 사용한다.

OCR = 2, $\phi' = \phi'_{cs}$와 $\phi'_i = \phi'_{cs}$에 대하여, β는 다음과 같다.

$$\beta = (1 - \sin\phi'_{cs})(\text{OCR})^{0.5}\tan\phi'_i = (1 - \sin 28°)(2)^{0.5}\tan 28° = 0.4$$

Step 2 : TSA를 이용하여 Q_a를 계산하라.

$$L = 10 \text{ m}, \quad \text{주면장} = \pi D = \pi \times 0.4 = 1.26 \text{ m}$$

$$A_b = \frac{\pi D^2}{4} = \frac{\pi \times 0.4^2}{4} = 0.126 \text{ m}^2; \quad \frac{L}{D} = \frac{10}{0.4} = 25 > 3; \quad N_c = 9$$

$$Q_f = f_s(\pi D)L = 20 \times (1.26) \times 10 = 252 \text{ kN}$$

$$Q_b = N_c(s_u)_b A_b = 9 \times 40 \times 0.126 = 45 \text{ kN}$$

$$Q_{ult} = Q_f + Q_b = 252 + 45 = 297 \text{ kN}$$

$$Q_a = \frac{Q_{ult}}{\text{FS}} = \frac{297}{2} = 149 \text{ kN}$$

Step 3 : ESA를 이용하여 Q_a를 계산하라.

$$Q_f = \beta\sigma_z'(\pi DL) = 0.4 \times 41 \times (1.26 \times 10) = 207 \text{ kN}$$

N_q에 대한 Janbu 제안식을 이용한다.

$$N_q = \left(\tan\phi_{cs}' + \sqrt{1 + \tan^2\phi_{cs}'}\right)^2 \exp(2\psi_p \tan\phi_{cs}')$$

$\phi_{cs}' = 28$와 $\psi_p = \pi/3$(연약 점토)를 가정하면, 다음과 같이 계산된다.

$$N_q = \left\{\tan 28° + \sqrt{1 + \tan^2(28°)}\right\}^2 \exp\left(\frac{2\pi}{3}\tan 28°\right) = 8.4$$

$$Q_b = N_q(\sigma_z')_b A_b = 8.4 \times (18 - 9.8) \times 10 \times 0.126 = 87 \text{ kN}$$

$$Q_{ult} = Q_f + Q_b = 207 + 87 = 294 \text{ kN}$$

$$Q_a = \frac{Q_{ult}}{2} = \frac{294}{2} = 147 \text{ kN}$$

$$\frac{Q_f}{Q_{ult}} = \frac{207}{294} = 0.7;$$ 말뚝은 단지 마찰말뚝이 아님.

ESA에 의한 지지력은 TSA에 의한 지지력 보다 약간 작다. 그러므로 ESA에 의한 허용하중, 즉 $Q_a = 147$ kN을 사용하라.

Janbu 제안식과 식 (13.24)를 이용하여 평가된 N_q를 비교해 보자.

$$N_q = 0.6\exp(0.126\,\phi_{cs}') = 0.6\exp(0.126 \times 28) = 20.4$$

식 (13.24)를 이용한 극한지지력은 Janbu 제안식을 이용한 극한지지력의 $\frac{20.4}{8.4} = 2.4$ 배이다. Janbu 제안식을 이용하면, 보수적인 선단지지력을 나타낸다(어떤 경우에는 아마도 매우 보수적이고, 따라서 보다 많은 비용이 소요되는 기초임).

예제 13.5 여러 지층에서 말뚝지지력

0.3 m × 0.3 m의 정사각형 항타 콘크리트 말뚝이 사하중 100 kN과 활하중 60 kN을 지지하여야 한다. 지층은 5 m의 중간정도 점토층(s_u = 40 kPa, ϕ_{cs}' = 26°, OCR = 2, γ_{sat} = 18 kN/m³) 아래에 깊은 견고한 점토층(s_u = 80 kPa, ϕ_{cs}' = 24°, OCR = 4, γ_{sat} = 18.8 kN/m³)으로 구성되어 있다. 지하수위는 지표면 아래 2 m에 위치한다. 지하수위 아래에 있는 흙은 포화된 것으로 가정하여도 좋다. FS = 2.5인 경우의 ASD와 LRFD를 이용하여 필요한 말뚝의 길이를 평가하라. LRFD에서 사하중 계수는 1.25, 활하중계수는 1.75, 그리고 TSA와 ESA 모두에서 성능계수 $\varphi_f = 0.75$, $\varphi_b = 0.7$이다.

핵심전략 Q_a와 FS가 주어졌으므로, ASD에 대하여 $Q_{ult} = Q_a \times$ FS로 계산할 수 있다. 근입깊이를 가정하고, 그것이 만족되는지를 검토하라. 단기와 장기의 모든 조건에 대하여 검토하여야 한다.

풀이 13.5

Step 1 : 극한하중을 결정하라.

$$\text{ASD:}\quad Q_a = 100 + 60 = 160 \text{ kN};\quad Q_{ult} = Q_a \times \text{FS} = 160 \times 2.5 = 400 \text{ kN}$$

$$\text{LRFD:}\quad P_u = 1.25\text{DL} + 1.75\text{LL} = 1.25 \times 100 + 1.75 \times 60 = 230 \text{ kN}$$

Step 2 : 지층과 말뚝에 대한 스케치를 작성하라(그림 E13.5 참조).

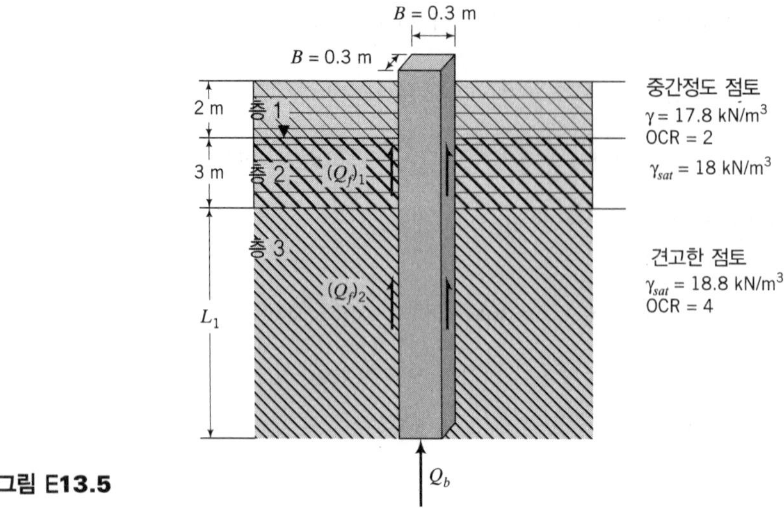

그림 E13.5

Step 3 : TSA와 ESA에 대한 f_s와 Q_f를 결정하라.

10 m의 말뚝길이(중간정도 점토층 5 m 관통과 굳은 점토층의 5 m)를 가정한다. 각 지층에서 말뚝길이의 가운데에서의 상재하중을 계산하라.

중간정도 점토층 :

지하수위 위 $L = 2$ m: σ'_{zo}의 평균값 $= \left(\frac{2}{2} \times 18\right) = 18$ kPa

지하수위 아래 $L = 3$ m: σ'_{zo}의 평균값 $= (2 \times 18) + \frac{3}{2}(18 - 9.8) = 48.3$ kPa.

견고한 점토층 : $L = 5$ m로 가정한다.

σ'_{zo}의 평균값 $= (2 \times 18) + 3(18 - 9.8) + \frac{5}{2}(18.8 - 9.8) = 83.1$ kPa

둘레 $= 2(B + L) = 2(0.3 + 0.3) = 1.2$ m

선단 단면적, $A_b = BL = 0.3 \times 0.3 = 0.09$ m^2

TSA:

f_s는 $f_s = 0.5\sqrt{s_u \sigma'_{zo}}$ 와 $f_s = 0.5\, s_u^{0.75}\, (\sigma'_{zo})^{0.75}$ 중에서 작은 값이다.

$$Q_f = f_s \times \text{주면장} \times \text{길이} = 1.2 f_s L$$

다음 표에 있는 계산을 참고한다.

지층	s_u (kPa)	σ'_{zo} (kPa)	$f_s = 0.5\sqrt{s_u \sigma'_{zo}}$ (kPa)	$f_s = 0.5 s_u^{0.75}(\sigma'_{zo})^{0.25}$ (kPa)	사용 f_s (kPa)	L (m)	Q_f (kN)
1	40	18	13.4	16.4	13.4	2	32
2	40	48.3	22	21	21	3	76
3	80	83.1	40.8	40.4	40.4	5	242
						합계	350

ESA:

$\phi' = \phi'_i = \phi'_{cs}$에 대하여, 다음과 같다:

$$\text{중간정도 점토:} \quad \beta = (1 - \sin\phi'_{cs})(\text{OCR})^{0.5}\tan\phi'_{cs}$$
$$= (1 - \sin 26°)(2)^{0.5}\tan 26° = 0.39$$
$$\text{견고한 점토:} \quad \beta = (1 - \sin 24°)(4)^{0.5}\tan 24° = 0.53$$
$$f_s = \beta\sigma'_{zo}$$
$$Q_f = f_s \times \text{둘레} \times \text{길이}$$

다음 표의 계산을 참고하라.

지층	β	σ'_{zo} (kPa)	$f_s = \beta\sigma'_{zo}$ (kPa)	L (m)	Q_f (kN)
1	0.39	18	7	2	17
2	0.39	48.3	18.8	3	68
3	0.53	83.1	44	5	264
				합계	349

Step 4 : 선단지지력을 계산하라.

견고한 점토층에서 선단저항력

TSA=

$$\frac{L}{B} = \frac{10}{0.3} = 33.3 > 3; \quad (s_u)_b = 80\text{ kPa} > 25\text{ kPa}; \quad \therefore\ N_c = 9$$
$$Q_b = N_c(s_u)_b A_b = 9 \times 80 \times 0.09 = 65\text{ kN}$$

ESA:

$\phi' = \phi'_{cs} = 24°$ 와 $\psi_p = \pi/2$ 인 경우, Janbu 제안식을 이용하면 다음과 같다.

$$N_q = \left[\tan 24° + \sqrt{1 + \tan^2(24°)}\right]^2 \exp\left(\frac{2\pi}{2}\tan 24°\right) = 9.6$$
$$(\sigma'_z)_b = 2 \times 18 + 3(18 - 9.8) + 5(18.8 - 9.8) = 105.6\text{ kPa}$$
$$Q_b = N_q(\sigma'_z)_b A_b = 9.6 \times 105.6 \times 0.09 = 91\text{ kN}$$

Step 5 : 가정된 길이가 만족하는지를 검토하라.

$$\text{TSA:} \quad Q_{ult} = Q_f + Q_b = 350 + 65 = 415\text{ kN}$$
$$\text{ESA:} \quad Q_{ult} = Q_f + Q_b = 349 + 91 = 440\text{ kN}$$

TSA로부터 계산된 지지력이 ESA로부터 계산된 지지력 보다 작기 때문에, TSA가 좌우한다. 그러므로 $L = 10$ m는 ASD를 만족한다.

LRFD에서: $P_u \le \varphi_f Q_f + \varphi_b Q_b$

$$\text{TSA:} \quad \varphi_f Q_f + \varphi_b Q_b = 0.75 \times 350 + 0.7 \times 65 = 308\text{ kN}$$
$$\text{ESA:} \quad \varphi_f Q_f + \varphi_b Q_b = 0.75 \times 349 + 0.7 \times 91 = 325\text{ kN}$$
$$P_u = 230\text{ kN} < 307\text{ kN}$$

그러므로 $L = 10$ m는 LRFD에 대해 만족한다. 말뚝길이를 1 m 줄여도 LRFD를 만족할 것이다. 각자 스스로 이것을 검토하라.

예제 13.6 s_u가 깊이에 따라 선형 증가하는 점토층에서 말뚝지지력

직경이 450 mm이고 길이가 15 m인 콘크리트 말뚝이 점토층에 관입되어 있다. 이 흙의 비배수전단강도는 $s_u = 0.22\,\sigma'_z$의 관계로 깊이에 따라 선형 증가한다. TSA를 이용하여 말뚝의 허용지지력을 결정하라. 필요한 안전율은 2이고, $\gamma_{sat} = 17\text{ kN/m}^3$이며, 지하수위는 지표면에 놓여 있다.

핵심전략 평균 주면마찰력을 고려하라. 또한 두께 dz의 요소를 고려하여 적분을 하면 주면마찰력을 계산할 수 있다. 그러나 이것은 다소 다루기 어렵다.

풀이 13.6

Step 1 : 주어진 문제를 스케치하라.

그림 E13.6을 참조하라.

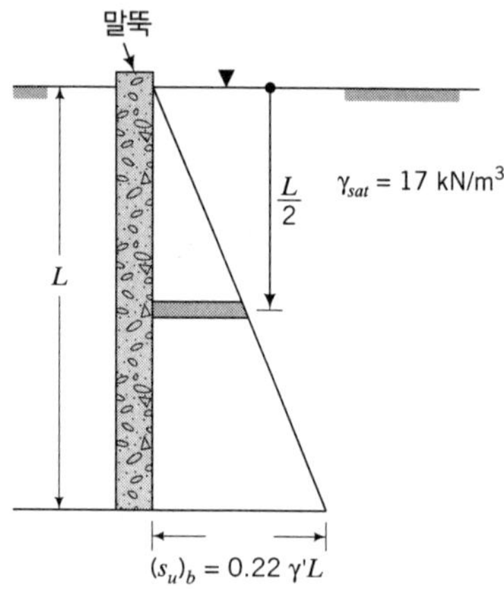

그림 E13.6

Step 2 : 주면마찰력을 계산하라.

둘레 $= \pi D = \pi \times 0.45 = 1.41\text{m}$

$$\frac{L}{2}\text{ 에서, } \sigma'_{zo} = (\gamma_{sat} - \gamma_w)\frac{L}{2} = (17 - 9.8)\frac{15}{2} = 54\text{ kPa}$$

$$f_s \text{ 는 } f_s = 0.5\sqrt{s_u \sigma'_{zo}} = 0.5\sqrt{0.22 \times 54^2} = 12.7\text{ kPa 과}$$

$$f_s = 0.5\,s_u^{0.75}(\sigma'_{zo})^{0.25} = 0.5 \times (0.22 \times 54)^{0.75}(54)^{0.25} = 8.7\text{ kPa 중에서 작은 값이다.}$$

$f_s = 8.7$ kPa을 사용한다.

$$Q_f = f_s \times \text{둘레} \times \text{길이} = 8.7 \times 1.41 \times 15 = 184\text{ kN}$$

Step 3 : 선단지지력을 계산하라.

$$(s_u)_b = 0.22 \times (17 - 9.8) \times 15 = 23.8\text{ kPa} < 25\text{ kPa}; \quad \therefore\ N_c = 6$$

$$A_b = \frac{\pi \times D^2}{4} = \frac{\pi \times 0.45^2}{4} = 0.159\text{ m}^2$$

$$Q_b = N_c (s_u)_b A_b = 6 \times 23.8 \times 0.159 = 23\text{ kN}$$

Step 4 : 허용하중을 계산하라.

$$Q_{ult} = Q_f + Q_b = 184 + 23 = 207\text{ kN}$$

$$Q_a = \frac{Q_{ult}}{\text{FS}} = \frac{207}{2} = 104\text{ kN}$$

What's next... SPT와 CPT는 말뚝지지력을 평가하는데 광범위하게 사용되는 일반적인 현장시험방법이다. 다음에 SPT와 CPT 결과를 이용하여 어떻게 말뚝지지력을 평가하는지에 대하여 고려하겠다.

13.8 SPT와 CPT 결과에 근거한 항타말뚝의 지지력

SPT와 CPT결과와 말뚝의 지지력 사이에 대한 여러 가지 관계들이 제안되었다. 이 교재에서는 이러한 관계들 중에서 오직 몇 개만 사용할 것이다. 이런한 관계식들과 유사한 식들을 사용하는데 주의를 하여야 한다. 그것들을 실무에 성공적으로 적용하기 위해서는 경험이 필요하다.

13.8.1 SPT

조립토에서의 항타말뚝(Meyerhof, 1956, 모래에 대한 상관관계)

주면마찰력: $Q_f = f_s \times$ 주면장 $\times$ 길이

$$\text{배토말뚝:} \quad f_s = 1.9N_{60}; \quad f_s \leq 100\ \text{kPa} \tag{13.25}$$

$$\text{비배토말뚝:} \quad f_s = 0.95\ N_{60}; \quad f_s \leq 50\ \text{kPa} \tag{13.26}$$

선단지지력 : $Q_b = f_b A_b$

$$f_b = CN_{60}\,(\text{kPa}); \quad C = 38\frac{L_s}{D} \leq 380 \tag{13.27}$$

여기서 L_s는 모래에 관입된 말뚝의 길이이다.

13.8.2 CPT

제 2장에서 논의된 콘관입시험기는 원래 말뚝의 선단지지력을 평가하기 위하여 개발되었다. 콘저항치 q_c는 선단저항력의 측정치이고, 슬리브저항치 q_{sl}은 주면마찰력 또는 축마찰력의 측정치이다. 단일말뚝의 극한선단저항력은 다음 식으로 평가된다(Xu와 Lehane, 2005).

$$Q_b = C_b q_{c-av} A_b \tag{13.28}$$

여기서 모래에 항타관입된 폐단 강관말뚝에 대해 $C_b = 0.6$이며, 모래에 잭으로 관입된 말뚝의 경우 $C_b = 0.9$이고, q_{c-av}는 말뚝선단 위와 아래에서 말뚝직경의 1.5배 깊이에서의 평균 콘선단저항치이고 A_b는 말뚝선단의 단면적이다. 규산질 모래층에서 개단 강관말뚝에 대해서는 다음 식과 같다(Lehane과 Randolph, 2002).

$$C_b = 0.15\left[1 + 3\left(\frac{D^*}{D}\right)^2\right] \tag{13.29}$$

$$\frac{D^*}{D} = \left[1 - \min\left\{1, \left(\frac{D_i}{1.5}\right)^{0.2}\right\}\left(\frac{D_i^2}{D^2}\right)\right]^{0.5} \tag{13.30}$$

여기서 D는 외경이고, D^*는 유효직경이고, D_i는 내경이며 min은 괄호 안의 값 중에서 작은 값을 의미한다. 식 (13.29)는 규산질 모래에서 내경의 5배 보다 큰 길이를 가진 직경 1.5 m까지의 말뚝들에 대한 현장재하시험에 근거한다. 식 (13.28)로부터 기대되는 최대침하는 말뚝직경의 약 10%이다.

실무에서는 몇 가지 다른 경험식들이 사용되고 있다. 예를 들면, Fleming과 Thorburn(1983)은 식 (13.28)에서, $C_b = 1$이고, q_{c-av}는 말뚝선단 위로 직경의 8배와 선단 아래 직경의 2배의 영향영역(influence zone)에서의 평균 콘저항치로 가정하여 다음과 같이 계산하였다.

$$q_{c-av} = \frac{q_{c1} + q_{c2} + 2q_{c3}}{4} \tag{13.31}$$

여기서 q_{c1}은 말뚝선단 아래 말뚝직경의 2배 깊이에 대한 산술평균 콘저항치이고, q_{c2}는 말뚝선단 아래 말뚝직경의 2배 깊이에 대한 최소 콘저항치이며, 그리고 q_{c3}은 말뚝선단 위로 말뚝직경의 8배 깊이에 대하여 q_{c2} 이하의 최소 콘저항치의 산술평균이다.

슬리브 저항을 측정한 경우에는, 근입된 말뚝깊이에 대한 콘저항치의 산술평균이나 기하평균 중의 하나가 주면마찰력으로 사용된다. 콘슬리브 마찰력은 흙의 상대밀도와 압축성의 영향을 받지만, 말뚝의 주면마찰력은 흙의 상대밀도, 시공방법, 흙의 압축성, 말뚝 형상, 그리고 거칠기의 영향을 받는다. 세립토의 경우, 콘슬리브 마찰력은 슬리브 주변에 있는 흙의 압밀에 영향을 크게 받는다. 그러므로 콘관입시험의 결과를 이용하면 단기와 장기지지력 사이의 큰 차이를 예상할 수 있다. 말뚝시험 결과는 콘관입시험 결과로부터 평가된 단기지지력이 장기지지력의 20% 만큼 낮을 수 있다는 사실을 보여준다. 만약 콘슬리브 저항을 측정하지 않았다면, 문헌에서 제안된 여러 식들 중의 하나로부터 평가할 수 있다. 이것들 가운데 일부는 다음과 같다:

개단과 폐단 항타 강관말뚝 모두에 대하여 주면마찰응력은 다음과 같다(Lehane 등, 2005).

$$f_s = C_s q_c A_{rs} \times \left[\max\left(2, \frac{h}{D}\right)\right]^{-0.5} \times \tan \delta_{cv} \tag{13.32}$$

여기서 C_s는 상수(압축말뚝은 0.03, 인장말뚝은 0.0225)이고, h는 말뚝선단 위에 고려하고 있는 말뚝단면의 거리이고, δ_{cv}는 평균 흙 입자와 연관된 흙-말뚝 사이의 접촉 마찰각(강재에서 모래의 $D_{50} = 1 \sim 2$ mm에 대하여 $\delta_{cv} \approx 23° \sim 28.8°$로 변화함)이고, 그리고 A_{rs}는 다음과 같이 주어지는 말뚝 축의 유효면적 비이다.

$$\text{폐단 강관말뚝: } A_{rs} = 1 \tag{13.33}$$

$$\text{개단 강관말뚝: } A_{rs} = 1 - \min\left\{1, \left(\frac{D_i}{1.5}\right)^{0.2}\right\}\left(\frac{D_i}{D}\right)^2 \tag{13.34}$$

$$\text{Elsami와 Fellenius (1977): } f_s = C_s q_{cs} \tag{13.35}$$

여기서 q_{cs}는 콘 어깨 부분에서 측정된 콘저항치를 간극수압으로 보정한 값이고, C_s는 표 13.3과 같이 흙 종류에 따른 계수이다.

표 13.3 C_s의 값

흙 종류	C_s
연약, 민감한 흙	0.08
점토	0.05
견고한 점토와 점토와 실트의 혼합토	0.025
점토와 실트의 혼합토	0.01
모래	0.004

$$\text{Vesic (1977) − 조립토: } f_s = 0.11\exp(-3\tan\phi'_{cs})\, q_c \tag{13.36}$$

$$\text{Jardine 등 (1988) − 조립토: } f_s = \sigma'_{rc} \tan \phi_i \tag{13.37}$$

여기서 σ'_{rc}는 축에서의 방사방향 유효응력이며, 경험적으로 콘저항치와 $\sigma'_{rc} = 0.029 q_c \left(\frac{\sigma'_{zo}}{p_a}\right)^{0.13} \left(\frac{h}{R^*}\right)^{-0.38}$ 의 관계가 있다. σ'_{zo}는 축마찰력을 고려하는 깊이 z에서의 유효수직응력, p_a는 대기압, h는 말뚝선단에서 축마찰력을 고려하고 있는 깊이까지의 거리, ϕ_i는 접촉 마찰각($\phi_i \leq \phi_{cs}$), 폐단 강관말뚝에서 $R^* = R_o$, R_o는 말뚝 외경, 개단 강관말뚝에서 $R^* = (R_o^2 - R_i^2)^{0.5}$, R_i는 말뚝내경이다.

$$\text{Tumay 와 Fakhroo (1984) − 견고한 점토: } f_s = 0.5 q_c \tag{13.38}$$

극한주면마찰력은 다음과 같다.

$$Q_f = f_s \times \text{둘레} \times \text{길이}$$

이러한 경험식들을 사용하는 경우에는 주의를 할 필요가 있는데, 그 이유는 그것들이 특정한 흙 종류와 장소에서의 말뚝재하시험과 콘관입시험 네이터로부터 얻어진 결과이기 때문이다. 예를 들면, 식 (13.28)과 (13.32)는 Western Australia의 연안환경에서 규산질 모래에서의 말뚝재하시험과 콘관입시험 데이터로부터 얻어진 결과이다.

예제 13.7 SPT 데이터를 이용한 말뚝지지력

직경 450 mm의 폐단 강관말뚝이 모래층 10 m 깊이에 항타 관입된다. SPT 결과는 아래 표와 같다. 안전율 3에서 허용하중을 평가하라.

깊이 (m)	1	3	5	6	8	10	11	13
N_{60} (타격수/ft)	22	18	25	20	30	36	39	45

핵심전략 N치는 타격수/m가 아니라 타격수/ft이다. 선단폐쇄 강관말뚝이기 때문에 배토말뚝에 대하여 Mereyhof (1956) 공식을 사용하리.

풀이 13.7

Step 1 : 주면마찰력을 계산하라.

$$N_{60} = \text{평균 } N_{60} = \frac{22 + 18 + 25 + 20 + 30}{5} = 23$$

배토말뚝: $f_s = 1.9N_{60} = 1.9 \times 23 = 44 \text{ kPa} < 100 \text{ kPa}$; $f_s = 44 \text{ kPa}$을 이용한다.

$$Q_f = f_s \times \text{둘레} \times \text{길이} = 44 \times \pi \times 0.45 \times 10 = 622 \text{ kN}$$

Step 2 : 선단지지력과 허용하중을 결정하라.

$$f_b = CN_{60}(\text{kPa});\quad C = 38\frac{L_s}{D} = 38\frac{10}{0.45} = 844 > 380;\quad C = 380 \text{을 사용한다.}$$

$N_{60} = 36$ (이 값은 선단에서의 N치임)

$$Q_b = f_b A_b = 380 \times 36 \times \frac{\pi \times 0.45^2}{4} = 2175 \text{ kN}$$

$$Q_{ult} = Q_f + Q_b = 622 + 2175 = 2797 \text{ kN}$$

$$Q_a = \frac{Q_{ult}}{\text{FS}} = \frac{2797}{3} = 932 \text{ kN}$$

예제 13.8 CPT 데이터를 이용한 말뚝지지력

어떤 부지에서 CPT로부터 콘선단과 슬리브저항치의 결과가 그림 E13.8(a)에서 보여 준다. 직경 0.6 m와 길이 10 m의 항타 폐단 강관말뚝의 극한지지력을 평가하라.

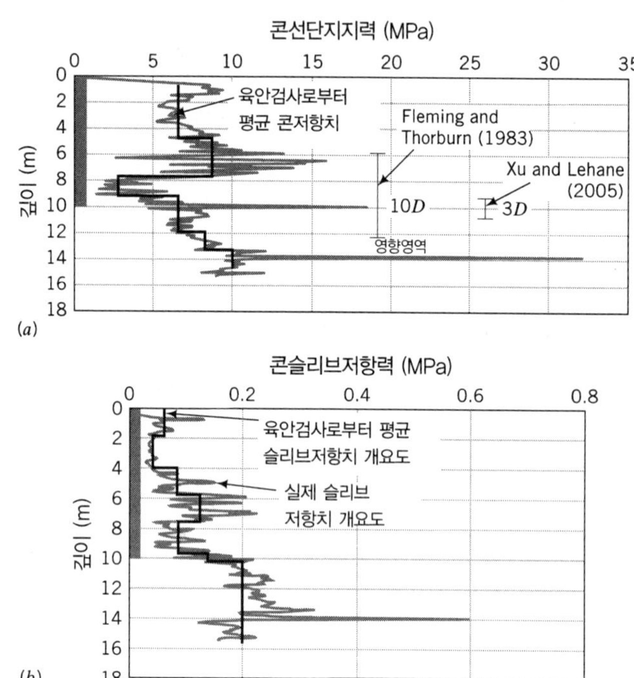

그림 E13.8

핵심전략 콘저항치와 슬리브저항치를 결정하기 위하여 두 가지 이상의 방법을 선택하는 것이 최선의 방법이고, 그 다음에 계산을 수행한 후에 말뚝지지력을 결정한다.

풀이 13.8

Step 1 : 영향영역(influence zone)을 결정하라.

말뚝선단 바로 아래에서 콘선단저항치가 증가하기 때문에, 말뚝은 약한 지층을 관통하여 강한 지층에 놓여 있는 것으로 가정한다.

Xu와 Lehane(2005): 말뚝선단 위 $= 1.5D = 1.5 \times 0.6 = 0.9$ m

말뚝선단 아래 $= 1.5D = 1.5 \times 0.6 = 0.9$ m

Fleming과 Thorburn(1983): 말뚝선단 위 $= 8D = 8 \times 0.6 = 4.8$ m

말뚝선단 아래 $= 2D = 2 \times 0.6 = 1.2$ m

Step 2 : 평균 콘선단저항치를 결정하라.

$$\text{Xu와 Lehane:}\quad q_{c-av} = \frac{3 + 6.5}{2} = 4.75\ \text{MPa}$$

$$\text{Fleming과 Thorburn:}\quad q_{c-av} = \frac{7.5 + 3 + 2(3.07)}{4} = 4.6\ \text{MPa}$$

Step 3 : 평균 슬리브저항치를 결정하라.

슬리브저항치 개요도를 조사하여, 그림 E13.8(b)에서 보는 바와 같이 평균 슬리브저항치 개요도를 시각적으로 그린다.

10 m 깊이에 대한 평균 슬리브저항치 = 0.075 MPa

만약 슬리브저항치를 측정하지 않았다면, 13.8.2절에 주어진 경험식 중 하나 이상을 이용할 수 있다.

Step 4 : 지지력을 계산하라.

$$\text{선단단면적,}\quad A_b = \frac{\pi D^2}{4} = \frac{\pi \times 0.6^2}{4} = 0.28\ \text{m}^2$$

$$\text{Xu와 Lehane:}\quad Q_b = 0.6 q_{c-av} A_b = 0.6 \times 4.75 \times 0.28 = 0.8\ \text{MN}$$

$$\text{Fleming과 Thorburn:}\quad Q_b = q_c A_b = 4.6 \times 0.28 = 1.29\ \text{MN}$$

$$\text{주면마찰력,}\quad Q_f = f_s \pi D L = 0.075 \times \pi \times 0.6 \times 10 = 1.41\ \text{MN}$$

$$\text{Xu와 Lehane:}\quad Q_{ult} = 0.8 + 1.41 = 2.21\ \text{MN}$$

$$\text{Fleming과 Thorburn:}\quad Q_{ult} = 1.29 + 1.41 = 2.7\ \text{MN}$$

두 방법의 차이는 약 18%이다. 말뚝의 극한지지력 평가치의 평균값, 즉 (2.2 + 2.7)/2 ≈ 2.5 MN으로 한다.

13.9 현장타설말뚝의 지지력

현장타설말뚝의 지지력은 경험적 부착계수, 마찰계수와 선단지지력계수가 다르다는 것을 제외하고는 항타말뚝과 비슷하게 계산된다.

TSA (세립토):

- **부착력**(O' Neill과 Reese, 1999)

$$\alpha_u = 0.55;\quad \frac{s_u}{p_a} \le 1.5 \tag{13.39a}$$

$$\alpha_u = 0.55 - 0.1\left(\frac{s_u}{p_a} - 1.5\right);\quad 1.5 < \frac{s_u}{p_a} \le 2.5 \tag{13.39b}$$

$$f_s = \alpha_u s_u \le 380\ \text{kPa} \tag{13.39c}$$

여기서 p_a는 대기압(101 kPa)이다.

- **선단지지력**

$$f_b = N_c (s_u)_b;\quad N_c = 6\left(1 + 2\frac{z}{D}\right);\quad N_c \le 9;\quad f_b \le 4.0\ \text{MPa} \tag{13.40}$$

여기서, z는 선단지지층에서 현장타설말뚝의 근입깊이이고, $(s_u)_b$는 말뚝선단 아래에서 직경의 2배 깊이에서의 평균 비배수전단강도이다. $(s_u)_b$값은 말뚝선단 아래에서 직경의 2배 깊이 이내에서 현장이나 실내시험으로부터 구할 수 있다. 만약 $(s_u)_b < 25$ kPa이라면, N_c값은 1/3로 감소시켜야 한다.

ESA:

- **주면마찰력**

세립토: $$\beta = K \tan \phi_i' = K_o^{oc} \tan \phi_i' = (1 - \sin \phi_{cs}')(\text{OCR})^{0.5} \tan \phi_i \tag{13.41}$$

조립토 (O' Neill과 Reese, 1999) :

깨끗한 모래

$$\beta = 1.5 - 0.245\sqrt{z}; \quad N_{60} \geq 15,\ 1.2 \geq \beta \geq 0.25 \tag{13.42a}$$

$$\beta = \frac{N_{60}}{15}(1.5 - 0.245\sqrt{z}); \quad N_{60} < 15, 1.2 \geq \beta \geq 0.25 \tag{13.42b}$$

$$f_s = \beta\sigma_z' \leq 200 \text{ kPa} \tag{13.42c}$$

z = 지표면에서 지층의 가운데까지 측정된 깊이(m)

자갈과 모재질 자갈 (GW와 GP)

$$\beta = 2.0 - 0.15z^{0.75}; \quad 1.8 \geq \beta \geq 0.25; \quad z = \text{깊이(m)} \tag{13.43a}$$

$$\beta = 0.25\,; \ z > 26 \text{ m인 경우} \tag{13.43b}$$

$$f_s = \beta\sigma_z' \leq 200\text{kPa} \tag{13.43c}$$

- **선단지지력** (Quiros와 Reese, 1977, 고결된 모래에 대한 상관관계)

$$f_b = 57.5N_{60}; \quad f_b \leq 2900 \text{ (kPa)}; \quad \frac{L}{D} \geq 10 \tag{13.44a}$$

$$f_b = 5.75LN_{60}; \quad f_b \leq 290L \text{ (kPa)}; \quad \frac{L}{D} < 10 \tag{13.44b}$$

현장타설말뚝 상부 근처의 흙은 환경적 영향과 시공 효과를 받고 있고, 반면에 선단 아래의 흙은 인장균열을 발생할 수 있다. 결과적으로 말뚝의 상부 1.5 m와 선단 위의 직경 1배 깊이는 현장타설말뚝의 주면마찰력 산정에서 무시한다(그림 13.2 참조).

조립토에서 현장타설말뚝에 대한 β는 특별한 장소 Texas Gulf Coast 지역과 California의 Los Angeles에서 고결된 모래에서 직경 1 m의 현장타설말뚝에 대한 재하시험 결과의 역해석으로 얻은 것이다. 이 식들은 어떠한 지반 정수와도 연관이 없다. 이 식들은 경험에 근거한 매우 신중한 판단 하에 사용되어야 한다.

예제 13.9 다층 지반에서 현장타설말뚝의 지지력

직경 1 m의 수직 현장타설말뚝이 그림 E13.9에 보여준 지층에 설치되어 있다. SPT가 선단 아래 약 1 m간격으로 실시되었다. FS = 2에 대해 허용하중을 결정하라.

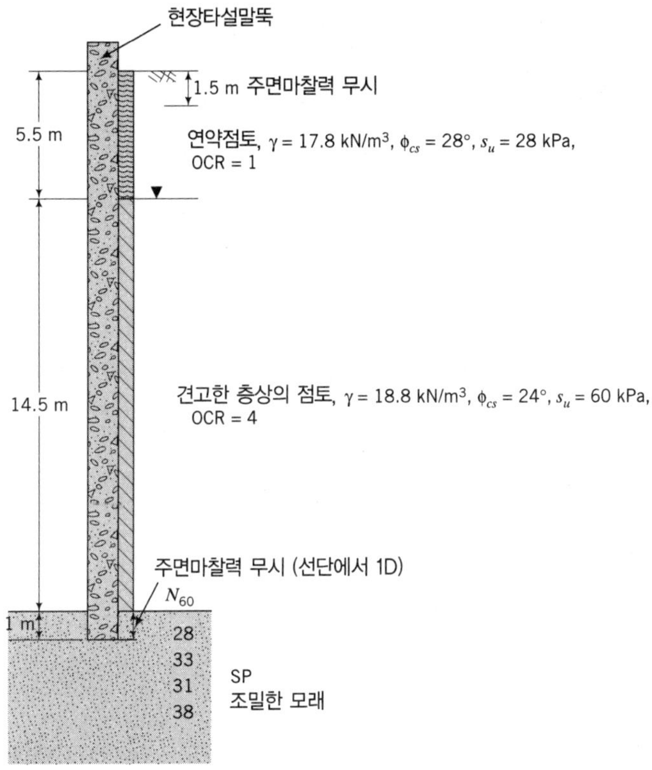

그림 E13.9

핵심전략 해법은 현장타설말뚝에 대한 경험식을 곧바로 적용하면 된다.

풀이 13.9

Step 1 : 주면마찰력을 계산하라.

상부 $1.5\ D = 1.5 \times 1 = 1.5$ m에서의 주면마찰을 무시한다.

선단 위 $1D = 1 \times 1 = 1$ m에서의 주면마찰을 무시한다.

TSA:

직경	1 m					
주면장	3.14 m					
깊이(m)	지반	L(m)	s_u (kPa)	s_u/P_a	α_u	Q_f(kN)
0~5.5	연약 점토	4	28	0.28	0.55	194
5.5~21.0	견고한 점토	14.5	60	0.59	0.55	1503
					합계	1697

ESA: $\phi' = \phi'_{cs}$와 $\phi'_i = \dfrac{2}{3}\phi'_{cs}$ 를 가정한다. $\beta = (1 - \sin\phi'_{cs})\tan\phi'_i(\text{OCR})^{0.5}$.

깊이 (m)	지반	L(m)	OCR	ϕ'_{cs}	β	σ'_{zo}	Q_f (kN)
0~5.5	연약 점토	4	1	28	0.18	62.3	140
5.5~21.0	견고한 점토	14.5	4	24	0.34	163.2	2529
						합계	2669

TSA가 설계를 좌우한다.

Step 2 : 선단지지력을 계산하라.

말뚝선단이나 끝에서부터 $2D$깊이에 대한 평균 N_{60}을 사용한다.

$$N_{60} = \frac{28 + 33 + 31}{3} = 31$$

$$\frac{L}{D} = \frac{21}{1} = 21 \geq 10;\quad f_b = 57.5N_{60} \text{ 을 사용함};\quad f_b \leq 2900\ (\text{kPa})$$

$$f_b = 57.5 \times 31 = 1783\ \text{kPa} < 2900\ \text{kPa};\quad f_b = 1783\ \text{kPa 을 사용함}$$

$$Q_b = f_b A_b = 1783 \times \frac{\pi \times 1^2}{4} = 1400\ \text{kN}$$

Step 3 : Q_a를 계산한다.

$$Q_{ult} = Q_f + Q_b = 1697 + 1400 = 3097\ \text{kN}$$

$$Q_a = \frac{Q_{ult}}{2} = \frac{3097}{2} = 1549\ \text{kN}$$

What's next... 말뚝은 하나씩 사용되는 것은 드물다. 말뚝들은 흔히 무리지어 사용된다. 다음에는 무리말뚝의 지지력을 계산하는 방법에 대하여 논의할 것이다.

13.10 무리말뚝

대다수 실무에서 말뚝은 무리지어 사용된다. 말뚝들은 적어도 $2D$(여기서 D는 말뚝의 직경이나 폭)인 말뚝간격 s(말뚝중심간 거리)에서 기하학적 형태(정사각형, 직사각형, 원형 그리고 팔각형)로 배열된다. 말뚝두부는 콘크리트 말뚝캡(pile cap)에 의해 서로 연결되어 있는데, 캡은 지반과 접촉하거나 떨어져 있다(그림 13.17 참조). 만약 말뚝캡이 지반과 접촉한 상태라면, 하중의 일부분이 직접 지반으로 전달될 것이다.

무리말뚝의 지지력은 반드시 단일말뚝의 지지력에 말뚝개수를 곱한 값일 필요는 없다. 세립토에서는 바깥쪽의 말뚝은 무리의 가운데에 있는 말뚝보다 더 큰 하중을 전달하는 경향이 있다. 조립토에서는 가운데 있는 말뚝이 외곽에 있는 말뚝보다 더 큰 하중을 부담한다.

개별 말뚝으로 작용하는 말뚝들의 전지지력(nQ_{ult})에 대한 무리말뚝의 지지력, $(Q_{ult})_g$의 비를 효율계수, η_e라 하며, 다음 식과 같다.

$$\eta_e = \frac{(Q_{ult})_g}{nQ_{ult}} \tag{13.45}$$

여기서, n은 무리의 말뚝개수이고, Q_{ult}는 단일말뚝의 극한지지력이다. 효율계수는 보통 1보다 작다. 그렇지만 느슨한 조립토에 항타관입된 말뚝은 말뚝 주변의 지반을 조밀하게 하는 경향이 있어서, η_e는 1 보다 크게 된다.

무리말뚝의 지지력을 결정하기 위하여 두 가지의 지반파괴 유형이 일반적으로 검토되었다. 블록파괴(그림 13.18)라 일컫는 하나의 형태는 무리말뚝을 한 덩어리로 파괴시킬 정도로 말뚝간격이 충분히 작을 때 발생할 수 있다. 블록파괴 형태의 무리말뚝지지력은 다음과 같다.

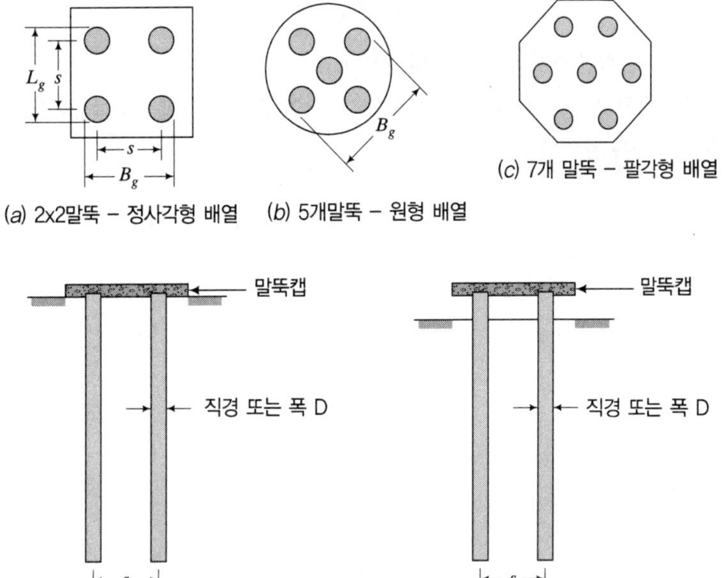

그림 13.17 무리말뚝.

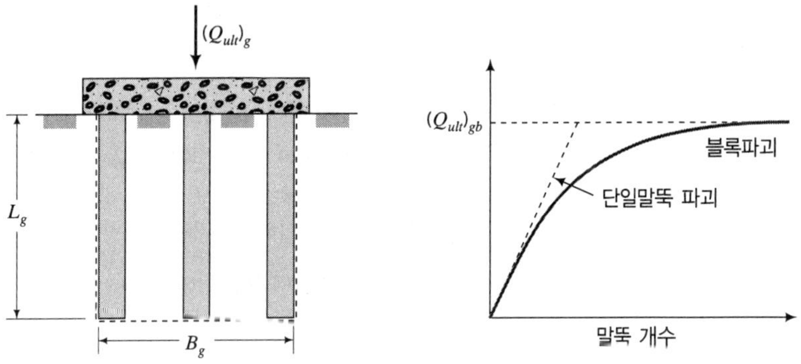

그림 13.18 블록파괴 형태.

ESA:

$$(Q_{ult})_{gb} = \sum_{i=1}^{j} \left\{ \beta_i(\sigma'_z)_i \times (\text{둘레})_{ig} \times L_i \right\} + N_q(\sigma'_z)_b(A_b)_g \tag{13.46}$$

TSA:

$$(Q_{ult})_{gb} = \sum_{i=1}^{j} \left\{ (\alpha_u)_i(s_u)_i \times (\text{둘레})_{ig} \times L_i \right\} + N_c(s_u)_b(A_b)_g \tag{13.47}$$

여기서, 아래첨자 gb는 무리말뚝의 블록파괴 형태를 의미한다.

또 다른 파괴형태는 단일말뚝파괴 형태나 펀칭파괴(punching failure) 형태이다. 단일말뚝파괴 형태에서 중요한 가정은 각각의 말뚝이 완전한 하중능력을 발휘한다는 것이다. 그러므로 무리말뚝의 지지력은 다음과 같다.

$$(Q_{ult})_{gs} = nQ_{ult} \tag{13.48}$$

여기서, 아래첨자 gs는 단일말뚝 파괴형태를 의미한다.

Janbu의 제안식에서 N_q를 결정하는데 사용되는 ψ_p의 값은 s/D의 비와 마찰각에 의존한다. Janbu (1976)는 s/D의 비가 다음과 같음을 보였다.

$$\frac{s}{D} = 1 + 2\sin\psi_p(\tan\phi' + \sqrt{1 + \tan^2\phi'})\exp(\psi_p \tan\phi') \tag{13.49}$$

ψ_p의 값은 $s/D \leq 2.5$에서 크게 영향을 받지 않는다. 상기해 보면, Janbu의 공식은 선단지지력을 매우 과소평가할 수도 있는데, 그 이유는 식 (13.49)를 유도하는데 가정하였던 파괴형태가 13.4절에 언급한 바와 같이 발생할 것 같지 않기 때문이다.

요점정리 THE ESSENTIAL POINT ARE

1. 무리말뚝의 극한지지력은 반드시 단일말뚝의 극한지지력에 무리말뚝의 말뚝개수를 곱한 값과 같을 필요는 없다.
2. 무리말뚝은 블록파괴 형태라 부르는 한 덩어리로 파괴시키거나 또는 단일말뚝파괴 형태라 부르는 개별말뚝으로 파괴될 수 있다.

예제 13.10 여러 층의 점토층에서 무리말뚝의 지지력

직경이 0.4 m인 9개의 항타말뚝으로 이루어진 무리말뚝이 말뚝간격 1.2 m로 3 × 3형태로 배열되어 있다. 말뚝들은 8 m 두께의 중간정도 점토층(s_u = 40 kPa, ϕ'_{cs} = 30°, γ_{sat} = 18 kN/m^3, OCR = 2)을 관통하여, 견고한 점토층(s_u = 90 kPa, ϕ'_{cs} = 28°, γ_{sat} = 18.5 kN/m^3, OCR = 5)에 2 m 관입되어 있다. 안전율 2인 경우에 무리말뚝의 허용지지력을 계산하라. 지하수위(GWL)는 지표면에서 2 m 아래에 놓여 있지만, 계절적 변화로 인하여 지표면까지 상승할 수 있다.

핵심전략 (a) 블록파괴 형태와 (b) 단일말뚝파괴 형태로 가정하여 극한지지력을 계산할 필요가 있다. 문제를 설명하는 스케치를 이용하라.

풀이 13.10

Step 1 : 스케치를 하고, 기하학적 특성을 계산한다.

그림 E13.10을 참조한다.

단일말뚝 : $D = 0.4$ m; 둘레 $= \pi D = \pi \times 0.4 = 1.26$ m

선단단면적 $= A_b = \dfrac{\pi D^2}{4} = \pi \times \dfrac{0.4^2}{4} = 0.126\ \text{m}^2$

무리말뚝: 둘레 $= 4(2s + D) = 4[2(1.2) + 0.4] = 11.2$ m

선단단면적 $= (A_b)_g = (2s + D)^2 = 2.8^2 = 7.84\ \text{m}^2$

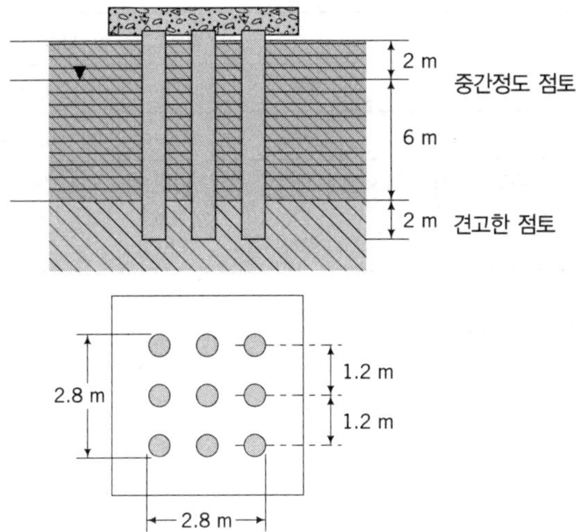

그림 E13.10

Step 2 : TSA를 이용하여 극한지지력을 계산하라.

말뚝길이의 중간에서 상재하중을 계산한다. 지하수위는 지표면까지 상승하는 것으로 가정한다.

중간정도 점토:

$$\sigma'_{zo} = \gamma' \frac{L}{2} = (18 - 9.8) \times \frac{8}{2} = 32.8 \text{ kPa}$$

견고한 점토:

$$\sigma'_{zo} = (18 - 9.8) \times 8 + (18.5 - 9.8) \times 1 = 74.3 \text{ kPa}$$

주면마찰응력을 계산한다.

f_s는 $f_s = 0.5\sqrt{s_u \sigma'_{zo}}$ 와 $f_s = 0.5 s_u^{0.75}(\sigma'_{zo})^{0.25}$ 중에서 작은 값이다.

중간정도 점토:

$$f_s = 0.5\sqrt{s_u \sigma'_{zo}} = 0.5\sqrt{40 \times 32.8} = 18 \text{ kPa}$$

$$f_s = 0.5 s_u^{0.75}(\sigma'_{zo})^{0.25} = 0.5 \times 40^{0.75}(32.8)^{0.25} = 19 \text{ kPa}$$

$f_s = 18$ kPa를 사용한다.

견고한 점토:

$$f_s = 0.5\sqrt{s_u \sigma'_{zo}} = 0.5\sqrt{90 \times 74.3} = 41 \text{ kPa}$$

$$f_s = 0.5 s_u^{0.75}(\sigma'_{zo})^{0.25} = 0.5 \times 90^{0.75}(72.3)^{0.25} = 42.6 \text{ kPa}$$

$f_s = 41$ kPa를 사용한다.

$$Q_f = f_s \times 둘레 \times 길이$$

Q_f의 계산은 아래의 표나 스프레드시트를 이용하여 실시한다.

				블록파괴	단일말뚝파괴
			둘레	11.20 m	1.26m
깊이(m)	지층	L(m)	f_s(kPa)	Q_f (kN)	Q_f (kN)
0~8	중간정도 점토	8	18	1612.8	181.4
8~10.0	견고한 점토	2	41	918.4	103.3
			합계	2531.2	284.8

선단지지력-견고한 점토:

블록파괴

$$\frac{L}{D} = \frac{10}{0.4} = 25 > 3; \quad N_c = 9$$

$$(Q_b)_{stiff\,clay} = N_c s_u (A_b)_g = 9 \times 90 \times 7.84 = 6350\text{ kN}$$

단일말뚝파괴

$$(Q_b)_{stiff\,clay} = N_c s_u A_b = 9 \times 90 \times 0.126 = 102\text{ kN}$$

무리말뚝지지력:

블록파괴

$$(Q_{ult})_{gb} = (Q_f)_{medium\,clay} + (Q_f)_{stiff\,clay} + (Q_b)_{stiff\,clay}$$

$$(Q_{ult})_{gb} = 2531.2 + 6350 \approx 8881\text{ kN}$$

단일말뚝파괴

$$(Q_{ult})_{gs} = 9 \times (284.8 + 102) \approx 3481\text{ kN} < 8881\text{ kN}$$

단일말뚝파괴 형태가 설계를 좌우한다.

Step 3 : ESA를 이용하여 극한지지력을 계산하라.

$\phi'_i = \frac{2}{3}\phi'_{cs}$ 로 가정한다.

$$\beta = (1 - \sin\phi'_{cs})(\text{OCR})^{0.5}\tan\left(\frac{2}{3}\phi'_{cs}\right)$$

							블록파괴	단일말뚝파괴
						둘레	11.20m	1.26m
깊이(m)	지층	L(m)	OCR	ϕ'_{cs}	β	σ'_{zo}	Q_f (kN)	Q_f (kN)
0~8	중간정도 점토	8	2	30	0.26	32.8	764.1	86.0
8~10.0	견고한 점토	2	5	28	0.40	74.3	665.7	74.9
						합계	1429.8	160.9

선단지지력-견고한 점토 :

Janbu의 공식을 사용하고, $\phi' = \phi'_{cs}$, $\psi_p = \pi/2$이다.

$$N_q = [\tan 28° + \sqrt{1 + \tan^2(28°)}]^2 \exp\left(2\frac{\pi}{2}\tan 28°\right) = 14.7$$

$$(\sigma'_z)_b = 8 \times (18 - 9.8) + 2 \times (18.5 - 9.8) = 83\text{ kPa}$$

$$(Q_b)_{gb} = N_q(\sigma'_z)_b(A_b)_g = 14.7 \times 83 \times 7.84 = 9566\text{ kPa}$$

단말뚝: $Q_b = 14.7 \times 83 \times 0.126 = 154\text{ kN}$

무리말뚝지지력:

블록파괴

$$(Q_{ult})_{gb} = 1429.8 + 9566 \approx 10996\text{ kN}$$

단일말뚝파괴

$$(Q_{ult})_{gs} = 9 \times (160.9 + 154) \approx 2834\text{ kN} < 10996\text{ kN}$$

단일말뚝파괴 형태가 설계를 좌우한다.

Step 4 : 어떤 파괴형태와 조건이 지배하는 지를 결정한다.

	지지하중 (kN)	
해석	**블록파괴 형태**	**단일말뚝파괴 형태**
TSA	8,881	3,481
ESA	10,996	2,834

가장 작은 극한하중은 ESA에서 2834 kN이다.

$$\therefore Q_a = \frac{(Q_{ult})_{gs}}{\text{FS}} = \frac{2834}{2} = 1417\text{ kN}$$

What's next... 극한지지력을 결정하는 방법, 즉 극한한계상태에 대하여 논의하였으며, 그것은 지반공학적 시스템의 해석과 설계에서 필요로 하는 두 가지 한계상태 중 오직 하나이다. 다른 하나의 한계상태는 사용성한계상태(침하)이다. 다음에는 말뚝의 침하에 대하여 검토할 것이다.

13.11 말뚝의 탄성침하

단일말뚝의 탄성침하는 말뚝과 흙의 상대강성도, 말뚝의 길이−직경의 비, 선단 아래 흙과 말뚝길이 부분의 흙의 상대강성도, 그리고 말뚝길이에 따른 흙의 탄성계수 분포에 관련이 있다. 흙에 대한 실내토질시험과 현장시험 결과들은 말뚝설치 효과들을 거의 모사할 수 없으므로, 이러한 시험들로부터 흙의 강도를 사용하는데 주의할 필요가 있다. 흙에 대한 말뚝의 상대강성도는 $K_{ps} = E_p/E_{so}$이고, 여기서 E_p는 말뚝의 등가 순단면의 탄성계수이고, E_{so}는 흙의 탄성계수이다. 말뚝의 선단 또는 끝에 있는 흙의 탄성계수는 E_{sb}로 표기한다. 보통 실무 설계에서는 할선(secant) 탄성계수가 사용된다. 세립토의 단기재하에 대하여 $(E_{so})_u$가 사용되고, 여기서 아래첨자 u는 비배수 조건을 나타낸다.

단일말뚝과 무리말뚝의 침하를 산정하는 다양한 방법들이 제안되었다. Poulos(1989)는 말뚝침하를 계산하는 다양한 수치해석적 절차들에 대한 뛰어난 논의를 제공하였다. 침하는 세 개의 요소인 주면마찰력, 선단지지력, 그리고 탄성압축으로 구성된다.

주면마찰력은 그림 13.5a에서 보는 바와 같이 축 근처의 흙을 변형시키는 경향이 있다. 축 근처에서의 변형 형태는 단순전단변형률(제 7장)과 유사하고, 전단변형률 γ_{zx}는 다음과 같다.

$$\gamma_{zx} = \frac{\tau}{G} = \frac{f_s}{G} \tag{13.50}$$

여기서, G는 전단탄성계수이며, τ는 전단응력이고, f_s는 주면마찰응력이다. 주면마찰에 의한 탄성침하 (ρ_{es})는 전단변형률을 말뚝길이에 대하여 적분하여 얻는데, 다음과 같다.

$$\rho_{es} = \frac{1}{G(z)}\int_o^L \tau(z)dz \tag{13.51}$$

여기서 (z)는 z 앞에 있는 변수가 깊이에 따라 변한다는 사실을 의미한다. 식 (13.51)을 풀기 위해서는 G와 τ가 깊이에 따라 어떻게 변하는지를 알아야 할 필요가 있는데, 우리는 이것을 알 지 못한다. 그러므로, G와 τ의 변화에 대하여 추측을 하여야 하고, 그러면 식 (13.51)을 풀이할 수 있다. 더 복잡한 상황이 말뚝문제에서 경계조건들이 복잡하다는 점에 있다. 그러므로 수치해석을 이용하여 식 (13.51)을 해결하여야 한다. 예를 들면, 다음과 같은 가정을 할 수 있다.

$$\tau(z) = \int F(z,i)\tau(i)di \tag{13.52}$$

여기서 $F(z, i)$는 응력함수이고, $\tau(i)$는 세로좌표 i에서의 전단응력이다. 식 (13.51)과 (13.52)를 풀기 위해서는 유한요소나 경계요소를 이용할 수 있다. 반무한 공간내에서 집중하중에 대한 응력함수는 Mindlin(1936)에 의해 개발되었다.

균질한 흙(E_{so}가 깊이에 대해 일정)에서, 단일말뚝의 탄성침하를 위하여 식 (13.52)를 이용하여 식 (13.51)을 풀이하면 다음과 같다.

$$\rho_{es} = \frac{Q_{af}}{E_{so}L}I \tag{13.53}$$

여기서, I는 영향계수이고, Q_{af} 는 주면마찰력으로 전이된 설계하중이다. I에 대한 근사식은 다음과 같다.

$$I = 0.5 + \log\left(\frac{L}{D}\right) \tag{13.54}$$

연약한 흙은 깊이에 따라 선형적으로 변하는 탄성계수를 가지는 경향이 있는데, 다음과 같다.

$$E_{so} = mz \tag{13.55}$$

여기서, m은 깊이에 따른 E_{so}의 증가율(단위: kPa/m)이다. 연약한 흙에서 탄성침하는 다음의 식(13.56)과 같으며, 여기서 I_{so}는 식 (13.57)과 같다.

$$(\rho_{es})_{so} = \frac{Q_{af}}{mL^2}I_{so} \tag{13.56}$$

$$I_{so} = 2.0\log\left(\frac{L}{D}\right) \tag{13.57}$$

Poulos (1989)는 탄성침하에 대한 다른 해법을 개발하였다. 그는 플로팅파일(floating pile)에 대한 ρ_{es}는 다음과 같이 결정될 수 있음을 보였다.

$$\rho_{es} = \frac{Q_{af}}{E_{so}D}I_\rho \tag{13.58}$$

여기서, I_ρ는 그림 13.19에서 보인 바와 같이 L/D와 K_{ps}에 의존하는 영향계수이다.

말뚝 아래에 있는 흙은 선단지지력으로부터 압축을 받고 있다. 말뚝에서 탄성압축을 결정하기 위하여 탄성해석(제7장에서 설명됨)을 이용할 수 있다. 마찰말뚝에서 선단지지력에 의한 침하는 주면마찰력에 비하여 매우 작으며, 그것은 흔히 무시된다.

말뚝의 탄성압축(ρ_p)은 기둥이론으로부터 구할 수 있으며, 균질한 지반 속 흙에서 다음과 같다.

$$\rho_p = C\frac{Q_{af}L}{E_pA_p} \tag{13.59}$$

여기서, C는 말뚝의 근입길이에 따라 수직변형률이 감소한다는 사실을 설명하는 감소계수이다. 연약한 점토지반에서 $C \approx 0.7$인 것을 제외하고 대부분의 지반에서는 $C \approx 0.5$이다. 탄성압축은 가느다란 말뚝(slender pile, $E_p/E_{so} < 500$)에서만 중요하다. 플로팅파일에서 전탄성침하는 $\rho_{et} = \rho_{es} + \rho_p$이다.

현장관측에 의하면, 설계하중에서 항타된 단일말뚝의 탄성침하는 말뚝직경의 0.9~1.25% 범위 내에 있는 것으로 알려져 있다. Hull(1987)은 수치해석으로부터 어떠한 한계관입깊이보다 큰 말뚝의 근입은 침하를 감소시키지 못한다는 사실을 발견하였다. 말뚝직경(폭)으로 무차원화시킨 한계길이(critical length)는 다음과 같다.

$$\frac{L_c}{D} = \sqrt{\frac{\pi E_pA_p}{E_{so}D^2}} = \sqrt{\frac{\pi K_{ps}A_p}{D^2}} \tag{13.60}$$

여기서, L_c는 한계길이이고, A_p는 말뚝의 횡단면적이고, K_{ps}는 다음과 같다.

$$K_{ps} = \frac{E_p}{E_{so}} \tag{13.61}$$

무리말뚝에서 말뚝들은 그것들 사이의 간격에 따라 서로 상호작용을 하는 경향이 있다. 말뚝간격이 작으면 작을

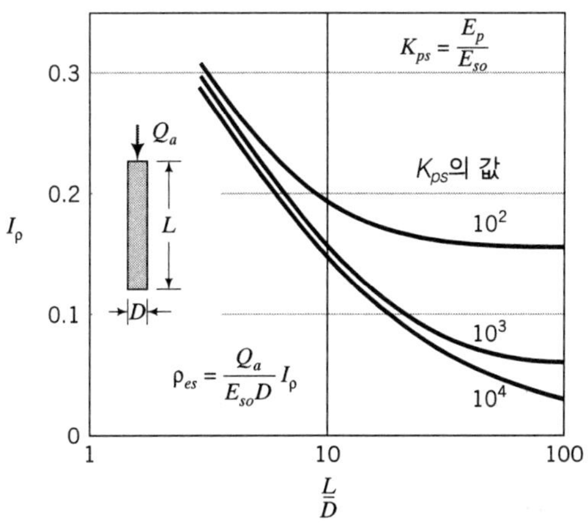

그림 13.19 독립 플로팅파일의 수직침하에 대한 영향계수 (Poulos, 1989).

수록, 상호작용(interaction)이 더 커지고 침하는 크게 발생한다. 무리말뚝의 침하는 간격과 직경의 비(s/D), 말뚝의 개수(n), 그리고 길이와 직경의 비(L/D)의 영향을 받는다. 편의상 무리말뚝의 침하는 다음과 같이 정의된 무리말뚝 침하계수(R_s)에 의하여 단일말뚝의 침하와 관계가 있다.

$$R_s = \frac{\text{무리말뚝의 침하}}{\text{동일한 평균하중에서 단말뚝의 침하}} \tag{13.62}$$

R_s와 n사이의 경험적 관계(Fleming 등, 1985)는 다음과 같다.

$$R_s = n^{\Phi} \tag{13.63}$$

여기서, 지수 Φ의 값은 0.4~0.6이다.

선단지지력에 의한 침하는 말뚝선단이 관입깊이 L에서 재위치한 흙의 표면에서 강체관입(rigid punch)된다고 가정함으로써 계산할 수 있다. 침하는 다음과 같다(Timosenko와 Goodier, 1970).

$$\rho_b = \frac{Q_b}{r_b G_b}\frac{1-\nu}{4} \tag{13.64}$$

여기서, r_b와 G_b는 각각 선단에서 반경과 전단탄성계수이고, ν는 포아송비이다. SPT와 CPT로부터 조립토에 놓인 무리말뚝의 침하는 다음과 같이 평가될 수 있다.

$$\text{SPT:} \quad \rho_{es} = \frac{0.91 q_s I \sqrt{B_g}}{N_{cor}} \text{ mm} \quad [\text{단위: } q_s(\text{kPa}),\ B_g(\text{m})] \tag{13.65}$$

$$\text{CPT:} \quad \rho_{es} = \frac{41 q_s I B_g}{q_c} \text{ mm} \quad [\text{단위: } q_s(\text{kPa}),\ B_g(\text{m}),\ q_c(\text{kPa})] \tag{13.66}$$

여기서, $I = 1 - 0.08\frac{L}{B_g} \geq 0.5$ 이고, L은 말뚝의 근입길이이고, N_{cor}은 마무리된 지표면에서 $\frac{2L}{3}$ 깊이에 대한 평균 N치를 상재하중에 대하여 보정한 값이고, q_s는 무리말뚝에서 평균 허용수직응력이고, B_g는 무리말뚝의 폭이며, q_c는 콘아래 말뚝직경의 2배 깊이에 대한 콘선단저항력의 산술평균이다.

13.12 무리말뚝에서 압밀침하

가끔 무리말뚝이 연약한 점토층 위에 근입될 수 있으며, 충분한 하중이 연약한 지반에 전달되어 압밀침하를 일으키게 된다. 압밀침하를 산정하기 위하여 전 설계하중이 $\frac{2}{3}L$ 깊이에 작용하고, 그리고 2: 1(수직:수평)의 비로 분포하는 것으로 가정한다. 그림 13.20에서 보여준 연약한 점토층에서 깊이 z에서의 수직응력 증가는 다음과 같다.

$$\Delta\sigma_z = \frac{Q_{ag}}{(B_g + z)(L_g + z)} \tag{13.67}$$

여기서, Q_{ag}는 무리말뚝의 허용하중이고, B_g와 L_g는 각각 무리말뚝에서의 폭과 길이이고, z는 무리말뚝의 하중전이점(load transfer point)에서부터 수직응력 증가량을 구하고자 하는 점토층의 위치까지의 깊이이다. 그리고 9.4절에서 설명된 절차를 이용하여 일차압밀침하량을 계산할 수 있다.

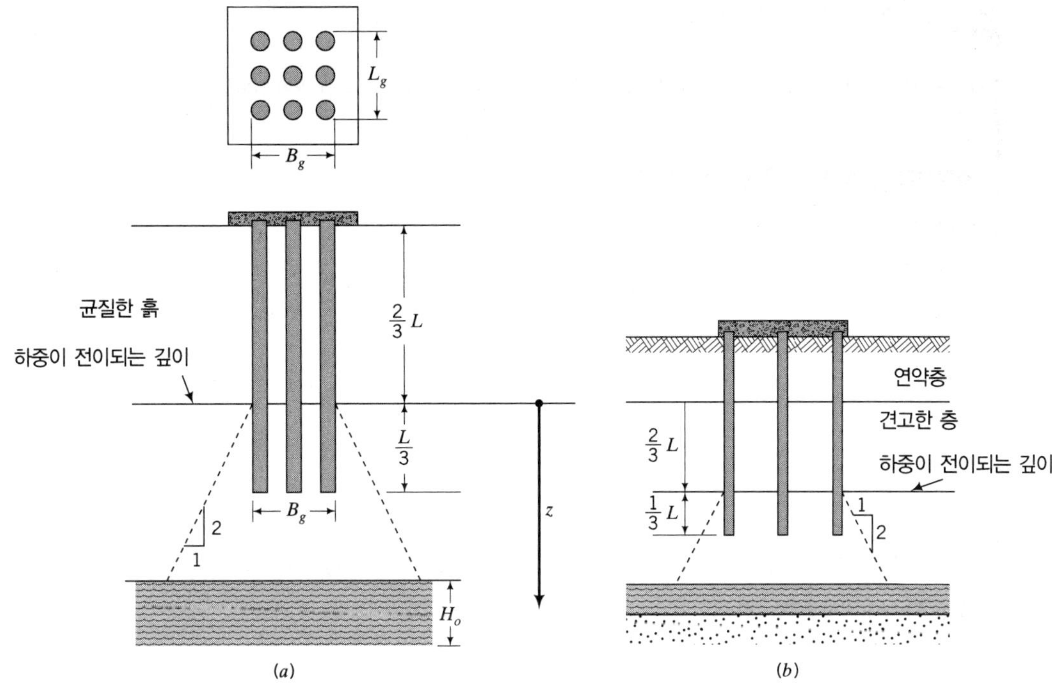

그림 13.20 무리말뚝의 침하계산을 위한 하중분포의 가정.

13.13 단일말뚝과 무리말뚝의 침하를 평가하는 순서

단일말뚝과 무리말뚝의 침하를 평가하는 순서는 다음과 같다.

1. 필요한 변수 Q_{af} 또는 Q_{ag}, E_{so}, 그리고 E_p를 구한다.
2. 식 (13.53) 또는 식 (13.56), 식 (13.58)을 이용하여 단일말뚝의 탄성침하(ρ_{es})를 계산한다.
3. 식 (13.59)를 이용하여 탄성압축량(ρ_p)을 계산한다.
4. 전탄성침하 $\rho_{et} = \rho_{es} + \rho_p$를 계산한다.

무리말뚝에서는 위의 네번째 과정을 생략하고, 다음의 과정을 진행한다.

5. 추정된 Φ값을 이용하여 R_s를 계산한다.
6. $(\rho_e)_g = R_s\,\rho_{es} + \rho_g$로부터 무리말뚝의 침하를 계산한다.
7. 필요하다면 압밀침하량(ρ_{pc})을 계산한다.
8. 무리말뚝의 전체침하량을 얻기 위하여 탄성침하량과 압밀침하량을 더한다.

요점정리 THE ESSENTIAL POINT ARE

1. 말뚝의 침하는 흙을 탄성체로 가정한 수치해석, 또는 경험적 관계를 이용하여 결정한다.
2. 말뚝침하에 대한 방정식은 오직 추정된 침하량을 보여준다.

예제 13.11 단일말뚝의 침하

$E_p = 20 \times 10^6$ kPa, $E_{so} = 5{,}000$ kPa, 그리고 설계 축마찰력은 $Q_a = 70$ kN을 이용하여 예제 13.4의 말뚝에 대한 침하를 결정하라.

핵심전략 이것은 13.13절의 절차를 간단히 적용하는 문제이다.

풀이 13.11

Step 1 : 영향계수를 결정하라.

$$\frac{L}{D} = \frac{10}{0.4} = 25$$

$$I = 0.5 + \log\left(\frac{L}{D}\right) = 0.5 + \log(25) = 1.9$$

$$K_{ps} = \frac{E_p}{E_{so}} = \frac{20 \times 10^6}{5000} = 4000$$

그림 13.19로부터, $K_{ps} = 4{,}000$ 와 $L/D = 25$에 대한 $I_p = 0.09$이다.

Step 2 : 탄성침하를 계산하라.

$$\text{식 (13.53):} \quad \rho_{es} = \frac{Q_{af}}{E_{so}L}I = \frac{70}{5000 \times 10} \times 1.9 = 2.7 \times 10^{-3}\ \text{m} = 2.7\ \text{mm}$$

$$\text{식 (13.58):} \quad \rho_{es} = \frac{Q_{af}}{E_{so}D}I_p = \frac{70}{5000 \times 0.4} \times 0.09 = 3.2 \times 10^{-3}\ \text{m} = 3.2\ \text{mm}$$

두 값 사이의 차는 0.5 mm이다. 평균값인 3 mm를 사용한다.

Step 3 : 말뚝의 탄성압축량을 계산한다.

$$\text{식 (13.59):} \quad \rho_p = C\frac{Q_{af}L}{E_pA_p}$$

$$A_p = \frac{\pi \times 0.4^2}{4} = 0.126\ \text{m}^2; \quad C = 0.7$$

$$\rho_p = 0.7\frac{70 \times 10}{20 \times 10^6 \times 0.126} = 1.94 \times 10^{-4}\ \text{m} \cong 194 \times 10^{-3}\ \text{mm}$$

말뚝의 탄성압축량은 매우 작으며, 무시할 수 있다.

Step 4 : 전탄성침하량을 계산한다.

$$\rho_{et} = \rho_{es} + \rho_p = 3.0 + (\approx 0) = 3.0\ \text{mm}$$

예측된 전탄성침하량은 거의 3 mm이다.

$$\frac{\rho_t}{D} = \frac{3}{400} \times 100 = 0.75\%$$

예제 13.12 무리말뚝의 침하

말뚝간격이 1 m이고, 말뚝직경이 0.4 m인 3 × 3 콘크리트 무리말뚝이 2.5 MN의 하중을 지지하고 있다(그림 E13.12 참조). (a) 무리말뚝에 대한 안전율을 결정하라. (b) 무리말뚝의 전침하량을 계산하라. 말뚝은 항타시공되었다.

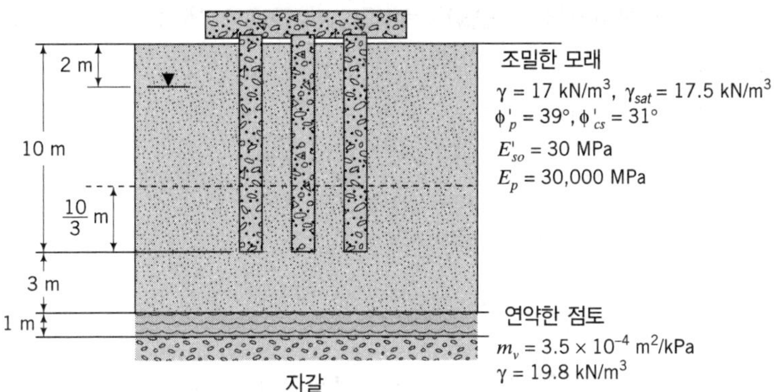

그림 E13.12

핵심전략 13.13절의 질차를 따른다.

풀이 13.12

Step 1 : 기하학적 정수 β와 N_q를 결정하라.

$$D = 0.4\text{ m},\quad \frac{L}{D} = \frac{10}{0.4} = 25;\quad \text{말뚝개수 } n = 9,\quad s = 1\text{ m}$$

단일말뚝: 둘레 $= \pi D = \pi \times 0.4 = 1.26$ m; $A_b = \dfrac{\pi D^2}{4} = \dfrac{\pi \times 0.4^2}{4} = 0.126\text{ m}^2$

무리말뚝: $B_g = L_g = 2s + D = 2 \times 1 + 0.4 = 2.4$ m

무리말뚝 면적 $= L_g \times B_g = 2.4^2 = 5.76\text{ m}^2$; 둘레 $= 2(L_g + B_g) = 2(2.4 + 2.4) = 9.6$ m

$$N_q = 0.6\exp(0.126\,\phi'_{cs}) = 0.6\exp(0.126 \times 31°) = 30$$

$$K_{ps} = \frac{E_p}{E'_{so}} = \frac{30 \times 10^6}{30{,}000} = 1000$$

$\phi' = \phi'_i = \phi'_{cs}$인 경우, $\beta = (1 - \sin\phi'_{cs})\tan\phi'_{cs} = (1 - \sin 31°)\tan 31° = 0.29$

Step 2 : 단일말뚝파괴 형태에서 지지력을 결정하라.

$$\text{모래: } \gamma' = 17.5 - 9.8 = 7.7\text{ kN/m}^3$$

말뚝의 근입길이 내의 모래층의 중앙:

$$\sigma'_z = 2 \times 17 + 3 \times 7.7 = 57.1\text{ kPa}$$

$$\text{말뚝선단: } \sigma'_z = 2 \times 17 + 8 \times 7.7 = 95.6\text{ kPa}$$

$$\text{주면마찰력: } Q_f = \beta\sigma'_z \times \text{둘레} \times \text{길이}$$

$$= 0.29 \times 57.1 \times 1.26 \times 10 = 209\text{ kN}$$

$$\text{선단지지력: } Q_b = N_q(\sigma'_z)_b A_b = 30 \times 95.6 \times 0.126 = 361\text{ kN}$$

$$\text{극한지지력: } Q_{ult} = Q_f + Q_b = 209 + 361 = 570\text{ kN}$$

$$(Q_{ult})_{gs} = nQ_{ult} = 9 \times 570 = 5130\text{ kN}$$

Step 3 : 비율에 의한 블록파괴 형태의 지지력을 결정하라.

$$\text{주면마찰력:}\quad (Q_f)_{gb} = 209 \times \frac{9.6}{1.26} = 1592\text{ kN}$$

$$\text{선단지지력:}\quad (Q_b)_{gb} = 361 \times \frac{5.76}{0.126} = 16{,}503\text{ kN}$$

$$\text{극한지지력:}\quad (Q_{ult})_{gb} = (Q_f)_g + (Q_b)_g = 1592 + 16{,}503 = 18{,}095\text{ kN}$$

Step 4 : 안전율을 계산하라.

단일말뚝파괴 형태가 지배한다.

$$\therefore\ \text{FS} = \frac{5130}{2500} \cong 2$$

Step 5 : 말뚝의 탄성침하를 계산하라.

$$Q_{af} = \frac{209}{2} \approx 105\text{ kN}$$

$$\frac{L}{D} = 25\text{ 에서,}\quad I = 0.5 + \log(25) = 1.9$$

$$\rho_{es} = \frac{Q_{af}}{E_{so}L}\ I = \frac{105}{30{,}000 \times 10} \times 1.9 = 0.7 \times 10^{-3} = 0.7\text{ mm}$$

$K_p > 500$이므로, 말뚝의 탄성압축량은 무시한다.

$\Phi = 0.5$로 가정하면,

$$R_s = n^{\Phi} = 9^{0.5} = 3$$

$$(\rho_{es})_g = 0.7 \times 3 \approx 2\text{ mm}$$

말뚝선단은 $2500 - 9 \times 105 = 1555$ kN의 하중을 지지해야 한다.

선단지지력으로부터의 침하는 $\rho_b = \dfrac{Q_b}{r_b G_b}\dfrac{1-\nu}{4}$ 이다.

$$\text{등가선단반경, } r_b = \sqrt{\frac{\text{base area}}{\pi}} = \sqrt{\frac{5.76}{\pi}} = 1.35\text{ m}$$

$\nu = 0.3$ 로 가정하면, 전단탄성계수는 $G_b = \dfrac{E_{so}}{2(1+\nu)} = \dfrac{30{,}000}{2(1+0.3)} = 11{,}538\text{ kPa}$ 이다.

$$\therefore\ \rho_b = \frac{1555}{1.35 \times 11{,}538} \times \frac{1-0.3}{4} = 0.017\text{ m} = 17\text{ mm}$$

$$\therefore\ (\rho_{es})_g = (\rho_{es})_g + \rho_b = 2 + 17 = 19\text{ mm}$$

13.4절로부터, 주면마찰력은 선단지지력에 앞서서 발휘된다는 것을 알 수 있었다. 전 주면마찰력이 발휘된다고 가정하면, 그러면 선단지지력에 의해 전달되는 하중은 $2500 - 9 \times 209 = 619$ kN이다.

주면마찰력에 의한 침하는 비율에 따라 $\dfrac{209}{105} \times 0.7 = 1.4$ mm 이다.

선단지지력에 의한 침하는 비율에 따라 $\dfrac{619}{1555} \times 17 = 6.8$ mm 이다.

$$\therefore\ (\rho_{es})_g = 1.4 \times n^{\Phi} + 6.8 = 1.4 \times 9^{0.5} + 6.8 \approx 11\text{ mm}$$

Step 6 : 압밀침하량을 계산한다.

설계하중은 지표면에서 $\frac{2}{3}L$ 까지 전달된다. 점토층의 중앙 부분까지 하중전달면의 거리는 $\frac{L}{3} + 3 + \frac{1}{2} = \frac{10}{3} + 3 +$

$\frac{1}{2}$ = 6.83 m 이다.

$$\Delta\sigma_z = \frac{Q_{ag}}{(B_g + z)^2} = \frac{2500}{(2.4 + 6.83)^2} = 29.3 \text{ kPa}$$

$$\rho_{pc} = m_v H_o \Delta\sigma_z = 3.5 \times 10^{-4} \times 1 \times 29.3$$

$$= 102.7 \times 10^{-4} \text{ m} \approx 10 \text{ mm}$$

Step 7 : 전침하량을 계산한다.

$$\text{낮은 평가치:} \quad \rho_t = (\rho_{es})_g + \rho_{pc} = 11 + 10 = 21 \text{ mm}$$

$$\text{높은 평가치:} \quad \rho_t = (\rho_{es})_g + \rho_{pc} = 19 + 10 = 29 \text{ mm}$$

13.14 현장타설말뚝의 침하

현장 데이터에 근거한 현장타설말뚝의 단기 침하는 그림 13.21에서 보여 준다. 세립토에서 주면마찰력에 의한 하중–침하 곡선들이 말뚝직경의 0.2~0.8% 사이의 침하에서 일정한 값에 도달하지만, 그러나 선단지지력에서는 2~5% 사이의 침하에서 일정한 값에 도달한다. 조립토에서 하중–침하 곡선들이 주면마찰력에 대해서 0.1~1% 사이의 침하에서 일정한 값을 보이지만, 선단지지력에 대해서는 그런 값들이 관측되지 않는다. 오히려 하중–침하 곡선은 침하에 따라 계속 증가하는 경향을 보여준다. 이러한 후자의 결과들은 특히 조립토에서 말뚝의 하중–침하 거동을 예측하기가 매우 어렵다는 사실을 실례로 보여주는 것이다. 결과적으로 예측에서의 확신은 유사한 지반과 시공 조건에 대한 경험에 의존한다.

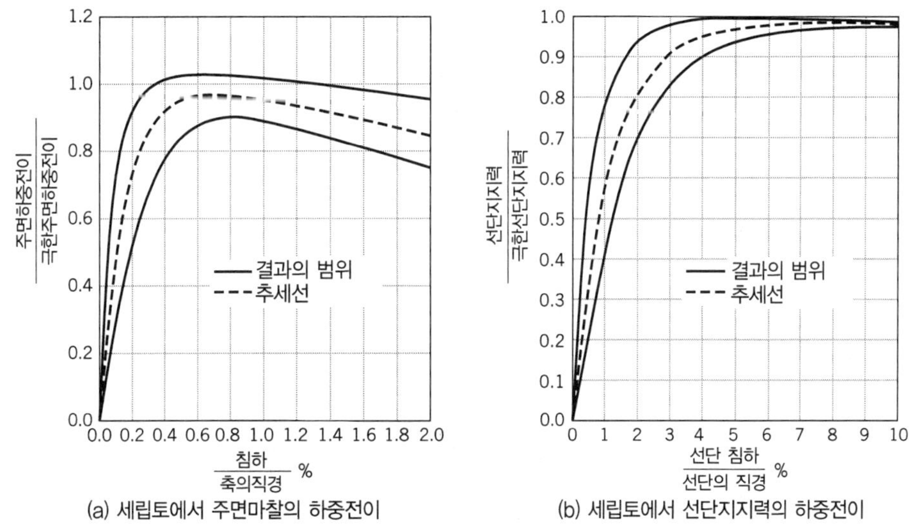

(a) 세립토에서 주면마찰의 하중전이

(b) 세립토에서 선단지지력의 하중전이

그림 13.21 현장타설말뚝에 대한 하중전이–침하 곡선 (Reese와 O'Neill, 1988).

(계속)

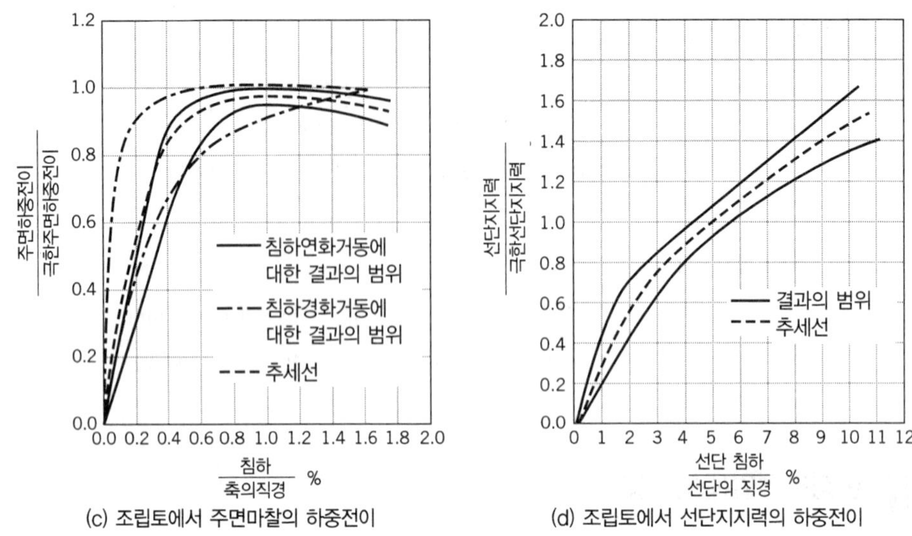

(c) 조립토에서 주면마찰의 하중전이　　(d) 조립토에서 선단지지력의 하중전이

그림 13.21 (계속) 현장타설말뚝에 대한 하중전이-침하 곡선 (Reese와 O'Neill, 1988).

13.15 부마찰력을 받는 말뚝

안정화되고 있는 지층(예, 연약층이나 매립층)에 위치한 말뚝은 하향력(downdrag)으로 불리는 부주면마찰력을 받는다(그림 13.22). 그 지층의 침하는 말뚝에 작용하는 하중과 같은 방향으로 작용하는 마찰력을 발생시킨다. 저항력으로 작용하기 보다 부마찰력은 말뚝에 추가적인 하중을 작용시킨다. 그로 인한 결과로 말뚝의 지지력은 감소하고, 말뚝침하는 증가한다는 것이다. 그림 13.22를 참고하면, 허용하중은 다음 식과 같다.

$$Q_a = \frac{Q_b + Q_f}{FS} - Q_{nf} \tag{13.68}$$

연약하고 정규압밀된 흙에서 부마찰력은 보통 층 두께의 절반에 대하여 계산한다. 부마찰력은 장기 조건에 대해서도 계산하여야 하며, 즉, ESA를 사용하여야 한다.

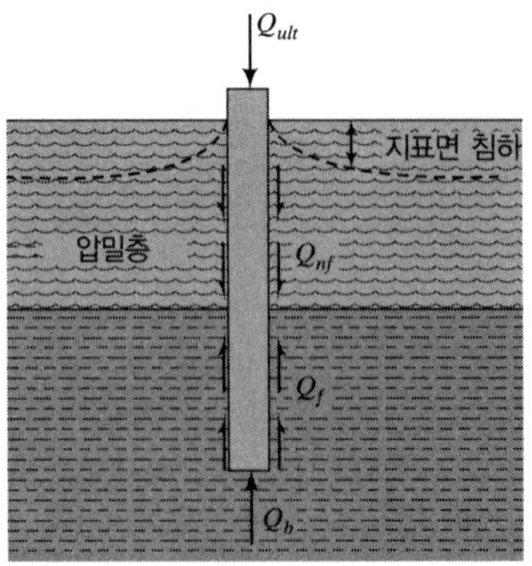

그림 13.22 부마찰력

예제 13.13 성토에 의한 부마찰력

그림 E13.13에서 보여준 직경 0.4 m인 말뚝의 허용하중을 결정하라. 최근에 성토가 되었고, 아직 압밀이 진행되지 않았다. 부마찰력을 제거하기 위하여, 강관 쉘(steel shell)이 성토층 내의 말뚝 주변에 계획되어 있다. 지하수위는 연약 점토층에서 성토층 아래 1 m에 위치하지만, 지표면으로 상승할 것으로 기대된다. 2의 안전율을 필요로 한다.

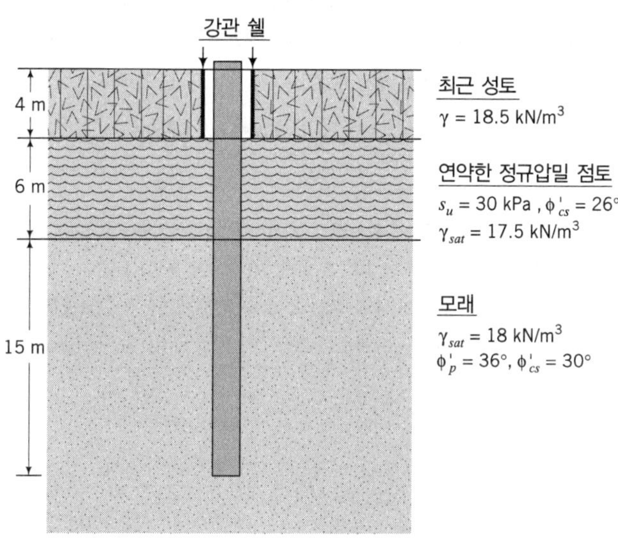

그림 E13.13

핵심전략 여기서 계책은 연약층에 어떤 일이 일어날 것인지 또는 발생하는지에 대하여 생각하는 것이다. 성토 하중에서 연약층은 침하하고, 말뚝을 아래로 끌어 내린다. 그러므로, 연약층에 부과된 부마찰력을 고려하여야 한다. ESA를 사용하여야 한다. 말뚝이 그것에 인접한 조밀한 모래층을 느슨하게 만들 것 같으므로, ϕ'_p보다 ϕ'_{cs}를 사용하여야 한다.

풀이 13.13

Step 1 : β, N_q와 다른 적절한 변수들을 결정하라.

$$\frac{L}{D} = \frac{25}{0.4} = 62.5; \quad \text{둘레} = \pi D = 0.4\pi = 1.26 \text{ m}$$

$$A_b = \frac{\pi D^2}{4} = \frac{\pi \times 0.4^2}{4} = 0.126 \text{ m}^2$$

점토층:

$$\beta = (1 - \sin\phi'_{cs})\tan\phi'_{cs}(\text{OCR})^{0.5} = (1 - \sin 26°)\tan(26°)(1)^{0.5} = 0.27$$

모래층:

$$\beta = (1 - \sin\phi'_{cs})\tan\phi'_{cs} = (12\sin 30°)\tan(30°) = 0.29$$

$$N_q = 0.6\exp(0.126\,\phi'_{cs}) = 0.6\exp(0.126 \times 30) = 26.3$$

Step 2 : 점토층에 대한 부마찰력을 계산하라.

지하수위는 지표면까지 상승하고, 연약한 점토층의 상부 절반은 부마찰력을 받는 것으로 가정한다.

$$\gamma'_{fill} = 18.5 - 9.8 = 8.7 \text{ kN/m}^3$$

$$\gamma'_{clay} = 17.5 - 9.8 = 7.7 \text{ kN/m}^3$$

점토층의 상부 절반의 중심에서:

$$\sigma'_z = 8.7 \times 4 + 7.7 \times \frac{3}{2} = 46.4 \text{ kPa}$$
$$Q_{nf} = \beta\sigma'_z \times \text{둘레} \times \text{길이} = 0.27 \times 46.4 \times 1.26 \times 3 = 47 \text{ kN}$$

Step 3 : 연약한 점토층의 하부 절반에서의 주면마찰력을 계산하라.
점토층의 하부 절반의 중심에서 :

$$\sigma'_z = 8.7 \times 4 + 7.7 \times 4.5 = 69.5 \text{ kPa}$$
$$(Q_f)_{clay} = \beta\sigma'_z \times \text{둘레} \times \text{길이} = 0.27 \times 69.5 \times 1.26 \times 3 = 71 \text{ kN}$$

Step 4 : 모래층에서 주면마찰력과 선단지지력을 계산하라.

$$\gamma'_{sand} = 18 - 9.8 = 8.2 \text{ kN/m}^3$$

모래층의 중심에서 :

$$\sigma'_z = 8.7 \times 4 + 7.7 \times 6 + 8.2 \times 7.5 = 142.5 \text{ kPa}$$
$$Q_f = 0.29 \times 142.5 \times 1.26 \times 15 = 781 \text{ kN}$$
$$(\sigma'_z)_b = 8.7 \times 4 + 7.7 \times 6 + 8.2 \times 15 = 204 \text{ kPa}$$
$$Q_b = N_q(\sigma'_z)_b A_b = 26.3 \times 204 \times 0.126 = 676 \text{ kN}$$

Step 5 : 허용하중을 계산하라.

$$Q_a = \frac{(Q_f)_{clay} + (Q_f)_{sand} + (Q_b)_{sand}}{2} - Q_{nf} = \frac{71 + 781 + 676}{2} - 47 = 717 \text{ kN}$$

13.16 말뚝항타공식과 파동방정식

말뚝을 항타하는 동안 해머에 의해 전달된 에너지와 말뚝의 지지력을 관계짓는 수 많은 경험적 공식들이 제안되어 왔다. 초기 공식들 중의 하나는 ENR(*Engineering News Record*) 공식이며, 다음과 같다.

$$Q_{ult} = \frac{\eta_i W_R h}{s_1 + C_1} \tag{13.69}$$

여기서, η_i는 효율계수(드롭해머에서 $\eta_i = 0.75-1.0$; 단동식 해머에서 $\eta_i = 0.75-0.85$; 디젤해머에서 $\eta_i = 0.85-1.0$)이고, W_R은 램(ram)의 무게이고, h는 낙하고이고, s_1은 타격당 관입량이며, C_1은 상수이다. 드롭해머에서 $C_1 \cong 25$ mm이고, 증기해머에서 $C_1 \cong 2.5$ mm이다. h와 s_1의 단위는 같아야 한다. ENR 공식은 시공시 드롭해머를 이용한 나무말뚝에 대해 개발되었으나, 지금은 모든 종류의 말뚝의 극한지지력을 평가하거나 검증하는데 사용되고 있다. 식 (13.69)는 말뚝의 탄성압축에 의한 에너지 손실을 고려하지 못한다. 이 식은 효율계수, η_1를 이용하여 다음과 같이 수정될 수 있다.

$$Q_{ult} = \frac{\eta_1 W_R h}{s_1 + C_1} \tag{13.70}$$

η_1값의 범위는 표 13.4와 같다.

표 13.4 해머 효율

해머 종류	η_1
드롭 해머	0.75~1.0
단동식 해머	0.75~0.85
복동식 해머	0.85
디젤 해머	0.85~1.0

해머가 말뚝을 항타할 때, 충격은 응력파(stress wave)를 발생시키고, 그것은 말뚝을 음속으로 끌어 내린다. 탄성이론으로부터, 말뚝을 막대로 가정하며, 미소길이 Δz에 대한 말뚝에 작용하는 힘의 변화는 다음과 같다.

$$\frac{\partial F}{\partial z} = E_p A_p \frac{\partial}{\partial z}(\varepsilon_z) = E_p A_p \frac{\partial^2 u}{\partial z^2} \tag{13.71}$$

여기서, $\varepsilon_z = \partial u/\partial z$는 수직변형률이고, E_p는 말뚝의 탄성계수이고, A_p는 말뚝의 횡단면적이며, u는 말뚝의 변위이다. Newton의 제2법칙으로부터,

$$\frac{\partial F}{\partial z} = A_p \frac{\gamma}{g} \frac{\partial^2 u}{\partial t^2} \tag{13.72}$$

여기서, g는 중력가속도이고, t는 시간이다. 식 (13.72)를 식(13.71)과 같게 놓고, 정리하면 다음의 식 (13.73)과 같으며, 간단히 하면 식 (13.74)와 같다.

$$E_p A_p \frac{\partial^2 u}{\partial z^2} = \frac{\gamma}{g} A_p \frac{\partial^2 u}{\partial t^2} \tag{13.73}$$

$$\frac{\partial^2 u}{\partial t^2} = V_c^2 \frac{\partial^2 u}{\partial z^2} \tag{13.74}$$

여기서, V_c는 말뚝에서 수직파의 진행 속도이며, 다음 식과 같다.

$$V_c = \sqrt{\frac{E_p g}{\gamma}} \tag{13.75}$$

식 (13.74)의 해는 적절한 경계조건들을 이용하여 풀이할 수 있고, 흙의 저항력을 나타내는 것으로 수정할 수 있다. 컴퓨터 프로그램들(예, WEAP)이 말뚝항타 작용의 일상적인 파동해석을 위하여 개발되었다. 이러한 프로그램들은 이 교재의 범위를 넘어선다.

항타기록들은 어떤 부지에서 흙의 연경도에 대한 유용한 자료를 제공할 수 있다. 예를 들면, 어떤 깊이에서 말뚝을 항타하는 타격수가 한 지역에서 A이고, 같은 부지의 다른 위치에서 B라고 한다면, 이 지층은 서로 다르다. 그러므로 설계내용과 시추조사기록을 재검토하고, 필요한 경우 수정(예를 들면, 말뚝 길이의 증가나 감소)을 할 시킬 필요가 있다.

요점정리 THE ESSENTIAL POINT ARE

1. 수많은 경험식들이 항타기록을 이용하여 말뚝지지력을 평가하는데 이용될 수 있다.
2. 항타기록들은 어떤 부지에서 흙의 특성에 관한 유용한 자료를 제공할 수 있다.
3. 말뚝항타로부터 말뚝지지력 산정은 신중한 판단과 많은 경험을 필요로 한다.

What's next... 말뚝은 흔히 수직하중과 더불어 수평하중과 모멘트에 저항하도록 사용된다. 수평하중을 받는 말뚝의 해석은 복잡하고, 그리고 다음 절에서 오직 간단한 소개가 있을 것이다.

13.17 수평하중을 받는 말뚝

컴퓨터 프로그램 활용

www.wiley.com/college/budhu 에 접속하여 Chapter 13을 클릭하고, 수평하중을 받는 단일말뚝의 거동을 예측하기 위해서는 프로그램 APILES를 다운로드 받으면 된다.

말뚝으로 지지된 구조물은 흔히 수직하중과 더불어 수평하중과 모멘트를 받는다. 수평하중은 바람, 교통, 지진, 파(wave), 정박하는 선박과 토압으로 인하여 발생된다. 모멘트는 수직하중의 편심, 상부구조물과 말뚝과의 정착, 그리고 지표면에서 말뚝에 작용하는 수평하중의 위치로부터 발생한다.

말뚝이 수평하중과 모멘트를 받을 때, 말뚝은 그림 13.23에서 예시된 것과 같이 구부러지거나 휘어지는 경향이 있다. 말뚝의 휨은 흙덩어리 속에서 변형률을 야기한다. 평형조건을 만족시키기 위하여, 가해진 하중과 모멘트와 균형을 맞추기 위하여 흙은 말뚝길이에 따라 반력(reaction)을 제공하여야 한다.

흙은 비선형 재료이기 때문에, 지반반력은 말뚝변형과 선형적인 관계가 아니다. 결과적으로 그림 13.23에서 보

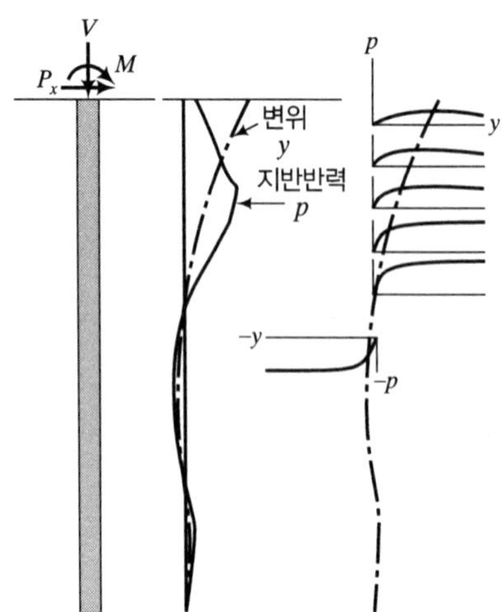

그림 13.23 수평하중과 모멘트에 대한 말뚝-흙의 거동

는 바와 같이, 말뚝길이에 따른 모든 점에서 지반반력(p)과 말뚝변위(y) 사이의 비선형 관계가 있다.

수평하중을 받는 말뚝의 설계에서, 사용성 요구조건들을 만족시키기 위하여 말뚝변위, 특히 말뚝두부의 변위와 말뚝크기를 결정하기 위하여 휨모멘트를 알 필요가 있다. 말뚝두부의 변위는 흙 종류, 말뚝시공방법, 말뚝의 신축성(또는 말뚝의 강도), 하중조건, 말뚝과 상부구조물의 연결방법, 그리고 말뚝캡에 의존한다. 회전을 일으키지 않도록 말뚝캡에 연결된 말뚝을 두부고정말뚝(a fixed head pile, 그림 13.24(a))이라 한다. 회전이 제한되지 않도록 말뚝캡에 연결된 말뚝을 두부자유말뚝(a free head pile, 그림 13.24(b))이라 한다.

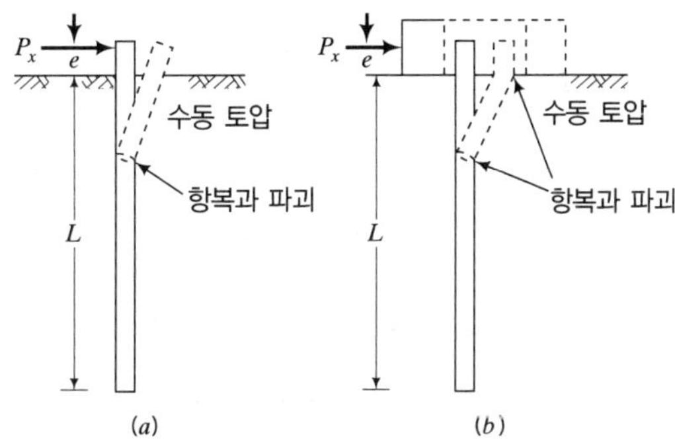

그림 13.24 긴말뚝(L/D〉10)에서 가능한 파괴 유형
(a) 두부자유, (b) 두부고정

파괴형태는 길이－직경의 비 또는 길이와 폭의 비, 흙 종류, 그리고 말뚝두부의 고정도에 따라 달라진다. 두부자유말뚝은 회전에 의해 파괴되는 경향이 있다. 두부자유말뚝에 작용된 수평하중과 모멘트는 초기에 지표면 근처의 흙에 의해 저항된다. 말뚝변위가 매우 작은 경우, 흙은 탄성거동하고, 변위가 증가함에 따라 흙은 항복하게 되고, 그 다음에 영구적인 흙의 변위가 발생한다. 항복이 말뚝상부에서 하부로 점진적으로 발생함에 따라 흙 저항은 말뚝의 하부로 이동한다. 두부고정말뚝은 수평이동(translation)에 의한 파괴가 발생하는 경향이 있다. 일반적인 말뚝은 두부고정이나 두부자유 어느 것도 아니다. 그것은 두부고정이나 두부자유 조건 사이에서 약한 고정도를 갖는다. 두부고정이나 두부자유 조건을 두 개의 한계조건으로 볼 수 있는데, 실무에서 밀뚝은 이 한계 내에서 거동한다.

수평하중을 받는 말뚝, 특히 무리말뚝은 해석하기가 곤란한데, 그 이유는 주로 지반과 구조물(말뚝)의 상호작용 복잡성 때문이다. 변위와 회전은 수평하중 합력이나 모멘트 합력의 방향으로 발생한다(그림 13.25 참조). 무리말뚝에서 바깥에 있는 말뚝들은 인발력(당기는 힘)과 압축력(미는 힘)을 받는 반면에, 가운데 있는 말뚝들은 상부구조물 연결 위치에서 수평이동한다. 수평하중과 모멘트를 받는 무리말뚝의 거동은 다음의 영향을 받는다.

1. 무리말뚝의 형상
2. 말뚝과 지반의 상호작용
3. 말뚝의 강도 또는 유연성
4. 하중재하조건
5. 개별 말뚝의 거동
6. 개별 말뚝의 거동 결과로부터 무리말뚝의 거동

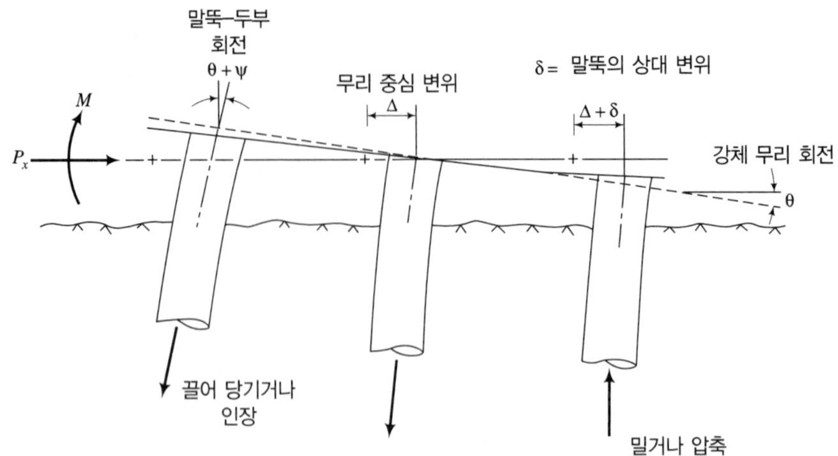

그림 13.25 수평하중을 받는 무리말뚝.

두 종류의 해석이 설계 실무에서 흔히 사용된다. 하나는 흙을 개별 스프링들로 모사하는 *p-y*(지반 반력-말뚝변위) (Reese, 1984 등) 방법이다(그림 13.26 참조). *p-y* 관계는 양질의 계측된 말뚝의 수평재하시험의 결과로부터 얻는다. 여러 종류의 흙에 대하여 *p-y*곡선을 얻는 일반적인 절차가 개발되어 있으며, 이것은 적어도 예비설계단계에서 수평하중재하시험을 수행할 필요성을 감소시킨다. 그렇지만, 그런 시험이 실현 가능하고, 경제적인 경우에는 수평재하시험을 수행하도록 추천한다. 컴퓨터 프로그램들(예, http://isddc.dot.gov/OLPFiles/FHWA/009745.pdf에서 얻을 수 있는 Com624와 여러 가지 상업용 Com624의 파생제품)은 일상적인 용도로도 이용 가능하다. *p-y*방법은 흙의 연속성과 흙의 전단저항력을 무시한다.

다른 방법은 흙을 연속적인 매체로 나타내는 연속체 해석(continuum analysis)인데, 응력-변형률 거동이나 구성관계식에 대하여 가정한다(그림 13.27 참조). 가장 간단한 응력-변형률 거동은 Hook의 법칙으로 묘사되는 탄성체 거동이다. 그 해는 작은 변형률에 대하여 말뚝의 하중-변위 거동을 나타낸다(Poulos, 1971; Randolph, 1981). 흙의 항복이나 말뚝의 항복은 이 해석으로부터 얻을 수 없다. 흙의 항복을 설명하기 위해서 흙은 탄소성(elastoplastic) 재료로 가정할 수 있다(Davies와 Budhu, 1986; Budhu와 Davies, 1987, 1988). 탄소성(강탄소성, elastic-rigid plastic) 해에 대한 컴퓨터 프로그램은 이 교재에 수반하는 www.wiley.com/college/budhu(Chapter13, APILES)에서 이용 가능하다. 이 프로그램과 *p-y* 방법에 근거한 다른 프로그램의 이용과 실무에서 결과들의 해석은 중대한 경험을 필요로 한다.

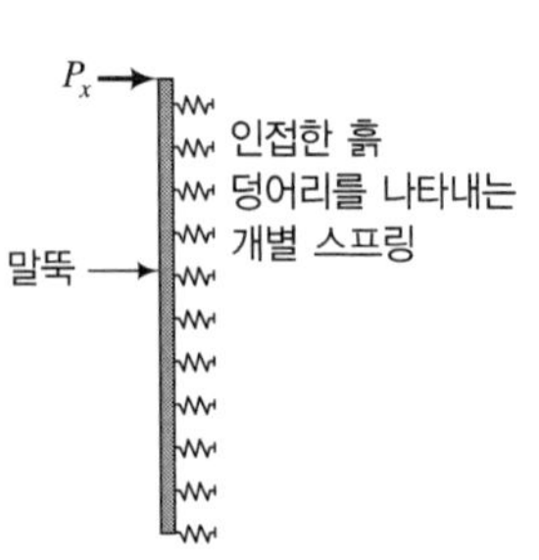

그림 13.26 인접한 흙을 일련의 개별 스프링군으로 모사.

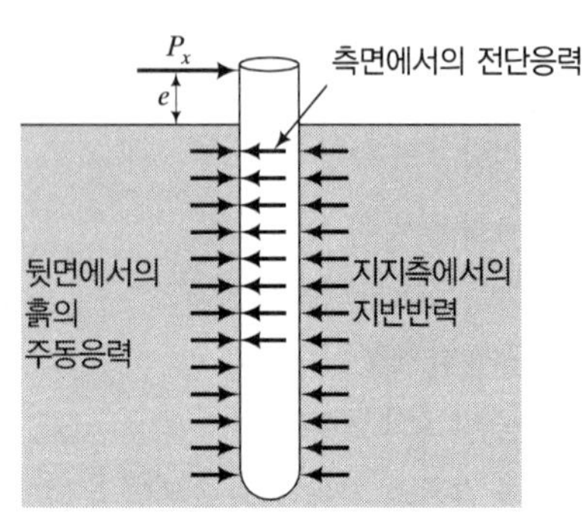

그림 13.27 흙을 연속체로 취급하여 수평하중의 결과로 말뚝 세그먼트에서의 흙의 응력.

요점정리

THE ESSENTIAL POINT ARE

1. 수평하중과 모멘트는 말뚝을 수평으로 변형시키고, 그리고 작용된 수평하중과 모멘트와의 균형을 이루기 위하여 흙은 말뚝 길이를 따라 반력을 제공하여야 한다.
2. 수평하중을 받는 말뚝의 해석은 복잡한 지반과 구조물 상호작용의 문제이다.
3. 수평하중을 받는 말뚝을 해석하는데 컴퓨터 프로그램을 이용할 수 있지만, 이러한 프로그램의 결과에 대한 이용과 해석은 많은 경험을 필요로 한다.

예제 13.14 수평하중을 받는 단일말뚝–연속체 해석

길이가 10 m이고 직경이 460 mm인 나무말뚝이 중간정도 소성도를 가진 연약한 정규압밀 점성토에 9.14 m의 깊이(L)로 근입되어 있다. 흙의 전단강도와 탄성계수는 깊이에 따라 선형 증가한다. 이러한 양질의 나무말뚝에 대한 작용응력(σ_w)은 11 MN/m^{2}이고, 탄성계수는 10.3 GN/m^{2}이다. 수평하중이 지표면에서 690 mm의 높이(e)에서 작용하고 있다. 다음 값들을 계산하라 : (1) 작용하중, (2) 작용하중에서의 수평변위, (3) 작용하중에서 최대 휨모멘트. 가정은 다음과 같다 : 부착계수, $a_u = 1$; 수평토압계수, $K_o = 1$; 유효단위중량, $\gamma' = 9.4$ kN/m^3; 깊이에 따른 비배수전단강도의 선형증가 기울기, $c = 2.7$ kN/m^3; 깊이에 따른 탄성계수의 선형증가 기울기, $m = 2.7$ MN/m^3, 즉, $m/c = 1{,}000$.

핵심전략 www.wiley.com/college/budhu, 제13장에 있는 프로그램 APILES를 사용한다.

풀이 13.14

Step 1 : 프로그램 APILES를 이용하여 쌍방향으로 입력 데이터를 입력하라.

Step 2 : 결과를 평가하라.

입력데이터와 그 결과가 다음에 나타나 있다.

TITLE: Example 13.14

Your input data are as follows.

PILE DATA

Head type: Free head with eccentricity

Eccentricity	=	0.69 m
Length	=	9.14 m
Diameter	=	0.46 m
Young's modulus	=	.10E + 08 kPa
Working stress	=	.11E + 05 kPa

SOIL DATA

Soil type: Soft clay

Effective unit weight of soil	=	9.40000 kN/m^3
Earth pressure coefficient	=	1.00
Adhesion factor	=	1.00
Young's modulus at surface	=	.00E + 00 kPa
Rate of increase of Young's modulus with depth	=	.27E + 04 kN/m^3
Undrained shear strength at surface	=	.00 kPa

Rate of undrained shear strength with depth = .27E + 01 kN/m^3

The working load is 42.54 kN; pile head displacement 5 31 mm; maximum bending moment is 95 kN.m.

Load (kN)	Disp. (mm)	Moment (kN.m)	Rotation (radians)	Rotation (kN.m)	Depth to max. B.M. (m)
4.50	1.82	3.10	.04	7.45	1.66
4.91	1.99	3.39	.04	8.14	1.66
6.65	2.74	4.59	.06	11.29	1.66
9.40	4.03	6.48	.08	16.51	1.74
12.96	5.85	8.94	.12	23.45	1.84
13.77	6.27	9.50	.13	25.06	1.85
13.88	6.32	9.57	.13	25.25	1.86
14.48	6.65	9.99	.13	26.42	1.86
18.42	8.88	12.71	.18	34.38	1.92
19.62	9.61	13.54	.19	36.98	1.94
20.79	10.35	14.34	.20	39.64	1.96
23.74	12.31	16.38	.24	46.31	1.99
28.67	15.82	19.78	.30	57.83	2.06
30.96	17.61	21.36	.34	63.71	2.10
31.31	17.90	21.61	.34	64.64	2.10
37.83	23.57	26.10	.44	81.49	2.20
39.94	25.62	27.56	.47	87.52	2.24
45.25	31.14	31.22	.57	102.82	2.34
46.58	32.56	32.14	.59	106.68	2.36
50.68	37.58	34.97	.67	119.38	2.45
55.77	44.17	38.48	.77	135.47	2.54

하중-변위 결과가 그림 E13.14에 나타나 있다.

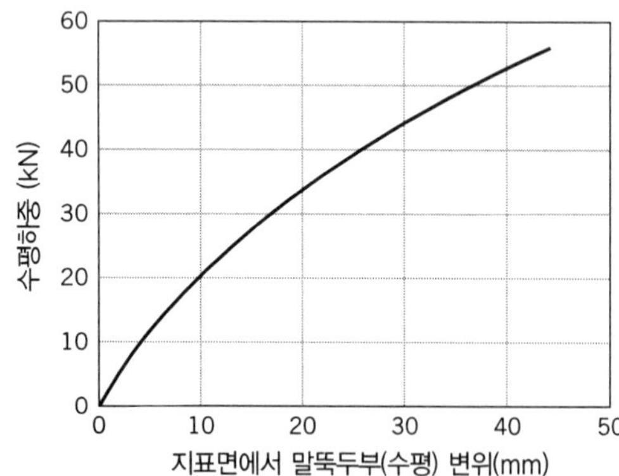

그림 E13.14

13.18 마이크로파일 Micropiles

미니말뚝(minipile), 핀말뚝(pin pile), 바늘말뚝(needle pile) 또는 뿌리말뚝(root pile)으로도 불리는 마이크로파일은 1950년대 이래로 유럽에서 사용되어 왔으며, 전세계적으로 널리 이용되고 있다. 그것들은 일반적으로 300mm 보다 작은 소구경의 말뚝이며, 특히 다음의 경우에 적당하다:

1. 접근이 제한된 지역이나 높이가 낮은 지역에서 구조물의 하중을 지지하는 경우
2. 약한 구조물의 보강/회복
3. 기초보강(underpinning)
4. 접근이 제한된 굴착과 유지보수 시스템
5. 지진 보강
6. 팽창성 지반

그것들은 기존 말뚝의 대안이나 또한 옹벽구조물이나 사면에서 앵커를 대신하는 것으로 사용된다. 시공 방법은 용도에 따라 달라진다(표 13.5 참조).

마이크로파일의 설계는 여러 단계들과 다년간의 적절한 경험을 필요로 한다. 이러한 내용은 이 교재의 범위를 벗어난 것이다. 설계 정보를 위하여 독자들은 "FHWA, Micropile Design and Construction Guidelines, Implementation Manual, Pubblication No. FHWA-SA-97-070, 2000"을 참고하면 된다.

표 13.5 소구경 말뚝의 설치와 지지력의 요약

종류	지반 조건	시공방법	지지력 (kN)
항타 또는 압입	굳은 흙 위에 느슨하거나 연약한 흙	상부 지층을 항타나 압입으로 관통하여 굳은 층에 근입	25~300
다짐 그라우트	느슨한 모래질 흙	케이싱 속에 그라우트를 주입하고 다짐	150~750
제트 그라우트	느슨한 흙	압력을 주어서 그라우트 주입	500~1500
포스트 그라우트	느슨한 흙	튜브를 소구경 말뚝 하부까지 넣은 다음에 고압으로 그라우트 주입	400~1000
침투 그라우트	느슨한 흙	빈 간극을 채우기 위하여 압력을 주어 그라우트 주입	250~705
현장타설	견고한 흙 또는 암석	나선형 오거로 천공한 다음, 현장타설과 유사하게 오거를 제거하면서 그라우트 주입	500~1000

13.19 요약

말뚝은 얕은기초로 지지할 수 없는 구조물의 하중을 지지하는데 사용된다. 널리 사용되는 말뚝재료는 강재, 콘크리트와 목재이다. 말뚝 종류의 선택은 적용성, 주변 환경조건, 말뚝시공방법과 비용에 따라 달라진다. 말뚝의 지지력은 정확하게 평가될 수 없는데, 그 이유는 시공방법이 항상 말뚝 근처 흙의 성질을 바꾸기 때문이다. 우리는 이러한 변화가 어느 정도인지 알지 못한다. 말뚝의 지지력과 침하에 대한 공식들은 추정값을 제공할 뿐이다. 말뚝재하시험에 의한 지지력 평가를 선호하지만, 이러한 시험은 비용이 비싸고, 오직 대형 프로젝트에서만 경제적이다.

자력평가

www.wiley.com/college/budhu에 접속하여 제 13장의 이해도를 측정하기 위한 퀴즈를 풀어라.

실용 예제

예제 13.15 어항 시설물(Fish Port Facility)에 대한 말뚝 설계

어항 시설물이 그림 E13.15(a), (b)에서 보는 바와 같이 해안가 지역에 건설될 예정이다. 지반조사로부터 우세한 두 개의 퇴적층이 나타났다. 하나는 매우 연약한 정규압밀 점토층이고, 다른 하나는 견고한 과압밀된 점토층이다. 두 지층에 대한 흙의 데이터는 그림 E13.15(c)에 주어져 있다. *A*(그림 E13.15)에서 600 kN의 설계 축하중(사용하중)을 지지하기 위하여 말뚝형태(단일말뚝 또는 무리말뚝), 말뚝길이, 그리고 예상되는 침하량을 결정하라. 평균 직경 0.38 m와 평균 길이 18 m의 나무말뚝을 손쉽게 이용할 수 있다. 말뚝의 탄성계수는 E_p = 20,000 Mpa이다. 침하는 말뚝직경의 0.5%를 초과해서는 안된다. 조수작용 지역 내에 위치한 말뚝 축은 부패방지를 위한 처리를 할 예정이다. 이 지역에 대한 경험으로부터, 견고한 과압밀된 점토층에서 말뚝을 8 m 이상 항타관입하기는 곤란하다. 항타관입은 말뚝두부를 손상시키는 경향이 있으므로 말뚝두부에서 0.25 m를 절삭하여야 한다.

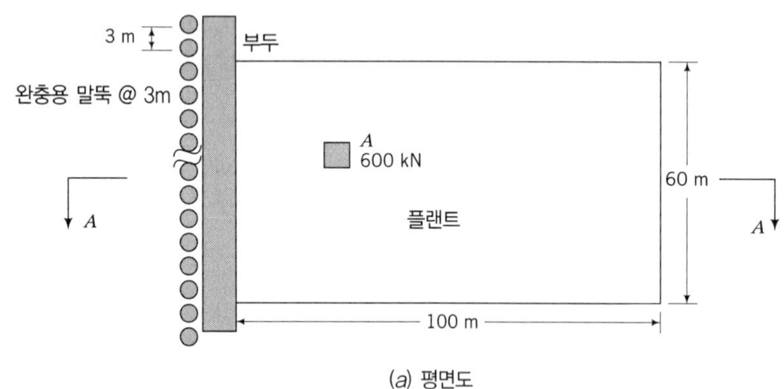

(a) 평면도

그림 E13.15

(계속)

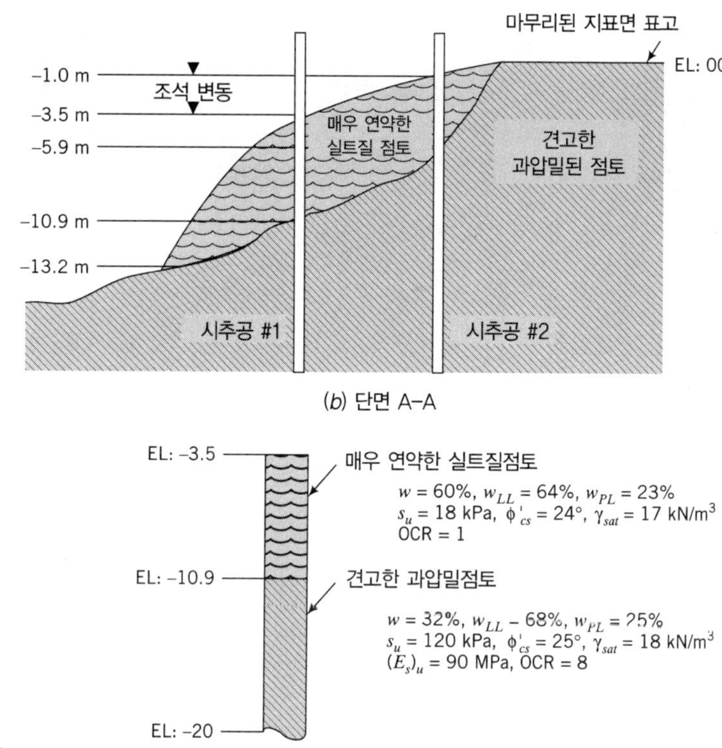

(*b*) 단면 A–A

(*c*) 시추공 # 1

그림 E13.15 (계속)

핵심전략 매우 연약한 실트질 점토층은 말뚝에 부마찰력을 야기할 것 같다. 이용 가능한 말뚝길이 전체가 사용될 수 있다고 가정하여 단일말뚝의 지지력을 평가해야 한다. 만약 단일말뚝으로 하중을 지지할 수 없다면 무리말뚝으로 설계하여야 한다. 부마찰력을 고려할 때에 ESA를 사용한다.

풀이 13.15

Step 1 : 기하학적 정수 α, β와 N_q를 결정하라.

$$D = 0.38\ \text{m};\ \ 둘레 = \pi D = \pi \times 0.38 = 1.19\ \text{m};$$

$$A_b = \frac{\pi D^2}{4} = \frac{\pi \times 0.38^2}{4} = 0.113\ \text{m}^2$$

시추공 #1로부터, 연약 점토층에서 말뚝의 길이: $L_1 = 7.4$ m

견고한 점토층에서 말뚝의 길이: $L_2 = 18 - 7.4 - 3.5 - 0.25 = 6.85$ m

0.25 m는 말뚝두부에서의 절단길이이고, 3.5 m는 마무리 지표면에서 연약한 점토층의 표면까지의 거리이다.

$$연약\ 점토층:\ \ \beta = (1 - \sin 24°)\tan 24°(1)^{1/2} = 0.26$$

$$견고한\ 점토층:\ \ \beta = (1 - \sin 25°)\tan 25°(8)^{1/2} = 0.76$$

$\psi_p = \pi/2$로 가정하면, 다음과 같다.

$$N_q = \left[\tan 25° + \sqrt{1 + \tan^2(25°)}\right]^2 \exp\left(2\frac{\pi}{2}\tan 25°\right) = 10.7$$

Step 2 : 단일말뚝에 대한 부마찰력을 계산하라.

매우 연약한 점토층에서 전 말뚝길이에 대하여 부마찰력을 가정하는 것이 보수적인 계산방법이다.

$$\text{연약 점토층:}\quad \gamma' = 17 - 9.8 = 7.2\ \text{kN/m}^3$$

$$\text{연약 점토층의 상부 절반의 중심:}\quad \sigma'_z = 7.2 \times \frac{3.7}{2} = 13.3\ \text{kPa}$$

$$Q_{nf} = \beta\sigma'_z \times \text{둘레} \times L_1$$

$$Q_{nf} = 0.27 \times 13.3 \times 1.19 \times 7.4 = 32\ \text{kN}$$

Step 3 : 단일말뚝에 대한 굳은 점토층에서 지지력을 계산하라.

$$\text{견고한 점토층:}\quad \gamma' = 18 - 9.8 = 8.2\ \text{kN/m}^3$$

$$\text{견고한 점토층의 중심:}\quad \sigma'_z = 7.2 \times 7.4 + 8.2 \times \frac{6.85}{2} = 81.4\ \text{kPa}$$

$$\text{견고한 점토층의 바닥:}\quad (\sigma'_z)_b = 7.2 \times 7.4 + 8.2 \times 6.85 = 109.5\ \text{kPa}$$

$$Q_f = \beta\sigma'_z \times \text{둘레} \times L_2 = 0.76 \times 81.4 \times 1.19 \times 6.85 = 504\ \text{kN}$$

$$Q_b = N_q(\sigma'_z)_b A_b = 10.7 \times 109.5 \times 0.113 = 132\ \text{kN}$$

Step 4 : 단일말뚝의 허용지지하중을 계산하라.

$$Q_a = \frac{Q_f + Q_b}{3} - Q_{nf} = \frac{504 + 132}{3} - 32 = 180\ \text{kN}$$

단일말뚝은 설계 하중에 대하여 부적절하다.

Step 5 : 무리말뚝에 대한 블록파괴를 결정하라.

요구되는 말뚝갯수 $= \dfrac{600}{180} = 3.3.$

간격이 1 m인 2 × 2형태의 말뚝 4개를 가정한다:

$$\frac{s}{D} = \frac{1}{0.38} = 2.6$$

$$B_g = L_g = s + D = 1 + 0.38 = 1.38\ \text{m};$$

$$\text{주면장} = (1.38 + 1.38) \times 2 = 5.52\ \text{m};\quad A_b = 1.38^2 = 1.9\ \text{m}^2$$

$$\text{연약 점토층:}\quad Q_{nf} = 0.26 \times 13.3 \times 5.52 \times 7.4 = 147\ \text{kN}$$

$$\text{견고한 점토층:}\quad (Q_f)_g = 0.76 \times 81.4 \times 5.52 \times 6.85 = 2339\ \text{kN}$$

$$\text{견고한 점토층:}\quad (Q_b)_g = 10.7 \times 109.5 \times 1.9 = 2226\ \text{kN}$$

Step 6 : 블록파괴 형태에 대한 허용지지하중을 계산하라.

$$(Q_a)_g = \frac{(Q_f)_g + (Q_b)_g}{3} - Q_{nf} = \frac{2339 + 2226}{3} - 147 = 1375\ \text{kN}$$

Step 7 : 단일말뚝 파괴형태에 대한 허용지지하중을 계산하라.

$$n = 4\text{개}$$

$$(Q_a)_g = nQ_a = 4 \times 180.6 = 722\ \text{kN}$$

그러므로 2 × 2 무리말뚝이 적절하다. 단일말뚝 파괴형태가 설계를 좌우한다.

Step 8 : 침하를 계산하라.

전설계하중, $Q_a = 600$ kN이 굳은 점토층 내에서 주면마찰(플로우팅파일)에 의해 지지되는 것으로 가정한다.

$$\text{말뚝 당 작용하중}\,(Q_{af}) = \frac{600}{4} = 150\text{ kN}$$

$$\frac{L}{D} = \frac{L_2}{D} = \frac{6.85}{0.38} = 18$$

식 (13.53)을 이용하여 탄성침하량을 계산하면, 다음과 같다.

$$I = 0.5 + \log(18) \approx 1.8$$

$$\rho_{es} = \frac{Q_{af}}{(E_{so})_u L_2} I = \frac{150}{90{,}000 \times 6.85} \times 1.8 = 0.43 \times 10^{-3}\text{ m} \approx 0.4\text{ mm}$$

$$\rho_p = \frac{0.5 Q_{af} L}{E_p A_p} = \frac{0.5 \times 150 \times 6.85}{20 \times 10^6 \times 0.113} = 227 \times 10^{-6}\text{ m} \approx 0.2\text{ mm}$$

식 (13.63)으로부터: $R_s = n^{\Phi}$

$\Phi = 0.5$로 가정: $R_s = 4^{0.5} = 2$

$$(\rho_e)_g = R_s \rho_{es} + \rho_p = 2 \times 0.4 + 0.2 = 1.0\text{ mm}$$

$$\frac{(\rho_{es})_g}{D} = \frac{1.0}{380} = 2.6 \times 10^{-3} \approx 0.2\%$$

예제 13.16 현장타설말뚝의 설계

컴퓨터 프로그램 활용

www.wiley.com/college/budhu 에 접속하여 Chapter 13을 클릭한 다음, piles.xls를 실행하여 수직의 현장타설말뚝의 지지력을 계산하라.

그림 E13.16(a)에서 보는 바와 같은 대표적인 지층구조를 갖는 어떤 부지에 건물이 건설될 예정이다. 근처에 비슷한 크기의 건물이 말뚝기초로 건설되어 있다. 이 부지 근처에서 항타말뚝에 대한 이전의 기록에서 항타동안 먼저 항타관입된 말뚝들이 매우 심하게 솟아오른다는 사실을 알려 주고 있다. 이와 더불어 말뚝항타 소음이 이웃에 큰 문제가 되었다. 결과적으로 현장타설말뚝을 고려하여야 한다. 그림 E13.16(b)에서 보여준 두 개의 기둥하중에 대하여 수직의 현장타설말뚝을 설계하라. 원하는 안전율은 2.5이고, 기둥 간격은 7 m이다. 지하수위는 마무리된 지표면에서 2 m 아래에 놓여 있다.

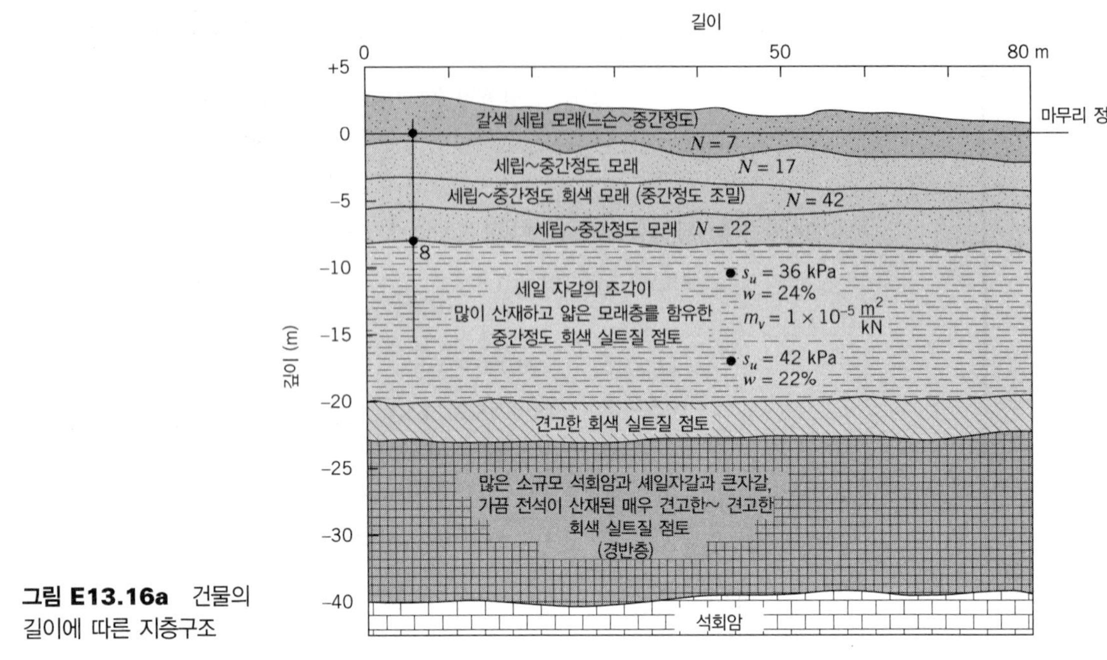

그림 E13.16a 건물의 길이에 따른 지층구조

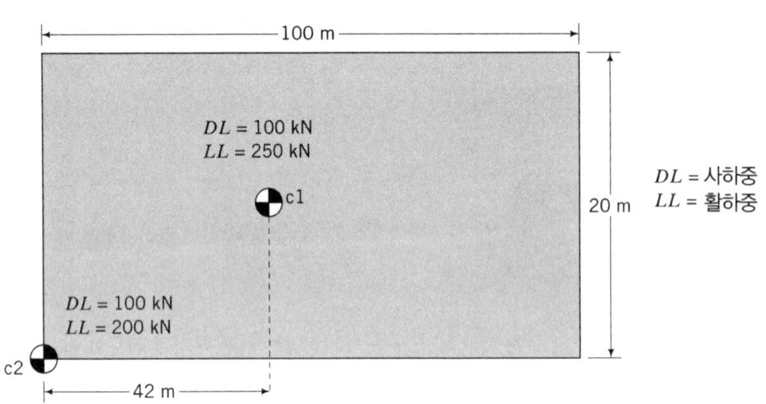

그림 E13.16b

핵심전략 구역에서 사용된 표준크기를 수용하여 현장타설말뚝의 직경을 선택하라. 지층구조를 조사하고, 어떤 지층이 선단지지층으로 가능성이 있는지를 결정하라. 지금 여러 가지 근입깊이에 대한 주면마찰력과 선단지지력을 계산하라. 한 개의 말뚝에 대하여 최대 직경(D_{max})이 말뚝 간격 $3D_{max}$이상 인지를 검토할 필요가 있다. 만약 그렇지 않다면, 무리말뚝 거동을 고려하여야 한다.

풀이 13.16

Step 1 : 다음 조건을 만족하는 현장타설말뚝의 직경을 선택하라.

$$D_{max} < \frac{\text{기둥간격}}{3} = \frac{7}{3} = 2.33 \text{ m}$$

$D = 0.6$ m로 가정한다.

Step 2 : 선단지지층을 선택하라.

지층구조를 조사한 결과로부터, 먼저 중간정도 회색의 실트질 점토층을 선단지지층으로 적용한다. s_u의 평균값을 (36 + 42)/2 = 39 kPa으로 선택한다. 중간정도 조밀한 모래층이 더 높은 N값을 가지지만, 지층두께가 너무 크게 변한다. 말뚝 축은 이 층을 관통할 수 있다. 말뚝선단 아래 적어도 직경의 3배 두께를 갖는 것이 최선이다.

Step 3 : 여러 가지 말뚝길이에 대한 주면마찰력과 선단지지력을 계산하라.

현장타설말뚝(수직의 축)에서 마무리 지반 아래 상부 1.5 m와 또한 말뚝선단의 1D부분에서의 주면마찰력은 무시한다. 모래층의 단위중량에 대한 자료는 제공되지 않기 때문에, 부록 A의 표 A.11에 주어진 상관관계를 이용한다.

주면마찰력

$$\text{모래층}: f_s = \beta\sigma'_z$$
$$\text{점토층}: f_s = \alpha_u s_u$$

α_u와 β는 식 (13.39)와 (13.42)를 참조한다.

선단지지력

$$\text{점토층}: f_b = N_c(s_u)$$

N_c에 대해서는 식 (13.40)을 참조한다.

스프레드시트를 만들어서 계산을 수행하라. www.wiley.com/college/budhu에 있는 스프레드시트 piles.xls와 작업표(worksheet) drilledshafts.xls를 이용하라.

작업표에서 주면마찰력을 위한 전응력, 유효응력과 간극수압은 각 깊이 요소의 중간 깊이에서 계산된다.

Step 4 : 계산된 주면마찰력과 선단지지력을 평가하고, 말뚝길이를 결정하라.

작업표 drilledshafts.xls에서, 상부 1.5 m와 선단 위로 말뚝직경 1배 길이에 대한 마찰력은 Y열과 Z열에 있는 극한마찰력에서 빼야 한다. 결과에서 TSA가 설계를 지배하는 것으로 나타났다.

Pile c1

작용 수직하중 = Q_a = 350 kN

설계하중 = Q_{ult} = (FS) × Q_a = 2.5 × 350 = 875 kN

0.6 m의 말뚝직경을 선택한다.

pile.xls에서 현장타설말뚝 작업표의 한 예가 표 E13.16(a)에 나타나 있다.

표 E13.16a

육각의 연직 현장타설말뚝

단위	SI	FS	2.5		
설계하중	350 kN	무리말뚝	NO	극한하중	875 kN
축의 지름	0.6 m				
선단부의 깊이	8 m				
지하수위	2 m				
“N”값 사용여부	yes				
둘레	1.88 m				
면적	0.28 m^2				
최대 선단지지력	2900 kPa				

층번호	층의 상부까지 깊이 (m)	두께 (m)	중심부 깊이 (m)	흙의 종류	단위 중량 (kN/m³)	ϕ'	s_u (kPa)	OCR	N_{60}
0	0	0	0		0	0	0	0	0
1	1.5	1.5	0.75	s	15.5				7
2	4	2.5	2.75	s	17				17
3	6	2	5	s	20				42
4	8	2	7	s	17.5		0		22
5	10	2	9	c	20	27	39	4	
6	12	2	11	c	20	27	39	4	

Pile c2

작용 수직하중 = Q_a = 300 kN

설계하중 = Q_{ult} = 2.5 × 300 = 750 kN

그림 E13.16(c)는 근입길이(깊이)에 따른 극한주면마찰력과 극한지지력의 관계를 보여준다.

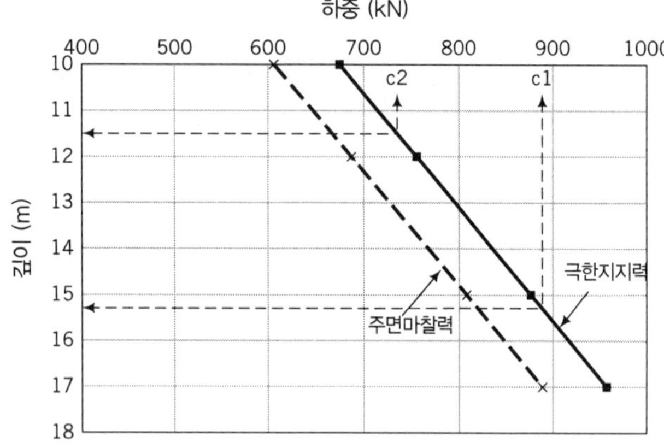

그림 E13.16c

지금까지 해석의 요약이 표 E13.16(b)에 나타나 있다.

표 E13.16b

현장타설말뚝	직경 (m)	근입길이 (m)	$\frac{Q_f}{Q_{ult}}$	$\frac{Q_a}{Q_f}$
c1	0.6	15	$\frac{800}{890} \times 100 = 90\%$	$\frac{350}{800} = 0.44$
c2	0.6	11.5	$\frac{660}{750} \times 100 = 88\%$	$\frac{300}{660} = 0.45$

대부분의 하중은 주면마찰력으로 전이된다. 이러한 현장타설말뚝은 마찰말뚝이다.

Step 5 : 주면마찰력과 선단지지력으로부터 침하를 평가하라.

작용하중은 주면마찰력으로 전이되는 것으로 가정한다. 평균 $\frac{Q_a}{Q_f}$ = 0.45 와 그림 13.21(c)의 중간 추세선을 이용한 침하는 말뚝직경의 2%(0.002 × 600 = 1.2 mm)이다.

Step 6 : 압밀침하를 계산하라.

작용하중은 마무리된 지표면에서 2/3L 깊이로 전달된다(그림 E13.16(d) 참조). 말뚝선단아래 직경의 3배에 해당하는 지층의 유효 두께가 압밀침하의 계산을 위한 것으로 가정한다. 유효두께의 중간에서 수직응력의 증가는 다음과 같이 2:1 방법으로 계산한다.

$$\Delta\sigma_z = \frac{Q_a}{\frac{\pi}{4}\left(D + \frac{L}{3} + \frac{3D}{2}\right)^2}$$

압밀침하는 다음 식으로 계산한다.

$$\rho_{pc} = m_v H \Delta\sigma_z = m_v(3D)\,\Delta\sigma_z$$

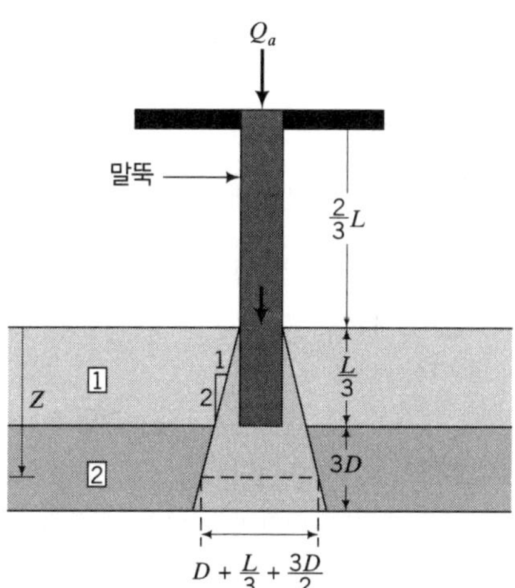

그림 E13.16d

계산을 위하여 다음의 표를 참고하라.

Q_a (kN)	L (m)	(1/3)L +3D/2 (m)	$A = \frac{\pi}{4}\left(D + \frac{L}{3} + \frac{3D}{2}\right)^2$ (m²)	$\Delta\sigma_z$ (kPa)	ρ_{pc} (mm)
350	15	5.9	33.2	10.5	0.2
300	11	4.6	21.2	14.2	0.3

Step 7 : 설계를 요약한다.

말뚝	Q_a(kN)	저항력	전 침하	부등침하
c1	350	마찰력	1.4	≈0
c2	300	마찰력	1.5	≈0

다른 축 직경을 이용하여 다른 해를 조사할 수 있다.

연습문제 EXERCISES

기본문제

N_q에 대하여 식(*13.24*)를 이용하고, 말뚝–흙 사이의 마찰각은 기본적으로 한계상태 마찰각과 같다.

13.1 공장건물 부지에서, 지층은 두꺼운 조밀한 모래층(> 10 m) 위에 2.3 m의 성토층과 8 m의 연약한 점토층으로 구성되어 있다. 현재의 지하수위는 지표면 아래 4 m에 위치하고 있지만, 계절적으로 지표면에서부터 그것 아래 약 5 m까지 변동한다. 평균 기둥하중은 사하중 200 kN과 활하중 150 kN으로 구성된다. 예비설계를 위하여 다음 사항을 기술하라: (a) 선택할 수 있는 말뚝의 종류, (b) 필요하다고 생각되는 최소 길이, 그리고 (c) 가능한 시공방법. 각각의 답에서 충분한 설명이 주어져야 한다.

13.2 느슨–중간 정도의 모래질 흙에 설치된 21 m길이와 직경 0.8m의 강관말뚝에 대한 정적재하시험이 수행되었다. 말뚝은 항타 시공되었다. 선택된 하중–변위 데이터는 다음 표와 같다. (a) 사용성한계상태가 12 mm이라면, 허용하중을 결정하라. (b) 최대하중이 극한하중인가? 답을 정당화하라. (c) 데이터를 해석하는데 있어서 고려해야 하는 일부 논점에 대하여 토의하라.

하중(kN)	0	800	1100	2250	2800	3200	3500	3600	3620	3618
변위(mm)	0	2.5	3.8	7.5	10	12.5	15	20	21	26

13.3 O-cell을 이용한 정적재하시험이 직경 1.8 m, 길이 25 m(근입길이)의 현장타설말뚝에 대하여 수행되었다. 지층구성은 표 P13.3(a)와 같이 주어진다((-)부호는 지표면 아래를 의미한다). 하중-침하 데이터는 표 P13.3(b)와 같다. (a) 예제 13.3에서 보는 바와 같이 지층구성과 현장타설말뚝의 적절한 스케치를 작성하라. (b) 극한주면마찰력과 극한선단지지력을 결정하라. (c) 안전율이 2라고 가정한다면, 허용하중과 침하를 결정하라. 답변을 정당화 하라.

표 P13.3(a)

표고 (m)	5∼−3.4	−3.4∼−17.6	−17.6∼−38.2
흙 종류	모래질 가소성 점토 (CH)	자갈 섞인 실트질 모래 (SM)	이암(mudstone) 또는 연암

표 P13.3(b)

하중(MN)	0	1	5	8	10	15	20	25	27	27.2	27.1	0
상향변위(mm)	0	0.4	0.8	1	1.2	1.5	3.4	6.5	8	9.2	10.8	9.0
하향변위(mm)	0	−0.5	−6	−10	−11	−16	−21	−29	−43	−40	−41	−37

13.4 그림 P13.4에 보여준 하중을 지지하기 위하여 필요한 항타 나무말뚝의 길이(L)를 결정하라. 말뚝의 직경은 450 mm이다. 필요로 하는 안전율은 2이다. 말뚝-흙 사이의 접촉 마찰각은 한계상태 마찰각과 같다고 가정한다.

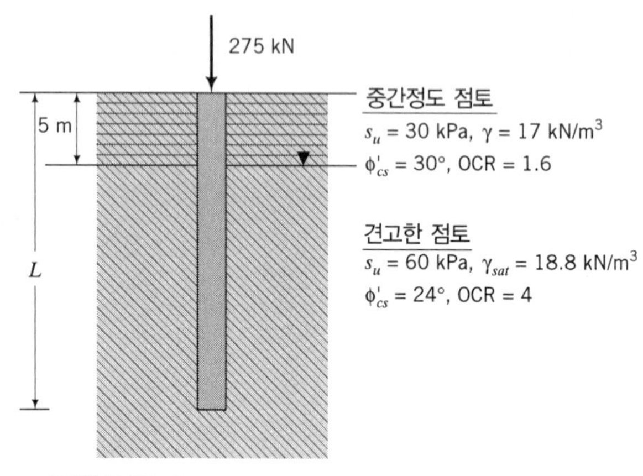

그림 P13.4

13.5 직경 0.4 m이고, 그림 P13.5와 같은 지층에 20 m 관입된 폐단 강관말뚝의 허용지지력을 결정하라. 지하수위는 지표면 아래 2 m에 있지만, 지하수위가 지표면까지 상승하는 것으로 가정할 수 있다. 필요한 안전율은 2이고, 부마찰력은 무시한다.

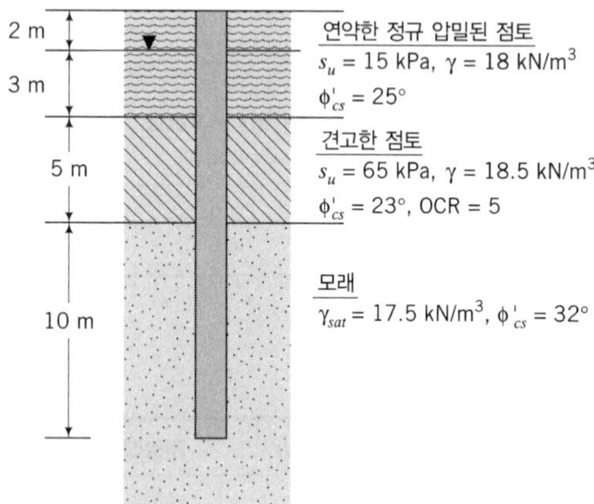

그림 P13.5

13.6 한 변이 0.4 m인 정사각형 프리케스트 콘크리트 말뚝이 그림 P13.6과 같은 지층에 12 m 항타관입될 예정이다. 안전율 2일 때 허용지지력을 평가하라. 설계요구조건의 변경 때문에 말뚝은 20% 이상의 하중을 더 지지하여야 한다. 추가적으로 필요한 근입깊이를 결정하라.

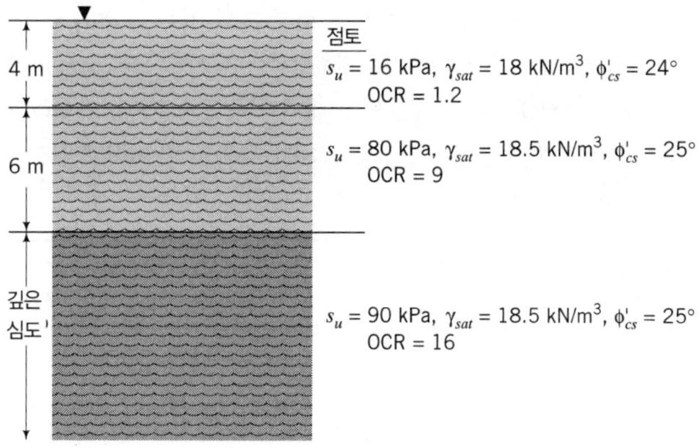

그림 P13.6

13.7 그림 P13.7과 같은 지층에 17 m 관입된 직경 0.5 m의 선단폐쇄 강관말뚝의 허용지지력을 평가하라. 필요로 하는 안전율은 2이고, N 값은 1 ft당 타격수이다. 항타말뚝과 현장타설말뚝의 지지력을 비교하라.

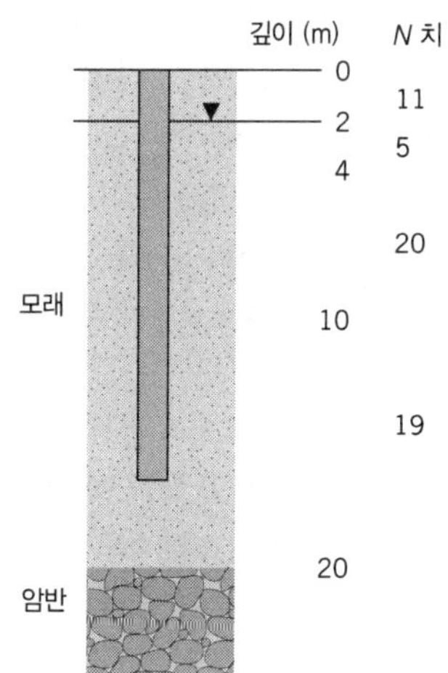

그림 P13.7

13.8 해안구조물을 위한 어떤 부지에서 지층구조가 그림 P13.8과 같다. 모래층 지표면 위로 올라온 말뚝의 높이는 15 m이다.

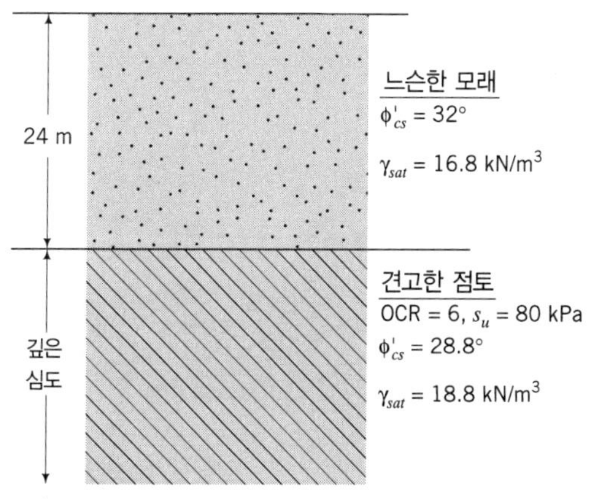

그림 P13.8

직경 1.25 m이고 견고한 점토층에 10 m 관입된 선단폐쇄 강관말뚝의 허용지지력을 결정하라. 필요한 안전율은 2이다.

13.9 두꺼운 점토층 위에 3 m의 느슨하고 포화된 성토층(ϕ'_{cs} = 15°, γ_{sat} = 15 kN/m^3)이 놓여 있다. 3 m의 성토층은 안정된 것으로 가정할 수 있다. 8 m 이상의 깊이에서 $\dfrac{s_u}{\sigma'_{zo}} = 0.235$, OCR = 1, ϕ'_{cs} = 28°, 그리고 γ_{sat} = 17.8kN/m^{3}이다. 지하수위는 지표면 아래 3 m에 있다. 3 m에서 8 m까지 점토층의 비배수전단강도는 $\dfrac{s_u}{\sigma'_{zo}} = 0.5\sin\phi'_{cs}(\text{OCR})^{0.8}$에 따라 변화하고, 평균 포화단위중량은 19.8 kN/m^{3}이다. (a) 점토층 20m까지 깊이에 따른 전단강도의 변화를 그래프로 작성하라. (b) 성토층은 현장타설말뚝의 지지력에 어떤 영향을 미치는가? 지지력에 미치는 성토층의 부정적인 영향을 완화시키는 하나의 방법에 대하여 설명하라. (c) 직경 0.8 m이고, 지표면에서 18m 근입된 항타 프리케스트 콘크리트 말뚝의 극한지지력을 결정하라.

13.10 3 × 3 배열의 나무 무리말뚝의 허용지지력을 평가하라. 각 말뚝의 직경은 0.4 m이고, 연약한 점토층(OCR = 1.2)에 15 m 관입되어 있으며, 비배수전단강도는 깊이에 대하여 $s_u = 0.25\sigma'_z$로 증가한다. 한계상태 내부마찰각은 30°이고, γ_{sat} = 18 kN/m^{3}이다. 말뚝 간격은 1.5 m이다. 지하수위는 지표면에 놓여 있고, 필요한 안전율은 3이다.

실용문제

13.11 어떤 부지에서 지층구조와 흙의 특성은 다음의 표와 같다. 길이 12 m이고 3 × 4 배열의 12개 콘크리트 무리말뚝이 하중을 지지한다. 말뚝직경은 0.45 m이고, 말뚝간격은 1.5 m이다. 안전율 2에 대한 허용하중을 결정하라. 허용하중 상태에서 진 침하량(탄성침하와 압밀침하)을 계산하라. $E_p = 20 \times 10^6$ kPa로 가정한다.

깊이 (m)	흙의 종류	시험 결과
0~3 지하수위: 3m	모래	γ = 17kN/m^3, ϕ'_{cs} = 28° E_{so} = 19 MPa
3~6	모래	γ_{sat} = 17.5kN/m^3, ϕ'_{cs} = 30° E_{so} = 18 MPa
6 ~ 15	점토	γ_{sat} = 18.5 kN/m^3, ϕ'_{cs} = 27° s_u = 30 kPa, C_c = 0.4, C_r = 0.06, OCR = 1.5 E_{so} = 30 MPa, ν' = 0.3
15~17	연약 점토	γ_{sat} = 18kN/m^3, ϕ'_{cs} = 24° s_u = 20 kPa, C_c = 0.8, OCR = 1.0 E_{so} = 10 MPa, ν' = 0.3
>17	암반	

13.12 어떤 부지에서 흙이 30 m 두께의 점토 퇴적물로 이루어져 있다. 6 m 이하의 깊이에서는 정규압밀점토이다. 이 깊이에서 시료를 채취하여 직접단순전단시험(DSS)을 실시하였다. DSS 시험결과, 정규화된 비배수전단강도는 $\left[\frac{(s_u)_f}{\sigma'_{zo}}\right]_{DSS} = 0.22$ 이고, 여기서 아래첨자 f는 파괴(한계상태)를 의미한다. 평균 포화단위중량은 19.8 kN/m^{3}이고, 지하수위는 지표면에 있다. 제11장으로부터 정규화된 비배수전단강도는 $\left[\frac{(s_u)_f}{\sigma'_{zo}}\right]_{DSS} = \frac{\sqrt{3}\sin\phi'_{cs}}{2}\left(\frac{OCR}{2}\right)^{0.8}$ 로 주어진다. (a) 30 m 깊이까지 깊이에 따른 비배수전단강도 관계를 그려라. (b) 항타 슈가 달린 항타관입된 직경 1.5 m, 길이 15 m, 두께 65 mm의 선단폐쇄 강관말뚝(배토말뚝(displacemetn pile))의 허용지지력을 평가하시오.

13.13 직경 500 mm의 현장타설말뚝 10개로 이루어진 무리말뚝이 그림 P13.13에서 보는 바와 같이 교량의 교대를 지지한다. 양방향으로 말뚝간격은 2 m이다. 지층구조는 중간정도 모래층 (γ_{sat} = 20 kN/m^3) 위에 2 m 두께의 가는 모래(γ = 19 kN/m^3)로 구성되어 있다. 지하수위는 지표면 아래 2m에 위치한다. SPT결과는 다음의 표에 나타나 있다. FS = 2에 대한 무리말뚝의 길이를 결정하라. SPT 결과는 15 m이상의 깊이에서 일정하다.

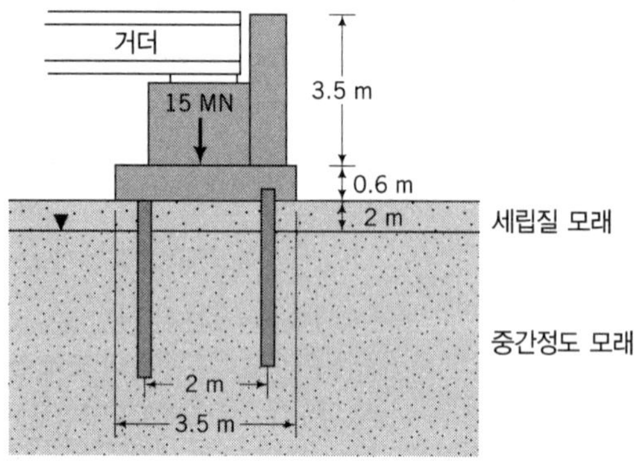

그림 P13.13

깊이 (m)	1	2	3	5	7	9	10	12	15	>15
N_{60} (타격수/ft)	5	5	7	12	16	18	19	25	38	42

13.14 그림 E13.8에서 보여준 CPT 데이터에 대하여, 10m 깊이에 항타관입된 개단 강관말뚝(D = 300 mm, D_i = 270 mm)의 극한압축지지력을 결정하라. 석회질 흙과 δ_{cv} = 24 °로 가정한다. 만약 주면마찰력을 측정하지 않았다면, δ_{cv} = 24°에 대하여 그것을 평가하라.

13.15 탄성계수 E_p = 10 GPa인 직경 500 mm의 나무말뚝이 중간-견고한 균질 점토층(s_u = 40 kPa, γ_{sat} = 18.8 kN/m^3, E_s = 10 GPa)에 8 m관입되어 있다. 말뚝의 사용응력(working stress)은 10 MPa이다. 지하수위는 지표면에 있다. 응용 소프트웨어 프로그램인 APILES(www.wiley.com/college/budhu)을 이용하여 다음 사항을 풀이하라: (a) 말뚝머리 자유조건, 토압계수 K_s = 1 과 부착계수 0.5로 가정하여 수평하중-말뚝두부변위의 관계를 그리시오. (b) 허용수평하중을 결정하라. (c) 허용하중에서 최대 휨모멘트를 결정하라. (d) 사용하중에서 말뚝두부변위를 결정하라. APILES에서 옵션1, 굳은 점토를 선택하고, 커서가 깜빡거릴 때 흙의 유효단위중량을 입력하라. APILES는 APILES을 포함하고 있는 폴더에서 'apiles.txt' 라는 텍스트 파일을 생성한다. 그 데이터를 엑셀로 복사하여 하중-변위 곡선을 작성할 수 있다.

CHAPTER 14

흙 속에서 물의 2차원 흐름

TWO-DIMENSIONAL FLOW OF WATER THROUGH SOILS

14.0 서론

본 장에서는 흙 속에서 물의 2차원 흐름의 기본원리에 대해서 다룬다. 특히, 파괴를 유발시키는 지하수위의 흐름에 의해 발생하는 힘의 이해에 중점을 둘 것이다. 몇몇의 간단한 지반공학시스템에 대해 유량, 간극수압 분포, 양압력, 그리고 침투력에 대한 계산 방법을 배우게 될 것이다.

14장을 마쳤을 때, 당신은 아래의 내용을 할 수 있어야 한다.

- 지반구조물 아래와 내부에서 흐름 계산
- 침투응력, 간극수압 분포, 양압력, 동수경사 및 한계동수경사의 계산
- 2차원 물의 흐름에 대한 간단한 지반시스템의 안정성 평가

본 장의 이해를 돕기 위해서는 이전 장들이나 역학교과목에서 배운 다음의 원리 활용이 필요하다.

- 정역학
- 동수경사, 흙 속에서의 물의 흐름(제 6장)
- 유효응력과 침투(제 7장)

중요사항

지반공학 분야에서는 지하수위의 흐름이 지반을 불안정하게 하여 결국은 갑작스러운 파괴를 야기하는 경우가 빈번하게 발생한다. 그로 인한 인명피해 및 사회기반시설이 손상되거나 파괴되어 큰 경제적 손실이 발생한다. 이 장에서 다루는 주제는 지하수위의 흐름이 지반의 불안정을 야기하는 지반공학시스템의 해석 및 설계를 수행할 때 발생될 수 있는 예기치 못한 장애 및 위험요소를 피하는데 도움이 될 것이다. 그림 14.1은 침투력에 의해 하수관 및 버팀굴착벽의 붕괴를 보여주고 있다. 우리는 이러한 붕괴를 예방하기 위한 노력을 해야 한다.

14.1 용어 정의

등수두선 : 유선상에 수두가 서로 같은 점을 연결한 선

그림 14.1 침투압에 의한 버텀굴착벽체의 피해사례

유선 : 물 입자의 흐름 경로

유선망 : 흐름장을 도식화하여 표현한 것

침투응력 : 흙 속으로 물이 흐름으로 인하여 흙에 작용하는 응력(관에서의 마찰응력과 유사)

정적액상화 : 침투로 인해 유효응력이 0으로 감소되어 흙이 점성유체와 같은 거동을 보이는 현상

14.2 이해를 돕기 위한 질문

1. 2차원적 물의 흐름에 대한 지배방정식은 무엇이고, 그것의 해를 구하기 위해 도입된 방법은 무엇인가?

2. 유선과 등수두선은 무엇인가?

3. 유선망은 무엇인가?

4. 유선망은 어떻게 작도하는가?

5. 유선망은 어떻게 활용되는가?

6. 한계동수경사는 무엇인가?

7. 기초 흙막이 주변 및 댐의 하부에서 간극수압 분포를 어떻게 계산하는가?

8. 양압력은 무엇이고 어떻게 계산하는가?

9. 정적액상화, 히빙(heaving), 분사현상(quicksand), 보일링(boiling), 파이핑(piping)은 무엇을 의미하는가?

10. 2차원적 물의 흐름에 의해 불안정을 야기시키는 힘을 무엇이라고 하는가?

11. 침투는 옹벽의 안정에 어떤 영향을 미치는가?

14.3 다공질 매체를 통한 물의 2차원적 흐름

흙 속에서 물의 흐름은 Laplace방정식에 의해 설명된다. 흙 속에서 물의 흐름은 균질한 전도체에서 정상상태(steady-state) 열 흐름 및 기류의 흐름과 유사하다. 흙 속에서 물의 2차원 흐름의 Laplace방정식의 일반적인 형태는 다음과 같다.

$$k_x \frac{\partial^2 H}{\partial x^2} + k_z \frac{\partial^2 H}{\partial z^2} = 0 \tag{14.1}$$

여기서 H는 전수두이고, k_x와 k_z는 X방향과 Z방향에서의 투수계수이다. Laplace방정식은 한 방향에서의 동수경사의 변화가 다른 방향에서의 변화에 의해 균형이 이루어지는 상태를 나타낸다.

Laplace방정식에서 세워진 가정은 다음과 같다:

- Darcy의 법칙은 유효하다.
- 비회전 흐름(소용돌이)은 무시한다. 이 가정으로 속도구배에서 다음의 2차원적 관계를 유도된다.

$$\frac{\partial v_z}{\partial z} = \frac{\partial v_x}{\partial x}$$

여기서 v_z와 v_x는 Z방향과 X방향에서의 속도이다. 이 관계는 일반적인 흐름 장이 아니라 등류(uniform flow) 흐름 장에서 만족한다. 따라서, 이 장에서는 모든 흐름을 등류로 생각한다. 즉, $v_z = v_x =$ 상수.

- 비점성흐름(inviscid flow)이다. 이 가정은 전단응력이 무시되는 것을 의미한다.
- 흙은 균질성이고 포화되어 있다.
- 흙과 물은 비압축성이다(체적변화가 없다).

Laplace방정식은 속도수두가 무시되기 때문에 포텐셜 흐름 방정식이라고도 한다. 만약 흙이 등방성 재료라고 하면 $k_x = k_z$이고, Laplace방정식은 다음과 같다.

$$\frac{\partial^2 H}{\partial x^2} + \frac{\partial^2 H}{\partial z^2} = 0 \tag{14.2}$$

차분방정식의 해를 구하기 위해서는 경계조건에 대한 지식이 필요하다. 대부분의 "실제" 구조물에 대한 경계조건은 복잡하다. 그래서 이러한 구조물에 대한 이론적인 해나 해석해(closed-form solution)를 얻을 수 없다. 따라서, 유한차분, 유한요소, 경계요소와 같은 수치해석을 이용하여 획득할 수 있는 적절한 해법에 의지해야 한다. 또한 실제 구조물을 통한 흐름을 재현하려고 시도하는 물리 모형을 사용할 수도 있다.

이 장에서는 Laplace방정식에 대한 두 가지 해법이 고려 될 것이다. 하나는 유선망 작도라고 하는 근사방법이다; 나머지 하나는 제9장에서 언급한 유한차분 해법이다. 유선망 작도는 간단하며 융통성이 있고 흐름영역(flow domain)의 전체적인 형상을 보여준다. 이것은 지반공학자들 사이에서 선호되는 방법이다. 이러한 해법을 실행하기 위해 2차원 흐름을 이해하는데 필요한 몇 가지 필수요건을 확립해야 한다.

식 (14.1)의 해는 XZ평면에서의 흐름장내에서 전수두의 값에만 의존한다. 흙의 전수두의 변화를 설명하는 속도 포텐셜(velocity potential)을 다음과 같이 나타낸다.

$$\xi = kH \tag{14.3}$$

여기서 k는 투수계수이다. Z방향과 X방향에서의 유속은 다음과 같다.

$$v_x = k_x \frac{\partial H}{\partial x} = \frac{\partial \xi}{\partial x} \tag{14.4}$$

$$v_z = k_z \frac{\partial H}{\partial z} = \frac{\partial \xi}{\partial z} \tag{14.5}$$

식 (14.4)와 식 (14.5)에서 추론할 수 있는 것은 그림 14.2에 나타낸 바와 같이 유속 (v)이 등수두선에 연직이라는 것이다. v의 방향은 전수두가 감소하는 방향이고, 두 개의 등수두선 사이에서의 수두차를 손실수두이라고 한다.

만약 XZ평면에서 흐름영역의 모든 점에 대한 유속의 접선을 작도하면 등수두선에 수직한 일련의 선들을 구할 수 있다. 이 접선들을 유선이라고 한다(그림 14.2). 유선은 물 입자가 정상상태 흐름이 될 것으로 기대되는 경로를 나타내고, 유선함수 $\psi_s(x, z)$에 의해 표현된다.

유선함수(stream function)의 관점에서 Z방향과 X방향의 속도 성분은 다음과 같다.

$$v_x = \frac{\partial \psi_s}{\partial z} \tag{14.6}$$

$$v_z = \frac{\partial \psi_s}{\partial x} \tag{14.7}$$

유선은 등수두선에 연직이기 때문에 유선을 가로지르는 흐름은 있을 수 없다. 어떤 두 유선 사이에서의 유량은 일정하고 두 유선 사이의 지역을 유로(flow channel)라고 한다. 따라서 유량은 같은 유로에서는 일정하다.

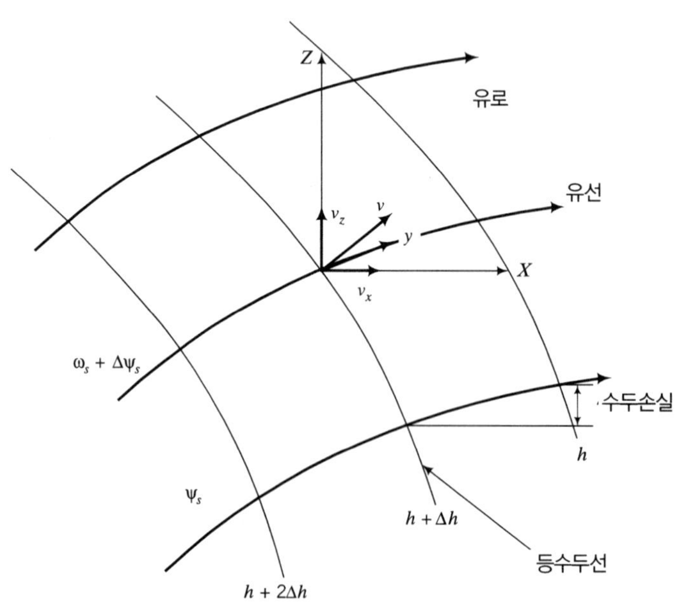

그림 14.2 흐름 용어의 개략도.

요점정리 THE ESSENTIAL POINT ARE

1. 유선은 물 입자의 흐름 경로이다.
2. 두 유선 사이를 유로라고 한다.
3. 유로에서의 유량은 일정하다.
4. 유선을 가로지르는 흐름은 발생할 수 없다.
5. 유속은 등수두선에 수직이다.
6. 유선과 등수두선은 서로 직교한다.
7. 두 개의 등수두선 사이의 수두차를 손실수두이라고 한다.

What's next... 앞 절에서는 2차원 흐름문제의 해법을 구할 수 있는 도해적인 방법에 대해서 서술하였다. 다음 절에서는 유선망 작도에 대해서 설명하고 흙 속에서의 유량, 간극수압의 분포, 동수경사를 결정하기 위한 유선망의 해석 방법에 대해서 서술한다.

14.4 유선망의 작도

개념학습, 컴퓨터 프로그램 활용, 그리고 자가진단

www.wiley.com/college/budhu에서 유선망 작도에 관한 것을 배우기 위해 Chapter 14에 접속; 인터랙티스 애니메이션(interactive animation)을 통해서 간극수압과 침투력을 계산한다.

흙막이 및 댐에 대한 유선망을 작성할 수 있는 유한차분 응용프로그램을 다운로드하기 위해 "2D Flow" 클릭한다. 유선망의 변화를 확인하기 위해 서로 다른 경계조건과 기하학적 특징을 입력한다. 예를 들어, 널말뚝(sheet pile)을 좌 또는 우로, 댐 아래에 다른 지점에 드래그하여 어떻게 유선망이 변하는지 확인할 수 있다. 또한 스프레드시트 버전, 2Dflow.xls를 다운로드 할 수 있다.

14.4.1 유선망 작도에 대한 기준

유선망은 Laplace방정식을 만족하는 동시에 유선과 등수두선으로 구성되어 있는 흐름영역의 도해적 표현이다.

유선망은 다음의 기준을 충족해야 한다:

1. 경계조건이 만족되어야 한다.
2. 유선은 등수두선과 직각으로 교차한다.
3. 유선과 등수두선 사이의 영역은 곡선으로 이루어진 정사각형이다. 그 정사각형은 내접원이 정사각형의 각 면에 접하도록 그릴 수 있어야 한다.
4. 각각의 유로에 흐르는 양은 일정하다.
5. 각각의 연속된 등수두선 사이에서의 손실수두는 일정하다.
6. 유선은 다른 유선과 교차하지 않는다.

7. 등수두선은 다른 등수두선과 교차하지 않는다.

Laplace방정식을 만족하기 위해 무한의 유선과 등수두선을 작도할 수 있다. 하지만 정확한 해를 구하기 위해서 많은 유선과 등수두선이 필요하지는 않다. 유선망을 그리기 위한 절차는 다음 절에서 설명한다.

14.4.2 등방성 흙에 대한 유선망

1. 적당한 축척으로 구조물과 지반을 그린다.

2. 불투수 및 투수 경계조건을 확인한다. 흙-불투수 경계면을 따라 물의 흐름이 발생할 수 있기 때문에 유선이 된다. 흙-투수 경계면은 전수두가 이 면을 따라 일정하기 때문에 등수두선이 된다.

3. 몇 개의 유선 (넷 또는 다섯)을 그리고 유선과 등수두선의 조합이 곡선형 정사각형이 되도록 적당한 수의 등수두선을 그린다. 또 곡선형 정사각형을 만들기 위해 유선과 등수두선을 수정할 수도 있다. 각 정사각형의 평균폭과 평균길이가 내접원을 그려서 거의 같은지를 확인한다. 또한, 세부 조정을 하기 전에 전체 유선망을 먼저 작도해야 한다.

평행한 경계조건 사이의 제한된 공간에서 유선망은 타원모양의 대칭형태의 유선과 등수두선으로 구성된다(그림 14.3). 유선과 등수두선의 직선과 곡선 부분 사이를 날카롭게 연결되지 않도록 해야 하고, 그 전환점을 점진적으로 부드럽게 만들어야 한다. 몇몇의 문제로 인해서 유선망의 일부가 확장되거나 정사각형으로 되지 않아 Laplace방정식에 만족하지 않는 경우도 있다. 예를 들어, 그림 14.3에서처럼 널말뚝의 하부 유선망은 정사각형으로 되어 있지 않다. 정확한 유선망 작도를 위해서는 이 부분을 반복해서 확인해야 한다.

유선망에 대한 몇몇의 예가 그림 14.3~그림 14.5에 나타나있다. 그림 14.3은 널말뚝에 대한 유선망을 나타내고, 그림 14.4는 댐 하부에서의 유선망, 그림 14.5는 옹벽의 뒤채움에 대한 유선망을 나타내고 있다. 옹벽의 경우에는 벽체에 정수압의 작용을 줄이기 위해 뒤채움에서 과잉간극수압을 소산시키는 조립토로 구성된 수직배수층이 사용된다. 경계면 AB(그림 14.5)는 등수두선도 유선도 아니다. 경계면 AB에서 전수두는 위치수두와 동일하다.

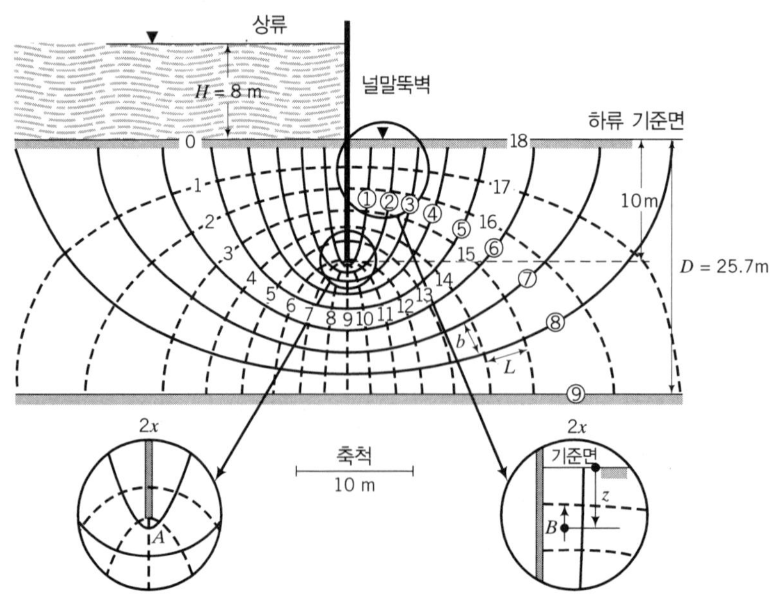

그림 14.3 널말뚝에 대한 유선망.

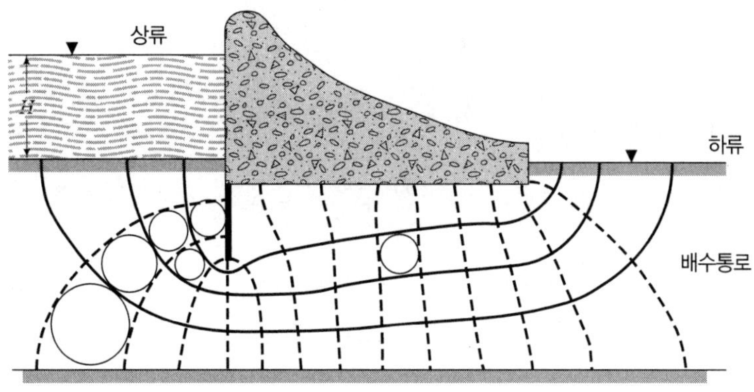

그림 14.4 상류 단부에 널말뚝이 설치된 댐의 유선망.

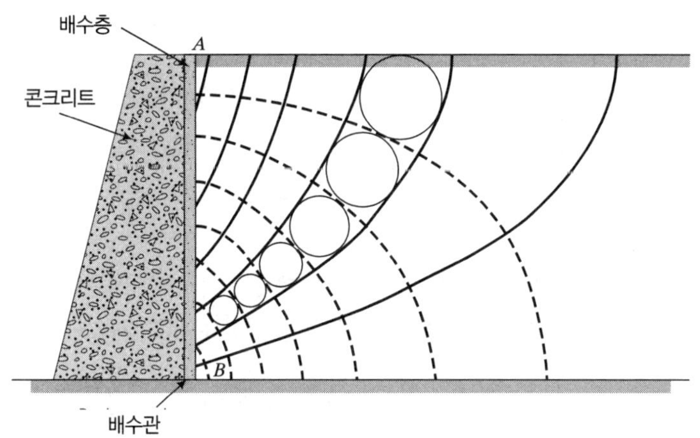

그림 14.5 수직배수층이 설치된 옹벽 · 뒤채움부에 대한 유선망.

14.4.3 이방성 흙에 대한 유선망

식 (14.1)은 이방성 흙에 대한 Laplace 2차방정식이다(X와 Z방향의 투수계수는 서로 다르다). 유선망을 작도하고 이해하는데 등방성 흙에 대한 절차를 사용할 수 있도록 이 식을 다른 형태로 수정한다. $C = \sqrt{k_z/k_x}$ 와 $x_1 = Cx$라고 하면 다음과 같다.

$$\frac{\partial x_1}{\partial x} = C$$

$$\frac{\partial H}{\partial x} = \frac{\partial H}{\partial x_1}\frac{\partial x_1}{\partial x} = C\frac{\partial H}{\partial x_1}$$

그리고

$$\frac{\partial^2 H}{\partial x^2} = C^2\frac{\partial^2 H}{\partial x_1^2}$$

따라서 식 (14.1)을 다음과 같이 다시 표현할 수 있다.

$$C^2\frac{\partial^2 H}{\partial x_1^2} + C^2\frac{\partial^2 H}{\partial z^2} = 0$$

이것을 간결화시키면 다음과 같다.

$$\frac{\partial^2 H}{\partial x_1^2} + \frac{\partial^2 H}{\partial z^2} = 0 \tag{14.8}$$

식 (14.8)은 x거리를 $\sqrt{k_z/k_x}$ 까지 축척하여 등방성 흙에 대한 유선망 작도 절차를 사용하여 이방성 흙을 표현한 것이다. 즉, $\sqrt{k_z/k_x}$ 에 의해 수평거리를 곱하여 구조물과 흐름영역을 작도하여야 한다.

14.5 유선망의 이해

14.5.1 유량

흐름영역에서 전수두 손실을 ΔH라고 하자. 즉, 상류와 하류 수위 사이의 차이를 의미한다. 그러면 서로 연속된 등수두선 사이에서의 손실수두 (Δh)는 다음과 같다.

$$\Delta h = \frac{\Delta H}{N_d} \tag{14.9}$$

여기서 N_d는 등수두손실수이다. 즉, 등수두선에서 1을 빼면 된다. 그림 14.3에서 $\Delta H = H = 8$ m 그리고 $N_d = 18$이다. Darcy의 법칙에서 등방성 흙에 대한 각각의 유로를 통한 유량은 다음과 같다.

$$q = Aki = (b \times 1)k\frac{\Delta h}{L} = k\,\Delta h\frac{b}{L} = k\frac{\Delta H}{N_d}\frac{b}{L} \tag{14.10}$$

여기서 b와 L은 그림 14.3에 나타나있는 바와 같이 정의 된다. $b/L \approx 1$이 되도록 작도하면 따라서 전체 유량은 다음과 같다.

$$q = k\sum_{i=1}^{N_f}\left(\frac{\Delta H}{N_d}\right)_i = k\,\Delta H\frac{N_f}{N_d} \tag{14.11}$$

여기서 N_f는 유로수(유선에서 1을 뺀다)이다. 그림 14.3에서 $N_f = 9$이다. N_f/N_d의 비를 형상계수라고 한다. 유선과 등수두선을 더 추가해도 형상계수는 크게 변하지 않는다. N_f와 N_d 모두 분수로 될 수 있고(정수가 아닐 수도 있다), 이방성 흙의 경우는 유량을 다음과 같이 나타낼 수 있다.

$$q = \Delta H\frac{N_f}{N_d}\sqrt{k_x k_z} \tag{14.12}$$

14.5.2 동수경사

수두손실을 길이 L로 나누어서 각 사각형에 걸친 동수경사를 구할 수 있다; 즉 다음과 같다.

$$i = \frac{\Delta h}{L} \tag{14.13}$$

그림 14.3에서 나타낸 바와 같이 L은 일정하지 않기 때문에 동수경사 역시 일정하지 않다. 최대동수경사는 L이 최소인 장소에서 발생한다: 즉 다음과 같다.

$$i_{max} = \frac{\Delta h}{L_{min}} \tag{14.14}$$

여기서 L_{min}은 흐름영역에서의 유로의 최소 길이이다. 보통 L_{min}은 출구 혹은 단부(그림 14.3에서 절점 A)에서 발생하고, 이 부분에서 보통 최대동수경사를 가진다.

14.5.3 정적액상화, 히빙, 보일링, 파이핑

그림 14.3에 나타낸 바와 같이 널말뚝의 하류측 깊이 z의 흙의 요소 B를 지나는 흐름은 상향류이다. 그러므로 유효수직응력은 다음과 같이 나타낼 수 있다.

$$\sigma'_z = \gamma' z - i\gamma_w z \tag{14.15}$$

만약 평균유효응력이 0이되면 흙은 입자간 마찰강도를 잃어버리고 점성유체와 같은 거동을 한다. 평균유효응력이 0인 상태의 흙을 정적액상화라고 부른다. 보일링, 분사현상, 파이핑, 그리고 히빙과 같은 여러 다른 이름이 정적 액상화와 연결된 특정한 현상을 설명하는데 사용된다. 보일링은 상향 침투력이 흙의 하향력을 초과하였을 때 발생한다. 파이핑은 댐과 그와 유사한 구조물의 선단 근처에 발생하는 지표면 아래의 "파이프 형태"의 침식을 나타낸다. 국부적으로 큰 동수경사가 정적으로 흙을 액상화시키고, 파이프 형태로 물 표면까지 액상화가 진행된다. 그런 후 물이 이 파이프를 통해 구조물 하부로 급히 이동하여 불안정 및 파괴를 야기하는 현상이다. 분사현상은 정적액상화의 하나로써 주로 모래지반에서 발생한다. 히빙은 침투력이 굴착바닥에서 상향으로 작용할 때 발생한다. 정적으로 액상화된 지반 위에 시공된 구조물은 붕괴될 것이고, 액상화는 또한 지진과 같은 동적인 하중에 의해서도 발생한다.

14.5.4 한계동수경사

지반(주로 조립토)의 정적액상화를 발생시키는 동수경사를 결정할 수 있다. 식 (14.15)에서 $\sigma'_z = 0$일 때 i에 대해서 정리하면 다음과 같이 나타낼 수 있다.

$$i = i_{cr} = \frac{\gamma'}{\gamma_w} = \left(\frac{G_s - 1}{1 + e}\right)\frac{\gamma_w}{\gamma_w} = \frac{G_s - 1}{1 + e} \tag{14.16}$$

여기서 i_{cr}을 한계동수경사라고 한다. G_s는 비중, 그리고 e는 간극비이다. G_s는 일정하기 때문에 한계동수경사는 간극비 만의 함수가 된다. 정상상태 침투에 영향을 받는 구조물의 설계에서 한계동수경사가 발생하지 않도록 하는 것이 필수이다.

14.5.5 간극수압분포

유선망내의 어떤 점 j에서 간극수압은 다음과 같이 계산할 수 있다:

1. 기준면을 선택한다. 기준면으로 하류의 수위면을 선택(그림 14.3)
2. 점 j에서 전수두 결정: $H_j = \Delta H - (N_d)_j \Delta h$, 여기서 $(N_d)_j$는 점 j에서 등수두손실수 이고; $(N_d)_j$는 분수로 될 수 있다(정수가 아닐 수도 있다). 예를 들어, 절점 B에서 $H_B = \Delta H - 16.5\Delta h$ 이다.
3. 점 j에서의 압력수두를 구하기 위해 전수두 H_j에서 위치수두를 뺀다. 절점 B(그림 14.3)에 대해 위치수두 h_z는 $-z$(절점 B은 기준면보다 밑에 위치)이다. 그러면 압력수두는 다음과 같다.

$$(h_p)_j = \Delta H - (N_d)_j \Delta h - h_z \tag{14.17}$$

절점 B에 대해 $(h_p)_B = \Delta H - 16.5\Delta h - (-z) = \Delta H - 16.5\Delta h + z$이다.

4. 간극수압은 다음과 같다.

$$u_j = (h_p)_j \gamma_w \tag{14.18}$$

또 다른 방법으로 간극수압수두를 다음과 같이 구할 수도 있다. 상류 수면에서 해당 지점까지의 수직거리를 측정하고 그 지점까지의 전수두 손실을 뺀다. 예를 들어, 하류 수면에서 절점 B(그림 14.3)까지의 수직거리는 4 m라 하면 상류 수면에서 절점 B까지의 거리는 8 m + 4 m=12 m이다. 절점 B까지의 전수두 손실는 $16.5\Delta h$이다. 압력수두는 12 m − $16.5\Delta h$이고 이것은 위의 3번 항목과 동일하다.

14.5.6 양압력

지하수위의 흐름에 의해 야기되는 측방 및 상방향 압력은 댐 및 제방과 같은 구조물의 안정성에 악영향을 일으킬 수 있다. 단위 길이당 양압력(길이는 XZ평면에 수직)은 저면(그림 14.4의 X방향)을 따라 각각의 점에서 간극수압을 계산하고 간극수압분포도에서 해당 영역을 찾아서 구한다. 즉, 다음과 같다.

$$P_w = \sum_{j=1}^{n} u_j \Delta x_j \tag{14.19}$$

여기서 P_w는 단위길이당 양압력, u_j는 간격 Δx_j에 따른 평균 간극수압이고, n은 간격수이다. P_w를 계산하기 위해 다음과 같이 Simpson의 법칙을 사용하면 편리하다:

$$P_w = \frac{\Delta x}{3}\left(u_1 + u_n + 2\sum_{\substack{i=3\\ \text{홀수}}}^{n} u_i + 4\sum_{\substack{i=2\\ \text{짝수}}}^{n} u_i\right) \tag{14.20}$$

예제 14.1 굴착에서 한계동수경사

14.24 m의 균질, 등방성 실트질 점토로 구성된 지역에 굴착을 할 예정이다. 이 점토층 하부에는 모래층이 깊게 퇴적되어 있다. 지하수위는 지표면으로부터 2 m하부에 위치하고 있다. 굴착지역 내부에서의 지하수위는 굴착지역 바닥에 위치하고 있다(그림 E14.1). 실트질 점토의 간극비는 0.62이고 비중은 2.7이다. 히빙(융기)를 방지하기 위해 필요한 굴착 깊이는 얼마인가? 피압상태가 아니라고 가정하라.

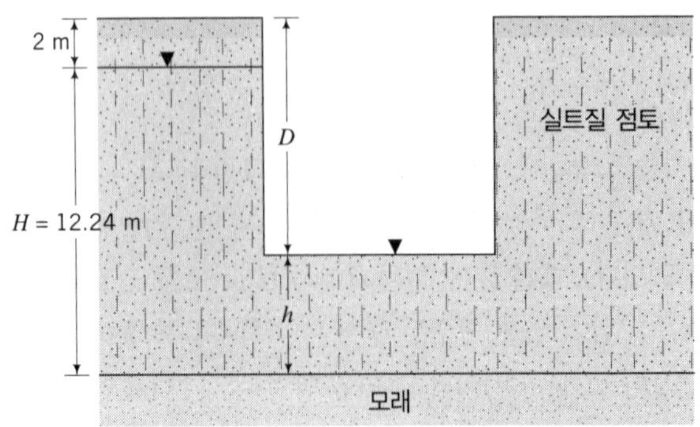

그림 E14.1

핵심전략 $i > i_{cr}$일 때 히빙이 발생한다. 주어진 간극비에서 한계동수경사를 구하고 이에 상응하는 깊이를 구하라.

풀이 14.1

Step 1 : i_{cr}의 계산.

$$i_{cr} = \frac{G_s - 1}{1 + e} = \frac{2.7 - 1}{1 + 0.62} = 1.05$$

Step 2 : D의 계산.

$$\text{전수두 차:}\quad \Delta H = H - h = 12.24 - h$$

$$\text{평균동수경사:}\quad i = \frac{\Delta H}{h}$$

$i = i_{cr}$라고 하면 다음과 같다.

$$1.05 = \frac{12.24 - h}{h}$$

h에 대해 풀면 $h = 5.97$ m이다.

$$D = (12.24 + 2) - h = 14.24 - 5.97 = 8.27 \text{ m}$$

예제 14.2 유선망 작도 및 댐에 대한 해석

그림 E14.2a처럼 댐은 10 m의 수위를 유지한다. 댐의 하부로 침투를 줄이기 위해 상류면에 널말뚝벽을 두께 20.3 m의 실트질 모래지반에 7 m관입시켰다. 실트질 모래층 하부에는 불투수 점토층이 두껍게 퇴적되어 있다. 실트질 모래층의 평균투수계수는 2.0×10^{-4}cm/s이다. 실트질 모래층은 균질하며 등방성이라고 가정하라.

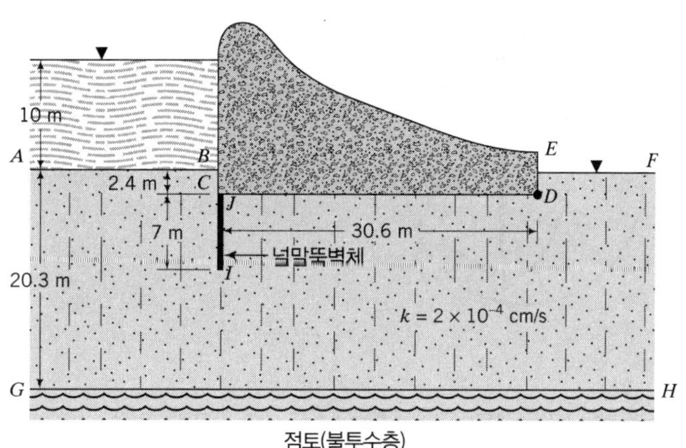

그림 E14.2a

(a) 댐 하부에서의 유선망을 작도하라.
(b) 유량 q를 계산하라.
(c) 댐의 저면에서의 간극수압 분포를 계산하고 작도하라.
(d) 양압력을 계산하라.
(e) 널말뚝의 상류 및 하류면에서 간극수압 분포를 계산하고 작도하라.
(f) 간극수에 의한 널말뚝에 작용하는 수평방향 힘을 결정하라.
(g) 최대동수경사를 결정하라.
(h) 실트질 모래층의 간극비가 0.8이라면 파이핑이 발생하는가?
(i) 널말뚝의 관입깊이를 감소시키면 어떻게 되는가?

핵심전략 14.4절에 설명된 절차에 따라 유선망을 작도하고 필요한 매개변수를 구하라.

풀이 14.2

Step 1 : 댐을 축척에 맞춰서 그려라.

그림 E14.2a참조

Step 2 : 불투수 및 투수 경계조건을 확인하라.

그림 E14.2a에서 AB와 EF는 투수 경계조건이며 따라서 등수두선이 된다. $BCIJDE$와 GH는 불투수 경계조건이기 때문에 유선이다.

Step 3 : 유선망을 작도하라.

세 개의 유선을 그린 다음 적당한 수의 등수두선을 작도하라. 유선은 등수두선에 직교하고 두 연속하는 두 개의 유선과 등수두선 사이의 지역은 거의 정사각형인 사실을 생각하고 정사각형인지를 확인하기 위해 내접원을 이용할 수 있다. 유선망이 적절하게 정사각형으로 구성될 때까지 유선과 등수두선을 조정/추가/제거 한다. 그림 E14.2b의 유선망을 참고하라.

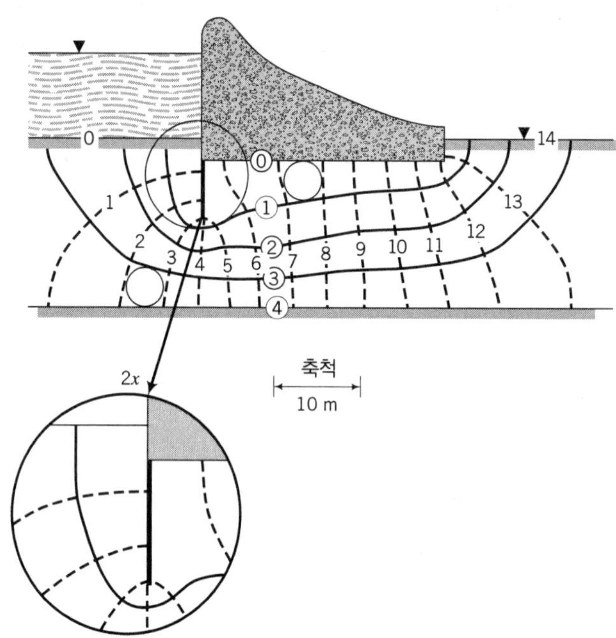

그림 E14.2b

Step 4 : 유량을 계산한다.

기준면으로써 하류의 끝인 EF를 선택. 주의: AB와 EF는 같은 위치선상이다.

$$\Delta H = 10 \text{ m}$$

$$N_d = 14, \quad N_f = 4$$

$$q = k\Delta H \frac{N_f}{N_d} = 2 \times 10^{-4} \times (10 \times 10^2) \times \frac{4}{14} = 0.057 \text{ cm}^3/\text{s}$$

비고: 유량은 단위 1 cm 폭에 대해 계산된다. 단위가 cm^3/s임이 그 이유이다.

Step 5 : 댐 하부에서의 간극수압을 계산한다.

저면을 동일 간격으로 적절하게 나눈다. 10개의 간격을 사용하면 다음과 같다.

$$\Delta x = \frac{30.6}{10} = 3.06 \text{ m}$$

각각의 절점에서 간극수압을 구하라. 편의상 표를 사용하거나 스프레드시트를 사용한다.

$$\Delta h = \frac{\Delta H}{N_d} = \frac{10}{14} = 0.714 \text{ m}$$

아래 표의 계산결과는 스프레드시트 프로그램을 사용하여 구한 것이다.

변수	**댐의 하부지반**										
x (m)	0	3.06	6.12	9.18	12.24	15.3	18.36	21.42	24.48	27.54	30.6
N_d (m)	5.60	5.80	6.20	6.90	7.40	8.00	8.80	9.40	10.30	11.10	12.50
$N_d\Delta h$(m)	4.00	4.14	4.43	4.93	5.28	5.71	6.28	6.71	7.35	7.93	8.93
h_z (m)	−2.40	−2.40	−2.40	−2.40	−2.40	−2.40	−2.40	−2.40	−2.40	−2.40	−2.40
h_p (m) $= \Delta H - N_d\Delta h - h_z$	8.40	8.26	7.97	7.47	7.12	6.69	6.12	5.69	5.05	4.47	3.48
u (kPa) $= h_p\gamma_w$	82.3	80.9	78.1	73.2	69.7	65.5	59.9	55.7	49.4	43.9	34.1

간극수압 분포도를 그린다(그림 E14.2c).

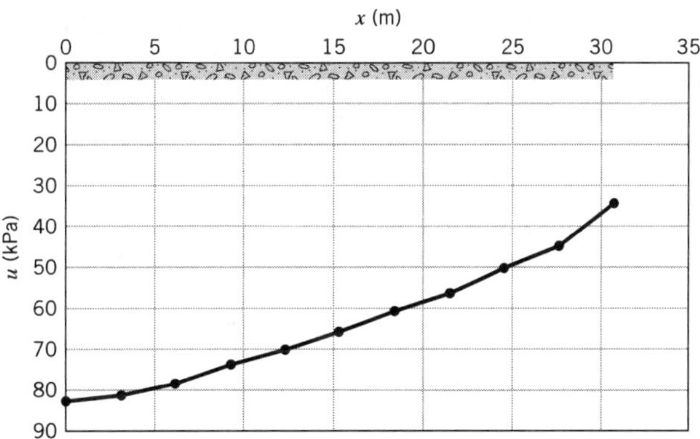

그림 E14.2c

Step 6 : 양압력과 그 위치를 구하라.

Simpson 법칙[식 (14.20)]을 사용하면 다음과 같다.

$$P_w = \frac{3.06}{3}[82.3 + 34.1 + 2(78.1 + 69.7 + 59.9 + 49.4) + 4(80.9 + 73.2 + 65.5 + 55.7 + 43.9)]$$
$$= 1946.4 \text{ kN} \text{ 단위 폭에 대해}$$

Step 7 : 널말뚝에서의 간극수압 분포를 구하라. 널말뚝 벽체의 앞면을 7/6 = 1.17로 6개의 간격으로 나누고 뒷면을 하나로 두고 유선망 작도에 사용된 축척을 사용하기 위해 편의상 6개의 간격이 선택되었다. 간격을 더욱 세분화시키면 정확도는 증가하며 벽체 뒷면에서는 등수두선이 없기 때문에 하나의 간격으로 계산된다. 간극수압분포 및 정수압력을 계산하기 위해 스프레드시트를 사용한다. 벽체의 앞면과 뒷면에서의 간극수압분포는 그림 E14.2d와 같고 벽체의 앞면에 작용하는 정수압력을 계산하기 위해 Simpson 법칙을 사용한다. 벽체 뒷면에서의 간극수압분포는 부등변사각형 (사다리꼴)이고, 이 구역은 높이에 평행한 면의 합의 1/2값을 곱하여 계산한다. 예를 들어, 벽체 뒷부분의 힘은 벽체의 단위길이

$$\left(\frac{155.1 + 82.3}{2}\right) \times 7 = 830.9 \text{ kN} \text{ 이다.}$$

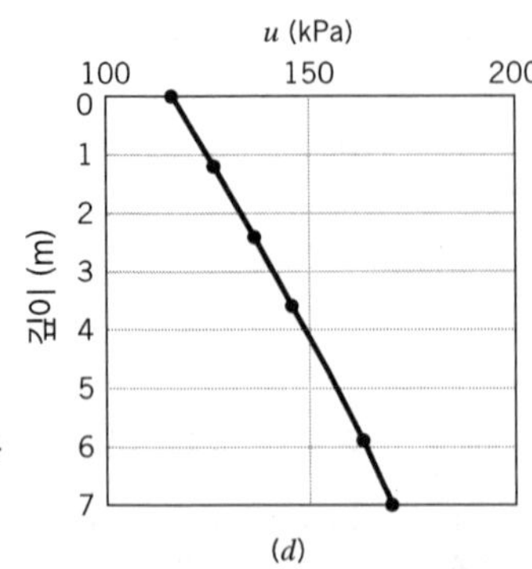

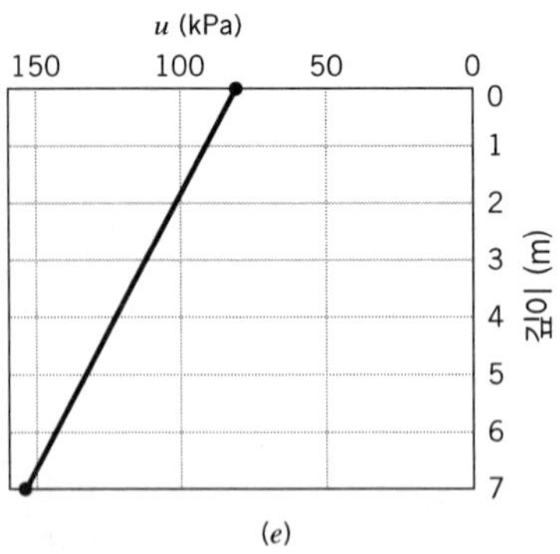

그림 E14.2d,e 간극수압 분포 (d) 널말뚝 벽체 앞 (e) 벽체 뒤

변수	널말뚝 앞							널말뚝 뒤	
x (m)	0	1.17	2.33	3.50	4.67	5.83	7.00	7.00	0.00
N_d (m)	0.70	1.00	1.30	1.60	1.90	2.40	3.00	5.00	5.60
$N_d\Delta h$(m)	0.50	0.71	0.93	1.14	1.36	1.71	2.14	3.57	4.00
h_z (m)	−2.40	−3.57	−4.73	−5.90	−7.07	−8.23	−9.40	−9.40	−2.40
h_p (m) $= \Delta H - N_d\Delta h - h_z$	11.90	12.85	13.81	14.76	15.71	16.52	17.26	15.83	8.40
u (kPa) $= h_p\gamma_w$	116.6	126.0	135.3	144.6	154.0	161.9	169.1	155.1	82.3
	벽체 앞	벽체 뒤	차이						
P_w (kN/m)	1011.7	830.9	180.8						

Step 8 : 최대동수경사를 구하라.

가장 작은 L의 값은 출구에서 발생한다. 길이를 확인하면 $L_{min} = 2$ m이다.

$$i_{max} = \frac{\Delta h}{L_{min}} = \frac{0.714}{2} = 0.36$$

Step 9 : 파이핑이 발생할 지를 결정하라.

$$i_{cr} = \frac{G_s - 1}{1 + e} = \frac{2.7 - 1}{1 + 0.8} = 0.94$$

$i_{max} < i_{cr}$이기 때문에 파이핑은 발생하지 않는다.

$$\text{파이핑에 대한 안전율: } \frac{0.94}{0.36} = 2.6$$

Step 10 : 널말뚝의 관입깊이를 감소시켰을 때에 어떤 일이 발생하는지 서술하라.

만약 그 깊이가 감소되면 Δh의 값이 증가하고 i_{max} 또한 증가할 것이다. 따라서 파이핑에 대한 가능성이 증가한다.

14.6 2차원 흐름을 위한 유한차분해석

컴퓨터 프로그램 활용

www.wiley.com/college/budhu, Chapter 14에 접속하여 유한차분응용 프로그램을 다운받기 위해 “2D Flow”을 클릭한다. 이 프로그램을 이용하면 옹벽 및 댐에 대한 유선망 작도가 가능하다. 유선망의 변화를 확인하기위해 서로 다른 경계조건과 기하학적 특징을 입력한다. 예를 들어 널말뚝(sheet pile)을 좌 또는 우로 댐 아래에 다른 지점으로 이동시켜 어떻게 유선망이 변하는지 확인할 수 있다. 또한, 스프레드시트 버전, 2Dflow.xls를 다운로드 할 수 있다.

9장에서는 과잉간극수압의 공간적 변화를 결정하기 위해 1차 편미분방정식을 풀기 위해 유한차분기법을 사용하였다. 흙 속에서 한정된 2차원 흐름을 결정하기 위해 Laplace방정식을 풀었던 방법과 같은 방법을 수행하고 그림 14.6과 같은 흐름영역의 격자를 고려한다. 여기서 (i, j)는 절점이다.

Taylor정리를 사용하면 다음과 같다.

$$k_x \frac{\partial^2 H}{\partial x^2} + k_z \frac{\partial^2 H}{\partial z^2} = \frac{k_x}{\Delta x^2}(h_{i+1,j} + h_{i-1,j} - 2h_{i,j}) + \frac{k_z}{\Delta z^2}(h_{i,j+1} + h_{i,j-1} - 2h_{i,j}) = 0 \tag{14.21}$$

$\alpha = k_x/k_z$, $\Delta x = \Delta z$(즉, 흐름영역을 정사각형으로 분할한다)라고 하고, 식 (14.21)을 $h_{i,j}$에 대해 풀면 다음과 같다.

$$h_{i,j} = \frac{1}{2(1+\alpha)}(\alpha h_{i+1,j} + \alpha h_{i-1,j} + h_{i,j+1} + h_{i,j-1}) \tag{14.22}$$

등방조건에 대해 $\alpha = 1(k_x = k_z)$이고, 식 (14.22)은 다음과 같이 표현된다.

$$h_{i,j} = \frac{1}{4}(h_{i+1,j} + h_{i-1,j} + h_{i,j+1} + h_{i,j-1}) \tag{14.23}$$

한정된 흐름을 고려하고 있기 때문에 하나 또는 그 이상의 경계는 불투수이다.

흐름은 불투수 경계를 통과할 수 없기 때문에 수평 불투수 경계에 대해 다음과 같이 표현한다.

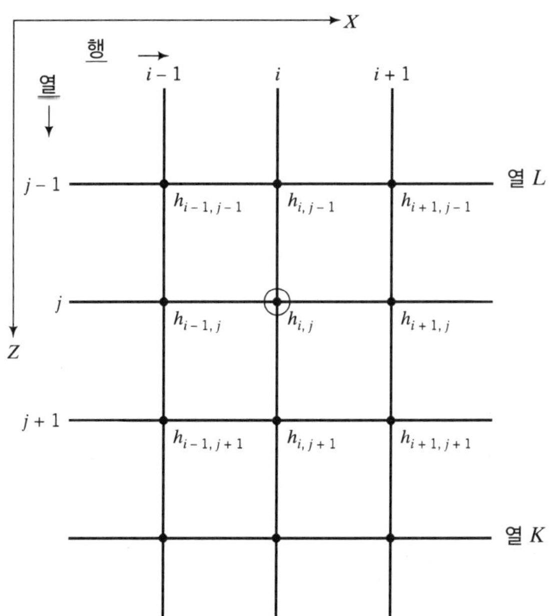

그림 14.6 흐름 영역의 부분 격자.

$$\frac{\partial h}{\partial x} = 0 \tag{14.24}$$

식 (14.24)의 유한차분 형태는 다음과 같다.

$$\frac{\partial h}{\partial x} = \frac{1}{2\Delta x}(h_{i,j+1} - h_{i,j-1}) = 0 \tag{14.25}$$

따라서 $h_{i,j+1} = h_{i,j-1}$이고, 식 (14.23)에 대입하면 다음과 같다.

$$h_{i,j} = \frac{1}{4}(h_{i+1,j} + h_{i-1,j} + 2h_{i,j-1}) \tag{14.26}$$

실무에서 다양한 형태의 기하학적 불투수경계에 직면하게 되는데, 그것들 중 세 가지 형태는 그림 14.7과 같다. 그림 14.7a와 b에 대한 유한차분 방정식은 다음과 같다.

$$h_{i,j} = \frac{1}{2}(h_{i+1,j} + h_{i,j-1}) \tag{14.27}$$

그리고 그림 14.7c에 대한 것은 다음과 같다.

$$h_{i,j} = \frac{1}{3}\left(h_{i,j-1} + h_{i+1,j} + h_{i,j+1} + \frac{1}{2}h_{i-1,j} + \frac{1}{2}h_{i,j+1}\right) \tag{14.28}$$

어떤 절점 $(u_{i,j})$에서의 간극수압은 다음과 같다.

$$u_{i,j} = \gamma_w(h_{i,j} - z_{i,j}) \tag{14.29}$$

여기서 $z_{i,j}$는 위치수두이다.

위치수두 등고선은 $h_{i,j}$의 개별 값을 이용하여 작성할 수 있다. 유선에 대한 유한차분방정식은 위의 식에서 h 대신에 ψ_s를 대입하고 경계조건은 h에 대한 것이 아닌 ψ_s대해 지정된다.

어떤 절점에서의 수평방향 유속 $(\mathrm{v}_{i,j})$은 Darcy의 법칙에 의해 다음과 같이 나타낼 수 있다.

$$\mathrm{v}_{i,j} = k_x i_{i,j}$$

여기서 $i_{i,j}$는 동수경사이고 다음과 같이 표현할 수 있다.

$$i_{i,j} = \frac{(h_{i+1,j} - h_{i-1,j})}{2\Delta x} \tag{14.30}$$

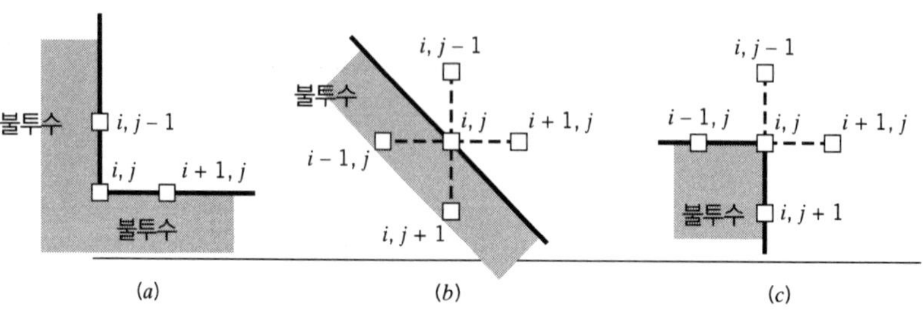

그림 14.7 실무에서 접하게 되는 세 가지 형태의 경계조건.

따라서

$$\mathrm{v}_{i,j} = \frac{k_x}{2\Delta x}(h_{i+1,j} - h_{i-1,j}) \tag{14.31}$$

유량 q는 흐름영역을 가로지르는 수직평면을 고려하여 구할 수 있다. L을 제일 위의 열이라 하고, K는 i행에 의해 정의된 수직평면의 아래 열이다. 그러면 q에 대해서 다음과 같이 나타낼 수 있다.

$$q = \frac{k_x}{4}\left(h_{i+1,L} - h_{i-1,L} + 2\sum_{j=L+1}^{K-1}(h_{i+1,j} - h_{i-1,j}) + h_{i+1,K} - h_{i-1,K}\right) \tag{14.32}$$

유한차분법을 사용하여 위치수두, 유량 그리고 간극수압의 분포를 결정하기 위한 절차는 다음과 같다:

1. 흐름영역을 정사각형 격자로 나눈다. 9장에서 언급한 것처럼 세분화된 격자는 넓은 격자보다 더 정확한 해를 구할 수 있지만 그렇게 되면 더 많은 계산시간이 요구된다. 만약 축대칭이라면 흐름영역에 반쪽 면만을 고려할 수 있다. 예를 들어, 그림 14.8에서처럼 강널말뚝은 벽체에 대해서 축대칭이므로 왼쪽 면만을 고려해도 된다. 전체 흐름영역은 적어도 토층 두께의 4배의 폭을 가져야만 한다. 예를 들어, D가 토층의 두께라고 하면(그림 14.8) 흐름영역 왼쪽의 최소 폭은 $2D$이다.

2. 경계조건을 확인한다. 예를 들어, 불투수경계(유선)와 투수경계(등수두선)을 확인한다.

3. 등수두선에서의 수두를 결정하라. 예를 들어 등수두 경계 AB (그림 14.8)에서의 수두는 H이다. 따라서 이 경계에서의 모든 절점은 일정한 수두 H를 가진다. 대칭이기 때문에 널말뚝 벽체 바로 아래의 절점을 따라 (EF) 그 수두는 $H/2$이 된다.

4. 해당 절점에 알고 있는 수두를 적용하고 내부의 절점에 대해서 적절하게 초기값을 가정한다. 내부 절점의 위치수두를 결정하기 위해 선형 보간법을 사용할 수 있다.

5. 만약 흙이 등방이라면 (a)불투수 경계에 대해서는 (14.26)을 사용하고 (b)그림 14.7a~c에 나타낸 바와 같이 모퉁이에서는 식 (14.27)과 식 (14.28)을 사용한다. 그리고 (c)수두를 알고 있는 절점 이외에서는 각 절점에 식 (14.23)을 적용한다.

6. 어떤 절점에서 새로운 값이 허용오차(예를 들어 0.001 m) 내로 기존 값과 달라질 때까지 5번 항을 반복해서 수행한다.

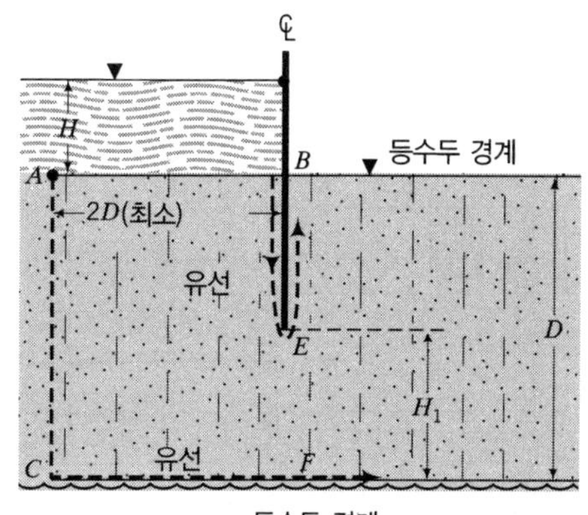

그림 14.8 널말뚝 벽체.

7. 절점의 행에 따라 절점을 순차적으로 지정하고, 식 (14.31)을 이용하여 유량 q를 계산한다. 계산에서 너무 많은 소수점을 피하기 위해 단위 투수량에 대한 $q' = q$를 계산하는 것이 최선이다.
8. 수두를 유량 q'로 대체시켜서 유량 분포를 구하며 이를 위해 1에서 6번항까지 반복한다. 예를 들어 7항에서 계산된 유량은 AC와 CF(그림 14.8)에서의 모든 절점에 적용된다. BE의 절점에서 유량은 0이다.
9. 식 (14.29)를 이용하여 간극수압 분포를 계산한다.

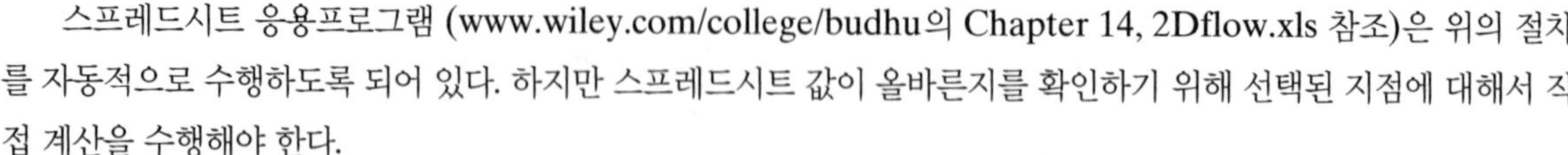

스프레드시트 응용프로그램 (www.wiley.com/college/budhu의 Chapter 14, 2Dflow.xls 참조)은 위의 절차를 자동적으로 수행하도록 되어 있다. 하지만 스프레드시트 값이 올바른지를 확인하기 위해 선택된 지점에 대해서 직접 계산을 수행해야 한다.

예제 14.3 유한차분법을 이용한 유선망

유한차분법을 이용하여 널말뚝(그림 E14.3a) 하부로 흐르는 유량과 간극수압 분포를 구하라.

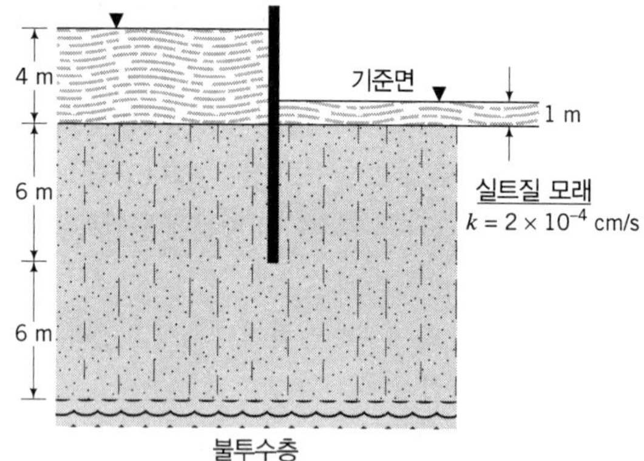

그림 E14.3a

핵심전략 스프레드시트를 사용하고 14.6절에 나와 있는 절차에 따른다.

풀이 14.3

유한차분법은 표 E14.3과 그림 14.3c에 나타나 있는 바와 같다.

Step 1 : 흐름영역을 격자로 나눈다.

그림 E14.3b 참조

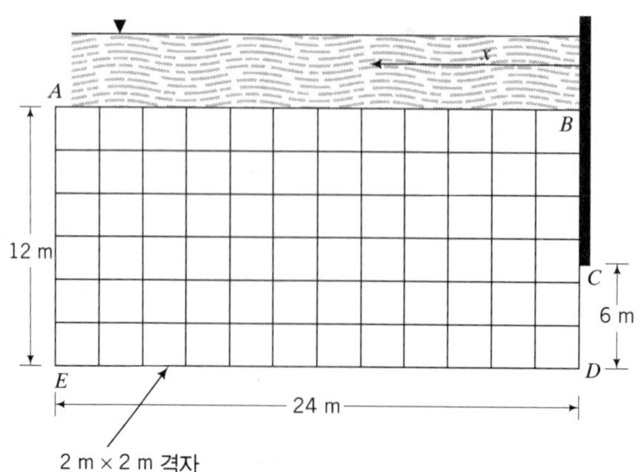

그림 E14.3b

표 E14.3

	A	B	C	D	E	F	G	H	I	J	K	L	M	N
1	Example E14.3													
2	Flow under a sheet pile wall using finite difference method													
3	H_1	4 m												
4	H_2	1 m												
5	ΔH	3 m												
6	H_3	6 m												
7	D	12 m												
8	Cell size	2 m												
9	k	0.0002 cm/s												
10	Equipotentials													
11	z/x	0	2	4	6	8	10	12	14	16	18	20	22	24
12	0	3.00	3.00	3.00	3.00	3.00	3.00	3.00	3.00	3.00	3.00	3.00	3.00	3.00
13	2	2.96	2.96	2.96	2.95	2.94	2.92	2.90	2.88	2.84	2.80	2.74	2.68	2.64
14	4	2.93	2.92	2.92	2.90	2.88	2.85	2.82	2.76	2.69	2.60	2.49	2.34	2.21
15	6	2.90	2.89	2.88	2.86	2.83	2.79	2.74	2.67	2.57	2.44	2.26	1.99	1.50
16	8	2.87	2.87	2.85	2.83	2.80	2.75	2.68	2.59	2.48	2.32	2.12	1.85	1.50
17	10	2.86	2.85	2.84	2.81	2.77	2.72	2.65	2.55	2.42	2.26	2.05	1.80	1.50
18	12	2.85	2.85	2.83	2.81	2.77	2.71	2.63	2.53	2.40	2.24	2.03	1.78	1.50
19														
20		$q'=$	1.63 m^3/s per unit value of k											
21		Porewater pressure (kPa)												
22	z/x	0	2	4	6	8	10	12	14	16	18	20	22	24
23	0	39.2	39.2	39.2	39.2	39.2	39.2	39.2	39.2	39.2	39.2	39.2	39.2	39.2
24	2	58.4	58.4	58.4	58.3	58.2	58.1	57.9	57.6	57.3	56.8	56.3	55.7	55.3
25	4	77.7	77.7	77.6	77.4	77.2	77.0	76.6	76.1	75.4	74.5	73.4	71.9	70.6
26	6	97.0	96.9	96.8	96.6	96.4	96.0	95.4	94.7	93.8	92.5	90.7	88.1	83.3
27	8	116.3	116.3	116.2	115.9	115.6	115.1	114.5	113.6	112.5	111.0	109.0	106.3	102.9
28	10	135.8	135.8	135.6	135.4	135.0	134.4	133.7	132.8	131.5	129.9	127.9	125.4	122.5
29	12	155.4	155.3	155.2	154.9	154.5	153.9	153.2	152.2	151.0	149.3	147.3	144.8	142.1
30														
31		Flow lines												
32		q' (upstream) = 1.63 m^3/s per value unit of k												
33		q' (downstream) = 0												
34														
35	z/x	0	2	4	6	8	10	12	14	16	18	20	22	24
36	0	1.63	1.58	1.54	1.49	1.43	1.35	1.26	1.14	1.00	0.81	0.58	0.31	0.00
37	2	1.63	1.59	1.54	1.49	1.43	1.36	1.27	1.16	1.02	0.83	0.61	0.32	0.00
38	4	1.63	1.59	1.55	1.51	1.45	1.39	1.31	1.21	1.07	0.90	0.68	0.38	0.00
39	6	1.63	1.60	1.56	1.53	1.48	1.43	1.37	1.28	1.17	1.03	0.83	0.53	0.00
40	8	1.63	1.61	1.58	1.56	1.53	1.49	1.44	1.38	1.30	1.20	1.07	0.91	0.77
41	10	1.63	1.62	1.60	1.59	1.57	1.56	1.53	1.50	1.46	1.41	1.35	1.28	1.24
42	12	1.63	1.63	1.63	1.63	1.63	1.63	1.63	1.63	1.63	1.63	1.63	1.63	1.63

대칭 문제이기 때문에 해당영역의 1/2에 대해서 계산을 수행한다. 폭 $2D = 2 \times 12 = 24$m인 흐름영역의 왼쪽 반을 사용한다. 격자 2 m × 2 m를 사용하라. 격자는 그림 E14.3b의 *ABCDE*에 나타난 바와 같다.

Step 2 : 경계조건을 확인한다.

투수 경계: *AB*와 *CD*는 등수두선이다.

불투수 경계: *BC*, *AE* 그리고 *DE*는 유선이다.

Step 3 : 등수두 경계에서의 수두 결정한다.

*AB*에서의 수두차는 4 − 1 = 3 m

*CD*에서의 수두차는 3/2 = 1.5 m

Step 4 : 각 절점에 수두를 입력한다.

*B*행 3열에서 9열까지 초기 매개변수를 설정. 셀 *B*5는 셀 *B*3−셀 *B*4이다. 셀 *B*12에서 *N*12(등수두 경계 *AB*에 상응하는)까지는 셀 *B*5를 복사한다. 셀 *N*15에서 *N*18까지는 셀 *B*5/2를 입력한다. *B*13에서 *M*18까지, *N*13과 *N*14의 모든 다른 셀에 임의의 값을 입력한다.

Step 5 : 적절한 방정식을 적용한다.

불투수 경계−*B*13에서 *B*18(*AE*)까지, *C*18에서 *M*18 (*ED*)까지, 그리고 *N*13에서 *N*14 (*BC*)까지-에 식 (14.26)을 적용한다. 수두를 알고 있는 셀을 제외한 모든 다른 셀에 식 (14.22)를 적용한다.

Step 6 : 반복 수행한다.

엑셀(Office 2003)에서 Tool → Options → Calculation으로 이동. 다음을 선택한다(영어버전):

(i) Automatic
(ii) Iteration에 최대값을 100, 최소값을 0.001을 입력
(iii) Workbook options에서 update remote reference, Save external link values와 Accept labels in formulas를 선택한 다음 Calc (F9) 또는 Calc sheet을 클릭한다.

엑셀 (Office 2007)에서는 Formulas → Calculation Options → Select Automatic으로 이동.

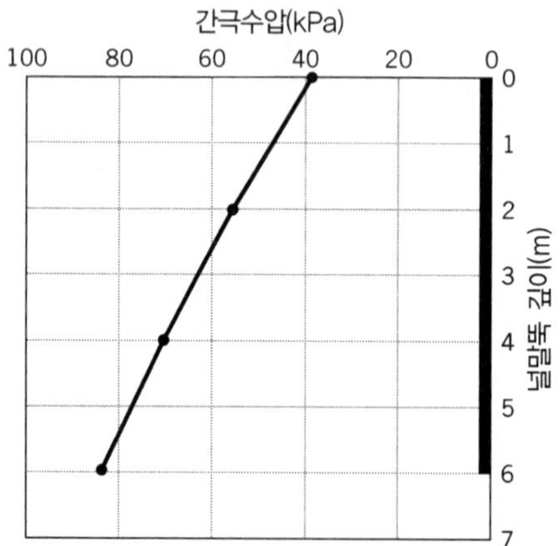

그림 E14.3c 간극수압분포.

Step 7 : *q*를 계산한다.

단위 투수량에 대한 *q*′를 계산하기 위해 식 (14.32)을 사용한다. 이 예문에 대한 스프레드시트에서 *q*′는 다음과 같이 셀 *C*20에 계산된다.

```
{B13−B15+N13−N15+2*(SUM(C13:M13)−2*SUM(C15:M15)}/4
```

q의 실제 값은 다음과 같다.

$$q = kq' = 1.62 \times 2 \times 10^{-4} \times 10^{-2}$$
$$= 3.2 \times 10^{-6}\text{m/s} \quad (10^{-2}\text{는 cm/s를 m/s로 변환하는데 사용된다})$$

Step 8 : 각 셀 (유선)에 대한 유량을 계산한다.

셀 $B36$에서 $B42$ (AE)까지 그리고 셀 $C42$에서 $N32$ (ED)까지는 q'를 복사한다. 하류 끝(셀 $N36$에서 $N39$까지)에서의 흐름은 0이다. 식 (14.26)을 $C36$에서 $M41$까지 그리고 $N40$에서 $N41$까지 적용한다. q'의 값을 알고 있는 셀을 제외한 모든 다른 셀에는 식 (14.23)을 적용한다.

Step 9 : 간극수압을 계산한다.

위치수두를 이용하여 식 (14.29)를 사용하여 간극수압을 계산할 수 있다. 간극수압 분포의 작도는 그림 E14.3c에 나타나 있는 바와 같다.

14.7 흙 댐에서 흐름

컴퓨터 프로그램 활용

www.wiley.com/college/budhu의 Chapter 14에 접속하여 다운받기 위해 Phreatic을 클릭한다. 그리고 흙댐에서의 침윤선의 작도와 계산을 위해 프로그램 실행한다.

흙 댐에서 흐름은 설계시 중요한 고려 사항이다. 댐 하류의 끝부분에 간극수압이 불안정을 야기하지 않도록 해야 하며, 출구에서의 동수경사는 파이핑을 일으키지 않도록 해야 한다. 이 절에서는 침윤선(pheratic surface)(그림 41.9)이라는 최상부 유선을 찾는 훈련을 중점적으로 실시한다. 침윤선에서의 압력수두는 0이다.

Casagrande(1937)는 입구와 출구에서의 포물선을 수정하여 침윤선을 근사시킬 수 있다고 제안하였다. 포물선의 초점은 댐의 선단 F점이다(그림 14.9). 가정된 포물선은 수정되지 않은 침윤선으로 기본포물선이라고 하자. 기하학에서 포물선의 기본적인 특성은 초점과 그 초점을 지나지 않는 직선이 주어졌을 때, 초점에 이르는 거리와 그 직선에 이르는 거리가 동일하며 이 직선을 준선(directrix)이라고 한다. 기본포물선을 작도하기 위해 점 A, 초점 F와 f(초점에서 준선까지 1/2거리)을 알아야 한다. Casagrande에 의해 점 C는 $0.3AB$의 거리(그림 14.9)에 위치하여야 한다고 제안되었고 포물선의 기본 내용으로부터 다음을 구할 수 있다.

$$2f = \sqrt{b^2 + H^2} - b \tag{14.33}$$

기본포물선에 대한 식은 다음과 같다.

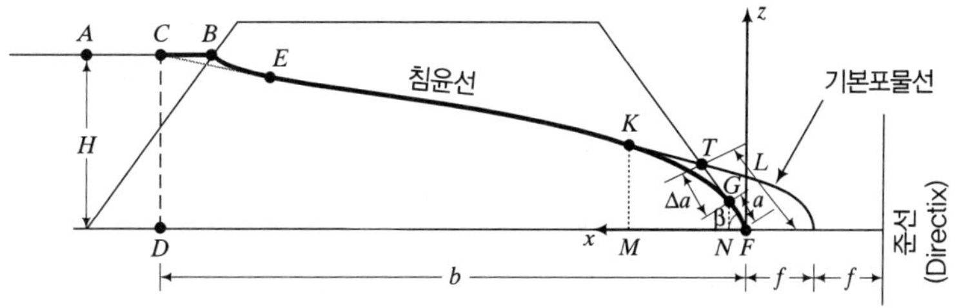

그림 14.9 흙 댐 내부의 침윤선.

$$\sqrt{x^2 + z^2} = x + 2f$$

z에 대해 풀면 다음과 같다.

$$z^2 = 4f(f + x) \tag{14.34}$$

또는

$$z = 2\sqrt{f(f + x)} \tag{14.35}$$

H와 b는 댐의 기하학적 정보로 부터 알 수 있으므로 기본포물선이 그려질 수 있다. 상류의 입구와 하류의 출구에서 수정이 필요하다.

상류 끝은 기본포물선과 부드럽게 연결되는 완화곡선(BE)을 그려서 수정된다. 하류 끝부분의 수정은 각도 β와 유출면의 형태에 의존하다. Casagrande(1937)는 유출면에 배수층이 없는 균질한 흙댐에서 $\beta \leq 30°$일 때의 유출면 길이 a를 결정했다. 그는 동수경사는 침윤선의 경사 dz/dx와 동일하다는 Dupuit의 가정을 사용하여 만약 두 개의 수직 구간에 대해 고려하면-하나는 높이 z인 KM이고, 또 하나는 높이가 $a\sin\beta$인 GN이다–KM을 통과하는 유량은 다음과 같다.

$$q_{KM} = Aki = (z \times 1)k\frac{dz}{dx} \tag{14.36}$$

그리고 GN에 대해서는 다음과 같다.

$$q_{GN} = Aki = (a \sin \beta \times 1)k\frac{dz}{dx} = (a \sin \beta)k \tan \beta \tag{14.37}$$

구간 KM과 GN에서의 연속법칙을 적용 $q_{KM} = q_{GN}$으로부터 다음과 같이 표현된다.

$$zk\frac{dz}{dx} = (a\sin\beta)k\tan\beta \tag{14.38}$$

간단하게 정리하면,

$$z\frac{dz}{dx} = a\sin\beta\tan\beta \tag{14.39}$$

$x_1 = a \cos b$와 $x_2 = b$, $z_1 = a \sin \beta$와 $z_2 = H$에 대해 식 (14.39)를 적분하면 다음과 같다.

$$\int_{a\sin\beta}^{H} z\,dz = a\sin\beta\tan\beta\int_{a\cos\beta}^{b} dx$$

$$\therefore H^2 - a^2\sin^2\beta = 2a\sin\beta\tan\beta(b - a\cos\beta)$$

간략화하면 다음과 같다.

$$a = \frac{1}{\cos\beta}\left(b - \sqrt{b^2 - H^2\cot^2\beta}\right) \tag{14.40}$$

Casagrande(1937)는 그림 14.10에서처럼 $\Delta a/L$과 $\beta > 30°$의 관계에 대한 도표를 제안하였다.

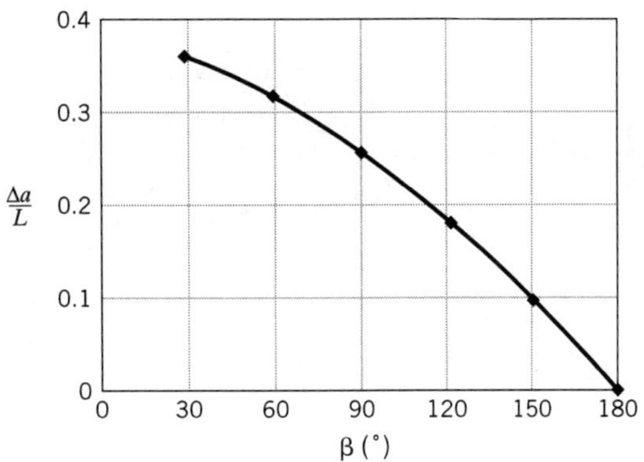

그림 14.10 하류면에 대한 보정계수.

댐에서의 흐름은 식 (14.40)을 식 (14.37)에 대입하여 다음과 같이 표현할 수 있다.

$$q = k\sin\beta\tan\beta\left[\frac{1}{\cos\beta}(b - \sqrt{b^2 - H^2\cot^2\beta})\right]$$

$$= k\tan^2\beta(b - \sqrt{b^2 - H^2\cot^2\beta}) \tag{14.41}$$

유출구에서의 동수경사는 종종 큰 값을 가지기 때문에 파이핑을 예방하기 위해 댐의 하류 끝 분분에 배수층이 설치된다. 그림 14.11에서 나타나있는 바와 같이 흙댐의 선단에 수평 배수층이 사용되어 있는 것을 알 수 있다. 침투는 배수층으로 사용된 조립토의 입도에 의해 조절되고, 배수층이 있는 댐의 침윤선은 배수층과 교차되고 댐의 하류면과는 교차하지 않는다. 따라서 댐의 하류 끝에서의 포물선의 수정은 필요없게 된다.

댐에서의 유량은 다음과 같다.

$$q = Aki = Ak\frac{dz}{dx}$$

여기서 dz/dx는 기본포물선의 기울기, 면적 $A = FJ = 1$(그림 14.11)이다. 포물선의 정의에서 $FJ = 2f$이고, J에서 포물선의 경사는 식 (14.34)로 부터 다음과 같이 표현할 수 있다.

$$\frac{dz}{dx} = \frac{2f}{z} = \frac{2f}{2f} = 1$$

따라서 수평배수층이 있는 댐에서의 유량은 다음과 같다.

$$q = 2f \times k \times 1 = 2fk \tag{14.42}$$

그림 14.9를 참고하여 흙댐 내부에 침윤선을 작도하기 위한 절차는 다음과 같다:

1. 축척에 맞게 구조물을 작도한다.

2. 상류면의 바닥에서의 수직선과 수면의 교차점 A를 그리고 수면과 상류면과 교차하는 B를 그린다.

3. $BC = 0.3\ AB$가되는 점 C를 그린다.

4. 점 C에서 수직선을 그려 댐의 저면과 교차하는 점 D을 추가한다.

5. 포물선의 초점을 그린다. 초점은 편리하게 댐의 선단에 위치시킨다.

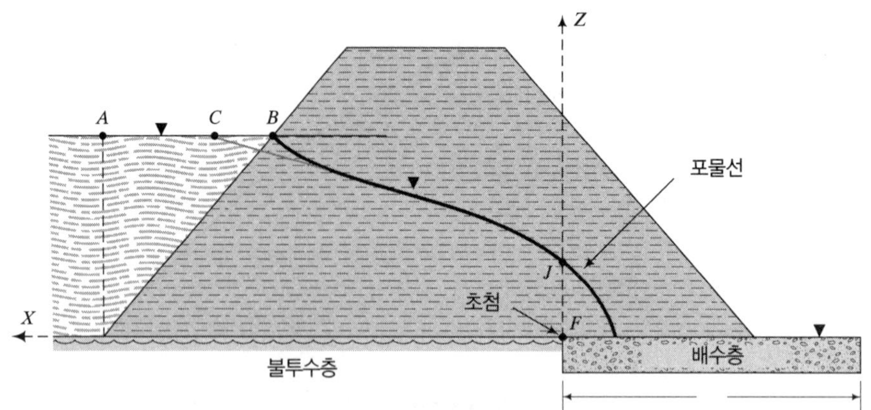

그림 14.11 수평배수지가 있는 중력식댐.

6. 초점거리 $f = (\sqrt{b^2 + H^2} - b)/2$ 를 계산한다. 여기서 b는 거리 FD, H는 상류 면에서의 수위이다.

7. $z = 2\sqrt{f(f + x)}$ 로 부터 기본포물선을 작도한다.

8. 완화곡선 BE를 그린다.

9. 다음을 이용하여 유출면의 길이 a를 계산한다.

$$a = \frac{1}{\cos\beta}(b - \sqrt{b^2 - H^2 \cot^2 \beta}); \quad \beta \leq 30°.$$

$\beta > 30°$에 대해 그림 14.10을 사용하고 (a) TF거리를 측정한다. 여기서 T는 하류면과 포물선의 교차점이다; (b) 도표로부터 β에 상응하는 $\Delta a/L$를 선택한다. (c)거리 $a = TF(1 - \Delta a/L)$를 구한다.

10. 하류면의 점 G를 따라 댐의 선단에서 거리 a를 측정한다.

11. 교차구역인 GK를 작도한다.

12. $q = ak \sin\beta \tan\beta$을 사용하여 유량을 계산한다. 여기서 k는 투수계수이고 만약 그림 14.11에서처럼 하류측 경사가 수평배수층을 가지고 있다면 유량은 $q = 2fk$를 사용해서 계산된다.

What's next... 조립토는 침투를 조절하기 위한 필터 또는 배수층으로 사용되기도 한다. 다음 절에서는 필터로 사용하기 위한 흙의 선택 방법과 흙 필터로써 지오텍스타일의 적용에 대해서 설명한다.

14.8 흙 필터

직경 D_{10}(제 2장)을 흙의 유효입경이라고 하고, Allen Hazen(1893)은 흙 필터에 관한 그의 연구에 유효입경을 도입하였다. D_{10}이 크면 클수록 흙은 더 굵어지고 배수 능력이 좋아진다. 입자크기의 직경 특히 D_{15}는 흙 필터의 기준에 사용되었다. 예를 들어 Terzaghi and Peck (1948)는 유효 흙 필터에 대한 기준을 다음과 같이 표현했다.

$$\frac{D_{15(F)}}{D_{85(BS)}} < 4 \text{ (필터 흙이 유실되는 것을 막기 위해)} \tag{14.43}$$

그리고

$$\frac{D_{15(\mathrm{F})}}{D_{15(\mathrm{BS})}} > 4 \text{ (유량을 높이기 위해)} \tag{14.43}$$

여기서 F는 필터(Filter)를 나타내고, BS는 원지반 흙(Base Soil)을 나타낸다.

대부분의 필터는 모래와 자갈의 다층구조 이다. 이러한 필터는 그 설치가 어려우며 그 효율은 작은 양의 세립분에 의해서도 쉽게 손상된다. 지오텍스타일(geotextile) — 투수성, 고분자 물질 — 은 흙 필터를 대신하여 수 많은 건설에 사용되고 있고 지오텍스타일은 물만 통과시키는 필터섬유라고 불리기도 한다. 결과적으로 지오텍스타일 내부가 막히는 것을 방지하기 위해 적절한 규모로 만들어 져야 한다. 지오텍스타일에 대한 시공은 간단하며 다른 흙 필터와 비교해서 비용 효율이 높고 일반적으로 흙 보다 10배에서 20배정도 투수성이 높다. 그림 14.12은 지오텍스타일의 두 가지 적용 방법을 나타내고 있고 제조사의 카탈로그 및 응용 소프트 프로그램은 적절한 지오텍스타일을 선택할 수 있도록 그 지침이 될 수 있다.

14.9 요약

흙 속에서의 물의 흐름은 수많은 토목공학 시스템의 해석, 설계 및 시공에 매우 중요하게 고려해야 할 사항이다. 지배방정식은 Laplace 방정식이고, 2차원 흐름에 대한 두 가지 해법에 대해서 조사하였다. 하나는 유선과 등수두선으로 구성되어 있는 유선망의 작도인 도해법이다. 유선망은 유선과 등수두선의 정사각형으로 구성되어 있고 서로 직교한다. 유선망으로부터 유량, 수두의 분포, 간극수압, 침투력 그리고 최대동수경사를 구할 수 있다. 또 다른 방법으로는 유한차분법으로 주로 스프레드시트 또는 컴퓨터 프로그램을 사용한다. 지반과 관련되어 시공된 구조물은 최대동수경사가 한계동수경사를 초과하였을 때 불안정하게 된다.

자체평가

http://www wiley.com/college/budhu에 접속하여 제 14장의 이해도를 측정하기 위한 퀴즈를 풀어라.

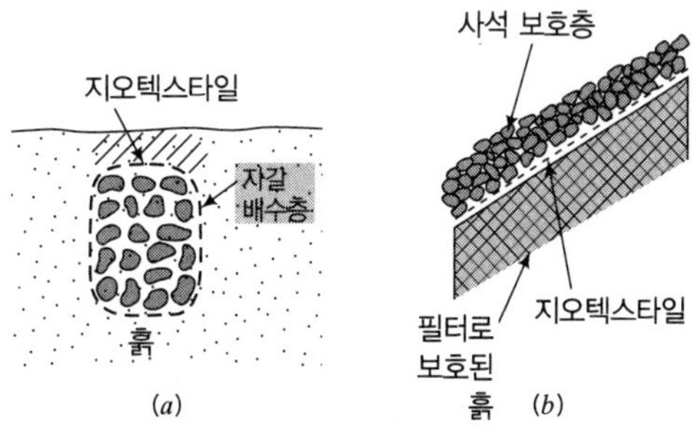

그림 14.12 (a) 지오텍스타일로 감싼 자갈 배수층, (b) 사석사면의 투수용으로 사용된 지오텍스타일.

실용 예제

예제 14.4 굴착에서의 물의 흐름과 파이핑

그림 E14.4a, b에 나타나있는 바와 같이 임시 물막이를 설치하여 교각이 하천부지에 건설될 것이다. 임시 물막이는 벽체 면을 지지하기 위해 길고 얇은 철강, 콘크리트 또는 목재로 구성되어 있다. 물막이 시공이 완료되면 내부의 물은 외부로 양수될 것이다. (a) $k = 1 \times 10^{-4}$ cm/s일 때 유량 (b)파이핑에 대한 안전율을 구하라. 모래의 간극비는 0.59이다.

굴착 후 공사가 장기간 지연이 되었고 이 기간 동안에 $k = 1\times 10^{-6}$ cm/sec인 두께 100 mm의 실트질 점토층이 그 지역에 퇴적되었다. 이 실트질 점토층은 파이핑에 대한 안전율에 어떤 영향을 끼치는가?

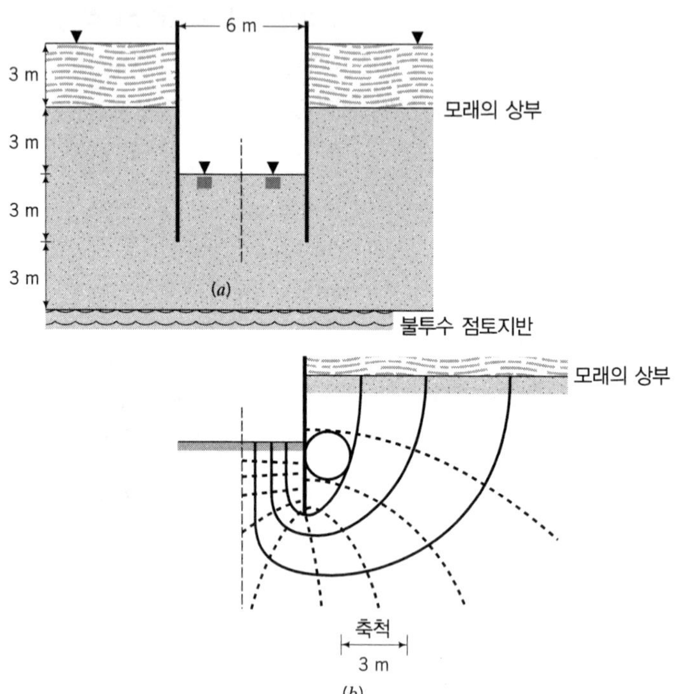

그림 E14.4a,b

핵심전략 핵심은 유선망을 작성하고 최대 동수경사가 한계 동수경사보다 작은지 아닌지 결정하는 것이다. 실트질 점토층의 존재는 큰 수두손실을 발생시킬 것이고, 결과적으로 파이핑에 대한 안전율이 증가할 것이다. 임시 물막이와 흙이 수직면에 대해서 대칭이기 때문에 물막이의 반쪽면에 대해서 유선망을 작도하면 된다.

풀이 14.4

Step 1 : 물막이를 축척에 맞게 그리고 유선망을 작도한다.

그림 E14.4b 참조

Step 2: 단위 폭(m)당 유량을 계산한다.

$$\Delta H = 6\text{ m};\quad N_f = 4,\quad N_d = 10$$

$$q = 2k\Delta H\frac{N_f}{N_d} = 2 \times 1 \times 10^{-4} \times 10^{-2} \times 6 \times \frac{4}{10} = 4.8 \times 10^{-6}\text{m}^3\text{/s}$$

(주의: 구조물의 반쪽 만을 고려하기 때문에 2를 곱해줘야 한다; 10^{-2}는 cm/s를 m/s로 변환하는데 사용된다.)

Step 3 : 최대동수경사를 계산한다.

$$L_{min} \approx 0.3 \text{ m} \quad \text{(강널말뚝 배출구 상의 평균값)}$$

$$i_{max} = \frac{\Delta h}{L_{min}} = \frac{\Delta H}{N_d L_{min}} = \frac{6}{10 \times 0.3} = 2$$

Step 4 : 한계동수경사를 계산한다.

$$i_{cr} = \frac{G_s - 1}{1 + e} = \frac{2.7 - 1}{1 + 0.59} = 1.07$$

$i_{max} > i_{cr}$이기 때문에 파이핑이 발생할 것이다. 안전율은 1.07/2 ≈ 0.5이다.

Step 5 : 실트질 점토층의 영향을 결정한다.

그림 E14.4c에 나타나있는 것처럼 흐름영역에서 1차원 흐름을 고려한다. 9 m의 모래층(굴착지 외부의 6 m와 내부의 3 m)에서의 수두손실은 실트질 점토층이 없을 때는 6 m이다. 실트질 점토층이 존재할 때의 새로운 수두손실을 구한다.

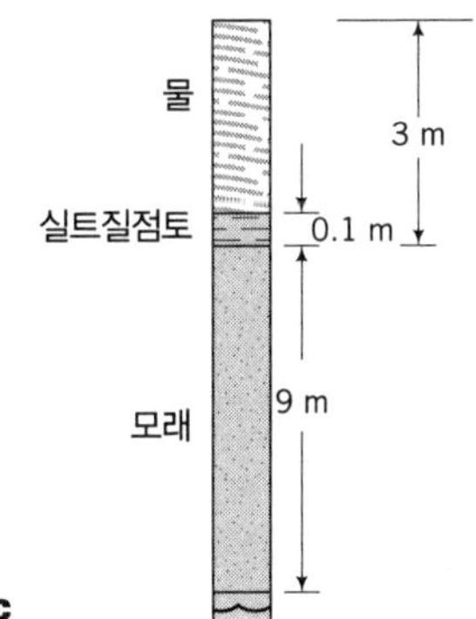

그림 E14.4c

Darcy의 법칙과 연속법칙:

$$k_{sand}\, i_{sand} = k_{silt}\, i_{silt}$$

또는

$$k_{sand} \frac{\Delta h_{sand}}{L_{sand}} = k_{silt} \frac{\Delta h_{silt}}{L_{silt}}$$

따라서,

$$\Delta h_{sand} = \frac{1 \times 10^{-6} \times 9 \Delta h_{silt}}{1 \times 10^{-4} \times 0.1} = 0.9 \Delta h_{silt}$$

하지만 $\Delta h_{sand} + \Delta h_{silt} = 6$ m; 즉, 0.9 $\Delta h_{silt} + \Delta h_{silt} = 6$ m이고 $\Delta h_{silt} = 3.16$ m이다. 따라서

$$\Delta h_{sand} = 6 - 3.16 = 2.84 \text{ m}$$

그래서 최대동수경사는 감소될 것이다.

예제 14.5 부력에 대한 중공 지하배수로의 크기 결정

그림 E14.5a은 콘크리트 지하배수로를 보여준다.

(a) 1.2의 안전율을 사용하여 부상을 막을 수 있는 최소 벽체두께를 결정하라. 지하수위는 지표면까지 상승할 가능성이 있고 콘크리트의 단위중량은 24 kN/m^{3}이다. 최악의 경우를 가정하라.

(b) 만약 지하배수로가 부상을 한다면 부상을 막을 수 있는 한 가지 방법을 제시하고 설명하라.

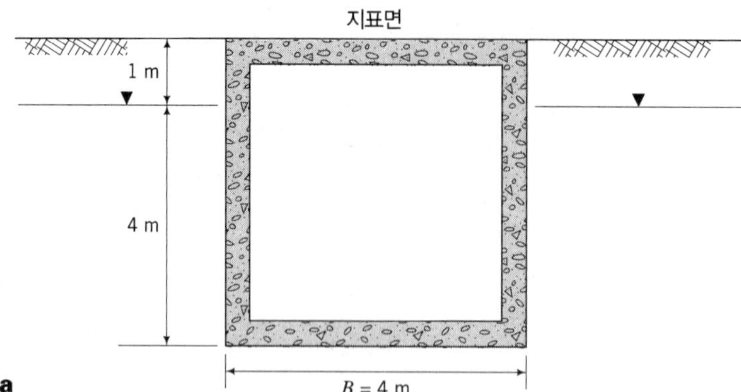

그림 E14.5a

핵심전략 최악의 경우는 지하배수로 내부에는 물이 없고 벽면 마찰력도 없이 지하수위가 지표면에 위치할 때이다. 이 문제의 해법은 수직방향에서의 힘의 평형방정식을 고려하여야 한다.

풀이 14.5

Step 1 : 지하배수로의 단위길이당 양압력을 계산한다.

최악의 경우는 지하수위가 지표면에 위치할 때이다.

저면에서 간극수압은 $u_w = h\gamma_w = (4 + 1)9.8 = 49$ kPa.

지하배수로 저면에서 양압력 P_{up}는 Bu_w이다.

단위 폭당 $P_{up} = 4\times 49 = 196$ kN이다.

Step 2: 지하배수로의 중량을 계산한다.

벽체두께를 t라고 하자.

단위길이당 중량 $W = [(4 \times 5) - (4 - 2t)(5 - 2t)] \times 24$이다.

Step 3 : 벽체두께를 결정한다.

$$\text{FS} \times W = P_{up}$$

$$1.2 \times 24 \times [(4 \times 5) - (4 - 2t)(5 - 2t)] = 196$$

$$\therefore t^2 - 4.5t + 1.7 = 0$$

t에 대한 해는 $t = 0.416$ m = 416 mm이다.

Step 4 : 부상을 막을 수 있는 한 가지 방법을 제시하고 설명하라.

부상을 막을 수 있는 한가지 방법으로는 그림 E14.5b에 나타나있는 바와 같이 그라운드 앵커를 사용하는 것이다. 앵커는 양압력와 하부방향으로의 저항력 (중량 + 주면지지력)의 차를 충분히 안전률(>1.2)로 유지되어야만 한다.

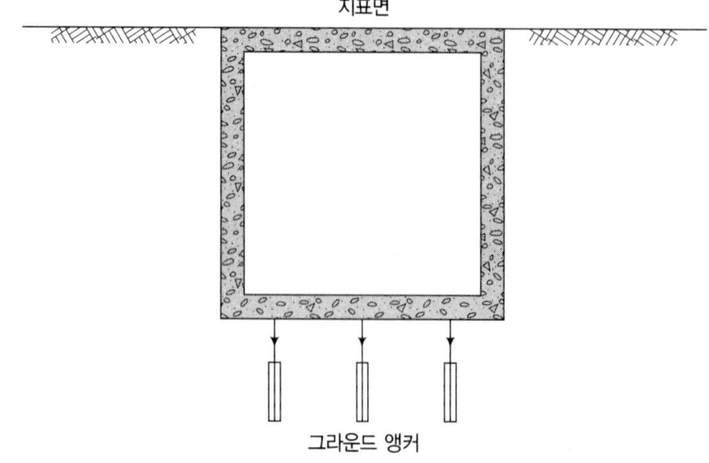

그림 E14.5b

연습문제 EXERCISES

이론문제

14.1 한계동수경사 i_{cr}과 간극률 n사이의 관계를 유도하라.

기본문제

14.2 그림 P14.2에 나타나있는 바와 같이 널말뚝이 6 m깊이의 물을 지지하고 있다.

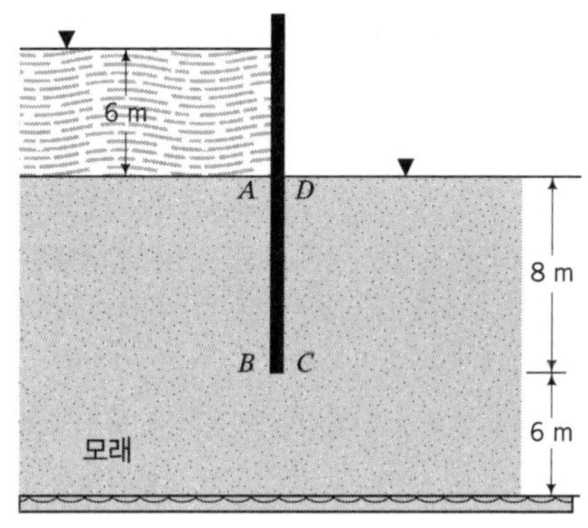

그림 P14.2

(a) 유선망을 작도하라.

(b) $k = 0.0019$ cm/s일 때 유량을 구하라.

(c) 벽체의 상류면과 하류면에서의 간극수압분포를 구하라.

(d) $e = 0.55$일 때 파이핑은 발생하는가?

14.3 그림 14.5에서 옹벽의 높이를 3 m로 가정하라.

(a) $k = 0.003$ cm/s일 때 배수층에서의 평균 유량을 구하라.

(b) 배수층의 유입면 바로 전에서의 간극수압분포를 구하라.

(c) 간극수압으로 인한 측면에서 작용하는 평균 힘을 구하라.

14.4 그림 P14.4에 나타나있는 바와 같이 하류면에 3 m의 점토(거의 불투수층)가 있고 널말뚝은 6 m의 물을 지지하고 있다.

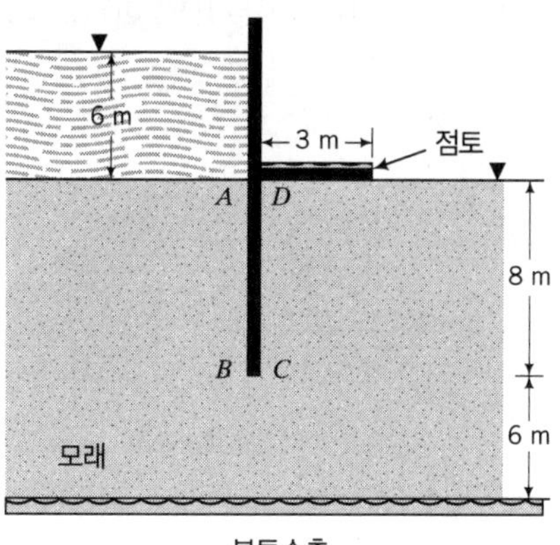

그림 P14.4

(a) 유선망을 작도하라.

(b) 등가투수계수 $k = 1.9 \times 10^{-3}$cm/s이라고 할 때 유량을 구하라.

(c) 벽체의 상류면 및 하류면에서의 간극수압 분포를 구하라.

(d) $e = 0.55$일 때 파이핑은 발생하는가?

14.5 유한차분법을 이용하여 예제 14. 2를 풀어라.

14.6 그림 P14.6의 흙 댐에 대해서

(a) 등가투수계수가 $k = 4 \times 10^{-4}$cm/s이라고 할 때 흙 댐 하부에서의 유량을 구하라.

(b) 흙댐의 저면에서의 간극수압 분포를 구하라.

(c) 흙댐의 상류면에서 발생하는 양압력과 그 위치를 구하라.

(d) 안전율 1.2를 사용하여 부상을 막을 수 있는 흙댐의 중량을 계산하라.

(e) $e = 0.6$일 때 파이핑은 발생하는가?

14.7 그림 P14.7에 나타나있는 것처럼 점토을 사용하여 댐을 시공하였다. 댐의 $k_x = 1.2 \times 10^{-5}$cm/s, $k_z = 2 \times 10^{-5}$cm/s이고

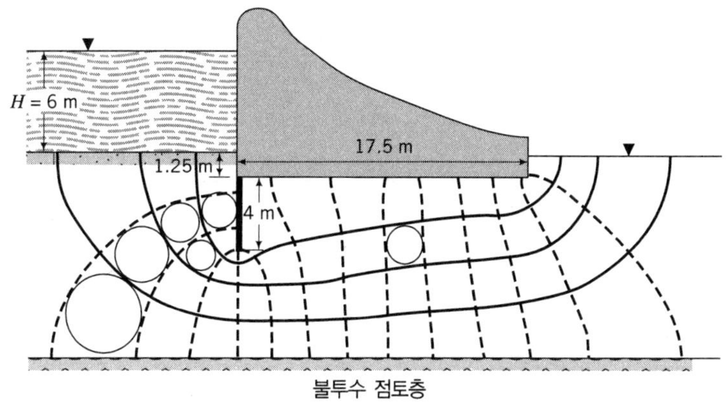

그림 P14.6

그 댐은 포화단위중량이 17.8 kN/m^{3}인 두께 10 m의 모래질 점토에 의해 지지되고 있다. 모래질 점토층 하부는 불투수 점토층이 있다. 상류와 하류 경사는 1(V): 2(H)이다.

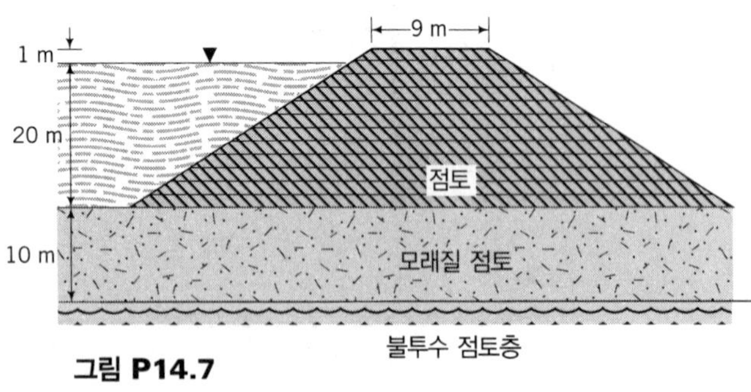

그림 P14.7

(a) 댐 하부의 유선망을 작도하라.

(b) 흙댐의 저면에서의 간극수압 분포를 구하라.

(c) 흙댐의 상류면에서 발생하는 양압력과 그 위치를 구하라.

14.8 그림 P14.7의 흙댐에 대해서 침윤선을 작도하라. 만약 $k = k_x = 1\times 10^{-6}$cm/s일 때 댐으로 흐르는 유량을 구하라.

14.9 그림 P14.9의 흙댐에 대하여 배수층이 있는 경우와 없는 경우에 대해서 침윤선을 작도하고 유량을 구하라. 댐의 하부는 국부적으로 불투수층인 점토가 두껍게 퇴적되어 있다. 상류 및 하류 경사는 1(V): 2(H)이다. 점토의 투수계수는 $k = k_x = 1.2 \times 10^{-6}$cm/s이다.

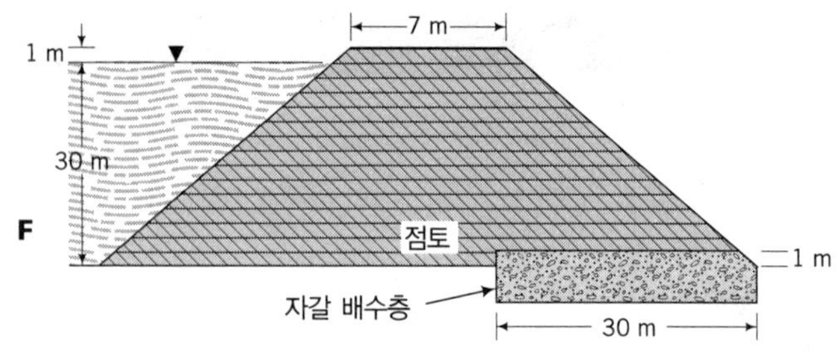

그림 P14.9

14.10 도로 포장을 위해 시추를 실시하였고, 그 결과 8 m의 모래, 실트, 점토의 혼합토 아래에 조립토의 대수층이 존재하는 것을 알게 되었다. 혼합토 밑의 대수층은 피압 상태인 것으로 예상되고 과잉수두 1 m가 발생하였다. 하나의 예비 설계로써 과잉수두를 감소시키기 위해 그림 P14.10에 나타나있는 것처럼 두 개의 트랜치를 설치할 예정이다. 유선망을 작도하고 $k= k_z = 1\times 10^{-5}$cm/s일 때 각각의 트랜치에서의 유량을 구하라.

14.11 수직 배추층이 설치된 옹벽이 있다(그림 P14.11). 폭우가 내린 후에 정상상태 침투가 발생한다. 유선망을 작도하고 예상 파괴면 AB에 작용하는 간극수압 분포를 구하라. 투수계수는 1.8×10^{-4}cm/s이다.

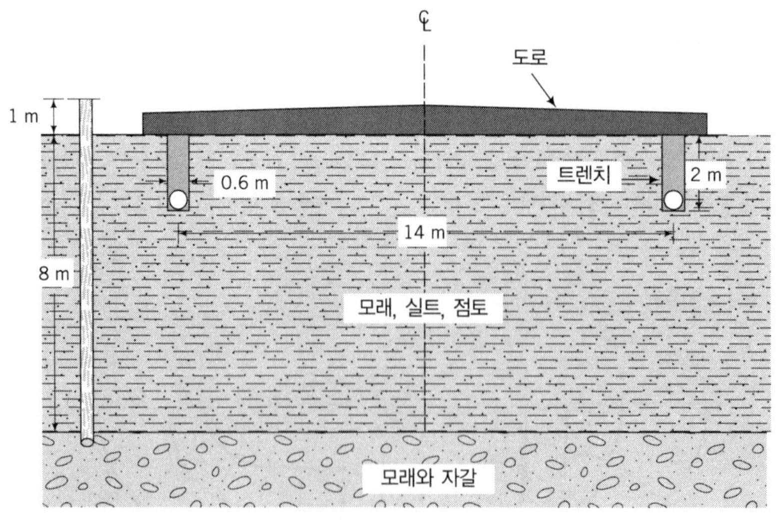

그림 P14.10

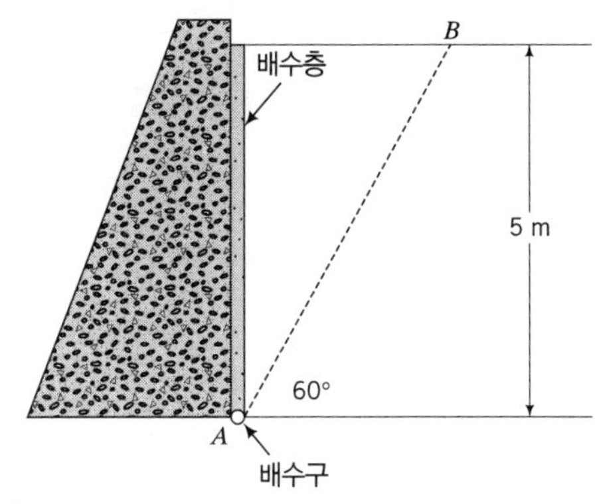

그림 P14.11

실용문제

14.12 콘크리트 지하배수로가 그림 P14.12와 같이 시공될 예정이다. 건물의 지하가 지하배수로 근처에 시공될 예정이며 이에 따른 대책으로 제안된 것은 그림 P14.12에서처럼 널말뚝을 굴착지역 근처에 설치하는 것이고, 굴착 내부의 물은 양수될 것이다. 가장 낮은 지하수위 위치는 그림 P14.12에 나타낸 바와 같다. 흙의 등가투수계수는 2×10^{-4}cm/s이다.

(a) 유선망을 작도하라.

(b) 지하배수로에서의 양압력을 구하라.

(c) 암거는 부상에 대하여 안전한가? 각각의 벽면에 작용하는 단위길이당 마찰저항은 대략 $0.5K_a(\gamma_{sat} - \gamma_w)H^2 \tan\left(\frac{2}{3}\phi'_{cs}\right)$이다. 여기서 $K_a = \tan^2\left(45° - \frac{\phi'_{cs}}{2}\right)$이고 $\phi'_{cs} = 30°$이다. 콘크리트의 단위중량은 24 kN/m^{3}이다.

(d) 파이핑이 발생하는지를 결정하라.

14.13 어떤 터널이 그림 P14.13에 나타나있는 바와 같이 고속도로를 지지하고 있는 성토 내부로 운행되고 있다. 성토의 등가투수계수는 $k = 8\times 10^{-5}$cm/s이다.

(a) 최악의 경우에 대해서 성토내부에서의 유선망을 작도하라.

(b) 터널의 저면에서의 단위길이당 부상력을 구하라.

(c) 만약 성토의 단위중량이 18.8 kN/m^{3}이라고 할 때 파이핑이 발생하는지를 결정하라.

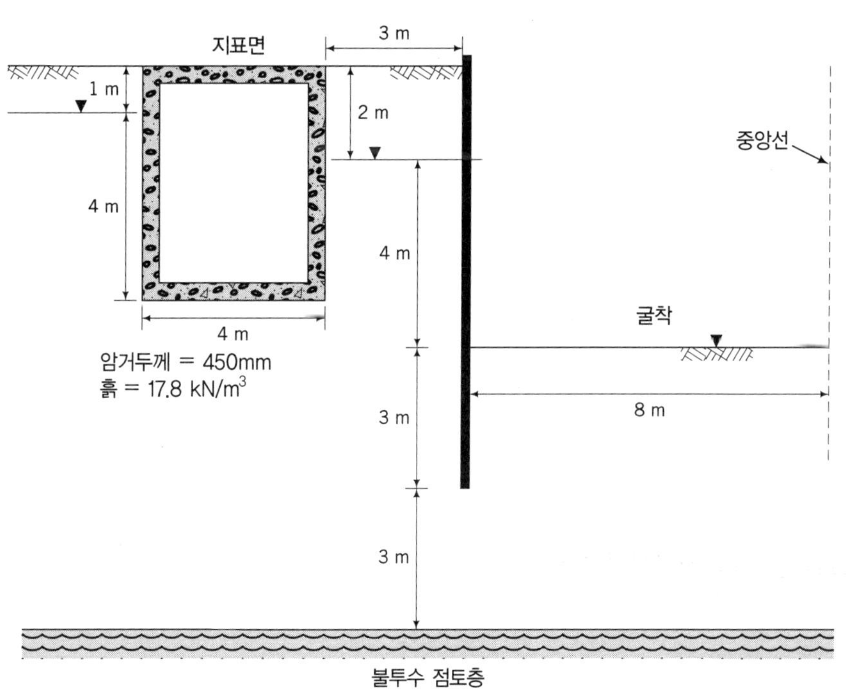

그림 P14.12

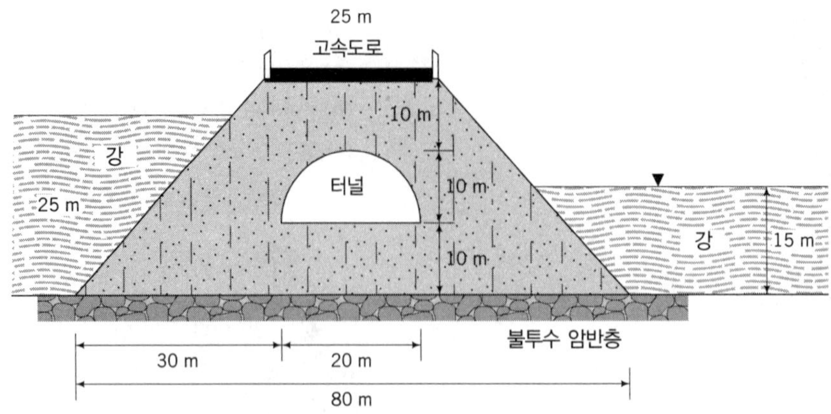

그림 P14.13

CHAPTER 15

흙막이구조물의 안정

STABILITY OF EARTH-RETAINING STRUCTURES

15.0 서론

본 장에서는 몇 가지 일반적인 흙막이구조물의 안정성을 결정하기위한 설명을 하려한다. 특히 단순한 흙막이구조물들을 해석하는 방법과 붕괴를 유발시키는 하중에 대한 이해를 도우려한다.

15장을 나쳤을 때, 당신은 아래의 내용을 할 수 있어야 한다.

- 수평토압의 결정과 이해
- 흙막이구조물들의 불안정을 유발하는 하중들
- 단순 흙막이구조물들의 안정성 평가

이전 장에서 이미 논의 되었던 아래의 원리와 역학들을 활용하게 될 것이다.

- 정적평형
- 유효응력과 침투(제 7장)
- Mohr 응력원(제 7장)
- 전단강도(세 10징)
- 흙속에서 2차원 물의 흐름(제 14장)

중요사항

인류가 만든 환경조건에서 흙막이구조물들은 어디에서나 만날 수 있다. 이러한 구조물들은 역학을 이용하여 분석한 첫 번째 구조물이라는 특징을 가진다(제 1장에서 언급한 바와 같이, 성벽을 보호하기 위한 흙더미를 Coulomb의 수평토압 이론으로 분석하였다. 많은 종류의 흙막이구조물이 존재한다. 관례상 흙막이벽들은 세 종류의 그룹–중력식(mass gravity)벽체, 연성벽체(flexible wall), 보강토 벽체(mechanical stabilized earth wall)로 나뉜다. 지반공학자들은 그룹분류와 관계없이 흙막이벽은 예상되는 어떠한 하중 조건하에서도 안정성을 가진다는 확신이 있어야 한다. 예상되는 어떠한 하중조건(정적, 동적하중, 수압, 침투압)하에서도 흙막이구조물 시스템은 붕괴되거나 손상을 입지 않는 조건 (안정성)의 의미를 상기해야 한다. 안정성은 극한한계상태(ultimate limit state)에 가까우나, 사용성한계상태(serviceability limit state) 역시 중요하다. 많은 경우에 사용성한계상태가 설계한계상태를 결정한다. 하지만 사용성한계상태의 해석방법은 본 교재의 범위에 포함되지 않는다. 그림 15.1은 호안 공사에 적용된 널말뚝(sheet pile) 흙막이벽의 사례이다.

그림 15.1 시공 중에 있는 연성벽체(널말뚝).

15.1 용어 정의

뒤채움 : 벽체 뒷부분의 채움 흙

주동토압계수(K_a) : 흙막이구조물이 뒤채움 흙 반대방향인 외측으로 조금 움직여서 한계응력상태에 도달시에 수직방향과 이에 직각인 수평방향에 작용하는 두 유효응력의 비(ratio)

수동토압계수(K_P) : 흙막이구조물이 뒤채움 흙 방향인 내측으로 움직여서 한계응력상태에 도달 될 때에 수직방향과 이에 직각인 수평방향에 작용하는 두 유효응력의 비

중력식옹벽 : 주로 무근콘크리트의 중량으로 벽체 배면에서 작용하는 수평력을 감당하는 구조

연성벽체 : 길이가 길고 얇은 벽체를 뜻하며 벽체 앞쪽의 저항하는 수동토압이나 앵커설치 및 버팀보로 안정성을 확보하는 벽체

보강토벽체 : 얇은 보강재(steel, fabric, fiber 등)로 뒤채움부분의 흙을 보강한 중력식타입의 벽체

15.2 이해를 돕기 위한 질문

1. 흙막이구조물들의 안정성은 무엇을 의미하는가?
2. 구조물들을 불안정한 상태로 만드는 요인들은 무엇인가?
3. 수평토압이론에서 가정 사항들은 무엇인가?
4. 언제 Rankine이론과 Coulomb이론을 사용하는가?
5. Coulomb의 이론은 상한(upper bound)혹은 하한(lower bound)값 중 어디에 속하는가?
6. 벽체 마찰의 파괴면의 형태에 어떤 영향이 있는가?
7. 중력식 벽체, 켄틸레버식 벽체, 켄틸레버식 널말뚝 벽체, 앵커지지 널말뚝 벽체 들의 차이점들은 무엇인가?

8. 흙막이벽의 안정성을 검토하려면 어떻게 해석하는가?
9. 벽체 지지없이 수직으로 얼마나 깊이 굴착이 가능한가?
10. 보강토벽체란 무엇인가?

15.3 수평토압의 기본개념

상호개념학습

http://www.wiley.com/college/budhu에 접속하면 15장에 관련된 영상을 통하여 수평토압의 기본개념을 배울 수 있다.

제 7장에서는 정지상태에서 수평토압을 논하였고, 또한 반무한상태, 균질하고, 등방이고 탄성상태에서 지반 상부에 하중을 가하면 수평방향 응력이 증가한다고 배웠다. 여기서는 배면지반의 흙을 지지하기 위한 수직벽에 작용하는 수평토압을 다루고자 한다. Coulomb(1776)과 Rankine(1857)의 두 가지 이론에 대하여 논하고자 한다. 우선 내부마찰각 (ϕ')과 아래의 가정사항을 적용하여 수평토압의 기본적인 이해를 돕고자 한다.

1. 흙막이벽은 수직이다.
2. 벽체와 배면흙의 경계면에는 마찰이 없다.
3. 지표면은 수평이고 전단응력이 수직과 수평 경계에서 작용하지 않는다.
4. 벽체는 강체이고 건조하고 등방 균질한 흙이 무한심도까지 연장된다.
5. 흙은 느슨하며 초기에는 정지상태이다.

그림 15.2와 같이 강성벽체가 미소의 변위도 없이 움직임이 없다면, 정지상태로 간주되며 벽체의 배면에 위치한 A요소와 전면에 위치한 B요소의 수직과 수평유효응력은 다음과 같다.

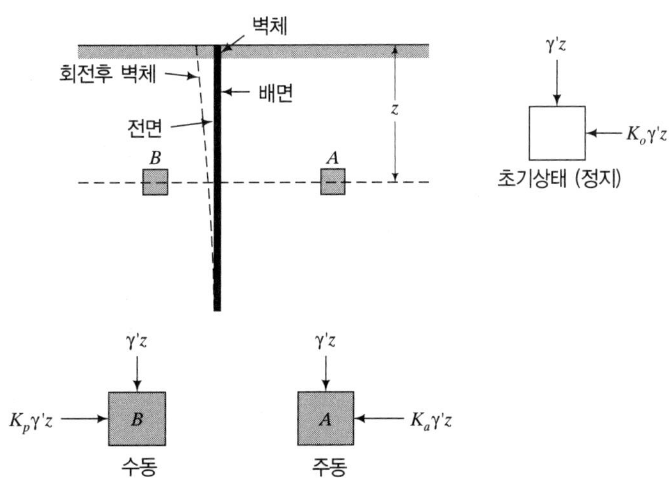

그림 15.2 흙막이벽 전면과 배면의 미소요소 A와 B에 작용응력.

$$\sigma'_z = \sigma'_1 = \gamma' z$$
$$\sigma'_x = \sigma'_3 = K_o \sigma'_1 = K_o \gamma' z$$

여기서 γ'은 흙의 유효단위중량이고, K_o는 정지토압계수 [식 (7.50)]이다. 그림 15.3의 원 Ⓘ은 정지상태에서의 Mohr원이다. 만약 지표면이 수평이 아닐 경우, 최대 · 최소 주유효응력(principal effective stresses)은 각각 수직, 수평유효응력과 일치하지 않는다.

그림 15.4와 같이 벽체하부(저면)를 고정시킨 후 벽체를 전면과 배면 측으로 충분히 회전시키면 흙속에 파괴면들이 발생한다. 회전(rotation), 또는 결과적으로 수평변위의 크기로 인한 벽체 전면(front)에 파괴면 발생은 벽체배면 변위로 인한 파괴면 발생시보다 상당히 큰 변위가 요구됨을 알 수 있다(그림 15.5). 벽체 배면의 지반에 파괴가 발생하는 동안 벽체 전면의 지반에는 파괴에 저항하고 있음을 알 수 있다. 벽체 전면파괴를 유도하려면 더 큰 회전을 유발시켜야 한다.

그림 15.2에서 벽체가 회전하는 동안 A요소와 B요소 부분의 수평유효응력에 어떤 현상이 발생되었는가? 수직

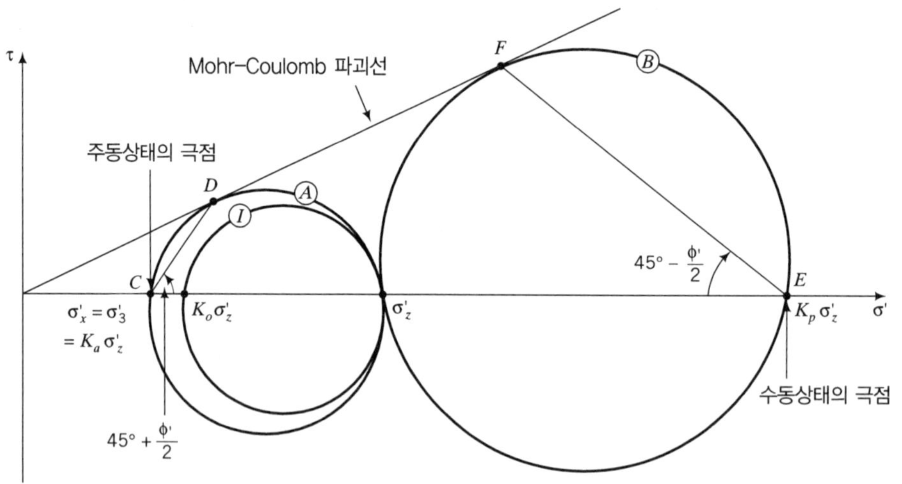

그림 15.3 정지, 주동, 수동 상태에서 Mohr원.

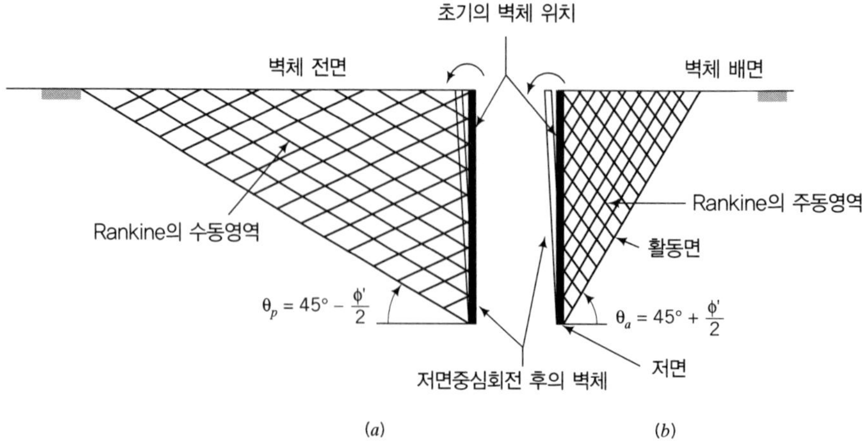

그림 15.4 흙막이벽 주변의 토체내의 파괴면.

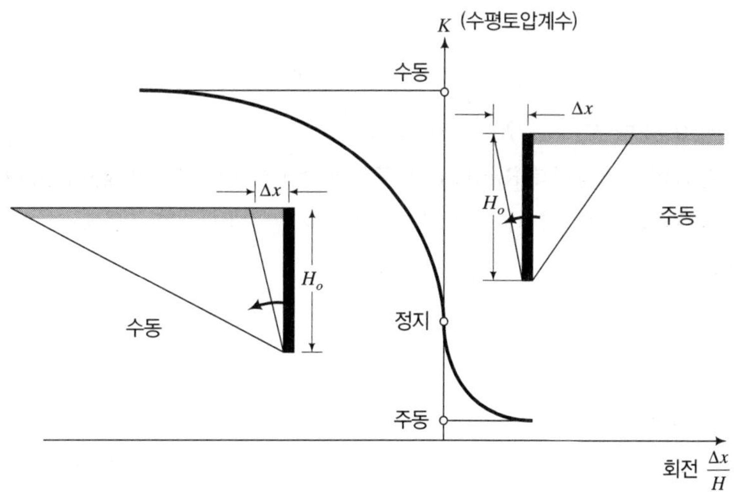

흙 종류	응력상태	대략변위 Δx
조립토	주동	$0.001H_o$, (T, R)
	수동	$0.05H_o$, (T) $> 0.1H_o$, (R)
세립토	주동	$0.004H_o$, (T, R)
	수동	알 수 없음

그림 15.5 주동과 수동 저항력을 유발하기 위한 회전.

응력은 양측 모두 변화가 없지만, A요소의 수평유효응력은 감소되고 B요소는 증가된다. 이제는 두 개의 Mohr원을 추가적으로 그릴 수 있으며, 하나는 A요소의 응력상태를 대표(원 Ⓐ 그림 15.3)하며, 다른 하나는 B요소의 응력상태(원 Ⓑ 그림 15.3)를 대표한다. 이 두개의 원은 수평유효응력을 A요소 경우는 감소시키고 B요소는 충분히 증가시켜서 그 흙을 Mohr-Coulomb의 한계응력상태까지 도달하게 하여 작도된 것이다. 이 장에서는 단순화시켜서, 한계응력상태(limiting stress state)를 파괴상태로 부른다. 여기서, 파괴상태는 한계상태(critical state)와 다르다. B요소가 파괴상태에 도달하기 위하여, 수평유효응력은 수직유효응력보다 상당히 크다는 것을 알 수 있다(그림 15.3).

한계응력상태에서 유효주응력의 수직방향에 대한 수평방향의 비(ratio)는 식 (10.16)에서 이미 언급하였으나, 원 Ⓐ에 대하여 식 (15.1)과 같다.

$$\frac{(\sigma_3')_f}{(\sigma_1')_f} = \frac{1 - \sin\phi'}{1 + \sin\phi'} = \tan^2\left(45° - \frac{\phi'}{2}\right) = K_a \tag{15.1}$$

여기서 K_a는 주동토압계수이며, 원 Ⓑ에 대하여서도 식 (15.2)로 나타낼 수 있다.

$$\frac{(\sigma_1')_f}{(\sigma_3')_f} = \frac{1 + \sin\phi'}{1 - \sin\phi'} = \tan^2\left(45° + \frac{\phi'}{2}\right) = K_p \tag{15.2}$$

여기서 K_P는 수동토압계수이다. 그러므로

$$K_p = \frac{1}{K_a}$$

예를 들면 $\phi' = 30°$일 때 $K_a = \frac{1}{3}$. $K_P = 3$이 된다.

흙요소 A와 B의 응력상태를 Rankine의 주동과 수동상태로 부르며 Rankine(1857)이론에 근거하여 이름을 붙였다. 이들 Rankine의 토압상태는 각각의 파괴면들과 연관되어 있다. Rankine의 주동토압상태에서 파괴면의 각도 (θ_a)는 식 (15.3)이다.

$$\theta_a = 45° + \frac{\phi'}{2} \tag{15.3}$$

각도 (θ_a)는 파괴면과 수평면의 각도이며 그림 15.4b에 나타내었고, 제 10장에서 이미 증명한바 있다. Rankine의 수동상태에서 파괴면과 수평면이 이루는 각 (θ_P)는 식 (15.4)과 같고, 그림 15.4a에 나타내었다

$$\theta_p = 45° - \frac{\phi'}{2} \tag{15.4}$$

Rankine 주동상태에서 수평토압;

$$(\sigma'_x)_a = K_a \sigma'_z = K_a \gamma' z \tag{15.5}$$

Rankine 수동상태에서 수평토압;

$$(\sigma'_x)_p = K_p \sigma'_z = K_p \gamma' z \tag{15.6}$$

식 (15.5)와 식 (15.6)은 균질한 토사층에서 수평토압이 깊이에 따라 일정하게 증가되며 그림 15.6a, b와 같다. 주동토압계수와 수동토압계수는 유효응력에서만 적용할 수 있다. 지하수위 상부의 흙에 대해서는 $\gamma' = \gamma$이며, 지하수위 하부의 흙은 $\gamma' = (\gamma_{sat} - \gamma_w)$를 사용해야 된다.

수평토압에 의한 힘은 토압분포도의 면적과 같다. Rankine 주동상태의 수평력 (P_a);

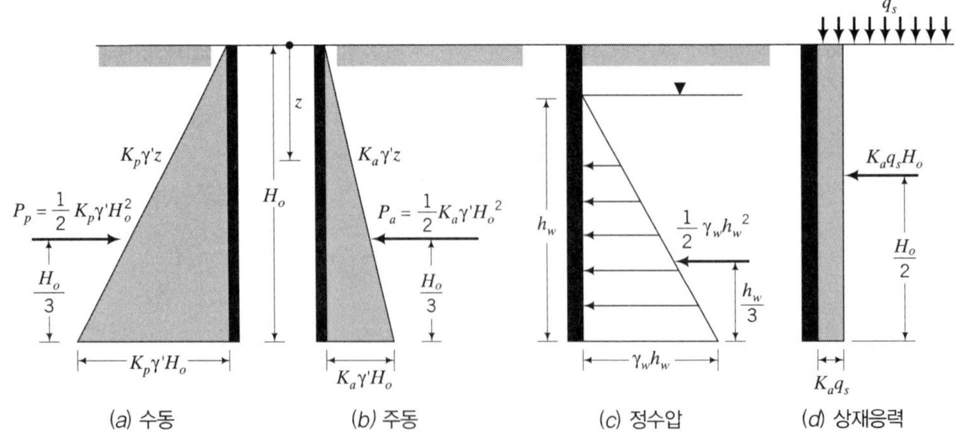

그림 15.6 깊이에 따른 주동토압, 수동토압과 정수압과 등분포상재응력에 대한 수평토압 분포.

$$P_a = \int_0^{H_o} K_a \gamma' z = \frac{1}{2} K_a \gamma' H_o^2 \tag{15.7}$$

Rankine 수동상태의 수평력(P_P);

$$P_p = \int_0^{H_o} K_p \gamma' z = \frac{1}{2} K_p \gamma' H_o^2 \tag{15.8}$$

이러한 수평력(lateral forces), P_a와 P_P는 삼각형토압분포의 도심에 작용하기 때문에 바닥으로부터 $H_o/3$지점에 작용한다.

지하수 존재시는 수평토압에 정수압(간극수압)을 가산해야 한다. 예를 들면, 지하수위가 벽체 저부로부터 높이 h_w에 위치(그림 15.6c)할 때, 정수압(u);

$$u = \gamma_w h_w \tag{15.9}$$

정수압력 (P_w);

$$P_w = \frac{1}{2} \gamma_w h_w^2 \tag{15.10}$$

지표면에 작용하는 상재하중(q_s)도 수평토압에 가산된다. 그림 15.6d와 같이 등분포하중 (q_s)는 주동토압 $K_a q_s$ 크기로, 수동토압 $K_P q_s$의 크기로 균등하게 수평방향으로 전달된다. 따라서 흙, 지하수, 상재하중으로 인하여 발생되는 주동토압과 수동토압은 아래와 같다.

$$(\sigma_x)_a = K_a \sigma_z' + K_a q_s + (u)_a \tag{15.11}$$

그리고,

$$(\sigma_x)_p = K_p \sigma_z' + K_p q_s + (u)_p \tag{15.12}$$

여기서 u는 정수압이며 첨자 a와 p는 주동상태와 수동상태를 나타낸다.

선하중과 띠하중으로 부터의 수평력은 제 7장에 소개되었다. 다른 종류의 지표면 하중에 대해서는 Poulos와 Davis(1974)를 참조하기로 한다.

요점정리 THE ESSENTIAL POINT ARE

1. 흙막이벽에 작용하는 수평토압이 수직유효응력과 직접적으로 관련된 두 개의 토압계수가 있다. 하나는 주동토압계수,

$$K_a = \frac{1 - \sin\phi'}{1 + \sin\phi'} = \tan^2\left(45° - \frac{\phi'}{2}\right)$$

다른 하나는 수동토압계수,

$$K_p = \frac{1 + \sin\phi'}{1 - \sin\phi'} = \tan^2\left(45° + \frac{\phi'}{2}\right) = \frac{1}{K_a}$$

2. 완전한 수동토압이 발현되려면 완전한 주동토압이 발현될 때 보다 더 많은 벽체의 변위가 요구된다.

3. Rankine의 주동상태와 수동상태에서 유사한 파괴영역이 발생된다. 주동상태에서는 파괴면이 수평면과 45° + ϕ′/2의 각도를 이루며 수동상태에서는 수평면과 45° − ϕ′/2의 각을 이룬다.
4. 지금까지 소개된 수평토압계수들은 벽체배면 마찰이 무시되며, 배면지반의 흙이 균질하고, 지표면이 수평이라는 가정하에 유효하다.
5. 수평토압계수들은 유효주응력에만 적용된다.

예제 15.1 수평토압과 수평력

그림 E15.1a의 마찰이 없는 벽체에서 주동토압을 산정하라. 합력과 벽체의 선단으로부터 합력이 작용하는 위치를 구하라. 침투수압의 영향은 없으며, 지하수위는 지표면에 있다.

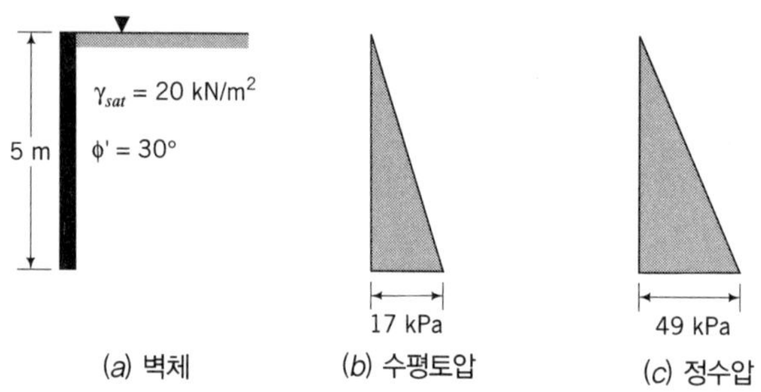

그림 E15.1

핵심전략 수평토압계수는 단지 유효응력에만 적용된다. 연직방향의 유효응력을 구하고, K_a를 적용하고, 간극수압을 가산한다.

풀이 15.1

Step 1 : K_a를 산정한다.

$$K_a = \frac{1 - \sin\phi'}{1 + \sin\phi'} = \frac{1 - \sin(30°)}{1 + \sin(30°)} = \frac{1}{3}$$

$$\text{또는}\quad \tan^2\left(45 - \frac{\phi'}{2}\right) = \tan^2\left(45° - \frac{30°}{2}\right) = \frac{1}{3}$$

Step 2 : 수직유효응력을 산정한다.

$$\text{지표면:}\quad \sigma'_z = 0, \quad u = 0$$

$$\text{벽체 하단:}\quad \sigma'_z = \gamma' H_o = (20 - 9.8) \times 5 = 51\ \text{kPa}$$

$$u = \gamma_w H_o = 9.8 \times 5 = 49\ \text{kPa}$$

Step 3 : 수평유효응력을 산정한다.

$$(\sigma'_x)_a = K_a \sigma'_z = \frac{1}{3} \times 51 = 17\ \text{kPa}$$

Step 4 : 수평토압 분포를 작도한다.

그림 E15.1 b, c를 참조한다.

Step 5 : 수평력을 산정한다.

$$P_a = P_s + P_w$$

여기서 P_s는 흙에 의한 수평력, P_w는 간극수압에 의한 영향

$$P_a = \frac{1}{2}(\sigma'_x)_a H_o + \frac{1}{2}uH_o = \left(\frac{1}{2} \times 17 \times 5\right) + \left(\frac{1}{2} \times 49 \times 5\right) = 165 \text{ kN}$$

Step 6 : 합력의 작용점을 결정한다.

수평토압과 간극수압분포가 벽체하단까지 모두 삼각형 모양이기 때문에, 합력의 작용점은 삼각형의 중심과 일치하며, 벽체의 하부로 부터 $\bar{z} = H_o/3 = 5/3 = 1.67$ m에 있다.

예제 15.2 다층토의 수평토압

그림 E15.2a의 벽마찰이 무시된 흙막이벽에 대하여 아래 질문에 답하라.

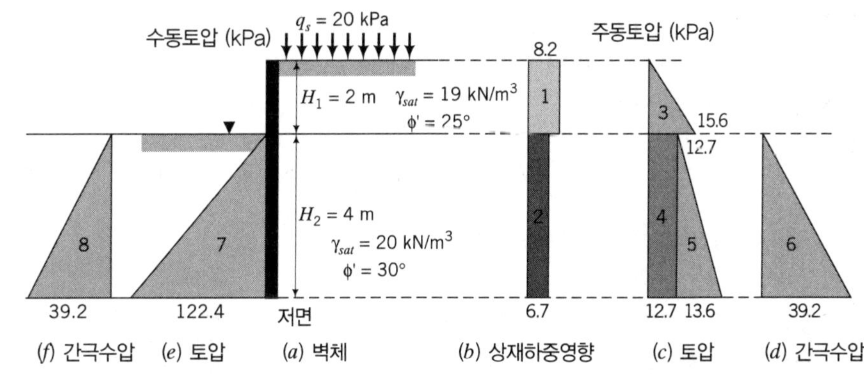

그림 E15.2

(a) 심도별 주동토압분포
(b) 심도별 수동토압분포
(c) 주동수평력과 수동수평력의 크기와 작용점
(d) 합력의 크기와 작용점
(e) 주동모멘트에 대한 수동모멘트의 비

핵심전략 두 개의 지층으로 이루어져 있다. 각 층을 분리하여 취급한다. K_a와 K_p는 간극수압에 적용해서는 안된다. K_p산정시 상부지층은 관련이 없다. 벽체 양측의 수압이 같기 때문에, 결과적으로 정수력의 합은 제로 (0)다. 그러나, 벽체 양측의 수평력을 산출해야 되기 때문에 정수력을 고려해야만 한다. 아래의 산출도표는 문제해결에 도움이 된다.

풀이 15.2

Step 1 : 두 개 지층에 대한 토압계수 (K_a, K_p)를 산정한다.

$$\text{상부층 (0–2 m):} \quad K_a = \tan^2\left(45° - \frac{\phi'}{2}\right) = \tan^2\left(45° - \frac{25°}{2}\right) = 0.41$$

$$\text{하부층 (2–6 m):} \quad K_a = \tan^2\left(45° - \frac{\phi'}{2}\right) = \tan^2\left(45° - \frac{30°}{2}\right) = \frac{1}{3}; \quad K_p = \frac{1}{K_a} = 3$$

Step 2 : 주동과 수동토압을 산정한다.

아래의 산출도표 또는 스프레드시트를 사용한다.

주동	깊이[a] (m)	u (kPa)	σ_z (kPa)	$\sigma'_z = \sigma_z - u$ (kPa)	$(\sigma'_x)_a = K_a\sigma'_z$ (kPa)
상재하중	0	0	20	20	$0.41 \times 20 = 8.2$
	2–6	0	20	20	$\frac{1}{3} \times 20 = 6.7$
흙	0	0	0	0	0
	2^-	0	$\gamma_1 H_1 = 19 \times 2 = 38$	38	$0.41 \times 38 = 15.6$
	2^+	0	$\gamma_1 H_1 = 19 \times 2 = 38$	38	$\frac{1}{3} \times 38 = 12.7$
	6	$\gamma_w H_2 = 9.8 \times 4 = 39.2$	$\gamma_1 H_1 + \gamma_2 H_2 = 19 \times 2 + 20 \times 4 = 118$	78.8	$\frac{1}{3} \times 78.8 = 26.3$

수동	깊이[a] (m)	u (kPa)	σ_z (kPa)	$\sigma'_z = \sigma_z - u$ (kPa)	$(\sigma'_x)_p = K_p\sigma'_z$ (kPa)
흙	0	0	0	0	0
	4	$\gamma_w H_2 = 9.8 \times 4 = 39.2$	$\gamma_2 H_2 = 20 \times 4 = 80$	40.8	$3 \times 40.8 = 122.4$

[a]첨자 (−)는 2 m 지점 바로상부, (+)는 2 m 바로 아래지점을 의미한다.

(그림 E15.2b~e 참조)

Step 3 : 정수력을 산정한다.

$$P_w = \frac{1}{2}\gamma_w H_2^2 = \frac{1}{2} \times 9.8 \times 4^2 = 78.4 \text{ kN}$$

Step 4 : 수평력의 크기와 위치를 산정한다.

아래의 산출도표 참조. 주동모멘트는 (−)부호이다.

주동 면적	깊이[a] (m)	힘 (kN)	저면에서 모멘트 팔길이	모멘트 (kN.m)
1	0–2	$8.2 \times 2 = 16.4$	$4 + 1 = 5 = 4.42$	−82.0
2	2–6	$6.7 \times 4 = 26.8$	$\frac{4}{2} = 2$	−53.6
3	0–2	$\frac{1}{2} \times 15.6 \times 2 = 15.6$	$\frac{2}{3} + 4 = 4.67$	−72.9
4	2–6	$12.7 \times 4 = 50.8$	$\frac{4}{2} = 2$	−101.6
5	2–6	$\frac{1}{2} \times 13.6 \times 4 = 27.2$	$\frac{4}{3}$	−36.3
6 (물)	2–6	78.4	$\frac{4}{3}$	−104.5
		Σ 주동수평력 = 215.2		Σ 주동모멘트 = −450.9

수동 면적	깊이[a] (m)	힘 (kN)	저면에서 모멘트 팔길이	모멘트 (kN.m)
7	2–6	$\frac{1}{2} \times 122.4 \times 4 = 244.8$	$\frac{4}{3}$	326.4
8 (물)	2–6	78.4	$\frac{4}{3}$	104.5
		Σ 수동수평력 = 323.2		Σ 수동모멘트 = 430.9

주동합력지점의 위치:

$$\bar{z}_a = \frac{\Sigma \text{ 모멘트}}{\Sigma \text{ 주동수평력}} = \frac{450.9}{215.2} = 2.09 \text{ m}$$

수동합력지점의 위치: $\bar{z}_p = \frac{4}{3} = 1.33 \text{ m}$

Step 5 : 총 수평력의 차이를 계산한다.

$$R_x = P_p - P_a = 323.2 - 215.2 = 108 \text{ kN/m} \text{ (활동에 안전함)}$$

Step 6 : 모멘트비율(전도검토)를 계산한다.

$$\text{모멘트비율} = \frac{\Sigma \text{ 수동모멘트}}{\Sigma \text{ 주동모멘트}} = \frac{430.9}{450.9} = 0.96$$

주동모멘트가 수동모멘트보다 크기 때문에 벽체는 전도 가능함(NG)

What's next... Coulomb은 토압의 선구자이다. 다음절에서는 그의 이론에 대하여 소개한다.

15.4 COULOMB 토압 이론

컴퓨터 프로그램 활용

http://wiley.com/college/budhu를 접속하면, 제 15장에서 K_a와 K_p를 얻을 수 있으며, Coulomb과 Rankine의 주동과 수동토압계수를 산출할 수도 있다.

Coulomb(1776)은 옹벽 배면지반에서 활동면이 수평면과 θ의 경사각도로 활동할 때 한계평형조건이 존재한다고 제안하였다. 그는 최대의 수평력을 유발시킬 수 있는 면을 찾아서 활동면으로 결정하였다. 한계평형의 기본적 학설에 근거를 두고 Coulomb이론을 고찰해 보자. 한계평형법의 필수적단계는 (1) 합당한 파괴유형의 선택 (2) 파괴면에 작용하는 힘들의 결정 (3) 최대수평력을 결정하기 위하여 평형방정식의 사용이다.

그림 15.7a와 같이 지표면이 수평이고, 배면에서 흙더미를 지지하는, 벽면마찰이 무시된 높이 H_o의 수직벽체를 고려해 보자. 흙은 건조상태로 균질하고 활동면이 수평면과 θ의 각도로 기울어져 있다고 가정한다. 건조흙에서 $\gamma' = \gamma$이다. 그림 15.7b는 쐐기형 파괴 흙더미의 자유물체도(free-body diagram)이며, 정역학을 사용하여 P_a를 아래와 같이 구한다.

$$\Sigma F_x = P + T\cos\theta - N\sin\theta = 0$$
$$\Sigma F_z = W - T\sin\theta - N\cos\theta = 0$$

여기서, P_a는 한계값이기 때문에 P_a대신에 P를 사용한다.

활동토체(쐐기형)의 무게 (W)는

$$W = \frac{1}{2}\gamma H_o^2 \cot\theta$$

한계평형상태를 이용하여,

$$T = N\tan\phi'$$

P값을 산출하면,

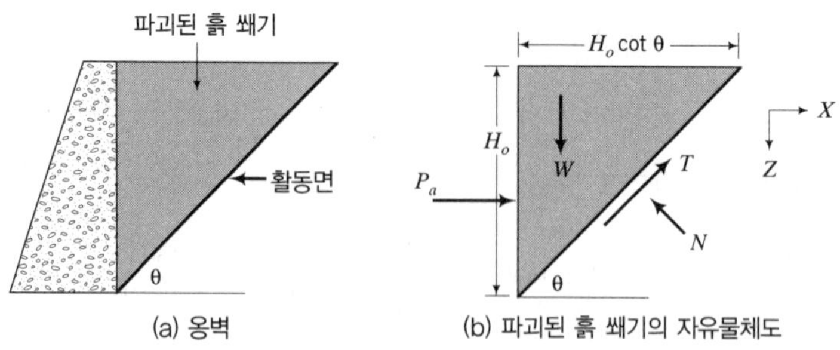

그림 15.7 Coulomb의 파괴 쐐기.

$$P = \frac{1}{2}\gamma H_o^2 \cot\theta \tan(\theta - \phi') \tag{15.13}$$

최대의 수평력과 활동면의 각도 (θ)를 구하기 위하여, 식 (15.13)을 θ 에 관하여 미분하면 식 (15.14)를 얻을 수 있다.

$$\frac{\partial P}{\partial \theta} = \frac{1}{2}\gamma H_o^2[\cot\theta \sec^2(\theta - \phi') - \csc^2\theta \tan(\theta - \phi')] = 0$$

따라서

$$\theta = \theta_{cr} = 45° + \frac{\phi'}{2} \tag{15.14}$$

θ의 값을 식 (15.13)에 대입하면,

$$P = P_a = \frac{1}{2}\gamma H_o^2 \tan^2\left(45° - \frac{\phi'}{2}\right) = \frac{1}{2}K_a\gamma H_o^2 \tag{15.15}$$

상기의 P_a값은 Mohr원을 이용해 구한 값과 일치한다.

한계평형법으로 얻은 해는 실제의 값보다 크기 때문에 상한계(upper bound solution)라 할 수 있다. 왜냐하면 가정했던 파괴면보다 더 효율적인 파괴면이 존재할 수 있기 때문이다. 예를 들면, 평면활동면보다 원형활동 또는 다른 형상의 활동면도 가정해 볼 수 있지만, 최대의 수평력들은 평면활동면보다 작게 산출된다.

Rankine의 주동과 수동상태에서는 응력상태를 고려하여 벽체에 작용하는 수평응력분포를 구하였다, 흙속의 어느 지점에서도 응력상태는 파괴응력상태를 넘지 않았으며, 정적 평형을 만족시키고 있다. Rankine의 주동과 수동상태에서 얻어진 수평하중들의 해는 하한계(lower bound solution)값이며, 이 해석은 보다 효율적인 응력분포가 가능하기 때문에 실제의 값보다 낮게 산출된다. 만약 상한계와 하한계의 값이 같을때는 실제 값이 될 것이다.

Poncelet(1840)은 Coulomb의 한계평형 이론을 활용하여 벽면의 마찰각 (δ), 벽체 배면의 경사각 (η), 배면지반의 경사각 (β)를 고려한 토압계수 K_a와 K_p를 산정하는 공식은 아래을 같이 제안하였다.

$$K_{aC} = \frac{\cos^2(\phi' - \eta)}{\cos^2\eta\cos(\eta + \delta)\left[1 + \left\{\frac{\sin(\phi' + \delta)\sin(\phi' - \beta)}{\cos(\eta + \delta)\cos(\eta - \beta)}\right\}^{1/2}\right]^2} \tag{15.16}$$

$$K_{pC} = \frac{\cos^2(\phi' + \eta)}{\cos^2\eta\cos(\eta - \delta)\left[1 - \left\{\frac{\sin(\phi' + \delta)\sin(\phi' + \beta)}{\cos(\eta - \delta)\cos(\eta - \beta)}\right\}^{1/2}\right]^2} \tag{15.17}$$

표 15.1 배면수평지반과 옹벽 경사시 대수나선 활동면을 고려시 K_{pC}의 수정계수

	δ/ϕ′							
ϕ′	−0.7	−0.6	−0.5	−0.4	−0.3	−0.2	−0.1	0.0
15	0.96	0.93	0.91	0.88	0.85	0.83	0.80	0.78
20	0.94	0.90	0.86	0.82	0.79	0.75	0.72	0.68
25	0.91	0.86	0.81	0.76	0.71	0.67	0.62	0.57
30	0.88	0.81	0.75	0.69	0.63	0.57	0.52	0.47
35	0.84	0.75	0.67	0.60	0.54	0.48	0.42	0.36
40	0.78	0.68	0.59	0.51	0.44	0.38	0.32	0.26

첨자 C는 Coulomb을 뜻한다. 여기서 $K_{pC} \neq 1/K_{aC}$됨을 주의해야 된다. 토압계수는 단지 유효주응력에만 적용되며, 전주응력에는 사용할 수 없다.

뒤채움이 수평일 때, 수평면과 이루는 활동면의 경사 (θ)는 식 (15.18)과 같다.

$$\tan\theta = \left[\frac{(\sin\phi'\cos\delta)^{1/2}}{\cos\phi'\{\sin(\phi'+\delta)\}^{1/2}}\right] \pm \tan\phi' \tag{15.18}$$

여기서 주동상태($\theta = \theta_a$)는 (+)기호 그리고 수동상태($\theta = \theta_p$)는 (−)기호이다.

벽면의 마찰력은 주동과 수동 상태의 활동면을 곡선형태로 변화시킨다. 주동상태에서 활동면의 곡률은 수동상태보다 작다. 곡선 활동면은 식 (15.16)과 (15.17)으로 산출된 K_{aC}와 K_{pC}값들이 정확하지 않음을 의미한다 특히 수동토압은 식 (15.17)을 사용하면 과대한 값이 얻어진다. 주동상태에서는 오차가 적으므로 무시된다. 만약 $\delta < \phi'/3$일 경우, 수동상태에서 오차는 작다. 실제로 δ값은 ϕ′/3보다 대체적으로 크다.

몇몇 연구자들은 비평면 활동면을 사용하여 K_a와 K_p값을 구하려 하였다. 예를 들면, Caquot와 Kerisel(1948)은 대수나선 활동면을 사용하였고, Packshow(1969)은 원호파괴면을 사용하였다. 실무에서는 Caqout와 Kerisel의 K_p값이 많이 활용된다. 표 15.1의 수정계수는 K_{pC}에 적용하여 대수나선 활동면의 값으로 수정하기 위한 것이다.

수평력들은 경사진 벽면의 법선과 δ의 각을 이룬다. 그림 15.8에서 δ와 β에 대한 부호를 참조한다. K_{aC}와 K_{pC}값을 결정하려면 적합한 부호를 사용해야 된다. 벽체에 작용하는 마찰력의 방향은 벽체가 토체방향(수동상태)으로 움직이든지 배면토체가 벽을 밀어내는(주동상태)현상에 따라 다르다. 일반적으로 주동쐐기형 토체는 벽체의 아래쪽으로 내려가고, 수동쐐기토체는 벽체보다 위쪽으로 올라간다. 마찰력의 방향을 그림 15.9에 나타내었다.

주동토압력은 (+)방향으로 그리고 수동토압력은 (−)방향을 의미한다. 큰 수직하중을 가진 하중지지 벽체가 흙속에서 아래쪽으로 움직일 경우, 벽체의 양쪽면에서 발생되는 마찰력은 아래쪽 방향이며, 벽체의 양쪽면에서 수평토압이 증가한다. 실무에서, 이러한 압력의 증가는 무시되고, 주동과 수평력은 그림 15.9와 같다.

이러한 토압력들의 수평방향 성분들은 $P_{ax} = P_a\cos(\delta + \eta)$와 $P_{px} = P_p\cos(\delta + \eta)$그리고 수직방향 성분들은 $P_{az} = P_a\sin(\delta + \eta)$와 $P_{pz} = P_p\sin(\delta + \eta)$이다. 이러한 힘들의 작용점은 그림 15.8과 같이 벽체하부로 $H_o/3$지점이다. 조립토와 콘크리트 또는 철판에 작용하는 마찰계수(δ)는 $\frac{1}{2}\phi' \sim \frac{2}{3}\phi'$ 범위에서 일반적으로 활용된다.

그림 15.8 배면지표면경사, 옹벽경사, 옹벽마찰력을 고려한 Coulomb의 주동 상태.

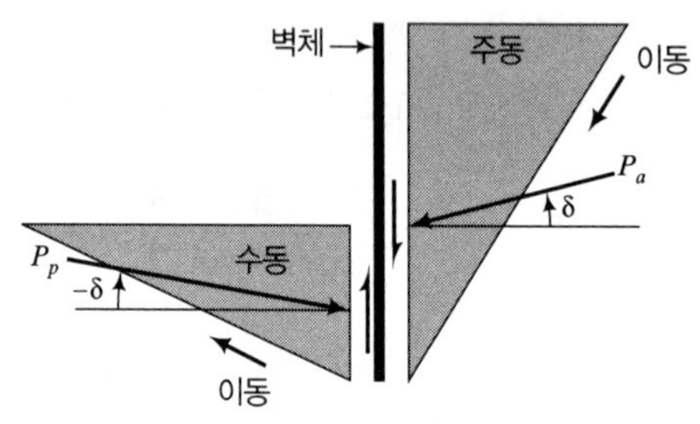

그림 15.9 벽면 마찰 고려시에 주동토압과 수동토압의 방향.

요점정리 THE ESSENTIAL POINT ARE

1. 흙막이구조물에서 토압을 산정하는 Coulomb해법은 한계평형에 근거한다.
2. 벽면의 마찰은 곡선형태 활동면을 만들며, Coulomb의 수동토압은 과대평가 된다.
3. 수평토압계수는 식 (15.16)과 식 (15.17)로 구하고, K_{pc}의 수정은 표 15.1의 수정계수를 사용한다.
4. 주동과 수동수평력은 벽면의 법선과 δ의 각을 이룬다.

What's next... Coulomb의 해석은 가상의 파괴구조를 바탕으로 하며 토체내부의 응력상태는 고려하고 있지 않다. Rankine (1857)은 토체의 응력상태에 근거하는 해석법을 제안하였으며, 15.3절에서 이미 소개하였다. 다음은 벽체배면이 경사지고, 지표면이 경사인 벽체에 대하여 Rankine이론으로 해석하는 방법을 소개하려 한다.

15.5 RANKINE의 수평토압 – 벽체 배면과 지표면이 경사진 경우

Rankine (1857)은 토질역학의 안정성 문제의 해결책으로 응력상태나 응력영역에 대한 매우 중요한 기반을 세웠다. Rankine의 이론을 이용하여 건조하고 균질한 흙에서 벽마찰이 없고 배면이 수평일 때 수평토압분포를 산출할 수 있었다. Rankine (1857)은 지표면이 경사일 때 K_a와 K_p의 계산식을 유도하였고, Chu (1991)에 의하여 이 계산식은 배면지표면이 경사진 경사벽체에도 적용할 수 있도록 확장되었다. 자세한 수학적 유도과정은 Rankine과 Chu의 논문을 참조하기 바란다.

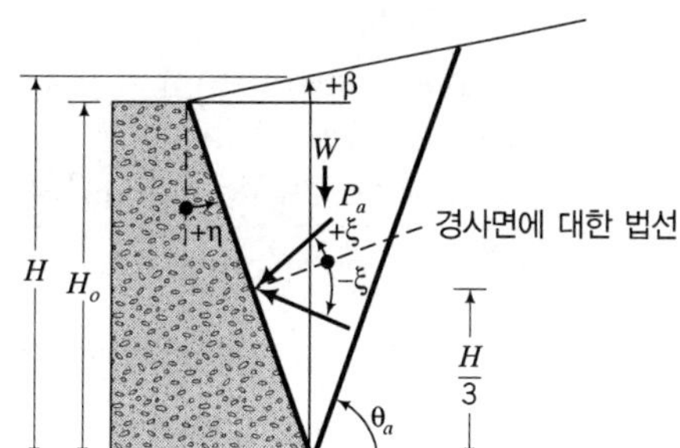

그림 15.10 Rankine법에서 배면지표면 경사, 옹벽면의 경사와 벽면마찰이 없는 옹벽의 경우.

그림 15.10으로 부터 Rankine의 해법으로 토압계수를 식 (15.19)와 식 (15.20)을 구한다.

$$K_{aR} = \frac{\cos(\beta - \eta)\sqrt{1 + \sin^2\phi' - 2\sin\phi'\cos\omega_a}}{\cos^2\eta(\cos\beta + \sqrt{\sin^2\phi' - \sin^2\beta})} \tag{15.19}$$

그리고

$$K_{pR} = \frac{\cos(\beta - \eta)\sqrt{1 + \sin^2\phi' + 2\sin\phi'\cos\omega_p}}{\cos^2\eta(\cos\beta - \sqrt{\sin^2\phi' - \sin^2\beta})} \tag{15.20}$$

여기서 첨자 R은 Rankine을 의미한다.

$$\omega_a = \sin^{-1}\left(\frac{\sin\beta}{\sin\phi'}\right) - \beta + 2\eta \tag{15.21}$$

$$\omega_p = \sin^{-1}\left(\frac{\sin\beta}{\sin\phi'}\right) + \beta - 2\eta \tag{15.22}$$

주동과 수동상태에서 수평면에 대한 파괴면의 각도

$$\theta_a = \frac{\pi}{4} + \frac{\phi'}{2} + \frac{\beta}{2} - \frac{1}{2}\sin^{-1}\left(\frac{\sin\beta}{\sin\phi'}\right) \tag{15.23}$$

$$\theta_p = \frac{\pi}{4} - \frac{\phi'}{2} + \frac{\beta}{2} + \frac{1}{2}\sin^{-1}\left(\frac{\sin\beta}{\sin\phi'}\right) \tag{15.24}$$

그림 15.10에서 η와 β의 부호를 나타내었으며, 반시계방향이 (+)부호이다.

주동토압력 (P_a)와 수동토압력 (P_p);

$$P_a = \frac{1}{2}K_{aR}\gamma' H^2 \quad \text{and} \quad P_p = \frac{1}{2}K_{pR}\gamma' H^2$$

이들 토압력들은 벽면의 법선과 아래의 경사각을 이루게 된다.

$$\xi_a = \tan^{-1}\left(\frac{\sin\phi'\sin\theta_a}{1 - \sin\phi'\cos\theta_a}\right) \tag{15.25}$$

$$\xi_p = \tan^{-1}\left(\frac{\sin\phi'\sin\theta_p}{1 + \sin\phi'\cos\theta_p}\right) \tag{15.26}$$

각 ξ_a와 ξ_p는 경계면에서 마찰력은 아니다.

옹벽배면이 연직일 경우, $\eta = 0$에서 식 (15.19)와 식 (15.20)은 다음과 같이 간소화되어,

$$K_{aR} = \frac{\cos(\beta - \eta)\sqrt{1 + \sin^2\phi' - 2\sin\phi'\cos\omega_a}}{\cos^2\eta(\cos\beta + \sqrt{\sin^2\phi' - \sin^2\beta})} \tag{15.27}$$

주동과 수동토압력은 지표면과 평행으로 작용하고, 수평면과 β의 각을 이룬다. 그러므로, 주동토압력의 수평성분은 $P_{ax} = P_a \cos\beta$이고 수직성분은 $P_{az} = P_a \sin\beta$가 된다.

요점정리 THE ESSENTIAL POINT ARE

1. Rankine은 토체의 응력상태를 이용하여 마찰이 없는 벽체의 수평토압을 구하였다.
2. 주동과 수동 토압력은 벽체면의 법선에서 각도 ξ_a와 ξ_p의 기울기로 작용한다. 만약 벽면이 수직일 경우 주동과 수동 토압력은 지표면과 평행으로 작용한다.

What's next... 지금까지는 건조한 흙에서의 토압을 고려하였기 때문에 유효응력해석을 사용하였다. 다음은 전응력해석(total stress analysis)을 소개하려 한다.

15.6 수평토압의 전응력 해석

그림 15.11은 마찰력이 없는 수직벽체가 균질하고 비배수조건의 토체를 지지하고 있다. 한계평형법을 사용하여 주동상태로 가정하고, 활동면은 수평에서 각도 θ로 형성되었다. 파괴쐐기 주변에 작용하는 힘들은 그림 15.11과 같다.

정역학적 평형원리를 사용하여, 활동면을 따라 작용하는 힘들의 합은,

$$P\cos\theta + T - W\sin\theta = 0 \tag{15.28}$$

$T = s_u L = s_u(H_o/\sin\theta)$와 $W = \frac{1}{2}\gamma H_o^2 \cot\theta$를 식 (15.28)에 대입하면,

$$P = \frac{1}{2}\gamma H_o^2 - \frac{s_u H_o}{\sin\theta\cos\theta} = \frac{1}{2}\gamma H_o^2 - \frac{2s_u H_o}{\sin 2\theta}$$

P_a가 한계값이기 때문에 P_a 대신 P를 사용한다. 최대의 주동토압력을 구하기 위하여, P를 θ에 관하여 미분하고 그 결과를 "0"로 놓으면 아래와 같다.

$$\frac{dP}{d\theta} = 4s_u H_o \cot 2\theta \csc 2\theta = 0$$

따라서, $\theta = \theta_a = 45°$.

$\theta = 45°$를 위의 P식에 대입하면, 최대주동토압력(P_a)는,

$$P = P_a = \frac{1}{2}\gamma H_o^2 - 2s_u H_o \tag{15.29}$$

활동면상의 등분포 응력상태로 가정시, 주동수평응력은,

$$(\sigma_x)_a = \gamma z - 2s_u \tag{15.30}$$

식 (15.30)을 검토하자. $(\sigma_x)_a = 0$일 때, 예를 들어 굴착시 식 (15.30)을 z에 대하여 정리하면,

$$z = z_{cr} = \frac{2s_u}{\gamma} \tag{15.31}$$

깊이 z_{cr}은 흙 속에 인장균열이 발생될 수 있는 심도이며 그림 15.12와 같다. 만약 인장균열내에 물이 채워지면, 한계심도 (z'_{cr})는 식 (15.32)로 확장될 것이다.

$$z'_{cr} = \frac{2s_u}{\gamma'} \tag{15.32}$$

또한 균열주변의 흙은 연약화되고, 정수압 $\gamma_w z'_{cr}$이 벽체에 부가된다. 종종 과압밀점토에서 물로채워진 인장균열의 한계심도는 벽체의 높이 보다도 클 때가 있다. 예를 들면, s_u = 80 kPa, $\gamma = \gamma_{sat}$ = 18 kN/m^{3}일 때 z'_{cr} = 19.5 m가 된다. 전체의 벽체높이와 유사한 인장균열 깊이 19 m 경우의 실례는 얼마든지 있다. 실제로 이러한 균열심도는 중국

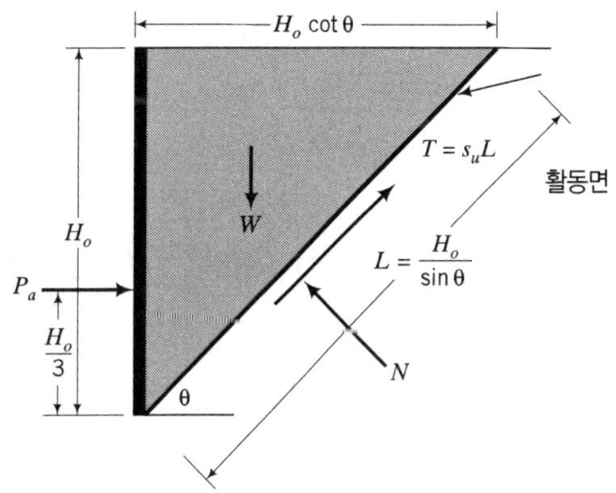

그림 15.11 전응력법에서 흙막이벽에 작용하는 힘.

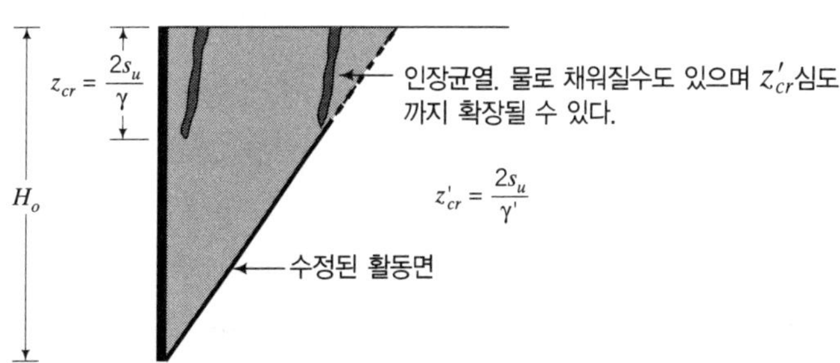

그림 15.12 벽체 배면에서의 인장균열.

의 만리장성 평균높이인 7.6 m보다 높다. 그림 15.12와 같이 인장균열 발생시, 활동면이 조정되며, 활동면상단에 위치한 인장균열 깊이에서는 전단저항력이 무시된다.

벽체 배면에 인장균열 발생시 버팀이 없는 굴착에서, 주동토압력이 "0"이다. 식 (15.29)로부터,

$$\frac{1}{2}\gamma H_o^2 - 2s_u H_o = 0$$

H_o에 대하여 풀면,

$$H_o = H_{cr} = \frac{4s_u}{\gamma} \tag{15.33}$$

만약 굴착현장이 물로 채워지게 되면,

$$H'_{cr} = \frac{4s_u}{\gamma'} \tag{15.34}$$

식 (15.31)과 식 (15.33)으로 부터 두 가지의 버팀이 없는 굴착깊이를 구할 수 있다. 정확한 답은 이들 한계심도 값들 사이에 존재할 수도 있다. 실제 설계에 사용되는 값들은 식 (15.35)이며, 세립토에 적용된다.

$$\frac{3.6s_u}{\gamma} \leq H_{cr} \leq \frac{3.8s_u}{\gamma} \tag{15.35}$$

만약 굴착현장이 물로 채워지면,

$$\frac{3.6\,s_u}{\gamma'} \leq H'_{cr} \leq \frac{3.8\,s_u}{\gamma'} \tag{15.36}$$

전응력해석에서 수동토압력은 아래의 과정으로 주동토압력과 유사하게 전개되며 식 (15.37)과 같다.

$$P_p = \frac{1}{2}\gamma H_o^2 + 2s_u H_o \tag{15.37}$$

그리고 수동토압은

$$(\sigma_x)_p = \gamma z + 2s_u \tag{15.38}$$

결과적으로 식 (15.30)과 식 (15.38)로부터 비배수상태에서 주동토압과 수동토압을 아래와 같이 표현 할수 있다.

$$(\sigma_x)_a = \sigma_z - K_{au}s_u \tag{15.39}$$

$$(\sigma_x)_p = \sigma_z + K_{pu}s_u \tag{15.40}$$

여기서, K_{au}와 K_{pu}는 비배수 주동과 수동 토압계수이다. 이번 경우와 같이 벽마찰이 없고, 지표면이 수평일 때, $K_{au} = K_{pu} = 2$ 가 된다.

벽체가 세립토에 시공된 경우 벽체 경계에서 부착응력 (s_w)이 작용할 수 있다. 이 부착응력은 유효응력해석에서 벽체와 흙의 경계면 마찰과 유사한 것이다. 부착력을 고려한 비배수토압계수는 다음과 같이 수정된다.

$$K_{au} = K_{pu} = 2\sqrt{1 + \frac{s_w}{s_u}} \tag{15.41}$$

요점정리 THE ESSENTIAL POINT ARE

1. 전응력해석에서 수평토압은 겉보기토압계수 K_{au}와 K_{pu}로 구한다.이 계수들은 비배수전단강도에 적용된다. 마찰이 무시된 수직벽체의 경우 $K_{au} = K_{pu} = 2$이다.
2. 인장균열의 이론적인 심도는 $2s_u/\gamma$나 $2s_u/\gamma'$이다. 만약 균열이 물로 채워지면, 주로 세립토에서 활동면은 조정되고 주변지반은 연약화되며 정수압이 균열심도 전체를 통하여 벽체배면에 추가로 작용한다. 그러므로 균열이 발생하는지와 균열이 물로 채워지는지를 주의깊게 관찰해야 한다. 왜냐하면 여기가 바로 옹벽파괴의 시작점이 되기 때문이다.
3. 세립토에서 지지없이 굴착할 수 있는 심도(H_{cr})는 이론적으로 $H_{cr} = 4s_u/\gamma$이고, 물로 가득 찼을 경우는 $H'_{cr} = 4s_u/\gamma'$이다.

What's next... 지금까지는 Coulomb과 Rankine의 주동과 수동토압이론을 소개하였다. 특히 K_{pC}값의 정확도에 관하여 논란이 많았다. 왜냐하면 벽마찰이 파괴면을 평면이 아닌 다른 형태로 변형시키기 때문이다. 여러 연구자들은 K_p값을 곡선파괴면으로 가정하여 구하였다. 그러면 과연 어떠한 K_a, K_p, ϕ', s_u값을 흙막이구조물 설계에 사용해야 하는가? 다음 절에서 이러한 질문에 대한 답을 준비해 보고자 한다. 미리 경고하지만 답이란 한정되어 있지 않다. 지반공학자들은 그들의 경험을 근거하여 선호하는 방법이 있기 때문이다.

15.7 옹벽에 수평토압의 적용

현장이나 실내시험의 결과로는 Coulomb과 Rankine 이론을 증명하지 못하였다. 실제로 현장이나 실내실험의 결과는 두 이론 모두가 수동토압을 과대평가하였다. Caquot와 Kerısel(1948)이 제안한 K_p값은 수동토압을 감소시켰지만, 그러나 감소후의 값들 역시 실험결과 값들보다 여전히 높다. 다른 이론의 사례를 보면, 소성이론(Rosenfarb와 Chen, 1972)이 제안되었다. 그러나 이들 이론들은 본 교재의 범위 밖이고, 실제적인 내부마찰각과 벽체형태의 범위 내에서도 Coulomb과 Rankine의 수동토압 결과와 크게 차이가 나지 않는다.

Rankine이론은 느슨한 조립토가 반무한 상태에서 흙의 움직임이 일정할 때를 기본으로 하여 개발되었다. 옹벽은 반무한의 흙을 지지하는 것이 아니라, 한정된 심도의 흙만을 지지한다. 벽체의 하부를 중심으로 회전하여 소성평형상태가 발생되지 않는 한 흙속에서의 변형률은 일정하지 않다.

그림 15.5와 같이 수동상태에 도달하기 위한 변형률은 주동상태의 변형률보다 훨씬 크다. 모래의 경우, 정지토압의 40% 정도 감소시키면 주동토압에 도달되지만 수동토압에 도달하기 위하여서는 정지토압보다 수백 퍼센트의 토압 증가가 요구된다. 수동상태에 도달하려면 큰 변형률이 필요하기 때문에 수동토압에 대하여 통상적으로 안전율(F.S) = 2.0을 사용한다.

지금까지 일반적인 내부마찰각을 고려하여 왔다. 뒤채움 흙은 보통 조립토로서 proctor다짐시험의 건조밀도 95%보다 큰 다짐을 적용한다. 뒤채움재 시료를 가지고 요구되는 정도의 다짐상태에서 실내전단시험을 시행하면 최대전단응력의 ϕ_p'값을 얻을 수 있다. 만약 Coulomb이나 Rankine방법으로 ϕ_p'값을 사용하여 수동토압을 계산하면, 그 결과는 과대평가 될 것이다. 왜냐하면 수동토압을 유발하기 위한 전단변형률의 크기가 실험실에서 ϕ_p'을 얻기 위한 변형률보다 대단히 크기 때문이다. 조립토에서 ϕ_p'값을 얻는 데는 전단변형률이 약 2%나 그 이하만 필요로 한다. 그러므로 Rankine이나 Coulomb식에서 ϕ_p'를 사용하여 수동토압을 산출하게 되면 실제의 실험값과 차이를 나타내는 이유가 된다.

Bolton과 Powrie(1988)는 벽체회전 $0.005H_o$, 평균전단변형률 $\gamma \approx 1\%$에서 ± 0.005의 압축과 인장변형률을 얻었다. 허용벽체회전은 $0.005H_o$보다 작다. 결과적으로, ϕ_p'(깨끗한 조립토에서는 $\gamma \approx 2\%$정도 요구된다)값에는 소성상태가 유발되지 않을 것이다.

ϕ_{cs}'를 유발하기 위하여 큰 전단변형률($\gamma > 10\%$)이 요구된다. 느슨한 조립토로 형성된 뒤채움 재료에 대하여, ϕ_{cs}'를 유발할 수 있는 벽체의 변위는 실제로 허용될 수 없다. 설계에서는 안전측으로 ϕ_{cs}'값을 조정하여 사용해야 한다. 최대의 ϕ_{design}'값이 ϕ_{cs}'가 된다. 실제로는 하중과 흙의 물성에 대한 불확실성 때문에 안전율을 적용한다.

때때로 벽체주변 구조물들이 벽체 변위에 민감할 때는 벽체움직임을 허용하지 않도록 하는 것이 바람직하다. 이 경우에는 정지토압계수 (K_o)를 사용해야 한다.

벽면마찰력은 주동토압을 감소시키고, 수동토압을 증가시킨다. Coulomb식에서 주동토압은 실무에 사용하기에 충분히 정확하다. 그러나 수동토압의 경우에는 Caquot와 Kerisel(1948)의 제안값이나 유사한 값(e.g.Packshaw, 1969)를 사용한다.

전응력해석은 일시적인 공사에만 적용되어야한다. 그러나 비배수전단강도의 선정에 조심해야한다. 비배수전단강도는 흙의 기본되는 물성치는 아니며, 초기의 간극비와 구속응력 조건에 따라 변한다. 전응력해석은 반드시 유효응력해석과 연계하여 세립토를 지지하는 옹벽구조물 설계에 적용되어야 한다.

습윤상태의 세립토가 굴착되면, 부(−)의 과잉간극수압이 발생되며, 이 때문에 흙속의 실제 비배수전단강도는 굴착전보다 커진다. 그러나 이러한 증가된 강도는 시간에 따라 과잉간극수압이 소산될 때 없어지므로 고려해서는 안된다. 벽체가 시공되면 벽체경계부의 흙은 교란되며, 안전측의 벽체 부착력을 사용해야한다. 최대벽체부착력(Radfield와 Mair, 1984)은 아래의 값보다 작아야한다.

또는

주동상태: $s_w = 0.5s_u$ 또는 $s_w \le 50$ kPa (15.42)

수동상태: $s_w = 0.5s_u$ or $s_w \le 25$ kPa (15.43)

벽면과 흙의 경계면에서의 마찰력은 뒤채움재의 종류와 시공방법에 달려있다. 만약 벽체의 거칠기가 뒤채움재의 D_{50}보다 거칠면, 뒤채움재의 강도특성에 따라 경계면 마찰각으로 ϕ_{cs}'와 동일값을 사용한다. 그러나 만약 벽면이 뒤채움재료의 D_{50}보다 미끄러운 경우에는 경계면 마찰각(δ)은 $\frac{2}{3}\phi_{cs}'$와 $\frac{1}{2}\phi_{cs}'$를 사용한다(단 현장자료가 없는 경우).

옹벽의 수명기간동안 벽체의 움직임으로 인하여 벽체와 뒤채움간의 간격이 벌어질 수 있다. 이는 부적절한 시공방법이나 예상치 못한 환경조건(가뭄, 강우, 홍수 등)등의 영향일 수도 있다. 벽체의 수명기간 중에 존재하지도 않을지도 모르는 부착력을 사용시에는 특별히 조심하여야 한다. 더 중요한 것은 물이 이 간격 속으로 들어가서 발생된 정수압이 벽을 밀수도 있다. 간격(gap)이 발생시는 토압보다는 정수압을 적용시킨다.

점토층에 옹벽을 시공시에는 15.8절과 같이 조립토 층을 옹벽기초 하부에 설치한다. 활동에 대한 경계면 마찰각(δ)은 조립토 내부의 마찰각과 조립토와 점토층의 경계면에서의 마찰각 또는 콘크리트와 조립토의 마찰각 중에서 가장 작은 값을 설계에 사용한다.

고결토가 뒤채움 재료로 쓰이거나 자연적으로 존재하면, 토압은 미고결토 보다는 적다. 실제로 고결토 지반에서 일시적 공사나 식 (15.36)보다 작은 높이의 옹벽에서는 옹벽을 사용할 필요가 없다. 식에서 s_u값은 유효응력이 없을 때 고결토의 강도(c_{cm})로 대신한다. 고결강도는 고결회의 농도, 종류, 그리고 균질한 배합과 입자간의 부착력에 달려 있다. 고결강도를 유발하기 위한 전단변형률은 일반적으로 작다(<0.001%). 그러므로 한계전단변형률을 초과하지 않도록 주의해야 한다. 또한 고결토는 최대의 고결강도에 도달하기도 전에 불균등하게 파열될 수도 있다. 물이 파열된 표면으로 스며들면 균열 발생과 함께 불안정한 상태로 변할 수도 있다. 장기적인 설계조건에서는 결합력이 사라지면서 제로(0) 상태까지 갈 수 있다. 그러므로 장기설계 조건하에서는 토압산출시 ϕ'_{cs}를 사용하여야 한다.

옹벽은 가끔 팽창성 흙을 지지할 때도 있다. 이러한 흙은 물과 혼합되면 상당한 부피로 팽창한다. 그래서 상당한 토압을 옹벽에 가하게 된다. 이러한 흙으로부터 물을 제거할 수 있도록 배수에 주의해야한다. 팽창압을 감소시키기 위하여 압축성이 큰 지오폼(geoform)을 벽체배면에 평행으로 설치한다.

뒤채움 흙을 다질 때 다짐장비에 의한 추가 토압이 작용한다. 경사진 뒤채움 흙에는 중량의 다짐장비가 적용되며, 이 때 과잉상태의 주동토압이 발생될 수 있으므로 옹벽설계시 이를 반영해야 된다. Ingold(1979)는 탄성이론으로 건설장비로 인한 토압증가를 해석하였으며 문헌에서 참조 할 수 있다. 지반공학기술자들은 실무에서 이러한 건설장비의 영향을 고려하여 주동토압력의 작용점을 벽체기초로부터 $\frac{1}{3}H_o$지점이 아닌 $0.4H_o$또는 $0.5H_o$로 적용하기를 선호한다. 또 다른 방안으로, 다짐응력을 고려하기 위하여 주동토압에 증가계수($\simeq 1.20$)를 곱하기도 한다. 상재하중으로 인한 주동토압증가도 고려해야 된다. 상재하중은 배면지표면에 등분포 압력으로 q_s만큼 적용하며, 일반적인 상재하중의 종류와 크기는 다음과 같다.

건물(얕은 기초나 전면기초)	10 kPa
고속도로(활하중 포함)	20 kPa
지방의 주도로(활하중 포함)	15 kPa
차량이 적은 도로나 보도(활하중 포함)	5 kPa

주동토압($K_a q_s$)이 뒤채움 옹벽전체높이에서 균등하게 작용한다. 다층토 지반에서 상재하중은 각층마다 균등하며, 토압의 크기는 각 지층의 K_a값에 달려있다.

요약정리

1. $\phi'_{\text{design}} \leq \phi'_{cs}$이며, 아래의 사항들이 고려되었다.

(a) 하중과 흙의 물성치에 대한 불확실성

(b) 벽체의 허용회전값(<$0.005H_o$)은 최대전단강도나 한계상태의 전단강도를 유발하기에는 충분치 않다.

(c) 벽체를 완성하기 전에 다져진 뒤채움 내에 전단띠(이미 파괴상태에 이른 얇은 영역)가 발생할 수 있다.

(d) 시공방법의 수준, 시공하중, 환경조건(홍수, 호우 등), 사람과 동물의 간섭(굴착면의 토사제거, 벽체 배면의 하중부과, 두더지굴 등)등은 미리 예측할 수 없는 부분들이다.

(e) 뒤채움 흙이 연성거동이 되도록 벽체를 설계해야 된다. 그러므로 ϕ'_{cs}값이나 그보다 작은 값을 사용한다.

2. 세립토에서는 전응력법과 연계하여 유효응력해석도 사용한다.

3. 벽마찰은 안전측으로 $\left(\delta \simeq \frac{1}{2}\phi'_{cs}\right)$ 그리고 벽체의 부착력은 $s_w = 0.5\, s_u$, 주동상태에서는 $s_w \simeq 50$ kPa, 수동상태에서는 $s_w \leq 25$ kPa를 사용한다.

4. 뒤채움재와 벽체에서 물은 제거할 수 있도록 높은 수준의 배수시스템을 갖춘다.

5. 배면이 경사진 옹벽에서 그림 15.10과 같이 옹벽의 뒷굽으로 부터 지표면 까지 가상의 벽체높이 H를 형성한 후 주

동토압력을 산출한다. 가상의 수직벽면에 작용하는 주동토압력의 수평성분과 수직성분은 $P_{ax} = P_a \cos\delta$와 $P_{az} = P_a \sin\delta$가 된다. 주동토압계수를 산정하기 위하여 $\eta = 0$을 식 (15.16)에 대입한다.

What's next... 앞으로 세 절에서는 옹벽의 안정성을 분석하려 한다. 유효응력해석(ESA)와 전응력해석(TSA)의 두 가지 방법이 소개된다. 우선 벽체의 가능한 파괴형태부터 시작한다.

15.8 옹벽의 종류와 파괴형태

옹벽은 크게 두 종류로 나누어 진다. 하나는 그림 5.13과 같이 안정성을 중력에 의존하는 콘크리트벽체로된 강성(rigid)벽체이다. 현장타설(CIP)중력식과 반중력식 옹벽이라 불린다. 다른 하나는 연성(flexible)벽체로서, 그림 15.14와 같이 안정성을 앵커나 수동토압에 의존하며, 벽체는 얇고 긴 철판, 콘크리트, 목재나 플라스틱 부재로 만들어져 있다.

강성옹벽에는 네 가지 파괴형태가 있다. 그림 15.15와 같이 활동파괴(수평으로 이동), 전도와 기초의 지지력 파괴, 심층지반 활동파괴, 벽체의 구조적 파괴 등이 있다. 연성벽체 또는 널말뚝벽체는 그림 15.16과 같이 심층지반 활동파괴, 기초저부의 전도, 앵커나 지지보의 전도, 앵커의 파괴, 벽체의 휨파괴, 침투수 영향의 파괴 등이 있다.

강성흙막이벽에서 침투로 인한 파괴는 적절한 배수시스템을 제공함으로서 방지할 수 있으며 그림 15.17에서 이들 중 두 가지 시스템을 보여주고 있다. 배수시스템의 설계는 본 교재의 범위 밖이다. 제 14장의 유선망은 배수시스템 설계에 사용된다.

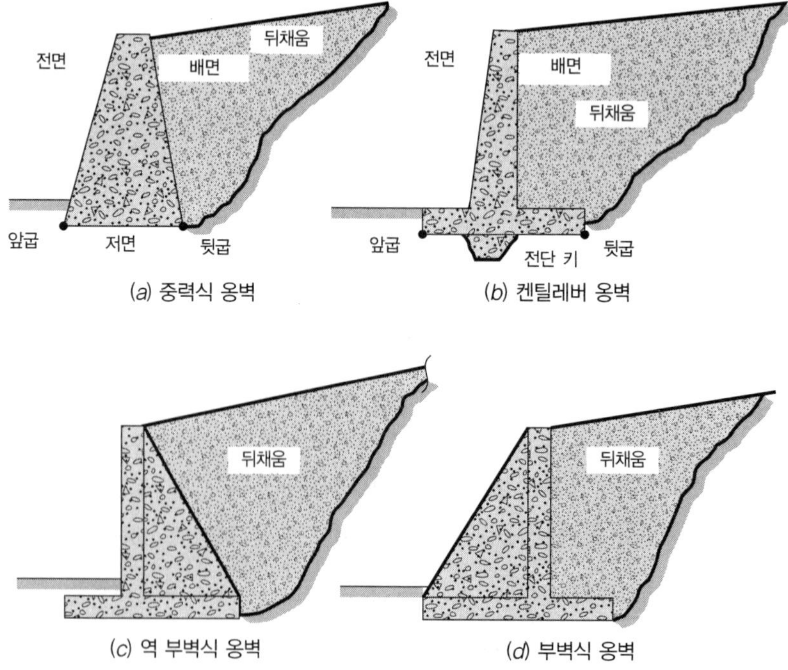

그림 15.13 강성옹벽의 종류.

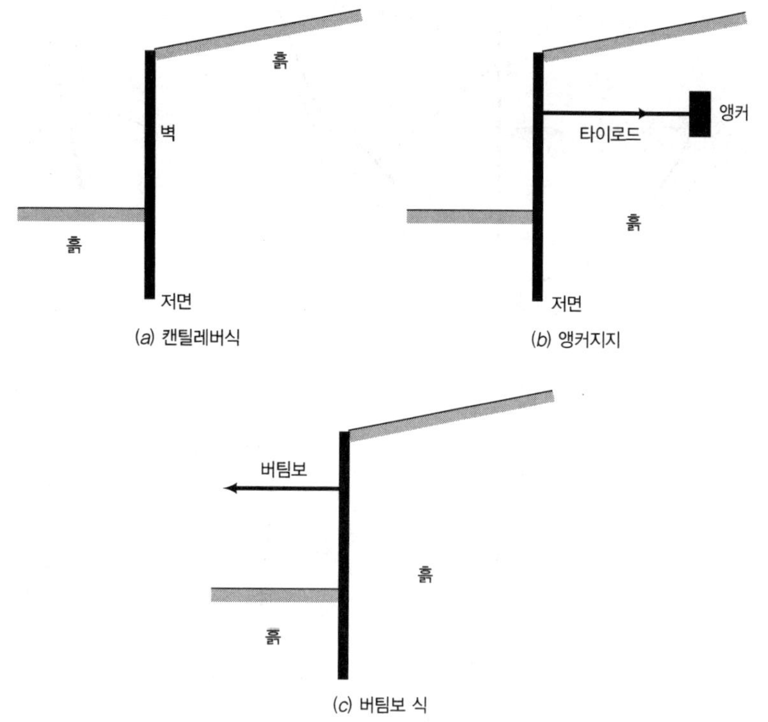

그림 15.14 연성 옹벽의 종류.

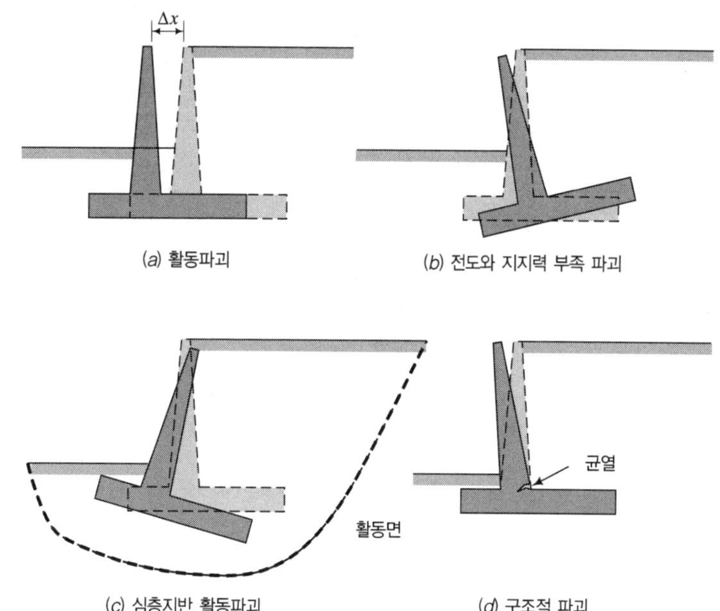

그림 15.15 강성 옹벽의 파괴유형 (점선은 본래 위치의 벽체).

연성옹벽은 수면에 접한 구조물에 자주 사용되며, 굴착시 일시적인 벽체로도 활용된다. 침투수압은 일반적으로 존재하며 벽체의 안정성해석에 고려되어야 한다.

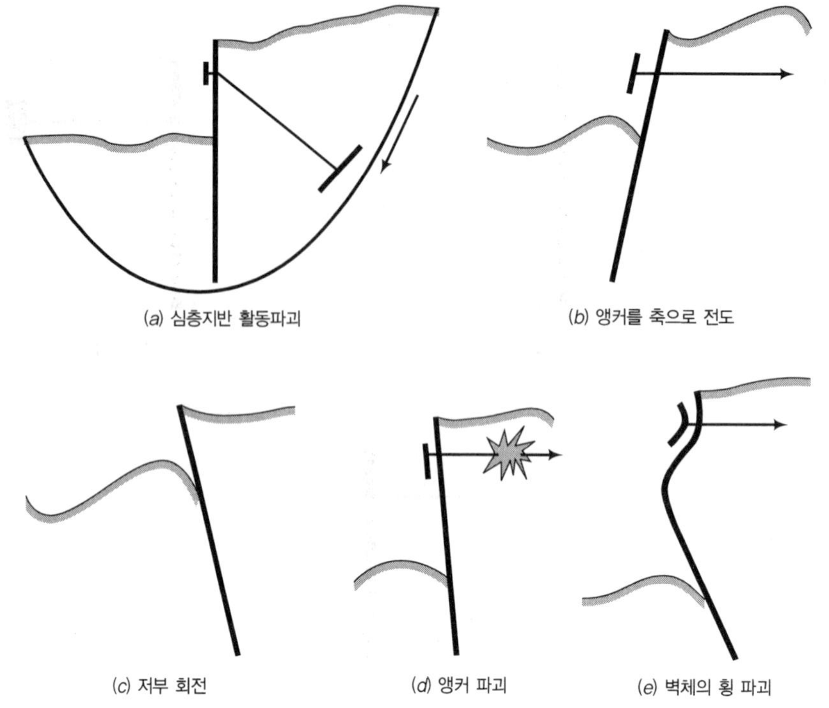

그림 15.16 연성벽체에서의 파괴형태.

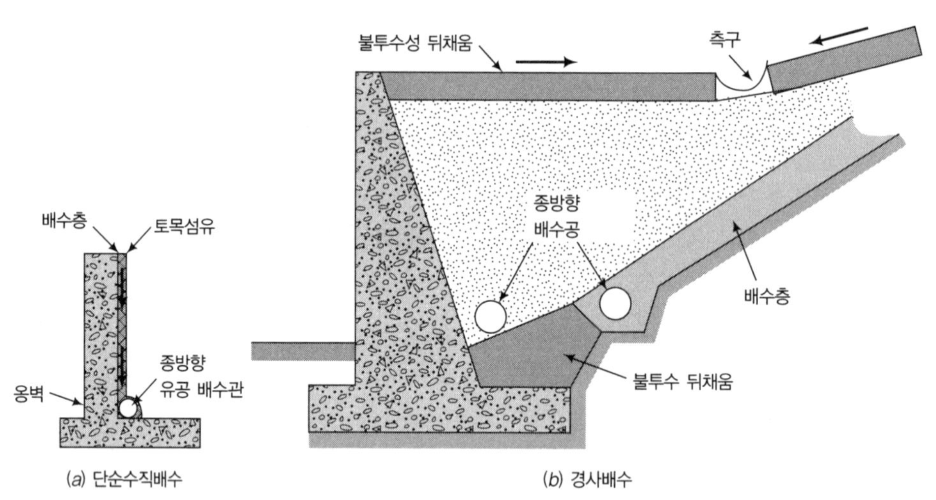

그림 15.17 강성옹벽 배면의 두 가지 배수 시스템.

15.9 강성옹벽의 안정성

CIP중력식 옹벽은 그림 15.13a와 같이 거대한 콘크리트 벽체이다. 그들의 안정성은 주로 벽체의 자체 하중에 의존한다. 그림 15.13b와 같은 켄틸레버 벽체의 경우 CIP 반중력식 벽체는 뒤채움 하중이 안정성에 도움이 되기 때문에

CIP중력식 옹벽보다 경제적이다. 강성옹벽은 과도한 활동(수평이동), 전도, 지지력 파괴, 심층지반 활동파괴, 침투수로 인한 불안정에 대한 적합한 안전율(FS)을 가져야 한다.

15.9.1 활동(수평이동, translation)

강성옹벽은 활동에 대하여 적합한 저항력이 있어야 한다. 벽체 기초의 저부에서 활동에 저항하는 힘이 벽체를 밀어내는 수평토압력보다 커야한다.

활동에 대한 안전율 $(\mathrm{FS})_T$,

$$(\mathrm{FS})_T = \frac{T}{P_{ax}}; \quad (\mathrm{FS})_T \geq 1.5 \tag{15.44}$$

여기서 T는 기초저부의 활동에 대한 저항력, P_{ax}는 벽체를 미는 수평하중이다. 활동에 대한 저항력(T)는 유효응력(ESA)의 경우 $T = R_z \tan\phi_b'$이고 전응력 (TSA)의 경우, $T = s_w B$(만약 기초가 세립토위에 설치시). R_z는 총수직하중, ϕ_b'는 기초와 흙의 마찰각

$$\phi_b' \approx \frac{1}{2}\phi_{cs}' \quad \sim \quad \frac{2}{3}\phi_{cs}'$$

B는 기초의 폭이다. 일반적으로 중력식 그리고 켄틸레버식 강성옹벽에 작용하는 힘들은 그림 15.18에 나타내었다.

유효응력해석 (ESA)에서 안전율 $(\mathrm{FS})_T$은 정역학을 사용하여 얻는다.

$$(\mathrm{FS})_T = \frac{[(W_w + W_s + P_{az})\cos\theta_b - P_{ax}\sin\theta_b]\tan\phi_b'}{P_{ax}\cos\theta_b + (W_w + W_s + P_{az})\sin\theta_b} \tag{15.45}$$

여기서 W_w는 벽체의 중량, W_s는 흙 쐐기의 중량, P_{az}와 P_{ax}는 주동토압의 수직분력과 수평분력, θ_b는 기초바닥의 경사(반시계 방향은 (+)이다)(그림 15.18참조). 만약 $\theta_b = 0$일 때 기초는 수평이다.

기초면이 수평일 때 $(\mathrm{FS})_T$값은 식 (15.46)과 같다.

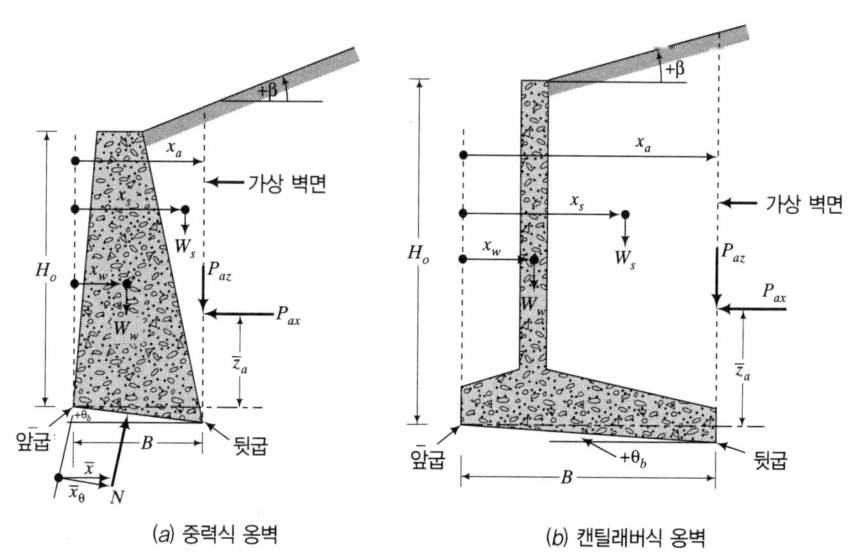

그림 15.18 강성 옹벽에 작용하는 힘.

$$(\mathrm{FS})_T = \frac{(W_w + W_s + P_{az})\tan\phi_b'}{P_{ax}} \tag{15.46}$$

전응력해석 (TSA)에서는

$$(\mathrm{FS})_T = \frac{s_w B/\cos\theta_b}{P_{ax}\cos\theta_b + (W_w + W_s + P_{ax})\sin\theta_b} \tag{15.47}$$

여기서, s_w는 부착응력 [식 (15.42)와 (15.45) 참조]이다. $\theta_b = 0$ 일 때는,

$$(\mathrm{FS})_T = \frac{s_w B}{P_{ax}} \tag{15.48}$$

강성옹벽의 근입심도는 얕기 때문에 수동토압은 고려하지 않는다. 만약 기초의 저항력이 충분치 않을 경우, 기초폭 B를 증가시킨다. 켄틸레버식벽체는 그림 15.13b와 같이 활동에 대한 추가적인 저항력을 제공하기 위하여 전단키(shear key)를 설치한다.

15.9.2 전도(rotation)

강성흙막이벽은 전도에 대하여 적합한 저항력을 가져야 한다. 벽체의 선단(toe)을 중심으로한 전도를 방지하려면 수직 합력의 작용점이 기초의 3등분 중 가운데 등분내에 위치해야 된다. 기초 앞굽(toe)에 대하여 모멘트를 취하면, 수직합력이 기초부에 작용하는 위치는

$$\bar{x}_\theta = \frac{W_w x_w + W_s x_s + P_{az} x_a - P_{ax}\bar{z}_a}{(W_w + W_s + P_{az})\cos\theta_b - P_{ax}\sin\theta_b} \tag{15.49}$$

여기서, $\bar{z}_a$는 기초 앞굽(toe)로부터 주동토압력의 작용점이다. 만약, $B/3 \le \bar{x} \le 2B/3$이면 전도에 대하여 안전하다. 즉, e가 연직합력의 편심거리이고 $\bar{x} = \bar{x}_\theta\cos\theta_b$일 때, $e = |(B/2 - \bar{x})| \le B/6$이면 전도에 대하여 안전하다.

$\theta_b = 0$일 때는

$$\bar{x} = \frac{W_w x_w + W_s x_s + P_{az} x_a - P_{ax}\bar{z}_a}{W_w + W_s + P_{az}} \tag{15.50}$$

15.9.3 지지력(bearing capacity)

강성옹벽은 지반의 지지력파괴에 대하여 충분한 여유의 안전율을 가져야 한다. 기초저면에서 지반에 작용하는 최대응력은 지반의 허용지지력을 넘어서는 안된다.

$$(\sigma_z)_{max} \le q_a \tag{15.51}$$

여기서, $(\sigma_z)_{max}$은 최대수직응력이며, q_a는 지반의 허용지지력이다.

15.9.4 심층지반 파괴(deep-seated failure)

강성옹벽은 심층지반 파괴를 일으켜선 안된다. 벽체와 주변지반을 둘러싸며 형성되는 심층활동파괴면에 대하여 제16장에 소개될 것이다.

15.9.5 침투(seepage)

강성옹벽은 지하수의 침투로부터 적절하게 보호되어야 한다. 간극수압과 침투압하에서 형성된 최대의 동수경사는 이미 서술한 4가지 안정기준에 위배되어서는 안된다. 그리고 정적상태에서 액상화(liquepaction)는 일어나지 않아야 된다. 즉 $i_{max} < i_{cr}$. 일반적으로,

$$i_{max} \le \frac{i_{cr}}{(\mathrm{FS})_s}$$

여기서, $(\mathrm{FS})_s$는 침투에 대한 안전율이며, 보통 3.0보다 크다. 침투에 관련된 파괴를 피하기 위하여, 과잉간극수압을 즉시 배출할 수 있도록 적합한 배수시스템이 뒤채움 지역에 설치되어야 한다. 세립토보다는 조립토가 배수특성이 뛰어나기 때문에 뒤채움재로 사용되어야 한다(그림 15.17). 배수시스템이 막히면 배면지반의 댐효과로 지하수위가 차오르며 벽체의 안정성에 위험이 따른다.

15.9.6 강성옹벽의 해석과정

강성옹벽의 안전성 해석단계

1. 주동토압력과 그 분력들을 산정한다. 벽체가 미끄러우면 Rankine식을 사용한다. Rankine식은 Coulomb의 주동토압계수 산정식보다 단순하다.
2 기초상부에 있는 벽체와 흙의 중량을 산정한다.
3. 식 (15.45)또는 식 (15.46)을 이용하여 $(\mathrm{FS})_T$를 구한다.
4. 식 (15.49)또는 식 (15.50)을 이용하여 벽체의 앞굽(toe)에서 부터 수직합력(R_z)의 작용점 위치를 구한다.
5. 편심(e)가 $B/6$보다 작은지 검토한다. 작다면, 전도파괴는 일어나지 않는다.
6. $(\sigma_z)_{max} = (R_z/A)\ (1 + 6e/B)$로부터 최대접지압을 산정한다.
7. 7장에서 소개된 방법으로 극한지지력(q_u)를 계산한다. 대부분의 경우, R_z은 편심을 가지고 작용하므로 Meyerhof식의 사용이 용이하다.
8. 허용응력설계법으로는 지지력파괴에 대한 안전율을 계산한다. $(\mathrm{FS})_B = q_u/(\sigma_z)_{max}$.
9. 하중저항계수실계빕(LRFD)에서 수평하중과 수지하중계수는 하중방향으로 저항력의 배수로, 성능계수를 초과해서는 안된다.

예제 15.3 중력식옹벽

컴퓨터 프로그램 활용

http://www.wiley.com/collage/budhum 5장에 접속하고 retwalll.xls을 click하여 spreadsheet를 활용바람. 입력자료들을 변경시키면서 벽체의 안정성이 어떻게 변하는지 관찰하시오.

그림 E15.3a처럼 중력식옹벽으로 높이 5 m의 흙을 지지하려 한다. 뒤채움 흙은 $\gamma_{sat} = 18\ \mathrm{kN/m^3}$, $\phi'_{cs} = 30°$이고, 원지반 흙(기초아래)은 $\gamma_{sat} = 20\ \mathrm{kN/m^3}$, $\phi'_p = 36°$ 이다. 옹벽은 원지반 하부로 1 m 근입되며 배수시스템은 설치되었다. 지하수위는 기초아래 4.5 m 심도에 있다. 벽면마찰각이 $\delta = 20°$일 때, 옹벽의 안정성을 평가하라. 콘크리트의 단위중량(γ_c)은 24 kN/m^{3}이다.

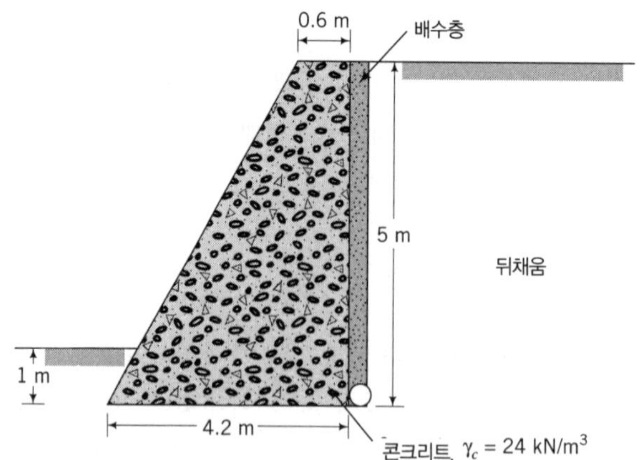

그림 E15.3a

(a) 벽면의 마찰 없는 경우 ($\delta = 0$)

(b) 벽면의 마찰각이 20 인 경우

(c) 배수시스템이 막혔을 경우, 지하수위가 지표면까지 상승하였고, 침투력은 무시한다.

핵심전략 벽면마찰이 없는 경우는 Rankine법을 사용하고 벽면마찰을 고려할 경우는 Coulomb법으로 계산한다. 강성흙막이 벽에서 수동토압은 무시한다. 주동토압력만 고려되며 Rankine과 Coulomb방법에서 K_a값은 충분히 정확하다. 지하수위가 기초저부에 있을 때는 전체 옹벽높이에서 $\gamma' = \gamma_{sat}$이다.

풀이 15.3

Step 1 : K_a 결정

$$\text{Rankine:} \quad \delta = 0, \quad K_{aR} = \tan^2\left(45° - \frac{\phi_{cs}}{2}\right) = \tan^2\left(45° - \frac{30°}{2}\right) = \frac{1}{3}$$

Coulomb: $\delta = 20°$, $\phi' = \phi'_{cs}$, $\beta = 0$, $\eta = 0$; and from Equation (15.16),

$$K_{aC} = \frac{\cos^2(30° - 0°)}{\cos^2 0° \cos(0° + 20°)\left[1 + \left\{\frac{\sin(30° + 20°)\sin(30° - 0°)}{\cos(0° + 20°)\cos(0° - 0°)}\right\}^{1/2}\right]^2} = 0.3$$

Step 2 : 수평하중의 결정

모든 수평력은 벽체의 1 m길이당 값이다.

$$\text{Rankine:} \quad P_{aR} = \frac{1}{2}K_{aR}\gamma_{sat}H_o^2 = \frac{1}{2} \times \frac{1}{3} \times 18 \times 5^2 = 75 \text{ kN}$$

P_{aR}은 지표면이 수평이기 때문에 수평으로 작용한다.

$$\text{Coulomb:} \quad P_{aC} = \frac{1}{2}K_{aC}\gamma_{sat}H_o^2 = \frac{1}{2} \times 0.3 \times 18 \times 5^2 = 67.5 \text{ kN}$$

P_{aC}는 수평에서 각 δ = 20°로 작용한다.(그림 E15.3b 참조)

P_{aC}의 수평분력: $(P_{ax})_C = P_{aC}\cos\delta = 67.5\cos 20° = 63.4$ kN

P_{aC}의 수직분력: $(P_{az})_C = P_{aC}\sin\delta = 67.5\sin 20° = 23.1$ kN

Step 3 : 옹벽의 안정성 검토

벽체 단위길이를 고려

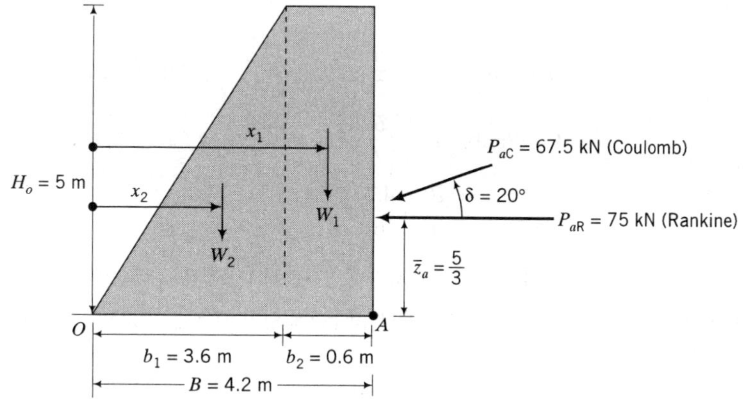

그림 E15.3b

$$W_1 = b_2 H_o \gamma_c = 5 \times 0.6 \times 24 = 72 \text{ kN}$$

$$W_2 = \frac{1}{2} b_1 H_o \gamma_c = \frac{1}{2} \times 3.6 \times 5 \times 24 = 216 \text{ kN}$$

$$W = W_1 + W_2 = 72 + 216 = 288 \text{ kN}$$

또는 $W = \frac{1}{2}(B + b_2) H_o \gamma_c = \frac{1}{2}(4.2 + 0.6) \times 5 \times 24 = 288 \text{ kN}$

합력의 작용점, O지점부터의 거리(그림 E 15.3b)

Rankine: $M_O = W_1 x_1 + W_2 x_2 - P_{aR} \bar{z}_a = 72(3.6 + 0.3) + 216 \times \left(\frac{2}{3} \times 3.6\right) - 75 \times \frac{5}{3} = 674.2 \text{ kN.m}$

$$R_z = W = 288 \text{ kN}$$

$$\bar{x} = \frac{M_O}{R_z} = \frac{674.2}{288} = 2.34 \text{ m}$$

Coulomb: $M_O = W_1 x_1 + W_2 x_2 + (P_{az})_C \times B - (P_{ax})_C \times \bar{z}_a$

$$= 72(3.6 + 0.3) + 216 \times \left(\frac{2}{3} \times 3.6\right) + 23.1 \times 4.2 - 63.4 \times \frac{5}{3} = 790.6 \text{ kN}$$

$$R_z = W + (P_{az})_C = 288 + 23.1 = 311.1 \text{ kN}$$

$$\bar{x} = \frac{M_O}{R_z} = \frac{790.6}{311.1} = 2.54 \text{ m}$$

저면의 저항력 : $T = R_z \tan \phi'_b$, 여기서 R_z은 수직방향의 합력 가정, $\phi'_b = \frac{2}{3}\phi'_p = \frac{2}{3} \times 36° = 24°$.

Rankine: $T = 288 \times \tan 24° = 128.2 \text{ kN}$

Coulomb: $T = (288 + 23.1) \times \tan 24° = 138.5 \text{ kN}$

Rankine: $(\text{FS})_T = \frac{T}{P_{aR}} = \frac{128.2}{75} = 1.7 > 1.5$; 만족함

Coulomb: $(\text{FS})_T = \frac{T}{(P_{ax})_C} = \frac{138.5}{63.4} = 2.2 > 1.5$; 만족함

벽면마찰이 있는 경우, 활동에 대한 안전율이 마찰이 없는 경우보다 더 크며, 두 이론 모두 안전율이 만족된다.

전도 안정성 결정

$$\text{Rankine:}\quad e = \left|\frac{B}{2} - \bar{x}\right| = \left|\frac{4.2}{2} - 2.34\right| = 0.24\text{ m}$$

$$\text{Coulomb:}\quad e = \left|\frac{B}{2} - \bar{x}\right| = \left|\frac{4.2}{2} - 2.54\right| = 0.44\text{ m}$$

$$\frac{B}{6} = \frac{4.2}{6} = 0.7 > e$$

Rankine과 Coulomb모두의 수직압력의 위치가 기초의 중앙 3분의 1내에 있기 때문에 전도는 발생되지 않을 것이다.

지지력에 대한 안전율 결정 수직합력의 위치가 중앙3분의 1내에 있기 때문에, 최저응력의 크기가 흙속에서 인장으로 되지 않는다.

$$(\sigma_z)_{max} = \frac{R_z}{A}\left(1 + \frac{6e}{B}\right)$$

$$\text{Rankine:}\quad [(\sigma_z)_{max}]_R = \frac{288}{4.2 \times 1}\left(1 + \frac{6 \times 0.24}{2.4}\right) = 92.1\text{ kPa}$$

$$\text{Coulomb:}\quad [(\sigma_z)_{max}]_C = \frac{311.1}{4.2 \times 1}\left(1 + \frac{6 \times 0.44}{2.4}\right) = 120.6\text{ kPa}$$

Rankine과 Coulomb방법에서 최대응력은 A점에서 발생한다(그림 E15.3b). 벽체의 기초는 지표면에 놓은 연속기초로 간주하여 $B/L \rightarrow 0$, $D_f = 0$이다. 지하수위는 기초저면 이하에 위치함으로서 지지력에 대한 영향은 없다.

그림 E 15.3c와 같이 합력 (R)은 편심 (e)되어 있고, 수직에서 기울기(ω)작용한다. 그러므로 지지력 공식에서 편심과 기울기를 고려할 수 있는 Meyerhof공식을 사용한다

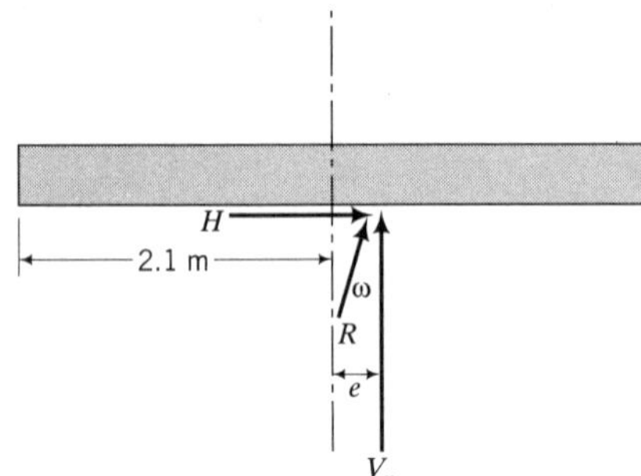

그림 E15.3c

$$\text{Rankine:}\quad H = P_{aR} = 75\text{ kN};\quad V_n = R_z = 288\text{ kN},\quad \frac{H}{V_n} = \frac{75}{288} = 0.26;\quad \omega = \tan^{-1}\frac{H}{V_n} = \tan^{-1}(0.26) = 14.6°$$

$$\frac{B'}{L'} = 0,\ \text{연속기초에서는}\ B' = B - 2e = 4.2 - 2 \times 0.24 = 3.72\text{ m}$$

$$n = \left(2 + \frac{B'}{L'}\right)\Big/\left(1 + \frac{B'}{L'}\right) = 2;\quad i_\gamma = \left(1 - \frac{H}{V_n}\right)^{n+1} = (1 - 0.26)^{2+1} = 0.41$$

$$N_\gamma = 0.1054\exp(9.6\phi'_p) = 0.1054\exp\left(9.6 \times 36 \times \frac{\pi}{180}\right) = 43.9$$

$$q_u = 0.5\gamma B' N_\gamma i_\gamma = 0.5 \times 20 \times 3.72 \times 43.9 \times 0.41 = 670\text{ kPa}$$

$$(\text{FS})_B = \frac{q_u}{[(\sigma_z)_{max}]_R} = \frac{653}{92.1} = 7.1 > 3;\ \text{만족함.}$$

$$\text{Coulomb:}\quad H = (P_{ax})_C = 63.4\text{ kN};\quad V_n = R_z = 311.1\text{ kN},\quad \frac{H}{V_n} = \frac{63.4}{311.1} = 0.20;$$

$$\omega = \tan^{-1}\frac{H}{V_n} = \tan^{-1}(0.2) = 11.3°$$

$$\frac{B'}{L'} = 0,\ \text{연속기초}\ B' = B - 2e = 4.2 - 2 \times 0.44 = 3.32\text{ m}$$

$$n = \left(2 + \frac{B'}{L'}\right)/\left(1 + \frac{B'}{L'}\right) = 2;\quad i_\gamma = \left(1 - \frac{H}{V_n}\right)^{n+1} = (1 - 0.20)^{2+1} = 0.51$$

$$N_\gamma = 0.1054\exp(9.6\phi_p') = 0.1054\ \exp\left(9.6 \times 36 \times \frac{\pi}{180}\right) = 43.9$$

$$q_u = 0.5\gamma B' N_\gamma i_\gamma = 0.5 \times 20 \times 3.32 \times 43.9 \times 0.51 = 743\text{ kPa}$$

$$(\text{FS})_B = \frac{q_u}{[(\sigma_z)_{max}]_C} = \frac{743}{120.6} = 6.2 > 3;\ \text{만족함}$$

step 4 : 폭우로 인한 물의 영향

Rankine방법(벽면 마찰 없음)

$$P_{aR} = \frac{1}{2}K_a\gamma' H_o^2 + \frac{1}{2}\gamma_w H_o^2 = \frac{1}{2} \times \frac{1}{3} \times (18 - 9.8) \times 5^2 + \frac{1}{2} \times 9.8 \times 5^2 = 34.2 + 122.5 = 156.7\text{ kN}$$

합력의 위치(0지점부터의 거리)

$$M_O = W_1x_1 + W_2x_2 - P_{aR}\bar{z}_a = 72(3.6 + 0.3) + 216 \times \left(\frac{2}{3} \times 3.6\right) - 156.7 \times \frac{5}{3} = 538\text{ kN.m}$$

$$\bar{x} = \frac{M_O}{R_z} = \frac{538}{288} = 1.87\text{ m}$$

활동: 활동에 의한 벽체의 파괴가 예견된다.

$$(\text{FS})_T = \frac{128.2}{156.7} = 0.82 < 1.5$$

전도: 전도의 파괴는 일어나지 않는다.

$$e = \left|\frac{B}{2} - \bar{x}\right| = \left|\frac{4.2}{2} - 1.87\right| = 0.23 < \frac{B}{6}\left(= \frac{4.2}{6} = 0.7\right)$$

지지력: 최대응력은 0지점에서 발생한다.

$$[(\sigma_z)_{max}]_R = \frac{288}{4.2 \times 1}\left(1 + \frac{6 \times 0.23}{4.2}\right) = 91.1\text{ kPa}$$

그림 E15.3d는 합력 R의 편심(e)지점이 지금은 기초중심에서 반대측에 있다.

$$H = P_{aR} = 156.7\text{ kN};\quad V_n = R_z = 288\text{ kN},\quad \frac{H}{V_n} = \frac{156.7}{288} = 0.54;\quad \omega = \tan^{-1}\frac{H}{V_n} = \tan^{-1}(0.54) = 28.4°$$

$$B' = B - 2e = 4.2 - 2 \times 0.23 = 3.74\text{ m}$$

$$n = \left(2 + \frac{B'}{L'}\right)/\left(1 + \frac{B'}{L'}\right) = 2;\quad i_\gamma = \left(1 - \frac{H}{V_n}\right)^{n+1} = (1 - 0.54)^{2+1} = 0.1$$

$$q_u = 0.5\,\gamma' B' N_\gamma\, i_\gamma = 0.5 \times (20 - 9.8) \times 3.74 \times 43.9 \times 0.1 = 83.7\text{ kPa}$$

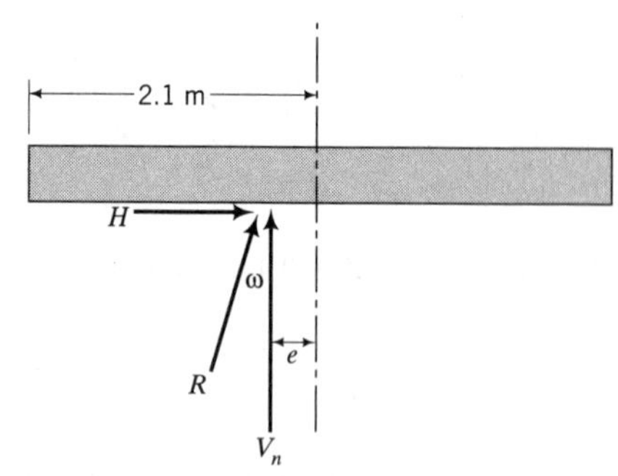

그림 E15.3d

$$(\text{FS})_B = \frac{q_u}{[(\sigma_z)_{max}]_R} = \frac{83.7}{91.1} = 0.9 < 3; \quad \text{불안정}$$

벽체는 지지력 부족에 의하여 붕괴가능성 있다.

예제 15.4 켄틸레버식 옹벽(L형 옹벽)

그림 E 15.4a의 켄틸레버식 흙막이벽의 안정성을 결정하라. 원지반은 점토이고 뒤채움은 조립토이다. 다져진 50 mm 두께의 조립토 층위에 옹벽의 기초가 놓여있다. 기초바닥과 조립토층의 마찰각은 25° 이다. 지하수위는 기초아래 8 m 지점에 있다.

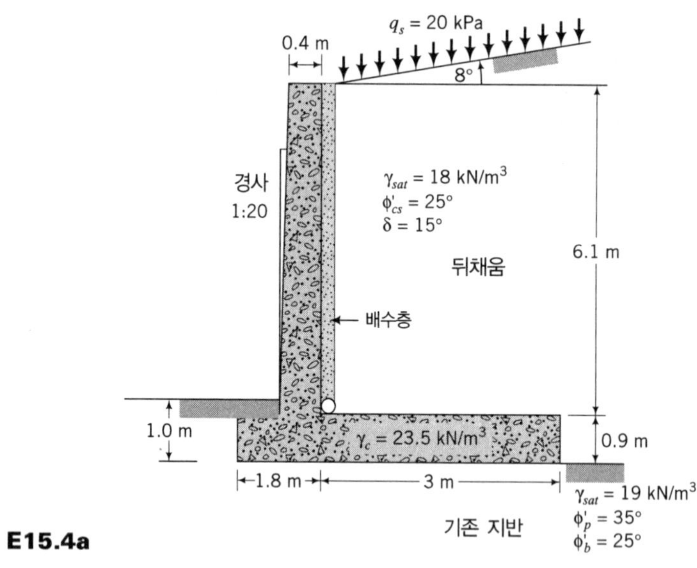

그림 E15.4a

핵심전략 벽면마찰의 존재시는 Coulomb법을 사용한다. 수평토압산정에 적용되는 벽체높이는 옹벽 저면에서부터 지표면까지의 수직높이이다. 벽체 앞부분의 근입심도 1 m에 대한 수동토압은 무시한다.

풀이 15.4

Step 1 : 주동토압력과 작용점의 결정

그림 E 15.4b에서, $\eta = 0$, $\delta = 8°$, $\delta = 15°$, $\phi'_{cs} = 25°$그러므로 식 (15.16)으로부터

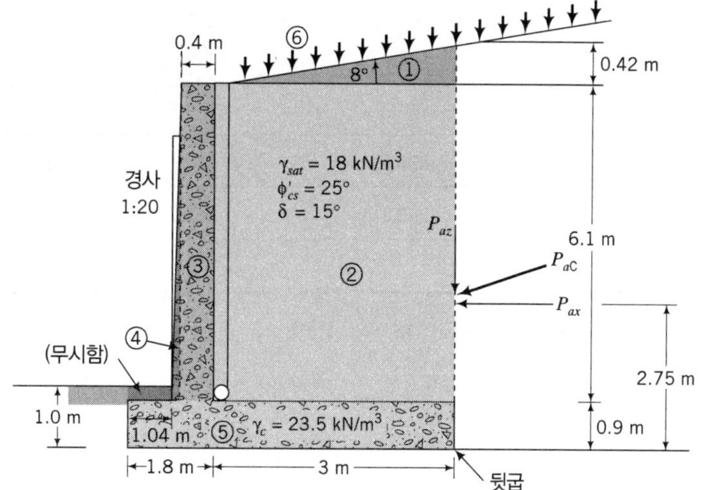

그림 E15.4b

$$K_{aC} = \frac{\cos^2(25° - 0)}{\cos^2 0° \cos(0° + 15°)\left[1 + \left\{\dfrac{\sin(25° + 15°)\sin(25° - 8°)}{\cos(0° + 15°)\cos(0° - 8°)}\right\}^{1/2}\right]^2} = 0.41$$

$$H_o = 0.9 + 6.1 + 3.0\tan 8° = 7.42 \text{ m}$$

토체 :

모든 힘들은 벽체 1 m길이 당 힘으로 계산된다.

토체의 수평토압력: $P_{aC} = \frac{1}{2}K_{aC}\gamma_{sat}H_o^2 = \frac{1}{2} \times 0.41 \times 18 \times 7.42^2 = 203.2$ kN

수평분력: $F_{ax} = P_{aC}\cos\delta = 203.2\cos 15° = 196.3$ kN

수직분력: $F_{az} = P_{aC}\sin\delta = 203.2\sin 15° = 52.6$ kN

상재하중 :

$$F_x = K_{aC}q_s H_o \cos\delta = 0.41 \times 20 \times 7.42 \times \cos 15° = 58.8 \text{ kN}$$
$$F_z = K_{aC}q_s H_o \sin\delta = 0.41 \times 20 \times 7.42 \times \sin 15° = 15.7 \text{ kN}$$

합력의 분력 :

$$P_{ax} = F_{ax} + F_x = 196.3 + 58.8 = 255.1 \text{ kN}$$
$$P_{az} = F_{az} + F_z = 52.6 + 15.7 = 68.3 \text{ kN}$$

Step 2 : 수직합력(벽체 1 m길이당 힘)과 작용점의 위치

아래와 같이 표를 작성하면 계산이 간결해지고 검토하기도 쉽다.

구역	힘 (kN/m)	앞굽에서 모멘트 거리	모멘트 (+kN.m)
1	0.5 × 0.42 × 3 × 18 = 11.3	3.80	42.9
2	3 × 6.1 × 18 = 329.4	3.30	1087.0
3	0.4 × 6.1 × 23.5 = 57.3	1.60	91.7
4	0.5 × 0.36 × 6.1 × 23.5 = 25.8	1.28	33.0
5	0.9 × 4.8 × 23.5 = 101.5	2.40	243.6

6	$3 \times 20 = 60.00$	3.3	198.0
	Σ585.3		Σ1696.2(+)
P_{az}	68.3	4.8	327.9(+)
R_z	= 653.6		Σ 모멘트 = 2024.1(+)
P_{ax}	255.1	2.75	701.5(−)
			$\Sigma M_O = 1322.6(+)$

앞굽으로부터 수평분력들의 합력이 작용하는 위치 ($\bar{z}$)

$$\bar{z} = \frac{F_{ax}\dfrac{H_o}{3} + F_x\dfrac{H_o}{2}}{F_{ax} + F_x} = \frac{196.3 \times \dfrac{7.42}{3} + 58.8 \times \dfrac{7.42}{2}}{196.3 + 58.8} = 2.75 \text{ m}$$

앞굽으로부터 수직분력들의 합력이 작용하는 위치($\bar{x}$)

$$\bar{x} = \frac{\Sigma M_o}{R_z} = \frac{1322.6}{653.6} = 2.02$$

Step 3 : 편심의 결정

$$e = \left|\frac{B}{2} - \bar{x}\right| = \left|\frac{4.8}{2} - 2.02\right| = 0.38 \text{ m}$$

Step 4 : 안정성 평가

전도 :

$$\frac{B}{6} = \frac{4.8}{6} = 0.8 \text{ m} > e\ (= 0.38 \text{ m});\quad \text{전도에 대하여 안정}$$

활동 :

$$T = R_z \tan\phi_b' = 653.6 \times \tan 25° = 305 \text{ kN/m}$$

$$(\text{FS})_T = \frac{T}{P_{ax}} = \frac{305}{255.1} = 1.2 < 1.5;\quad \text{활동에 대하여 보강필요 (불안정)}$$

설계에서 활동에 대한 안전율을 높이기 위하여 저면에 전단키(shear key)를 설치해야 된다.

지지력 :

$$(\sigma_z)_{max} = \frac{R_z}{B \times 1}\left(1 + \frac{6e}{B}\right) = \frac{653.6}{4.8 \times 1}\left(1 + \frac{6 \times 0.38}{4.8}\right) = 201 \text{ kPa}$$

$$B' = B - 2e = 4.8 - 2 \times 0.38 = 4.06 \text{ m}$$

$$H = P_{ax} = 255.1 \text{ kN};\quad V_n = R_z = 653.6 \text{ kN},\quad \frac{H}{V_n} = \frac{255.1}{653.6} = 0.39$$

$$\omega = \tan^{-1}\frac{H}{V_n} = \tan^{-1}(0.39) = 21.3°$$

$$n = \left(2 + \frac{B'}{L'}\right)\Big/\left(1 + \frac{B'}{L'}\right) = 2;\quad i_\gamma = \left(1 - \frac{H}{V_n}\right)^{n+1} = (1 - 0.39)^{2+1} = 0.$$

$$N_\gamma = 0.1054\exp(9.6\phi_p') = 0.1054\exp\left(9.6 \times 35 \times \frac{\pi}{180}\right) = 37.2$$

$$q_u = 0.5\gamma B' N_\gamma i_\gamma = 0.5 \times 19 \times 4.06 \times 37.2 \times 0.23 = 330 \text{ kPa}$$

$$(\text{FS})_B = \frac{q_u}{(\sigma_z)_{max}} = \frac{330}{201.5} = 1.6 < 3$$

지지력이 부족하기 때문에 기초의 폭을 증가시켜야 한다.

What's next... 다음절에서는 연성 벽체의 안정성을 어떻게 결정하는지 공부하기로 한다.

15.10 연성벽체의 안정성

널말뚝벽체는 연성(flexible)이며 얇은 강재, 콘크리트 또는 목재로 만들어진다. 두 종류의 널말뚝 벽체가 일반적으로 사용된다. 하나는 켄틸레버식 벽체이며 일반적으로 높이 3 m정도의 흙을 지지한다(그림 15.14a). 다른 하나는 그림 15.14(c)의 앵커나 버팀보지지 널말뚝 벽체이며, 물가에 접하는 흙막이구조물과 깊은 굴착을 지지하는 벽체로 사용된다. 켄틸레버식 널말뚝 벽체의 안정성은 수동측 저항토압에 의존하는 반면, 앵커시시 널밀뚝 벽체의 안정은 수동측 저항토압과 앵커하중 모두의 합력으로 유지된다. 널말뚝 벽체의 안정성은 15.9절에서 언급한 바와 같은 강성벽체들의 모든 기준들을 만족시켜야 된다. 널말뚝 벽체가 주로 침투압과 관련된 현장에 사용되는 관계로, 침투와 관련된 벽체의 불안정에 특별한 주의가 필요하다.

15.10.1 균질한 지반에서 널말뚝의 해석

널말뚝 해석에 있어서 안정성은 근입심도 (d)를 결정하는 시도부터 하게 된다. 해석은 정확하게 되지 않고 다양한 단순화 작업으로 이루어진다. 주요한 정적 평형조건은 모멘트 평형이다. 일단 근입심도 (d)가 결정되면, 다음 단계는 벽체의 두께를 산정한다. 벽체 두께는 최대휨모멘트 산정부터 시작되며, 최대휨모멘트를 벽체재료(철판, 콘크리트, 목재)의 허용휨응력으로 나누어서 단면계수를 구하여 결정한다.

유효응력해석이 일반적으로 널말뚝벽체 해석에 사용되며, 간극수압 분포나 침투압의 산정은 반드시 이루어 져야 한다. 이러한 간극수압 분포나 침투압 산정은 유선망 작도법이나 수치해석법으로 수행할 수 있다. 그러나 실무에서는 근사해법이 종종 사용되고 있다. 만약, 그림 15.19a와 같이 벽체의 양측에 수위가 동일하다면 간극수압과 침투압의 합력은 제로 (0)이다. 그러므로 벽체의 안정성 산정에서 지하수위의 영향을 무시해도 되며, 이때는 수평토압 산정시에 유효응력을 사용해야 된다.

벽체의 양측면에 수위가 다른 경우, 간극수압의 분포는 정상흐름의 침투상태에서 전수두가 일정하게 분포된다는 가정하에서 얻어진다. 일반적인 조건하에서 작용하는 최종간극수압분포의 근사값(Padfield and Mair, 1984)은 그림 15.19와 같다.

최대간극수압 (u_B), 최대간극수압력 (P_w), 작용위치 ($\bar{z}_w$)그리고 단위 체적당 침투력 (j_w)은 다음과 같다:

Case(a)—그림 15.19a

간극수압과 침투력의 합력을 “0”이다.

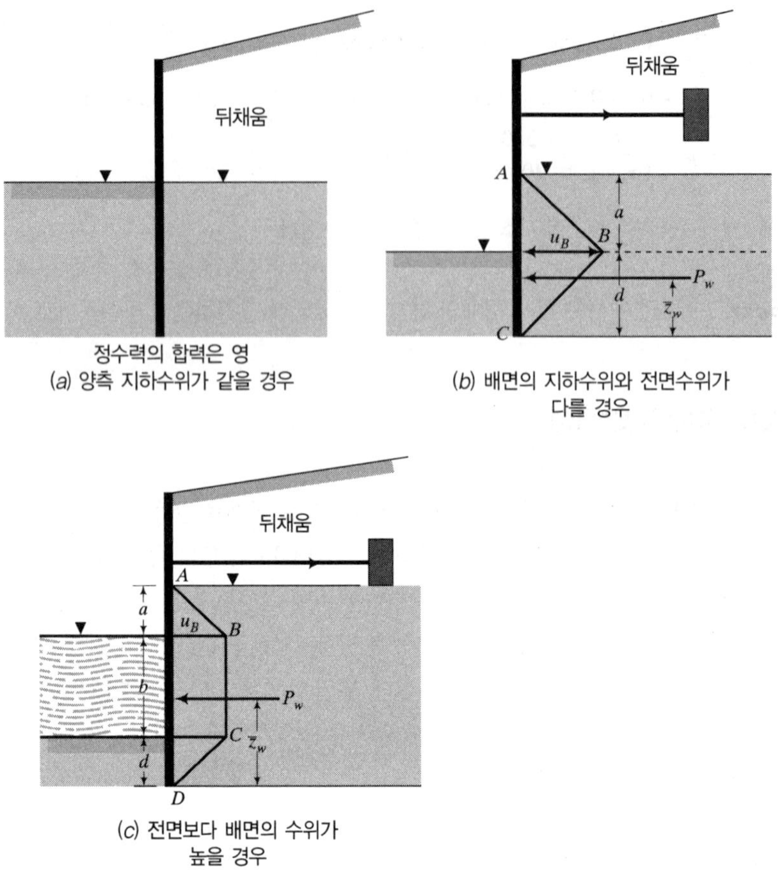

그림 15.19 연성옹벽 배면에 작용하는 근사적 간극수압의 합력.

Case(b)—그림 15.19b

$$u_B = \frac{2ad}{a + 2d}\gamma_w \tag{15.52}$$

$$P_w = \frac{ad(a + d)}{a + 2d}\gamma_w \tag{15.53}$$

$$\bar{z}_w = \frac{a + 2d}{3} \tag{15.54}$$

$$j_s = \frac{a}{a + 2d}\gamma_w \tag{15.55}$$

Case(c)—그림 15.19c

$$u_B = u_C = \frac{a(b + 2d)}{a + b + 2d}\gamma_w \tag{15.56}$$

$$P_w = \frac{1}{2}\left[\frac{a(b + 2d)(a + 2b + d)}{a + b + 2d}\right]\gamma_w \tag{15.57}$$

$$\bar{z}_w = \frac{a^2 + 3a(b + d) + 3b(b + 2d) + 2d^2}{3(a + 2b + d)} \tag{15.58}$$

$$j_s = \frac{a}{a + b + 2d}\gamma_w \tag{15.59}$$

j_s는 단위 체적당 침투력이다. 제 7장에서 기술한 바와 같이 유효응력의 합력은 벽체 배면에서 침투가 저하되면 증가되고, 벽체전면에서 침투가 상향하면 감소된다.

15.10.2 다층지반에서 널말뚝 벽체의 해석

널말뚝 벽체는 다층지반을 관통할 수도 있다. 예를 들면, 그림 15.20과 같이 널말뚝 벽체가 상부의 조립토를 지지하고 있지만 하부의 세립토에 근입되어 있다. 이런 경우, 복합해석이 적용되어야 한다. 단기 조건에서는 조립토에서 유효응력해석을 사용하고 세립토에서는 전응력법을 사용해야 한다. 반면에, 장기적인 조건에서는 모든 지반(모래와 점토)에 유효응력해석을 적용해야 된다.

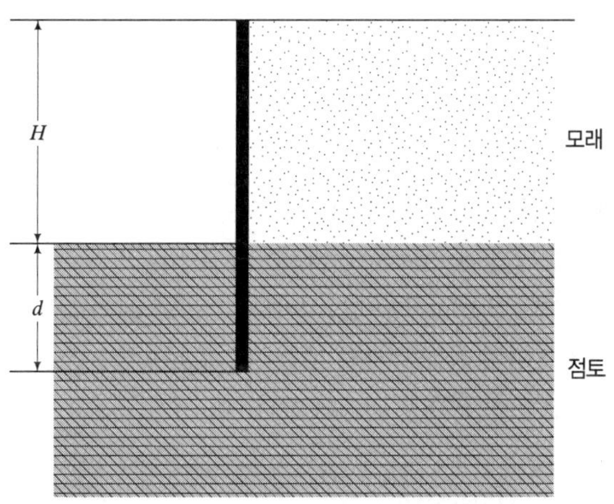

그림 15.20 널말뚝이 다른지층으로 근입된 경우.

15.10.3 세립토 지반에서 인장균열 영향

널말뚝 벽체가 세립토를 지지할 경우, 지표면에서 발생되는 인장균열을 고려하여야 한다. 이론적인 인장균열의 심도(z_{cr})은,

$$z_{cr} = \frac{2s_u}{\gamma} \quad \text{또는} \quad \frac{2s_u}{\gamma'} \tag{15.60}$$

후자는 인장균열이 물로 채워졌을 경우에 사용된다. 인장균열의 심도가 때때로 벽체의 높이보다도 클 경우도 있다. 이럴 경우에는 최소의 주동유효응력으로 5 z(kPa)값을 사용하도록 Padfield와 Mair(1984)가 제안 하였다. 여기서, z은 옹벽상단에서부터 측정된 깊이다. 물이 인장균열에 가득 채워져 있을 경우, 벽체의 전체 높이나 인장균열 전체 깊이까지의 두 경우 중 적은 값에 대하여 정수압을 적용시켜야 한다. 세립토에서는 지표면 건조(함수비 감소)로 인하여 벽면과 흙사이에서 틈새가 발생된다. 이러한 틈새가 물로 채워질 수 있으므로 벽체 전체 높이에 정수압을 적용시켜야 한다.

15.10.4 해석 방법

널말뚝 벽체의 안정성을 평가하기 위하여 여러 가지 해석방법들이 제안되었다. 이러한 방법들은 벽체에 작용하는 수평토압 분포와 근입심도를 결정하는데 적용하는 안전율에 차이 때문이다. 본 교재에는 세 가지 방법들을 소개한다. 첫 번째 방법은 모멘트계수법(factored moment method, FMM법)이며, 모멘트 평형을 만족시키도록 근입심도를 구하는데 있어서 수동저항에 대한 안전율$(FS)_p$을 보통 1.5~2.0 사용한다.

두 번째 경우는 강도계수법(factored strength method, FSM법)으로 감소계수가 전단강도 정수에 적용된다. 감소계수는 발현계수(mobilization factor)라 불리며 현장의 하중조건 하에서 발현될 수 있는 전단강도정수의 값으로 한정시키기 때문에 발현계수라 한다. 발현계수 F_ϕ는 내부마찰각 ϕ'_{cs}에 적용되고, 발현계수 F_u는 비배수전단강도 s_u에 적용된다. 이러한 발현계수를 활용하면, 주동토압은 크게 그리고 수동토압은 발현계수 적용전의 경우보다 작게 산출된다. 설계 강도정수는

$$\phi'_{design} = \frac{\phi'_{cs}}{F_\phi} \tag{15.61}$$

$$(s_u)_{design} = \frac{s_u}{F_u} \tag{15.62}$$

여기서,

$$F_\phi = 1.2\sim1.5 \text{그리고 } F_u = 1.5\sim2.0.$$

FSM법의 해석결과는 F_ϕ와 F_u값에 민감하다.

세 번째 방법은 순수동토압법(net passive pressure method, NPPM법)으로 순전히(net) 허용할 수 있는 수동저항 토압을 활용하는 것이다(Burland et al., 1981). 그림 15.21과 같이 주동토압측의 굴착면에서 벽체 끝단까지 수직선을 내린다. 주동측에서 검게 칠한 부분의 토압을 수동토압에서 감소시켜서 화살표로 표시된 순수동토압을 얻을 수 있다. NPPM법에서 안전율 $(FS)_r$은 아래와 같다.

$$(FS)_r = \frac{\Sigma \text{ 순 허용 수동저항 모멘트}}{\Sigma \text{ 전도를 유발하는 수평력의 모멘트}} \tag{15.63}$$

$(FS)_r = 1.5\sim2.0$ 대부분의 경우 2.0을 사용한다.

연성옹벽에서 작용하는 수평토압분포는 벽체의 유연성 때문에 Rankine의 주동과 수동상태와 일치하지 않는다. 그림 15.22는 강성이 큰 연성벽체와 강성이 작은 연성벽체에 대하여 예상되는 수평토압분포를 나타내었다. 그림

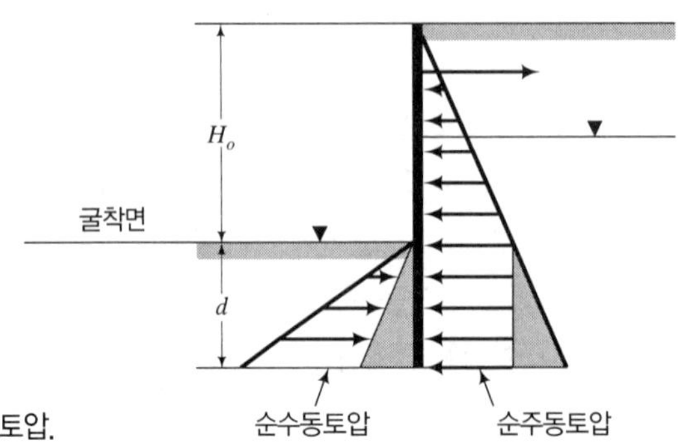

그림 15.21 NPPM법에서의 순토압.

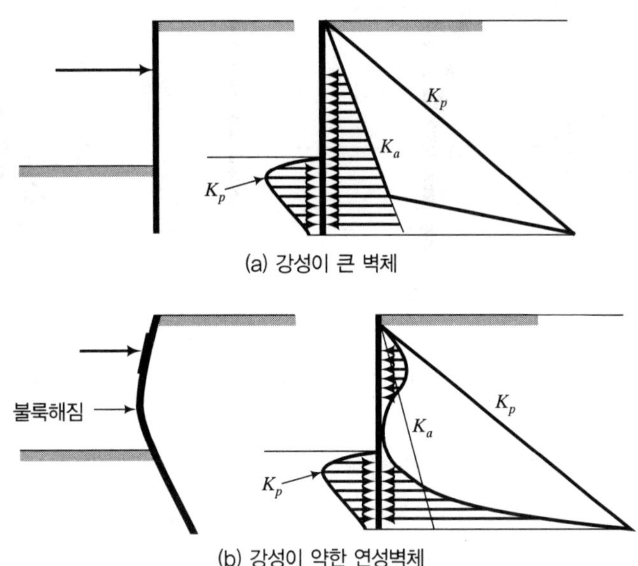

그림 15.22 강성이 큰 벽체와 약한 연성벽체에서 예상되는 수평토압 분포. (After Padfield and Mair, 1984.)

15.22b의 벽체의 항복으로 과다한 변위가 발생하여 돌출부(bulge) 주변 흙의 움직임이 억제되었다. 이러한 억제력은 입자간의 전단응력에 의하여 제공되었다. 벽체부근의 흙속에서 응력의 재분배가 시도되기 때문에 토압이 감소되었고, 결과적으로 입자간의 구조적 상태도 변하였다. 이러한 구조변화와 응력 재분배는 흙에 의하여 저항력이 제공되는 구조적 아치(arch)와 유사하다. 이런 현상을 지반아칭(soil arching)이라 부른다. 벽체의 돌출부와 부근의 수평토압(주동토압)은 상당히 감소되어 Rankine이나 Coulomb토압보다 아주 작다. 이러한 아칭현상은 옹벽에 돌출부가 발생하여도 벽체가 안정을 유지하고 있는 이유가 될 것이다. 구조적 아치는 압축을 통하여 하중에 저항하며, 그 하중들은 지지보(또는 앵커)방향으로 전달된다. 앵커지지 옹벽에서 아칭현상은 벽체의 상단에 큰 추가 하중을 전달시킬 수 있다. 왜냐하면 아치에서는 이러한 위치를 지지점으로 간주될 수 있기 때문이다. 결과적으로 벽체의 설계시에는 추가적으로 발생되는 이러한 교란 모멘트를 포함해야 되며, 일반적인 경우보다 30%추가의 교란 모멘트를 고려한다. 그러므로 아칭현상은 수평토압을 부분적으로 감소시키는 장점이 있는 반면 교란 모멘트가 증가하는 단점이 있다. 설계에 아칭현상을 포함하는 부분은 본 교재의 범위 밖이다.

Rowe(1957)는 실내시험을 근거로 벽체의 유연성이 휨모멘트에 미치는 영향을 고려하여 산정된 최대휨모멘트를 감소시키는 방법을 개발하였다. Rowe의 모멘트 감소는 FMM에서와 같이 안전율을 수동저항력에 적용시킬 때 사용할 수 있다. Rowe방법의 활용에는 논란의 여지가 있다. 어떤 설계자들은 설계모멘트 산정에서 한계평형상태 ($(\mathrm{FS})_p = F_\phi = (\mathrm{FS})_r = F_u = 1$)에서 최대휨모멘트의 사용을 선호한다. 본 교재에서도 이 방법을 선호한다.

벽면과 흙의 마찰을 고려하기 위하여 K_{aC}와 K_{pC}를 사용할 필요가 있다. 그러나 Caquat와 Kerisel(1984)이 제안한 주동과 수동토압계수는 Coulomb계수보다 정확하고 많이 활용된다. 연성옹벽에서는 측방하중의 수평분력만 중요하다.

부록 D에서는 Caquot와 Kerisel(Kerisel과 Absi, 1990 도표화 시킴)의 주동과 수동계수의 수평분력이 배면지반의 경사와 벽면 마찰각에 따라 도표화 되어 있다. 앞으로의 예제문제는 부록 D에 있는 토압계수들을 사용한다.

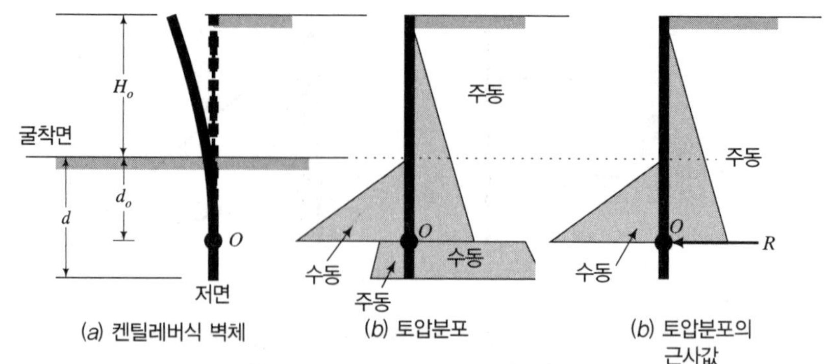

그림 15.23 연성 켄틸레버식 벽체 해석시 단순화한 토압분포.

15.10.5 켄틸레버식 널말뚝 벽체의 해석

켄틸레버식 널말뚝 벽체의 해석은 그림 15.23과 같이 벽체하단에서 상부로 약간 올라간 지점 (O)을 중심으로 전도(회전)가 발생된다는 가정하에 이루어 진다. 벽체하단의 상부에서 회전중심을 가정함으로서 회전중심하부의 벽체에서 벽체 배면에는 수동토압 그리고 전면에서는 주동토압이 작용한다(그림 15.23b). 해석을 더욱 간단히 하기 위하여, 그림 15.23c와 같이 O점 하부의 순 수동저항력을 대표하는 힘 R값을 회전지점인 0점에 작용시켰다. O점에서 모멘트를 취함으로서 미지의 힘 R값이 제거되고, 한 개의 미지수인 근입심도 (d_o)와 한 개의 식을 얻게 된다. 해석의 단순화를 위하여 d_o값을 20%에서 30%까지 증가시키면서 설계의 근입심도 d를 얻는다.

벽체의 안정성을 고려한 근입심도 d와 벽체의 두께를 결정하기 위한 해석 과정은 아래와 같다.

1. 굴착면에서 아래로 d_o만큼 내려온 임의의 O점을 선정한다.
2. FMM, FSM 혹은 NPPM방법으로 주동과 수동 토압을 계산한다.
3. 순 간극수압 (u)분포와 단위체적당 침투력 (j_s)를 계산한다. 주동영역에서 유효단위중량은 j_s만큼 증가되고, 수동영역에서는 j_s만큼 감소된다. 실제 설계에서는 벽체 전면과 배면의 지하수위 차이를 최소화 하고, 벽체높이 H_o의 1/3 이상으로 채택한다.
4. O점에서 취한 모멘트의 합으로부터 미지의 값인 d_o를 구한다.
5. 해석의 단순화를 위하여 d_o의 20%~30%를 증가시켜 설계 근입심도인 d를 구한다. 그러므로 근입심도 $d = 1.2d_o$ 또는 $1.3d_o$이다.
6. 깊이($H_o + d$)구간의 수평력의 합으로부터 R을 산정한다.
7. O점 하부, ($d-d_o$)구간에서 순수동저항력$(P_p)_{net}$를 구한다.
8. R값이 $(P_p)_{net}$보다 적은지 확인한다. 만약 그렇지 않을 경우, 근입심도 d를 증가시키고 R을 다시 산정해야 된다.
9. 심도($H_o + d_o$)구간의 최대휨모멘트 (M_{max})를 구한다, 단 FMM의 경우 안전율이 고려 되지 않은 수동저항력, FSM에서는 안전율이 고려되지 않은 강도정수 값들이고 NPPM법에서는 $(FS)_r = 1$를 사용한다.
10. 단면계수를 결정한다. $S_x = M_{max}/f_a$. 여기서, M_{max}는 최대 휨 모멘트, f_a는 벽체재료의 허용휨응력이다.

15.10.6 앵커지지 널말뚝 벽체의 해석

앵커지지 널말뚝 벽체의 해석은 두 가지 방법이 사용된다. 하나는 자유지지법(free earth method)이고, 다른 하나는 고정지지법(fixed earth method)이다. 자유지지법이 가장 실무에 많이 사용되기 때문에 이에 대하여 기술한다.

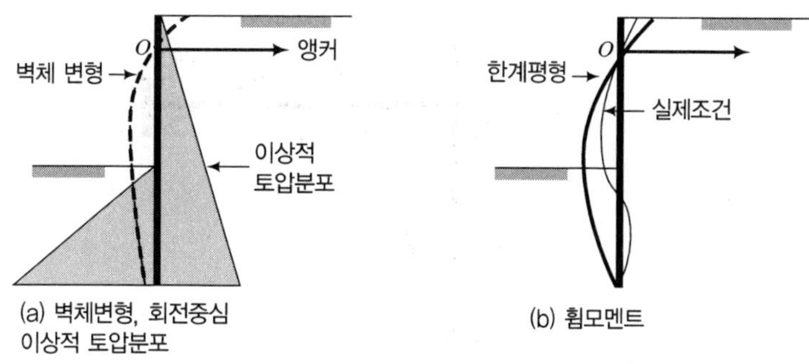

그림 15.24 앵커지지벽체의 자유지지상태.
(Padfield and Mair, 1984.)

자유지지법에서는 다음의 조건들을 가정한다. (1) 벽체의 근입심도는 벽체하부에서 고정된 것으로 보기에는 충분치 않다. (2) 회전은 앵커와 벽체의 연결부인 O점을 중심으로 발생한다(그림 15.24a). 이러한 가정 하에서 예상되는 휨 모멘트도는 그림 15.24b와 같다.

앵커지지 널말뚝 벽체의 해석을 위한 과정은 아래와 같다.

1. 근입심도(d)를 가정한다.

2. FMM, FSM 또는 NPPM 방법으로 주동과 수동 토압을 산정한다.

3. 순간극수압(u)분포와 단위체적당 침투력(j_s)를 구한다. 주동영역에서 유효단위중량은 j_s만큼 증가되고, 수동영역에서는 j_s만큼 감소한다. 일반적으로 설계에서는 벽체 양측의 최소의 지하수위 차이를 이용하며, 벽체높이 H_o의 1/3보다 큰 값을 취한다.

4. 앵커 연결부인 O점을 중심으로 모멘트를 취하여 근입심도(d)를 구한다. 보통 3차원식을 얻기 때문에 가정한 값을 삽입하여 반복계산을 하거나, 공학계산기의 다항함수를 이용하여 계산한다.

5. FMM법에서는 안전율을 고려치 않은 수동저항력, FSM법에서는 안전율 고려치 않은 강도 정수, NPPM법에서는 $(FS)_r = 1$을 사용하여 근입심도(d)를 다시 산정한다.

6. 벽체 단위길이당(1 m당) 앵커에 작용하는 힘(T_a)은 수평방향의 합력으로 구한다. 앵커에 작용하는 힘(T_a)에 안전율 2.0을 곱한다.

7. 앵커 지지판 또는 지지블럭의 위치를 정한다. 그림 15.25와 같이 깊이 d_z는 지표면에서 앵커지지판 하부까지의 깊이이다. 앵커지지판에서 발생되는 저항력은 앵커의 설계하중과 균형을 이루어야 한다.

$$\frac{1}{2}\gamma' d_z^2(K_p - K_a) = T_a \times (\text{FS})_a$$

그러므로, 윗 식을 d_z에 대하여 풀면

$$d_z = \sqrt{\frac{2T_a \times (\text{FS})_a}{\gamma'(K_p - K_a)}} \tag{15.64}$$

앵커지지판의 전면에는 수동파괴 쐐기가 형성되고, 배면에는 주동파괴쐐기가 발생된다. 앵커지지판은 주동파괴면 밖에 위치하여야 한다. 앵커로드 (rod)의 최소길이 (L_a)는 그림 15.25를 참조한다.

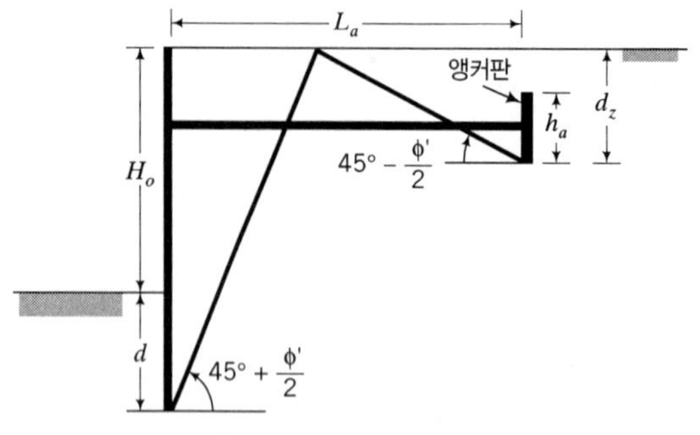

그림 15.25 앵커판의 위치.

$$L_a = (H_o + d)\tan(45° - \phi'/2) + d_z \tan(45° + \phi'/2) \tag{15.65}$$

8. 앵커의 간격 (s)를 구한다. s를 벽체길이방향 간격이라 하고, h_a는 앵커 지지판의 높이이다. 만약, $h_a \geq d_z/2$, 앵커판의 전면에서 수동저항력이 d_z의 전체깊이로 발생된다. 수평방향의 힘의 정역학적 평형으로부터 식 (15.66)이 얻어진다.

$$s = \frac{\gamma d_z^2 L_a}{2T_a(\text{FS})_a}(K_p - K_a) \tag{15.66}$$

앵커의 위치가 지하수위 아래에서는 γ'를 사용하고, 그렇지 않은 경우는 일반적으로 γ_{sat}를 적용한다.

9. 최대휨모멘트 (M_{max})산정시에는 한계평형상태의 근입심도를 사용한다(보정하지 않은 수동저항력, 보정하지 않은 강도정수 또는 $(\text{FS})_r = 1$).

10. 단면계수 (S_x)를 결정한다. $S_x = M_{max}/f_a$이며, 여기서, f_a는 벽체 재료의 허용휨응력이다.

11. S_x값을 사용하여 제작사의 카탈로그에서 벽체두께를 산정한다.

예제 15.5 켄틸레버식 연성벽체

컴퓨터 프로그램 활용

http://www.wiley.com/college/budhu에 접속하여 제15장을 클릭하면 spread sheet를 활용한 벽체 해석들의 예제를 볼 수 있다. 입력자료들을 변경시키면서 벽체의 안정성이 변하는지 학습할 수 있다.

그림 E 15.5a와 같이 켄틸레버식 널말뚝 벽체의 안정성에 요구되는 벽체의 근입심도를 결정하라. FMM, FSM, NPPM의 세 가지 방법의 해석결과를 모두 비교 평가한다. $(\text{FS})_p = 2.0$, $F_\phi = 1.25$, $(\text{FS})_r = 1.5$를 사용하여, 각각의 해석방법들에 대하여

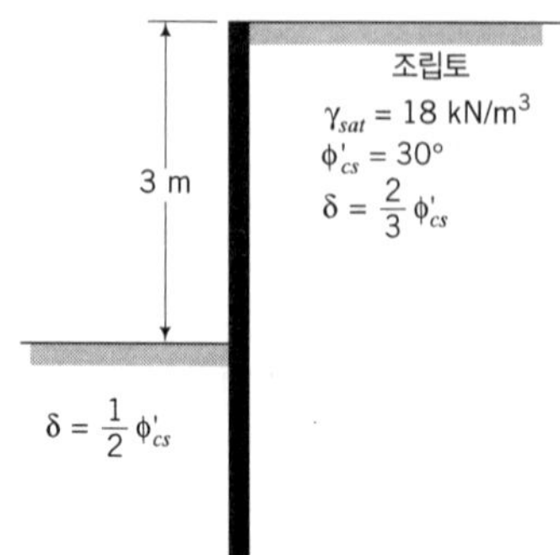

그림 E15.5a

최대휨모멘트를 산정하라. 지하수위는 기초의 하부에 위치해 있고, 허용회전 값은 $0.005H_o$나 그 이하이며, H_o는 벽체의 높이이다.

핵심전략 Kerisel과 Absi에서 수동토압(부록 D참조)을 그리고 Kerisel과 Absi나 Coulomb에서 주동토압을 구하여 사용한다. 핵심은 수평토압들을 모두 산정하고 d_o(임의의 근입심도를 추정하고, 그 점에서 회전을 가정한다)를 모멘트 평형방법으로 구한다. 최대휨모멘트를 산정하기 위하여 안전율을 고려하지 않은 근입심도를 찾아야 하기 때문에 모든 해석의 시작점에서 안전율이 고려된 값과 고려되지 않은 값에 대하여 K_{ax}와 K_{px}값을 산출하여야 한다.

풀이 15.5

Step 1 : K_{ax}와 K_{px}값의 산정

$$\text{FSM:}\quad \phi'_{design} = \frac{\phi'_{cs}}{F_\phi} = \frac{30}{1.25} = 24°$$

$$\text{FMM 과 NPPM:}\quad \phi'_{design} = \phi'_{cs}$$

Kerisel and Absi (1990)의 K_{ax} and K_{px} (부록 D)을 적용하여,

$$\text{FSM:}\quad K_{ax} = 0.36 \quad \left(\phi'_{design} = 24°, \delta = \frac{2}{3}\phi'_{design}, \beta/\phi'_{design} = 0\right)$$

$$K_{px} = 0.3 \quad \left(\phi'_{design} - 24°, \delta = \frac{1}{2}\phi'_{design}, \beta/\phi'_{design} = 0\right)$$

$$\text{FMM 과 NPPM:}\quad K_{ax} = 0.28 \quad \left(\phi'_{cs} = 30°, \delta = \frac{2}{3}\phi'_{cs}, \beta/\phi'_{cs} = 0\right)$$

$$K_{px} = 4.6 \quad \left(\phi'_{cs} = 30°, \delta = \frac{1}{2}\phi'_{cs}, \beta/\phi'_{cs} = 0\right)$$

Step 2 : 수평토압분포의 결정

그림 E 15.5b와 같이 FMM과 FSM에 대한 수평토압분포의 형태는 같으나, 각각 다른 수평토압계수들을 사용하기 때문에 크기는 모두 다르다. NPPM에 대한 수평토압분포는 그림 E 15.5c에 있다. 지하수위는 기초하부에 있기 때문에 $\gamma' = \gamma_{sat} = \gamma$ 이다.

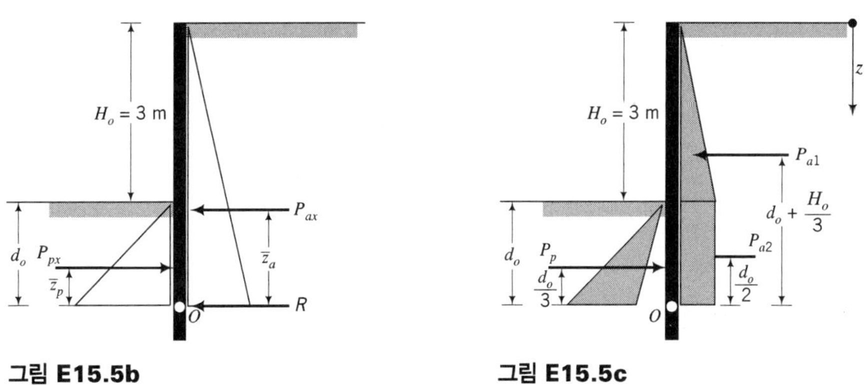

그림 E15.5b

그림 E15.5c

그림 E 15.5b를 사용하여 주동과 수동 토압분포와 모멘트를 구한다.

주동상태 :

$$P_{ax} = \frac{1}{2}K_{ax}\gamma(H_o + d_o)^2 = \frac{1}{2} \times K_{ax} \times 18(3 + d_o)^2 = 9K_{ax}(3 + d_o)^2$$

$$\bar{z}_a = \frac{H_o + d_o}{3} = \frac{3 + d_o}{3}$$

$$(M_O)_a = P_{ax}\bar{z}_a = 9K_{ax}(3 + d_o)^2\left(\frac{3 + d_o}{3}\right) = 3K_{ax}(3 + d_o)^3$$

수동상태 :

$$P_{px} = \frac{1}{2}K_{px}\gamma d_o^2 = \frac{1}{2} \times K_{px} \times 18 \times d_o^2 = 9K_{px}d_o^2$$

$$\bar{z}_p = \frac{d_o}{3}$$

$$(M_O)_p = P_{px}\bar{z}_p = 9K_{px}d_o^2 \times \frac{d_o}{3} = 3K_{px}d_o^3$$

Step 3 : d_o를 구한다.

모든 힘들은 벽체의 단위길이(즉 단위 m길이 당)당 힘이다.

FMM :

수동토압은 $(FS)_p$ 로 보정된다.

$$K_{ax} = 0.28 \quad \text{and} \quad K_{px} = 4.6$$

$$(M_O)_a = 3 \times 0.28(3 + d_o)^3 = 0.84(3 + d_o)^3$$

$$(M_O)_p = \frac{3 \times 4.6d_o^3}{(FS)_p} = \frac{3 \times 4.6d_o^3}{2} = 6.9d_o^3$$

$$\text{평형조건:} \quad (M_O)_a = (M_O)_p$$

$$\therefore 0.84(d_o^3 + 9d_o^2 + 27d_o + 27) = 9.9d_o^3$$

정리하면 :

$$7.21d_o^3 - 9d_o^2 - 27d_o - 27 = 0$$

계산기로 다항함수를 산정하거나, 시행착오법으로 계산하라. d_o =2.95 m.

FSM :

$$K_{ax} = 0.36 \quad \text{and} \quad K_{px} = 3.3$$

$$(M_O)_a = 3 \times 0.36(3 + d_o)^3 = 1.08(3 + d_o)^3$$

$$(M_O)_p = 3 \times 3.3d_o^3 = 9.9d_o^3$$

$$\text{평형조건:} \quad (M_O)_a = (M_O)_p$$

$$1.08(d_o^3 + 9d_o^2 + 27d_o + 27) = 6.9d_o^3$$

정리하면

$$8.17d_o^3 - 9d_o^2 - 27d_o - 27 = 0$$

계산기로 다항함수를 산정하거나, 시행착오법으로 계산하라. d_o = 2.75 m.

NPPM :

$$K_{ax} = 0.28 \quad \text{and} \quad K_{px} = 4.6$$

NPPM에 대한 압력분포는 그림 E15.5c와 같다.

$$P_{a1} = \frac{1}{2} \times K_{ax}\gamma H_o^2 = \frac{1}{2} \times 0.28 \times 18 \times 3^2 = 22.7 \text{ kN}$$

$$P_{a2} = K_{ax}\gamma H_o d_o = 0.28 \times 18 \times 3 \times d_o = 15.1d_o$$

$$P_p = \frac{1}{2}(K_{px} - K_{ax})\gamma d_o^2 = \frac{1}{2}(4.5 - 0.28) \times 18d_o^2 = 38.9d_o^2$$

$$(M_O)_a = P_{a1}\left(d_o + \frac{H_o}{3}\right) + P_{a2}\frac{d_o}{2} = 7.6d_o^2 + 22.7d_o + 22.7$$

$$(M_O)_p = P_p\frac{d_o}{3} = 38.9d_o^2 \times \frac{d_o}{3} = 13d_o^3$$

$$(\text{FS})_r = \frac{(M_O)_p}{(M_O)_a}$$

$(\text{FS})_r = 1.5$일 때,

$$1.5(7.6d_o^2 + 22.7d_o + 22.7) = 13d_o^3$$

다시 정리하면,

$$13d_o^3 - 11.4d_o^2 - 34.1d_o - 34.1 = 0$$

계산기로 다항함수를 산정하거나, 시행착오법으로 계산하라. $d_o = 2.41$ m.

Step 4 : 설계심도 산정.

$$\begin{aligned} \text{FMM:}\quad & d = 1.2d_o = 1.2 \times 2.95 = 3.54 \text{ m} \\ \text{FSM:}\quad & d = 1.2d_o = 1.2 \times 2.75 = 3.3 \text{ m} \\ \text{NPPM:}\quad & d = 1.2d_o = 1.2 \times 2.41 = 2.89 \text{ m} \end{aligned}$$

Step 5 : R의 결정.

$$R = P_{px} - P_{ax}$$

$$\begin{aligned} \text{FMM:}\quad & d_o = 2.95 \text{ m};\quad R = 9 \times 4.6 \times 2.95^2 - 9 \times 0.28 \times (3 + 2.95)^2 = 271.1 \text{ kN/m} \\ \text{FSM:}\quad & d_o = 2.75 \text{ m};\quad R = 9 \times 3.3 \times 2.75^2 - 9 \times 0.36 \times (3 + 2.75)^2 = 117.5 \text{ kN/m} \\ \text{NPPM:}\quad & d_o = 2.41 \text{ m};\quad R = 9 \times (4.6 - 0.28) \times 2.41^2 \\ & \qquad - (9 \times 0.28 \times 3^2 + 0.28 \times 18 \times 3 \times 2.41) = 166.7 \text{ kN/m} \end{aligned}$$

가정한 회전축 중심인 O점 이하에서 순저항력을 계산하기 위하여 벽체의 배면에서는 평균수동토압을 그리고 벽체의 전면에서는 평균 주동토압을 산정한다. d_o와 $1.2d_o$의 중간 깊이는 $1.1d_o$이다.

FMM :

$$\begin{aligned} \text{평균수동토압} &= K_{px}\gamma(H_o + 1.1d_o) = 4.6 \times 18 \times (3 + 1.1 \times 2.95) = 517.1 \text{ kPa} \\ \text{평균주동토압} &= K_{ax}\gamma \times 1.1d_o = 0.28 \times 18 \times 1.1 \times 2.95 = 16.4 \text{ kPa} \\ \text{순수평토압} &= 517.1 - 16.4 = 500.7 \text{ kPa} \\ \text{순하중} &= 500.7 \times 0.2d_o = 295.4 \text{ kN} > R\,(= 271.1 \text{ kN}) \end{aligned}$$

그러므로, 근입심도는 만족

FSM :

$$\begin{aligned} \text{평균수동토압} &= K_{px}\gamma(H_o + 1.1d_o) = 3.3 \times 18 \times (3 + 1.1 \times 2.75) = 357.9 \text{ kPa} \\ \text{평균주동토압} &= K_{ax}\gamma \times 1.1d_o = 0.36 \times 18 \times 1.1 \times 2.75 = 19.6 \text{ kPa} \\ \text{순수평토압} &= 357.9 - 19.6 = 338.3 \text{ kPa} \\ \text{순하중} &= 338.3 \times 0.2d_o = 186.1 \text{ kN} > R\,(= 117.5 \text{ kN}) \end{aligned}$$

그러므로, 근입심도는 만족

NPPM :

$$\text{평균수동토압} = K_{px}\gamma(H_o + 1.1d_o) = 4.6 \times 18 \times (3 + 1.1 \times 2.41) = 467.9\text{ kPa}$$
$$\text{평균주동토압} = K_{ax}\gamma \times 1.1d_o = 0.28 \times 18 \times 1.1 \times 2.41 = 13.4\text{ kPa}$$
$$\text{순수평토압} = 467.9 - 13.4 = 454.5\text{ kPa}$$
$$\text{순하중} = 454.5 \times 0.2d_o = 219.1\text{ kN} > R\,(= 166.7\text{ kN})$$

그러므로, 근입심도는 만족

Step 6 : 최대휨모멘트 결정.

최대휨모멘트에 대한 안전율 $(\mathrm{FS})_p = F_\phi = 1.0$이다.

z를 최대휨모멘트(전단이 0인 지점)의 작용위치, $z > H_o$이다.

$$M_z = \frac{1}{2}K_{ax}\gamma z^2 \times \frac{z}{3} - \frac{1}{2}K_{px}\gamma(z - H_o)^2 \times \frac{(z - H_o)}{3}$$
$$= \frac{1}{2} \times 0.28 \times 18 \times \frac{z^3}{3} - \frac{1}{2} \times 4.6 \times 18 \times \frac{(z-3)^3}{3}$$
$$= 0.84z^3 - 13.8(z - 3)^3$$

최대휨모멘트가 작용하는 위치인 z을 찾기 위하여 z값에 대하여 윗식을 미분하고, 그 값을 0로 놓는다.

$$\frac{dM_z}{dz} = 0 = 2.52z^2 - 41.4(z - 3)^2 = 38.9z^2 - 248.4z + 372.6 = 0$$

z를 풀면, $z = 3.68$ m 혹은 2.53 m가 된다. 그러나 전단력이 0이 되는 지점은 굴착면 아래가 됨으로 $z = 3.68$ m가 정답이다.

$$M_z = 0.84 \times 3.68^3 - 13.8(3.68 - 3)^3 = 36\text{ kN.m}$$

이 문제는 미적분을 사용하여 최대휨모멘트를 쉽게 구한다. 대부분의 경우 심도별 전단하중분포와 전단력이 0인 지점을 구한 후, 이로부터 최대휨모멘트를 계산한다.

예제 15.6 앵커지지 연성 벽체

그림 E15.6a의 벽체에서 벽체의 근입심도와 타이-백(tied back) 앵커하중을 FSM으로 결정하라.

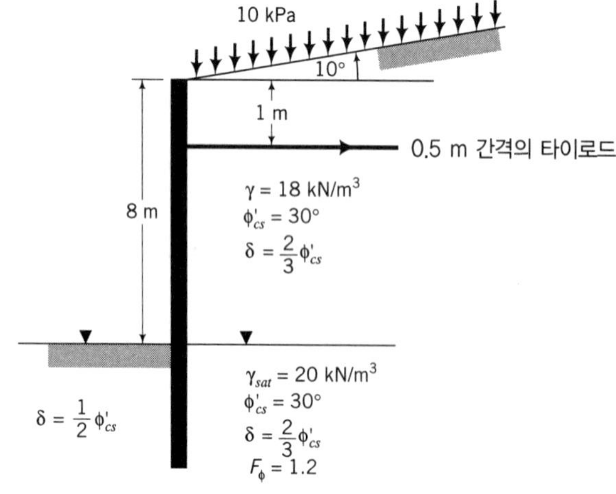

그림 E15.6a

핵심전략 Kerisel 과 Absi의 수동토압(부록 D참조)과 Kerisel 과 Absi또는 Coulomb법으로 주동토압을 산정한다. 지하수위는 벽체 양측에서 같기 때문에 침투는 발생되지 않는다.

풀이 15.6

Step 1 : K_{ax}와 K_{px}결정.

$$\phi'_{design} = \frac{\phi'_{cs}}{F_\phi} = \frac{30}{1.2} = 25°; \quad \frac{\beta}{\phi'_{design}} = \frac{10}{25} = 0.4$$

부록 D로부터 K_{ax}와 K_{px} 값은,

$$K_{ax} = 0.42 \quad \left(\phi'_{design} = 25°, \beta/\phi'_{design} = 0.4, \delta = \frac{2}{3}\phi'_{design}\right)$$

$$K_{px} = 3.4 \quad \left(\phi'_{design} = 25°, \beta/\phi'_{design} = 0, \delta = \frac{1}{2}\phi'_{design}\right)$$

안전율이 고려되지 않은 강도정수 값은,

$$K_{ax} = 0.31 \quad \left(\phi'_{cs} = 30°, \beta/\phi'_{cs} = 10/30 = \frac{1}{3}, \delta = \frac{2}{3}\phi'_{cs}\right)$$

$$K_{px} = 4.6 \quad \left(\phi'_{cs} = 30°, \beta/\phi'_{cs} = 0, \delta = \frac{1}{2}\phi'_{cs}\right)$$

Step 2 : 수평하중들과 모멘트의 결정.

계산과 검토를 쉽게하기 위하여 표를 사용한다.

그림 E 15.6b를 참조하고, 지하수위 아래의 $\gamma' = 20 - 9.8 - 10.2\ \text{kN/m}^3$.

부분	수평력 (kN)	앵커로부터 모멘트 거리 (m)	모멘트 (kN.m)+
1	$K_{ax}q_s(H_o + d_o) =$ $0.42 \times 10 \times (8 + d_o) = 4.2d_o + 33.6$	$\left(\frac{H_o + d_o}{2}\right) - h =$ $\left(\frac{8 + d_o}{2}\right) - 1 = 3 + \frac{d_o}{2}$	$-(2.1d_o^2 + 29.4d_o + 100.8)$
2	$\frac{1}{2}K_{ax}\gamma H_o^2 =$ $\frac{1}{2} \times 0.42 \times 18 \times 8^2 = 241.9$	$\frac{2}{3}H_o - h =$ $\frac{2}{3} \times 8 - 1 = 4.33$	-1047.4
3	$K_{ax}\gamma H_o d_o =$ $0.42 \times 18 \times 8 \times d_o = 60.5d_o$	$H_o - h + \frac{d_o}{2} = 7 + \frac{d_o}{2}$	$-(30.3d_o^2 + 423.5d_o)$
4	$\frac{1}{2}K_{ax}\gamma' d_o^2 =$ $\frac{1}{2} \times 0.42 \times 10.2 \times d_o^2 = 2.1d_o^2$	$H_o - h + \frac{2}{3}d_o = 7 + \frac{2}{3}d_o$	$-(1.4d_o^3 + 14.7d_o^2)$
	$\Sigma\, 2.1d_o^2 + 64.7d_o + 275.5$		
5	$\frac{1}{2}K_{px}\gamma' d_o^2 =$ $\frac{1}{2} \times 3.4 \times 10.2 \times d_o^2 = 17.3d_o^2$	$H_o - h + \frac{2}{3}d_o = 7 + \frac{2}{3}d_o$	$11.5d_o^3 + 121.1d_o^2$
			$\Sigma M = -(10.1d_o^3 + 74d_o^2 + 452.9d_o + 1148.2)$

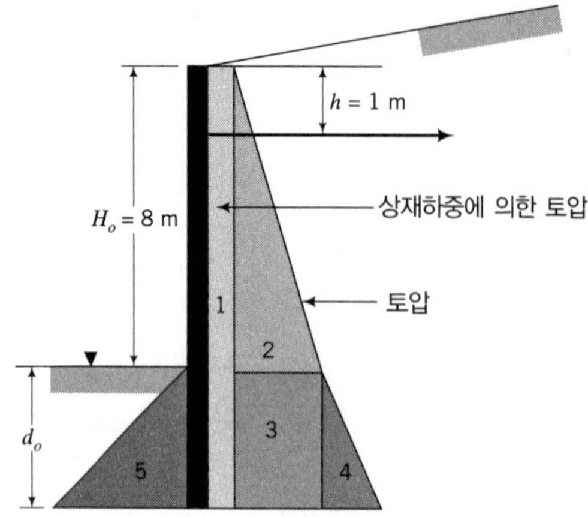

그림 E15.6b

Step 3 : d_o결정.

모멘트의 합을 0으로 놓고, d_o^3의 계수로 나누어 식을 단순화 시킨다.

$$d_o^3 + 7.3d_o^2 - 44.8d_o - 113.7 = 0$$

시행착오법이나 계산기의 다항함수 기능을 사용하면, $d_o = 5.38$ m.

Step 4 : 안전율이 고려되지 않은 강도정수에 대한 d_o의 결정, 안전율이 고려 안된 새로운 근입심도는 비례법칙을 적용하여 구한다. 주동모멘트(강도정수 안전율 미고려) = 주동모멘트(강도정수 안전율 고려) × $\dfrac{\text{미고려 } K_{ax}}{\text{고려된 } K_{ax}}$

$$(M_O)_a = -(1.4d_o^3 + 47.1d_o^2 + 452.9d_o + 1148.2) \times \frac{0.31}{0.42}$$
$$= -(d_o^3 + 34.8d_o^2 + 334.3d_o + 847.5)$$

수동모멘트: $(M_O)_p = (11.5d_o^3 + 121.1d_o^2) \times \dfrac{4.6}{3.4} = 15.5d_o^3 + 163.9d_o^2$

총모멘트: $(M_O)_p + (M_O)_a = 14.5d_o^3 + 129.1d_o^2 - 334.3d_o - 847.5$

윗 식을 풀면, $d_0 = 3.38$ m.

Step 5 : 앵커의 하중 결정($d_o = 3.38$ m일 때)

$$\Sigma\text{주동하중} = (2.1\, d_o^2 + 64.7d_o + 275.5) \times \frac{0.31}{0.42} = 381.9 \text{ kN}$$

$$\Sigma\text{수동하중} = 17.3d_o^2 \times \frac{4.6}{3.4} = 267.4 \text{ kN}$$

$$T_a = 381.9 - 267.4 = 114.5 \text{ kN}$$

$$(T_a)_{design} = (\text{FS})T_a = 2 \times 114.5 = 229 \text{ kN}$$

예제 15.7 앵커지지 연성벽체

그림 E 15.7a의 앵커지지 널말뚝 벽체의 안정성에 필요한 근입심도와 앵커의 설계하중을 NPPM법으로 결정하라.

핵심전략 NPPM법에서 K_{ax}와 K_{px}산정은 안전율이 고려 안된 강도정수들을 사용하여, 순주동토압과 순수동토압을 구한다. d_o를 계산하려면 반복계산법을 활용한다. d_o값을 간략히 구하려면, d_o를 미지수로 하는 힘과 모멘트의 식을 만든다음 안전율 $(\text{FS})_r$값이 1.5가 될 때 까지 d를 반복대입하여 구한다. 이러한 문제는 spreadsheet 프로그램이나 프로그램 작성이 가능한 계

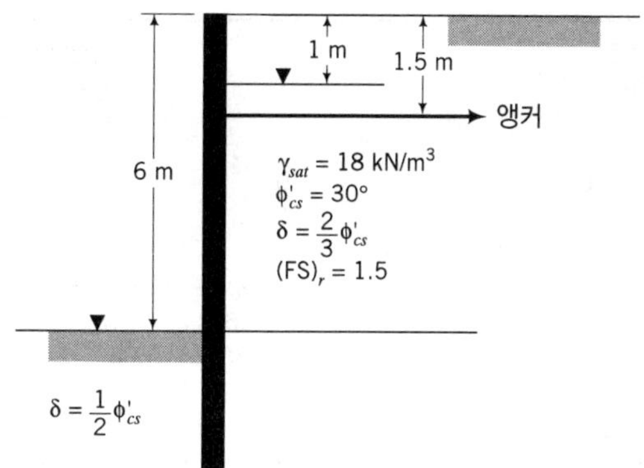

그림 E15.7a

산기가 유용하다. Excel에서는 Goal Seek 기능으로 d_o를 구할 수 있다. 계산상 오류를 범하기 쉽기 때문에 컴퓨터 프로그램상의 출력을 사용할 때는 별도의 수계산으로 재확인을 할 필요가 있다. 지하수의 위치가 벽체의 전면과 배면에서 차이가 나기 때문에 정상흐름상태에서의 침투를 고려한다. 앵커하중산정시는 $(FS)_r$ = 1로 d_o를 구하고 난 후, 그 앵커 하중값에 안전율 2.0을 곱하여 설계한다.

풀이 15.7

Step 1 : K_{ax}와 K_{px} 산정

부록 D로부터.

$$K_{ax} = 0.28 \quad \left(\phi'_{cs} = 30°, \beta/\phi'_{cs} = 0, \delta = \frac{2}{3}\phi'_{cs}\right)$$

$$K_{px} = 4.6 \quad \left(\phi'_{cs} = 30°, \beta/\phi'_{cs} = 0, \delta = \frac{1}{2}\phi'_{cs}\right)$$

Step 2 : 순수평토압의 산정

계산용 표를 만들고, 그림 E 15.7b와 같이 수평토압분포도를 작도한다.

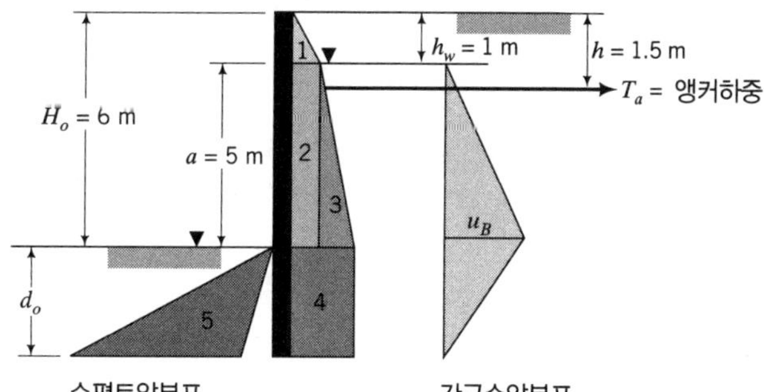

그림 E15.7b

지하수위 아래

$$\text{단위체적당 평균침투력:}\quad j_s = \left(\frac{a}{a+2d_o}\right)\gamma_w$$

$$= \left(\frac{5}{5+2d_o}\right)9.8\ \text{kN/m}^3$$

$$\text{주동영역:}\quad \gamma' = \gamma_{sat} - \gamma_w + j_s = 18 - 9.8 + j_s = 8.2 + j_s\ \text{kN/m}^3$$

$$\text{수동영역:}\quad \gamma' = \gamma_{sat} - \gamma_w - j_s = 18 - 9.8 - j_s = 8.2 - j_s\ \text{kN/m}^3$$

깊이 (m)	주동토압 (kPa)	수동토압 (kPa)
0	0	0
1	$K_a\gamma h_w = 0.28 \times 18 \times 1 = 5$	0
6	$K_a\gamma h_w + K_a(\gamma' + j_s)(H_o - h_w)$ $= 0.5 + 0.28 \times (8.2 + j_s) \times 5 = 16.5 + 1.4j_s$	0
6 + d	$16.8 + 1.4j_s$	$K_p(8.2 - j_s)d_o - K_a(8.2 + j_s)d_o$ $= 4.6(8.2 - j_s)d_o - 0.28(8.2 + j_s)d_o$ $= (35.4 - 4.88j_s)d_o$
물	$u_B = \dfrac{2(ad_o)}{a + 2d_o}\gamma_w = \dfrac{98.1d_o}{5 + 2d_o}$	

Step 3 : 수평하중, 모멘트, $(FS)_r$을 산정한다.

상기 모든 값들은 벽체단위 m당 값이다. 모멘트는 앵커위치에서 취해진 모멘트들의 합이다. 모멘트의 d_o값은 추측된 값이며 $(FS)_r$은 산정된 값이다. $d_o = 5.75$ m은 스프레드시트 프로그램을 사용하여 얻어진 값이다. Excel에서는, 도구(Tools)에서 Goal Seek 기능으로 d_o를 구하여 $(FS)_r$를 찾는다.

영역	힘 (kN)	모멘트거리 (m)	모멘트 (kN.m) d = 7 m	모멘트 (kN.m) d = 5.75 m
1	$0.5 \times 5.0 \times 1 = 2.5$	$h - h_w + \dfrac{h_w}{3} = 0.5 + 0.33 = 0.83$	−2.1	−2.1
2	$5.0 \times 5 = 25$	$\dfrac{a}{2} - (h - h_w) = 2.5 - 0.5 = 2$	−50.0	−50.0
3	$0.5 \times (11.5 + 1.4j_s) \times 5$ $= 28.8 + 3.8j_s$	$\dfrac{2a}{3} - (h - h_w) = \dfrac{10}{3} - 0.5$ $= 2.83$	−109.2	−113.4
4	$(16.5 + 1.4j_s) \times d_o$ $= (16.5 + 1.4j_s)d_o$	$H_o - h - \dfrac{d_o}{2} = 4.5 + \dfrac{d_o}{2}$	−1126.2	−876.0
	Water: $\dfrac{ad_o(a + d_o)\gamma_w}{a + 2d_o} = \dfrac{49d_o(5 + d_o)}{5 + 2d_o}$	$H_o + d_o - h - z_w$ $= 4.5 + d_o - \dfrac{5 + 2d_o}{3} = \dfrac{8.5 + d_o}{3}$	−1119.3	−871.9
	$R_x = 56.3 + 3.8j_s$ $+ (16.5 + 1.4j_s)d_o + \dfrac{49d_o(5 + d_o)}{5 + 2d_o}$		$\Sigma M_d = -2406.8$	−1913.4
5	$0.5 \times (35.4 - 4.88j_s)d_o^2$ $= (17.7 - 2.4j_s)d_o^2$	$H_o - h + \dfrac{2d_o}{3} = 4.5 + \dfrac{2d_o}{3}$	$\Sigma M_r = 5179.8$	2912.8
		$(FS)_r = \dfrac{\sum M_r}{\sum M_d}$	2.15	1.52

Step 4 : 앵커하중산정 ($(FS)_r = 1$

$(FS)_r = 1$, $d_o = 4.62$ m. $d_o = 4.62$ m,를 대입하면,

주동영역

$$j_s = \left(\frac{5}{5 + 2 \times 4.62}\right)9.8 = 3.44 \text{ kN/m}^3$$

$$R_x = 56.3 + (3.8 \times 3.44) + (16.5 + 1.4 \times 3.44)4.62 + \frac{49 \times 4.62(5 + 4.62)}{5 + 2 \times 4.62} = 320.8 \text{ kN}$$

수동영역

수동토압력 = $(17.7 - 2.4 \times 3.44)4.62^2 = 201.6$ kN

T_a = 주동토압력 − 수동토압력 = $320.8 - 201.6 = 119.2$ kN

실제앵커하중 = $2T_a = 248.4$ kN

15.11 버팀굴착

버팀굴착은 그림 15.26a와 같이 굴착 양측에 벽체를 형성하기 위하여 널말뚝(sheet pile)을 지반에 설치하였다. 이 방법은 교량공사에서 교각, 교대, 기초를 공사하는 것과 유사하다. 양측 널말뚝 벽사이를 굴착해 내려가며, 버팀보(struts)를 설치하여 널말뚝 벽체를 지지한다.

상부에서부터 버팀보를 설치하고 굴착깊이가 깊어지면서 하부의 버팀보를 순차적으로 설치한다. 상부버팀보 설치전의 벽체변위는 작지만, 굴착깊이가 깊이짐에 따라 변위가 커진다. 그러므로 가장 큰 변위는 최종굴착 하부에서 발생한다(그림 15.26a). 벽체변위에 따른 토압변화는 어떠한 기존의 토압이론들과 일치하지 않는다.

버팀굴착에서 설계시의 결정적인 문제는 버팀보에 작용하는 하중이 시공단계와 깊이별로 다르게 나타나고, 굴착속도, 버팀보 설치방법의 영향도 받는다. 버팀보 하나의 부실은 전체굴착시스템을 붕괴시키는 재해로 나타날 수 있다. 버팀굴착에서 힘과 변위의 분석은 이상적인 시공단계를 고려해야 되며, 유한요소와 같은 수치해석기법이 오히려 선호될 수 있다. 반 경험적인 방법이 얕은굴착설계나 깊은굴착에서의 예비설계시에 자주 이용되고 있다. 유한요소 해석법은 이 책 범위외로 간주한다. 단지 반 경험적 방법에 대하여 서술하고자 한다.

반 경험적 방법에서 수평응력분포는 여러 종류의 지반굴착시에 설치된 버팀보의 하중들을 현장에서 계측하여 얻어진 개략 값들이다. 그림 15.26b~d는 조립토와 세립토에서 얻어진 수평응력분포이다. 이러한 수평응력분포는 실제값이 아니고, 최대 버팀보하중을 산출하기 위한 대략 평균값을 나타내는 응력분포이다. 실제 수평응력분포는 15.10.4에서 설명한 바와 같이 아칭(arching action)의 영향이 대단히 크다. 조립토의 수평응력분포(그림 15.26b)는 단단한 모래지반 굴착시 계측에 의하여 측정된 버팀보의 하중으로부터 추정하여 만들어졌다. 적절한 내부마찰각으로는 ϕ_p'이나 다일레이션(dilation)효과에 의존할 수 없기 때문에 설계시 내부마찰각은 ϕ_{cs}'로 한다. 세립토에서는 전응력법이 사용되며, 수평응력분포는 안정수($\gamma H_o/s_u$)값에 의존한다(Peck, 1969). 안정수(stability number)가 4보다 작으면 굴착지반 주변의 응력상태는 탄성상태로 가정할 수 있고, 그림 15.26c에는 수평응력분포의 추천값이 기술되어 있다. 안정수가 4보다 크거나 같으면, 굴착면 하부의 응력상태는 소성(plastic)상태로 변하며, 그림 15.26d에 수평응력분포의 추천 값이 기술되어 있다.

굴착면하부의 흙이 연약할 경우, 일반적으로 정규압밀점토에서는 히빙(heaving)이 발생될 수 있다. 굴착면상부의 흙의 무게가 하중으로 작용한다. 이러한 상부의 상재하중이 흙의 지지능력을 초과했을 경우 정규압밀점토는 히빙이 발생하게 된다.

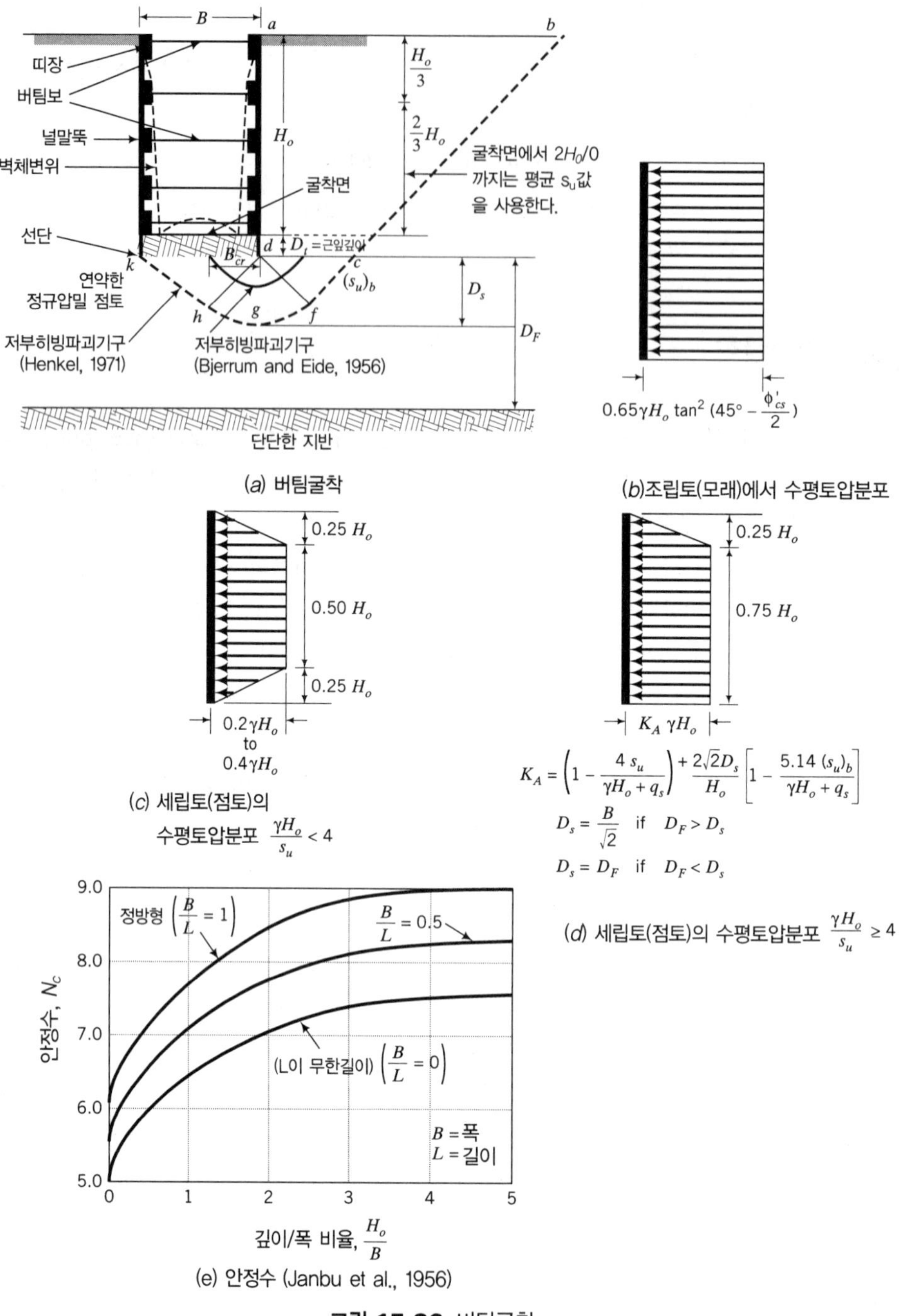

그림 15.26 버팀굴착.

그림 15.26a에 2가지 가능한 히빙현상이 도시되어있다. 하나는 Bjerrum과 Eide(1956)의 방법이고 두 번째는 Henkel (1971)의 제안방법이다. Bjerrum과 Eide는 굴착폭(B)이고 깊이(H_o)일 때 연약점토에서 하부의 히빙붕괴를 관찰후, 하부히빙에 대한 안전율 $(\mathrm{FS})_{heave}$의 공식 (15.67)을 제안하였다.

$$(\mathrm{FS})_{heave} = N_c \frac{(s_u)_b}{\gamma H_o + q_s} \tag{15.67}$$

여기서, N_c는 그림 15.26e와 같이 지지력계수, H_o/B는 깊이와 폭의 비율, q_s는 그림 15.26a의 지표면 ab에 작용하는 상재하중, $(s_u)_b$는 널말뚝 하단(toe)으로부터 심도(D_s)까지의 평균비배수전단강도, 만약 $(\mathrm{FS})_{heave} < 1.5$이면 널말뚝 근입심도를 증가시켜서 안전율을 높여야 한다. 벽체의 움직임, 버팀보 하중, 벽체의 모멘트는 $(\mathrm{FS})_{heave}$에 민감하다. 유한요소해석(Karlsrud와 Andresen, 2008)에 따르면 벽체의 수평변위가 H_o의 0.2%일 때 $(\mathrm{FS})_{heave} > 1.8$이였고, H_o의 0.5%가 되면 $(\mathrm{FS})_{heave} = 1.4$를 보였다.

그림 15.26d는 연약한 세립토의 겉보기 수평토압인데, 2개의 항을 가지고 있다. 첫 번째 항$\left(1 - \dfrac{4s_u}{\gamma H_o + q_s}\right)$값은 $D_s = 0$일 때 한계평형상태의 K_A값을 대표한다. 파괴면은 널말뚝 선단을 지나 bc면에 평행으로 발생될 것이다. s_u값은 지표면에서 $\dfrac{H_o}{3}$ 지점부터 시작하여 굴착면까지의 평균비배수전단강도이다. 두 번째항 $\left(1 - \dfrac{5.14(s_u)_b}{\gamma H_o + q_s}\right)$은 히빙으로부터 수평토압의 부분을 대표한다. 이 항은 반드시 양수가 되고, $\dfrac{\gamma H_o + q_s}{(s_u)_b} > 5.14$ 이다. $\dfrac{\gamma H_o + q_s}{(s_u)_b} < 5.14$일 때는 두 번째항은 무시해도 된다. 지하수위가 굴착면과 벽체배면에서 다를 경우, 수압과 침투압모두 고려해야 된다.

그림 15.26a에서는 Henkel(1971)의 한계평형이론으로 산출된 파괴하중과 파괴면의 형태가 Mexico city, Oslo Norway의 연약지반에서 계측되고 관찰된 파괴하중과 형태와 매우 유사하게 나타났다. 벽체배면의 토괴 $abcfd$(그림 15.26a)는 평면파괴면 bcf 형태로 수평면에서 45° 각도로 기울어져 Prandtl의 소성영역인 $dfgh$ (그림 15.26a)와 일치한다. 흙 쐐기 dhk는 수평에서 45° 각도로 형성된 파괴면 hk를 따라서 히빙이 발생된다. 식 (12.33)으로부터 비배수상태 ($\phi_p' = 0$)의 정규압밀점토에 대한 Prandtl소성영역의 두께는 $D_s = \dfrac{B}{\sqrt{2}}$이다. 단단한 지층까지의 심도인 D_F가 D_s보다 작으면, $D_s = D_F$이다.

저면 바닥히빙(Heaving)의 안정성을 개선하려면:

1. 단계적인 굴착으로 N_c를 증가시킨다.
2. 공기압이나 수압하에서 굴착한다.
3. 굴착면 하부로 흙막이벽 근입심도를 증가시킨다.
4. 흙막이벽사이를 가로지르는 보강벽을 만든다.

각 위치에서의 버팀보 하중은 널말뚝 벽체와 버팀보 연결부를 힌지로 가정하여 산출한다. 각 위치별 자유물체도를 그려서, 정적평형구조를 이용하여 각 지점의 버팀보하중을 산정한다. 굴착주변의 구조물의 손상을 고려할 때에 벽체의 수평변위는 설계시 매우 중요한 검토사항이 된다. 상기의 방법들은 벽체의 수평변위가 고려되어 있지 않지만, 수치해석적인 분석(유한요소)은 버팀굴착의 모든면을 고려해야 하는 경우에는 매우 유리할 것이다.

일반적으로 지표면에서 침하량은 벽체의 수평변위의 0.5~2배 이내이다. 굴착현장 주변건물들의 허용각변위(부등침하 측정값)는 일반적으로 2×10^{-3} radian이고, 총허용침하량은 50 mm이하이다. 허용값들은 구조물들의 종류에 따라 다르며, 예를 들어, 벽돌건물에서의 총허용침하량은 25 mm이다.

벽체의 수평변위와 주변지표면의 침하량은 다음의 조건들과 관련되어 있다.

1. 현장의 앵커나 파일작업 등으로 지반의 교란정도. 흙의 강도나 강성은 교란정도에 따라 크게 감소될 수 있다.
2. 흙의 종류. 연약지반굴착에서 발생되는 침하는 단단한 지반보다 상당히 크다.
3. 간극수의 배출로부터 흙의 압밀. 조립토와 세립토가 층층으로 섞인 지반에서는 특별한 주의가 요구된다. 이러한 지반에서 침하를 줄이려면 굴착측으로 향한 모든 배수를 방지해야 한다.

4. 근접한 구조물들로 부터의 응력

5. 굴착현장의 폭 (B). 굴착폭이 넓은 연약지반의 하부는 히빙가능성이 높고, 같은 흙에서 넓은 폭 굴착현장이 좁은 폭의 굴착현장보다 더 큰 침하를 발생시킨다.

6. 흙의 응력-변형이력. 정규압밀점토는 과압밀점토보다 강성이 낮다. 그러므로 정규압밀점토지반에서 보다 큰 지반 침하가 예상된다.

7. 굴착현장의 형상. 굴착양측 끝단에서의 변형거동 차이가 직각방향보다 크게 나타난 현장관측자료가 보고되고 있다.

버팀굴착의 해석순서는 아래와 같다.

1. 식 (15.67)을 사용하여 저부히빙의 안전율을 검토한다. 만약 $(\mathrm{FS})_{heave} < 1.5$이면 벽체의 근입심도를 증가시켜서 보다 높은 N_c값을 얻는다.

2. 흙의 종류에 따라(그림 15.26 b~d)벽체에 작용하는 수평응력의 산정한다.

3. 널말뚝 벽체와 버팀보 연결부는 힌지로 가정한다.

4. 각 굴착단계별로 자유물체도를 작성한다.

5. 각 자유물체도로부터 정적평형공식을 사용하여 버팀보 하중을 구한다. 위의 해석과정에서 지반변형은 고려하지 않는다.

지반굴착은 상당한 지반침하를 유발할 수도 있기 때문에 건물이 밀집한 근접시공에서는 특별한 주의가 요구된다. 높은 수준의 지반조사와 FEM과 같은 수치해석기법을 사용하면 보다 정확한 벽체하중과 지반침하를 예측할 수 있을 것이다. 그렇다 하더라도, 적합한 흙의 모델선정, 흙의 입력정수 선정, 시공단계에 관한 사항들, 환경조건들을 고려할 수 있는 많은 경험이 필요하다.

$(\mathrm{FS})_{heave} \geq 1.5$의 조건에서 벽체의 최대 수평변위는 굴착깊이 (H_o)의 0.4% 이하가 될 것이다. Karlsrud와 Andresen(2008)가 FEM으로 산정한 벽체의 최소수평변위는 굴착심도 (H_o)의 0.2%였다. 이러한 벽체의 변위는 보편타당하다고 볼 수는 없으며, 벽체의 구조적 강성에 영향을 받는다. 전체적인 안전율은 다음과 같다.

$$\mathrm{FS} = \frac{N_c(s_u)_b + 2(s_u)D_t\dfrac{D_t}{B_{cr}}}{\gamma H_o + q_s} \tag{15.68}$$

여기서, $(s_u)_{D_t}$는 선단관입깊이 (D_t)에서의 평균비배수전단강도, B_{cr}은 임계굴착폭, 임계굴착폭은 흙과 벽체의 종류, 단단한 지층까지의 심도 (D_F)에 따라 달라진다. 만약 $D_F < D_s$의 경우, 그림 15.26a와 같이 단단한 지층을 통하여 파괴면이 형성될 수도 있다. B_{cr}은 수치해석을 통해 얻을 수 있으나, 편의상 $B_{cr} = B$를 사용한다. 만약 $D_F < D_s$의 경우에는 $B_{cr} = D_F$이다.

성공적인 굴착설계는 경험을 필요로 한다. 실제로 굴착현장의 붕괴사고로 많은 재산과 생명을 잃고 있다. 싱가폴의 붕괴사례를 간략히 소개한다. 2004년 4월 20일 오후 3시 30분경 33km길이의 Singapore' s Mass Rapid Transit 개착식 버팀 굴착현장에서 시공중에 붕괴사고가 발생하였다. 이 사고로 인부 4명이 사망하고 3명이 중상을 입었으며 건설장비와 주변 고속도로(NicollHighway)에 많은 피해를 입혔다(http://en.wikipedia.org /wiki/Nicoll_

Highway_Caollapse). 조사보고서에서는 붕괴의 원인으로 기술적 문제를 지적하였다. 이러한 문제들의 하나로 흙의 모델선정과 유한요소 입력자료중 흙의 정수산정시의 잘못이 원인이 되었다고 한다(Negro et al., 2009). Mohr-

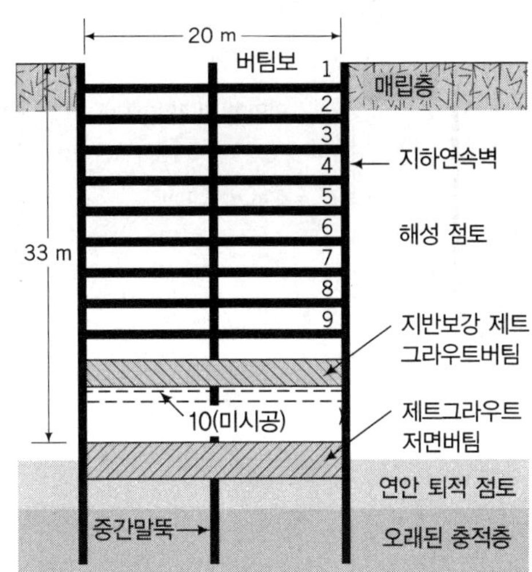

그림 15.27 일반적인 버팀굴착의 설계 단면. (Negro et al., 2009.)

Coulomb파괴기준이 본 현장에서 해성퇴적의 연약한 정규압밀 점토에 적용되었다. 제 10장의 Mohr-Coulomb파괴 기준은 한계응력기준이 적용되며, 비교적 단단한 과압밀점토에 보다 적합하다. 흙의 모델에서 입력시에 사용된 비배수전단강도는 해성정규압밀 연약점토의 강도보다 60% 크게 예측하였다. 결과적으로 지반변위의 예측값을 감소시키고, 흙의 강도를 과대평가하였던 것이다. 버팀보의 설계하중은 실제의 작용하중보다 낮았다. 또한, 시공사는 지반의 변위측정에 대한 위험경고에 대체하지 못했다.

이러한 붕괴사고로부터 다음과 같은 교훈을 얻었다.

1. 높은 수준의 지반조사, 정확한 자료분석, 고품질의 계측장비, 방심하지 않는 측정, 정보의 전달 체계, 경험등이 이러한 사고의 위험을 줄일 수 있다.

2. 수치해석은 강력한 도구이다. 그러나 이런 해석의 배경, 제한사항, 흙의 모델선정의 배경과 제한 사항들을 잘 이해하여야 한다. 이러한 방법의 활용, 정확한 흙의 모델 선택, 적정한 입력자료를 선정할 수 있는 경험은 성공적인 수치해석 활용에 필수적이다.

3. 지반의 변위, 흙의 강도, 구조물의 하중 등이 모두 포함되어 철저히 고려되어야 한다. 보다 개선된 지반의 변위를 분석할 수 있는 지식이 요구된다.

4. 가시설 구조물을 일시적인 굴착작업이라고 가볍게 취급해서는 안된다. 영구적인 구조물이나 작업과 같이 중요시 여기는 공정으로 이해되어야 한다.

제 11장의 CSM은 정규압밀점토와 같이 연약한 지반에서 활용할 수 있는 훌륭한 선택이다. FEM code에 있는 여러 가지 흙의 모델들을 활용하여 얻어진 예측값들을 서로 비교검토되여 적정범위를 평가하거나, 현장의 이상 상황에 잘 대처하도록 하는 연습이 바람직하다.

예제 15.8 버팀굴착

그림 E 15.8a과 같이 연약한 정규압밀점토 지반에서 정사각형의 버팀굴착을 하려한다. 버팀보의 하중을 결정하라. 굴착면내부의 지하수위와 주변의 지하수위는 같다고 가정한다.

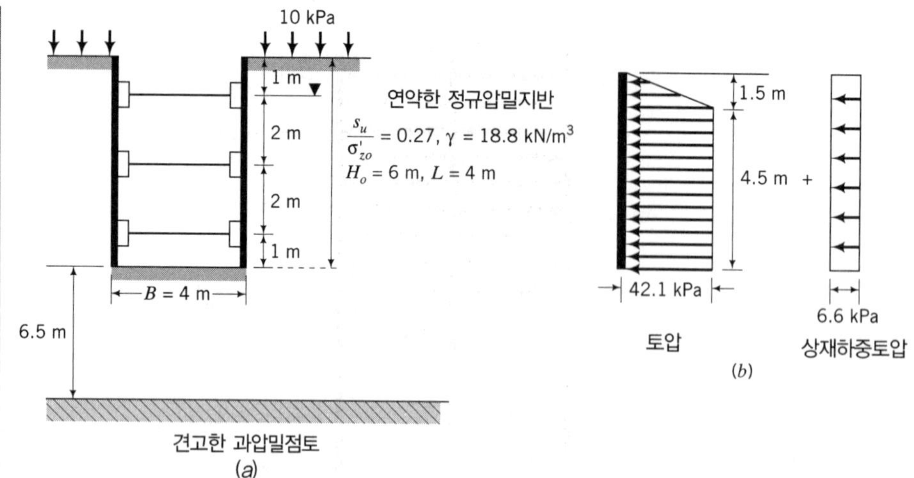

그림 E15.8a, b

핵심전략 $\gamma H_o/s_u$식을 사용하여 대략의 수평토압분포를 산정한다. 자유물체도를 작도하여 각 높이별 정적 평형상태의 식을 활용하여 버팀보 하중을 구한다.

풀이 15.8

Step 1 : 주어진 매개변수를 확인한다.

$$B = 4\text{ m}, H_o = 6\text{ m}, L = 4\text{ m};\quad \frac{H_o}{B} = \frac{6}{4} = 1.5,\quad \frac{B}{L} = \frac{4}{4} = 1$$

단단한 지층의 두께: $D_F = 6.5$ m.

파괴면의 두께: $D_s = \dfrac{B}{\sqrt{2}} = 2.83$ m.

그러므로, $D_s < D_F$

$$\frac{s_u}{\sigma'_{zo}} = 0.27,\quad q_s = 10\text{ kPa}$$

벽체가 굴착면 하부로 1.0 m 근입되었다고 가정한다.

Step 2 : s_u를 산정한다.

깊이	σ_{zo} (kPa)	u (kPa)	σ'_{zo} (kPa)	s_u (kPa)
$\frac{H_o}{3} = \frac{6}{3} = 2$ m	37.6	9.8	27.8	7.5
굴착심도 = 6 m	112.8	49	63.8	17.2
벽체근입심도 = 7 m	131.6	58.8	72.8	19.7
벽체하단과 파괴면관의 중간거리 = $\frac{7 + (7 + 2.83)}{2}$ = 8.42 m	158.3	72.7	85.6	23.1

$$s_u = \frac{7.5 + 17.2}{2} = 12\text{ kPa};\quad (s_u)_b = 23.1\text{ kPa};\quad \text{Use 23 kPa.}$$

$$\gamma H_o = 112.8\text{ kPa};\quad \frac{\gamma H_o}{s_u} = \frac{112.8}{12} = 9.4 > 4;$$ 그림 15.26d의 수평토압분포를 사용한다.

$$\gamma H_o + q_s = 112.8 + 10 = 122.8\text{ kPa}$$

Step 3 : 바닥 히빙 안전성을 검토한다.

$$\frac{H_o}{B} = 1.5\text{와} \quad \frac{B}{L} = 1\text{으므로}, N_c = 8.2 \quad (\text{그림 15.26e})$$

$$(\text{FS})_{heave} = \frac{N_c (s_u)_b}{\gamma H_o + q_s} = \frac{8.2 \times 23}{122.8} = 1.54 > 1.5$$

선단근입은 만족한다.

Step 4 : 토압분포를 산정한다.

$$\frac{\gamma H_o + q_s}{(s_u)_b} = \frac{122.8}{23} = 5.34 > 5.14$$

$$K_A = \left(1 - \frac{4s_u}{\gamma H_o + q_s}\right) + \frac{2\sqrt{2}D_s}{H_o}\left[1 - \frac{5.14(s_u)_b}{\gamma H_o + q_s}\right]$$

$$= \left(1 - \frac{4 \times 12}{122.8}\right) + \frac{2\sqrt{2} \times 2.83}{6}\left[1 - \frac{5.14 \times 23}{122.8}\right]$$

$$= 0.609 + 0.05 = 0.659. \;\; K_A = 0.66\text{으로 한다.}$$

수압이 벽체 양측에서 같기 때문에, 수동토압 산정에서 유효응력을 사용한다.

$$\gamma' = 18.8 - 9.8 = 9 \text{ kN/m}^3$$

흙: $K_A \gamma H_o = K_A[\gamma \times 1 + \gamma'(6 - 1)] = 0.66[18.8 \times 1 + 9 \times 5] = 42.1 \text{ kPa}$

상재하중: $K_A q_s = 0.66 \times 10 = 6.6 \text{ kPa}$

Step 5 : 각층에서 버팀보 하중을 산정한다.

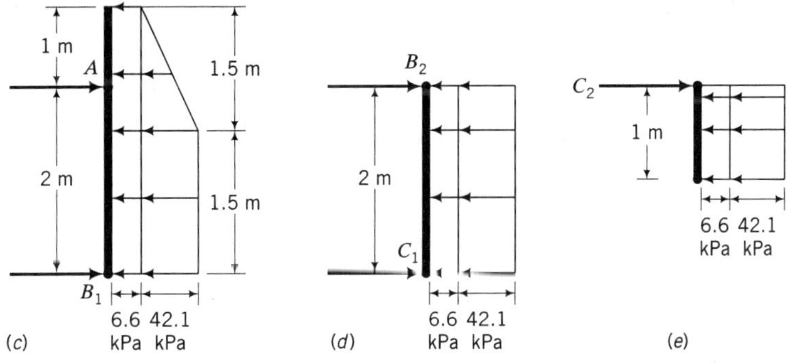

그림 E15.8c, d, e

모든 하중은 단위 m 길이당 하중이다.

Level 1 (그림 E15.8c)

$$\Sigma M_{B_1} = 2A - \left[\left(6.6 \times 3 \times \frac{3}{2}\right) + 42.1 \times \frac{1.5}{2} \times \left(1.5 + \frac{1.5}{3}\right) + 42.1 \times 1.5 \times \frac{1.5}{2}\right] = 0$$

$$2A = 140 \text{ kN/m}$$

$$A = 70 \text{ kN/m}$$

$$\Sigma F_x = 0$$

$$A + B_1 = (6.6 \times 3) + \left(42.1 \times \frac{1.5}{2}\right) + (42.1 \times 1.5)$$

$$B_1 = 114.5 - 70 = 44.5 \text{ kN/m}$$

Level 2 (그림 E15.8d)

$$B_2 = C_1 = (6.6 + 42.1) \times \frac{2}{2} = 48.7 \text{ kN/m}$$

Level 3 (그림 E15.8e)
켄틸레버로 고려한다.

$$C_2 = (6.6 + 42.1) \times 1 = 48.7 \text{ kN/m}$$

Step 6 : 버팀보의 하중을 계산한다.

$$A = 70 \text{ kN/m}$$

$$B = B_1 + B_2 = 44.5 + 48.7 = 93.2 \text{ kN/m}$$

$$C = C_1 + C_2 = 48.7 + 48.7 = 97.4 \text{ kN/m}$$

What's next... 토목섬유나 금속띠(metal strips)로 보강된 보강토옹벽은 중력식옹벽들 보다 경제적이기 때문에 많이 활용되고 있다. 이러한 보강토옹벽을 MSE(mechanical stabilized earth)옹벽이라 부른다. 다음 장에서는 MSE옹벽이 소개될 것이다.

15.12 보강토옹벽

그림 15.28의 보강토옹벽(mechanical stabilized earth, MSE)은 여러 가지 종류의 옹벽 구조물로 사용되었다. 금속띠모양(그림 15.28b), 지오텍스타일(그림 15.28c), 지오그리드(그림 15.28d)를 사용하여 토체를 보강한다. 또다른 이름으로 토목섬유(geosynthetics)와 지오컴포지트(geocomposites)가 있다. 지오텍스타일은 투수성이 큰 직물로서 지반공학에 사용되며, 토목섬유는 폴리머계통 섬유재료(폴리프로필렌 PP, 폴리에틸렌 PE, 폴리에스테르

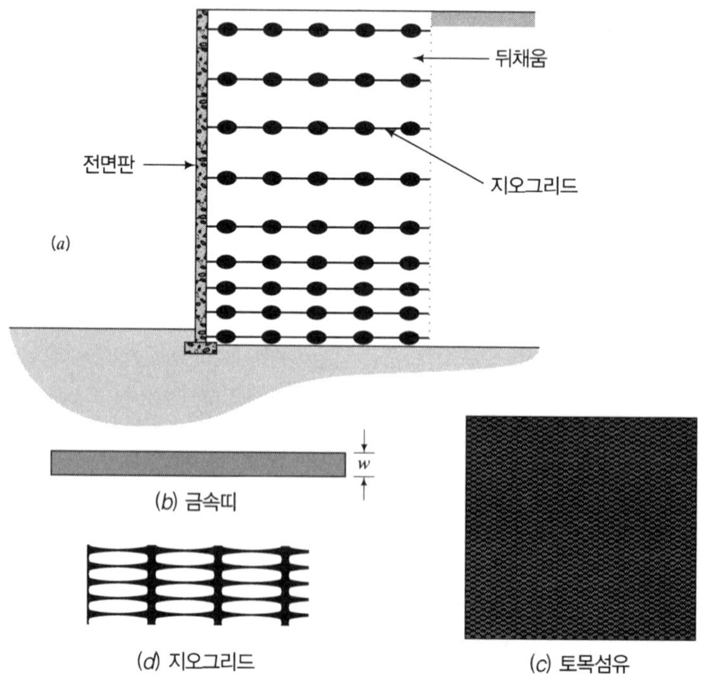

그림 15.28 (a) 지오그리드 보강토옹벽, (b) 금속띠, (c) 토목섬유 (d) 지오그리드.

PET, 폴리아미드, 나일론)이다. 지오컴포지트는 여러 가지 토목섬유의 혼합으로 만들어진 제품이고, 지오그리드는 골격재를 서로 연결시켜서 만든 폴리머계 제품이다.

지오텍스타일은 두 세트의 장섬유와 단섬유를 서로 접합시켜서 평면구조를 형성하여 제조되며, 지반공학에서 적용시는 직포와 부직포 타입이 가장 일반적이다. 부직포 지오텍스타일은 방적기로부터 폴리머 압출로 만든 장섬유를 일정한 방향 없이 연결하거나 고리결속(2 cm~10 cm 섬유)을 이용하여 만든다. 직포 지오텍스타일은 한 개 또는 여러개의 장섬유사와 방사를 사용하여 연속적인 편물(knitted)형태로 직조한다.

지오텍스타일의 물리적, 역학적 재료의 시험방법은 ASTM을 따른다. 보강토옹벽에서 요구되는 항목들은 인장강도, 크리프(creep), 내구성 등이다. 인장강도와 시간변형을 측정할 수 있는 ASTM시험방법은 아래와 같다.

1. Grab 인장강도 시험(ASTM D4632); 지오텍스타일의 극한인장하중(N)을 측정한다.
2. 광폭인장시험(ASTM D4595); 지오텍스타일의 단위폭당 하중(N/m)을 추정한다. 광폭변형계수도 얻을 수 있다.
3. 인장크리프시험(ASTM D5262); 시간에 따른 creep변형률이 제로(zero)일 때 극한 인장하중의 백분율 측정.

지오텍스타일은 자외선 노출시 강도가 저하되는 문제점이 있다. 결과적으로 시공중에 지오텍스타일을 불필요한 자외선의 노출은 금하는 것이 좋다. 시방서에는 노출시간을 14일로 제한하고 있다.

15.15.1 기본개념

제 7장에서 언급한 바와 같이 축대칭 비배수조건에서 흙시료에 하중을 가하면 식 (10.48)과 같이 측방변형(ε_3)은 수직변형(ε_1)의 1/2이다. 비배수제한조건을 철회하면, 측방변형이 수직변형의 1/2을 초과할 것이다. 만약 금속띠 모양의 보강재를 흙속에 수평으로 설치하면 흙과 금속표면의 마찰력은 측방변형을 억제할 것이다. 그림 15.29의 흙 속에서 보강재는 측방변형에 대한 저항효과를 제공함으로서 Mohr원은 파괴선에서 멀어지게 할 수 있다. 흙 속에서 적용된 측방하중의 크기는 보강재와 흙과의 마찰력과 수직유효응력에 달려 있다. 마찰력이 일정할 때에는 깊이에 따라 측방마찰력은 증가한다. 보강재는 측방토압이 보강재의 인장강도를 증가시에 파괴된다.

MSE**벽체의 요점**을 정리하면 흙 속에서 보강재가 없는 경우보다 큰 전단강도를 발휘할 수 있도록 내적측방구속력을 제공한다.

15.15.2 보강토옹벽의 안정성

보강토옹벽의 안정성에는 두 가지 기준이 있다. 하나는 내적안정과 다른 하나는 외적안정이다. 보강토옹벽의 외적안정은 그림 15.30과 같이 수직면 FG를 가진 중력식 옹벽의 해석과 유사하다. 내적안정은 보강재의 인장강도와 보강재 표면과 흙에서 발생하는 마찰력에 의존한다. 임의의 심도에 설치된 보강재의 인장파괴는 벽체의 진행성 붕괴로 진전될 수 있으며, 흙과 보강재 표면의 미끄러짐(slip)은 응력의 재분배와 벽체의 진행성변위로 발전된다.

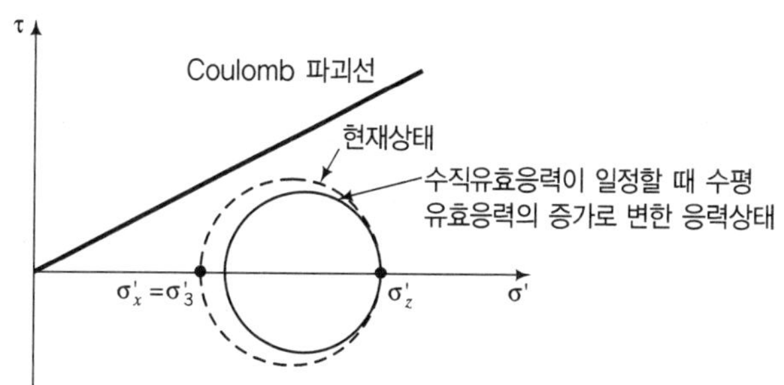

그림 15.29 보강재에 의한 수평 방향의 저항력 증가 효과.

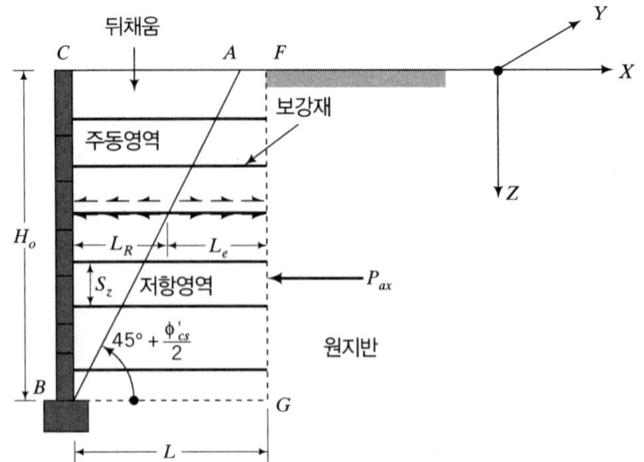

그림 15.30 Rankine방법의 보강토옹벽.

내적안정성해석에는 두 가지 방법이 사용된다. 한 가지 방법은 앵커지지 연성벽체(flexible walls)와 같이 해석하는 기법이고, 주로 변형성이 큰 폴리머계통의 지오텍스타일과 지오그리드 타입의 보강재를 사용한다. 그림 15.30은 Rankine의 주동토압이론을 사용하고, 주동파괴면은 수평에서 $\theta_a = 45 + \phi'_{cs}/2$이다. 마찰저항력은 주동영역 혹은 파괴영역 밖에 설치된 보강재의 유효길이 (L_e)에 의존된다(그림 15.30). 깊이 z지점에서 보강재의 양면(그림 15.30)에 발생되는 마찰저항력은 식 (15.69)이다.

$$P_r = 2wL_e(\sigma'_z + q_s)\tan\phi_i \tag{15.69}$$

여기서, w는 보강재의 폭, σ'_z는 연직유효응력, q_s는 상재하중, ϕ'_i는 흙과 보강재 사이의 마찰각, 깊이 z에 하나의 층에서의 보강재를 고려하면,

$$T = K_{a\mathrm{R}}(\sigma'_z + q_s)S_zS_y \tag{15.70}$$

여기서, S_z과 S_y는 z방향과 y방향으로 보강재의 간격, T는 벽체 1 m길이당 작용하는 인장하중이다. 지오텍스타일과 지오그리드 보강재의 경우, 하나의 단위 벽체길이와 하나의 단위폭을 사용하기 때문에, $S_y = 1$그리고 $w = 1$이 된다.

$T = P_r$로 가정하면, 보강재의 유효길이 (L_e)는 한계평형상태 (안전율 = 1.0)에서 얻을 수 있다. 설계용 보강재의 유효길이를 구하기 위하여 인장하중 (T)에 안전율 $(\mathrm{FS})_t$를 적용시키고, 식 (15.69)와 (15.70)으로 부터

$$L_e = \frac{K_{a\mathrm{R}}(\sigma'_z + q_s)S_zS_y(\mathrm{FS})_t}{2w(\sigma'_z + q_s)\tan\phi_i} = \frac{K_{a\mathrm{R}}S_zS_y(\mathrm{FS})_t}{2w\tan\phi_i} \tag{15.71}$$

여기서, $(\mathrm{FS})_t$값은 1.3~1.5범위에 있다.

총 보강재의 길이 (L):

$$L = L_e + L_\mathrm{R} \tag{15.72}$$

여기서, L_R은 주동파괴 영역에 위치한 보강재의 길이이다.

벽체하단에서의 $L_\mathrm{R} = 0$이므로, 보강재의 길이가 가장 짧다. 여기서 산정된 보강재의 길이는 내적안정성에서는 만족될 수 있어도, 벽체의 수평이동과 지지력(외적안정성)을 만족시키기에는 부족할 수도 있다. 그러므로 아래의 식 (15.73)과 (15.74)를 이용하여 벽체의 수평이동과 지지력과 같은 외적안정성에 의한 보강재의 유효길이 (L_e)를 반드시 검토해야 한다.

1. 수평토압에 의한 최대수평하중 (P_{ax})산정

$$P_{ax} = \frac{1}{2}K_{aC\gamma}H_o^2\cos\delta + K_{aC}q_sH_o\cos\delta = H_oK_{aC}\cos\delta(0.5\gamma H_o + q_s)$$

여기서, K_{aC}는 벽체마찰력을 고려한 Coulomb방법의 주동토압계수, 내부마찰각$\phi' = (\phi'_{cs})_{뒤채움}$, 벽체마찰 $\delta \approx \frac{2}{3}(\phi'_{cs})_{원지반}\sim(\phi'_{cs})_{원지반}$ 이다. 보강된 뒤채움 흙과 원지반 흙 사이 (FG, 그림 15.30)에 마찰력이 작용하기 때문에 Coulomb방법이 사용되었다. 만약 마찰력을 무시할 경우 $K_{aR} = K_{aC}$가 된다.

2. 벽체의 이동을 고려한 보강재 길이 산정. 점토지반에서 단기하중의 경우, 기초부위의 저항력 (T)는 $T = L_bs_w$이다. 여기서, L_b는 기초부위의 보강재길이, s_w는 부착응력이다. 널말뚝옹벽에서와 유사하게 $s_w = 0.5s_u$ (최대값 s_w = 50 kPa)이다. 벽체이동을 고려한 외적안정성은 $T = P_{ax}\,(\text{FS})_T$, 여기서, $(\text{FS})_T$는 벽체이동에 대한 안전율이다. 보통 $(\text{FS})_T = 1.5\sim3.0$.

단기하중상태의 점토에서 벽체이동을 고려한 보강재의 길이(L_b)는

$$L_b = \frac{P_{ax}(\text{FS})_T}{s_w} \tag{15.73}$$

장기하중(long-term loading)조건에서는 T값; $T = \sum_{i=1}^{n} W_i\tan\phi'_b$ 여기시, W_i는 i번째 층에서 흙의 무게, n은 층의 개수, ϕ'_b는 기초위치에서 흙과 보강재료 사이의 유효내부마찰각. 모든 흙의 단위중량이 같다면;

$$T = \gamma H_oL_b\tan\phi'_b$$

장기하중조건에서 기초하부의 벽체이동을 방지할 수 있는 보강재의 길이(L_b);

$$L_b = \frac{P_{ax}(\text{FS})_T}{\gamma H_o\tan\phi'_b} = \frac{(K_{aC})_xH_o(0.5\gamma H_o + q_s)}{\gamma H_o\tan\phi'_b} = \frac{(K_{aC})_x(0.5H_o + q_s/\gamma)(\text{FS})_T}{\tan\phi'_b} \tag{15.74}$$

여기서, $(K_{ac})_x$는 Coulomb 주동토압계수의 수평분력이다. 식 (15.73)과 (15,74)중에서 큰 값을 L_b로 사용해야 된다.

설계과정(A)지오텍스타일과 지오그리드(폴리머재료)의 보강재를 사용한 보강토옹벽의 설계과정은 아래와 같다.

1. 폴리머 보강재의 단위폭당 허용인장강도(T_{all})산정

$$T_{all} = T_{ult}\frac{1}{(\text{FS})_{\text{ID}} \times (\text{FS})_{\text{CR}} \times (\text{FS})_{\text{CD}} \times (\text{FS})_{\text{BD}}} \tag{15.75}$$

여기서, T_{all}은 허용인장강도, T_{ult}는 극한인장강도, FS는 안전율 그리고 아래쪽에 쓰여진 문자의 의미:

ID–시공중 손상
CR–크리프(시간–변위 관계)
CD–화학적 품질저하
BD–생물학적 품질저하

표 15.2는 여러 가지 안전율들에 대한 대표 값의 범위이다.

표 15.2 일반적인 안전율의 범위

안전율	범위
$(FS)_{ID}$	1.1 ~ 2.0
$(FS)_{CR}$	2.0 ~ 4.0
$(FS)_{CD}$	1.0 ~ 1.5
$(FS)_{BD}$	1.0 ~ 1.3

2. 보강재의 연직간격 (S_z);

$$S_z = \frac{T_{all}}{K_{aR}(\sigma_z' + q_s)(FS)_{sp}} \tag{15.76}$$

여기서, $(FS)_{sp}$는 안전율 값으로 1.3~1.5범위, 최소의 연직간격을 산출해야 되며 $\sigma_z' = \gamma' H_o$를 사용한다. $H_o/3$과 $2H_o/3$지점에서 연직간격을 검토한다. 시공편의상 연직간격은 일정한 값을 유지하나, 전체 벽체의 높이에서 3가지 이상의 다른 값은 사용하지 않는다.

3. 기초부위에서 외적안정성을 고려한 식 (15.73)과 (15.74)를 활용하여 보강재의 길이(L_e)산정

4. 연직방향 위치별 보강재의 총길이 산정:

$$L = L_e + L_R$$

여기서,

$$L_R = (H_o - z)\tan\left(45° - \frac{\phi_{cs}'}{2}\right) \tag{15.77}$$

5. 외적안정성(벽체이동과 지지력)검토. 벽체의 이동은 이미 3번항에서 검토하였다. 전도(overturing)는 보강토옹벽에서 문제가 되지 않는다. 왜냐하면 벽체가 연성이라서 모멘트를 유발하지 않는다. 그러나 $e < L_b/6$에 만족되는지 검토할 필요가 있다. 여기서, e는 연직하중에 대한 편심거리이다.

두 번째 방법은 복합 중력식방법(Juran과 Schlosser, 1978)이며 강판띠(metal strips)와 같이 변형성이 작은 보강재의 사용시 적용된다. 파괴는 각 단에 설치된 보강재의 최대 인장변위지점을 따라서 점진적으로 발생한다. 대수나선형 파괴면을 계산의 단순화를 위하여 선형파괴면으로 접근시킨 형상과 비교할 수 있다(그림 15.31). 주동토압계수는 벽체상부의 K_o로부터 6 m하부지점에서 K_{aR}로 선형감소 된다고 가정하였다(그림 15.31b).

심도별 토압계수의 변화(그림 15.31b);

$$K = K_{aR}\frac{z}{6} + K_o\left(1 - \frac{z}{6}\right) \quad (z \le 6\,\text{m}) \tag{15.78}$$

$$K = K_{aR} \quad (z > 6\,\text{m}) \tag{15.79}$$

파괴면내의 보강재의 길이 (L_R)(그림 15.31a);

$$L_R = 0.2H_o + \left(0.1H_o - \frac{z}{6}\right) \quad (z \le 0.6H_o) \tag{15.80}$$

$$L_R = \frac{1}{2}H_o\left(1 - \frac{z}{H_o}\right) \quad (z > 0.6H_o) \tag{15.81}$$

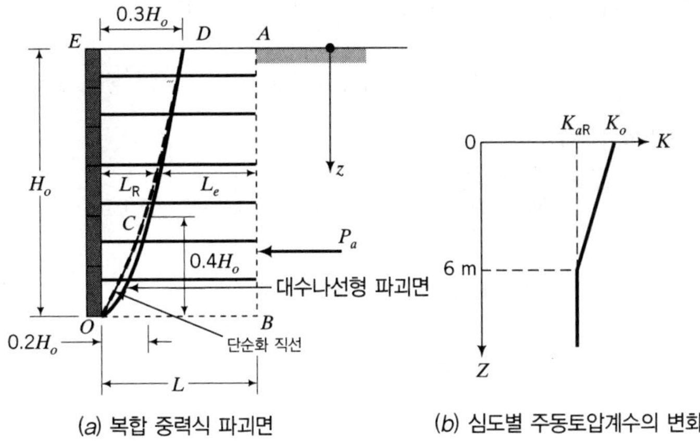

그림 15.31 복합 중력식방법.

설계과정 (B) 금속띠와 같이 변형성이 작은 보강재를 사용한 보강토옹벽의 설계과정은 아래와 같다.

1. 보강재의 수평 (Y)과 연직 (Z)방향의 간격(S_z와 S_y)을 결정. 보강재의 폭(w)선정. 제작회사의 카탈로그에서 선정한다.

2. 보강재의 최대두께의 산정

$$t_r = \frac{K_{aR}(\gamma' H_o + q_s)S_z S_y (\text{FS})_{tr}}{w f_y} \tag{15.82}$$

여기서, K_{aR}은 Rankine의 주동토압계수, f_y는 보강재의 항복응력, w는 보강재의 폭, $(\text{FS})_{tr}$은 안전율(일반적으로 3.0사용), 보강재 두께 산출시 벽체의 설계수명기간을 감안한 부식두께를 추가로 가산시킨다.

3. 기초부근(바닥)에서 보강재의 길이 (L_e)는 식 (15.73)과 (15.74)로 산정한다.

4. 각 층의 위치별 총 보강재의 길이 (L)산정,

$$L = L_e + L_R \tag{15.83}$$

여기서, L_R은 식 (15.80)과 (15.81)로 L_e는 (15.71)로 결정하며 주동토압계수의 산출은 식 (15.78)과 (15.79)를 적용한다.

5. 중력식 벽체로 가정하여 외적안정성 검토

예제 15.9 토목섬유(Geotextile) 보강토옹벽

지오텍스타일 보강재를 사용하여 높이 4 m의 보강토옹벽을 설계하라. 뒤채움은 다져진 조립토로 $\phi'_{cs} = 30$, $\gamma_{sat} = 18\ \text{kN/m}^3$이며 상재하중은 15 kPa 이다. 보강재는 극한(광폭)인장강도가 58.5 kN/m 그리고 흙과 토목섬유 사이의 마찰각 (δ)은 20° 이다. 원지반의 점토층 물성치는 $\gamma_{sat} = 18.5\ \text{kN/m}^3$, $\phi'_{cs} = 32$, $\phi'_b = 20$, $s_u = 60$ kPa이다.

핵심전략 폴리머계통의 보강재를 사용한 보강토옹벽의 설계과정(A)을 참조.

풀이 15.9

Step 1 : 토목섬유의 허용인장강도(T_{all})를 계산한다.

표 15.2로 부터 $(FS)_{ID} = 1.5$, $(FS)_{CR} = 2$, $(FS)_{CD} = 1.3$, $(FS)_{BD} = 1.3$.

$$T_{all} = \frac{58.5}{1.5 \times 2 \times 1.3 \times 1.3} = 11.5 \text{ kN/m}$$

Step 2 : 수직간격을 계산한다.

$$K_{aR} = \tan^2(45 - \phi'_{cs}/2) = \tan^2(45 - 30/2) = \frac{1}{3}$$

상재하중에 의한 수평토압 $K_{aR} q_s = \frac{1}{3} \times 15 = 5 \text{ kPa}$

$$\sigma_x = K_{aR}\sigma'_z + K_{aR}q_s = \frac{1}{3}\gamma' z + 5 = \frac{1}{3} \times 18 \times z + 5 = 6z + 5$$

$$(\sigma_x)_{max} = 6 \times H_o + 5 = 6 \times 4 + 5 = 29 \text{ kPa}$$

식 (15.76)로 부터 $(FS)_{sp} = 1.3$을 사용하면,

$$(S_z)_{min} = \frac{T_{all}}{K_{aR}(\sigma'_z + q_s)(FS)_{sp}} = \frac{11.5}{29 \times 1.3} = 0.305 \text{ m} = 305 \text{ mm}$$

중간높이에서 간격결정

$$\sigma_x = 6 \times 2 + 5 = 17 \text{ kPa}$$

$$S_z = \frac{11.5}{17 \times 1.3} = 0.520 \text{ m} = 520 \text{ mm}$$

그러므로 $S_z = 250$ mm벽체의 기초부터 중간지점까지, 중간지점부터 벽체 상단까지는 500 mm로 배치하여 설계한다.

Step 3 : 벽체하단에서 수평이동을 고려한 보강재의 길이(L_b)를 산정한다.

식 (15.16): $K_{aC} = 0.3$, $\delta = 20^\circ$, and $(K_{aC})_x = K_{aC}\cos\delta = 0.3 \times \cos 20 = 0.28$

$$P_{ax} = \frac{1}{2}(K_{aC})_x \gamma H_o^2 + (K_{aC})_x q_s H_o = \left(\frac{1}{2} \times 0.28 \times 18 \times 4^2\right) + (0.28 \times 15 \times 4)$$

$$= 57.1 \text{ kN/m}$$

$$s_w = 0.5 s_u = 0.5 \times 60 = 30 \text{ kPa} < 50 \text{ kPa};\ \text{그러므로}\ s_w = 30 \text{ kPa를 사용}$$

식 (15.73): $$L_b = \frac{P_{ax}(FS)_T}{s_w} = \frac{57.1 \times 1.5}{30} = 2.9 \text{ m}$$

식 (15.74): $$L_b = \frac{(K_{aC})_x(0.5H_o + q_s/\gamma')(FS)_T}{\tan\phi'_b}$$

$$= \frac{0.28(0.5 \times 4 + 15/18)1.5}{\tan\left(\frac{2}{3} \times 28\right)} = 3.5\text{m}$$

$\therefore L_b = 3.5$ m 사용한다.

Step 4 : 내적안정성을 위한 각층에서의 보강재의 총 길이 (L)를 산정한다. 총 길이를 산정하기 위한 도표는 아래와 같다. $(FS)_t = 1.3$을 사용한다.

L_b값이 내적안정을 고려한 각층에서의 보강재 총길이 (L)보다 크기 때문에 설계시는 $L = L_b = 3.5$ m를 사용한다. 벽체상부로 갈수록 총 길이가 짧아지겠지만, 시공 편의상 폴리머제품의 한가지 길이인 3.5 m로 통일시킨다.

z (m)	S_z (m)	$L_R = (H_o - z)\tan(45° - \phi'_{cs}/2)$ (m)	$L_e = \dfrac{K_{aR}S_z(FS)_t}{2\tan\phi_i}$ (m)	L (m)
0.50	0.50	2.02	0.3	2.3
1.00	0.50	1.73	0.3	2.0
1.50	0.50	1.44	0.3	1.7
2.00	0.50	1.15	0.3	1.5
2.25	0.25	1.01	0.15	1.2
2.50	0.25	0.87	0.15	1.0
2.75	0.25	0.72	0.15	0.9
3.00	0.25	0.58	0.15	0.7
3.25	0.25	0.43	0.15	0.6
3.50	0.25	0.29	0.15	0.4
3.75	0.25	0.14	0.15	0.3
4.00 (바닥)	0.25	0.00	0.15	0.2

Step 5 : 외적안정성을 검토한다.

벽체의 이동에 관한 안정성은 이미 Step 3에서 검증되었다.

그러므로 지지력을 검토한다.

$$(\sigma_z)_{max} = \gamma H_o = 18 \times 4 = 72 \text{ kPa}$$

TSA

$$q_u = 5.14 s_u i_c; \quad i_c = 1 \text{ (연속기초에 대하여)}$$

$$q_u = 5.14 \times 60 \times 1 = 308.4 \text{ kPa}$$

$$(\text{FS})_B = \frac{q_{ult}}{(\sigma_z)_{max}} = \frac{308.4}{72} = 4.3 > 3; \quad \text{만족함}$$

ESA

지오텍스타일이 벽체와 기초사이에 설치되기 때문에 거칠은 기초로 고려한다.

$$H = P_{ax} = 57.1 \text{ kN}; \quad V_n = \gamma H_o L_b = 18 \times 4 \times 3.5 = 252 \text{ kN}$$

$$\frac{H}{V_n} = \frac{57.1}{252} = 0.23; \quad \omega = \tan^{-1}\frac{H}{V_n} = \tan^{-1}(0.23) = 13°$$

$$n = \left(2 + \frac{B'}{L'}\right)\Big/\left(1 + \frac{B'}{L'}\right) = 2; \quad i_\gamma = \left(1 - \frac{H}{V_n}\right)^{n+1} = (1 - 0.23)^{2+1} = 0.46$$

$$N_\gamma = 0.1054 \exp(9.6\phi'_p) = 0.1054 \exp\left(9.6 \times 32 \times \frac{\pi}{180}\right) = 22.5$$

$$q_u = 0.5\gamma B N_\gamma i_\gamma = 0.5 \times 18.5 \times 3.5 \times 22.5 \times 0.46 = 335 \text{ kPa}$$

$$(\text{FS})_B = \frac{q_u}{(\sigma_z)_{max}} = \frac{335}{72} = 4.6 > 3; \quad \text{만족함}$$

예제 15.10 금속띠(metal tie) 보강토옹벽

금속띠 보강재를 사용하여 높이 6 m의 보강토옹벽을 설계하라. 뒤채움 재료는 조립토이며 $\gamma_{sat} = 16.5 \text{ kN/m}^3$, $\phi'_{cs} = 32°$ 이다. 아연도금한 금속보강재의 항복강도 $f_y = 2.5 \times 10^5$ kPa이고 부식율이 0.025 mm/year, 안전율 (FS)은 3.0이며 설계수명기간은 50년으로 한다. 흙과 보강재의 마찰각(δ)은 20°, 기초부위의 원지반은 조립토이고 물성치는 $\gamma_{sat} = 18 \text{ kN/m}^3$, $\phi'_p = 35°$, $\phi'_b = 20°$, 상재하중(q_s) = 15 kPa 이다.

핵심전략 우선 보강재의 간격을 가정한다. 보강재의 제작 카탈로그로부터 폭과 재질을 결정한 후, 복합 중력식 옹벽의 설계방법 (B)를 따른다.

풀이 15.10

Step 1 : 보강재의 폭과 간격을 가정한다.

$$S_z = 0.5\text{ m},\quad S_y = 1\text{ m},\quad \text{and}\quad w = 75\text{ mm}$$

Step 2 : 보강재의 두께를 산정한다.

$$K_o = 1 - \sin\phi'_{cs} = 1 - \sin 32° = 0.47$$

$$K_{aR} = \tan^2(45 - \phi'_{cs}/2) = \tan^2(45 - 32/2) = 0.31$$

$$t_r = \frac{K_{aR}(\gamma' H_o + q_s)S_z S_y (\text{FS})_{tr}}{w f_y} = \frac{0.31(16.5 \times 6 + 15) \times 0.5 \times 1 \times 3}{0.075 \times 2.5 \times 10^5}$$

$$= 283 \times 10^{-5}\text{m} = 2.8\text{ mm}$$

$$t_{corrosion} = \text{연간 부식속도} \times \text{설계수명} = 0.025 \times 50 = 1.25\text{ mm}$$

$$t_{design} = \text{산정된 두께} + \text{부식두께} = 2.8 + 1.25 = 4.05\text{ mm}$$

산정된 보강재의 두께 4.05 mm에 접근하는 제작사 도표에서 $t = 5$ mm를 설계값으로 선정

Step 3 : 하부(기초부분)의 보강재 길이를 산정한다.

From Equation (15.16): $K_{aC} = 0.28 \quad (\phi'_{cs} = 32, \delta = 20°)$

$$(K_{aC})_x = K_{aC}\cos\delta = 0.28\cos 20 = 0.26$$

$$L_b = \frac{(K_{aC})_x(0.5H_o + q_s/\gamma)(\text{FS})_T}{\tan\phi'_b} = \frac{0.26(0.5 \times 6 + 15/16.5)1.5}{\tan 20°} = 4.2\text{ m}$$

내적안정성을 고려한 벽체하부에서 유효길이(L_e)

$$L_e = \frac{K_{aR}S_z S_y(\text{FS})_t}{2w\tan\phi_i} = \frac{0.31 \times 0.5 \times 1 \times 1.3}{2 \times 0.075 \times \tan 21°} = 3.5\text{ m} < 4.2\text{ m}$$

Step 4 : 보강재의 총길이를 산정한다.

$(\text{FS})_t = 1.3$과 도표를 활용하면

z (m)	S_z (m)	K 식 (15.78)	L_e 식 (15.71) (m)	L_r 식 (15.80) (m)	L (m)	추천값 L (m)
0.50	0.50	0.46	5.15	1.72	6.9	7.0
1.00	0.50	0.44	5.00	1.63	6.6	7.0
1.50	0.50	0.43	4.85	1.55	6.4	6.5
2.00	0.50	0.42	4.69	1.47	6.2	6.5
2.50	0.50	0.40	4.54	1.38	5.9	6.5
3.00	0.50	0.39	4.39	1.30	5.7	6.5
3.50	0.50	0.38	4.23	1.22	5.5	6.5
4.00	0.50	0.36	4.08	1.00	5.1	6.5
4.50	0.50	0.35	3.93	0.75	4.7	5.0
5.00	0.50	0.33	3.77	0.50	4.3	5.0
5.50	0.50	0.32	3.62	0.25	3.9	5.0
6.00	0.50	0.31	3.47	0.00	3.5	5.0

Step 5 : 외적안정성을 검토한다.

벽체의 이동검토는 하부의 L값이 L_b값 보다 크게 산정되었기 때문에 만족한다.

지지력의 검토

$$(\sigma_z)_{max} = \gamma H_o = 16.5 \times 6 = 99 \text{ kPa}$$

$$H = 0.5\gamma K_{(aC)x} H_o^2 + K_{(aC)x} H_o q_s = 0.5 \times 16.5 \times 0.26 \times 6^2 + 0.26 \times 6 \times 15 = 100.6 \text{ kN}$$

$$V_n = \gamma H_o L_b = 16.5 \times 6 \times 4.2 = 415.8 \text{ kN}; \quad \frac{H}{V_n} = \frac{100.6}{415.8} = 0.24; \quad \omega = \tan^{-1}\frac{H}{V_n} \tan^{-1}(0.24) = 13.5°$$

$$n = \left(2 + \frac{B'}{L'}\right) / \left(1 + \frac{B'}{L'}\right) = 2; \quad i_\gamma = \left(1 - \frac{H}{V_n}\right) = (1 - 0.24)^{2+1} = 0.44$$

$$N_\gamma = 0.1054 \exp(9.6\,\phi'_p) = 0.1054 \exp\left(9.6 \times 35 \times \frac{\pi}{180}\right) = 37.2$$

$$q_u = 0.5\gamma B N_\gamma i_\gamma = 0.5 \times 18 \times 4.2 \times 37.2 \times 0.44 = 618.7 \text{ kPa}$$

$$(\text{FS})_B = \frac{q_u}{(\sigma_z)_{max}} = \frac{618.7}{99} = 6.2 > 3; \quad \text{만족함}$$

15.13 다양한 종류의 옹벽

다양한 종류의 옹벽들이 지반공학분야와 조경분야에서 사용되고 있으며, 그들 중 몇가지를 소개한다.

15.13.1 모듈(modular) 중력식옹벽

모듈중력식옹벽은 여러 가지의 재료를 채울 수 있는 구조적인 용기로 되어 있다. 이러한 벽체들은 고속도로, 제방, 하천 등 공사에 사용되며, 관습적으로 현장타설 콘크리트옹벽을 사용하였다. 설계방법은 15.9에 소개하였다.

- 게비언바스켓(*gabion basket*)옹벽: 게비언 바스켓 옹벽은 조립된 철망이나 PP, PE 또는 나일론 바구니에 돌을 채워서 수평과 연직으로 쌓아 놓은 옹벽이다(그림 15.32). 바구니크기는 보통 길이 2 m × 폭 1 m × 높이 1 m이다. 길이가 2 m를 넘을 경우 쉽게 제작하기 위하여 보강제를 활용한다. 게비언 바스켓 옹벽은 채움용 돌이 많은 지역에서 적합하다. 일반적으로 강이나 하천의 제방유실을 방지하고, 도로나 고속도로의 옹벽으로 사용하며, 특히 불규칙한 지형보강에 활용된다. 뒤채움재의 $\phi'_{cs} > 30°$일 때는 기초폭이 0.4~0.5 m가 되며 뒤채움재의 $\phi'_{cs} > 30°$의 경우에는 기초폭이 0.5~0.7 m로 증가된다. 게비언 바스켓 옹벽은 수직에서 뒤채움 방향으로 6°~10°로 기울도록 설계한다.
- 원통형(*bin*)옹벽: 철판, 나무, 콘크리트로 원통형 구조를 만들고 그속에 흙을 채우는 중력식 옹벽이다. 이런 벽체들은 수직코너부재의 침하가 발생될 수 있다. 기초부분의 강성이 크다면 기초하부에 200 mm정도의 자갈채움 등이 필요하다.
- 프리캐스트 모듈 콘크리트옹벽: 콘크리트나 다른 재료를 사용한 프리캐스트 부재를 쌓아 올려서 옹벽을 만든다. 여러종류의 크기와 모양들의 블록들이 엇물리게 설치하여 그림 15.33과 같이 안정성을 확보한다.

15.13.2 현장타설보강옹벽(insitu reinforced walls)

이 옹벽은 흙 속에 보강재료들을 삽입하여 보강옹벽을 형성한다. 보강재는 주로 네일 (철근), 작은 직경의 현장타설 말뚝, 작은 직경의 강관파일 등이다. 가장 일반적인 벽체는 네일보강 옹벽이다. 촘촘한 간격의 네일은 경사로 구멍을 뚫고 네일 설치와 그라우팅을 채움으로서 시공이 완료된다. 흙으로 부터의 전단응력은 네일로 전달되며, 네일의 인장력으로 저항한다. 네일 벽체의 전면은 숏크리트, 프리캐스트 콘크리트 판넬, 현장타설 콘크리트로 마감된다.

그림 15.32 게비언바스켓옹벽.

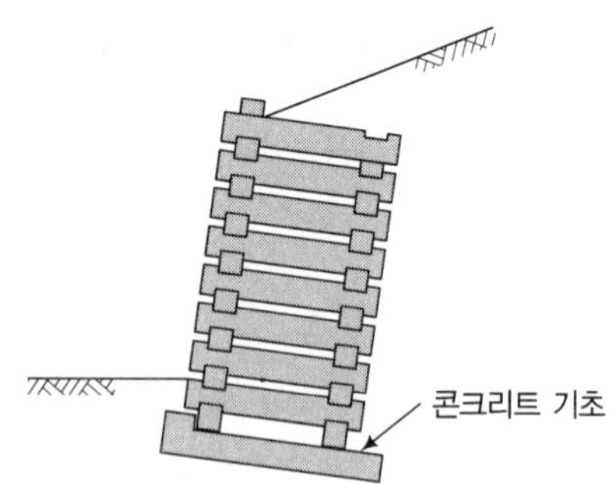

그림 15.33 조립식옹벽.

15.13.3 화학적처리옹벽(chemically stabilized earth walls, CSE)

CSE옹벽은 흙과 라임 또는 라임시멘트 등 화학적 그라우팅 제품과 혼합하여 기둥모양을 겹치도록하여 벽체를 형성한다. 보강재가 흙과 그라우트 혼합재의 고결전에 첨가되기도 한다. CSE벽체는 상당높이의 흙막이벽 역할도 할 수 있으며, 침투수의 관리에도 사용된다.

15.14 요약

여러 종류의 흙막이구조물에 작용하는 수평토압들을 살펴보았다. Coulomb과 Rankine의 토압이론들이 활용되고 있다. Coulomb 공식의 토압계수는 한계평형법칙에 근거하며, 흙과 벽체의 사이 마찰영향이 고려된다. Rankine식은 뒤채움의 응력상태에 근거하여, 흙과 벽체의 사이마찰은 무시된다. Coulomb과 Rankine방법에서 파괴면은 평면파괴 형태이다. 흙과 벽체의 마찰력은 평면파괴를 곡선형태로 변화시켜서, 결과적으로 Coulomb의 공식값보다 실제의 주동토압계수는 높게 그리고 실제의 수동토압계수는 낮게 나타난다.

흙막이구조물 벽체의 유연성과 시공방법의 차이로 인하여, 실제의 벽체에 작용하는 수평토압은 Coulomb이나 Rankine이론들과 다를 수 있다. 흙막이구조물의 토압설계시 사용되는 내부마찰각은 ϕ'_{cs}를 사용하도록 한다. 연성(flexible)벽체의 설계시에 사용되는 세 가지 방법을 소개하였다. 이들 방법들은 주로 어떻게 토압이 고려되었는지, 어떤 안전율을 적용하였는지 하는 차이가 있을 것이다.

자력평가

http://www.wiley.com/college/budhu에 접속하여 제 15장의 이해도를 측정하기 위한 퀴즈를 풀어라.

실용 예제

예제 15.11 원광석 저장용 켄틸레버식 중력식 옹벽

그림 E 15.11a는 두 개의 켄틸레버식 중력식 옹벽 사이에 원광석을 저장하려 한다. 크레인이 옹벽상단에 설치되어 원광석을 운반한다. 크레인은 최대 수직하중이 24 kN이고 수평하중으로 ±4.5 kN이 각 벽체에 작용한다. 철광석은 옹벽상단에서 0.5 m까지만 적재하며, 표면은 최대한의 경사를 허용한다. 옹벽의 수평변위(활동)은 기초바닥에 설치된 인장 철근 1 m간격에 의하여 구속되어 있다. 기초바닥의 안정성을 유지하면서 원광석은 매 2 m 높이로 다짐을 하면서 쌓는다. 아래의 질문에 답하라.

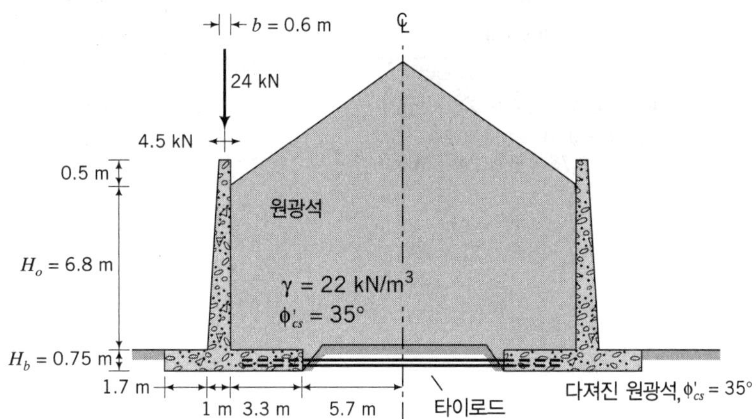

그림 E15.11a

(a) 그림 15.11a의 옹벽단면에 대한 벽체의 안정성을 결정하라.
(b) 타이로드(Tie rods)의 인장력은 얼마인가?
(c) 타이로드가 기초슬래브에 설치되지 않을 경우 벽체는 안전한가?
갠트리크레인의 안정성에는 문제가 없을 것인가?

핵심전략 철광석의 최대경사는 내부마찰각이다. 벽체사이의 하중은 대칭으로 작용한다고 가정한다. 벽체와 원광석의 마찰력을 고려하면, Coulomb의 방법을 적용하고, 마찰력(δ)는 $\delta = \frac{1}{2}\phi'_{cs}$나 $\delta = \frac{2}{3}\phi'_{cs}$값으로 가정한다.

풀이 15.11

Step 1 : 수평하중을 결정한다.
최대의 허용경사, $\beta = \phi'_{cs}$ 그러므로, $\beta = 35°$.

$$H_o = 0.75 + 6.8 + 3.3 \tan 35° = 9.86 \text{ m}$$

식 (15.16)으로부터 : $K_{aC} = 0.7 \quad \text{for} \quad \beta = 35°, \quad \phi' = 35°, \quad \delta = \frac{1}{2}\phi'$

$$P_a = \frac{1}{2}K_{aC}\gamma H_o^2 = \frac{1}{2} \times 0.7 \times 22 \times 9.86^2 = 748.6 \text{ kN/m}$$
$$P_{ax} = P_a \cos\delta = 748.6 \times \cos 17.5° = 714.0 \text{ kN/m}$$
$$P_{az} = P_a \sin\delta = 748.6 \times \sin 17.5° = 225.1 \text{ kN/m}$$

Step 2 : 힘과 모멘트를 산정한다. 그림 E 15.11b와 같이 모든 하중들을 도식화하고 산정표를 작성 한다(그림 E 15.11b는 축대칭이므로 절반만 보여준다).

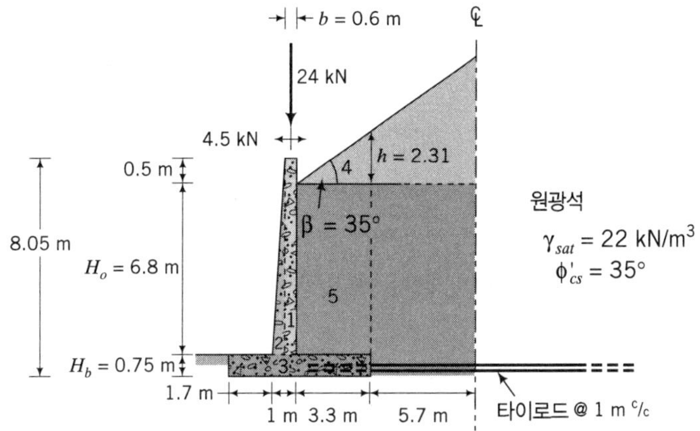

그림 E15.11b

부분	힘 (kN/m)	0 점에서 모멘트 거리 (m)	모멘트 (kN.m)
부분	수직력		
1	$(6.8 + 0.5) \times 0.6 \times 24 = 105.1$	$1.7 + 0.4 + 0.6/2 = 2.4$	+252.2
2	$\frac{1}{2}(6.8 + 0.5) \times 0.4 \times 24 = 35$	$1.7 + \frac{2}{3} \times 0.4 = 1.97$	69.0
3	$0.75 \times 6 \times 24 = 108.0$	$6/2 = 3.00$	+324.0
흙			
4	$\frac{1}{2} \times 3.3 \times 2.31 \times 22 = 83.9$	$1.7 + 1 + (\frac{2}{3} \times 3.3) = 4.9$	+411.1
5	$3.3 \times 6.8 + 22 = 493.7$	$1.7 + 1 + 3.3/2 = 4.35$	+2147.6
P_{az}	225.1	6	+1350.6
크레인			
P_z	24	2.4	+57.6
	$R_z = \Sigma$ 수직력 $= 1074.8$		
크레인	*Lateral forces*		
P_x	4.5	$0.75 + 6.8 + 0.5 = 8.05$	−36.2
흙			
P_{ax}	714	$9.87/3 = 3.29$	−2349.1
	$R_x = \Sigma$ 수평력 $= 718.5$		$M = \Sigma$ 모멘트 $=$ 2226.8

Step 3 : 옹벽의 안정성을 검토한다.

전도 :

$$\bar{x} = \frac{M}{R_z} = \frac{2226.8}{1074.8} = 2.07 \text{ m}$$

$$e = \frac{B}{2} - \bar{x} = \frac{6}{2} - 2.07 = 0.93 \text{ m}$$

$$\frac{B}{6} = \frac{6}{6} = 1 \text{ m}; \quad e < \frac{B}{6}; \text{ 그러므로, 벽체는 전도에 안전하다.}$$

활동 :

$T =$ 저부에서 활동 저항력 $= R_z \tan \phi'_b = 1074.8 \tan 20° = 391.2$ kN

$$(\text{FS})_T = \frac{T}{R_x} = \frac{391.2}{718.5} = 0.54 < 1.5$$

타이로드가 없으면 활동에 불안정하다

타이로드 하중 :

$$(\text{FS})_T = 1.5: \quad T_a + T = 1.5R_x$$

벽체 단위길이당 타이로드 하중

$$T_a = 1.5 \times 718.5 - 391.2 = 686.6 \text{ kN/m}$$

지지력 검토 :

모든 수평하중은 타이로드로 해결된다.

$$B' = B - 2e = 6 - 2 \times 0.93 = 4.14 \text{ m}$$
$$V_n = 1074.8 \text{ kN}$$
$$N_\gamma = 0.1054 \exp(9.6\phi'_p) = 0.1054 \exp\left(9.6 \times 35 \times \frac{\pi}{180}\right) = 37.2$$

$$q_u = 0.5\gamma B' N_\gamma = 0.5 \times 18 \times 4.14 \times 37.2 = 1386.1 \text{ kPa}$$

$$(\sigma_z)_{max} = \frac{R_z}{B \times 1}\left(1 + \frac{6e}{B}\right) = \frac{1074.8}{6 \times 1}\left(1 + \frac{6 \times 0.93}{6}\right) = 345.7 \text{ kPa}$$

$$(\text{FS})_B = \frac{1386.1}{345.7} = 4 > 3; \quad \therefore \text{ 지지력은 만족}$$

요점정리

THE ESSENTIAL POINT ARE

1. 옹벽은 회전(rotation)에 안전하다.
2. 타이로이드가 없을 경우, 벽체는 활동(수평이동)에 문제가 발생한다.
3. 타이로이드가 설계 수평하중은 약 687 kN/m이다.
4. 옹벽 기초바닥의 강성이 클 경우, 크레인의 이탈가능성은 없다.

예제 15.12 연성벽체-호수부근

주택단지 개발중 연성벽체를 이용하여 호수를 만들려고 한다. 습지인 현장은 유기질토로 구성되었기 때문에 실트와 모래가 섞인 점토층까지 제거하고자 한다. 벽체는 뒤채움 모래층 높이 (H_o)6 m를 지지해야 한다. 호수의 수위는 급작스런 저하와 오랜기간의 건조상태도 고려해야 한다. 그림 E 15.12a와 같이 연성벽체 상부에서 1 m지점에 앵커 rod로 상단의 하중을 지지한다.

(a) 벽체의 근입심도 (d_o)를 산정하라.

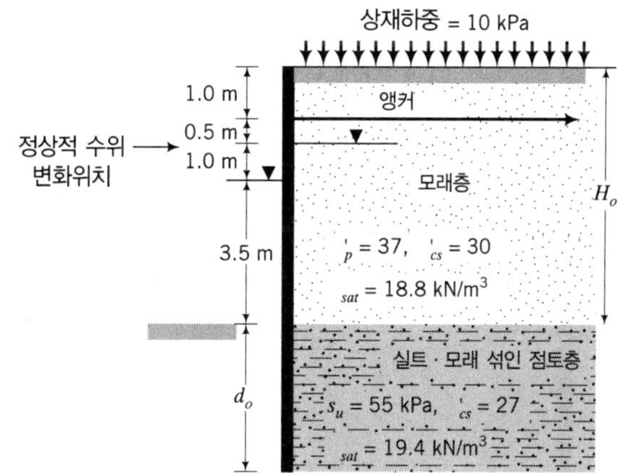

그림 E15.12a

(b) 앵커의 수평간격이 3 m일 때 인장하중을 구하라.

핵심전략 강도계수법 (FSM)과 순수동토압법 (NPPM) 또는 두 가지 방법 모두 적용할 수 있다. 점토층내에 실트나 모래층이 섞여 있기 때문에 장기적인 침투수압을 고려해야 된다(저하된 수위가 얼마기간 동안은 유지될 수 있다).

풀이 15.12

Step 1 : 수평토압계수를 결정한다. 순수동토압법 (NPPM) 적용한다.

최악의 상태를 가정한다, $\delta = s_w = 0$

$$\text{모래: } K_{ax} = \frac{1}{3} \quad (\phi'_{cs} = 30°, \delta = 0)$$

$$\text{점토: } K_{ax} = 0.38 \quad (\phi'_{cs} = 27°, \delta = 0)$$

부록 "D" 를 사용하여 점토에 대한 수동토압계수를 구한다.

$$K_{px} = 2.9 \quad (\phi'_{cs} = 27°, \delta = 0)$$

Step 2 : 침투와 간극수압을 산정한다.

$$\text{모래: } \gamma' = 18.8 - 9.8 = 9 \text{ kN/m}^3$$

$$\text{점토: } \gamma' = 19.4 - 9.8 = 9.6 \text{ kN/m}^3$$

$$j_s = \frac{a}{a + 2d_o}\gamma_w = \left(\frac{3.5}{3.5 + 2d_o}\right)9.8 = \frac{34.3}{3.5 + 2d_o} \text{ kN/m}^3$$

주동상태

$$\text{모래: } \gamma'_{aj} = \left(9 + \frac{34.3}{3.5 + 2d_o}\right) = \frac{65.8 + 18d_o}{3.5 + 2d_o}$$

$$\text{점토: } \gamma'_{aj} = \left(9.6 + \frac{34.3}{3.5 + 2d_o}\right) = \frac{67.9 + 19.2d_o}{3.5 + 2d_o}$$

수동상태

$$\text{점토: } \gamma'_{jp} = \left(9.6 + \frac{34.3}{3.5 + 2d_o}\right) = \frac{19.2d_o - 0.7}{3.5 + 2d_o}$$

$$u_B = \left(\frac{2ad_o}{a + 2d_o}\right)\gamma_w = \left(\frac{2 \times 3.5d_o}{3.5 + 2d_o}\right)9.8 = \frac{68.6d_o}{3.5 + 2d_o}$$

$$P_w = \frac{1}{2}(a + d_o)u_B = \frac{1}{2}(3.5 + d_o)\frac{68.6d_o}{3.5 + 2d_o} = \left(\frac{120d_o + 34.3d_o^2}{3.5 + 2d_o}\right)$$

$$\bar{z}_w = \frac{a + 2d_o}{3} = \frac{3.5 + 2d_o}{3}$$

Step 3 : 계산을 수행한 후 수동토압과 수압분포를 작도한다.

산정표나 스프레드시트를 활용한다. 그림 E15.12b에 수평토압과 수압분포를 나타내었다.

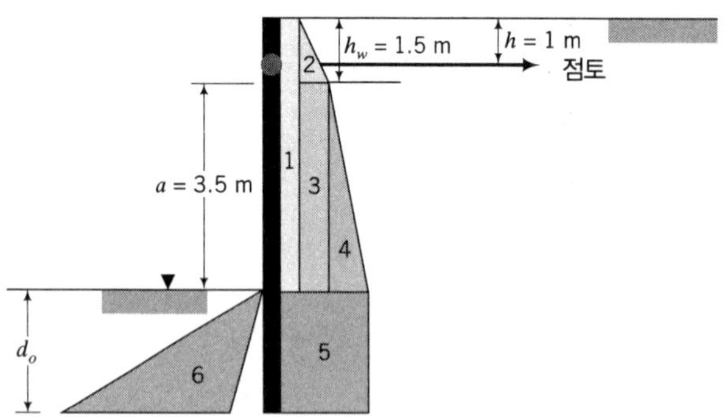

그림 E15.12b

Excel spreadsheet retwal.xls을 사용하여 구한 표 E15.12a를 참조한다.

Step 4 : 앵커하중을 산정한다.

$(FS)_r = 1$을 사용하여 근입심도를 조정하면서 앵커하중을 반복산출한다.

산정표는 표 E15.12a 와같다.

설계앵커하중 = 683.7 kN

표 E15.12a

Select units	SI		NPPM - Mixed analysis				
q_s	10	kN/m	β	0	deg	FS	1.5
H	6	m	γ'	9	kN/m^3	**계수**	
ϕ_{cs}	30	deg	j_s	2.0	kN/m^3	앵커경사	
δ_a	0	deg	γ_{aj}	11.0	kN/m^3	K_{ax}	0.333
δ_b	0	deg	γ_{pj}	7.0	kN/m^3		
h	1	m	u_c	27.1	kPa	굴착면 하부	
지하수 깊이, h_w	1.5	m	P_w	137.7	kN	K_{ax}	0.38
γ	18.8	kN/m^3	y	5.60	m	K_{px}	2.9
a	3.5	m				**앵커**	
앵커경사	0	deg				FS	2.0
d_o	6.64	m				간격	3.0 m
d_{design}	7.97	m					
굴착면하부점토							
γ	19.4	kN/m^3	γ'	9.6	kN/m^3		
ϕ_{cs}	27	deg	γ_{aj}	11.6	kN/m^3		
δ'_a	0	deg	γ_{pj}	7.6	kN/m^3		
δ_b	0	deg	s_w	0	kPa	주동	
s_u	55	kPa	s_w	0	kPa	수동	

영역	건조시 토압 (kPa)	힘 (kN)	모멘트 거리 (m)	모멘트 (kN.m)	
1	3.3	20.0	2.00	40.0	
2	9.4	7.0	0.00	0.0	
3	9.4	32.9	2.25	74.0	
4	12.9	22.5	2.83	63.9	
5	25.6	170.2	8.32	1416.3	
물	27.1	137.7	6.05	832.8	
	Sum	390.4		2427.0	
6	116.2	386.0	9.43	3639.7	
				$(FS)_r$	1.50

표 E15.12b

Select units	SI		NPPM - Mixed analysis				
q_s	10	kN/m	β	0	deg	FS	1
H	6	m	γ'	9	kN/m^3	**계수**	
ϕ_{cs}	30	deg	j_s	2.5	kN/m^3	굴착면 상부	
δ_a	0	deg	γ_{aj}	11.5	kN/m^3	K_{ax}	0.333
δ_b	0	deg	γ_{pj}	6.5	kN/m^3		
h	1	m	u_c	25.6	kPa	굴착면 하부	
수위깊이, h_w	1.5	m	P_w	111.4	kN	K_{ax}	0.38
γ	18.8	kN/m^3	y	4.62	m	K_{px}	2.9
a	3.5	m				**앵커**	
앵커경사	0	deg				FS	2.0
d_o	5.19	m				간격	3.0 m
d_{design}	6.22	m					

(계속)

표 E15.12b (계속)

Select units	SI		NPPM - Mixed analysis			
굴착면 하부 점토						
γ	19.4	kN/m^3	γ'	9.6	kN/m^3	
ϕ_{cs}	27	deg	γ_{aj}	12.1	kN/m^3	
δ_a	0	deg	γ_{pj}	7.1	kN/m^3	
δ_b	0	deg	s_w	0	kPa	주동
s_u	55	kPa	s_w	0	kPa	수동

영역	건조시 토압 (kPa)	힘 (kN)	모멘트 거리 (m)	모멘트 (kN.m)		
1	3.3	20.0	2.00	40.0		
2	9.4	7.0	0.00	0.0		
3	9.4	32.9	2.25	74.0		
4	13.4	23.4	2.83	66.4		
5	26.1	135.4	7.59	1028.4		
물	25.6	111.4	5.56	619.5		
	Sum	330.2		1828.3		
6	83.4	216.2	8.46	1828.7		
				$(FS)_r$	1.00	
			앵커힘의 수평분력	$P_a - P_p$	114.0	kN
			앵커설계하중		683.7	kN

연습문제 EXERCISES

이론문제

15.1 Mohr원을 이용하여 습윤점토에서 인장균열의 깊이 $z_{cr} = 2s_u/\gamma_{sat}$가 됨을 증명하라.

15.2 습윤점토에서 표면응력 $q_s \geq 2s_u$일 때 인장균열이 발생되지 않음을 보여라.

15.3 점토층에서 깊은 굴착을 하려한다. $\gamma_{sat} = 20$ kN/m^3, $s_u = 15$ kPa이다.

(a) 버팀지지 없이 가장 깊게 굴착할 수 있는 이론적인 심도를 결정하라.

(b) 굴착이 진행되는 동안 도랑내에 단위중량 γ_f인 벤토나이트 안정액을 채운다. 이 때 이론적 최대 굴착심도 $H_{cr} = \dfrac{4s_u}{\gamma_{sat} - \gamma_f}$가 됨을 보여라. γ_{sat}는 흙의 습윤단위중량이고, s_u는 비배수전단강도이다.

(c) 벤토나이트 안정액 $\gamma_f = 11$ kN/m^{3}으로 채울 때 도랑의 최대 굴착심도는 얼마인가?

기본문제

15.4 그림 P15.4의 흙막이벽에서 깊이별로 주동토압과 수동토압의 분포를 작도하라.

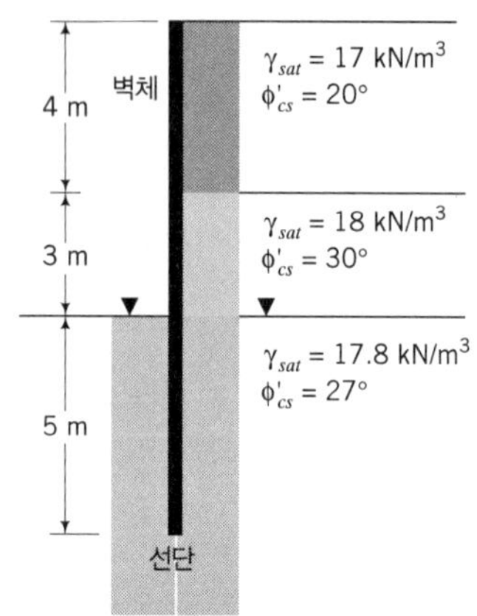

그림 P15.4

15.5 높이 8 m의 옹벽이 습윤상태의 흙 $\gamma_{sat} = 18$ kN/m^3, $\phi'_{cs} = 30°$을 지지하려 한다. 옹벽 배면의 상재하중은 15kPa이다. 벽체에 작용하는 주동토압력을 계산하라.

(a) 벽면이 미끄러운 경우 ($\delta = 0$)

(b) 벽면 마찰각 $\delta = 20°$일 때, 단, 지하수위는 벽체기초 하부에 있다.

15.6 높이 5 m의 옹벽이 배면경사 15°의 흙을 지지하려 한다. 옹벽 배면은 수직에서 10° 기울었고, 벽면 마찰각 $\delta = 20°$이다. 흙의 강도정수 $\phi'_{cs} = 30$, $\gamma_{sat} = 17.5$ kN/m^3 이며, 홍수후 지하

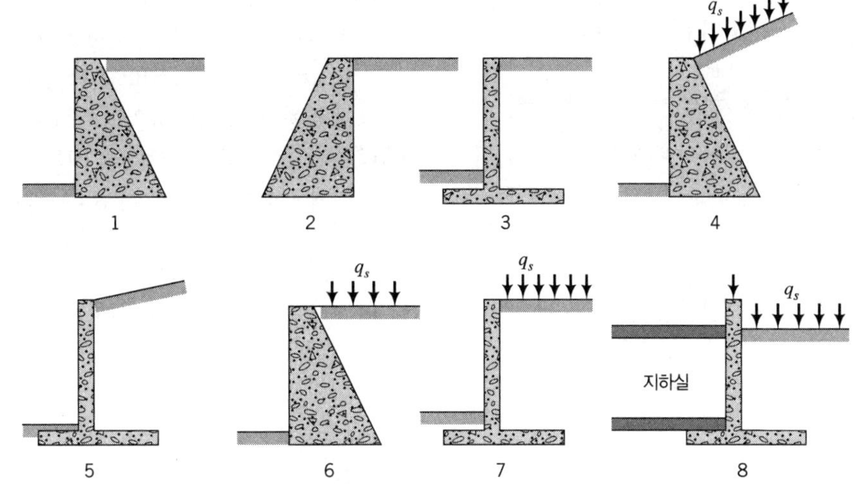

그림 P15.7

수위가 지표면까지 상승하였다. 옹벽에 작용하는 수평토압력들을 산정하라. 단, 침투효과는 무시한다.

15.7 그림 P15.7은 형상이 각기 다른 높이 H_o인 강성옹벽들이다. 각각의 옹벽에 작용하는 토압분포도와 수평합력의 작용점과 방향을 나타내고, 벽체의 무게 (W_w)와 흙의 무게 (W_s)와 같이 토압외의 다른 힘들도 표기하라. 벽면마찰을 고려하여 두 가지경우로 나눈다.

(a) $\delta > 0$경우

(b) $\delta = 0$경우

15.8 그림 P15.8에서 두 옹벽중에서 최대의 수평하중을 발생시키는 옹벽은 어떤것인가? (계산근거가 요구됨)

15.9 그림 P15.9의 콘크리트 중력식 옹벽의 안정성을 결정하라.

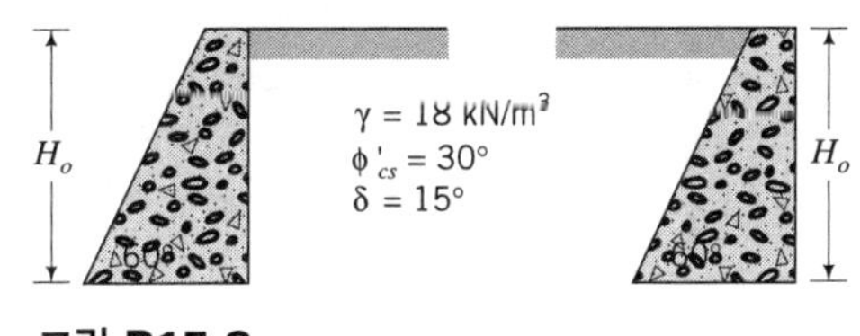

그림 P15.8

10 kPa
0.5 m
10°
뒤채움 흙
(조립토)
φ'cs = 32°
γ = 18 kN/m³
δ = 15°
γc = 24 kN/m³
4 m
0.3 m
3 m
원지반: 조립토
φ'p = 34°, γ= 19 kN/m³, φ'b = 20°

그림 P15.9

15.10 그림 P15.10의 켄틸레버 옹벽의 안정성을 결정하고, 배수시스템을 작도하여 벽체 배면에서 간극수압의 급상승을 방지하는 방법을 제시하라.

15.11 그림 P15.11에서 켄틸레버옹벽의 배면에 설치된 배수시스템이 막힘으로서 지하수위가 지표면에서 1.5 m심도까지 상승하였다. 원래의 지하수위는 벽체기초의 하부에 있었다. 지하수위의 상승전과 후로 나누어 벽체의 안정성을 결정하라. 침투영향은 무시한다.

15.12 켄틸레버 널말뚝 벽체(그림 P15.12)의 근입심도(d)와 최대휨모멘트를 결정하라. 강도정수에 안전율이 고려된 FSM법을 사용하고 $F_\phi = 1.25$이다.

15.13 켄틸레버 널말뚝 벽체(그림 P15.13)의 장기조건상태에서 근입심도(d)와 최대휨모멘트를 결정하라. FSM법에서는 $F_\phi = 1.25$를 NPPM법에서는 $(FS)_r = 1.5$를 사용하여 그 결과를 비교하라.

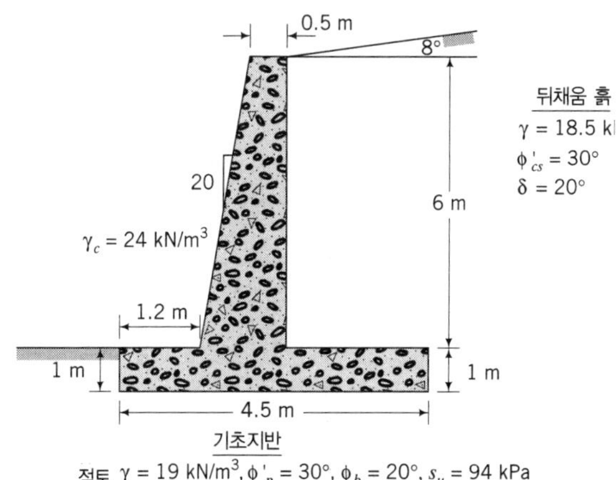

그림 P15.10

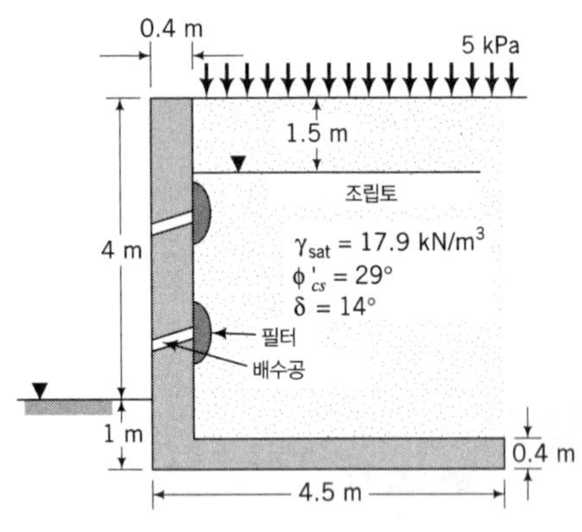

그림 P15.11

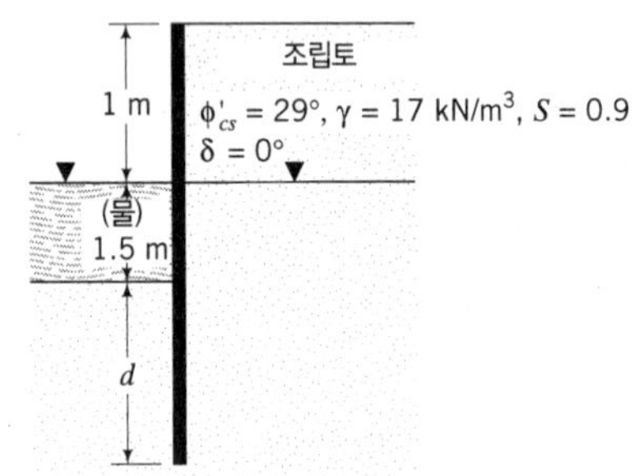

그림 P15.12

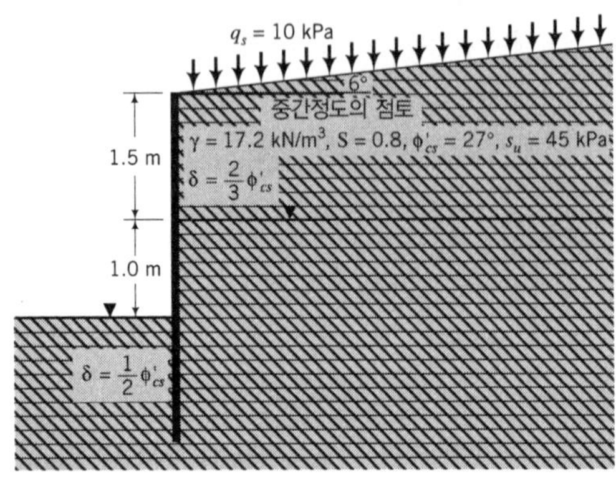

그림 P15.13

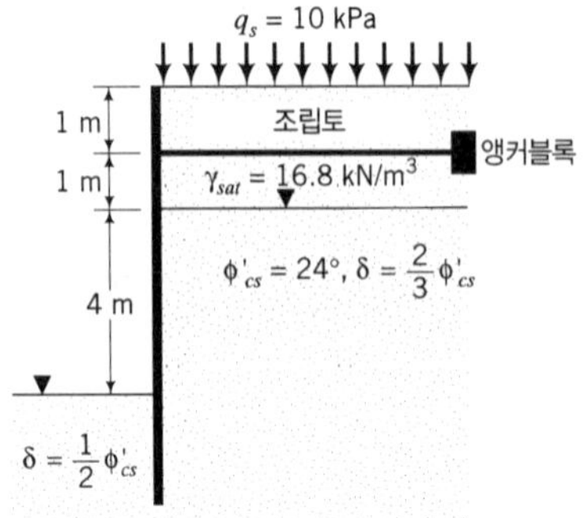

그림 P15.14

15.14 앵커지지 널말뚝 벽체(그림 P15.14)에서 벽체의 근입심도, 최대휨모멘트, 벽체 1 m길이당 앵커하중을 결정하라. FSM (F_ϕ = 1.25)그리고 NPPM$(FS)_\gamma$ = 1.5를 사용하라. 지하수위 상부는 습윤상태 흙으로 간주한다.

15.15 앵커지지 널말뚝 벽체(그림 P15.15)에서 벽체의 근입심도, 벽체 1 m 길이당 앵커하중을 FMM법으로 결정하라. 지하수위 상부의 흙은 습윤상태로 간주하며, 산출된 심도에 대하여 FS = 1.5를 적용한다.

15.16 버팀굴착벽체(그림 P15.16)에서 벽체 1 m 길이당 버팀보에 작용하는 하중을 산정하라. 벽체의 총길이는 10 m이다.

15.17 연약점토에서 (그림 P15.17)과 같이 버팀굴착 벽체를 설치한다. 단단한 점토층은 지표면에서 5.9 m부터 위치한다. 벽체 1m길이당 버팀보의 하중과 저부히빙 (Heaving)에 대한 안전율을 결정하라. 벽체의 총길이는 12 m이다.

15.18 높이 6 m의 토목섬유벽체가 조립토 뒤채움 흙 γ_{sat} = 17.5 kN/m³, ϕ'_{cs} = 29°을 지지한다. 기초지반의 토는 γ_{sat} = 18 kN/m³, ϕ'_p = 28, s_u= 72 kPa, ϕ'_b = 16°이다. 토목섬유 의 극한강도는 45 kN/m, 흙과 토목섬유의 마찰각은 20°이다. 상재하중이 15 kPa 일때 벽체의 안정성에 요구되는 토목섬유의 간격과 길이를 결정하라. $(FS)_{ID}$ = 1.5, $(FS)_{CR}$ = 2, $(FS)_{CD}$

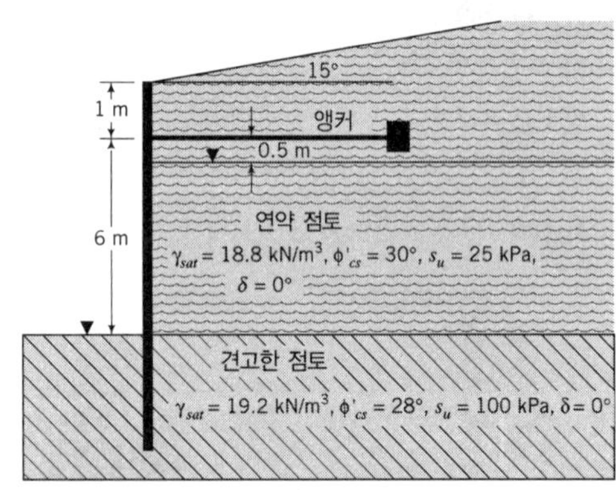

그림 P15.15

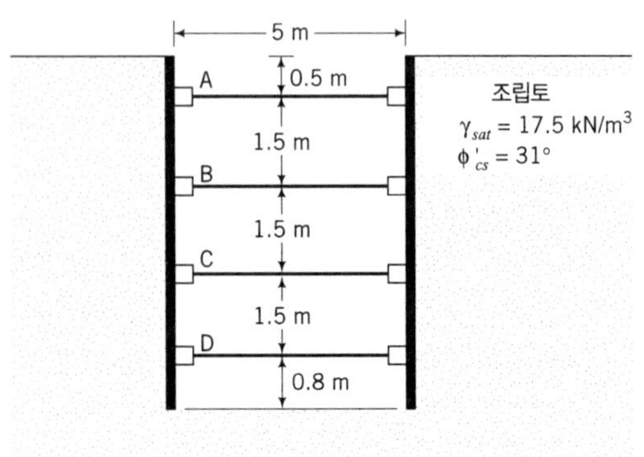

그림 P15.16

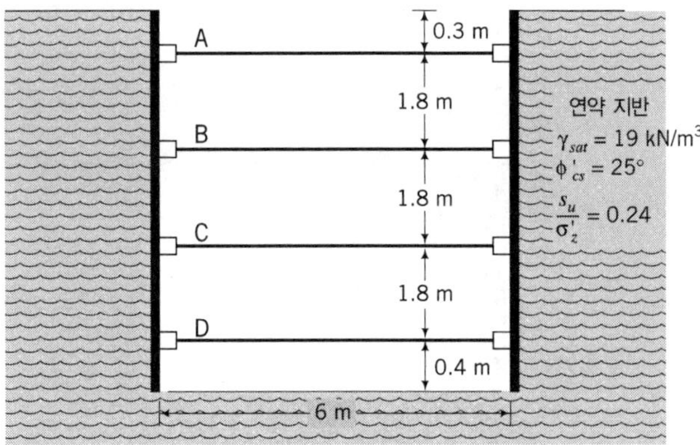

그림 P15.17

$=1.3$, $(FS)_{BD}=1.3$, $(FS)_{sp}=1.3$, $(FS)_t=1.3$, $(FS)_T=1.5$ 그리고 $(FS)_B=3$으로 가정한다.

15.19 위의 15.18 문제에서 도금된 철재폭이 75 mm, 항복강도 2.5×10^5 kPa, 철재와 흙의 마찰각은 20°, 부식율은 0.025 mm/yr. 설계수명은 50년으로 가정한다. 안전율이 $(FS)_{tr}=3$, $(FS)_T=1.5$, $(FS)_t=1.3$, $(FS)_B=3$일때 벽체의 안정성에 필요한 철재의 간격과 길이를 산정하라.

실용문제

15.20 교량 접속부의 단면은 그림 P15.20과 같다. 접속부 측면을 MSE벽체 1 m × 1 m판넬로 지지하려 한다. 철재폭 300 mm가 사용될때에 벽체의 안정성에 필요한 철재보강재의 길이와 두께를 결정하라. 설계수명은 50년이고, 부식율은 0.025 mm/yr, 철재항복강도는 2.5×10^5 kPa이다. 안전율은 $(FS)_t=,3$, $(FS)_T=1.5$, $(FS)_t=3$, $(FS)_B=3$으로 가정한다.

15.21 켄틸레버 널말뚝 벽체로 그림 P15.21과 같이 도로를 위한 제방을 지지하려 한다. 제방하부의 실트질 점토층으로 벽체의

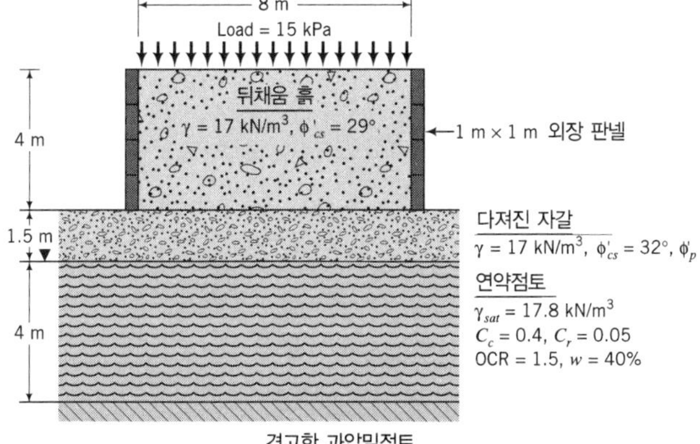

그림 P15.20

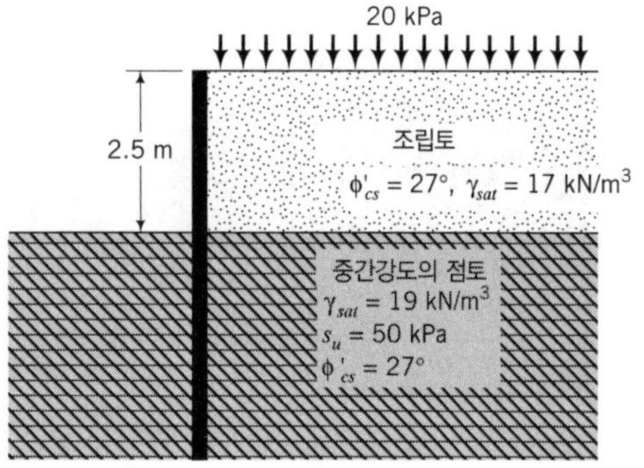

그림 P15.21

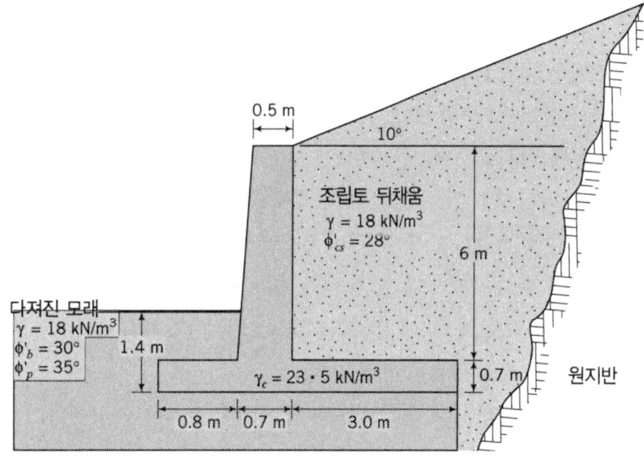

그림 P15.22

관입심도와 최대휨모멘트를 결정하라. FMM, FSM, NPPM 법중에 두 가지 경우를 선정하여 해석하고, 그 결과를 비교하라. 지하수위는 지표면에서 10 m아래에 있다.

15.22 켄틸레버식 현장타설(CIP)옹벽이 고속도로의 경사를 지지하려 한다. 예비설계를 위한 옹벽의 크기는 그림 P15.22와 같다. 옹벽의 안정성을 평가하고, 적합한 배수시스템을 제시하라. 옹벽전면의 수동토압은 무시한다.

15.23 기존의 사면부근에 도로를 축조하려 한다. MSE벽체를 그림 P15.23과 같이 채택시에, 상재하중은 15 kPa(보호철망 + 포장 + 시공하중), 아래의 설계결과를 비교하라.

(a) 두께 4 mm, 폭 50 mm 도금된 철재; $f_y=450$ MPa, 부식율은 0.025 mm/yr, 설 계수명은 75년, 흙-철재 마찰각 =20°, $(FS)_{tr}=3$, $(FS)_T=1.5$, $(FS)_t=1.3$, $(FS)_B=3$으로 가정한다.

(b) 광폭의 토목섬유의 항복강도는 58.5 kN/m, 흙-토목섬유의 마찰각 = 20°. $(FS)_{ID}=1.5$, $(FS)_{CR}=2$, $(FS)_{CD}=1.3$, $(FS)_{BD}=1.3$, $(FS)_{sp}=1.3$, $(FS)_t=1.3$, $(FS)_T=1.5$, $(FS)_B=3$으로 간주한다.

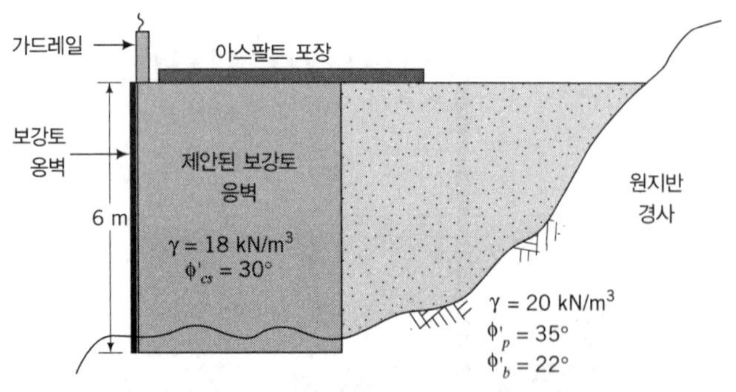

그림 P15.23

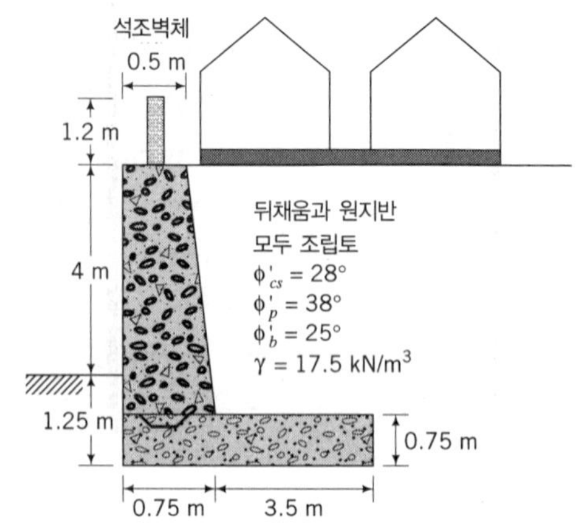

그림 P15.24

15.24 켄틸레버 옹벽으로 주거지역의 구조물들을 지지하려 한다. 예비설계용도의 옹벽 크기는 그림 P15.24와 같다. 옹벽의 중심에는 높이 1.2 m의 석축벽이 설치되었다. 석축벽의 하중은(시공하중 포함)9 kN/m, 주거지역 등분포 하중은 10 kPa이다. 옹벽의 허용회전값은 0.0005 H_o(H_o는 옹벽높이)이다. 벽체의 적합성을 검토하라. 특히 제시된 예비설계벽체의 크기나 모양이 적합하지 않으면, 만족스런 벽체를 제안하라. 옹벽배면의 배수시스템을 설치하고, 벽체의 마찰력은 무시한다. (*hint:* 벽체의 허용회전 값은 주동토압에 도달하기에는 너무 작다고 가정한다.)

15.25 언덕을 따라서 고속도로를 위한 제방이 설치될 예정이다. 이 제방으로 게비온바스켓옹벽을 그림 P15.25와 같이 선정하였다. 이 옹벽 내에 채워질 화강암 골재의 단위중량이 17 kN/m^{3}이다. 제안된 벽체의 그림 P15.25가 적합한지를 평가하라. 만약 이 현장의 년간 강우량이 0.5 m를 넘는다면 어떤 고려사항들이 검토되어야 하는가? 위의 고려사항들을 만족시키려면 제안된 설계를 어떻게 개선시키겠는가? 구상과 상세도를 도면으로 제시하라. (*Hint:* 게비온바스켓옹벽의 설계는 중력식옹벽설계와 유사하다.) 뒤채움 골재와 원지반의 설계강도 정수는 $\phi'_p = 32$, $\phi'_{cs} = 28°$, $\delta = 20°$이고, 원지반 $\phi'_b = 20°$, $\gamma_{sat} = 18$ kN/m^{3}이다. 지하수위는 기초바닥하부로 5 m에 존재하고, 뒤채움 골재와 원지반흙은 모두 습윤상태로 간주한다.

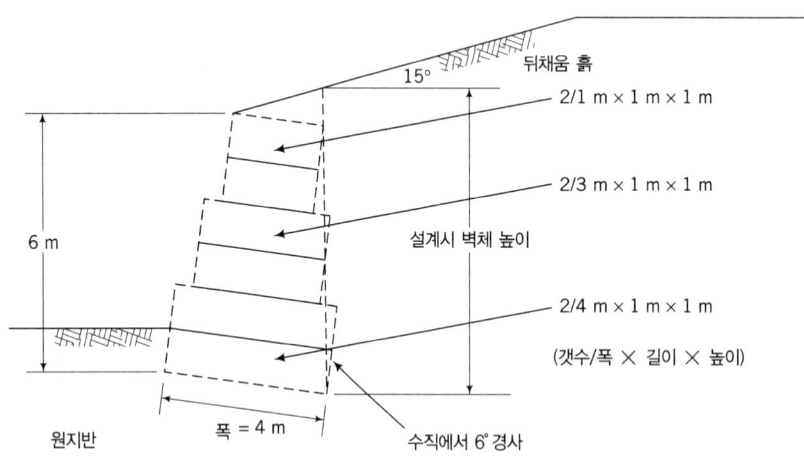

그림 P15.25

CHAPTER 16

사면안정

SLOPE STABILITY

16.0 서론

본 장에서 사면안정에 대해 공부하고 당신은 아래의 내용을 할 수 있어야 한다.

- 사면파괴를 유발하는 힘과 활동의 이해
- 사면안정에서 지질, 침투, 간극수압의 영향을 이해
- 단순한 기하학적 · 지질학적 특징을 가진 사면의 안정성 검토

본 장의 이해를 돕기 위해서는 다음의 기본 지식이 필요하다.

- 흙의 전단강도 (제 10장)
- 유효응력과 침투 (제 7장)
- 댐에서의 흐름 (제 14장)

중요사항

사면은 흙과 암반에서 언제 어디에서나 볼 수 있는 자연적 · 인공적인 흔한 구조물이다. 고속도로, 댐, 제방, 운하 그리고 적치장 등은 흙의 측면을 사면으로 선설하는데 이것은 벽으로 건설하는 것보다 사면으로 건설하는 비용이 경제적이기 때문이다. 자연적인 힘(바람, 물, 눈 등)으로 인해 지구와 다른 행성의 지형이 바뀌고 이로 인해 불안정한 사면이 생기기도 한다. 자연 및 인공 사면의 파괴는 수 많은 인명피해, 경제손실, 그리고 환경피해를 야기시킨다. 어떤 사면파괴는 갑작스러우며 큰 재해로 발생되고 또는 서서히 발생한다. 어떤 사면파괴는 광범위한 지역으로 발생하기도 하고 또는 국부적으로도 발생한다.

지반공학자들은 사면안정을 평가하는데 지질, 지표면배수, 지하수위, 그리고 흙의 전단강도에 특별한 관심을 두고 있지만 흙의 지질학적 다양성과 합리적인 전단강도의 결정에 어려움이 있다. 사면안정의 해석은 단순화한 가정에 기초를 두고 있으며 그와 동시에 안정된 사면의 설계는 경험과 정밀한 지반조사에 크게 의존한다. 그림 16.1은 도로와 인접한 사면의 파괴를 보여주고 있다. 파괴된 흙더미는 매우 빠르게 멀리 이동될 수 있다. 지반공학자의 일은 이러한 파괴를 예방하는 것이다.

그림 16.1 도로 인접 지역에서 사면파괴.

16.1 용어 정의

활동 또는 **파괴대 :** 흙의 상태가 한계상태(critical state) 또는 잔류상태(residual state)에 도달한 얇은 층을 의미하며 이 층의 윗부분 흙 덩어리가 활동함

활동면 또는 **파괴면 :** 사면의 활동이 발생한 면

활동토괴 : 활동면과 지표면 내의 흙의 중량

사면각도(α_s) : 수평방향에서 사면의 경사각. 경사각은 2:1[수평(H):수직(V)]의 비로도 표현함

간극수압비(r_u) : 흙의 중량과 외부 하중 전체에 대한 활동면에서의 간극수의 힘의 비

16.2 이해를 돕기 위한 질문

1. 일반적인 사면파괴의 형태에는 어떠한 것들이 있는가?

2. 사면파괴를 유발하는 요인은 무엇인가?

3. 무한사면의 파괴는 무엇인가?

4. 사면의 안전율을 추정하는데 사용되는 해석방법은 무엇인가?

5. 여러 해석방법들의 가정은 무엇인가?

6. 침투는 사면안정에 어떤 영향을 미치는가?

7. 갑작스런 수위하강(rapid drawdown)은 사면안정에 어떠한 영향을 미치는가?

16.3 사면파괴의 종류

사면파괴는 흙의 종류, 토층 구조, 지하수위, 침투, 그리고 사면의 기하학적 형태에 의존한다. 몇 가지 일반적인 사면파괴에 대해서 소개하고자 한다. 흙의 약한 층을 따라 사면이 파괴되는 것을 병진활동(translational slide)이라고 한다(그림 16.2a). 활동된 흙 더미는 먼 거리까지 이동되며 이러한 병진활동은 주로 조립토에서 발생한다.

균질한 세립토에서의 일반적인 파괴형태는 사면에 평행한 가상의 축에 회전의 중점을 가지는 회전활동(rotation slide)이다. 회전활동은 3가지 형태로 자주 발생하는데 첫 번째는 저부활동(base slide)으로 사면 전체를 에워싸는 원호에 의해 발생한다. 단단한 토층에 지지되어 있는 비교적 연약한 토층에서 발생한다(그림 16.2b). 회전활동의 두 번째 종류는 선단활동(toe slide)이며 파괴면이 사면의 선단을 통과한다(그림 16.2c). 세 번째는 사면활동(slope slide)으로 파괴면이 사면을 통과한다(그림 16.2d).

흐름활동(flow slide)은 내부 및 외부 조건에 의해 흙이 점성유체와 같은 거동을 보일 때 발생하고 얕은 사면에서도 밑으로 흘러내릴 뿐만 아니라 여러 방향으로 넓게 퍼져나가는 특징이 있다(그림 16.2e). 흐름활동에서 파괴면은 불분명하다. 여러 개의 파괴면이 발생하고 흐름의 진행이 계속됨에 따라 그 형태가 바뀐다. 흐름활동은 건조 또는 포화된 흙에시 발생한다.

블럭활동(block slide) 또는 쐐기활동(wedge slide)은 인접한 흙으로부터 작용하는 힘에 의해 흙 더미가 연결

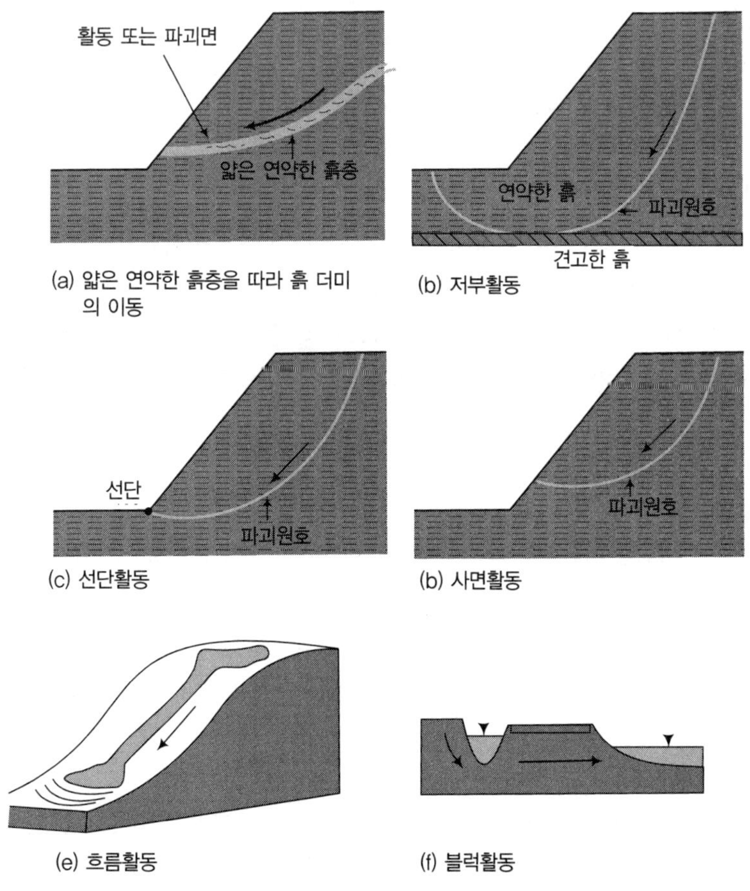

(a) 얇은 연약한 흙층을 따라 흙 더미의 이동

(b) 저부활동

(c) 선단활동

(b) 사면활동

(e) 흐름활동

(f) 블럭활동

그림 16.2 사면파괴의 일반적인 유형.

부위, 경계면, 균열 및 취약대를 따라 파괴될 때 발생한다. 파괴된 흙 더미는 사면 하부로 블록 또는 쐐기의 형태로 이동한다(그림 16.2f).

What's next... 위에서 간략하게 설명한 사면파괴의 원인은 무엇인가? 그 원인은 많고 다양하다. 다음 절에서는 사면파괴의 몇 가지 일반적인 원인에 대해서 기술한다.

16.4 사면파괴의 원인

사면파괴는 일반적으로 자연적인 힘, 인간의 잘못된 판단 및 일련의 활동, 천공동물(burrowing animal)에 의해 발생한다. 사면파괴를 야기하는 주 원인은 아래와 같다.

16.4.1 침식

자연 및 인공 사면은 물과 바람에 의해 계속해서 침식된다. 침식은 사면의 기하학적인 구조를 변화(그림 16.3a)시키고 결국은 사면파괴 또는 산사태를 야기한다. 강과 하천은 계속해서 그들의 둑과 제방을 세굴시키고 자연 또는 인공적인 사면을 약화시킨다(그림 16.3b).

16.4.2 강우

강우가 장기간 지속되면 흙은 포화되고 약해지며 침식된다. 물이 기존의 균열로 침투하여 토층 하부를 약하게 만들고 이는 이류(mud slide)와 같은 형태로 파괴를 야기한다(그림 16.3c).

16.4.3 지진

지진은 동적하중을 야기하고(그림 16.3d), 특히 동적 전단력은 흙의 전단강도와 강성을 감소시킨다. 포화된 조립토 내의 간극수압은 전체 평균응력과 동일한 값까지 증가하고 점성유체와 유사한 거동을 하게 유발한다 — 동적 액상화. 이러한 지반에 시공된 구조물은 붕괴될 것이다; 매설구조물은 부상을 한다. 단시간의 동적 하중은 조립토일 경우 조차도 과잉간극수압의 소산이 이루어지지 않는다. 그러므로 지진이 발생하였을 때의 파괴는 종종 비배수 상태에서 발생한다.

16.4.4 지질학적 특성

대부분의 파괴는 미확인된 지질학적 특성으로부터 발생한다. 두껍게 퇴적된 단단한 점토층 하부의 얇은 실트층(mm 단위)을 시추시에서 못 보고 넘어가거나 치명적인 파괴를 야기하는 그 실트층의 존재를 나중에서야 시추공 단면을 평가할 때 발견 할 수도 있다. 사면은 경사지고 토층의 취약대를 따라 병진활동이 발생하기 쉽기 때문에(그림 16.3e), 사면 안정을 평가할 때는 지질학적 특성에 더 많은 관심을 가져야 한다.

16.4.5 외부하중

중력과 함께 산정상에서 하중이 더해지면 사면파괴를 야기시킬 수도 있다(16.3f). 반면에 도로의 갓길(비탈턱)과 같은 사면의 선단에 하중이 가해지면 사면의 안정성이 증가된다. 비탈턱은 종종 문제 사면을 보수하는데 사용되기도 한다.

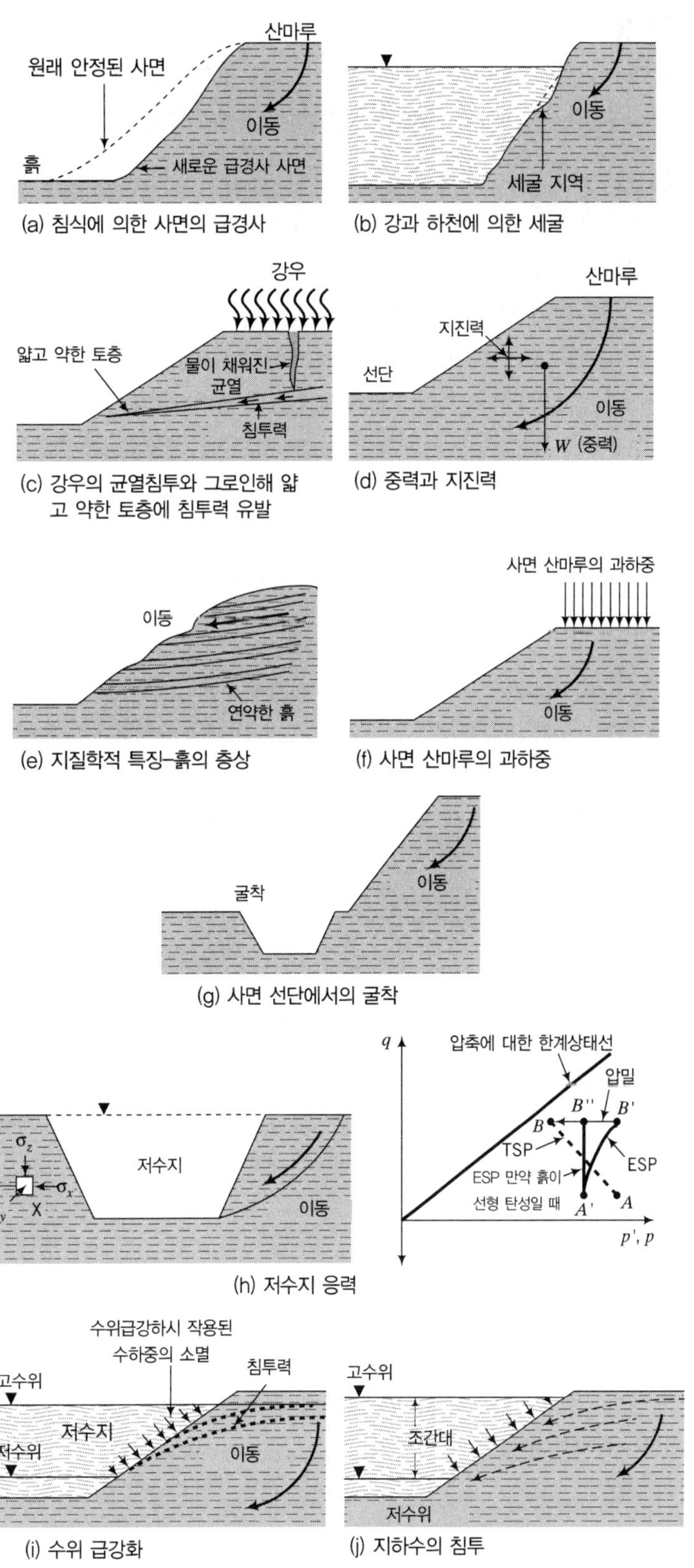

그림 16.3 사면파괴의 원인.

16.4.6 건설활동

사면의 선단부근에서의 건설활동은 사면의 측방 저항력이 제거되기 때문에 사면파괴를 발생시킬 수 있다. 건설활동에 의한 사면파괴를 두 가지의 경우로 나눌 수 있는데 첫 번째는 굴착사면이고 나머지는 성토사면이다.

16.4.6.1 굴착사면 굴착을 하면 흙에서의 전응력은 감소되고 부의 간극수압이 발생한다. 시간이 지나면서 부의 간극수압은 소산되고 흙의 유효응력은 감소되고 따라서 전단강도 또한 저하된다. 만약 사면파괴가 발생하는 대부분의 경우는 공사가 완료된 후이다.

사면안정에서 굴착의 영향에 대한 이해를 돕기 위해 응력경로(제 8장)를 사용할 수 있다. 저수지 건설을 위해 정규압밀점토의 굴착이 필요한 건설활동(그림 16.3h)에서 지표면으로부터 하부의 깊이 z에서의 흙 요소 X에 대하여 생각해보자. 지하수위는 지표면으로 가정하고 흙 요소 X는 평면변형률상태이지만 설명을 위해 축대칭상태를 사용한다.

초기 유효수직응력은 $\sigma'_{zo} = \gamma' \cdot z$이고, 유효수평응력은 $\sigma'_{xo} = \sigma'_{yo} = K_o \sigma'_{zo}$이다. 초기 간극수압은 $u_o = \gamma_w z$라면 응력불변량은 다음과 같다.

$$p'_o = \frac{\sigma'_{zo}}{3}(1 + 2K_o), \quad p_o = \frac{\sigma'_{zo}}{3}(1 + 2K_o) + u_o, \quad q_o = \sigma'_{zo}(1 - K_o)$$

응력공간 $\{p'(p), q\}$에서 초기전응력은 점 A에 의해 표현되고, 초기유효응력은 점 A'에 의해 표현될 수 있다. 굴착에 의해 σ_x (즉, $\Delta\sigma_x < 0$)는 감소하지만, σ_z(즉, $\Delta\sigma_z \cong 0$)와 σ_y(즉, $\Delta\sigma_x \cong 0$)의 변화는 매우 작다. 평균전응력의 증가는 $\Delta p = -\sigma_x/3$이고, 축차응력의 변화는 $\sigma_q = \Delta\sigma_x$이다. 전응력경로 (TSP)는 그림 16.3h에서 AB로 표현된다. 점 B가 파괴선에 가까이 있지만, 흙의 파괴는 전응력이 아닌 유효응력에 의해 좌우되기 때문에 파괴에 이르지 않을 것이다.

만약에 흙이 탄성재료와 같이 선형적이라면 ESP는 $A'B''$(비배수상태에서 탄성재료는 $\Delta p' = 0$)가 될 것이고 흙이 탄소성이라고 가정하면 ESP 는 $A'B'$으로 표현되고, ESP는 파괴선으로부터 멀어진다. 이것은 수평응력의 감소에 의한 과잉간극수압이 부의 값이기 때문이고 그 결과 유효응력은 증가한다. 따라서, 파괴는 굴착단계에서는 발생하지 않을 것이다.

굴착 후에 부의 과잉간극수압은 시간이 지나면서 소산한다. q의 변화가 더 이상 발생하지 않기 때문에 ESP는 B'에서 B로 이동, 즉 파괴면으로 이동한다. 이러한 결과로 인해 배수상태(굴착 후)에서 사면 불안정이 발생할 수도 있다. 응력경로를 이용한 굴착 과정의 설명은 지반공학에서 응력경로가 건설행위의 이해를 돕는데 충분한 가치가 있다는 것을 보여준다.

16.4.6.2 성토사면 성토사면은 보통 제방건설에 사용된다. 해당지역에 성토를 하고 보통 최대건조단위중량 95% 이상으로 다짐을 한다. 그 흙은 불포화토이고 부의 간극수압이 발생하게 된다. 기초라고 하는 성토 하부의 흙은 포화일 수도 불포화일 수도 있다. 만약 기초가 포화되었다면 성토의 무게와 다짐에 의해 양의 간극수압이 발생한다. 유효응력은 감소하고 결과적으로 전단강도 또한 감소한다. 시간이 지나면서 양의 간극수압은 소산하고 유효응력은 증가한다. 그리고 흙의 전단강도 역시 증가한다. 그래서 이러한 경우의 사면파괴는 시공 중에 혹은 시공이 완료된 직후에 발생할 가능성이 있다.

16.4.7 수위급강하

저수지는 수위급강하에 영향을 받을 수 있다. 물에 의한 수평방향 힘이 제거되거나 과잉간극수압이 소산될 정도의 충분한 시간이 주어지지 않는다면(그림 16.3i) 그로 인해서 비배수 상태에서 사면이 파괴될 수도 있다. 만약 저수지의 수위가 낮게 유지되고 비배수 상태에서 파괴가 발생하지 않는다면, 지하수의 침투가 발생할 수 있고 추가적인 침투력이 파괴를 야기할 수도 있다(그림 16.3j).

요점정리 THE ESSENTIAL POINT ARE

1. 대부분 지질학적 특성과 환경조건(예를 들어, 외적 하중과 자연적 힘)에 의해 사면의 파괴가 유발된다.
2. 일반적인 사면파괴 형태는 병진, 회전, 유동, 그리고 쐐기활동이다. .

What's next... 다음 절에서는 무한사면의 안정성의 해석에 대해서 서술한다. 한계평형해석을 이용하고 장기 및 단기 상태를 고려한다.

16.5 무한사면

무한사면은 긴 거리에 걸쳐 형성된 사면을 말한다. 무한사면에 대한 가정은 안정성 계산을 단순하게 만들 수 있다. 무한사면의 경사를 α_s라고 하고 균질한 조립토라고 하자. 한계평형해석을 이용하기 위해 파괴메커니즘에 대해서 생각해야만 하고 사면파괴가 사면경사면과 평행하게 발생한다고 가정하자. 경사면과 파괴면 사이의 흙 요소를 생각하면 그림 16.4에 나타내있는 바와 같이 흙 요소에 대한 자유물체도(free-body diagram)를 그릴 수 있다.

단위 두께당 그 흙 요소에 작용하는 힘은 무게 $W_j = \gamma b_j z_j$, 측면에서의 전단력 X_j와 X_{j+1}, 측면에서의 수직력 E_j와 E_{j+1}, 파괴면에서의 수직력 N_j, 파괴면에서의 흙의 발현전단저항 T_j 이다. 사면파괴를 유발하는 힘을 양이라고 가정하고 만약 침투가 존재한다면 침투력 $J_s = i\gamma_w b_j z_j$가 추가된다. 여기서 i는 동수경사이다. 침투력의 부호는 그 방향에 의존한다. 여기에서의 침투력은 양의 힘의 방향과 같기 때문에 양수이다. 무한히 계속된 균질한 사면에 대해서는 $X_j = X_{j+1}$, 그리고 $E_j = E_{j+1}$이다.

한계평형해석과 관련하여 문제를 풀기 위해 한계평형방정식을 사용한다. 하지만 그전에 사면안전율을 정의해야

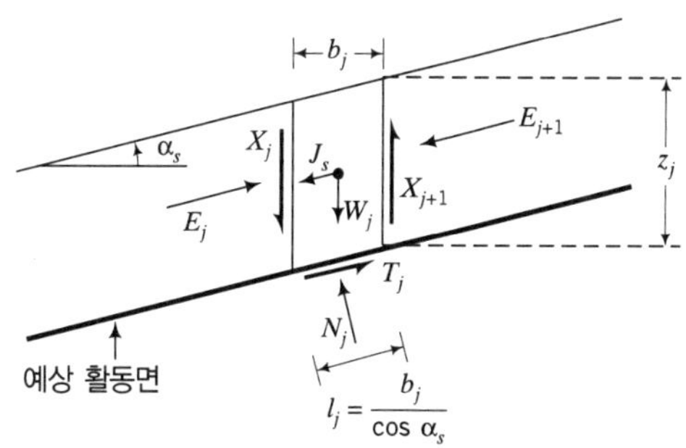

그림 16.4 무한 사면에서 임의 절편에 작용하는 힘.

만 한다. 사면안전율 (FS)은 이용 가능한 흙의 전단강도 τ_f와 안정성을 유지하기 위한 최소한의 전단강도 τ_m의 비로써 다음과 같이 표현한다.

$$\text{FS} = \frac{\tau_f}{\tau_m} \tag{16.1}$$

유효응력해석에 대한 흙의 전단강도는 Coulomb 파괴기준(제 10장)에 의해 지배된다. 즉, $\tau_f = \sigma'_n \tan\phi'$이다. 전응력해석에 대한 흙의 전단강도(세립토)는 Tresca 파괴기준에 의해 지배되고 $\tau_f = s_u$와 같다. 안전율은 다음과 같이 나타낼 수 있다.

$$\text{ESA:} \quad \text{FS} = \frac{\sigma'_n \tan\phi'}{\tau_m} = \frac{N' \tan\phi'}{T_m} \tag{16.2}$$

$$\text{TSA:} \quad \text{FS} = \frac{s_u}{\tau_m} \tag{16.3}$$

여기서 N'은 파괴면에서의 유효연직력이고, T_m은 발현전단력이다. Coulomb과 Tresca파괴기준은 흙이 강소성 재료(한계전단응력에 도달하기 전에 변형은 발생하지 않는다)로서 취급되는 한계응력(limit stress)에 기초한다는 사실을 기억해야 한다.

안전율을 계산하기 위해 정역학을 이용한다. 먼저, 침투가 없고 지하수위가 파괴면 하부에 있다고 가정하자. 지하수위가 파괴면 하부에 있기 때문에 유효응력은 전응력과 동일하다. 정역학으로부터 다음과 같이 나타낼 수 있다.

$$N'_j = W'_j \cos\alpha_s \qquad T_j = W'_j \sin\alpha_s$$

ESA[식 (16.2)]에 대한 안전율의 정의로부터 다음과 같이 나타낸다.

$$\therefore \text{FS} = \frac{N'_j \tan\phi'}{T_j} = \frac{W'_j \cos\alpha_s \tan\phi'}{W'_j \sin\alpha_s} = \frac{\tan\phi'}{\tan\alpha_s} \tag{16.4}$$

한계평형에서 FS = 1이다. 따라서 다음과 같다.

$$\alpha_s = \phi' \tag{16.5}$$

식 (16.5)에서 조립토에 대한 최대경사각 α_s는 ϕ'를 초과할 수 없음을 내포한다.

지하수위가 사면 내부에 있고 침투가 사면과 평행하게 발생한다고 하면 침투력은 다음과 같다.

$$J_s = i\gamma_w b_j z_j$$

침투력이 사면과 평행하기 때문에 $i = \sin\alpha_s$이다. 정역학으로 부터 다음과 같이 표현할 수 있다.

$$N'_j = W'_j \cos\alpha_s = \gamma' b_j z_j \cos\alpha_s \tag{16.6}$$

그리고

$$\begin{aligned} T_j &= W'_j \sin\alpha_s + j_s = \gamma' b_j z_j \sin\alpha_s + \gamma_w b_j z_j \sin\alpha_s = (\gamma' + \gamma_w) b_j z_j \sin\alpha_s \\ &= (\gamma_{sat}) b_j z_j \sin\alpha_s \end{aligned}$$

안전율[식 (16.2)]의 정의로부터 다음과 같이 나타낼 수 있다.

$$FS = \frac{N_j' \tan\phi'}{T_j} = \frac{\gamma' b_j z_j \cos\alpha_s \tan\phi'}{\gamma_{sat} b_j z_j \sin\alpha_s} = \frac{\gamma'}{\gamma_{sat}} \frac{\tan\phi'}{\tan\alpha_s} \tag{16.7}$$

한계평형에서 FS = 1이다. 따라서 다음과 같다.

$$\tan\alpha_s = \frac{\gamma'}{\gamma_{sat}} \tan\phi' \tag{16.8}$$

대부분의 흙에 대해서 $\gamma'/\gamma_{sat} \approx \frac{1}{2}$ 이다. 따라서 경사면과 평행하게 발생하는 침투는 깨끗한 조립토로 이루어진 사면의 한계경사를 약 1/2까지 감소시킨다.

TSA에 대한 파괴면에서의 전단응력(세립토에서 단기 사면안정에 적용 가능)은 다음과 같다.

$$\tau_j = \frac{T_j}{l_j} = \frac{W_j \sin\alpha_s}{l_j} = \frac{W_j \sin\alpha_s \cos\alpha_s}{b_j} = \frac{\gamma b_j z_j}{b_j} \sin\alpha_s \cos\alpha_s = \gamma z_j \sin\alpha_s \cos\alpha_s \tag{16.9}$$

안전율[식(16.3)]은 다음과 같다.

$$FS = \frac{s_u}{\Sigma\tau_j} = \frac{s_u}{\gamma z \sin\alpha_s \cos\alpha_s} = \frac{2s_u}{\gamma z \sin(2\alpha_s)} \tag{16.10}$$

한계평형에서 FS = 1이다. 따라서 다음과 같다.

$$\alpha_s = \frac{1}{2}\sin^{-1}(2s_u/\gamma z) \tag{16.11}$$

그리고

$$z = \frac{2s_u}{\gamma \sin(2\alpha_s)} \tag{16.12}$$

$\alpha_s = 45°$일 때 z의 한계치는 다음과 같다.

$$z = z_{cr} = 2s_u/\gamma \tag{16.13}$$

이것은 인장균열의 깊이를 나타낸다. 따라서 단기하중 조건에서 세립토의 최대경사각도는 무한사면 파괴메커니즘으로 가정하였을 경우 45°이다. 45°보다 큰 경사와 $2s_u/\gamma$보다 큰 깊이에 대해서는 무한사면 파괴메커니즘으로 설명하기 어렵다. 무한사면 파괴메커니즘은 세립토보다 조립토에 더 적절하다. 왜냐하면 대부분의 세립토에서 관측되는 사면파괴는 그 규모가 유한하고 회전활동이기 때문이다.

요점정리

THE ESSENTIAL POINT ARE

1. 침투가 없을 때 조립토에서 최대 안정경사각는 내부마찰각과 동일하다.
2. 침투가 사면과 평행하게 발생한다고 하였을 때 조립토에서 최대안정경사각는 대략 내부마찰각의 1/2이다.
3. 세립토에서 한계경사각은 무한사면 파괴메커니즘에 대해서 45°이다.
4. 한계깊이는 인장균열의 깊이를 나타낸다. 즉, $2s_u/\gamma$이다.

예제 16.1 침투를 고려한 무한사면의 안정

트럭을 이용하여 건조한 모래를 도로 한쪽에 투기하였다. 모래의 특성은 $\phi'_{cs} = 30$, $\gamma = 17\ \text{kN/m}^3$, 그리고 $\gamma_{sat} = 17.5\ \text{kN/m}^3$이다. 침투가 발생하지 않을 때 (a)건조상태에서, (b)포화상태에서, 그리고 (c)만약 지하수위가 존재하고 침투가 사면과 평행하게 발생할 때의 포화상태에서 모래의 최대경사각을 구하라. 또 안전율 1.25에 대한 건조상태에서의 안정경사각은 얼마인가?

핵심전략 이 문제를 풀기 위해 식 (16.5)와 식 (16.8)의 간단한 응용이 요구된다.

풀이 16.1

Step 1 : 그림으로 표현한다.

그림 E16.1참조

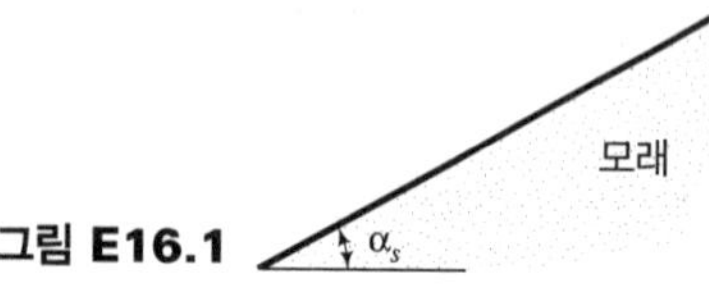

그림 E16.1

Step 2 : 건조상태인 경우 최대경사각을 계산한다.

$$\text{식 (16.5)}: \quad \alpha_s = \phi'_{cs} = 30^\circ$$

한계상태이기 때문에 어떤 작은 교란에 의해서도 이 사면은 파괴될 수 있다.

FS = 1.25에 대한 식 (16.4)로부터 안전경사각은

$$\alpha_s = \tan^{-1}\left(\frac{\tan\phi'_{cs}}{\text{FS}}\right) = \tan^{-1}\left(\frac{\tan 30^\circ}{1.25}\right) = 24.8^\circ$$

Step 3 : 포화상태인 경우 최대 경사각을 계산한다.

α'_{cs} 값은 흙의 상태(즉 건조하거나 습하거나)에 의해 크게 영향을 받지 않는다. 따라서 $\alpha_s = 30^\circ$이다.

Step 4 : 사면과 평행하게 발생하는 침투에 대한 최대경사각을 계산한다.

$$\text{식 (16.8)}: \quad \tan\alpha_s = \frac{\gamma'}{\gamma_{sat}}\tan\phi'_{cs}$$

$$\gamma' = \gamma_{sat} - \gamma_w = 17.5 - 9.8 = 7.7\ \text{kN/m}^3$$

$$\tan\alpha_s = \frac{\gamma'}{\gamma_{sat}}\tan\phi'_{cs} = \frac{7.7}{17.5}\tan 30^\circ = 0.25$$

$$\alpha_s = 14^\circ$$

예제 16.2 점토층에서 무한사면 파괴

그림 E16.2에 나타나있는 바와 같이 트랜치가 TV와 전화선을 설치하기 위해 점토질 경사면에 굴착되었다. 트랜치가 1.9 m의 깊이에 도달하였을 때 그 굴착은 중단되었다. 다시 굴착이 재개되고 2 m의 깊이가 굴착되었을 때 점토의 상부가 갑자기 무너졌다. 그로 인해 점토가 트랜치를 덮어 버렸고 몇몇의 인부는 부상을 입었다. 파괴원인에 대한 조사에서 파괴면이 대략 원지반과 평행하다는 것을 알게 되었다. 점토의 비배수전단강도를 구하라.

핵심전략 관측된 파괴는 세립토에 대한 무한사면해석으로 구할 수 있다.

풀이 16.2

Step 1 : s_u의 계산

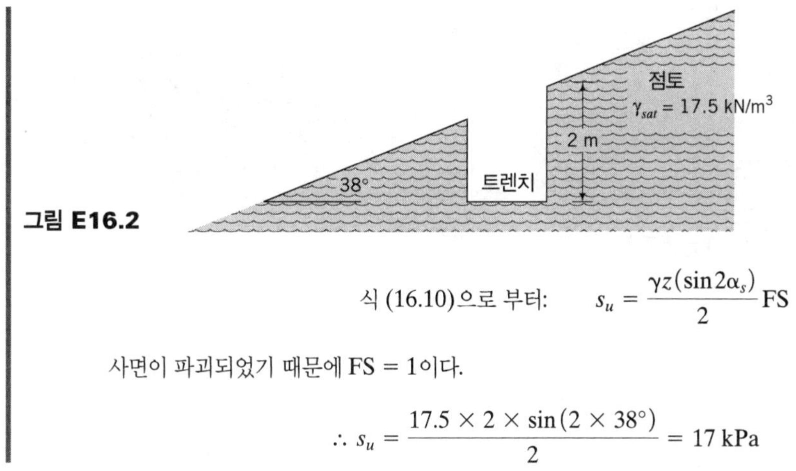

그림 E16.2

식 (16.10)으로 부터: $s_u = \dfrac{\gamma z(\sin 2\alpha_s)}{2}\text{FS}$

사면이 파괴되었기 때문에 FS = 1이다.

$$\therefore\ s_u = \frac{17.5 \times 2 \times \sin(2 \times 38°)}{2} = 17\ \text{kPa}$$

What's next... 다음 절에서는 사면의 안정평가에 사용되는 해석법에 대해서 논의한다.

16.6 2차원 사면안정 해석

사면안정은 한계평형해석, 한계해석, 유한차분해석, 그리고 유한요소해석과 같은 방법 중 단독 또는 여러 방법으로 해석할 수 있다. 한계평형해석이 종종 선택되지만 유한요소해석(FEM) 이나 유한차분해석(FDM)이 좀 더 유연하고 융통성 있고 일반적이다. 한계평형해석(제12, 15장)에서는 파괴메커니즘이 먼저 가정되어야 하고, 그 다음에 평형방정식을 이용하여 파괴하중을 구한다. 몇 개의 파괴메커니즘을 반드시 고려해야 하며 파괴를 유발하는 최소하중을 파괴하중으로 취한다. 한계평형해석은 일반적으로 상계법(upper bound solution, 실제 파괴하중보다 높은 값)으로 주어진다. 왜냐하면 가정된 파괴메커니즘 보다 훨씬 효율적인 파괴메커니즘이 가능하기 때문이다. 한계해석은 흙의 응력-변형률 특성과 파괴기준을 이용한다. 한계해석에서의 해는 상계법과 하계법(lower bound solution, 실제 파괴하중보다 낮은 값)으로 산정된다. FEM이나 FDM은 흙 영역을 분할하고, 흙의 응력-변형률 특성과 파괴기준을 사용하여 파괴응력상태에 도달되는 영역을 판정한다. FEM이나 FDM은 예상 파괴면의 추측이 필요 없다. 이 책에서는 한계평형해석이 간단하기 때문에 그 내용에 대해서 집중적으로 다룰 것이다. 여기서는 먼저 일반적인 마찰각 ϕ′를 사용하여 해석을 전개시킬 것이다. 그 다음 ϕ′ 사용의 적합성에 대해서 논의하고자 한다. 해석은 유효응력해석(ESA)과 전응력해석(TSA)이 사용된다.

What's next... 균질한 세립토는 주로 회전활동에 의해 파괴되는 것을 설명하였다. 다음 절에서는 2차원 사면파괴에 대한 해석방법에 대해서 서술한다.

16.7 회전사면파괴

계속해서 한계평형해석을 이용하는데 무한사면에서 평면파괴면 대신 유한사면의 원호(그림 16.5a)와 비원호(그림 16.5b) 파괴면을 가정하여 그 안정성을 평가한다. 사면내의 침윤선도 고려한다.

예상 원호파괴 메커니즘의 자유물체도에 활동토괴(sliding mass)내의 무게중심에 작용하는 흙의 무게를 표시하고, 만약 침투가 존재하면 유로에 따라 변화하는 침투력 J_s가 존재한다. 밖으로 향하는 (사면의) 움직임에 저항하는

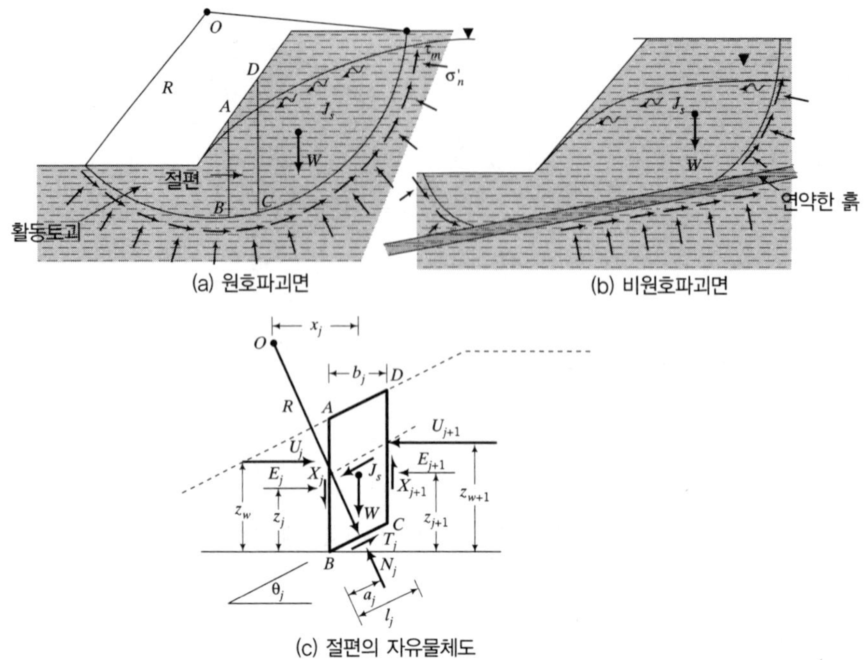

그림 16.5 원호 및 비원호 파괴면과 흙 절편에 작용하는 힘.

힘은 파괴면을 따라 흙에 발현된 전단력이다.

W와 J_s에 의해 발생되는 활동력과 활동모멘트가 흙의 전단력에 의해 발생된 저항력과 저항모멘트를 초과하는지를 결정하기 위해 정역학을 이용한다. 하지만 힘과 모멘트를 결정하는데 다음과 같은 몇 가지 애로사항이 있다.

- 여러 개의 토층과 지하수로 이루어진 사면에서 무게중심의 위치를 결정하는 것은 어렵지는 않지만 번거롭다.
- 이 문제는 부정정이다.
- 파괴면을 따라 발현전단강도 τ_m가 어떻게 변하는지 알 수 없다.
- 파괴면을 따라 유효연직응력 σ'_n이 어떻게 변하는지 알 수 없다.
- 사면 내 또는 파괴면을 따라 침투력이 어떻게 변하는지 알 수 없다.
- 다층(서로 다른 단위중량을 가짐)구조와 복잡한 지형특성을 가진 사진 때문에 심지어 활동토괴의 무게도 계산하기 어렵다.

이 문제를 풀기 위한 한 가지 접근방법은 활동토괴를 임의의 수의 절편으로 나누고 각각의 절편에서의 힘과 모멘트를 합한다. 물론, 절편이 많으면 많을수록 해가 더 정확해 진다. 활동토괴 내부의 영역을 절편으로 나누는 것은 또 다른 문제를 야기한다. 그것은 절편 내부에 작용하는 힘과 절편 사이의 면에 작용하는 힘에 대하여 고려해야 한다.

임의의 절편 $ABCD$에 대해서 그림 16.5a에 나타나있는 바와 같이 절편에 작용하는 힘의 자유물체도를 작도한다. 각각의 힘은 다음과 같은 의미를 가진다:

- W_j는 외부하중을 포함한 절편의 전체 중량이다.
- E_j는 절편 사이에 작용하는 유효수평력이다.
- $(J_s)_j$는 절편에 작용하는 침투력이다.
- N_j는 파괴면을 따라 작용하는 수직력이다.

- T_j는 파괴면을 따라 작용하는 발현전단력이다.
- X_j는 절편 사이에 작용하는 전단력이다.
- U_j는 간극수압에 의한 힘이다.
- z_j는 절편 사이에 작용하는 유효수평력의 위치이다.
- z_w는 간극수압에 의한 힘이 작용하는 위치이다.
- a_j는 파괴면을 따라 작용하는 유효연직력의 위치이다.
- b_j는 절편의 폭이다.
- l_j는 절편에서 파괴면의 길이이다.
- θ_j는 절편에서 파괴면의 경사이다.

절편측면 BC는 직선으로 가정한다.

13개의 변수가 필요하다. 절편의 기하학적 구조, 흙의 단위중량, 침윤선의 위치로부터 W_j, U_j, $(J_s)_j$, b_j, l_j, z_w, θ_j를 구할 수 있다. 각각의 절편에 대해서 6개의 미지수가 있고 3개의 평형방정식이 있다; 그러므로 부정정 문제이다. 이 문제를 풀기 위해서 3가지 미지수에 대해서 가정이 필요하다. 몇몇의 해법은 미지수에 대해 세워진 가정에 의존해서 발전되었다. 평형상태(힘, 모멘트 혹은 둘 다) 가정을 만족시킨다. 표 16.1은 지금까지 제안된 해법을 요약한 것이다.

여기서는 Bishop(1955)과 Janbu(1973)에 의해 제안된 방법에 대해서 설명할 것이다. 왜냐하면, 이 방법들은 일반적으로 많이 사용되는 방법이고 계산기 혹은 스프레드시트 프로그램만 있으면 계산이 가능하기 때문이다. 컴퓨터 프로그램은 표 16.1에 나열된 모든 방법에 대해 상용적으로 사용 가능하다. 이러한 프로그램을 사용하기 전에 그 방법

표 16.1 한계평형에 의한 사면해석법

방법	가정	파괴면	평형조건 만족	계산방법
Swedish 법 (Fellenius, 1927)	절편력의 합력 0 : $J_s = 0$	원호	모멘트	계산기
Biship 간편법 (Bishop, 1955)	E_j와 E_{j+1}는 동일 선상에 위치: $X_j - X_{j+1} = 0$, $J_s = 0$	원호	모멘트	계산기
Biship 법 (Bishop, 1955)	E_j와 E_{j+1}는 동일 선상에 위치: $J_s = 0$	원호	모멘트	계산기/컴퓨터
Morgenstern and Price (1965)	$X = \lambda f(x) E$형태의 E와 X의 관계는 함수≈1, λ는 축척계수, $J_s = 0$	임의	모두	컴퓨터
Spencer (1967)	절편력은 평형: $J_s = 0$	임의	모두	컴퓨터
Bell 법 (Bell, 1968)	파괴면을 따라 연직응력 분포 가정: $J_s = 0$	임의	모두	컴퓨터
Janbu (1973)	$X_j - X_{j+1}$를 교정계수 F_o로 교체: $J_s = 0$	비원호	수평력	계산기
Sarma (1975)	수직절편력의 분포 가정: $J_s = 0$	임의	모두	컴퓨터

의 개발에 적용된 가정과 원칙을 이해 해야만 한다. Bishop과 Janbu의 방법은 흙은 점착력이 있고 마찰(cohesive-frictional)이 있는 재료라는 가정하에 개발되었다. 여기서 흙은 부피가 변하고 마찰(dilatant-frictional)이 있는 재료로 간주하여 Bishop과 Janbu 방법의 지배방정식 전개를 수정하고자 한다. 또한, 유효응력해석과 전응력해석에 대해서 서로 다른 지배방정식을 분리해서 개발하고자 한다. 하지만 원 개발자의 이름은 유지될 것이다. 장기 혹은 배수상태에 대해서는 유효응력해석을 수행해야 하고 단기 혹은 세립토의 비배수상태에 대해서는 전응력해석을 수행해야만 한다.

16.8 절편법

16.8.1 Bishop 법

Bishop(1955)은 그림 16.5a에 나타나있는 바와 같이 원호파괴면을 가정하였다. 그림 16.5c에 나타나있는 것처럼 E_j와 E_{j+1}, U_j와 U_{j+1}은 동일선상에 있고, N_j는 원호길이의 중앙($l_j/2$)에 작용하고 $(J_s)_j = 0$이라고 가정하여 절편에서의 힘의 평형방정식을 적용한다.

수직방향의 힘을 합하면 다음과 같다.

$$N_j \cos\theta_j + T_j \sin\theta_j - W_j - X_j + X_{j+1} = 0 \tag{16.14}$$

간극수압에 의해 발생하는 힘(U_j)은 $U_j = u_j l_j$이다. 유효응력의 원칙에서 다음과 같이 나타낼 수 있다.

$$N'_j = N_j - u_j l_j \tag{16.15}$$

식 (16.14)와 식 (16.15)을 조합하면 다음과 같다.

$$N'_j \cos\theta_j = W_j + X_j - X_{j+1} - T_j \sin\theta_j - u_j l_j \cos\theta_j \tag{16.16}$$

편의상 간극수압에 의해 발생하는 힘을 W_j의 함수로 정의하면 다음과 같다.

$$r_u = \frac{u_j b_j}{W_j} = \frac{\gamma_w (z_w)_j}{(\gamma z)_j} \tag{16.17}$$

여기서 r_u를 간극수압비라고 한다. 식 (16.17)을 식 (16.16)에 대입하면 다음과 같다.

$$N'_j \cos\theta_j = W_j(1 - r_u) - T_j \sin\theta_j + (X_j - X_{j+1}) \tag{16.18}$$

Bishop은 그림 16.5c에 나타나있는 것처럼 모멘트의 평형만을 고려하였다.

$$\Sigma W_j x_j = \Sigma T_j R \tag{16.19}$$

여기서 x_j는 절편의 중앙에서 반경 R의 원호 중심까지의 거리, T_j는 발현전단력이다. 식 (16.19)에서 T_j에 대해서 정리하고 x_j는 $= R \sin\theta_j$라고 하면 다음과 같다.

$$\Sigma T_j = \frac{\Sigma W_j x_j}{R} = \Sigma W_j \sin\theta_j \tag{16.20}$$

식 (16.1)에서 안전율을 다음과 같이 정의하였다.

$$FS = \frac{\tau_f}{\tau_m} = \frac{(T_f)_j}{T_j} \tag{16.21}$$

여기서 T_f는 파괴시 흙의 전단력이다. FS에 대한 지배방정식을 전개하는데 있어서 먼저 유효응력을 한 뒤에 전응력을 고려한다. 먼저 ESA에 대해서는 다음과 같다.

$$FS = \frac{N_j' \tan(\phi')_j}{T_j} \tag{16.22}$$

식 (16.22)를 다시 정리하면 다음과 같다.

$$T_j = \frac{N_j' \tan(\phi')_j}{FS} \tag{16.23}$$

식 (16.23)을 식 (16.18)에 대입하면 다음과 같이 나타낼 수 있다.

$$N_j' \cos\theta_j = W_j(1 - r_u) - \frac{N_j' \tan(\phi')_j \sin\theta_j}{FS} + (X_j + X_{j+1}) \tag{16.24}$$

N_j'에 대해서 풀면 다음과 같다.

$$N_j' = \frac{W_j(1 - r_u) + (X_j - X_{j+1})}{\cos\theta_j + \dfrac{\tan(\phi')_j \sin\theta_j}{FS}} \tag{16.25}$$

m_j가 다음과 같다고 할 때

$$m_j = \frac{1}{\cos\theta_j + \dfrac{\tan(\phi')_j \sin\theta_j}{FS}} \tag{16.26}$$

다음과 같이 N_j'를 표현할 수 있다.

$$N_j' = [W_j(1 - r_u) + (X_j - X_{j+1})]m_j \tag{16.27}$$

식 (16.22)를 식 (16.20)에 대입하면 다음과 같다.

$$\frac{\Sigma N_j' \tan(\phi')_j}{FS} = \Sigma W_j \sin\theta_j \tag{16.28}$$

식 (16.27)과 식 (16.28)을 결합하면 다음과 같다.

$$FS = \frac{\Sigma[W_j(1 - r_u) + (X_j - X_{j+1})]\tan(\phi')_j m_j}{\Sigma W_j \sin\theta_j} \tag{16.29}$$

식 (16.29)는 ESA에 대한 Bishop 방정식이다. Bishop은 $(X_j - X_{j+1})$를 무시한 경우 약 1%의 오차가 발생됨을 밝혔다. 따라서 $(X_j - X_{j+1})$를 무시하면 다음과 같다.

$$FS = \frac{\Sigma[W_j(1 - r_u)]\tan(\phi')_j m_j}{\Sigma W_j \sin\theta_j} \tag{16.30}$$

식 (16.30)은 ESA에 대한 Bishop의 간편법이다. 만약 지하수위가 파괴면 하부에 있다고 하면 $r_u = 0$이고 다음과 같다.

$$FS = \frac{\Sigma W_j \tan(\phi')_j m_j}{\Sigma W_j \sin\theta_j} \tag{16.31}$$

TSA에 대해서 파괴면에서의 발현전단력은 다음과 같다.

$$T_j = \frac{(s_u)_j l_j}{FS} \tag{16.32}$$

여기서 $(s_u)_j$는 절편내의 파괴면을 따라 작용하는 흙의 비배수전단강도이다. 식 (16.20)과 식 (16.32)를 결합하면 다음과 같다.

$$FS = \frac{\Sigma(s_u)_j l_j}{\Sigma W_j \sin\theta_j} \tag{16.33}$$

$b_j = l_j \cos\theta_j$이고 식(16.33)은 다음과 같이 표현된다.

$$FS = \frac{\Sigma(s_u)_j \dfrac{b_j}{\cos\theta_j}}{\Sigma W_j \sin\theta_j} \tag{16.34}$$

16.8.2 Janbu 법

Janbu(1973)는 그림 16.6a에서처럼 비원호파괴를 가정하였다. 절편에 작용하는 힘은 그림 16.6b에 나타나있는 바와 같다. Janbu는 수평방향 힘의 평형을 고려하여 $E_j - E_{j+1} = 0$으로 가정하였다.

수평방향 힘의 평형에 관해서 안전율을 정의하면 다음과 같다.

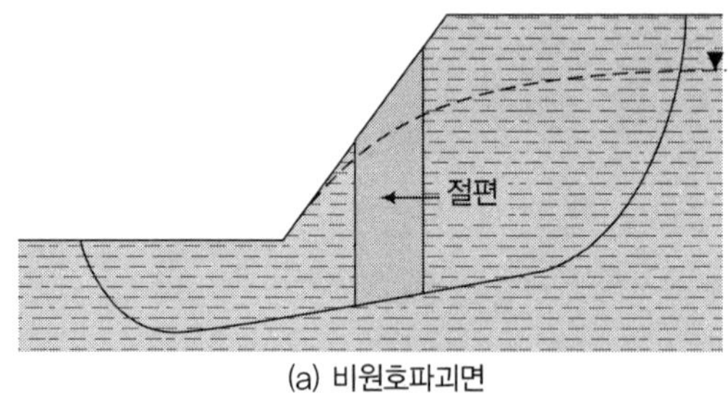

(a) 비원호파괴면

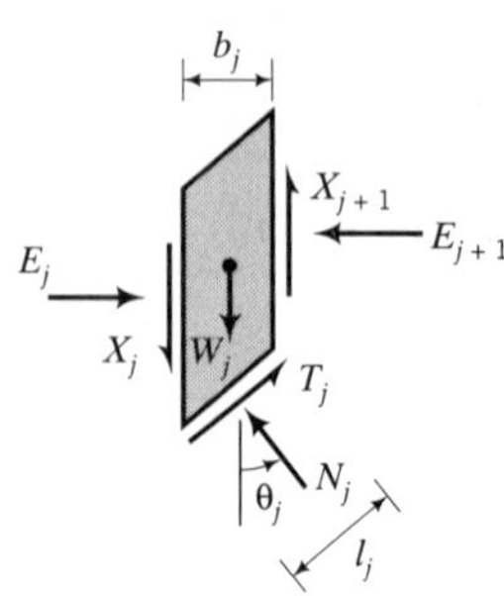

(b) 절편에 작용하는 힘

그림 16.6 Janbu에 의해 제안된 파괴면과 절편에 작용하는 힘.

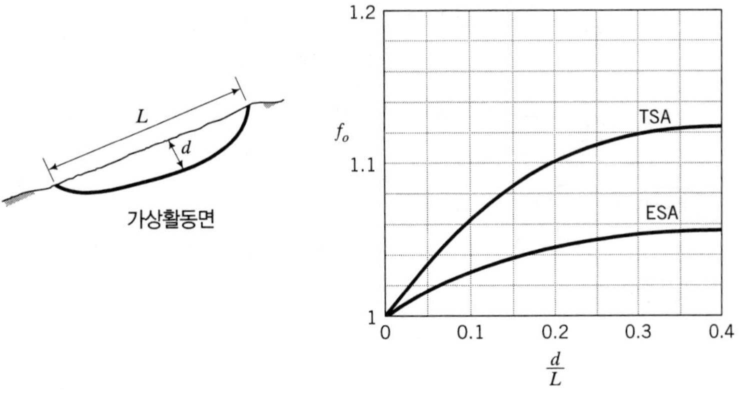

그림 16.7 Janbu 법에 대한 보정계수.

$$FS = \frac{\Sigma \text{ Resisting forces}}{\Sigma \text{ Disturbing forces}} = \frac{\Sigma (T_f)_j \cos\theta_j}{\Sigma[W_j + (X_j - X_{j+1})]\tan\theta_j} \tag{16.35}$$

$(T_f)_j = T_j(\text{FS}) = N_j \tan(\phi')_j$ FS라고 하면 ESA에 대해 표현하기 위해 식 (16.35)와 식 (16.27)을 결합하면 다음과 같다.

$$FS = \frac{\Sigma[W_j(1 - r_u) + (X_j - X_{j+1})]\, m_j \tan\phi'_j \cos\theta_j}{\Sigma[W_j + (X_j - X_{j+1})]\tan\theta_j} \tag{16.36}$$

Janbu는 그림 16.7에 나타나있는 것처럼 보정계수 f_o로 절편 사이에 작용하는 전단력(X_j와 X_{j+1})을 대체하였다. ESA에 대해 간결화된 Janbu 방정식은 다음과 같다.

$$FS = \frac{f_o \Sigma W_j(1 - r_u) m_j \tan\phi'_j \cos\theta_j}{\Sigma W_j \tan\theta_j} \tag{16.37}$$

만약 지하수위가 파괴면 하부에 존재하면 $r_u = 0$이고 다음과 같다.

$$FS = f_o \frac{\Sigma W_j m_j \tan\phi'_j \cos\theta_j}{\Sigma W_j \tan\theta_j} \tag{16.38}$$

TSA에 대해서는 다음과 같다.

$$FS = \frac{\Sigma (s_u)_j b_j}{\Sigma[W_j + (X_j - X_{j+1})]\tan\theta_j} \tag{16.39}$$

보정계수 f_o (그림 16.7)에 의해 $(X_j - X_{j+1})$ 의 영향을 대체하면 다음과 같다.

$$FS = f_o \frac{\Sigma (s_u)_j b_j}{\Sigma W_j \tan\theta_j} \tag{16.40}$$

16.8.3 고결토

식 (16.30)과 식 (16.37)은 균질하고 비고결된 흙에 적용된다. 고결된 흙에 대해서 이 식들은 다음과 같이 표현될 수 있다.

$$FS = \frac{\Sigma\{(c_{cm})_j b_j + [W_j(1 - r_u)]\tan(\xi_o)_j m_j\}}{\Sigma W_j \sin\theta_j} \tag{16.41}$$

$$FS = \frac{\Sigma\{(c_{cm})_j b_j + f_o \Sigma W_j(1 - r_u) m_j \tan(\xi_o)_j \cos\theta_j\}}{\Sigma W_j \tan\theta_j} \tag{16.42}$$

여기서 c_{cm}은 고결강도(또는 점착력)이고 ξ_o는 겉보기마찰각이다. 식 (16.41)과 식 (16.42)을 사용할 때는 매우 신중해야 한다. 왜냐하면 고결토는 고결강도 값이나 그 부근에서 파괴되는 경향이 있기 때문이다. 파괴가 진행되면 흙 속에서 물 흐름경로가 바뀌고 파괴면은 물이 쉽게 흐르는 통로로 제공되어 과잉간극수압과 침투응력에 의해 불안정이 야기시될 수 있다. 고결강도와 겉보기마찰저항은 동일한 전단변형률에서 발현되지 않는다. 결과적으로 고결강도와 겉보기마찰저항은 더해지지 않는다. 그러나 여기에서 고려된 방법은 한계평형에 기본을 둔 것으로 변형과는 무관하다.

흙 속에서 부의 간극수압과 나무뿌리는 흙의 겉보기전단강도를 발현시킨다. 간극수압은 소산되고 나무뿌리는 부패하기 때문에 이러한 겉보기전단강도는 일시적이다. 불포화된 사면에서 부의 간극수압에 의한 겉보기전단강도는 강우 및 지하공동구의 누수에 의한 물의 침투로 인해 매우 빠르게 사라진다. 물이 흙 속으로 침투하면 부의 간극수압은 양의 간극수압으로 바뀐다. 이로 인해서 유효응력이 감소하고 겉보기전단강도는 사라진다. 식 (16.41)과 식 (16.42)는 가장 안정된 환경 조건아래에서 단기간 조건에 사용될 때 최적이고, 경험에 의하며 그렇게 해야만 안전하다.

요점정리 THE ESSENTIAL POINT ARE

1. Bishop(1955)은 원호파괴면를 가정하고 모멘트평형만을 고려했다. 그리고 침투력을 무시하고 측면의 수직력이 동일선상에서 작용한다고 가정하였다. Bishop간편법에서는 절편 사이에 작용하는 전단력의 합력은 0이라고 가정하였다.
2. Janbu(1973)는 비원호파괴면을 가정하여 수평방향 힘의 평형을 고려했다. 그리고 절편 사이에 작용하는 전단력을 대신할 보정계수를 제외하고는 Bishop과 유사한 가정을 제안하였다.
3. 세립토의 사면에 대해 장기하중과 단기하중에 대해서 각각 ESA와 TSA 둘 다 수행해야 한다. 조립토의 사면에 대해서는 제공된 하중이 정적인 경우, 장기하중과 단기하중에 대해서 오직 ESA만이 필요하다.

16.9 절편법의 응용

전단강도정수는 사면안정 해석에서 무엇보다도 중요하다. 활동면에서 흙은 한계상태이거나 잔류상태이며 균열된 과압밀점토를 제외한 모든 사면안정에 대해서 $\phi' = \phi'_{cs}$를 사용해야 한다. 진행성 파괴는 보통 균열된 과압밀점토에서 발생하고 ϕ' 대신에 ϕ'_r — 잔류마찰각(residual friction angle) — 을 사용한다. 측정된 비배수전단강도는 종종 신뢰할 수 없어 TSA의 경우 보수적인 s_u 값을 사용해야만 한다. 이러한 값은 직접전단시험을 통해서 구할 수 있다.

세립토의 인장균열은 보통 산마루 또는 경사면에 발생하는 경향이 있다. 인장균열이 사면안정에 미치는 중요한 영향은 세 가지가 있다. 첫 번째는 인장균열이 활동면을 변경시킨다. 활동면은 지표면과 교차하지 않고 인장균열의 저부에서 정지된다(그림 16.8). 인장균열의 깊이는 식 (16.13)과 같이 $z_{cr} = 2s_u/\gamma$이다.

두 번째는 인장균열이 물로 채워진다는 것이다. 이 경우에는 한계깊이가 $z'_{cr} = 2s_u/\gamma'$이고 정수압이 균열깊이에 따라 작용한다. 그로 인한 결과는 활동모멘트가 증가하기 때문에 안전율이 감소한다. 정수압에 의한 추가 활동모멘트는 $\frac{1}{2}\gamma_w z_{cr}^2(z_s + \frac{2}{3}z_{cr})$이고, 여기서 z_s는 인장균열 상부에서 원호 중심까지의 수직거리이다(그림 16.8)이다. Bishop 간편법을 사용한 안전율은 다음과 같다.

$$\text{ESA:}\quad \text{FS} = \frac{\Sigma W_j(1 - r_u)(\tan\theta_j')m_j}{\Sigma W_j \sin\theta_j + \dfrac{\frac{1}{2}\gamma_w z_{cr}^2\left(z_s + \frac{2}{3}z_{cr}\right)}{R}} \tag{16.43}$$

$$\text{TSA:}\quad \text{FS} = \frac{\Sigma(s_u)_j \dfrac{b_j}{\cos\theta_j}}{\Sigma W_j \sin\theta_j = \dfrac{\frac{1}{2}\gamma_w z_{cr}^2\left(z_s + \frac{2}{3}z_{cr}\right)}{R}} \tag{16.44}$$

세 번째는 인장균열이 하부 토층에 물이 도달하도록 하는 통로를 제공한다는 것이다. 물은 침투력을 발생시키고 이들 토층을 약하게 만든다. 인장균열의 위치와 임계활동면는 침윤선의 위치에는 민감하지 않다.

댐 및 절토지지저수지는 수위 급강하에 영향을 받을 수 있다. 그림 16.9에 나타나 있는 흙댐을 생각했을 때 저수지가 물로 가득 차있는 경우는 댐 내부의 지하수위는 저수지의 수위와 평형하게 유지될 것이다. 만약 물이 빠른 속도로 빠지면 저수지의 수위는 하강하지만 댐에서의 지하수위는 조금만 변할 것이다. 세립토에서 낮은 투수성 때문에 수위하강이 몇 주에 걸쳐서 발생한다. 저수지에서 물의 수평방향 지지력이 더 이상 존재하지 않고 댐에서의 간극수압이 높기 때문에 FS는 감소할 것이다. 최악의 경우는 빠르고 완전한 수위하강의 경우이다. 만약 수위하강이 국부적으로 발생하고 그 상태가 유지되면 침윤선이 계속해서 바뀌어 간극수압외 침투력(간극수압의 변화로 발생)이 추가적으로 발생될 것이다.

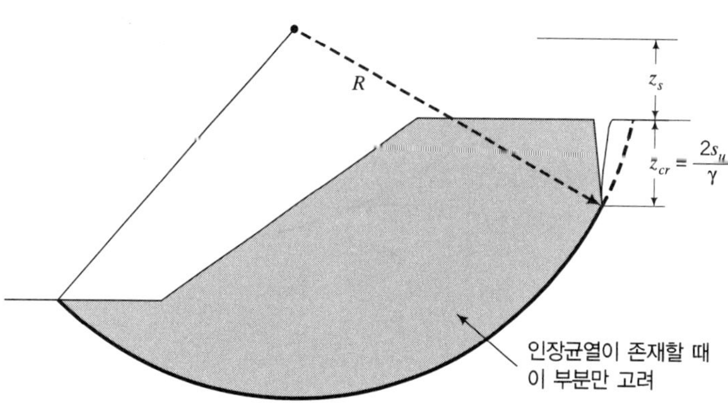

그림 16.8 활동면에 인장균열의 영향.

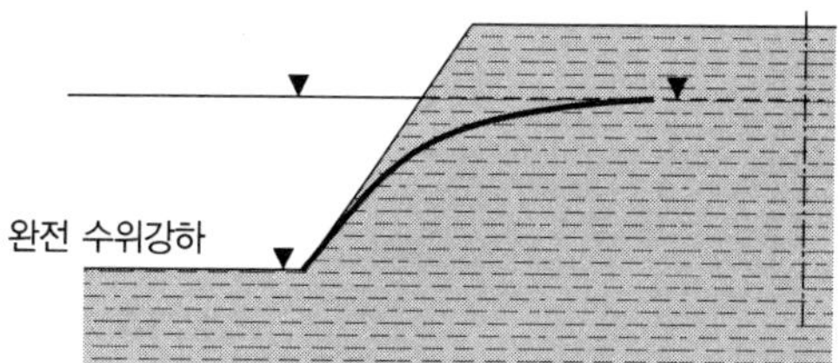

그림 16.9 저수지에서 수위 급강하.

16.10 절편법의 순서

컴퓨터 프로그램 활용

www.wiley.com/college/budhu의 Chapter 16에서 원호 및 비원호 사면파괴 해석에 대한 스프레드시트 "slope.xls"에 접속. www.grow.arizona.edu에서 "slopes"를 검색하여 사면안정 프로그램 중의 하나를 실행.

그림 16.10에 나타나있는 바와 같이 절편법을 사용하여 사면의 안전율을 결정하기 위한 절차는 다음과 같다:

1. 적당한 축척으로 사면을 작도하고 외부하중의 위치와 크기를 표시한다.

2. 가상파괴면을 작도하고 활동원의 중심을 확인한다.

3. 필요하면 침윤선을 작도한다(제 14장).

4. 흙이 세립토라면 인장균렬의 깊이를 계산하고 예상 위치를 표기한다. 산마루에서 시작하는 인장균열의 깊이와 일치하는 예상 파괴면상의 지점을 찾을 수 있다.

5. 파괴면 위의 흙을 임의로 여러 개의 절편으로 나눈다. 대부분의 경우 5개 이상의 절편이 요구된다.

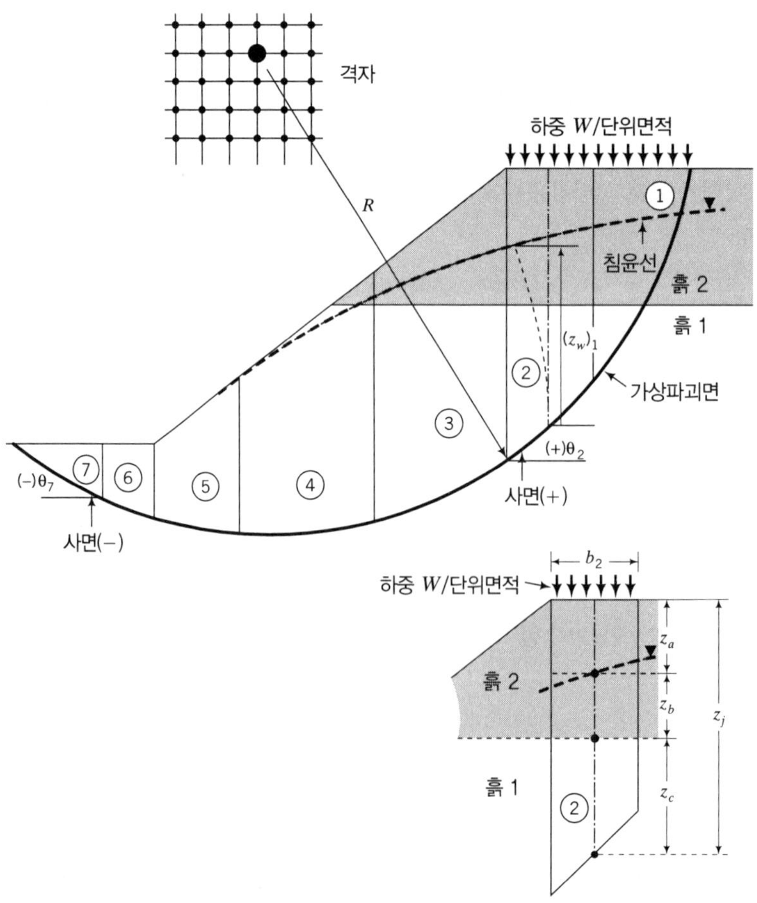

그림 16.10 절편법.

6. 각 절편에 대해

(a) 폭 b_j를 측정한다.

(b) 외부하중을 포함한 절편의 전체하중 W_j를 구한다. 예를 들어, 그림 16.10에 나타나 있는 바와 같이 두 개의 토층에 대해서 절편 ② (j = 2)의 하중은 $W_2 = b_2[q_s + z_a(\gamma)_{s2} + z_b(\gamma_{sat})_{s2} + z_c(\gamma_{sat})_{s1}]$이고 여기서 s_1과 s_2는 토층 1과 2, q_s는 단위면적당 표면 하중, 그리고 z_a, z_b, z_c는 그림 16.10에 나타난 바와 같이 평균높이를 의미한다.

(c) 각각의 절편에 대한 경사각 θ_j를 측정하거나 만약 길이 $l_j[\theta_j = \cos^{-1}(b_j/l_j)]$를 측정하였다면 경사각을 계산할 수 있다. 활동원의 중심의 왼쪽각도는 음 (−)의 값을 가지기 때문에 경사각 θ_j의 값은 음 (−)이 될 수도 있다. 예를 들어, 절편 ⑦ 에 대한 θ의 값은 음 (−)이지만 절편 ② 에 대한 θ의 값은 양 (+)이다.

(d) 절편의 수직 중심선과 침윤선과 ~90°에서 교차하는 파괴면의 교차점에서 시작하는 등수두선을 작도한다. 등수두선의 수직거리가 간극수압수두 $(z_w)_j$이다.

(e) $r_u = \gamma_w(z_w)_j / \sum_{j=1}^{n} \gamma_j z_j$ (j = 1에서 n)를 계산한다. 여기서 n은 절편내의 토층의 수이다.

7. 이상으로 안전율을 결정하는데 필요한 변수를 모두 계산하였다. 계산을 수행하기 위해서 표를 준비하거나 스프레드시트 프로그램을 사용할 수 있다. 프로그램도 없이 계산을 용이하게 하기 위해서는 m_j에 대한 그래프(그림 16.11)를 이용할 수 있다. 우선 FS의 값을 지정한 나음 예상 FS와 계산된 FS가 허용오차(≈0.01) 내에서 같은 값이 될 때까지 반복수행 한다. 만약 인장균열이 존재하고 ESA를 고려할 때는 인장균열 상부 절편에 대해서 $W_j \sin\theta_j$는 그대로 두고 $W_j(1 - r_u)(\tan\phi'_j)_{mj}$를 0으로 설정한다; TSA에 대해서는 인장균열 상부 절편에 대해서 $W_j \sin\theta_j$는 그대로 두고 s_u = 0으로 설정한다.

8. 가장 작은 안전율을 구할 때까지 항목 2에서 7까지 반복수행 한다. 가상파괴면의 수를 줄이기 위해 사용되는 몇 가지의 기술이 있다. 하나는 격자를 그리고 각 절점을 활동원의 중심으로 선택적으로 사용하는 것이다. 상업적으로 이용되는 프로그램은 최소안전율을 가진 파괴면에 대한 검색을 최적화하기 위해 여러 방법을 사용한다.

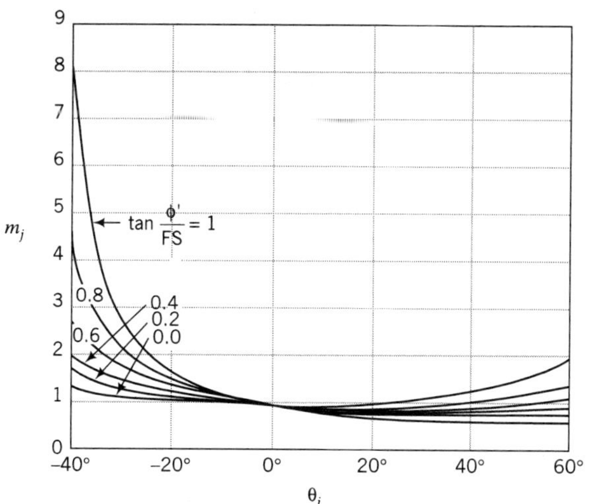

그림 16.11 Bishop법에 사용되는 m_j.

THE ESSENTIAL POINT ARE

1. 균열된 과압밀세립토를 제외한 ϕ'는 ϕ'_{cs}이고 균열된 과압밀세립토에 대해서는 $\phi' = \phi'_r$를 사용해야 한다. s_u의 보수적인 값을 사용하고 이러한 값은 직접전단시험을 통해서 이상적으로 구할 수 있다.
2. 세립토의 인장균렬은 사면의 안전율을 감소시킨다. 인장균열은 또한 침투력을 발생시키고 토층 하부를 약하게 만드는 물의 통로를 제공한다.
3. 저수지 등 많은 양의 물과 접하는 곳의 사면안정에 대해서 환경 조건의 영향을 고려해야만 한다.

예제 16.3 Bishop법을 사용한 사면안정

그림 E16.3a에 있는 사면의 안전율을 구하기 위해 Bishop간편법을 사용하라. 침윤선 위의 흙은 포화되어 있다고 가정하고 다음의 세 가지 경우에 대해서 고려하라. Case 1 – 인장균열이 없는 경우, Case 2 – 인장균열이 있는 경우, Case 3 – Case 2에서의 인장균열에 물이 채워져 있을 때.

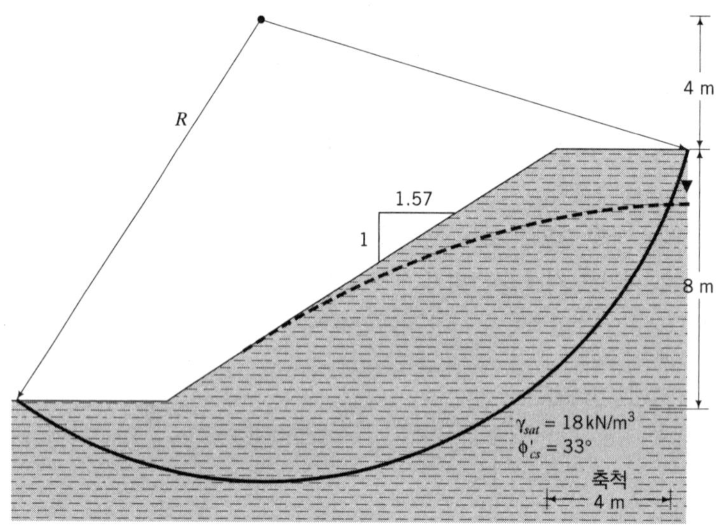

그림 E16.3a

핵심전략 16.10절의 절차에 따라서 계산을 수행하기 위해 표를 만든다. 만약 스프레드시트 프로그램이 있다면 그것을 사용한다. 이 문제의 해답을 위해서 저자는 엑셀을 이용했다. 사면을 절편으로 나누기 전에 인장균열의 깊이를 결정하고 사면의 산마루에 그것을 위치시킨다.

풀이 16.3

Step 1 : 축척에 맞춰서 그림을 다시 작도.
그림 E16.3b 참조

Step 2 : 인장균열의 깊이 결정.

$$z_{cr} = \frac{2s_u}{\gamma} = \frac{2 \times 30}{18} = 3.33\ \text{m}$$

Step 3 : 사면을 몇 개의 절편으로 분할.

산마루에서 z_{cr}과 같은 깊이의 파괴면까지의 거리를 구하고 인장균열을 측면 절편에 작도한다. 그림 E16.3b에서 활동토괴는 9개의 절편으로 분할되었다.

Step 4 : 스프레드시트 설정.

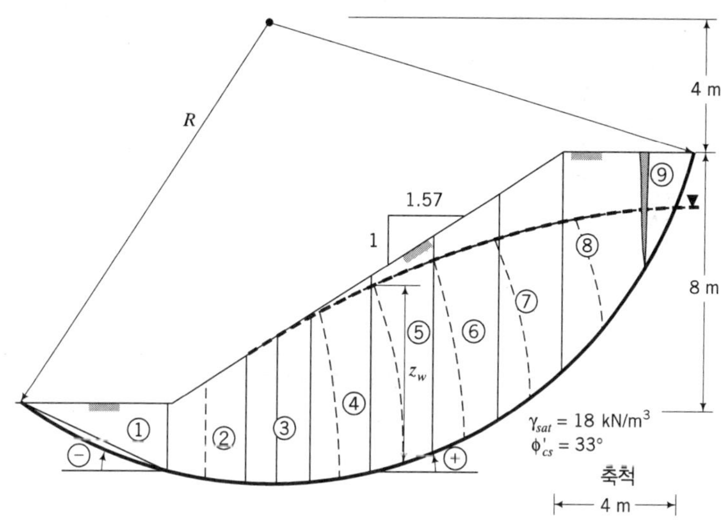

그림 E16.3b

표 E16.3 Bishop의 간편법

균질한 흙

s_u	30 kPa
ϕ'	33°
γ_w	9.8 kN/m^3
γ_{sat}	18 kN/m^3
z_{cr}	3.33 m
FS	1.05 가정

인장균열이 없는 경우

절편	**b** (m)	**z** (m)	**W = γbz** (kN)	**z_w** (m)	**r_u**	**θ** (deg)	**m_j**	**W sin θ**	ESA: **$W(1 - r_u)(\tan\phi')m_j$**	TSA: **$s_u b/\cos\theta$**
1	4.9	1	88.2	1	0.54	−23	1.47	−34.5	38.3	159.7
2	2.5	3.6	162.0	3.6	0.54	−10	1.14	−28.1	54.6	76.2
3	2	4.6	165.6	4.6	0.54	0	1.00	0.0	49.0	60.0
4	2	5.6	201.6	5	0.49	9	0.92	31.5	62.1	60.7
5	2	6.5	234.0	5.5	0.46	17	0.88	68.4	72.2	62.7
6	2	6.9	248.4	5.3	0.42	29	0.85	120.4	80.1	68.6
7	2	6.8	244.8	4.5	0.36	39.5	0.86	155.7	87.6	77.8
8	2.5	5.3	238.5	2.9	0.30	49.5	0.90	181.4	97.5	115.5
9	1.6	1.6	46.1	0.1	0.03	65	1.02	41.8	29.6	113.6
							Sum	536.6	570.9	794.8
								FS	**1.06**	**1.48**

(계속)

인장균열이 있는 경우

FS = 1 가정됨

절편	b (m)	z (m)	$W = \gamma bz$ (kN)	z_w (m)	r_u	θ (deg)	m_j	$W \sin\theta$	ESA $W(1 - r_u)(\tan\phi')m_j$	TSA $s_u b/\cos\theta$
1	4.9	1	88.2	1	0.54	−23	1.50	−34.5	39.1	159.7
2	2.5	3.6	162.0	3.6	0.54	−10	1.15	−28.1	55.0	76.2
3	2	4.6	165.6	4.6	0.54	0	1.00	0.0	49.0	60.0
4	2	5.6	201.6	5	0.49	9	0.92	31.5	61.8	60.7
5	2	6.5	234.0	5.5	0.46	17	0.87	68.4	71.5	62.7
6	2	6.9	248.4	5.3	0.42	29	0.84	120.4	78.9	68.6
7	2	6.8	244.8	4.5	0.36	39.5	0.84	155.7	85.8	77.8
8	2.5	5.3	238.5	2.9	0.30	49.5	0.87	181.4	95.1	115.5
9	1.6	1.6	46.1	0.1	0.03	65	0.99	41.8	0.0	0.0
							Sum	536.6	536.2	681.2
								FS	**1.00**	**1.27**

인장균열부분이 물로 채워진 경우

R = 14.3 m
TCM/R = 23.7 kN
FS = 0.95 가정됨

절편	b (m)	z (m)	$W = \gamma bz$ (kN)	z_w (m)	r_u	θ (deg)	m_j	$W \sin\theta$	ESA $W(1 - r_u)(\tan\phi')m_j$	TSA $s_u b/\cos\theta$
1	4.9	1	88.2	1	0.54	−23	1.53	−34.5	39.9	159.7
2	2.5	3.6	162.0	3.6	0.54	−10	1.15	−28.1	55.3	76.2
3	2	4.6	165.6	4.6	0.54	0	1.00	0.0	49.0	60.0
4	2	5.6	201.6	5	0.49	9	0.91	31.5	61.5	60.7
5	2	6.5	234.0	5.5	0.46	17	0.86	68.4	70.9	62.7
6	2	6.9	248.4	5.3	0.42	29	0.83	120.4	77.8	68.6
7	2	6.8	244.8	4.5	0.36	39.5	0.83	155.7	84.3	77.8
8	2.5	5.3	238.5	2.9	0.30	49.5	0.86	181.4	93.0	115.5
9	1.6	1.6	46.1	0.1	0.03	65	0.96	41.8	0.0	0.0
							Sum	536.6	531.7	681.2
								FS	**0.95**	**1.22**

Step 5 : 요구되는 값을 도출.

16.10의 절차에 따라 하중 $W = \gamma_{sat}bz$이고 인장균열이 고려되었을 때 절편 ⑨ 의 전단저항은 무시된다. 인장균열이 물로 채워져 있을 때 인장균열에서 정수압의 모멘트는 다음과 같다.

$$\text{TCM} = \frac{1}{2}\gamma_w z_{cr}^2\left(z_s + \frac{2}{3}z_{cr}\right)$$

ESA에 대해 FS 값을 가정하고 계산된 값이 가정치와 일치할 때까지 가정 FS 값을 바꾼다.

Step 6 : 안전율 비교.

조건	FS ESA	 TSA
인장균열이 없는 경우	1.06	1.48
인장균열이 있는 경우	1.00	1.27
인장균열부분이 물로 채워진 경우	0.95	1.22

가장 작은 안전율은 인장균열이 물로 채워져 있고 ESA를 사용했을 때 발생했다. 물론 사면은 FS < 1이기 때문에 파괴될 것이다.

예제 16.4 두 개의 토층이 있는 사면에 대해서 Bishop법을 사용한 사면안정

그림 E16.4에 나타낸 사면의 안전율을 구하라. 인장균열은 없다고 가정하라.

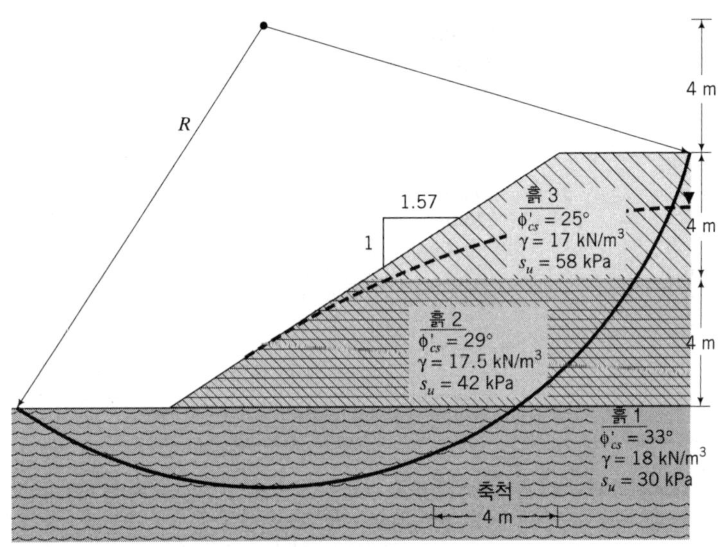

그림 E16.4a

핵심전략 예제 16.3에 설명된 전략과 동일한 방법으로 계산하라.

풀이 16.4

Step 1 : 축척에 맞춰서 그림을 다시 작도한다.
그림 E16.4b 참조

Step 2 : 그림 E16.4b에 나타낸 것처럼 사면을 몇 개의 절편으로 분할한다.

Step 3 : 스프레드시트 설정한나.
표 E16.4 참조

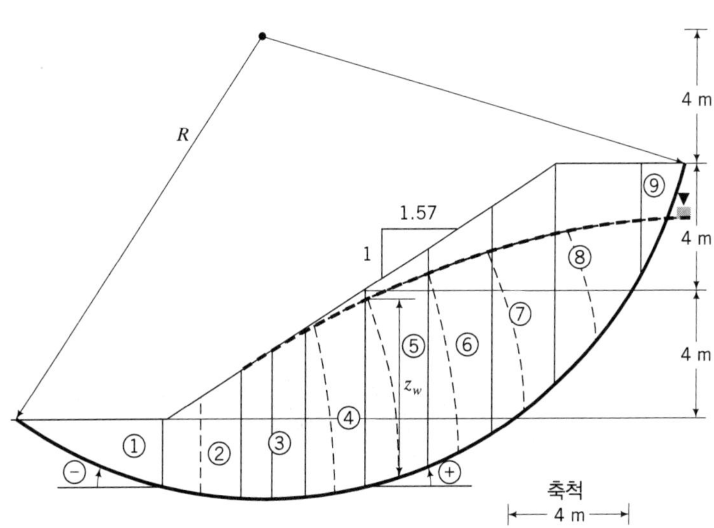

그림 E16.4b

표 E16.4 3개 토층

	흙 1	흙 2	흙 3	
s_u	30	42	58	kPa
ϕ'	33°	29°	25°	
γ_w	9.8			kN/m³
γ_{sat}	18	17.5	17	kN/m³
FS	1.01	가정		

절편	b (m)	z_1 (m)	z_2 (m)	z_3 (m)	$W = \gamma bz$ (kN)	z_w (m)	r_u	θ (deg)	m_j	$W \sin\theta$	ESA: $W(1 - r_u)(\tan\phi')m_j$	TSA: $s_u b/\cos\theta$
1	4.9	1	0	0	88.2	1	0.54	−23	1.49	−34.5	39.0	159.7
2	2.5	2.3	1.3	0	160.4	3.6	0.55	−10	1.15	−27.8	53.7	76.2
3	2	2.4	2.2	0	163.4	4.6	0.55	0	1.00	0.0	47.6	60.0
4	2	2	3.6	0	198.0	5	0.49	9	0.92	31.0	59.7	60.7
5	2	0.9	4.1	1.5	226.9	5.5	0.48	17	0.87	66.3	67.6	62.7
6	2	0.8	4.1	2	240.3	5.3	0.43	29	0.84	116.5	74.7	68.6
7	2	0	3.7	3.1	234.9	4.5	0.38	39.5	0.89	149.4	72.6	108.9
8	2.5	0	1.5	3.8	227.1	2.9	0.31	49.5	0.94	172.7	81.1	161.7
9	1.6	0	0	1.6	43.5	0.1	0.04	65	1.19	39.4	23.3	219.6
								Sum		513.1	519.1	978.1
										FS	**1.01**	**1.91**

Step 4 : 요구되는 값을 도출하고 계산을 수행한다. z_1, z_2, z_3을 각각 절편 1, 2, 3의 높이라고 하자. 예를 들어, 절편 ①은 오직 토층1만을 포함하지만 절편 ⑥은 모든 토층을 포함하고 있다. 각각의 절편에 대한 ϕ'_{cs}와 s_u의 적당한 값을 사용한다. 예를 들어, 토층 1에 대해 $\phi'_{cs} = 30°$, $s_u = 30$ kPa을 절편 ①에서 ⑥까지 적용할 수 있다. 반면에, $\phi'_{cs} = 24°$, $s_u = 58$ kPa을 절편 ⑨에 적용할 수 있다.

예제 16.5 Janbu법을 사용한 사면안정

조립토로 구성된 성토가 포화점토상에 시공되었다. 그림 E16.5a에 나타나 있는 것처럼 비원호파괴를 가정하고, ESA를 사용하여 사면의 안전율을 구하라. 지하수위는 가상파괴면 하부에 위치한다.

핵심전략 비원호파괴가 가정되었기 때문에 Janbu방법을 사용한다. 지하수위는 파괴면 하부에 위치하기 때문에 $r_u = 0$이다.

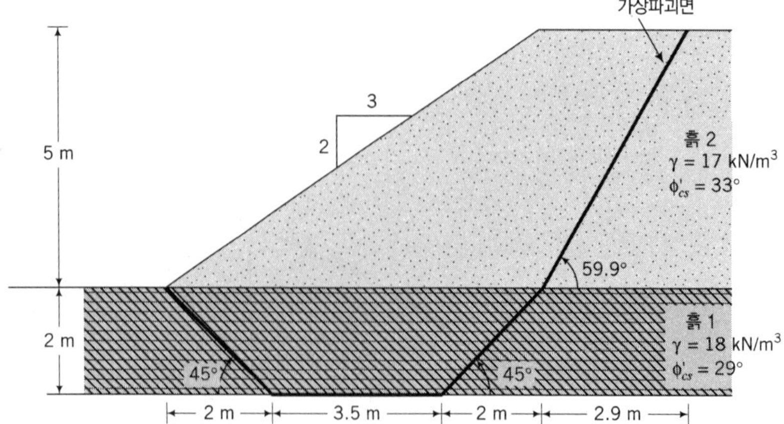

그림 E16.5a

풀이 16.5

Step 1 : 축척에 맞춰서 그림을 다시 작도한다.
그림 E16.5b

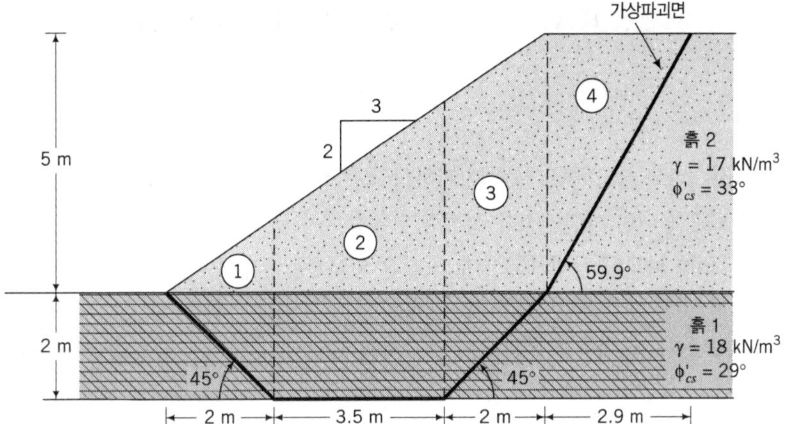

그림 E16.5b

Step 2 : 사면을 몇 개의 절편으로 분할한다.
이 경우에는 4개의 절편으로 충분하다.

Step 3 : 요구되는 변수를 도출한다.

Step 4 : 계산을 수행한다.
표 E16.5에 나타낸 것처럼 스프레드시트를 사용한다.

표 E16.5 Janbu법

	흙 1	흙 2	
ϕ'	29°	33°	
γ_w	9.8		kN/m³
γ_{sat}	18	17	kN/m³
d	4.5		m
l	11.5		
d/l	0.39	f_o	1.06
FS	1.04	가정	

								ESA
절편	b (m)	z_1 (m)	z_2 (m)	$W = \gamma bz$ (kN)	θ (deg)	m_j	$W \tan\theta$	$W \tan\phi' (\cos\theta)\, m_j$
1	2	1	0.7	59.8	−45	3.03	−59.8	71.0
2	3.5	2	2.5	274.8	0	1.00	0.0	152.3
3	2	1	4.3	182.2	45	0.92	182.2	65.9
4	2.9	0	2.5	123.3	59.9	0.95	212.6	38.9
						Sum	335.0	328.0
							FS	**1.04**

What's next... 균질한 토층에서 단순한 기하학적 구조를 가진 사면안정을 빨리 추정하기 위해서 도표를 이용할 수 있다. 다음 절에서는 일반적으로 이용하는 도표에 대해서 서술한다.

16.11 기하학적으로 단순한 사면의 안정

16.11.1 Taylor 법

식 (16.34)에 표현되어 것을 TSA를 이용하여 사면안정을 고려해 보자. 식 (16.34)를 다음과 같이 다시 표현하면

$$FS = N_o \frac{\Sigma(s_u)_j}{\Sigma(\gamma z)_j} \tag{16.45}$$

여기서 N_o를 안정수라고 하고 주로 사면의 기하학적 구조에 의존한다. Taylor(1948)는 단단한 토층 또는 암반을 기저로 한 균질한 토층에 대한 사면안정을 결정하기 위한 차트를 만들기 위해 식 (16.45)를 도입했다. 그는 인장균열은 없고 회전활동에 의해 파괴가 발생하고 성토와 같은 외부하중은 없으며 사면 외부에는 저수지와 같은 물이 없다고 가정하였다.

그림 16.12을 참조하여 TSA를 이용한 균질한 토층의 사면안정을 결정하기 위한 Tayor의 안정도표의 사용 절차는 다음과 같다:

1. $n_d = D_o/H_o$를 계산한다. 여기서 D_o는 선단에서 단단한 토층의 상부까지의 깊이이고 H_o는 사면의 높이이다.
2. $N_o = \text{FS}(\gamma H_o/s_u)$를 계산한다.
3. n_d와 N_o의 교차점에서 α_s의 값을 읽는다.

기존의 사면의 안전율을 확인하길 원하면 다음의 절차에 따른다:

1. $n_d = D_o/H_o$를 계산한다.

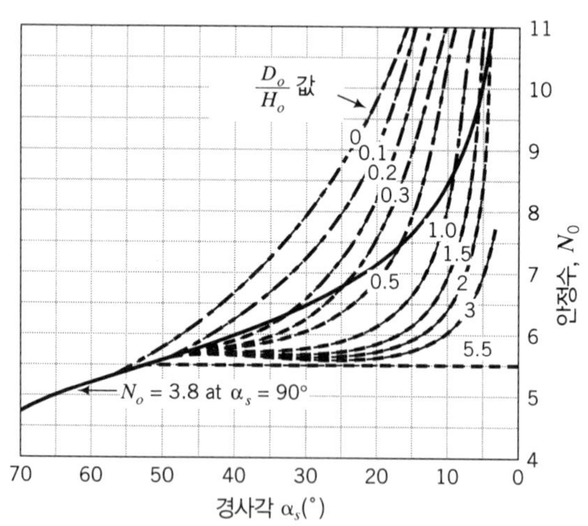

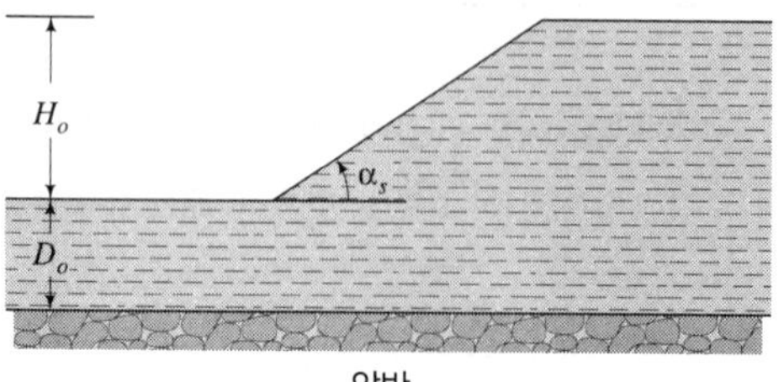

그림 16.12 단순사면의 안정성을 결정하기 위한 Taylor도표.

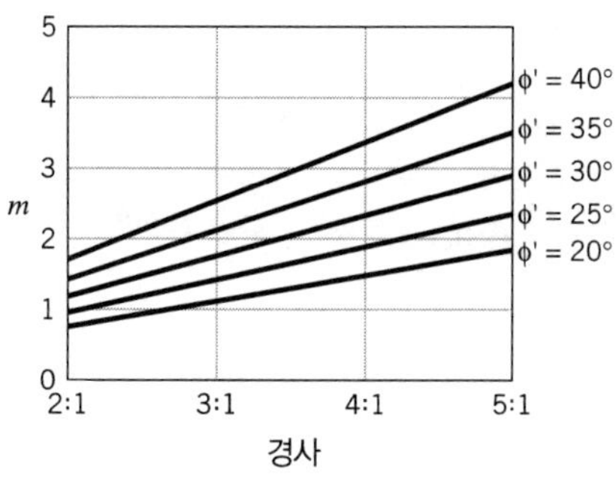

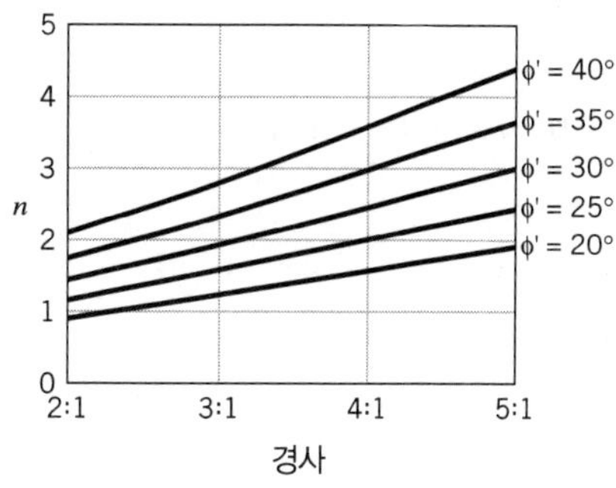

그림 16.13 Bishop–Morgenstern법의 m과 n 값.

2. α_s와 n_d의 교차점에서 N_o의 값을 읽는다.

3. $\text{FS} = \dfrac{N_o s_u}{\gamma H_o}$를 계산한다.

16.11.2 Bishop-Morgenstern 법

Bishop과 Morgenstern(1960)은 Bishop간편법을 이용하여 단순한 기하학적 구조를 가진 균질한 사변에 대해 다수의 도표를 제안하였다. 식(16.30)을 다음과 같이 나타냈다.

$$\text{FS} = m - nr_u \tag{16.46}$$

여기서 m과 n은 마찰각과 사면의 기하학적 구조에 의존하는 안정계수(그림 16.13)이다.

Bishop-Morgenstern법을 사용하기 위한 절차는 다음과 같다:

1. 원호파괴면을 가정한다.

2. 침윤선을 작도한다(제14장)

3. $r_u = \gamma_w(z_w)_j/(\gamma_j z_j)$를 계산한다(그림 16.10 참조). 활동토괴 내에서 r_u의 가중평균치를 사용한다. r_u값의 일반적인 범위는 $\frac{1}{3}$에서 $\frac{1}{2}$이다.

4. $\phi' = \phi'_{cs}$와 가정된 사면 경사각으로 그림 16.13에서 m과 n의 값을 결정한다.

5. 식 (16.46)을 사용하여 FS를 계산한다.

예제 16.6 Taylor법을 사용한 사면안정

그림 E16.6에 나타낸 사면안전율을 구하라.

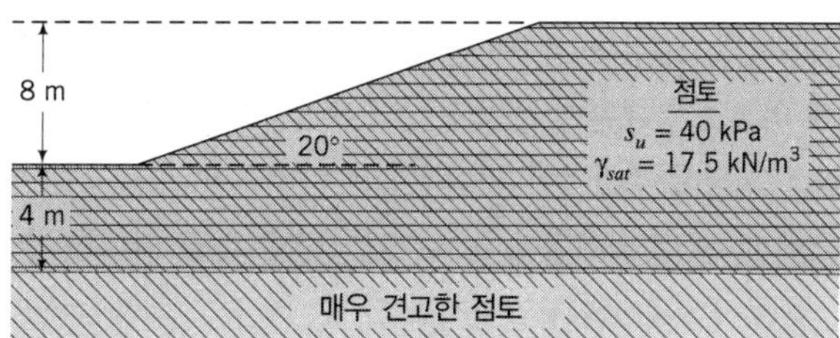

그림 E16.6

핵심전략 16.11 절에 설명된 절차에 따라 계산한다.

풀이 16.6

Step 1 : n_d 계산한다.

$H_o = 8$ m, $D_o = 4$ m.

$$n_d = \frac{D_o}{H_o} = \frac{4}{8} = 0.5$$

Step 2 : N_o 결정한다.

그림 16.12에서 $\alpha_s = 20$, $n_d = 0.5$에 대해서 $N_o = 6.8$이다.

Step 3 : FS 계산한다.

$$\text{FS} = \frac{N_o s_u}{\gamma H_o} = \frac{6.8 \times 40}{17.5 \times 8} = 1.94$$

예제 16.7 Bishop-Morgenstern법을 사용한 사면안정

그림 E16.7에 나타낸 사면의 안전율을 구하라.

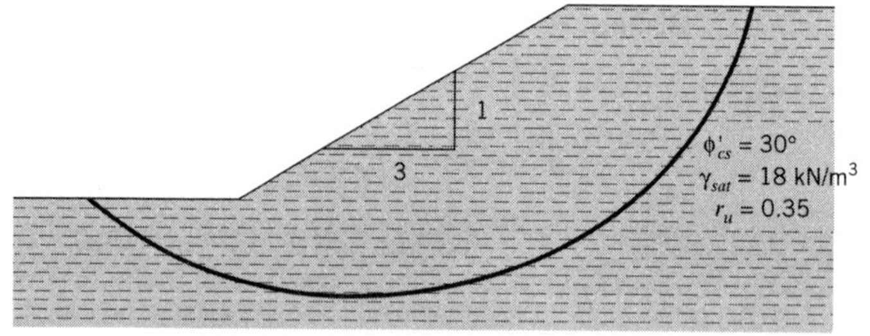

그림 E16.7

핵심전략 Bishop-Morgenstern(1960)의 도표와 식을 사용한다. 16.11 절에 설명된 절차에 따라 계산한다.

풀이 16.7

Step 1 : m과 n의 결정한다.

그림 16.13에서 3: 1의 사면경사와 $\phi'_{cs} = 30°$에 대해서 $m = 1.73$, $n = 1.92$이다.

Step 2 : FS 계산한다.

$$\text{FS} = m - nr_u = 1.73 - 1.92 \times 0.35 = 1.06$$

16.12 안전율(FS)

사면의 안전율은 지질학적 조건, 인구밀도, 기존 및 시공예정인 구조물, 토질정수의 신뢰도, 지하수와 환경적 조건, 그리고 자연재해 등 여러 많은 요인에 의존하기 때문에 사면에 대한 특정한 FS를 구체화하는 것은 어렵다. 결과적으로 어떤 안전율을 사용할 것인가 결정은 지극히 주관적이다. 안전율의 일반적인 범위는 1.15 에서 1.5이다. 광산업에서 광미댐 (tailing dam)은 FS ≈ 1.1에서 1.2로 설계된다. 고속도로 시공을 위한 절토와 같은 일반적인 사면에 대해서는 FS ≈ 1.3이 적용된다. 댐에 대해서는 FS ≈ 1.4가 일반적이다.

16.13 요약

이 장에서는 간단한 사면에 대한 안정성을 조사하였다. 사면파괴는 종종 치명적이고 광범위한 지역에 그 영향을 미치며 많은 인명피해의 원인이 될 수 있다. 사면은 보통 자연적인 원인(침식, 침투, 지진 등)과 건설활동(굴착, 지표면의 변화 등)에 의해 파괴된다. 그 해석은 몇몇의 가정을 단순화 시킨 한계평형해석에 기초한다. 사면안정을 평가하는 데는 신중한 판단과 경험이 필요하다. 어떤 지역의 지질학적 특성은 사면안정을 결정하는데 특히 중요하다. 또 세립토 사면에 대해서는 유효응력해석 및 전응력해석, 조립토 사면에 대해서는 유효응력해석을 고려해야만 한다. 사면안정 해석에서 주된 오류의 원인은 전단강도정수, 특히 s_u와 간극수압의 결정에서 발생한다.

자력평가

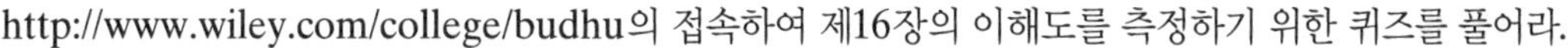
http://www.wiley.com/college/budhu의 접속하여 제16장의 이해도를 측정하기 위한 퀴즈를 풀어라.

실용예제

예제 16.8 운하 건설을 위한 사면의 설계

주택단지 조성사업의 일환으로 배수와 휴양을 위해 호수가 요구된다. 그림 E16.8은 해당지역의 지층단면을 보여주고 과거 기상기록과 인근의 배수상태를 기초로 조사한 결과, 수위는 2 m까지 변동될 것으로 예상된다. 1 (V): 1.5 (H) 경사로 사면을 건설할 계획이다. 이 사면의 안정성을 평가하라.

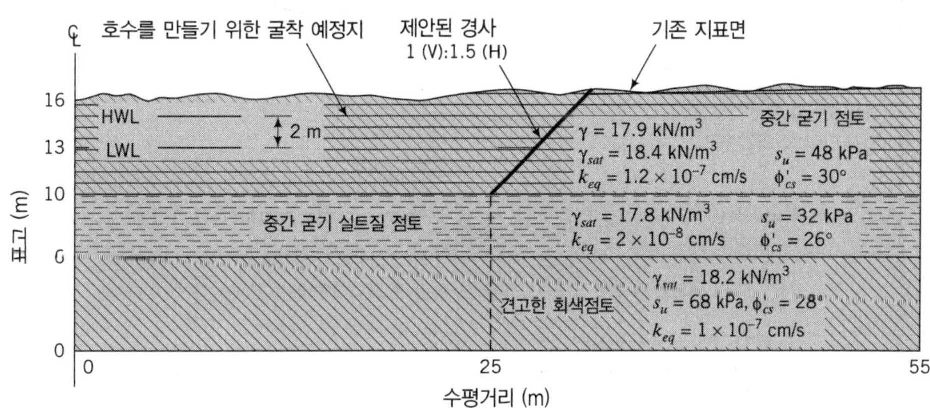

그림 E16.8a

핵심전략 사면안정 프로그램을 이용하는 것이 최선이다. http://geo.verruijt.net에서 자유롭게 사용할 수 있는 프로그램 STB2006을 구할 수 있다. 이 프로그램은 Bishop간편법을 기초로 하고 점착력이 있고 마찰(cohesive-frictional)이 있는 흙을 다룬다. 이 프로그램을 이용해서 비배수상태를 고려할 때는 점착력에 대해 비배수전단강도를 입력하고 0의 마찰각을 입력한다. 최악의 조건은 호수의 바닥까지 급격한 수위하강가 발생하는 경우이다.

풀이 16.8

Step 1 : 자료를 입력한다.

두 가지 경우에 대해서 조사한다. 첫 번째는 저수위 (LWL)까지 급격한 수위하강이고 나머지 하나는 침투응력(프로그램은 침투력을 고려하지 않는다)을 무시한 점진적인 수위하강이다. 가장 심각한 경우는 호수바닥까지 급격한 수위하강이다. 여기서 호수의 수위를 LWL에 유지시킨다고 가정하고 그림 E16.8b와 c에 나타나있는 바와 같이 각각의 토층 상부와 사면 및 호수 내의 지하수위를 설정하기 위한 절점을 정의한다.

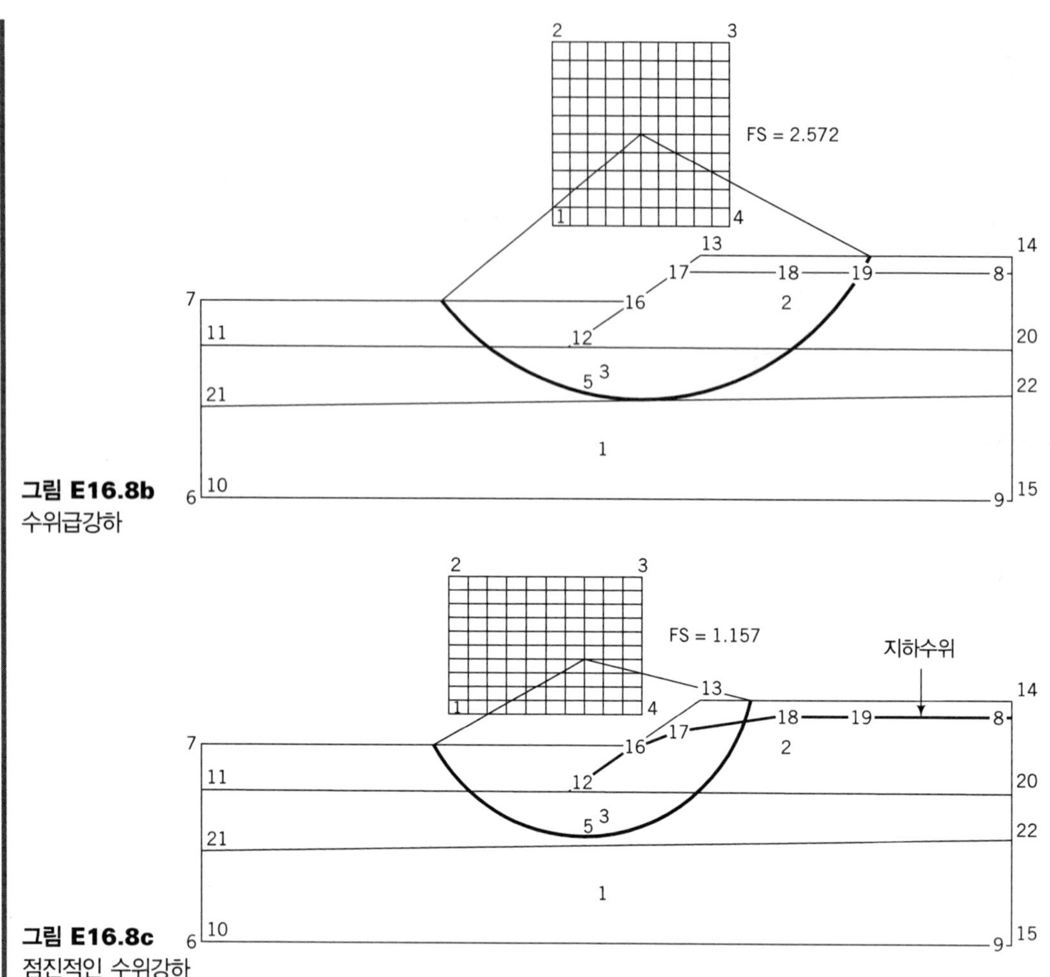

그림 E16.8b 수위급강하

그림 E16.8c 점진적인 수위강하

Case 1: 수위하강이 급격히 진행 될 때 사면내의 수위는 일정하게 유지되지만 호수내의 물은 저조위까지 저하한다. 이때 비배수 상태라고 가정할 수 있다. 강도정수는 비배수전단강도이고 입력 토질정수의 일부 목록이 표 E16.a에 나타나 있다. STB2006실행될 때 사용된 기호를 보기 위해서는 "help"를 클릭한다.

표 E16.8a 수위급강화

흙의 특성값

Soil	Wd kN/m³	Ws kN/m³	Ko –	s_u (*c*) kN/m²	phi degrees
1	18.200	18.200	1.000	68.000	0.000
2	17.900	18.400	1.000	48.000	0.000
3	17.800	17.800	1.000	32.000	0.000

절점의 좌표

절점	x	y
1	20.000	18.000
2	20.000	24.000
3	35.000	24.000

표 E16.8a 수위급강화(계속)

Node	x	y
4	35.000	18.000
5		7.000
6	0.000	0.000
7	0.000	13.000
8	55.000	15.000
9	55.000	0.000
10	0.000	0.000
11	0.000	10.000
12	25.000	10.000
13	34.000	16.000
14	55.000	16.000
15	55.000	0.000
16	29.554	13.000
17	32.500	15.000
18	40.000	15.000
19	45.000	15.000
20	55.000	10.000
21	0.000	6.000
22	55.000	7.000

Case 2: 점진적인 수위하강에 대해서는 목표 기간에 대한 사면 내부에서의 지하수위를 추정해야 한다(제 14장 참조). 1년동안의 추정 지하수위는 그림 E16.8c에 나타나있다. 마찰각을 전단강도정수로 사용한다. 점진적인 수위하강에 대한 입력 토질정수는 표 E16.8b에 나타나있다.

표 E16.8b 점진적인 수위강하

흙의 특성값

Soil	Wd kN/m³	Ws kN/m³	Ko —	s_u (c) kN/m²	phi degrees
1	18.200	18.200	1.000	0.000	28.000
2	17.900	18.400	1.000	0.000	30.000
3	17.800	17.800	1.000	0.000	26.000

절점의 좌표

절점	x	y
1	17.000	15.000
2	17.000	24.000
3	30.000	24.000
4	30.000	15.000
5	26.100	7.000
6	0.000	0.000
7	0.000	13.000
8	55.000	15.000
9	55.000	0.000
10	0.000	0.000
11	0.000	10.000
12	25.000	10.000
13	34.000	16.000
14	55.000	16.000
15	55.000	0.000
16	29.554	13.000
17	32.500	14.000
18	40.000	14.800

표 E16.8b 점진적인 수위강하(계속)

절점	x	y
19	45.000	15.000
20	55.000	10.000
21	0.000	6.000
22	55.000	7.000

Step 2 : 프로그램을 실행하고 결과를 평가한다.

STB2006에서 활동원의 중심에 대한 검색영역을 지정해야 한다. 이것은 1에서 4까지의 절점의 좌표를 정의하면 된다. 또한 활동원의 검색 깊이를 정의해야 한다. 이것은 절점 5의 좌표에 의해 지정된다. Case 1에 대한 최소 FS는 2.572(그림 E16.8b)인 반면에 Case 2에 대한 FS는 1.157(그림 E16.8c)이다.

연습문제 EXERCISES

이론문제

16.1 그림 P16.1에 나타나있는 바와 같이 점토사면의 파괴가 예상된다. 점토의 비배수전단강도를 구하기 위한 방정식을 유도하라.

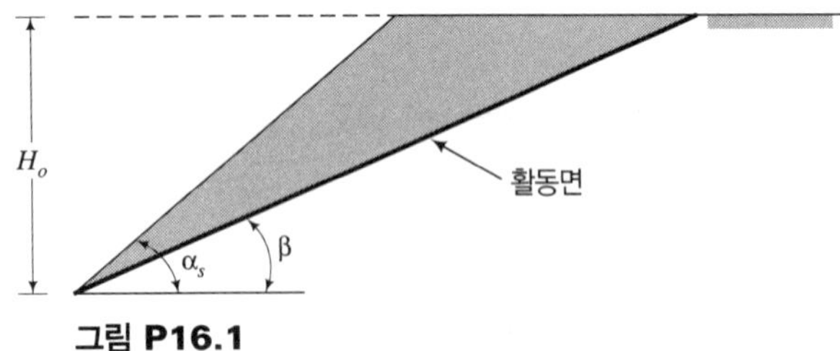

그림 P16.1

16.2 그림 P16.2에서 보여진 메커니즘을 이용하여 사면의 안전율을 구하기 위한 방정식을 유도하라.

16.3 그림 P16.3은 호숫가의 단면을 보여주고 있고 호수의 수위를 2 m 하강시킬 계획이다. 수위하강 이후의 고수위(high water level) 아래의 호숫가의 경사각을 구하라. 무한사면파괴 메커니즘으로 가정해야 할지도 모른다. 모래의 한계상태마찰각(critical state friction angle)은 30° 이다.

기본문제

16.4 그림 P16.4는 고속도로 건설을 위한 절토단면을 보여주고 있다. ESA와 TSA를 사용해서 사면의 안전율을 구하라. 파괴면이 사면선단을 통과하는 활동원의 중심 O를 가정하라.

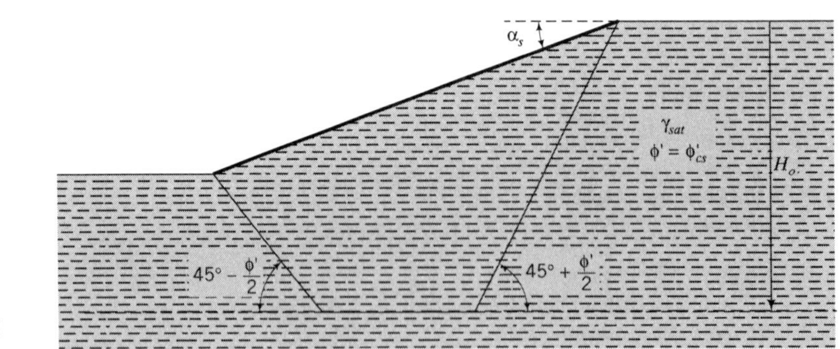

그림 P16.2

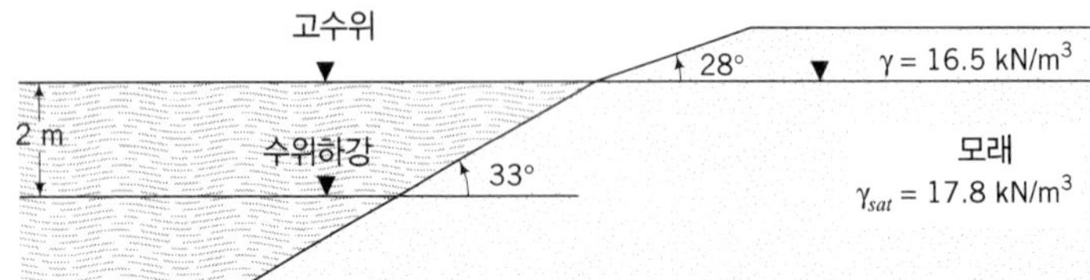

그림 P16.3

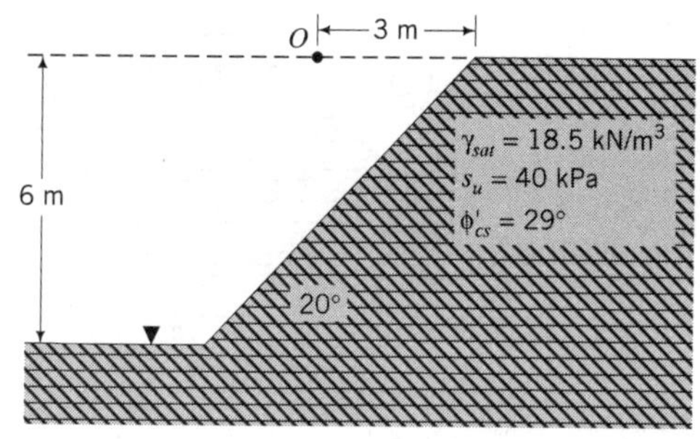

그림 P16.4

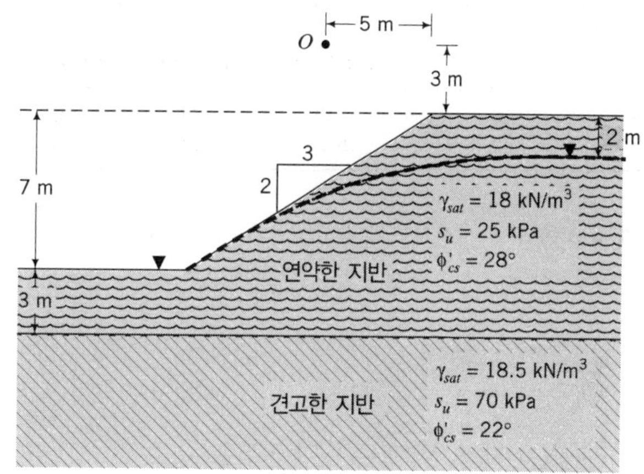

그림 P16.5

16.5 ESA와 TSA를 사용하여 그림 P16.5의 사면의 안전율을 구하라. 활동원의 중심은 O로 표시되어 있고 견고한 지반의 윗부분 선은 파괴면에 접한다.

16.6 다짐된 흙댐이 연약 포화점토위에 건설될 예정이다(그림 P16.6). 성토는 평균건조단위중량 17 kN/m^3, 함수비 15%로 다짐되었다. 성토의 선난강도는 현장상태를 고려하여 다짐한 시료에 대한 CU시험에 의해 결정되었다. 전단강도정수는 s_u = 45 kPa, ϕ'_p = 34°, ϕ'_{cs} = 28°이다. 단순전단시험에 의해 결정된 연약점토의 비배수전단강도의 깊이에 따른 변화는 그림 P16.6에 나타나있고, 한계상태에서 마찰각은 ϕ'_{cs} = 30°이고 연약점토의 평균함수비는 40%이다. Bishop간편법을 사용하여 안전율을 구하라. 인장균열이 성토체에서 발생된다고 가정하라.

16.7 그림 P16.7은 운하의 단면도를 나타내고 있다. (a)기존 상태와 (b)운하에서의 수위하강이 발생할 경우에 대한 안전율을 구하라. Bishop간편법을 사용하고 활동원의 중심은 x = 113 m와 y = 133 m이다. 암반면이 파괴면과 접한다. 지하수위 상부의 흙은 포화되었다고 가정하라. 토질정수는 다음과 같다:

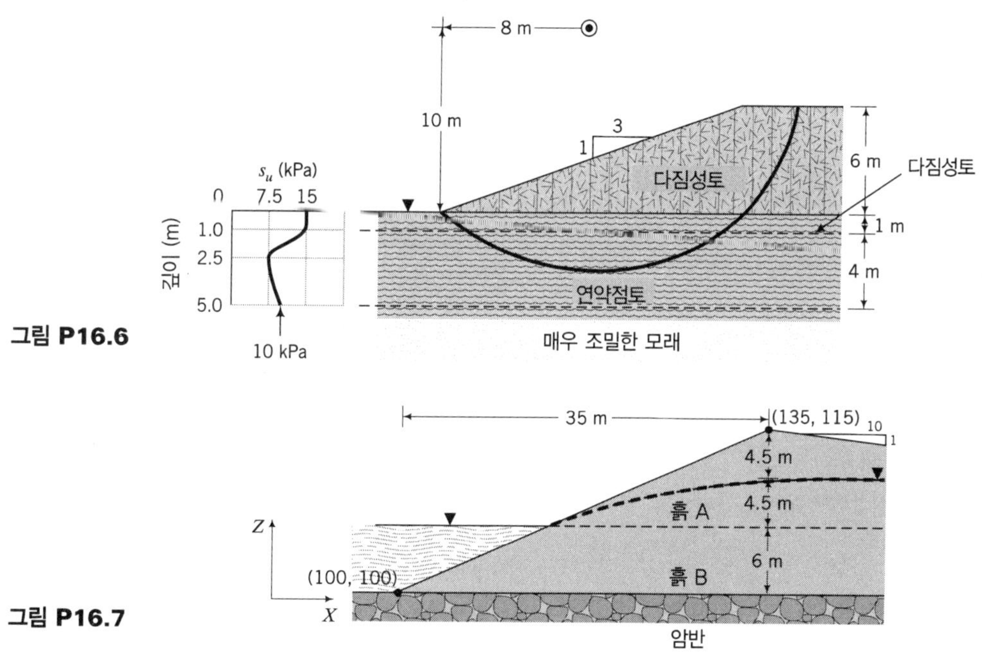

그림 P16.6

그림 P16.7

흙	종류	γ_{sat} (kN/m³)	s_u (kPa)	ϕ'_{cs} (degrees)
A	점토	17.8	34	30
B	점토	18.0	21	28

16.8 Janbu법을 사용하여 그림 P16.8에 나타낸 사면의 안전율을 결정하라. 지하수위 상부의 흙은 포화되었다고 가정하라.

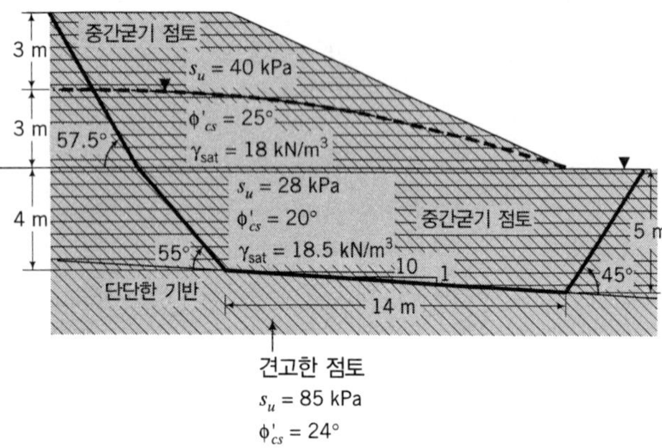

그림 P16.8

16.9 Taylor법을 사용하여 그림 P16.9에 나타낸 사면의 안전율을 결정하라.

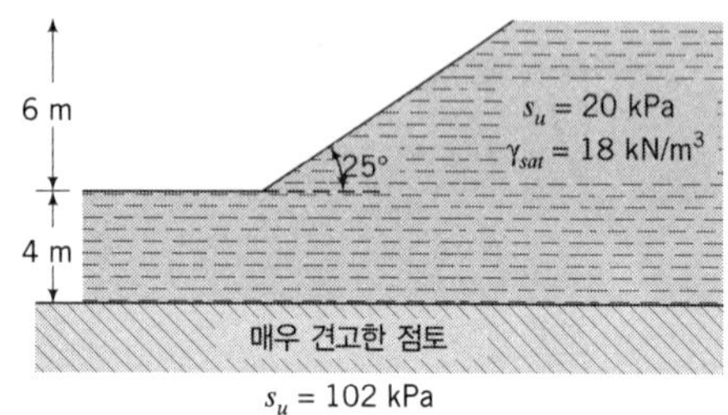

그림 P16.9

16.10 FS = 1.25에 대하여 Taylor법을 사용하여 그림 P16.10에 나타낸 사면의 경사각을 구하라.

16.11 Bishop-Morgenstern법을 사용하여 $r_u = 0.25$, $\phi'_{cs} = 27°$인 2:1경사의 사면안전율을 구하라.

실용문제

16.12 어떤 지역의 토층은 그림 P16.12와 같다. 사면을 도로건설을

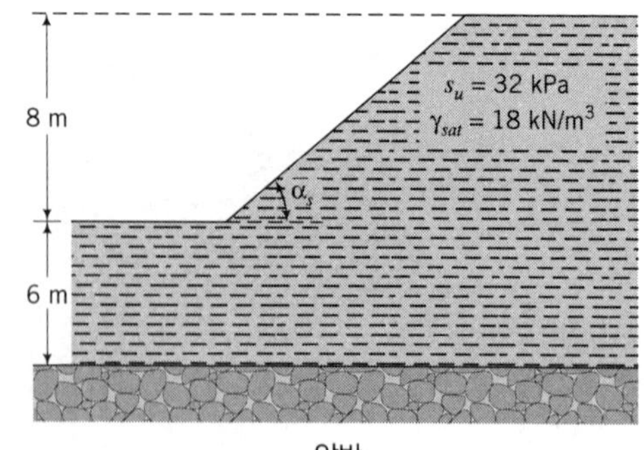

그림 P16.10

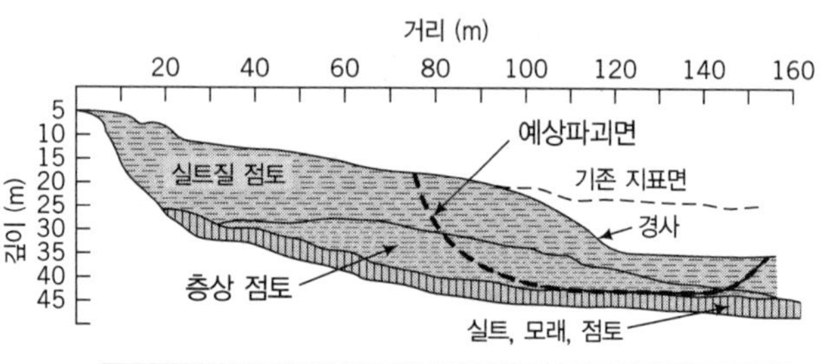

흙	전단 강도 정수		단위 중량
	s_u (kPa)	ϕ'_{cs}	γ_{sat} (kN/m³)
실트질 점토	22	25°	17
층상점토	48	22°	18
실트, 모래, 점토	0	23°	17.5

그림 P16.12

용이하게 하기 위해 절토할 것이다. 사면예상 파괴면은 그림 P16.12에 나타나있다. 안전율을 구하라. 전단강도정수는 직접전단시험에 의해 구하였다.

16.13 그림 P16.13은 제방의 단면을 보여주고 있다. (a)제방의 안정성을 어떻게 결정할 것인지 설명하라. 고려할 하중조건에 대해서 충분한 근거를 제시하여야 한다. (b) STB2006과 같은 사면안정 프로그램을 사용하여 안정성해석을 수행하라. 그림 P16.13b는 중간-연약 점토에 대한 베인전단시험(vane shear test) 결과를 나타낸다. 평균함수비는 40%이다. (c)만약 상류경사가 수중침식(scouring)의 대상이 되고 그 경사를 변경할 수 있다면, 그것을 보호하기 위해 사용할 방법을 연구하고 설명하라. 그림 P16.13a에 나타낸 강도정수에서 아래첨자 p와 cs는 각각 첨두(peak) 및 한계상태(critical state)를 나타낸다.

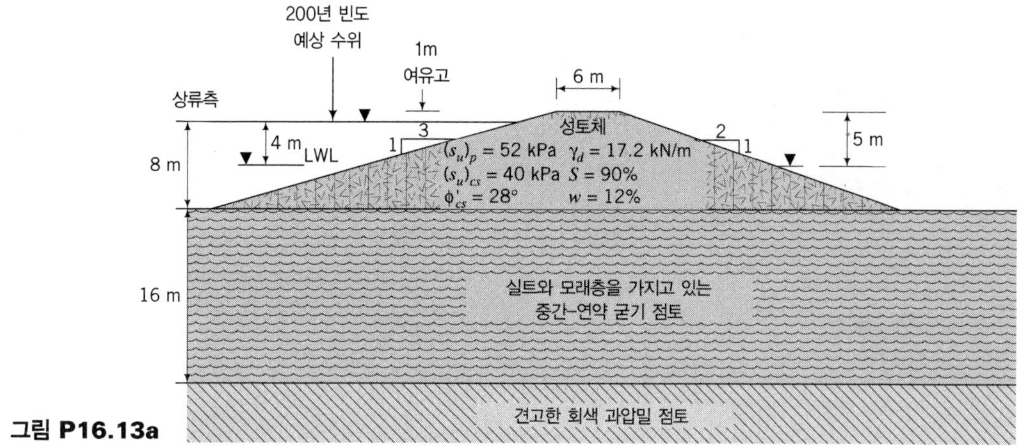

그림 P16.13a

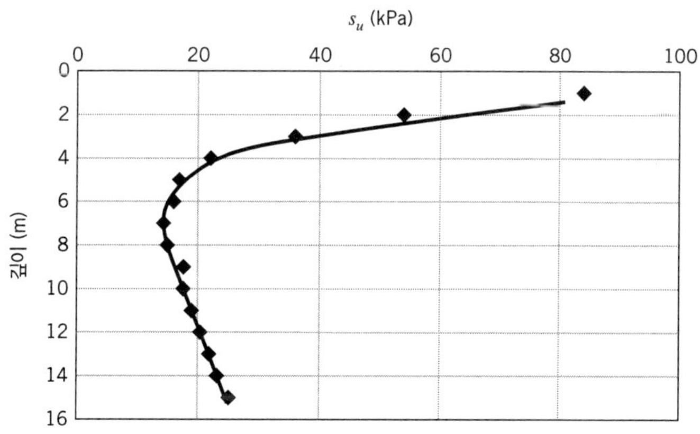

그림 P16.13b

A COLLECTION OF FREQUENTLY USED SOIL PARAMETERS AND CORRELATIONS

TABLE A.1 Typical Values of Unit Weight for Soils

Soil type	γ_{sat} (kN/m^3)	γ_d (kN/m^3)
Gravel	20–22	15–17
Sand	18–20	13–16
Silt	18–20	14–18
Clay	16–22	14–21

TABLE A.2 Description of Coarse-Grained Soils Based on Relative Density and Porosity

D_r (%)	Porosity, n (%)	Description
0–20	100–80	Very loose
20–40	80–60	Loose
40–70	60–30	Medium dense or firm
70–85	30–15	Dense
85–100	<15	Very dense

TABLE A.3 Soil Types, Description, and Average Grain Size According to ASTM-CS

Soil type	Description	Average grain size
Gravel	Rounded and/or angular bulky hard rock	Coarse: 75 mm to 19 mm Fine: 19 mm to 4.75 mm
Sand	Rounded and/or angular bulky hard rock	Coarse: 4.75 mm to 2.0 mm Medium: 2.0 mm to 0.425 mm Fine: 0.425 mm to 0.075 mm
Silt	Particles smaller than 0.075 mm exhibit little or no strength when dried	0.075 mm to 0.002 mm
Clay	Particles smaller than 0.002 mm exhibit significant strength when dried; water reduces strength	<0.002 mm

TABLE A.4 Description of Soil Strength Based on Liquidity Index

Values of LI	Description of soil strength
$LI < 0$	Semisolid state—high strength, brittle (sudden) fracture expected
$0 < LI < 1$	Plastic state—intermediate strength, soil deforms like a plastic material
$LI > 1$	Liquid state—low strength, soil deforms like a viscous fluid

TABLE A.5 Typical Atterberg Limits for Soils

Soil type	LL (%)	PL (%)	PI (%)
Sand		Nonplastic	
Silt	30–40	20–25	10–15
Clay	40–150	25–50	15–100
Minerals			
Kaolinite	50–60	30–40	10–25
Illite	95–120	50–60	50–70
Montmorillonite	290–710	50–100	200–660

TABLE A.6 Hydraulic Conductivity for Common Soil Types

Soil type	k_z (cm/s)	Description	Drainage
Clean gravel (GW, GP)	>1.0	High	Very good
Clean sands, clean sand and gravel mixtures (SW, SP)	1.0 to 10^{-3}	Medium	Good
Fine sands, silts, mixtures comprising sands, silts, and clays (SM-SC)	10^{-3} to 10^{-5}	Low	Poor
Weathered and fissured clays			
Silt, silty clay (MH, ML)	10^{-5} to 10^{-7}	Very low	Poor
Homogeneous clays (CL, CH)	$<10^{-7}$	Practically impervious	Very poor

TABLE A.7 Typical Values of Poisson's Ratio

Soil type	Description	ν'
Clay	Soft	0.35–0.4
	Medium	0.3–0.35
	Stiff	0.2–0.3
Sand	Loose	0.15–0.25
	Medium	0.25–0.3
	Dense	0.25–0.35

TABLE A.8 Typical Values of *E* and *G*

Soil type	Description	E^* (MPa)	G^* (MPa)
Clay	Soft	1–15	0.5–5
	Medium	15–30	5–15
	Stiff	30–100	15–40
Sand	Loose	10–20	5–10
	Medium	20–40	10–15
	Dense	40–80	15–35

*These are average secant elastic moduli for drained condition (see Chapter 10).

TABLE A.9 Ranges of Friction Angles (degrees) for Soils

Soil type	ϕ'_{cs}	ϕ'_p	ϕ'_r
Gravel	30–35	30–50	
Mixture of gravel and sand with fine-grained soils	28–33	30–40	
Sand	27–37[a]	32–50	
Silt or silty sand	24–32	27–35	
Clays	15–30	20–30	5–15

[a]Higher values (32° to 37°) in the range are for sands with significant amounts of feldspar (Bolton, 1986). Lower values (27° to 32°) in the range are for quartz sands. The peak delation angle, α_p, ranges from 0 to 15°.

TABLE A.10 A_f Values

Type of Clay	A_f
Highly sensitive	$\frac{3}{4}$ to 1.0
Normally consolidated	$\frac{1}{2}$ to 1
Compacted sandy clay	$\frac{1}{4}$ to $\frac{3}{4}$
Lightly overconsolidated clays	0 to $\frac{1}{2}$
Compacted clay–gravel	$-\frac{1}{4}$ to $\frac{1}{4}$
Heavily overconsolidated clays	$-\frac{1}{2}$ to 0

SOURCE: After Skempton (1954).

TABLE A.11 Correlation of N, N_{60}, γ, D_r, and ϕ' for Coarse-Grained Soils

N	N_{60}	Compactness	γ (kN/m^3)	D_r (%)	ϕ' (degrees)
0–4	0–3	Very loose	11–13	0–20	26–28
4–10	3–9	Loose	14–16	20–40	29–34
10–30	9–25	Medium	17–19	40–70	35–40*
30–50	25–45	Dense	20–21	70–85	38–45*
>50	>45	Very dense	>21	>85	>45*

*These values correspond to ϕ'_p.

TABLE A.12 Correlation of N_{60} and s_u for Saturated Fine-Grained Soils

N_{60}	Description	s_u (kPa)
0–2	Very soft	<10
3–5	Soft	10–25
6–9	Medium	25–50
10–15	Stiff	50–100
15–30	Very stiff	100–200
>30	Extremely stiff	>200

TABLE A.13 Empirical Soil Strength Relationships

Soil type	Equation	Reference
Normally consolidated clays	$\left(\frac{s_u}{\sigma'_z}\right)_{nc} = 0.11 + 0.0037\ \text{PI}$	Skempton (1957)
	$\left(\frac{s_u}{\sigma'_{zo}}\right) = 0.22$	Mesri (1975)
Overconsolidated clays	$\frac{(s_u/\sigma'_z)_{oc}}{(s_u/\sigma'_z)_{nc}} = (\text{OCR})^{0.8}$ See Note 1.	Ladd et al. (1977)
	$\frac{s_u}{\sigma'_z} = (0.23 \pm 0.04)\text{OCR}^{0.8}$ See Note 1.	Jamiolkowski et al. (1985)
Clean quartz sand	$\phi'_p = \phi'_{cs} + 3D_r(10 - \ln p'_f) - 3$, where p'_f is the mean effective stress at failure (in kPa) and D_r is relative density. This equation should only be used if $12 > (\phi'_p - \phi'_{cs}) > 0$.	Bolton (1986)

Note 1: These are applicable to direct simple shear tests. The estimated undrained shear strength from triaxial compression tests would be about 1.4 times greater.

TABLE A.14a Summary of Correlations Among Some Soil Parameters and CSM

Parameter	Relationship	Soil type	Reference
Compressibility	$\lambda \approx 0.59\,\text{PI}$ $C_c = 1.35\,\text{PI}$ PI = plasticity index	Remolded clays	Schofield and Wroth (1968)
Overconsolidation ratio	$\log(\text{OCR}) = \dfrac{2 - 2\text{LI} - \log\left(15.9\dfrac{\sigma'_{zo}}{p_{atm}}\right)}{\Lambda}$ where $\Lambda = 1 - \dfrac{\kappa}{\lambda} \approx 0.8$	Remolded clays	Wood (1983)
Lateral earth pressure coefficient	$K_o^{nc} = \dfrac{6 - 2M_c}{6 + M_c}$ nc = normally consolidated, M_c = frictional constant in compression	Normally consolidated clays	N/A
Undrained shear strength	$(s_u)_w = (s_u)_{PL} \exp(-4.6\,\text{LI})$ or $(s_u)_w \approx 200 \exp(-4.6\,\text{LI})$ w = water content, LI = liquidity index	Remolded clays	N/A
	$\left(\dfrac{s_u}{\sigma'_z}\right) = \dfrac{\sin\phi'_{cs}[K_o + A_f(1 - K_o)]}{1 + (2A_f - 1)\sin\phi'_{cs}}$ A_f = Skempton's porewater pressure coefficient, ϕ'_{cs} = critical state friction angle, K_o = earth pressure coefficient at rest, σ'_z = vertical effective stress	One-dimensionally consolidated remolded clays	Wood (1990)
	$\dfrac{s_u}{p'_o} = 0.129 + 0.00435\,\text{PI}$ PI = plasticity index (%)	Normally consolidated clays/remolded clays	Wroth & Houlsby (1985)
	$\left(\dfrac{s_u}{\sigma'_z}\right) = 0.25$	Normally consolidated clays/remolded clays	Wood (1990)
Friction angle	$\phi'_{cs} = \sin^{-1}\left[0.35 - 0.1\ln\left(\dfrac{\text{PI}}{100}\right)\right]$	Remolded clays	Wood (1990)
Stiffness	$E' = \dfrac{3p'(1 + e_o)(1 - 2\nu')}{\kappa}$ $G = \dfrac{1.5p'(1 + e_o)(1 - 2\nu')}{\kappa(1 + \nu')}$ $K' = \dfrac{(1 + e_o)}{\kappa}p'$	Remolded clays	N/A
	$E' = \dfrac{3p'_c(1 + e_c)(1 - 2\nu')}{\kappa}$ $K'_{max} = \dfrac{1 + e_c}{\kappa}p'_c$ $G = 0.5K'_{max}$	Overconsolidated clays	Randolph et al. (1979)

N/A = not applicable. These equations have all been derived from the CSM in this textbook.

TABLE A.14b Summary of Relationships Among Soil Strength Parameters from CSM

Relationship	CSM expression	Approximate expression for practical use	Usage
Tension cutoff mean effective stress and overconsolidation ratio	$t_c = \frac{p'_t}{p'_c} = \frac{1}{\left(1 + \frac{n_t^2}{M^2}\right)}$ Axisymmetric compression: $n_t = 3$, $M = M_c = \frac{6\sin\phi'_{cs}}{3 - \sin\phi'_{cs}}$ Plane strain: $n_t = \sqrt{3}$, $M = M_c = \sqrt{3}\sin\phi'_{cs}$ $R_t = \frac{1}{t_c}$	Axisymmetric compression: $t_c = 0.0002\phi'^{\,1.92}_{cs}$; $R_t = 5033\phi'^{\,-1.92}_{cs}$ Plane strain: $t_c = 0.0011\phi'^{\,1.526}_{cs}$; $R_t = 909\phi'^{\,-1.526}_{cs}$ ϕ'_{cs} in degrees	• To determine the overconsolidation ratio beyond which a soil will rupture from tension
Overconsolidation from stress invariants, R_o, and OCR	$R_o \approx \frac{\left[(3 - 2\sin\phi'_{cs}) - \frac{(\sin\phi'_{cs} - 3)^2}{4(2\sin\phi'_{cs} - 3)}\right]}{1 + 2(1 - \sin\phi'_{cs})\,\mathrm{OCR}^{\frac{1}{2}}}\mathrm{OCR}$	$R_o \approx 1.45\ \mathrm{OCR}^{0.66}$; OCR ≤ 10; $25° < \phi'_{cs} < 30°$ $R_o \approx 1.6\ \mathrm{OCR}^{0.62}$; OCR > 10; $25° < \phi'_{cs} < 30°$	• To convert OCR to R_o below tension cutoff
Ratio of normalized yield (peak) shear strength and normalized critical state shear strength under triaxial drained condition	$\alpha_{pcs} = \frac{\frac{\tau_y}{p'_o}}{\frac{\tau_f}{p'_o}} = \frac{\left(\frac{p'_y}{p'_o} - 1\right)(3 - M)}{M}$ $\frac{p'_y}{p'_o} = \frac{(M^2R_o + 18) + \sqrt{(M^2R_o + 18)^2 - 36(M^2 + 9)}}{2(M^2 + 9)}$	$\alpha_{pcs} = -1.45 \times 10^{-4}\ \mathrm{OCR}^{1.32} + 0.31\ \mathrm{OCR}^{0.66} + 0.5144$; OCR ≤ 10 $\alpha_{pcs} = -1.6 \times 10^{-4}\ \mathrm{OCR}^{1.14} + 0.34\ \mathrm{OCR}^{0.62} + 0.5144$; OCR > 10	• To estimate critical state shear stress from yield shear stress and vice versa • To estimate the range of shear stress for which the soil will behave elastically
Relationship among undrained shear strength, critical state friction angle, and overconsolidation ratio	$\frac{(s_u)_f}{p'_o} = \frac{M}{2}\left(\frac{R_o}{2}\right)^{\Lambda}$	$\frac{(s_u)_f}{\sigma'_{zo}} \approx \left[1 + 2(1 - \sin\phi'_{cs})\mathrm{OCR}^{0.5}\right]\frac{\sin\phi'_{cs}}{3 - \sin\phi'_{cs}}$ $\times\ (0.725)^{\Lambda}\ \mathrm{OCR}^{0.66\Lambda}$; OCR ≤ 10 $\frac{(s_u)_f}{\sigma'_{zo}} \approx \left[1 + 2(1 - \sin\phi'_{cs})\mathrm{OCR}^{0.5}\right]\frac{\sin\phi'_{cs}}{3 - \sin\phi'_{cs}}$ $\times\ (0.8)^{\Lambda}\ \mathrm{OCR}^{0.62\Lambda}$; OCR > 10	• To estimate the normalized undrained shear strength from the critical state friction angle and the overconsolidation ratio and vice versa • To estimate the range of shear stress for which the soil will behave elastically

(continued)

TABLE A.14b (continued)

Relationship	CSM expression	Approximate expression for practical use	Usage
Relationship between the normalized undrained shear strength at the critical state for normally consolidated and overconsolidated fine-grained soils	$\alpha_R = \dfrac{\left[\dfrac{(s_u)_f}{p'_o}\right]_{oc}}{\left[\dfrac{(s_u)_f}{p'_o}\right]_{nc}} = (R_o)^{\Lambda}$	$\alpha_R \approx (1.45\ \text{OCR}^{0.66})^{\Lambda}$; OCR < 10 $\alpha_R \approx (1.6\ \text{OCR}^{0.62})^{\Lambda}$; OCR > 10	• To estimate the normalized undrained shear strength for any overconsolidation ratio from normalized undrained shear strength at critical state
Relationship between the normalized undrained shear strength of one-dimensionally consolidated or K_o-consolidated and isotropically consolidated fine-grained soils	$(\alpha_{Ko-ic})_{nc} \approx \dfrac{1}{3}(3 - 2\sin\phi'_{cs}) \times \left(1 - \dfrac{(\sin\phi'_{cs} - 3)^2}{4(2\sin\phi'_{cs} - 3)(3 - 2\sin\phi'_{cs})}\right)^{\Lambda}$	$\dfrac{1}{3}(3 - 2\sin\phi'_{cs})\left(1 - \dfrac{(\sin\phi'_{cs} - 3)^2}{4(2\sin\phi'_{cs} - 3)(3 - 2\sin\phi'_{cs})}\right)^{\Lambda}$	• To convert the undrained shear strength of an isotropically consolidated soil to that of a K_o-consolidated soil
Relationship between the normalized undrained shear strength at initial yield and at critical state for oveconsolidated fine-grained soils under triaxial condition	$\alpha_{ycs} = \dfrac{\dfrac{(s_u)_y}{p'_o}}{\dfrac{(s_u)_f}{p'_o}} = \dfrac{\sqrt{R_o - 1}}{\left(\dfrac{R_o}{2}\right)^{\Lambda}}$	$\alpha_{ycs} \approx \dfrac{\sqrt{1.45\ \text{OCR}^{0.66} - 1}}{(0.725\ \text{OCR}^{0.66})^{\Lambda}}$; OCR ≤ 10 $\alpha_{ycs} \approx \dfrac{\sqrt{1.6\ \text{OCR}^{0.62} - 1}}{(0.8\ \text{OCR}^{0.62})^{\Lambda}}$; OCR > 10	• To delineate fine-grained soils that would likely exhibit peak undrained shear strengths • To estimate the undrained shear strength at initial yield from knowing the undrained shear strength at the critical state and vice versa • To estimate the range of shear stress at which a soil would behave elastically

Undrained shear strength under direct simple shear (plane strain) conditions	$\left[\frac{(s_u)_f}{\sigma'_{zo}}\right]_{DSS} = \frac{\sqrt{3}}{4}[1 + (1 - \sin\phi'_{cs})\,\text{OCR}^{\frac{1}{2}}]\sin\phi'_{cs}\left(\frac{R_o^*}{2}\right)^{\Lambda}$	$\left[\frac{(s_u)_f}{\sigma'_{zo}}\right]_{DSS} \approx \frac{\sqrt{3}\sin\phi'_{cs}}{2}\left(\frac{\text{OCR}}{2}\right)^{0.8}$ $\left[\frac{(s_u)_f}{\sigma'_{zo}}\right]_{DSS} \approx 0.5\sin\phi'_{cs}$; for normally consolidated soil	• To estimate the undrained shear strength or critical state friction angle in direct simple shear test
Relationship between direct simple shear test and triaxial test	$\alpha_{DSS\text{-}ic} = \frac{\left[\frac{(s_u)_{cs}}{\sigma'_{zo}}\right]_{DSS}}{\left[\frac{(s_u)_{cs}}{\sigma'_{zo}}\right]_{ic}} = \frac{(3 - \sin\phi'_{cs})}{2\sqrt{3}}$	$\alpha_{DSS\text{-}ic} = \frac{(3 - \sin\phi'_{cs})}{2\sqrt{3}}$	• To estimate the undrained shear strength for direct simple shear from triaxial test result on an isotropically consolidated soil
Relationship for the application of drained and undrained conditions in the analysis of geosystems	$\alpha_{SL} = \frac{\frac{(s_u)_f}{p'_o}}{\frac{\tau_f}{p'_o}} = \frac{(n_o - M)}{n_o}\left(\frac{R_o}{2}\right)^{\Lambda}$; n_o = slope of ESP Axisymmetric loading	$\alpha_{SL} \approx \frac{3(1 - \sin\phi'_{cs})}{(3 - \sin\phi'_{cs})}(0.725\,\text{OCR}^{0.66})^{\Lambda}$; $\text{OCR} \le 10$ $\alpha_{SL} \approx \frac{3(1 - \sin\phi'_{cs})}{(3 - \sin\phi'_{cs})}(0.8\,\text{OCR}^{0.62})^{\Lambda}$; $\text{OCR} > 10$	• To estimate whether short-term or long-term condition is critical; $\alpha_{SL} > 1$, long-term condition is critical or else short-term condition is critical
Relationship among excess porewater pressure, OCR, and critical state friction angle	$A_f = \frac{1}{M}\left[\left(\frac{R_o}{2}\right)^{-\Lambda} - 1\right] + \frac{1}{3}$	$A_f = \frac{3 - \sin\phi'_{cs}}{6\sin\phi'_{cs}}[(0.725\,\text{OCR}^{0.66})^{-\Lambda} - 1] + \frac{1}{3}$; $\text{OCR} \le 10$ $A_f = \frac{3 - \sin\phi'_{cs}}{6\sin\phi'_{cs}}[(0.8\,\text{OCR}^{0.62})^{-\Lambda} - 1] + \frac{1}{3}$; $\text{OCR} > 10$	• To estimate the porewater pressure coefficient at failure in triaxial test

TABLE A.15 Ranges of Free Swell for Some Clay Minerals

Clay minerals	Free swell (%)
Calcium montmorillonite (Ca-smectite)	45–145
Sodium montmorillonite (Na-smectite)	1400–1600
Illite	15–120
Kaolinite	5–60

TABLE A.16 Activity of Clay-Rich Soils

Description	Activity, *A*
Inactive	<0.75
Normal	0.75–1.25
Active	1.25–2
Very (highly) active (e.g., bentonite)	>6
Minerals	
Kaolinite	0.3–0.5
Illite	0.5–1.3
Na-montmorillonite	4–7
Ca-montmorillonite	0.5–2.0

APPENDIX B
DISTRIBUTION OF VERTICAL STRESS AND ELASTIC DISPLACEMENT UNDER A UNIFORM CIRCULAR LOAD

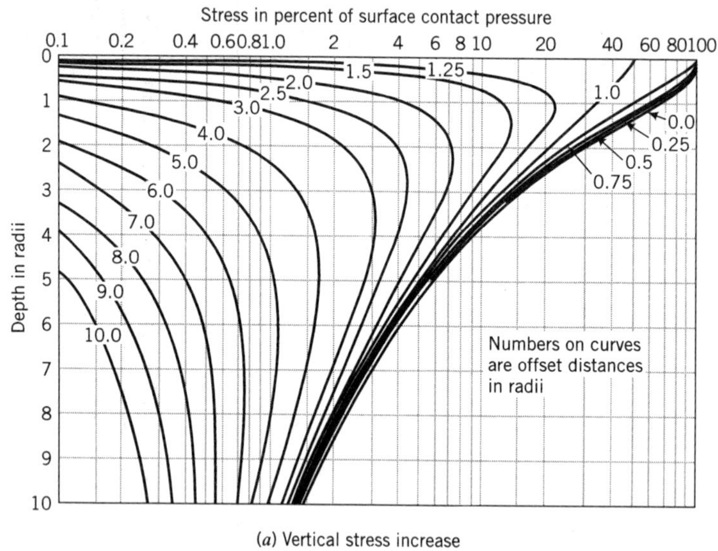

(*a*) Vertical stress increase

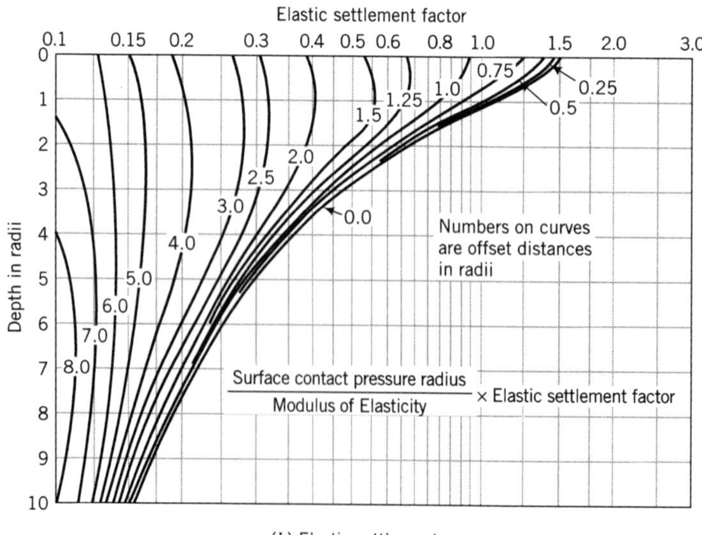

(*b*) Elastic settlement

SOURCES: **Foster and Alvin (1954); Poulos and Davis (1974).**

APPENDIX C

DISTRIBUTION OF SURFACE STRESSES WITHIN FINITE SOIL LAYERS

C1 VERTICAL STRESSES IN A FINITE SOIL LAYER DUE TO A UNIFORM SURFACE LOAD ON A CIRCULAR AREA AND A RECTANGULAR AREA

C1.1 Circular Area (Milovic, 1970)

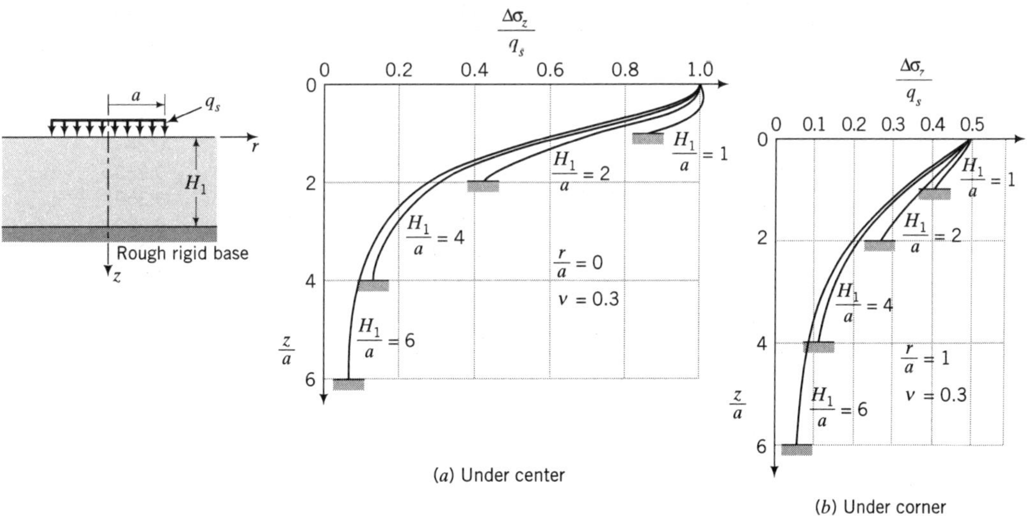

(a) Under center

(b) Under corner

C1.2 Rectangular Area with Rough, Rigid Base (Milovic and Tournier, 1971)

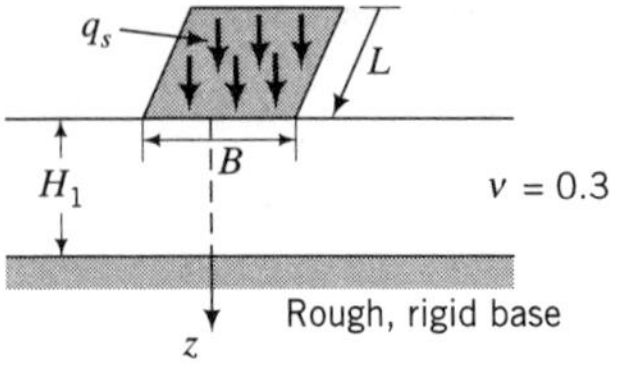

		L/B			L/B		
		1	2	5	1	2	5
		Center			Corner		
H_1/B	z/B	$\Delta\sigma_z/q_s$			$\Delta\sigma_z/q_s$		
	0.000	1.000	1.000	1.000	0.250	0.250	0.250
	0.100	0.974	0.992	0.996	0.250	0.250	0.250
	0.200	0.943	0.977	0.981	0.250	0.250	0.250
1	0.400	0.842	0.924	0.922	0.250	0.250	0.250
	0.600	0.690	0.827	0.832	0.250	0.250	0.250
	0.800	0.570	0.734	0.751	0.238	0.244	0.244
	1.000	0.468	0.638	0.672	0.220	0.232	0.233
	0.000	1.000	1.000	1.000	0.250	0.250	0.250
	0.100	0.970	0.985	0.990	0.250	0.250	0.250
	0.200	0.930	0.963	0.971	0.250	0.250	0.250
2	0.400	0.802	0.878	0.890	0.244	0.249	0.247
	0.800	0.464	0.619	0.670	0.211	0.231	0.230
	1.200	0.286	0.441	0.528	0.172	0.207	0.208
	1.600	0.204	0.340	0.443	0.142	0.183	0.188
	2.000	0.155	0.269	0.377	0.117	0.160	0.168
	0.000	1.000	1.000	1.000	0.250	0.250	0.250
	0.100	0.970	0.982	0.990	0.250	0.250	0.250
	0.200	0.930	0.962	0.969	0.249	0.250	0.249
3	0.400	0.799	0.872	0.884	0.241	0.246	0.246
	0.800	0.453	0.599	0.650	0.203	0.222	0.225
	1.200	0.264	0.405	0.492	0.158	0.191	0.197
	1.600	0.172	0.289	0.395	0.122	0.163	0.174
	2.000	0.124	0.220	0.333	0.098	0.141	0.156
	2.500	0.093	0.171	0.281	0.078	0.120	0.138
	3.000	0.073	0.137	0.238	0.064	0.102	0.123
	0.000	1.000	1.000	1.000	0.250	0.250	0.250
	0.100	0.970	0.981	0.990	0.250	0.250	0.250
	0.200	0.930	0.961	0.969	0.249	0.250	0.249
5	0.400	0.798	0.870	0.881	0.241	0.245	0.245
	0.800	0.450	0.594	0.641	0.200	0.219	0.221
	1.200	0.258	0.394	0.475	0.153	0.184	0.191
	1.600	0.162	0.271	0.368	0.114	0.151	0.164
	2.000	0.111	0.195	0.296	0.087	0.125	0.143
	2.500	0.075	0.139	0.235	0.064	0.100	0.123
	3.000	0.056	0.105	0.193	0.050	0.082	0.108
	3.500	0.044	0.085	0.165	0.040	0.069	0.097
	4.000	0.037	0.071	0.144	0.034	0.060	0.089
	4.500	0.032	0.062	0.128	0.030	0.053	0.082
	5.000	0.027	0.053	0.113	0.026	0.047	0.075

C1.3 Rectangular Area with Smooth, Rigid Base (Sovinc, 1961)

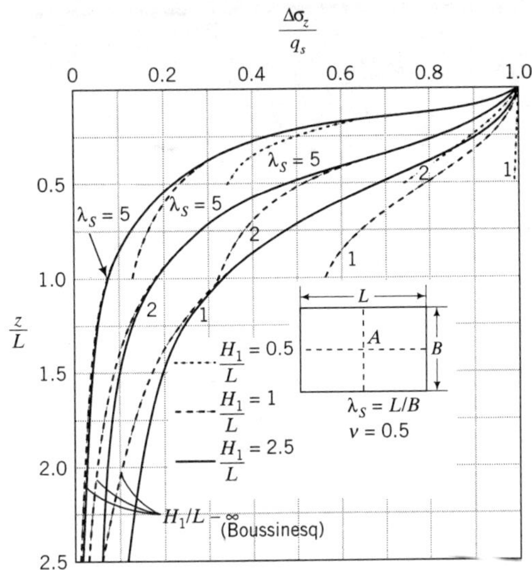

C2 VERTICAL STRESSES IN A TWO-LAYER SOIL UNDER THE CENTER OF A UNIFORMLY LOADED CIRCULAR AREA (Fox, 1948)

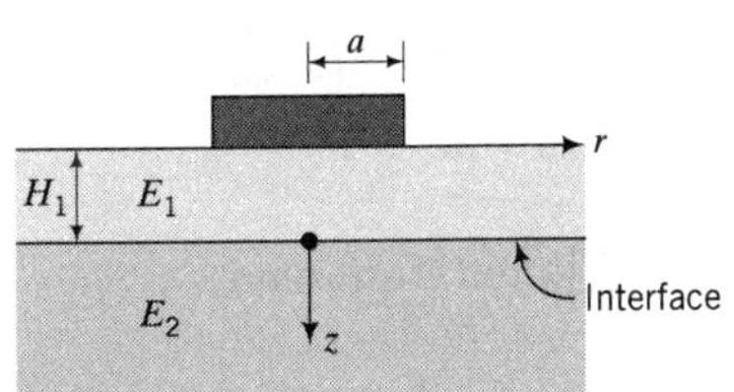

		E_1/E_2				E_1/E_2			
		1	10	100	1000	1	10	100	1000
		Rough interface				Smooth interface			
a/H_1	z	$\Delta\sigma_z/q_s$				$\Delta\sigma_z/q_s$			
	0	0.284	0.101	0.0238	0.0051	0.31	0.105	0.0241	0.0051
	H_1	0.087	0.047	0.0158	0.0042	0.141	0.063	0.0183	0.0045
1/2	$2H_1$	0.0403	0.0278	0.0117	0.0035	0.064	0.0367	0.0136	0.0038
	$3H_1$	0.023	0.0184	0.0091	0.0031	0.0346	0.0235	0.0105	0.0033
	$4H_1$	0.0148	0.0129	0.0074	0.0028	0.0212	0.0161	0.0083	0.0029
	0	0.646	0.292	0.081	0.0185	0.722	0.305	0.082	0.019
	H_1	0.284	0.168	0.06	0.0162	0.437	0.217	0.068	0.0172
1	$2H_1$	0.145	0.105	0.046	0.0143	0.225	0.136	0.0525	0.0151
	$3H_1$	0.087	0.07	0.036	0.0124	0.128	0.089	0.0409	0.0133
	$4H_1$	0.057	0.05	0.029	0.011	0.081	0.062	0.0326	0.0117
	0	0.911	0.644	0.246	0.071	1.025	0.677	0.249	0.067
	H_1	0.646	0.48	0.205	0.0606	0.869	0.576	0.225	0.063
2	$2H_1$	0.424	0.34	0.165	0.0542	0.596	0.421	0.186	0.057
	$3H_1$	0.284	0.244	0.133	0.048	0.396	0.302	0.15	0.051
	$4H_1$	0.2	0.181	0.108	0.0428	0.271	0.22	0.122	0.0454

APPENDIX D

LATERAL EARTH PRESSURE COEFFICIENTS (KERISEL AND ABSI, 1990)

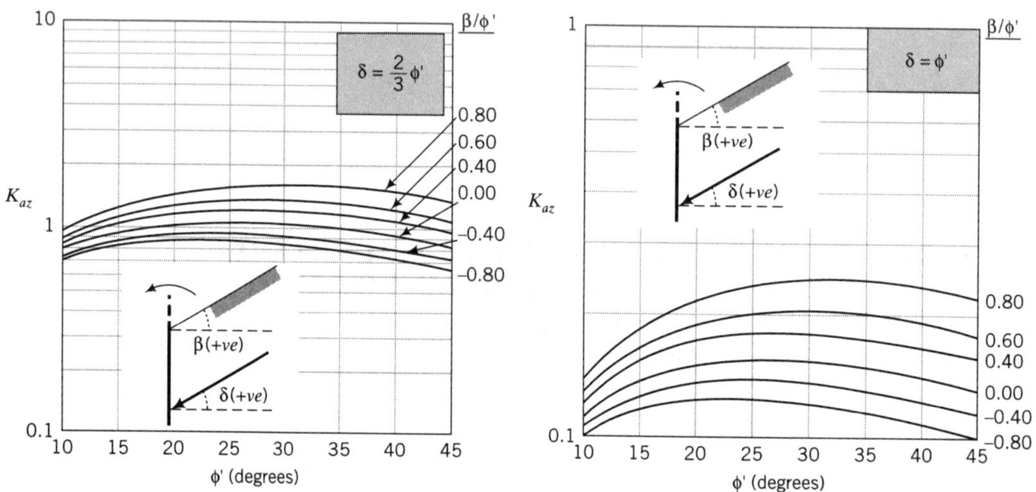

FIGURE D.1 Vertical component of the active lateral pressure coefficient. (Plotted from data published by Kerisel and Absi, 1990.)

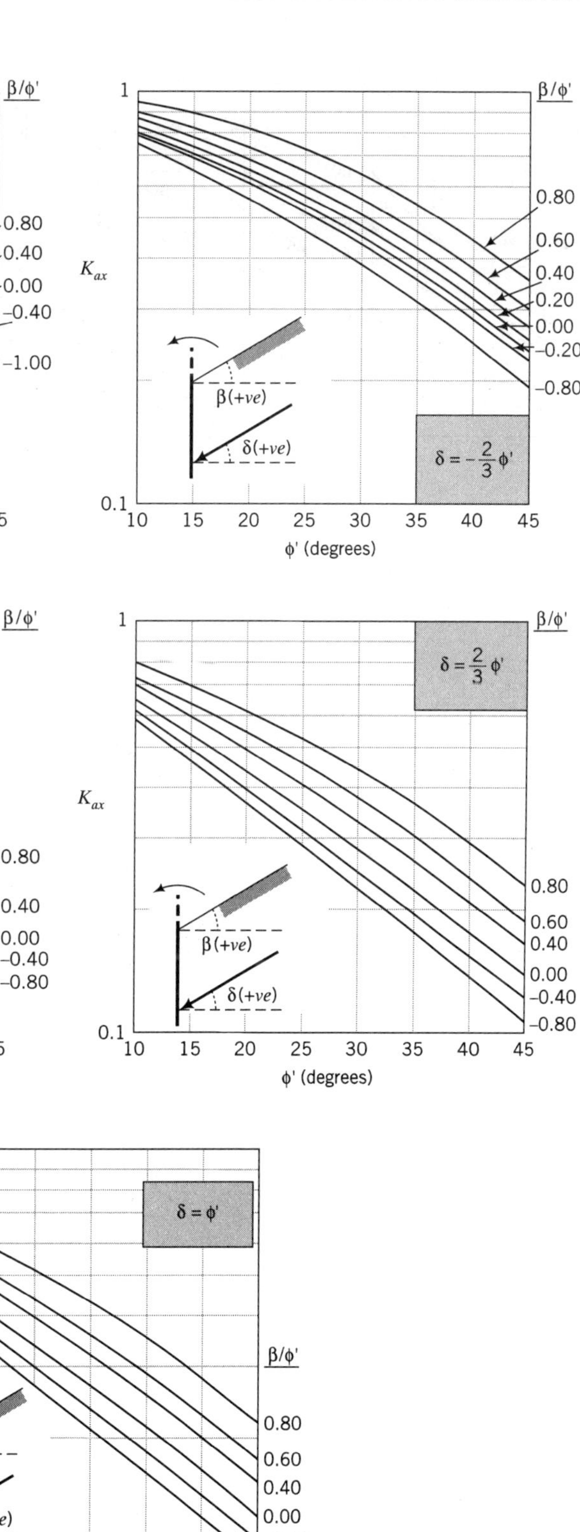

FIGURE D.2 Horizontal component of the active lateral pressure coefficient. (Plotted from data published by Kerisel and Absi, 1990.)

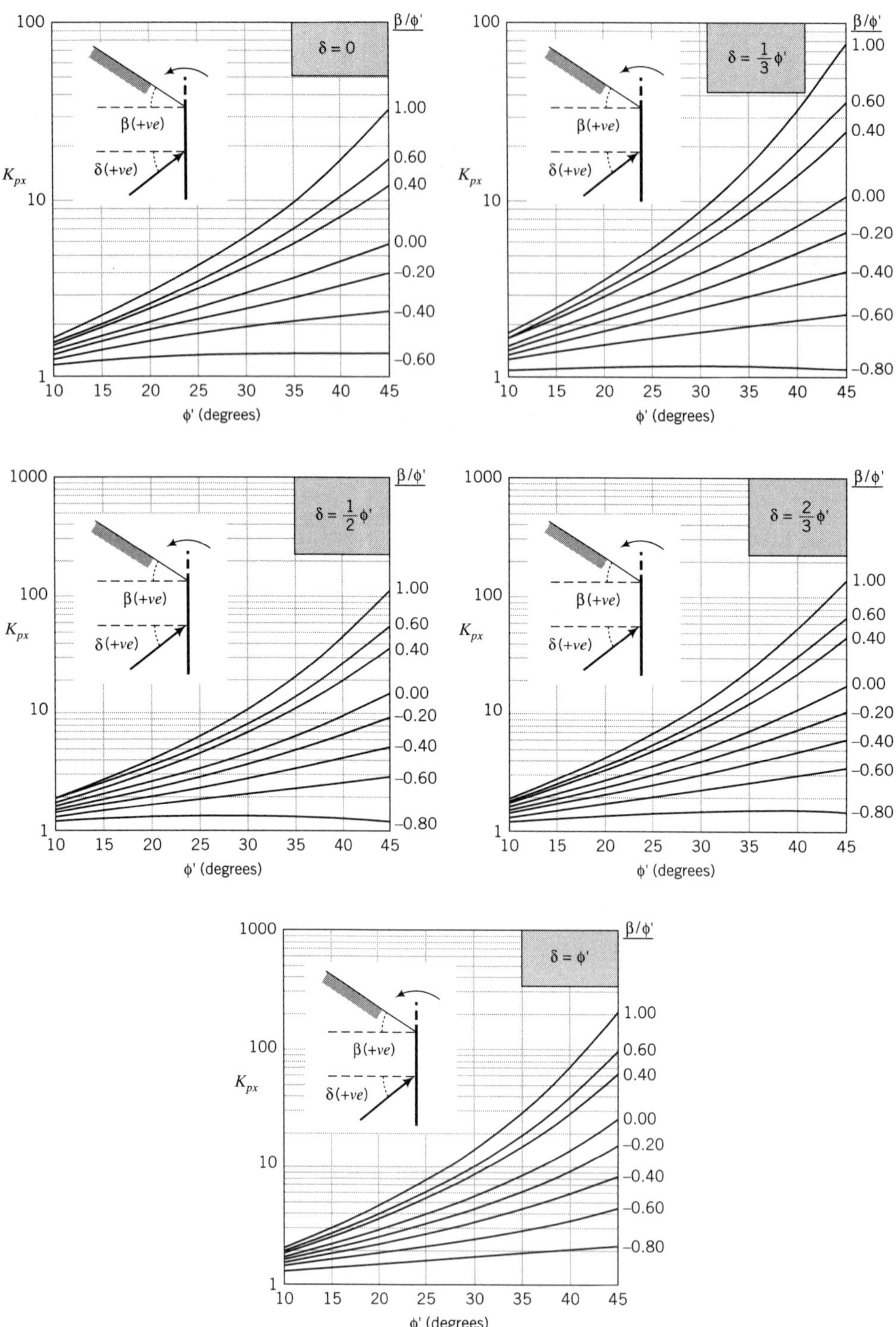

FIGURE D.3 Horizontal component of the passive lateral pressure coefficient. (Plotted from data published by Kerisel and Absi, 1990.)

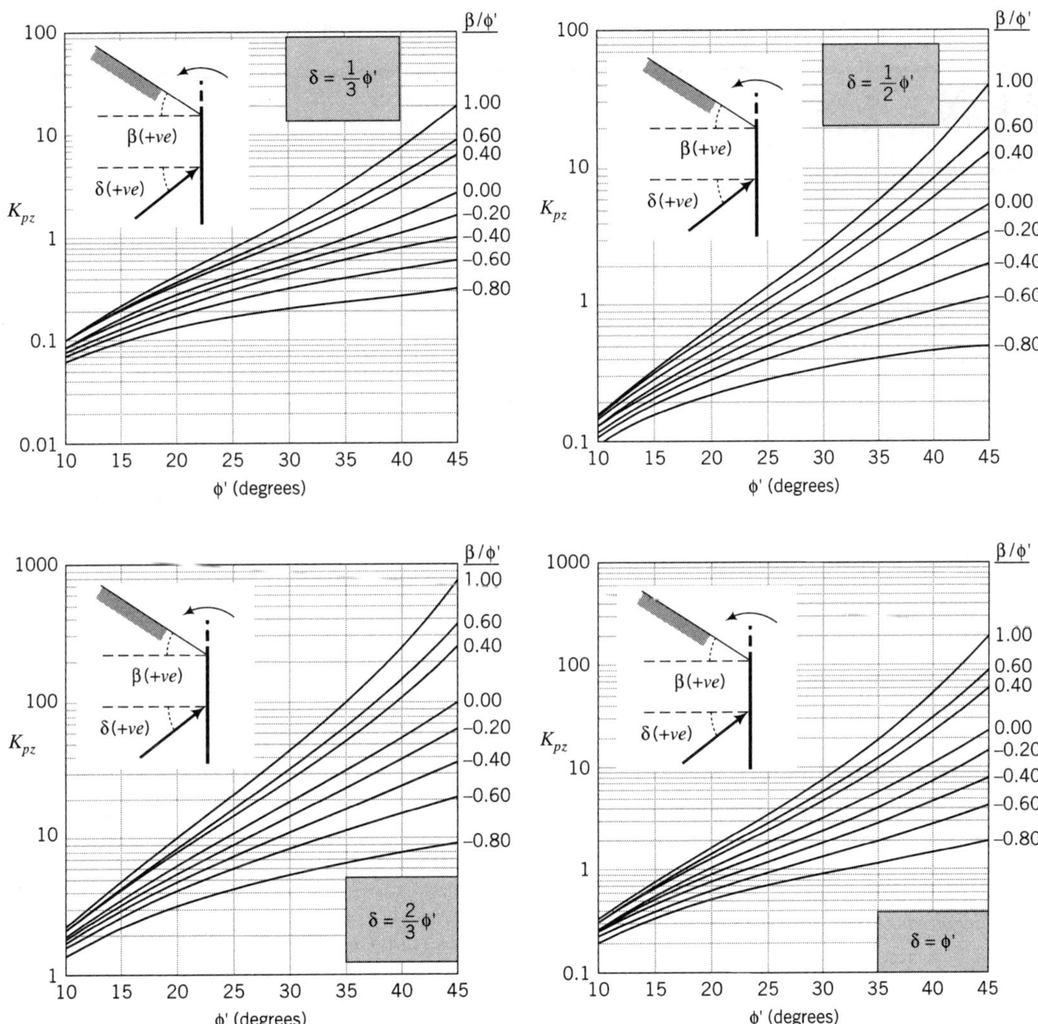

FIGURE D.4 Vertical component of the passive lateral pressure coefficient. (Plotted from data published by Kerisel and Absi, 1990.)

REFERENCES

Adamson, A. W. (1982). *Physical Chemistry of Surfaces*. Wiley, New York.

Atterberg, A. (1911). Über die physikalishe Bodenuntersuchung und über die Plastizität der Tone. *Int. Mitt. Boden*, **1**, 10–43.

Azzoz, A. S., Krizek, R. J., and Corotis, R. B. (1976). Regression analysis of soil compressibility. *Soils and Fnds.*, **16**(2), 19–29.

Bell, J. M. (1968). General slope stability analysis. *J. Soil Mech. Found. Eng. Div. ASCE*, **94**(SM6), 1253–1270.

Berezantzev, V. G., Khristoforov, V. S., and Golubkov, V. N. (eds.) (1961). Load bearing capacity and deformation of piled foundations. *Proceedings of the 5th International Conference on Soil Mechanics and Foundation Engineering*, Paris, Vol. 2, 11–15.

Bishop, A. W. (1955). The use of the slip circle in the stability analysis of slopes. *Geotechnique*, **5**(1), 7–17.

Bishop, A. W., and Morgenstern, N. R. (1960). Stability coefficients for earth slopes. *Geotechnique*, **10**(4), 129–150.

Bjerrum, L. (1954). Geotechnical properties of Norwegian marine clays. *Geotechnique*, **4**(2), 49–69.

Bjerrum, L., and Eide, O. (1956). Stability of strutted excavations in clays. *Geotechnique,* **1**(1), 32–47.

Bjerrum, L., and Eggestad, A. (eds.) (1963). Interpretation of loading tests on sand. *Proceedings of the European Conference on Soil Mechanics and Foundation Engineering,* Wiesbaden, Vol. 1, 199–203.

Blanchet,R., Tavenas, F., and R. Garneau (1980). Behaviour of friction piles in soft sensitive clays. *Canadian Geotechnical Journal*, **17**(2), 203–224.

Bolton, M. D. (1986). The strength and dilatancy of sands. *Geotechnique*, **36**(1), 65–78.

Bolton, M. D., and Powrie, W. (1988). The behaviour of diaphragm walls prior to collapse. *Geotechnique*, **38**(2), 167–189.

Boussinesq, J. (1885). *Application des Potentiels a l'Etude de l'Equilibre et du Mouvement des Solides Elastiques*. Gauthier-Villars, Paris.

Bozozuk, M. (1976). Tower silo foundation. CBD-177, *Canadian Building Digest,* Ottawa.

Briaud, J., and Gibbens, R. M. (1994). Predicted and measured behavior of five spread footings on sand. *Geot. Special. Pub. No. 41,* ASCE, 255 pp.

Budhu, M. (1979). *Simple Shear Deformation of Sands*. Ph.D. Thesis, Cambridge University, Cambridge, England.

Budhu, M. (1984). Non-uniformities imposed by simple shear apparatus. *Canadian Geotechnical Journal,* **21**(2), 125–137.

Budhu, M., and Davies, T. G. (1987). Non-linear analysis of laterally loaded piles in cohesionless soils. *Canadian Geotechnical Journal*, **24**, 289–296.

Budhu, M., and Davies, T. G. (1988). Analysis of laterally loaded piles in soft clays. *Journal of Geotechnical Engineering, ASCE*, **114**(1), 21–39.

Burland, J. B. (1973). Shaft friction piles in clay—a simple fundamental approach. *Ground Eng.*, **6**(3), 30–42.

Burland, J. B., and Burbidge, M. C. (1985). Settlement of foundations on sand and gravel. *Proc. Inst. Civ. Eng. Part 1*, **78**, 1325–1381.

Burland, J. B., Potts, D. M., and Walsh, N. M. (1981). The overall stability of free and propped embedded cantilever walls. *Ground Engineering,* **14**(5), 23–38.

Caquot, A., and Kerisel, J. (1948). *Tables for the Calculation of Passive Pressure, Active Pressure and Bearing Capacity of Foundations*. Gauthier-Villars, Paris.

Carter, M., and Bentley, S. P. (1991). *Correlations of Soil Properties.* Pentech, London.

Casagrande, A. (1932). Research on the Atterberg limits of soils. *Public Roads*, **13**(8), 121–136.

Casagrande, A. (ed.) (1936). The determination of the preconsolidation load and its practical significance. *1st International Conference on Soil Mechanics and Foundation Engineering,* Cambridge, MA, **3,** 60–64.

Casagrande, A. (1937). Seepage through dams. *J. N. Engl. Water Works Assoc.*, **L1**(2), 131–172.

Casagrande, A., and Fadum, R. E. (1940). Notes on soil testing for engineering purposes. *Soil Mechanics Series*, Graduate School of Engineering, Harvard University, Cambridge, MA, **8**(268), 37.

Chang, M. F. (ed.) (1988). Some experience with the dilatometer test in Singapore. *Penetration Testing,* Orlando, **1**, 489–496.

Chu, S. (1991). Rankine analysis of active and passive pressures in dry sands. *Soils Founds.*, **31**(4), 115–120.

COM624 (1993). Laterally loaded pile analysis program for the microcomputer. *FHWASA-91–048*, computer program documentation, by S. T. Wang and L. C. Reese.

Coulomb, C. A. (1776). Essai sur une application des regles de maximia et minimis a quelques problèmes de statique relatifs a l'architecture. *Mémoires de la Mathématique et de Physique, présentés a l'Académie Royale des Sciences, par divers savants, et lus dans ces Assemblées*. L'Imprimérie Royale, Paris, 3–8.

Darcy, H. (1856). *Les Fontaines Publiques de la Ville de Dijon*. Dalmont, Paris.

Davies, T. G., and Budhu, M. (1986). Non-linear analysis of laterally loaded pile in stiff clays. *Geotechnique*, **36**(4), 527–538.

Davis, E. H., and Booker, J. R. (1971). The bearing capacity of strip footings from the standpoint of plasticity theory. *Proc. First Australia–New Zealand Conference on Geomechanics,* Vol. 1, 276–282.

Drnevich, V. P. (1967). *Effect of Strain History on the Dynamic Properties of Sand*. Ph.D. Thesis, University of Michigan.

Dumbleton, M. J., and West, G. (1970). The suction and strength of remoulded soils as affected by composition. LR306, Road Research Laboratory, Crowthorne.

Eden, S. M. (1974). *Influence of Shape and Embedment on Dynamic Foundation Response*. Ph.D. Thesis, University of Massachusetts.

Eslami, A., and Fellenius, B. H. (1997). Pile capacity by direct CPT and CPTu method applied to 102 case histories. *Canadian Geotechnical Journal*, **34**, 886–904.

Fancher, G. H., Lewis, J. A., and Barnes, K. B. (1933). Mineral Industries Experiment Station, Bull. 12, Penn State College.

Fellenius, W. (1927). *Erdstatische Berechungen*. W. Ernst und Sohn, Berlin.

Feng, T. W. (2000). Fall-cone penetration and water content relationship of clays. *Geotechnique*, **50**(2), 181–187.

Fleming, W., and Thorburn, S. (1983). Recent piling advances. State of the Art Report in *Proc. Conf. on Advances in Piling and Ground Treatment for Foundations,* ICE, London.

Fleming, W. G. K., Weltman, A. J., Randolph, M. F., and Elson, W. K. (1985). *Piling Engineering*. Halsted Press, New York.

Foster, C. R., and Ahlvin, R. G. (1954). Stresses and deflections induced by a uniform circular load. *Proc. Highway Research Board,* Vol. 33, 470.

Fox, L. (1948). Computation of traffic stresses in a simple road structure. *Proc. 2nd Int. Conf. Soil Mech. and Found. Eng.,* Vol. 2, 236–246.

Gazetas, G., and Hatzikonstantinou, E. (1988). Elastic formulae for lateral displacement and rotation of arbitrarily-shaped embedded foundations. *Geotechnique*, **38**(3), 439–444.

Gazetas, G., and Stokoe, K. H. (1991). Free vibration of embedded foundations: Theory versus experiment. *J. Geotech. Eng.*, **117**(9), 1362–1381.

Gazetas, G., Tassoulas, J. L., Dobry, R., and O'Rourke, M. J. (1985). Elastic settlement of arbitrarily shaped foundations embedded in half-space. *Geotechnique*, **35**(2), 339–346.

Giroud, J. P. (1968). Settlement of a linearly loaded rectangular area. *J. Soil Mech. Found. Div. ASCE*, **94**(SM4), 813–831.

Graham, J., and Houlsby, G. T. (1983). Elastic anisotropy of a natural clay. *Geotechnique*, **33**(2), 165–180.

Hansen, B. J. (1951). Simple statical computation of permissible pile loads. *Christiani and Nielsen Post,* 14–17.

Hansen, B. J. (1970). *A Revised and Extended Formula for Bearing Capacity*, No. 28. Danish Geotechnical Institute, Copenhagen.

Hazen, A. (1892). Some physical properties of sand and gravels with special reference to the use in filtration. Massachusetts State Board of Health, 24th annual report.

Henkel, D. J. (1971). The calculation of earth pressure in open cuts in soft clays. *The Arup Journal,* **6**(4).

Hull, T. S. (ed.) (1987). *The Static Behaviour of Laterally Loaded Piles*. Ph.D. Thesis, University of Sydney, Sydney, Australia.

Hvorslev, M. J. (1937). Über die Festigkeitseigenschaften gestörter bindiger Böden, *Ingeniorvidenskabelige skrifter*, A., No. 45, Copenhagen.

Ingold, T. S. (1979). The effects of compaction on retaining walls. *Geotechnique*, **29**(3), 265–283.

Jaky, J. (1944). The coefficient of earth pressure at rest. *J. Soc. Hungarian Architects Eng.*, **7**, 355–358.

Jamiolkowski, M., Ladd, C. C., Germaine, J. T., and Lancellotta, R. (eds.) (1985). New developments in field and laboratory testing of soils. *XIth International Conference on Soil Mechanics and Foundation Engineering,* San Francisco, Vol. 1, 57–154.

Janbu, N. (ed.) (1973). Slope stability computations. *Embankment Dam Engineering, Casagrande Memorial Volume*. Wiley, New York, 47–86.

Janbu, N. (ed.) (1976). Static bearing capacity of friction piles. *Proceedings of the 6th European Conference on Soil Mechanics and Foundation Engineering*, Vol. 1.2, 479–488.

Janbu, N., Bjerrum, L., and Kjaernsli, B. (1956). Veiledning ved løsning av fundamenteringsoppgaver (Soil mechanics applied to some engineering problems). In Norwegian with English summary. Norwegian Geotechnical Institute Publication 16, 93 pp.

Jardine, R. J., Overy, R. F., and Chow, F. C. (1998). Axial capacity of offshore piles in dense North Sea sands. *J. Geotech and Geoenviron. Engrg.*, **124**, 171–178.

Jarquio, R. (1981). Total lateral surcharge pressure due to a strip load. *J. Geotech. Eng. Div. ASCE*, **107**(10), 1424–1428.

Juran, I., and Schlosser, F. (eds.) (1978). Theoretical analysis of failure in reinforced earth structures. *Symposium on Earth Reinforcement, ASCE Convention, Pittsburgh*. American Society of Civil Engineers, New York, 528–555.

Karlsrud, K., and Andresen, L. (2008). Design and performance of deep excavations in soft clays. SOA 12. *Proc. 6th Int. Conf. on Case Histories in Geot. Eng.,* Arlington, VA, August, Missouri University of Science and Technology, USA, 1–12.

Kenny, T. C., Lau, D., and Ofoegbu, G. I. (1984). Permeability of compacted granular materials. *Can. Geotech. J.*, **21**(4), 726–729.

Kerisel, J., and Absi, E. (1990). *Active and Passive Earth Pressure Tables*. Balkema, Rotterdam.

Kozeny, J. (1933). Theorie und Berechung der Brunnen. *Wasserkraft und Wasserwirtschaft*, **28**, 104.

Ladd, C. C., Foot, R., Ishihara, K., Schlosser, F., and Poulos, H. G. (1977). Stress-deformation and strength characteristics. *Proceedings of the 9th International Conference on Soil Mechanics and Foundation Engineering,* Tokyo, 421–494.

Lehane, B. M., and Randolph, M. F. (2002). Evaluation of the minimum base resistance for driven piles in siliceous sand. *Journal of Geotech. and Geoenviron. Eng., ASCS,* **130**(6), 656–658.

Lehane, B., Schneider, J., and Xu, X. (2005). The UWA-05 method for the prediction of the axial capacity of driven piles in sand. *Int. Symp. on Frontiers in Offshore Geotechnics,* Perth, 683–689.

Liao, S. S. C., and Whitman, R. V. (1985). Overburden correction factors for SPT in sand. *J. Geotech. Eng. Div. ASCE*, **112**(3), 373–377.

Love, A. E. H. (1927). *The Mathematical Theory of Elasticity*. Cambridge University Press, Cambridge.

McCammon, N. R., and Golder, H. Q. (1970). Some loading tests on long pipe piles. *Geotechnique*, **20**(2), 171–184.

Mayne, P. W., Coop, M. R., Springman, S. M., Huang, An-Bin, and Zornberg, J. G. (2009). Geomaterial behavior and testing. *Proc. 17th Int. Conf. on Soil Mechanics and Geotechnical Engineering,* Alexandria, Egypt, OIS Press, Theme Lecture, Vol. 4, pp. 2777–2872.

Mesri, G. (1975). Discussion: New design procedure for stability of soft clays. *J. Geotech. Eng. Div. ASCE*, **101**(GT4), 409–412.

Meyerhof, G. G. (1951). The ultimate bearing capacity of foundations. *Geotechnique*, **2**(4), 301–331.

Meyerhof, G. G. (1956). Penetration tests and bearing capacity of cohesionless soils. *J. Soil Mech. Found. Eng. Div. ASCE*, **82**(SM1), 1–19.

Meyerhof, G. G. (1963). Some recent research on the bearing capacity of foundations. *Can. Geotech. J.*, **1**(1), 16–26.

Meyerhof, G. G. (1965). Shallow foundations. *J. Soil Mech. Found. Div. ASCE*, **91**(SM2), 21–31.

Meyerhof, G. G. (1976). Bearing capacity and settlement of pile foundations. *J. Geotech. Eng. Div. ASCE*, **102**(GT3), 195–228.

Milovic, D. M. (1970). Stresses and displacements in an anisotropic medium due to circular loads. *Proc. II Cong. Int. Soc. Rock Mech.* **3**, 479–482.

Milovic, D. M., and Tournier, J. P. (1971). Stresses and displacements due to a rectangular load on a layer of finite thickness. *Soils Found.*, **II**(1), 1–27.

Mindlin, R. D. (1936). Force at a point in the interior of a semi-infinite solid. *J. Appl. Phys.*, **7**(5), 195–202.

Mitchell, J. K. (1993). *Fundamentals of Soil Behavior*. Wiley, New York.

Morgenstern, N. R., and Price, V. E. (1965). The analysis of the stability of general slip surfaces. *Geotechnique*, **15**(1), 79–93.

Negro, A., Karlsrud, K., Srithar, S., Ervin, M., and Vorster, E. (2009). Prediction, monitoring and evaluation of performance of geotechnical structures. *Proc. 17th Int. Conf. on Soil Mechanics and Geotechnical Engineering,* Alexandria, Egypt, OIS Press, Theme Lecture, Vol. 4, pp. 2930–3005.

Nagaraj, T. S., and Srinivasa Murthy, B. R. (1985). Prediction of the preconsolidation pressure and recompression index of soils. *Geotech. Testing J. ASTM*, **8**(4), 199–202.

Nagaraj, T. S., and Srinivasa Murthy, B. R. (1986). A critical reappraisal of compression index. *Geotechnique*, **36**(1), 27–32.

Newmark, N. M. (1942). *Influence Charts for Computation of Stresses in Elastic Foundations*, No. 338. University of Illinois Engineering Experiment Station, Urbana.

O'Neill, M. W., and Reese, L. C. (1988). Drilled shafts: Construction procedures and design methods. ADSC: The International Association of Foundation Drilling, Publication No. ADSC-TL4, 471 pp.

O'Neill, M. W., and Reese, L. C. (1999). Drilled shafts: Construction procedures. FHWA-IF-99-025, Federal Highway Administration, Washington, DC.

Osterberg, J. O. (1984). A new simplified method for load testing drilled shafts. *Foundation Drilling*, Vol. XXIII (6), Association of Drilled Shafts Contractors, August, pp. 9–11.

Packshaw, S. (1969). Earth pressures and earth resistance. *A Century of Soil Mechanics*. The Institution of Civil Engineers, London, 409–435.

Padfield, C. J., and Mair, R. J. (1984). *Design of Retaining Walls Embedded in Stiff Clay*. CIRIA, London.

Peck, R. B. (ed.) (1969). Deep excavation and tunneling in soft ground. *7th International Conference on Soil Mechanics and Foundation Engineering, State-of-the-Art*, Mexico City, Vol. 3, 147–150.

Peck, R. B., and Byrant, F. G. (1953). The bearing capacity failure of the Transcona Grain Elevator. *Geotechnique*, **111**, 210–208.

Poncelet, J. V. (1840). Mémoire sur la stabilité des revêtements et de leurs fondations. Note additionelle sur les relations analytiques qui lient entre elles la poussée et la butée de la terre. *Mémorial de l'officier du génie*, 13.

Poulos, H. G. (1971). Behavior of laterally loaded piles: Part I—single piles. *ASCE Journal of the Soil Mechanics and Foundations Division*, **97**(SM5), 711–731.

Poulos, H. G. (ed.) (1988). The mechanics of calcareous sediments. *5th Australia–New Zealand Geomechanics Conference, Australia Geomechanics*, 8–41.

Poulos, H. G. (1989). Pile behavior—theory and application. *Geotechnique*, **39**(3), 365–415.

Poulos, H. G., and Davis, E. H. (1974). *Elastic Solutions for Soil and Rock Mechanics*. Wiley, New York.

Poulos, H. G., Carter, J. P., and Small, J. C. (2001). Foundations and retaining structures—research and practice. *Proc. 15th Int. Conf. on Soil Mechanics and Geotechnical Engineering,* Istanbul, Turkey, A. A. Balkema Publ., Theme Lecture, Vol. 4, pp. 2527–2606.

Prandtl, L. (1920). *Über die Härte plastischer Körper*, Nachrichten von der Königlichen Gesellschaft der Wissenschaften zu Göttingen (mathematisch-physikalische Klasse aus dem Jahre 1920), Berlin, 74–85.

Quiros, G. W., and Reese, L. G. (1977). Design procedures for axially loaded drilled shafts. Research Report No. 3-5-72-176, Center for Highway Research, University of Texas at Austin, December.

Randolph, M. F., Carter, J. P., and Wroth, C. P. (1979). Driven piles in clay—the effects of installations and subsequent consolidation. *Geotechnique*, **29**(4), 361–393.

Randolph, M. F. (1981). The response of flexible piles to lateral loading. *Geotechnique*, **31**(2), 247–259.

Randolph, M. F., and Murphy, B. S. (1985). Shaft capacity of driven piles in clay. *Proc. 17th Ann. Offshore Technol. Conf.,* Houston, **1**, 371–378.

Rankine, W. J. M. (1857). On the stability of loose earth. *Philos. Trans. R. Soc. London*, **1**, 9–27.

Reese, L. C., and O'Neill, M. W. (1988). *Drilled Shafts: Construction Procedures and Design Methods*. Federal Highway Administration, Washington, DC.

Reese, L. C. (1984). Handbook on design of piles and drilled shafts under lateral load. FHWA-IP-84/1, FHWA, U.S. Department of Transportation, Washington, DC.

Reynolds, O. (1885). On the dilatancy of media composed of rigid particles in contact; with experimental illustrations. *Philos. Mag.*, **20**(5th Series), 469–481.

Richart, F. E. (1959). Review of the theories for sand drains. *Trans. ASCE*, **124**, 709–736.

Robertson, P. K., and Campanella, R. E. (1983). Interpretation of cone penetration tests. Part I: Sand. *Can. Geotech. J.*, **22**(4), 718–733.

Roscoe, K. H., and Burland, J. B. (1968). On the generalized stress–strain behavior of "wet" clay. *Engineering Plasticity*, J. Heyman and F. Leckie (eds.). Cambridge University Press, Cambridge, 535–609.

Roscoe, K. H., Schofield, A. N., and Wroth, C. P. (1958). On the yielding of soils. *Geotechnique,* **8**, 22–53.

Rosenfarb, J. L., and Chen, W. F. (1972). Limit analysis solutions of earth pressure problems. Fritz Engineering Laboratory Report 35514, Lehigh University, Bethlehem.

Rowe, P. W. (1957). Anchored sheet pile walls. *Proc. Inst. Civ. Eng., Part 1*, **1**, 27–70.

Samarasinghe, A. M., Huang, Y. H., and Drnevich, V. P. (1982). Permeability and consolidation of normally consolidated soils. *J. Geotech. Eng. Div. ASCE*, **108**(GT6), 835–850.

Sarma, S. K. (1975). Stability analysis of embankments and slopes. *Geotechnique,* **25**(4), 743–761.

Schmertmann, J. H. (1953). The undisturbed consolidation behavior of clay. *Trans. ASCE,* **120**, 1201.

Schmertmann, J. H. (1970). Static cone to compute static settlement over sand. *J. Soil Mech. Found. Div. ASCE,* **96**(SM3), 1011–1043.

Schmertmann, J. H., Hartman, J. P., and Brown, P. R. (1978). Improved strain influence factor diagrams. *J. Geot. Eng. Div. ASCE,* **104** (GT8), 1131–1135.

Schofield, A., and Wroth, C. P. (1968). *Critical State Soil Mechanics.* McGraw-Hill, London.

Scott, R. E. (1963). *Principles of Soil Mechanics.* Addison-Wesley, Reading, MA.

Seed, H. B., and Idriss, I. M. (1970). Soil moduli and damping factors for dynamic response analyses. Report EERC 70–10, Earthquake Engineering Research Center, University of California, Berkeley.

Skempton, A. W. (1944). Notes on the compressibility of clays. *Q. J. Geol. Soc. London,* **100**(C: parts 1 & 2), 119–135.

Skempton, A. W. (1951). *The Bearing Capacity of Clay.* Building Research Congress, London.

Skempton, A. W. (ed.) (1953). The colloidal activity of clays. *Proceedings, Third International Conference on Soil Mechanics and Foundation Engineering,* Zurich, Vol. 1, 57–61.

Skempton, A. W. (1954). The pore water coefficients A and B. *Geotechnique,* **4**, 143–147.

Skempton, A. W. (1957). Discussion: The planning and design of the new Hong Kong airport. *Proc. Institute of Civil Engineers,* Vol. 7, London, 305–307.

Skempton, A. W. (1959). Cast-in-situ bored piles in London clay. *Geotechnique,* **9**(4), 153–173.

Skempton, A. W. (1970). The consolidation of clays by gravitational compaction. *Q. J. Geol. Soc. London,* **125**(3), 373–411.

Skempton, A. W., and Bjerrum, L. (1957). A contribution to the settlement analysis of foundation on clay. *Geotechnique,* **7**(4), 168–178.

Slichter, C. (1899). Nineteenth Annual Report, U.S. Geological Survey, Part 2, 360.

Sovinc, I. (ed.) (1961). Stresses and displacements in a limited layer of uniform thickness, resting on a rigid base, and subjected to a uniformly distributed flexible load of rectangular shape. *5th International Conference on Soil Mechanics and Foundation Engineering,* Paris, Vol. 1, 823–827.

Spencer, E. (1967). A method of analysis of embankments assuming parallel interslices technique. *Geotechnique,* **17**(1), 11–26.

Taylor, D. W. (1942). Research on consolidation of clays. Serial No. 82, Massachusetts Institute of Technology, Cambridge.

Taylor, D. W. (1948). *Fundamentals of Soil Mechanics.* Wiley, New York.

Terzaghi, K. (1925). *Erdbaumechanik.* Franz Deuticke, Vienna.

Terzaghi, K. (1943). *Theoretical Soil Mechanics.* Wiley, New York.

Terzaghi, K., and Peck, R. B. (1948). *Soil Mechanics in Engineering Practice.* Wiley, New York.

Timoshenko, S. P., and Goodier, J. N. (1970). *Theory of Elasticity,* 3rd ed. McGraw-Hill Book Company, NY.

Tomlinson, M. J. (1987). *Pile Design and Construction Practice* (3rd ed.). Viewpoint Publications, London, UK.

Tumay, M. T., and Fakhroo, M. (1984). Pile capacity in soft clays using electric QCPT data. *Proc. Conf. on Cone Penetration Testing and Experience,* St. Louis, MO, Oct. 26–30, 434–455.

Vesic, A. S. (1973). Analysis of ultimate loads of shallow foundations. *J. Soil Mech. Found. Div. ASCE,* **99**(SM1), 45–73.

Vesic, A. S. (1975). Bearing capacity of shallow foundations. *Foundation Engineering Handbook,* H. F. Winkerton and H. Y. Fang, eds. Van Nostrand-Reinhold, New York, p. 121.

Vesic, A. S. (1977). Design of pile foundations, National Cooperative Highway Research Program. Synthesis of Highway Practice, No. 42, TRB, National Research Council, Washington, DC.

Wagner, A. A. (1957). The use of the unified soil classification system by the Bureau of Reclamation. *Proc. 4th Int. Conf. Soil Mech. and Found. Eng.,* London, Vol. 1, 125.

White, L. S. (1953). Transcona elevator failure: Eye witness account. *Geotechnique,* **111**(5), 209–215.

Wong, P. K., and Mitchell, R. J. (1975). Yielding and plastic flow of sensitive cemented clay. *Geotechnique,* **25**(4), 763–782.

Wood, D. M. (1983). Index properties and cirtical state soil mechanics. *Proc. Symp. on Recent Developments in Laboratory and Field Tests and Analysis of Geotechnical Problems,* Bangkok, Thailand, 301–309.

Wood, D. M. (1990). *Soil Behavior and Critical State Soil Mechanics.* Cambridge University Press, Cambridge.

Wood, D. M., and Wroth, C. P. (1978). The correlation of index properties with some basic engineering properties of soils. *Can. Geotech. J.,* **15**(2), 137–145.

Wroth, C. P. (1984). The interpretation of in situ soil tests. *Geotechnique,* **34**(4), 449–489.

Wroth, C. P., and Houlsby, G. T. (1985). Soil mechanics: Proper characterization and analysis procedures. *11th International Conference on Soil Mechanics and Foundation Engineering,* San Francisco, **1**, 1–55.

Wroth, C. P., and Hughes, O. J. M. (eds.) (1973). An instrument for the in-situ measurement of the properties of soft clays. *8th International Conference on Soil Mechanics and Foundational Engineering,* Moscow, Vol. 1, 487–494.

Xu, X., and Lehane, B. M. (2005). Evaluation of end-bearing capacity for close ended pile in sand from cone penetration data. *Proc. ISFOG 2005,* Perth, Australia.

Youd, T. L., Idriss, I. M., Andrus, R. D., Arango, I., Castro, G., Christian, J. T., Dobry, R., Liam Finn, W. D., Harder, L. F., Jr., Hynes, M. E., Ishihara, K., Koester, J. P., Liao, S. S. C., Marcuson, W. F. III, Martin, G. R., Mitchell, J. K., Moriwaki, Y., Power, M. S., Robertson, P. K., Seed, R. B. and Stokoe, K. H. II. (2001). Liquefaction resistance of soils: Summary report from the 1996 NCEER and 1998 NCEER/NSF workshops on evaluation of liquefaction resistance of soils." *J. Geot. and Geoenviron. Eng,* **124**(10), 817–833.

Youssef, M. S., El Ramli, A. H., and El Demery, M. (eds.) (1965). Relationship between shear strength, consolidation, liquid limit, and plastic limit for remolded clays. *6th International Conference on Soil Mechanics and Foundation Engineering.* Toronto University Press, Montreal, Vol. 1, 126–129.

Zytynski, M., Randolph, M. F., Nova, R., and Wroth, C. P. (1978). On modeling the unloading-reloading behavior of soils. *Inf. J. Num. Anal. Methods. Geomech.* **2**(1), 87–93.

찾아보기

INDEX

ㄹ

ㅁ

ㅂ

▶ 옮긴이 소개

홍원표 중앙대학교 토목공학과
권오균 계명대학교 토목공학과
김유성 전북대학교 토목공학과
김태형 한국해양대학교 건설공학과
김학문 단국대학교 토목환경공학과

토질역학 3판

초판 1쇄 발행 | 2012년 2월 22일

저　자 | Muni Budhu
역　자 | 홍원표 · 권오균 · 김유성 · 김태형 · 김학문
발행인 | 현영덕
발행처 | 도서출판 YOUNG
등　록 | 105-90-67568

주　소 | 경기도 고양시 일산동구 백석동 1324 동문굿모닝 타워 2 1005
전　화 | (031) 904-7905~6
팩　스 | (031) 904-7907

ISBN 978-89-92843-46-1

정가 35,000원